JN227967

Unity ゲームエフェクト マスターガイド

unity
Game Effects Master Guide

Takahiro Akiyama 秋山高廣（合同会社フライポット 代表）

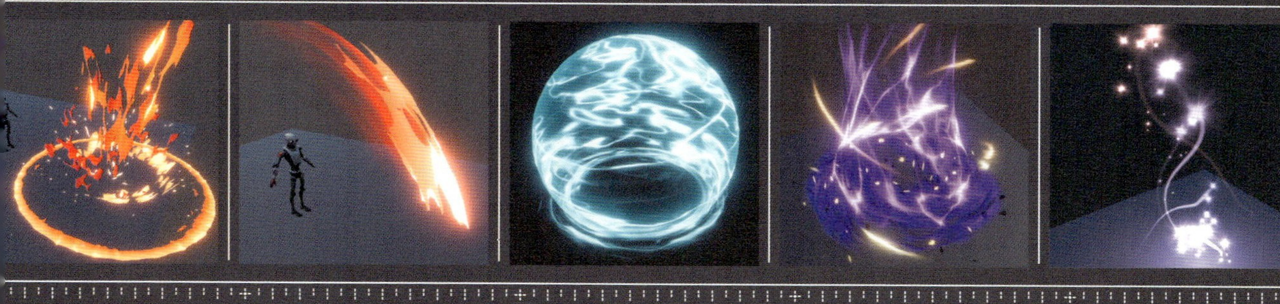

技術評論社

ご注意

ご購入・ご利用の前に必ずお読みください。

- 本書に記載された内容は、情報の提供のみを目的としております。従って、本書を用いた運用は、必ずお客様ご自身の責任と判断によって行ってください。これらの情報の運用結果について、著者および技術評論社はいかなる責任も負いません。あらかじめ、ご了承ください。

- 本書の記載内容は、2019年5月末日現在のものを掲載しておりますので、ご利用時には変更されている場合もあります。また、ソフトウェアはバージョンアップされる場合があり、本書での説明と機能内容や画面図などが異なってしまうこともありえます。本書ご購入の前に、必ずバージョンをご確認ください。

- 本書で解説しているサンプルは、弊社サイトよりダウンロードして利用することができます。なお、サンプルデータの著作権はすべて著者に帰属しています。本書をご購入いただいた方のみ、学習目的に限り自由にご利用いただけます。

- 本書掲載のプログラムは下記の環境で動作検証を行っております。

Unity	2018.2.0f2
Houdini	16.5.571
After Effects	CC 15.1.1
Substance Designer	2018.2

　上記以外の環境をお使いの場合、操作方法、画面図、プログラムの動作などが本書内の表記と異なる場合があります。あらかじめご了承ください。

- 本書のサポート情報およびサンプルファイルは下記のサイトで公開しております。
https://gihyo.jp/book/2019/978-4-297-10681-2/support

はじめに

現在Unityに関する書籍は数多く出版されていますが、ゲームエフェクトについて専門的に書かれている書籍は、私が知る限り片手で数えられるほどしかありません。

業界においてゲームエフェクトデザイナーの需要が非常に高いにもかかわらず、エフェクトについて学ぶためのリソースは非常に限られています。

そのような状況を少しでも改善し、ゲームエフェクトデザイナーを増やすべく本書を執筆致しました。

Unityのバージョンアップに伴い、機能が更新され続けている標準パーティクルエディター「Shuriken」と、ノードベースでのシェーダー構築が可能な「Shader Graph」を駆使して、ハイクオリティなエフェクトの制作方法について解説しています。

また、Houdiniを用いたエフェクト用モデルの制作についても同様に解説しています。

初心者の方にとって、本書の内容は少し敷居が高いかもしれません。しかし、本書で解説しているノードベースによるシェーダー構築の考え方は、Unityのみならず、Unreal Engineでも活用できます。

読者の皆様には、ゲームエンジンの垣根を越えて活躍するゲームエフェクトデザイナーの出発点として、本書で学習していただければ幸いです。

最後に本書の執筆にあたりアドバイスいただいた、@moko様、ユニティ・テクノロジーズ・ジャパン合同会社の池和田様、執筆の機会をいただいた技術評論社、土井様にお礼申し上げます。

2019/6 合同会社Flypot　代表　秋山　高廣

CONTENTS

Chapter 1 エフェクトの概要

Chapter 2 パーティクルエディタの概要

Chapter 3 各モジュールの働き

CONTENTS

Chapter 5 バリアエフェクトの作成

Chapter 6 闇の柱エフェクトの作成

CONTENTS

Chapter 7 ビームエフェクトの作成

Chapter 8 斬撃エフェクトの作成

CONTENTS

Chapter 9 テクスチャの制作

本書の使い方

ここでは、本書の構成と使い方について説明いたします。

本書は４章以降から実際に手を動かしながら学習していく実例制作のスタイルをとっております。実例制作で使用するプロジェクトのサンプルデータは、技術評論社のサイトからダウンロードしてください。

・ダウンロードURL

https://gihyo.jp/book/2019/978-4-297-10681-2/support

また、４章と５章以降で別のプロジェクトテンプレートを使用して制作を行うため、４章が終わって５章を始める際は、新規にプロジェクトを作成してください。詳しい手順に関しては５章の冒頭に記載しております。

５章以降は同じプロジェクトテンプレートを使用するので、各章の内容を学習する前に、各章に対応したunitypackageデータをプロジェクトにインポートしていただければ問題ありません。

本書ではUnity2018.2を使用している関係上、Unity2018.3のネストプレファブの機能は搭載されていないため、プレファブオブジェクトの表示が一部異なる部分があります。

▶ Unity2018.2の表示(左) とUnity2018.3の表示(右)

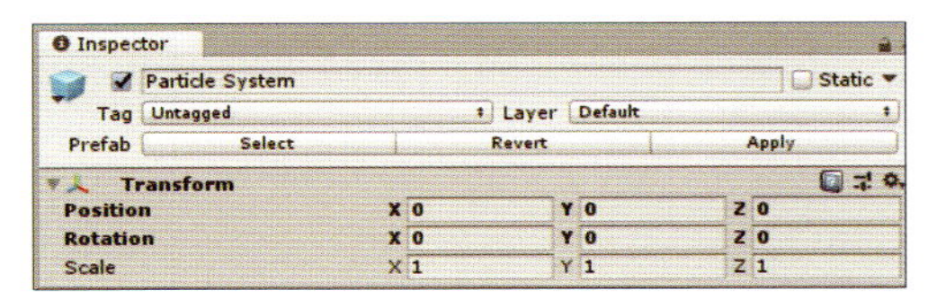

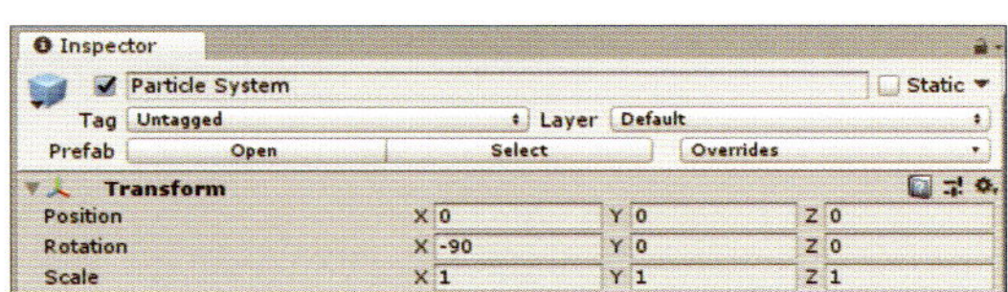

Unity2018.4LTSで制作していただいても問題ありませんが、本書ではUnity2018.2での制作を推奨しております。

また、５章以降はShader Graphを使用してシェーダー作成について解説していきますが、多数のノードを接続して構成する関係上、本書の図表だけでは見づらい部分があります。そのため、シェーダーの作業途中のファイルを用意しました。

次の図のように途中ファイルを用意しているものに関しては、図表のタイトル部分の横にカッコ付で途中ファイルのシェーダー名を入れております。「（SH_5-4-3_01参照）」の部分がシェーダー名に該当します。

また、途中データのファイルは各章のフォルダ内のShaders/temp以下に格納されています。

▶ ノードを組み合わせてUVスクロールを作成(SH_5-4-3_01参照)

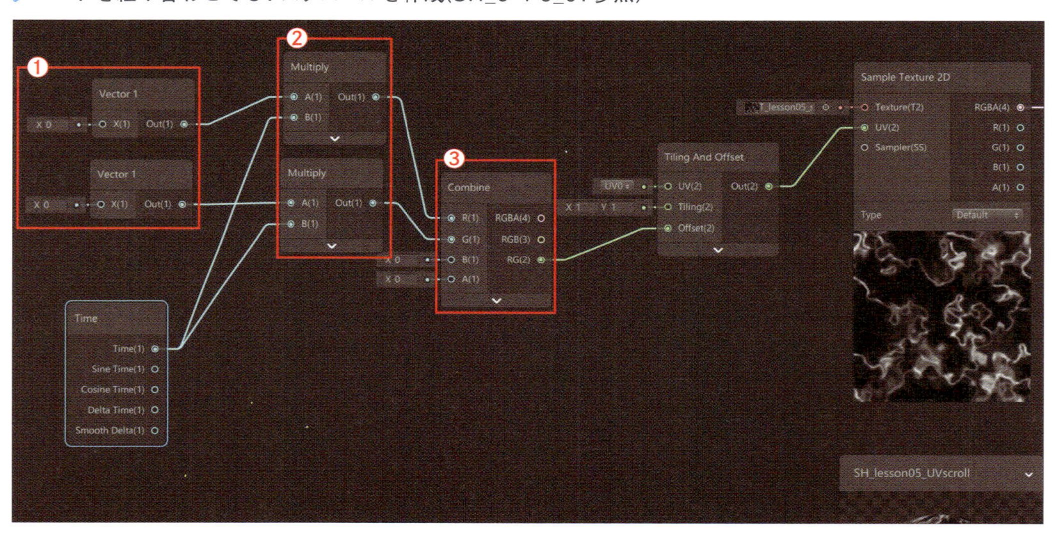

また紙面の都合上、カラーを設定する際の色の三原色（RGBの）の各数値データに関しては記載しておりません。そのため、色に関しては、おおよそで合わせていただいて問題ありません。目合わせで結果が著しく異なる場合は、サンプルシーンに配置されている最終結果のプレファブのデータを参考にしながら合わせてみてください。

最後に、UnityではUIを日本語化することも可能ですが、本書ではデフォルトの英語UIを用いて解説を行っております。

Chapter 1

エフェクトの概要

1-1 エフェクトとは、パーティクルとは

この章ではゲームエフェクトの定義や基礎知識、必要になってくるスキルやShurikenの概要について説明していきます。

1-1-1 ゲームエフェクトの定義

読者の皆さんは普段ゲームをプレイする際にゲームエフェクトを注意深く観察したことはあるでしょうか？

エフェクトというと派手な必殺技などを想像する方も多いかと思いますが、ゲーム内に登場するエフェクトには、他にも様々な種類があります。魔法や魔法陣、キャラクタが剣を振るった時に出る斬撃、フィールドに漂う煙やたいまつに灯る炎などもエフェクトであり、その種類は様々です。

次の図は、筆者が以前Unityのアセットストアでリリースしていたエフェクトアセットの一部です（現在は販売停止しています）。

▶ 様々なエフェクトの種類

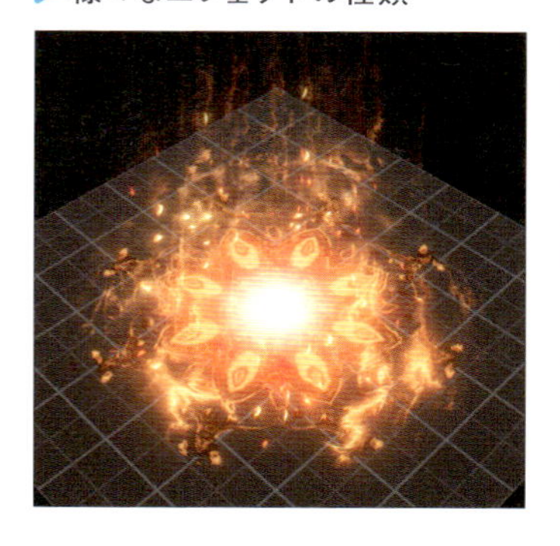

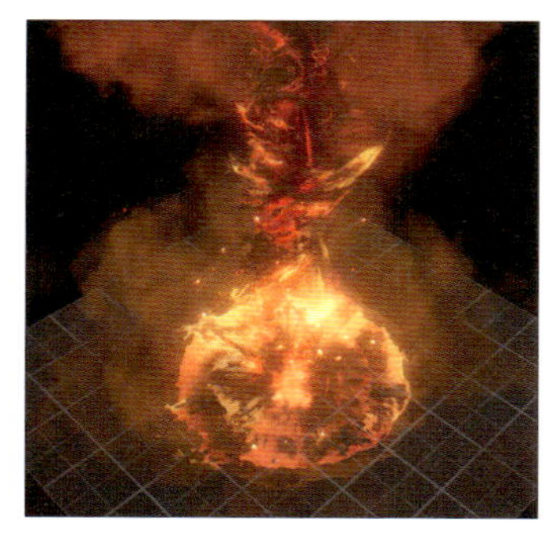

意外とゲーム内に登場する機会が多いエフェクトですが、現状、ゲームエフェクトを専門的に作成するエフェクトデザイナーは常に人材不足の状況です。本書ではスマートフォンゲーム制作においてシェアの高いゲームエンジンUnityを使用し、その標準パーティクルツールであるShurikenを用いてエフェクト制作の解説を行っていきます。

1-1-2 本書の構成

本書ではShader Graphを使用してシェーダーを作成し、Shurikenでエフェクト制作する過程を解説していきます。またHoudiniなどのDCC(Digital Content Creation)ツールを使ったリソース制作の方法についても解説しております。

Shurikenだけに的を絞った本ではなく、エフェクトに必要なシェーダー制作やリソース制作などにも踏み込んで解説しているため、本書の難易度は若干高めかと思います。

▶ Unity以外にもHoudiniなど、DCCツールの使用方法も解説

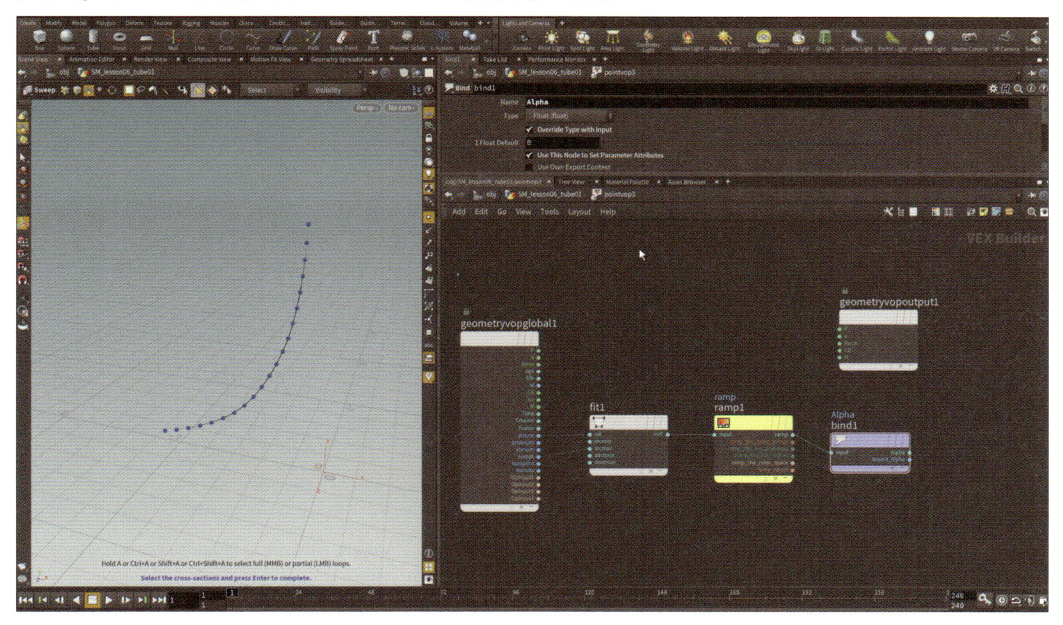

章ごとの内容について簡単にですが、次の表にまとめてみました。

▶ 各章で解説する内容

章番号	内容
1章	本書で使用するツールの概要やエフェクト制作のワークフロー、Unityの各ビューの説明などを行う
2章	Shurikenのモジュールやパラメータの設定方法、エフェクト制作にかかせない、UVスクロールやテクスチャアニメーションの仕組みについて解説
3章	Shurikenの各モジュールとパラメータについて解説

4章	この章から実際の制作を通して、Shuriken の様々な機能について解説 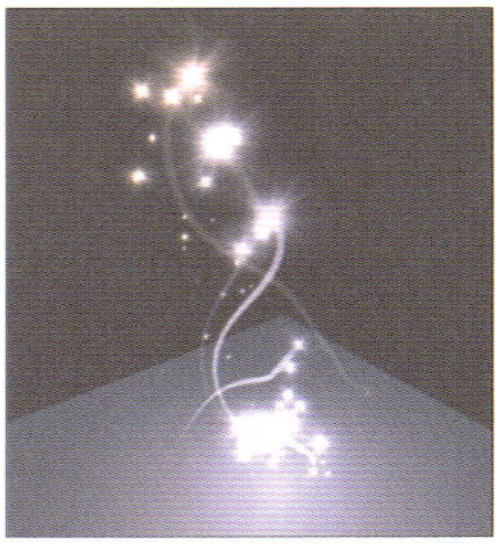 
5章	この章から外部ツールの Houdini と Unity の Shader Graph を使用したエフェクト制作を解説。この章ではエネルギーボールを制作 
6章	闇の柱エフェクトを制作 
7章	電撃エフェクトを制作 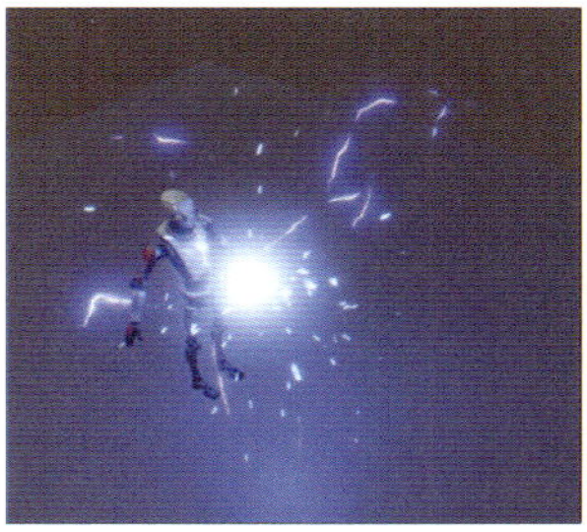 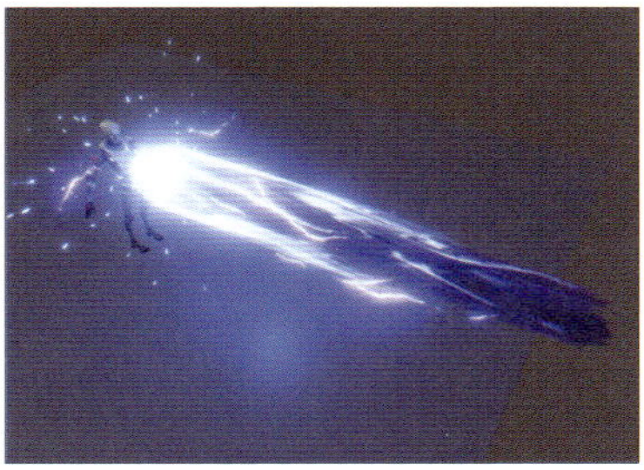
8章	トゥーン系の見た目の斬撃エフェクトを制作  

9章	基本的なテクスチャの制作方法について Substance Designer と AfterEffects の例を紹介	 

実例制作を通して得られる具体的な知見については、各章の最初の節で解説していきます。

また、ShurikenとShader Graph以外にHoudiniなどの外部ツールも含めて解説しているため、解説量が増えている関係上、制作に使用するテクスチャに関しては解説を行っておりません。なお、本書で使用しているテクスチャのほとんどはFilter Forgeというソフトウェアを使用して制作しております。

9章では、AfterEffectとSubstance Designerの基本的なテクスチャの制作方法のみを解説しております。

本書の内容は、これからエフェクトを始められる方にとっては少し敷居が高い内容かもしれませんが、ゲームエフェクトのリソース部分の制作にまで踏み込んで解説することで、より実践的な知識が得られるかと思います。

1-1-3 Unityの標準パーティクルシステムShuriken

Unityの標準パーティクルシステムであるShurikenについては、Unity5.2あたりまでは機能が足りず、正直使いづらい部分があったのですが、それ以降のアップデートで頻繁に新機能や改善が施されました。Unity5.2あたりから比べると、モジュールの数が増え、より多機能になりました。嬉しい反面、これから学ぼうとする方からすると、モジュールやパラメータが多く、どこから触ってよいかわからないといった面も出てくるかと思います。

1章～4章で基本部分の解説を行っているので、学習の足掛かりとしていただければ、幸いです。

また、Unity2018.3から新たにVisual Effect Graphと呼ばれる新しいパーティクルエディタが搭

▶ Shurikenを構成する多数のモジュール群

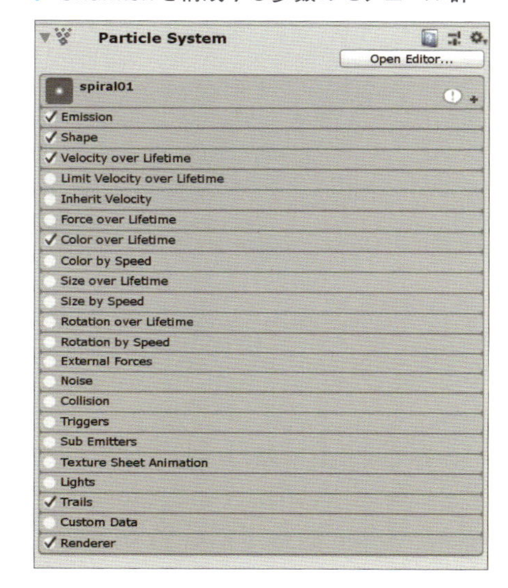

載されました。こちらはハイエンド（次世代機）向けといった趣があり、当分の間、ハイエンドのエフェクト制作はVisual Effect Graph、モバイル向けのエフェクト制作はShurikenという形で共存していくことになるかと思われます。

1-1-4 これからのゲームエフェクトデザイナー

UnityのShurikenは日々進化しており、頻繁にアップデートが繰り返されています。またUnity2018より搭載されたShader Graphを使用することにより、デザイナーの方でも手軽にシェーダーを構築できるようになりました。シェーダー構築を含めて画作りができることが、今後のゲームエフェクトデザイナーとしての基本要件になっていくのではないかと思います。

▶ Shader Graphの作業画面

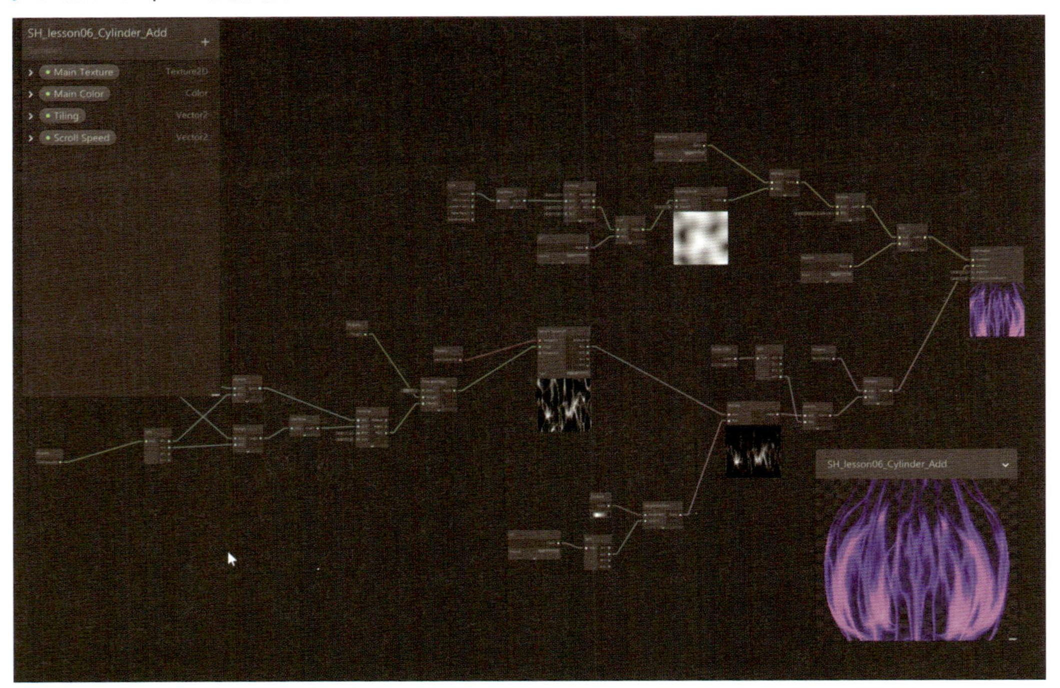

またHoudiniやSubstance Designerなどに代表されるプロシージャルなリソース制作の手法も採用事例が増えてきました。このあたりの制作方法にも触れていくことで、読者がHoudiniやSubstance Designerに興味を持っていただければ幸いです。

本書では4章以降、パーティクルで使用するメッシュモデルの制作においてHoudiniを使用しています。Substance Designerについては9章の基本的なテクスチャの制作方法において使用しています。

Houdiniの画面

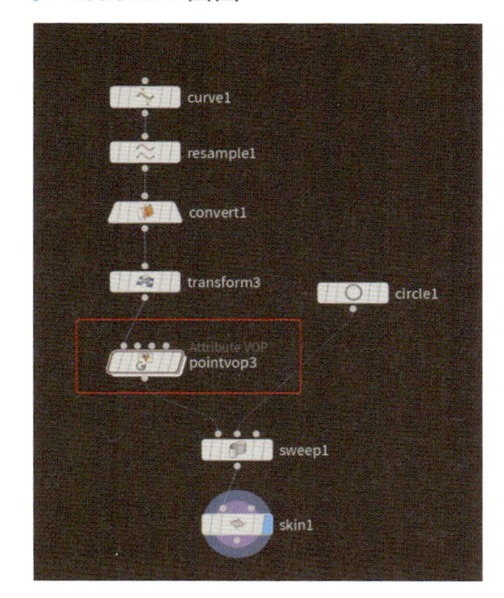

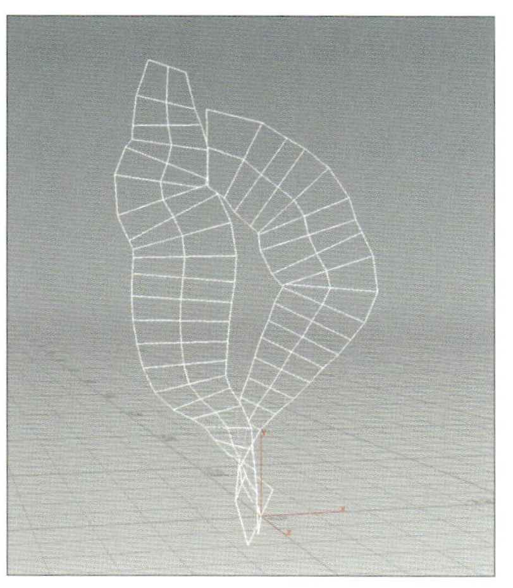

Substance Designerの画面

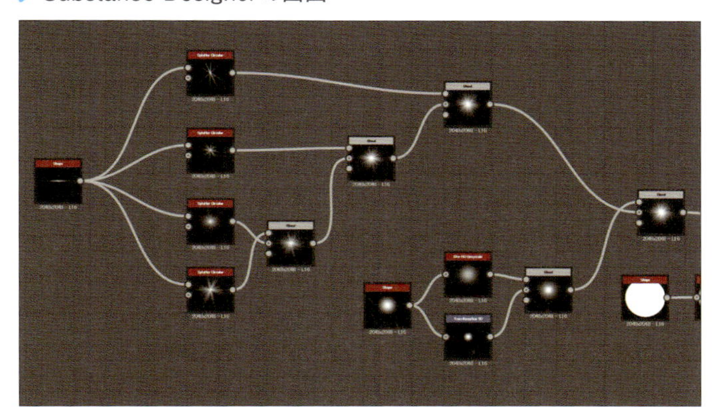

本書で使用しているツール

ここでは、Unity 以外に本書で使用する外部ツールについて簡単に説明していきます。また外部ツールのエディションの違いなども解説していきます。

1-2-1 Houdini

Houdini は SideFX 社が販売する、Autodesk 社の Maya や 3dsMAX と同じ DCC ツールです。本書ではエフェクトで使用するメッシュオブジェクトなどを作成する際に、Houdini を使用して制作しています。

また、本書では解説しておりませんが、同社が販売している Houdini Engine を併用すれば、Houdini で作成したアセットを Unity に読み込んで使用することが可能です。

▶ Houdini の作業画面

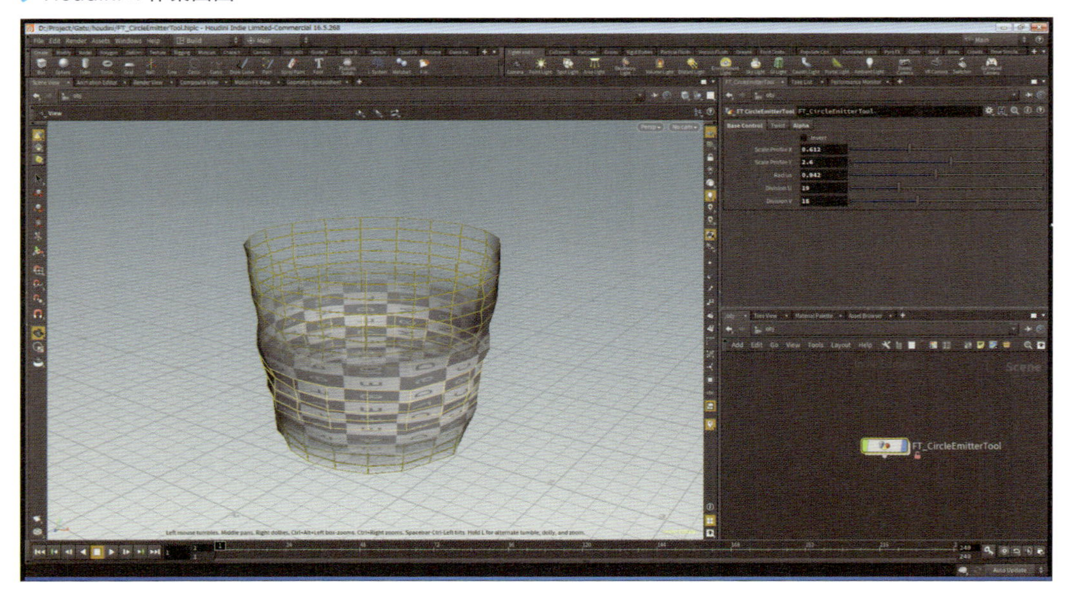

▶ Houdiniで作成したアセットをHoudini Engineを介してUnityに読み込んだもの

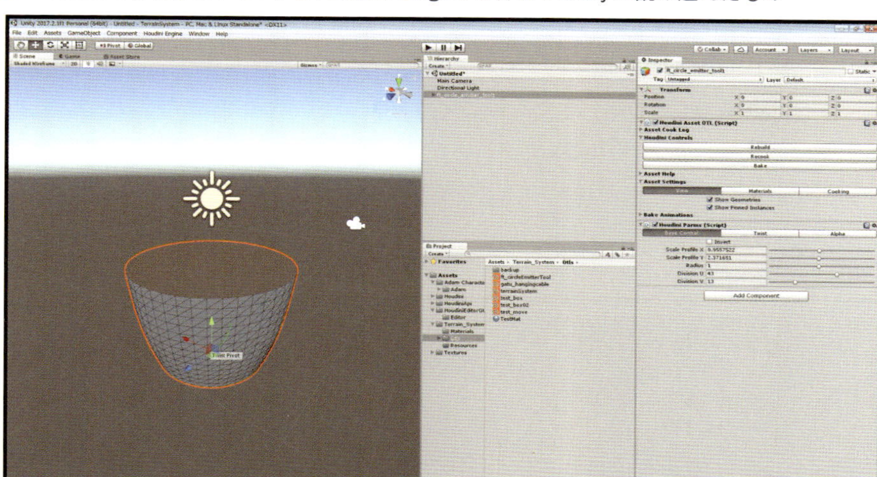

Houdiniに関しては複数のバージョンがあるので、次の表で解説します。

▶ Houdiniのバージョン

エディション	商用利用	価格
Houdini FX	可能	50万円前後
Houdini Core	可能	24万円前後
Houdini Indie	限定的	2万円前後(1年契約)
Houdini Apprentice	不可	無料

なお、この表は簡易的なものなので、詳しい情報はSideFX社のHPを参照ください。

なお、Houdini Indieですが、年間の売上高に制限がある、限定的な商用利用が可能なエディションになります。また、Houdini Indieのみ日本の販売代理店で取り扱っておらず、本国のSideFX社からの購入になります。

もしこの書籍からHoudiniを学習されるようでしたら学習用のHoudini Apprenticeで始めることをお勧めします。制限としてFBXのエクスポートができないため、作業手順だけを学習していただき、FBXデータはサンプルファイルのUnityPackage内に収録されているものを使用していただく形になります。

1-2-2 AfterEffects CC

AfterEffectsはAdobe社が販売する映像のデジタル合成やモーショングラフィックス作成に特化したソフトウェアです。テクスチャ作成においては同社のPhotoshopを使われている方も多いかと思いますが、筆者はAfterEffectsでテクスチャ制作を行っております。本書では簡易的にではありますが、9章においてAfterEffectsの解説を行っております。

▶ AfterEffectsの画面

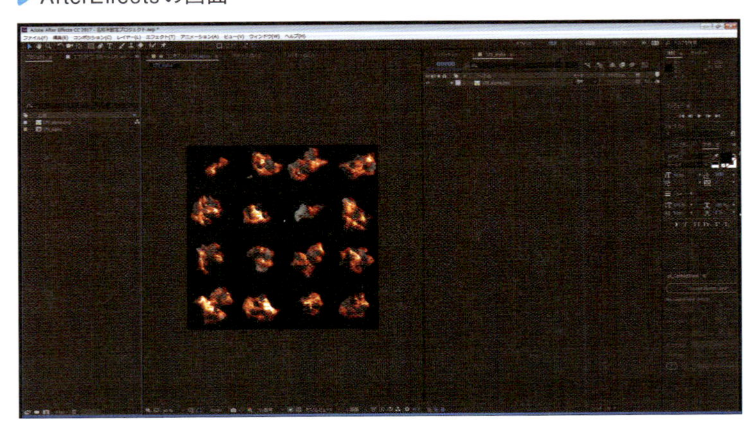

AfterEffectsの使用に関してはAdobe社のサブスクリプションに加入する必要がありますが、本書で使用している箇所は9章のみなので、本書の学習のために導入するほどではないかと思います。すでにお持ちの方は参考にしていただければ幸いです。

1-2-3 Substance Designer

Substance DesignerはAdobe社が販売するノードベースでテクスチャを制作できるツールです。特別なことをしなければ常にシームレスの状態でテクスチャを制作できますので、エフェクトのUVスクロールなどで使用するテクスチャを作る際に重宝します。

作成したsbsファイルをパブリッシュして、sbsar形式でエクスポートすれば、Unityに読み込むことも可能です。ゲーム背景での使用事例が多いですが、エフェクト制作においても有用です。

購入に関しては公式ページから購入可能で、個人的には月額サブスクリプションをお勧めします（インディーライセンスで月額20ドル程度）。サブスクリプション登録すると、Substance Designerだけではなく、Substance Painterなど、その他の製品も使用可能になります。また製品については、1か月間だけ無料使用が可能ですので、使用してみて購入するかどうかを決定してもよいでしょう。

▶ Substance Designerの画面

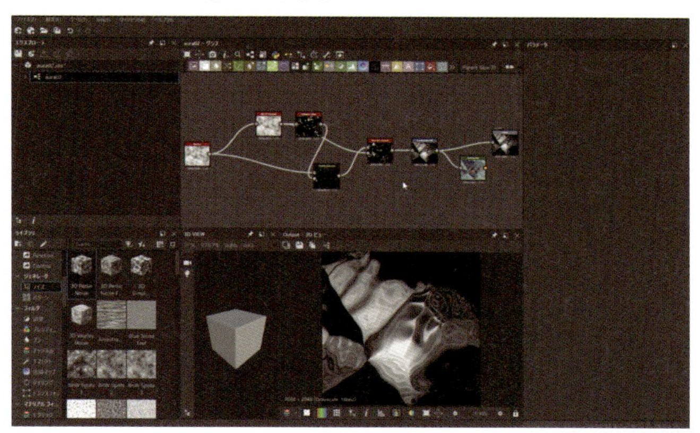

1-2-4 FilterForge

FilterForgeはFilterForge社が販売する画像作成・加工ツールです。1万種類を超えるフィルターがあらかじめ用意されており、手軽にエフェクト用のテクスチャを作成、加工することが可能です。フィルターに関しては最初から入っているわけではなく、必要なものを公式ページからダウンロードしてくる形になります。

FilterForgeにはスタンドアロン版と Photoshop のプラグイン版がありますが、筆者はスタンドアロン版を使用しています。価格はProfessionalエディションが約400ドルですが、多くの期間でセールを行っており、70%オフぐらいで購入できます。

▶ FilterForgeの画面

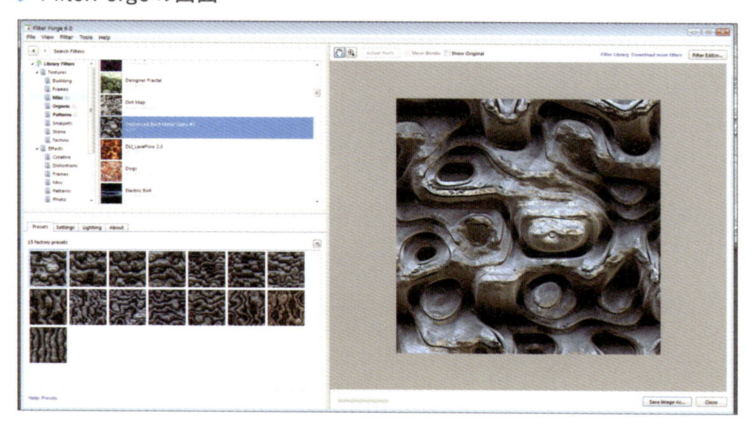

本書の多くのテクスチャは、こちらのFilterForgeのプリセットから制作されています。なお、FilterForgeに関しては、制作手順の解説などは行っておりません。

エフェクト制作のワークフロー

ここではエフェクト制作の流れと、エフェクト制作において必要な素材、スキルについて解説していきます。

1-3-1 エフェクト制作のワークフロー

エフェクトを制作する際の一般的なワークフローを次の図に示します。

▶ エフェクト制作のおおまかな流れ

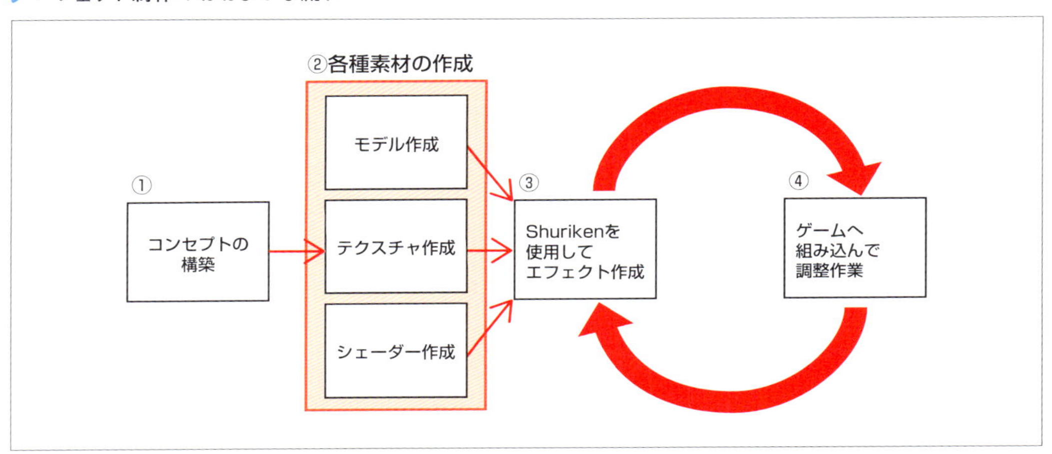

▶ エフェクト制作のワークフロー

図内の番号	フロー	内容
①	コンセプトの構築	コンセプトアート制作や資料の収集を通して、制作物のイメージを明確化
②	各種素材の作成	エフェクトを構成する素材を作成する。使用するツールに関して、モデル制作ではHoudini、Maya、3dsMax、テクスチャではAfterEffects、Substance Designer、シェーダーではShader Graph、Amplify Shader Editorが一般的
③	エフェクト作成	②で作成した素材を組み合わせてShurikenでエフェクトを制作していく
④	調整作業	でき上がったエフェクトをゲーム内に配置し微調整する

エフェクト制作の流れを図に示してみましたが、矢印の通り、③と④はサークル型の工程になっており、テストプレイを通して調整を繰り返すことがほとんどかと思われます。その工程で②の作業についても修正が発生する場合も多々あり、②、③、④の工程はかなり密接な関係になっています。

1-3-2 エフェクト制作に求められるスキル

エフェクト制作においてはモデル、テクスチャ、シェーダーなど様々な素材が必要で、またそれらを制作するための広範なスキルが求められます。

▶ エフェクト制作に必要なスキルとは

■ **モデリング技術**

ＵＶスクロール用のメッシュモデルやパーティクルを放出するエミッタのメッシュ作成のためのモデリング技術が必要です。ここで必要になるモデリングスキルはキャラクタモデリングや背景モデリングで必要とされる技術とは少々異なるものです。例えば代表的な作成例としては、螺旋状のメッシュや斬撃用のメッシュなどです。

■ **アニメーション技術**

魅力的なエフェクトに仕上げるためにはアニメーション技術も不可欠です。放射状に広がる衝撃波ひとつとっても、等速で動かすか、緩急を付けた動きを設定するのかだけで印象はかなり変わります。またエフェクトを構成する各要素を出現させるタイミングなども非常に重要です。発生させるタイミングが0.1秒変わるだけでエフェクトの印象はガラッと変わります。アニメーション技術を磨くことで、見ていて気持ちのよいエフェクトを作ることが可能になります。

■テクスチャ作成技術

テクスチャを作成する際にFilterForgeなどのツールを用いて、ゼロから作らなくてもある程度希望に近いものをパラメータの調整だけで得ることも可能です。しかし、それだけでは完成まで至らない場合がほとんどです。AfterEffectsやPhotoshopを用いて新規作成、または既存の画像を加工、編集していく技術も必要になります。またSubstance Designerなどのツールを使用してプロシージャル（再利用可能）なテクスチャを作成する技術も今後一般的になっていくでしょう。

■シェーダー作成技術

基本的に前述の3点があれば最低限エフェクトは作成できますが、高度な表現、ディストーション（歪み）やＵＶスクロール、マスクアニメーションなどは、シェーダー側で実装しておく必要があります。以前はコードを記述するか、ShaderForgeやAmplify Shader Editorといった有償のノードベースのシェーダー作成ツールを使用してシェーダーを作成していましたが、Unity2018からは標準でノードベースのシェーダー構築ツールShader Graphが実装されましたので、本書ではShader Graphを使用してシェーダー構築を行っていきます。

▶Unity2018から搭載されたShader Graph

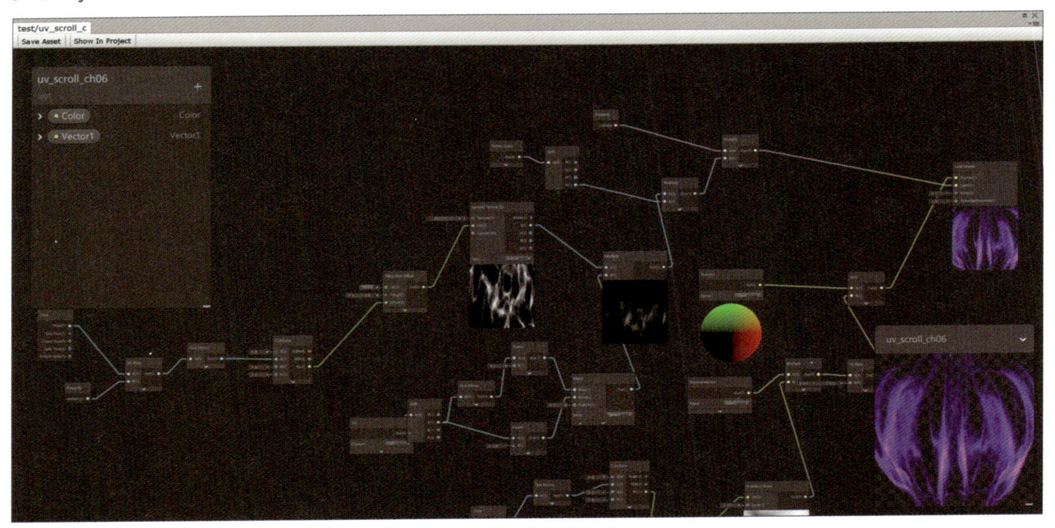

■プログラミング技術

必須というわけではありませんが、大量のエフェクトを作成する際に発生する繰り返し作業などを、スクリプトを記述して自動化することで、クリエイティブな作業に集中することができます。

特にUnityのエディタ拡張については勉強しておくことをお勧め致します。例えば筆者はエフェクト作業でよくある色替え(エフェクト自体は同じものだが属性ごとに違うカラーリングを施す)の半自動化ツールやレギュレーションのチェックツールなどをスクリプトで自作しました。右図は筆者が以前自作したツールで、当時Customモジュールで各項目に任意の名前が付けられなかったので(Unity2017.2以降は可能)、エディタ拡張で項目が見やすいようにシェーダーごとに対応する画像を表示するようにしました。

▶ 筆者が以前自作したツール

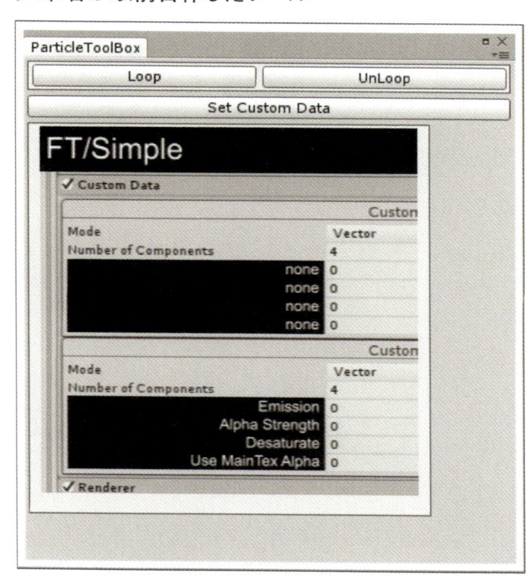

1-3-3 最適な手法の選択

1-3-2で説明したスキルに加えて、ゲームの仕様やレギュレーション(規約・ルール)を理解して、そのつど最適なエフェクトの制作方法を選定することが求められます。以下に一例を記載します。

■ プレイ時に発生するエフェクトか、カットシーンなどの非プレイ時のエフェクトか

一般的にはカットシーンであれば他の処理が入らないのでゲームプレイ時に比べて、リッチな(負荷の高い)エフェクトを作ることが可能です。

■ カメラは固定か、可変か、またアニメーションが付くのか

カメラが固定であればビルボードで問題ないようなエフェクトでも、カメラの回り込みなどが発生する場合はメッシュパーティクルなどで作成する必要があるかもしれません。

■ どれぐらいの数のエフェクトが画面内で同時発生するか

一般的にMMOなどのジャンルのゲームの場合は、複数のエフェクトが画面内に入り乱れて表示されることを前提に、パフォーマンスを考慮して制作する必要があります。逆に、ターン制のカードゲームなどであれば、エフェクトの発生タイミングと表示される総量が事前にある程度わかりますので、よりエフェクトにリソースを割くことが可能かもしれません。

上記は一例ですが、このようにエフェクトが配置される環境を考慮しつつ制作を進めることが必要です。このような前提条件が提示されていない場合、前もって質問して明らかにしておくこともスキルのひとつといえるかもしれません。

Unityの画面説明

Shurikenの説明に入っていく前にUnityの画面構成について説明していきます。基本的な部分も多いので、既にご理解いただいている方は読み飛ばしていただいても問題ありません。

1-4-1 Unityの各ビューの役割

ここではUnityの各ビューの役割について簡単に解説します。次の図がUnityのメイン画面になります。

▶ Unityの画面

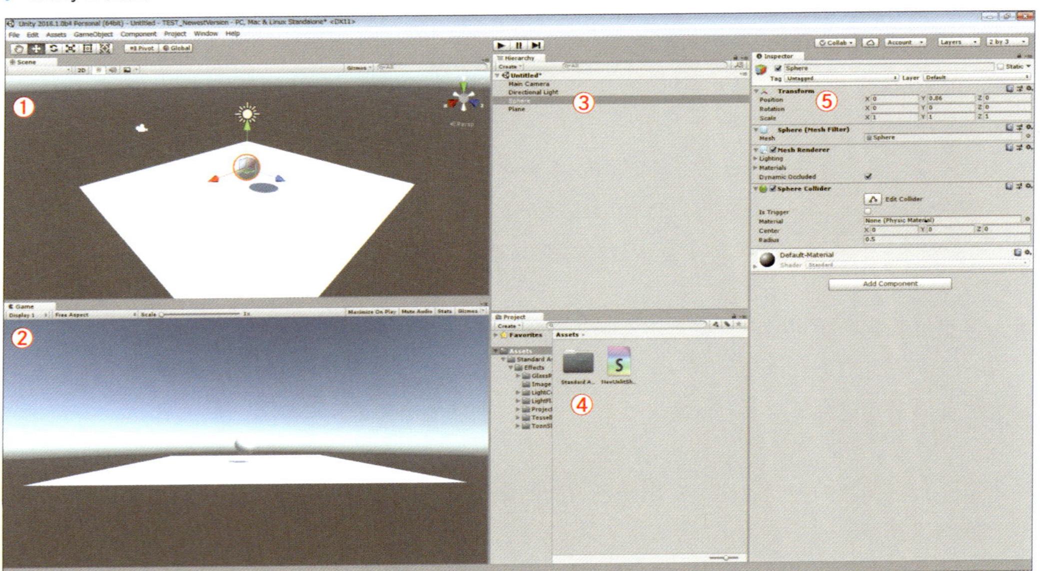

▶ Unityの各ビュー

図内番号	ビューの名称	内容
①	Scene	現在開いているシーンが表示される
②	Game	実際のゲームで使用されるビュー。シーンに配置されているカメラからの見た目が表示される
③	Hierarchy	現在開いているシーンに配置されているオブジェクトの一覧が表示される

④	Project	プロジェクトに読み込んでいる素材の一覧が表示される。ビュー内で左右に分割されており、左側にプロジェクトのフォルダ群がツリー表示され、右側に現在選択しているフォルダの中身や検索欄の検索結果が表示される
⑤	Inspector	選択しているオブジェクトの情報が表示される。オブジェクトにコンポーネントが適用されている場合、その設定を変更することが可能

1-4-2 Sceneビューの各種設定

1-4-1で各ビューの役割について簡単に説明しましたが、Sceneビューに関してはエフェクト制作時に変更、設定する項目がいくつかあるため、少し掘り下げて説明していきます。

Sceneビューの左上にあるリストからビューの表示方法を変更することが可能です。通常デフォルトではShadedに設定されていますが、エフェクト制作を行う場合、特によく使用するのがOverdraw表示です。

▶ Shaded Modeの表示

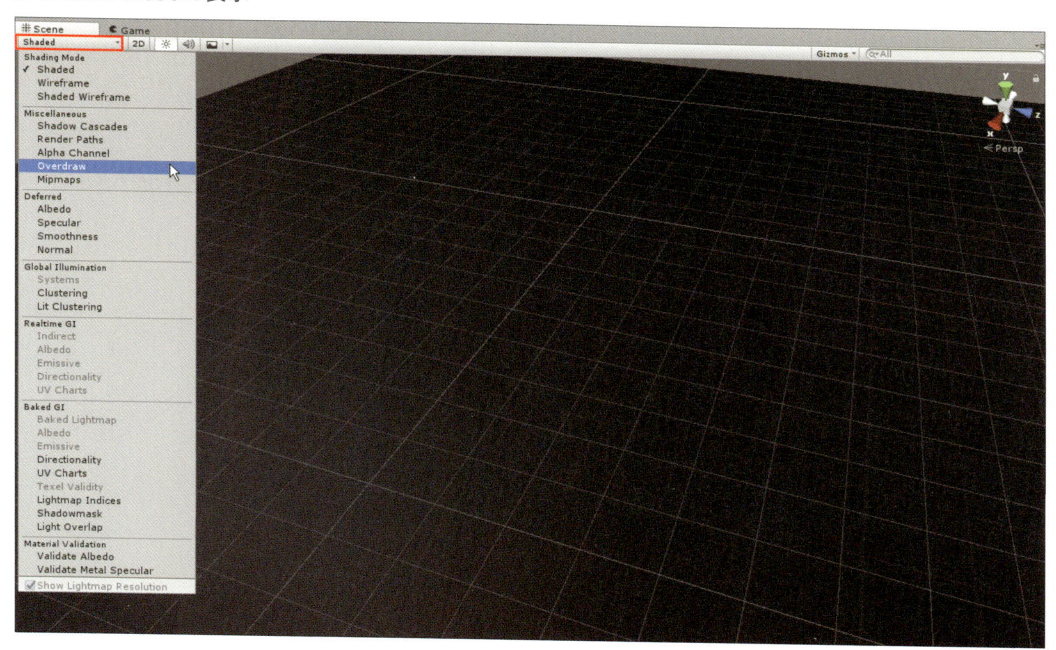

表示をOverdrawに変更すると、次の画像のように画面がオレンジ色の表示になります。このビューを使用してエフェクトのパフォーマンス（負荷）を確認することが可能です。

▶ デフォルトのShaded表示(左) とOverdraw表示(右)

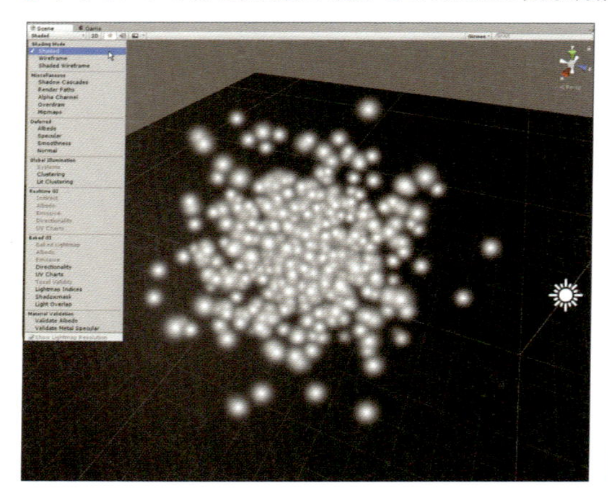

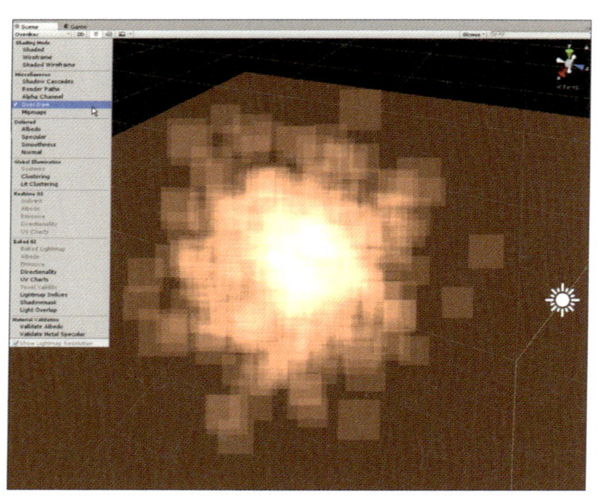

白に近いほどパーティクル同士の重なりが多く、負荷が高い状態になります。画像のような状態が続くような場合、パーティクルの数を減らしたり、別の表現方法を考えたりして、なにか対策をする必要があります。ただし、一瞬であれば許容されるような場合もあります。

注意点として4章と5章で説明する、Unity Hubから新規プロジェクトを作成する際に、テンプレートからLightweight RP(Preview)を選択すると、次の図のようにOverdrawを含むMiscellaneousの項目が表示されません。

▶ Lightweight RP(Preview)ではOverdrawの項目が表示されない

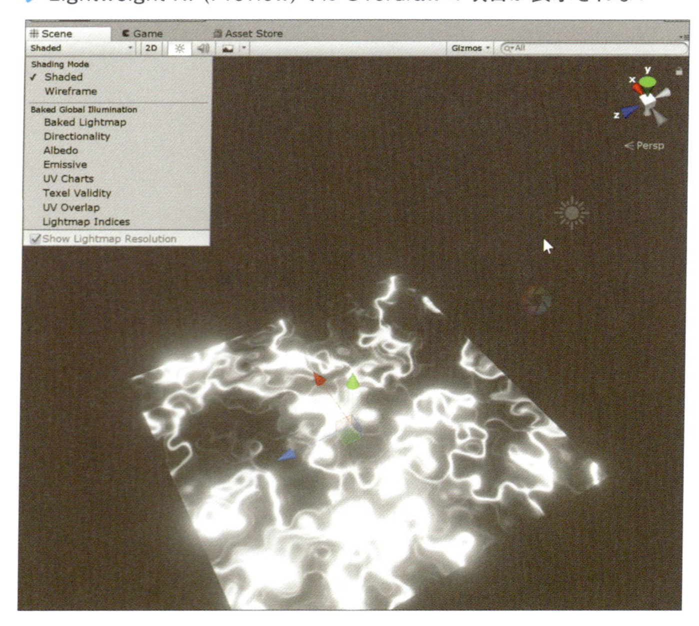

次にSceneビューの上部（右図の赤枠部分）をクリックすると表示されるメニューの中に、Animated Materialという項目があるので、こちらにチェックを入れておきましょう。既にチェックが入っていればそのままで問題ありません。こちらにチェックを入れることにより、後ほど解説するＵＶスクロールの動きをSceneビュー上で確認することができます。

▶ Animated Materialにチェック

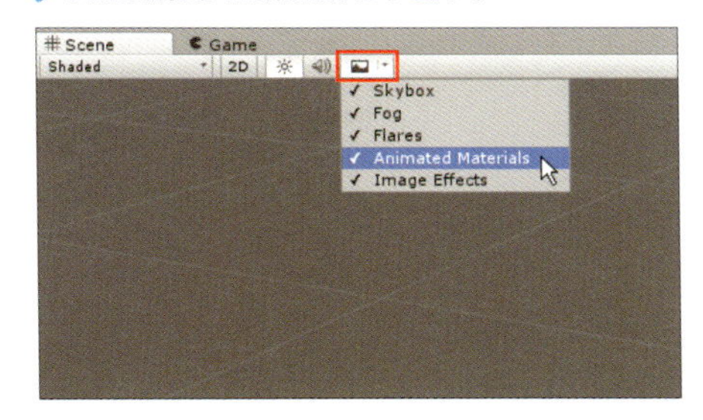

また、シーン上でオブジェクトなどを選択した際に、オレンジ色のアウトラインを表示してくれるSelection Outlineという機能があります。

シーンに多数のオブジェクトが配置されている場合、現在選択しているオブジェクトが視認しやすくなるので便利ですが、パーティクルを使用する際、下左図のように各パーティクルにアウトラインが表示され、邪魔になってしまう場合がほとんどです。

Selection Outline機能を無効にするには、Sceneビューの上段にあるGizmoボタンを押すと表示されるリストからSelection Outlineを選択してチェックを外します。

▶ Selection Outline機能でアウトラインが表示

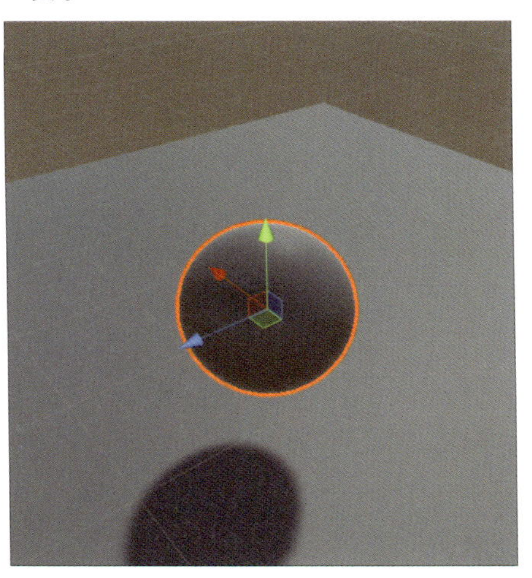

▶ パーティクルごとにアウトラインが表示され見づらい

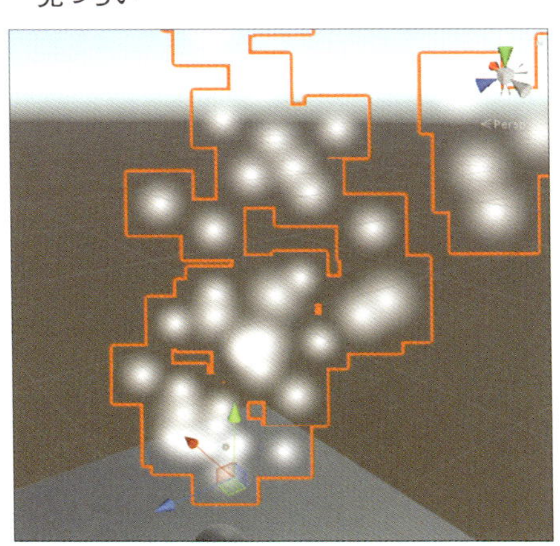

▶ Selection Outline機能を無効

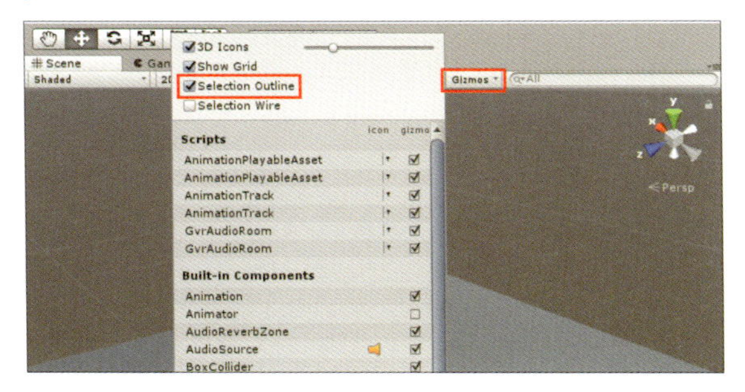

エフェクトのフォルダ構成と管理

ここではエフェクトを作成していく際のフォルダ構成について説明していきたいと思います。あくまでよく使用される一般的な例であり、特にこれに設定しなければならないということではありません。

1-5-1 エフェクトを作成する際のフォルダ構成

エフェクトを制作する際にはモデル、テクスチャ、マテリアル、アニメーションファイルなど様々な素材が必要になってきます。それらを格納するフォルダの構成について解説していきます。プロジェクトによって最適なフォルダ構成は様々ですが、基本的にはエフェクトに関する素材と、キャラクタや背景に関する素材などは別々のフォルダで管理することがほとんどです。次に標準的なエフェクトのフォルダ構成を示します。

▶ 標準的なエフェクトのフォルダ構成

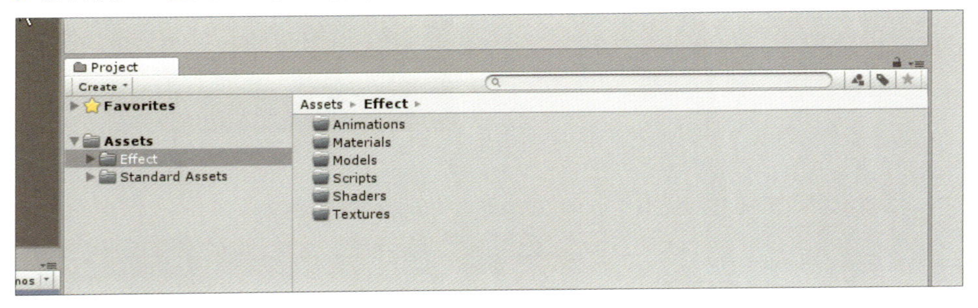

▶ フォルダ構成

フォルダ名称	保管する素材
Animations	アニメーションコントローラーやクリップを格納
Materials	エフェクトで使用するマテリアルを格納
Models	主にメッシュパーティクルなどで使用するメッシュを格納
Scripts	エフェクトで使用するスクリプトを格納する場所。プロジェクトによっては、ゲーム本体部分のスクリプトをまとめて別のフォルダで管理することもありえる
Shaders	エフェクトで使用するシェーダーを格納する場所。場合によっては、別のフォルダで管理することもありえる
Textures	エフェクトで使用するテクスチャを格納

あくまで一例ですが、このようにテクスチャやモデルなど素材ファイル別にフォルダを作って管理していきます。

1-5-2 エフェクト素材の検索方法

1-5-1で標準的なエフェクトのフォルダ構成について解説しましたが、１つのゲームを完成させるために必要になるエフェクト数は、ゲームのジャンルや規模によって様々ですが、多くの場合、かなりの数になります。

そして、エフェクトに使用される各種素材の数もどんどん増えていきます。膨大な数の素材の中から目的の素材を見つけるには、フォルダで分類するだけでは不十分であり、検索機能を活用することが不可欠です。

UnityのProjectビューには検索欄が付いており、単純な名前検索から、素材の種類による検索、ラベル検索など様々な条件を付加してプロジェクト内のファイルを検索することが可能です。なお、Hierarchyビューにも検索欄がありますが、こちらはシーン内にあるオブジェクトを検索します。

検索しやすくするためにわかりやすい名前を付けておくことは重要です。例えば、炎に関する素材であれば、ファイル名の中にfireの文字列を含めておけば検索ですぐに見つけることができます。なお、こちらのプロジェクトのファイルは説明用のもので、書籍のダウンロードデータには含まれておりません。

▶ ProjectビューとHierarchyビューの検索欄

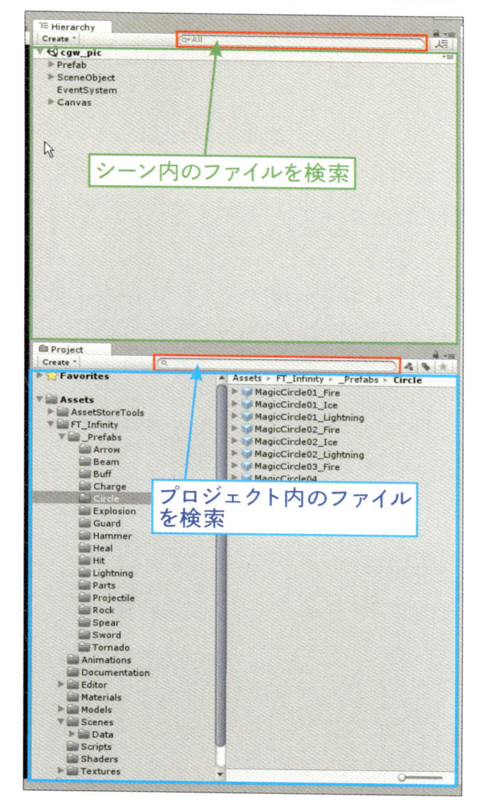

▶ Projectビューでのファイル名による検索

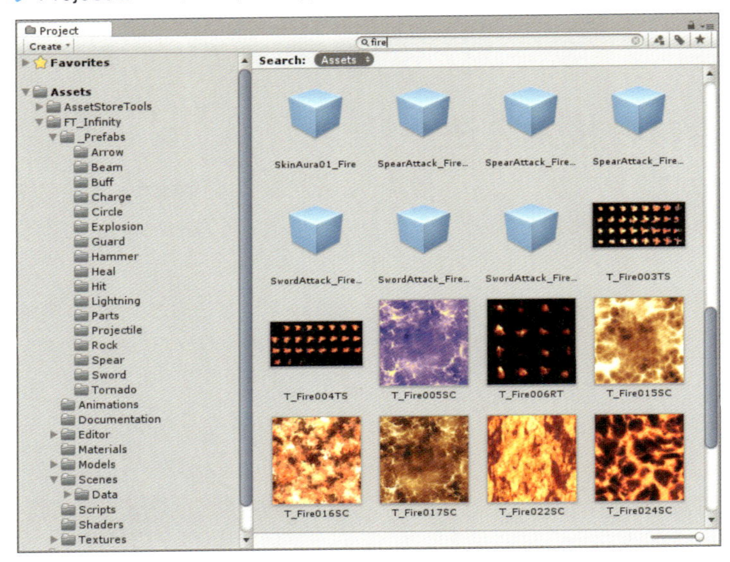

次に種類別の検索方法を試してみます。検索欄に「t:種類名」と入力することにより種類別に検索することが可能です。例えば「t:Texture」と入力すればプロジェクト内のテクスチャ素材だけを検索できます。

▶ Projectビューの検索欄で「t:Texture」で検索した結果

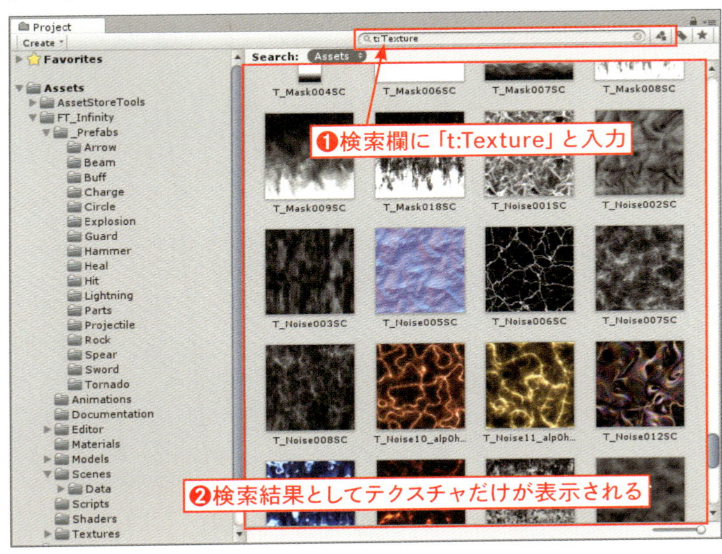

さらに、こちらの素材別検索と名前検索を組み合わせて使うことも可能です。

「t:Texture fire」で検索すると、テクスチャ素材で、かつファイル名にfireを含むファイルのみが結果として表示されます。

▶「t:Texture fire」で検索

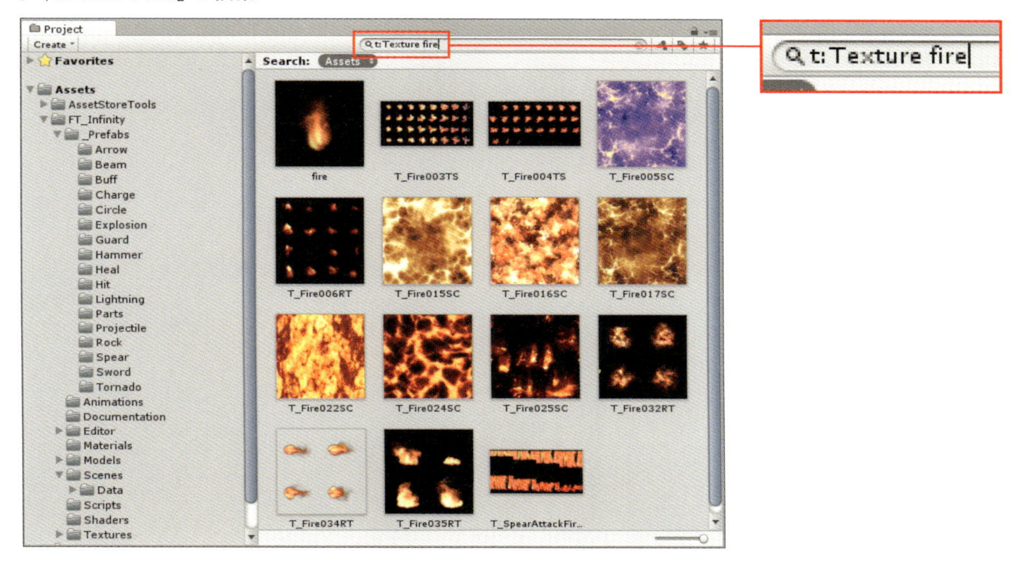

また、いちいち入力するのが面倒という場合、検索したいファイル名を入力した後で、下左図の赤枠で囲ったボタンを押して種類を指定することが可能です。

▶ボタンを併用した検索方法

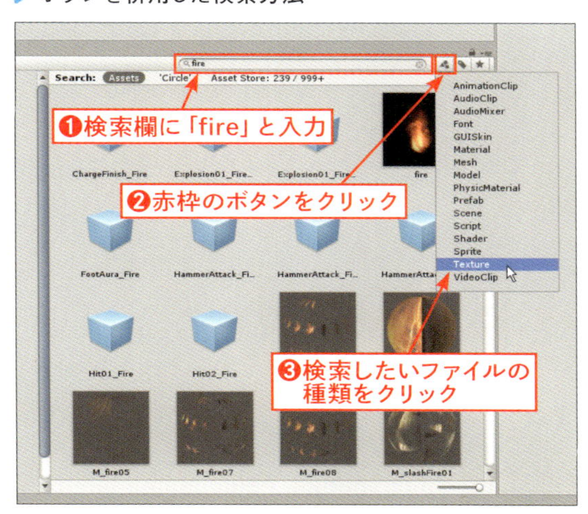

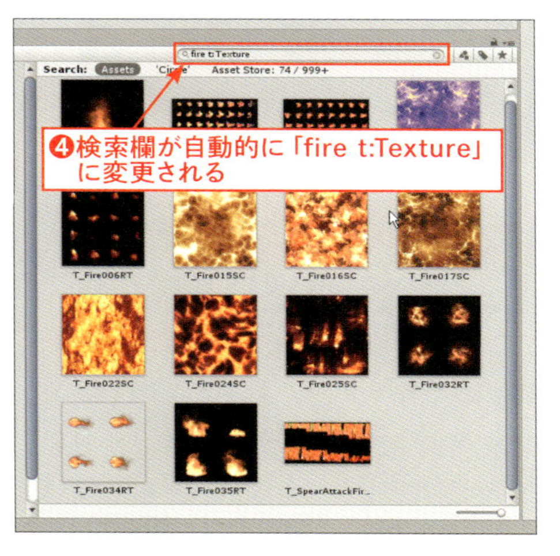

1-5-3 ラベル機能を使用した検索方法

1-5-2で説明した検索方法の他に、Unityにはラベルと呼ばれる便利な機能があります。他のアプリケーションでいうところのタグのような機能で、ラベルを設定することでより柔軟にファイルを検索することができます。

「l:Fire」のように検索欄に入力すればFireのラベルの付いたテクスチャのみ検索することができます。また種類別検索の時と同じように、ボタンを押してラベルを一覧から選択することも可能です。

▶ ラベルが設定されたテクスチャ素材

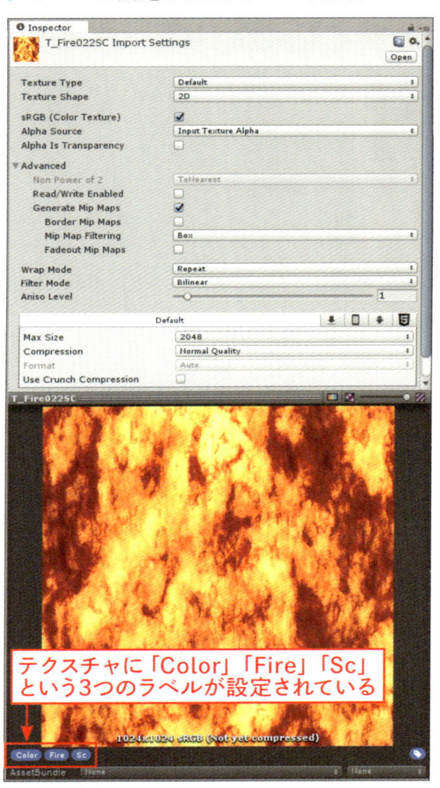
テクスチャに「Color」「Fire」「Sc」という3つのラベルが設定されている

▶ ラベルによる検索方法

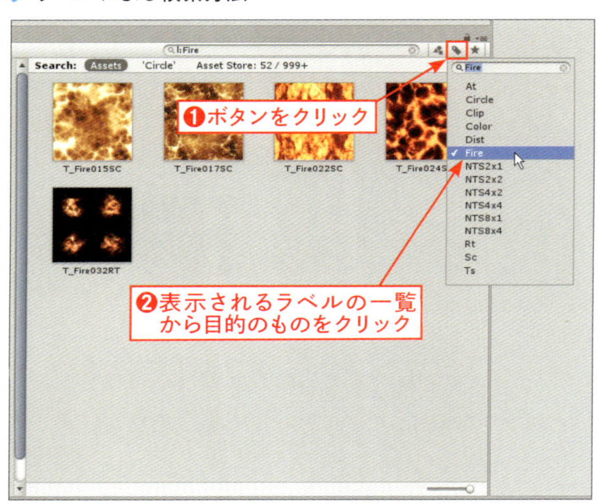
❶ボタンをクリック
❷表示されるラベルの一覧から目的のものをクリック

新規にラベルを設定する場合、Projectビューからラベルを追加したいファイルを選択し、Inspectorビューの右下端にあるアイコンをクリックして検索欄を表示、追加したいラベル名を入力して Enter キーを押します。

▶ ラベルの追加方法

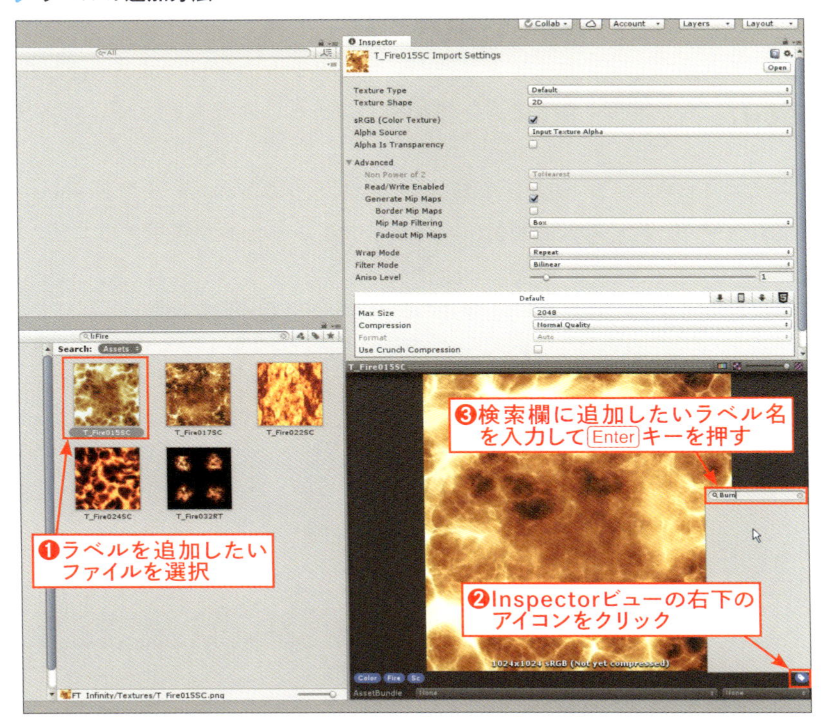

ファイルから設定したラベルを削除したい場合、先ほどと同じ要領で検索欄を表示し、チェックマークの付いているラベルをクリックすると、ファイルからラベルを取り除くことができます。

▶ ラベルの削除方法

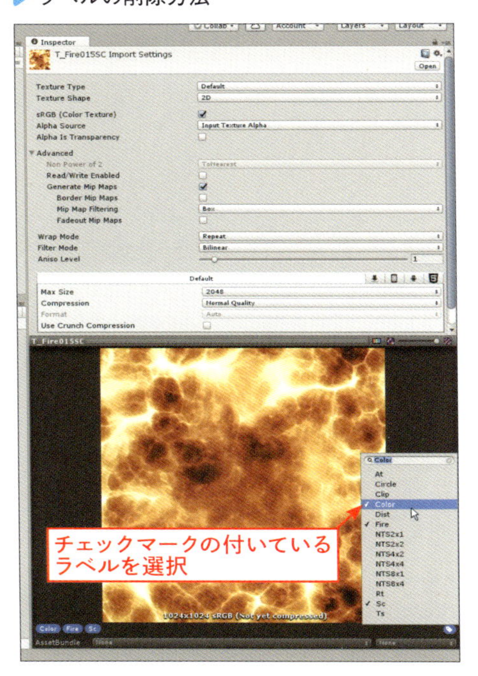

1-5-4 エフェクトに使われている素材

エフェクト素材の検索方法について解説してきましたが、エフェクトのプレファブに使われているファイルの一覧を取得したい場合もあると思いますので、そちらの方法も解説していきます。

Projectビューでエフェクトのプレファブを選択し、右クリックメニューからSelect Dependenciesを選択すると、プレファブで使用されているファイルの一覧が表示されます。

▶ 右クリックメニューからSelect Dependenciesを選択し、使用しているファイルの一覧を取得

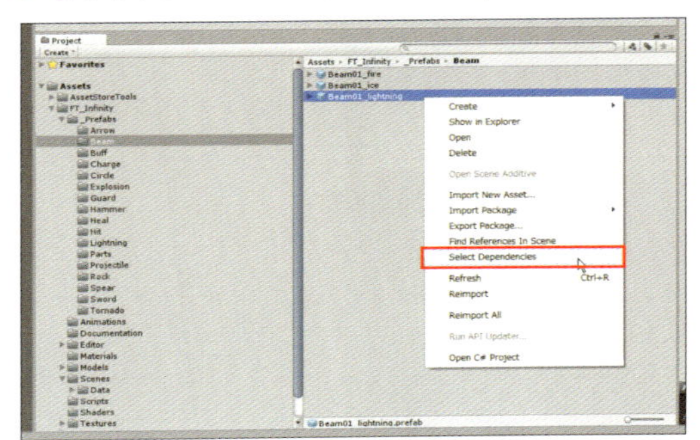

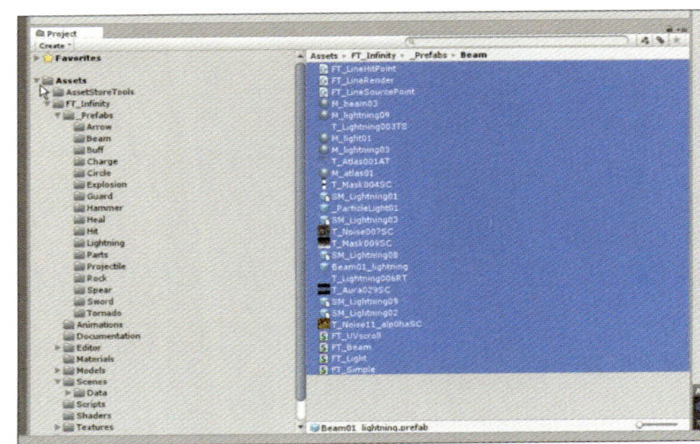

またプロジェクトではなく、シーンに配置してあるエフェクトのプレファブから一覧を取得したい場合、Hierarchyビューでエフェクトを選択後、InspectorビューのSelectボタンを押します。なお、このSelectボタンはプレファブを選択したときのみ表示されます。

Selectボタンを押すと、Projectビュー内で先ほど選択したプレファブがフォーカスされるので、右クリックメニューからSelect Dependenciesを選択することで使用ファイル一覧を取得できます。

▶ InspectorビューでSelectボタンを押すことで該当するプレファブがProjectビューでフォーカスされる

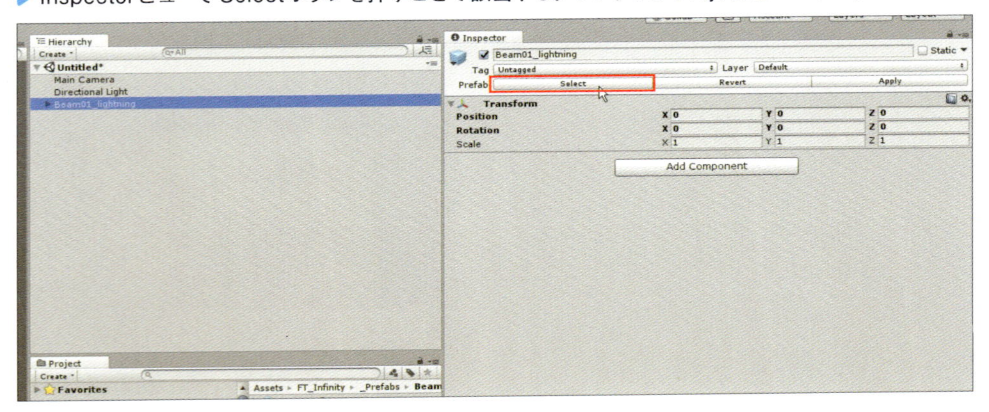

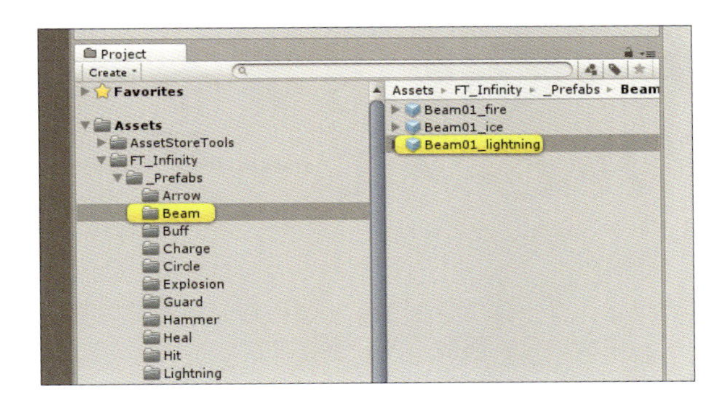

また、Projectビュー内でテクスチャなどの素材を選択し、右クリックメニューの中からFind References In Sceneを選択すると、Hierarchyビューでそのテクスチャが使われているオブジェクトの一覧を取得することができます。

▶ Find References In Sceneでその素材が使われているオブジェクトの一覧を取得

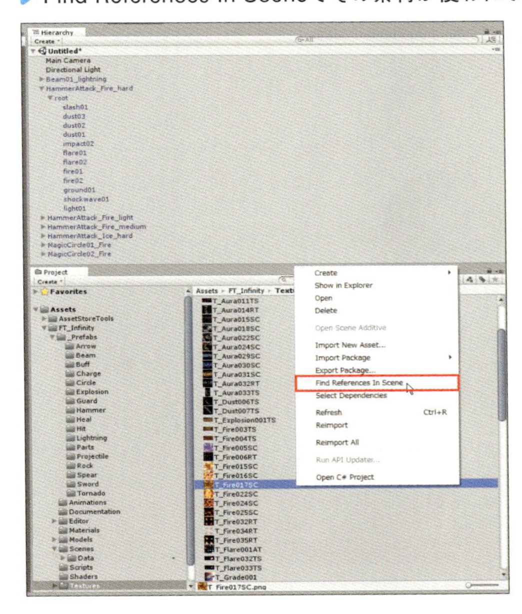

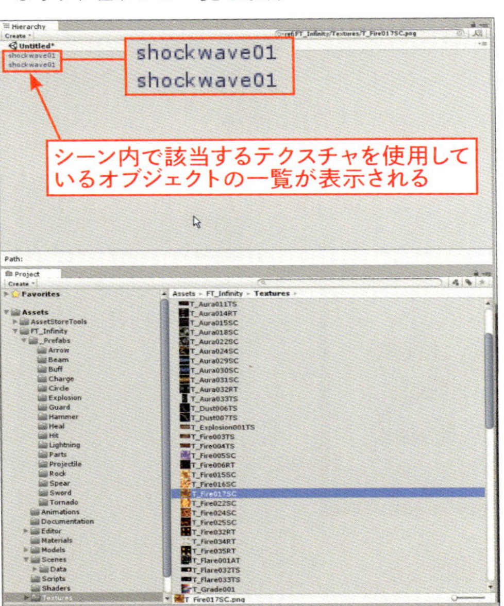

このあたりはエフェクトに限らず、ゲーム制作全般に役立つものですので、覚えておきましょう。

1-6 エフェクトで使用するマテリアルとシェーダー

エフェクトの見た目を左右するマテリアルとシェーダーはエフェクト制作において非常に重要な要素です。ここではマテリアルとシェーダーについて、解説していきます。

1-6-1 マテリアルとは、シェーダーとは

マテリアルはテクスチャやカラー情報などを内包しており、オブジェクトやパーティクルの外観を決定します。マテリアルにどのような情報やパラメータを与えるかは、シェーダーによって決定されます。また、シェーダーでプロパティとして登録されたパラメータは、マテリアルに表示され、調整することが可能になります。

▶ シェーダーとマテリアルの関係

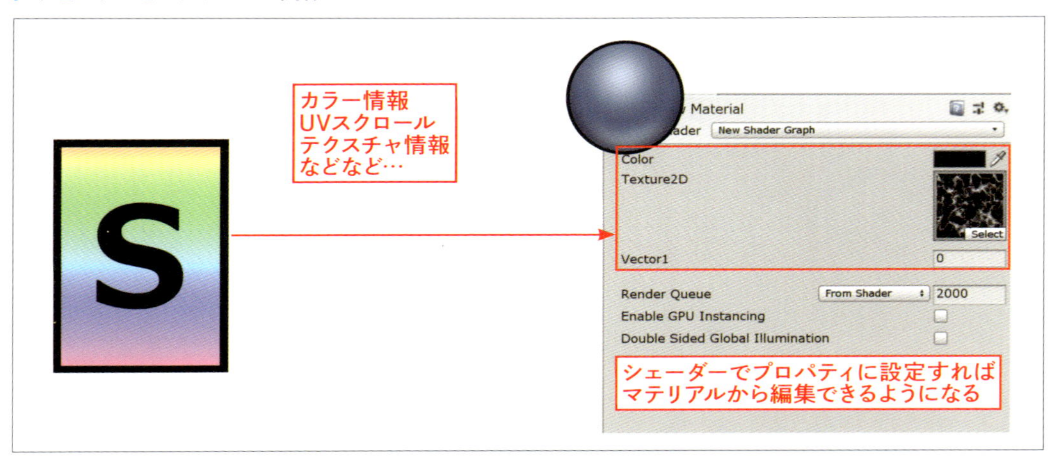

Unityではパーティクル向けのシェーダーがあらかじめ用意されており、モバイル向けの軽量なものから、PCやコンソールなどハイエンド向けのものまで様々です。4章の実例制作ではUnityの既存のシェーダーを使用してエフェクトを制作していきますが、5章からはShader Graphを用いてオリジナルのシェーダーを構築していきます。

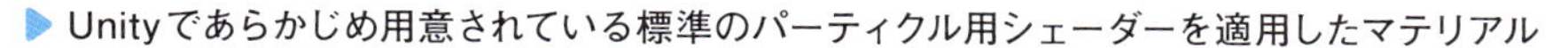

▶ Unityであらかじめ用意されている標準のパーティクル用シェーダーを適用したマテリアル

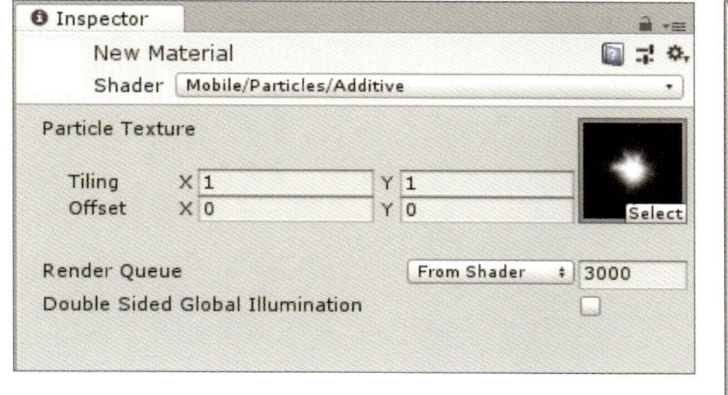

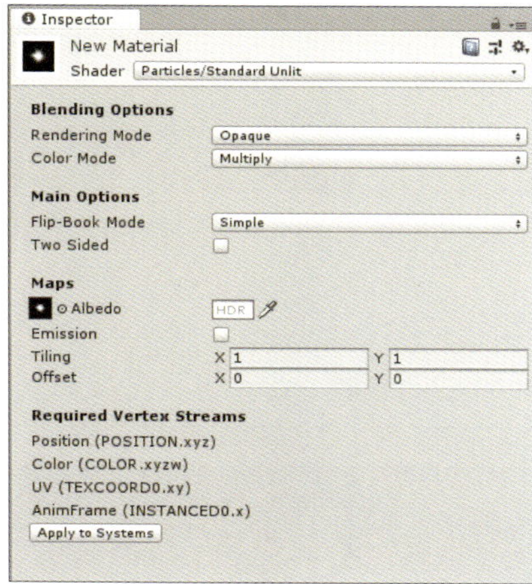

マテリアルに設定されているシェーダーを変更したい場合、マテリアルの上部分にあるShaderのリスト項目から選択することで変更できます。

▶ シェーダーの変更方法

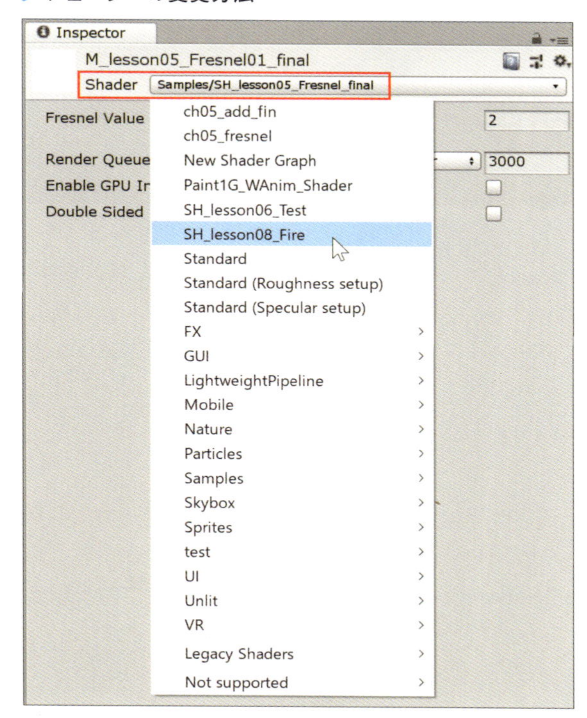

1-6-2 シェーダーの自作

1-6-1で説明したように、Unityには標準でパーティクル用のシェーダーが用意されていますが、シェーダーを自作することも可能です。その場合、シェーダーコードを記述して制作する方法と、Shader Graphを使用してノードベースでシェーダーを制作していく2通りの方法があります。本書ではShader graphを使用してシェーダーを作成していく方法を解説しています。

▶ Shader Graphの画面

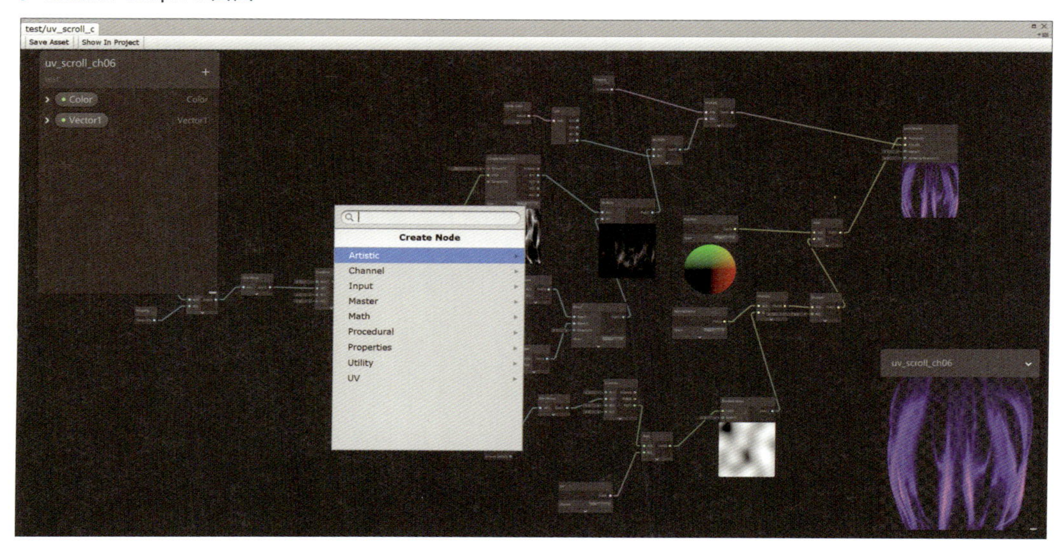

Shader Graphを使用することで、コードを記述することなくシェーダーが構築できます。しかし、シェーダーのパフォーマンスを最適化したりする場合、シェーダーのコードを見直して修正する場合がほとんどです。そのため、デザイナーがShader Graphを使用してエフェクトの見た目を定義し、それを元にプログラマーがパフォーマンスチューニングを行っていくような手法が一般的かと思われます。

また後の章で詳細に説明しますが、シェーダーとShurikenのCustom Vertex Streamsの機能を組み合わせることで、パーティクルごとの情報をシェーダーに渡して計算させるといった高度な使い方も可能です。本書では5章からShader Graphを使ってシェーダー制作の手順を解説していきます。

作成した素材の読み込みと設定方法

Unity でエフェクトを制作する際には、モデルやテクスチャといったリソースが不可欠ですが、制作したリソースを Unity に読み込む方法を解説していきます。

1-7-1 Houdiniで作成した素材の書き出し方法

Houdini を用いて作成したメッシュモデルを Unity にインポートする方法を説明していきます。

▶ Houdini を使って作成したメッシュモデル

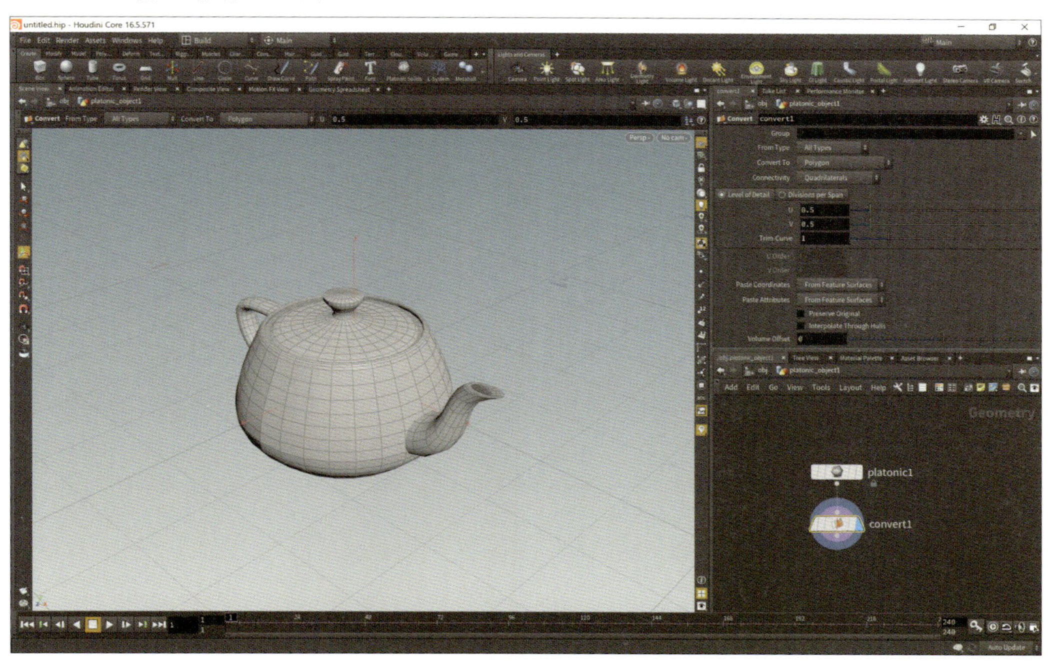

Houdiniで作成したメッシュモデルをUnityに読み込む場合は、Houdiniのエクスポートメニューから FBX ファイルとして書き出し、Unityのプロジェクトフォルダ内に保存します。Houdiniのメインメニューから File → Export → Filmbox FBX の順にクリックします。するとFBX Export Options ウィンドウが開きます。

Houdini の FBX ファイルエクスポートメニュー

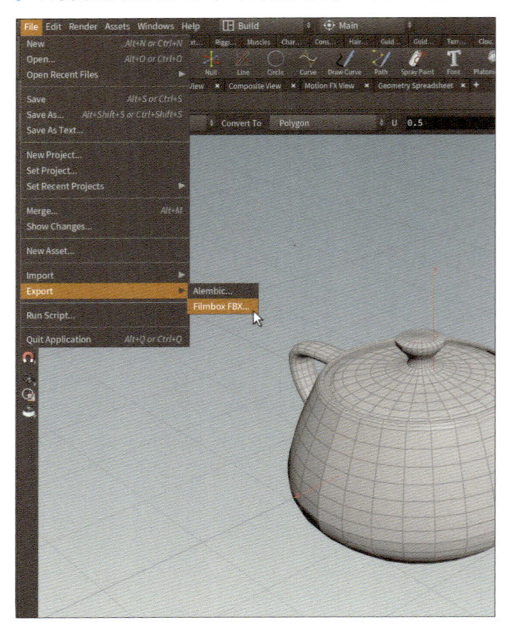

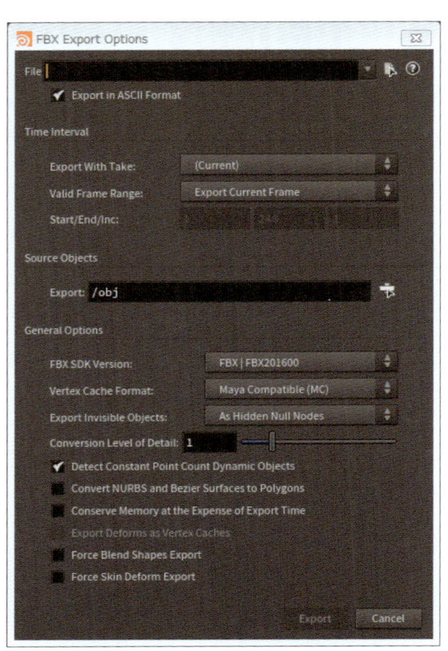

Unity のプロジェクトにメッシュデータを保存した後に、データを再度更新する場合、もう一度同じ手順でエクスポートして上書き保存してください。 他にも ROP FBX Output ノードを使った書き出し方法もありますが、本書では解説していません。また、エクスプローラから FBX などのファイルを Unity の Project ビューにそのままドラッグ＆ドロップすることも可能です。

エクスプローラから Unity の Project ビューへドラッグ＆ドロップ

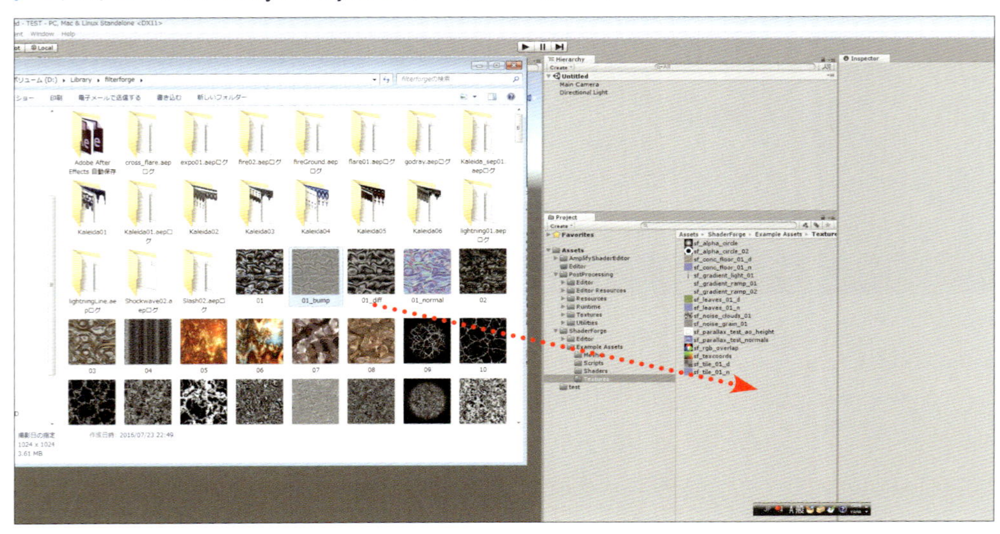

ただしエクスプローラ上でUnityのプロジェクトフォルダ内のファイル(Assetsフォルダ以下のファイル)を操作するのは危険です。エクスプローラでUnityプロジェクトフォルダ内のファイルを移動したりした場合、ファイルが破損する恐れがあります。またファイルのリネームなどについても必ずUnityのProjectビュー上から行うようにしましょう。

1-7-2 UnityPackageファイルのインポートとエクスポート

UnityPackageをインポートする場合はファイルメニューのAssets→Import Package→Custom Package…を選択するか、ProjectビューにUnityPackageファイルを直接ドラック&ドロップするとImport Unity Packageダイアログが開くので、必要なファイルを選択して、Importボタンを押すとデータがプロジェクト内にインポートされます。

▶ ファイルメニューから選択

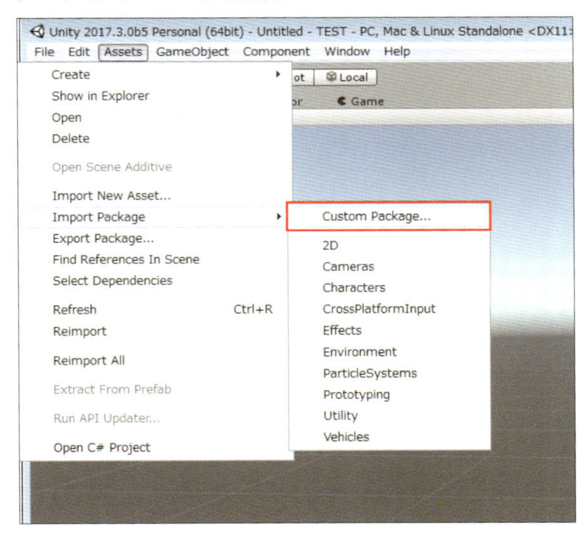

▶ UnityPackageファイルを直接Projectビューにドラッグ&ドロップ

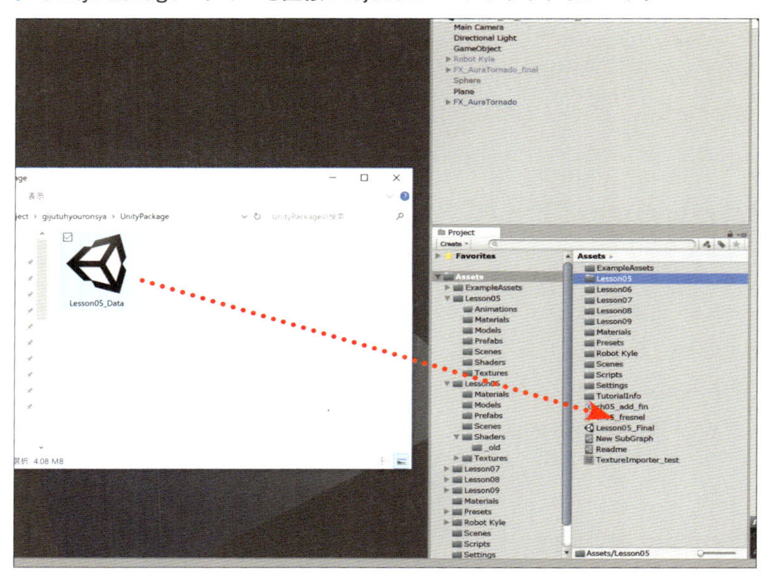

▶ ファイルをエディタ内にドラッグしてダイアログが開いた状態

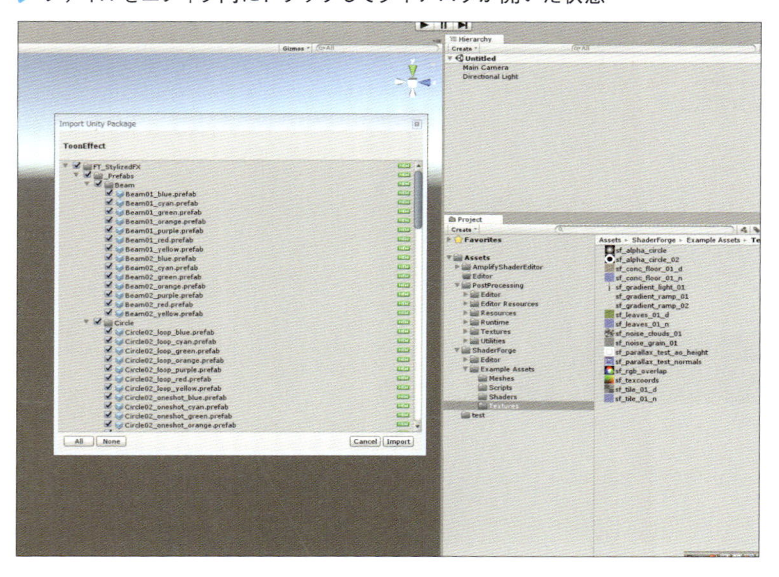

　データをエクスポートしたい場合は必要なファイルを選択し、ファイルメニューから、Assets→Export Package…を選択すると、Exporting packageダイアログが開くので、そこから必要なデータにチェックを入れて、Export…ボタンを押します。

▶ Exporting packageダイアログが開いた状態

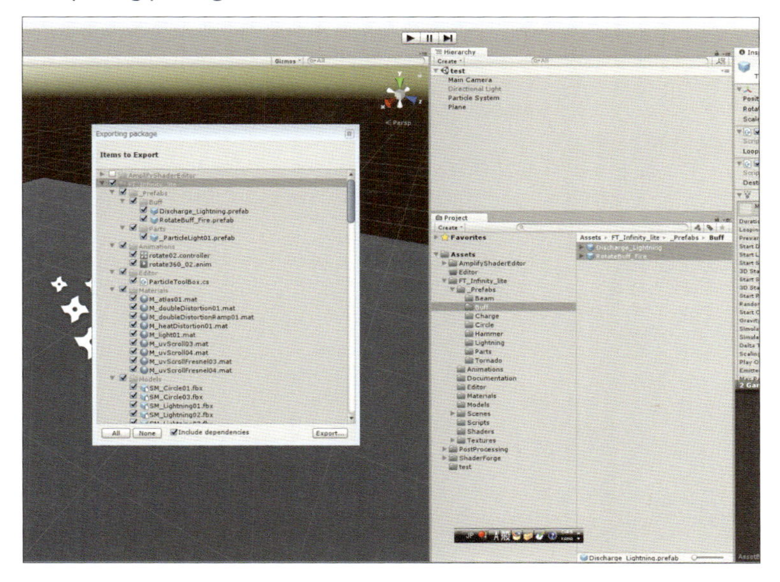

1-7-3 読み込んだファイルの設定変更

読み込んだメッシュファイルは初期設定のままでは、エフェクト作業には必要のないものにまでチェックが入っているので設定を変更しておきましょう。

UVスクロール用のメッシュやShapeモジュールのメッシュとして使用する場合、下図の赤枠部分はほとんどの場合で不要なので、オフにして問題ありません。

▶ メッシュファイルを選択した際に表示される設定項目

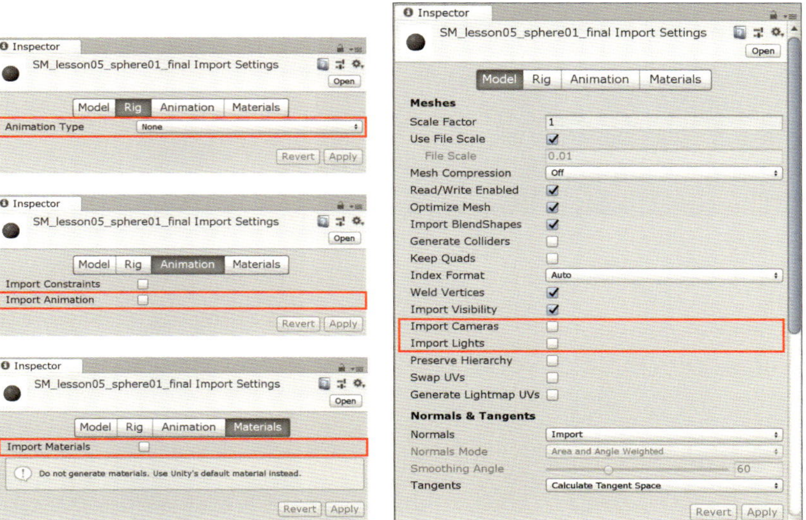

テクスチャファイルに関しては、使用する用途に応じて、Wrap Modeを変更する場合があるかもしれません。

▶ テクスチャファイルの設定項目

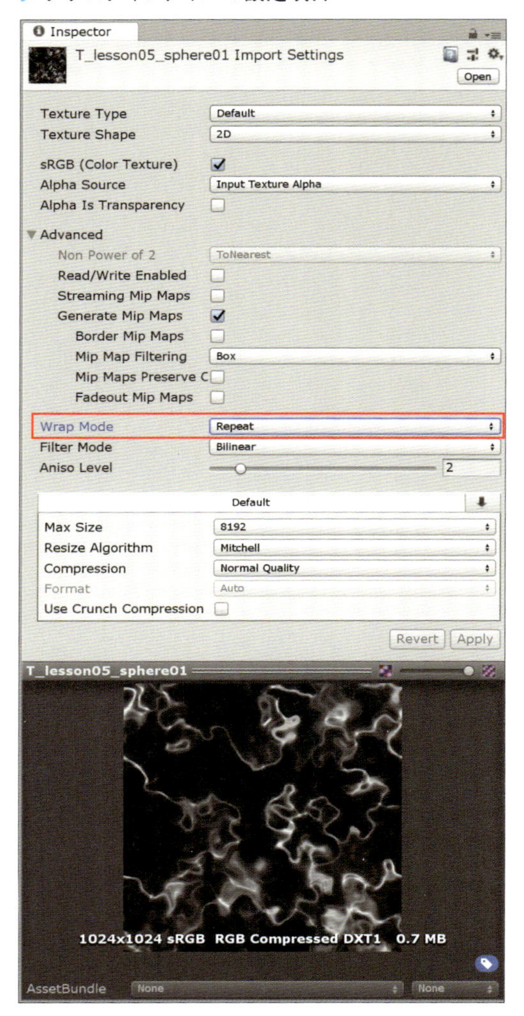

▶ Wrap Modeの選択項目

項目	内容
Repeat	ＵＶスクロールなどで使用する場合はこちらを選択（デフォルトの設定）
Clamp	タイル状に繰り返す必要がない場合に選択
Mirror	テクスチャをミラー状（反転）に繰り返す

また、メッシュオブジェクトをインポートする度に設定するのは面倒ですが、Unity2018から搭載された、プリセット機能を使用して、ある程度自動化する方法があります。プリセット機能の使用方法については、2-4-2で解説していますので参照してください。

Chapter 2

パーティクルエディタの概要

2-1 エディタとモジュールの説明

この章では Unity のパーティクルシステム（Shuriken）の概要と、エフェクトを作成する前に知っておいた方がよい前提知識や設定項目について解説していきます。

2-1-1 パーティクルシステムの作成方法

新規にパーティクルシステムを作成する場合、複数の作成方法があります。

- メインメニューのGameObjectの一覧から選択
- Hierarchyビューの右クリックメニューからEffects→Particle Systemを選択し作成
- シーン内に既にあるゲームオブジェクトにParticle Systemコンポーネントを追加

上記のような方法でパーティクルシステムを作成することができます。

▶ GameObjectの一覧から選択する方法(左)、Hierarchyビューの右クリックメニューから選択する方法(右)

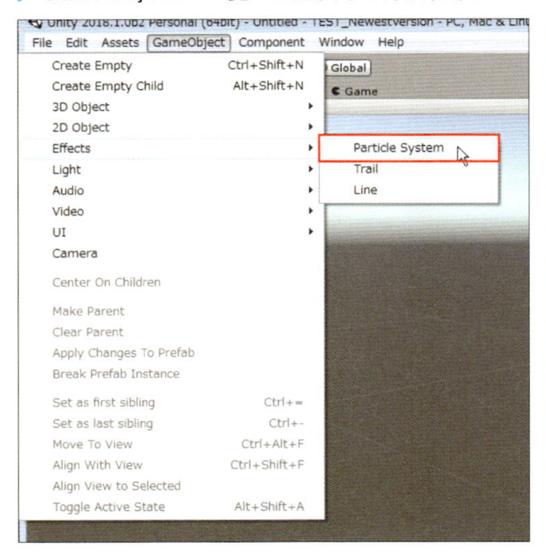

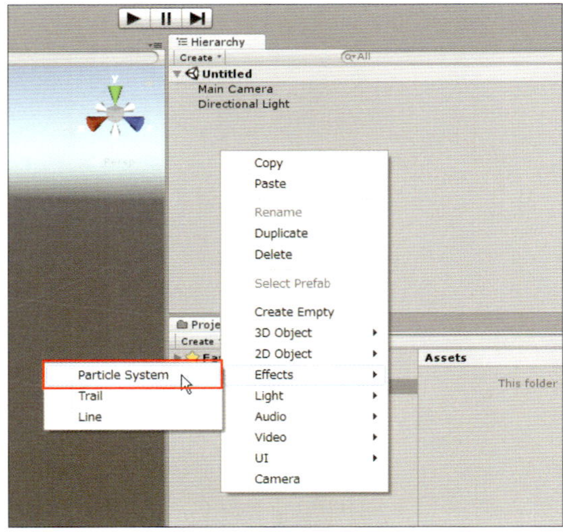

また以降の説明において、パーティクルシステム、Particle Systemコンポーネント、Shurikenという用語が出てきますが、いずれも同じものと解釈していただいて問題ありません。

▶ 既存のゲームオブジェクトに対してParticleSystemコンポーネントを追加する方法

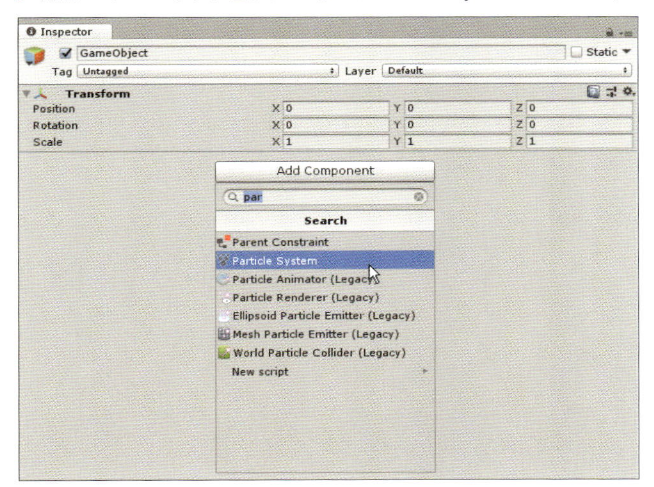

次にパーティクルの再生方法について説明します。

作成したパーティクルを選択するとSceneビューの右下に右図のようなプレイバーが表示されます。ボタンが3つ付いていますが、左から順に「再生/一時停止」、「頭から再生」、「停止」となっておりパーティクルの再生について操作することが可能です。

▶ パーティクルを選択すると表示されるプレイバー

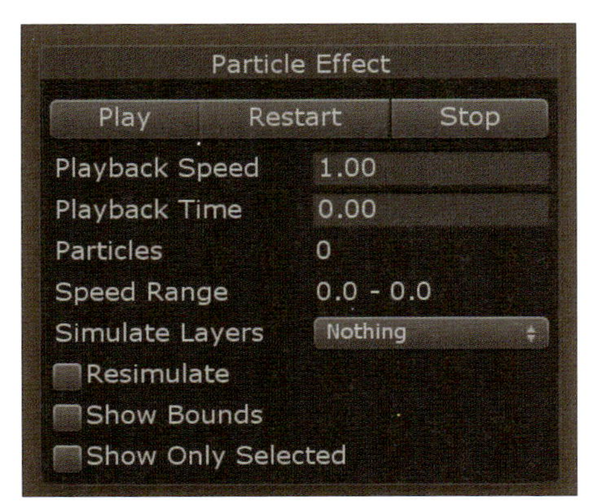

また、通常パーティクルシステムは、親子構造で複数のエミッターで構成されることがほとんどで、その場合は親子構造内の複数のパーティクルシステムが同時に再生されます。プレイバーの一番下のShow Only Selectedにチェックを入れておくと、選択しているパーティクルシステムのみを再生することが可能です。

2-1-2 パーティクルエディタの起動方法

2-1-1の方法で作成されたパーティクルシステム(ParticleSystemコンポーネント) のことをShurikenと呼びます。Inspectorビューで追加されたParticleSystemコンポーネントのOpen Editorボタンをクリックするとパーティクルエディタのウィンドウが開きます。

▶ Inspectorビューに表示されているParticleSystemコンポーネント(上) とOpen Editorボタンから起動したパーティクルエディタ(下)

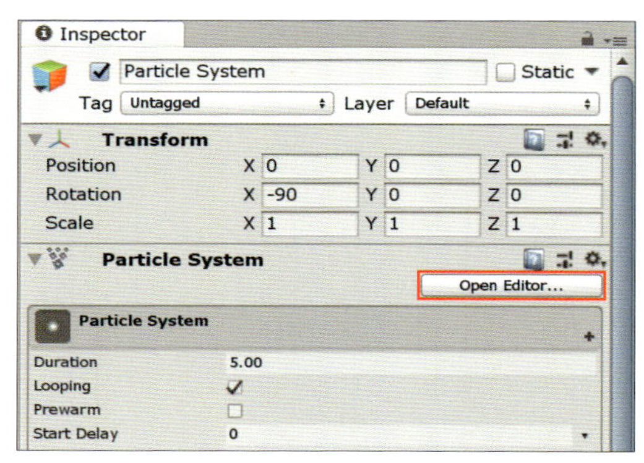

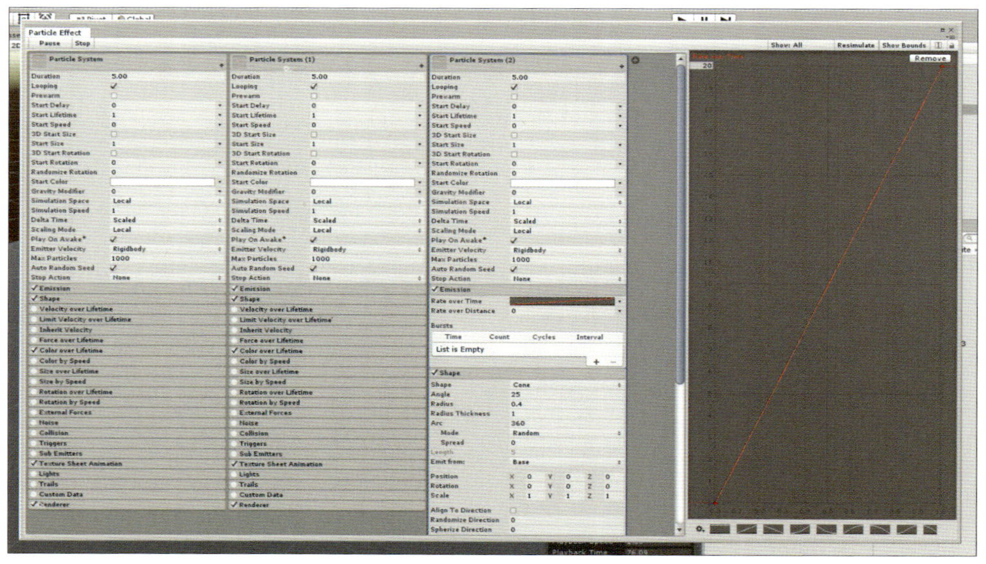

Open Editorボタンから起動したパーティクルエディタを使ってエフェクトを作っていく方法と、Inspectorビューから作っていく方法がありますが、本書では主に、Inspectorビューに表示されたParticle Systemコンポーネントを編集していくスタイルでエフェクト制作を行っていきます。

パーティクルエディタでは親子関係にあるパーティクルをまとめて表示できるので便利なのですが、前ページの図のようにディスプレイの表示領域をかなり占有してしまうため、筆者はほとんど使用していません。

2-1-3 パーティクルシステムの一括編集

エフェクト制作において、複数のパーティクルの値をまとめて変更したい場合があるかと思いますが、Hierarchyビューから複数のパーティクルを選択して、パラメータを一括編集することが可能です。

複数のパーティクルシステムを選択した場合、Inspector ビューの下図における、赤線部分の表示が Multiple Particle Systemsになります。注意点として複数選択した際に、Particle Systemコンポーネントを持っていないオブジェクトが混じっているとParticle Systemコンポーネントが表示されず、編集ができません。

▶ パーティクルの複数選択時の表示

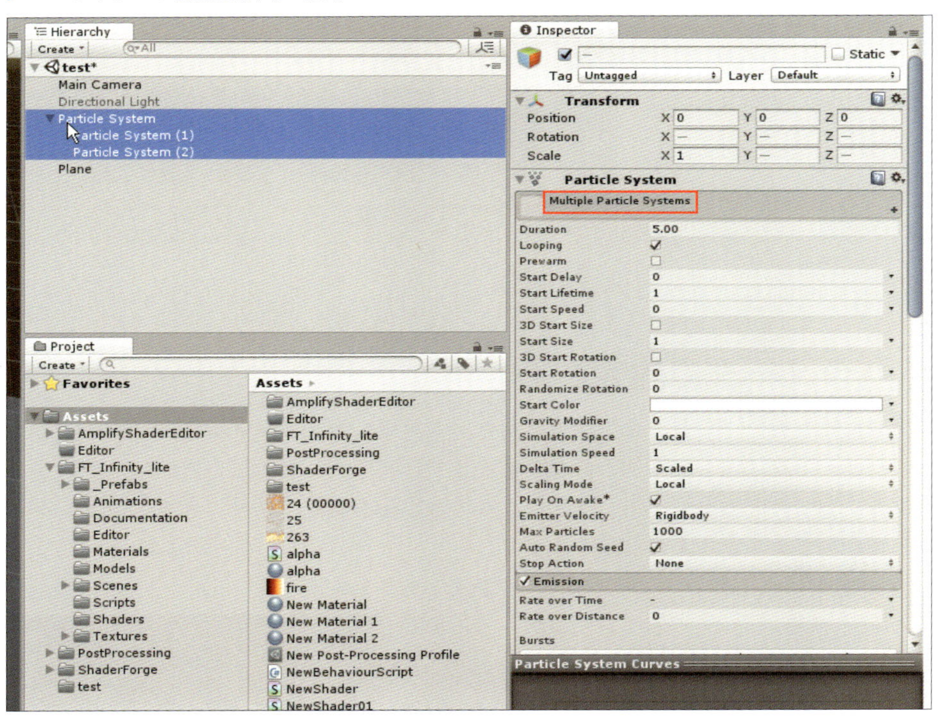

2-1-4 モジュール

モジュールはパーティクルシステムを構成する部品のようなものです。パーティクルシステムは複数のモジュールで構成されており、車で例えるなら自動車本体がパーティクルシステム、エンジンやハンドル、サスペンションといった各部品がモジュールになります。各モジュールの左端に付いているチェックを入れることで、モジュールの機能を有効化することができます。

近年の積極的なバージョンアップで多くの機能が搭載され、非常に便利になった反面、モジュールが増えたため、初心者の方にはちょっと難しそうに見えるかもしれません。各モジュールの具体的な説明については、3章で解説していきます。

▶ パーティクルシステムはモジュールの集合体

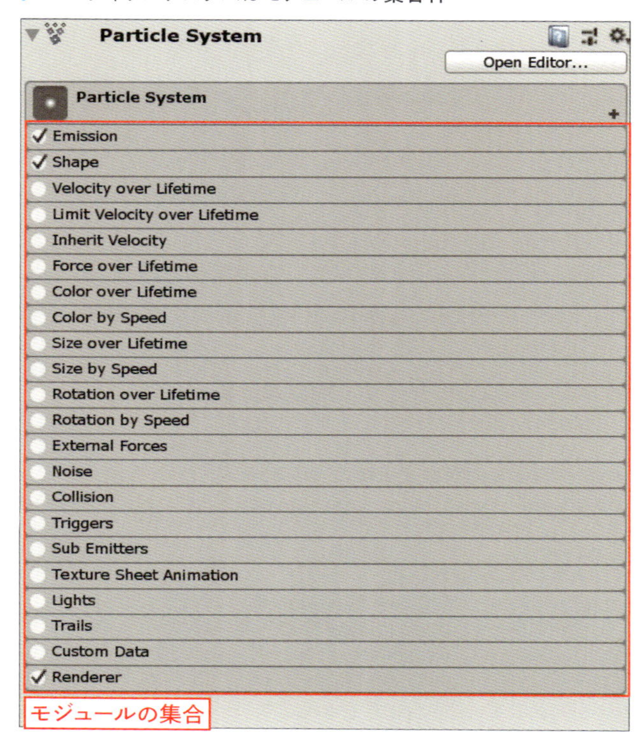

2-1-5 パラメータの設定方法

パーティクルに動きを付けたり、色を変更したり、大きさを変えたりするには、対応するモジュール内のパラメータに値を設定する必要があります。パラメータの設定方法には種類があり、使い分けることで時間軸に沿ってパーティクルの放出量を調整したり、大きさをランダムにしたり、複雑な動きを設定することができます。

パラメータの右端にある下向きの三角のアイコンをクリックすることで、次のような選択欄が表示され、設定方法を変更できます。

値の設定方法については次のような種類があります。

▶ 設定方法を選択

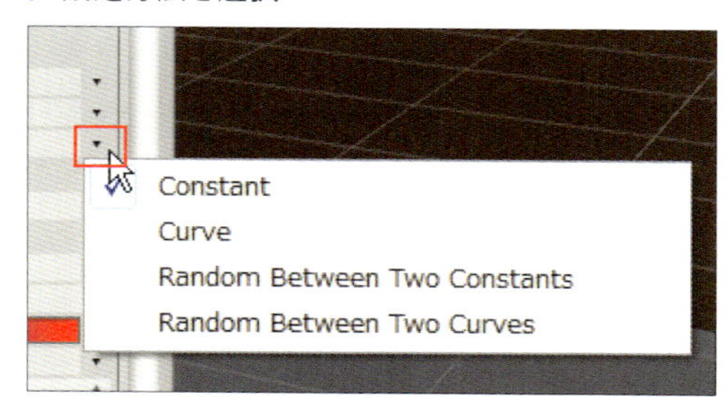

■ Constant

パラメータに定数を設定します。

▶ 定数での設定

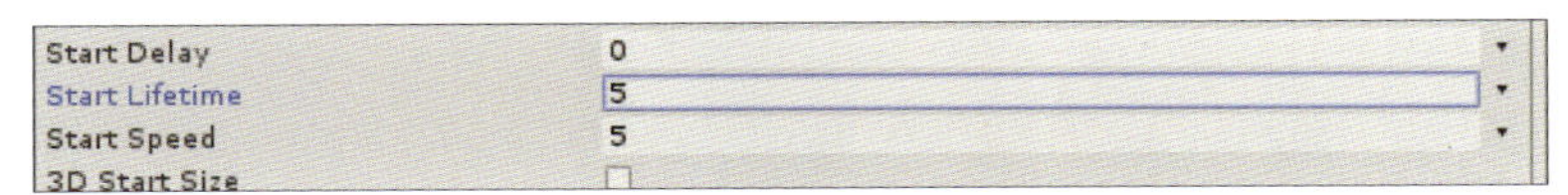

■ Curve

カーブを使ってパラメータを設定でき、パーティクルの寿命やデュレーションに沿って値を変化させることができます。

▶ カーブ設定とカーブエディタ

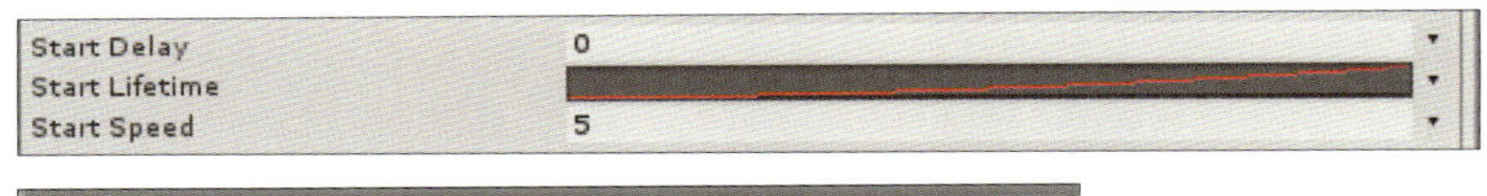

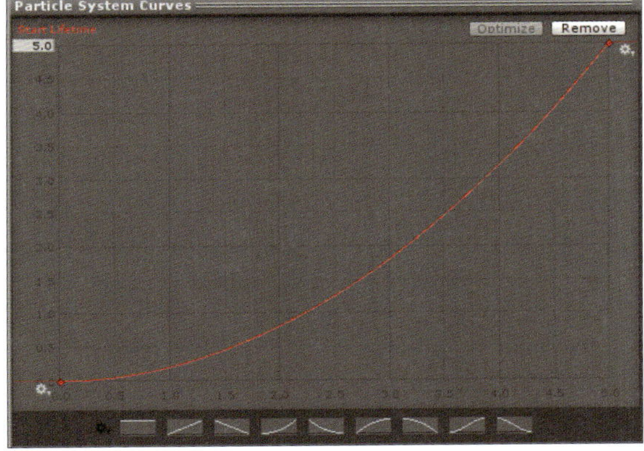

■ Random Between Two Constants

2つの定数（最大値と最小値）で範囲を設定して、各パーティクルがその範囲内の値にランダムで設定されます。

▶ 最大値と最小値による設定

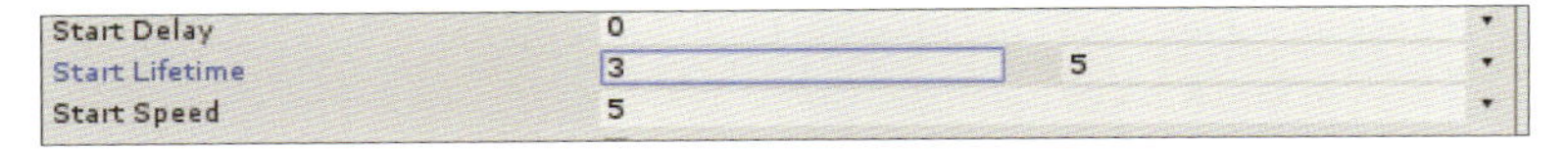

■ Random Between Two Curves

2つのカーブを設定することで、各パーティクルが範囲内の値にランダムで設定されます。

▶ 最大カーブと最小カーブによる設定

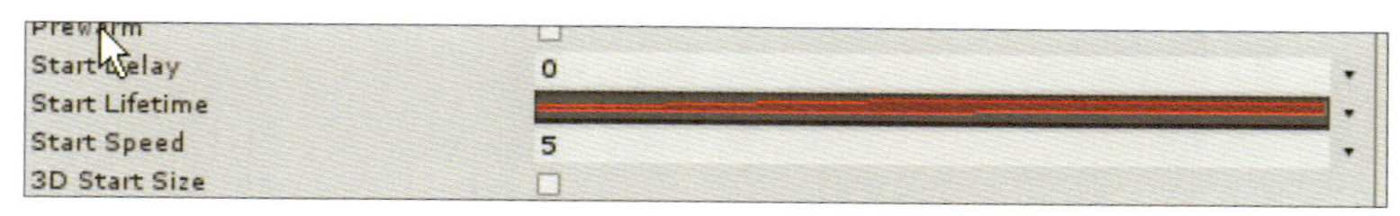

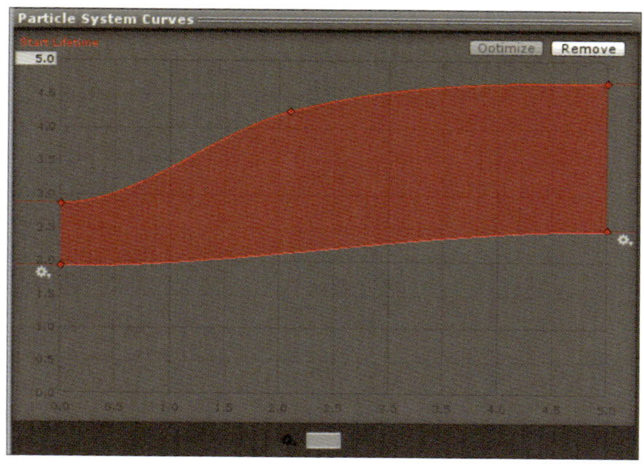

カラーとカーブエディタの使用方法

ここではパーティクルに色を設定したり、色変化のアニメーションを付けたりする際に使用するカラーピッカーとGradient Editor、カーブエディタについて解説していきます。

2-2-1 カラーピッカーとGradient Editor

パーティクル発生時の色を設定したり、寿命に沿ってパーティクルの色を変化させたりする際にカラーピッカーとGradient Editorを使用して色を設定します。カラーピッカーとGradient Editorは、Start colorパラメータやColor over lifetimeモジュールで主に使用します。

MainモジュールのStart Colorパラメータで値の設定方法をConstantかRandom Between two Colorsに指定した場合、カラーピッカーで色を指定します。

▶ Start Colorの項目で使用するカラーピッカー

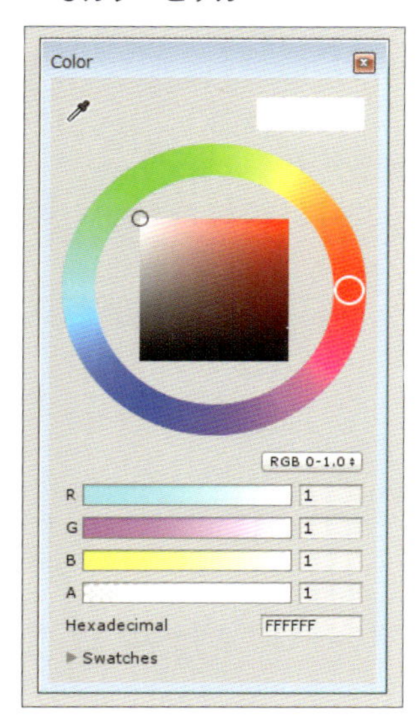

MainモジュールのStart ColorパラメータでGradient、Random Between two Gradients、Random Colorを選択した場合、またはColor over LifetimeモジュールでGradient Editorを使用します。カラーバーの上段でアルファを、下段でカラーを設定することが可能です。

▶ カラーとアルファの設定方法

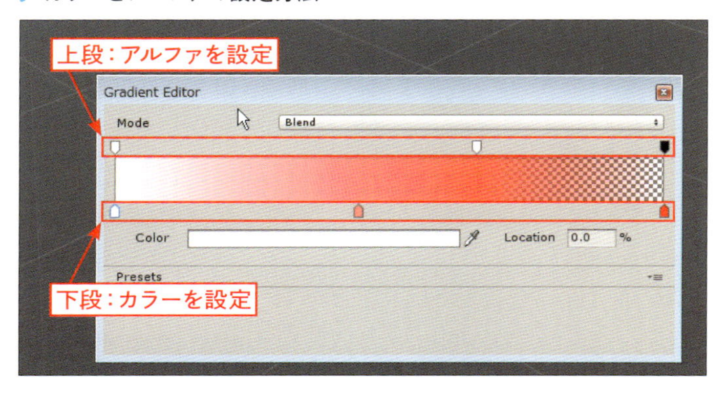

またModeをFixedに設定することで、色と色の間で補間が行われないようなカラー設定を行うことが可能です。

▶ Modeを切り替えると色の補間方法を変更することが可能

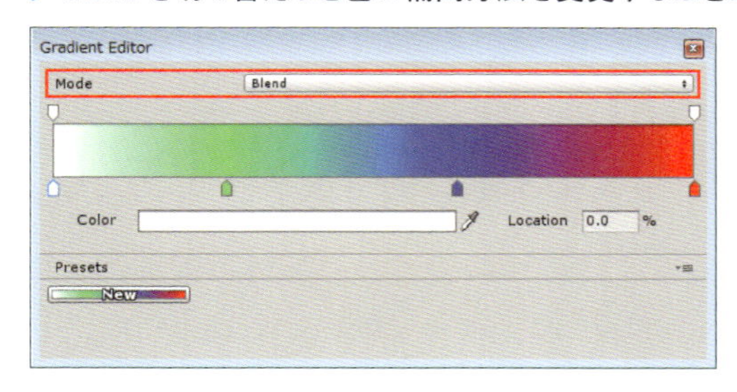

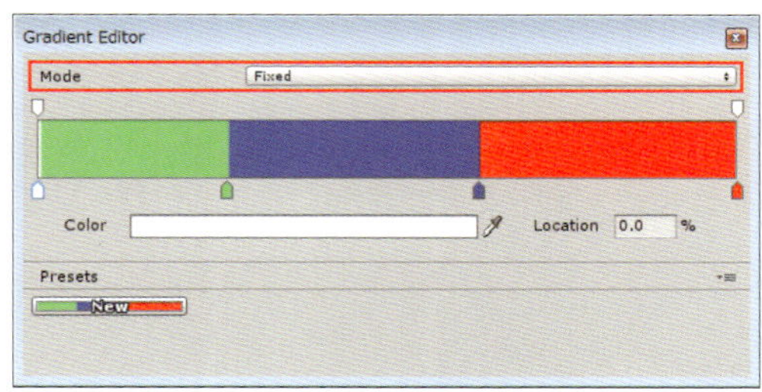

カラーピッカーとGradient Editorともにプリセットの項目が用意されており、作成したデータをプリセットとして保存しておけば、他のパーティクルにも同じ設定をクリック1回で適用することができて便利です。

▶ プリセットの追加方法

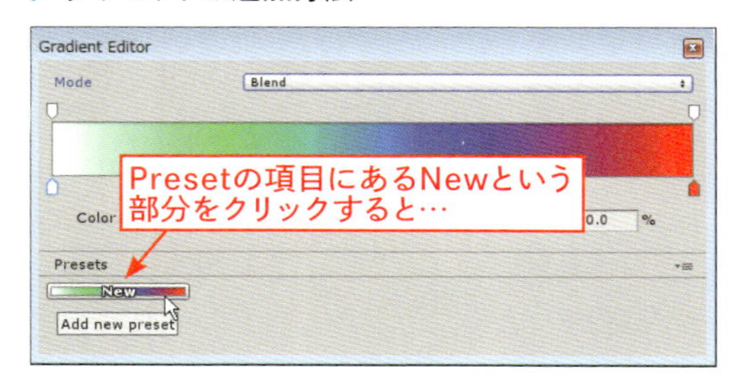

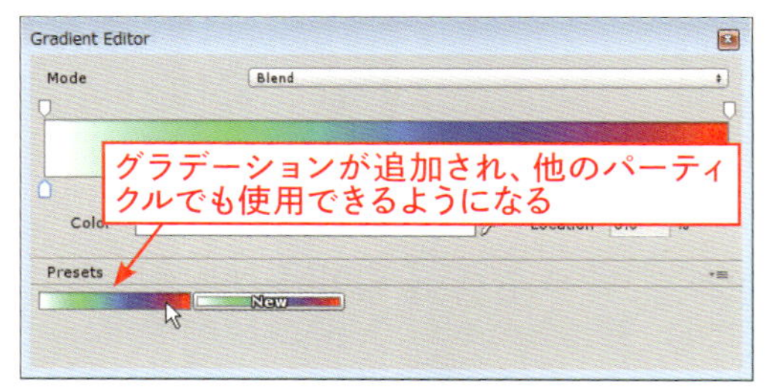

2-2-2 カーブエディタ

パーティクルの寿命に沿ってスピードを変えたい、デュレーションに沿ってパーティクルの生成量を変化させたい、といった場合にはカーブを使ってパーティクルを制御します。各パラメータの設定方法からCurveまたはRandom Between Two Curvesを選択した場合にカーブエディタを使用することができます。

▶ カーブを使って値を設定

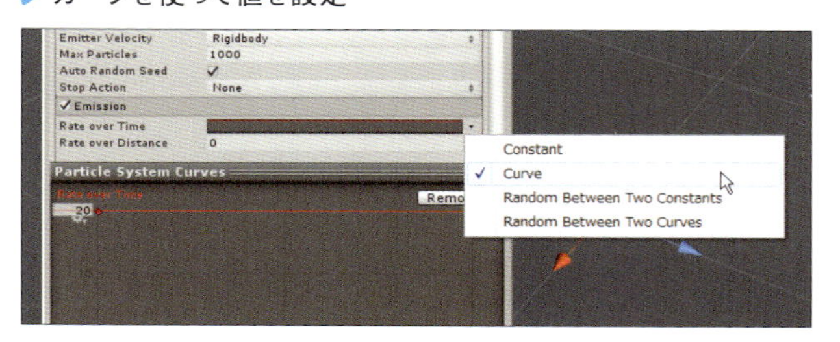

カーブエディタでは縦軸がパーティクルの量やスピードなどの変化量、横軸がパーティクルの寿命やデュレーションの長さなどの時間を表しています。

▶ カーブエディタの表示

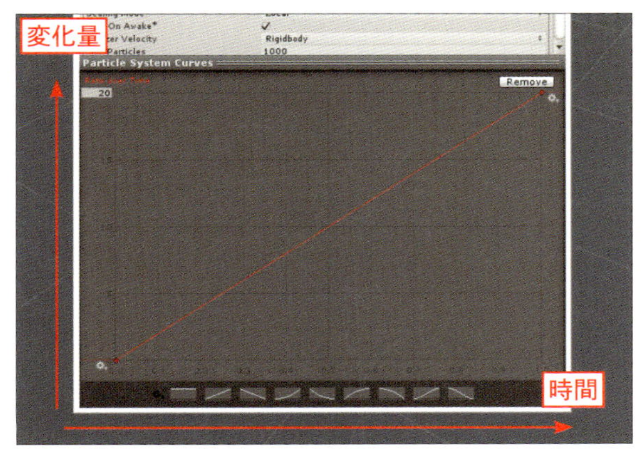

カーブ上でダブルクリックすることでポイント（編集点）を追加することができ、ポイントを右クリックすることでポイント間の補間方法を変更することができます。

▶ ポイントを右クリックするとメニューが表示

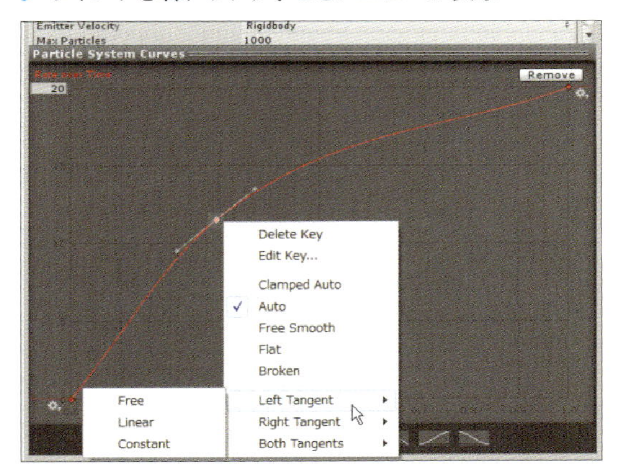

Delete Keyでポイントの削除ができ、Edit Keyで右図のようにポイントの設定値と時間を直接入力することが可能です。

▶ Edit Keyで設定値と時間を直接編集できる

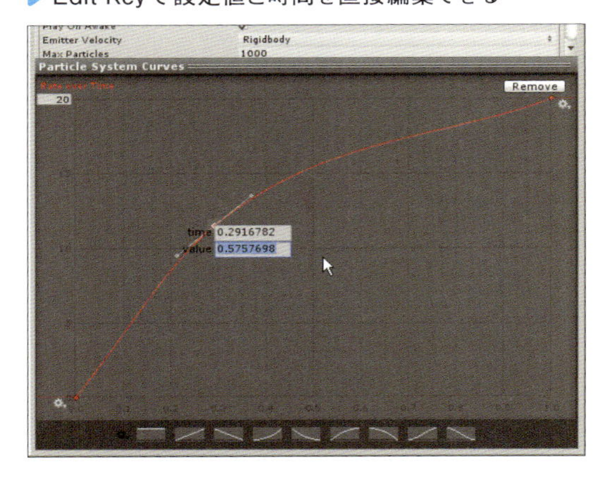

また、右クリックメニューから接線のタイプを変更することが可能です。接線タイプをBrokenに設定した場合、左右の接線ハンドルを独立して操作することが可能です。

▶ Brokenに設定し、接線ハンドルを独立して編集

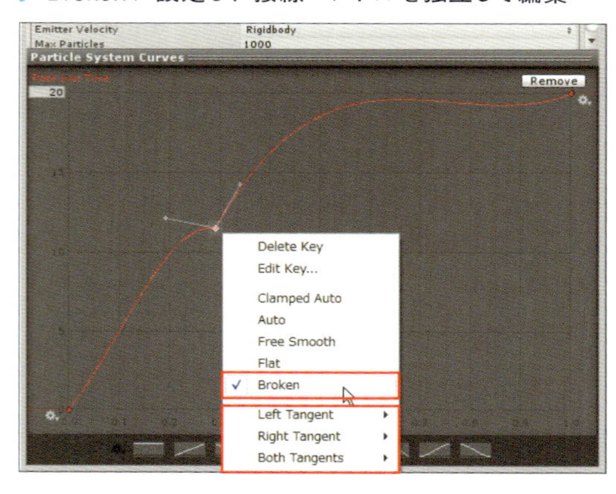

メニューの一番下にある3つの項目、Left Tangent、Right Tangent、Both Tangentsでそれぞれポイントの左側、右側、両方の接線を変更できます。Right TangentからFree、Linear、Constantを選択した場合の結果を見てみます。

▶ 上からそれぞれ右側の接線タイプをFree、Linear、Constantに設定した場合のカーブの変化

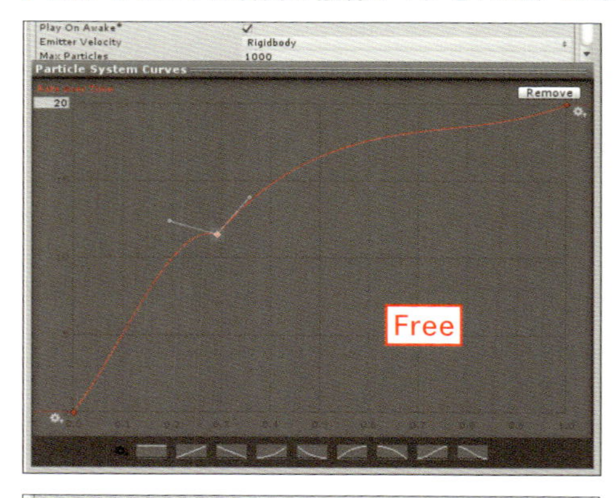

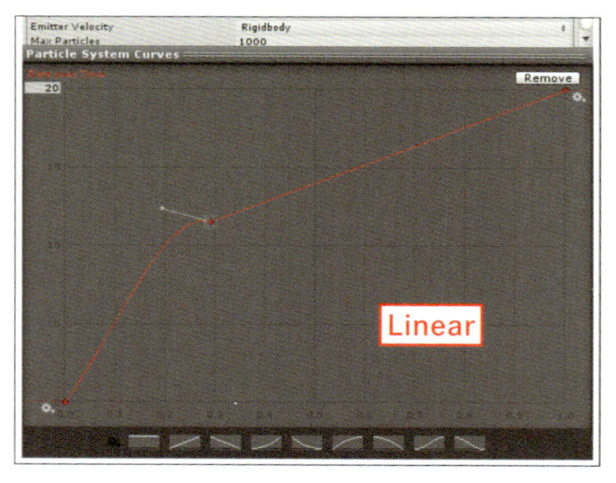

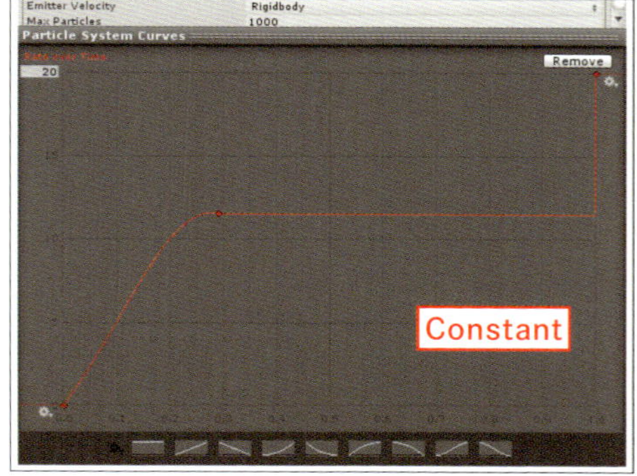

　また、カーブの始点と終点にある歯車のアイコンをクリックすると、カーブの繰り返しの補間方法を指定できます。

▶ エディタに表示される歯車のアイコン

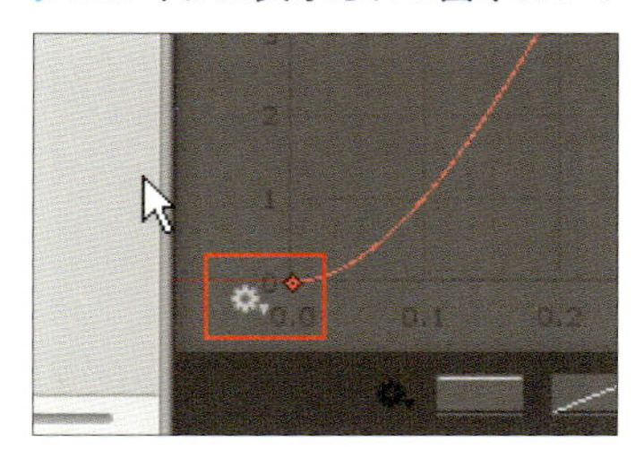

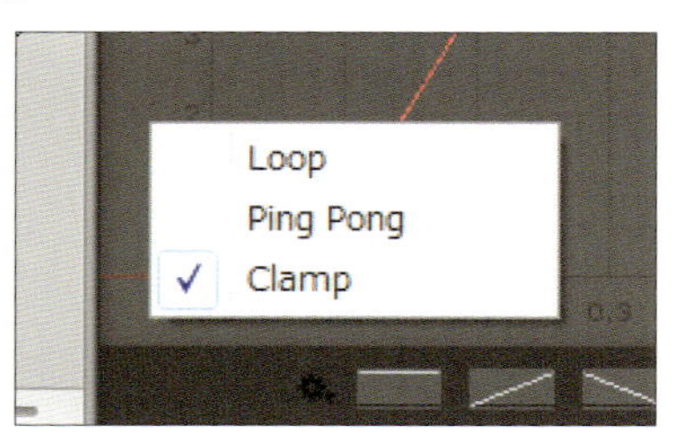

　例えば、下左図のようなカーブで終点の補間方法をLoopに設定し、終点のポイントを左に動かすと、終点以降のカーブが繰り返されノコギリのようなカーブが形成されます。

▶ Loopを使用してカーブを繰り返す

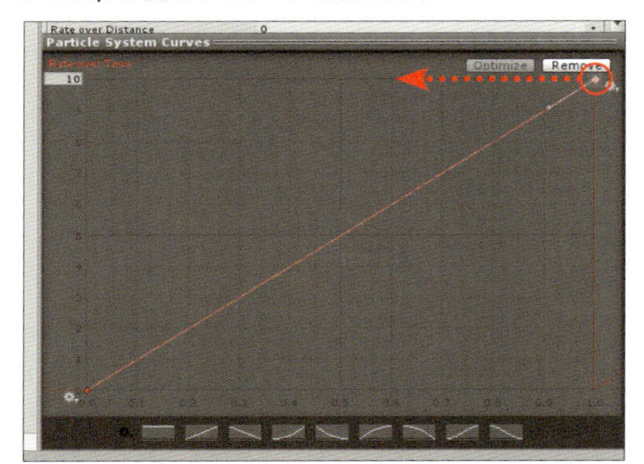

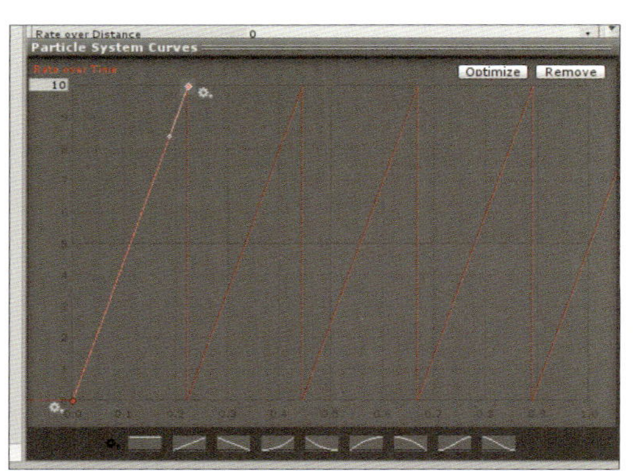

　このように始点から終点までのカーブを繰り返すことができます。この方法でサインカーブのような動きを簡単に設定することが可能です。それぞれ補間方法をLoop、Ping Pong、Clampに設定した場合の結果は次の図になります。

▶ 補間方法の違いによるカーブの変化

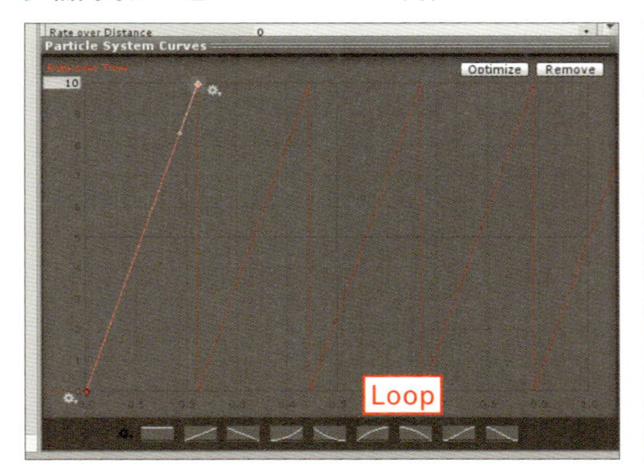

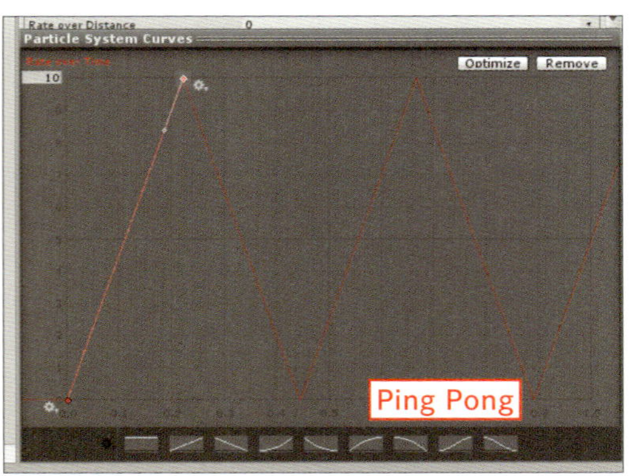

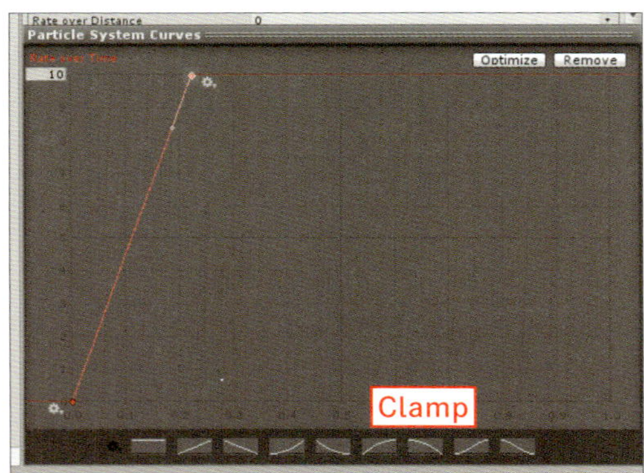

テクスチャアニメーションとUVスクロール

ここではエフェクトを制作していく上で必要になるテクスチャアニメーションとＵＶスクロールについて解説していきます。ＵＶスクロールに関してはShurikenの機能ではなくシェーダーの機能になります。

2-3-1 テクスチャアニメーション

例えば爆発のようなエフェクトを作る場合、下図のような動きが連続した複数枚のテクスチャを用意します。ひとつひとつは静止画ですが、この画像を順番に切り替えて連続して再生することでアニメーションしているように見せることが可能です。

▶ 爆発のテクスチャ

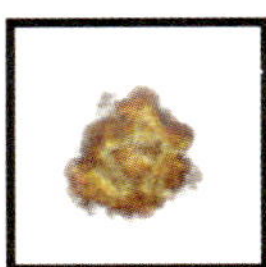
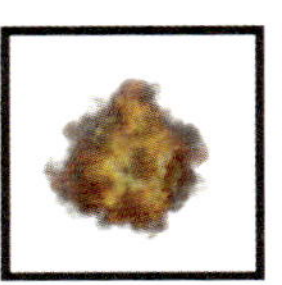

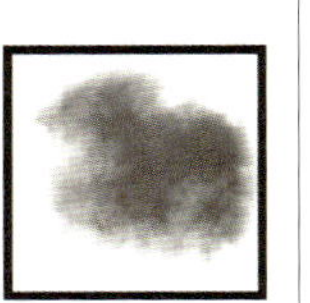

このように複数の画像を連続して再生する場合、テクスチャ１枚ずつを切り替えて表示するのではなく、複数の画像を１枚の画像内にまとめて配置してからShurikenで再生方法や再生速度を指定します。複数画像を１枚にまとめる作業自体は、AfterEffectsやHoudiniなどで行い、Unityに一枚のテクスチャとしてインポートします。

また、Unityが提供するVFX ToolboxのImage Sequencerを使用しても同じことができます。

▶ 複数のテクスチャを1枚に納める

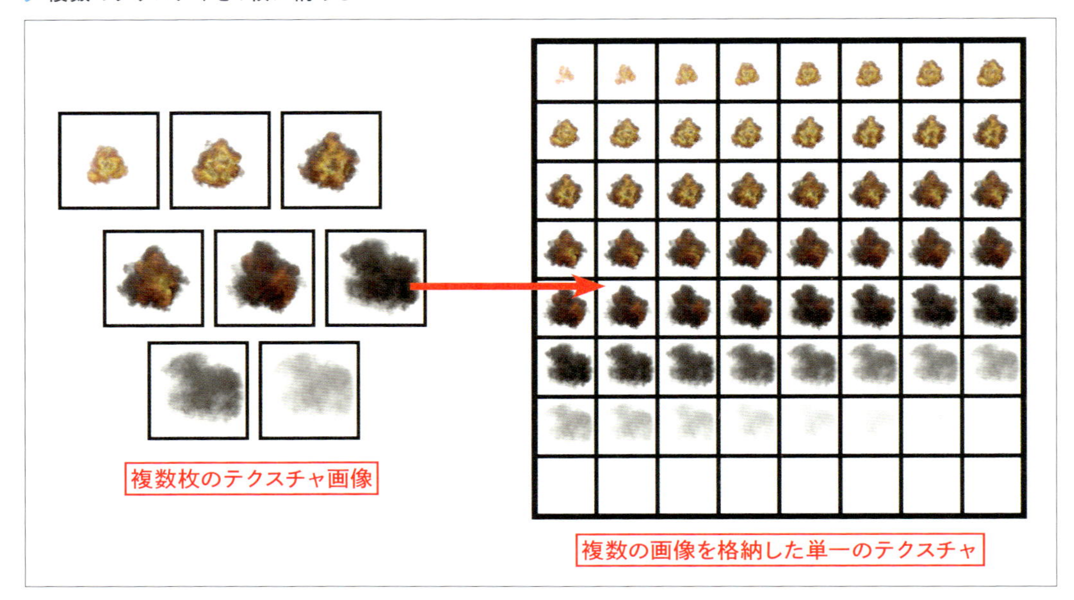

再生する際はShurikenのTexture Sheet Animationモジュールを使用して設定を行います。

▶ ShurikenのTexture Sheet Animationモジュール

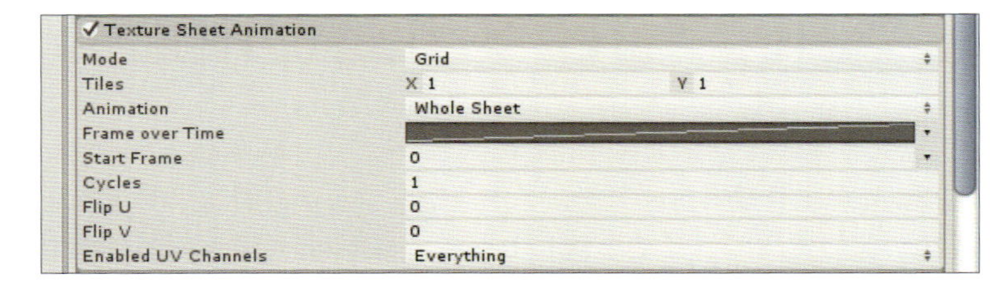

実際のTexture Sheet Animationモジュールの設定方法については、実例制作を通して解説していきます。

2-3-2 テクスチャのアトラス化

2-3-1ではアニメーションの複数の画像を1枚にまとめていましたが、複数の異なる画像を1枚のテクスチャに納めるテクニックはアトラス化と呼ばれ、アニメーションさせる場合だけでなく処理負荷を軽減する目的でもよく使われます。

例えば次の図のように4枚のテクスチャと、そのテクスチャが適用された4つのマテリアルがあったとします。

これをアトラス化することで1枚のテクスチャ内に納め、マテリアルも1つに削減することができます。4枚のテクスチャを1枚に納めるため、テクスチャのサイズ自体は大きくなってしまうかもしれませんが、一般的にこちらの方が処理負荷を減らすことが可能です。

▶ 4枚のテクスチャとそれが適用されたマテリアル

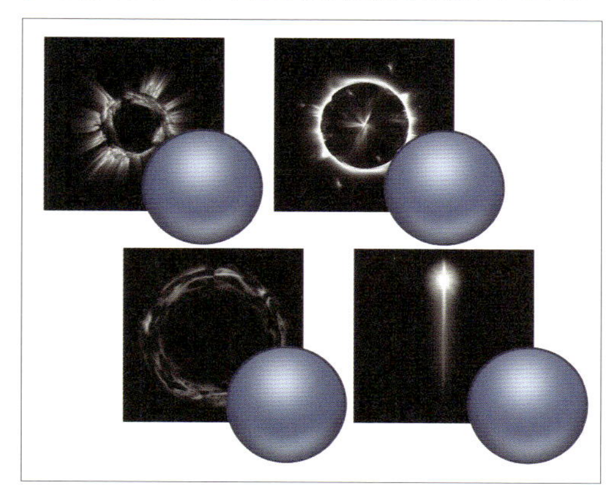

▶ アトラス化することでマテリアル数を削減できる

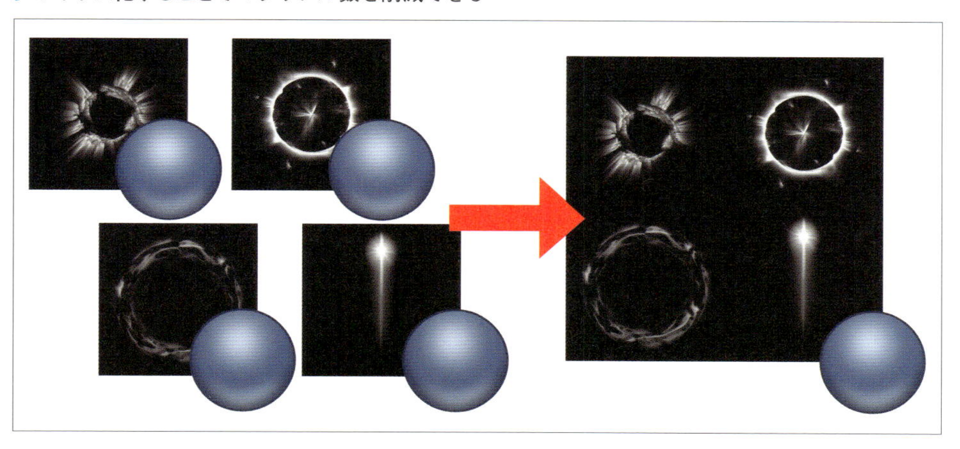

アトラス化した際もTexture Sheet Animationモジュールを使って、各エフェクトで使用する部分を指定することができます。

▶ Texture Sheet Animationモジュールでテクスチャ内の使用する部分を指定可能

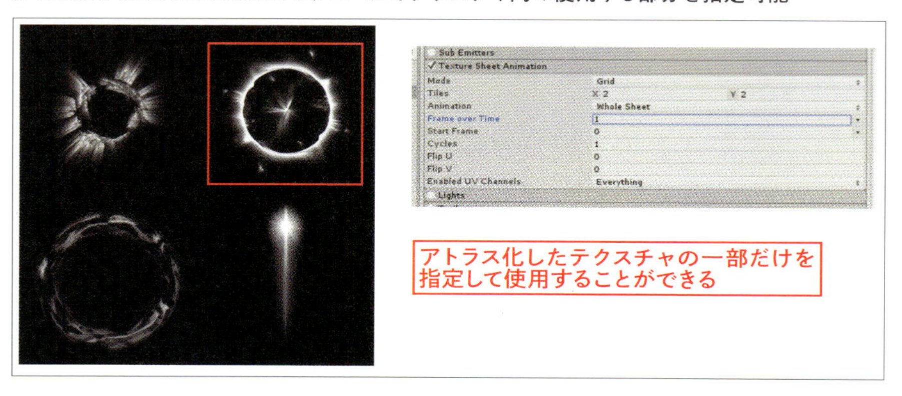

2-3-3 UVスクロール

テクスチャアニメーションと並んでエフェクト制作に欠かせないテクニックのひとつがＵＶスクロールです。メッシュなどに設定されているＵＶ座標をオフセットしてアニメーションさせることでテクスチャが動いているように見せる手法です。

使用例としては立ち昇るオーラなど一定速度で一定方向に動くものなどに適用されることが多いかと思われます。

▶ ５章で制作するUVスクロールが適用されたエフェクト

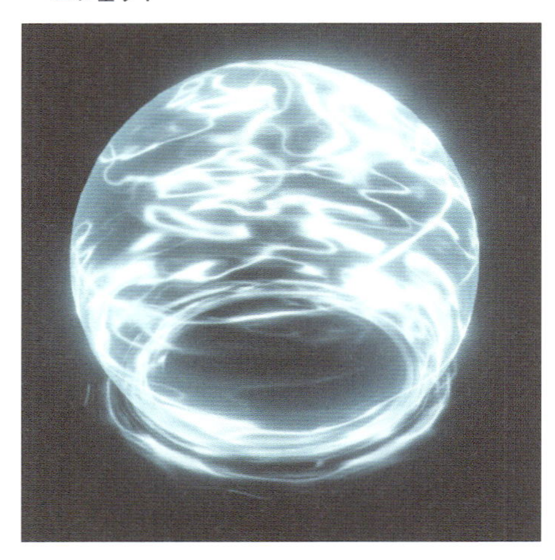

ＵＶスクロールの機能自体はShurikenには搭載されていないのでスクリプトで記述するか、シェーダーで実装する必要があります。本書ではシェーダーで実装する手法を取っています。後の実例制作の際にシェーダーの組み方を解説していきます。

▶ UVスクロールをShader Graphで実装

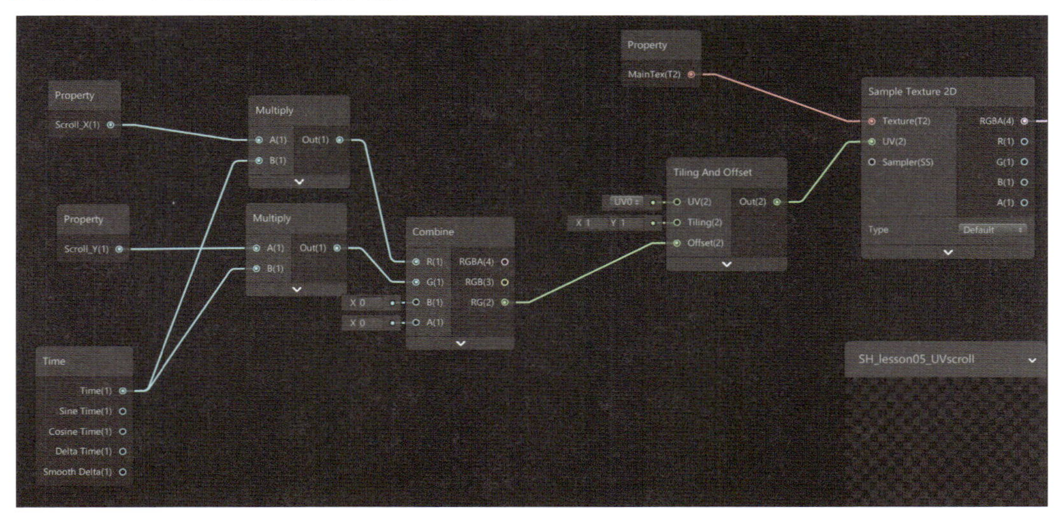

使用機会の多いＵＶスクロールですが､注意点として使用するテクスチャはほとんどの場合､シームレス（継ぎ目のない状態）になっている必要があります。

▶ シームレスになっているものとなっていないものの比較

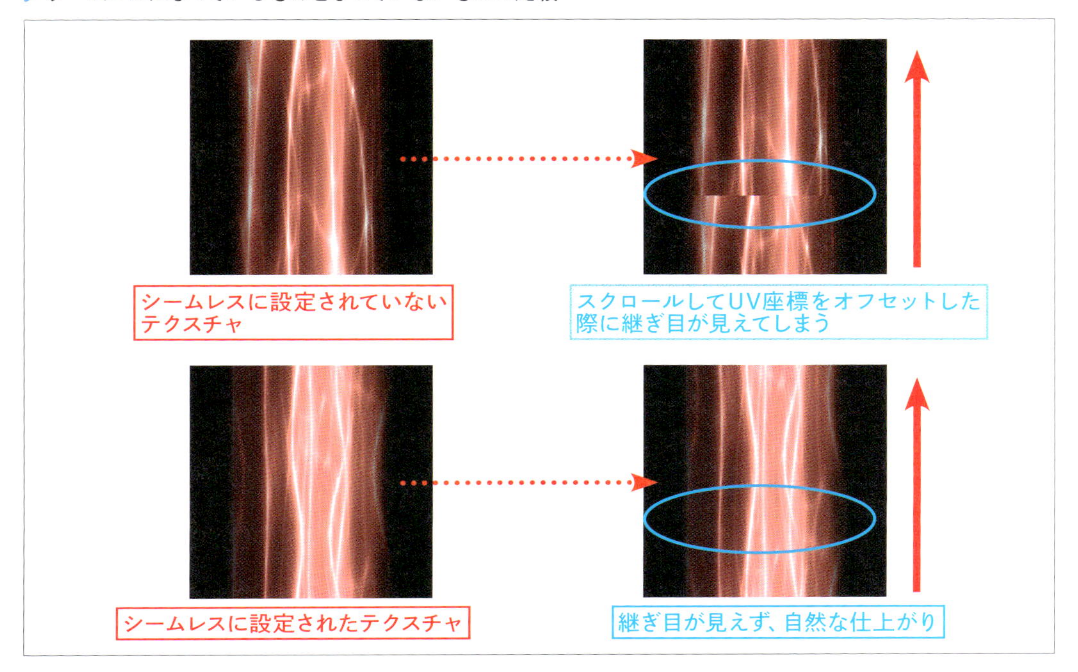

またメッシュなどでＵＶスクロールをする場合は形状にもよりますが、頂点アルファを設定してメッシュの端の部分を透明にしておきましょう。なお、本書では後の実例制作でHoudiniを用いて頂点アルファの設定を行っていきます。

▶ 頂点アルファを設定したメッシュ(左)と設定していないメッシュ(右)

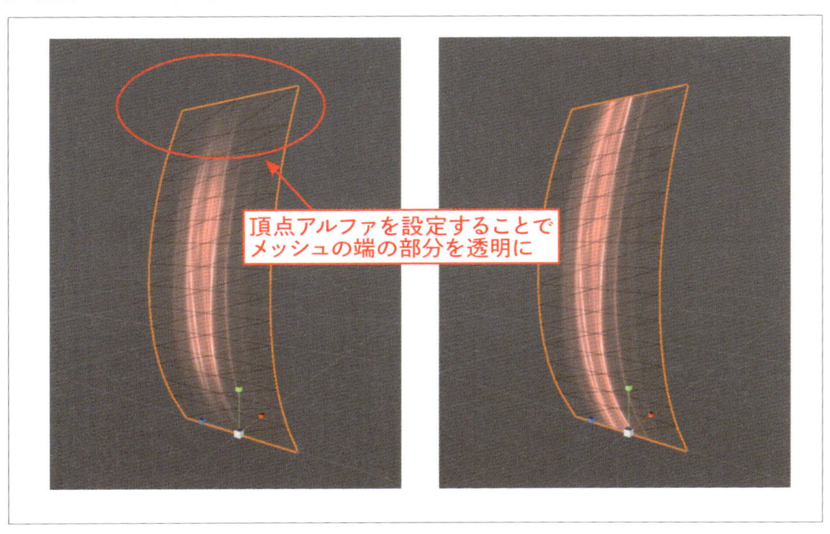

Custom Vertex Streams とプリセット機能

Shuriken でより高度なエフェクト表現を実現するために必要な、Custom Vertex Streams について解説していきます。

2-4-1 Custom Vertex Streamsとは

Custom Vertex StreamsはUnity5.5から搭載された機能で、各パーティクルが持つ位置情報や大きさ、寿命といったパラメータや、ユーザーが定義した値をシェーダーに渡すことができます。この説明だけでは、伝わりづらいかと思いますので、例を元に説明していきます。

▶ Custom Vertex StreamsとCustom Dataモジュール

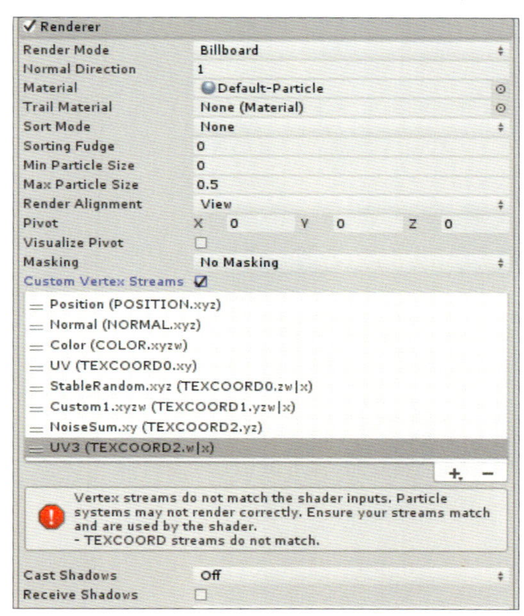

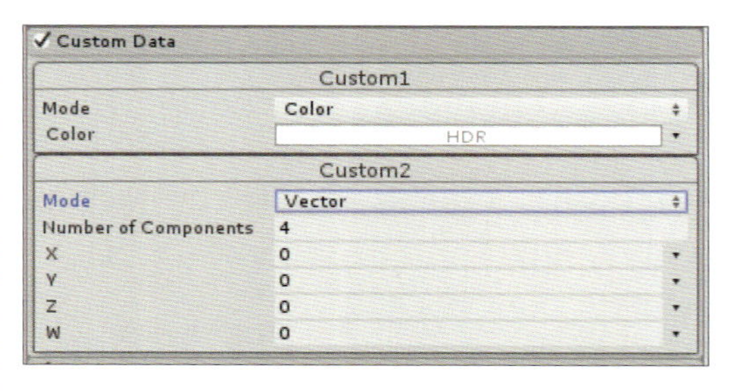

例えば次の図のような炎のシェーダーがあったとします。炎のテクスチャをディストーション（歪み）テクスチャで歪めて、炎の揺らぎを表現しています。

炎のテクスチャにディストーション(歪み)を適用

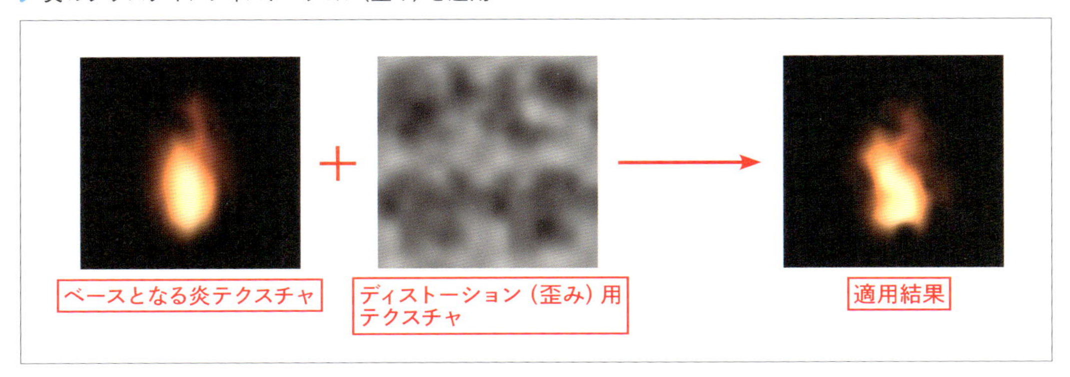

この処理によって、シェーダーで炎を表現できていますが、これをパーティクルで複数発生させた場合、ディストーションテクスチャが全て同じＵＶ座標を利用するため、全ての炎が同じ見た目に見えてしまいます。

炎を1つだけ出す場合は問題ないが、複数パーティクルを出した場合は見た目が同じに見えてしまう

そこでCustom Vertex Streamsの出番です。Custom Vertex StreamsのStableRandomパラメータを使用すれば、パーティクルひとつひとつにランダムな値を持たせることが可能です。このランダム値をディストーションテクスチャのＵＶ座標に加算する処理を、パーティクルごと行うことで、歪みの結果がパーティクルごと違った結果になります。

▶ ディストーションテクスチャのＵＶ座標をオフセットすることにより歪みの結果がパーティクルごとに違った結果になる

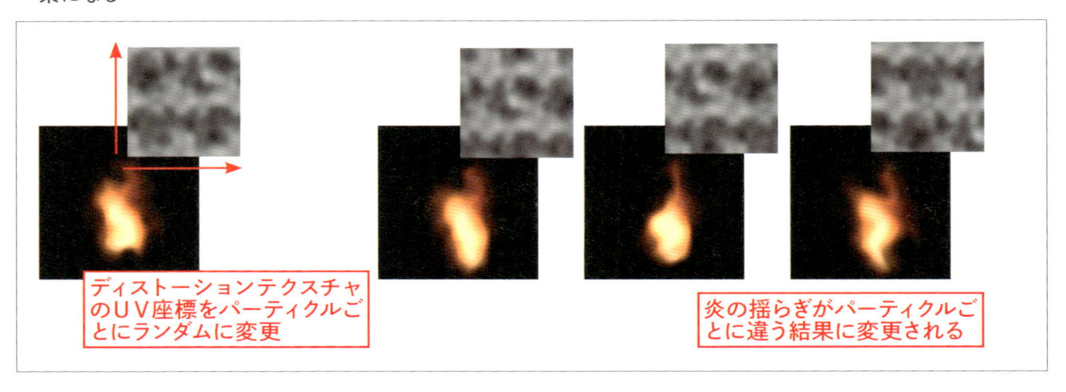

結果として炎の見た目がパーティクルごとに変更され、全て違う見た目に変更されました。

▶ 炎の見た目が全て違う結果に変更された

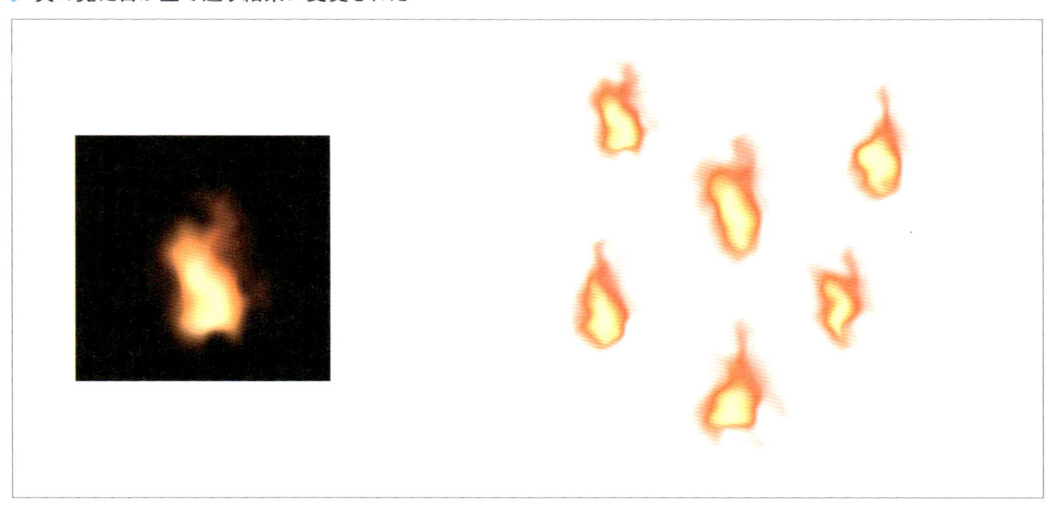

これはあくまで一例ですが、Custom Vertex Streamsを使ってシェーダーにパーティクルの情報を渡すことで様々な効果を与えることが可能です。初心者の方には敷居が少し高いかと思いますが、実例制作を通して学習し、使っていただきたいテクニックです。

2-4-2 プリセット機能

Unity2018.1からプリセットと呼ばれる機能が使えるようになりました。2-2-1で解説したプリセット機能とはまた別の機能になります。この機能を使用すると、プリセットとして保存しておいたコンポーネントやアセットの設定を瞬時に反映することが可能になります。また、テクスチャなどのリソースをインポートした際の初期設定の値を変更することもできます。

▶ プリセットウィンドウ

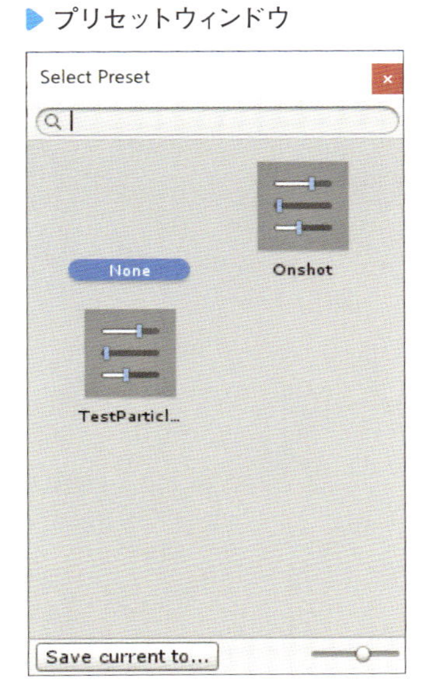

プリセット機能の使用方法を解説していきます。まず新規にパーティクルシステムを作成し、適当にパラメータを変更します。次の画像ではMainモジュールのDurationとStart Lifetimeパラメータ、Color over Lifetimeモジュールをそれぞれ変更しています。

▶ 初期状態からいくつかパラメータを変更したもの

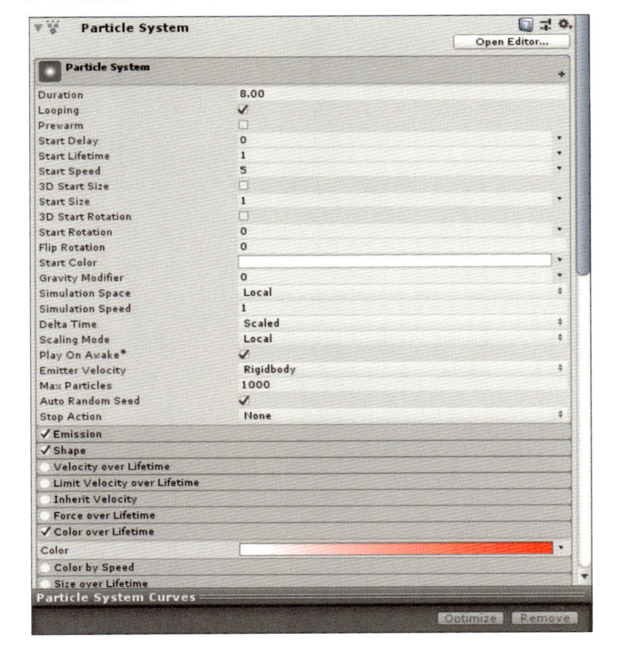

次にParticle Systemコンポーネントの右上にあるスライダのようなアイコンをクリックすると、プリセット用のウィンドウが表示されます。この設定をプリセットとして登録したいので、表示されたウィンドウの左下にあるSave Current to…ボタンをクリックします。

▶ プリセットの登録

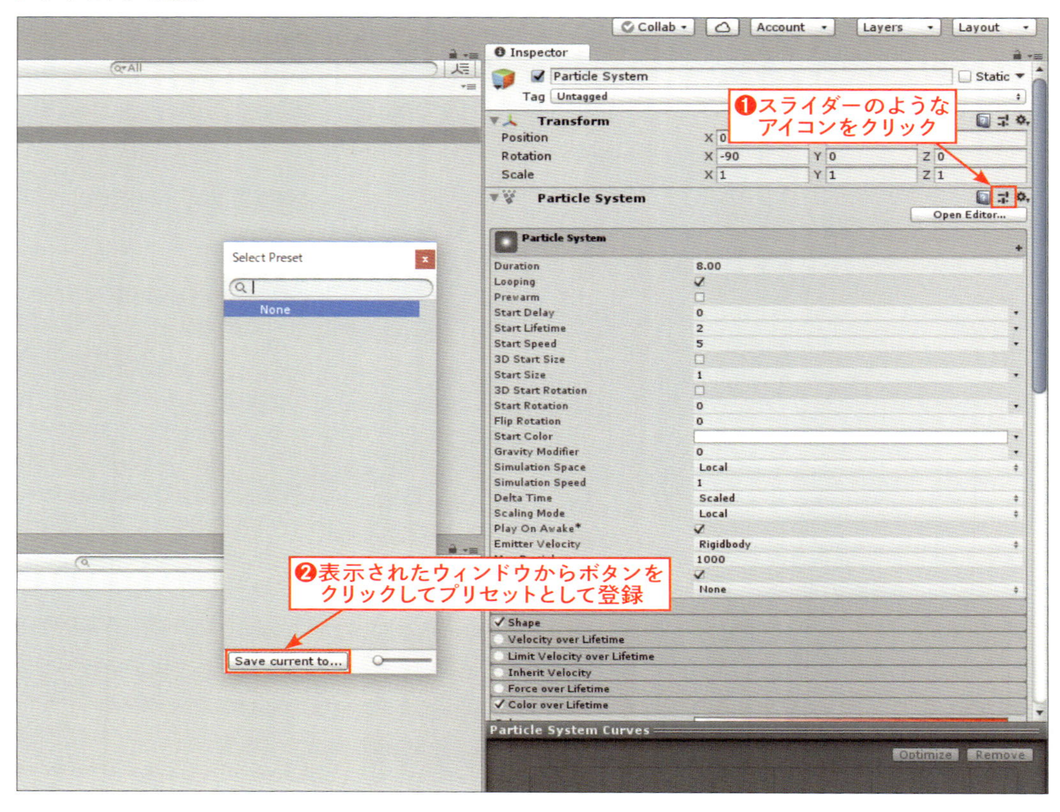

保存ダイアログが開くので適当な名前を付けて保存します（今回はTestという名前で保存）。これでプリセットとして登録されたので、今度はこのプリセットを適用してみます。

再度、新規にパーティクルシステムを作成し、スライダのアイコンをクリックします。開いたプリセット用のウィンドウに、先ほど保存したTestという項目が確認できるので、こちらをダブルクリックで適用します。

▶ プリセットのウィンドウに先ほど登録した項目が表示される

プリセットを適用するとパーティクルの表示が先ほど登録したものに変わっているのがわかるかと思います。

▶ パーティクルの表示が初期状態から先ほど登録したものに変更された

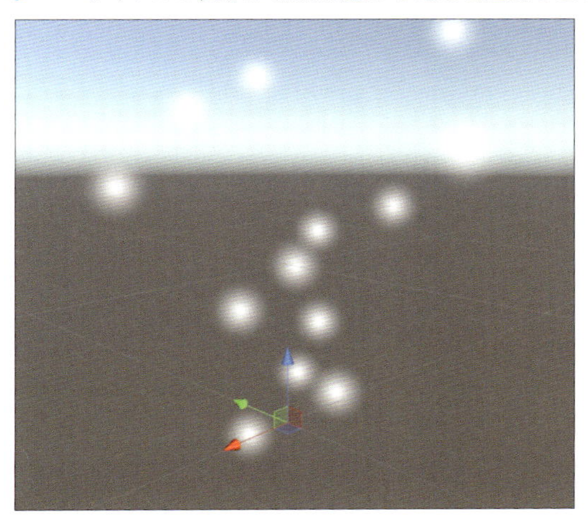

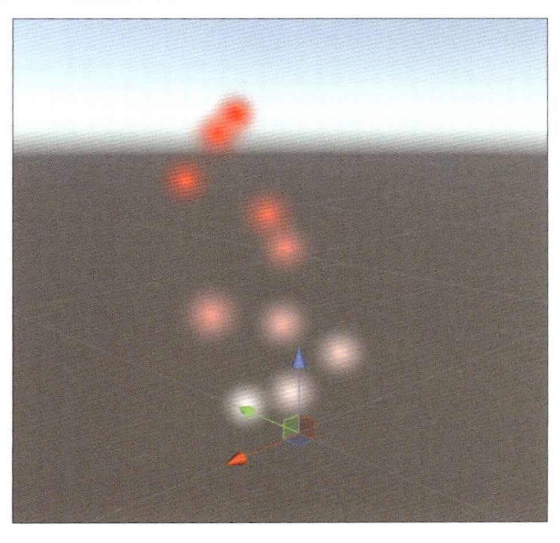

このように便利なプリセット機能ですが注意点があります。パーティクルのモジュールの中で、Rendererモジュールだけは変更がプリセットに保存されません。推測ですがShurikenの各モジュールは、スクリプトなどからアクセスする際は、Particle Systemコンポーネントとしてアクセスしますが、Rendererモジュールだけ はParticle System Rendererコンポーネントとして扱われ、他のモジュールとは異なるため、パラメータが保存されないのではないかと考えられます。

▶ Rendererモジュールのみプリセットに値が保存されない

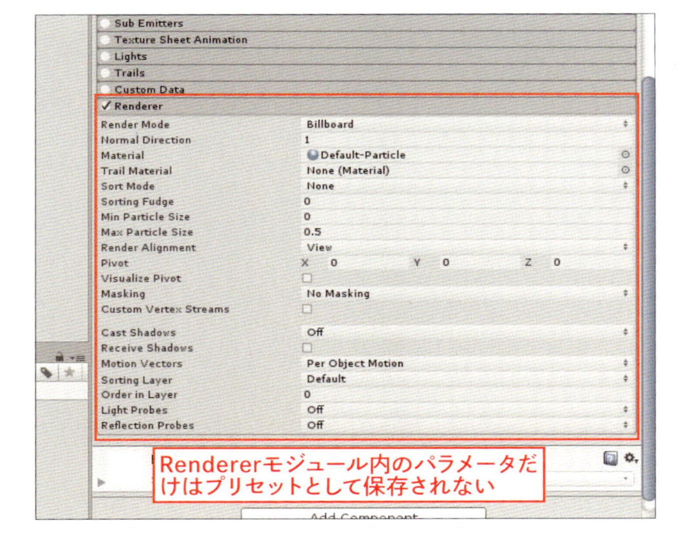

スクリプトで記述すればRendererモジュールの値をプリセットとして保存することもできます。

次にテクスチャなどをインポートした際の初期設定を変更する方法についても解説していきます。テクスチャなどの設定を変更し、前ページのパーティクルの場合と同じ要領でプリセットファイルを保存します。保存したプリセットファイルを選択すると、Inspecterビューに Set as TextureImporter Defaultボタン（テクスチャファイルの場合）が表示されますのでクリックします。

▶ 変更した設定項目をデフォルト設定に指定

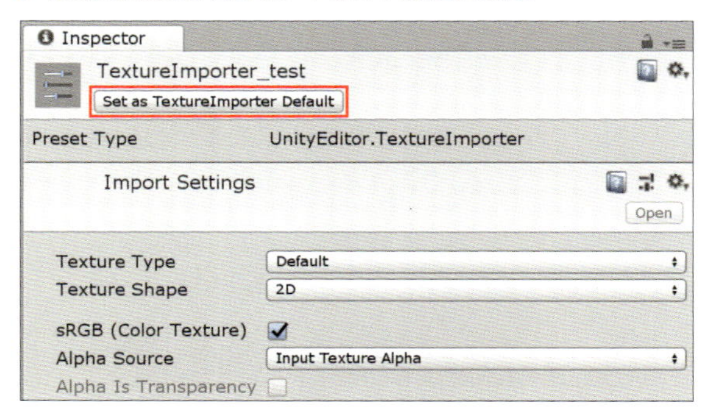

この方法でファイルをインポートした際の初期設定を変更することができます。元に戻したい場合は、ボタンの表示がRemove from TextureImporter Defaultに変わるので、再度クリックすると元に戻ります。

▶ 変更した設定を元に戻す

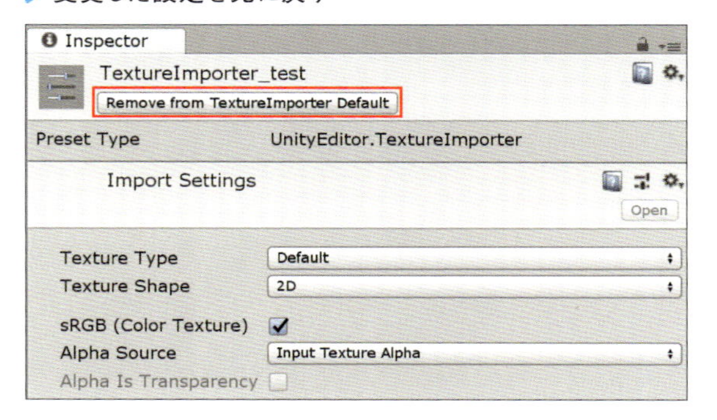

Chapter

3

各モジュールの働き

Main モジュール

Shuriken はそれぞれ異なった機能を持つ、多数のモジュールが集合して構成されています。この章では、そのモジュール群について個別に説明していきます。

3-1-1 Main モジュールの概要

Main モジュールはパーティクルの初期状態を定義するモジュールであり、重要なパラメータをいくつも含んでいます。

とはいっても、全てのモジュールのパラメータに対して詳細な説明をするとかなりの分量になってしまうため、まずパラメータごとの簡易な説明をした後に、使用頻度の高い機能や便利な機能について、個別に解説していきたいと思います。

▶ Main モジュール

Particle System　Open Editor...

Particle System

Duration	5.00
Looping	✓
Prewarm	
Start Delay	0
Start Lifetime	5
Start Speed	5
3D Start Size	
Start Size	1
3D Start Rotation	
Start Rotation	0
Flip Rotation	0
Start Color	
Gravity Modifier	0
Simulation Space	Local
Simulation Speed	1
Delta Time	Scaled
Scaling Mode	Local
Play On Awake*	✓
Emitter Velocity	Rigidbody
Max Particles	1000
Auto Random Seed	✓
Stop Action	None

▶ Main モジュールの設定項目

パラメータ	内容
Duration	パーティクルの再生時間を設定（別項にて説明）
Looping	オンに設定すると Duration を繰り返し再生
Prewarm	オンに設定するとパーティクルがすでに再生された状態からスタート。このパラメータは Looping がオンになっている場合のみ設定可能
Start Delay	パーティクルの発生時間を遅らせる
Start Lifetime	パーティクルの寿命を設定
Start Speed	パーティクルの初速を設定
3D Start Size	オンに設定すると Start Size の項目を各軸（X 軸、Y 軸、Z 軸）独立して設定可能
Start Size	パーティクルの発生時の大きさを設定
3D Start Rotation	オンに設定すると Start Rotation の項目を各軸（X 軸、Y 軸、Z 軸）独立して設定可能
Start Rotation	パーティクルの初期角度を設定
Flip Rotation	パーティクルの回転方向を設定

Start Color	パーティクルの発生時の色を設定（別項にて説明）
Gravity Modifier	パーティクルに重力を設定
Simulation Space	パーティクルを親オブジェクトの動きに追従させるか（Local）、指定オブジェクトに追従させるか（Custom）、ワールド空間で動かすか（World）を指定可能（別項にて説明）
Simulation Speed	パーティクルの再生速度を設定
Delta Time	パーティクルの再生速度を Time Manager（Edit → Project Settings → Time）の Time Scale の値に依存させるかどうかを設定。例えばゲーム内でポーズ中も再生したいような場合は Unscaled に設定
Scaling Mode	パーティクルが親のスケーリングを継承するか設定可能（別項にて説明）
Play On Awake	シーン開始時、オブジェクト発生時に自動でパーティクルの再生を開始するかを設定
Emitter Velocity	速度の計算方法を指定
Max Particles	パーティクルの最大発生数を設定
Auto Random Seed	オンに設定するとパーティクルの再生結果が毎回ランダムに変化（別項にて説明）
Stop Action	パーティクルの再生が終了した際の挙動を設定（別項にて説明）

3-1-2 Duraionパラメータ

Durationパラメータでパーティクルシステムが実行される時間を設定します。Durationパラメータで設定された値の間、パーティクルを生成することができ、ループが設定されている場合、Durationパラメータで設定した時間が繰り返し再生されます。また、Delayパラメータが設定されている場合は、その分Durationが遅れて再生されます。次の図にDurationの概要をまとめてみました。

▶ Durationの概要

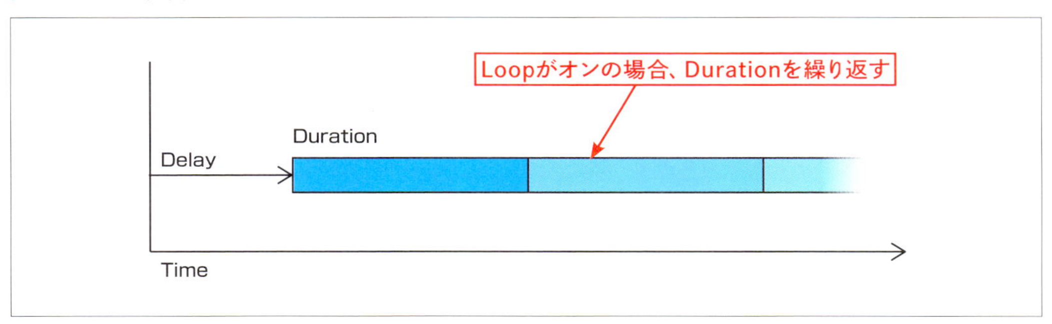

また、UnityのAnimationウィンドウなどで使われる時間軸とパーティクルで扱われる時間軸とでは、カウントの仕方が異なるので注意が必要です。Animationウィンドウでは、Samplesパラメータ（1秒間のコマ数）がデフォルトの設定で60に設定されているため、例えばパーティクルシステムの0.6秒はAnimationウィンドウでは60 x 0.6で36フレーム目にあたります。

▶ Animationウィンドウでの時間設定

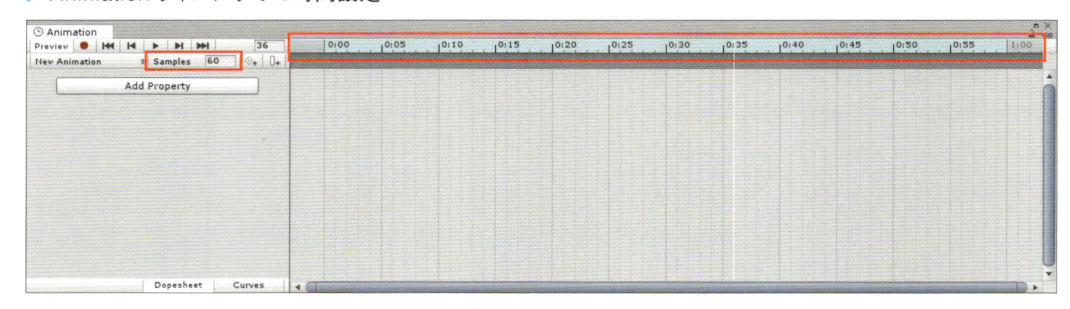

注意点として記述しましたが、キャラクタのアニメーションに合わせてパーティクルを発生させる場合、アニメーションイベントなどを使って発生させることがほとんどだと思うので、時間軸の違いを意識する場面はそれほど多くないかと思います。

3-1-3 Start Colorパラメータ

Start Colorのパラメータでパーティクルの生成時の色を設定することができます。複数の設定方法がありますが、ここではGradientとRandom Colorについて解説します。なお、Start Colorパラメータで使用するGradient Editorの使用方法については、2-2を参照してください。

▶ Start Colorパラメータの複数の設定方法

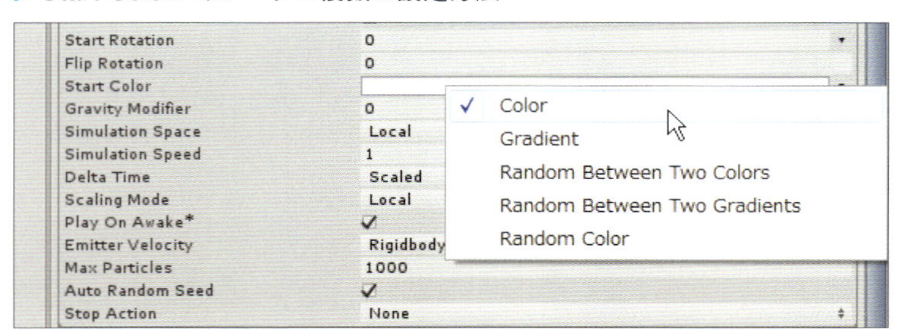

設定方法にGradientを指定した場合、右図のようなダイアログで設定していきます。右図の場合、再生開始時はパーティクルの生成時の色は青色、再生が終わりに近付くにつれて、生成時の色が赤色になっていきます。

▶ Gradientの設定画面

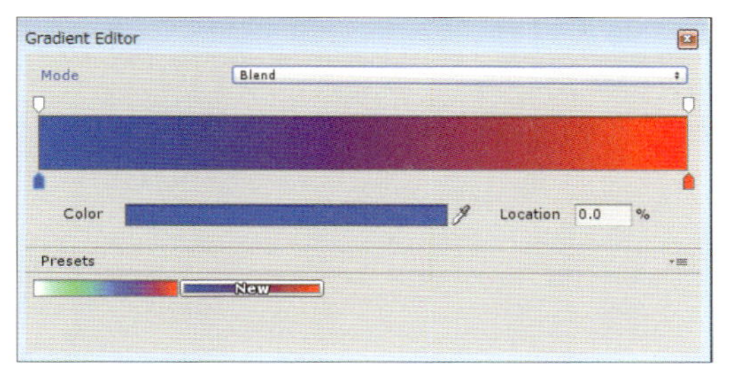

ここで設定している色の変化は、パーティクルの寿命に対しての色の変化ではなく、デュレーション（再生時間）に対してパーティクルの生成時の色が変化しているということに注意してください。

▶ パーティクル生成時の色変化

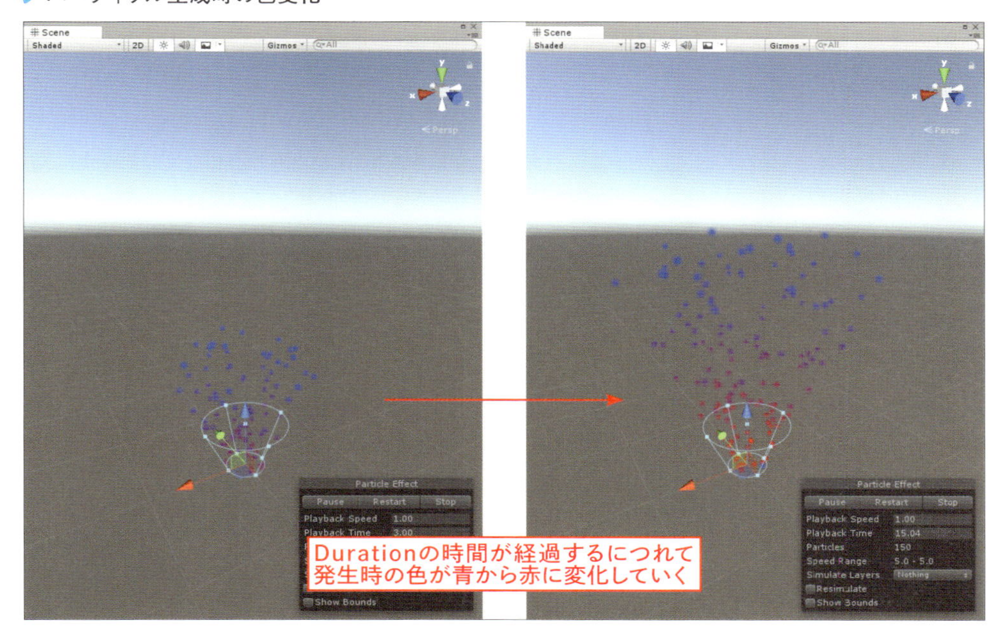

次にRandom Colorの場合ですが、こちらも使用するダイアログは同じですが、Random Colorは特に時間で色が変化することはなく、設定したグラデーションの帯の中から色をランダムで選択します。複数色を同時に発生させたい場合に使用します。

▶ Random Colorの設定画面

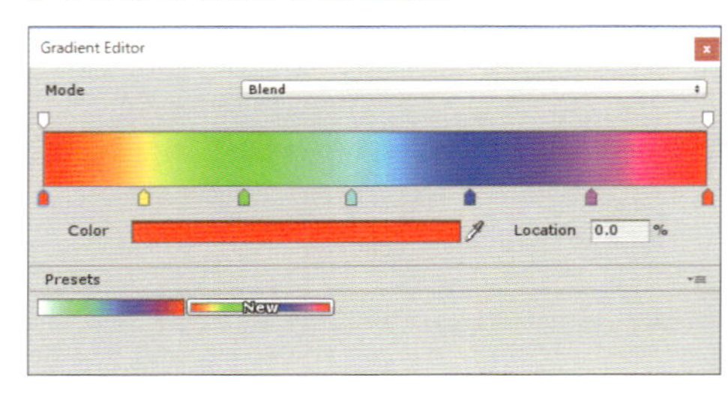

▶ Random Colorの実行結果、様々な色のパーティクルが生成されている

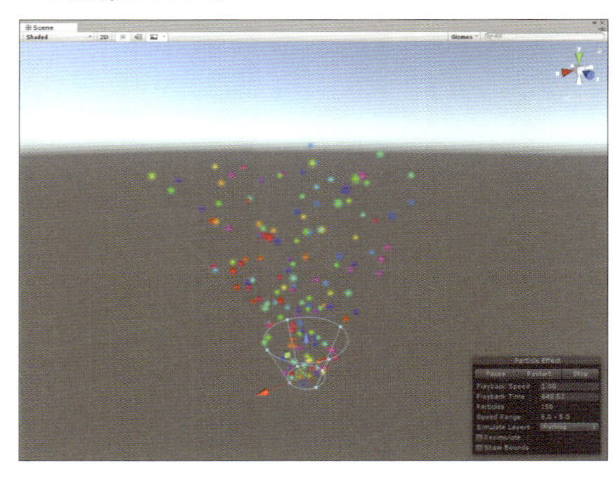

また、例えば赤、青、水色、紫など特定の色だけをランダムで出したい場合はModeをFixedに設定することで実現できます。

▶ Random Color、ModeをFixedに設定した画面

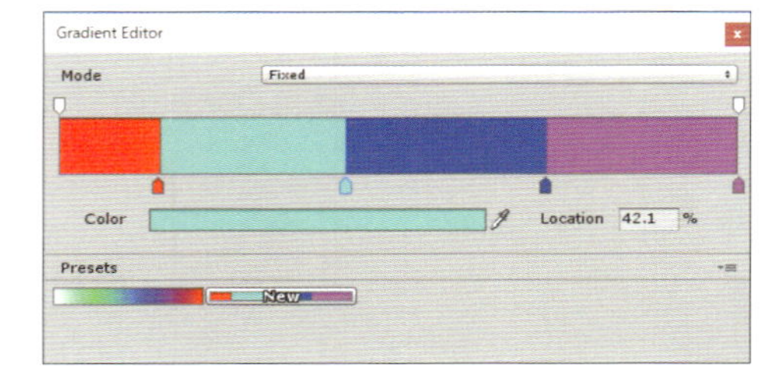

▶ Random ColorでModeをFixedに設定した場合の実行結果、指定した色のみがランダムに選択され、生成されている

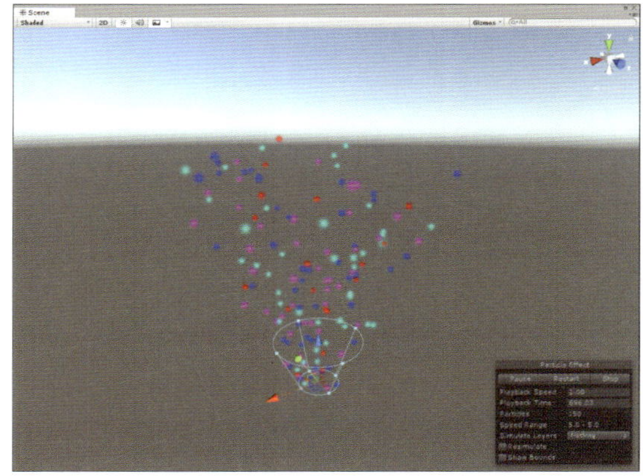

3-1-4 Simulation Spaceパラメータ

Simulation Spaceも重要なパラメータです。デフォルトではLocalに設定されていますが作成するエフェクトの種類によっては変更する必要があります。

次の図は移動している球体のオブジェクトからパーティクルを発生させています。Simulation Spaceパラメータを左はLocalに、右はWorldに設定しています。Localでは球体

の動きに合わせてパーティクルが追従していますが、Worldに設定すると球体の動きにパーティクルが追従しなくなるため、発生場所にとどまり、球体の動きの軌跡にパーティクルが残るようになっているのがわかります。具体的な使用例としては、車などが走った後に巻き起こる土煙などが該当するかと思います。

▶ Simulation Spaceパラメータを Local(左) と World(右) に設定した場合の違い

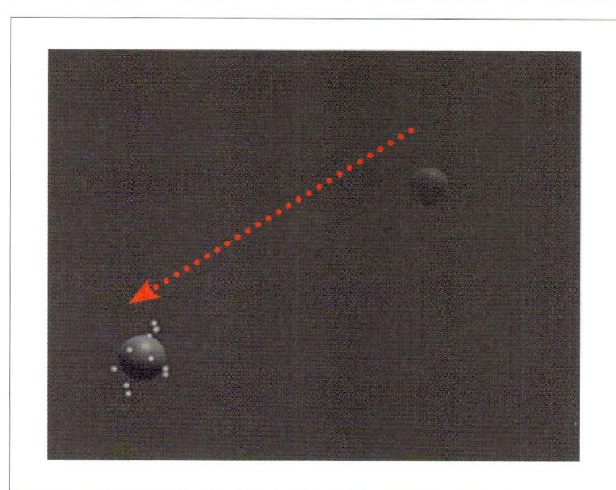

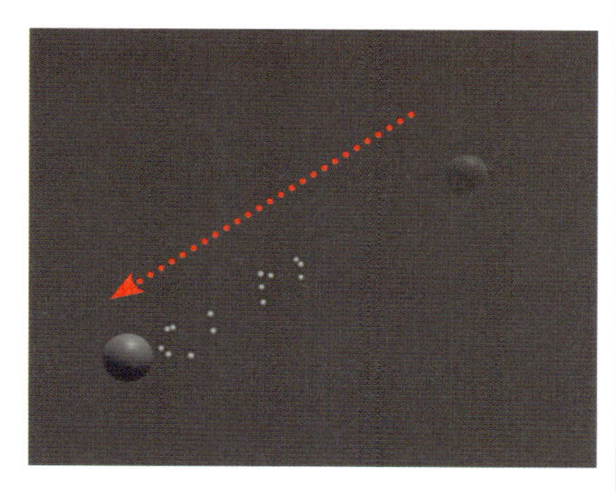

3-1-5 Scaling Modeパラメータ

Scaling Modeパラメータを設定することで親オブジェクトのスケーリングの継承の仕方を変更することが可能です。

▶ Scaling Modeの設定項目

設定項目	内容
Hierarchy	パーティクルが親オブジェクトのスケーリングを継承しサイズが変化
Local	デフォルトの設定、パーティクルは親オブジェクトのスケーリングを継承しない
Shape	パーティクルのシェイプ（Shape モジュールの Shape パラメータ）の形状だけが親オブジェクトのスケーリングの影響を受け、パーティクル自体のサイズは変化しない

次の図では親オブジェクトのスケーリングが2倍になった場合の、各モードの結果の違いを示してあります。左から順にHierarchy、Local、Shapeになります。

Hierarchyでは親オブジェクトのスケーリングがそのまま継承されてパーティクルが拡大しています。Localではスケーリングの影響を受けないので大きさは変わりません。Shapeでは Shapeモジュールで設定したパーティクルの発生範囲のシェイプだけが影響を受けるため、円錐状のシェイプだけが大きくなり、パーティクル自体はスケーリングされていません。

▶ 親オブジェクトがスケーリングされた際の各モードの違い

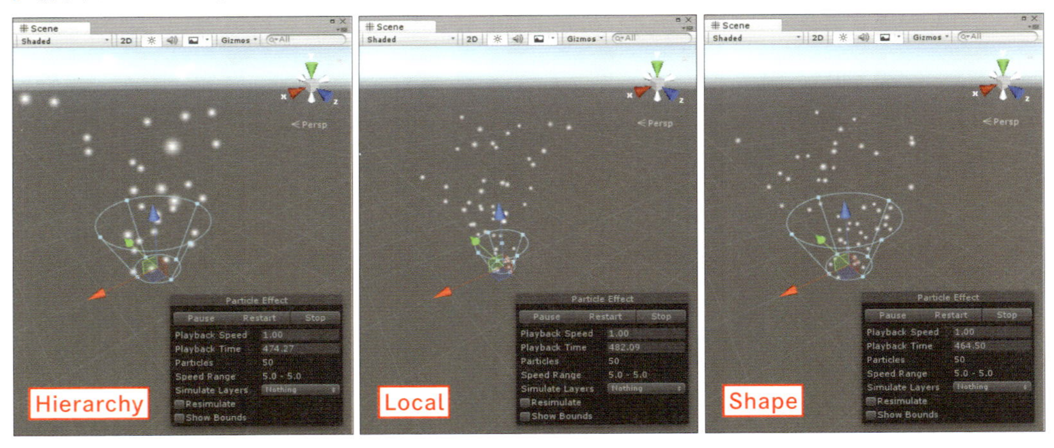

デフォルトではLocalに設定されていますが、特に理由がなければ親オブジェクトのスケーリングを引き継ぐHierarchyに設定しておくとよいでしょう。プリセット機能を使用してHierarchyが初期設定になるように変更してしまってもかまいません。

3-1-6 Auto Random Seedパラメータと Stop Actionパラメータ

Auto Random Seedパラメータにはデフォルトでチェックが入っていますが、オフにするとRandom Seedの項目が表示されるので、値を設定してパーティクルの計算結果を固定することができます。Random Seedの値を変更することで、固定された結果を別のパターンに変えることができます。毎回同じ結果を得たい状況というのは意外と多いので、覚えておくとよいでしょう。

▶ Auto Random Seedをオフにした場合の表示

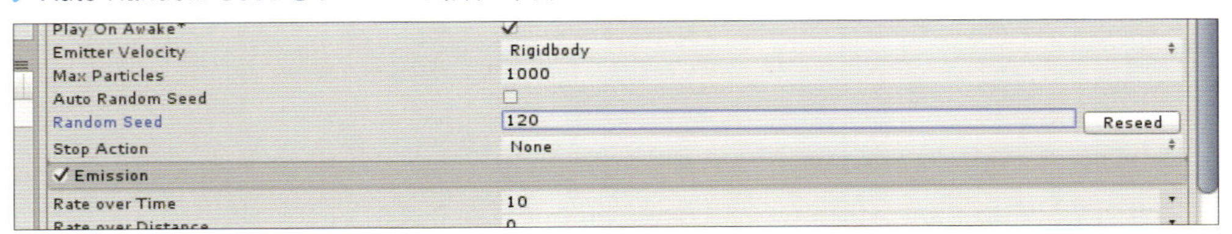

Stop Actionパラメータではパーティクルの再生が終わった際の処理を設定することができます。以前はスクリプトでパーティクルシステムの破棄（Destroy）の処理などを書く必要がありましたが、Stop ActionパラメータでShurikenから直接指定できるようになり、便利になりました。こちらのパラメータはLoopパラメータのチェックを外した場合のみ機能します。

▶ Stop Actionの設定項目

設定項目	内容
None	特になにも処理をしない。デフォルト設定
Disable	再生終了後、パーティクルを非表示にする
Destroy	再生終了後、パーティクルを削除
Callback	再生終了後、スクリプトにイベントを送信。再生終了のタイミングでスクリプトを実行したい場合に使用

▶ パーティクルの再生終了時の各モードの処理の違い

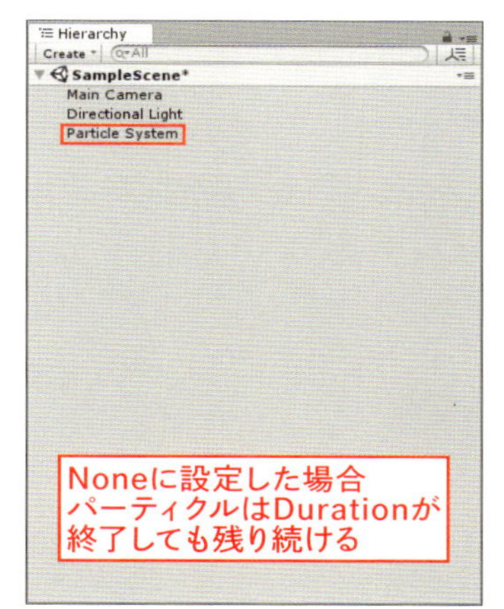

Emission モジュールと Shape モジュール

ここでは Emission モジュールと Shape モジュールについて説明していきます、Main モジュールと同じく、両モジュールともパーティクルの発生全般について定義する重要なモジュールです。

3-2-1 Emissionモジュールの概要

Emissionモジュールではパーティクルの発生数と発生タイミングについて、詳細に設定することができます。

▶ Emissionモジュール

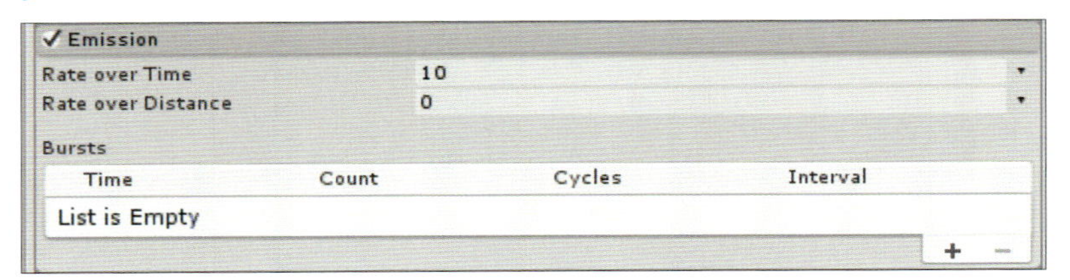

▶ Emissionモジュールの設定項目

パラメータ	内容
Rate over Time	時間に沿ってパーティクルを発生させる。仮に10と設定した場合、1秒間に10個パーティクルが生成される
Rate over Distance	パーティクルの移動距離に応じてパーティクルを発生させる（別項にて説明）
Bursts	パーティクルを任意のタイミング、数量で発生させる。繰り返し回数も指定可能（別項にて説明）

3-2-2 Rate over Distanceパラメータ

Rate over Timeが時間に応じてパーティクルを生成するのに対し、Rate over Distanceは移動距離に応じてパーティクルを生成します。そのため、パーティクルを生成するオブジェクト自体が動いておらず、静止している場合はパーティクルが生成されません。使用例としては高速で飛んでいくミサイルから出る煙などが考えられます。

次の図では高速で移動する球オブジェクトからパーティクルを生成しています。こういった場合、Rate over Timeパラメータを使ってパーティクルを生成すると画像下側のように、各パーティクルの間隔が空いてしまいスカスカになってしまいます。これはパーティクルを生成する時間間隔よりも、オブジェクトの移動距離が大きいため起こります。

移動スピードが遅い場合は、Rate over Timeでも問題ないかもしれませんが、このような結果になる場合はRate over Distanceを使用しましょう。

▶ 高速で移動する球オブジェクトから生成されるパーティクル、上側はRate over Distanceを使用、下側はRate over Timeを使用

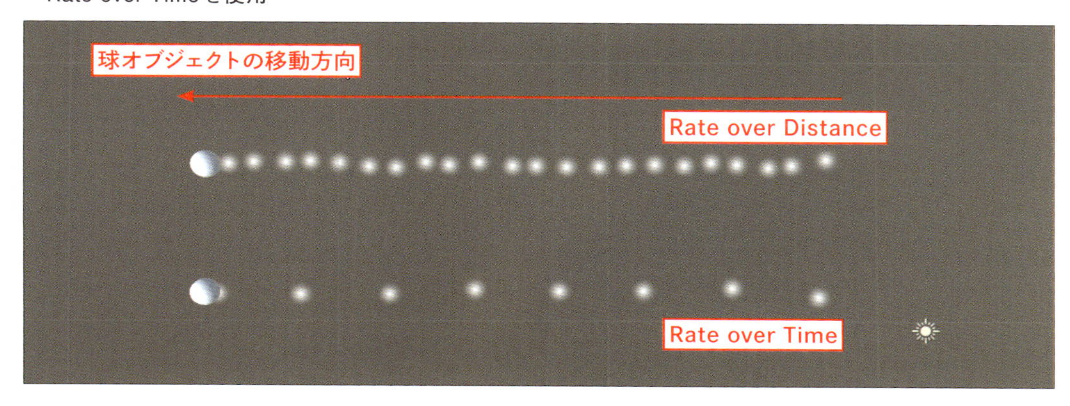

またRate over Distanceパラメータを使用してパーティクルを生成する場合、MainモジュールのSimlation SpaceパラメータをWorldに設定します。

3-2-3 Burstsパラメータ

Rate over TimeやRate over Distanceが時間や距離に応じて継続的にパーティクルを生成するのに対して、Burstsでは決まったタイミングで決まった量のパーティクルを生成するのに使用します。

例えば、次の画像の設定ではパーティクルの再生時間（Duration）が0.3秒経過した時点から20個のパーティクルを0.1秒ごとに3回生成します。

▶ Burstsパラメータの設定例

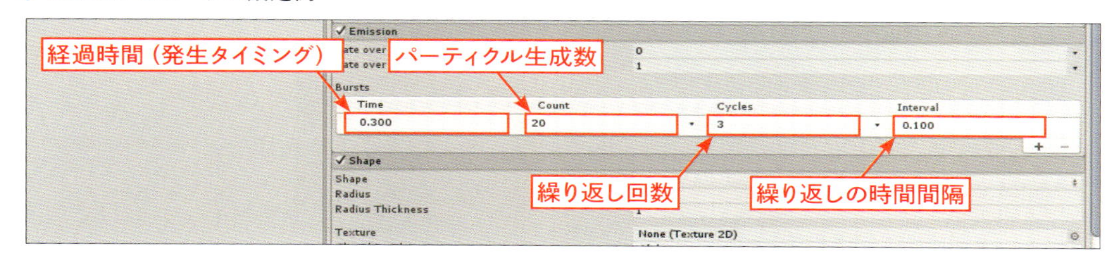

▶ 再生結果

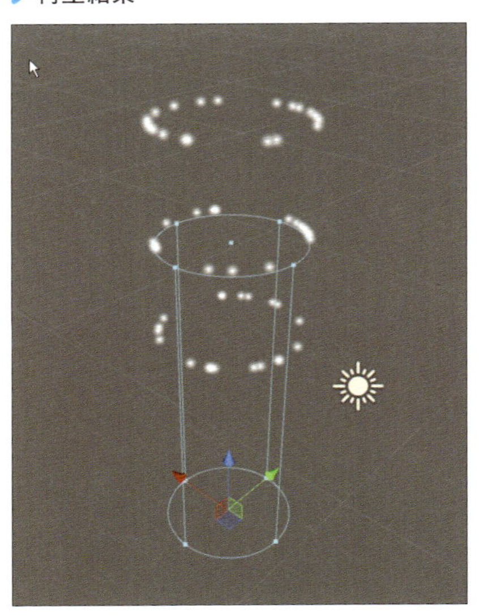

3-2-4 Shapeモジュールの概要

Shapeモジュールではパーティクルの発生する範囲について詳細に設定することができます。近年のアップデートでかなりパラメータが追加されたモジュールです。

▶ Shapeモジュール

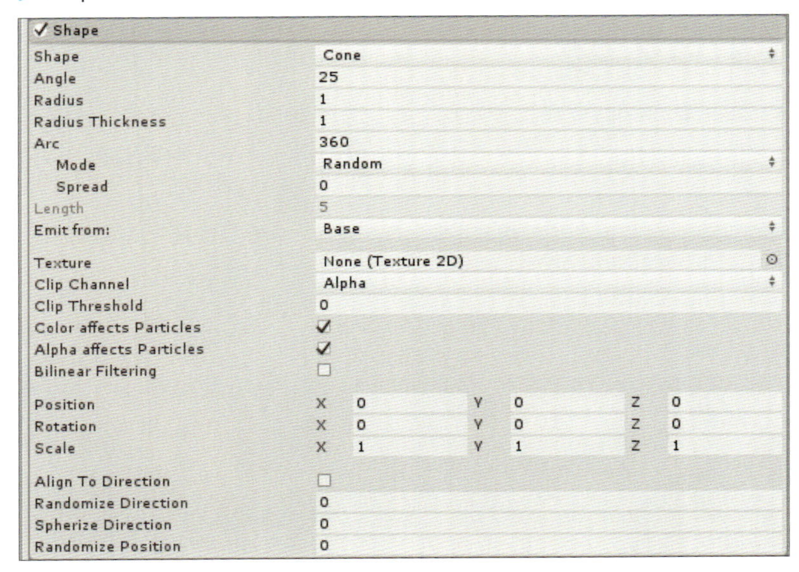

▶ Shape モジュールの設定項目

パラメータ	内容尾
Shape	パーティクルの発生範囲の形状を設定。選んだ形状によって、Shape 以下の項目（前ページ下の画像では Angle から Emit from: まで）が変化（別項にて説明）
Texture	パーティクルの発生範囲にテクスチャのカラーやアルファ情報を参照して反映することが可能（別項にて説明）
Clip Channel	参照テクスチャの使用するチャンネルを設定
Clip Threshold	参照テクスチャのしきい値を設定
Color affects Particles	パーティクルの発生時の色に参照テクスチャのカラーを適用
Alpha affects Particles	パーティクル発生時のアルファ（透明度）に参照テクスチャのアルファを適用
Bilinear Filtering	バイリニアフィルタリング（色が滑らかに変化するように 4 つの隣接するサンプルの加重平均をとる）を行うかどうか設定
Position	発生範囲の形状（Shape）の移動値を変更
Rotation	発生範囲の形状（Shape）の回転値を変更
Scale	発生範囲の形状（Shape）のスケーリングを変更
Align To Direction	発生したパーティクルを進行方向に向ける
Randomize Direction	発生したパーティクルの進行方向をランダムに設定。0 で無効、1 で完全なランダム（別項にて説明）
Spherize Direction	発生したパーティクルの進行方向を全方位の放射状（Shape で Sphere を選択したときの向き）に設定（別項にて説明）
Randomize Position	パーティクルの発生位置をランダムにオフセット

3-2-5 Shape パラメータと各形状の設定項目

パーティクルの発生範囲を設定するShapeパラメータには多数の種類があります。そして、選択したシェイプによって設定できるパラメータが変化します。Skinned Mesh Rendererを選択した場合、ボーンアニメーションしているキャラクタのメッシュからパーティクルを生成することが可能です。各シェイプそれぞれの説明を全て記載すると長くなるので、ここでは代表的なシェイプであるConeで説明します。

▶ Shape パラメータを Cone に設定した場合の設定項目

設定項目	内容
Angle	Cone の円錐の角度
Radius	Cone の半径
Radius Thickness	パーティクルの生成位置、0 だと外周部から、1 に近付くにつれて内部からも生成
Arc	パーティクル生成部分の角度、完全な円からでなく、円弧から発生させたい場合に使用
Mode	発生形状の円、円弧に対してパーティクルがどのように生成されるかを指定
Spread	パーティクル同士の発生間隔

Speed	Mode で Loop、Ping-Pong を指定した場合のみ使用可能。発生位置の変更スピード
Length	Emit from: を Volume に変更したときのみ設定可能。Cone の長さを設定
Emit from:	パーティクルの生成位置、Base だと Cone 底面の円から生成、Volume だと Cone 全体から生成

▶ Radius Thickness

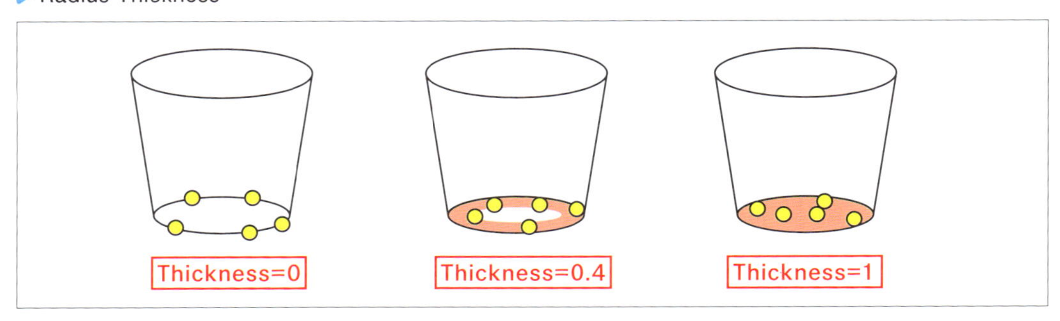

▶ Arc

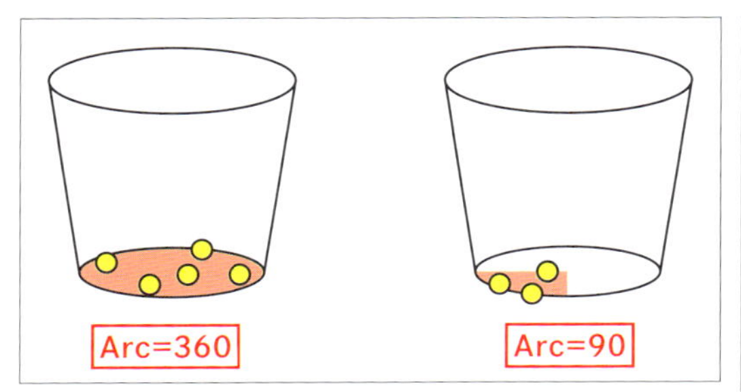

▶ Length

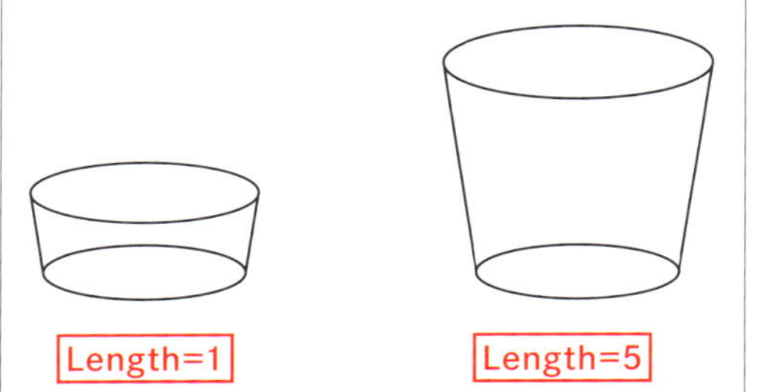

▶ Emit from:

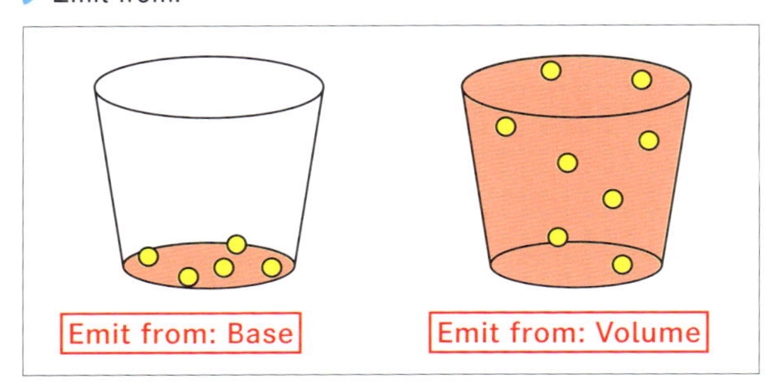

3-2-6 Textureパラメータ

Textureパラメータを使用することによって、より柔軟にパーティクルの生成をコントロールすることが可能です。次の図の星型テクスチャを例に説明していきます。

▶ Textureパラメータに使用する星のテクスチャ(左:カラー、右アルファ)

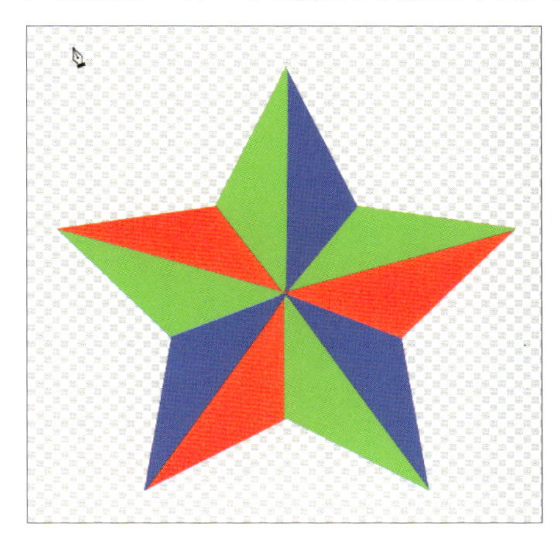

▶ Shapeモジュールの設定

✓ Shape						
Shape	Rectangle					
Texture	star					
Clip Channel	Alpha					
Clip Threshold	0					
Color affects Particles	✓					
Alpha affects Particles	✓					
Bilinear Filtering	☐					
Position	X	0	Y	0	Z	0
Rotation	X	0	Y	0	Z	0
Scale	X	3	Y	3	Z	3
Align To Direction	☐					
Randomize Direction	0					
Spherize Direction	0					
Randomize Position	0					

上図のようにShapeモジュールを設定した場合、結果は右図のようになります。Color affsects Particlesがオンになっているため、パーティクルがテクスチャのカラー値を継承しています。同様にAlpha affects Particlesがオンのため、アルファ値も同様に継承され、星型より外にあるパーティクルはアルファ値0となり、完全な透明になっています。

▶ Shapeモジュールの設定結果

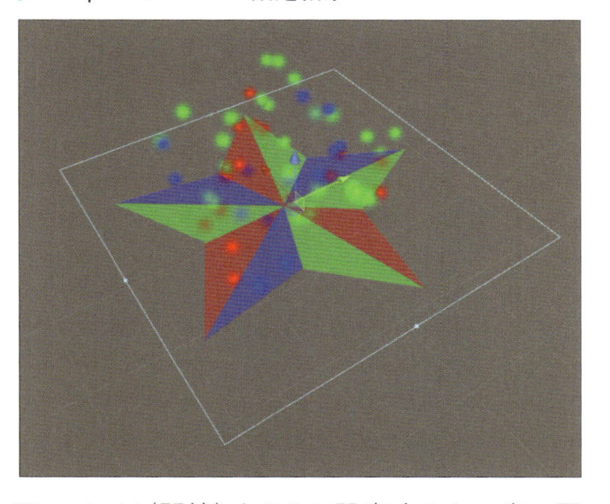

さらにClip ChannelをRedに設定し、Clip Threshold (閾値) を0.8に設定すると、次の図のようにテクスチャの赤色部分からのみパーティクルを生成することが可能です。

▶ Shapeモジュールの設定と結果

✓ Shape			
Shape	Rectangle		
Texture	star		
Clip Channel	Red		
Clip Threshold	0.8		
Color affects Particles	✓		
Alpha affects Particles	✓		
Bilinear Filtering	☐		
Position	X 0	Y 0	Z 0
Rotation	X 0	Y 0	Z 0
Scale	X 3	Y 3	Z 3
Align To Direction	☐		
Randomize Direction	0		
Spherize Direction	0		
Randomize Position	0		

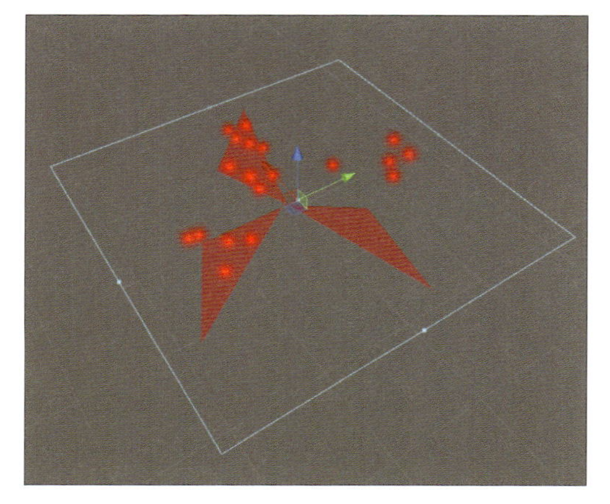

3-2-7 Randomize Directionパラメータと Spherize Directionパラメータ

Randomize Directionパラメータ、Spherize Directionパラメータを使用してパーティクル発生時の進行方向に変化を出すことが可能です。Shape TypeにBoxを指定した場合の進行方向の変化は次の図のようになります。

▶ 各設定での変化

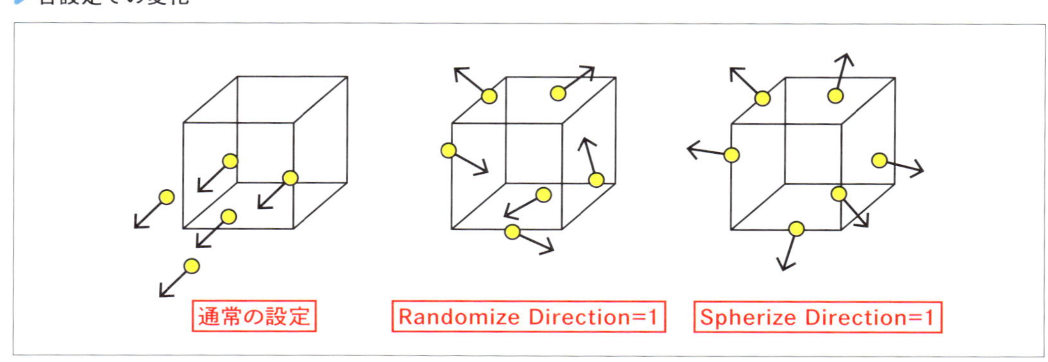

Velocity系モジュール

ここではパーティクルの動きを制御する、Velocity over Lifetime、Limit Velocity over Lifetime、Inherit Velocity、Force over Lifetimeの4つのモジュールについて説明していきます。

3-3-1 Velocity over Lifetimeモジュールの概要

Velocity over Lifetimeモジュールを使用して、パーティクルの速度をコントロールすることが可能です。Unity2018.1のアップデートで旋回する動き（Orbital）が簡単に設定できるようになりました。

▶ Velocity over Lifetimeモジュール

✓ Velocity over Lifetime		
Linear X 0	Y 0	Z 0
Space	Local	
Orbital X 0	Y 0	Z 0
Offset X 0	Y 0	Z 0
Radial	0	
Speed Modifier	1	

▶ Velocity over Lifetimeモジュールの設定項目

パラメータ	内容
Linear	軸ごとにパーティクルの速度を設定
Space	ローカル、ワールド座標のどちらを参照するか設定
Orbital	パーティクルに旋回するような動きを設定
Offset	旋回運動の中心位置を設定
Radial	旋回運動の円の大きさを設定
Speed Modifier	旋回運動の速度を設定

Orbitalパラメータを使用すると旋回運動を簡単に設定できるので、竜巻のような渦巻くモーションを簡単に作成することが可能です。Radialパラメータで旋回の半径を、Speed Modifierパラメータで旋回の速度を調整することが可能です。

▶ 従来のバージョンでは難しかった渦巻く動きを簡単に設定可能

3-3-2 Limit Velocity over Lifetime モジュールの概要

Limit Velocity over Lifetimeモジュールを使用すると、パーティクルの速度の減衰を制御することが可能になります。例えば、パーティクル発生時の初速を速くして弾けるような動きを設定し、ある程度進んだところで減衰をかけて動きを遅くさせることができます。

▶ Limit Velocity over Lifetimeモジュール

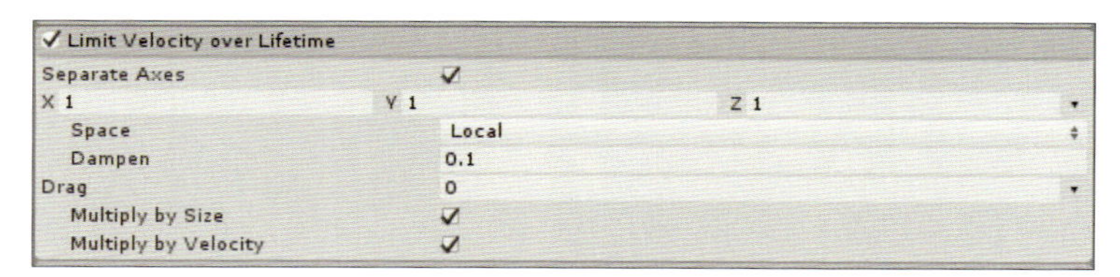

Limit Velocity over Lifetime
Separate Axes
Speed　10
Dampen　0.1
Drag　0
Multiply by Size
Multiply by Velocity

▶ Limit Velocity over Lifetimeモジュールの設定項目

パラメータ	内容
Separate Axes	オンにすると軸ごとにパーティクルの速度を制限可能
X,Y,Z	軸ごとにパーティクルの速度を制限

Space	ローカル、ワールド座標のどちらを参照するか設定
Speed	設定した値にパーティクルの速度を制限
Dampen	パーティクル速度の制限の度合い、0 だとオフになる
Drag	パーティクルに引力を適用
Multiply by Size	オンにすると、パーティクルのサイズが大きいほど、Drag パラメータの影響度合いが大きくなる
Multiply by Velocity	オンにすると、パーティクルの速度が速いほど、Drag パラメータの影響度合いが大きくなる

Multiply by Sizeパラメータをオンにした場合、サイズの大きいパーティクルほどDragパラメータの影響を受けやすくなります。次の画像は上昇していくパーティクルにDragを適用したものです。

Multiply by Sizeパラメータがオフの場合とオンの場合

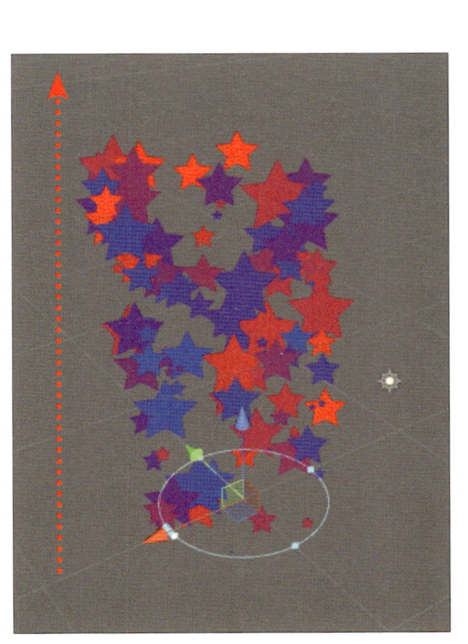

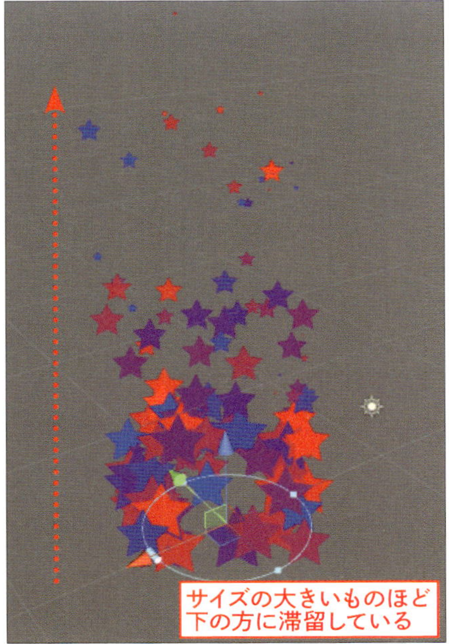

サイズの大きいものほど
下の方に滞留している

少しわかりづらいですが、オンの場合、サイズが大きいパーティクルほどDragが強く影響して、下の方に留まっているのがわかるかと思います。

3-3-3 Inherit Velocityモジュールの概要

Inherit Velocityモジュールを使用して親オブジェクトの移動速度をどの程度継承するか、

およびその方法を指定することが可能です。このモジュールはMainモジュール で Simulation Space が World に設定されている場合のみ有効です。

▶ Inherit Velocity モジュール

Inherit Velocity
Mode　Initial
Multiplier　0

▶ Inherit Velocity モジュールの設定項目

パラメータ	項目
Mode	親オブジェクトの速度継承の方法を指定
Multiplier	親オブジェクトの速度を継承する割合

Modeパラメータでは速度継承の方法をCurrentとInitialから選択することが可能です。

▶ Mode パラメータの設定項目

パラメータ	内容
Current	常に親オブジェクトの速度を参照
Initial	パーティクル発生時のみ、親オブジェクトの速度を継承

3-3-4 Force over Lifetime モジュールの概要

Velocity over Lifetimeモジュールと似ていますが、Velocity over Lifetimeがパーティクル自身のスピードを定義するのに対して、Force over Lifetimeモジュールは外力（風のような外から加わる力）を定義します。

▶ Force over Lifetime モジュール

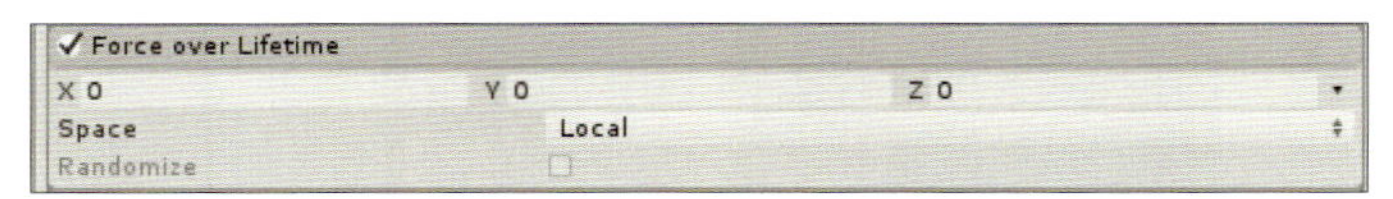

▶ Force over Lifetime モジュールの設定項目

パラメータ	内容
X,Y,Z	軸ごとにパーティクルに適用されるフォース（外力）を設定
Space	ローカル、ワールド座標のどちらを参照するか設定
Randomize	Two Constants または Two Curves モードを使用した場合、フレームごとに設定した範囲内で、値がランダムに設定される

Color 系モジュール

ここではパーティクルの色を設定する Color over Lifetime モジュールと、Color by Speed モジュールについて説明していきます。

3-4-1 Color over Lifetime モジュールの概要

Color over Lifetimeモジュールを使用して、パーティクルの寿命に沿って色をコントロールすることが可能です。このモジュールを設定する際、Gradient Editorを使用して色を設定していきます。

▶ Color over Lifetime モジュール

▶ Color over Lifetime モジュールの設定項目

パラメータ	内容
Color	パーティクルの寿命に沿って、色およびアルファを設定可能

▶ 色を設定する際に使用するGradient Editor

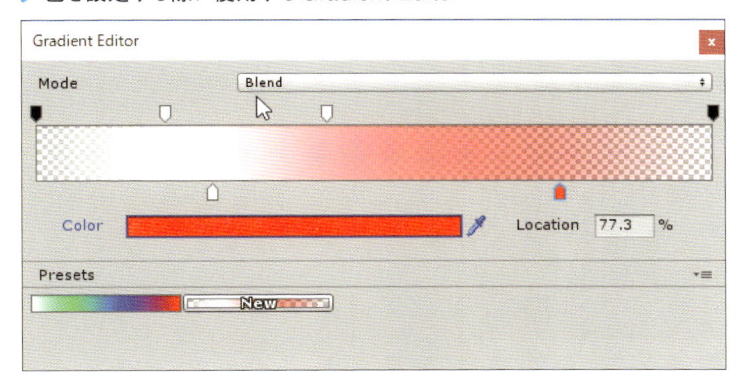

Gradient Editorの使用方法については、2-2を参照ください。

3-4-2 Color by Speedモジュールの概要

Color by Speedモジュールを使用するとパーティクルのスピードを参照して色を設定することができます。パーティクルのスピードが減衰していくのに従って色を変更するといった使い方が可能です。

▶ Color by Speedモジュール

✓ Color by Speed
Color
Speed Range　0　1

▶ Color by Speedモジュールの設定項目

パラメータ	項目
Color	パーティクルのスピードに沿って、色およびアルファを設定可能
Speed Range	上のColorパラメータが参照する最大値と最小値を設定

次の図は静止画なので伝わりづらいですが、放射状に高速で放出されたパーティクルのスピードをLimit Velocity over Lifetimeで減衰しています。Color by Speedモジュールを用いてスピードが速いときは赤、スピードが減衰していくに従って青に変化するように設定しています。

▶ Color by Speedモジュールの使用結果、Start Speedは5に設定

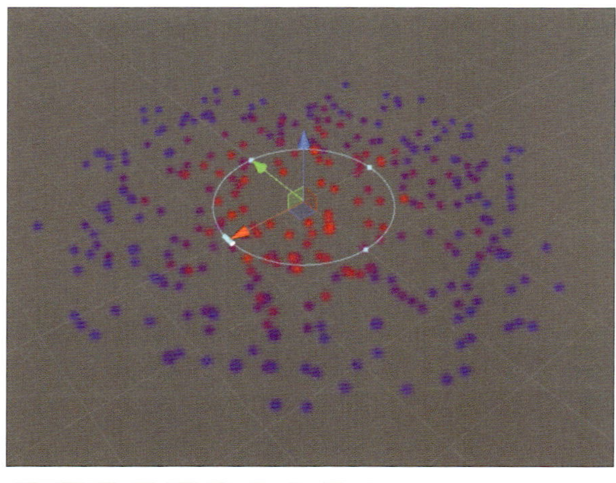

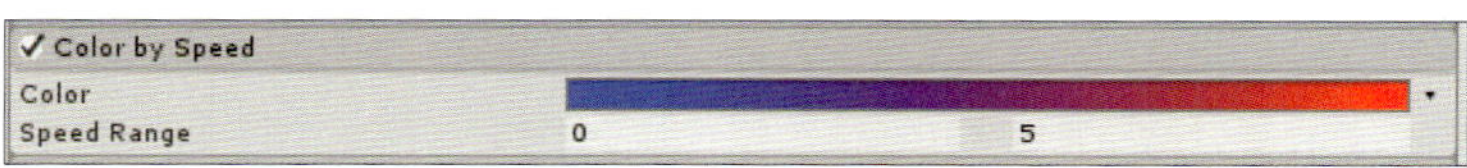

Size モジュールと Rotation 系モジュール

ここではパーティクルの大きさと回転を制御する、Size over Lifetime、Size by Speed、Rotation over Lifetime、Rotation by Speed の４つのモジュールについて説明していきます。

3-5-1 Size over Lifetime モジュールの概要

Size over Lifetime、Size by Speed、Rotation over Lifetime、Rotation by Speed の４つのモジュールですが、基本的には、3-4 で解説した Color over Lifetime と Color by Speed モジュールと同じ使い方をするパラメータですので、詳しい解説は割愛致します。

Size over Lifetime モジュールを使用して、パーティクルの寿命に沿ってサイズを制御できます。

▶ Size over Lifetime モジュール

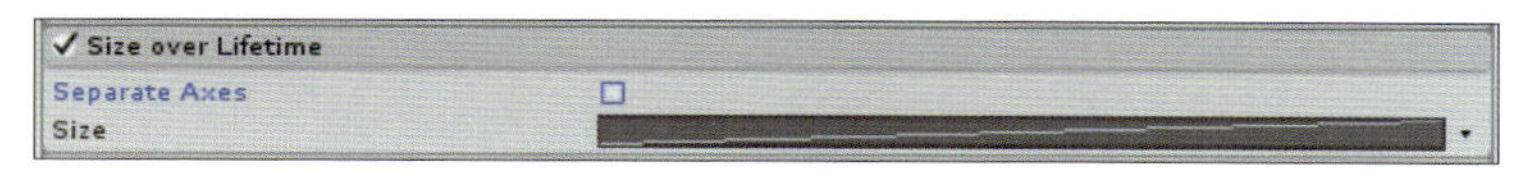

▶ Size over Lifetime モジュールの設定項目

パラメータ	内容
Separate Axes	オンにすると、軸ごとにパーティクルのサイズを設定可能
Size	パーティクルの寿命に沿ったサイズ変更を設定可能

3-5-2 Size by Speed モジュールの概要

パーティクルの速度を参照してサイズを変更することができます。

▶ Size by Speed モジュール

✓ Size by Speed
Separate Axes
Size
Speed Range 0 1

▶ Size by Speedモジュールの設定項目

パラメータ	内容
Separate Axes	オンにすると軸ごとにパーティクルのサイズを設定可能
Size	パーティクルの速度に沿ったサイズ変更を設定可能
Speed Range	パーティクルが参照する最大値と最小値を設定

3-5-3 Rotation over Lifetimeモジュールの概要

Rotation over Lifetimeモジュールを使用してパーティクルの寿命に沿って回転速度を制御できます。

▶ Rotation over Lifetimeモジュール

✓ Rotation over Lifetime
Separate Axes
Angular Velocity　45

▶ Rotation over Lifetimeモジュールの設定項目

パラメータ	内容
Separate Axes	オンにすると、軸ごとにパーティクルの回転速度を設定可能
Angular Velocity	パーティクルの寿命に沿った回転速度の変更を設定

3-5-4 Rotation by Speedモジュールの概要

パーティクルの速度を参照して回転速度を変更することができます。

▶ Rotation by Speedモジュール

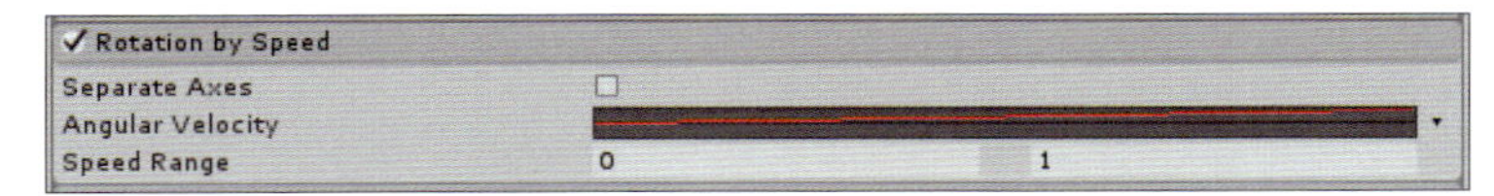

▶ Rotation by Speedモジュールの設定項目

パラメータ	内容
Separate Axes	オンにすると軸ごとにパーティクルの回転速度を設定可能
Angular Velocity	パーティクルの速度に沿った回転速度の変更を設定
Speed Range	Angular Velocityパラメータが参照する最大値と最小値を設定

Noise モジュールと External Forces モジュール

ここではパーティクルにノイズの動きを付加する Noise モジュールと、External Forces モジュールについて説明します。

3-6-1 Noise モジュールの概要

Noiseモジュールを使用するとパーティクルにタービュランスノイズ（乱気流のような動き）を付加することができます。

▶ Noise モジュール

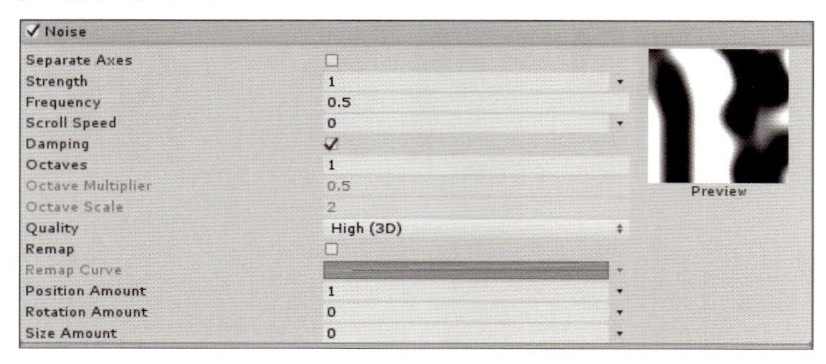

▶ Noise モジュールの設定項目

パラメータ	内容
Separate Axes	オンにすると軸ごとにノイズの強さを設定可能
Strength	ノイズの強さを設定
Frequency	ノイズの周波数。大きいほど細かくなりパーティクルが小刻みに動くような挙動になる
Scroll Speed	ノイズを移動しアニメーションさせる。Quality の設定によって結果が異なる
Damping	オンにすると、ノイズのスピードを維持しながら Frequency を変更可能。オフの場合、ノイズのスピードは Frequency に依存
Octaves	ノイズのレイヤー数、値が大きいほど複雑なノイズを得られるが、負荷が上がる
Octave Multiplier	Octaves を２以上に設定した場合にアクティブ化。２枚目以降のノイズレイヤーのかかり具合に影響
Octave Scale	Octaves を２以上に設定した場合にアクティブ化。２枚目以降のノイズレイヤーの周波数に影響

Quality	ノイズの精度を設定。Quality を高く設定するほど複雑な動きになるが負荷が上がる
Remap	ノイズマップのリマップを行うかどうかの設定
Remap Curve	Remap がオンの場合、このパラメータでカーブを使ってノイズマップをリマップ
Position Amount	パーティクルの位置に対するノイズの影響範囲の設定
Rotation Amount	パーティクルの回転に対するノイズの影響範囲の設定
Size Amount	パーティクルのサイズに対するノイズの影響範囲の設定

Noiseモジュールは設定項目が多いですがPreviewを見て結果を確認しながら作業できるので調整しやすいかと思います。右にパラメータを変更した際のPreview画面の変化を掲載しておきます。

▶ Strengthパラメータの設定によるPreview画面の変化

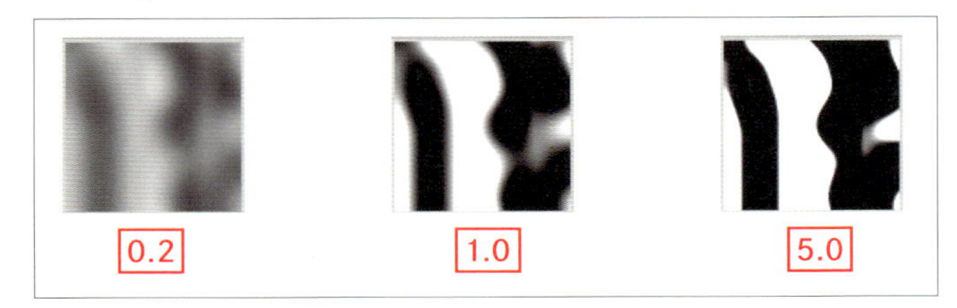

▶ Frequencyパラメータの設定によるPreview画面の変化

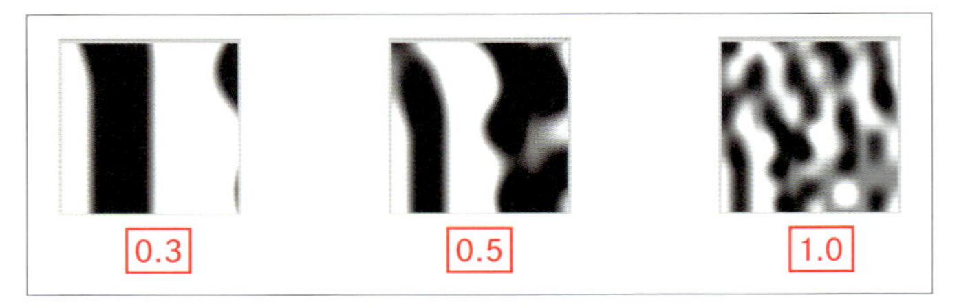

▶ Remapカーブの設定によるPreview画面の変化

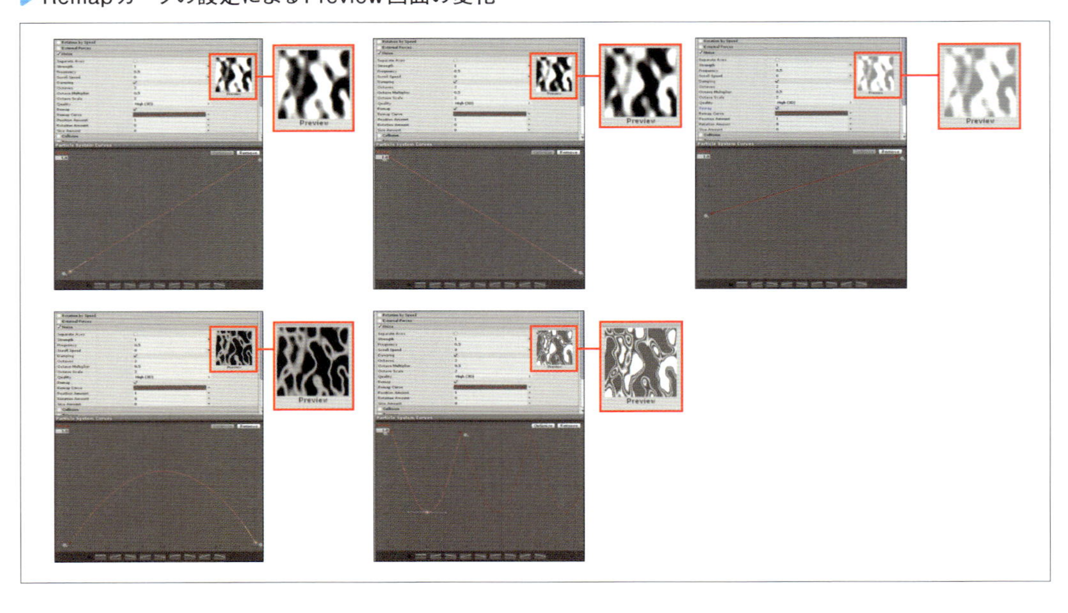

3-6-2 External Forces モジュールの概要

External Forcesモジュールを使うとパーティクルにWind Zoneの効果を付加することができます。Wind ZoneはUnityのTreeエディタなどで作成した木々を風で揺らす機能ですが、この風力をパーティクルにも適用できる機能です。

▶ External Forces モジュール

▶ External Forces モジュールの設定項目

パラメータ	項目
Multiplier	Wind Zone の強さを調整

上記についてはUnity2018.2までの説明であり、長らく大した使い道がなかったExternal Forcesモジュールですが、Unity2018.3で新たにParticle System Force Fieldコンポーネントが追加されました。Particle System Force Fieldコンポーネントを使用すると、シーン内に、力場を配置することができます。例えば、右図はシーンにParticle System Force Fieldを配置し、ボックスの形状に設定したものになります。

▶ Particle System Force Field コンポーネントを配置

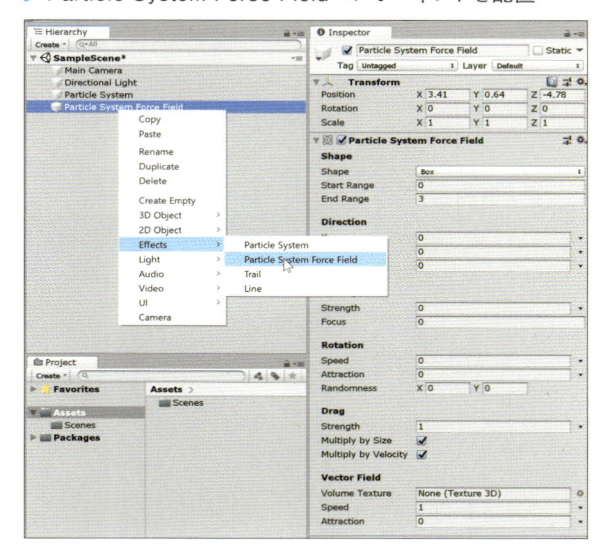

この状態でパーティクルのExternal Forcesモジュールをオンにすると、右図のようにParticle System Force Fieldコンポーネントのボックス内に侵入したパーティクルにのみDrag（減衰）の効果が働き、動きが停滞しています。他にも磁石のように中心に引き寄せるといった面白い動きを設定することも可能です。

▶ Particle System Force Field コンポーネントがパーティクルに作用

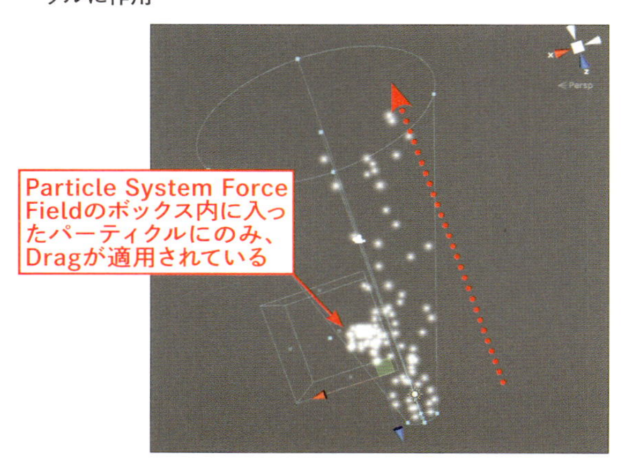

3-7 Collision モジュールと Trigger モジュール

ここではパーティクルが他のオブジェクトと衝突した際の挙動を設定する Collision モジュールと、指定したオブジェクトとトリガー判定を行う Trigger モジュールについて説明していきます。

3-7-1 Collision モジュールの概要

　Collisionモジュールを設定することで、パーティクルが他のオブジェクトと衝突したときの挙動を細かく指定することができます。

▶ Collision モジュール

✓ Collision
Type　Planes
Planes　None (Transform)
Visualization　Grid
Scale Plane　1.00
Dampen　0
Bounce　1
Lifetime Loss　0
Min Kill Speed　0
Max Kill Speed　10000
Radius Scale　1
Send Collision Messages
Visualize Bounds

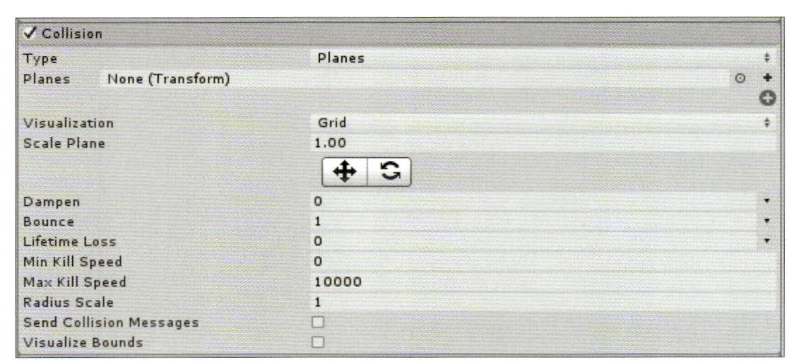

✓ Collision
Type　World
Mode　3D
Dampen　0
Bounce　1
Lifetime Loss　0
Min Kill Speed　0
Max Kill Speed　10000
Radius Scale　1
Collision Quality　High
Collides With　Everything
Max Collision Shapes　256
Enable Dynamic Colliders　✓
Collider Force　0
Multiply by Collision Angle　✓
Multiply by Particle Speed
Multiply by Particle Size
Send Collision Messages
Visualize Bounds

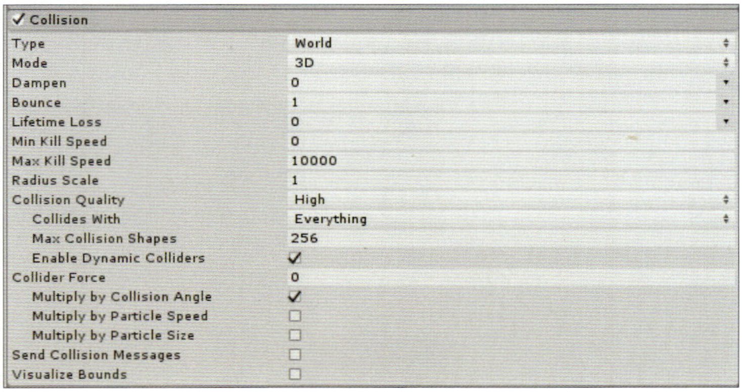

▶ Collisionモジュールの設定項目

パラメータ	内容
Type	パーティクルの衝突に使用するモードを指定できる。Planes では、衝突用の仮想の平面を使用。World では、実際にシーンに配置されているオブジェクトを使用
Mode	Type パラメータで World を選んだ場合のみ選択可能。2D か 3D か選択
Planes	Type パラメータで Plane を選んだ場合のみ選択可能。衝突に使用する平面を複数指定可能
Visualization	衝突に使用する平面の可視化の方法。Grid か Solid から選択
Scale Plane	衝突に使用する平面のサイズを指定
Dampen	衝突後にパーティクルを減速させる力。摩擦のようなもの
Bounce	衝突後のパーティクルの跳ね返りの大きさ（バウンド）を指定
Lifetime Loss	衝突するたびにパーティクルの寿命を削減する係数
Min Kill Speed	衝突後に設定値より遅いパーティクルを削除
Max Kill Speed	衝突後に設定値より速いパーティクルを削除
Radius Scale	パーティクルの衝突範囲の球を拡縮。Visualize Bounds パラメータをオンにすることで、球の範囲が確認可能
Collision Quality	衝突判定の精度を設定
Collides With	ここで指定したレイヤーとだけパーティクルが衝突判定を行う
Max Collision Shapes	パーティクルとの衝突計算に使用されるオブジェクトの最大数。最大数を超えたオブジェクトは計算から除外
Enable Dynamic Colliders	オンにするとパーティクルが動的オブジェクトとの衝突計算を行う
Collider Force	パーティクルと衝突したオブジェクトに対して力を加える
Multiply by Collision Angle	衝突オブジェクトに力を加える際に、衝突時の角度を考慮
Multiply by Particle Speed	衝突オブジェクトに力を加える際に、パーティクルの速度を考慮
Multiply by Particle Size	衝突オブジェクトに力を加える際に、パーティクルの大きさを考慮
Send Collision Messages	オンにするとパーティクルが衝突した際にスクリプトにイベントを送ることが可能
Visualize Bounds	オンにするとパーティクルの衝突範囲を可視化可能

多くのパラメータがありますが、よく使用するのはオブジェクトに衝突したパーティクルの挙動を制御するパラメータで、摩擦（滑りやすさ）を調整するDampenと、跳ね返りを調整するBounceです。衝突したパーティクルを削除したい場合、Lifetime Loss、Min Kill Speed、Max Kill Speedなどを使って調整します。

▶ BounceとDampen

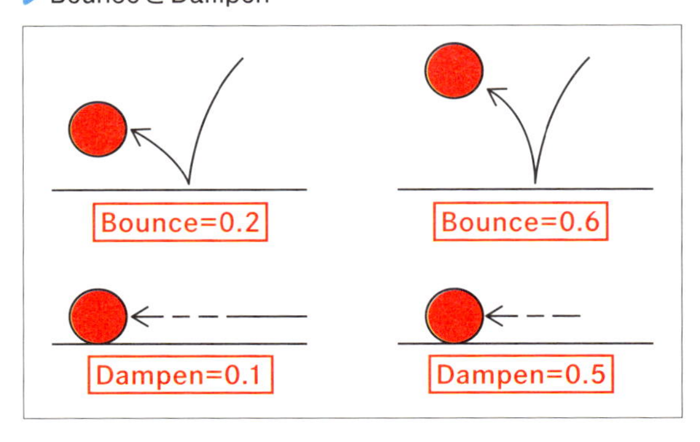

3-7-2 Triggerモジュールの概要

Triggerモジュールは、パーティクルとコライダー（Collider）に設定されたオブジェクト間での振る舞いについて定義します。例えばColliderとして球オブジェクトを指定した場合、球の内側にあるパーティクルだけを消滅させるといったことが可能です。なお、判定に使用するオブジェクトのコライダーコンポーネントのIs Triggerパラメータがオンに設定されている場合のみ動作します。

▶ Triggerモジュール

▶ Triggerモジュールの設定項目

パラメータ	内容
Colliders	パーティクルとのトリガー判定に使用するコンポーネントを指定
Inside	パーティクルが Colliders の内側にある時の動作を定義
Outside	パーティクルが Colliders の外側にある時の動作を定義
Enter	パーティクルが Colliders に入った時の動作を定義
Exit	パーティクルが Colliders から出た時の動作を定義
Radius Scale	パーティクルの衝突範囲を調整
Visualize Bounds	オンにすると Scene ビューでパーティクルの衝突範囲が確認できる

振る舞いには、Ignore（無視、作用しない）、Kill（パーティクルを破棄）、Callback（コールバックが発生、スクリプトと連携して指示を出す）の3つの種類があります。

例えば、右図では立方体オブジェクトをColliderに指定して、InsideをKillに設定することで立方体の内側にあるパーティクルが削除されています。

▶ Triggerモジュールの使用例

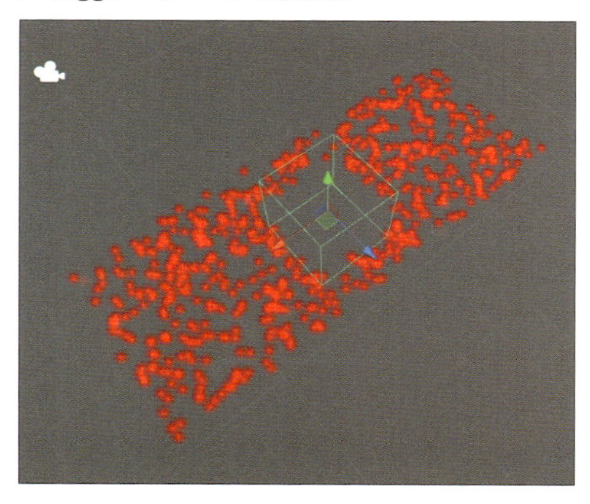

Sub Emitter モジュールと Texture Sheet Animation モジュール

ここでは条件に応じてパーティクルからパーティクルを生成できるSubEmitterモジュールと、テクスチャのアニメーション全般を設定するTexture Sheet Animationモジュールについて解説していきます。

3-8-1 Sub Emitterモジュールの概要

Sub Emitterモジュールはパーティクルに条件を設定し、その条件が満たされた場合に別のパーティクルを生成します。例えばパーティクルAが寿命で破棄された際に、その位置からパーティクルBを生成できます。打ち上げ花火のような、打ち上がって破裂するようなものに最適です。

また、パーティクルBの生成時に親パーティクルAのサイズや色、寿命などを継承することも可能です。なお、速度の継承に関してはInherit Velocityモジュールを使用します。

▶ Sub Emitterモジュール

Sub Emitters
Inherit
Trigger　SubEmitter0 (Particle System)　Everything
Death　None (Particle System)　Mixed ...
Collision　None (Particle System)　Size

▶ 発生条件(Sub Emitterモジュールの設定項目)

パラメータ	内容
Birth	親パーティクルが存命している間、生成され続ける
Collision	親パーティクルが衝突した際に生成
Death	親パーティクルが死亡した際に生成
Trigger	Triggerモジュールがオンで、パーティクルがTriggerモジュールの条件（Kill、Callback）を満たした際に生成
Manual	スクリプトからのアクセスで生成

▶ Inherit(Sub Emitterモジュールの設定項目)

パラメータ	内容
Nothing	生成時に親パーティクルから要素を一切継承しない

Everything	生成時に親パーティクルから全ての要素（カラー、サイズ、回転、寿命）を継承し、子パーティクルの値と乗算
Color	生成時に親パーティクルのカラーを継承して子パーティクルのカラーと乗算
Size	生成時に親パーティクルのサイズを継承して子パーティクルのサイズと乗算
Rotation	生成時に親パーティクルの回転値を継承して子パーティクルの回転値と乗算
Lifetime	生成時に親パーティクルの経過寿命を継承して子パーティクルの寿命と乗算。なお、発生条件Death で継承した場合、親の残り寿命が0なので、なにも生成されない

例えば次の図のように、飛んでいく炎の玉から発生する煙と火花など、様々な状況に応用できます。

▶ SubEmitterの使用例

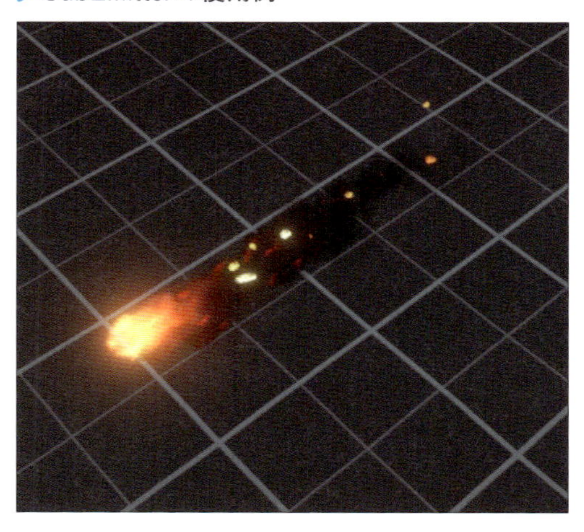

3-8-2 Texture Sheet Animationモジュールの概要

Texture Sheet Animationモジュールを使用すればテクスチャシートの再生や、アトラス化されたテクスチャから一部分だけを使用したりすることが可能です。

▶ Texture Sheet Animationモジュール

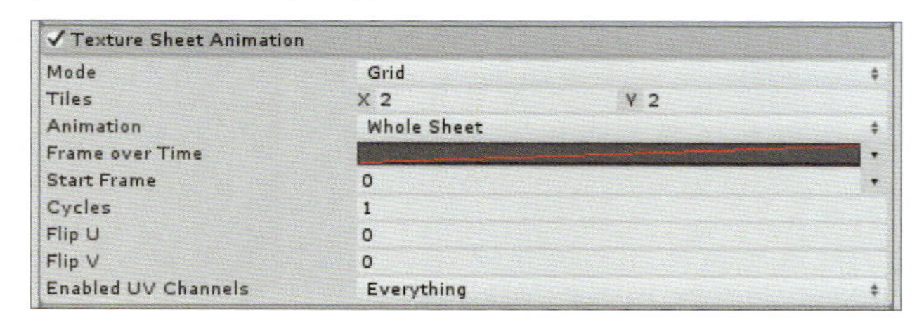

▶ Texture Sheet Animationモジュールの設定項目

パラメータ	内容
Mode	テクスチャをタイル分割して使用するか、スプライトを使用するか選択可能
Tiles	テクスチャアニメーションの分割数を縦方向と横方向で指定
Animation	テクスチャアニメーションの再生方式を指定。Whole Sheet（一連で再生）かSingle Row（行ごとの再生）の２つがある
Random Row	Animation パラメータで Single Row を選択したときのみ設定可能。パーティクル発生時に各行の中からランダムに１行だけ選択してアニメーションを再生

Frame over Time	テクスチャアニメーションとして使用する範囲を指定
Start Frame	テクスチャアニメーションを開始するフレームを指定
Cycles	テクスチャアニメーションの繰り返し回数を指定
Flip U	テクスチャを水平に反転。値が0の場合、全く反転しない。1の場合は、100%反転
Flip V	テクスチャを垂直に反転。値が0の場合、全く反転しない。1の場合は、100%反転
Enables UV Channels	どのUVチャンネルにテクスチャアニメーションの設定が反映されるかを指定。単一のチャンネルしか使用していない場合、デフォルトの設定のままで問題ない

Texture Sheet Animationモジュールの具体的な設定例を次にいくつか掲載します。

次の図は、横8分割、縦8分割の合計64フレームの爆発アニメーションを再生する際の設定例です。Flip Uパラメータに値0.5を入れることで、50%の確率でテクスチャが水平方向に反転し、爆発を複数発生させた際に同一の見た目になるのを防いでくれます。なお、Flipパラメータですが、Unity2018.4ではRendererモジュールにパラメータが移動しています。

▶ 爆発のアニメーションテクスチャの設定例

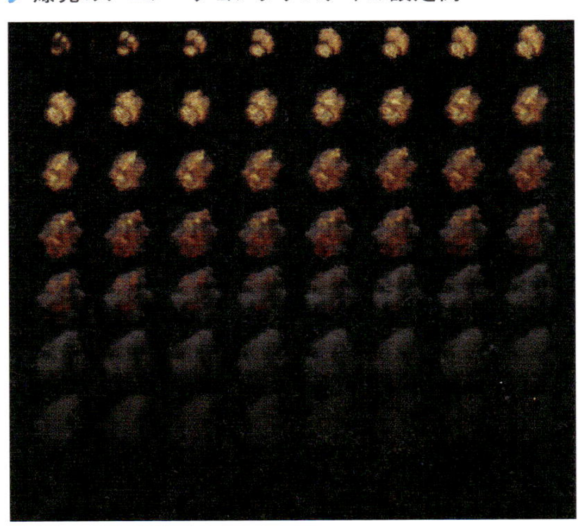

✓ Texture Sheet Animation

Mode	Grid
Tiles	X 8 Y 8
Animation	Whole Sheet
Frame over Time	
Start Frame	0
Cycles	1
Flip U	0.5
Flip V	0
Enabled UV Channels	Everything

▶ 実行結果

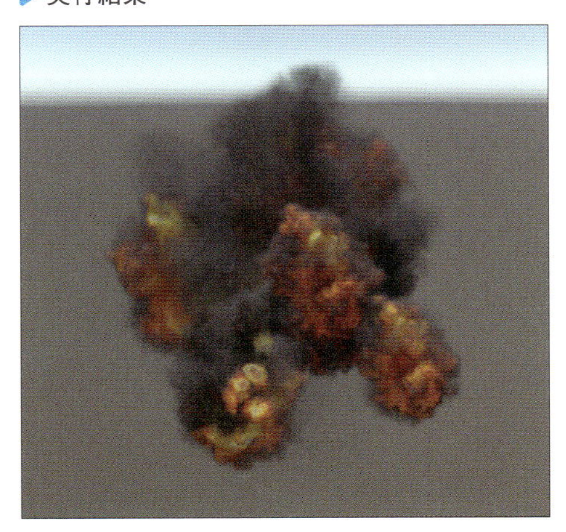

次のページの図は、4つのフレームにそれぞれ個別の煙テクスチャが配置されている場合です。Frame over TimeパラメータをRandom Between Two Constantに設定し、4つのフレームの中から1枚だけをランダムに選ぶ設定しています。

▶ 煙をランダムに選択する設定例

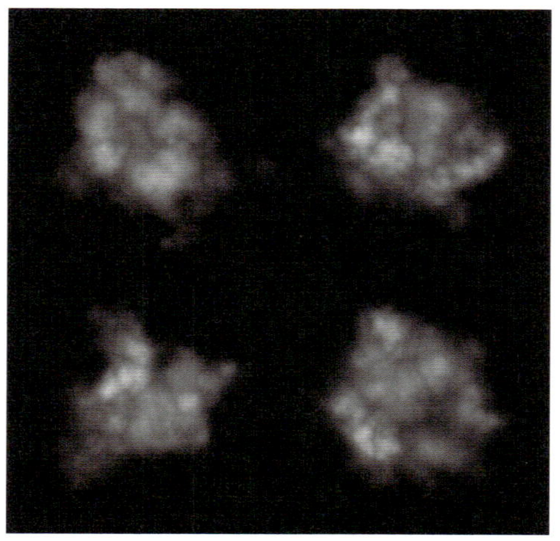

▶ 実行結果

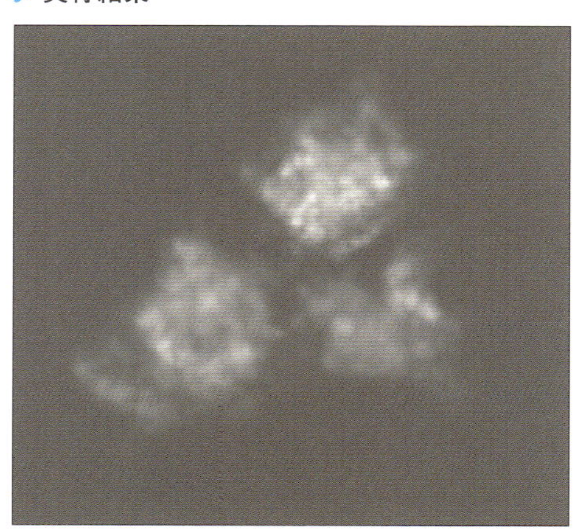

✓ Texture Sheet Animation		
Mode	Grid	
Tiles	X 2	Y 2
Animation	Whole Sheet	
Frame over Time	0	3.9996
Start Frame	0	
Cycles	1	
Flip U	0	
Flip V	0	
Enabled UV Channels	Everything	

各行ごとに別々のアニメーションが設定されている場合は、AnimationパラメータでSingle Rowを選択することで、行ごとにアニメーションを再生できます。次の図にWhole SheetとSingle Rowの違いを掲載します。

▶ Animationパラメータの設定による再生順序の違い

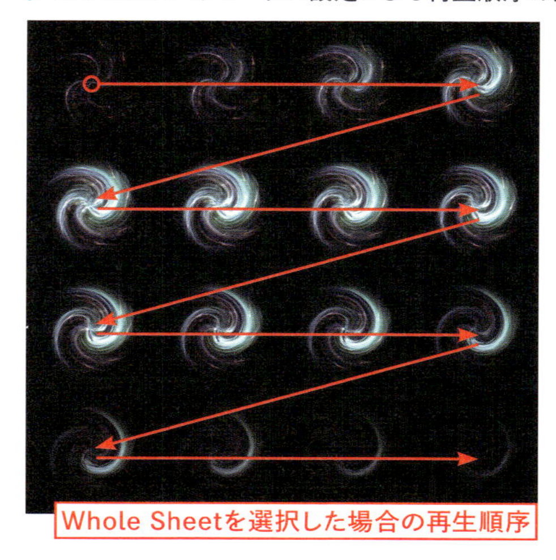

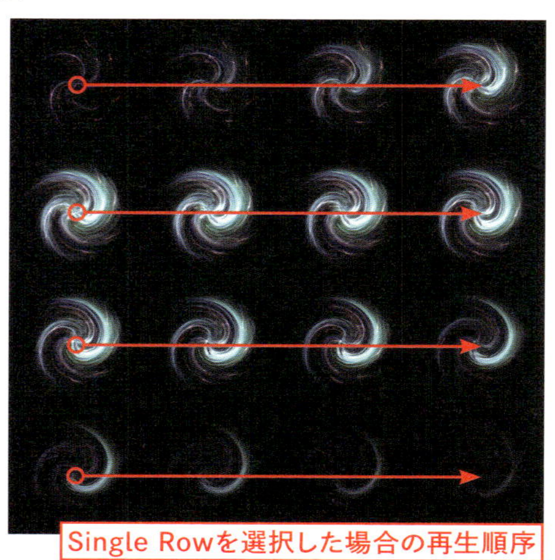

　このように各行ごとに再生したい場合はSingle Rowを使用します。次の例では、行ごとに異なる煙のアニメーションが配置されています。

▶ 煙を行ごとにランダムに選択し、アニメーション再生する設定例

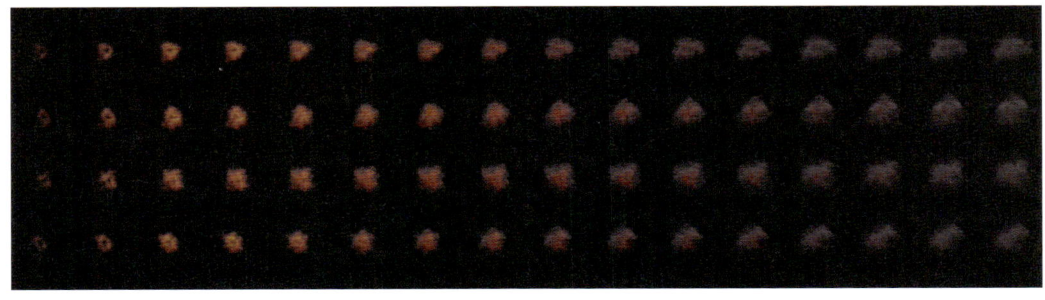

✓ Texture Sheet Animation	
Mode	Grid
Tiles	X 16　Y 4
Animation	Single Row
Random Row	✓
Frame over Time	
Start Frame	0
Cycles	1
Flip U	0
Flip V	0
Enabled UV Channels	Everything

▶ 実行結果

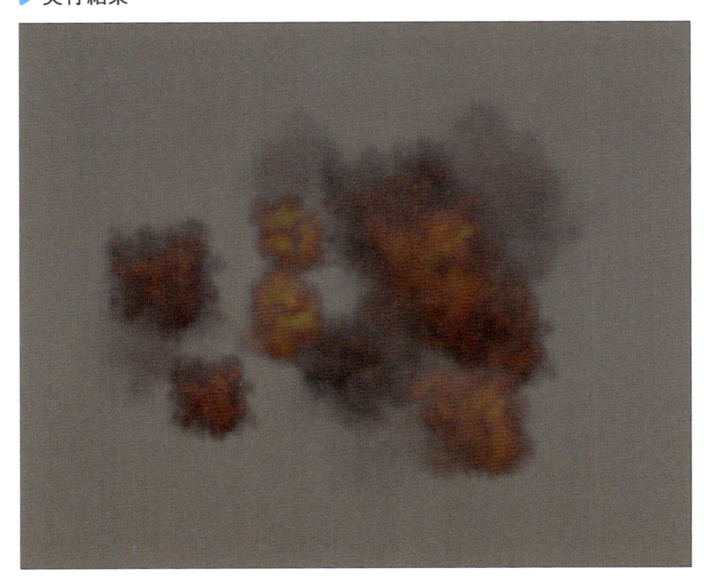

Light モジュールと Trail モジュール

ここではパーティクルにライトを追加する Light モジュールと、トレイルを追加する Trail モジュールの機能について説明していきます。

3-9-1 Lightモジュールの概要

パーティクルにライトを追加し調整するモジュールです、周囲の環境にライトの影響をおよぼすことで格段にリアリティが増しますが、ライトの最大数が増えるほど負荷も高くなるので、限定的に使用するようにしましょう。

▶ Light モジュール

✓ Lights
Light　Point Light (Light)
Ratio　0
Random Distribution　✓
Use Particle Color　✓
Size Affects Range　✓
Alpha Affects Intensity　✓
Range Multiplier　1
Intensity Multiplier　1
Maximum Lights　20

▶ Light モジュールの設定項目

パラメータ	内容
Light	生成するライトを指定
Ratio	パーティクルごとにライトが生成される確率を指定
Random Distribution	Ratio パラメータで指定した確率に基づいてライトが生成される。オフの場合、一定間隔ごと（例：パーティクル5個ごとなど）に生成。オンの場合は、発生間隔がランダムに決定
Use Particle Color	オンにするとライトの色にパーティクルの色を掛け合わせる
Size Affects Range	オンにするとライトの範囲にパーティクルのサイズを乗算
Alpha Affects Intensity	オンにするとライトの透明度にパーティクルの透明度を乗算
Range Multiplier	ライトの影響範囲をパーティクルの寿命に沿って調整
Intensity Multiplier	ライトの明るさをパーティクルの寿命に沿って調整
Maximum Lights	生成するライトの最大数

Lightモジュールを使用すると右図のように地面に光が当たり、パーティクルの発光表現に説得力を持たせることができます。ただしこのように、ひとつひとつのパーティクルにライトを追加するようなやり方は負荷が高いため、あまりお勧めはできません。

▶ Lightモジュールを使った発光表現の例

3-9-2 Trailモジュールの概要

Trailモジュールを使用することによりパーティクルに軌跡のような効果を追加することができます。Trailモジュールを使用する場合は、パーティクルのマテリアルとは別にトレイル用のマテリアルを設定する必要があります。

▶ Trailモジュール

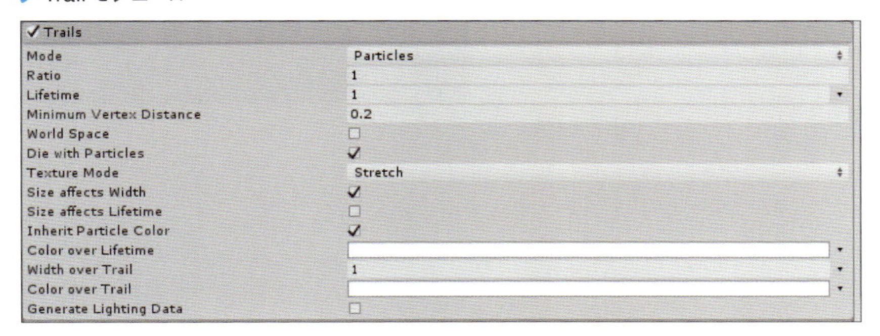

▶ Trailモジュールの設定項目

パラメータ	内容
Mode	トレイルの生成モードをParticlesとRibbonから選択可能
Ratio	パーティクルごとにトレイルが生成される確率を指定
Lifetime	トレイルの寿命を設定
Minimum Vertex Distance	トレイルの頂点が生成される間隔。値が大きいとカクカクとした見た目になる
World Space	オンにするとゲームオブジェクトの動きがトレイルに反映される。MainモジュールのSimulation Spaceと同じような効果
Die with Particle	パーティクルが死亡したした場合、同時にトレイルも削除

Texture Mode	テクスチャのトレイルへの投影方法を指定
Size affects Width	トレイルの幅がパーティクルの Start Size パラメータの値で乗算される
Size affects Lifetime	トレイルの幅が Size over Lifetime モジュールの値で乗算される
Inherit Particle Color	パーティクルのカラー情報を継承し、現在のトレイルのカラーに掛け合わせる
Color over Lifetime	トレイルのカラーを寿命に沿って変更可能
Width over Trail	トレイルの幅を指定
Color over Trail	トレイルに色およびグラデーションを設定可能
Generate Lighting Data	オンにすると法線と接線を含むトレイルジオメトリが生成

Trailモジュールを使用して、簡単にパーティクルからトレイルを発生させることが可能です。

▶ Trailモジュールの作例

Renderer モジュールと Custom Data モジュール

ここではパーティクルの見た目を左右する Renderer モジュールと、Custom Vertex Streams で独自のパラメータを使用する際に利用可能な Custom Data モジュールについて解説していきます。

3-10-1 Renderer モジュールの概要

Rendererモジュールにはパーティクルのタイプや表示順序の設定など重要なパラメータが多数あります。特に重要度の高いものについて個別に説明していきます。

▶ Renderer モジュール

✓ Renderer	
Render Mode	Billboard
Normal Direction	1
Material	Default-Particle
Trail Material	None (Material)
Sort Mode	None
Sorting Fudge	0
Min Particle Size	0
Max Particle Size	0.5
Render Alignment	View
Pivot	X 0 Y 0 Z 0
Visualize Pivot	☐
Masking	No Masking
Custom Vertex Streams	☐
Cast Shadows	Off
Receive Shadows	☐
Motion Vectors	Per Object Motion
Sorting Layer	Default
Order in Layer	0
Light Probes	Off
Reflection Probes	Off

▶ Renderer モジュールの設定項目

パラメータ	内容
Render Mode	使用するビルボードのタイプ、もしくはメッシュを指定 （別項にて説明）
Camera Scale	Render Mode で Stretched Billboard 選択時に設定可能。カメラの動きの方向にパーティクルを引き伸ばす
Speed Scale	Render Mode で Stretched Billboard 選択時に設定可能。パーティクルの進行方向に引き伸ばす。引き伸ばす大きさは速度に比例
Length Scale	Render Mode で Stretched Billboard 選択時に設定可能。パーティクルの進行方向に引き伸ばす。速度に関係なく一定

Mesh	Render Mode で Mesh 選択時に設定可能。使用するメッシュを指定
Normal Direction	ビルボード使用時の法線の向き。1 はカメラ方向、0 はスクリーン中心
Material	パーティクルで使用するマテリアルを指定
Trail Material	トレイルで使用するマテリアルを指定。Trail モジュールがオンでないと画面に反映されない
Sort Mode	個々のパーティクルの描画順序の指定方法（別項にて説明）
Sorting Fudge	エフェクト内にある複数のパーティクルシステムのソート順を指定。値が小さいほど手前に表示される。マイナス値も使用可能
Min Particle Size	Render Mode が Billboard の場合のみ有効、ビューポートの割合として表されるパーティクルの最小サイズ
Max Particle Size	Render Mode が Billboard の場合のみ有効、ビューポートの割合として表されるパーティクルの最大サイズ。Main モジュールの Start Size を変更してもサイズが大きくならない場合、こちらの値を大きく設定する
Render Alignment	パーティクルの向きを設定（別項にて説明）
Enable GPU Instancing	GPU インスタンスを有効にする
Pivot	パーティクルの回転中心のピボット位置を調整
Visualize Pivot	パーティクルのピボット位置を可視化
Masking	Sprite Mask の機能をパーティクルにも適用可能
Custom Vertex Streams	オンにすることで Custom Vertex Streams の機能を使用可能にする。Custom Vertex Streams の概要については 2-4 を参照
Cast Shadows	パーティクルの影の有効、無効、生成方法について指定
Receive Shadows	パーティクル自身に他オブジェクトの影を投影するかどうか設定
Motion Vectors	モーションベクターの適用方法を指定
Sorting Layer	ソーティングレイヤーの名前が表示される
Order in Layer	レイヤーの表示順序、値が大きいほど手前に表示される
Light Probes	ライトプローブのパーティクルへの適用方法
Reflection Probes	リフレクションプローブのパーティクルへの適用方法

3-10-2 Render Modeパラメータ

Render Modeパラメータを変更することでパーティクルの外観に変化を持たせることができます。

▶ Render Modeパラメータの設定項目

パラメータ	内容
Billboard	デフォルト設定。カメラに対して常に正面を向くビルボードとしてパーティクルを描画。パーティクルの向きについては Render Alignment パラメータで変更可能
Stretched Billboard	パーティクルが進行方向に対し、速度に比例して伸縮
Horizontal Billboard	地面（XY 平面）に対して常に平行なパーティクルを描画

Vertical Billboard	パーティクルが XZ 平面に対して平行に描画される
Mesh	ビルボードの代わりにメッシュオブジェクトをパーティクルとして生成
None	なにも描画しない。Trail モジュールを使用している際にトレイルだけを描画したい場合や、Light モジュールを使用した際にライトだけを描画したい場合などに使用される

Stretched Billboardを使用する場合はテクスチャの向きにも注意が必要です。Stretched Billboard使用時は次の画像のようにテクスチャの左方向がパーティクルの進行方向と一致することになります。

▶ Stretched Billboard使用時のテクスチャの向き。左:使用テクスチャ、中:TypeをBillboardに設定したもの、右:TypeをStretched Billboardに設定したもの

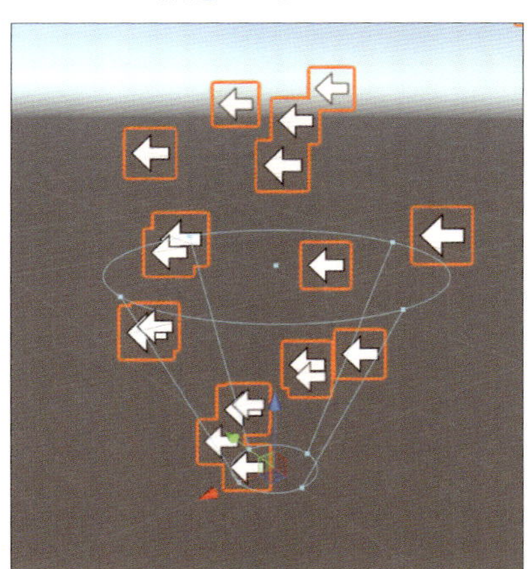
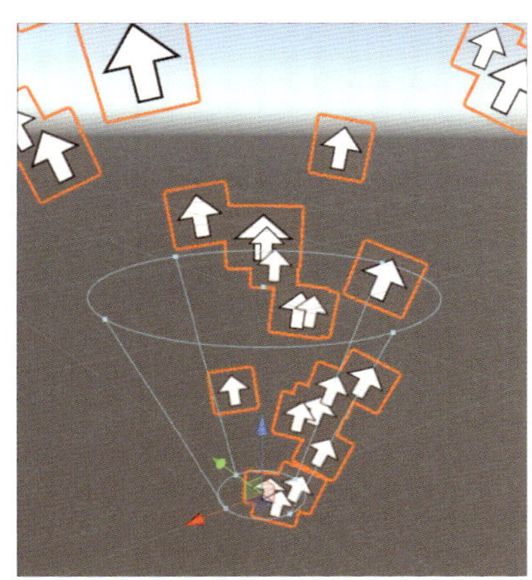

Rendererモジュールの各パラメータについては実際に値を変更して確認した方がわかりやすいものも多いため、実例制作でいろいろなパターン、使用例を紹介していきます。

3-10-3 Sort Modeパラメータ

Sort Modeパラメータを使用すると、1つのパーティクルシステム内の各パーティクルの表示順序について調整することが可能です。

▶ Sort Modeパラメータの設定項目

パラメータ	内容
None	デフォルトの設定。特に変更を加えない
By Distance	パーティクルのカメラからの距離に応じてパーティクルの表示順序を入れ替える
Oldest in Front	発生から経過時間の長いパーティクルほど手前に表示される
Youngest in Front	発生から経過時間の短いパーティクルほど手前に表示される

右図に各パラメータの比較例を示します。ShapeをCircleに設定し、Color over Lifetimeモジュールで寿命に沿ってパーティクルの色が赤から青に変わっていくように設定してあります。

Distanceに設定した場合、カメラからの距離によって表示順序が整理されているのがわかるかと思います。下段の2つ、Youngest in Frontに関しては、発生からの時間が短いと（赤いパーティクル）、手前に表示されています、Oldest in Frontに関してはその逆で発生からの時間が長いパーティクル（青いパーティクル）ほど手前に表示されています。

パーティクルが重なって見栄えがよくない場合、こちらのパラメータを一度チェックしてみましょう。

▶ 各Sort Modeの使用例

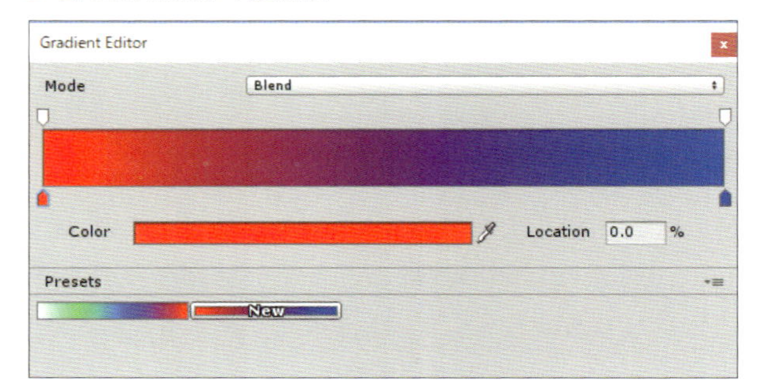

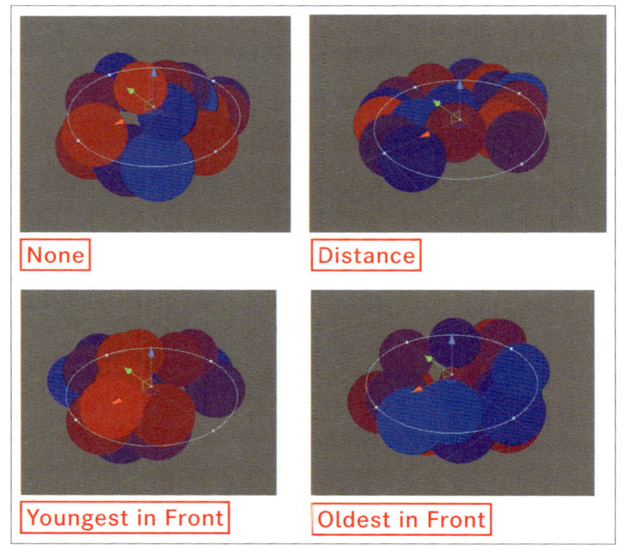

3-10-4 Render Alignmentパラメータ

Render Alignmentパラメータの設定を変更することにより、ビルボードの向きを変えることができます。

▶ Render Alignmentパラメータの設定項目

パラメータ	内容
View	デフォルトの設定。全てのパーティクルビルボードがカメラの投影面に向く
World	ビルボードがワールド軸に沿って表示される
Local	ビルボードがローカル軸（オブジェクトの回転軸）に沿って表示される
Facing	ビルボードがカメラオブジェクトの位置に向く
Velocity	ビルボードの面が進行方向に向く

▶ 各Render Alignmentの使用例

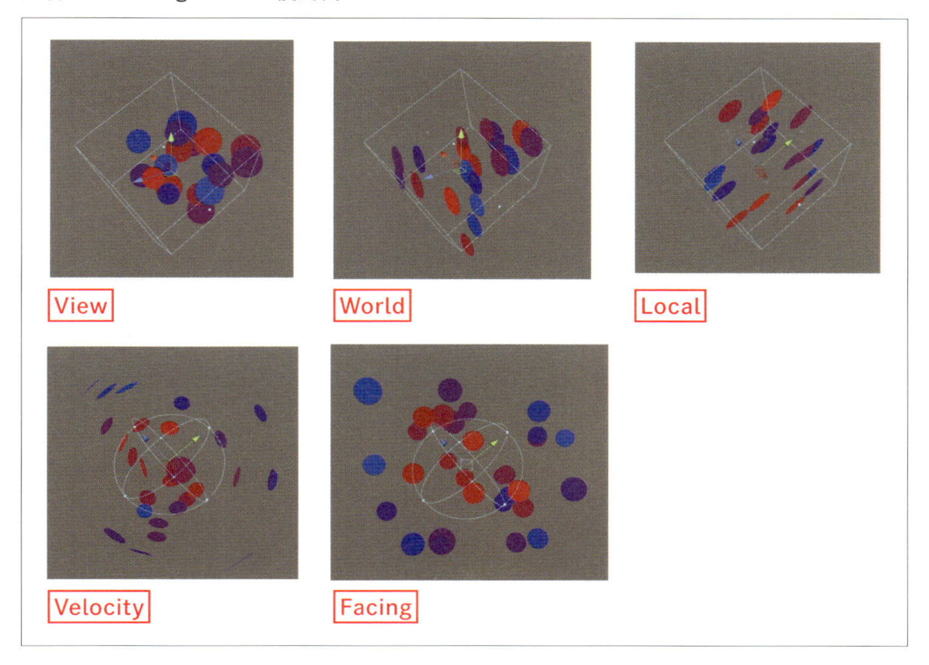

Velocityに関してはパーティクルの進行方向に向くという点でStretched Billboardと同じですが、Stretched Billboardが面自体はカメラの方を向くのに対して、Velocityは面が進行方向に向きます。文章だとわかりづらいので、実際に設定して違いを確認してみることをお勧めします。

この5つの設定のなかで、ViewとFacingはどちらもカメラの方向を向くものなので同じように思えますが右図のような違いがあります。

Viewに設定した場合はカメラの投影面に対してパーティクルのビルボードが向くため、画面の中央と端でビルボードの角度に違いは出ませんが、Facingに設定した場合はビルボードがカメラオブジェクトの中心（画像の赤十字部分）に向くため、画面の中央と端でビルボードの角度に違いが出てきます。

▶ View(青) とFacing(赤) に設定した場合の違い

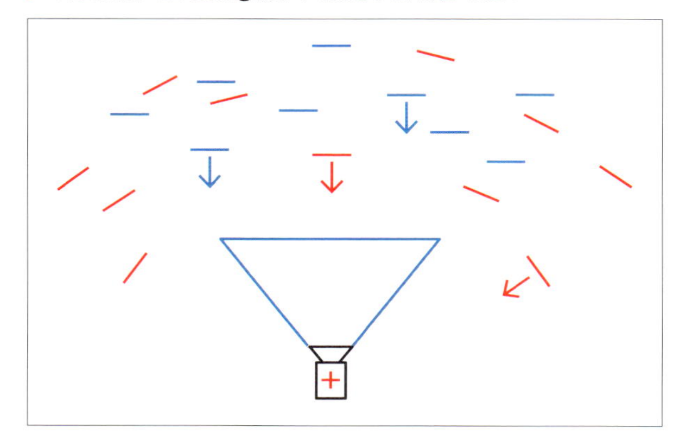

3-10-5 Custom Dataモジュールの概要

Custom Dataモジュールは特殊なモジュールで、RendererモジュールのCustom Vertex Streamsパラメータをオンにして Custom項目を追加し、シェーダー内で適切に設定しておくことで初めて機能します。

▶ Custom Dataモジュール

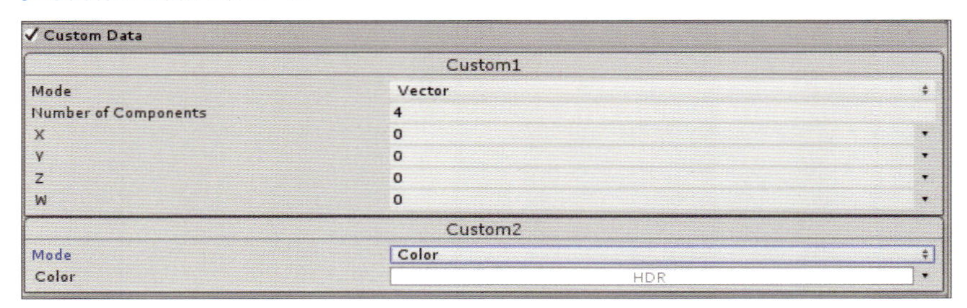

▶ Custom Dataモジュールの設定項目

パラメータ	内容
Mode	カスタムデータのデータ型を Color と Vector から指定可能
Number of Components	Mode で Vector を選んだ場合のみ指定可能。ベクター値の数（X,Y,Z,W、最大数４）を設定
Color	Mode で Color を選んだ場合のみ指定可能。このカラー指定では HDR カラーを使用することが可能

詳しい使用法については後の実例制作の方で触れていきますが、Vector と Colorの各項目に対して名前を付けることが可能です。X、Y、Z、Wという初期設定の名前だと、シェーダー内のどのパラメータに対して作用する項目なのかがわかりづらいので、使用する際は名前を付けておくとよいでしょう。

▶ カスタムデータの各項目の名前を変更することが可能

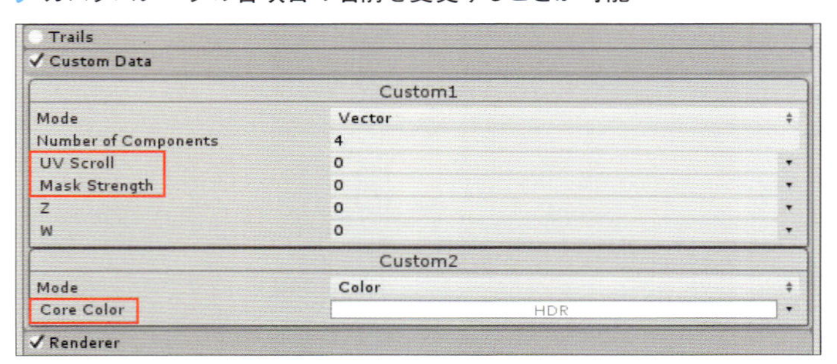

Chapter 4

基本的なエフェクトの作成

4-1　舞い上がる木の葉エフェクトの作成

4-2　流星エフェクトの作成

4-3　防御エフェクトの作成

4-4　移動するキャラクタから発生するバフエフェクトの作成

4-1 舞い上がる木の葉エフェクトの作成

この章からは実例制作を通してShurikenの機能に触れながら、スキルの習得を目指していきたいと思います。エフェクト作成にはShurikenでのパーティクル制作以外にも、テクスチャ作成、モデル作成、シェーダー制作など様々な工程があります。

4-1-1 プロジェクトの作成とインポート

最初に、4章のデータをインポートするためのプロジェクトを新規作成します。プロジェクトの作成にはUnity Hubを使用しますのでUnityの公式ページよりダウンロードしてインストールしておいてください(https://unity3d.com/jp/get-unity/download)。

▶ 公式ページよりUnity Hubをダウンロード

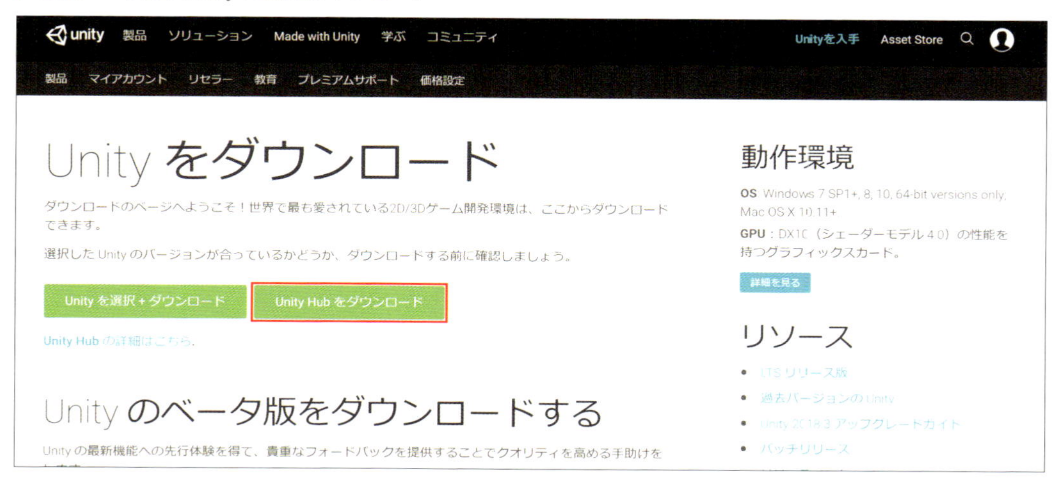

Unity HubはUnityのプロジェクトを管理するツールで、新規プロジェクトの作成、バージョンの異なるUnity本体のインストールやアンインストールをUnity Hub上から行うことができます。

まず、Unity Hubを起動して新規にプロジェクトを作成します。ウィンドウ上側のメニューから新規を選択し、プロジェクト名、作成するロケーション、使用するUnityのバージョンなどを設定して、Create projectボタンをクリックします。プロジェクト名とロケーションに関しては自由ですが、Unityのバージョンに関しては2018.2を使用し、テンプレートに関しては3Dを選択してください。

Unity2018.2がインストールされていない場合、Installsタブを選択し、Official Releasesからバージョンを選択してインストールすることが可能です。

▶ Unity Hubのプロジェクト作成画面

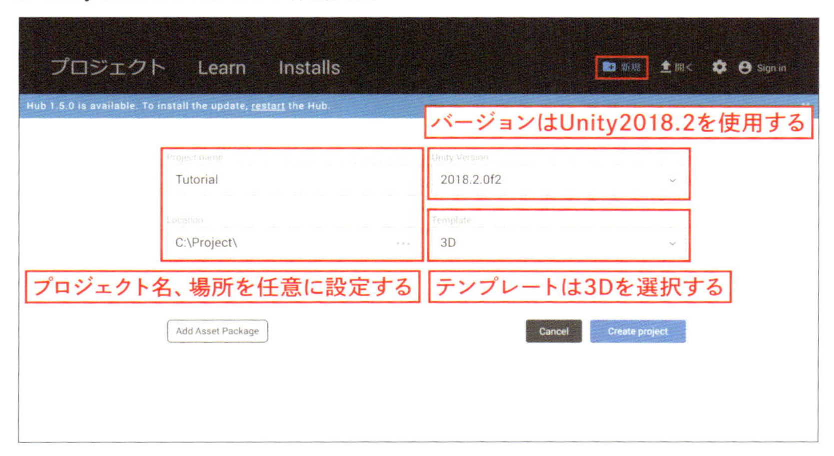

▶ Unity2018.2をインストール

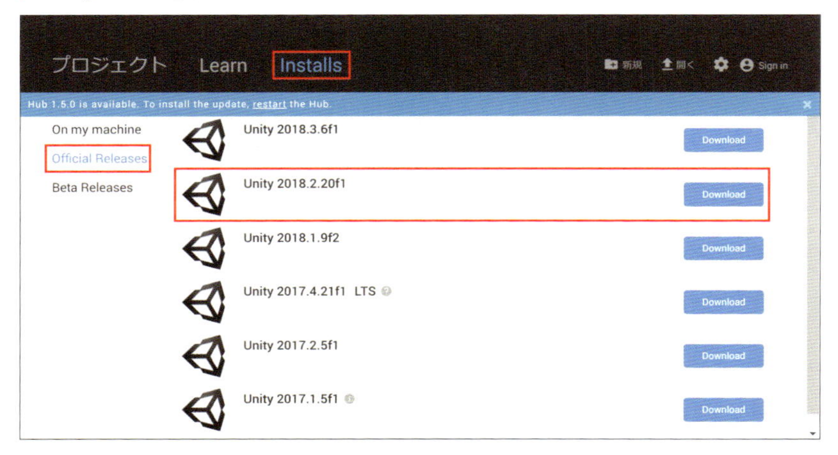

プロジェクトを作成したら、次にこの章で使用するデータをインポートします。この章ではあらかじめ用意したシンプルなマテリアルを使用し、Shurikenの機能だけを使っていくつかのエフェクトを作っていきたいと思います。

サイトからダウンロードしたLesson04.UnityPackageをUnityのProjectビューにドラッグ＆ドロップしてインポートしてください。このファイルには、この章で必要なマテリアルやテクスチャなどのデータ一式が含まれています。

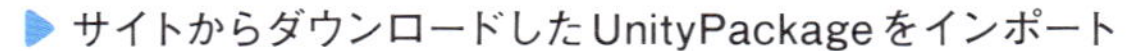

サイトからダウンロードしたUnityPackageをインポート

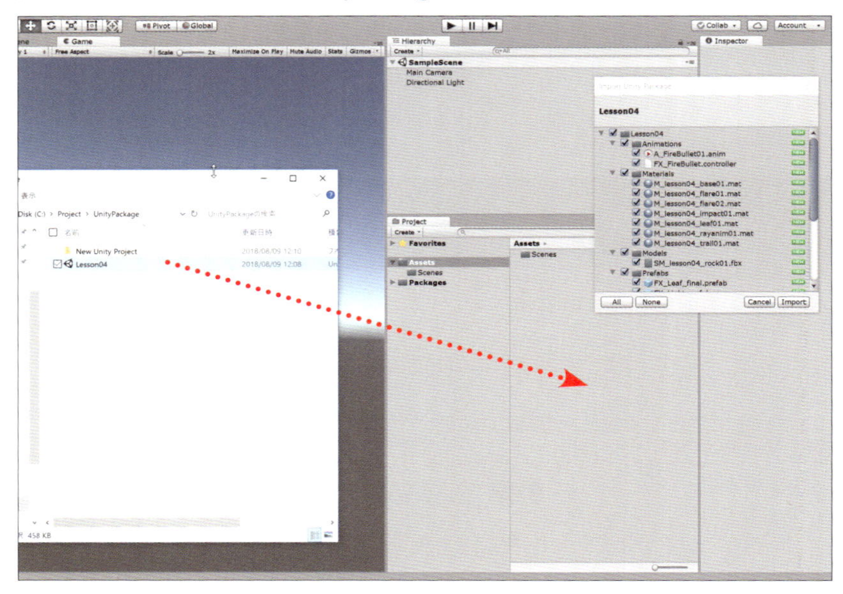

また今回の木の葉のエフェクトでは使用しませんが、アセットストアからキャラクタのアセットをダウンロードしてインポートしておきましょう。後ほど、**4-3**で使用します。アセットストアでkyleで検索するとこちらのアセットがヒットすると思います。

Space Robot Kyleのアセット

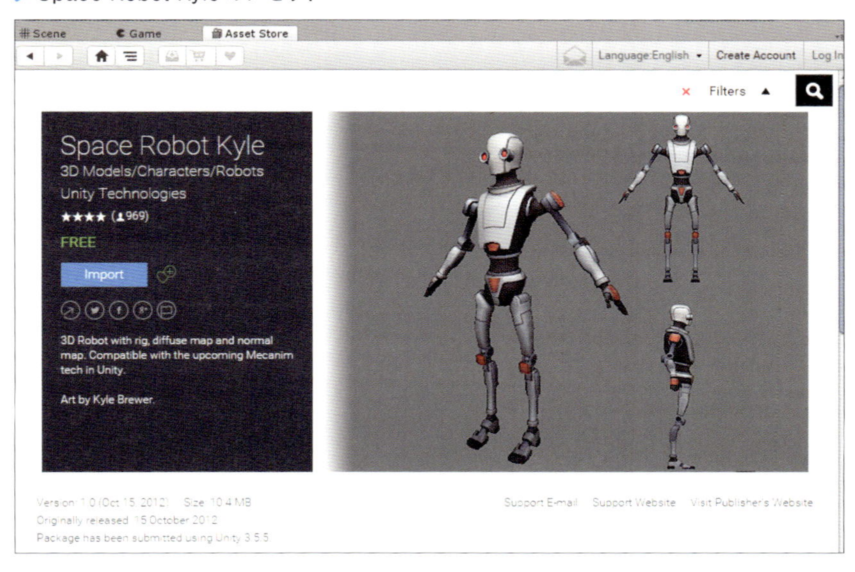

こちらのアセットは無料のものになります。このロボットのキャラクタ、Space Robot Kyleをダウンロードしてプロジェクトにインポートしておきます。

4-1-2 木の葉のマテリアルの適用と角度の調整

それでは早速制作を始めていきましょう。まずHierarchyビュー上で右クリックからCreate Emptyを選択し、エフェクトのルートとなるオブジェクトを作成します。ショートカットは Ctrl + Shift + N です。

▶ 新規オブジェクトを作成

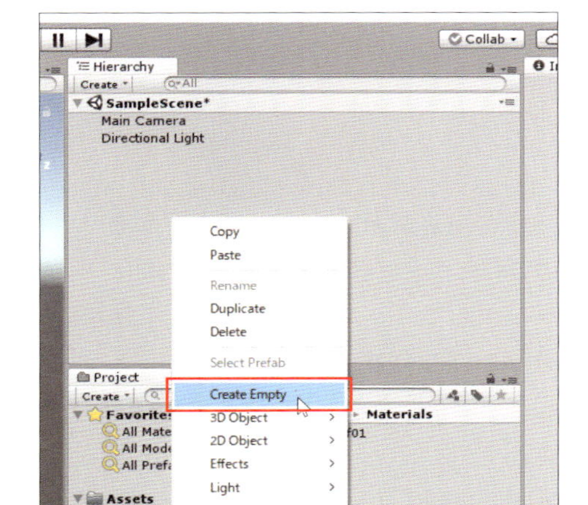

名前をFX_Leafに変更し、Transformコンポーネントを次の図のように設定し、原点に配置します。

▶ 作成したオブジェクトに値を設定

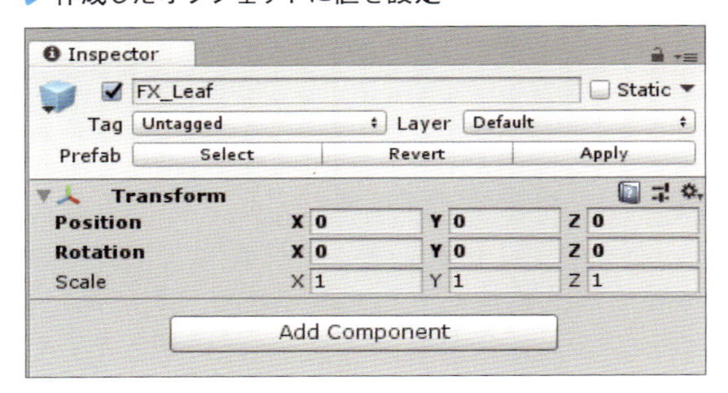

▶ Transformコンポーネント

パラメータ	値		
Position	X:0	Y:0	Z:0
Rotation	X:0	Y:0	Z:0
Scale	X:1	Y:1	Z:1

今後、特に断りがない限りはエフェクトのルートオブジェクトは移動値「0」、回転値「0」、スケール値「1」で原点に配置するものとします。

次にHierarchyビュー上でFX_Leafを選択し、右クリックからEffect→ParticleSystemを選択し、パーティクルを作成します。この場合、FX_Leafの子供として作成されます。名前をleaf01に変更します。

パーティクルシステムをFX_Leafの子として作成

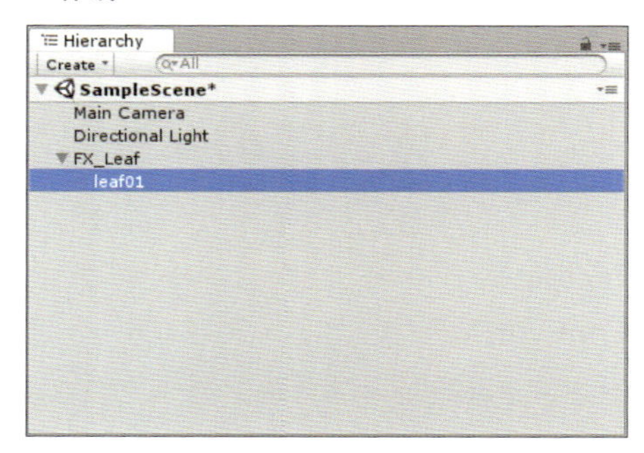

この時点でHierarchyビューからProjectビューのAssets/Lesson04/Prefabs内にドラッグ＆ドロップしてプレファブを作成しておきましょう。プレファブを作成しておくことで、いつでもProjectビューからシーンに配置して使えるようになります。

ドラッグ&ドロップしてプレファブを作成

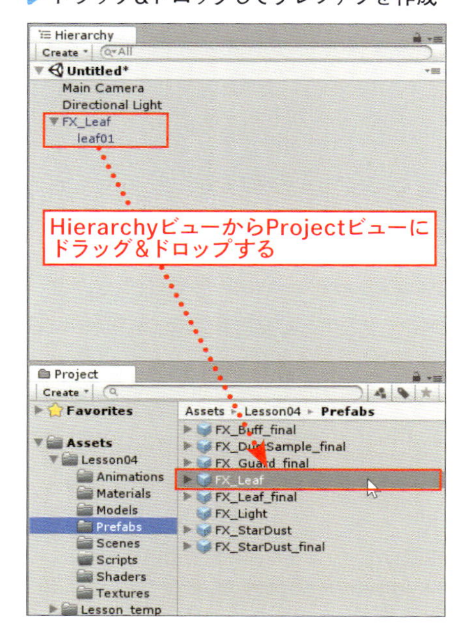

次にleaf01を選択し、マテリアルを適用します。マテリアルは最初にインポートしたLesson04/Materialsフォルダ内のM_lesson04_leaf01.matを使用します。leaf01のRendererモジュールを展開し、Materialsパラメータのところに、M_lesson04_leaf01.matをドラッグ＆ドロップします。

▶ マテリアルを適用

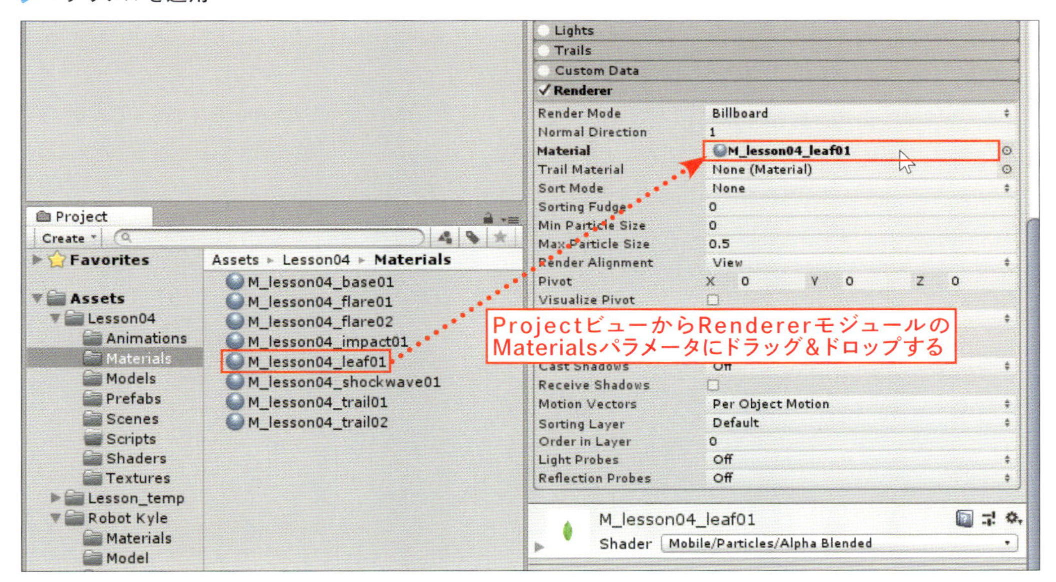

もしくはMaterialsパラメータ右端にある小さな＋マークのアイコンをクリックすると、Select Materialウィンドウが開くので、そこからマテリアルを選択しても同じことができます。

▶ Select Materialウィンドウからマテリアルを選択

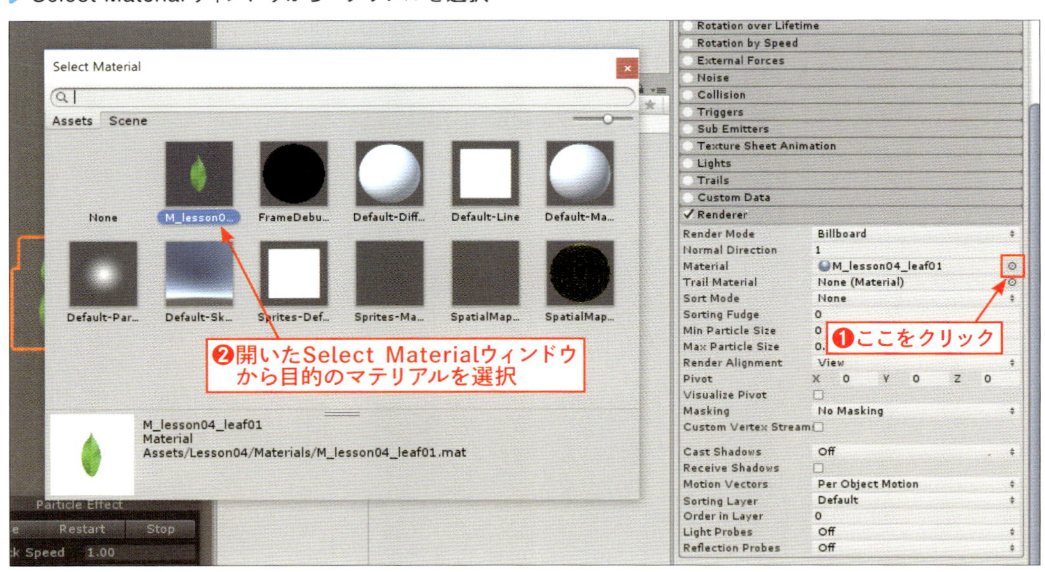

見た目が木の葉になったと思いますが、マテリアルを適用しただけなので木の葉が全て同じ角度で飛んでいるだけの見た目です。Shapeモジュールと Rendererモジュール、Mainモジュールを調整して木の葉をランダムな角度に変えてみましょう。

まずTransformのRotation Xに「-90」を入力し、上に向かって木の葉が出るように調整します。次にShapeモジュールを展開し、Angleパラメータを「0」、Radiusを「3」に設定します。

▶ Transformコンポーネント

パラメータ	値	値	値
Rotation	X:-90	Y:0	Z:0

▶ Shapeモジュール

パラメータ	値
Angle	0
Radius	3

▶ TransformとShapeモジュールの設定

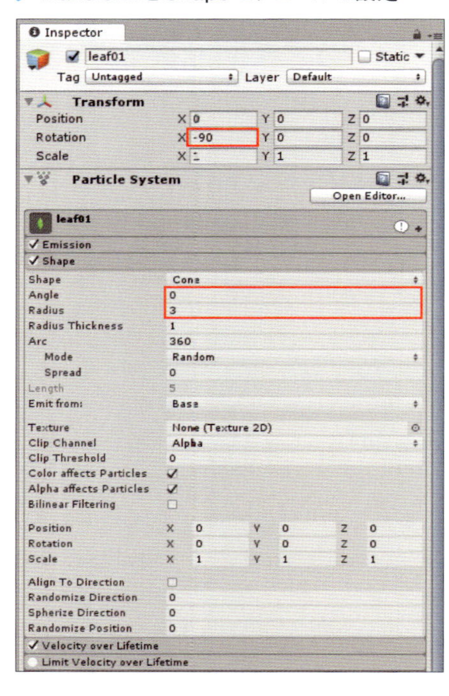

次にRendererモジュールのRender AlignmentをViewからLocalに変更します。これで全てカメラ方向を向いていた木の葉の角度をローカル空間で制御できるようになります。

▶ Rendererモジュール

パラメータ	値
Render Alignment	Local

▶ Render AlignmentをViewからLocalに変更

Custom Data
Renderer
Render Mode Billboard
Normal Direction 1
Material M_lesson04_leaf01
Trail Material None (Material)
Sort Mode None
Sorting Fudge 0
Min Particle Size 0
Max Particle Size 0.5
Render Alignment Local
Pivot X 0 Y 0 Z 0
Visualize Pivot
Masking No Masking
Custom Vertex Streams
Cast Shadows Off
Receive Shadows
Motion Vectors Per Object Motion
Sorting Layer Default
Order in Layer 0
Light Probes Off
Reflection Probes Off

合わせてMainモジュールのStart Rotaionパラメータを調整して木の葉の生成時の向きをランダムに設定します。まず3D Start Rotationパラメータにチェックを入れ、軸ごとに独立して値を編集できるように変更し、Start Rotaionパラメータの右端にある下向きの三角のアイコンをクリックして、Random Between Two Constantsを選択し、ランダムな回転値を設定します。

▶ 値の設定方法を選択

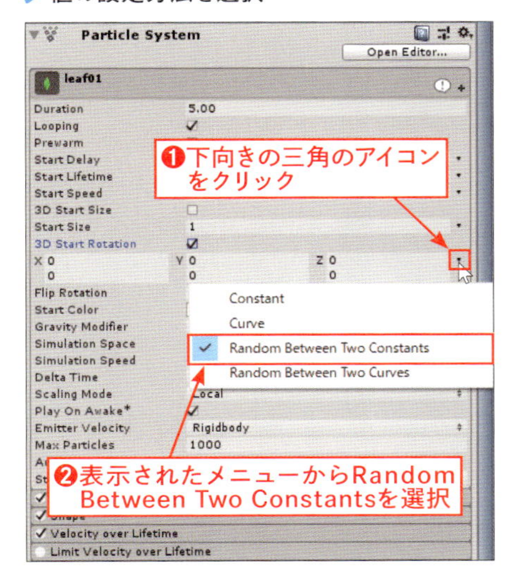

▶ Start Rotationパラメータの設定

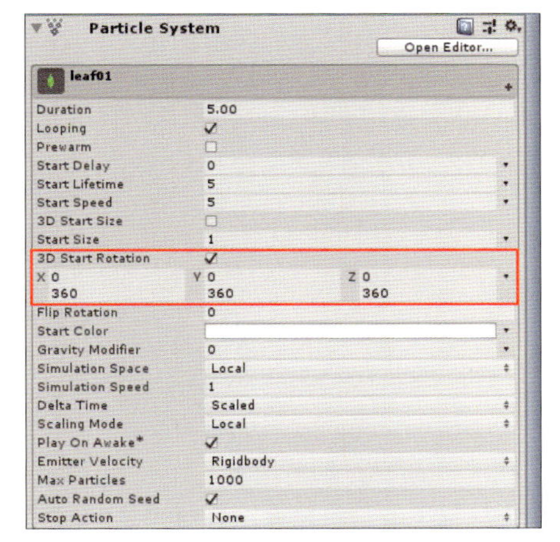

▶ Mainモジュール

パラメータ		値
3D Start Rotation		チェックあり
X:0	Y:0	Z:0
X:360	Y:360	Z:360

▶ ここまでの設定結果

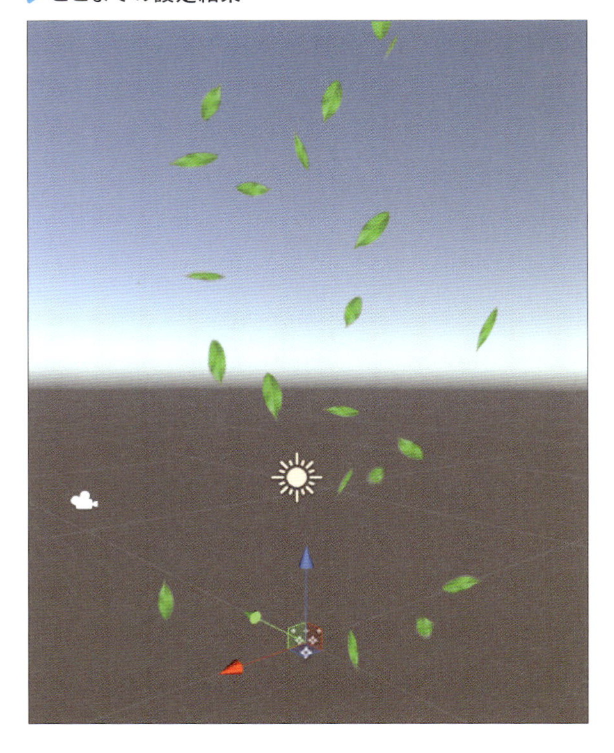

4-1-3 木の葉のサイズと寿命の設定

木の葉ごとにランダムに角度を設定できたので次にサイズ、寿命、初期速度のパラメータなどを設定していきます。Mainモジュールを展開して右図のようにパラメータを変更します。

▶ Mainモジュールの設定を変更

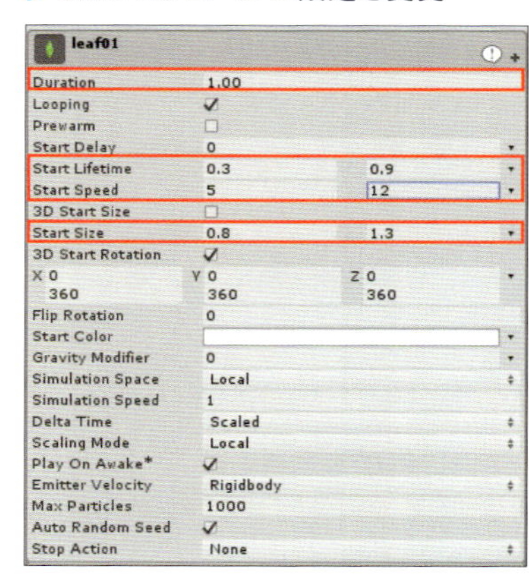

▶ Mainモジュール

パラメータ	値	
Duration	1.00	
Start Lifetime	0.3	0.9
Start Speed	5	12
Start Size	0.8	1.3

さらに上昇しつつ木の葉自体をクルクルと回転させたいのでRotation over Lifetimeモジュールも調整していきます。Start Rotationの時と同じように、最初にSeparate Axesにチェックを入れて、各軸を独立して設定できるようにした後で値を設定してください。

▶ Rotation over Lifetimeモジュールの設定を変更

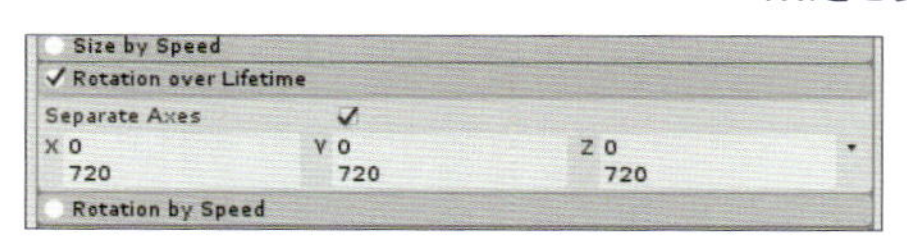

▶ Rotation over Lifetimeモジュール

パラメータ	値		
Separate Axes	チェックあり		
	X:0	Y:0	Z:0
	X:720	Y:720	Z:720

またEmissionモジュールのRate over Timeを100に設定して木の葉の発生数を増やしましょう。

▶ Emissionモジュールの設定を変更

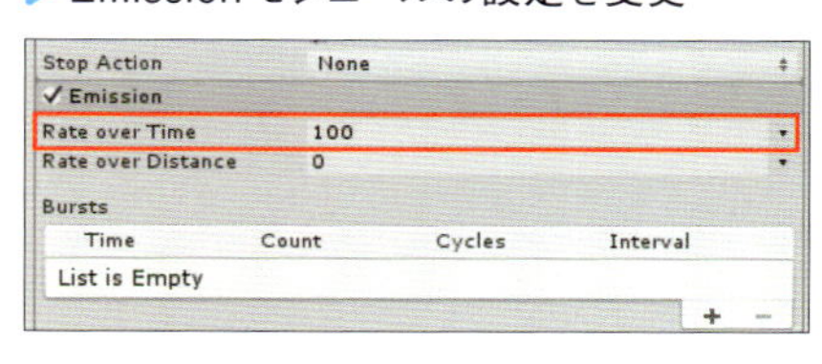

▶ Emissionモジュール

パラメータ	値
Rate over Time	100

上昇しつつ回転する木の葉ができました。ここにさらに木の葉が旋回する動きを足してみたいと思います。旋回する動きに関して、以前のバージョンのUnityでは設定するのが困難でしたが、Unity2018からVelocityモジュールがアップデートされ、手軽に旋回する動きを付けることが可能になりました。Velocity over Lifetimeモジュールを展開し、次のページの図のように設定します。

▶ Velocity over Lifetimeモジュールの設定

✓ Shape
✓ Velocity over Lifetime
Linear X 0 Y 0 Z 0
Space Local
Orbital X 0 Y 0 Z 5
Offset X 0 Y 0 Z 0
Radial 0
Speed Modifier 1
Limit Velocity over Lifetime

▶ Velocity over Lifetimeモジュール

パラメータ	値		
Orbital	X:0	Y:0	Z:5

こちらのパラメータの値はあくまで参考ですので、自分でいじってみて、納得のいく動きを探してみましょう。

ここまでの設定で、竜巻のように旋回しながら上昇する木の葉の動きが完成しました。最後にSize over Lifetimeモジュールを使用して木の葉の大きさを調整してみましょう。右図のように設定方法からCurveを選択して値を設定してください。

▶ Size over LifetimeモジュールのSizeパラメータの設定

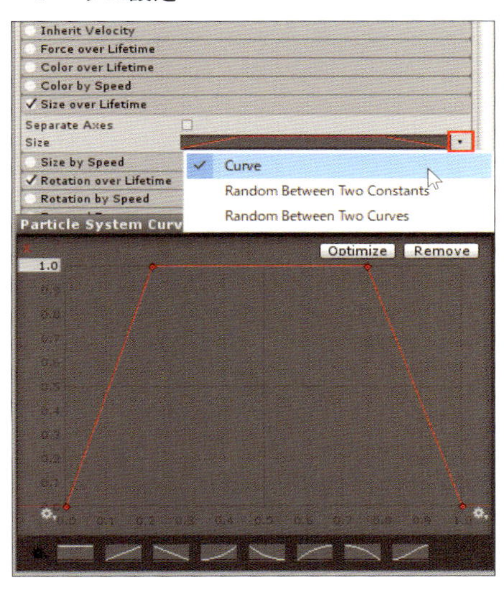

発生時からだんだん大きくなり、寿命の終わりに近付くにつれ、だんだん小さくなっていく動きができました。現実の世界ではありえないことですが、ゲームエフェクトにおいては短い時間で発生から消失までの過程を表現する必要があるため、このようにスケーリングを使って表現したり、アルファを使って徐々にパーティクルを消していったりという手法がよく使われます。

▶ 最終結果

舞い上がる木の葉のエフェクトはこちらで完成になります。最後にApplyボタンを押して変更をプレファブに反映させましょう。今後はこちらのプレファブ更新の操作は記述致しませんので、ある程度作業が進んだ時点で適宜プレファブの更新を行うようにしてください。

▶ Applyボタンを押してプレファブを更新

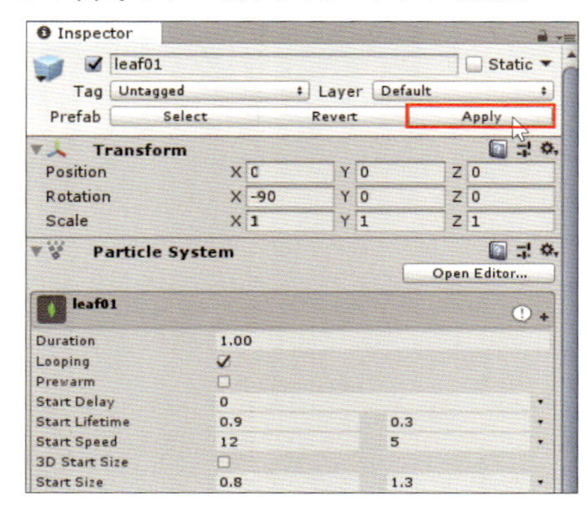

今回の制作で、次の４つの要素について学習しました。

・基本的なパラメータの設定方法
・ランダムなパラメータの設定方法
・Velocity over Lifetimeモジュールを使用した、旋回する動きの設定方法
・プレファブの登録と更新

4-2 流星エフェクトの作成

ここでは、4-1で作成した木の葉のエフェクトと同じ上昇するような動きで流星のエフェクトを制作していきたいと思います。この制作を通してテクスチャアニメーション、サブエミッター、トレイル、ライトの基本的な設定方法を習得していきます。

4-2-1 流星パーティクルの設定

4-1でレッスン用のデータをインポート済みかと思いますので、そちらのデータを使って、制作を進めていきます。まずは完成バージョンを確認してみましょう。

ProjectビューのAssets/Lesson04/Sceneフォルダ内からLesson04-2_FX_StarDust_final.sceneを開き、FX_StarDust_finalを選択します。右図のエフェクトが再生されます。

▶ 流星エフェクトの完成バージョンを確認

次に、流星エフェクトの制作に入る前にパーティクルの再生の仕組みについて少し触れておきます。HierarchyビューからFX_DustSample_finalを選択すると、右図のような赤青緑の3種類の粒が上昇するエフェクトがシーンビューで再生されます。

▶ FX_DustSample_finalを選択して再生

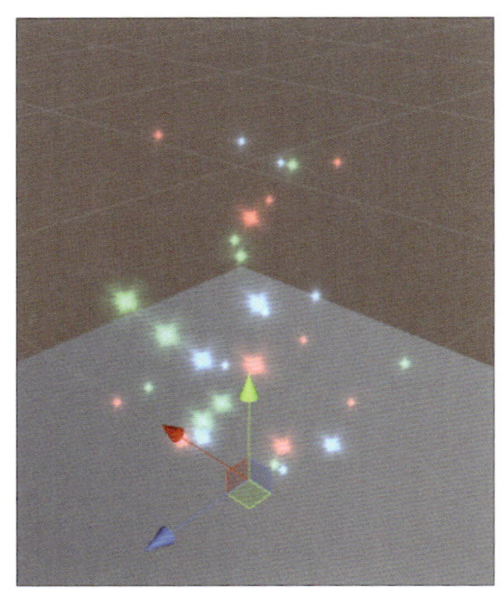

次にFX_DustSample_finalの子要素であるdust_redを選択してみてください。この場合もdust_redの赤いパーティクル単独ではなく、エフェクト全体が再生されます。

次に親オブジェクトのFX_DustSample_finalからParticleSystemコンポーネントを削除してみます。ParticleSystemコンポーネントの右隅にある歯車のようなアイコンをクリックして表示されたメニューからRemove Componentを選択します。

▶ FX_DustSample_finalからParticleSystemコンポーネントを削除

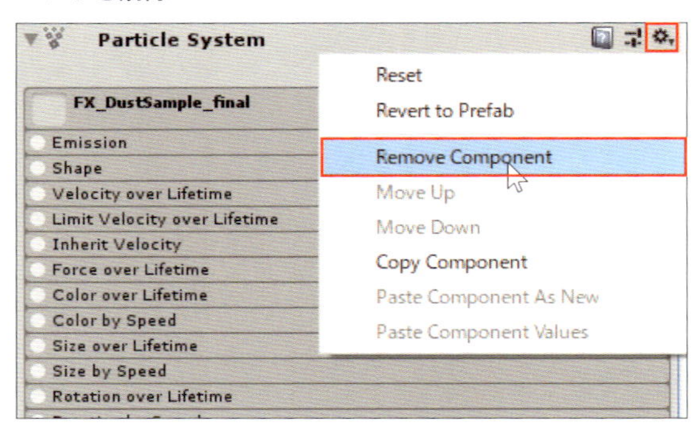

削除した状態でFX_DustSample_finalを選択してもエフェクトは再生されず、子要素を選択した場合、そのパーティクルだけが単独で再生されます。

このように親オブジェクトにParticle Systemコンポーネントが適用されているかいないかでエフェクトの再生方法に違いが出てきます。本書ではほとんどの場合、ルートオブジェクトにParticle Systemコンポーネントを適用しています。

ただしルートオブジェクトにパーティクルを適用しただけでは、デフォルトのパーティクルが再生されてしまうため、右図のように全てのモジュールのチェックを外します。これを本書ではダミーパーティクルと呼称しています（公式の呼称ではない）。

▶ ルートオブジェクトのパーティクルのモジュールのチェックを全て外す

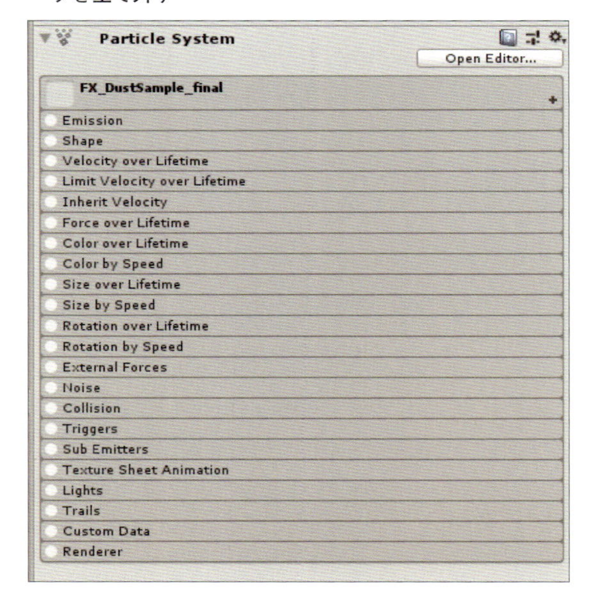

今後本書内にてダミーパーティクルを設定する、と書かれていた場合、Particle Systemコンポーネントを設定し、全てのモジュールのチェックを外す一連の操作を行ってください。

完成バージョンのFX_StarDust_finalは非表示にしても、シーンから削除してしまっても問題ありません。

それでは流星エフェクトを作成していきます。Hierarchyビュー上で右クリックからCreate Emptyを選択し新規ゲームオブジェクトを作成します。なお、ショートカットはCtrl + Shift + Nです。今後も繰り返すステップですので、できればショートカットを使って作成していくことをお勧めします。

Transformを原点に設定し、名前をFX_StarDustに変更します。FX_StarDustを選択した状態で右クリックからEffect→Particle Systemを選択、FX_StarDustの子として作成されたパーティクルにstar01と命名します（こちらも原点に設定）。

次に、FX_StarDustに先ほど説明したダミーパーティクルの設定を行ってください。

設定できたら、FX_StarDustを選択し、ProjectビューのAssets/Lesson04/Prefabsフォルダ内にドラッグ＆ドロップしてプレファブを作成しておきましょう。

また本書では、ルートオブジェクトを作成する際に、新規ゲームオブジェクト作成→Particle Systemコンポーネントを追加→ダミーパーティクルに設定、という手順を行っていますが、最初から新規パーティクルシステムを作成→ダミーパーティクルを設定という手順でも問題ありません。

ドラッグ&ドロップしてプレファブを作成

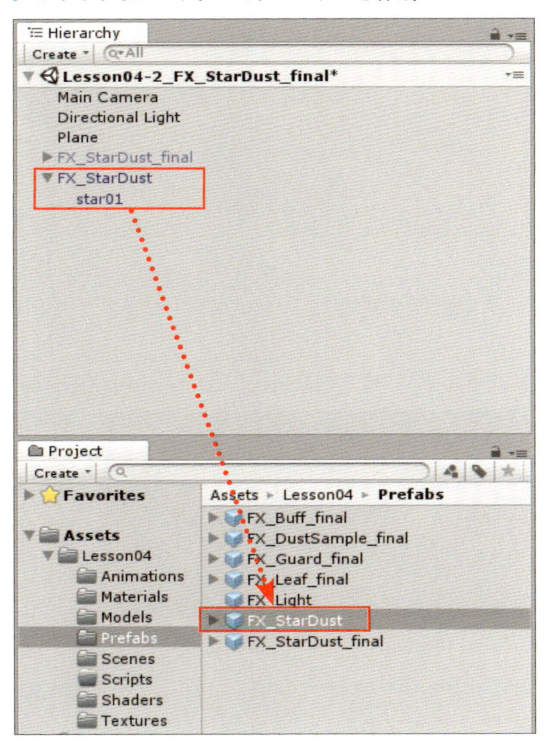

次にマテリアルを適用してテクスチャアニメーションを設定していきたいと思います。star01のRendererモジュールのMaterialsパラメータにM_lesson04_flare01.matマテリアルを適用し、次にTexture Sheet Animationモジュールにチェックを入れ、展開します。

▶ M_lesson04_flare01.matマテリアルを適用

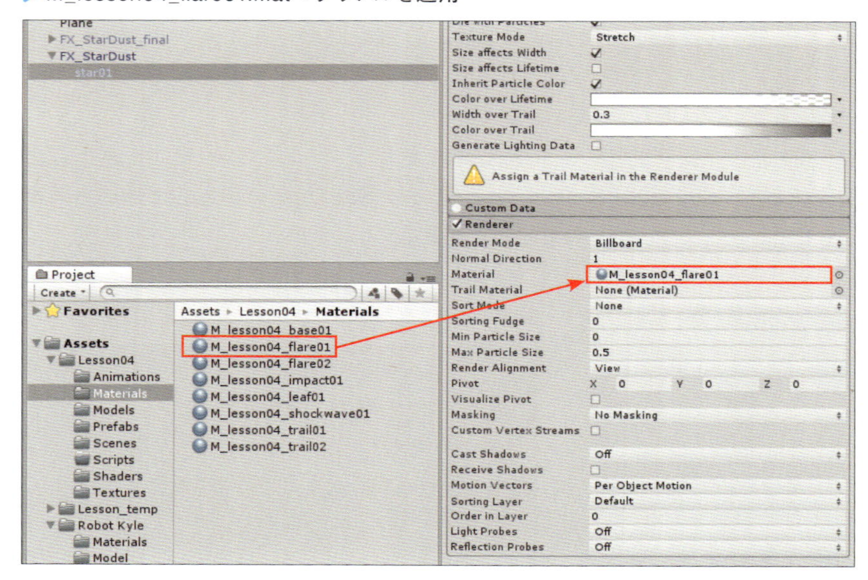

次の画像を参考にTexture Sheet Animationモジュールを設定します。

▶ テクスチャ画像とTexture Sheet Animationモジュールの設定

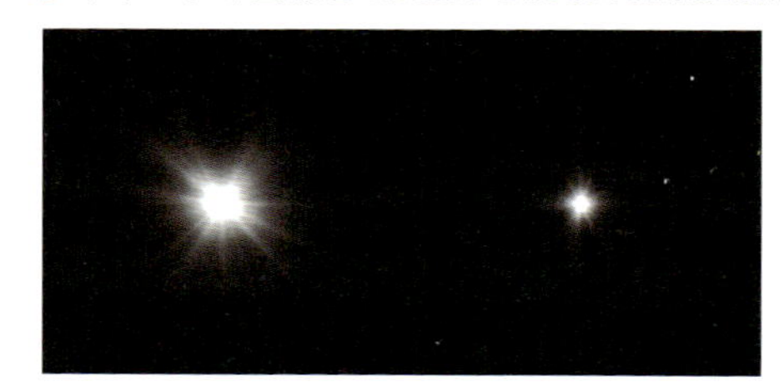

Texture Sheet Animation	
Mode	Grid
Tiles	X 2　Y 1
Animation	Whole Sheet
Frame over Time	
Start Frame	0
Cycles	12
Flip U	0
Flip V	0
Enabled UV Channels	Everything

Cyclesパラメータの値が12に設定されていることに注目してください。これはパーティクルの寿命内でアニメーションが12回再生されるということを意味します。今回はシンプルな2コマのアニメーションですので、短い寿命でサイクル数を増やすことにより、連続してアニメーションが再生され、結果としてキラキラと明滅するような見た目を得ることができます。

▶ Texture Sheet Animationモジュール

パラメータ	値	
Tiles	X:2	Y:1
Cycles	12	

現在はまだStart Lifetimeパラメータの値がデフォルト値の5になっているので、Mainモジュールを調整して明滅するような見た目に変更していきます。次のページの図のようにMainモジュールの値を変更します。Start Colorパラメータの設定方法はRandom Colorを選択してください。

▶ Mainモジュールの設定

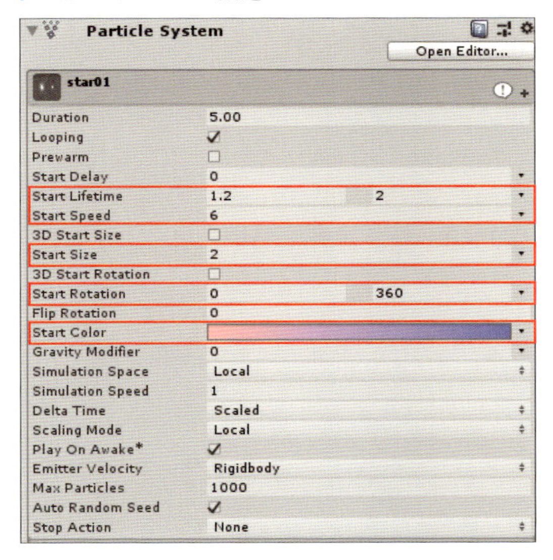

▶ Mainモジュール

パラメータ	値	
Start Lifetime	1.2	2
Start Speed	6	
Start Size	2	
Start Rotation	0	360
Start Color	下図を参照	

▶ Start Colorパラメータの設定

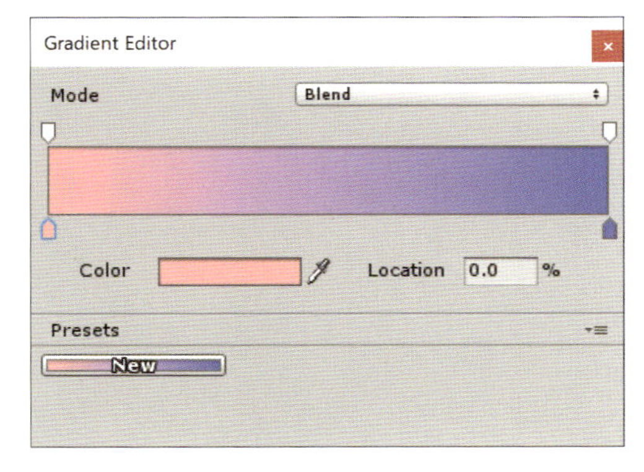

併せて、Emissionモジュール、Shapeモジュール、Velocity over Lifetimeモジュールを変更し、Transformコンポーネントの回転値も修正しましょう。基本的には**4-1**の木の葉のエフェクトと似たような設定ですので説明を省きますが、Velocity over LifetimeモジュールのRadialパラメータは値を変更することにより、旋回しながら外側に広がっていく動きや、内側に収縮していく動きを設定することが可能です。画像以外のパラメータも入力して動きの変化を確認してみてください。

▶ Transformコンポーネントの設定

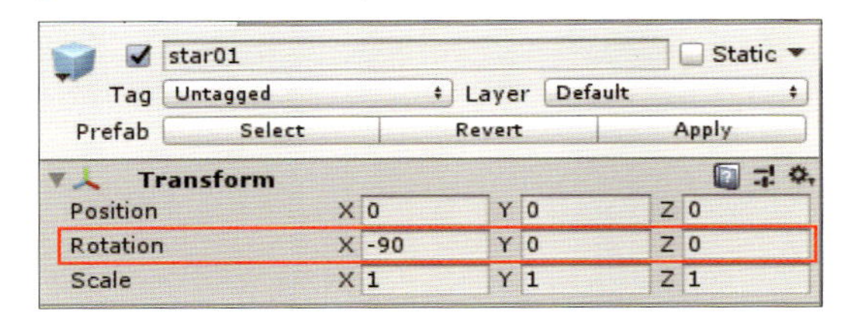

▶ Transformコンポーネント

パラメータ	値		
Rotation	X:-90	Y:0	Z:0

▶ 各モジュールの設定

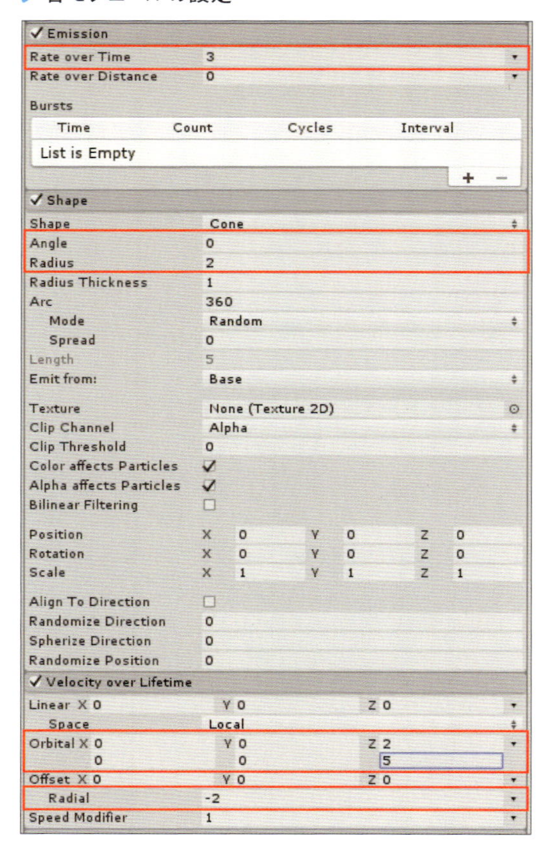

▶ Emissionモジュール

パラメータ	値
Rate over Time	3

▶ Shapeモジュール

パラメータ	値
Angle	0
Radius	2

▶ Velocity over Lifetimeモジュール

パラメータ	値		
Orbital	X:0	Y:0	Z:2
	X:0	Y:0	Z:5
Radial	-2		

　最後にNoiseモジュールをオンにしてQualityパラメータをMediumに設定します。初期設定ではHighになっていますが、特に結果にそれほど差がないようであれば負荷を少しでも軽くするため、設定を変更しておきましょう。

▶ Noiseモジュールの設定

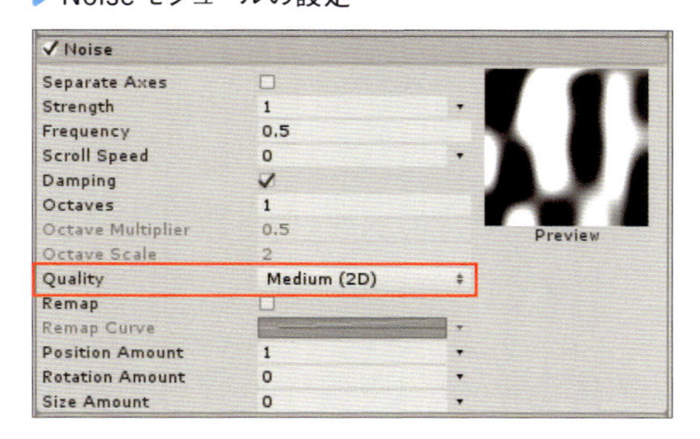

▶ Noiseモジュール

パラメータ	値
Quality	Medium(2D)

ここまで調整を加えた結果が右図になります。流星のコア部分が完成しました。

ここまでの設定結果

4-2-2 トレイルとライトの設定

4-2-1で流星のコア部分が完成しましたので、本項ではライトとトレイルを追加していきたいと思います。star01を選択して、Trailモジュールをオンにしてみましょう。まだトレイル用のマテリアルを設定していないので紫色の筋のようなものが描画されているかと思います。RendererモジュールのTrail MaterialパラメータにProjectビューからM_lesson04_trail01.matをドラッグ＆ドロップします。

トレイル用のマテリアルを適用

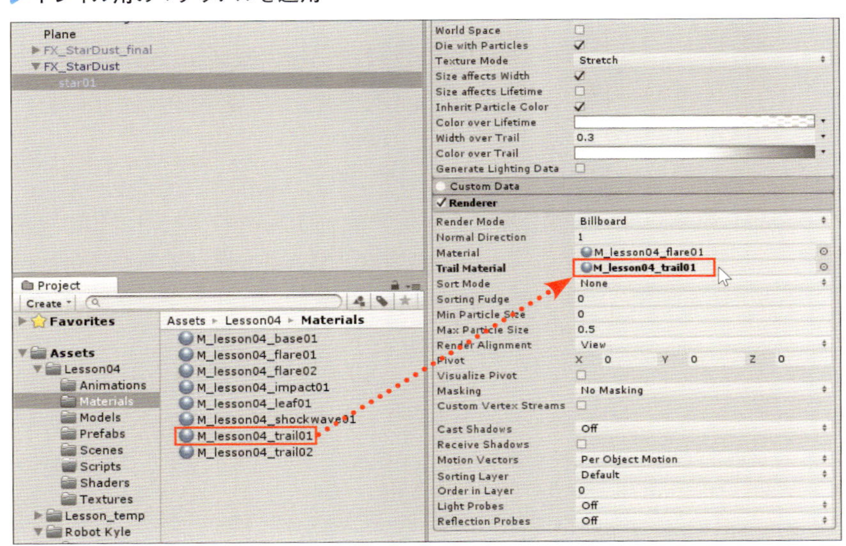

次にTrailモジュールを設定していきます。次の画像を参考にパラメータを調整してみてください。Width over Trailパラメータでトレイルの幅を変更できます。カラーバーのパラメータが2つありますが、Color over Lifetimeはトレイルの寿命に沿ってカラーとアルファを調整するもの、Color over Trailがトレイルの先端から終端にかけてのカラーとアルファ調整のパラメータになります。この2つのパラメータでトレイルの色をある程度自由に変更できるので、いろいろ試してみてください。2つとも設定方法はGradientを選択してください。

▶ Trailモジュールの設定

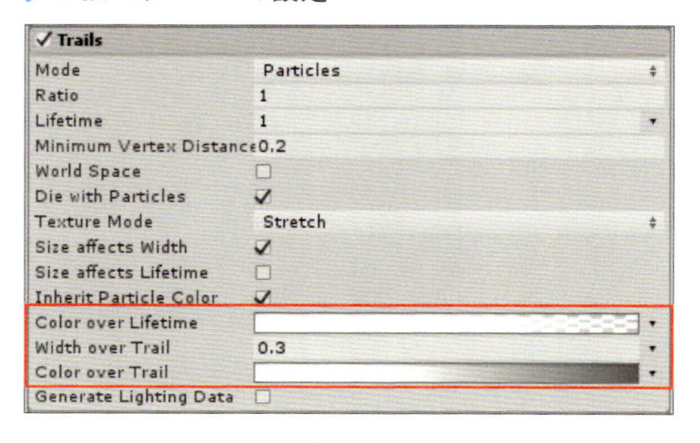

▶ Trailモジュール

パラメータ	値
Color over Lifetime	下左図を参照
Width over Trail	0.3
Color over Trail	下右図を参照

▶ Color over Lifetimeパラメータの設定

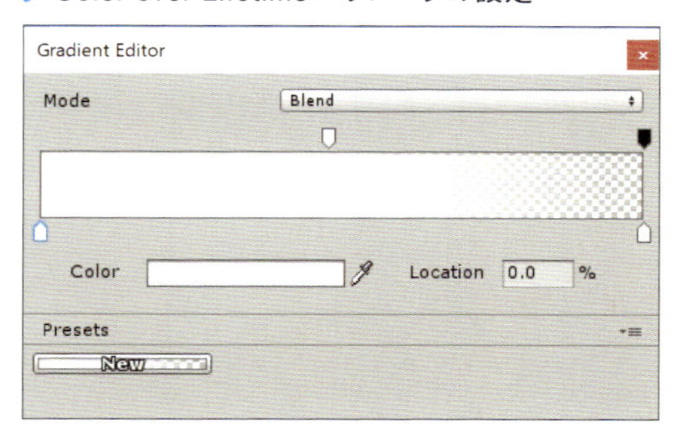

▶ Color over Trailパラメータの設定

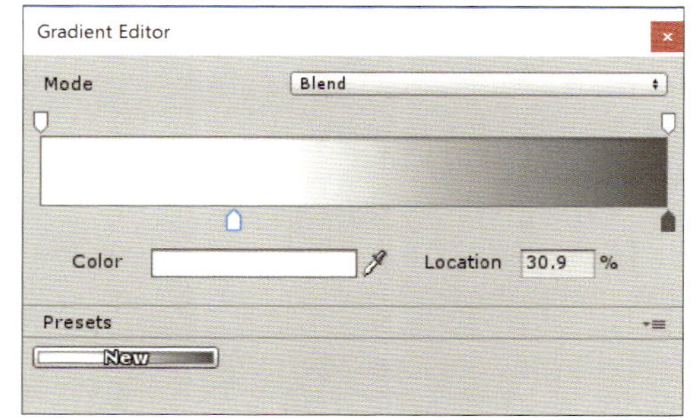

また、デフォルト設定でInherit Particle Colorパラメータにチェックが入っているため、トレイルがパーティクルの色を継承しています。現在の設定では、Ratioパラメータが1に設定されているため、各パーティクルから必ずトレイルが生成されます。パーティクルの発生数が多い場合、0.2などの小さい値を設定してトレイル数を減らすことでパフォーマンスを改善できます。

次にライトの設定を行います。Lightモジュールをチェックして展開してください。初期設定ではライトが設定されていないので、モジュールをオンにしても変化はありません。次の図のようにPrefabsフォルダ内のFX_Light.prefabをLightパラメータにドラッグ＆ドロップしてください。

▶ ライトを設定

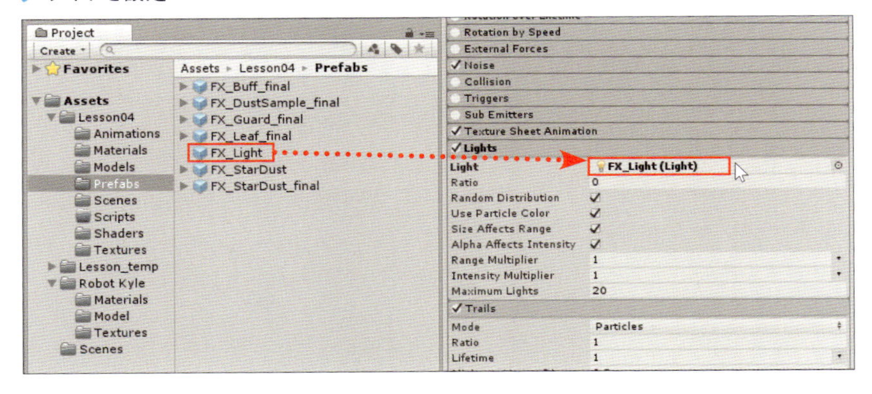

ただし、Ratioパラメータの初期値が0なので、このままではライトが生成されず、見た目に変化がありません。そのため、次の図のように調整していきます。

▶ Lightモジュールの調整

Lights	
Light	FX_Light (Light)
Ratio	1
Random Distribution	✓
Use Particle Color	✓
Size Affects Range	✓
Alpha Affects Intensity	✓
Range Multiplier	0.5
Intensity Multiplier	0.6
Maximum Lights	20

▶ Lightモジュール

パラメータ	値
Ratio	1
Range Multiplier	0.5
Intensity Multiplier	0.6

こちらもTrailモジュールと同様、Use Particle Colorにチェックが入っているので、ライトがパーティクルの色を継承しているのがわかると思います。

ライトを追加すると、他のオブジェクトに光が落ちるのでリアリティを持たせることができます。ただし、各パーティクルに対してライトを作成してしまうと非常に負荷が高くなります。そのため、Ratioパラメータを低い値に設定したり、限定的に使用したりするなどの対策が必要です。

▶ ここまでの調整結果

4-2-3 サブエミッターの追加

最後にSub Emitterモジュールを使用して細かい光の粒を追加していきます。Sub Emitterモジュールにチェックを入れて展開し、右図の赤枠内の＋ボタンをクリックします。新たにstar01の子オブジェクトとしてSubEmitter0が生成されました。

▶ サブエミッターの作成

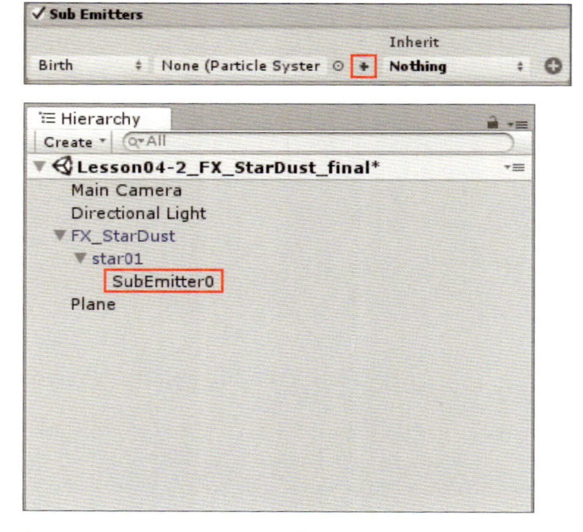

生成されたSubEmitter0をdust01にリネームしてください。star01と同じくM_lesson04_flare01.matをMaterialパラメータに適用します。

▶ dust01のRendererモジュールの設定

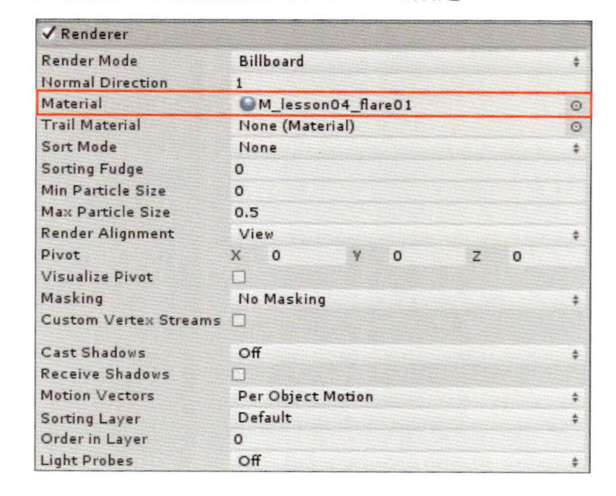

その後、star01のSub Emitterモジュールを次の図のように設定してみてください。条件にBirthを設定することでstar01の各パーティクルの寿命が続く限り、dust01のパーティクルが生成され続けます。またInheritパラメータの設定でColorを指定することにより、サブエミッターで生成されたdust01パーティクルがstar01のカラーを継承します。

▶ star01のSub Emitterモジュールの設定

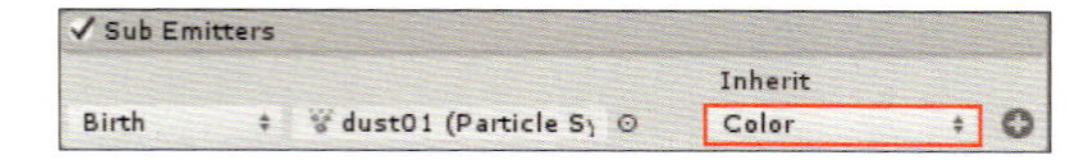

▶ Sub Emitterモジュール

パラメータ	値
Inherit	Color

その他のモジュールも次の図を参考に調整していきます。まずdust01のTexture Sheet Animationモジュールから設定していきましょう。star01の設定と同じものになります。

▶ Texture Sheet Animationモジュールの設定

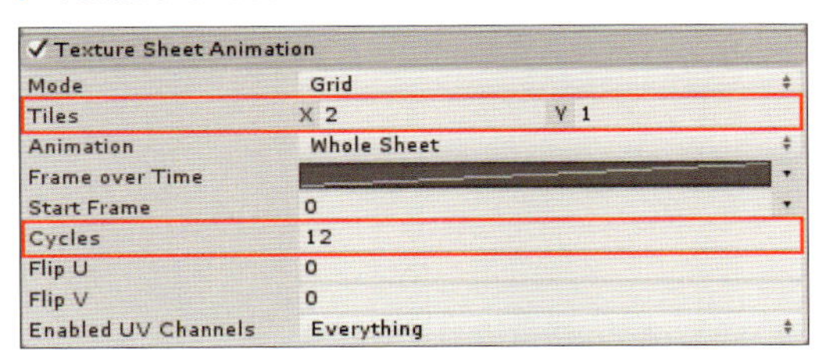

▶ Texture Sheet Animationモジュール

パラメータ	値	
Tiles	X:2	Y:1
Cycles	12	

上から順にMainモジュール、Emissionモジュール、Shapeモジュールを設定していきます。

▶ Mainモジュールの設定

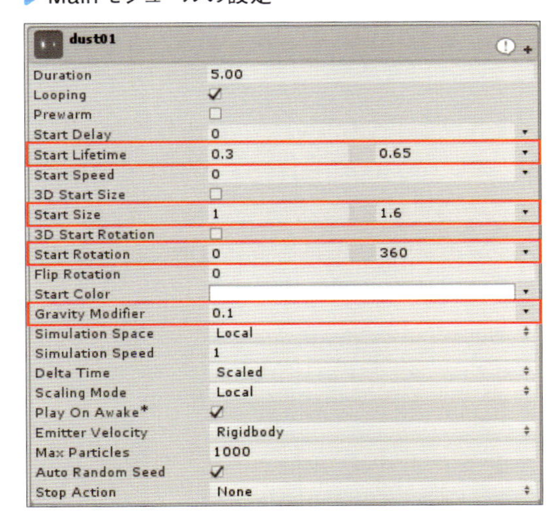

▶ Mainモジュール

パラメータ	値	
Start Lifetime	0.3	0.65
Start Size	1	1.6
Start Rotation	0	360
Gravity Modifier	0.1	

▶ Emissionモジュールの設定

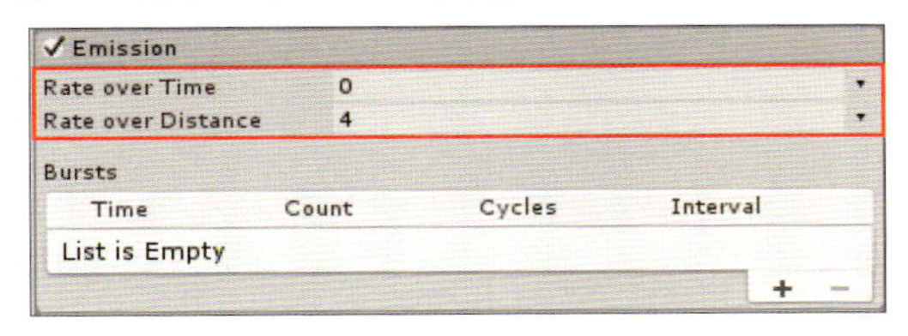

▶ Emissionモジュール

パラメータ	値
Rate over Time	0
Rate over Distance	4

▶ Shapeモジュールの設定

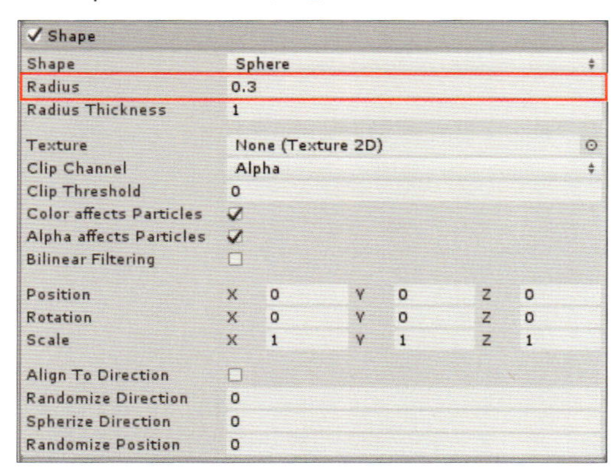

▶ Shapeモジュール

パラメータ	値
Radius	0.3

ここではEmissionモジュールのRate over Distanceパラメータを使用してパーティクルを放出しています。Rate over Timeパラメータが時間を基準にパーティクルを放出するのに対し、Rate over Distanceパラメータでは移動した距離を基準にパーティクルを放出します。詳しい説明は、3-2-2で行っているので参照してください。

ただし、今回の場合、star01の移動スピードがそれほど早くないので、どちらで設定してもそれほど違いはありません。star01のMainモジュールのStart Speedのパラメータを50などの大きな値に設定してみると、2つのパラメータの違いがわかるかと思います。

次にNoiseモジュールを設定しておきます。こちらの設定もstar01と同じものになります。

▶ Noiseモジュールの設定

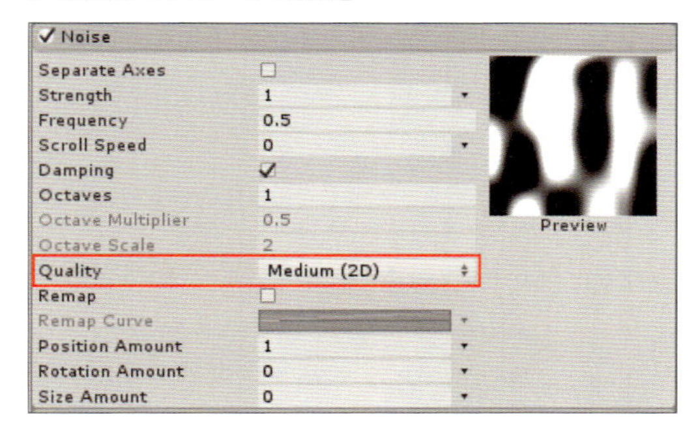

▶ Noiseモジュール

パラメータ	値
Quality	Medium(2D)

最後にSize over Lifetimeモジュールを次の図のように設定します。カーブに関しては赤枠で囲ったプリセットのカーブを使用して設定しています。

▶ Size over Lifetimeモジュールの設定

Size over Lifetime
Separate Axes
Size

▶ Sizeパラメータの設定

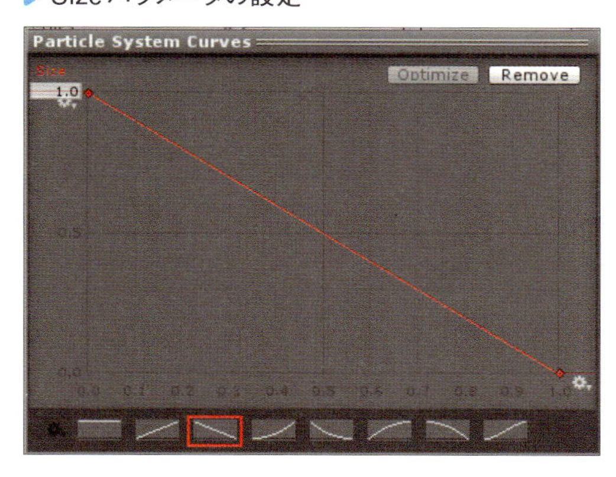

今回のような小さい粒が舞うようなパーティクルでは、消滅する際に単純に、透明度で消し込んでしまうのではなく、だんだんサイズを小さくして消し込んだりするなどの動きを付けることで、少ない労力で見た目がよくなります。今回は設定していませんが時間経過に伴って暗い色に変化していきながら消えていくといった手法も有効です。

こういった小さな粒のようなパーティクルはメインの素材を補うサブ要素と考えがちですが、放出される数が多い分、目にも付きやすいので丁寧に動きを付けてあげることでエフェクト全体のクオリティアップに貢献します。以上で流星エフェクトの完成になります。

▶ 最終結果

今回の制作で、次の要素について学習しました。

・Sub Emitterの設定方法
・簡易的なテクスチャアニメーションの設定方法
・ノイズの動きの追加
・LightモジュールとTrailモジュールの設定方法

防御エフェクトの作成

ここでは、攻撃を受けた際に発生する防御エフェクトを制作していきたいと思います。この制作を通してコリジョンや寿命に沿った色変化、メッシュパーティクルの設定方法について学習していきます。

4-3-1 メッシュパーティクルの作成

まずは完成バージョンを確認してみましょう。ProjectビューのAssets/Lesson04/Sceneフォルダ内からLesson04-3_FX_Guard_final.sceneを開き、FX_Guard_finalを選択して再生します。また**4-1-1**でインポートしたロボットのキャラクタ（Assets/Robot Kyle/Modelフォルダ内のRobot Kyle）をシーン内に配置しておきましょう。

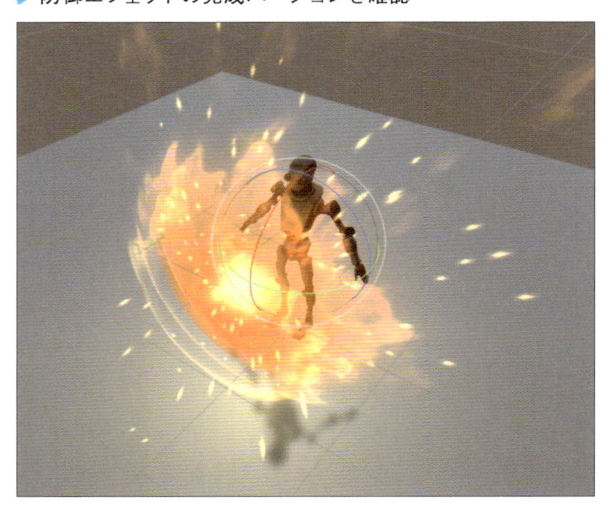

▶ 防御エフェクトの完成バージョンを確認

半球状のメッシュパーティクルの展開と同時に火花やフレアが発生し攻撃をガードします。また火花はそのまま重力で落下して地面とコリジョンします。

まずはメイン要素であるメッシュパーティクルのエフェクトから作成していきましょう。新規ゲームオブジェクトを作成し、名前をFX_Guardに変更、TransformのPositionを「0」、「1」、「0」に設定します。次にParticleSystemコンポーネントを追加し、ダミーパーティクルの設定をします。これが防御エフェクトのルートオブジェクトになります。次に、FX_GuardをAssets/Lesson04/Prefabsフォルダにドラッグ＆ドロップしてプレファブを作成します。

▶ FX_Guardをプレファブに設定

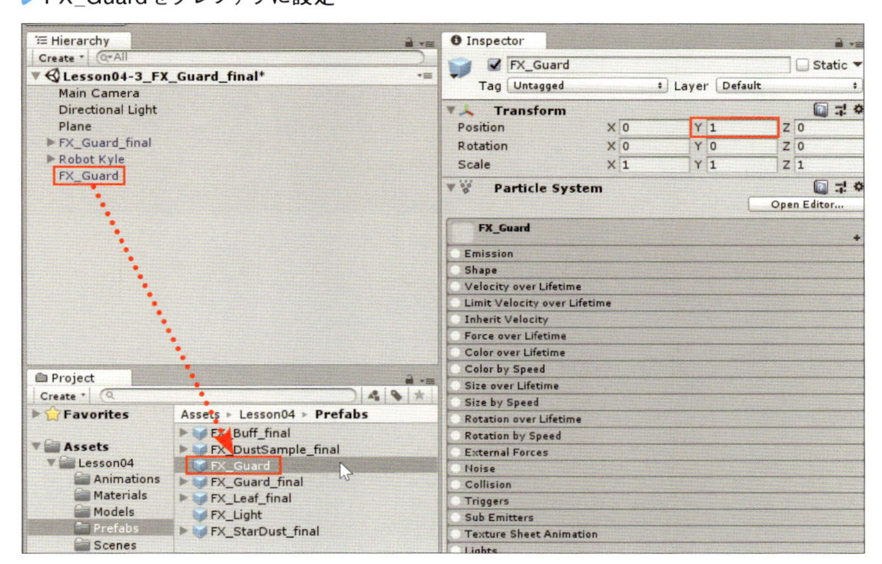

▶ Transformコンポーネント

パラメータ	値		
Position	X:0	Y:1	Z:0

ルートオブジェクトの設定が終わったので、次にメッシュパーティクルの作成をしていきます。FX_Guardオブジェクトを選択し、右クリックしてEffects→ParticleSystemを選択し、新規パーティクルを作成、名前をshockwave01に変更します。またTransformコンポーネントのPositionを「0」、「0」、「1」に設定しておきます。

shockwave01の設定を変更して、次の図のような半球状に広がる衝撃波を制作していきます。

▶ Transformコンポーネントを設定

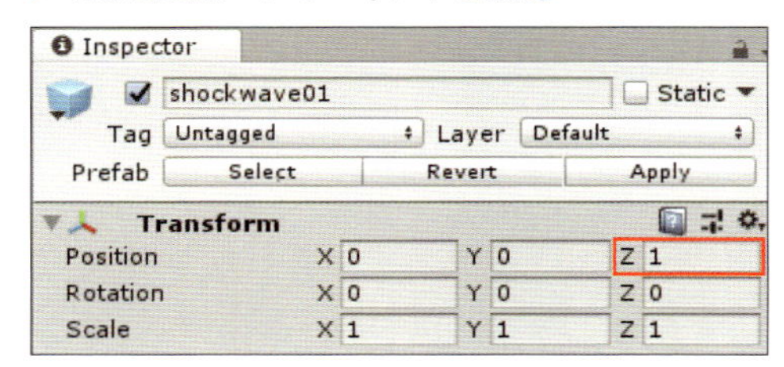

▶ Transformコンポーネント

パラメータ	値		
Position	X:0	Y:0	Z:1

▶ shockwave01の完成イメージ

まずEmissionモジュールとShapeモジュールを設定します。Emissionモジュールを右図のように設定し、Shapeモジュールのチェックを外しておきます。パーティクルが1個ずつ、0.1秒ごとに3回発生するように設定しました。

▶ EmissionモジュールとShapeモジュールの設定

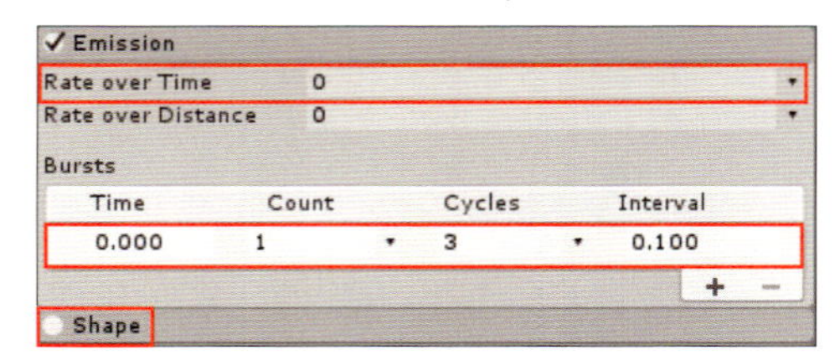

▶ Emissionモジュール

パラメータ	値			
Rate over Time	0			
Bursts	Time	Count	Cycles	Interval
	0	1	3	0.1

▶ Shapeモジュール

パラメータ	値
チェック	なし

次にRendererモジュールとMainモジュールをそれぞれ次の図のように設定していきます。RendererモジュールのRender ModeをMeshに変更し、メッシュとマテリアルをAssets/Lesson04以下の各フォルダからドラッグ＆ドロップして設定します。またRender AlignmentをLocalに変更しておきましょう。

▶ Rendererモジュールを設定

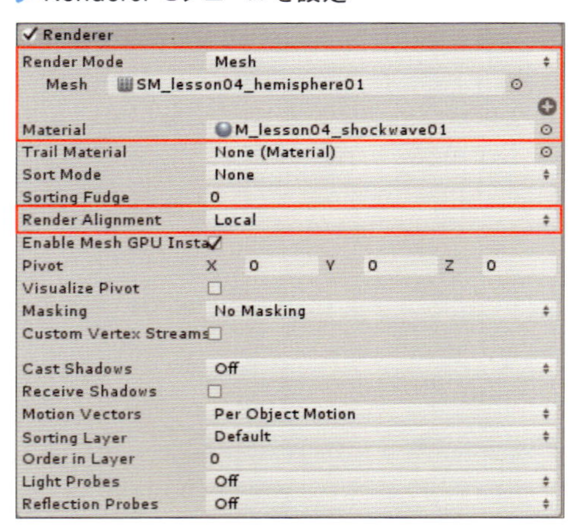

▶ Rendererモジュール

パラメータ	値
Render Mode	Mesh
Mesh	SM_lesson04_hemisphere01
Material	M_lesson04_shockwave01
Render Alignment	Local

続いてMainモジュールを次のページの図のように設定していきます。

▶ Mainモジュールを設定

shockwave01	
Duration	2.00
Looping	✓
Prewarm	
Start Delay	0
Start Lifetime	0.6
Start Speed	0
3D Start Size	
Start Size	1.5 / 2
3D Start Rotation	
Start Rotation	0 / 360
Flip Rotation	0
Start Color	
Gravity Modifier	0
Simulation Space	Local
Simulation Speed	1
Delta Time	Scaled
Scaling Mode	Hierarchy
Play On Awake*	✓
Emitter Velocity	Rigidbody
Max Particles	1000
Auto Random Seed	✓
Stop Action	None

▶ Start Colorパラメータの設定

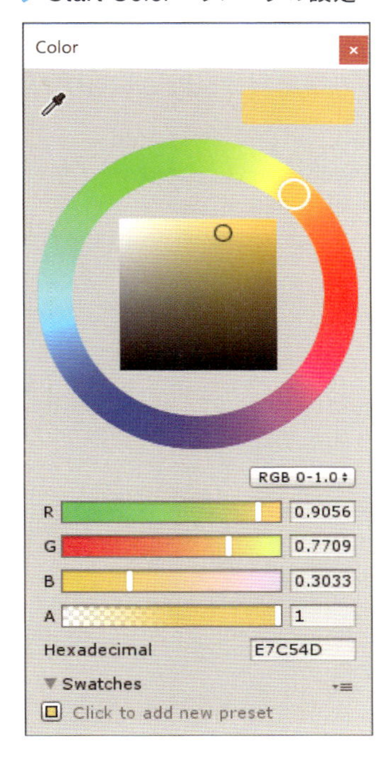

▶ Mainモジュール

パラメータ	値	
Duration	2.00	
Start Lifetime	0.6	
Start Speed	0	
Start Size	1.5	2
Start Rotation	0	360
Start Color	右図を参照	
Scaling Mode	Hierarchy	

またRendererモジュールで設定したマテリアル、M_lesson04_shockwave01には右図のような連番テクスチャが設定されていますので、Texture Sheet Animationモジュールを次の図のように変更します。

▶ 使用テクスチャとTexture Sheet Animationモジュールの設定

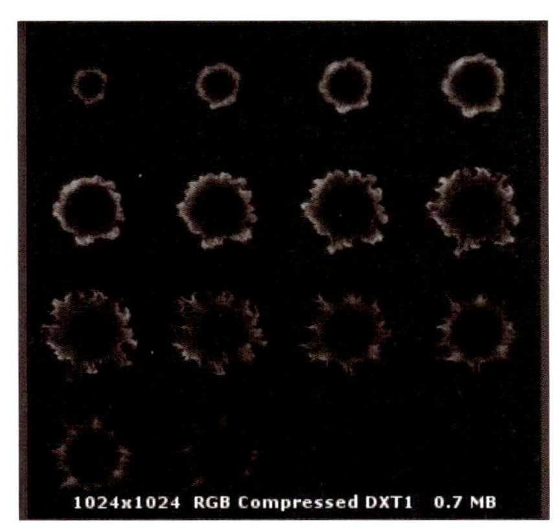

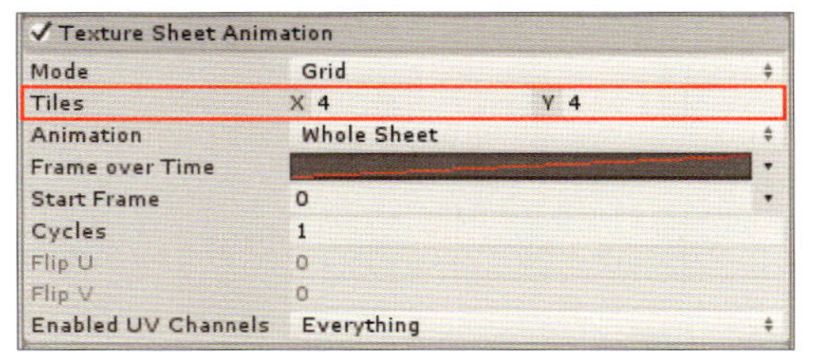

▶ Texture Sheet Animationモジュール

パラメータ	値	
Tiles	X:4	Y:4

さらに細かい部分を設定していきます。Velocity over Lifetimeモジュールを設定して、衝撃波が発生して後ろに下がるような動きを付けます。またColor over Lifetimeモジュールを変更して次の図のような見た目に設定します。

▶ Velocity over LifetimeモジュールとColor over Lifetimeモジュールを設定

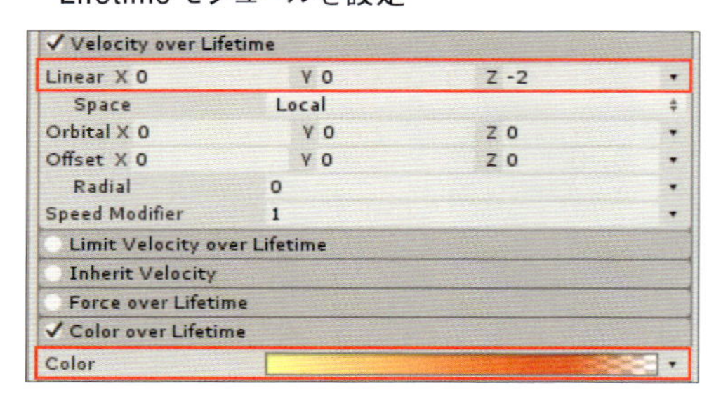

▶ Colorパラメータの設定

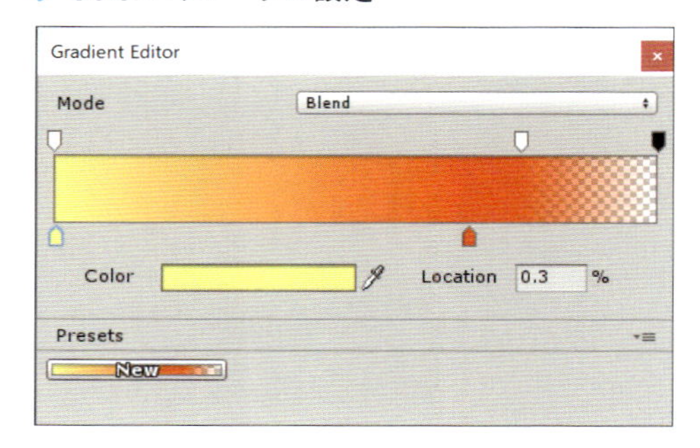

▶ Velocity over Lifetimeモジュール

パラメータ	値		
Linear	X:0	Y:0	Z:-2

さらにSize over Lifetimeモジュールを変更して、衝撃波が寿命に沿って大きくなるように設定します。

▶ Size over Lifetimeモジュールを設定

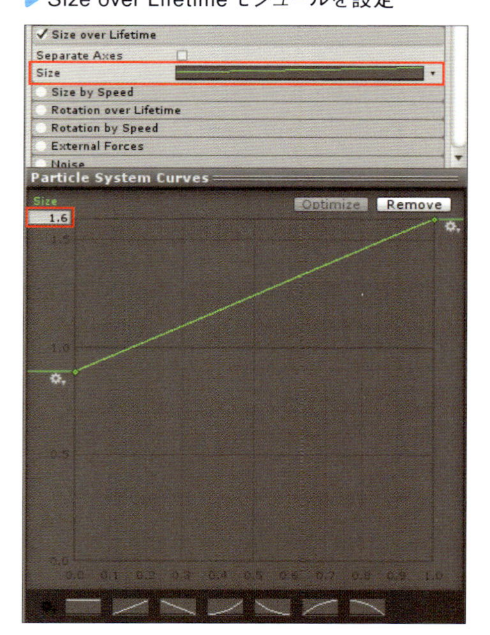

これで衝撃波が完成しました。しかしマテリアルがAdditive（加算）に設定されているため、このままでは背景が明るい場合に白飛びが起きてしまいます。これを緩和するためアルファブレンドに設定した素材を衝撃波の奥に表示することで白飛びを抑えていきます。

▶ 衝撃波だけの場合（左）とアルファブレンドの素材を奥に表示した場合（右）

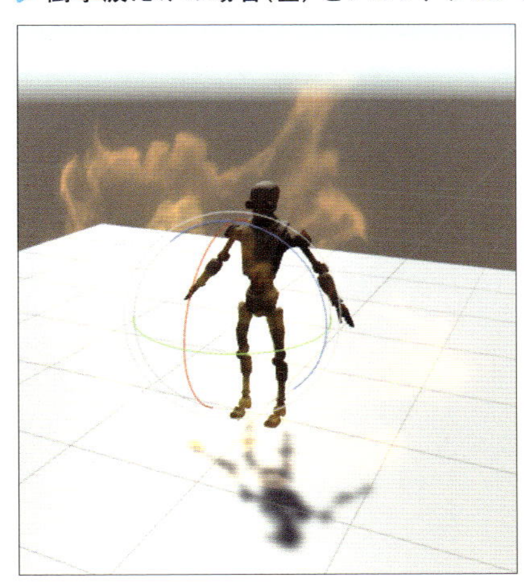

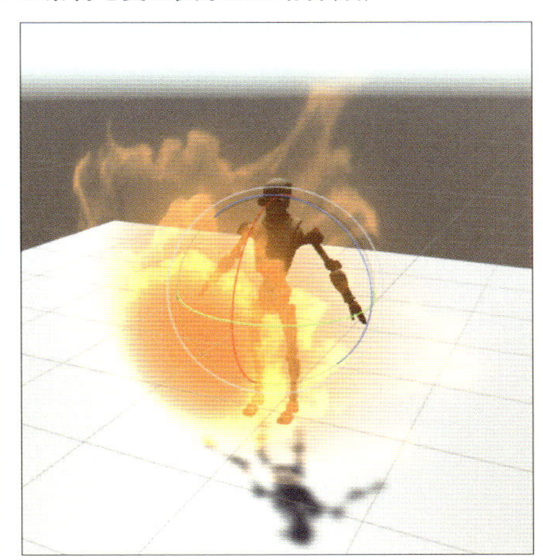

shockwave01を複製してアルファブレンドの素材を作っていきます。複製したパーティクルの名前をbase01に設定します。マテリアルをM_lesson04_base01に変更します。このマテリアルのテクスチャは連番アニメーションではないのでTexture Sheet Animationモジュールをオフにしておきます。またshockwave01よりも奥に表示したいのでSorting Fudgeパラメータを30に変更しておきます。

▶ shockwave01を複製してbase01を作成

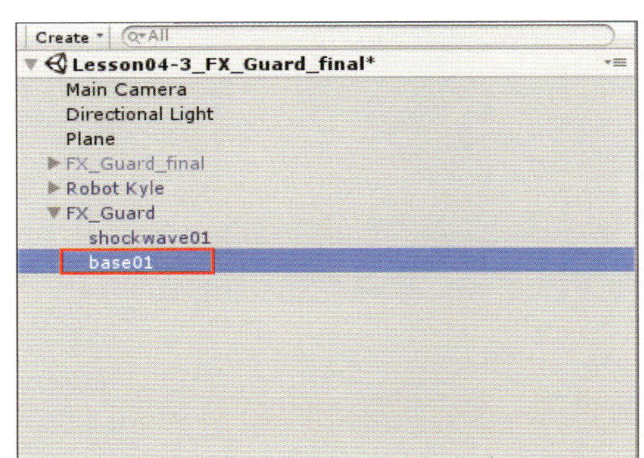

▶ RendererモジュールとTexture Sheet Animationモジュールの設定

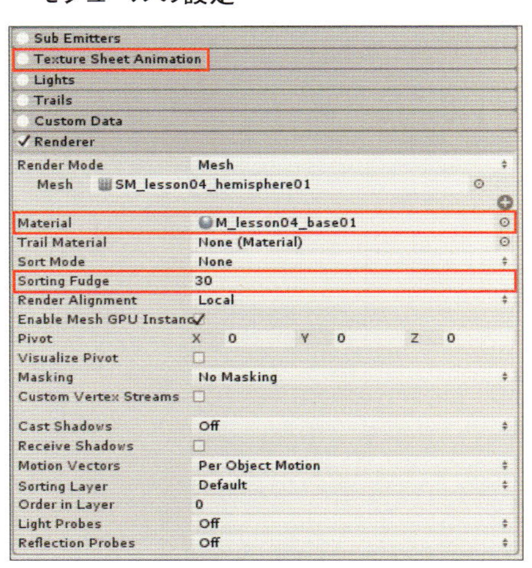

▶ Texture Sheet Animationモジュール

パラメータ	値
チェック	なし

▶ Rendererモジュール

パラメータ	値
Material	M_lesson04_base01
Sorting Fudge	30

右図を参考に、base01のTransformコンポーネントを変更します。さらに他のモジュールもパラメータも変更していきます。

▶ Transformコンポーネント

パラメータ	値		
Position	X:0	Y:0	Z:0.5

▶ Transformコンポーネントを変更

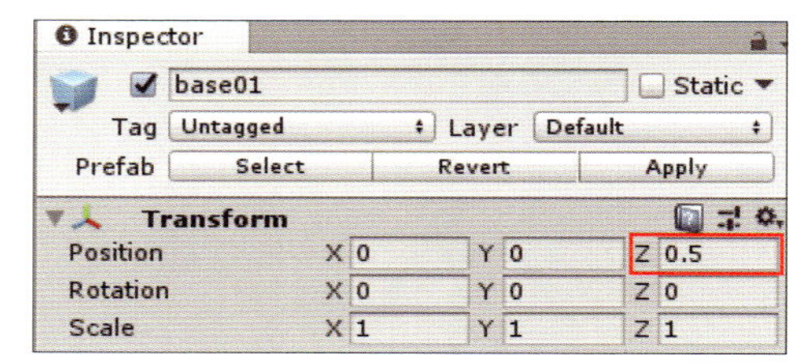

次の図を参考に、Mainモジュール、Emissionモジュール、Color over Lifetimeモジュール、Size over Lifetimeモジュールを調整してください。

▶ 各モジュールの設定

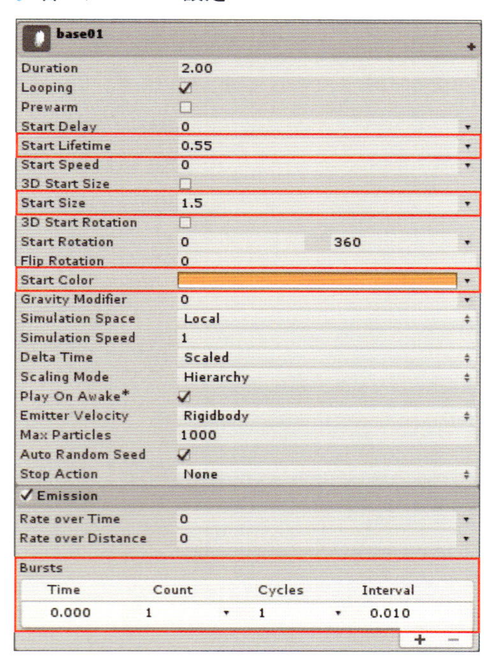

▶ Mainモジュール

パラメータ	値
Start Lifetime	0.55
Start Size	1.5
Start Color	右ページの図を参照

▶ Emissionモジュール

パラメータ	値			
Bursts	Time	Count	Cycles	Interval
	0.000	1	1	0.010

▶ Color over Lifetimeモジュール

パラメータ	値
Color	右ページの図を参照

▶ Size over Lifetimeモジュール

パラメータ	値
Size	右ページの図を参照

▶ Mainモジュールの Start Color パラメータの設定

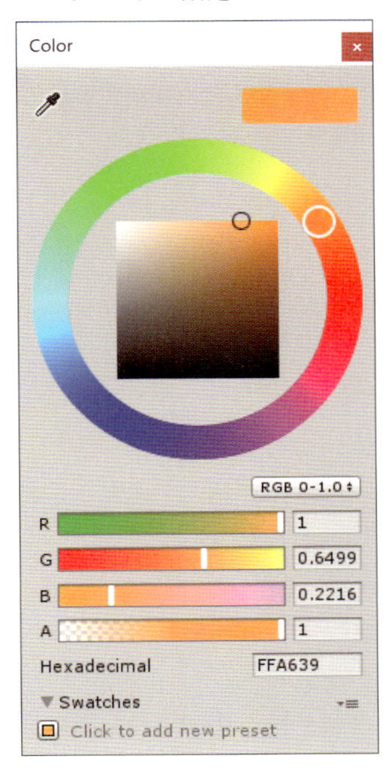

▶ Color over Lifetime モジュールの Color パラメータの設定

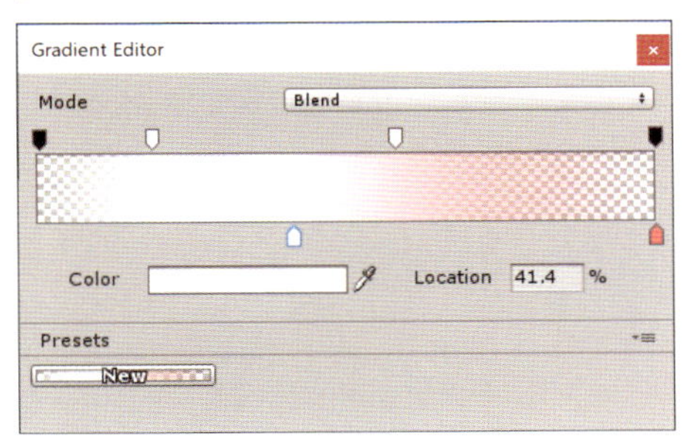

▶ Size over Lifetime モジュールの Size パラメータの設定

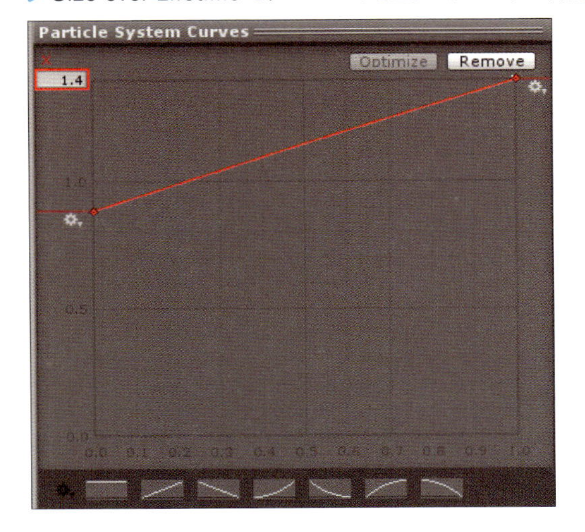

これでメインの衝撃波部分が完成しました。プレファブを更新しておくのを忘れないようにしましょう。

▶ ここまでの設定結果

4-3-2 フレアとライトの作成

メイン部分の衝撃波が完成しましたので、攻撃を受けた際のフラッシュとライトを制作していきます。FX_Guardオブジェクトを選択し、右クリックしてEffects/ParticleSystemを選択し、新規パーティクルを作成、名前をflare01に変更します。短い寿命で一瞬だけ光って消える設定です。次の図を参考に設定してみてください。

▶ Transformコンポーネントと各モジュールの設定

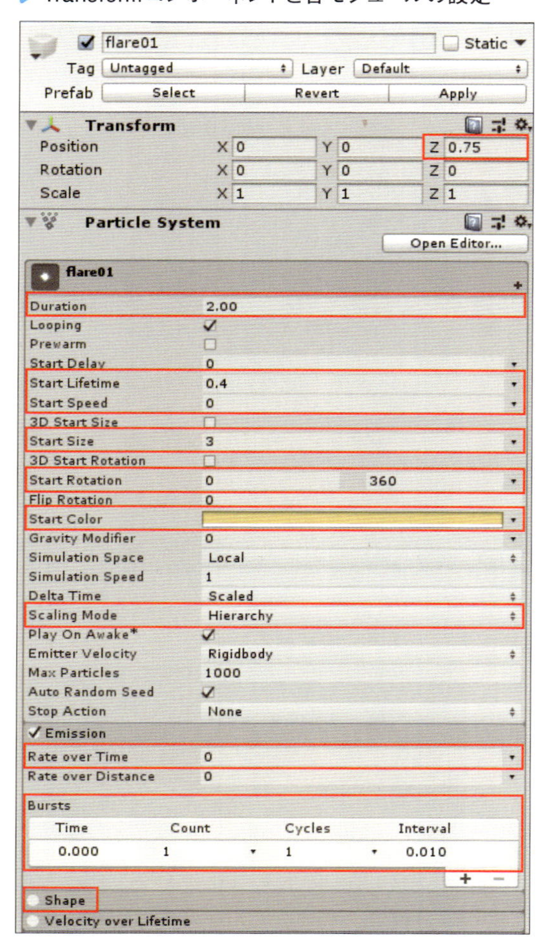

▶ Transformコンポーネント

パラメータ	値		
Position	X:0	Y:0	Z:0.75

▶ Mainモジュール

パラメータ	値	
Duration	2.00	
Start Lifetime	0.4	
Start Speed	0	
Start Size	3	
Start Rotation	0	360
Start Color	下図を参照	
Scaling Mode	Hierarchy	

▶ Start Colorパラメータの設定

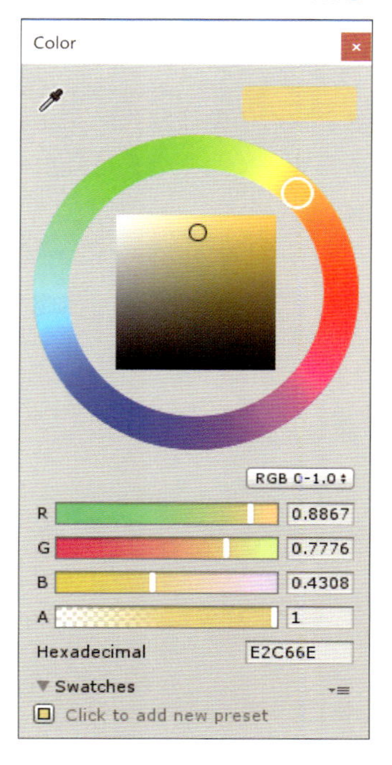

▶ Emissionモジュール

パラメータ	値			
Rate over Time	0			
Bursts	Time	Count	Cycles	Interval
	0	1	1	0.010

▶ Shapeモジュール

パラメータ	値
チェック	なし

✓ Renderer	
Render Mode	Billboard
Normal Direction	1
Material	M_lesson04_flare02
Trail Material	None (Material)
Sort Mode	None
Sorting Fudge	0
Min Particle Size	0
Max Particle Size	5
Render Alignment	View
Pivot	X 0 Y 0 Z 0
Visualize Pivot	
Masking	No Masking
Custom Vertex Streams	
Cast Shadows	Off
Receive Shadows	
Motion Vectors	Per Object Motion
Sorting Layer	Default
Order in Layer	0
Light Probes	Off
Reflection Probes	Off

▶ Rendererモジュール

パラメータ	値
Material	M_lesson04_flare02
Max Particle Size	5

　またSize over Lifetimeモジュールのカーブを右図のように設定することで、山になっている部分で一瞬だけサイズが大きくなり、フラッシュの効果を強調できます。その後、サイズダウンして小さいサイズで残すことで光の余韻を表現しています。例えるなら、豆電球の電源をオフにした後でも、中央のフィラメントの部分が若干光っているという表現が近いと思います。

▶ Size over LifetimeモジュールのSizeパラメータを調整

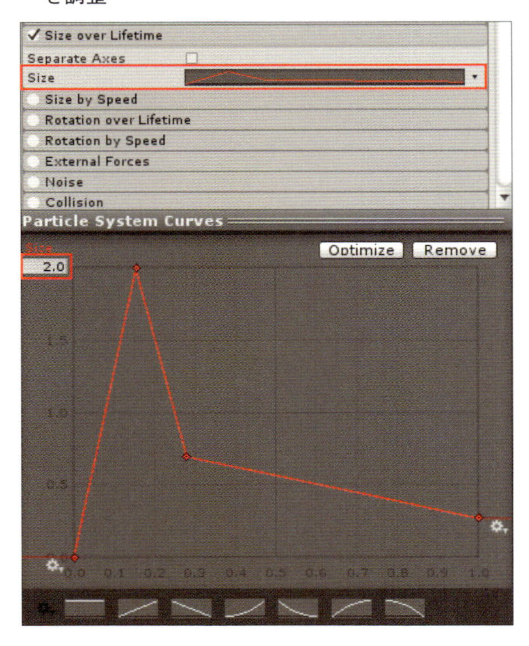

次にパーティクルにLightモジュールを設定してインパクトの瞬間に光らせ、床やキャラクタに光の影響を与えてみます。FX_Guardオブジェクトを選択し、右クリックしてEffects/ParticleSystemを選択し、新規パーティクルを作成、名前をlight01に変更します。次の図を参考にMainモジュール、Emissionモジュール、Transformコンポーネントを設定してみてください。また、Shapeモジュールのチェックは外してください。

▶ Transformコンポーネントと各モジュールの設定

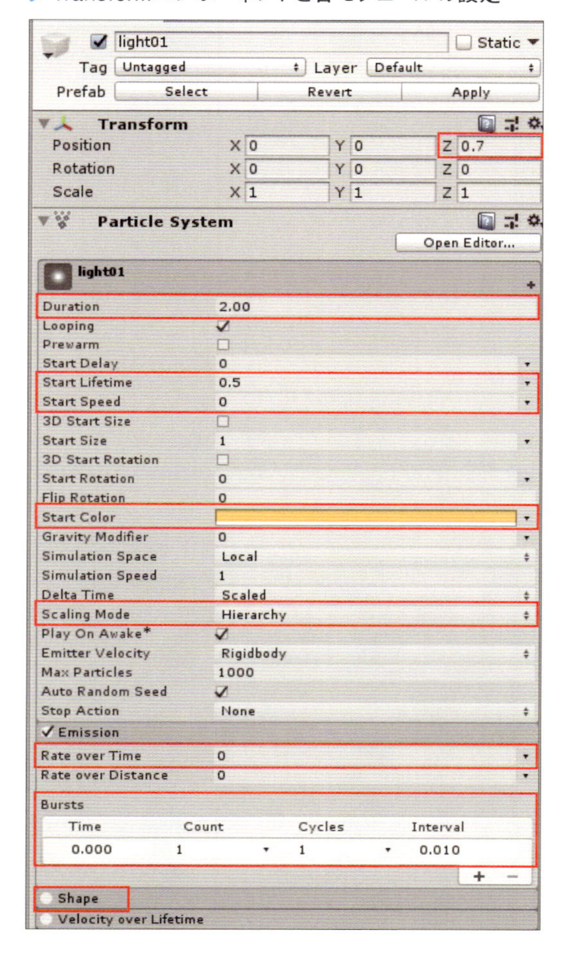

▶ Transformコンポーネント

パラメータ	値		
Position	X:0	Y:0	Z:0.7

▶ Mainモジュール

パラメータ	値
Duration	2.00
Start Lifetime	0.5
Start Speed	0
Start Color	下図を参照
Scaling Mode	Hierarchy

▶ Start Colorパラメータの設定

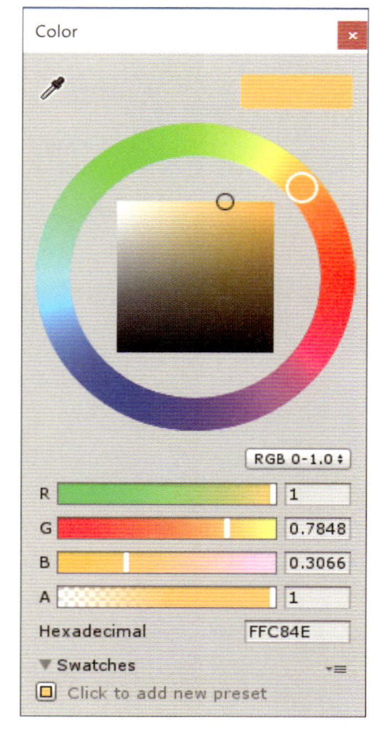

▶ Emissionモジュール

パラメータ	値			
Rate over Time	0			
Bursts	Time	Count	Cycles	Interval
	0	1	1	0.010

▶ Shapeモジュール

パラメータ	値
チェック	なし

次に、Color over Lifetimeモジュールを次の図のように設定してください。

▶ Color over Lifetimeモジュールの設定

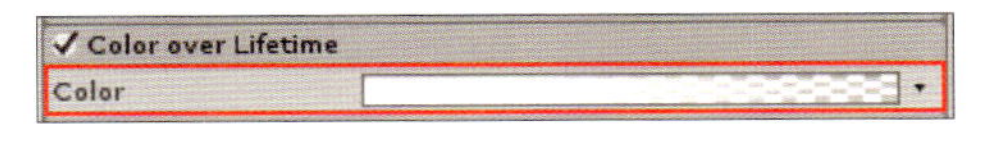

▶ Colorパラメータの設定

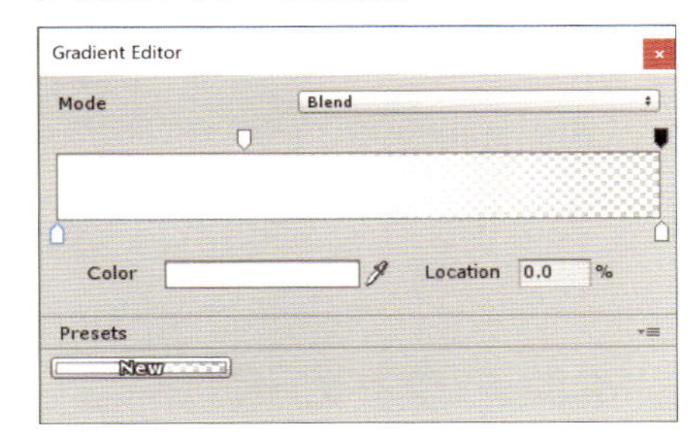

最後にLightモジュールとRendererモジュールを設定していきます。Lightモジュールで使用するライトはAssets/Lesson04/Prefabフォルダ内のFX_Lightを使用してください。またパーティクルのサイズの影響を受けたくないのでSize Affects Rangeのチェックを外しておきます。またRendererモジュールのRender ModeをNoneに設定することで、パーティクルは描画せずに、ライトの影響だけを周りに与えることができます。

▶ LightモジュールとRendererモジュールの設定

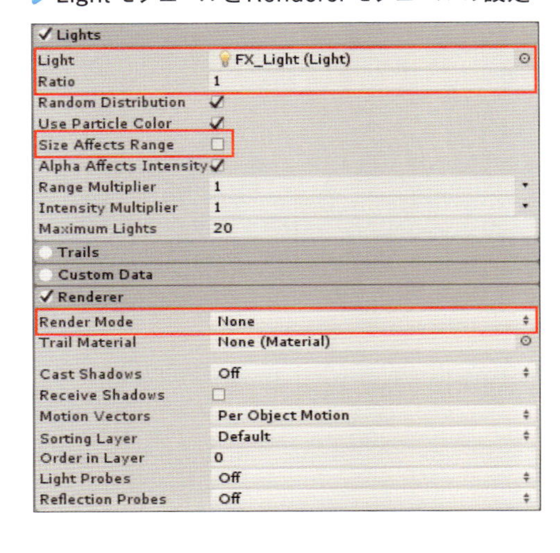

▶ Lightモジュール

パラメータ	値
Light	FX_Light
Ratio	1
Size Affects Range	チェックなし

▶ Rendererモジュール

パラメータ	値
Render Mode	None

ここまでの設定で右図のような見た目になっているはずです。Lightモジュールを使用することでインパクトの瞬間に床やキャラクタがライトで照らされ、リアリティがアップしました。

▶ ここまでの設定結果

4-3-3 インパクトの追加

エフェクトのインパクトの部分がまだ寂しいので、インパクトの素材を追加していきます。FX_Guardオブジェクトを選択し、右クリックしてEffects/ParticleSystemを選択し、新規パーティクルを作成、名前をimpact01に変更します。RendererモジュールのRender ModeパラメータをStretched Billboardに設定し、円錐形状から勢いよく広がるパーティクルを制作していきます。

▶ impact01の完成イメージ

Rendererモジュールと Texture Sheet Animationモジュールを次の図のように設定します。

▶ Rendererモジュールと Texture Sheet Animation モジュールの設定

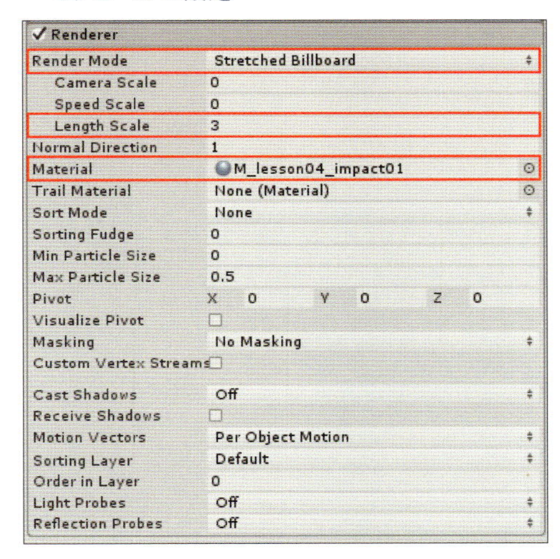

▶ Rendererモジュール

パラメータ	値
Render Mode	Stretched Billboard
Length Scale	3
Material	M_lesson04_impact01

Texture Sheet Animation	
Mode	Grid
Tiles	X 1　Y 4
Animation	Whole Sheet
Frame over Time	0　3.9996
Start Frame	0
Cycles	1
Flip U	0
Flip V	0
Enabled UV Channels	Everything

▶ Texture Sheet Animationモジュール

パラメータ	値	
Tiles	X:1	Y:4
Frame over Time	0	4

Texture Sheet Animationモジュールを調整して4つのパターンの中から1つだけランダムに選択するように設定しています。図では、Texture Sheet AnimationモジュールのFrame over Timeパラメータの値が3.9996、表では4になっていますが、4と入力して決定すれば自動的に3.9996に値の表示が変換されます。続いてMainモジュール、Emissionモジュール、Shapeモジュールをそれぞれ設定していきます。またTransformコンポーネントの位置と回転を変更して、向きを反転させています。

▶ 各モジュールの設定

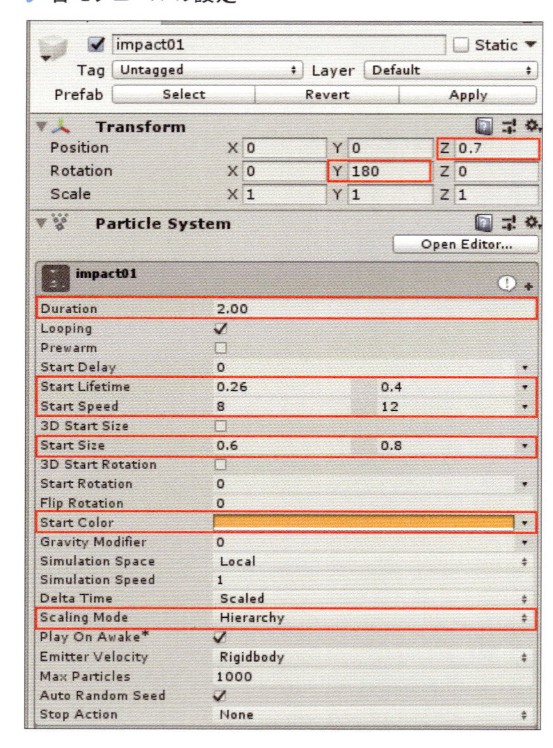

▶ Transformコンポーネント

パラメータ	値		
Position	X:0	Y:0	Z:0.7
Rotation	X:0	Y:180	Z:0

▶ Mainモジュール

パラメータ	値	
Duration	2.00	
Start Lifetime	0.26	0.4
Start Speed	8	12
Start Size	0.6	0.8
Start Color	下図を参照	
Scaling Mode	Hierarchy	

▶ Start Colorパラメータの設定

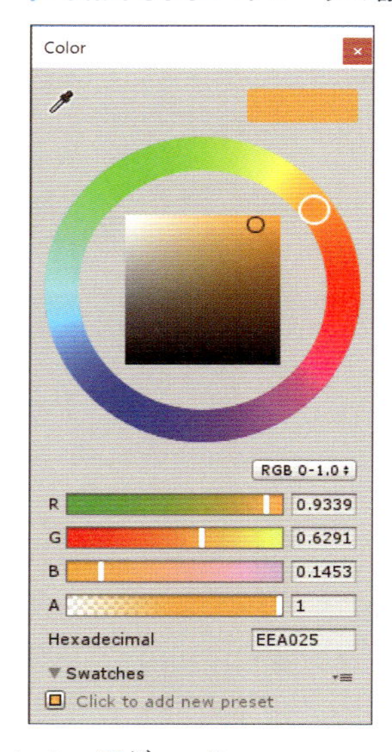

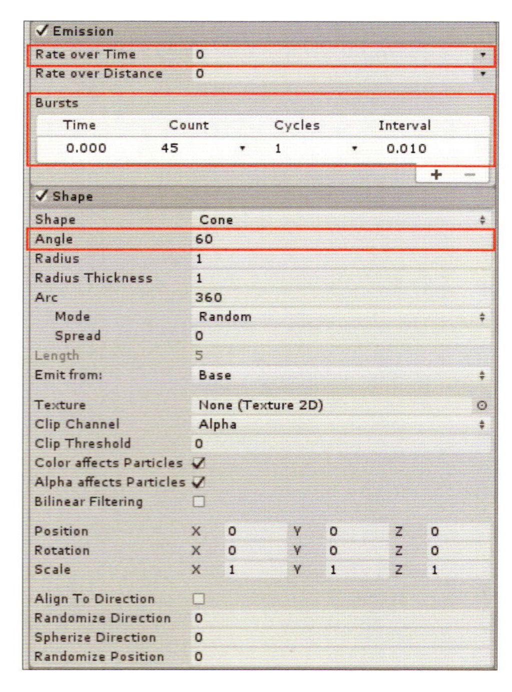

▶ Emissionモジュール

パラメータ	値			
Rate over Time	0			
Bursts	Time	Count	Cycles	Interval
	0	45	1	0.010

▶ Shapeモジュール

パラメータ	値
Angle	60

▶ 発生時に意図しない見た目になってしまっている(上から見た図)

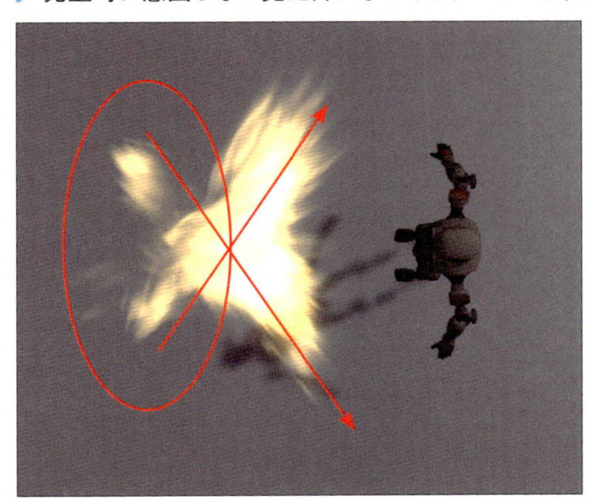

インパクト素材の主要な設定が完了しましたが、現状だとインパクトの発生時に、上図のようなパーティクル同士が交差する瞬間が見えてしまうので、Color over Lifetimeモジュールを調整して、発生時のアルファを0に設定します。併せて、Limit Velocity over Lifetimeモジュールも調整して少しだけパーティクルの動きにブレーキをかけます。

▶ Color over LifetimeモジュールのColorパラメータの設定

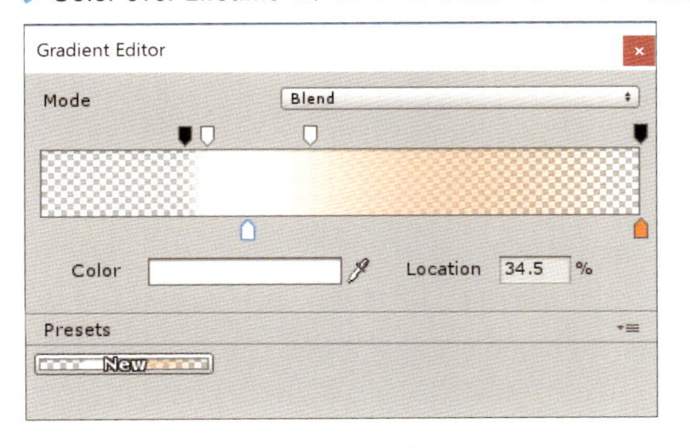

▶ Color over Lifetimeモジュール

パラメータ	値
Color	下図を参照

▶ Color over LifetimeモジュールとLimit Velocity over Lifetimeモジュールの設定

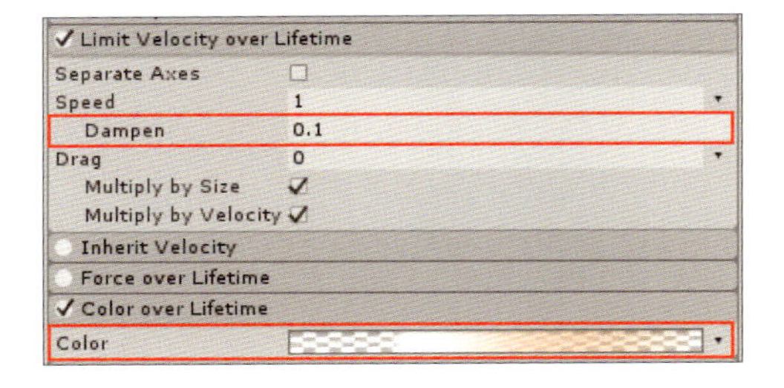

▶ Limit Velocity over Lifetimeモジュール

パラメータ	値
Dampen	0.1

今回のようなストレッチビルボードを使用したインパクト素材の制作は、ヒット系のエフェクトなどでは非常によく使われる手法です。またパーティクルの初速（Start Speed）を大きな値にして勢いよく射出し、後半はLimit Velocity over Lifetimeモジュールを使ってブレーキをかける手法も頻繁に使用されます。値を変更することで、動きの変化を確認してみましょう。

4-3-4 火花の追加

防御エフェクトの仕上げに2種類の火花の素材を追加していきます。片方は空中にゆらゆらと舞って漂う動き、もう片方は重力で地面に落ちてコリジョンする設定を行っていきます。

▶ 空中に舞う火花と地面に落ちてバウンドする火花

まずは空中に舞う火花を制作します。FX_Guardオブジェクトを選択し、右クリックしてEffects/ParticleSystemを選択し、新規パーティクルを作成、名前をdust01に変更します。まず主要なモジュール（Main、Emission、Shape、Renderer）から値を調整していきましょう。

▶ 主要なモジュールの設定

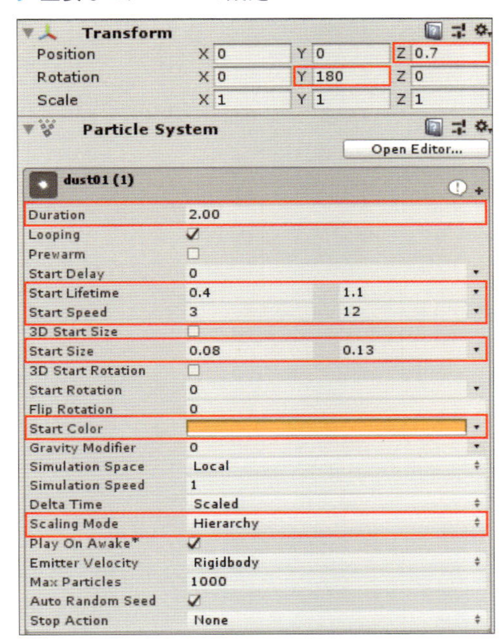

▶ Rendererモジュール

パラメータ	値
Render Mode	Stretched Billborad
Length Scale	3
Material	M_lesson04_flare02

▶ Transformコンポーネント

パラメータ	値		
Position	X:0	Y:0	Z:0.7
Rotation	X:0	Y:180	Z:0

▶ Mainモジュール

パラメータ	値	
Duration	2.00	
Start Lifetime	0.4	1.1
Start Speed	3	12
Start Size	0.08	0.13
Start Color	下図を参照	
Scaling Mode	Hierarchy	

▶ Start Colorパラメータの設定

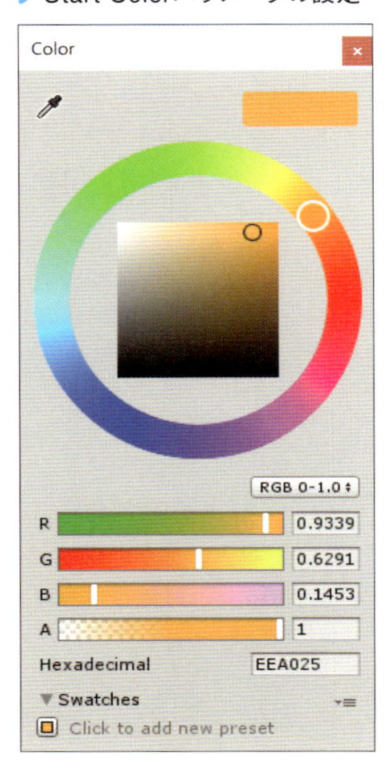

4

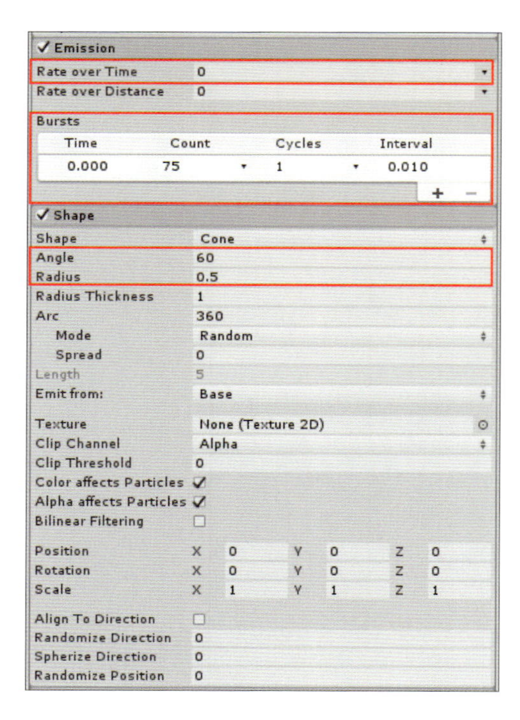

▶ Emissionモジュール

パラメータ	値			
Rate over Time	0			
Bursts	Time	Count	Cycles	Interval
	0	75	1	0.010

▶ Shapeモジュール

Angle	60
Radius	0.5

ここから細かい動きを付けていきます、インパクト素材の時と同じようにLimit Velocity over Lifetimeモジュールを使って初速を速くして、ある程度進んだところでパーティクルにブレーキをかけます。

▶ Limit Velocity over Lifetimeモジュールの設定

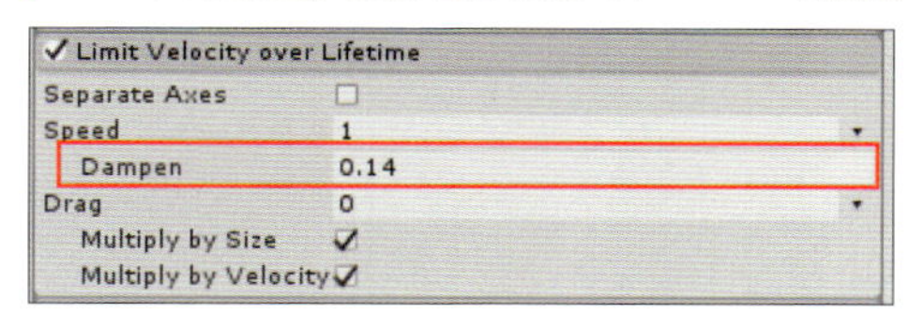

▶ Limit Velocity over Lifetimeモジュール

パラメータ	値
Dampen	0.14

さらにForce over Lifetimeの設定をRandom Between Two Curvesに変更して、次の図のように設定します。X、Y、Zともに同じカーブですので、カーブ上で右クリックしてコピーし、他の軸のカーブにペーストしてください。このようにカーブを設定するとフワフワと漂うような動きを演出できます。パーティクルの寿命に沿って後半以降に漂う動きが強くなります。

▶ 右クリックして値をコピー

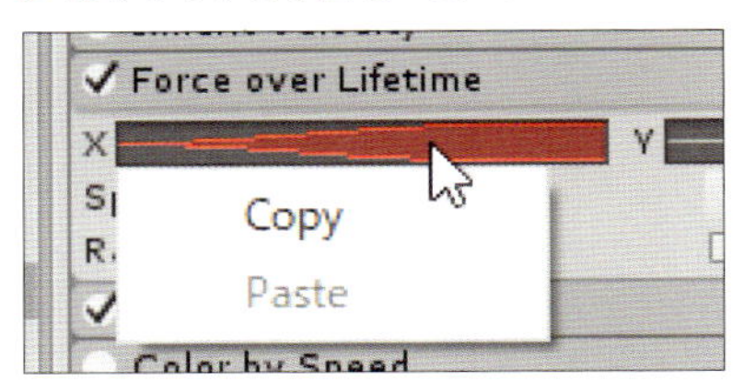

▶ Force over Lifetimeモジュールの設定

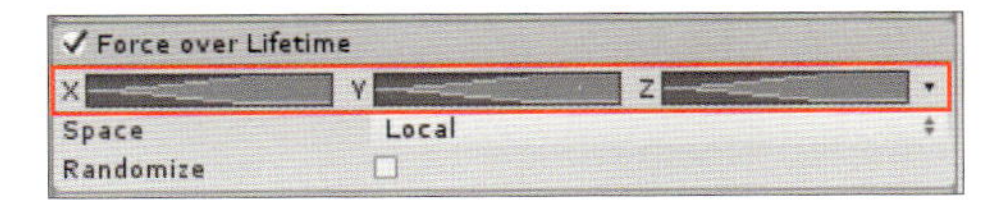

▶ Force over Lifetimeモジュールのカーブ設定

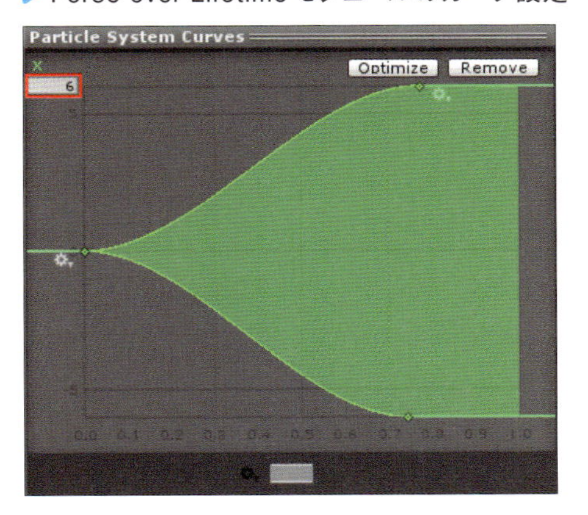

Limit Velocity over Lifetimeモジュールの設定と合わせることで、初速は放射状にまっすぐ広がり、ある程度進むと、ブレーキがかかると同時に漂う動きが加わる、といった複雑な動きを設定できます。

フワフワと漂うような動きに関してはNoiseモジュールでも設定可能ですが、筆者は個人的にこちらの方が設定も簡単で直感的なのでこちらの方法を多用しています。

最後にサイズと色を調整します。次の図を参考に、Color over LifetimeモジュールとSize over Lifetimeモジュールを設定します。

▶ Color over LifetimeモジュールとSize over Lifetimeモジュールの設定

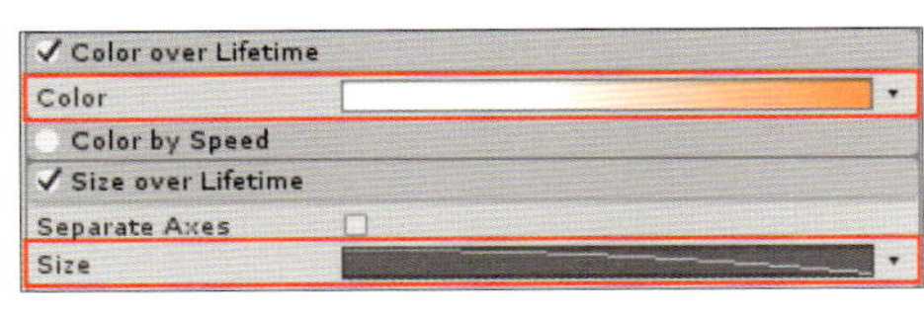

▶ Sizeパラメータの設定

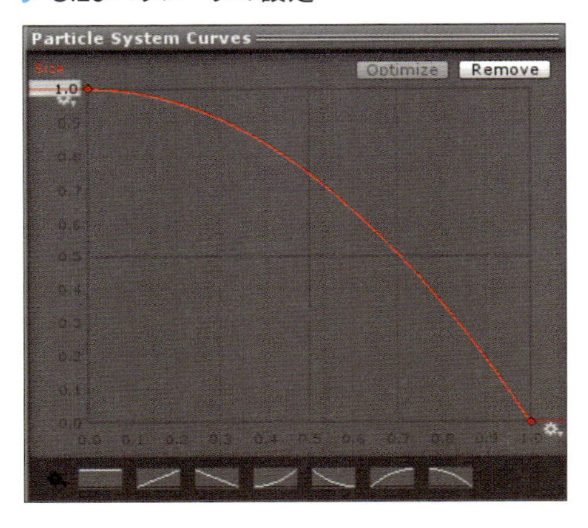

▶ Colorパラメータの設定

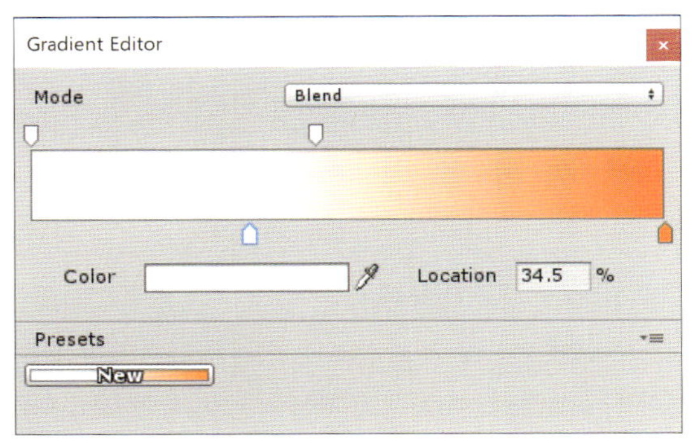

これで漂う火花のパーティクルが完成しました。次に地面に落下してバウンドする火花を作成していきます。dust01を複製して名前をdust02に変更しておきます。

最終的にエフェクト全体でルートオブジェクトを除いて7つのエミッタを使用しています。

▶ エフェクトの最終的な構成

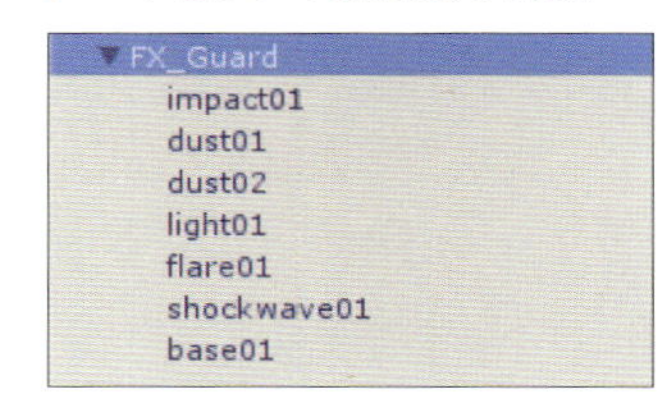

dust02を選択して主要なモジュールから調整していきます。またdust01ではForce over Lifetime、Limit Velocity over Lifetime、Size over Lifetimeのモジュールを使用していましたが、こちらはdust02では使用しないのでモジュールのチェックを外してください。

▶ 各モジュールのチェックをオフに設定

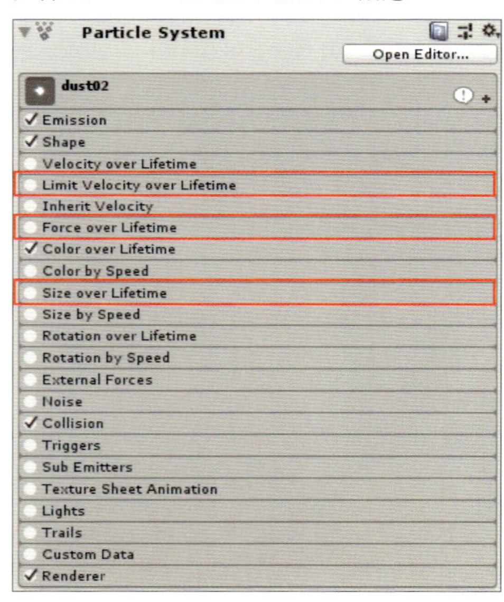

▶ Limit Velocity over Lifetimeモジュール

パラメータ	値
チェック	なし

▶ Force over Lifetimeモジュール

パラメータ	値
チェック	なし

▶ Size over Lifetimeモジュール

パラメータ	値
チェック	なし

dust02では、発生後に落下させるのでMainモジュールのGravity Modifierパラメータを使用しています。またストレッチビルボードを使用する点は変わりませんが、パーティクルのスピードに比例して進行方向のサイズを伸縮したいので、Length Scaleパラメータの代わりにSpeed Scaleパラメータを使用しています。

▶ 各モジュールを設定

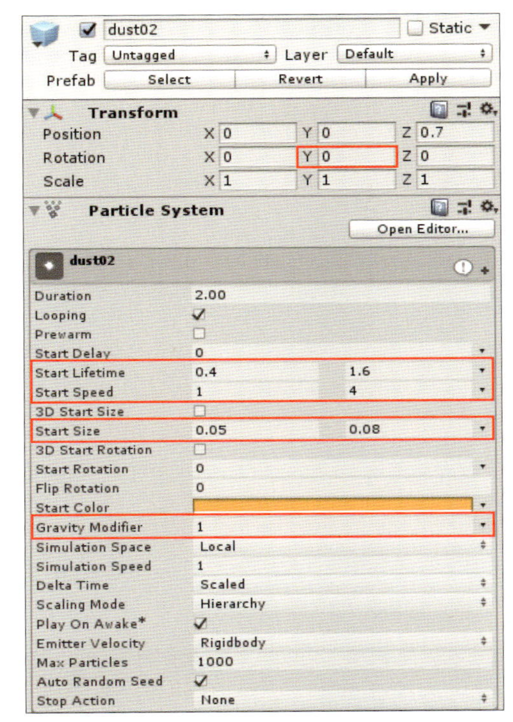

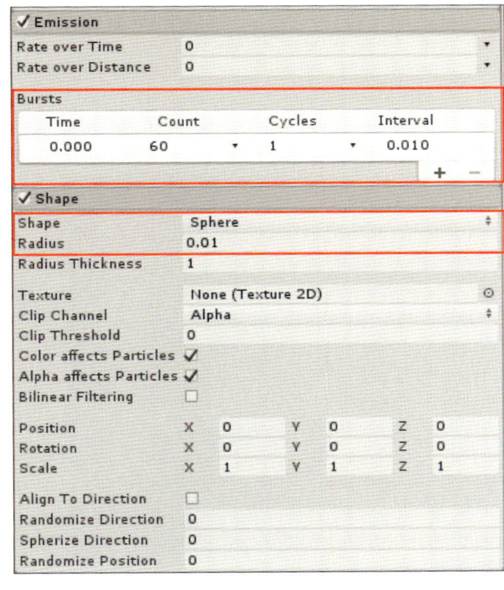

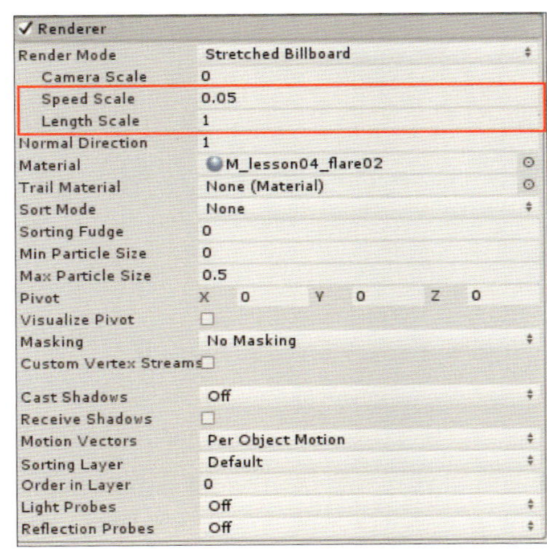

▶ Transformコンポーネント

パラメータ	値		
Rotation	X:0	Y:0	Z:0

▶ Mainモジュール

パラメータ	値	
Start Lifetime	0.4	1.6
Start Speed	1	4
Start Size	0.05	0.08
Gravity Modifier	1	

▶ Emissionモジュール

パラメータ	値			
Bursts	Time	Count	Cycles	Interval
	0	60	1	0.010

▶ Shapeモジュール

パラメータ	値
Shape	Sphere
Radius	0.01

▶ Rendererモジュール

パラメータ	値
Speed Scale	0.05
Length Scale	1

ここまで設定できたら次に床との衝突を設定していきます。Collisionモジュールをオンにして適切に設定することで、他のオブジェクトとパーティクルが衝突するようになるので、次の図のように設定してください。

▶ Collisionモジュールの設定

✓ Collision	
Type	World
Mode	3D
Dampen	0.4
Bounce	0.3
Lifetime Loss	0
Min Kill Speed	1
Max Kill Speed	10000
Radius Scale	1
Collision Quality	High
Collides With	Everything
Max Collision Shape	256
Enable Dynamic Coll	✓
Collider Force	0
Multiply by Collision	✓
Multiply by Particle S	☐
Multiply by Particle S	☐
Send Collision Message	☐
Visualize Bounds	☐

▶ Collisionモジュール

パラメータ	値
Type	World
Dampen	0.4
Bounce	0.3

まずTypeパラメータをWorldに設定することでシーンに存在するコライダーコンポーネントが適用されているオブジェクトと衝突させることができます。今回は特に設定していませんが、Collider Withパラメータを設定することで特定のレイヤーに属するオブジェクトとのみ、衝突させることが可能です。

またCollision Qualityパラメータは初期設定のHighのままですが、ここもパーティクルが衝突オブジェクトを突き抜けたりしなければ、もっと精度を下げても大丈夫です。なお、今回は床のオブジェクトが厚みのないコライダーだったため、突き抜けが発生したので、Highに設定してあります。DampenやBounceのパラメータも値を変更して結果の違いを確認してみるとよいでしょう。

▶ dust02の最終結果

これでdust02の設定が完了しました。エフェクト全体で再生した結果は右図のようになります。

▶最終的な結果

以上で防御エフェクトの完成になります。いままでの実例制作とは違い、多くのエミッタを組み合わせて、初めて本格的なエフェクトを完成させました。

ただこの実例制作ではパーティクルの量やサイズ、動きは筆者が試行錯誤した後の最終的な設定値を記載していますので、読者の皆さんが実際にゼロから制作する際は、この「試行錯誤」の段階を踏んでいくことになります。

この試行錯誤の時間を短縮して、効率的にクオリティの高いエフェクトを制作していくためには、インプットした知見や知識を元に実際に手を動かし、形にして日々アウトプットしていくことが重要です。

本書を読み終えた後、是非皆様でオリジナルのエフェクトを制作してみてください。いきなりゼロからエフェクトを作るのが難しいようであれば、完成した作例のパラメータの値をいろいろと変更してみて、どのパラメータがエフェクトに対してどのように作用しているかを確認してみるのもよいでしょう。

4-4 移動するキャラクタから発生するバフエフェクトの作成

ここでは、バフエフェクト作成を通して、移動するオブジェクトからパーティクルを発生させる場合の設定方法を学習していきます。

4-4-1 キャラクタに追従する炎のリングの作成

まずは完成バージョンを確認してみましょう。ProjectビューのAssets/Lesson04/Sceneフォルダ内からLesson04-4_FX_Buff_final.sceneを開きます。

シーンを再生して球体とエフェクトの動きを確認してみましょう。移動する球体に追従するリング状の炎エフェクトとオーラ、トレイル、またキャラクタ周辺で発生し、そのままその場に滞留する粒状のパーティクルが確認できます。使用しているマテリアルは**4-3**の防御エフェクトとほとんど同じです。

再生して動きを確認したらシーンを任意の名前で別名保存して制作を開始します。球体（Sphere）の直下にあるFX_Buff_finalを削除するか非表示に設定し、球体だけの状態にします。まずは球体に追従するリング状の炎とオーラを作成していきましょう。

▶ シーンを再生してエフェクトを確認

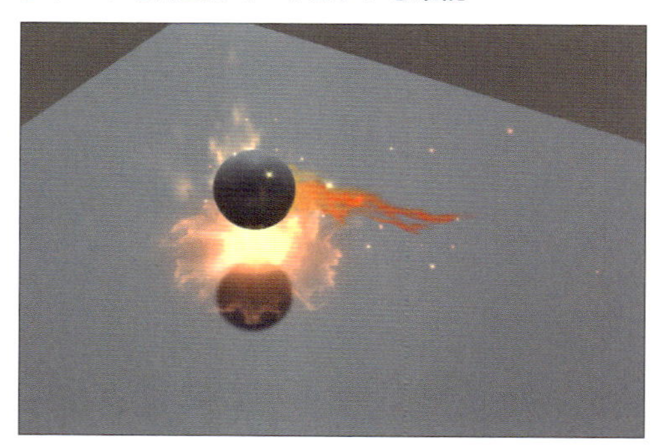

球体の直下にFX_Buffという名前で新規オブジェクトを作成し、ダミーパーティクルに設定します。これがエフェクトのルートオブジェクトになります。次にFX_Buffを選択し、Assets/Lesson04/Prefabsフォルダ内にドラッグ＆ドロップしてプレファブを作成します。プレファブに球体のオブジェクトを含めないように注意してください。

▶ ルートオブジェクトを作成しプレファブに設定

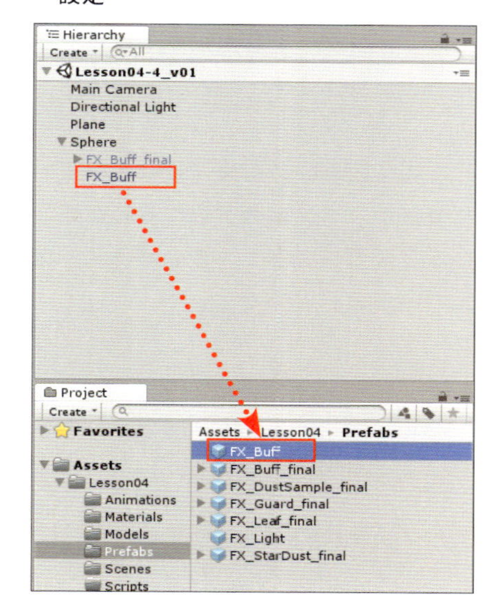

まず球体の動きに追従するリング状の炎を制作します。FX_Buffを右クリックし、新規パーティクルをground_ring01という名前で作成してください。

▶ リング状の炎のパーティクルを作成

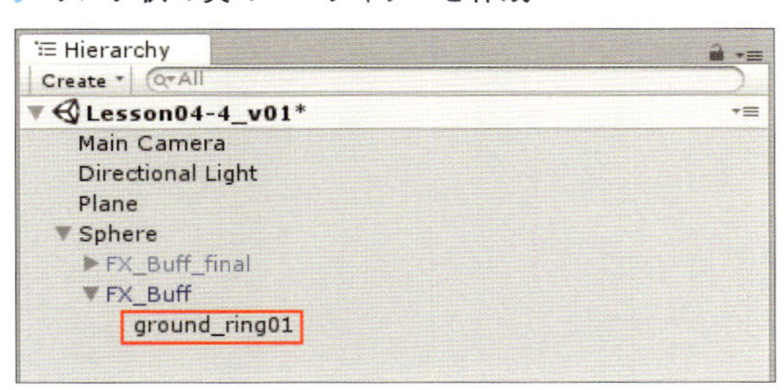

ground_ring01を選択し、Transformコンポーネントの Positionを「0」、「-0.95」、「0」に設定しておきます。球体のオブジェクトのTransformコンポーネントのPositionが「0」、「1」、「0」に設定されているため、Yの値を-0.95に設定することで、地面から少し浮いたところに炎のリングを発生させます。

▶ Transformコンポーネントを設定

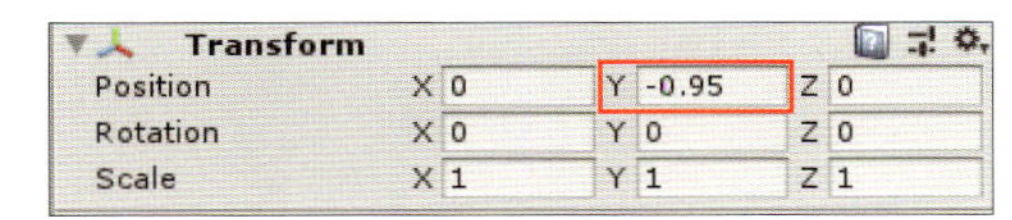

▶ Transformコンポーネント

パラメータ	値		
Position	X:0	Y:-0.95	Z:0

次にEmissionモジュールを設定していきます。Rate over Timeパラメータを5に設定して、継続的に炎のリングが出現するようにします。またShapeモジュールのチェックを外して発生位置を固定します。

▶ EmissionモジュールとShapeモジュールを設定

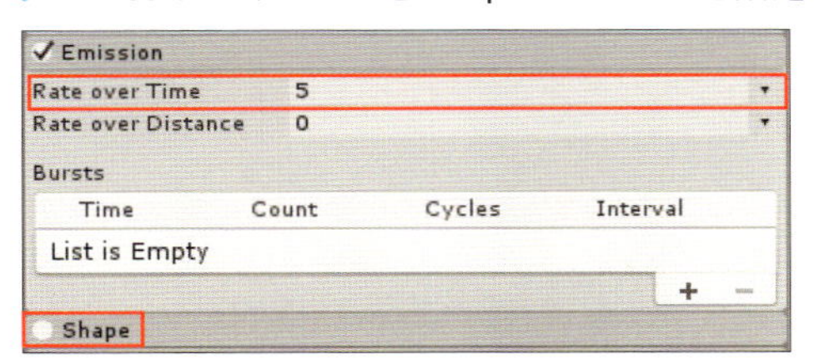

▶ Emissionモジュール

パラメータ	値
Rate over Time	5

▶ Shapeモジュール

パラメータ	値
チェック	なし

続けて、Mainモジュールを仮の設定で次の図のようにし、その場で繰り返し発生するようにします。

▶ Mainモジュールを仮に設定

ground_ring01	
Duration	1.00
Looping	✓
Prewarm	☐
Start Delay	0
Start Lifetime	1
Start Speed	0
3D Start Size	☐
Start Size	1
3D Start Rotation	☐
Start Rotation	0
Flip Rotation	0
Start Color	
Gravity Modifier	0
Simulation Space	Local
Simulation Speed	1
Delta Time	Scaled
Scaling Mode	Hierarchy
Play On Awake*	✓
Emitter Velocity	Rigidbody
Max Particles	1000
Auto Random Seed	✓
Stop Action	None

▶ Mainモジュール

パラメータ	値
Duration	1.00
Start Lifetime	1
Start Speed	0
Scaling Mode	Hierarchy

▶ ここまでの作成結果

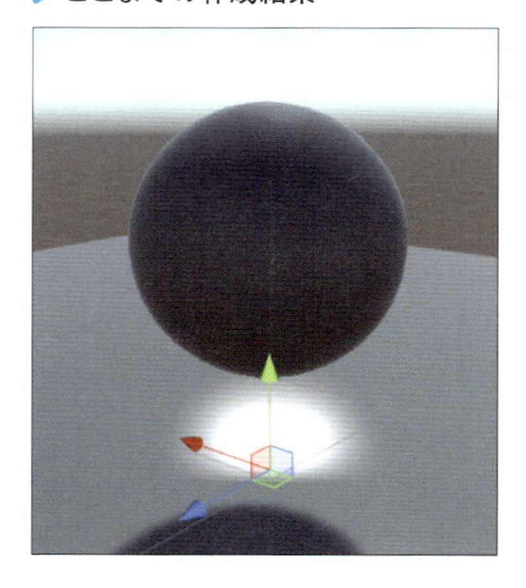

さらにRendererモジュールとTexture Sheet Animationモジュールを設定します。RendererモジュールのRender ModeパラメータをHorizontal Billboardに設定することで、地面に対して平行にビルボードを配置することが可能です。

▶ RendererモジュールとTexture Sheet Animationモジュールの設定

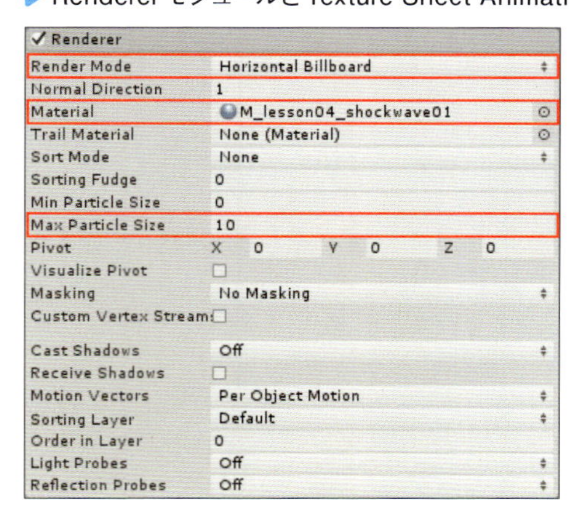

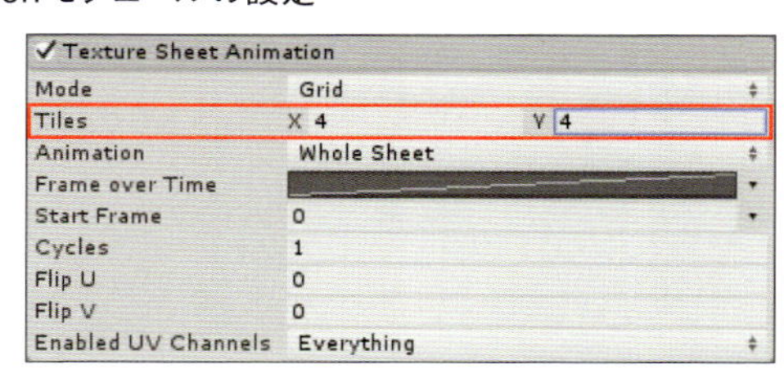

▶ Rendererモジュール

パラメータ	値
Render Mode	Horizontal Billboard
Material	M_lesson04_shockwave01
Max Particle Size	10

▶ Texture Sheet Animationモジュール

パラメータ	値	
Tiles	X:4	Y:4

▶ ここまでの設定結果

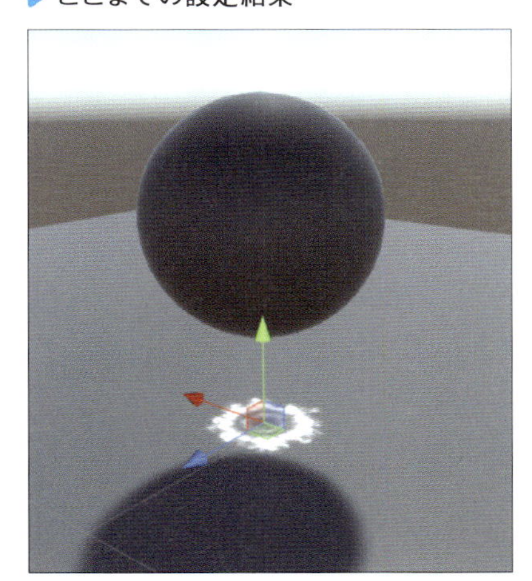

基本的な設定が完成したので、Mainモジュールに戻って、詳細な設定を行います。寿命やサイズを少しランダムして値に幅を持たせ、カラーも同時に設定していきます。

▶ Mainモジュールをさらに調整

ground_ring01

Duration	1.00	
Looping	✓	
Prewarm		
Start Delay	0	
Start Lifetime	0.48	0.55
Start Speed	0	
3D Start Size		
Start Size	3	4
3D Start Rotation		
Start Rotation	0	360
Flip Rotation	0	
Start Color		
Gravity Modifier	0	
Simulation Space	Local	
Simulation Speed	1	
Delta Time	Scaled	
Scaling Mode	Hierarchy	
Play On Awake*	✓	
Emitter Velocity	Rigidbody	
Max Particles	1000	
Auto Random Seed	✓	
Stop Action	None	

▶ Start Colorパラメータの設定

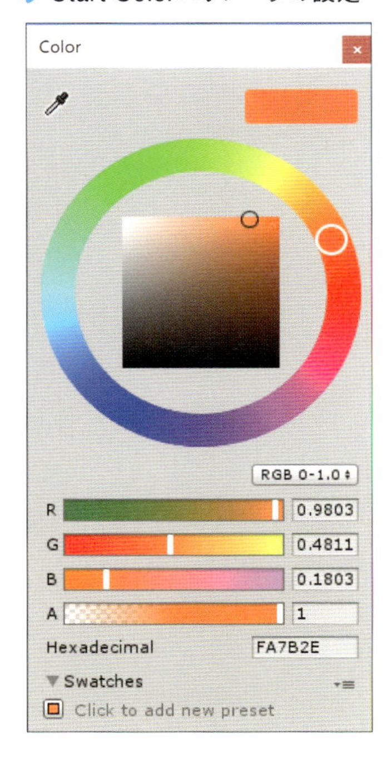

▶ Mainモジュール

パラメータ	値	
Start Lifetime	0.48	0.55
Start Size	3	4
Start Rotation	0	360
Start Color	右図を参照	

　Mainモジュールの設定が完了したので最後に炎のリングに外側に広がっていく動きを付けて、広がるにつれてアルファを調整して透明になっていくように変更します。Size over LifetimeモジュールとColor over Lifetimeモジュールをそれぞれ次の図のように設定します。

▶ Sizeパラメータを設定

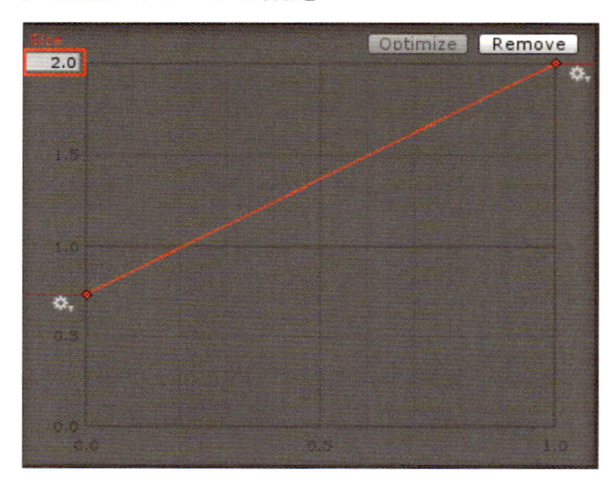

　これで炎のリングの設定が完了しました。

▶ Size over LifetimeモジュールとColor over Lifetimeモジュールを設定

✓ Color over Lifetime
Color
Color by Speed
✓ Size over Lifetime
Separate Axes
Size

▶ Colorパラメータを設定

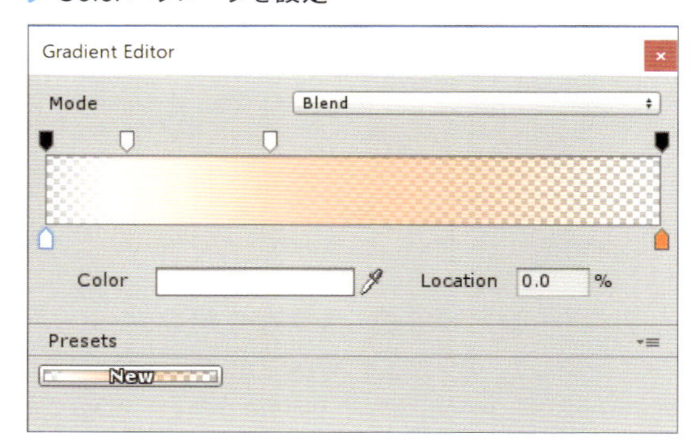

▶ 炎のリングの設定結果

4-4-2 地面に出現するその他のエフェクトの作成

　リング状の炎のパーティクルが完成したので、さらに地面に出るフレア、加算対策として最背面に表示するベース素材、地面から立ち昇るオーラ素材を作成していきます。地面に出るフレア、最背面に表示するベース素材は、それぞれground_ring01を複製して作成します。まずground_ring01を1つ複製して、名前をground_flare01に変更し、各種パラメータを変更していきます。

Mainモジュールを調整し、RendererモジュールのマテリアルをM_lesson04_flare02に変更しています。またTexture Sheet Animationモジュールは必要ないのでオフに設定します。

▶ Mainモジュールとマテリアルを変更

ground_flare01

Duration	1.00	
Looping	✓	
Prewarm	☐	
Start Delay	0	
Start Lifetime	0.24	0.3
Start Speed	0	
3D Start Size	☐	
Start Size	4	5
3D Start Rotation	☐	
Start Rotation	0	360
Flip Rotation	0	
Start Color		
Gravity Modifier	0	
Simulation Space	Local	
Simulation Speed	1	
Delta Time	Scaled	
Scaling Mode	Hierarchy	
Play On Awake*	✓	
Emitter Velocity	Rigidbody	
Max Particles	1000	
Auto Random Seed	✓	
Stop Action	None	

Sub Emitters
Texture Sheet Animation
Lights
Trails
Custom Data
✓ Renderer

Render Mode	Horizontal Billboard
Normal Direction	1
Material	M_lesson04_flare02
Trail Material	None (Material)
Sort Mode	None
Sorting Fudge	0
Min Particle Size	0
Max Particle Size	10
Pivot	X 0 Y 0 Z 0
Visualize Pivot	☐
Masking	No Masking
Custom Vertex Streams	☐
Cast Shadows	Off
Receive Shadows	☐
Motion Vectors	Per Object Motion
Sorting Layer	Default
Order in Layer	0
Light Probes	Off
Reflection Probes	Off

▶ Mainモジュール

パラメータ	値	
Start Lifetime	0.24	0.3
Start Size	4	5
Start Color	下図を参照	

▶ Start Colorパラメータを設定

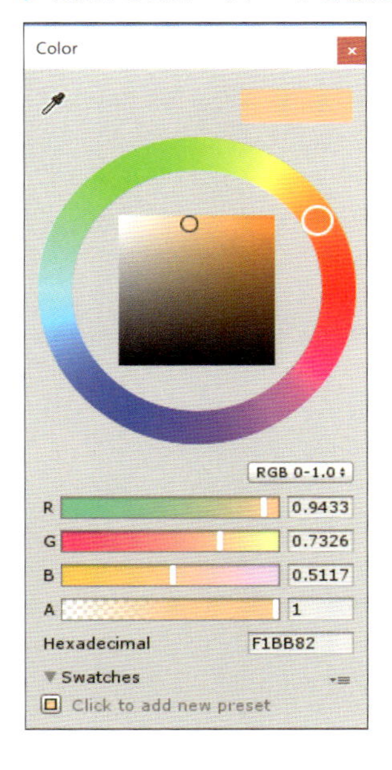

▶ Texture Sheet Animationモジュール

パラメータ	値
チェック	なし

▶ Rendererモジュール

パラメータ	値
Material	M_lesson04_flare02

フレア素材はこれで完成です。ベース素材もground_ring01を複製して制作していきます。名前をground_base01に変更して、こちらもフレア素材同様、パラメータを変更していきます。

Mainモジュールと Rendererモジュールを変更

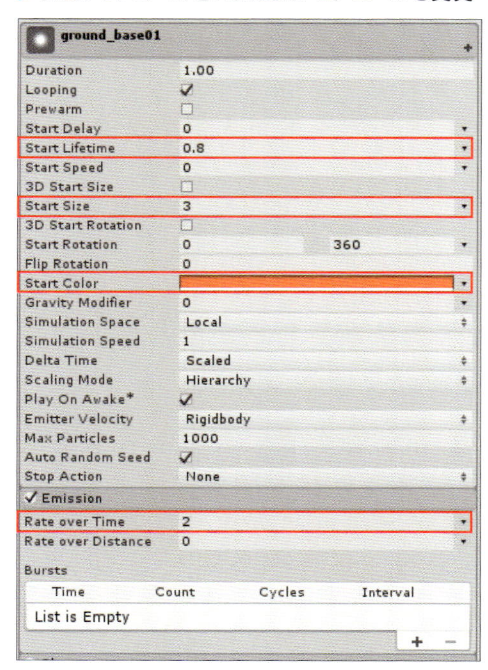

Mainモジュール

パラメータ	値
Start Lifetime	0.8
Start Size	3
Start Color	下図を参照

Start Colorパラメータを設定

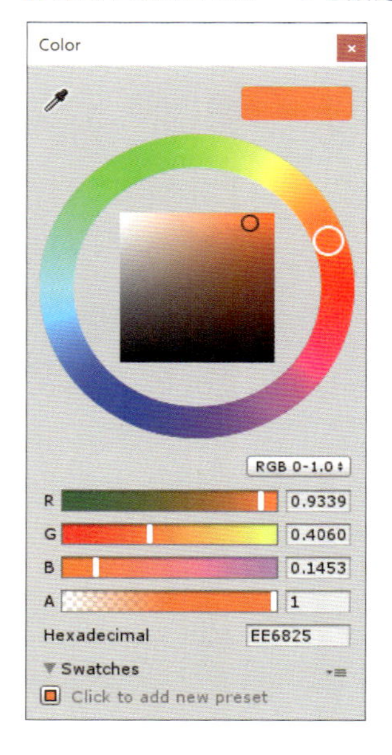

Emissionモジュール

パラメータ	値
Rate over Time	2

Texture Sheet Animationモジュール

パラメータ	値
チェック	なし

Rendererモジュール

パラメータ	値
Material	M_lesson04_base01
Sorting Fudge	20

これでベース素材の方も完成しました。

▶ ここまでの設定結果

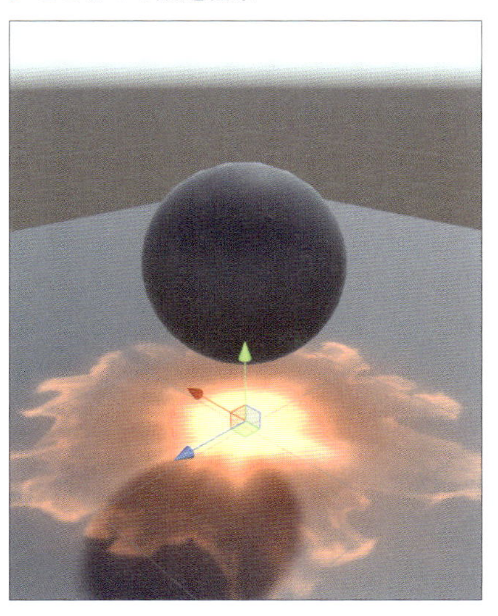

次にオーラエフェクトを追加して、球体に追従する部分のエフェクトを完成させます。FX_Buffオブジェクトの直下にground_line01という名前で新規パーティクルを作成し、球体の周りに発生するオーラを作成していきます。

▶ オーラエフェクトの完成イメージ

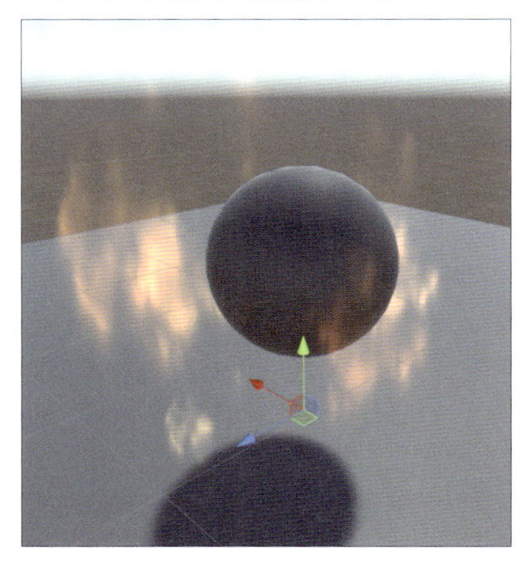

まずTransformコンポーネントのRotationとPositionを次の図のように変更します。

▶ Transformコンポーネントを変更

Transform			
Position	X 0	Y -1	Z 0
Rotation	X -90	Y 0	Z 0
Scale	X 1	Y 1	Z 1

▶ Transformコンポーネント

パラメータ	値		
Position	X:0	Y:-1	Z:0
Rotation	X:-90	Y:0	Z:0

次にMainモジュール、Emissionモジュール、Shapeモジュールを設定してパーティクルが真上に立ち昇るように調整します。

▶ 各種モジュールを設定

ground_line01

Duration	1.00
Looping	✓
Prewarm	
Start Delay	0
Start Lifetime	0.24　0.3
Start Speed	-0.1
3D Start Size	
Start Size	0.7　1.1
3D Start Rotation	
Start Rotation	0　360
Flip Rotation	0
Start Color	
Gravity Modifier	0
Simulation Space	Local
Simulation Speed	1
Delta Time	Scaled
Scaling Mode	Hierarchy
Play On Awake*	✓
Emitter Velocity	Rigidbody
Max Particles	1000
Auto Random Seed	✓
Stop Action	None

▶ Mainモジュール

パラメータ	値	
Duration	1.00	
Start Lifetime	0.24	0.3
Start Speed	-0.1	
Start Size	0.7	1.1
Start Rotation	0	360
Start Color	下図を参照	
Scaling Mode	Hierarchy	

▶ Start Colorパラメータの設定

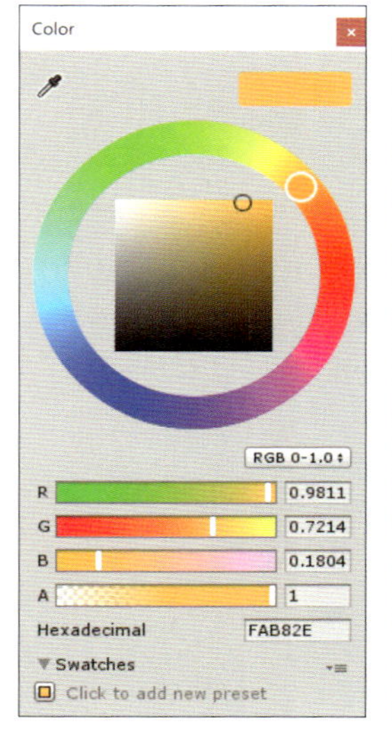

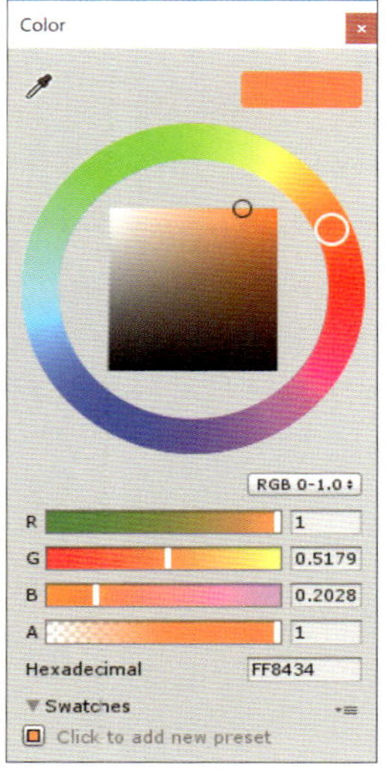

✓ Emission

Rate over Time	30
Rate over Distance	0

Bursts

Time	Count	Cycles	Interval
List is Empty			

✓ Shape

Shape	Cone
Angle	0
Radius	1
Radius Thickness	1
Arc	360
Mode	Random
Spread	0
Length	5
Emit from:	Base
Texture	None (Texture 2D)
Clip Channel	Alpha
Clip Threshold	0
Color affects Particles	✓
Alpha affects Particles	✓
Bilinear Filtering	
Position	X 0　Y 0　Z 0
Rotation	X 0　Y 0　Z 0
Scale	X 1　Y 1　Z 1
Align To Direction	
Randomize Direction	0
Spherize Direction	0
Randomize Position	0

▶ Emissionモジュール

パラメータ	値
Rate over Time	30

▶ Shapeモジュール

パラメータ	値
Angle	0

併せて、Texture Sheet Animationモジュールと Rendererモジュールを設定して、見た目を整えていきます。テクスチャの4コマ目の画像がちょっと悪目立ちしてしまったため、Frame over Timeパラメータの値を4ではなく3に設定して、4コマ目が使われないように設定してあります。またFlipVパラメータを0.5に設定して、50％の確率でテクスチャの上下が反転するように設定してあります。

▶ Texture Sheet AnimationモジュールとRendererモジュールを設定

✓ Texture Sheet Animation		
Mode	Grid	
Tiles	X 1	Y 4
Animation	Whole Sheet	
Frame over Time	0	3
Start Frame	0	
Cycles	1	
Flip U	0	
Flip V	0.5	
Enabled UV Channels	Everything	

✓ Renderer	
Render Mode	Stretched Billboard
Camera Scale	0
Speed Scale	0
Length Scale	2
Normal Direction	1
Material	M_lesson04_impact01
Trail Material	None (Material)
Sort Mode	None
Sorting Fudge	0
Min Particle Size	0
Max Particle Size	10
Pivot	X 0 Y 0 Z 0
Visualize Pivot	☐
Masking	No Masking
Custom Vertex Streams	☐
Cast Shadows	Off
Receive Shadows	☐
Motion Vectors	Per Object Motion
Sorting Layer	Default
Order in Layer	0
Light Probes	Off
Reflection Probes	Off

▶ Texture Sheet Animationモジュール

パラメータ	値	
Tiles	X:1	Y:4
Frame over Time	0	3
Flip V	0.5	

▶ Rendererモジュール

パラメータ	値
Render Mode	Stretched Billboard
Material	M_lesson04_impact01
Max Particle Size	10

仕上げにColor over Lifetimeモジュールと Size over Lifetimeモジュールを設定していきます。Color over Lifetimeモジュールの設定についてはground_ring01と同じ設定にするので、ground_ring01を選択し、Color over Lifetimeモジュールのカラーバーを右クリックします。次の図のようにコピーとペーストが選択できるので、コピーしてground_line01のColor over Lifetimeモジュールのカラーバーにペーストします。

▶ カラー情報をコピー＆ペースト

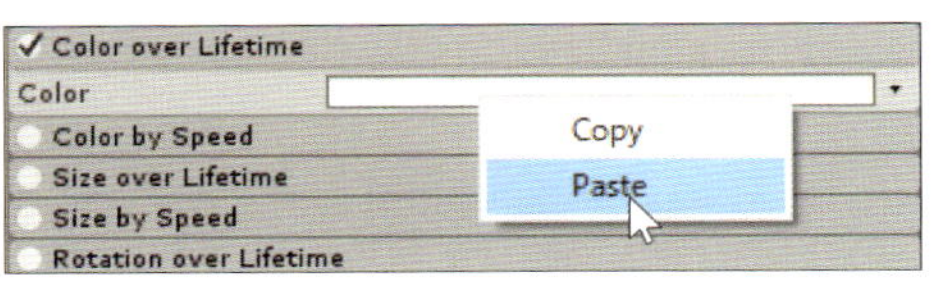

次の図を参考に、Size over Lifetimeモジュールの Sizeパラメータを設定してください。

▶ Size over Lifetimeモジュールの設定

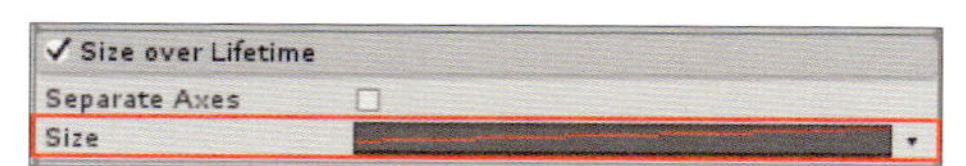

▶ Size over Lifetimeモジュールを設定

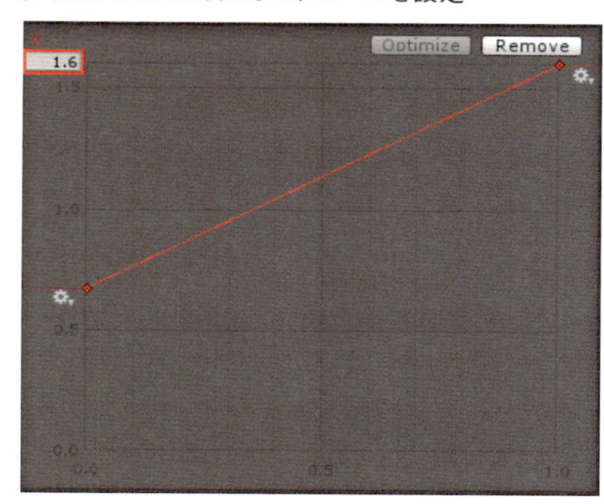

これで球体に追従する部分のエフェクトが全て完成しました。シーンを再生して結果を確認しておきましょう。

▶ シーンを再生して結果を確認

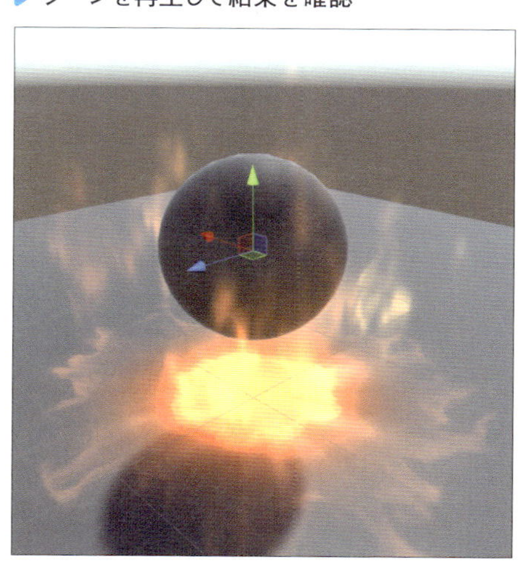

4-4-3 発生後に滞留する粒素材の作成

球体に追従する部分のエフェクトが完成したので、球体の動きに追従せず、発生後にその場にとどまる粒素材のパーティクルを作成していきます。

▶ 粒パーティクルの完成イメージ

FX_Buffの直下に新規パーティクルをdust01という名前で作成します。まず、Main、Emission、Shapeの3つのモジュールを調整していきます。

▶ Main、Emission、Shapeモジュールを設定

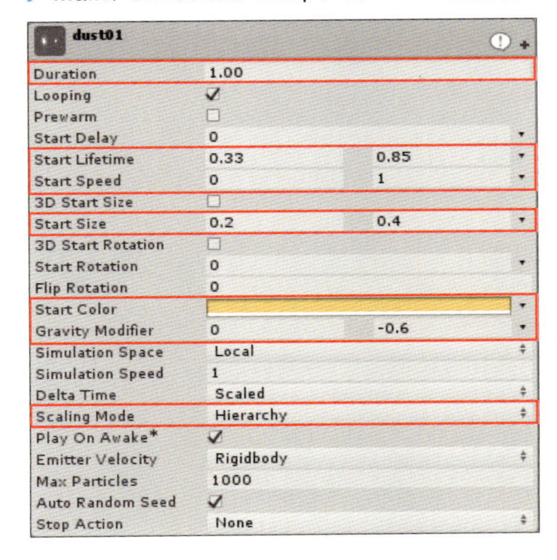

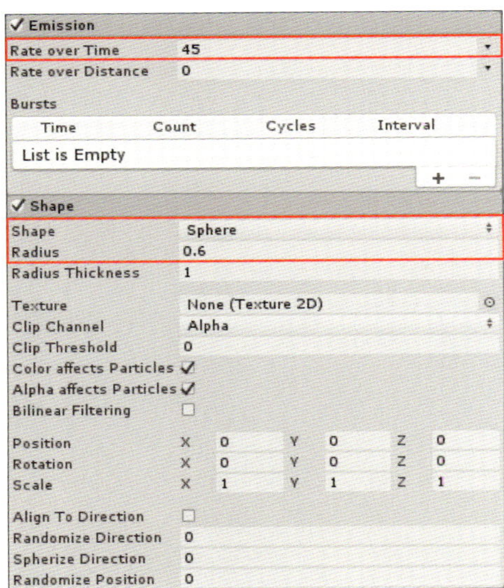

▶ Mainモジュール

パラメータ	値	
Duration	1.00	
Start Lifetime	0.33	0.85
Start Speed	0	1
Start Size	0.2	0.4
Start Color	右図を参照	
Gravity Modifier	0	-0.6
Scaling Mode	Hierarchy	

▶ Start Colorパラメータの設定

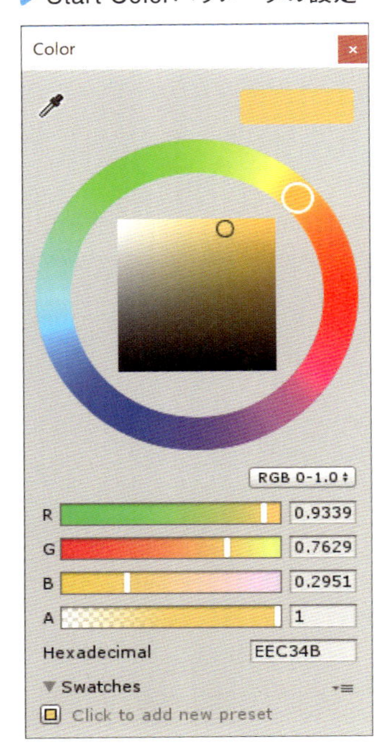

▶ Emissionモジュール

パラメータ	値
Rate over Time	45

▶ Shapeモジュール

パラメータ	値
Shape	Sphere
Radius	0.6

3つのモジュールを設定したらシーンを再生してみましょう。MainモジュールのSimulation SpaceがLocalに設定されているため、球体の動きに粒のパーティクルが追従しているはずです。Simulation SpaceをWorldに設定し、再度シーンを再生して動きの違いを確かめておきましょう。Worldに設定することで親オブジェクトの動きを継承しなくなります。

▶ Simulation Spaceパラメータの違いによる挙動の変化

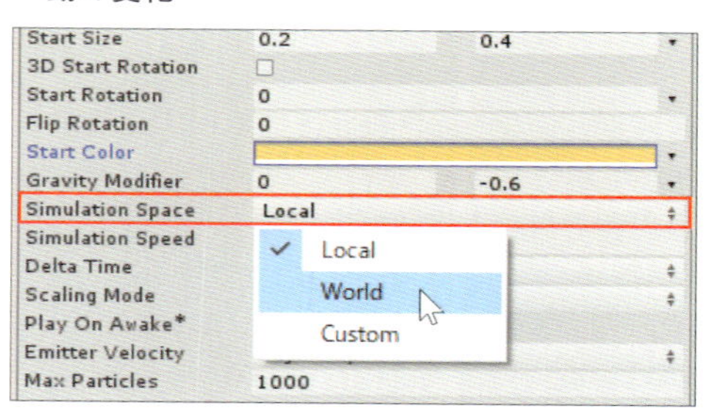

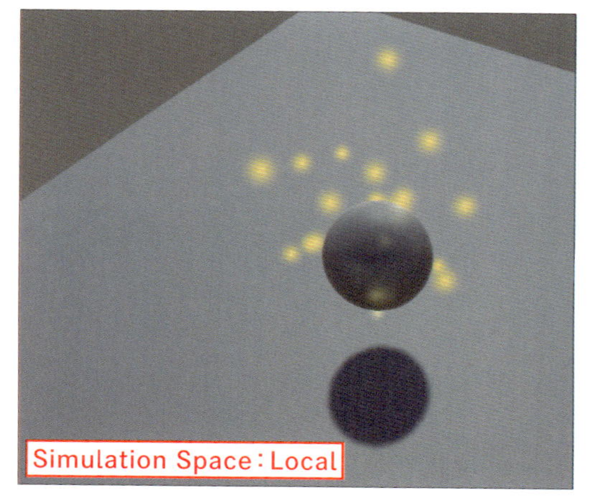

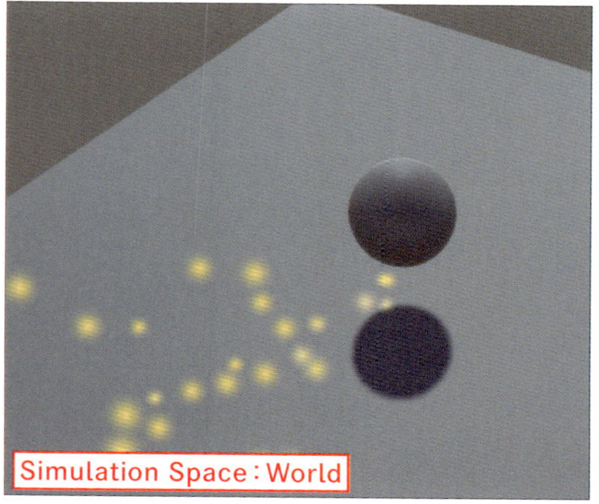

次にTexture Sheet AnimationモジュールとRendererモジュールを設定して見た目を整えます。2コマのアニメーションを設定し、キラキラ明滅するアニメーションを演出します。

▶ Texture Sheet AnimationモジュールとRendererモジュールを設定

✓Texture Sheet Animation	
Mode	Grid
Tiles	X 2　Y 1
Animation	Whole Sheet
Frame over Time	
Start Frame	0
Cycles	8
Flip U	0
Flip V	0
Enabled UV Channels	Everything

✓Renderer	
Render Mode	Billboard
Normal Direction	1
Material	M_lesson04_flare01
Trail Material	None (Material)
Sort Mode	None
Sorting Fudge	0
Min Particle Size	0
Max Particle Size	0.5
Render Alignment	View
Pivot	X 0　Y 0　Z 0
Visualize Pivot	
Masking	No Masking
Custom Vertex Streams	
Cast Shadows	Off
Receive Shadows	
Motion Vectors	Per Object Motion
Sorting Layer	Default
Order in Layer	0
Light Probes	Off
Reflection Probes	Off

▶ Texture Sheet Animationモジュール

パラメータ	値	
Tiles	2	1
Cycles	8	

▶ Rendererモジュール

パラメータ	値
Material	M_lesson04_flare01

▶ 設定結果

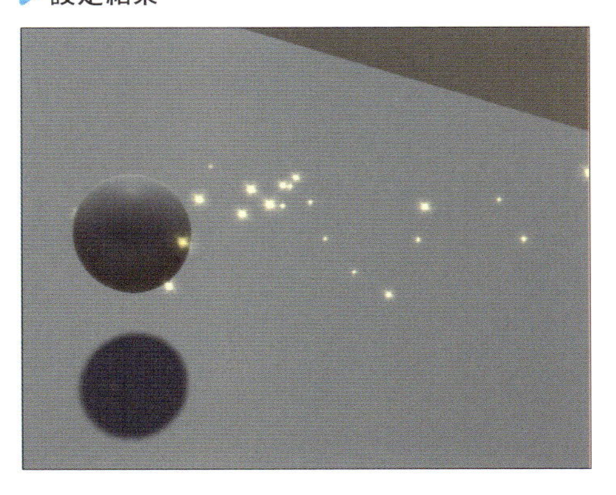

さらにLimit Velocity over Lifetimeモジュールと Noiseモジュールを設定して漂う動きを強調していきます。Limit Velocity over Lifetimeモジュールを設定することでパーティクルの動きにブレーキをかけることができます。

▶ Limit Velocity over Lifetimeモジュール

パラメータ	値
Dampen	0.14

▶ Noiseモジュール

パラメータ	値
Scroll Speed	0.5
Quality	Medium(2D)

▶ Limit Velocity over LifetimeモジュールとNoiseモジュールを設定

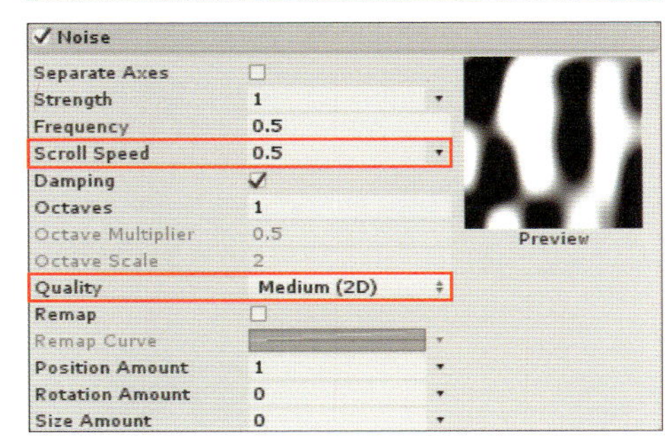

最後にColor over LifetimeモジュールとSize over Lifetimeモジュールを設定して仕上げを行っていきます。

▶ Color over LifetimeモジュールとSize over Lifetimeモジュールを設定

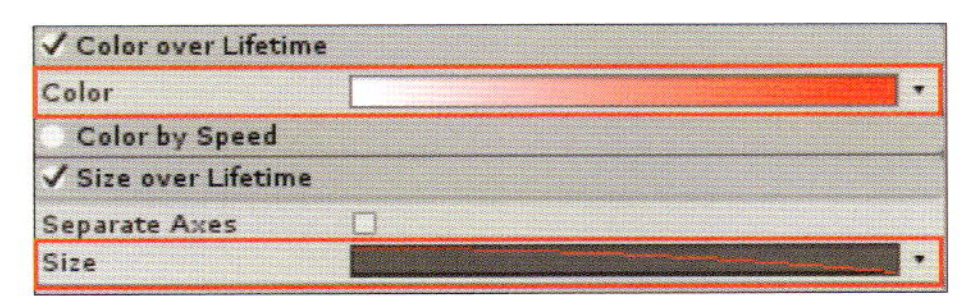

▶ Colorパラメータの設定

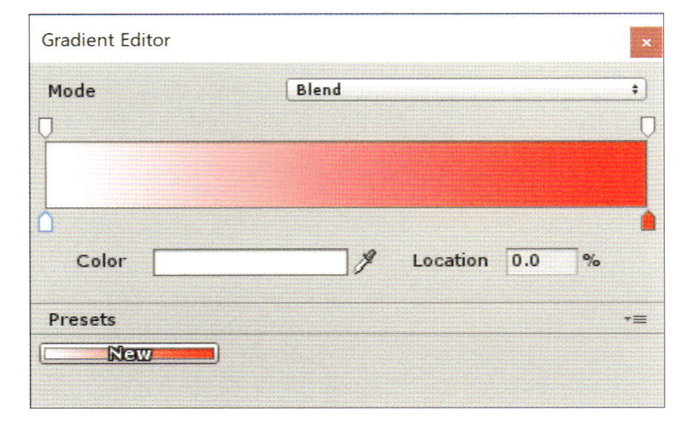

▶ Sizeパラメータの設定

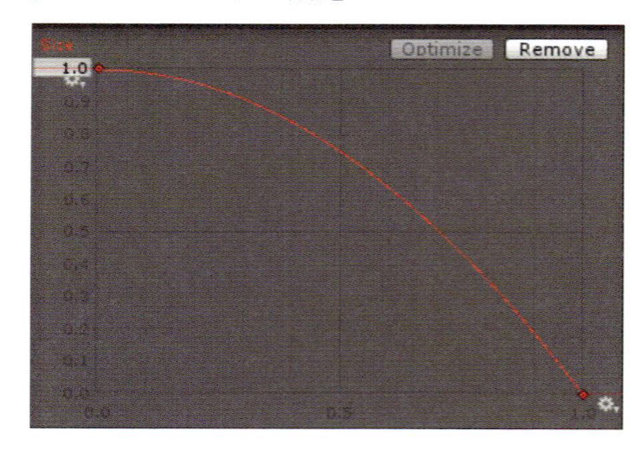

これで粒パーティクルの設定が完了しましたが、球体の周りで発生した粒が動きに追従しない設定のため、球体の周りが少し寂しく感じます。dust01を複製してdust02に名前を変更してSimulation SpaceをLocalに設定しましょう。あくまで球体の周りに少し見えればよい程度の素材なので､寿命をdust01より短めに変更しています。

▶ Mainモジュール

パラメータ	値	
Start Lifetime	0.24	0.4
Gravity Modifier	-0.5	-1.3
Simulation Space	Local	

▶ Shapeモジュール

パラメータ	値
Radius Thickness	0.2

▶ 設定結果

▶ dust02を作成し、MainモジュールとShapeモジュールを変更

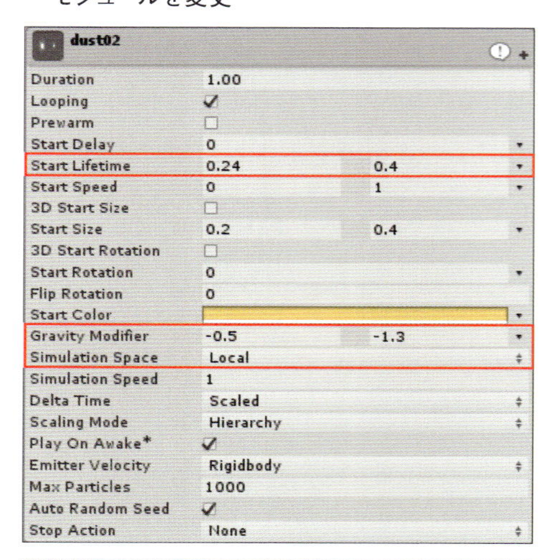

4-4-4 球体の位置から発生するトレイルの作成

最後にトレイルを追加してエフェクトを完成させていきます。FX_Buff直下にtrail01という名前で新規パーティクルを作成し、各モジュールを設定していきます。トレイルだけを描画するためRendererモジュールのRender ModeパラメータはNoneに設定してあります。

▶ 各モジュールを設定

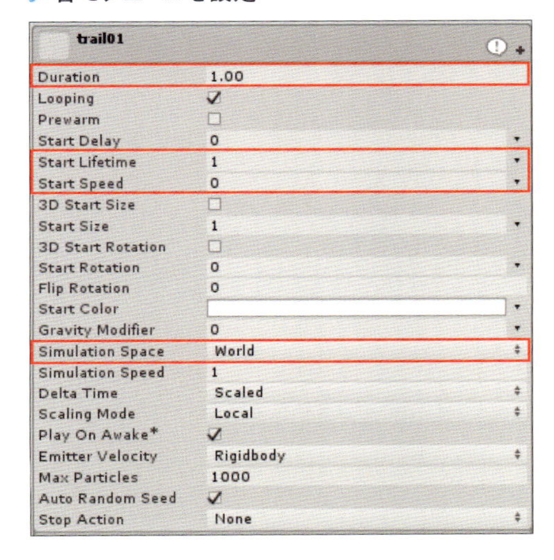

▶ Mainモジュール

パラメータ	値
Duration	1.00
Start Lifetime	1
Start Speed	0
Simulation Space	World

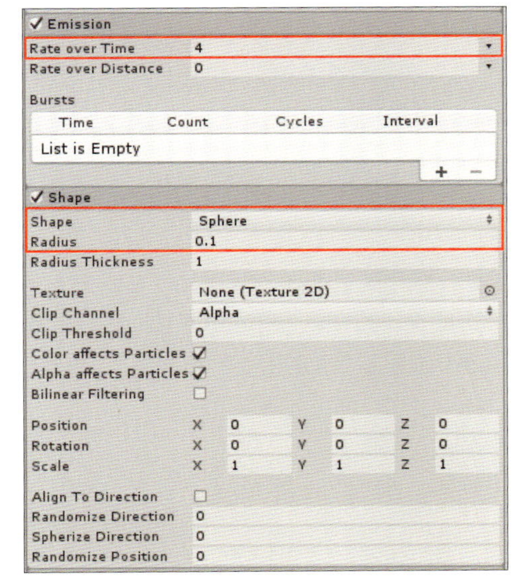

▶ Emissionモジュール

パラメータ	値
Rate over Time	4

▶ Shapeモジュール

パラメータ	値
Shape	Sphere
Radius	0.1

▶ Trail モジュールとRenderer モジュールを設定

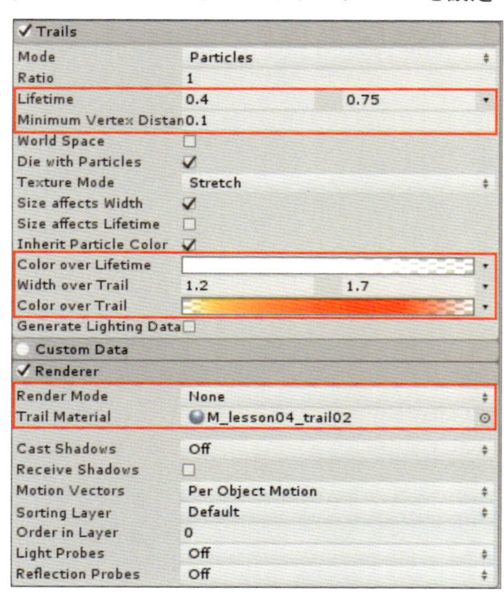

▶ Trail モジュール

パラメータ	値	
Lifetime	0.4	0.75
Minimum Vertex Distance	0.1	
Color over Lifetime	下左図を参照	
Width over Trail	1.2	1.7
Color over Trail	下右図を参照	

▶ Renderer モジュール

パラメータ	値
Render Mode	None
Material	M_lesson04_trail02

▶ Color over Lifetime パラメータの設定

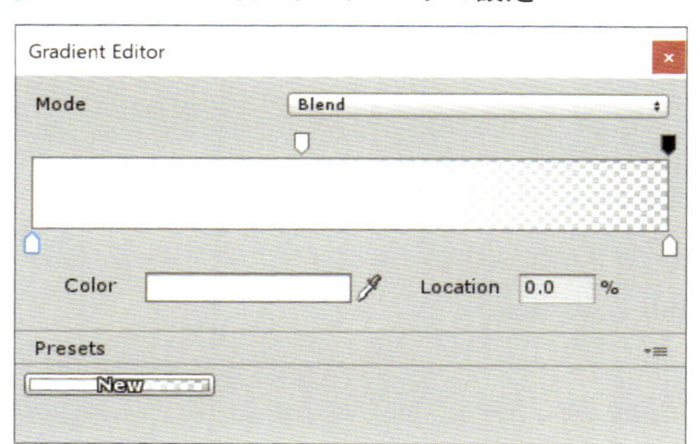

▶ Color over Trail パラメータの設定

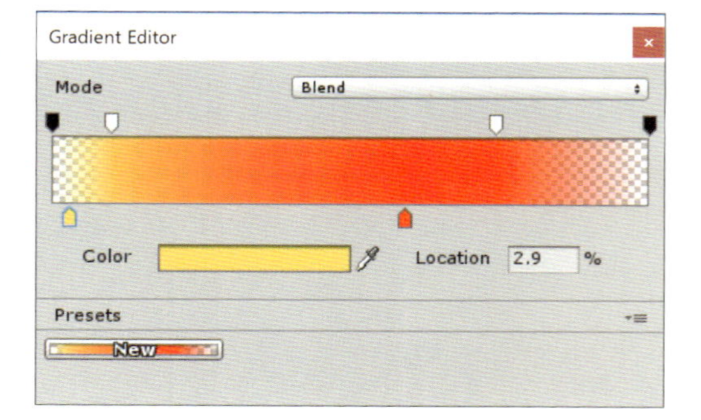

ここまで設定した状態でシーンを再生してみましょう。球体はアニメーションしていますがトレイルは表示されていないと思います。これはパーティクルのStart Speedが0に設定されているためです。試しにMainモジュールのStart Speedの値を5に設定してみましょう。なお、シーンの再生中でも値の変更は可能です。

▶ シーンの再生中にStart Speedの値を変更

Start Delay 0
Start Lifetime 1
Start Speed 5
3D Start Size
Start Size 1
3D Start Rotation

今度はトレイルが表示されたと思いますが、意図した動きにはなっていないはずです。シーンの再生を停止しましょう。シーンの再生中に行った変更はプレファブの更新（Applyボタンを押す）をしない限り反映されないため、Start Speedの値は0に戻ります。

親オブジェクトの球体のアニメーションの動きを参考にしてトレイルを動かしたいのでInherit Velocityモジュールをオンにして次の図のように設定します。

▶ Inherit Velocityモジュールを設定

✓ Inherit Velocity
Mode Current
Multiplier 1

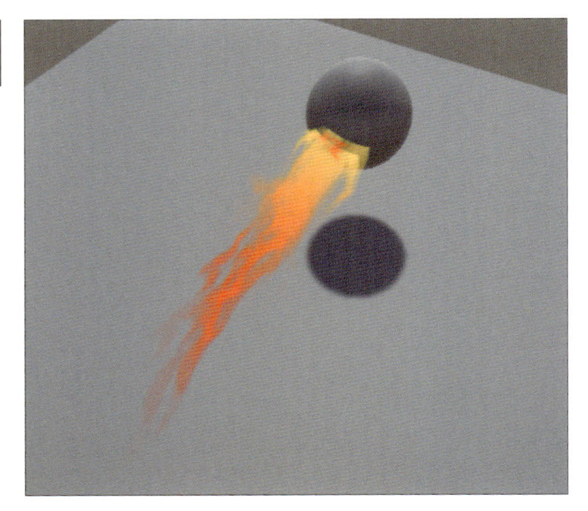

▶ Inherit Velocityモジュール

パラメータ	値
Mode	Current
Multiplier	1

これでバフエフェクトの全ての要素がそろいました。全ての要素を表示してシーンを再生し、結果を確認しておきましょう。

▶ 最終結果

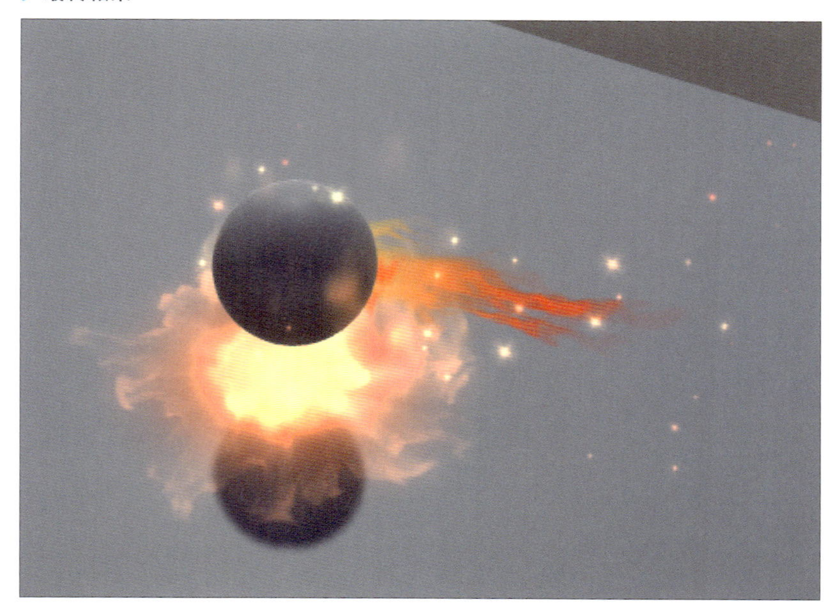

本章では合計4つのエフェクト作成を通して、基本的なエフェクトの作成方法を習得しつつ、代表的なモジュールの使用方法について学習しました。

5章からはUnity2018から搭載されたノードベースのシェーダー作成ツール、Shader Graphを使用してシェーダー制作の方法についても学んでいきます。さらに高度な内容になっていきますが、基本的な使用方法から解説していきますので頑張って覚えていきましょう！

Chapter
5

バリアエフェクトの作成

5-1 バリアエフェクトの作成

4章では主にShurikenの機能について実例制作を交えて学習してきましたが、本章からはShader Graphを使用したシェーダー制作、モデルなどのリソース制作も合わせて解説していきます。

5-1-1 エフェクトのコンセプトアート

本章からは1つの章をまるまる使って1個のエフェクトを制作する過程を解説していきたいと思います。エフェクトのコンセプト作成、制作手法の選択、エフェクト作成に必要な各種リソースの制作など多岐にわたるので、ここからは難易度が上がりますが、4章よりももっと高度なエフェクトが作成できるようになりますので頑張っていきましょう。

▶ 本章から使用するHoudiniとShader Graph

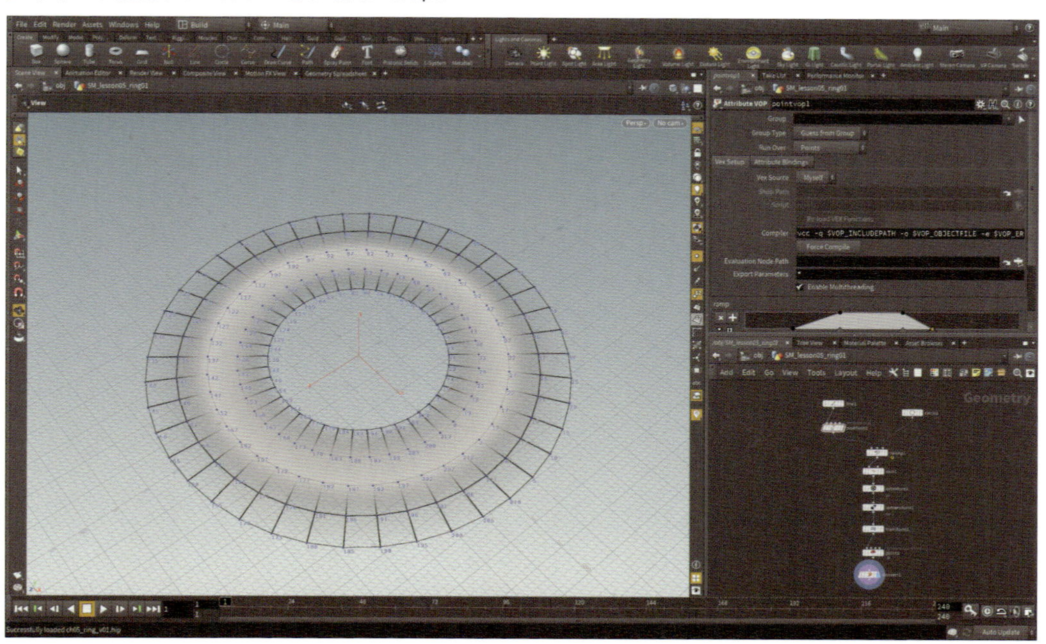

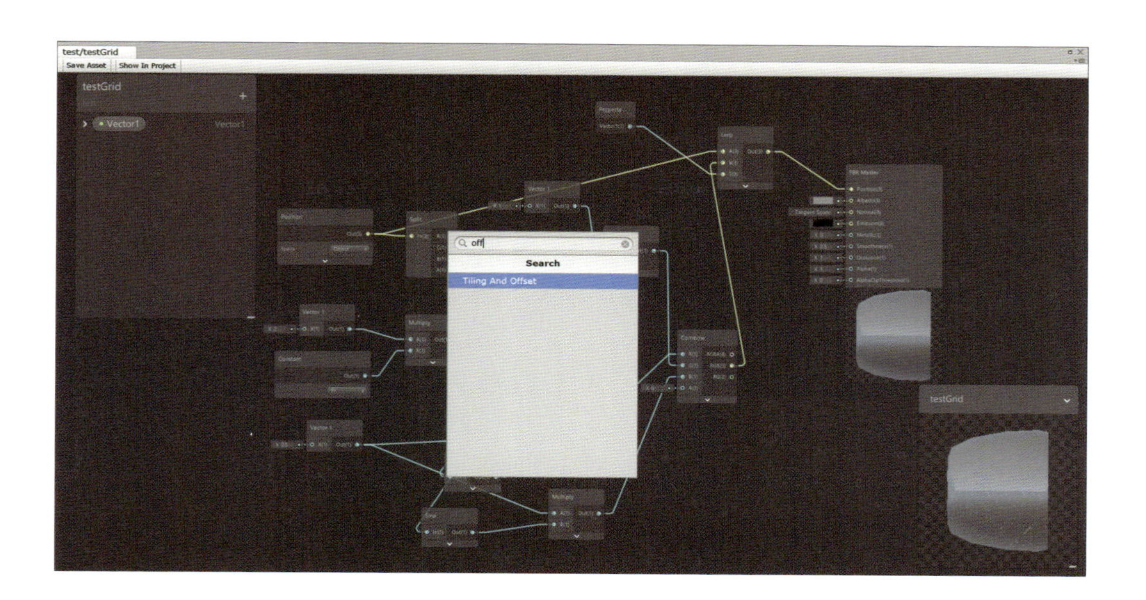

Unity以外で使用する外部のツールの説明については、1-2をご覧ください。まずは本章で制作するバリアエフェクトのアイデア出しとコンセプトアートの制作を行っていきます。

コンセプトアートとは映画やゲーム制作において作品の持つ雰囲気や世界観を伝えるために制作されるもので、コンセプトアートをチーム全体で共有することにより、完成物の方向性をビジュアルで確認し、共通のゴールに向かって制作を進めていくことができます。

本書ではエフェクトの雰囲気やイメージを伝えるコンセプトアート本来の役割に、エフェクトの演出や展開、制作手法などの「アイデア」、「設定」の要素をプラスしたものを制作したいと思います。そのため、本来のコンセプトアートの範疇からははずれてしまっているかもしれないので以降は「エフェクト設定画」という呼称を使っていきたいと思います。

▶ 様々な要素を考慮し、アートに落とし込んでいく

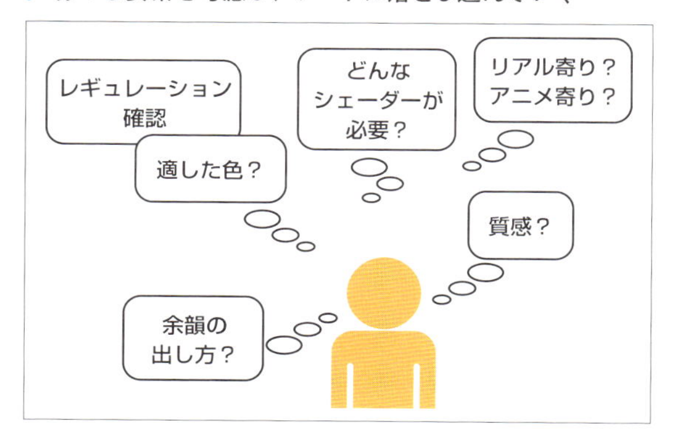

5-1-2 エフェクト設定画の制作

それではエフェクト設定画を作成していきます。エフェクト設定画の制作過程に関してはShurikenのようにオペレーションを含んだ解説はせず、流れだけを紹介していきます。

まず現時点で決定している要素を書き出してみます。

- プレイヤーを覆うぐらいの大きさで球体の形状（防御エフェクト？）
- 青系の色
- 半透明でオーラっぽい模様

これを元にイメージを発展させてみます。

- 球体にフレネル効果を入れる
- 地面部分に水の波紋のような要素を入れる
- 球体にUVスクロールで模様を流す

これらの要素をエフェクト設定画に落とし込んでいきます。アートに関してはPhotoshopとAfterEffectsで制作していますが、使い慣れたツールで制作していただいて、全く問題ありません。

そのままPhotoshopで描いてしまってもよいですし、一度紙とペンでラフに描いてみてもよいでしょう。今回はそのままPhotoshopで制作に入りました。

自分の頭の中にあるイメージを書き出してみることで、これから行う作業が明確になります。例えば、最低限以下のリソースの制作が必要になってきます。

▶ Photoshopで制作したエフェクト設定画

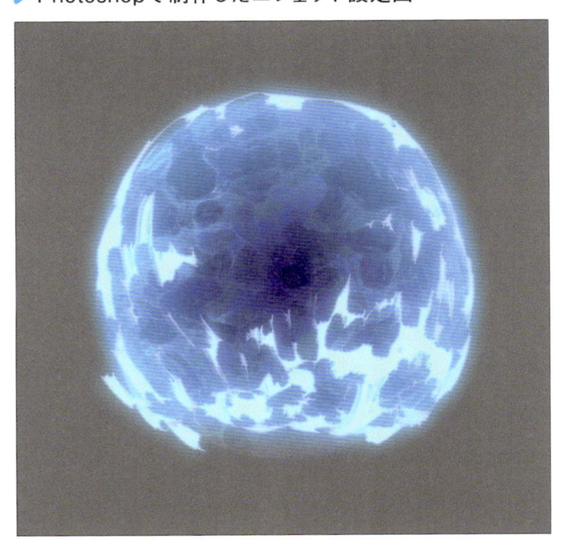

- 球状のメッシュ
- UVスクロールシェーダー
- オーラ模様のテクスチャ

また、会社のチームリーダーやクライアントに提出して確認してもらう場合などは、上図のような設定画に含まれていない意図を、口頭と文面などで補足して伝えておくとよいでしょう。「設定画では○○ですが、この部分は□□風に調整していきたいです」と添えることで自分の目指している完成物の方向性が伝わりやすいかと思います。

また、それをきっかけに議論することで他者との完成イメージの違いを埋める助けになるかもしれません。

本章では、**5-1**で制作した設定画を元に、**5-2**から実際のリソース制作を行っていきたいと思います。

余談ですが、筆者は受注のお仕事でエフェクトを制作する際は、このような設定画やコンセプトアートを制作することはほとんどありません。クライアントからいただく仕様書でエフェクトのイメージや展開など、割と詳細に指示を受けることが多いのでメモ書き程度のものを作成するぐらいです。ただこのような自分の頭の中にあるイメージを事前にアウトプットしてみる工程は非常に重要なので普段から取り組んでおくとよいでしょう。

5-1-3 エフェクトのためのシーン設定の構築

最初に、作成するエフェクト用に新たにプロジェクトを作成します。4章の時とは設定が少し異なり、別のテンプレートを使用しますので注意してください。また事前にシーンに対してポストプロセスの設定を行っておきます。ポストプロセスの処理を行うことにより見た目のクオリティが向上します。次の図では、ポストプロセスでBloomとColor Gradingを適用しています(P.194参照)。

▶ Post Processingなし(左)とあり(右)の比較

Unity Hubを使って新規プロジェクトを作成します。TemplateからLightWeight RP(Preview)を選択してプロジェクトを作成しましょう。デフォルトのTemplateの３Ｄを選択した場合、Package Managerから必要なパッケージをインストールする必要がありますが、LightWeight RP(Preview)を選択してプロジェクトを作成すれば最初から必要なパッケージ(「Post Process」と「Shader Graph」)がインストールされた状態から始めることができます。

またUnityのバージョンに関しては前章と同じく、Unity2018.2を使用してください。

▶ Unity Hubから新規プロジェクト作成

プロジェクト作成直後は次の図のようなサンプルシーンが開かれた状態ですが、こちらは使用しないので新規シーンを作成してください。また、サイトからダウンロードしたLesson05_Data.unitypackageファイルをプロジェクトにインポートしておいてください。

▶ プロジェクト起動直後の画面

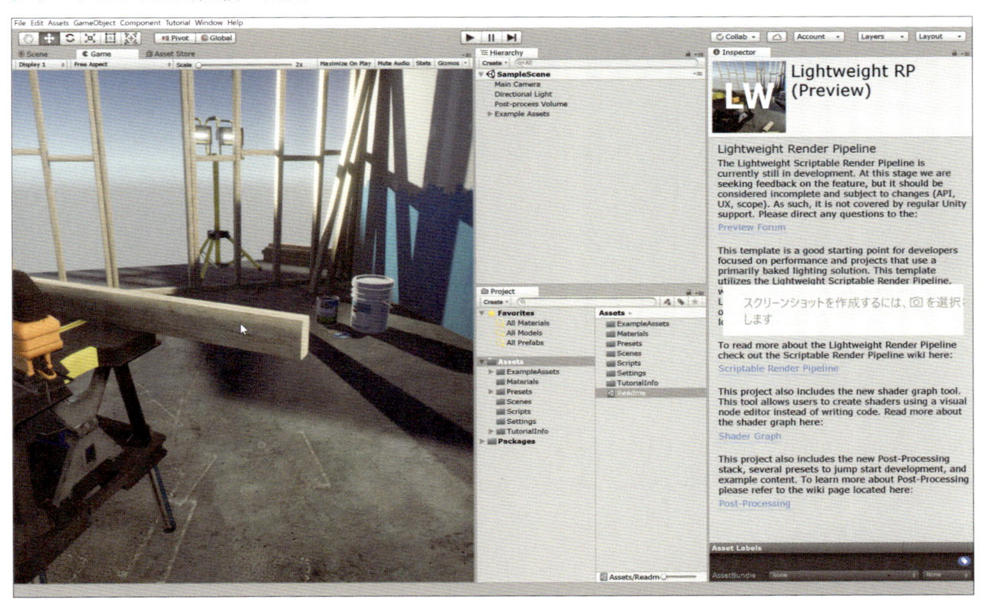

TemplateでLightWeight RP(Preview)を選択した場合、必要なパッケージがすでにそろっている状態ですが、もしTemplateで３Ｄを選択した場合や、追加のパッケージをインストー

ルしたり、バージョンを変えたりといった場合は、Package Managerを使いましょう。

メインメニューからWindow→Package Managerを選択するとウィンドウが表示されます。開いたウィンドウからALLをクリックすると、左側の一覧の表示が変わりますので、必要なパッケージをインストールしたり、アップグレードしたりすることができます。

▶ Package Managerから追加のインストールやアップデートを行える

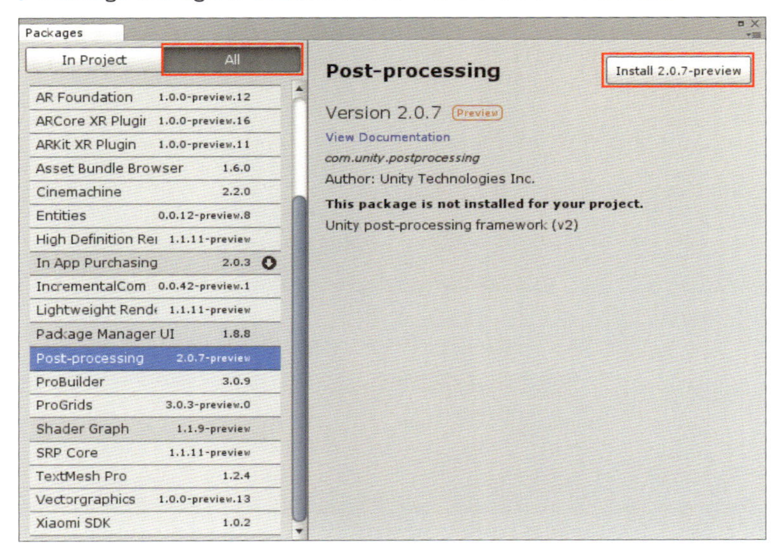

次にポストプロセスの設定を行っていきます。新規シーンでカメラを選択してPost Process Layerコンポーネントを追加し、右図のように変更します。

▶ Post Process Layerコンポーネント

パラメータ	値
Layer	Post Processing
Mode	Fast Approximate Anti-aliasing(FXAA)
Fast Mode	チェックあり

▶ Cameraオブジェクトの設定

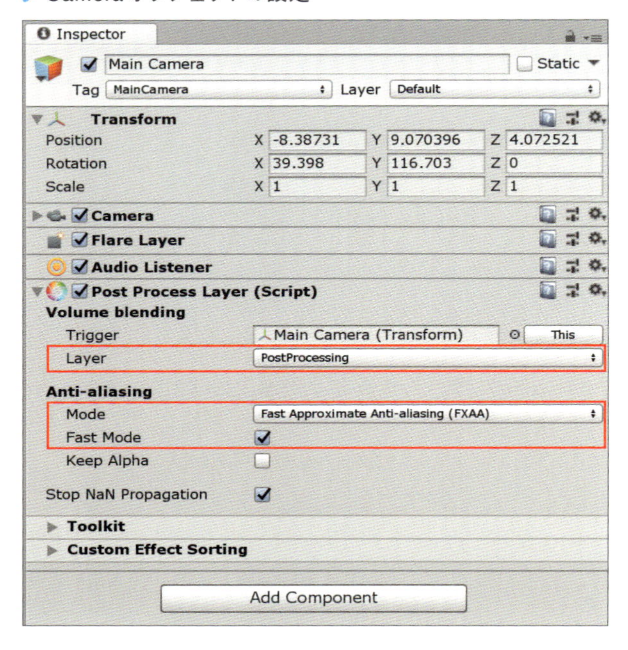

次に新規オブジェクトを作成して名前をPost_Volume（任意の名前でよい）に変更し、Post Process Volumeコンポーネントを追加します。設定を右図のように変更します。

最初に、LayerからPostProcessingを選択して設定します。続いて、Post Process Volumeコントロールを設定します。

▶ Post Process Volumeコンポーネント

パラメータ	値
Is Global	チェックあり

▶ Post Process Volumeの設定

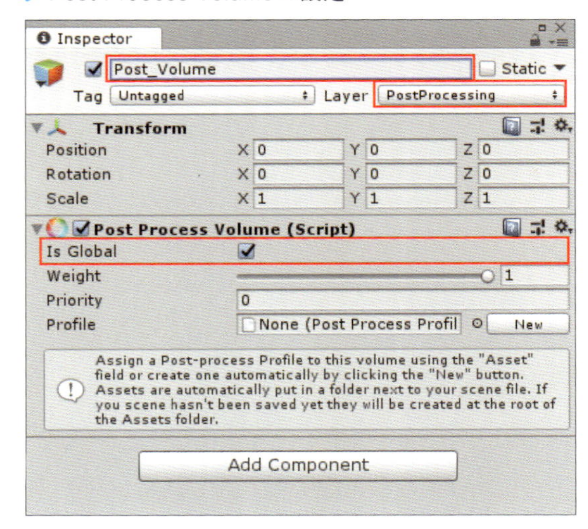

Profileパラメータの左端にあるNewボタンをクリックします。自動的にポストプロセス用のプロファイルのファイルが作成され適用されます。一番下にAdd effect…のボタンが表示されるのでここからポストエフェクト処理を追加していきます。BloomとColor Gradingを追加して右図のように設定します。

▶ Post Process Volumeコンポーネント

パラメータ	値	
Bloom	Intensity	2
Color Grading	Mode	ACES

最後に4章でも使用した、Space Robot Kyleのアセットをアセットストアからダウンロードしてインポートしておきましょう。Assets/Robot Kyle/Modelフォルダ内のRobot Kyleをシーン内に配置してみます。

▶ Post Process Volumeを使ってポスト処理を追加していく

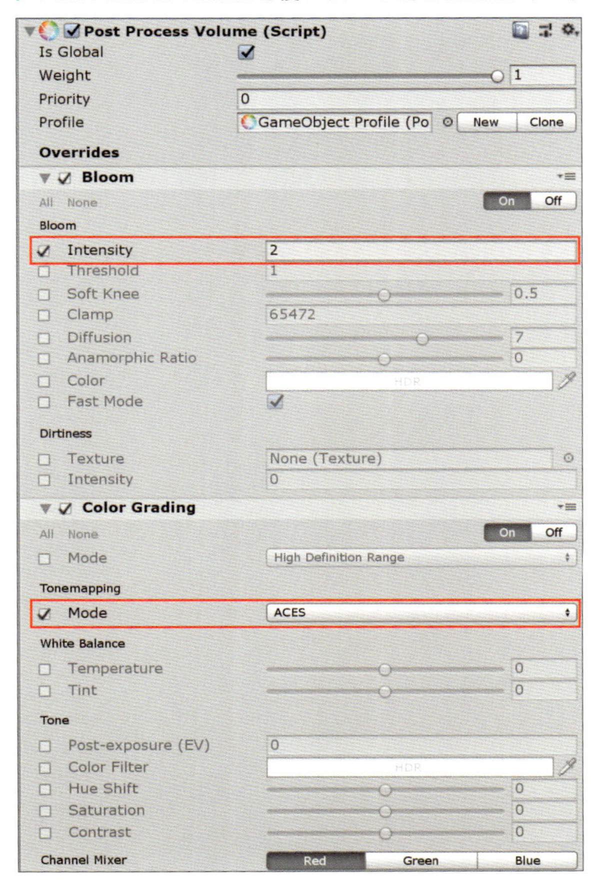

新規プロジェクト作成の際にテンプレートでLightweight RP(Preview)を選択していると、右図のように紫のエラー表示になってしまいます。

▶ エラー表示されるRobot Kyle

こちらを修正するため適用されているマテリアル、Robot_ColorのシェーダーをLightweightPipeline/Standard(Simple Lighting)に変更します。これでモデルが正常に表示されます。

▶ シェーダーを変更し正常な表示に

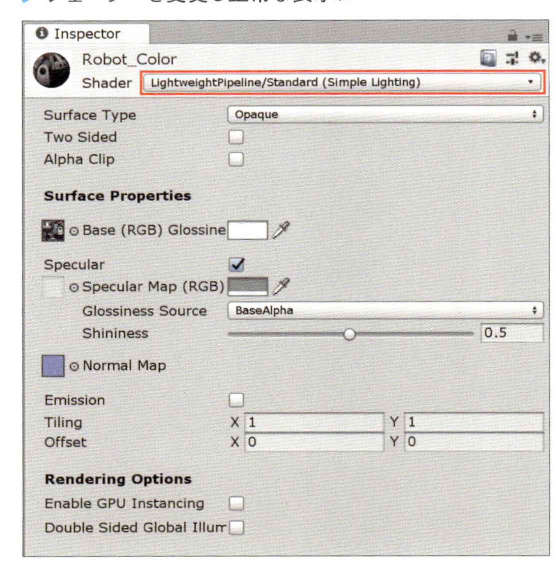

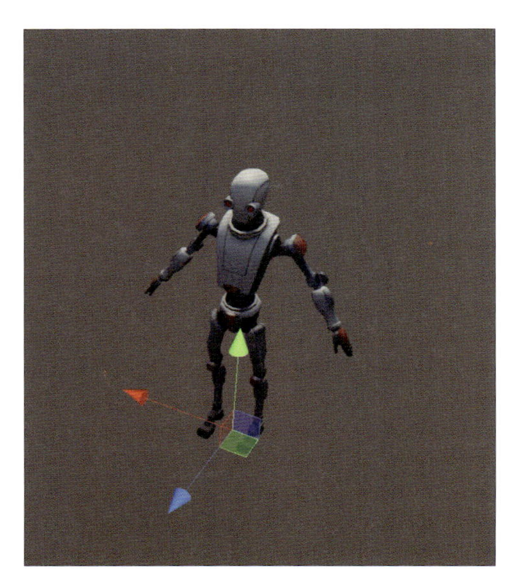

これで新規プロジェクトの作成とシーンの下準備が完了しました。5-2からキャラクタより一回り大きいくらいのスケール感でエフェクトを作成していきます。

5-2 Houdini の基礎知識

ここでは、SideFX 社の Houdini について理解を深めるために、基礎部分について要点を絞って解説していきたいと思います。基礎部分の解説を行った後に、バリアエフェクトで使用するメッシュの制作方法について説明します。

5-2-1 Houdiniのインターフェイス

Houdiniには様々な機能があり、モデル、アニメーション、パーティクル、ダイナミクス、コンポジットなどCG制作において必要な機能がほぼ全て内包されています。また、多機能であると同時に、ソフトウェアの「土台」の部分（設計、思想）が非常にしっかりと作られているので、ひとつひとつの機能を組み合わせて様々なケースに対処することができます。

次の図がHoudiniの基本の画面レイアウトです。なお、本書ではHoudini16.5を使用して制作を進めていきます。

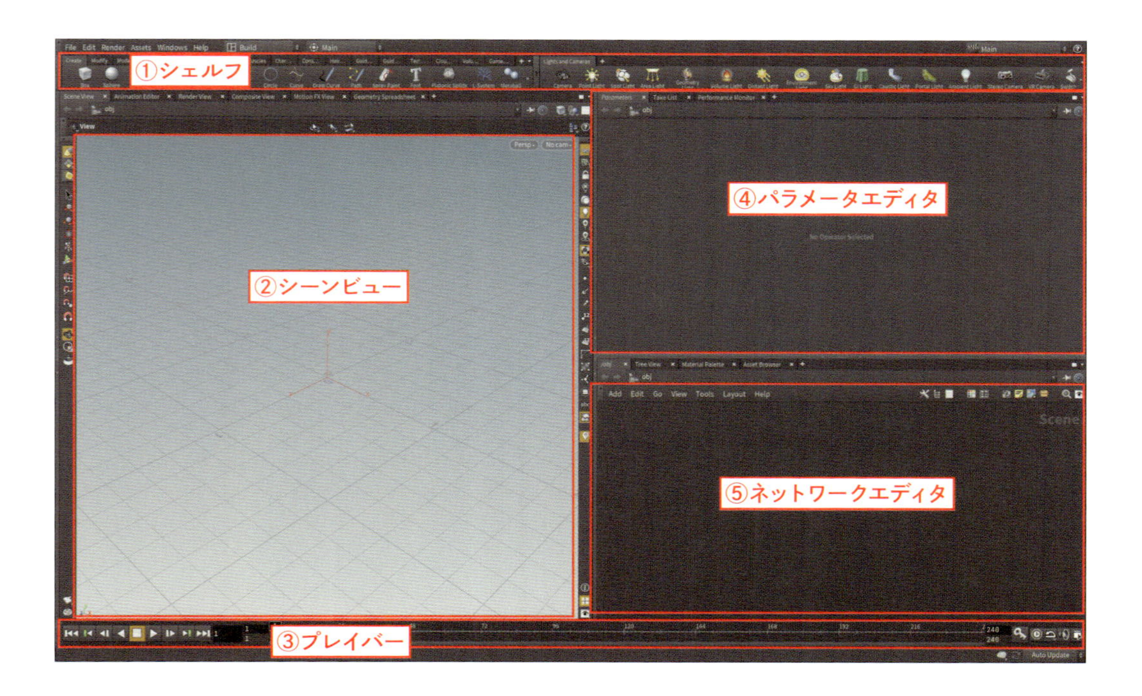

▶ Houdiniのレイアウト画面

図中番号	名称	内容
①	シェルフ	あらかじめ用意されたプリセットをシーン上に読み込んだり、各種オブジェクトの作成、配置を行ったりする
②	シーンビュー	編集しているオブジェクトの作業結果などが表示される
③	プレイバー	アニメーションの再生や停止、再生方法の指定が行える
④	パラメータエディタ	ネットワークビューで指定したノードのパラメータの変更を行う
⑤	ネットワークエディタ	ノードの作成、接続などを行う

ノードベースで構成されているので、制作中に仕様変更があったような場合でも該当の箇所に変更を加えることで柔軟に対応することが可能です。ただし、「可能です」と書きましたがそれを実現するためには、変更に柔軟に対応できるようなノードの組み方、構成をあらかじめ行っておく必要があります。

基本的にHoudiniでは次の図のようにノードを接続して上から下に処理を行っていきます。ノードの上側が入力部分、下側が出力部分になります。ノードによっては複数の入力を持つものもあります。

▶ Houdiniでのノードの流れ

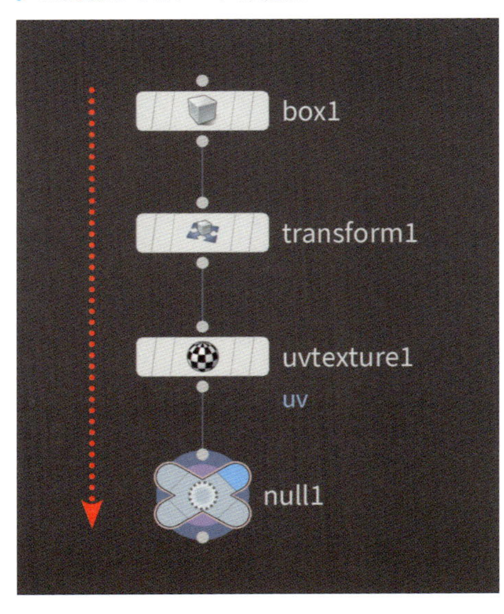

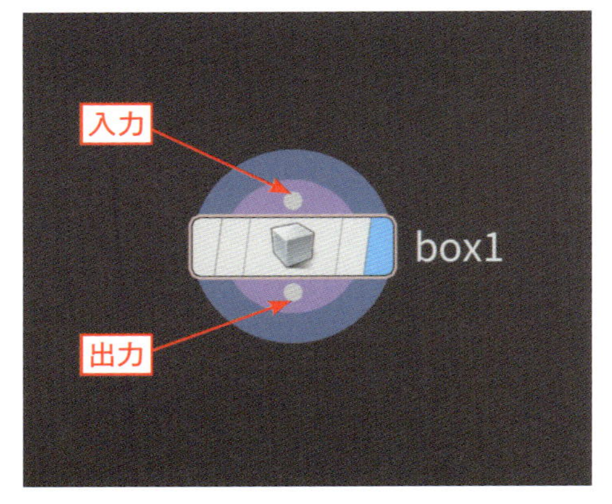

次にフラグの機能について解説していきます。フラグとは次の図のように各ノードに設定できる機能で、特定のノードだけ処理を一時的にキャンセルしたり、計算結果をロック（キャッシュ化）したりすることができます。

４つある各フラグの部分をクリック（ロックフラグのみCtrl + クリック）することでオンオフを切り替えることが可能です。

▶ ノードに設定できるフラグの種類

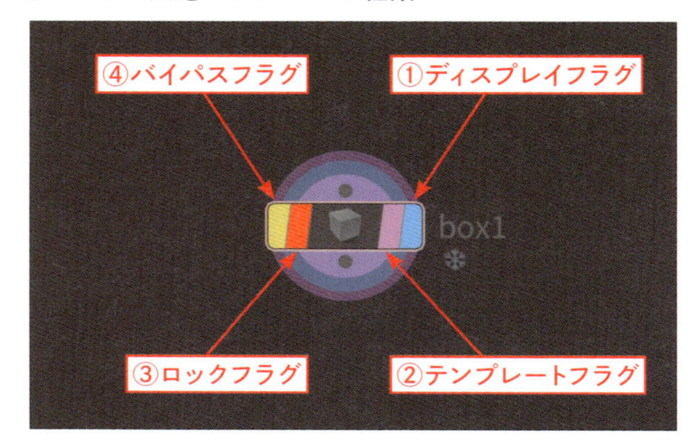

▶ フラグの種類

図中番号	名称	内容
①	ディスプレイフラグ	オンになっているノードまでの計算結果がシーンビューに表示される。このフラグはネットワーク内で常に１つだけオンにすることが可能
②	テンプレートフラグ	オンにすると、そのノードまでの計算結果をグレーのワイヤフレームで表示させることが可能。ノードをガイド的に使用したい場合などに利用する
③	ロックフラグ	そのノードまでの計算結果を保存し、キャッシュ化する
④	バイパスフラグ	オンにしたノードの処理を停止

またフラグの設定はノードにカーソルを合わせると出現する、ノードリングから行うことも可能です。

▶ ノードにカーソルを合わせると現れるノードリング

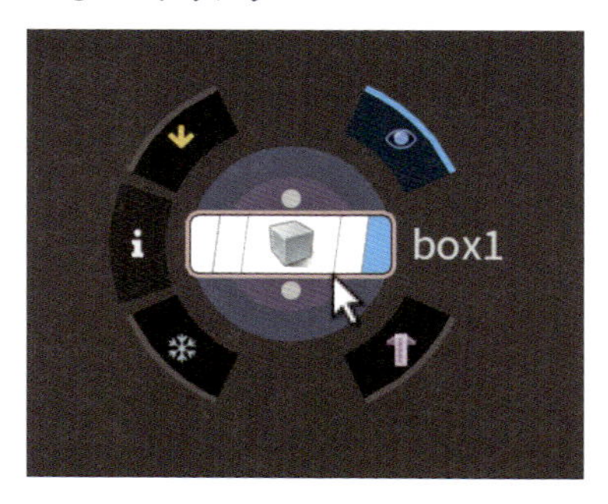

ここから各フラグの役割について実際にノードを組んで説明していきます。

まずネットワークビュー上でTabキーを押して、ノードの検索欄を表示します。

表示された検索欄に目的のノードの名前を入力します。ノード名全てを入力する必要はありません。今回の場合であればGeometryノードのgeoの部分だけ入力すればgeoという文字列を含むノードの一覧が表示されます。

▶ ノードの検索欄からノードを作成する

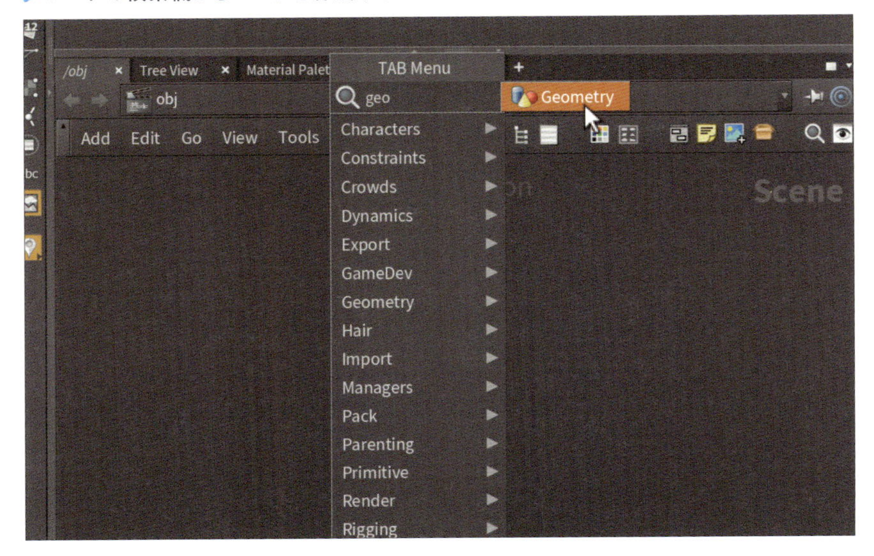

Enter キーを押してからノードを配置します。配置したノードをダブルクリックするとノードの中に入ることができます。Fileノードが配置されていますがこちらは不要なので削除します。なお、Houdini17以上であれば、Fileノードはないのでこの操作は不要です。

▶ 配置したノード(左)と中にあるFileノード(右)

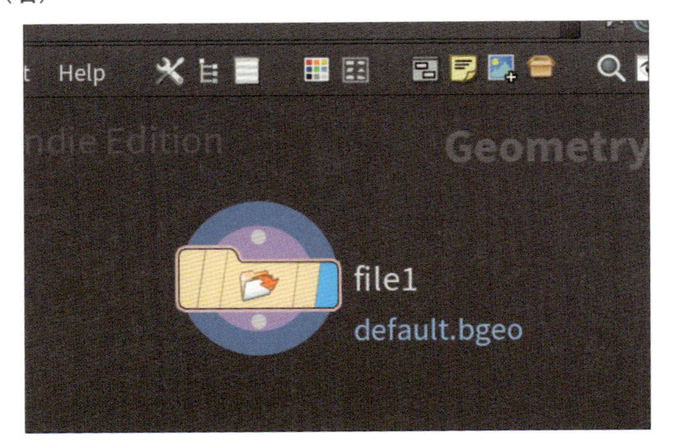

Fileノードを削除したら次にBoxノード、Transformノード、Subdivideノードをそれぞれ作成し、右図を参考に、ノードの入力と出力をドラッグして接続してください。

▶ 作成するネットワーク

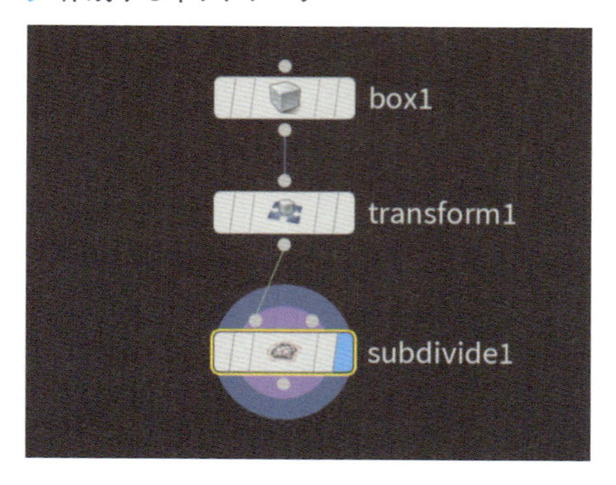

▶ ノード同士の出力と入力を接続

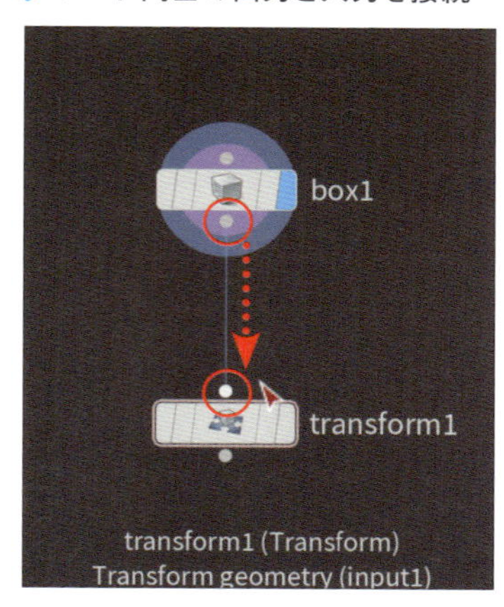

接続したら、各ノードを選択し、パラメータを変更してください。

▶ 各ノードのパラメータを変更

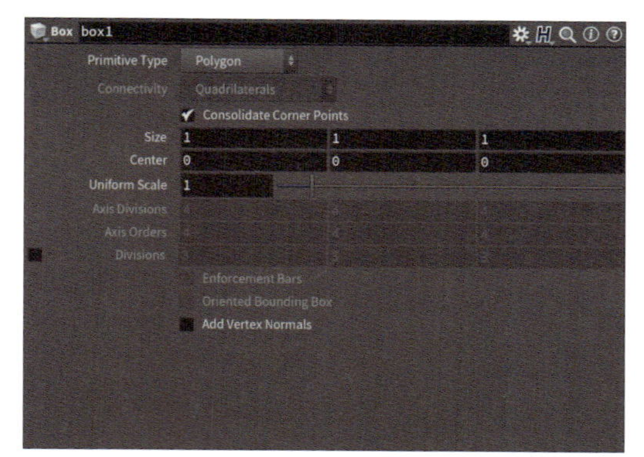

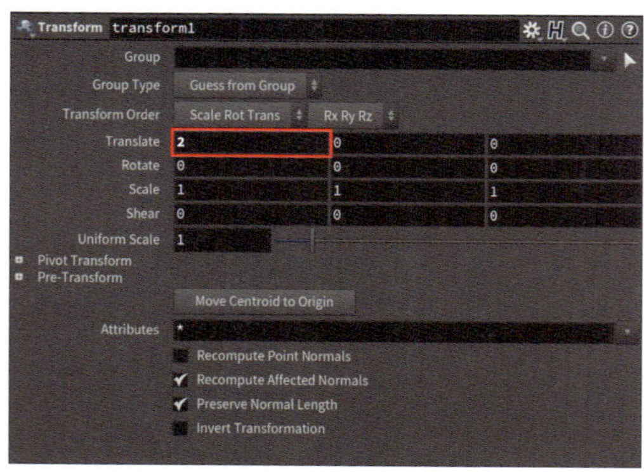

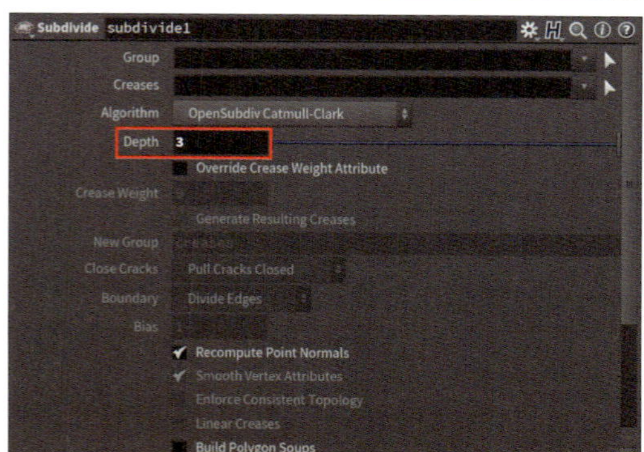

▶ Boxノード

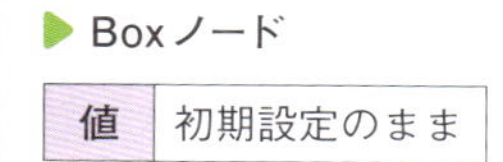

値	初期設定のまま

▶ Transformノード

パラメータ	値		
Translate	X:2	Y:0	Z:0

▶ Subdivideノード

パラメータ	値
Depth	3

まずBoxノードで立方体を作成し、Transformノードで X 軸方向に 2 移動、最後にSubdivideノードでサブディバイド（細分化）しています。

▶ 一連のネットワークと作業結果

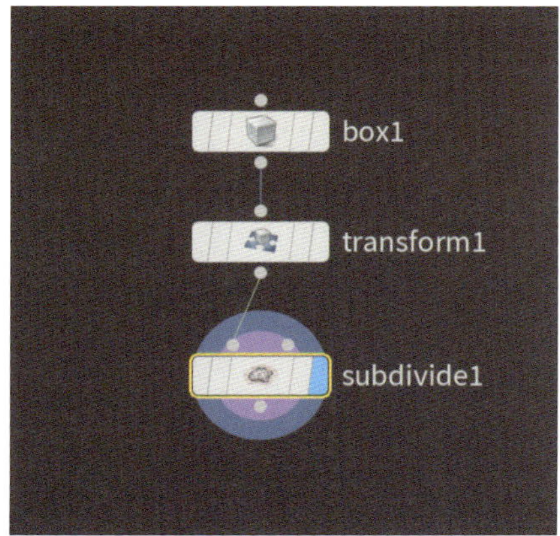

ディスプレイフラグをSubdivideノードからTransformノードに移してみましょう。表示が細分化される前のボックスの状態になりました。

▶ ディスプレイフラグの変更

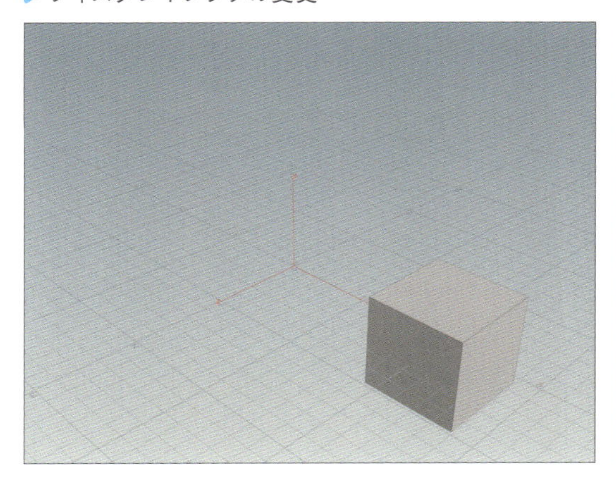

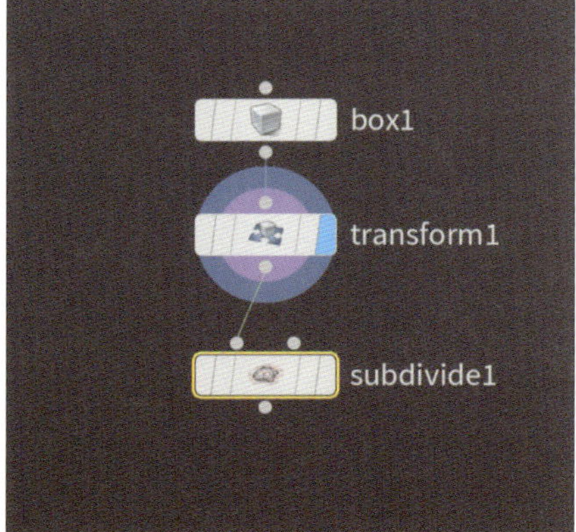

ディスプレイフラグをSubdivideノードに戻して、Transformノードのバイパスフラグをオンにしてみましょう。ボックスの移動が無効化されたので細分化されたボックスが原点の位置に表示されました。

▶ バイパスフラグをオンに設定

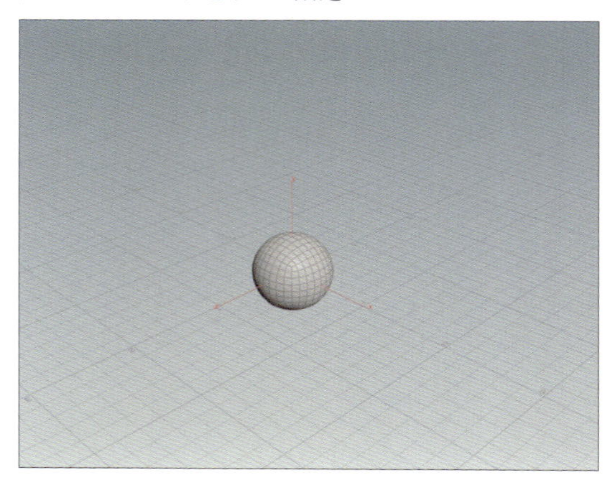

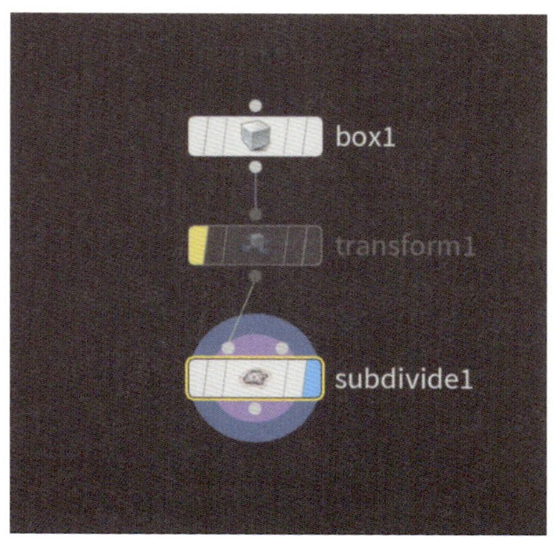

Transformノードのバイパスフラグをオフにして、Boxノードのテンプレートフラグをオンにしてみましょう。移動と細分化が行われる前のボックスが薄いワイヤフレームで表示されました。

▶ テンプレートフラグをオンに設定

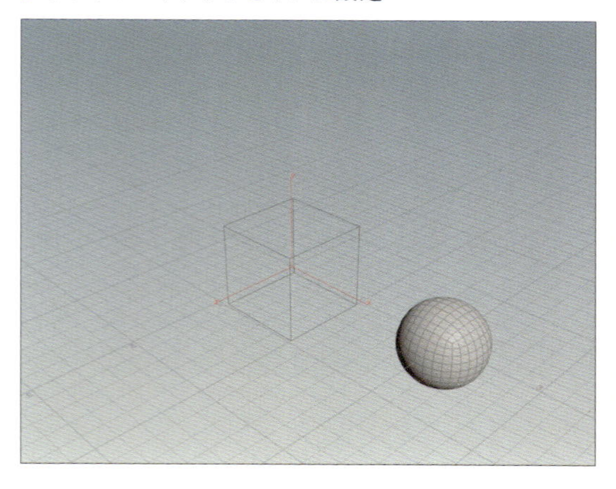

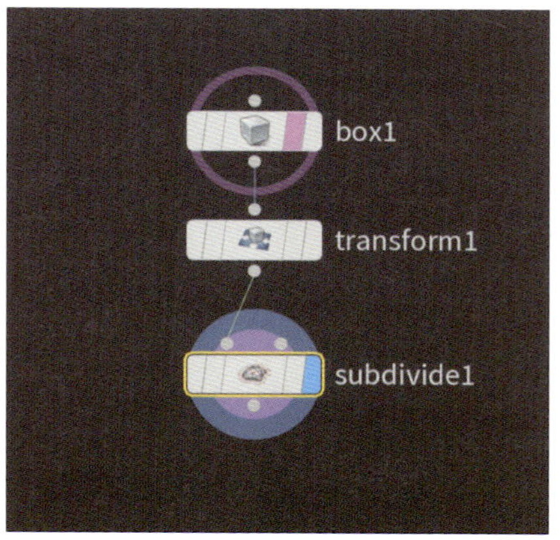

最後にTransformノードのロックフラグをオンにしてみましょう。オンの状態で移動値や回転値を変更しても、ロックされているため変更がシーンビューに表示されません。また、Transformノードより上流にあるBoxノードでも同じです。ロックフラグをオフにすると変更が反映されます。

以上がフラグ機能の説明になります。

▶ ロックフラグをオンに設定

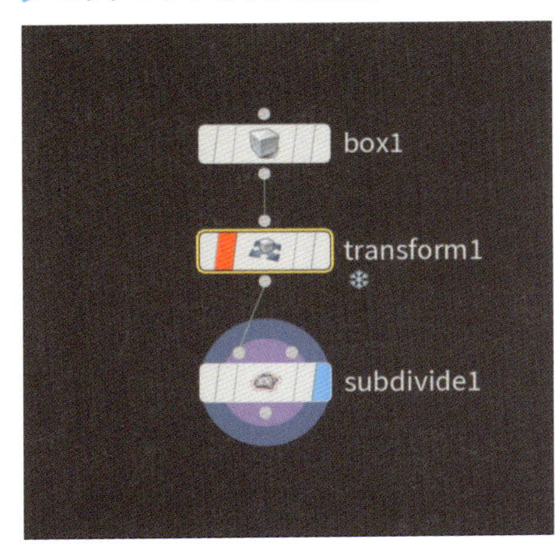

5-2-2 コンポーネントとネットワーク

Houdiniのジオメトリを構成する各要素をコンポーネントと呼び、その種類はPoint(点)、Vertex(頂点)、Edge(辺)、Primitive(面)、Detail(ジオメトリ全体)です。このうちEdge(辺)に関してのみ、5-2-3で説明するアトリビュートを情報として持たせることができません。

▶ オブジェクトを構成する各コンポーネント

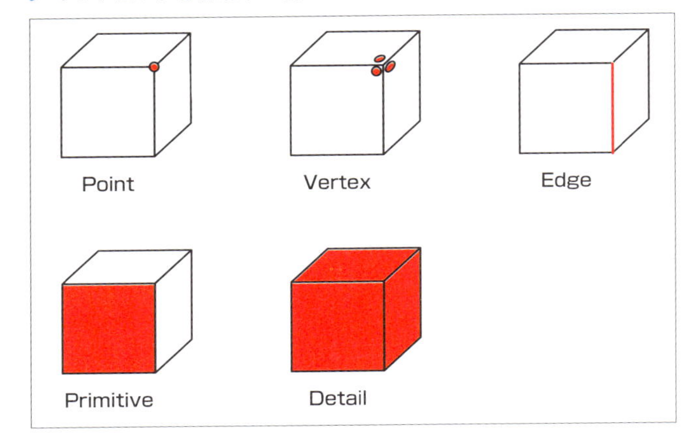

▶ コンポーネントの種類

コンポーネント	内容
Point	点。ジオメトリを構成するポイント
Vertex	頂点。ポイントと似ているが、ポイントと同じ座標を共有しており、同じポイントを持つ各面ごとに頂点が存在する
Edge	辺。このコンポーネントのみ、後述するアトリビュートを持たせることができない
Primitive	面。他のツールなどではFace（フェース）と呼ばれることも多い
Detail	ジオメトリのネットワーク全体。上図ではボックス1つだが、多数あっても同じネットワーク内なら全体で1つのDetailを共有

またネットワークに関しても作業用途に応じてそれぞれ種類があります。各ネットワーク間の移動は右図の赤枠部分をクリックしてリストを表示し、選択します。移動の方法はこれだけではなく、ノードの中に入って自動的に切り替わるような場合もあります。

▶ 異なるネットワーク間の移動

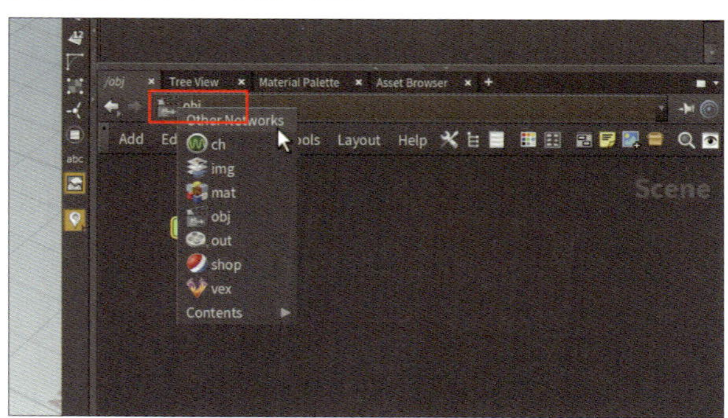

現在自分がどのネットワーク内で作業しているかはネットワークエディタの右上にある表示でわかります。

▶ 現在編集しているネットワークの名前が表示される

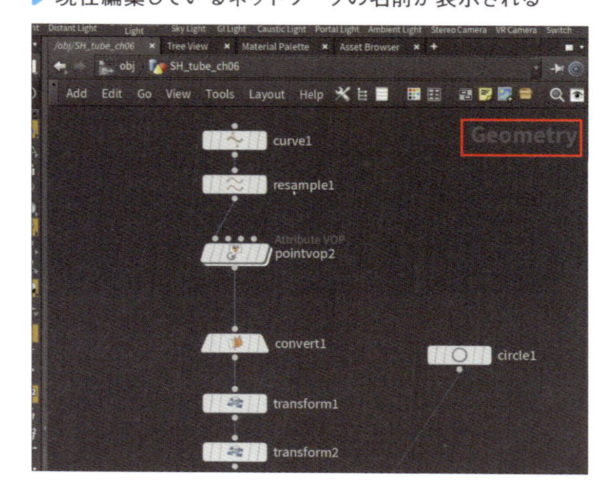

主要なネットワークの種類について記載します。

▶ ネットワークの種類

ネットワーク	内容
Scene(OBJ)	シーンの設定（カメラやライトの操作）などを行う
Geometry(SOP)	オブジェクトのジオメトリに対する変更全般を行う
Dynamics(DOP)	ダイナミクスやパーティクルの操作を行う
Compositing(COP)	外部からイメージを読み込んで変更したり、カメラからのレンダー画像を加工できたりする
Outputs(ROP)	レンダリングやジオメトリのエクスポートを行う
Materials(MAT)	マテリアルの加工、変更などを行う
Motion FX(CHOP)	主にアニメーション関連の処理を行う

様々な種類がありますが、本書ではほとんどSOPのみを使って目的の形状を作成していきます。

5-2-3 アトリビュート

Houdiniの大きな特徴のひとつに5-2-2で説明したコンポーネントに対して、アトリビュートを付加できるというものがあります。アトリビュートには、あらかじめ用途が決められているもの（カラー情報を格納するCdアトリビュート、位置情報を格納するPアトリビュートなど）もありますが、Attribute Createなどのノードを使用して、自分で独自のカスタムアトリビュートを作成することもできます。ノードが保持しているアトリビュートを確認するには、ノードをリストから選択するか、ノードリングからinfoのボタンをクリックします。

▶ アトリビュートの確認方法

アトリビュートを元にジオメトリに対して様々なオペレーションを施すことが可能になっています。ここではカラー情報を格納するCdアトリビュートをグリッドに追加していきたいと思います。GridノードとPointノードを作成して接続し、次のページの図を参考にPointノードを設定して、Cdアトリビュートを追加します。

▶ Pointノードを設定

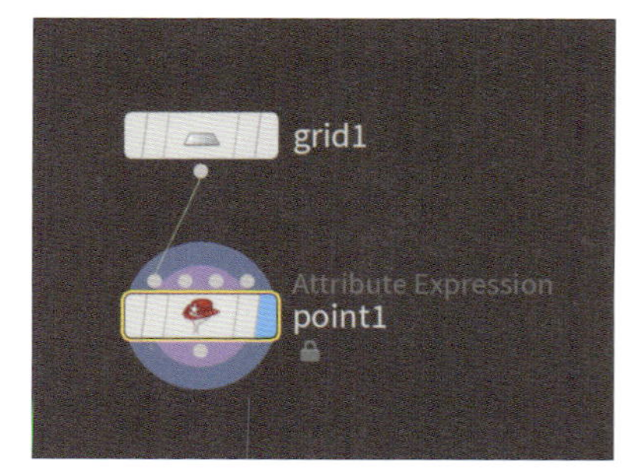

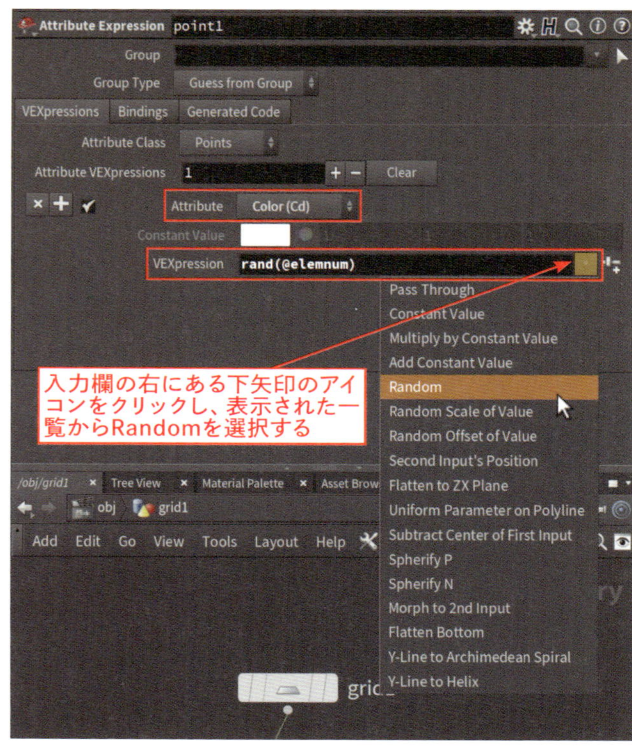

　上記の設定で各コンポーネントにランダムに色情報が付加されます。アトリビュートをどのコンポーネントに追加するかによって結果に違いが出てきますのでPointノードの右図赤枠で囲った部分を変更して結果の違いを確認してみましょう。

▶ PointノードのAttribute Classパラメータを変更

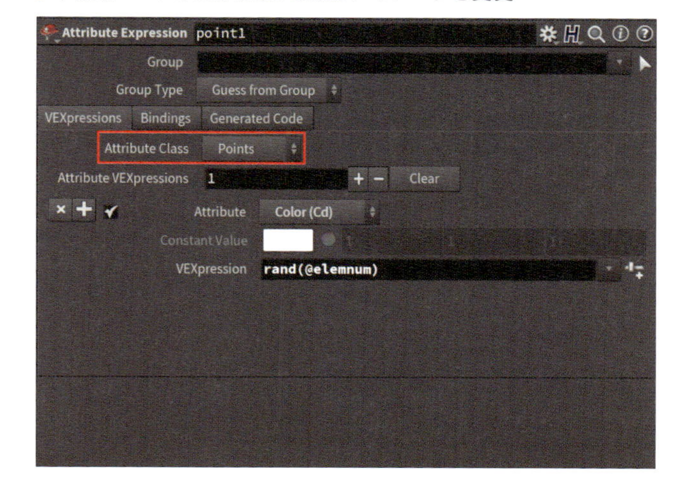

▶ Point(点) にアトリビュートCd(カラー情報) を付加した場合

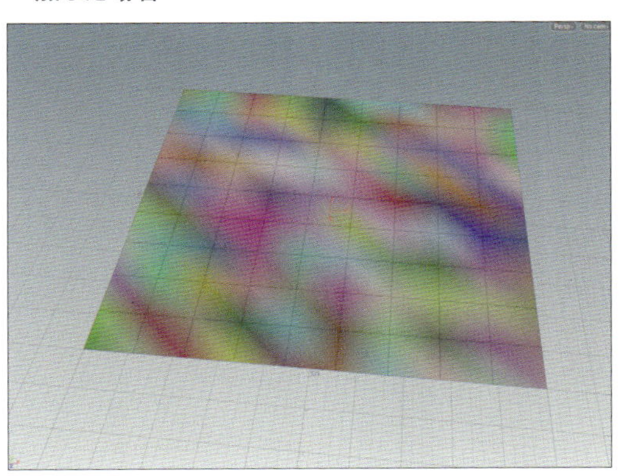

▶ Primitive(面) にアトリビュートCd(カラー情報) を付加した場合

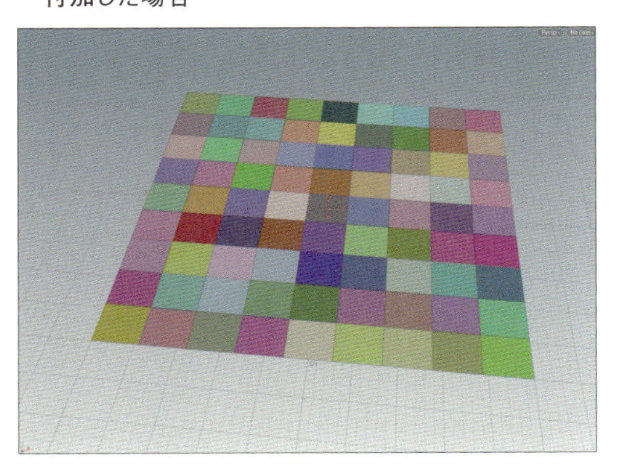

▶ Vertices(頂点) にアトリビュートCd(カラー情報) を付加した場合

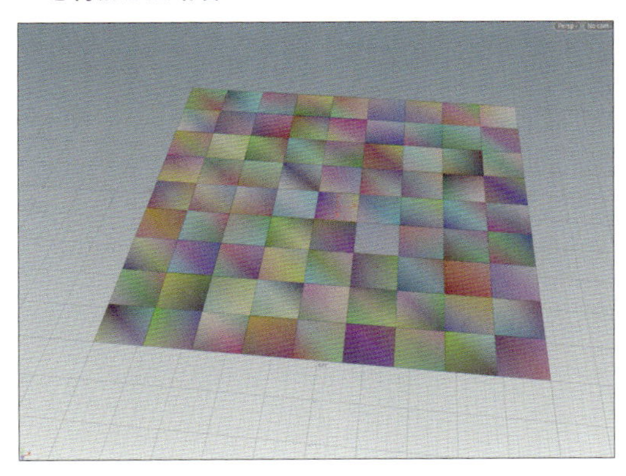

▶ Detail(点) にアトリビュートCd(カラー情報) を付加した場合

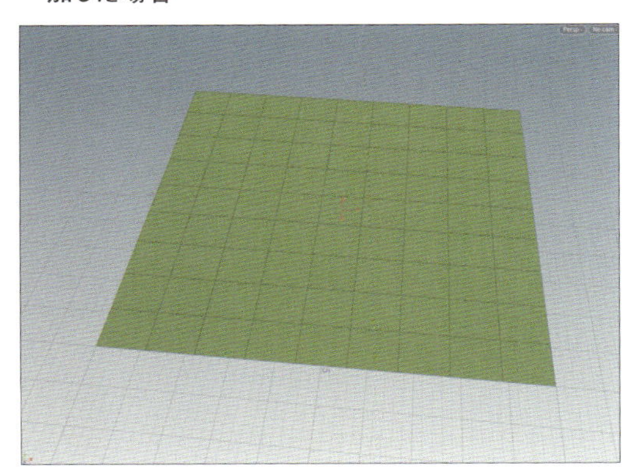

アトリビュートをどのコンポーネントに対して追加するかによって、結果に違いが出たのがわかるかと思います。

5-2-4 ヘルプの日本語化

ここまでHoudiniの基礎部分について説明してきましたが、本書だけで体系的な知識を全て伝えるのは難しいので、Houdiniの日本語ヘルプや各種のチュートリアル動画、コミュニティを活用して、さらに応用的な知識を身に付けてください。

Houdiniはヘルプ機能が充実しており、各ノードのパラメータエディタの右上にあるアイコンをクリックすると該当するノードのヘルプページを開くことができます。

▶ 各ノードから参照できるヘルプアイコン

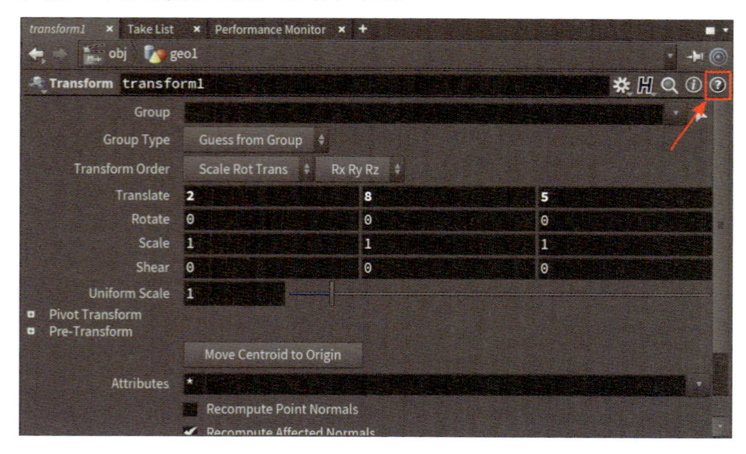

ただし初期状態では英語版のヘルプページが表示されてしまうため、ここで日本語のページを参照する方法について解説します。

メインメニューから、Edit/Preferences/Miscellaneousを選択すると、Houdiniの各種設定のウィンドウが表示されます。

▶ 各種設定のウィンドウを開く

開いたウィンドウのUse External Help Serverにチェックを入れ、External Help URLの欄に「https://www.sidefx.com/ja/docs/houdini/」と入力します。これでヘルプを開いた際に日本語で表示されるようになります。

▶ 日本語ヘルプページのURLを入力

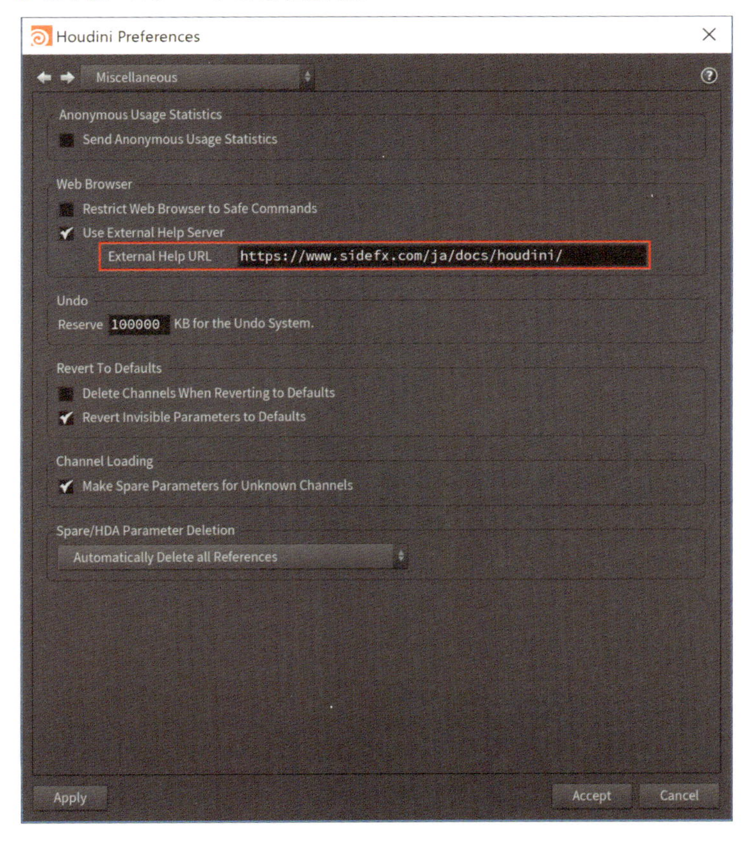

5-3 Houdiniを使った球体状メッシュの作成

5-2でHoudiniの基礎部分について解説しましたので、ここからは実際にUnityで使用するメッシュの制作過程を解説していきます。

5-3-1 球体状メッシュの作成

右図が今回制作するメッシュの完成形です。球体の下部を少し切り取ったような形状になります。

▶ 今回Houdiniで制作するメッシュ

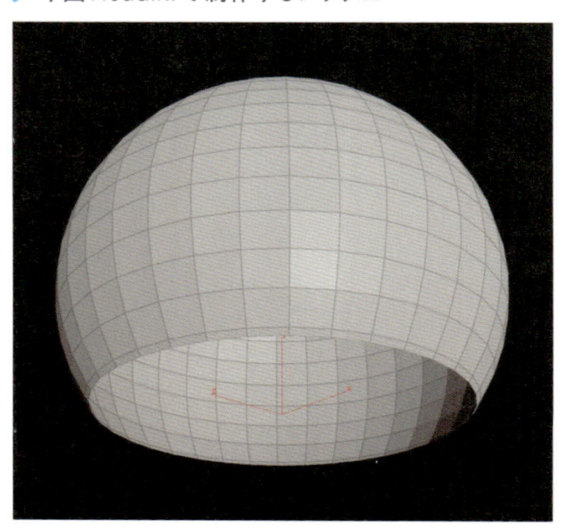

それでは実際の制作を開始しましょう。新規シーンから作業を開始します。もし途中でわからなくなった場合、ダウンロードデータのLesson05_sphere.hipファイルを開いて参考にしてみてください。

球体を作成して少し上方向に移動し、下の部分を切り取るという手順を3つのノードを使って処理していきます。ネットワークエディタでオブジェクトネットワークを選択し、Tabキーを押します。次のページの図のように、ノードの検索欄が表示されますので、geoと入力し、Geometryノードを選択、配置します。

▶ ネットワークエディタ上にGeometryノードを配置

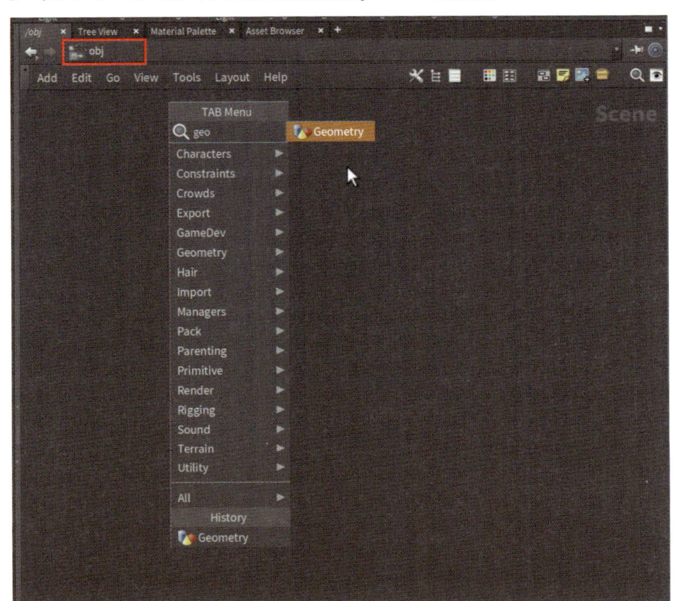

配置したGeometryノードをダブルクリックするか、選択して[Enter]キーか[I]キーを押すと、ノードの内部に入ることができます。内部に入るとFileノードが配置されていますが、こちらは不要なので選択して、[Delete]キーで削除します。なお、Houdini17以降では仕様が変わり、Fileノードは配置されていないので、こちらの操作は必要ありません。続いて、[Tab]キーを押して今度はSphereノードを作成し、パラメータを次の図のように変更します。

▶ Sphereノードを作成しパラメータを編集

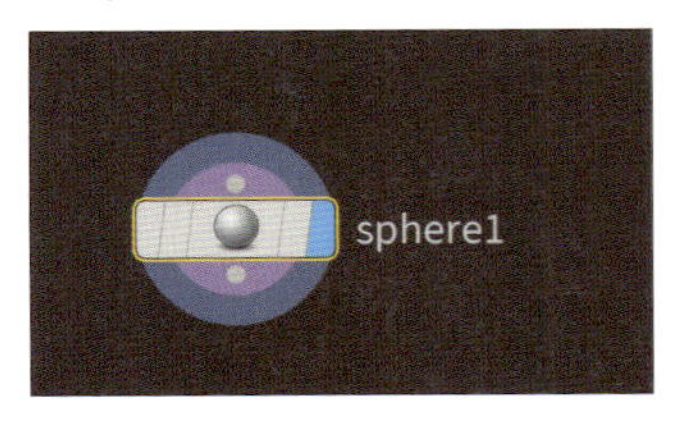

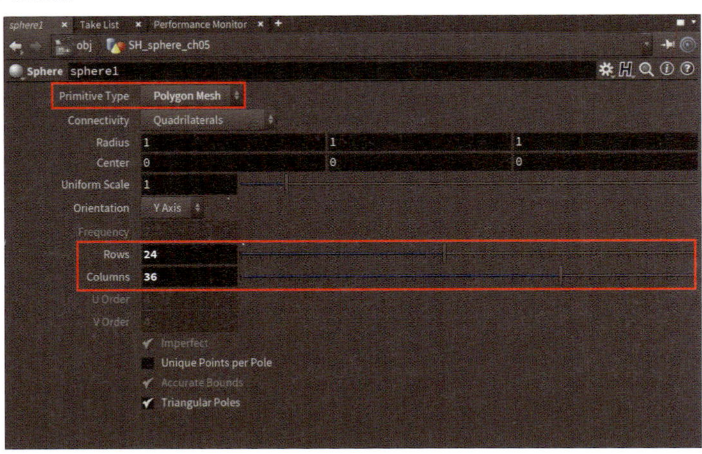

▶ Sphereノード

パラメータ	値
Primitive Type	Polygon Mesh
Rows	24
Columns	36

次にこの球体を上方向に移動します。Transformノードを作成してSphereノードと接続し、パラメータのTranslateのYに0.6と入力します。球体が上に移動しました。

▶ Transformノードの設定

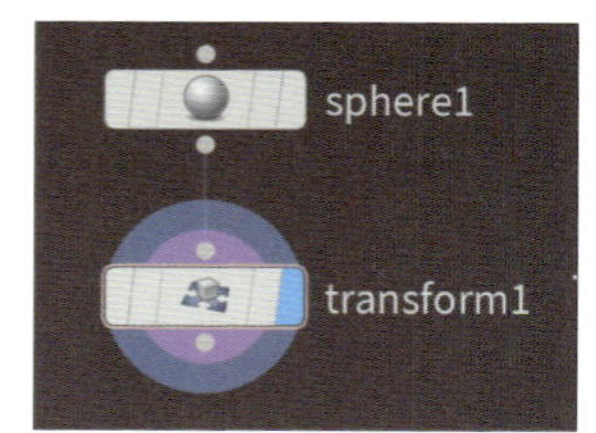

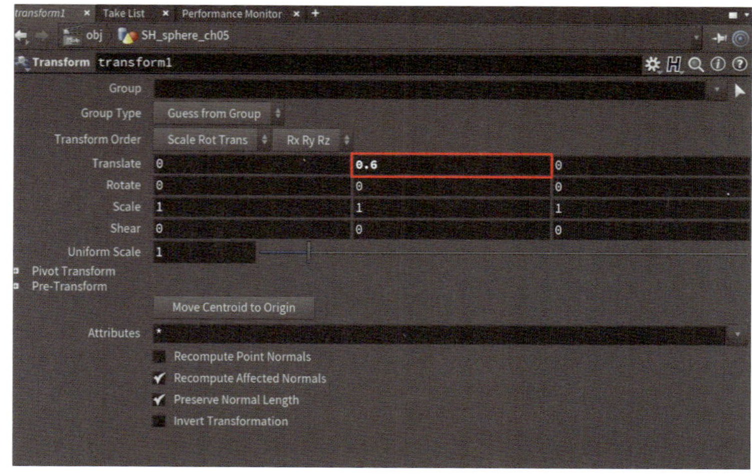

▶ Transformノード

パラメータ	値		
Translate	X:0	Y:0.6	Z:0

移動した球体の下部を「Y=0」の高さで切り取ります。Clipノードを作成して接続します。こちらは初期設定のままで大丈夫です。このノードは指定した平面で入力オブジェクトを切断し、片側を削除します。試しにパラメータのDirectionの値を変えて、結果の違いを確認してみるとよいでしょう。

▶ Clipノードの設定

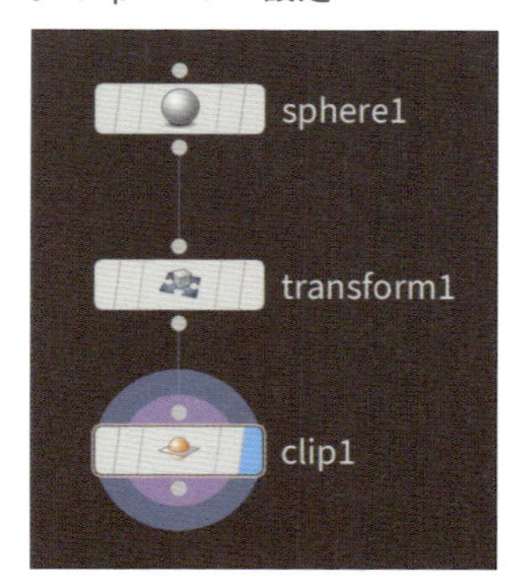

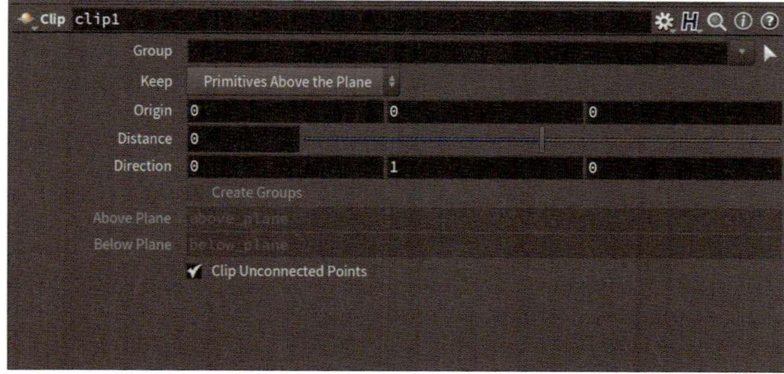

▶ 値を変えると様々な角度でクリップできる

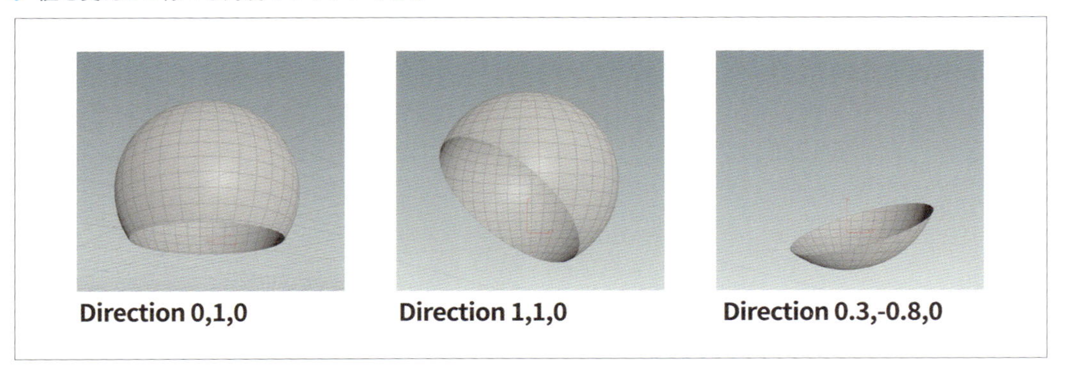

ここまでの操作で最初に示した完成品の形状を作成することができました。

5-3-2 球体のスケーリングとパラメータ参照の仕方

5-3-1 でメッシュの形状が完成しましたが1点問題があります。

後で球体の大きさを変更する必要が出てきた場合を考えてみましょう。球体の大きさはSphere ノードのUniform Scaleのパラメータや Transform ノードの Scaling パラメータで変更できますが、球体の中心を基準に拡縮を行うため、結果は下左図のようになってしまいます。球体の切断面の位置を常に一定に保ったままスケーリングするには、スケーリングの中心を次の右図のように設定する必要があります。

▶ 実際の結果(左) と求めている結果(右)

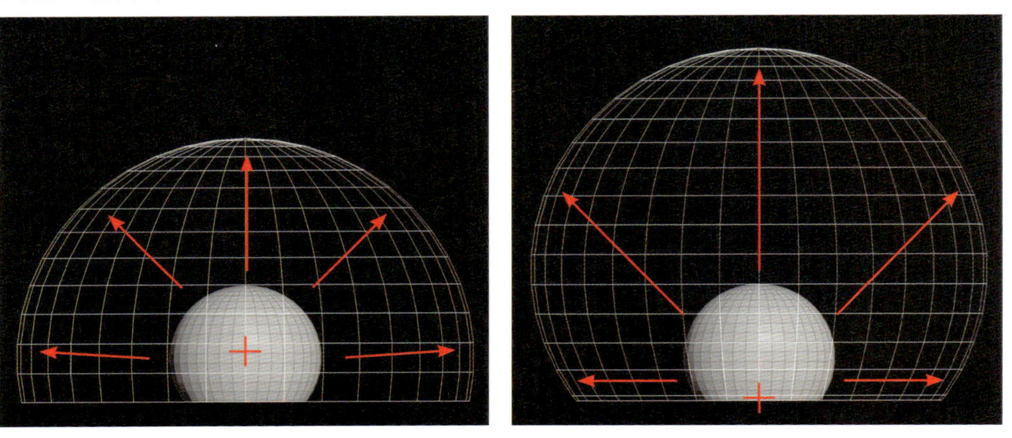

これを実現するため、Transform ノードの下に、さらにもう一個 Transform ノードを接続します。新たに作成した Transform ノードを Transform ノードと Clip ノードの間に持ってい

くと、自動的に接続してくれます。

▶ Transformノードを間にもう1個追加

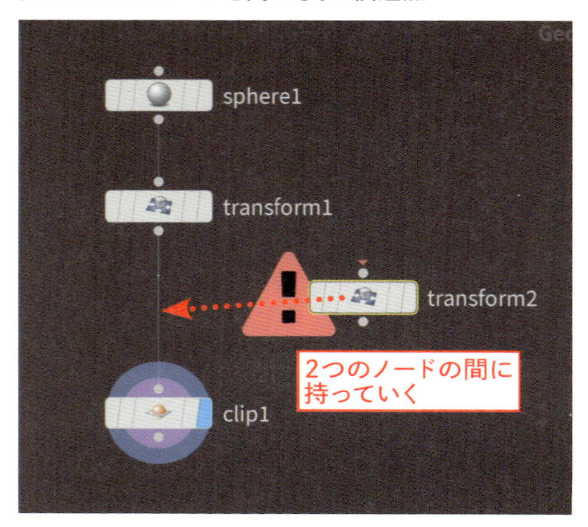

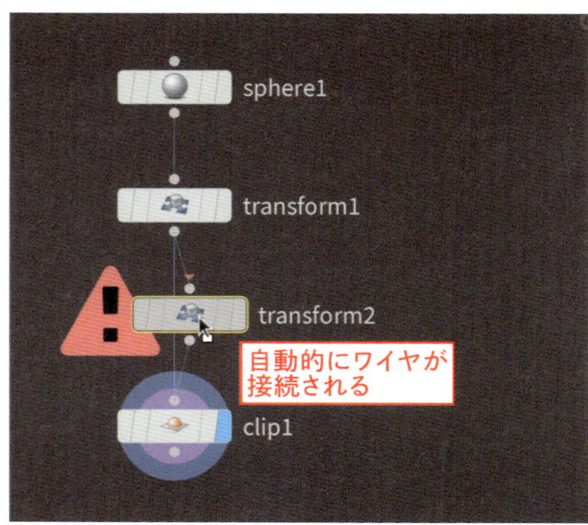

新しく追加したTransformノードでは原点(X=0,Y=0,Z=0)を基準にスケーリングが行われるため、Uniform Scaleのパラメータを変更すれば、スケーリングしても常に球体の同じ割合の位置で切り取りが実行され、全体の形状は変化しません。

▶ スケーリングしてもClipノードの切り取り位置は変わらない

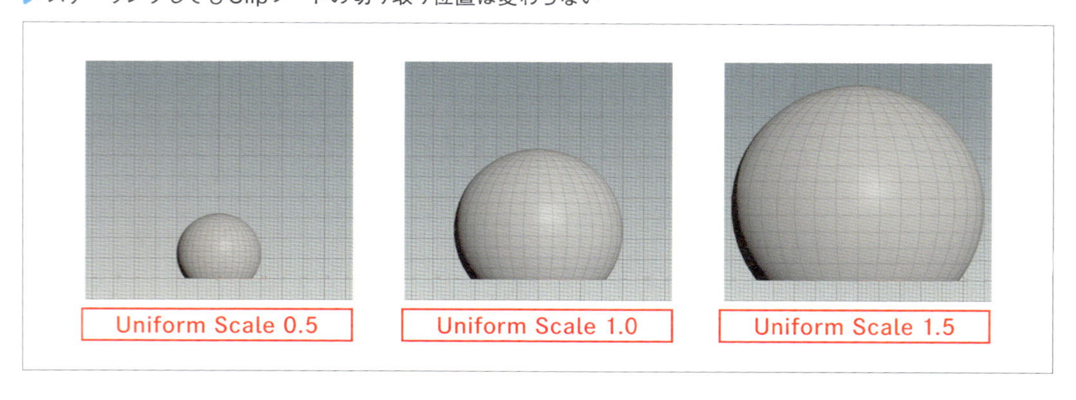

他にも方法があります。いったん先ほど追加したtransform2ノードを削除して、transform1ノードを選択します。Transform OrderパラメータをScale Rot TransからTrans Rot Scaleに変更します。

▶ Transform Orderパラメータを変更

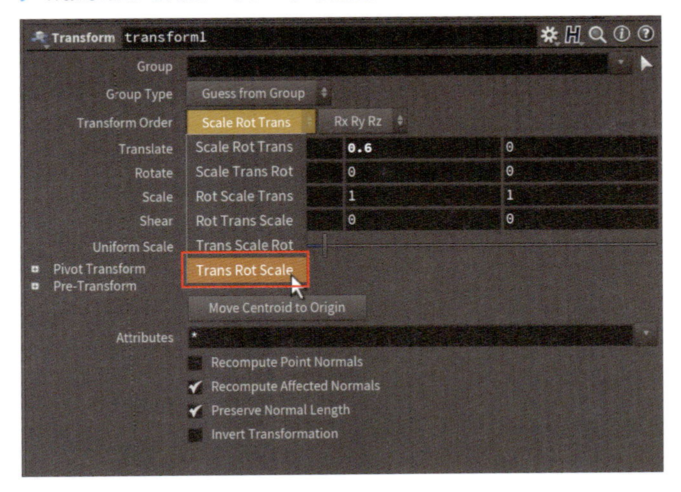

移動、回転、拡縮の3種類の変換の実行順序を入れ替えることにより、同じことを実現できます。どちらの方法を使用しても大丈夫です。

次にパラメータの参照についても紹介しておきたいと思います。SphereノードのRowsとColumns（球体の横と縦の分割数）に注目してみます。先ほど、それぞれ24と36に設定しましたが、これをRowsの分割数の増減に応じてColumnsも増減させるように設定します。Rowsパラメータの入力欄を右クリックしてCopy Parameterを選択します。次にColumnsの入力欄を右クリックしてPaste Relative Referencesを選択します。

▶ パラメータの参照を設定

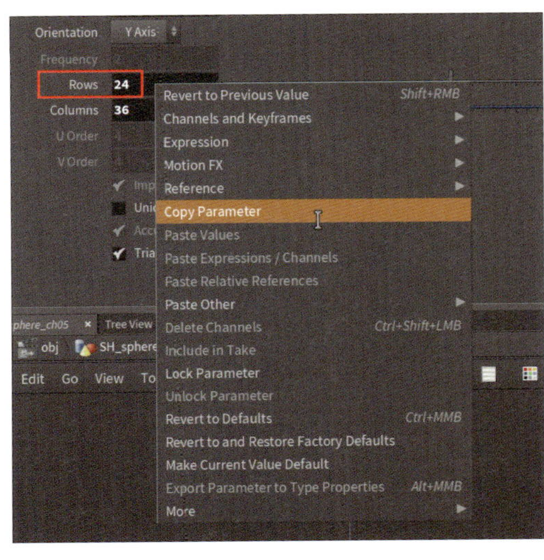

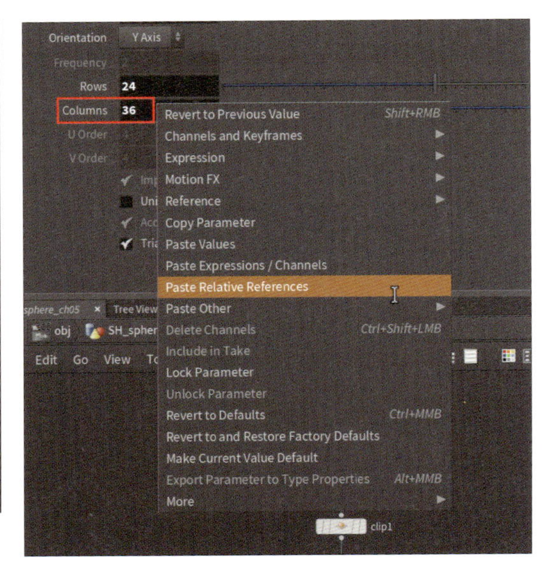

Columnsの入力欄にエクスプレッションが挿入され、「ch("rows")」という表示になりました。これはエクスプレッションと呼ばれる機能で、「チャンネル(パラメータ)Rowsの値を参照する」という意味です。他のノードのパラメータや、別のネットワークにあるパラメータも参照することが可能です。

もし表示が変わっていなければ、入力欄の左側にあるパラメータ名(赤枠部分)をクリックすることでエクスプレッションと数値の表示を切り替えることが可能です。

▶ エクスプレッションでの表示(左)と実行結果の数値での表示(右)

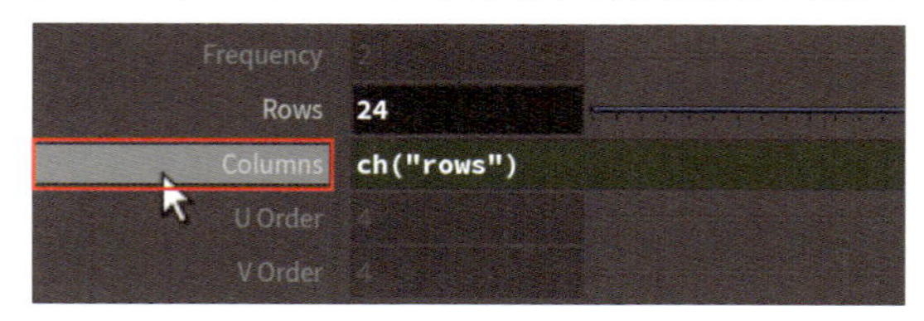

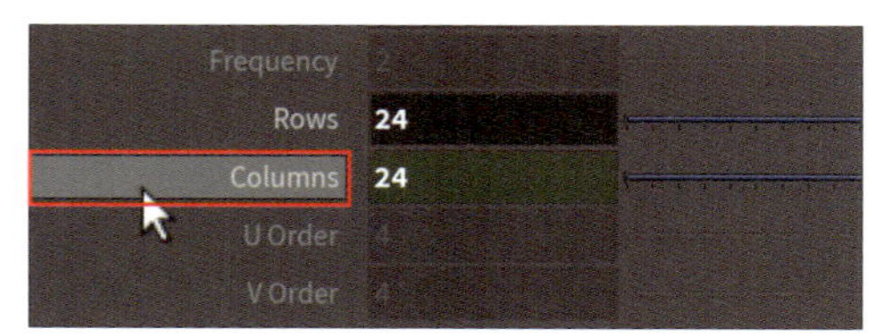

この操作を行うことでColumnsがRowsの値を常に参照するようになります。さらに「ch("rows")*1.5」と書き換えることで、Rowsの値を1.5倍したものが結果になります。値が36になっているのを確認しましょう。

▶ エクスプレッションを書き換える

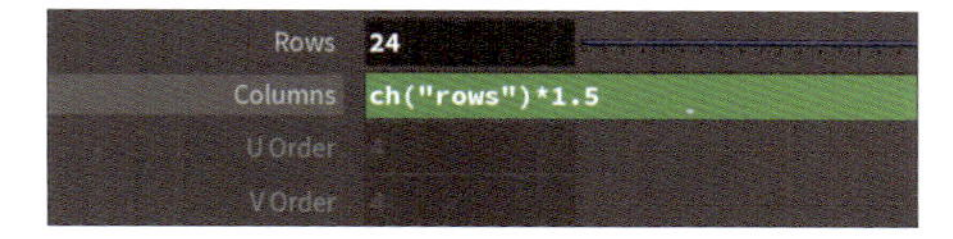

これでRowsの増減に合わせて自動でColumnsの値も変更されます。

5-3-3 UVの設定とFBXでのエクスポート

ここからメッシュにUVを設定して、若干設定を追加してFBXでのエクスポートを行っていきます。さらに次の図のようにUV Texture、Point、Transformの3つのノードを追加します。Pointノードに関しては2種類ありますが(PointとPoint-old)新しい方(帽子のアイコンの方)を使用しています。

▶ さらに3つのノードを追加

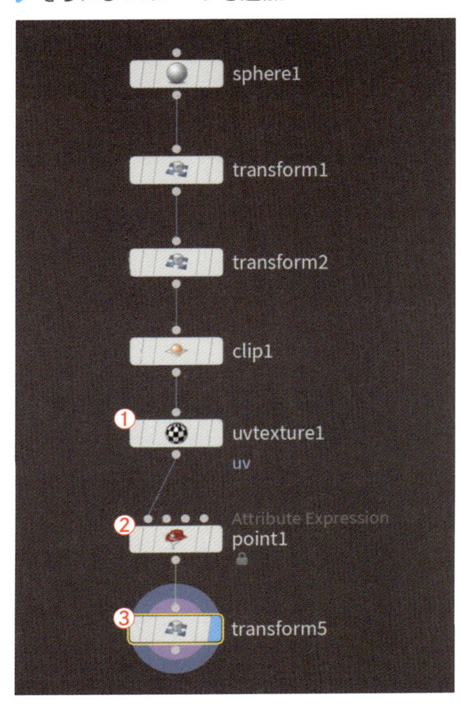

▶ 追加するノード

図上番号	内容
①	UV Texture ノードを追加し、円柱状の UV を設定
②	Point ノードを追加し、Cd（色情報）アトリビュートを設定
③	Transform ノードを追加し、Unity にインポートしたときに適切なサイズになるようにスケーリングする

5

まずUV TextureノードでTexture TypeパラメータをCylindricalに設定し、UVを設定します。UV Textureノードについては6章で詳しく解説していきます。

▶ UV Texture ノードの設定

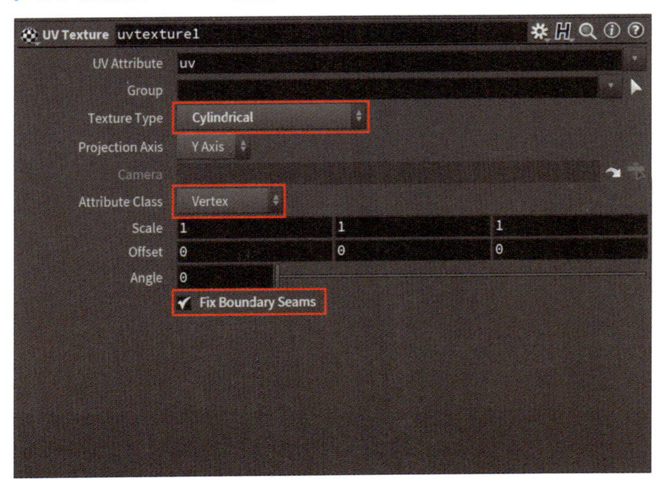

▶ UV Texture ノード

パラメータ	値
Texture Type	Cylindical
Attribute Class	Vertex
Fix Boundary Seams	チェックあり

次にPointノードでColorアトリビュートを追加します。Colorアトリビュートがないと Unityにインポートした際に正しく情報が読み込まれないことがありますので、必ず設定しておきましょう。

▶ Pointノードの設定

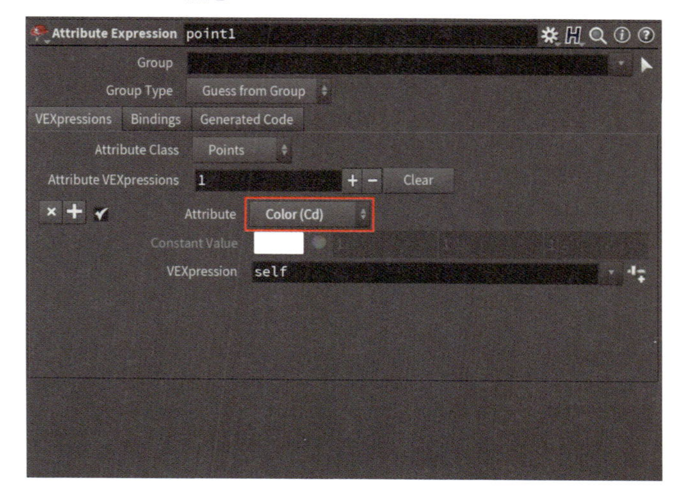

▶ Pointノード

パラメータ	値
Attribute	Color(Cd)

そのまま書き出してしまうと、Unityにインポートした際に豆粒ぐらいの大きさになってしまうので、Transformノードを追加してスケールを100倍に設定します。もちろん、Unity上でスケーリングすることもできますが、あらかじめHoudini内で適切な大きさに合わせておくとよいでしょう。

▶ Transformノードの設定

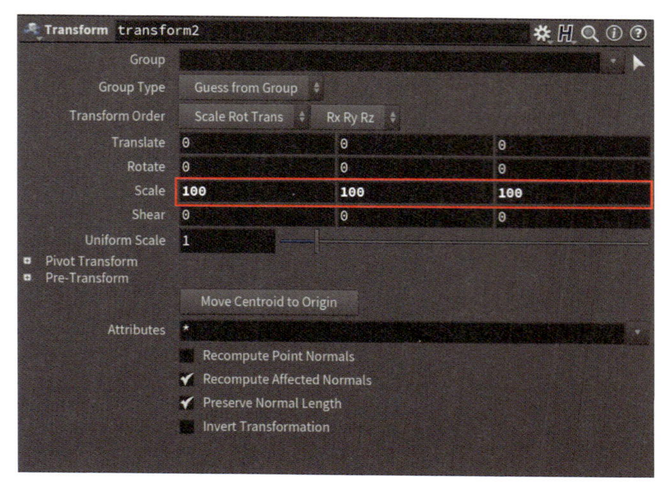

▶ Transformノード

パラメータ	値		
Scale	X:100	Y:100	Z:100

これで作業が完了しました。ネットワークビュー上でUキーを押すか、上部のボタンからオブジェクトネットワークに移動し、Geometryノードの名前をSM_lesson05_sphere01に変更します。

▶ 名前を変更

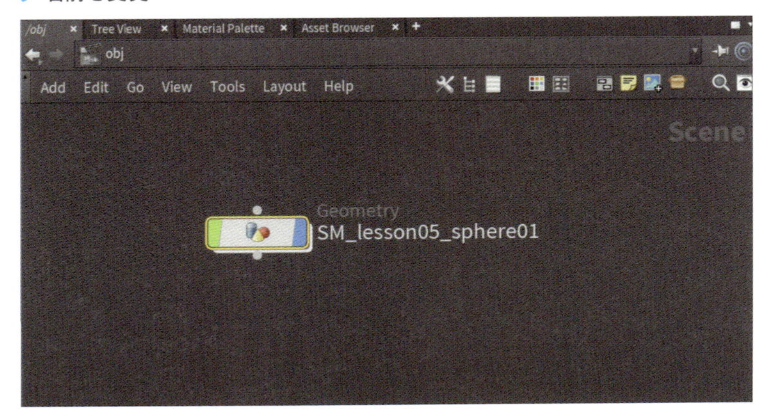

上部のメインメニューからFile→Export→Filmbox FBXを選択してFBX Export Optionウィンドウを表示します。

▶ FBX Export Optionウィンドウを表示

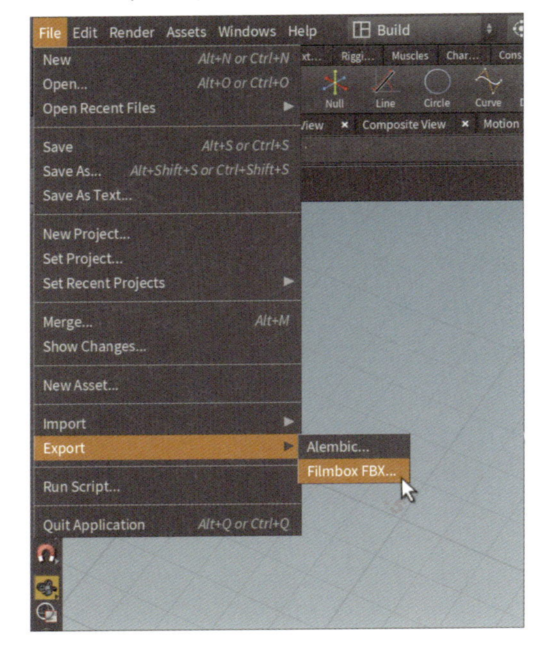

FBX Export Optionウィンドウを次の図のように設定して、保存先をUnityプロジェクトのAssets/Lesson05/Models/SM_lesson05_sphere01.fbxに設定します。全て設定が完了し

たら、Exportボタンをクリックしてメッシュをエクスポートします。

▶ FBX Export Optionの設定

エクスポートで問題がなければUnityのプロジェクト内にファイルが保存されているはずです。

▶ UnityのProjectビューでFBXファイルを確認

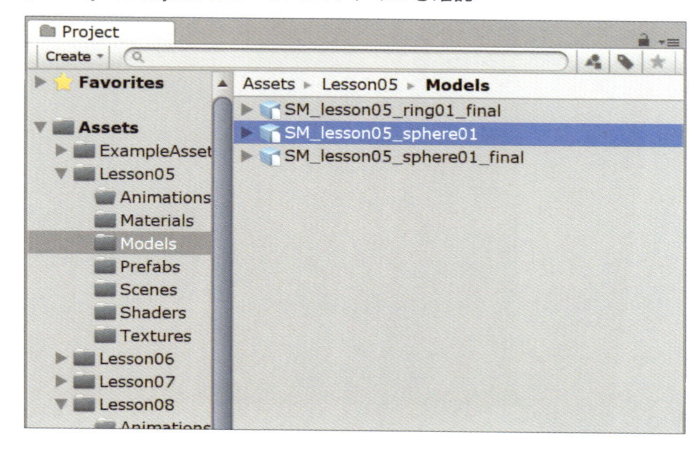

Shader Graph を使ったシェーダーの作成

5-3 で作成したメッシュモデルに Shader Graph で作成したシェーダーを適用して、エフェクトを作成していきます。

5-4-1 Shader Graphの基本操作

Unity2018以前、ノードベースでシェーダー構築を行いたい場合、Shader ForgeやAmplify Shader Editorといったアセットストアのアセットを用いて実現していました。Unity2018からは標準でShader Graphが搭載され、デザイナーの方でもコードを書くことなく、ノードベースでシェーダー作成ができるようになりました。

ここではShader Graphの基本的な使用方法を解説しつつ、エフェクト作成に欠かせないUVスクロール機能を持ったシェーダーを作成していきます。

▶ 完成したシェーダーを適用したメッシュモデル

なお、Shader Graphの導入とシーン構築の方法については、5-1-3で解説しています。また、ここで作成するシェーダーはそれほど複雑なものではありませんが、後の章になるほど複雑なシェーダーを作成していきますので、シェーダーの途中経過のファイルを各章のShadersフォルダ内のtempフォルダの中に格納してあります。

それではシェーダー制作を始めます。まず、ProjectビューのAssets/Lesson05/Shadersフォルダ内で右クリックから、Create→Shader→Unlit Graphを選択し、新規シェーダーを作成、名前をSH_lesson05_UVscrollに設定します。

▶ 新規シェーダーファイルの作成

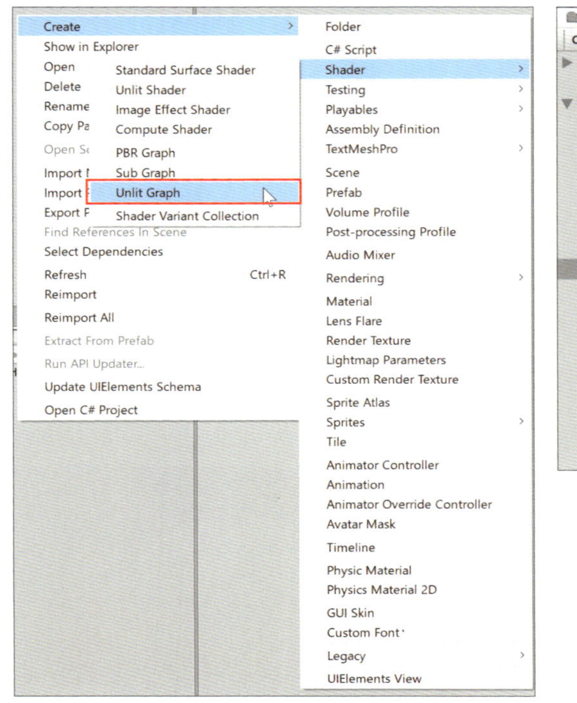

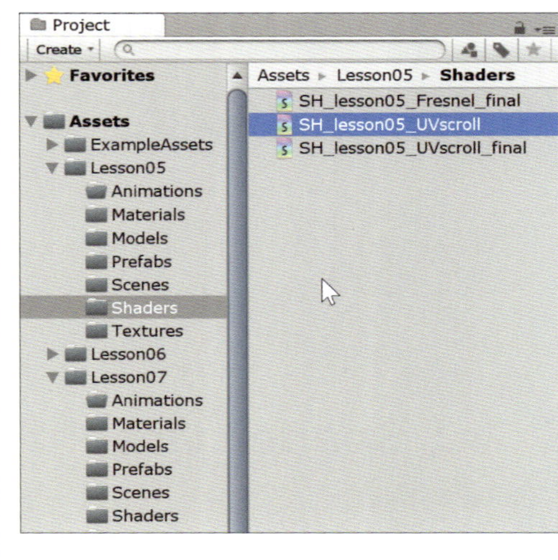

SH_lesson05_UVscrollを選択した状態でInspectorビューのOpen Shader EditorボタンをクリックするとShader Graphのエディタ画面が起動します。

▶ Inspectorビューの表示

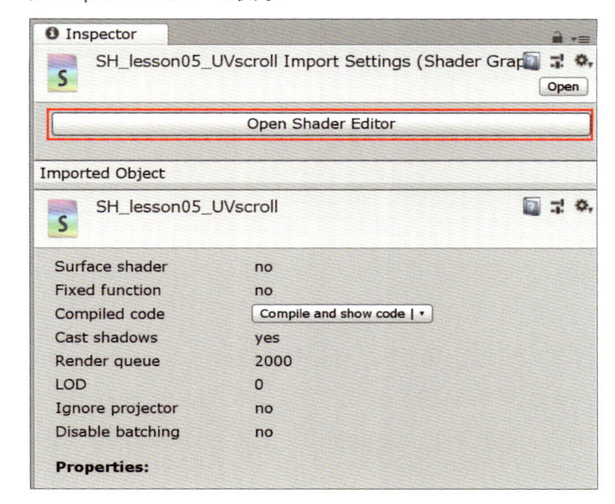

次の図に各部の説明を記載します。なお、説明のためいくつか変更を加えているので、初期設定の画面とは異なります。

▶ Shader Graphのインターフェイス

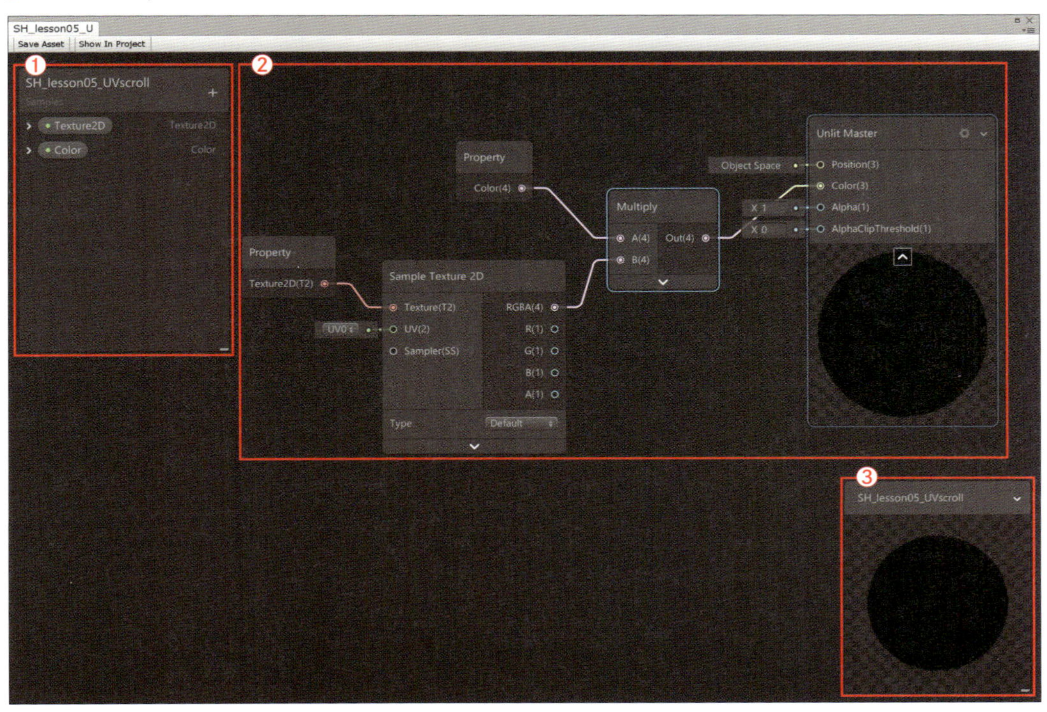

図内番号	名称	内容
①	ブラックボード	マテリアルに表示、調整可能なプロパティを追加できる。作成したプロパティのマテリアル上での外観や初期値の変更も可能
②	メインエリア	ノードを接続してシェーダーを構築していく場所。画像内の一番右端のUnlit MasterがUnlit Masterノードと呼ばれるノードで最終出力になる
③	マスタープレビュー	最終の出力結果を表示。球体以外の表示モデルも選択可能

新規にノードを作成する際、右クリックのメニューからCreate Nodeを選択するか、スペースバーを押すと表示されるメニューからノード名を入力して選択する方法があります。

本書ではスペースバーから作成する方法で解説します。

▶ ノードの作成方法

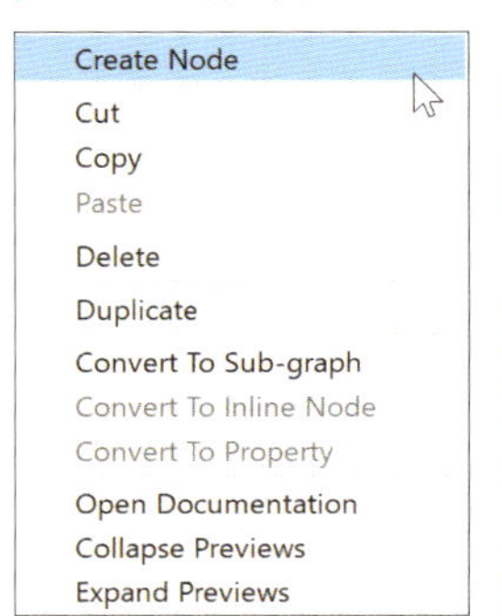

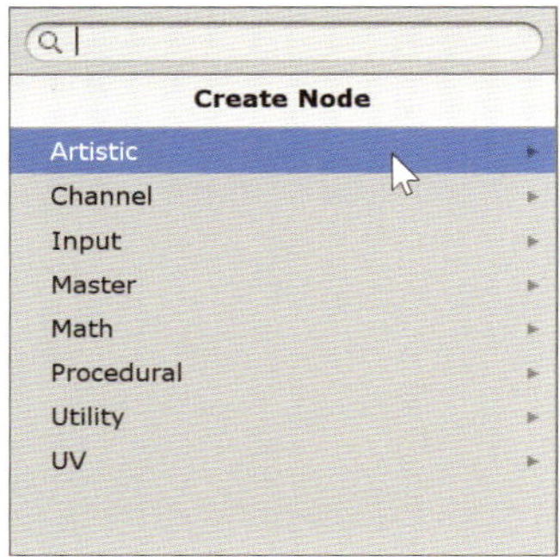

まずはシェーダーでテクスチャを表示してみましょう。Assets/Lesson05/Texturesフォルダ内のT_lesson05_sphere01.pngをShader Graphウィンドウ内にドラッグ&ドロップします。自動的にSample Texture 2Dノードが作成されました。

▶ テクスチャをそのままShader Graph内に配置できる

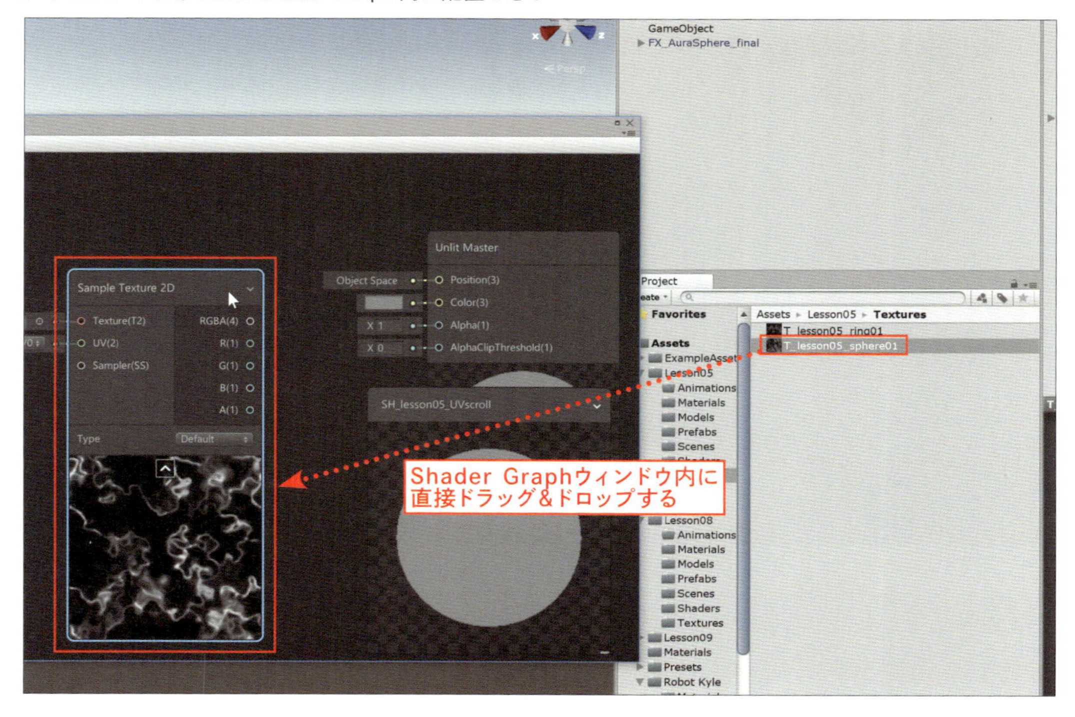

次ページの図において、緑枠で囲った左側が入力部分、右側が出力部分になります。また赤枠で囲ったパラメータとプレビューの表示部分は、それぞれ青枠の矢印アイコンで閉じることが可能です。次のページの図は、右側が両方の表示部分を閉じた状態のものです。特にプレビューが必要ないノードに関しては表示を閉じて見た目をスッキリさせておくとよいでしょう。

▶ ノードの入出力

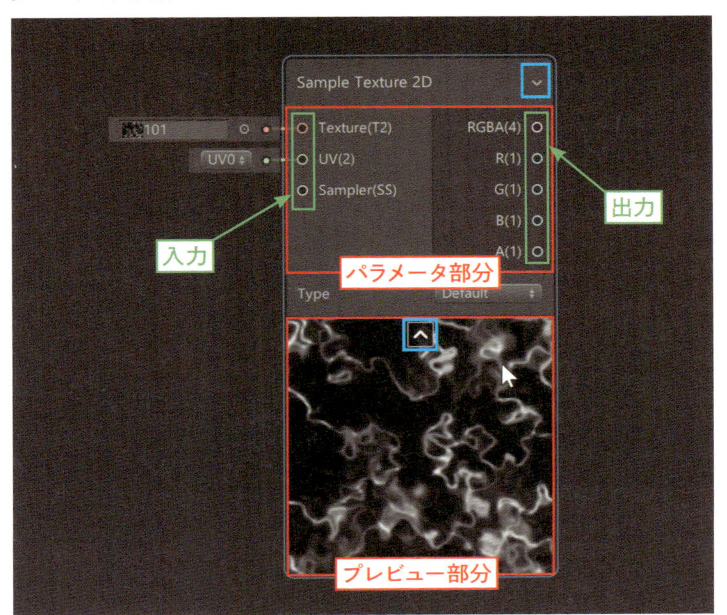

▶ 閉じた状態

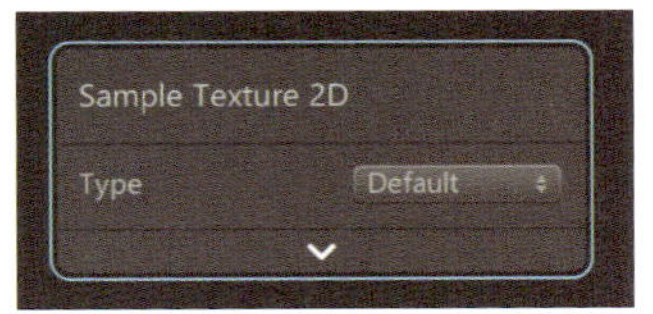

次に出力のRGBA(4)の横にある丸の部分からドラッグしてUnlit MasterのColor(3)に接続します。

▶ ノード同士の接続

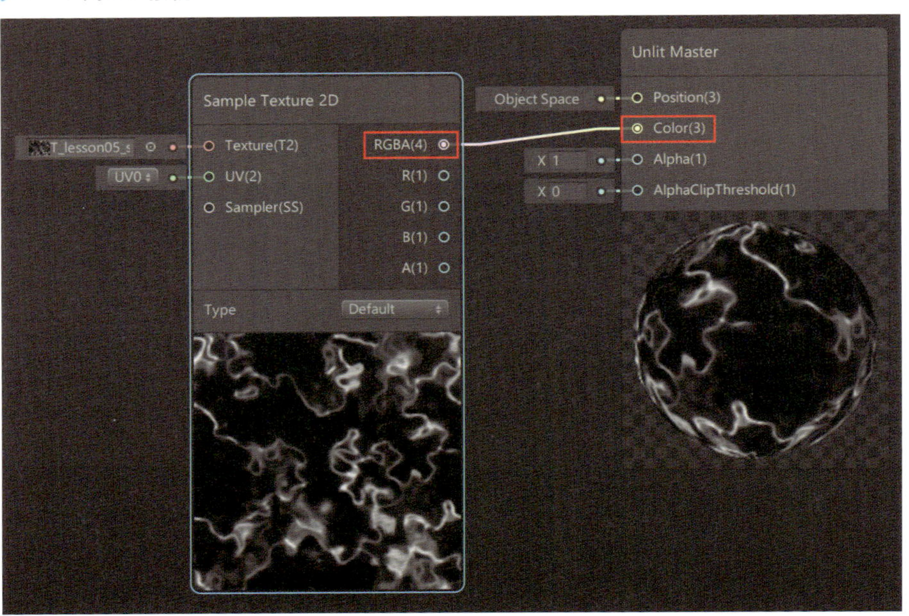

　接続したら、Shader Graphウィンドウの左上端にあるSave Assetのボタンをクリックして、ここまでの変更を保存します。

▶ シェーダーの変更を保存

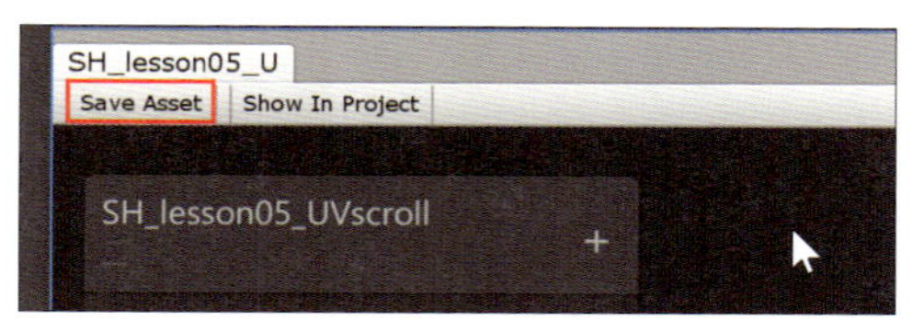

5-4-2 メッシュパーティクルへのシェーダーの適用

　作成したシェーダーを5-3で作成したメッシュに適用してみましょう。いったんShader Graphウィンドウを閉じてHierarchyビューで新規パーティクルを作成します。名前をsphere01に設定し、右図を参考にパラメータを設定してください。

▶ 新規パーティクルのパラメータを変更

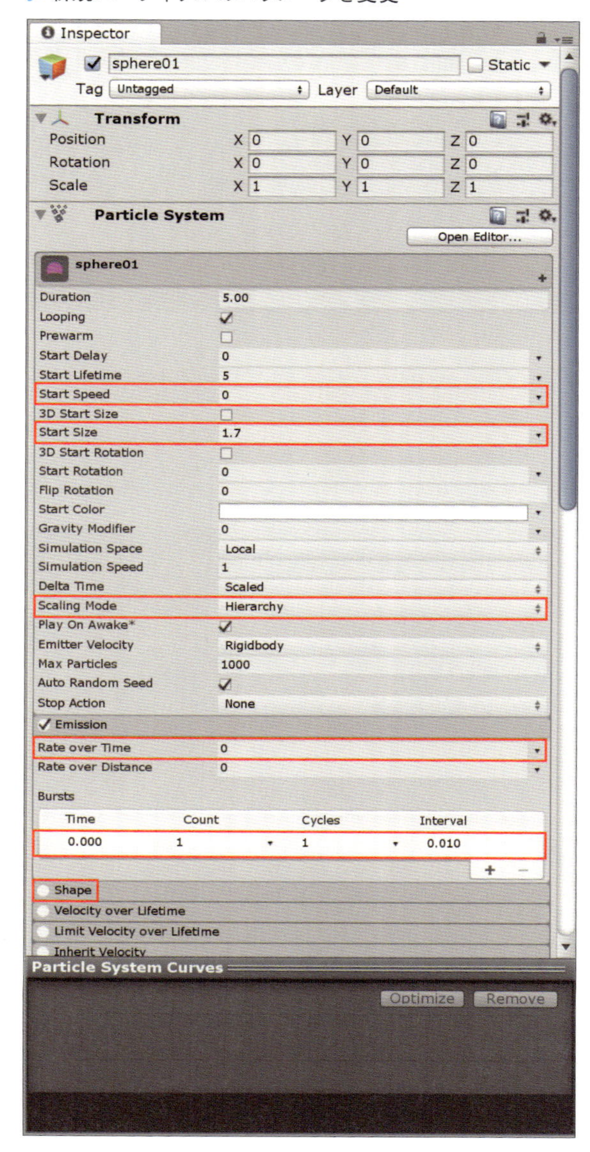

▶ Transformコンポーネント

パラメータ	値		
Rotation	X:0	Y:0	Z:0

▶ Mainモジュール

パラメータ	値
Start Speed	0
Start Size	1.7
Scaling Mode	Hierarchy

▶ Emissionモジュール

パラメータ	値			
Rate over Time	0			
Bursts	Time	Count	Cycles	Interval
	0	1	1	0.010

▶ Shapeモジュール

パラメータ	値
チェック	なし

次にAssets/Lesson05/Material内で新規マテリアルを作成し、名前をM_lesson05_UVscroll01に変更します。作成したマテリアルを選択後、Shader部分をクリックして、SH_lesson05_UVscrollを選択します。これでマテリアルのシェーダーが先ほど作成したものに切り替わりました。

▶ マテリアルのシェーダーを変更

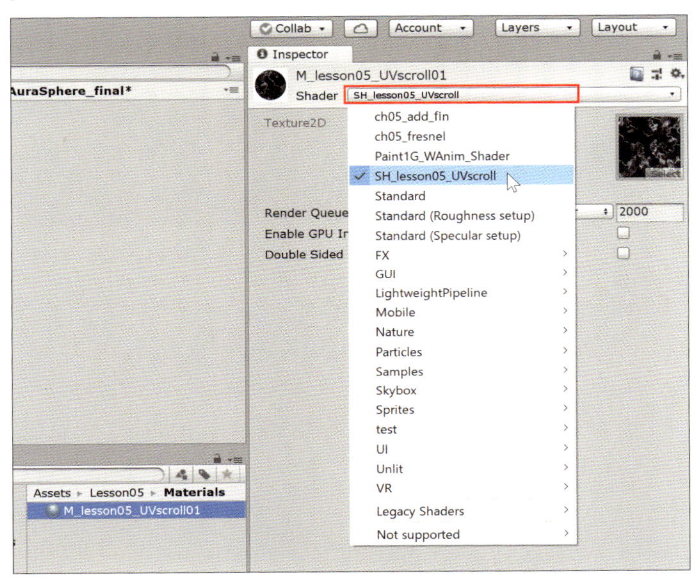

設定したマテリアルをパーティクルのMaterialパラメータにドラッグ&ドロップします。さらにRendererモジュールでRender TypeをMeshに変更し、Assets/Lesson05/Models内にあるSM_lesson05_sphere01.fbxをMeshパラメータにドラッグ&ドロップします。Render AlignmentもLocalに変更しておきましょう。

▶ Renderer モジュール

パラメータ	値
Render Mode	Mesh
Mesh	SM_lesson05_sphere01
Material	M_lesson05_UVscroll01
Render Alignment	Local

▶ マテリアルとメッシュを設定

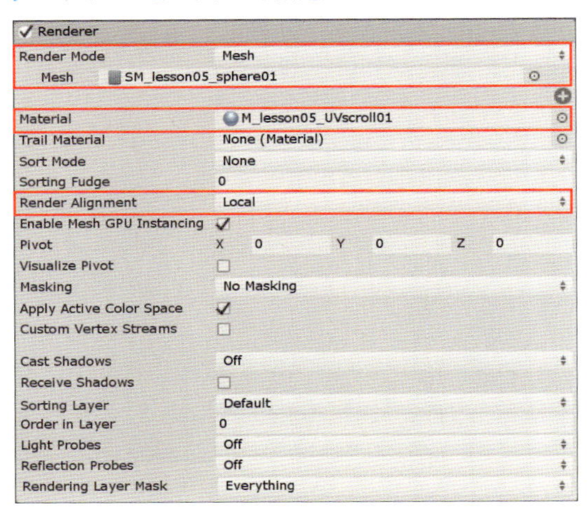

Sceneビューでの見た目が右図のように変更されました。

▶ Sceneビューで設定結果を確認

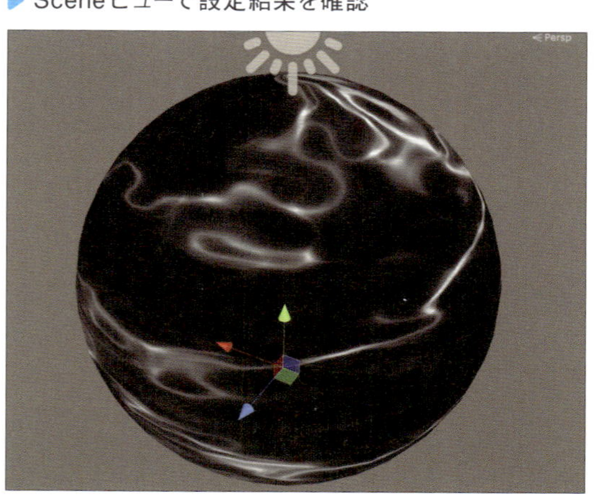

5-4-3 UVスクロールシェーダーの作成

シェーダーの見た目が確認できましたので、再度Shader Graphウィンドウを開いてシェーダーを作り込んでいきます。スペースバーを押すと出現するノード検索欄で、tilと入力すると該当するTiling And Offsetノードが表示されるので、それを選択配置し、出力のOut(2)をSample Texture 2DのUV(2)に接続します。

▶ Tiling And Offsetノードを接続

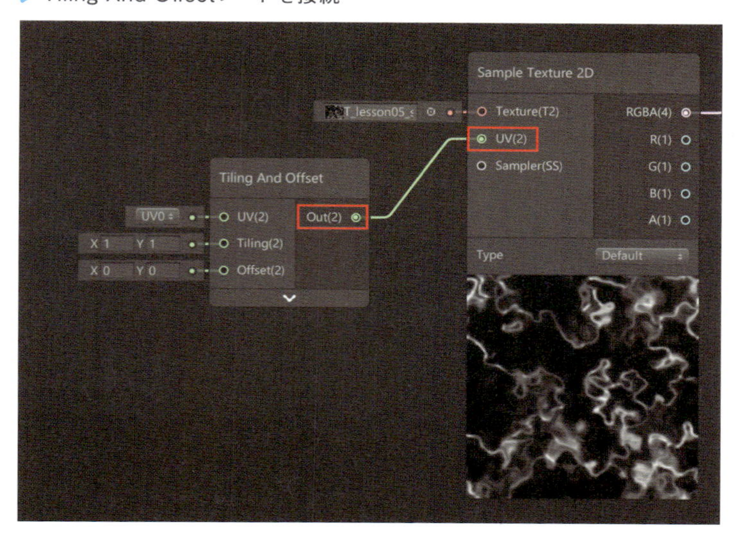

Tiling And Offsetノードはテクスチャのタイリングやオフセット、UVスクロールにも使用する非常に使用頻度の高いノードです。

またエフェクト用のシェーダーを構築する際は、UV座標になんらかの変換をかけてテクスチャの見た目に変化を与えるといった使い方が多くなります。そのため、UVを自在に操作できれば、エフェクト用シェーダー表現の幅を大きく広げることができます。

UVスクロールを作成するため、Timeノードを作成してTime(1)からTiling And OffsetのOffset(2)に接続してみましょう。プレビュー画面でテクスチャが斜め方向に動くようになりました。Timeノードはその名の通り、ゲーム内の時間を出力するノードです。時間経過に伴って常に値が加算的に変化するため、Offset(2)に接続するとオフセットの値が常に変化し、結果としてテクスチャの模様が流れて（スクロールして）いる効果を与えることができます。

▶ Timeノードを接続してテクスチャを動かす

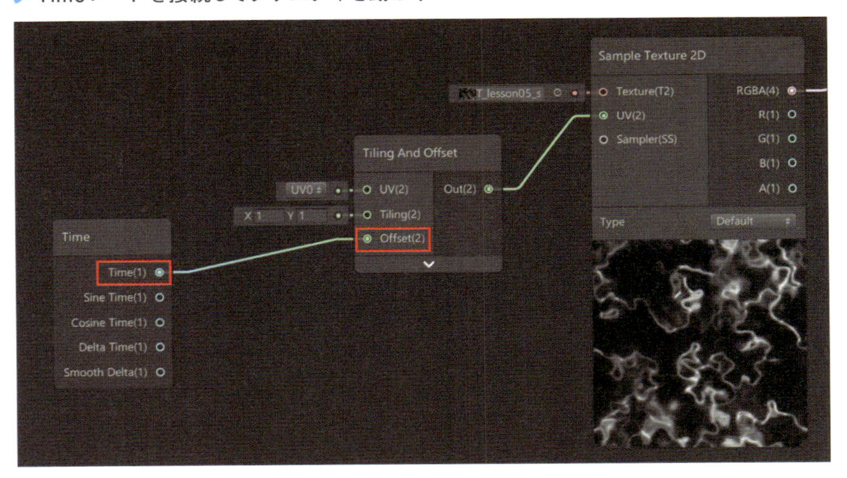

▶ 星型のテクスチャ

ここで出力と入力の要素数に注目してみましょう。各パラメータ名の横にあるカッコ内の数字はパラメータの要素数を表しています。Time(1)なら時間の経過を表す1つの要素（vector1）、Offset(2)ならUV座標のXとYの移動値を表す2つの要素（vector2）で構成されています。要素数が違いますが、Shader Graphでは自動的に変換して接続してくれます。

右図のような星型のテクスチャのUV座標をオフセットすることを例にして、入力と出力の要素数が違う場合の変換のされ方について考えてみます。

まず、出力の要素数が入力より少ない場合（出力の要素数1、入力の要素数2）、Vector1ノードの値（次の図の場合0.2）がオフセットのXとY両方で使用され（X=0.2 Y=0.2）、星型のテクスチャが縦横両方にオフセットされているのがわかります。

▶ 出力の要素数が入力より少ない場合

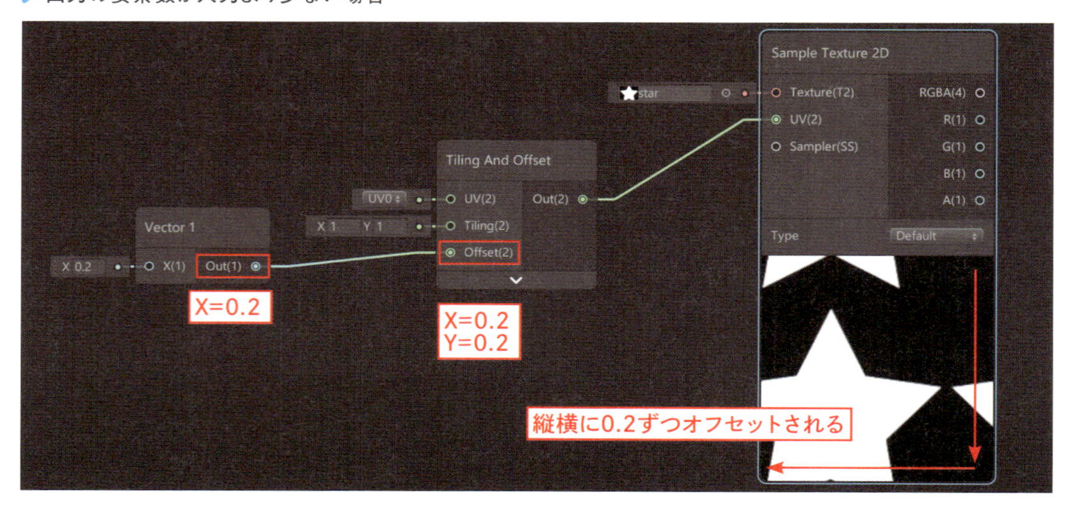

次に出力の要素数が入力より多い場合（出力の要素数4、入力の要素数2）、Vector4ノードのX,Y,Z,Wの4つのうち、オフセットにはXとYのみ（X=0.8 Y=0.2）が使用されZとWについては切り捨てられます。

▶ 出力の要素数が入力より多い場合

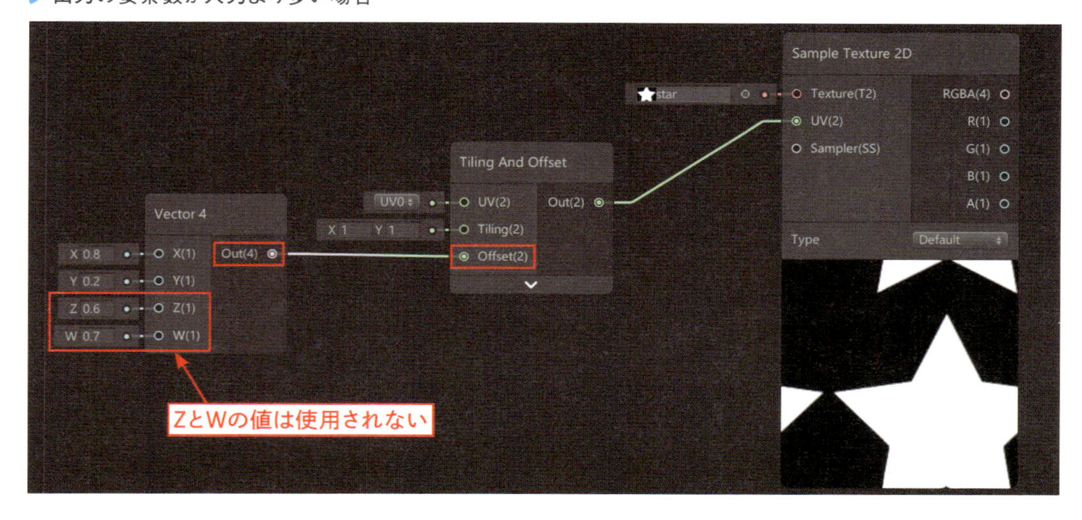

今回の場合は、変換によってOffset(2)の2つの要素の両方にTime(1)の値が入ってしまうため、Offset(2)のXの移動値とYの移動値それぞれを、独立して変更できるような構成に作り替えていきます。

次の図のように、2つのVector1ノードと、Multiplyノード、そしてCombineノードをそれぞれ作成し、接続してUVスクロールを作成します。

▶ ノードを組み合わせてUVスクロールを作成(SH_5-4-3_01参照)

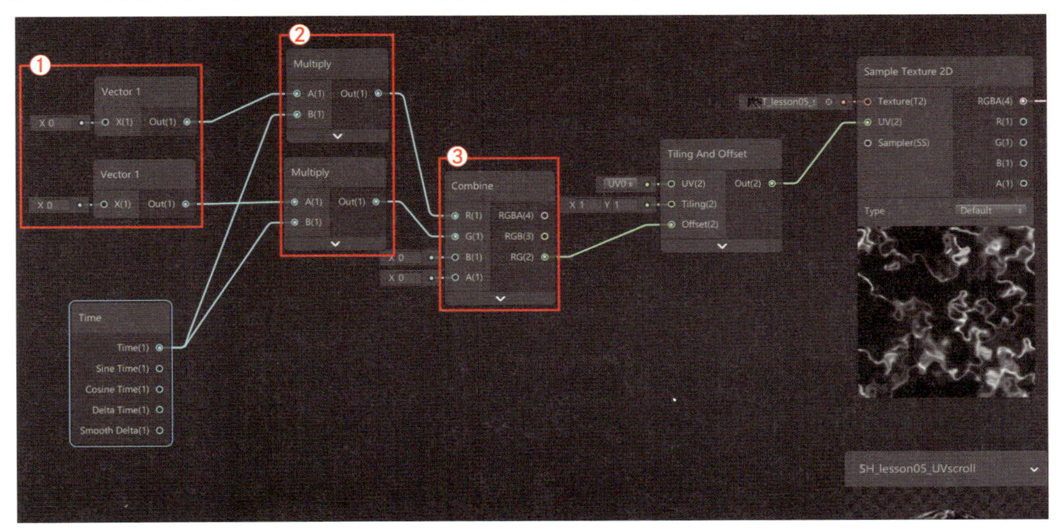

▶ 配置するノードの内容

図内番号	内容
①	２つの Vector1 ノードを作成。ここで UV スクロールの速度を決定する
②	２つの Multiply ノードを作成。先ほど作成した Vector1 ノードと Time ノードを掛け合わせて、常に加算的に変化する値を出力
③	Combine ノードを使って、要素数１の独立した２つの値をまとめ、要素数２の値として出力

Timeノードと Vector1ノードの値をMultiplyノードで掛け合わせることによって速度を調整します。調整したそれぞれの要素をCombineノードでまとめてRG(2)として出力しています。これでUVスクロールの速度をX方向とY方向で独立して制御することができます。

▶ SplitノードとCombineノード

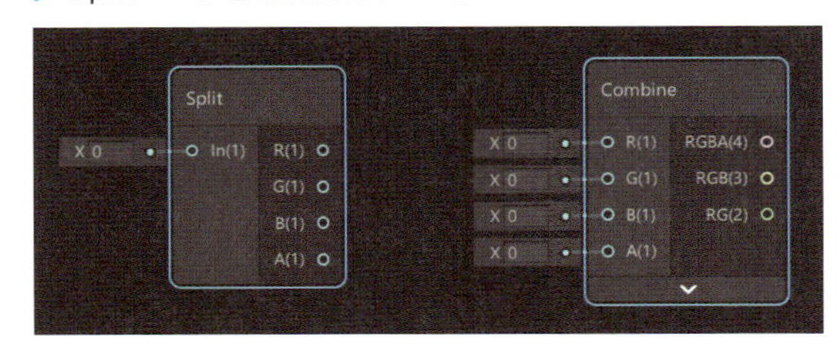

また、要素をまとめるComibineノードとは反対に、要素を分割する場合はSplitノードを使用します。２つも使用頻度の高いノードです。

ここまでの変更をSave Assetボタンをクリックして保存しておきましょう。5-5では作成したノードをプロパティに変換し、マテリアルから値を調整できるように変更していきます。

マテリアルからのパラメータの調整

5-4 で作成した UV スクロールシェーダーのノードをプロパティ化して、マテリアルから値を調整できるように設定していきます。

5-5-1 プロパティの設定

最初に、下左図のようにウィンドウ左上にあるシェーダー名の下のフィールドをダブルクリックして、Samplesと入力しましょう。すると、下右図のようにシェーダーの表示が、Samples/SH_lesson05_UVscrollという風に変化します。このようにツリー構造にしておくと見た目もスッキリするので、今後はSamples直下にシェーダーを作成していきます。

▶ シェーダーをツリー構造で表示

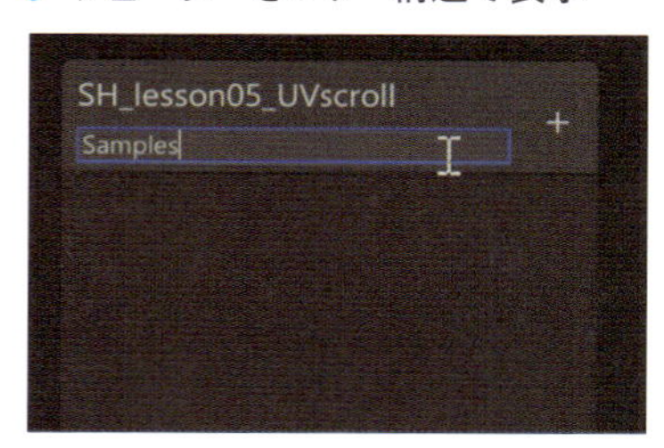

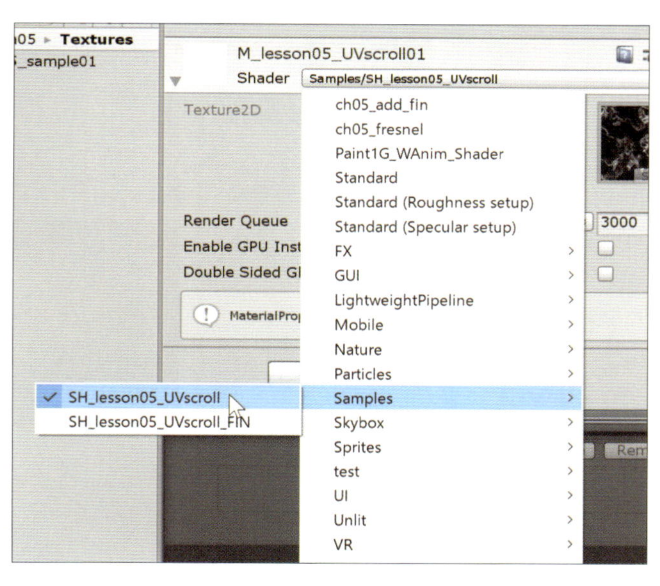

次にシェーダーのUnlit Masterノードの設定を変更します。Unlit Masterノードの歯車のアイコンをクリックすると次のページの図のような表示になるので、設定を変更して再度Save Assetをクリックします。BlendをAdditiveに設定すると加算モードに、Two Sidedにチェックを入れるとポリゴンの表裏両方を描画できるようになります。

▶ Unlit Masterノードの設定を変更

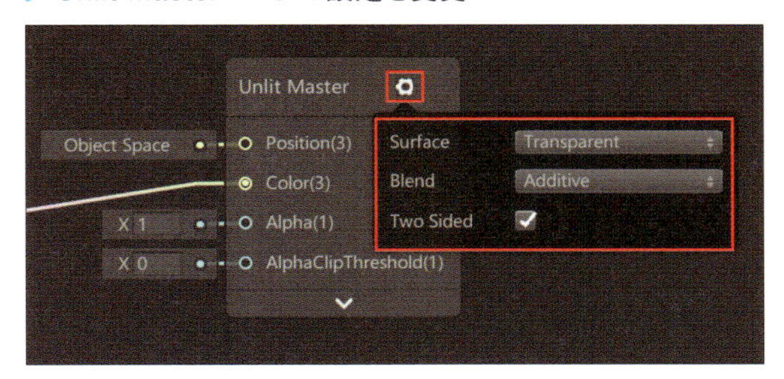

▶ 変更結果

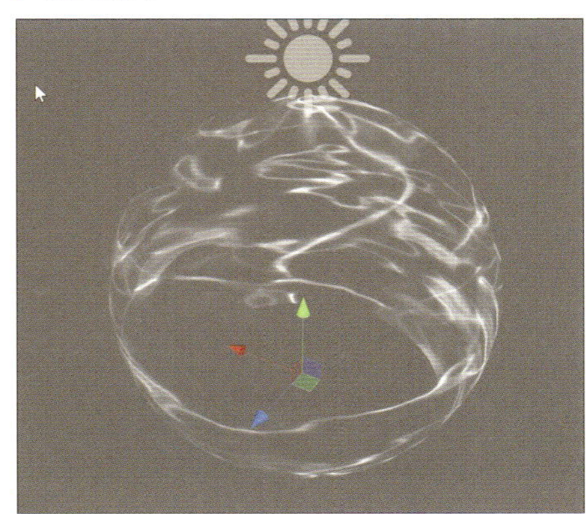

▶ Unlit Masterノード

パラメータ	値
Surface	Transparent
Blend	Additive
Two Sided	チェックあり

ブレンドモードの設定をAdditive（加算）に設定したため、黒い部分が透明になり描画されなくなりました。次にUVスクロールの値とテクスチャをプロパティ化し（次の図にて赤枠で囲ったノード）、マテリアルから調整ができるように設定していきます。

▶ プロパティ化するノード(SH_5-5-1_01参照)

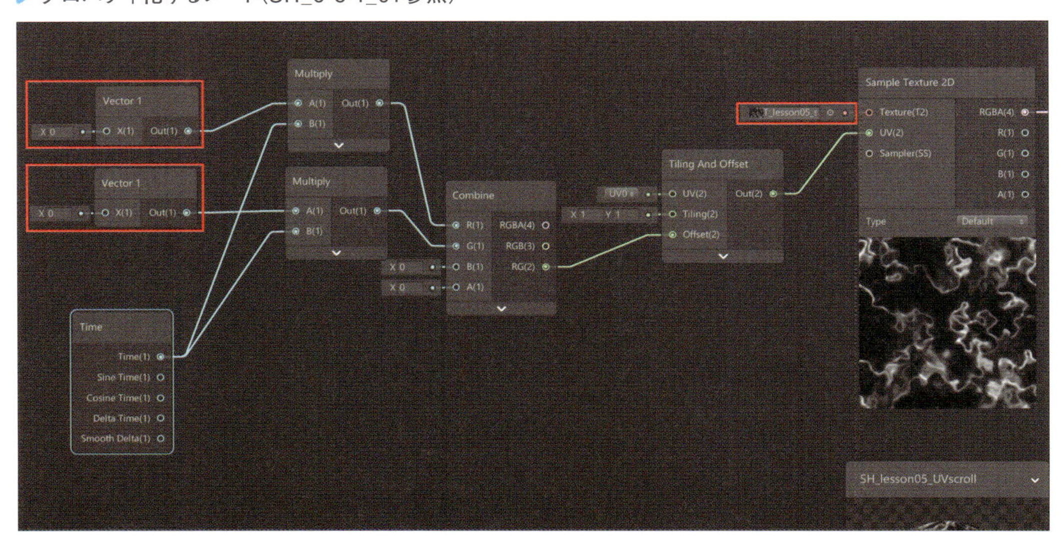

まず上図左側のVector1ノード（上側のもの）を選択して右クリックし、表示されたメニューからConvert To Propertyを選択します。左上のブラックボードにプロパティとして登録されます。

▶ マテリアルから変更可能なプロパティとしての登録

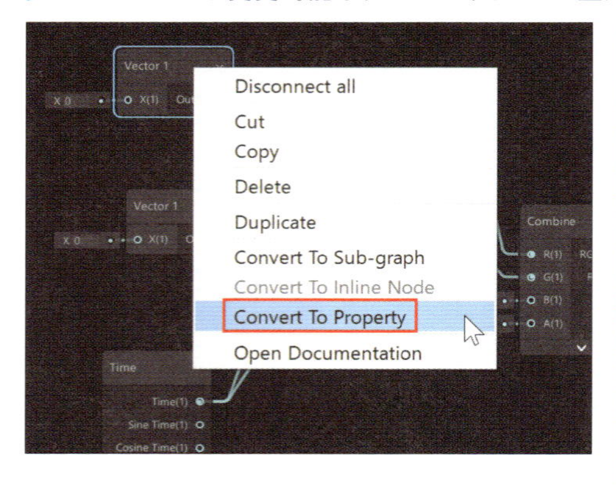

Save Assetボタンをクリックして変更をマテリアルに反映します。マテリアルが変更されると、右図のようにプロパティが変更可能なパラメータとしてマテリアルに表示されます。

▶ 登録したプロパティがマテリアルに表示される

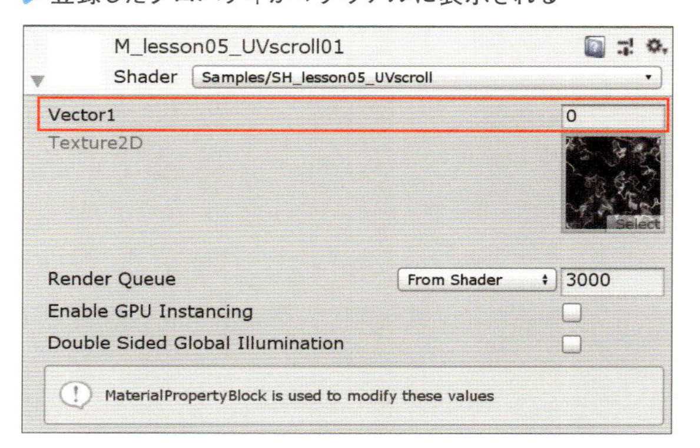

パラメータの見た目を変えることも可能です。Shader Graphに戻ってブラックボードからメニューを展開（次のページの図の緑枠部分をクリック）し、パラメータの名前と表示を変更しましょう。スライダ表示に変更することで値の調整がしやすくなります。またプロパティ名（Vector1の部分）をダブルクリックすることで名前を変更できます。

▶ プロパティの設定を変更し、マテリアルの表示を更新

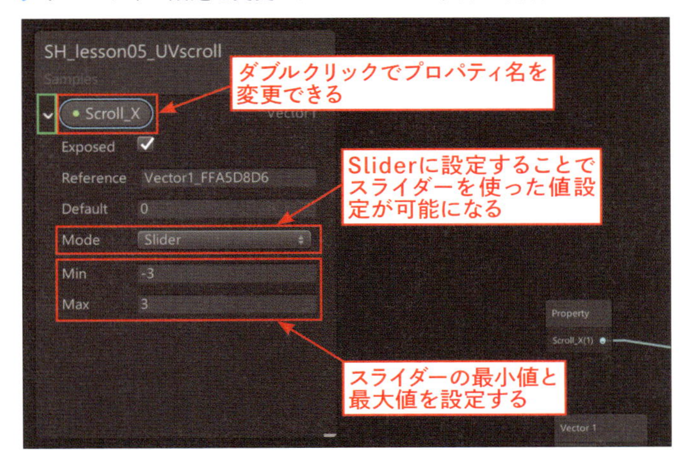

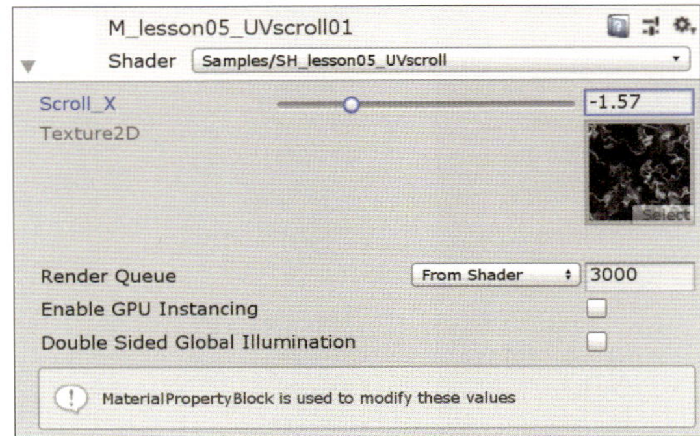

もう1個のVector1ノードに関しても同様の操作を行い、名前をScroll_Yに変更します。最終的に次の図のような表示になります。

▶ 2つのVector1ノードをプロパティとして登録

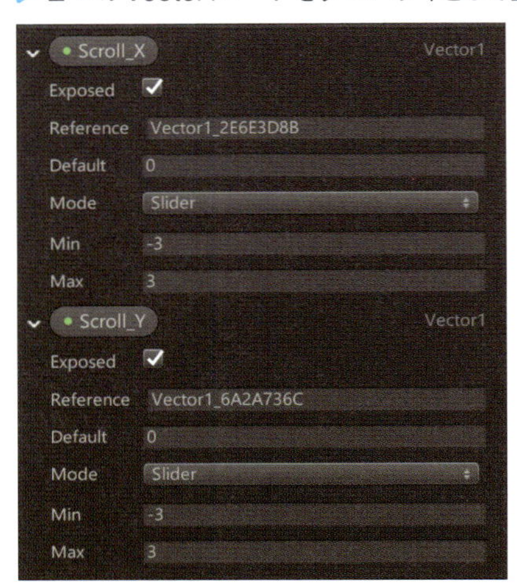

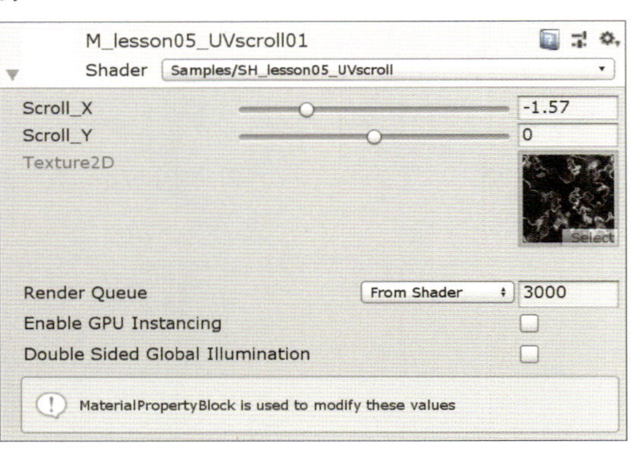

今回はVector1ノードをプロパティに変換しましたが、最初からプロパティとして作成する方法もあります。

ブラックボード右上の＋アイコンをクリックすると、作成可能なプロパティの一覧が表示されます。作成したプロパティをメインエリアにドラッグ＆ドロップして他のノードに接続することで、そのまま使用することが可能です。

▶ ブラックボードから直接プロパティを作成できる

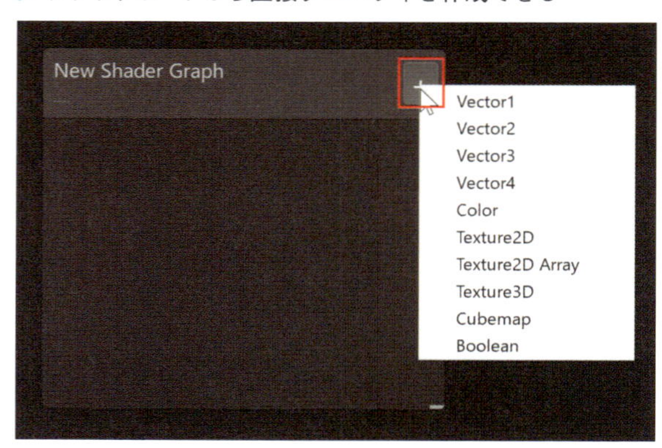

▶ 作成したプロパティをドラッグ&ドロップして配置できる

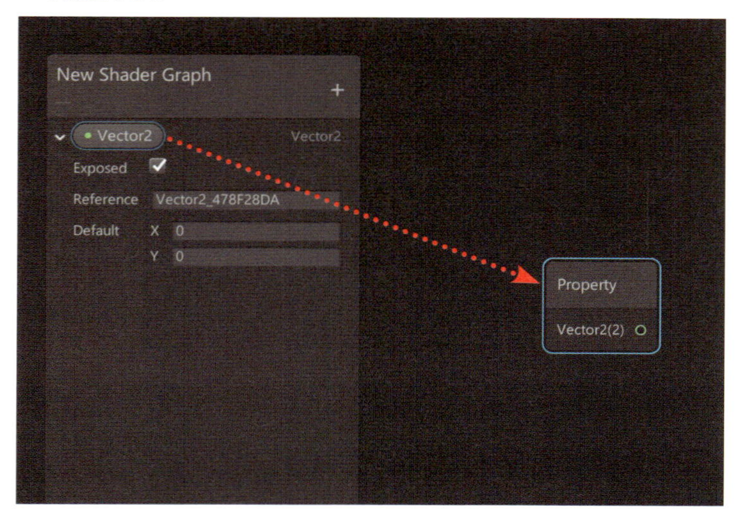

5-5-2 テクスチャのプロパティ化

次はテクスチャをプロパティ化していきます。マテリアルの画面にテクスチャスロットは表示されていますが、パラメータ名がグレーになっており変更はできない状態です。

テクスチャをプロパティ化して変更ができるようにしていきます。Sample Texture 2Dノードはプロパティに変換できないノードですので、テクスチャのプロパティを新たに作成します。

ブラックボードの＋アイコンをクリックしてTexture2Dを選択します。作成されたプロパティの名前をMainTexに変更し、メインエリアにドラッグ＆ドロップして配置し、現在Sample Texture 2DノードにつながっているT_lesson05_sphere01テクスチャと置き換える形で、Texture(T2)入力にプロパティを接続します。

▶ テクスチャのパラメータが編集できない状態になっている

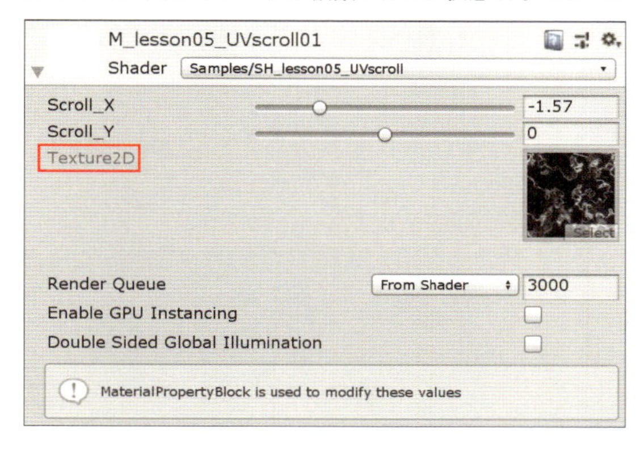

▶ 新たにプロパティを作成し、Sample Texture 2Dノードに接続(SH_5-5-2_01参照)

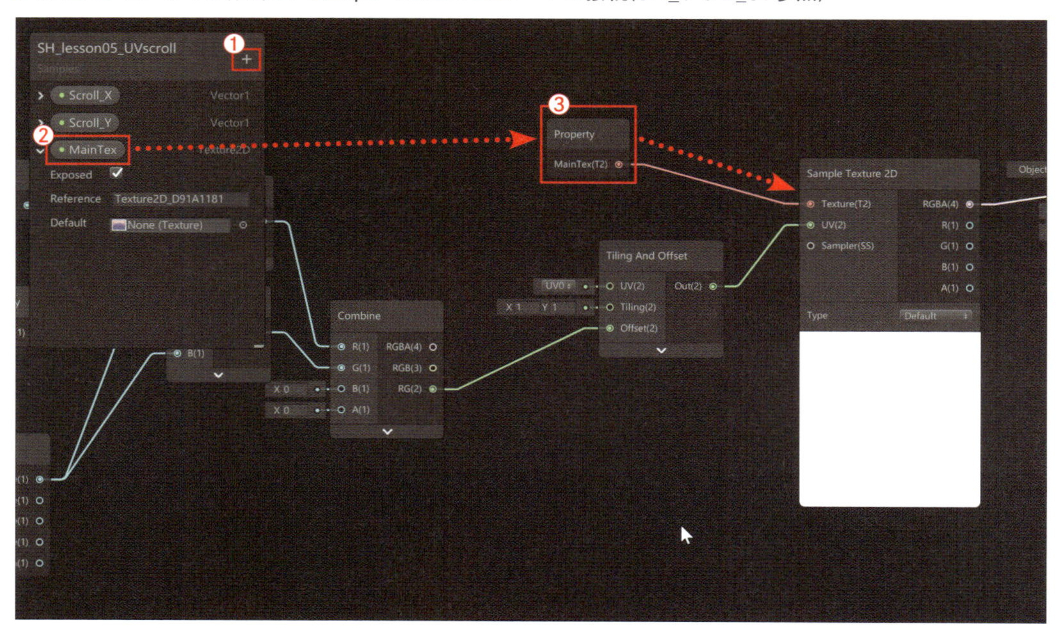

▶ 設定するプロパティ

図内番号	内容
①	プラスアイコンをクリックしてプロパティの一覧から Texture2D を選択
②	作成した Texture2D プロパティの名前を MainTex に変更してメインエリアにドラッグ＆ドロップで配置
③	配置したプロパティを Sample Texture 2D ノードに接続

テクスチャのプロパティ化が完成しましたので、Save Assetボタンを押してマテリアルに反映されているか確認しましょう。テクスチャが適用されていない状態なので、Assets/Lesson05/TexturesフォルダからT_lesson05_sphere01をマテリアルのテクスチャスロットにドラッグ＆ドロップします。

▶ テクスチャを適用

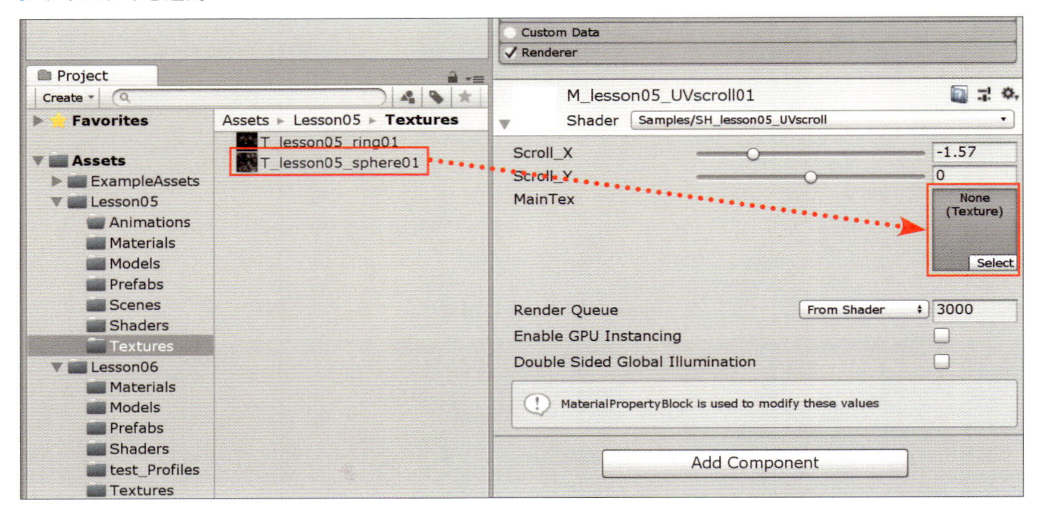

エフェクトの見た目には変化はありませんが、マテリアルからUVスクロールのスピードと使用するテクスチャを変更することができるようになりました。マテリアルから値を変更して結果が変化するのを確認しておきましょう。

5-5-3 Shurikenからカラーの変更

最後にShurikenからカラーを変更できるようにノードを追加していきます。現在のシェーダーでは、ShurikenのStart ColorパラメータやColor over Lifetimeモジュールでカラーを調整しても色が変化しません。試しにStart Colorパラメータを青色に変更してみましょう。カラーが変化しないことを確かめたら白色に戻してください。

▶ Shurikenでカラーを変更しても反映されない

sphere01	
Duration	5.00
Looping	✓
Prewarm	☐
Start Delay	0
Start Lifetime	5
Start Speed	0
3D Start Size	☐
Start Size	1.7
3D Start Rotation	☐
Start Rotation	0
Flip Rotation	0
Start Color	
Gravity Modifier	0
Simulation Space	Local
Simulation Speed	1
Delta Time	Scaled
Scaling Mode	Hierarchy
Play On Awake*	✓
Emitter Velocity	Rigidbody
Max Particles	1000
Auto Random Seed	✓
Stop Action	None

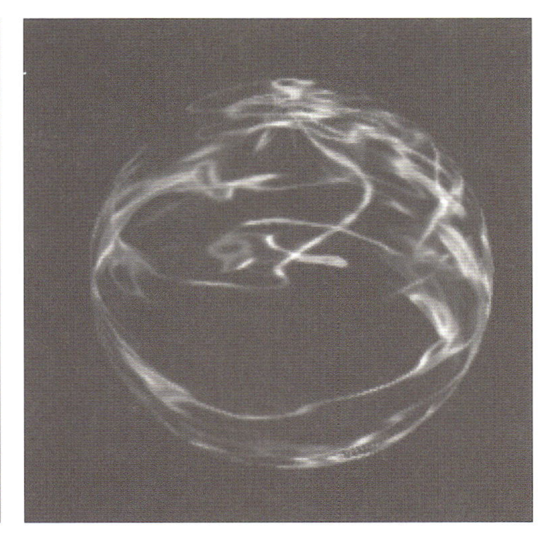

　Shurikenからのカラーの変更をシェーダー側で受け取るためにはVertex Colorノードを追加しておく必要があります。次の図のように、Vertex Colorノードを追加して、Multiplyノードを使ってUVスクロールしているテクスチャと掛け合わせることで、Shurikenからカラーの変更を受け取ることができるようになります。

▶ Vertex Colorノードを追加

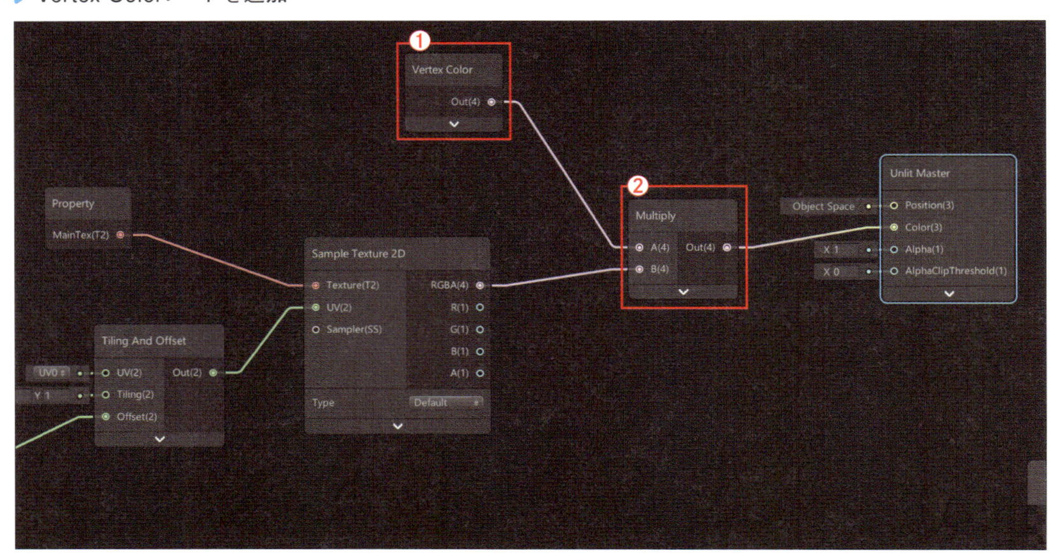

▶ 配置するノード

図内番号	内容
①	Vertex Color ノードを追加して、Shuriken のカラー値を読み込む
②	Multiply ノードを追加し、Vertex Color ノードのカラー値とテクスチャを掛け合わせて、テクスチャを色付けする

これでShurikenのカラーの値を受け取ることができるようになりました。ただしこの組み方だとアルファの値に関しては、まだ受け取ることができません。アルファ値をShurikenから受け取るため、Splitノードを用いてアルファ値だけを抽出し、次の図のように設定してみます。この場合、Splitノードの4つの出力は上から順に、赤、緑、青、アルファをそれぞれ表しています。

▶ アルファ値だけを取り出してAlpha(1)に接続

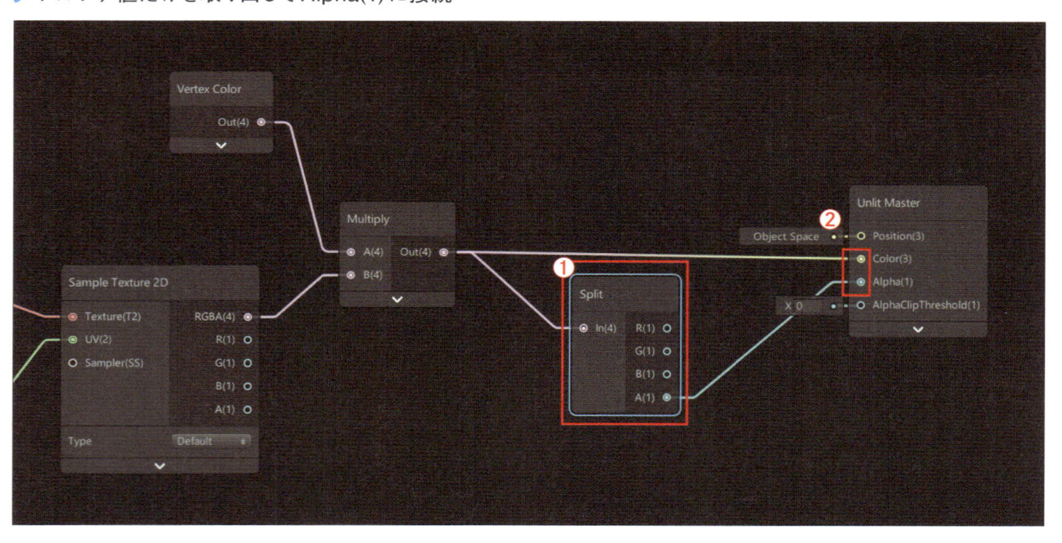

▶ 接続するノード

図内番号	値
①	Split ノードを追加し、アルファ値だけを抽出
②	抽出したアルファ値を Unlit Master ノードの Alpha(1) に接続

ただし、Unlit Masterノードのブレンドモードを Alphaに設定している場合、この接続の仕方で問題ないのですが、ブレンドモードを Additiveに設定した場合は、色の明るさでアルファ値が考慮されるため(色が暗いほど透明になる)、Unlit MasterのAlpha(1)に接続しても見た目が変化しません。

ブレンドモードをAdditiveに設定した場合は、アルファの値を抽出してカラーの値に掛け合わせることでアルファの値を反映します。次の図のように設定し直します。

▶ Multiplyノードでカラー値とアルファ値を掛け合わせる(SH_5-5-3_01参照)

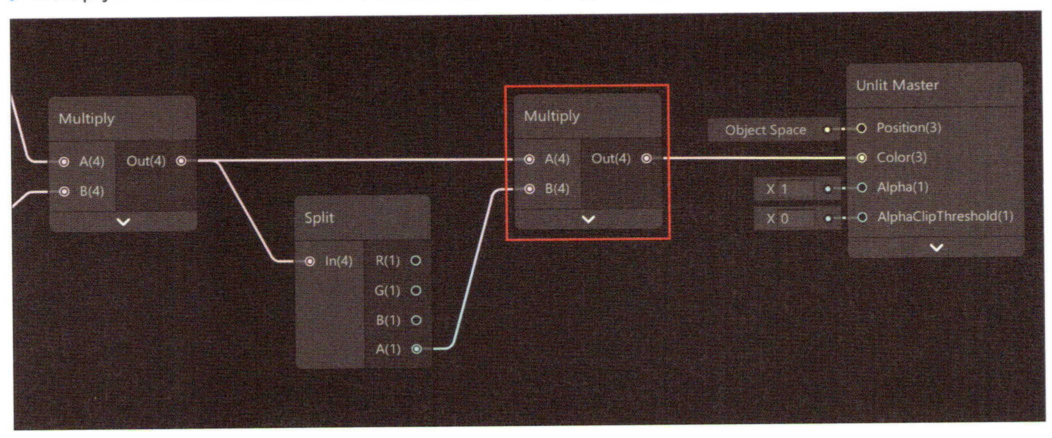

これでアルファ値が反映されるように変更されました。さらにVector1のプロパティを作成して、名前をEmissionに変更し、次の図のように接続します。これで最終的な色の明るさを変更することができます。

▶ 新たにEmissionプロパティを作成(SH_5-5-3_02参照)

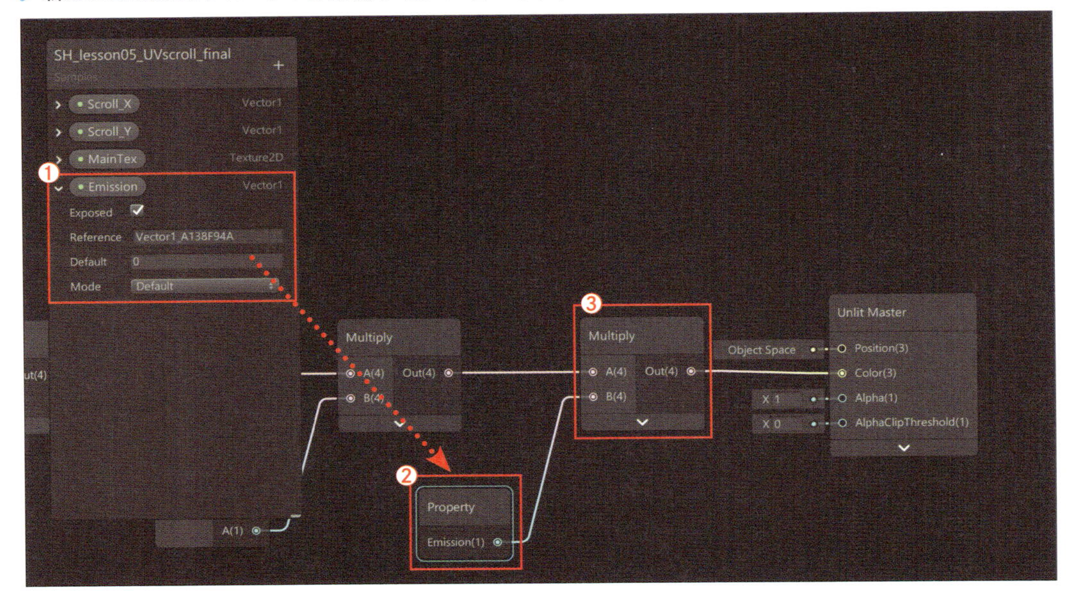

▶ 作成するプロパティ

図内番号	値
①	Vector1 プロパティを作成し、名前を Emission に変更する
②	プロパティをドラッグ & ドロップしてメインエリアに配置する
③	Multiply ノードを追加し、配置したプロパティとカラー値を掛け合わせたものを Unlit Master ノードに接続する

最終的なカラー値に掛け合わせることで色の明るさを増幅させることができます。Emission プロパティの値を大きく設定することで、明るさが増し、ポストプロセスのBloomの効果が得られます。

またプロパティの並び順はドラッグして入れ替えることが可能です。Emissionのプロパティをドラッグして MainTex プロパティと入れ替えます。

完了したらマテリアルのパラメータの値を変更しておきましょう。

▶ プロパティの並び順を変更し、マテリアルのパラメータの並び順を変更

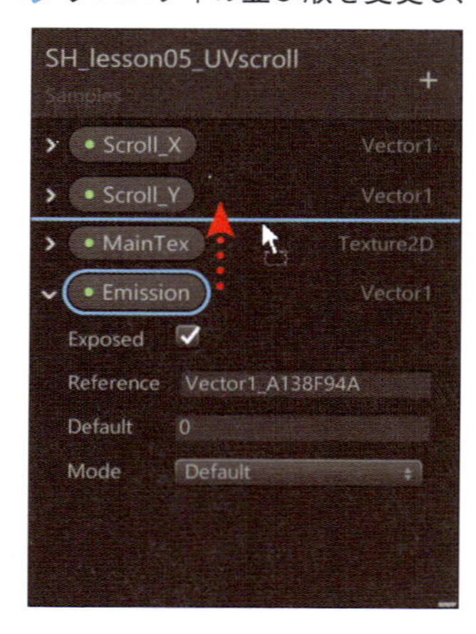

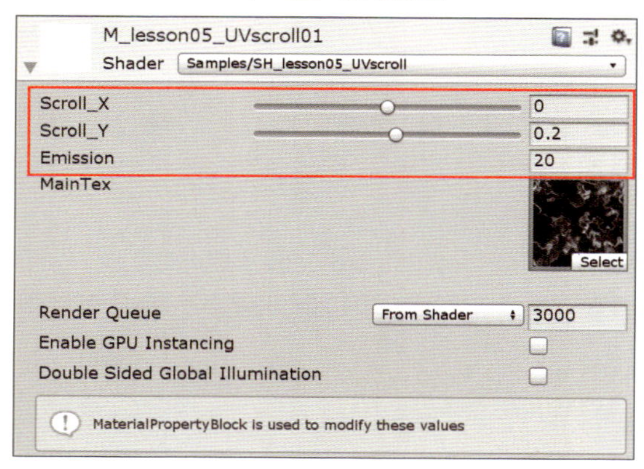

▶ M_lesson05_UVscroll01 マテリアル

パラメータ	値
Scroll_X	0
Scroll_Y	0.2
Emission	20

最後に Main モジュールの Start Color の値を次の図を参考に変更します。

▶ Start Colorの値を変更

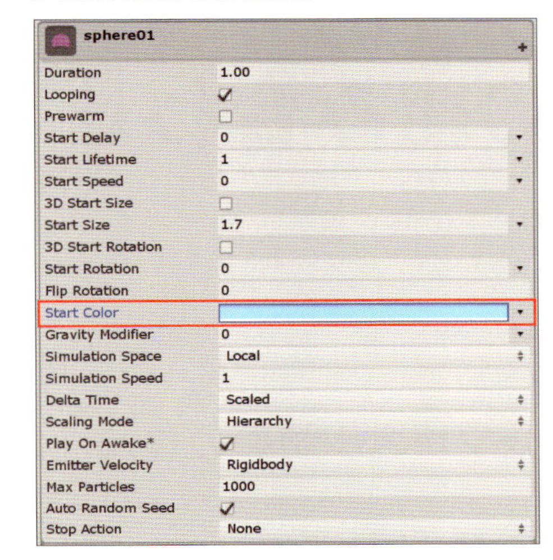

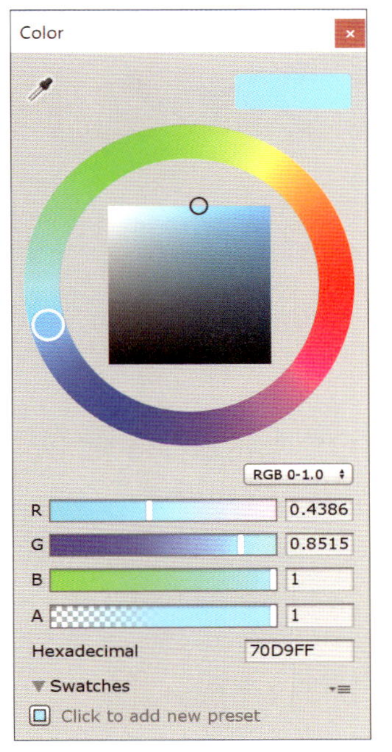

最終的に次の図のような見た目になりました。

▶ Bloomの効果によりグローがかかる

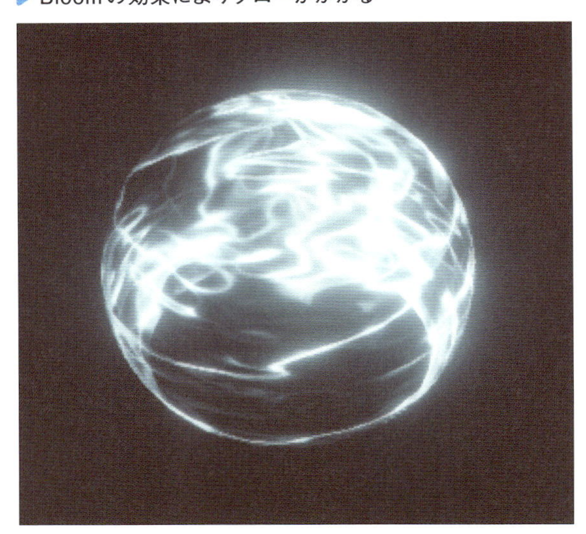

半球状メッシュのエフェクトの組み合わせ

ここからはさらにフレネルの効果を追加してシェーダーを完成させ、エフェクトを Shuriken で組み合わせていきます。

5-6-1 Shader Graphを使ったフレネル効果の追加

ここまででShader Graphの基礎解説、UVスクロール作成、値のプロパティ化を学習してきました。次にフレネル効果を持たせたシェーダーを作成していきます。フレネルとはどういったものかというと、物体に入射した光の振る舞いを制御するパラメータ、と説明できます。少しわかりづらいかと思うのですが、エフェクトにおけるフレネル効果といえばだいたい右図のようなイメージを指す場合がほとんどかと思われます。

▶ エフェクトにおけるフレネル効果

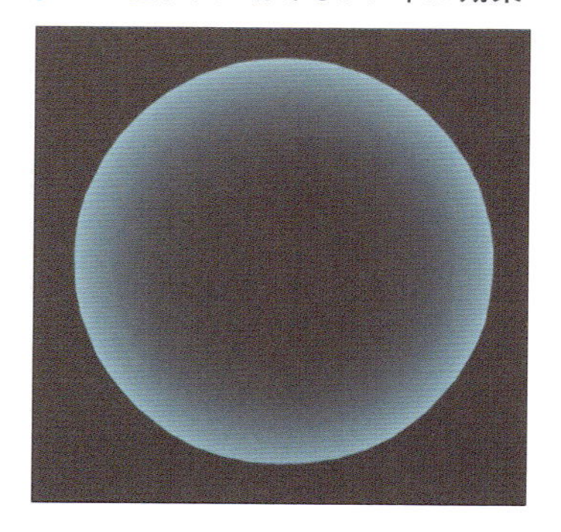

こちらのフレネル効果を追加していきます。Shader Graphでフレネル効果を追加するのは簡単で、Fresnel Effectノードを接続するだけです。5-5で作成したSH_lesson05_UVscrollとは別に新規でシェーダーを作成していきます。新規にUnlit Graphシェーダーを作成し、名前をSH_lesson05_Fresnelに設定して、次の図のように変更し、Vector1プロパティを追加します。

▶ プロパティを追加し、シェーダーの設定を変更

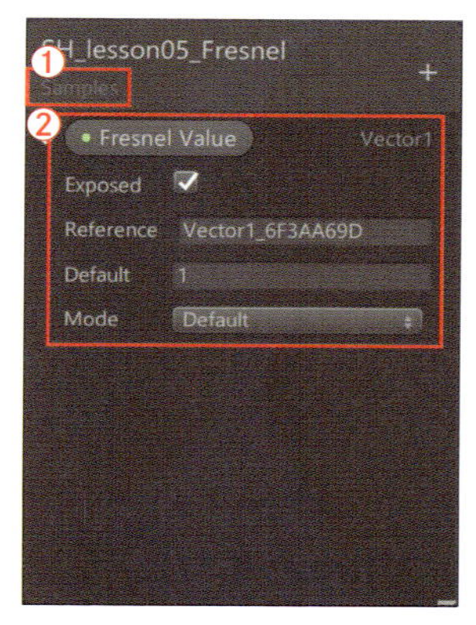

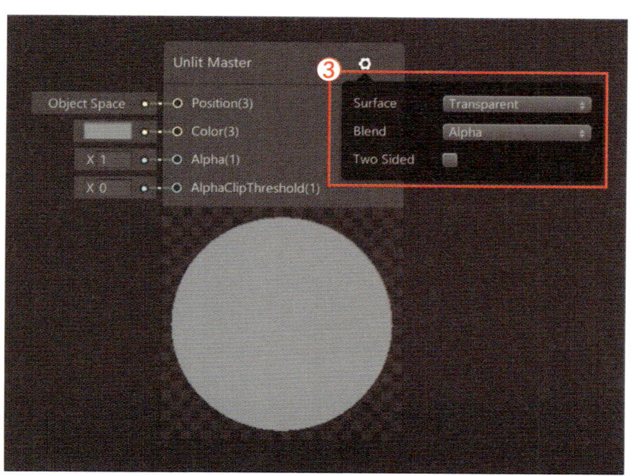

▶ 追加するプロパティ

図内番号	値
①	Samples と入力
②	Vector1 プロパティを作成し、名前を Fresnel Value に変更
③	Unlit Master ノードの Surface パラメータを Transparent に変更

次にFresnel Effectノード追加し、作成したFresnel Valueのプロパティを配置して、次の図のように接続します。Fresnel EffectノードのPower(1)にFresnel Valueのプロパティを接続することでフレネルの強さを調整することが可能です。

▶ Fresnel EffectノードとFresnel Valueプロパティを設定

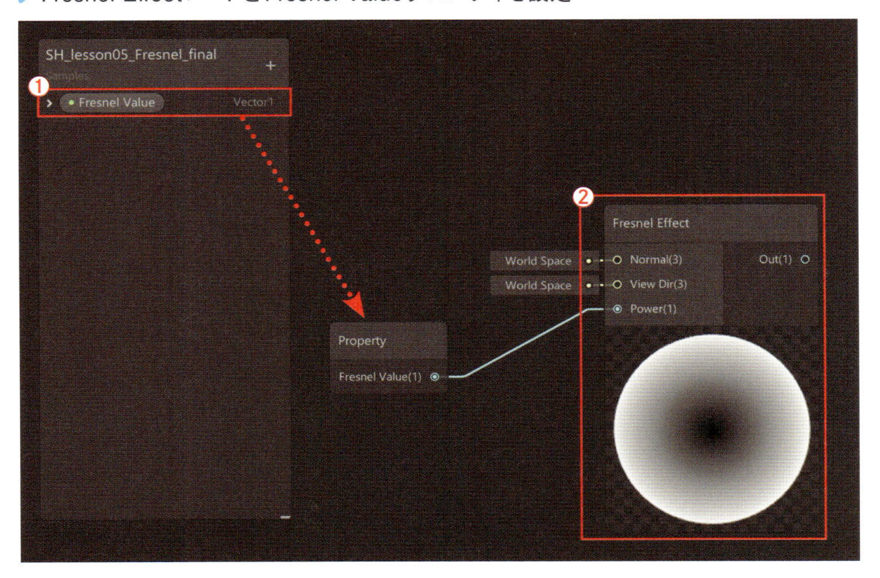

▶ 設定するノードとプロパティ

図内番号	内容
①	作成した Fresnel Value プロパティをメインエリアにドラッグ＆ドロップ
②	Fresnel Effect ノードを配置してプロパティを接続

次にVertex Colorノードを追加して、次の図のように接続します。

▶ Vertex Colorノードを追加

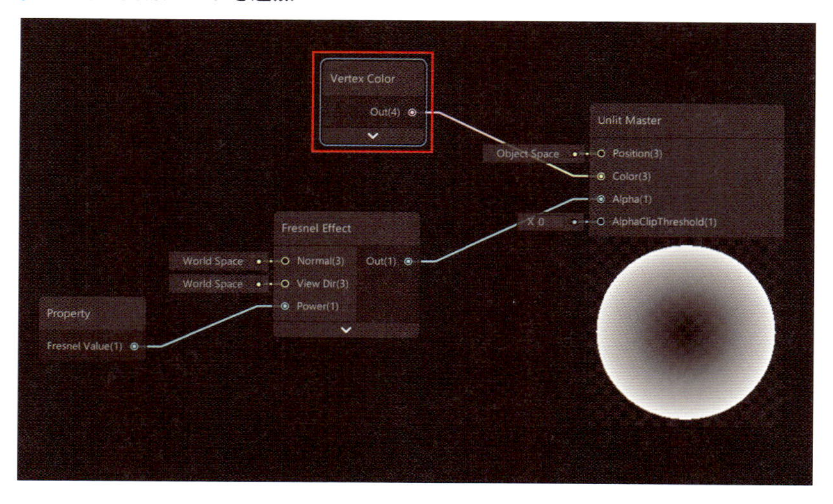

Save Assetボタンをクリックして変更を保存して、結果を確認してみましょう。Assets/Lesson05/Materialsフォルダ内にM_lesson05_Fresnel01という名前で新規マテリアルを作成し、シェーダーを先ほど作成したSamples/SH_lesson05_Fresnelシェーダーに変更します。

▶ マテリアルの設定

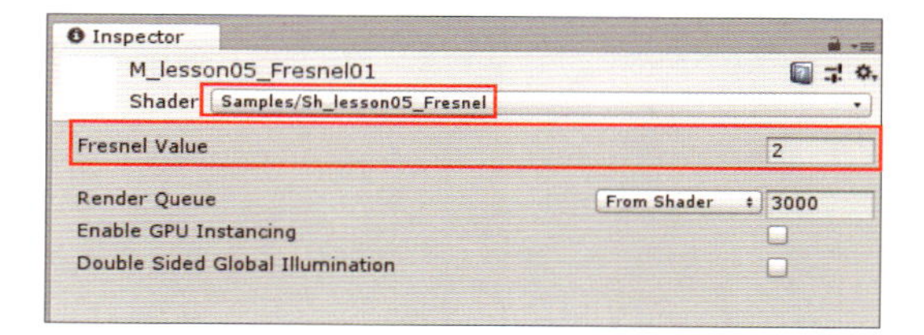

▶ M_leson05_Fresnel01マテリアル

パラメータ	値
Shader	Samples/SH_lesson05_Fresnel
Fresnel Value	2

Hierarchyビューでsphere01を複製してsphere02に名前を変更し、sphere02のRendererモジュールのMaterialパラメータにM_lesson05_Fresnel01を適用します。

▶ M_lesson05_Fresnel01マテリアルを適用

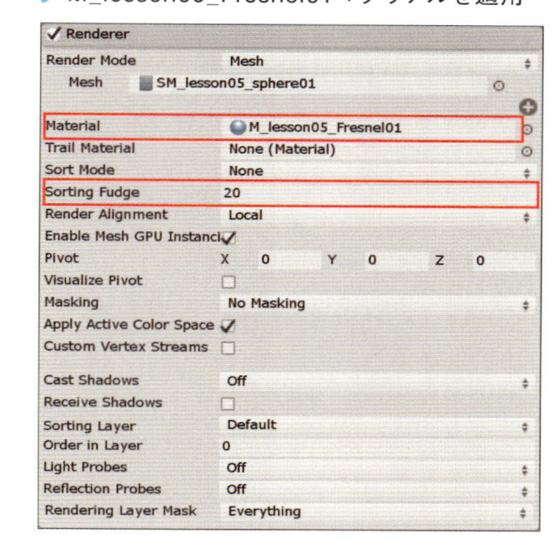

▶ Rendererモジュール

パラメータ	値
Material	M_lesson05_Fresnel01
Sorting Fudge	20

また新規ゲームオブジェクトを作成し、ダミーパーティクルに設定、名前をFX_AuraSphereに変更し、sphere01とsphere02を選択してドラッグ&ドロップしてFX_AuraSphereの子に設定します。

▶ パーティクルの親子設定を行う

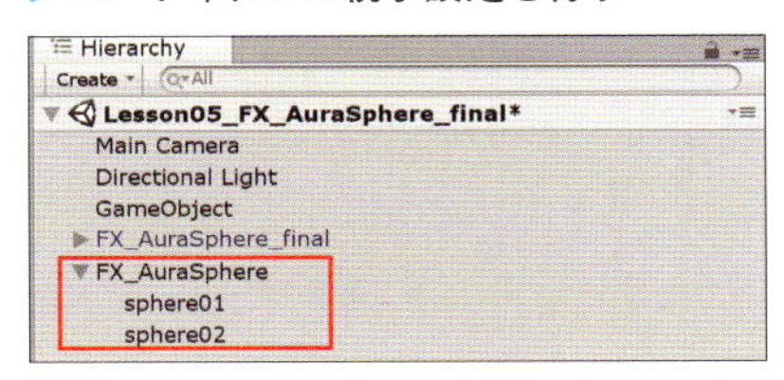

またAssets/Lesson05/Prefabsフォルダにドラッグ&ドロップしてプレファブにしておきましょう。

▶ プレファブとして登録

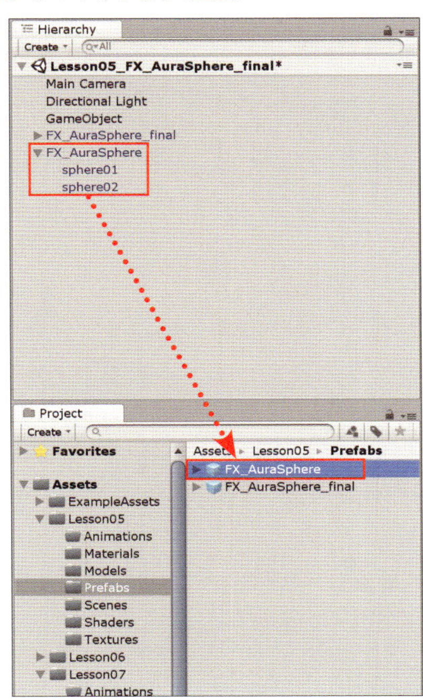

▶ ここまでの作業結果

5-6-2 放射状に広がるエフェクトの追加

半球状のエフェクト部分が完成したので、地面のあたりに放射状に広がるメッシュパーティクルを作成して、エフェクトを完成させていきます。

放射状に広がるメッシュパーティクルのメッシュについては既に用意されたものを使用していきます。sphere01を複製してring01に名前を変更し、Meshパラメータに Assets/Lesson05/Modelsフォルダ内のSM_lesson05_ring01をドラッグ&ド

▶ 地面部分に波紋のような要素を追加

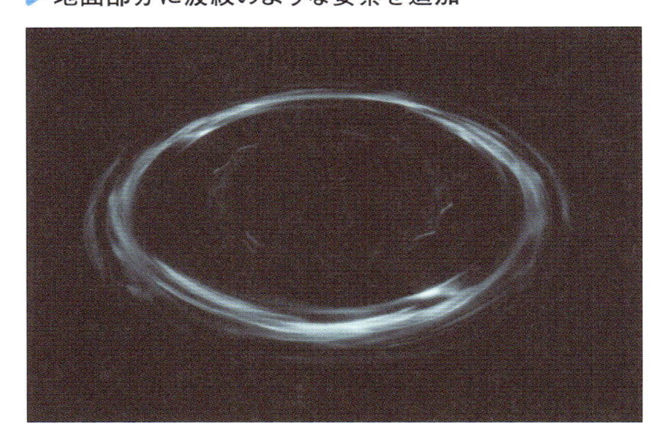

ロップします。

同時にマテリアルも設定していきます、Assets/Lesson05/Materialsフォルダ内のM_lesson05_UVscroll01を複製してM_lesson05_UVscroll02に名前を変更し、Materialパラメータにドラッグ＆ドロップします。

▶ Rendererモジュール

パラメータ	値
Mesh	SM_lesson05_ring01
Material	M_lesson05_UVscroll02

▶ Rendererモジュールを変更

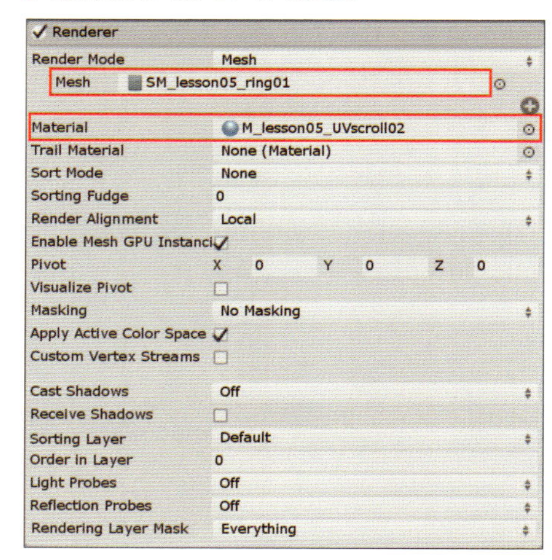

また、マテリアルのパラメータを右図のように設定します。テクスチャについてはAssets/Lesson05/Texturesフォルダ内のT_lesson05_ring01を使用してください。

▶ M_lesson05_UVscroll02マテリアル

パラメータ	値
Scroll_Y	1
MainTex	T_lesson05_ring01

▶ マテリアルを適用してパラメータを変更

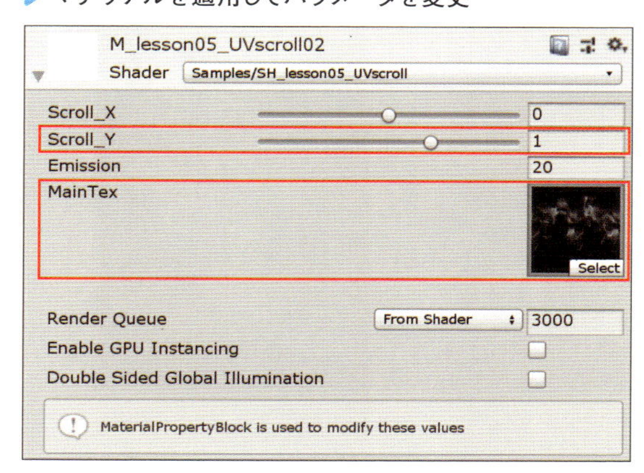

さらにShurikenのMainモジュールとEmissionモジュールを次のページの図のように変更していきます。

▶ MainモジュールとEmissionモジュールの設定を変更

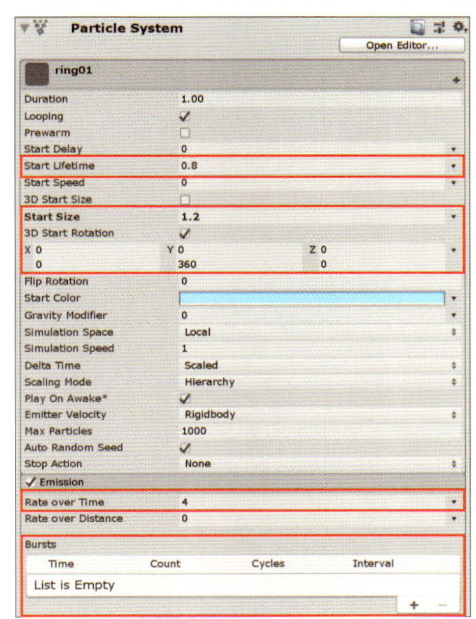

▶ Mainモジュール

パラメータ	値		
Start Lifetime	0.8		
Start Size	1.2		
3D Start Rotation	チェックあり		
	X:0	Y:0	Z:0
	X:0	Y:360	Z:0

▶ Emissionモジュール

パラメータ	値
Rate over Time	4
Bursts	使用しない

最後にColor over Lifetimeモジュールをオンにして次の図のように設定します。

▶ Color over Lifetimeモジュールを設定

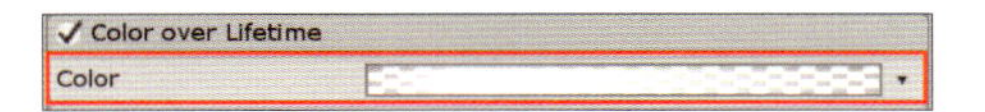

▶ Colorパラメータの設定

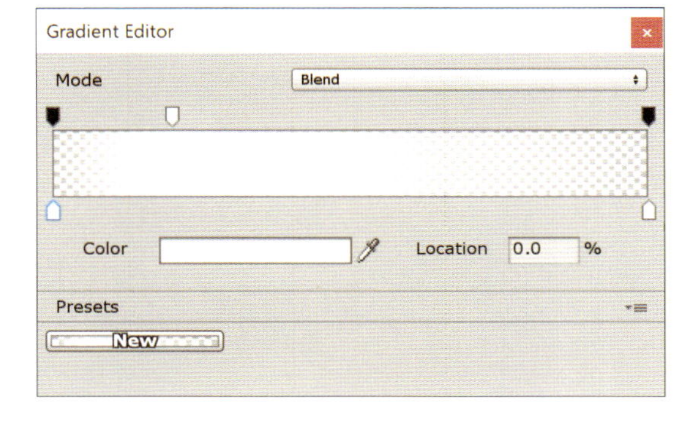

以上で、半球状のオーラエフェクトが完成しました。HoudiniとShader Graphの基礎部分も同時に解説したため、エフェクト自体は簡素ですが、今後の章でも基本的な作成方法はそれほど変わらないので、しっかりと習得して、6章に進んでいきましょう。

▶ 完成したエフェクト

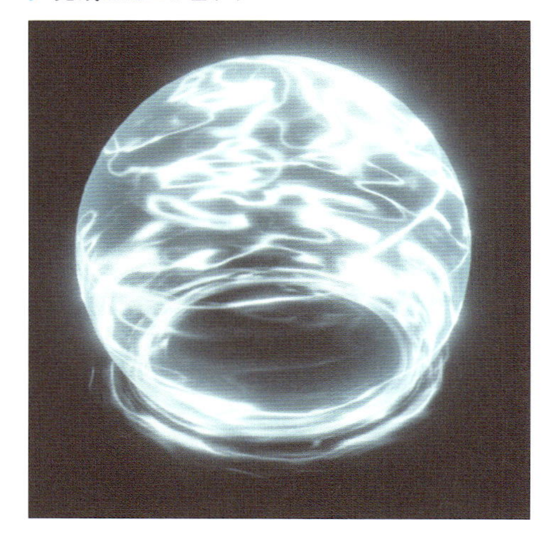

闇の柱エフェクトの作成

6-1 闇の柱エフェクトの作成

5 章では Houdini と Shader Graph の基本機能についての解説をしましたので、本章からはより複雑なエフェクトを制作していきます。

6-1-1 エフェクト設定画の制作

5章と同じようにエフェクト設定画を作成していきます。まず、あらかじめ決定している要素を書き出してみます。

・闇属性
・円柱状の地面から立ち上るエネルギー体

この 2 つの決定事項を元にエフェクトの展開などを考えてみます。

・竜巻のような巨大なスケール感ではないので、スピーディーな動きにする
・円柱の周りに渦巻くような動きを取り入れる
・円柱部分はメッシュオブジェクトにUVスクロールで表現

これらの要素をエフェクト設定画に落とし込んでいきます。

▶ アナログで描いたラフ

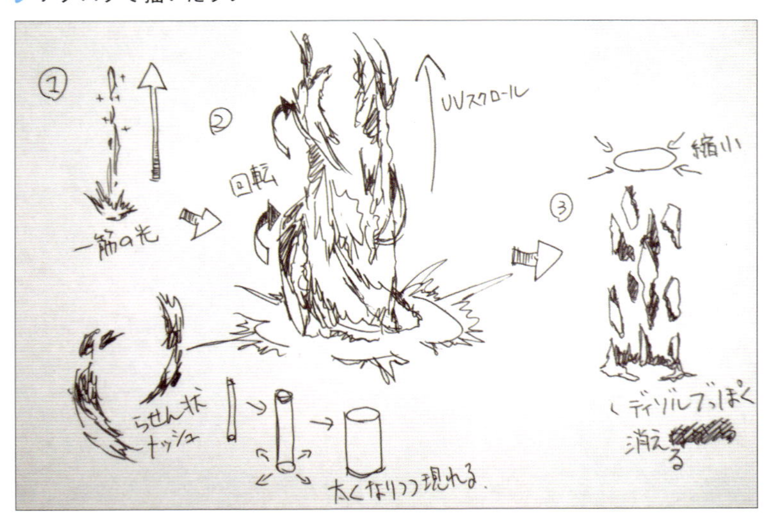

自分の頭の中にあるイメージを書き出してみることで、これから行う作業が明確になります。またエフェクト設定画では闇属性の円柱とその周りのまとわりつく光の筋が同じぐらい目立っていますが、どちらかというとまとわりつく光の筋はサブ要素として、もう少し細くしてしまった方がよいかもしれません。

ラフ図では、エフェクトの発生から消失までの展開についても描いていますが、こちらの展開は本章のボリュームの関係で今回は作成せず、Photoshopで制作したエフェクト設定画部分のみを表現していきます。

▶ Photoshopで制作したエフェクト設定画

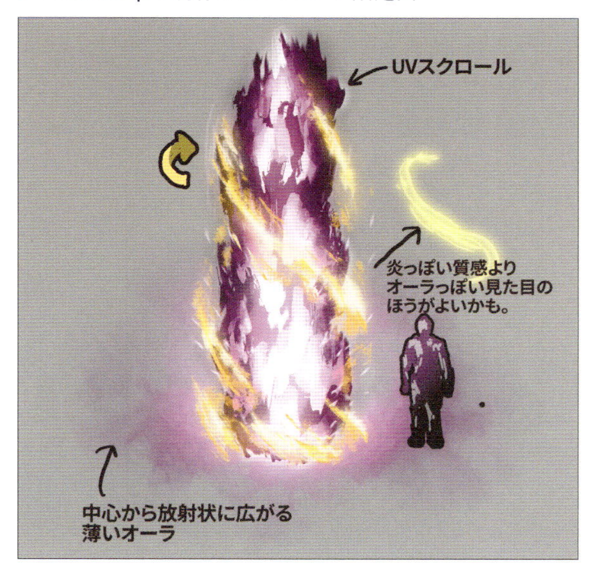

6-1-2 闇の柱エフェクトのワークフロー

1章をまるまる使ってエフェクトを制作していくので、制作の工程を簡単に説明しておきます。また各節で学習していく内容についても併記してあります。

6-2では、Houdiniを使用して、メインの柱部分のメッシュを作成していきます。メッシュの作成を通して次の内容を学習していきます。

・NURBSカーブを使用したモデリング手法の解説
・ランプパラメータを使用した頂点アルファの設定方法
・オブジェクトのトポロジーが変更されても破綻しないUV座標の設定方法

▶ Houdiniを使用してメッシュを作成していく

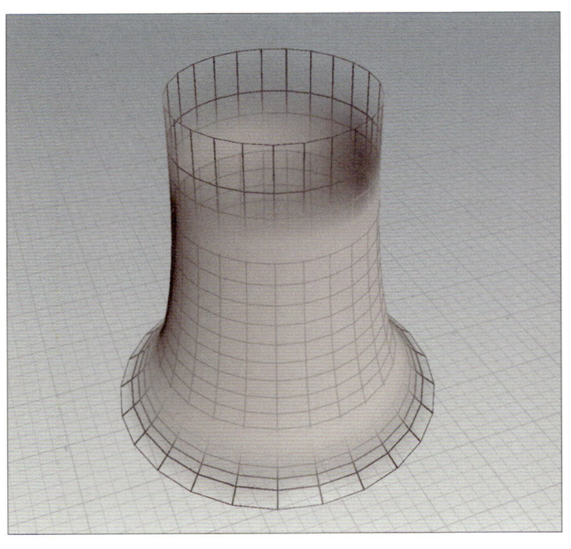

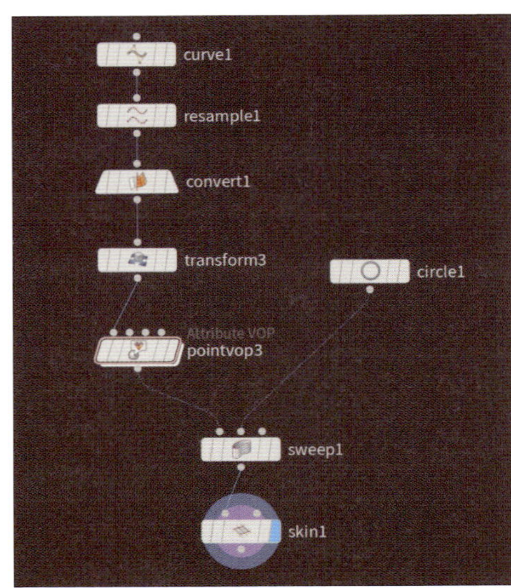

6-3では、闇の柱部分に使用するシェーダーをShader Graphで作成していきます。また、シェーダー制作を通して次の内容を習得していきます。

・テクスチャをマスキングする方法
・頂点アニメーションの実装方法
・プロパティの設定方法

▶ Shader Graphを使用してシェーダーを組み上げていく

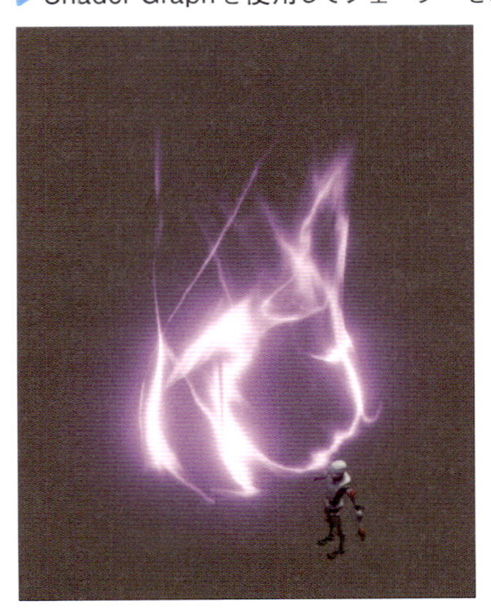

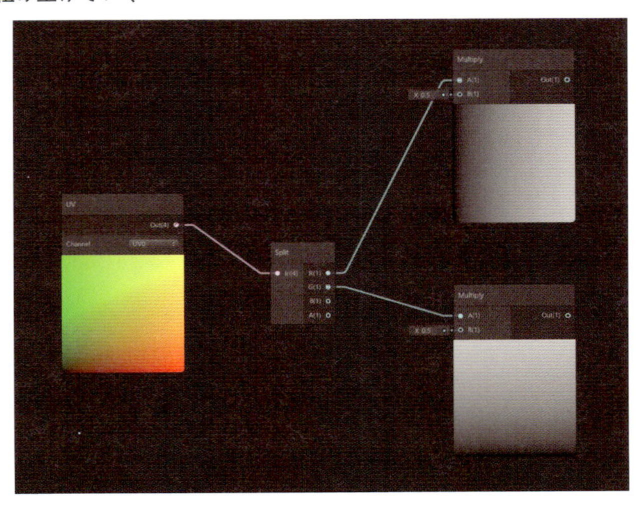

6-4では、次の手順で作業を進めながら、闇の柱のメッシュパーティクルを設定していきます。

・アルファブレンドに設定したシェーダーを作成
・闇の柱用に作成した加算とアルファブレンドのシェーダーを使用し、柱のメッシュパーティクルを設定

▶ 作成した2種類の柱を合わせたもの(左)とマテリアル(右)

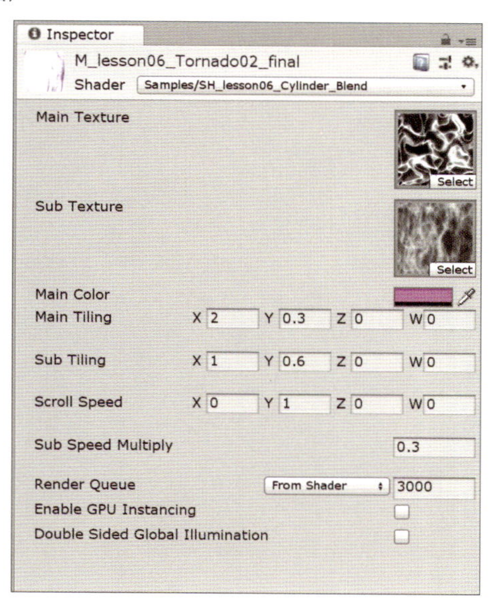

6-5では、柱の周りに発生して舞い上がるダスト素材を作成し、ダスト用のシェーダーも別途作成していきます。

▶ ダスト素材の完成イメージ

6-6では、次の手順を学びながら、柱の周りに発生する螺旋状のオーラの筋を、トレイル機能を使って作成していきます。

・トレイル用のシェーダーを作成
・Trailモジュールの使用方法を学習

▶ トレイルの完成イメージと使用しているマテリアル

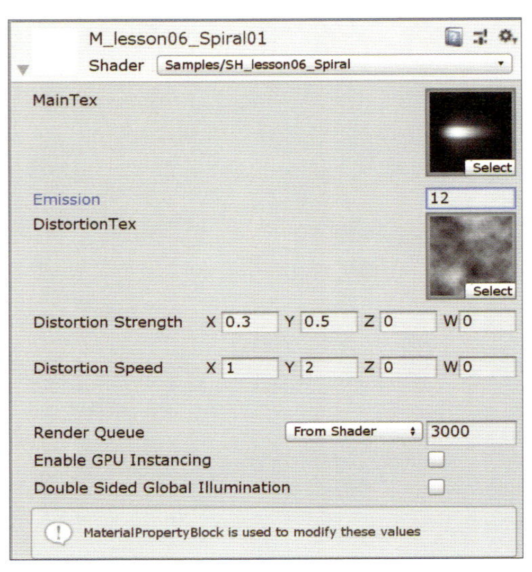

6-6までの過程で、エフェクトが完成します。5章より複雑になりますが、実力が確実にレベルアップしていきますので頑張っていきましょう。

▶ 闇の柱エフェクトの完成イメージ

6-2 メッシュの作成

ここではHoudiniを使用してチューブ状のメッシュを制作していきます。NURBSカーブの頂点アルファの設定なども行っていきます。

6-2-1 チューブ状メッシュのベース部分の制作

まずは闇の柱エフェクトのメイン部分である、柱のメッシュをHoudiniで作成していきます。新規シーンを作成し、任意の名前で保存しておきましょう。なお、完成シーンファイルはLesson06_tube.hipになりますので、不明点があった場合はシーンを参照してみてください。

完成したチューブ状メッシュのベース部分は、右図のような形状になります。頂点アルファが設定されており、メッシュの上端と下端は透明になります。

▶ 完成したメッシュ

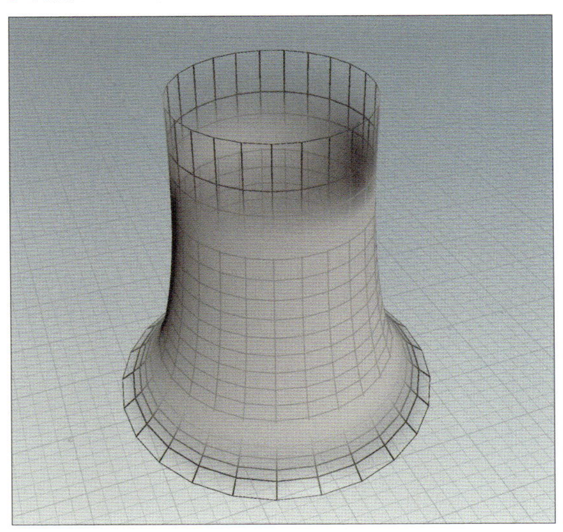

まず次のページの図のようなカーブを描画していきます。

▶ スプラインを描画

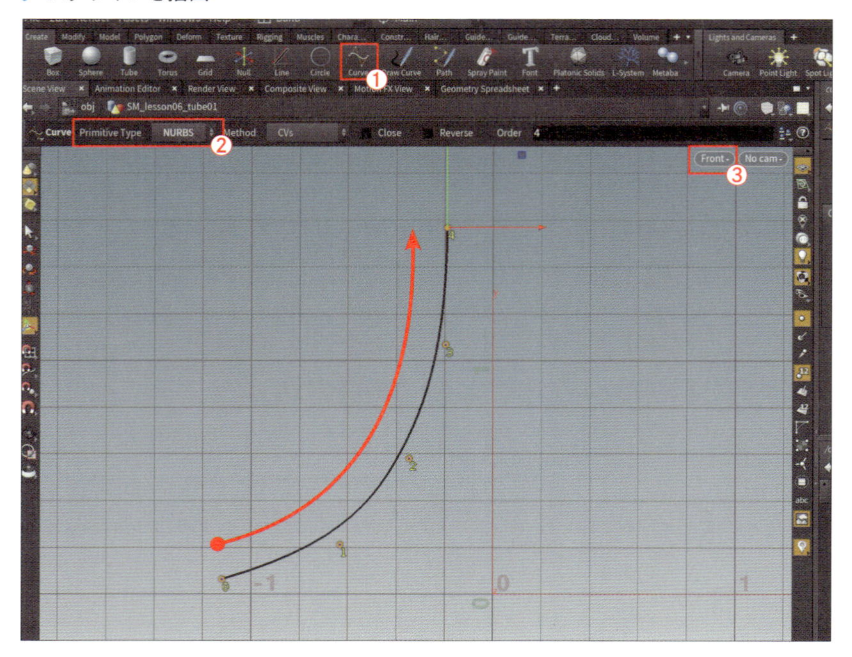

▶ 作成するカーブ

図内番号	内容
①	シェルフから Curve ツールを選択
②	Primitive Type を NURBS に変更
③	赤枠部分をクリックし、ビューポートを Front に設定

シェルフからCurveツールを選択し、Primitive TypeをNURBSに変更しておきます。シーンビューの表示を③の赤枠部分をクリックして、Set View→Front viewportでFrontに設定します。シーンビュー上でクリックするとスプラインのポイントが配置されるので、図のカーブを参考にスプラインを描画してください。描画した後にEnterキーを押せば描画したスプラインが確定します。またネットワークエディタに自動的にスプラインのノードが作成されますので、ノード名をSM_lesson06_tube01に変更しておきます。

▶ スプラインのノードが作成されるので、名前を変更

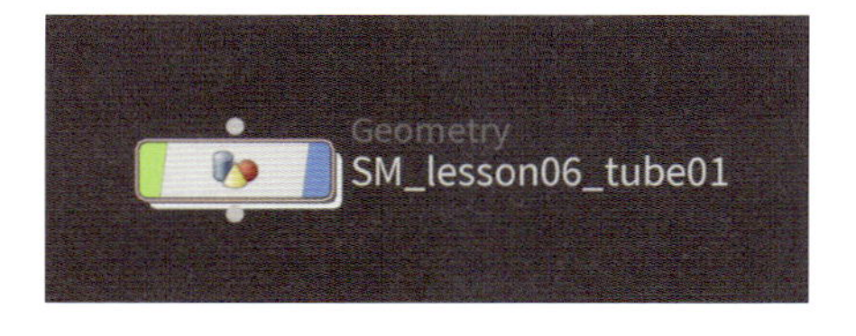

それではGeometryノードの中に入って制作を開始しましょう。まずはチューブ状の形状を作成します。次の図のようにノードを構成していきます。描画したCurveノードとCircleノードをSweepノードで組み合わせ、Skinノードでサーフェイスを作成しています。

▶ スプラインとサークルからチューブ形状を作成

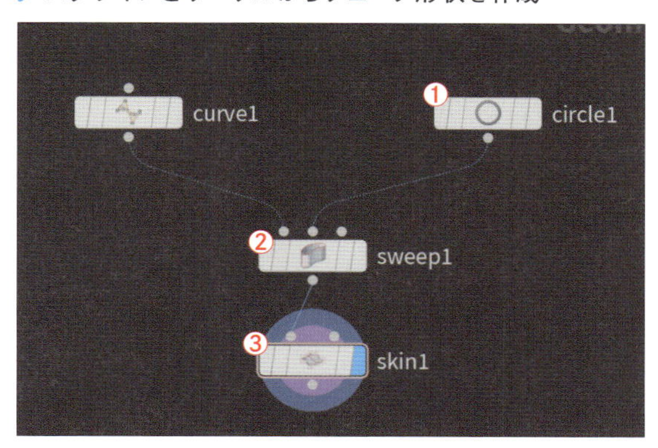

▶ 作成するノード

図内番号	値
①	Circle ノードを作成
②	Sweep ノードを作成。入力 1 に Curve ノード、入力 2 に Circle ノードを接続。Circle ノードの各ポイントに Curve ノードで描画したスプラインを配置
③	Skin ノードを作成。②で設定した形状に対してサーフェイスを作成

Circle、Sweep、Skin ノードの各設定は次の図と表を参考にしてください。

▶ Circle、Sweep、Skin ノードの各設定

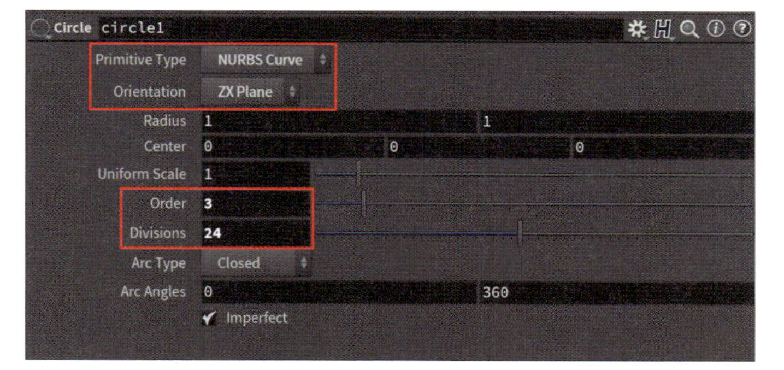

▶ Circle ノード

パラメータ	値
PrimitiveType	NURBS Curve
Orientation	ZX Plane
Order	3
Divisions	24

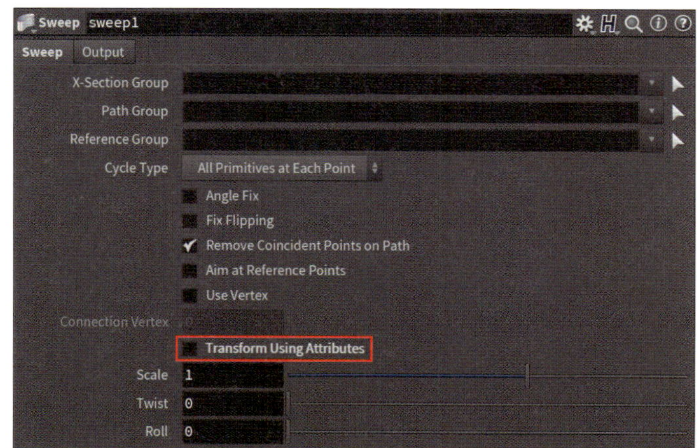

▶ Sweep ノード

パラメータ	値
Transform Using Attribute	チェックなし

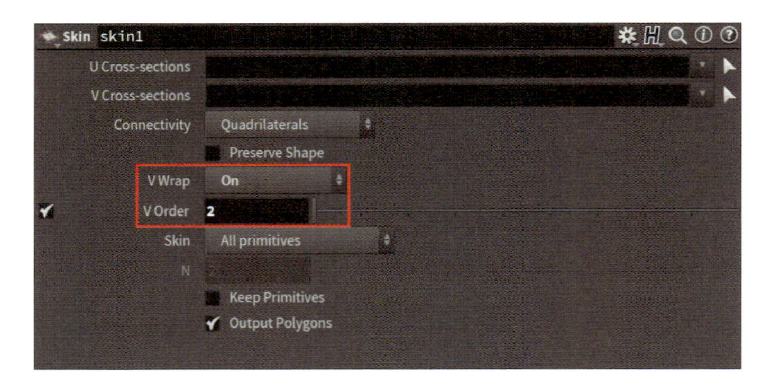

▶ Skinノード

パラメータ	値
V Wrap	On
V Order	2

▶ 設定結果

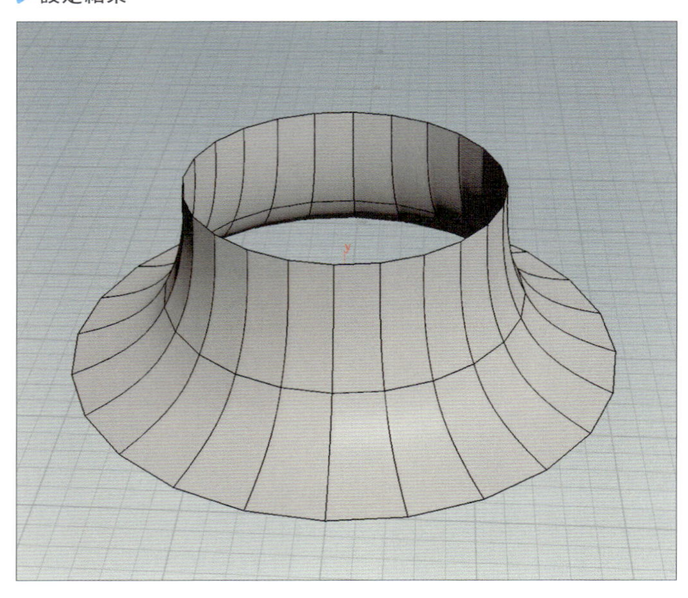

ここで重要なのはSweepノードです。Sweepノードには3つの入力がありますが、2番目の入力にCircleノードを接続します。そして接続したCircleノードの各ポイントに、1番目の入力ジオメトリを配置します。なお、ジオメトリと表記しましたが、今回の場合は両方NURBSカーブになります。

今回の場合では、サークルの各ポイントに最初に描画したスプラインを配置しています。

このSweepノードを使用したジオメトリの作成方法は、エフェクト素材で使用するメッシュ（螺旋形状など）を作成する際によく使用されます。またポリゴンではなくNURBSカーブで構成しておくことで、後工程のUV設定などが簡単に行えるという利点があります。

6-2-2 チューブ状メッシュへの頂点アルファの設定

▶ ノードをドラッグして間に挟む

6-2-1でチューブの基本形状が完成しましたので、ここからさらに頂点アルファなどの設定を追加していきます。Resampleノードを配置し、ドラッグしてCurveノードとSweepノードの間に持っていくと、自動的に接続されます。また反対にノードをシェイクするようにドラッグしたまま左右に振ると接続が解除されます。

Resampleノードを適用することで、スプライン上のポイントをlengthパラメータで指定した間隔で配置することができます。ここではResampleノードのlengthパラメータはデフォルト値の0.1にしておきます。非常に便利なノードですが注意点があり、適用後にカーブがNURBSからポリゴンに変換されてしまうため、Convertノードを使って再度NURBSカーブに変換します。

▶ ポリゴンに変換されたカーブをNURBSに再度変換

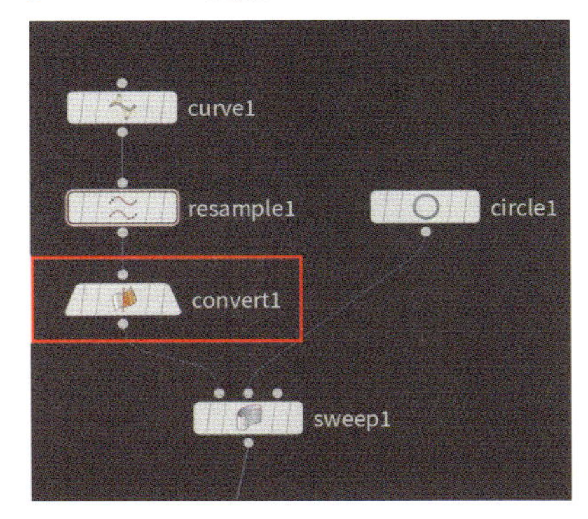

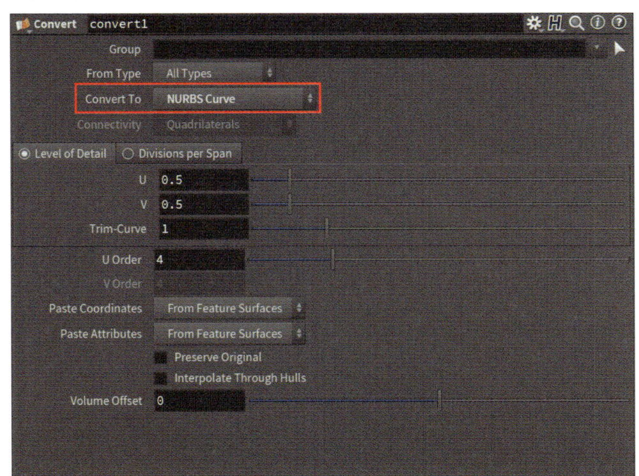

▶ Convertノード

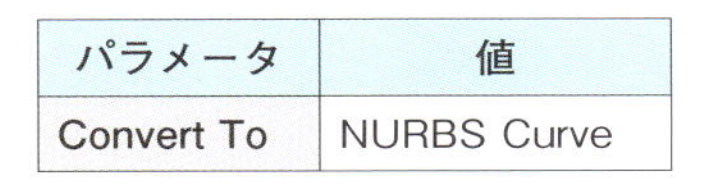

パラメータ	値
Convert To	NURBS Curve

さらにTransformノードを適用して少しY軸方向にスケーリングします。

▶ Transformノードで微調整

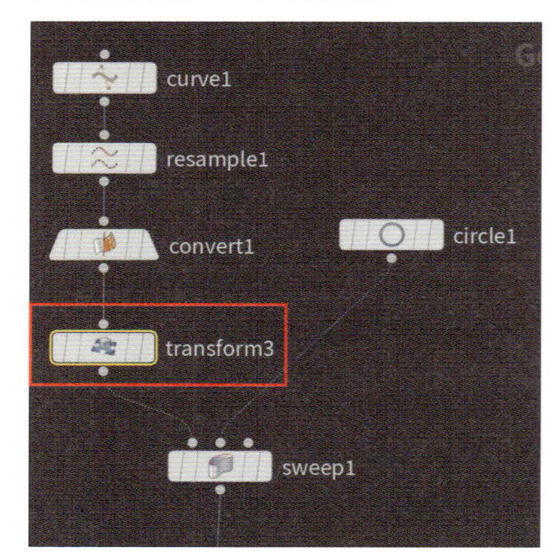

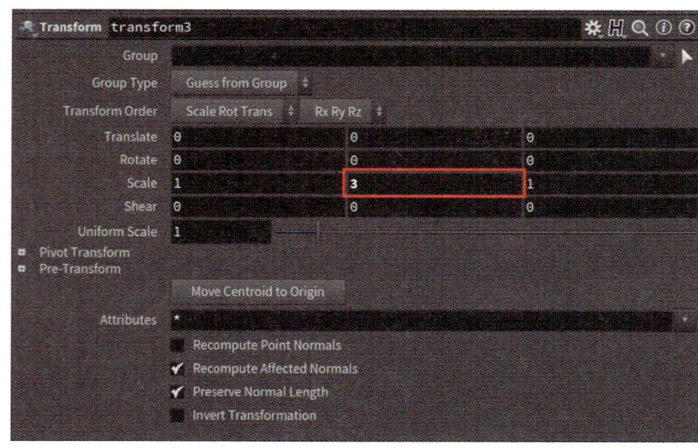

▶ Transformノード

パラメータ	値		
Scale	X:1	Y:3	Z:1

▶ 調整結果

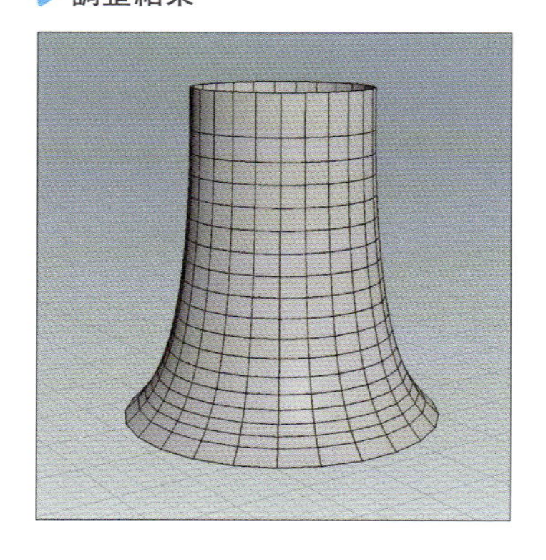

ジオメトリの整理が終わったので、本題の頂点アルファの設定を行っていきます。ジオメトリに頂点アルファを設定する方法はいくつかありますが、今回はVOPを使用して設定していきます。PointVopノードを右図の位置に接続してください。PointVopノードでは入力ジオメトリの各ポイントに対して処理を行っていきます。

▶ Point Vopノードを配置

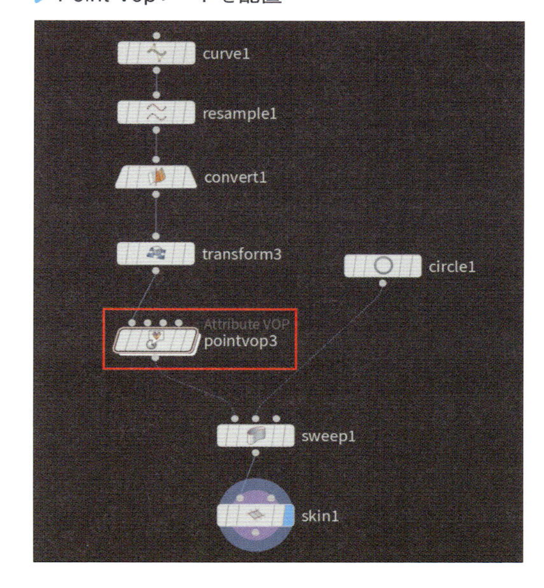

VOPを使用することで、既存のノードの組み合わせだけでは難しい処理をVOPネットワーク内で行うことができます。PointVopノードをダブルクリックすると中に入ることができます。初期状態で2つのノードが配置されていますが、左側が入力、右側が出力になります。ここで入力パラメータに様々な処理を施していきます。

▶ VOPネットワークの初期画面

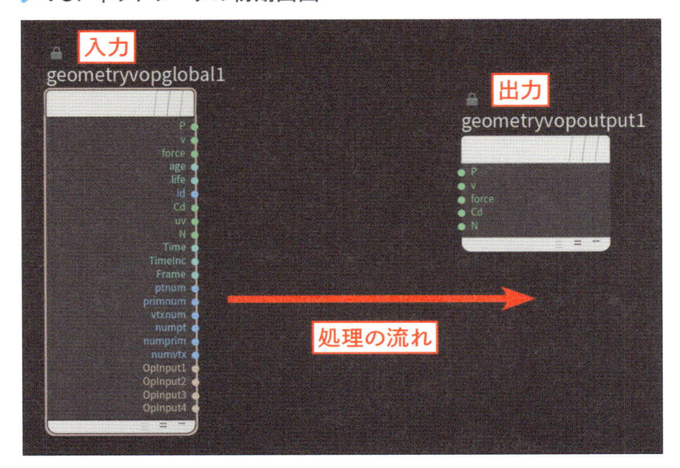

今回VOPネットワーク内で行う処理は、入力されているスプラインの各ポイントに対してアルファ値を設定することです。まず入力スプラインの各ポイントを取得し、取得した全ポイントの範囲を0から1の範囲に変換します。変換した0から1の範囲に対してランプパラメータを適用することで、カーブエディタを使用して柔軟にアルファ値を設定することができます。

▶ スプラインの各ポイントに対してアルファ値を設定

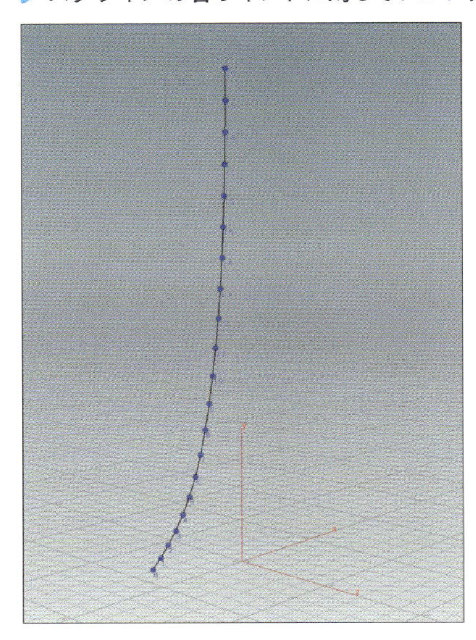

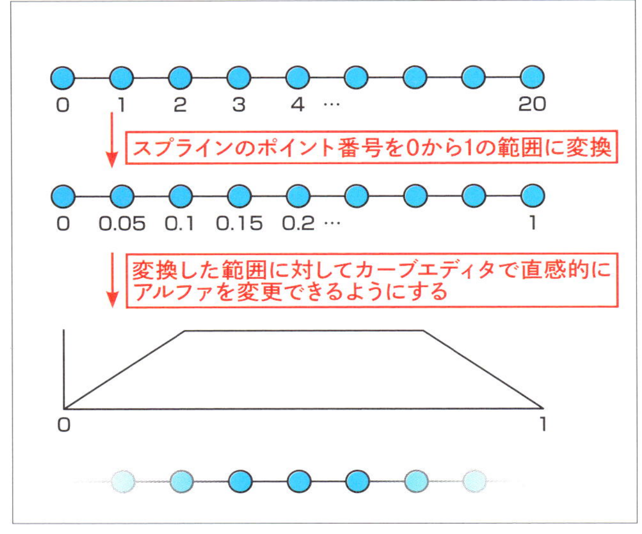

次のページの図を参考にノードを組んでみてください。入力から出力へ、左から右へ処理を行っていきます。なお、最後の紫のノードはBind Exportノードになります。

▶ VOPネットワークにノードを配置

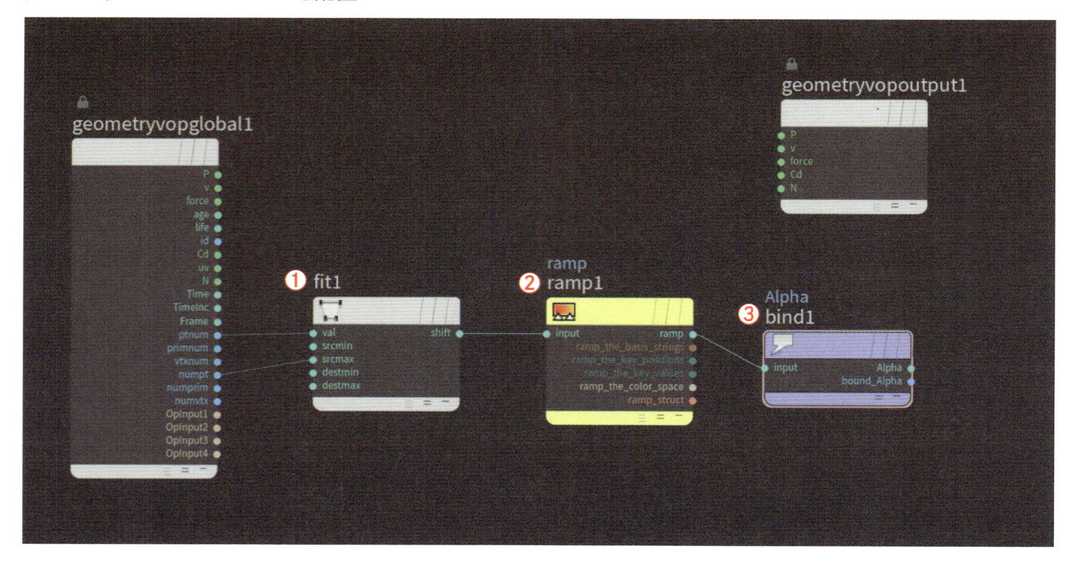

▶ 配置するノード

図内番号	値
①	Fit Range ノードを配置。入力ノードの ptnum を val に、numpt を srcmax に接続
②	Ramp Parameter ノードを配置。カーブでアルファを設定できるように設定
③	ランプパラメータで調整した値を出力するため、Bind Export ノードを配置して接続

順番に説明していきます。まずFit Rangeノードを配置し、入力ノードのptnumをFit Rangeノードのvalに、numptをFit Rangeノードのsrcmaxに接続します。Fit Rangeノードを使用してカーブのポイントの数を0から1の範囲に収めます。値の範囲を0から1に編集したのは、次のRamp Parameterノードで編集可能な値の範囲が0から1であるためです。

▶ Fit Rangeノードに接続

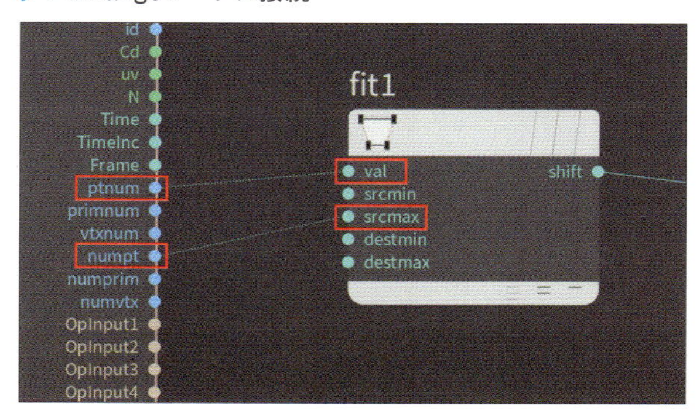

▶ 入力ノード

ノード	内容
ptnum	入力ジオメトリの各ポイント
numpt	入力ジオメトリのポイントの総数

▶ Fit Range ノード

パラメータ	値
val	現在の処理中の値
srcmin	入力される値の最小値
srcmax	入力される値の最大値
destmin	入力値変換後の最小値
destmax	入力値変換後の最大値

0から1の範囲に変換した各ポイントの値をRamp Parameterノードで編集します。次の図のようにRamp TypeをSpline Ramp(float)に変更してください。RGB Color Rampのままでは意図した挙動になりません。ここでカーブの編集もできますが、とりあえず初期設定のままで大丈夫です。

6

▶ Ramp Parameterノードの設定

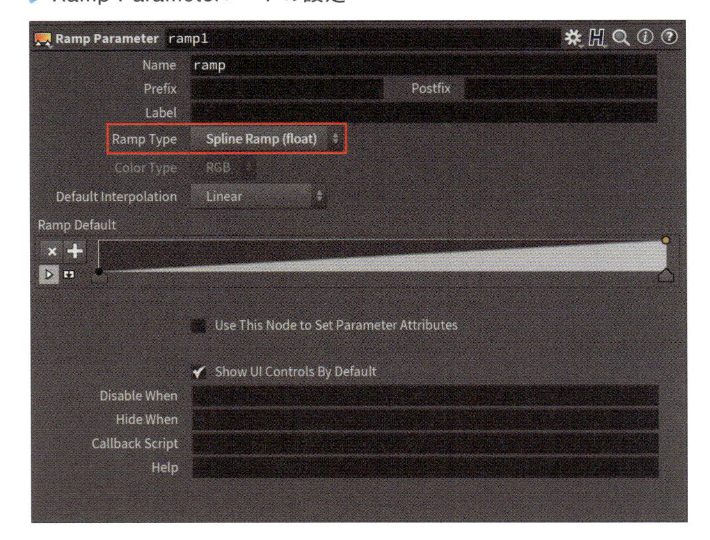

▶ Ramp Parameterノード

パラメータ	値
Ramp Type	Spline Ramp(float)

このままでは値に変更を加えただけなので、最後に値をアルファ値に出力します。出力ノードにはP(位置)、Cd(カラー)、N(法線)などの各種パラメータがありますが、アルファは一覧にないのでBind Exportノードを配置して次の図のように設定します。これで編集した値がアルファに反映されます。

▶ Bind Exportノードの設定

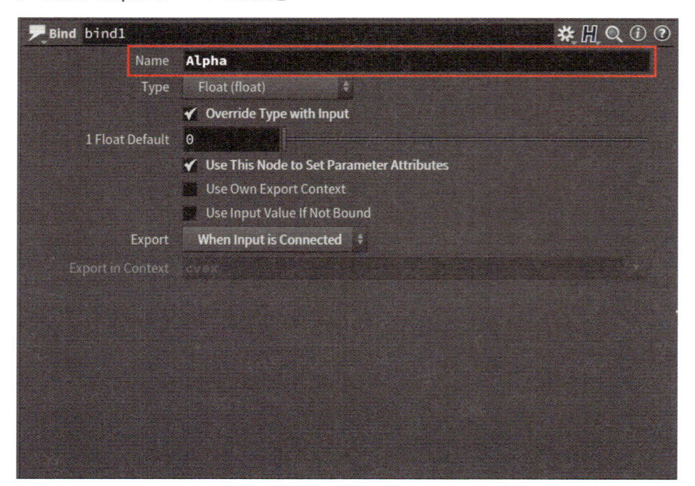

▶ Bind Exportノード

パラメータ	値
Name	Alpha

VOPネットワークでの設定が完了したので元に戻りましょう。Uキーを押すと上の階層に移動することが可能です。Point VOPノードを選択してみてください。先ほどVOPネットワーク内で追加したRamp Parameterのカーブエディタが確認できるので、右図のように設定してみてください。なお、右上図の赤枠で囲った部分をクリックすると、右下図のようにカーブエディタを展開することができます。

▶ カーブを設定

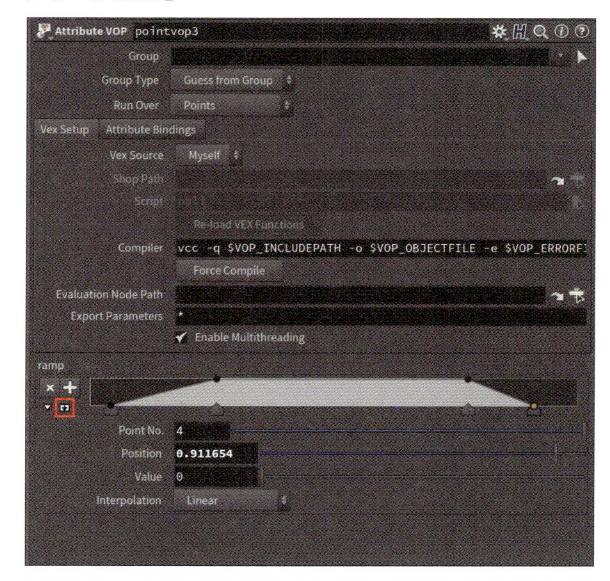

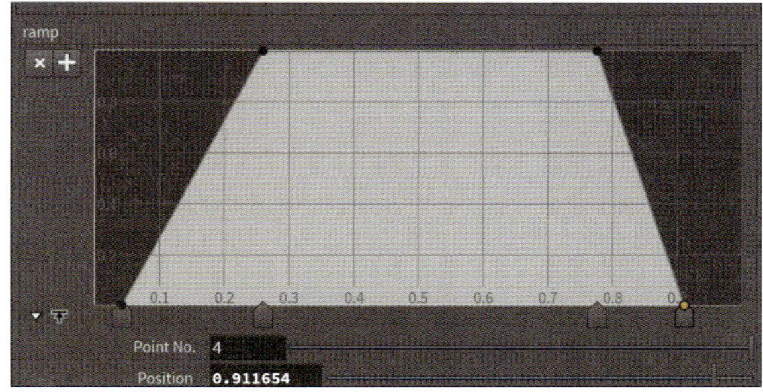

カーブエディタの設定に連動してスプラインの透明度（アルファ）が変更されるのがわかります。もしカーブエディタを編集してもスプラインの表示がシーンビューで変化しない場合は設定を見直してみるか、Convertノードを追加してConvert toパラメータをPolygonに変更してみてください。なお、Convertノードはアルファの確認のために追加するので、確認が終わったら削除してください。

▶ カーブエディタの設定と連動してスプラインの透明度が変わる

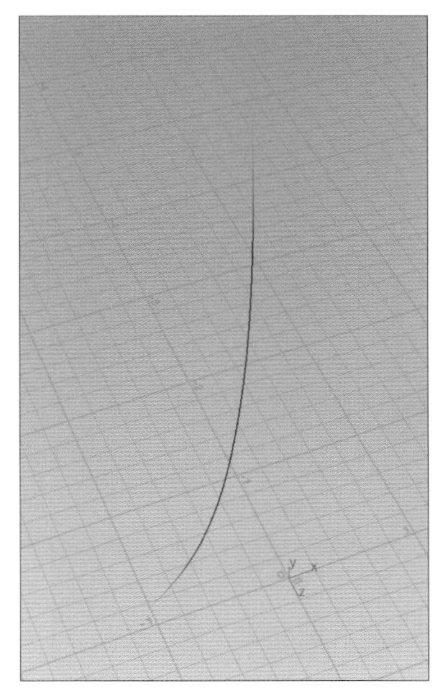

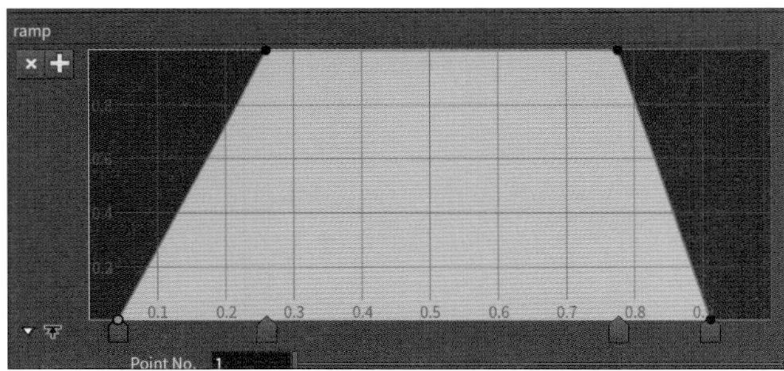

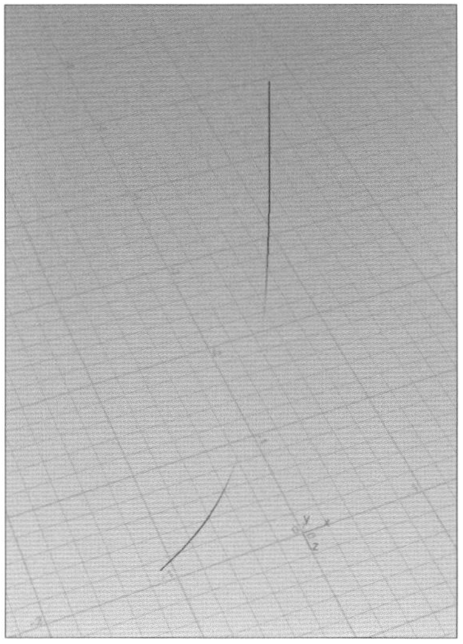

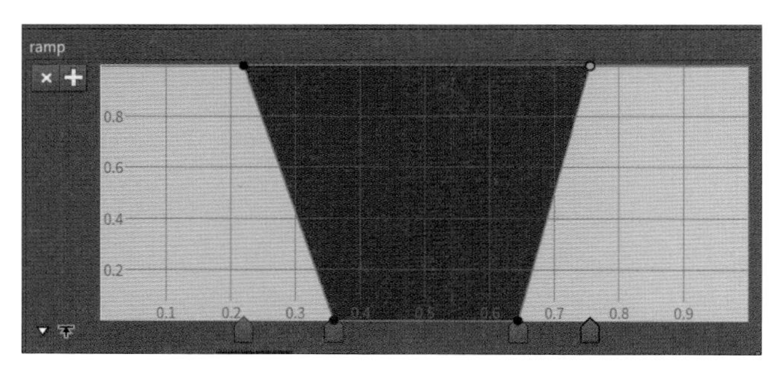

Ramp Parameterを用いて値を編集するテクニックは汎用性が高く、いろいろな部分で使えるので是非覚えておきましょう。次にSkinノードにディスプレイフラグを設定してみましょう。スプラインに設定したアルファ値が引き継がれているのがわかります。

▶ スプラインに設定したアルファの設定が引き継がれている

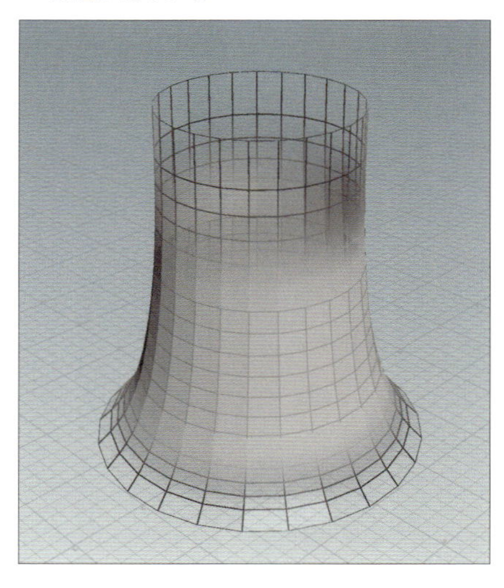

6-2-3 チューブ状メッシュへのUVの設定

頂点アルファの設定が完了したので、最後にUVを設定して完成まで持っていきます。UV Textureノードと Pont VOPノードをSkinノードの下に追加します。

▶ UV Textureノードと Pont VOPノードを追加

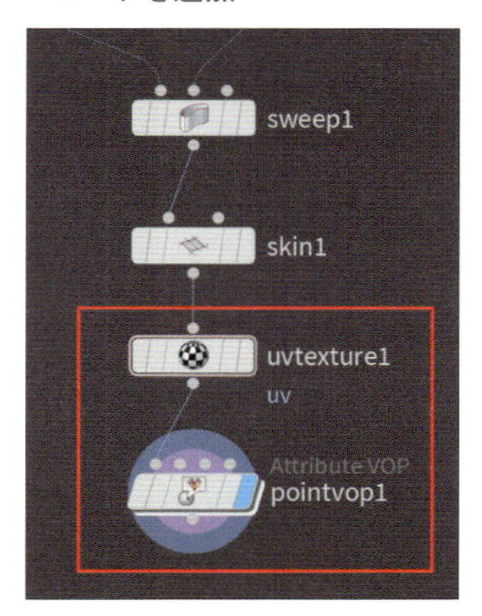

UV Textureノードのパラメータを下図のように設定してください。Texture TypeパラメータのUniform Splineはジオメトリのタイプがポリゴンではなく NURBSの場合のみ機能します。

▶ UV Textureノードの設定

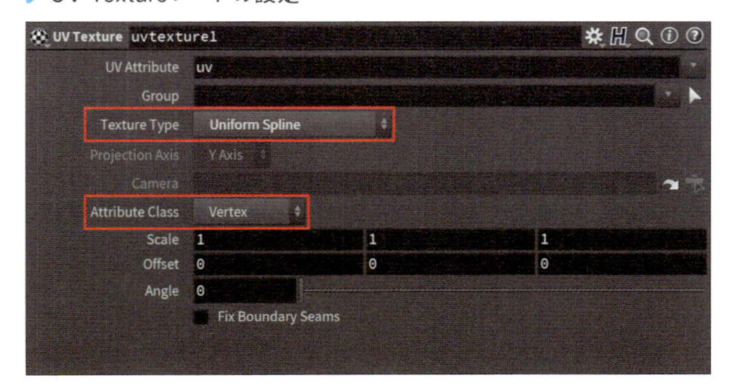

▶ UV Textureノード

パラメータ	値
Texture Type	Uniform Spline
Attribute Class	Vertex

また、Point VOPノードの設定を次の図のように変更します。

UV座標をVertexアトリビュートで設定したので、処理を施すコンポーネントをPointからVertexに変更しています。

▶ Point VOPノードの設定

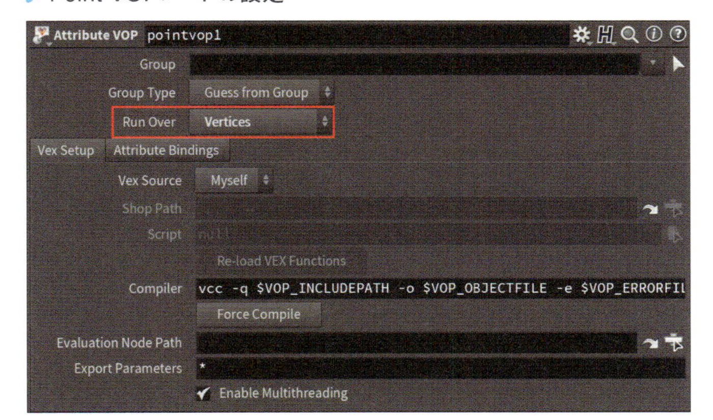

▶ Point VOPノード

パラメータ	値
Run Over	Vertices

これでUVが設定されたので確認してみましょう。右図のようにシーンビューからUV ビューポートを選択します。

▶ UVビューポートに移動

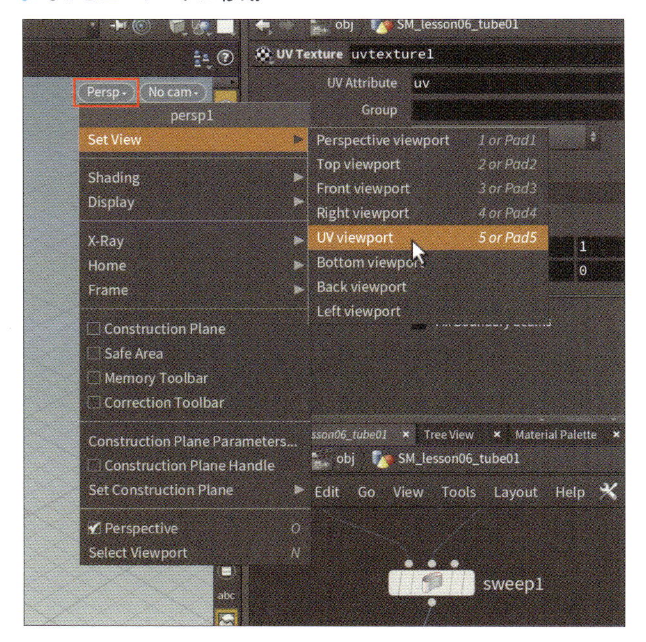

現在設定されているUVが確認できます。横方向は適切にUVの0から1の範囲に収まっていますが、縦方向にかなり長くなってしまっています。

▶ UV座標を確認

この縦長になってしまっているUVを先ほどUV Textureノードと一緒に追加したPont VOPノードで適切に0から1の範囲に収めていきます。ここでも頂点アルファを設定した時と同じように、Fit Rangeノードを使用します。

このように頂点アルファでもUV座標でも、数値の集合であれば同じように処理して扱うことができます。Point VOPノードの中に入って処理を開始しましょう。頂点アルファの時と同じようにFit Rangeノードを配置します。

▶ Fit Rangeノードを配置

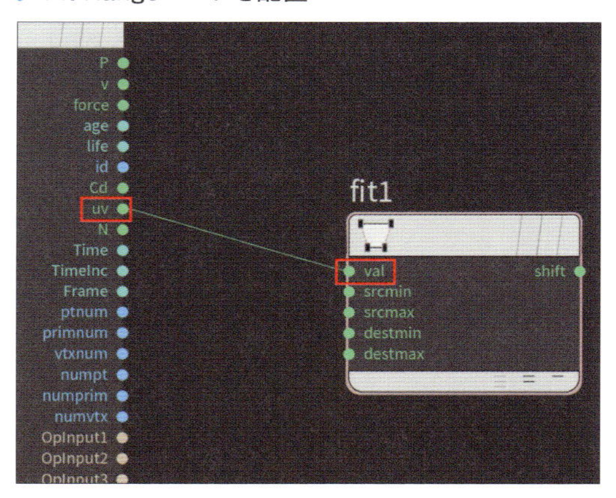

次にFit Rangeノードの入力に現在の値と入力の最小値、最大値を接続します。現在の値（val）に関しては入力ノードにUVアトリビュートがあるのでそちらを接続します。

次にUVの最小値と最大値を取得するために、一度VOPネットワークの外でそれぞれUVの最小値と最大値を設定したカスタムアトリビュートを作成して、VOPネットワーク内に読み込む必要があります。一度ネットワークの外に出て、右図のように、２つのAttribute Promoteノードを Point VOPノードの手前に追加します。

２つのAttribute Promoteノードに対して、それぞれ下図のようにパラメータを設定してください。

▶ Attribute Promoteノードを追加

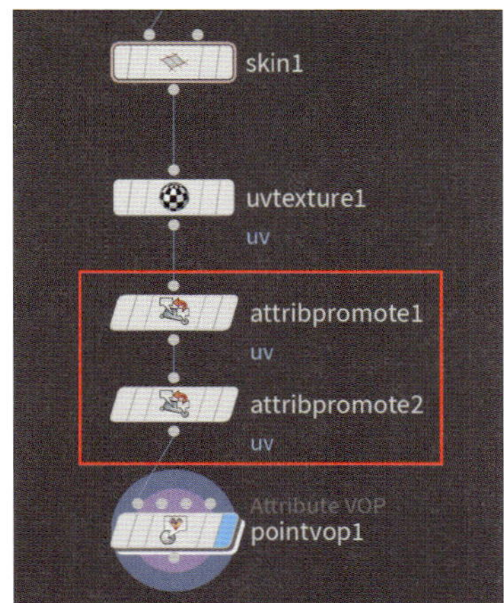

▶ ２つのAttribute Promoteノードを設定

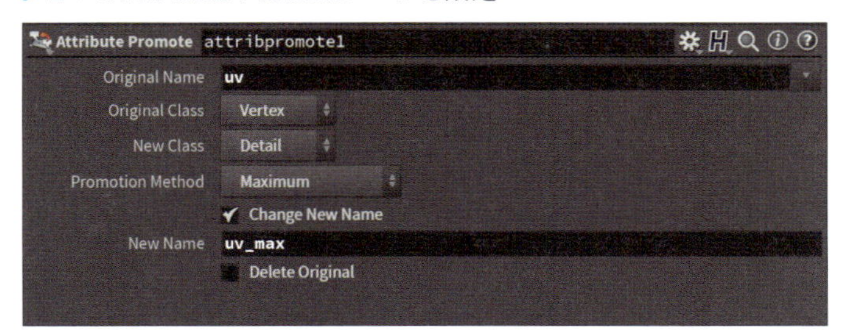

▶ Attribute Promoteノード(attribpromote1)

パラメータ	値
Original Name	uv
Original Class	Vertex
New Class	Detail
Promotion Method	Maximum
Change New Name	チェックあり
New Name	uv_max
Delete Original	チェックなし

▶ Attribute Promoteノード(attribpromote2)

パラメータ	値
Original Name	uv
Original Class	Vertex
New Class	Detail
Promotion Method	Minimum
Change New Name	チェックあり
New Name	uv_min
Delete Original	チェックなし

順番にattribpromote1を例に説明していきます。まずOriginal Nameに、uvと入力します。uvはジオメトリのUV座標の情報が入っているアトリビュートです。このアトリビュートは

UV Textureノードなどを設定した際に自動的に追加されます。また、アトリビュートの値はGeometry Spreadsheetからいつでも確認することができます。

Geometry Spreadsheetを開いて、次の図のようにVertexのアイコンを押してUVアトリビュートを確認してみましょう。

▶ UVアトリビュートをGeometry Spreadsheetで確認

Scene View × Animation Editor × Render View × Composite View × Motion FX View × Geometry Spreadsheet × +
obj SM_lesson06_tube01
Node: attribpromote1 Group: View Intri

クラスがVertexなのでこちらを選択

	Point Num	uv[0]	uv[1]	uv[2]
0:0	0	0.0	0.0	
0:1	1	0.05	0.0	
0:2	2	0.1	0.0	0.0
0:3	3	0.15	0.0	0.0
0:4	4	0.2	0.0	0.0
0:5	5	0.25	0.0	0.0
0:6	6	0.3	0.0	0.0
0:7	7	0.35	0.0	0.0
0:8	8	0.4	0.0	0.0
0:9	9	0.45	0.0	0.0
0:10	10	0.5	0.0	0.0
0:11	11	0.55	0.0	0.0

このUVアトリビュートの中から最大値だけを取り出して、新しく作成したuv_maxアトリビュートに格納します。UV TextureノードでUVを設定する際に、クラスをVertexに設定したのでOriginal ClassパラメータはVertexを選択します。新しく作成するuv_maxアトリビュートのクラス（New Class）はDetailを指定します。

Promotion MethodでMaximumを選択することでUV座標の最大値が取得され、uv_maxアトリビュートに格納されます。一番下のDelete Originalにチェックが入っていると、参照元のuvアトリビュートが削除されてしまいますので、必ずチェックを外すようにしておきましょう。

ここまで設定できたら、再度Geometry Spreadsheetでuv_maxの値を確認してみます。今度はDetailのアイコンを選択します。

▶ Geometry Spreadsheetでuv_maxの値を確認

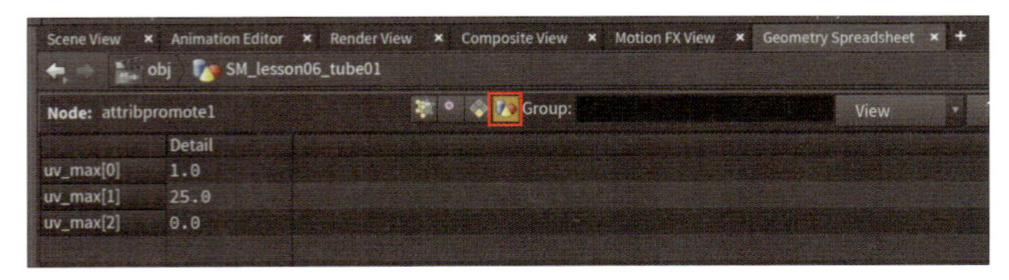

	Detail
uv_max[0]	1.0
uv_max[1]	25.0
uv_max[2]	0.0

確認できたら同様の手順で最小値をuv_minアトリビュートに格納します。Houdiniで作業をする際は、常にGeometry Spreadsheetでアトリビュートの値を確認しながら作業を進めていくように心がけましょう。間違った操作などをしてしまった場合、大抵アトリビュートの値が意図しないものになるので、ミスに気付くことができます。

UVの最小値と最大値を格納したuv_minとuv_maxアトリビュートを作成できたので、再びVOPネットワーク内に戻って作業を進めていきます。作成したアトリビュートの読み込みにはGet Attributeノードを使用します。2つのGet Attributeノードを配置して次のページの図を参考に設定し、uv_min、uv_maxアトリビュートをそれぞれ読み込み、接続します。

▶ uv_min、uv_maxアトリビュートを読み込んで接続

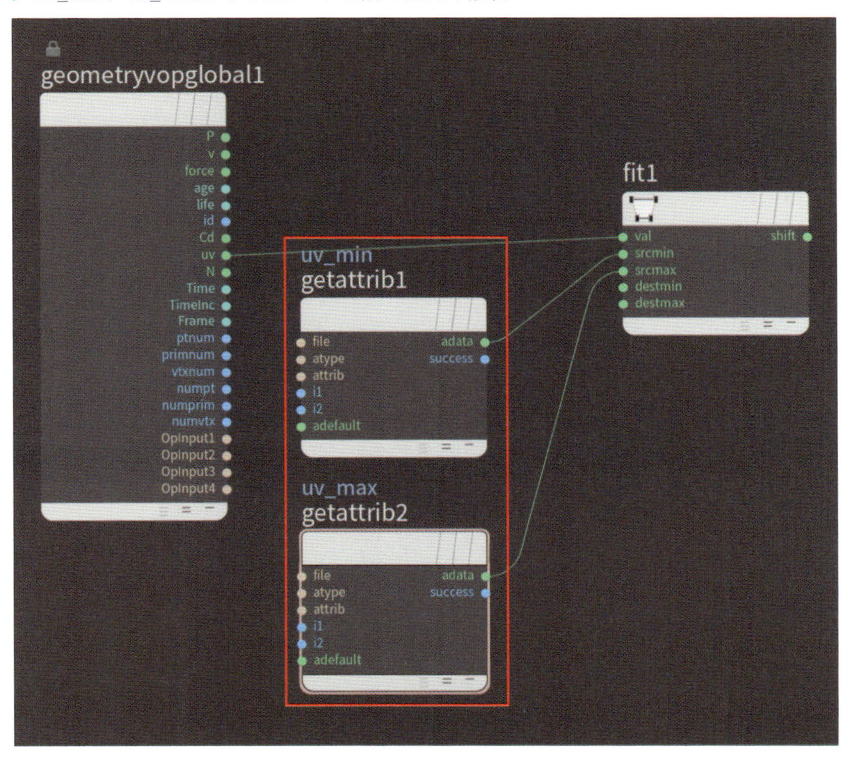

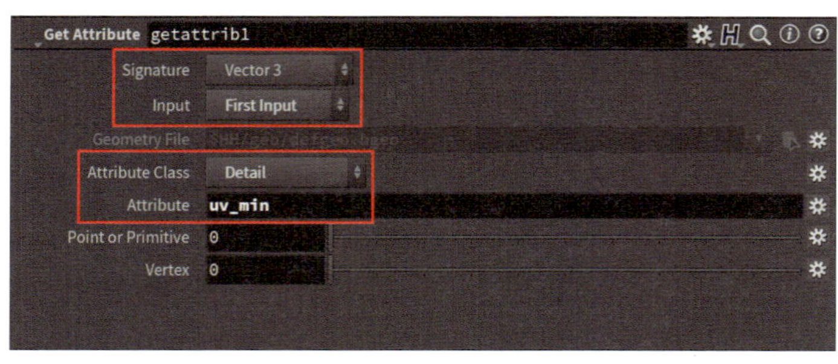

▶ Get Attributeノード(getattrib1)

パラメータ	値
Signature	Vector3
Input	First Input
Attribute Class	Detail
Attribute	uv_min

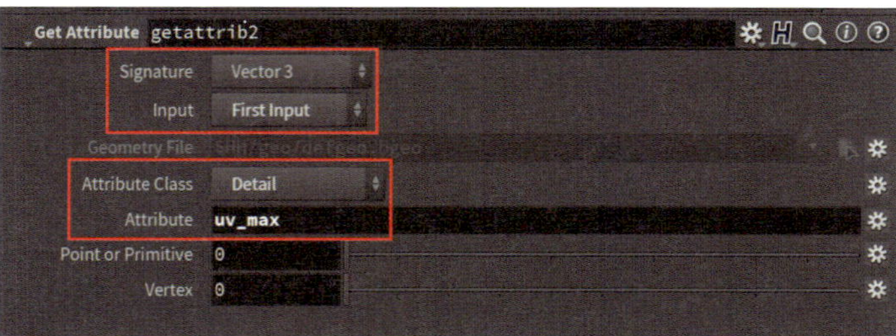

▶ Get Attributeノード(getattrib2)

パラメータ	値
Signature	Vector3
Input	First Input
Attribute Class	Detail
Attribute	uv_max

最後にBind Exportノードを接続して値を出力します。次の図のように設定してください。

▶ Bind Exportノードを接続

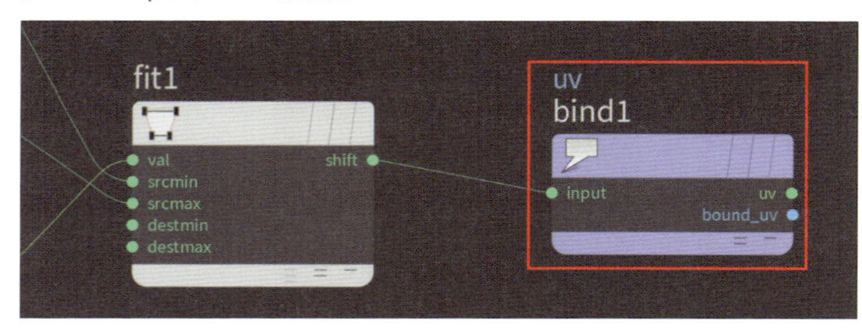

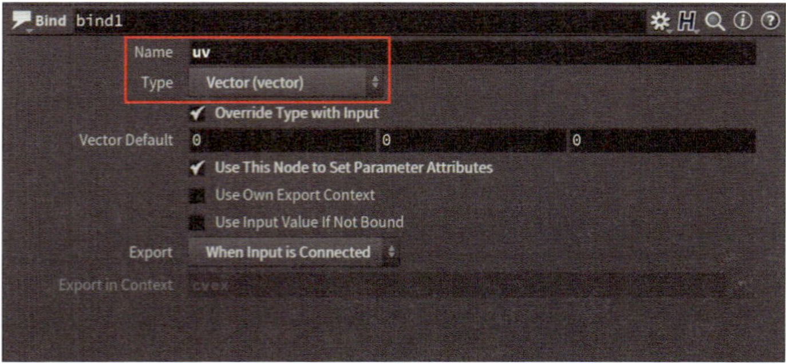

▶ Bind Exportノード

パラメータ	値
Name	uv
Type	Vector(vector)

またUVビューポートを確認してUVが0から1の範囲に収まっているのを確認しておきましょう。

▶ UVが0から1の範囲に収まっている

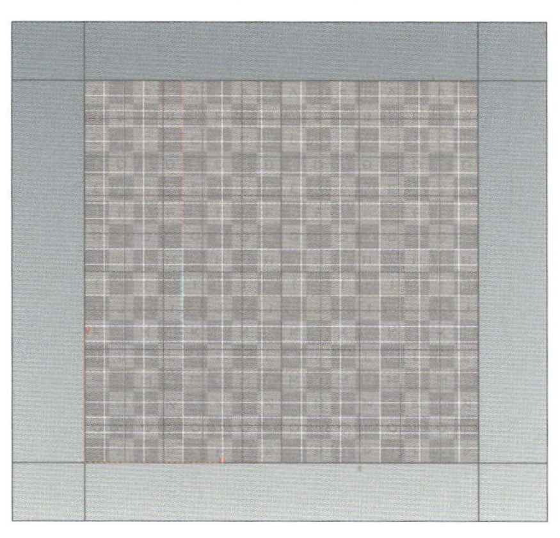

6

最後に次の図を参考に4つのノードを追加します。

▶ 5つのノードを追加

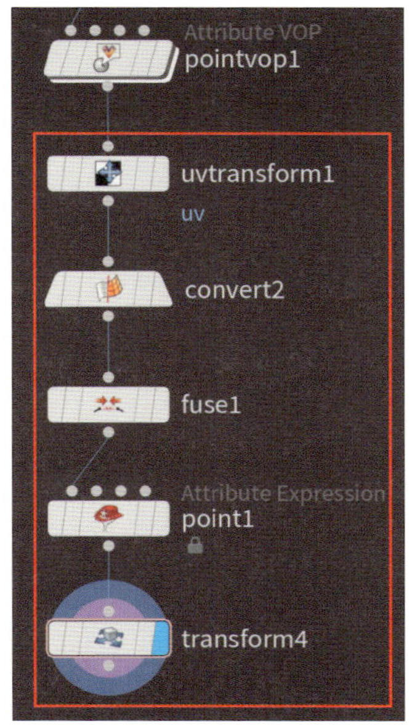

▶ 各ノードの設定

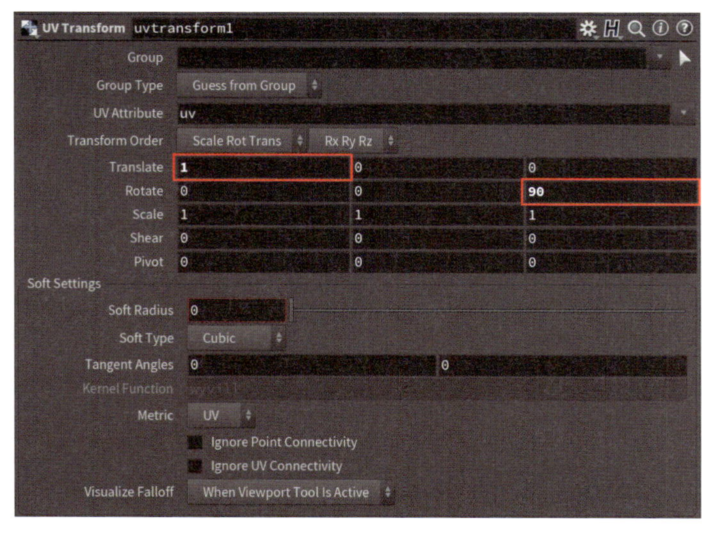

▶ UV Transformノード

パラメータ	値		
Translate	X:1	Y:0	Z:0
Rotaion	X:0	Y:0	Z:90

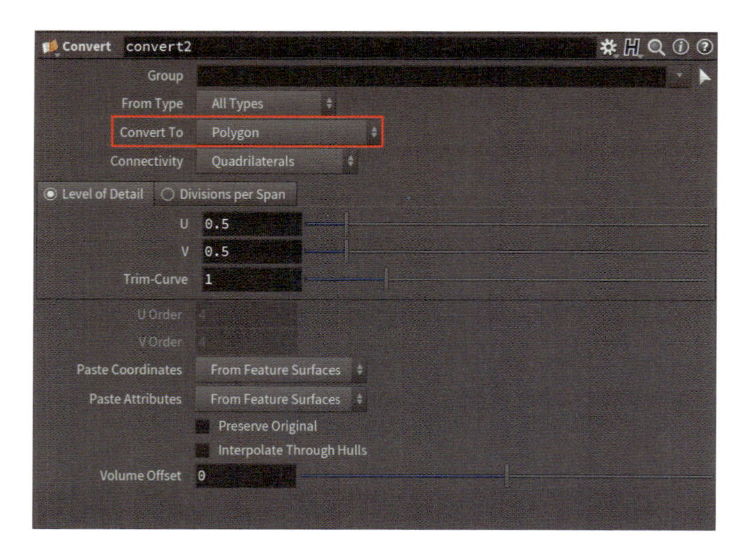

▶ Convertノード

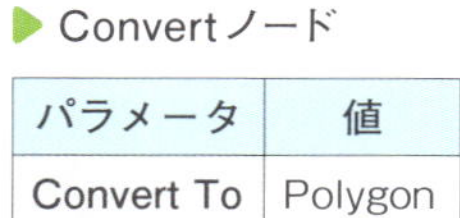

パラメータ	値
Convert To	Polygon

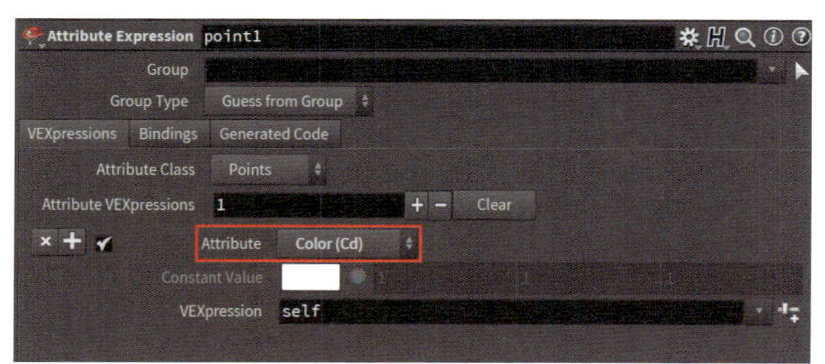

▶ Pointノード

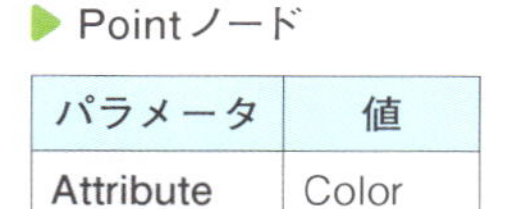

パラメータ	値
Attribute	Color

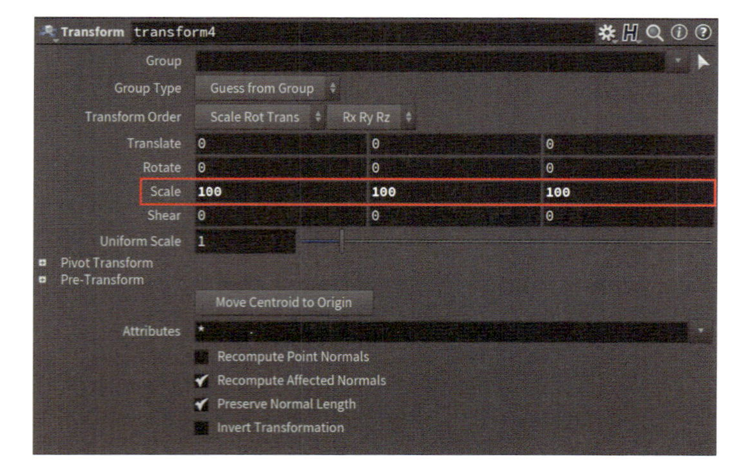

▶ Transformノード

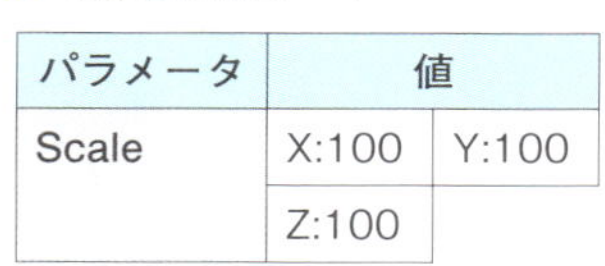

パラメータ	値	
Scale	X:100	Y:100
	Z:100	

まずUV TransformノードでUVを90度回転させます。後ほど、UnityでUVスクロールを縦方向に流すのでそれにUVを合わせる関係で行っています。次にConvertノードでポリゴンに変換します。ポリゴンに変換した際に、メッシュの継ぎ目の部分に切れ目ができてしまうた

め、Fuseノードでポイントを結合します。最後にTransformノードを追加してスケールを100に設定しています。なお、Fuseノードは初期設定から変更する必要はありません。

▶ Fuseノードを使ってポイントを結合

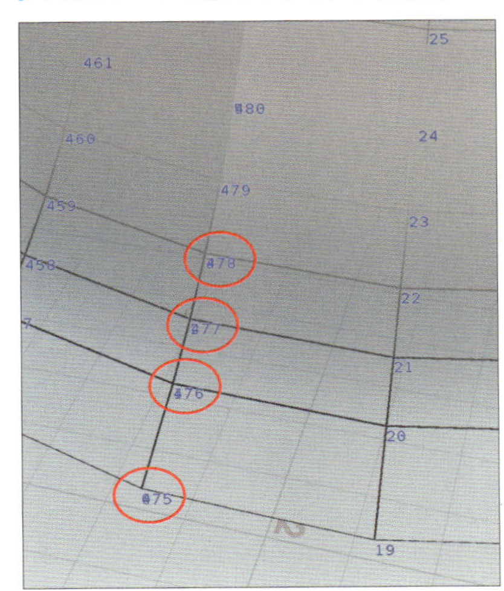
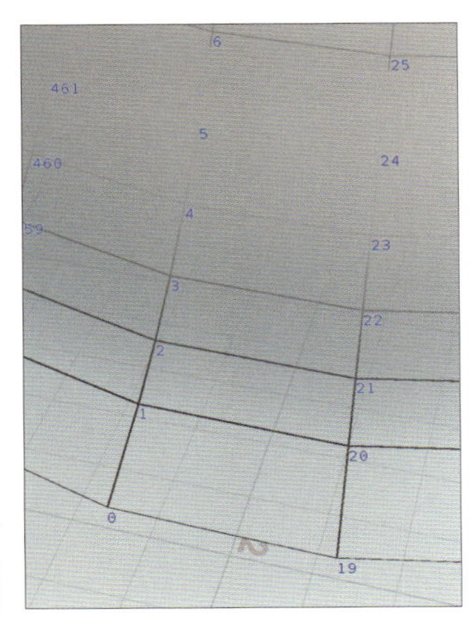

これで全ての作業が完了しましたので、FBXファイルとしてUnityのAssets/Lesson06/Modelsフォルダ内にSM_lesson06_tube01の名前でエクスポートします。

▶ 完成したデータをエクスポート

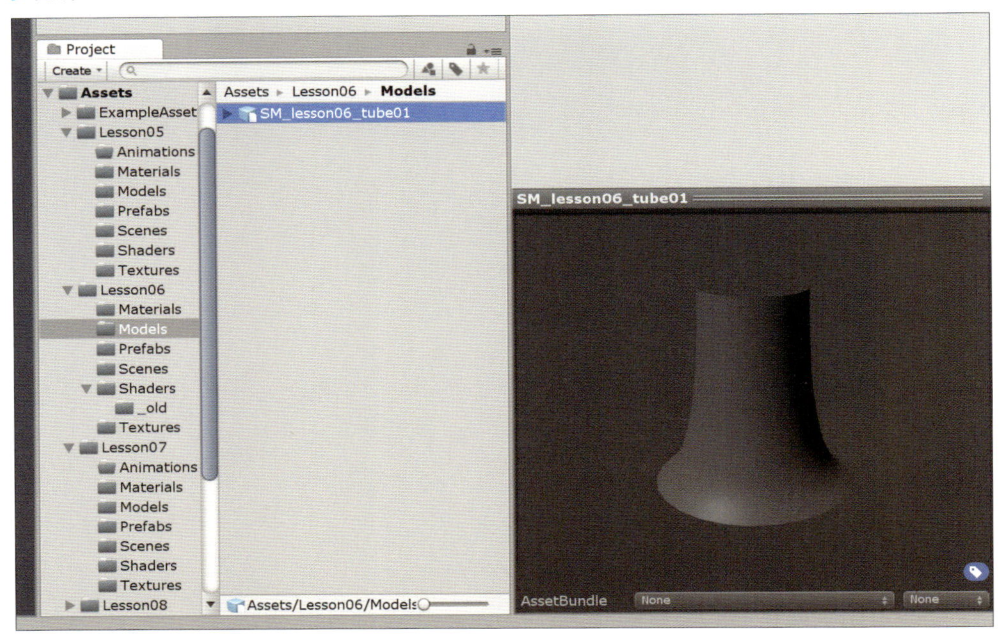

以上でチューブ状メッシュの完成となります。「こんな簡単な形状作るのに、こんなに手間がかかるの！？」と思われるかもしれませんが、少し手間がかかっても今回説明したように構成しておけば、後でメッシュの分割数や最初に描画したカーブの形状を編集しても、UVと頂点アルファが適切に維持されます。

▶ 形状、分割数を変更してもUVとアルファが維持される

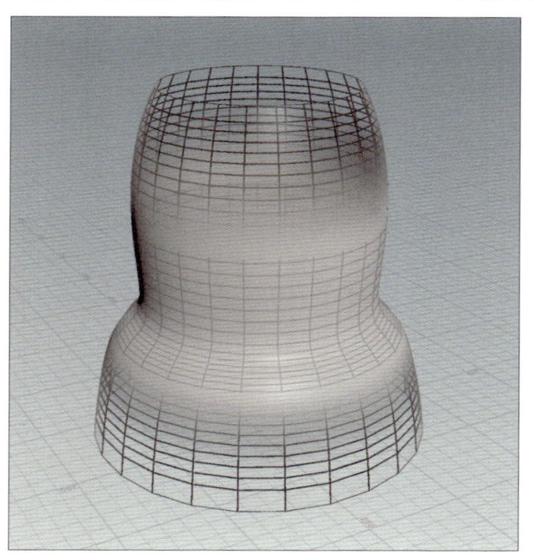

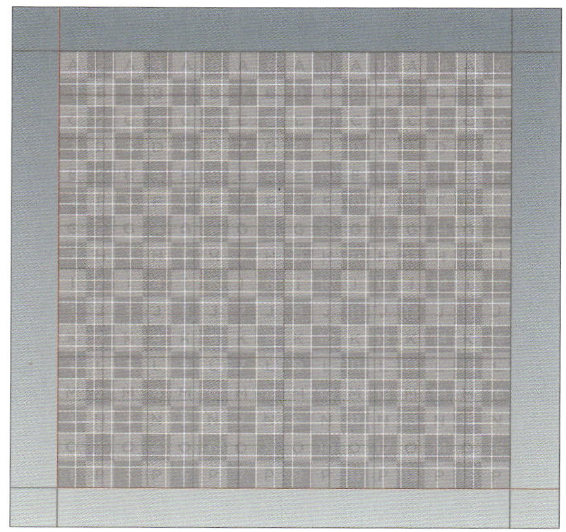

適切にネットワークを構成することで、後々の変更に柔軟に対応できるアセットを作成できるのもHoudiniの魅力のひとつです。

シェーダーの作成

ここではシェーダー制作を通して頂点アニメーションの設定方法とマスキングの方法を学んでいきます。5章のシェーダーより複雑ですが頑張って制作していきましょう。

6-3-1 チューブ状メッシュのシェーダー制作

5章で作成したシェーダーよりも複雑な構成なので切り分けて順に説明していきます。

まずシェーダーの全体像を次の図に示します。

▶ 作成するシェーダーの全体図

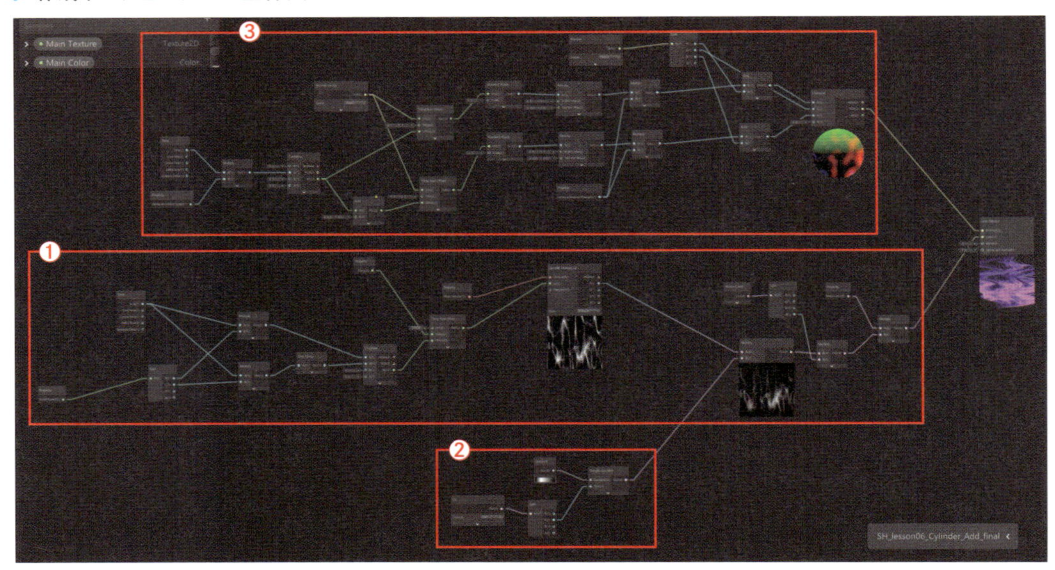

▶ 作成するシェーダーの構成

図内番号	内容
①	メインのUVスクロール部分
②	メインテクスチャのマスキング部分
③	頂点アニメーション部分

①は5章で作成したUVスクロールとそれほど変わりません。若干機能追加があります。②でUVとGradientノードを使用してマスクを作成し、メインテクスチャと掛け合わせています。③は頂点アニメーション部分になります。頂点アニメーションの機能は2018.2から使用可能になりました。完成したシェーダーをメッシュに適用したものが右図になります。

また、ここで解説するシェーダーの完成版はAssets/Lesson06/Shadersフォルダ内にSH_lesson06_Cylinder_Add_finalという名前で保存されていますので、途中でわからなくなった際は参考にしてみてください。

▶ 完成イメージ

それではシェーダー制作の作業を開始していきます。ProjectビューのAssets/Lesson06/Shadersフォルダ内で右クリックし、Create→Shader→Unlit Graphを選択、新規にシェーダーを作成します。名前を「SH_lesson06_Cylinder_Add」に設定します。

▶ 新規にシェーダーを作成

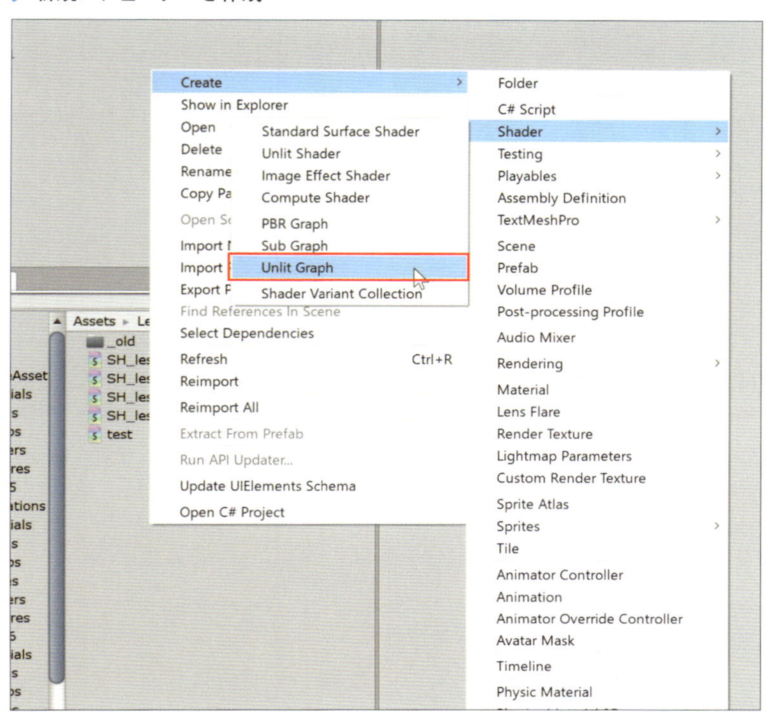

Shader Graphを立ち上げて、次の図の赤枠部分を変更しておきます。

▶ 初期設定から変更

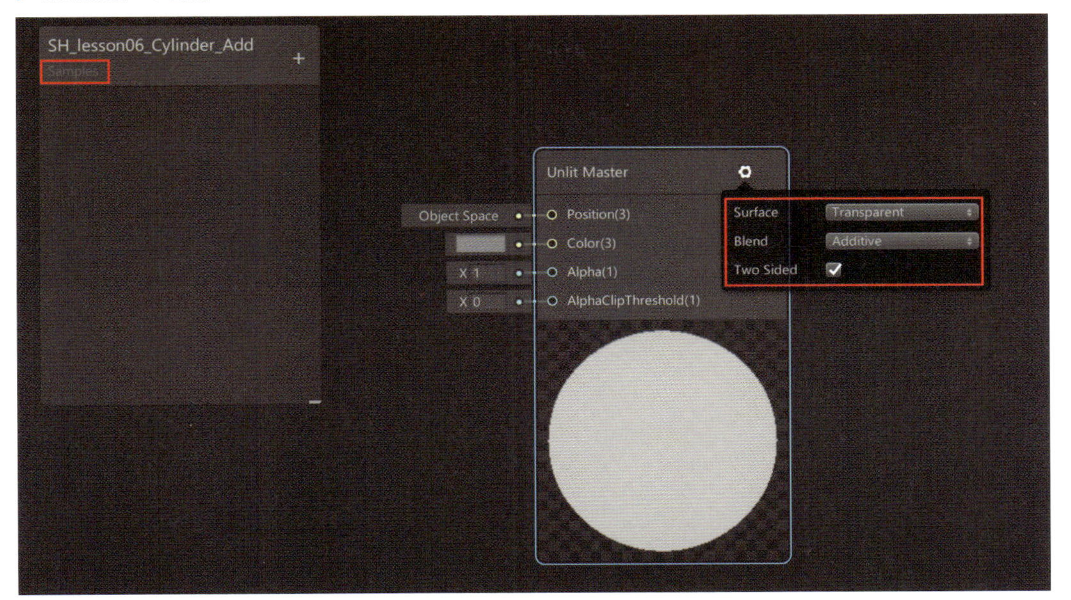

最初にブラックボードにSamplesと入力し、続いてUnlit Masterノードを設定します。

シェーダーの制作を本格的に開始する前にメッシュパーティクルをシーン上に配置してマテリアルを適用し、シェーダーの変更を確認できるようにしておきましょう。Hierarchyビューで右クリックして新規パーティクルを作成して名前を、tornado_addに変更します。さらにProjectビューのAssets/Lesson06/Materialsフォルダ内に新規マテリアルを作成し、名前をM_lesson06_Tornado01に変更します。

M_lesson06_Tornado01のシェーダーを先ほど作成したSH_lesson06_Cylinder_Addに変更してパーティクルに適用します。パーティクルの設定は次のページの図を参考にしてください。

▶ Unlit Masterノード

パラメータ	値
Surface	Transparent
Blend	Additive
Two Sided	チェックあり

▶ Transformコンポーネントの設定

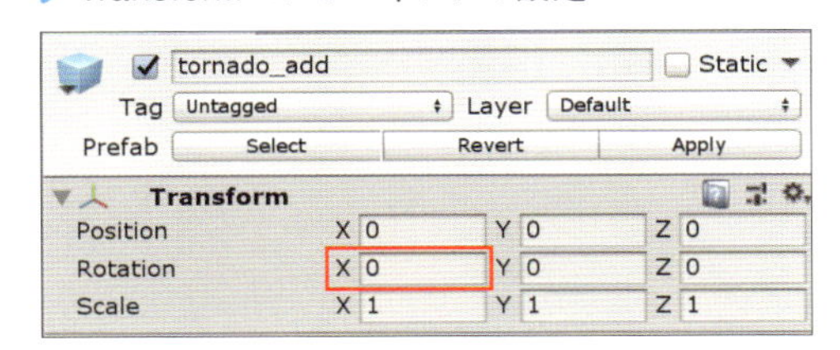

▶ Transformコンポーネント

パラメータ	値		
Rotation	X:0	Y:0	Z:0

また、5章で解説した方法と同じ方法でシーンにポストプロセスの設定を行っておいてください。

▶ tornado_addパーティクルの設定

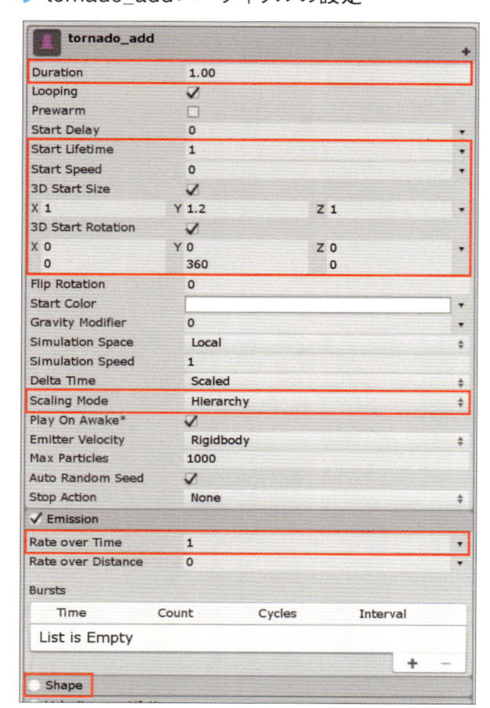

▶ Mainモジュール

パラメータ	値		
Duration	1.00		
Start Lifetime	1		
Start Speed	0		
3D Start Size	チェックあり		
	X:1	Y:1.2	Z:1
3D Start Rotation	チェックあり		
	X:0	Y:0	Z:0
	X:0	Y:360	Z:0
Scaling Mode	Hierarchy		

▶ Emissionモジュール

パラメータ	値
Rate over Time	1

▶ Shapeモジュール

パラメータ	値
チェック	なし

▶ Rendererモジュール

パラメータ	値
Render Mode	Mesh
Mesh	SM_lesson06_tube01
Material	M_lesson06_Tornado01
Render Alignment	Local

Sceneビューでシェーダー結果を確認できるようになったのでシェーダー制作の方を進めます。まずは、UVスクロールから作成していきましょう。Projectビューから、Assets/Lesson06/Texturesフォルダ内のT_lesson06_noise01をShader Graphの画面にドラッグ&ドロップします。

▶ テクスチャをドラッグ&ドロップ

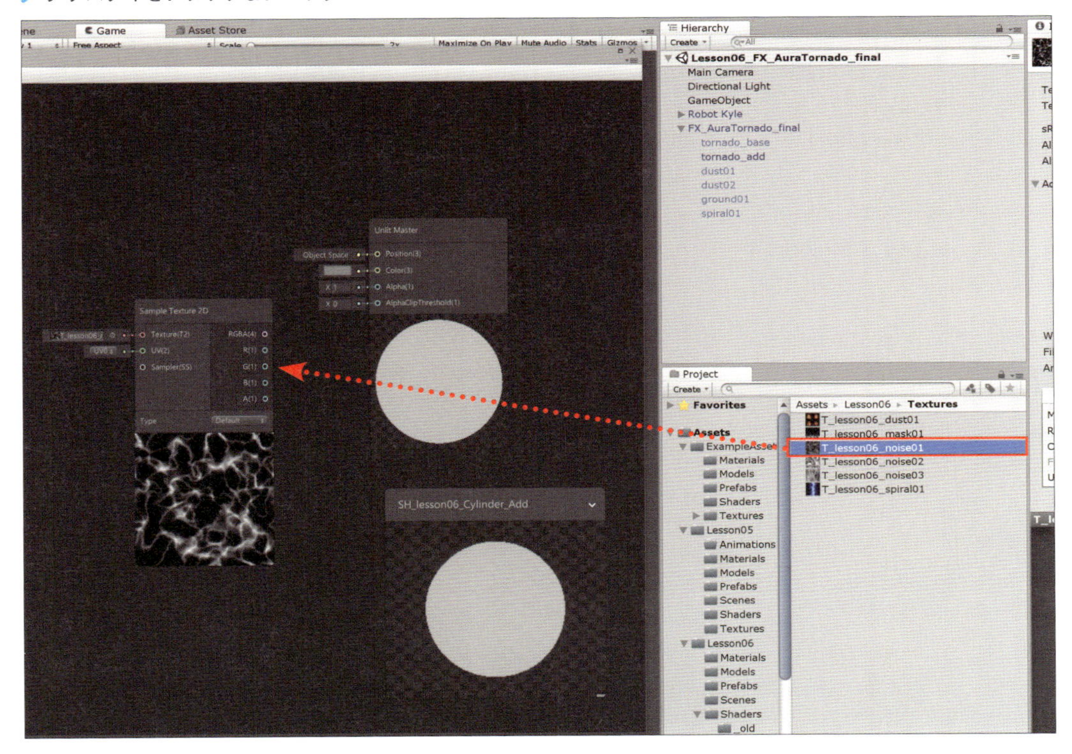

次にドラッグ＆ドロップして作成されたSample Texture 2Dノードに対して、UVスクロール処理を追加していきます。次の図を参考にノードを作成、配置、接続していきます。

▶ Sample Texture 2Dノードにノードを接続(SH_6-3-1_01参照)

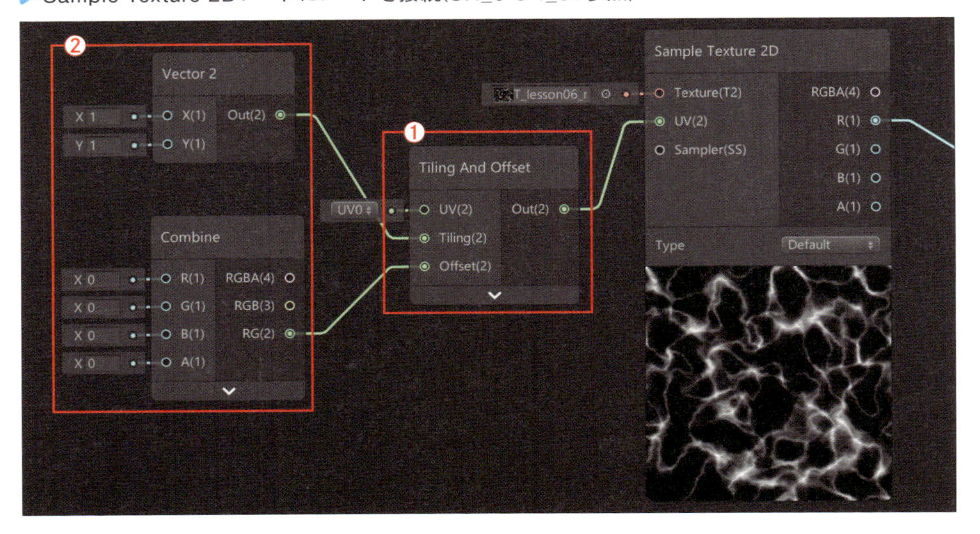

▶ 配置するノード

図内番号	内容
①	Tiling And Offset ノードを追加。Sample Texture 2D ノードに接続
②	Vector2 ノードと Combine ノードを、先ほど追加した Tiling And Offset ノードに接続。Vector2 ノードの値は X=1、Y=1 に設定

次にCombineノードのR(1)とG(1)入力に、それぞれ縦と横方向のUVスクロール処理を追加していきます。

▶ UVスクロール処理を追加(SH_6-3-1_02参照)

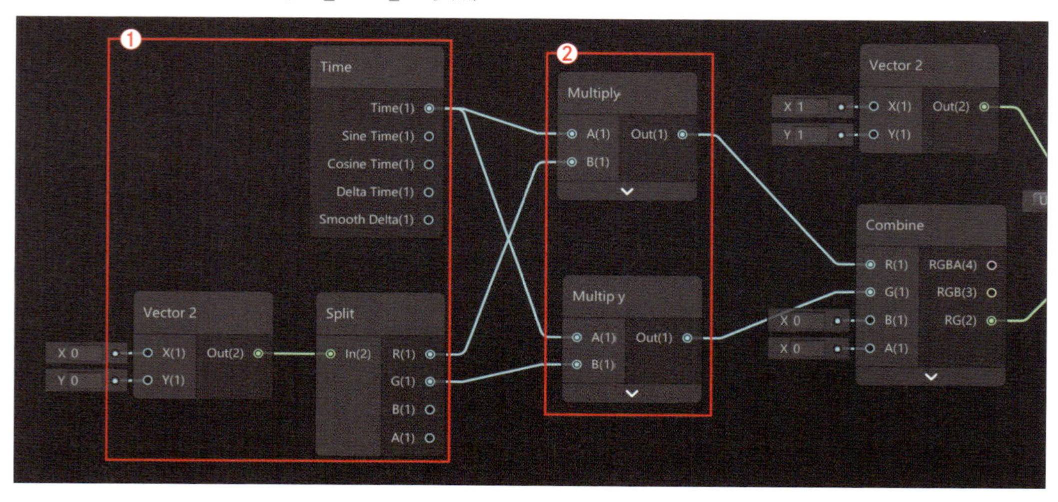

▶ UVスクロールの処理

図内番号	内容
①	Time ノードと Vector2 ノードを追加。Split ノードを使用して、Vector2 ノードの出力を分割
②	2つの Multiply ノードを使って、Split ノードで分割した出力と Time ノードの出力を掛け合わせて、時間の経過によって変化する2つの値を作り出す。それぞれを Combine ノードの入力に接続し、UV スクロール処理を完成させる

最後にOne Minusノードを次の図の位置に追加します。これは必須の処理ではありませんが、このノードを追加することで、Yに正の値(0以上の値)を入力すると上方向へスクロールするようになります。One Minusノードがないと正の値で下方向へスクロールしてしまい、違和感があるため、この処理を追加しています。

▶ One Minusノードを追加

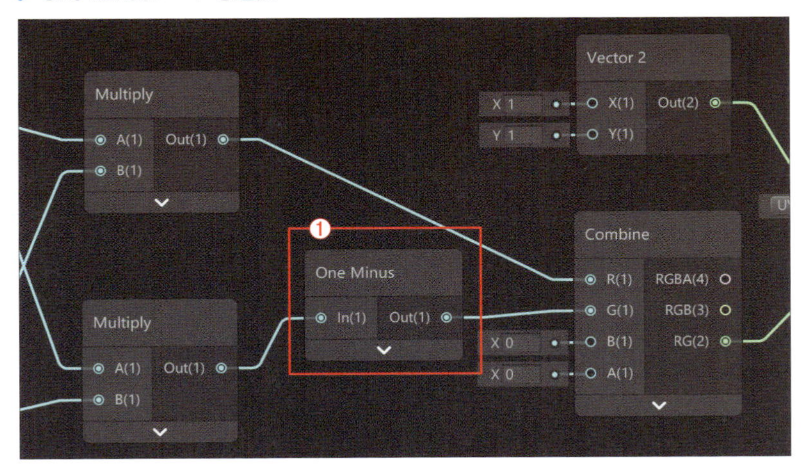

▶ One Minusノードの追加

図内番号	内容
①	One Minus ノードを追加し、Y 方向のスクロールを逆転させる

5章のUVスクロールとは少し構成が少し違っていますが、機能的にはそれほど違いはありません。次の図で番号を振っている部分をプロパティに置き換えていきます。

▶ UVスクロールを作成(SH_6-3-1_03参照)

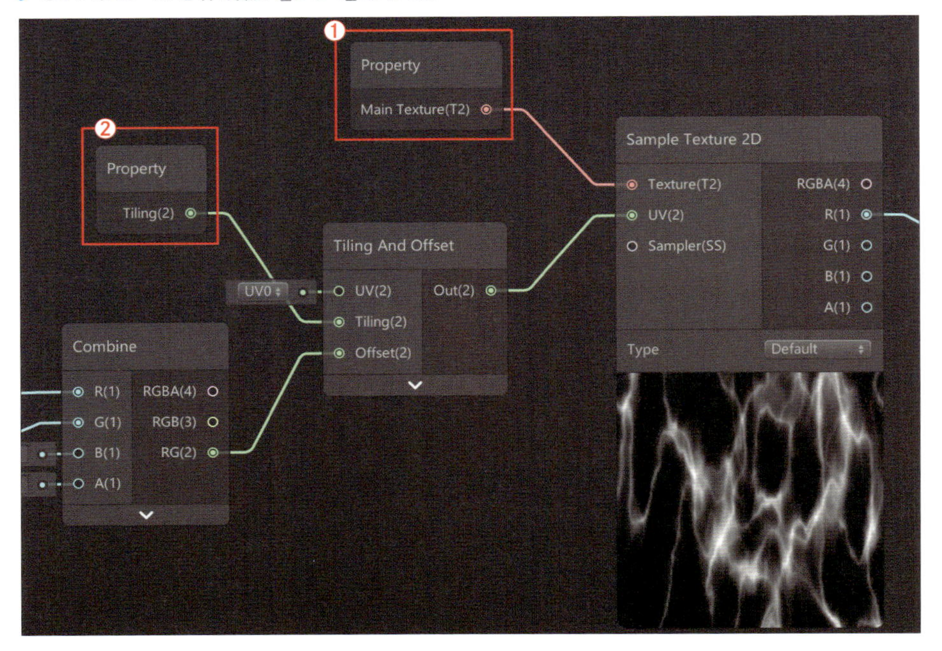

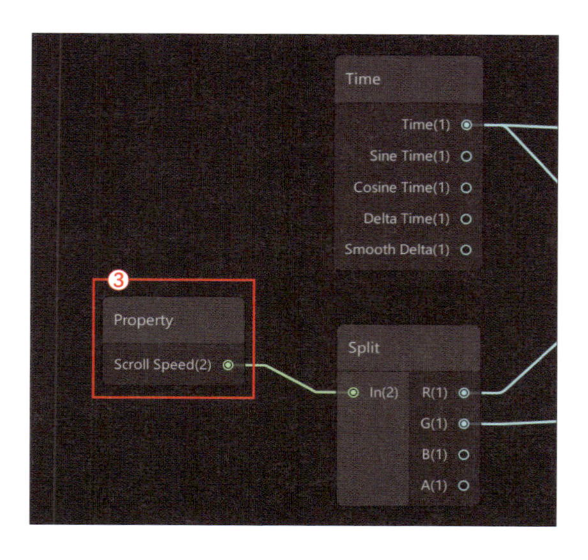

▶ プロパティへの変更

図内番号	内容
①	Texture2D プロパティを追加し、名前を Main Texture に変更。作成したプロパティを配置し、前ページの図の Sample Texture 2D ノードに接続
②	前ページの図の Vector2 ノードを選択し、Convert To Property でプロパティに変換。名前を Tiling に変更
③	前ページの図の Vector2 ノードを選択し、Convert To Property でプロパティに変換。名前を Scroll Speed に変更

それぞれのプロパティの初期値などは、次の図を参考に設定してください。

▶ Main Textureプロパティ

パラメータ	値
Default	T_lesson06_noise01

▶ Tilingプロパティ

パラメータ	値	
Default	X:1	Y:1

▶ Scroll Speedプロパティ

パラメータ	値	
Default	X:0	Y:0

▶ プロパティに置き換える

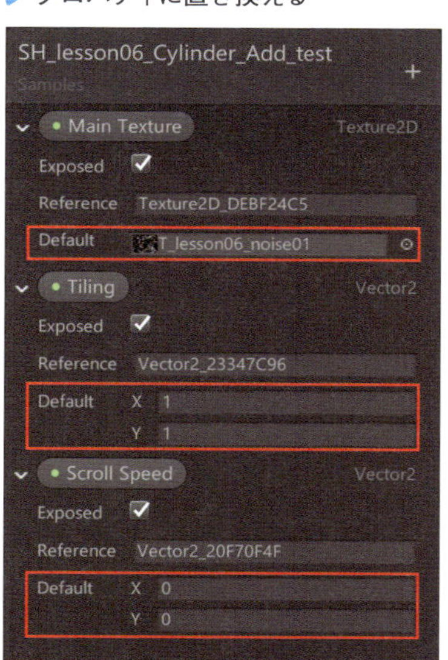

5章でもUVスクロールを作成しましたが、縦方向、横方向のスクロールのスピードを調整する項目を2つのVector1プロパティで構成していました。今回はVector2プロパティを作成してSplitノードでそれぞれの方向（X方向、Y方向）に分割しています。やっていること自体は変わりませんが、マテリアルに表示されるプロパティの見え方が変化します。

補足ですが、本来であればVector2に設定した場合、X、Yの2つのパラメータだけ表示されるのが正しいはずですが、なぜかX、Y、Z、Wの4つのパラメータが表示されてしまいます。

▶ Vector1プロパティ2つ(左) とVector2プロパティ1つ(右) の場合

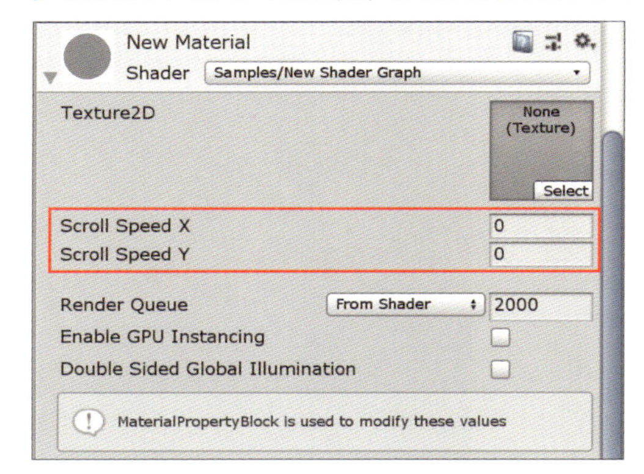

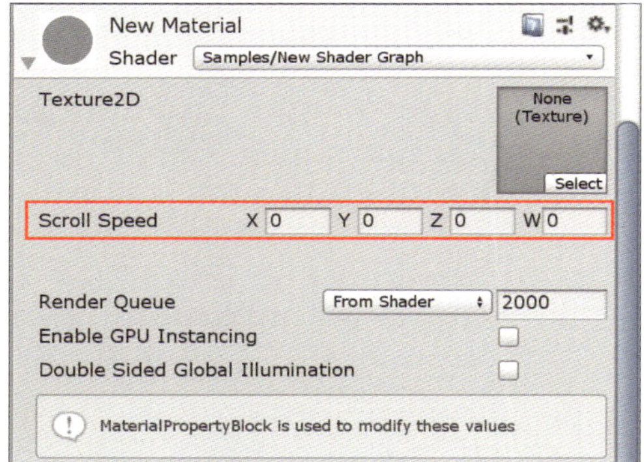

さらにVertex Colorノードを追加し、Sample Texture 2Dノードと掛け合わせて、パーティクルの色情報を取得できるようにします。5章ではVertex Colorノードからカラー情報とアルファ情報の両方を取得していましたが、今回はアルファ情報のみを取得し、カラー情報に関してはMain Colorという名前でColorのプロパティを作成し、そこから設定するようにしています。

▶ Vertex ColorノードとColorプロパティを追加(SH_6-3-1_04参照)

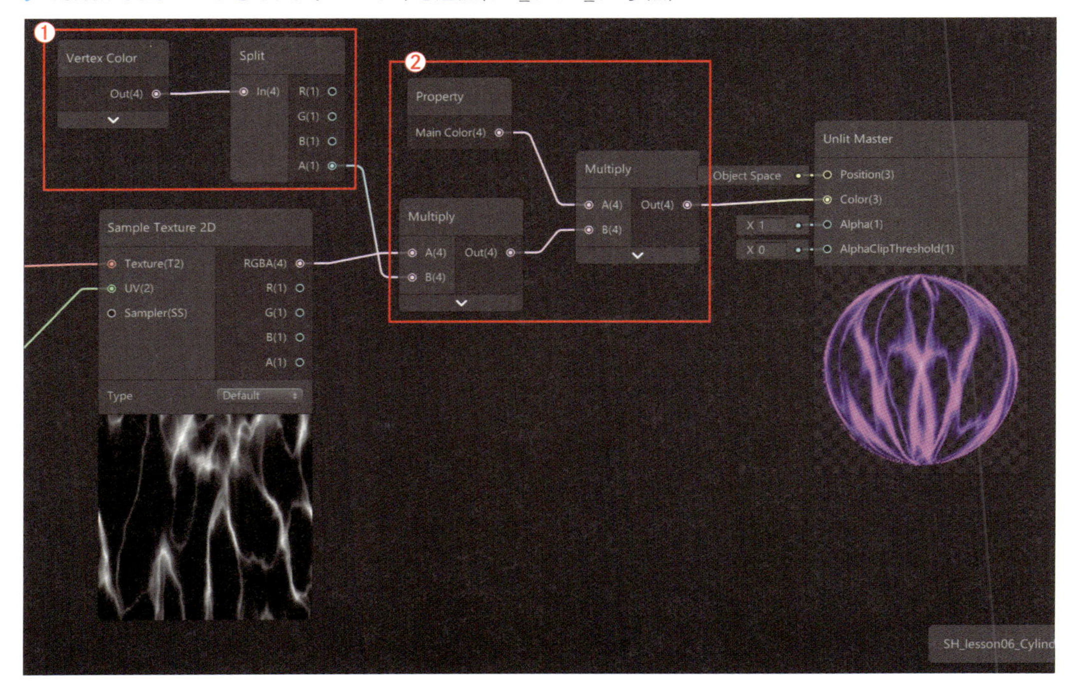

▶ ノードとプロパティの追加

図内番号	値
①	Vertex Color ノードと Split ノードを追加。Split ノードを使用してアルファ値（A(1)）のみを抽出
②	Color プロパティを Main Color という名前で新規に作成し配置（設定は右図参照）。２つの Multiply ノードを作成して、前ページの図のように接続し、まずテクスチャとアルファ値を掛け合わせ、次に Main Color（カラー値）と掛け合わせて最終結果を Unlit Master ノードに接続

▶ Main Colorプロパティ

パラメータ	値
Mode	HDR

▶ Colorプロパティを追加して名前を変更

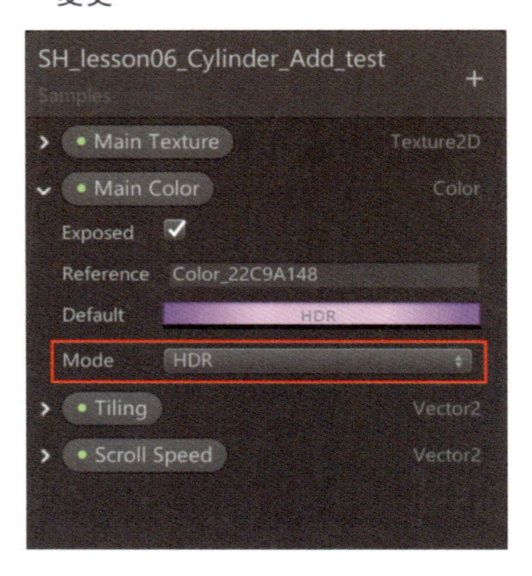

最終的にマテリアルは次の図のように設定しました。

▶ マテリアルとカラーの設定

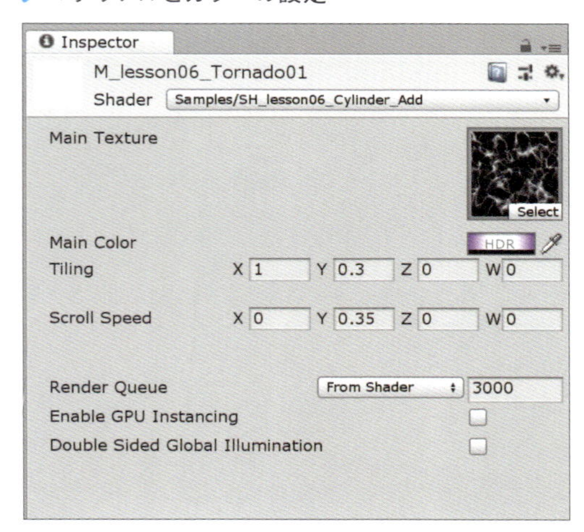

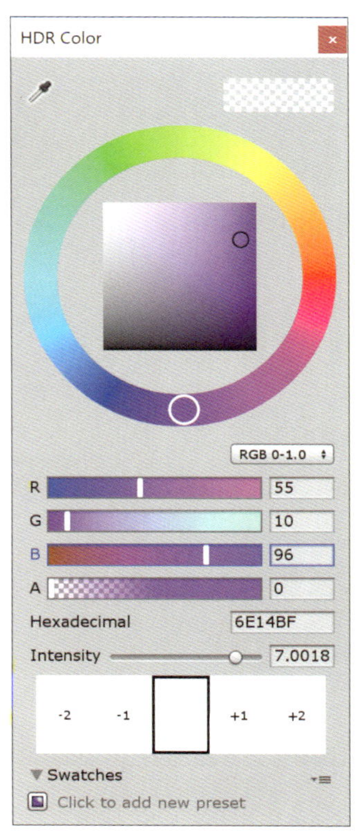

▶ M_lesson06_Tornado01マテリアル

パラメータ	値	
Main Texture	T_lesson06_noise01	
Tiling	X:1	Y:0.3
Scroll Speed	X:0	Y:0.35

6-3-2 HDRカラーを使った色の設定

UVスクロール部分が完成しましたが、カラー情報だけをプロパティから設定する理由は、HDRカラーを使用したいためです。HDRカラーを使用して1以上の値を設定することにより、簡単にポストプロセスのブルーム効果を出すことができます。

残念ながら現状のUnity2018.2のShurikenでは限定的にしかHDRカラーを使用することができません。ShurikenのStart ColorパラメータやColor over Lifetimeモジュールで使用するカラーピッカーは下左図になります。

▶ ポストプロセスのブルーム効果

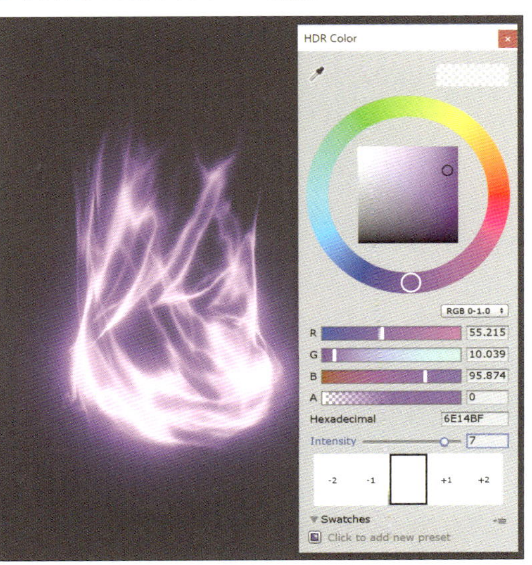

▶ 通常のカラーピッカー(左) とHDRカラーピッカー(右)

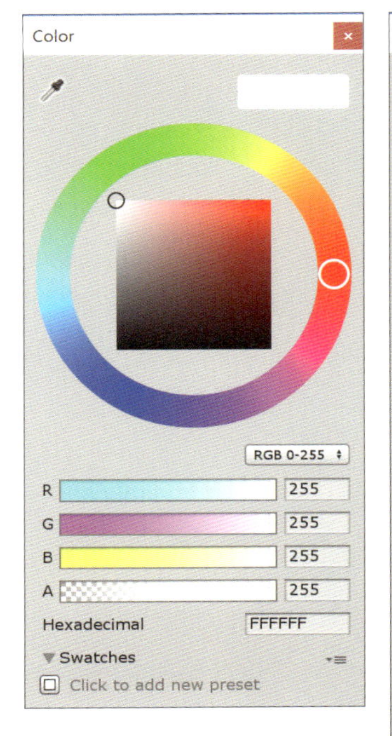

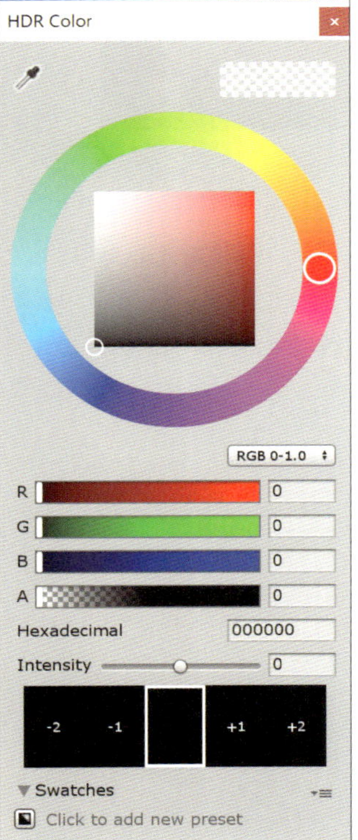

Shurikenから HDRカラーを設定する場合、Custom Vertex Streamsの機能をオンにして、Custom DataモジュールのModeをColorに設定すればHDRカラーを使用できます。なお、Custom Vertex Streams機能については、2-4-1で解説しています。

▶ Custom DataモジュールではHDRカラーを使用することができる

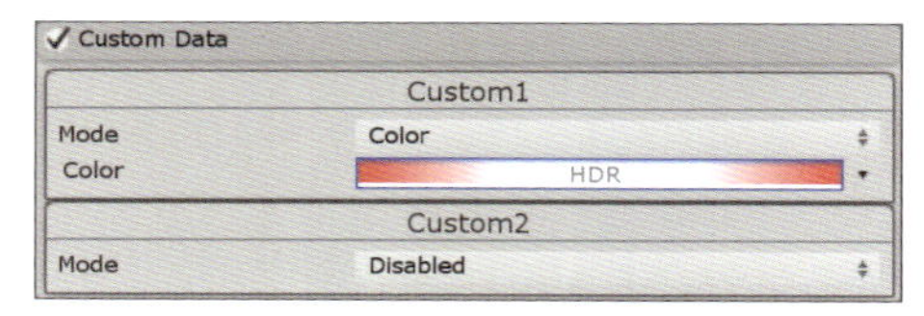

6-3-3 メインテクスチャのマスキング

次にマスキングの設定を行っていきます。マスキングを行うことでテクスチャの使用部分を限定することができます。わかりやすい例でいえば、次の図のように炎のテクスチャとマスクのテクスチャを掛け合わせることで、たいまつのような炎を作成できます。

▶ マスキングして炎のシルエットを作成

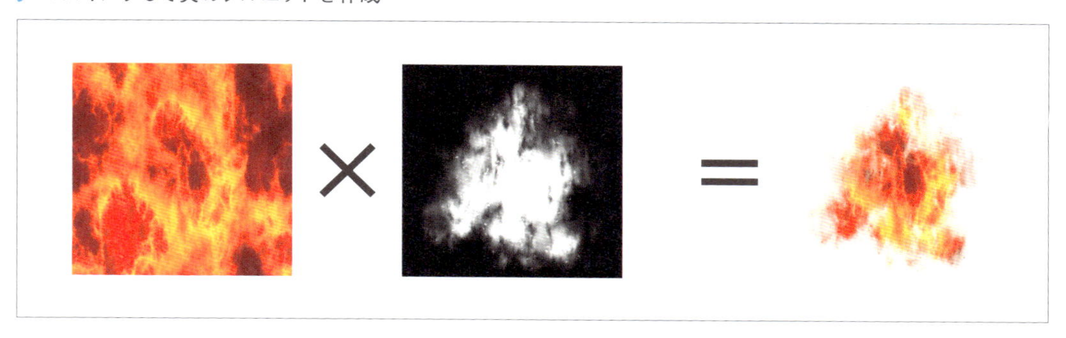

今回はテクスチャの上下の部分をマスキングしていきます。上図のように、マスク用のテクスチャを用意してもよいのですが、簡単なグラデーションのマスクであれば、テクスチャを使用しなくてもノードだけで簡単に作成できます。順番に説明していきますので、まずは次の図の位置にMultiplyノードを追加しましょう。

▶ Multiplyノードを追加

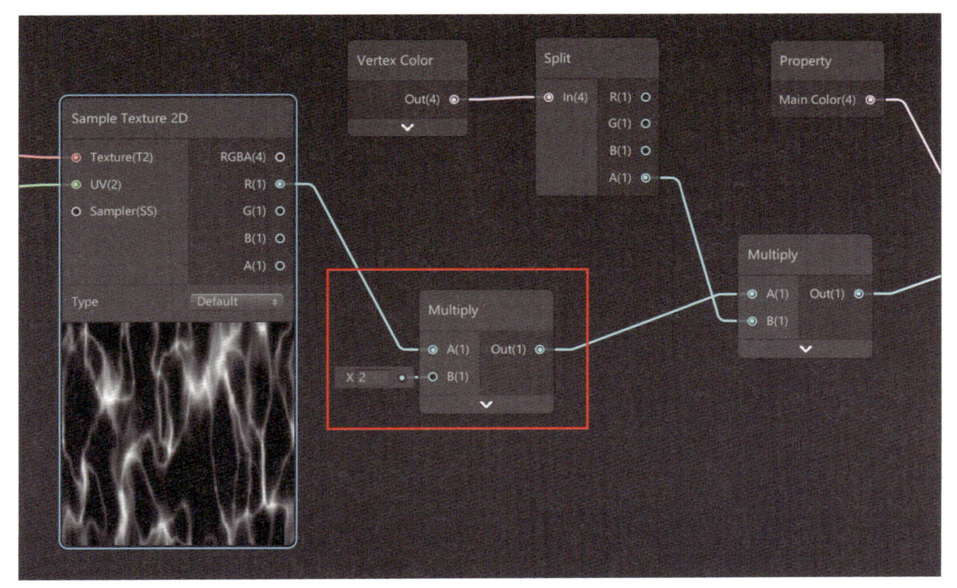

追加したMultiplyノードのB(1)入力にグラデーションで作成したマスキング用の素材を接続していきます。次の図を参考にノードを組んでみてください。

▶ グラデーションでマスキング用素材を作成(SH_6-3-3_01参照)

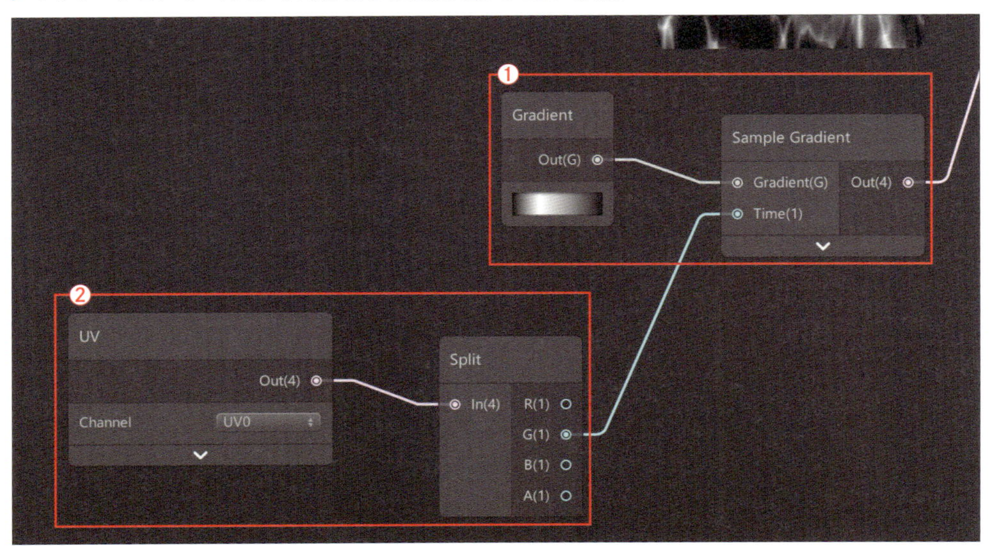

▶ 作成するノード

図内番号	値
①	Gradient ノードと Sample Gradient ノードを追加。Gradient ノードを右図を参照して設定。Gradient ノードのカラーバーの部分をクリックすることで Gradient Editor が起動する。Sample Gradient ノードの出力は先ほど追加した Multiply ノードの B(1) 入力に接続
②	UV ノードと Split ノードを追加。Split ノードで分離した UV 情報を Sample Gradient ノードの Time(1) 入力に接続することで、縦方向のグラデーションを作成できる

▶ Gradientノードの設定

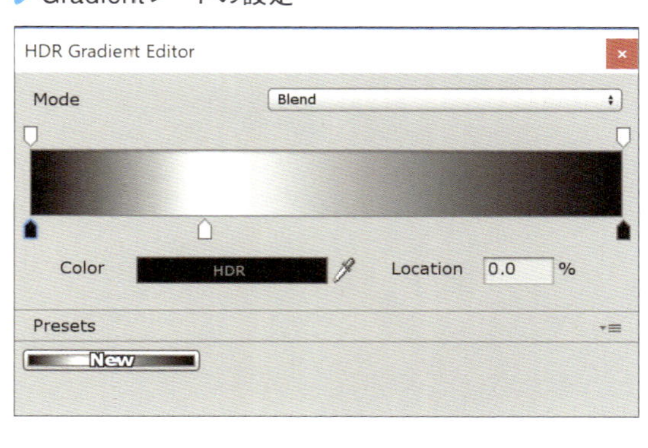

こういったマスクを作成する場合、まずUVノードをX、Yに分割して片方だけを使用することが多いでしょう。それぞれXでは横方向のグラデーション、Yでは縦方向のグラデーションを得ることができます。

▶ UVノードをSplitノードで分割するとグラデーションが得られる

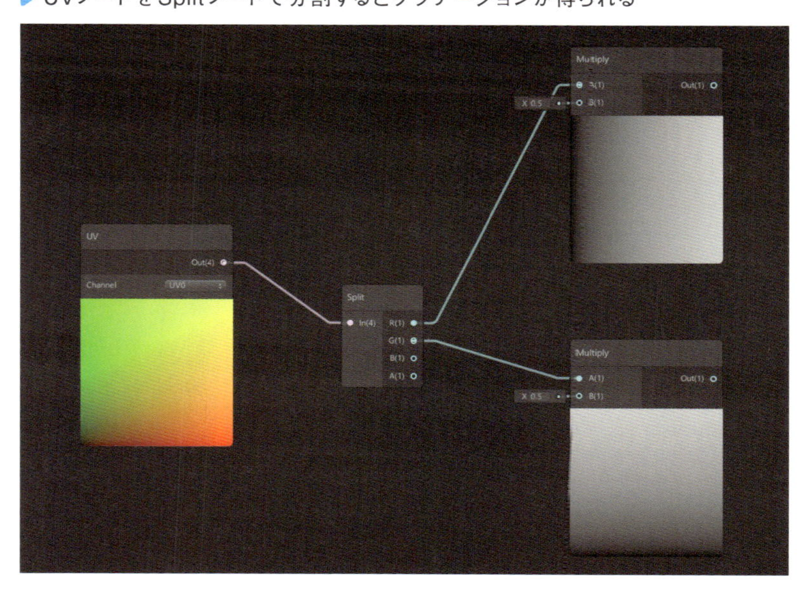

以前はこのグラデーションに加算や乗算、各種の関数などを使った数学的なアプローチでマスクを作っていくことが多かったのですが、2018.2から搭載されたGradientノードを使用すれば、このグラデーションを入力に使用して直感的にマスクを作成できます。また、Gradientノード単体では他のパラメータに接続ができないので、Sample Gradientノードとセットで使

用します。

▶ Gradientノードの使用方法

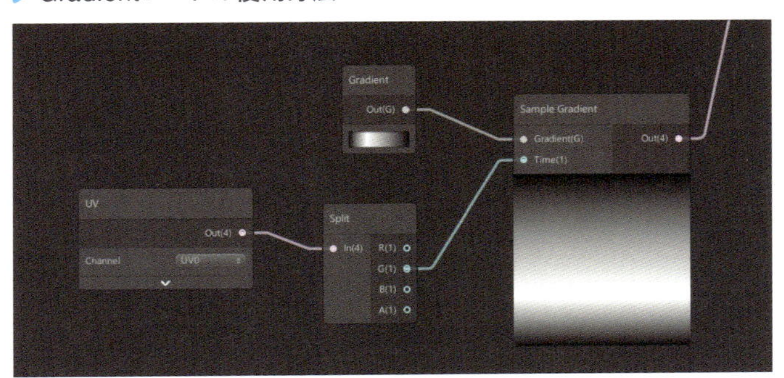

図のように設定することでGradientノードのグラデーションをUV座標のY方向の0-1のグラデーションにマッピングすることができます。また、次の図のようにカラーグラデーションも使えますし、Polar Coordinatesノードを使えば円形にすることも可能です。

▶ グラデーションの応用例(SH_6-3-3_02参照)

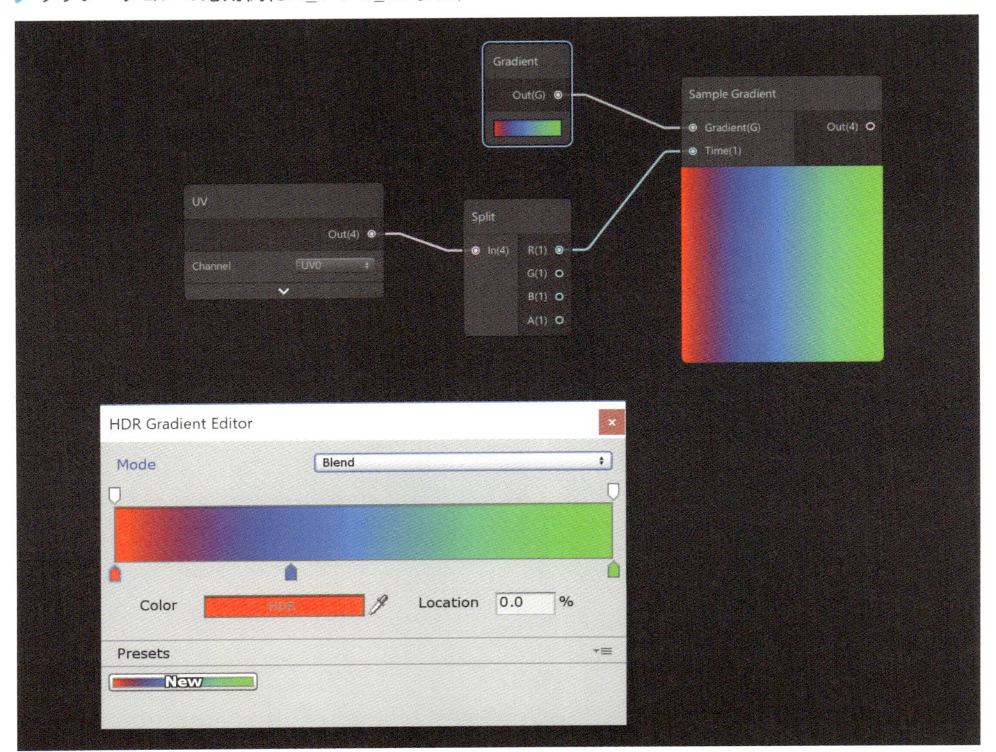

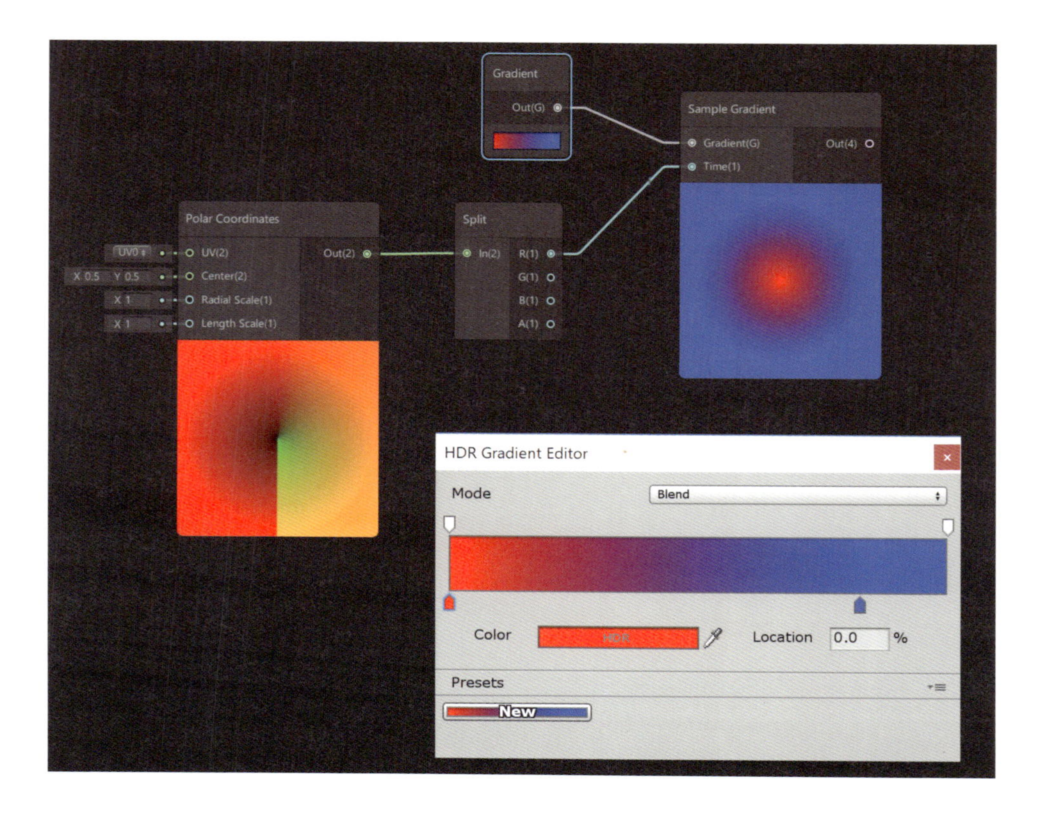

▶ Timeノードで動きを付ける

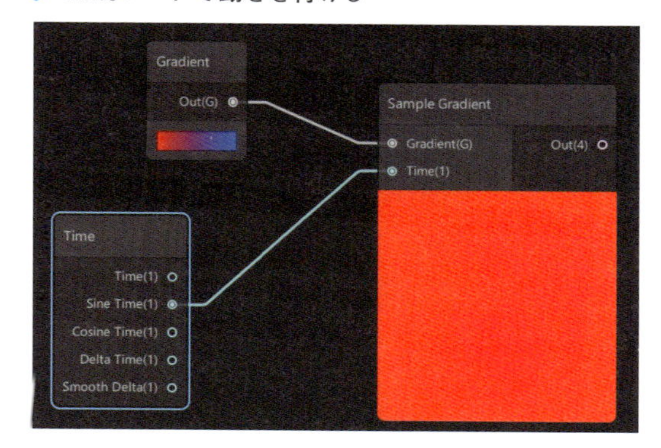

　またSample Gradientの入力がTime(1)になっていることからもわかるようにTimeノードなどを接続すればグラデーションの色が経過時間に沿って変換します。紙面では動きがわからないので実際に接続して動きを確かめてみてください。

　上記のようにかなり柔軟な使い方ができるノードです。ただし残念ながらGradientノードはプロパティに変換することができないため、Shader Graph内でしかグラデーションを編集することができません。またここまでの変更をSave Assetボタンを押して保存しておきましょう。カラーグラデーションやPolar Coordinatesの例は、あくまで使い方のひとつとして解説したものなので、6-3-3の最初で解説した設定で保存してください。

6-3-4 頂点アニメーションの設定

　UVスクロールとマスキングを設定して、見た目に関する部分を仕上げることができました。

最後に頂点アニメーションを設定してメッシュの各頂点を動かしていきます。

シェーダーで頂点アニメーションを設定することにより、例えば単純なグリッドオブジェクトでも、風になびく旗のような動きを追加することができます。まずは簡単なオブジェクトとシェーダーを使って頂点アニメーションがどのように作用するかを試してみましょう。

シーンにSphereを追加してください。またAssets/Lesson06/Shadersフォルダ内に新規にUnlit Graphシェーダーを作成して、名前をSH_lesson06_Testに設定します。同様にAssets/Lesson06/Materialsフォルダ内に新規マテリアルを作成し、名前をM_lesson06_Testに設定します。なお、これらは頂点アニメーションのテスト用の素材なので、説明後に削除してしまって大丈夫です。

マテリアルのシェーダーを先ほどのSH_lesson06_Testに変更して、Sphereオブジェクトに適用しておきましょう。

▶ シェーダーとマテリアルを新規に作成して、Sphereに適用

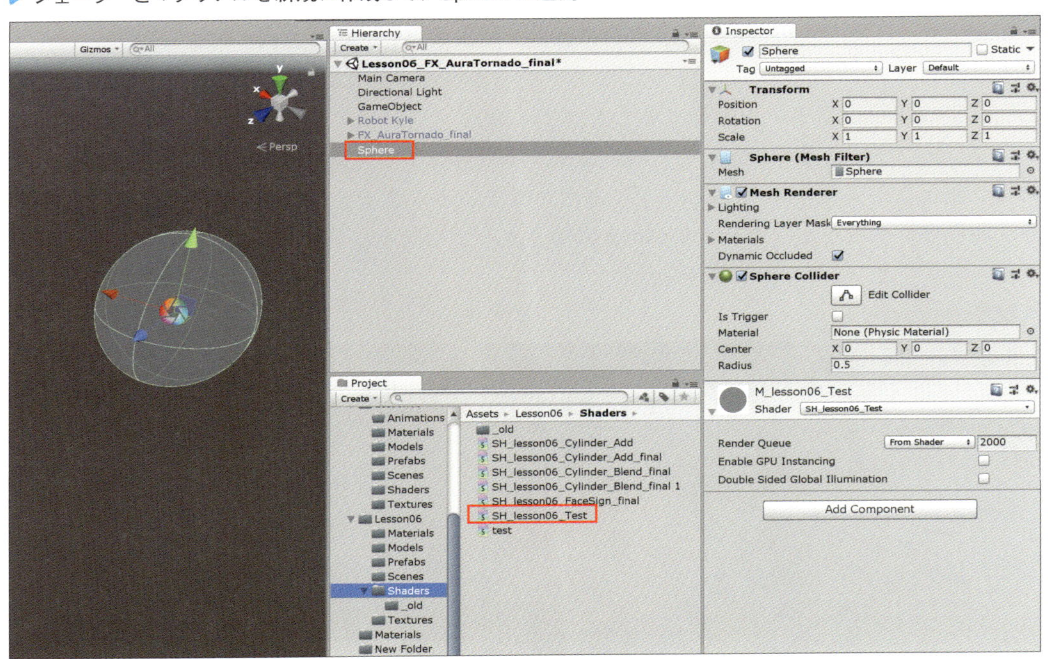

これで下準備が整いましたので、SH_lesson06_Testシェーダーを開いてShader Graphを起動します。頂点アニメーションを設定する場合、Unlit MasterノードのPosition(3)入力に接続していきます。まず次のページの図のようにノードを作成してみましょう。PositionノードのSpaceはObjectに設定してください。

▶ 基本的な頂点アニメーションの設定

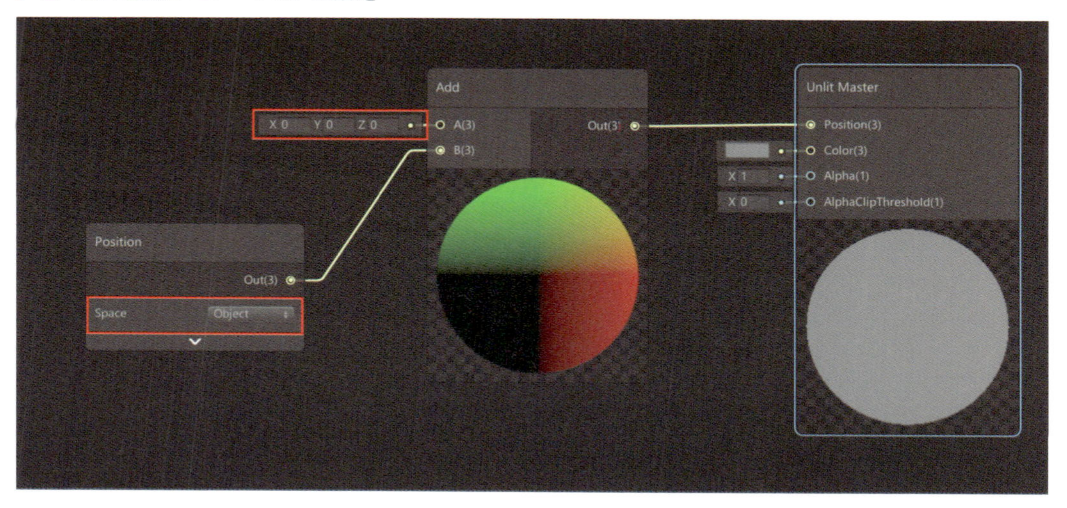

Positionノードで現在のオブジェクトの位置情報を取得し、その座標に対してAddノードで値を加算しています。Addノードにつながっている赤枠で囲ったXとYとZの値を適当に変更して、Save Assetボタンを押してください。Sphereオブジェクトに変更が反映されます。

オブジェクトの各頂点に対して一様に値が加算されるため、見た目としてはオブジェクトが移動したように見えますが、Sphereに適用されているコライダーは原点のままなので、各頂点の座標が変わっただけでTransformが変更された訳ではありません。

▶ 設定と実行結果

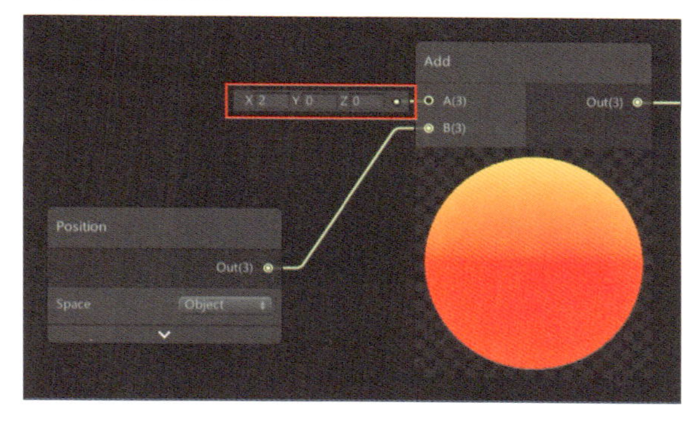

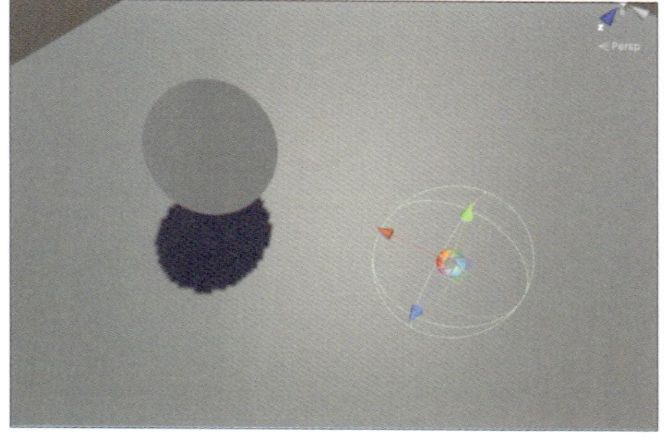

今度は次の図のようにノードを組んでみましょう。Normal Vectorを使用することで、オブジェクトの各頂点が持つ法線方向を参照しながら頂点を移動できます。次の図の実行結果を見ればわかるように、各頂点がXZ方向に移動して球体が膨らんだように変換されました。

▶ Normal Vectorを使用した設定(SH_6-3-4_01参照)

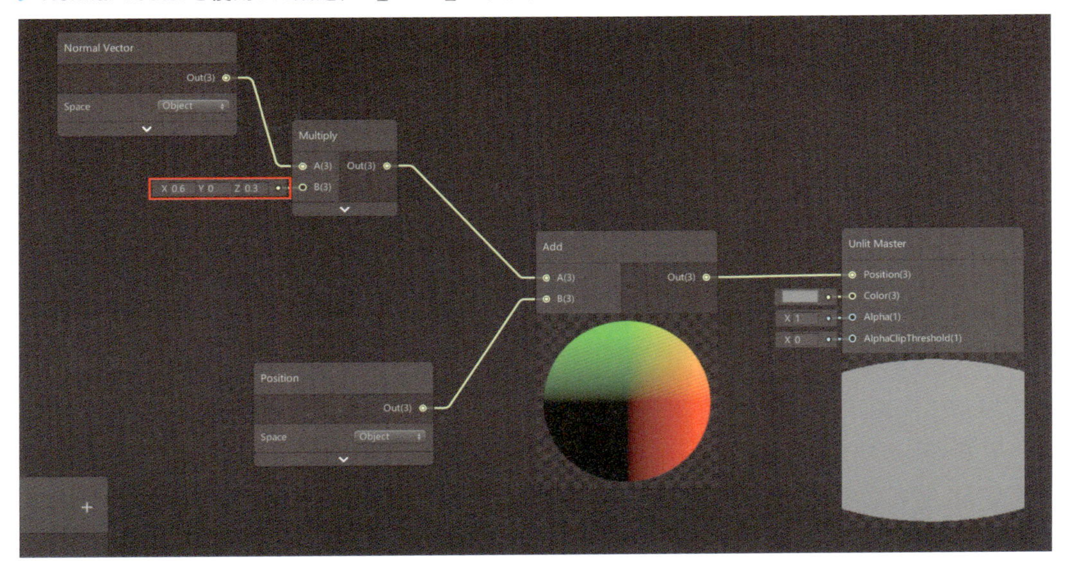

▶ 実行結果

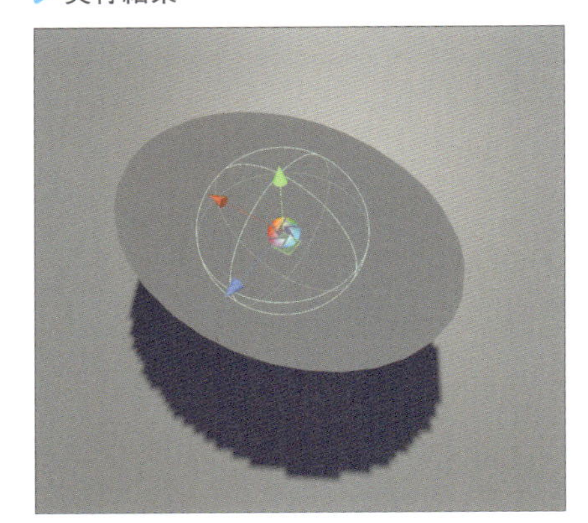

以上のテストを踏まえて、SH_lesson06_Cylinder_Addシェーダーに戻って頂点アニメーションを作成していきましょう。最終的に下図のような構成でノードを設定していきます。

▶ SH_lesson06_Cylinder_Addシェーダーの頂点アニメーションの設定

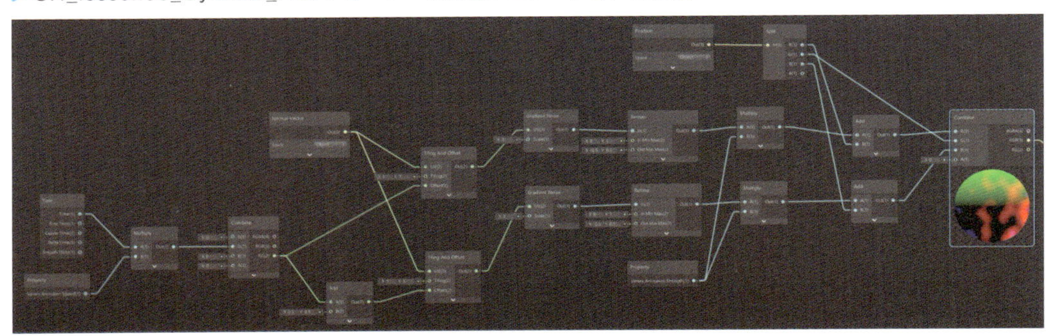

まずはGradient Noiseノードの部分を作成していきます。次の図を参考にノードを組んでみてください。Gradient Noiseノードを使用すれば、別途ノイズテクスチャを用意しなくても、Shader Graph内でフラクタル模様のようなノイズを生成することが可能です。Gradient NoiseノードのUV(2)入力に、上方向にUVスクロールする動きを付けたものを接続しています。

▶ Gradient NoiseノードのUVスクロールを作成

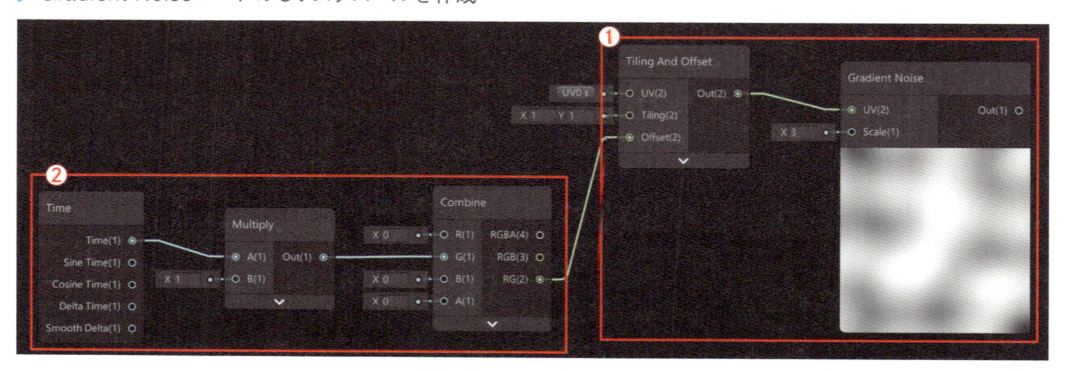

▶ ノードの追加

図内番号	値
①	Gradient NoiseノードとTiling And Offsetノードを追加。Gradient NoiseノードのScaleパラメータには3を設定
②	Timeノード、Multiplyノード、Combineノードを追加。Multiplyノードの出力をCombineノードのG(1)入力に接続し、CombineノードのRG(2)出力をTiling And OffsetノードのOffset(2)入力に接続することで、縦方向にスクロールがかかる

Gradient NoiseノードのUVスクロールが完成しました。しかしこのノイズを使用して頂点アニメーションを行った場合、ノイズがシームレスになっていないため、右図のように、メッシュのUVのシーム部分で、ズレが生じています。現状では、Unlit MasterノードのPosition(3)入力に接続していないので、右図はあくまで説明用の画像になります。

これを解消するためNormal Vectorノードを使用します。次の図のようにNormal VectorノードのSpaceをObjectに設定し、Tiling And OffsetノードのUV(2)入力に接続します。

▶ ノイズがシームレスではないため、頂点のズレが生じている

▶ Normal Vectorノードを接続(SH_6-3-4_03参照)

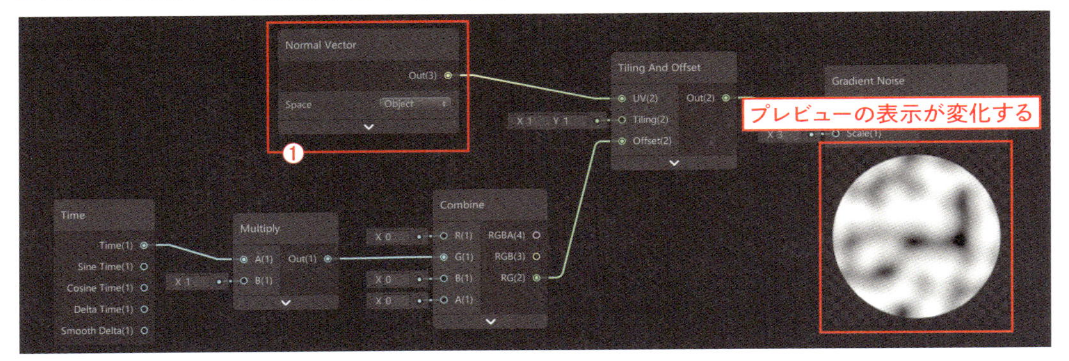

プレビューの表示が球体に変化したのが確認できます。この状態でノードを追加していき、頂点アニメーションを行っていくことで、シーム部分の頂点のズレが発生しなくなります。

次に、Positionノードで取得したメッシュ本来の頂点情報に、Gradient Noiseノードで作成したノイズを足し合わせることで、頂点アニメーションを完成させていきます。今回はY軸方向にはノイズを適用したくないので、Positionノードで取得した頂点情報をSplitノードで分離し、X軸とZ軸にのみノイズの値を加算しています。最後にCombineノードの出力をUnlit MasterノードのPosition(3)入力に接続してください。

▶ シーム部分のズレが発生しなくなる

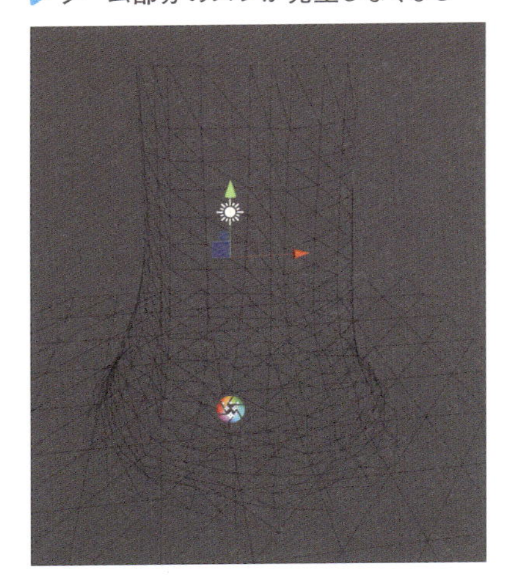

▶ ノイズとメッシュの頂点座標を足し合わせる(SH_6-3-4_04参照)

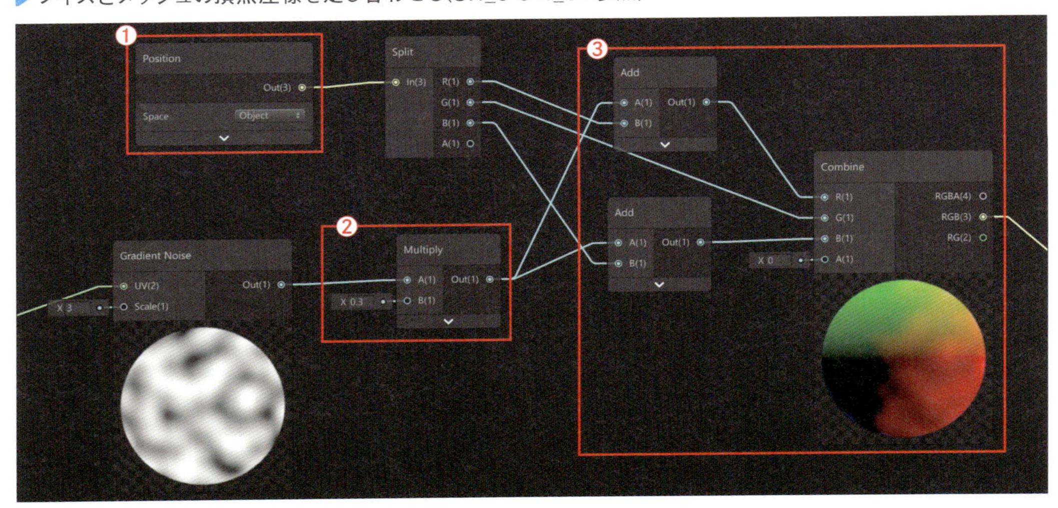

▶ ノードの追加

図内番号	値
①	Position ノードと Split ノードを追加。Space を Object に設定
②	Multiply ノードを追加。ノイズの強さを制御。B(1) 入力には後の工程でプロパティを接続
③	頂点アニメーションの X、Y、Z の３軸のうち、X と Z 軸のみにノイズを適用したいので、Add ノードを２つ追加してノイズの値と Split ノードで分離した値（R(1) 出力と B(1) 出力）を足し合わせる。Combine ノードを使って３つの軸を１つにまとめる

ここまでできたら、Save Assetボタンを押して変更を反映しましょう。Sceneビューで見ると頂点アニメーションが行われているのが確認できます。表示をワイヤフレームに切り替えるとわかりやすいかもしれません。

▶ 実行結果

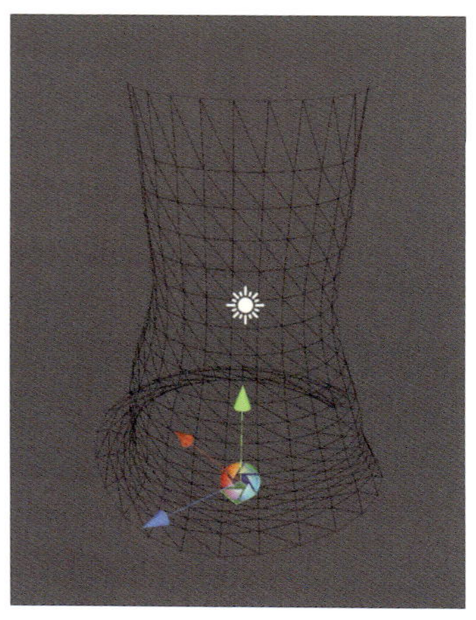

一見するとうまく機能しているように見えますが、メッシュを真上からみると頂点アニメーションの方向が特定の方向にしか作用していないのが確認できます。

これはX軸とZ軸で同じノイズを使用しているためこのような結果になってしまっています。こちらの問題を解決するため、再びShader Graphに戻って修正を加えていきます。まず、次の図の赤枠で囲った部分の３つのノードをコピー＆ペーストで複製します。

▶ 真上からメッシュをみると矢印の方向にしか頂点アニメーションが動いていない

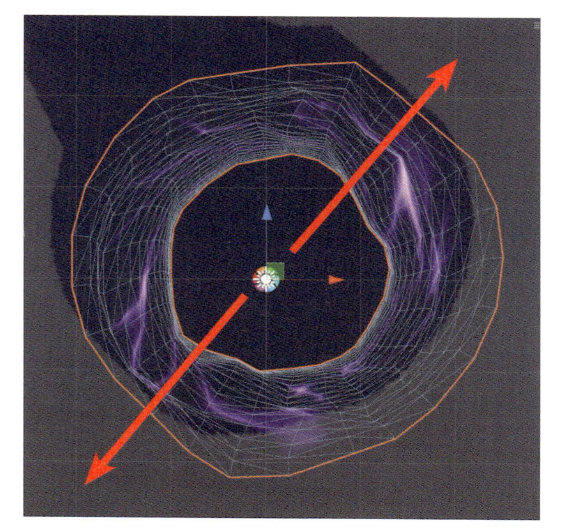

▶ 赤枠部分を選択して複製

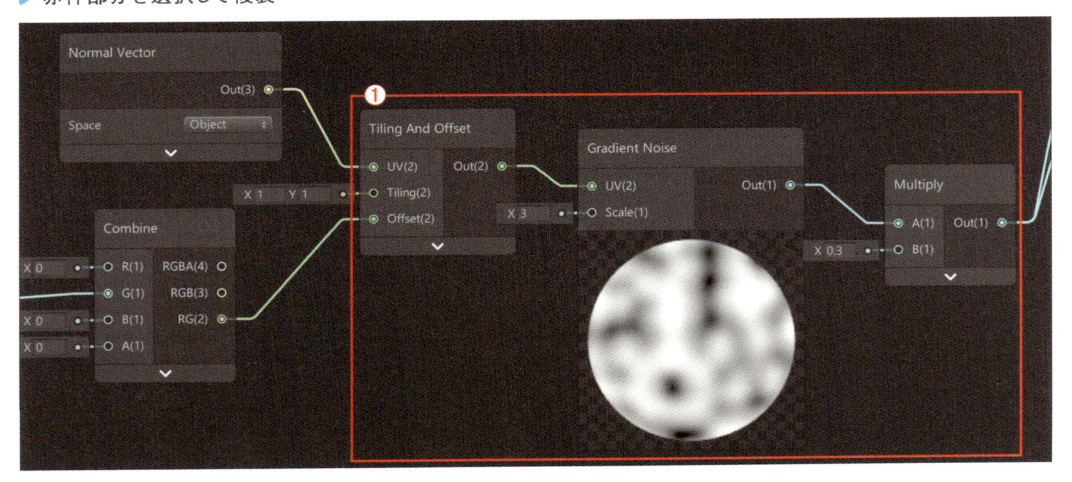

▶ ノードの複製

図内番号	内容
①	赤枠内の３つのノードを選択して複製

次の図のように、Combineノードと Tiling And Offsetノードを接続しているラインの片方にAddノードを挟んで、オフセットしノイズの位置がそれぞれ異なるように調整します。

▶ Addノードを加えてノイズをオフセットさせる

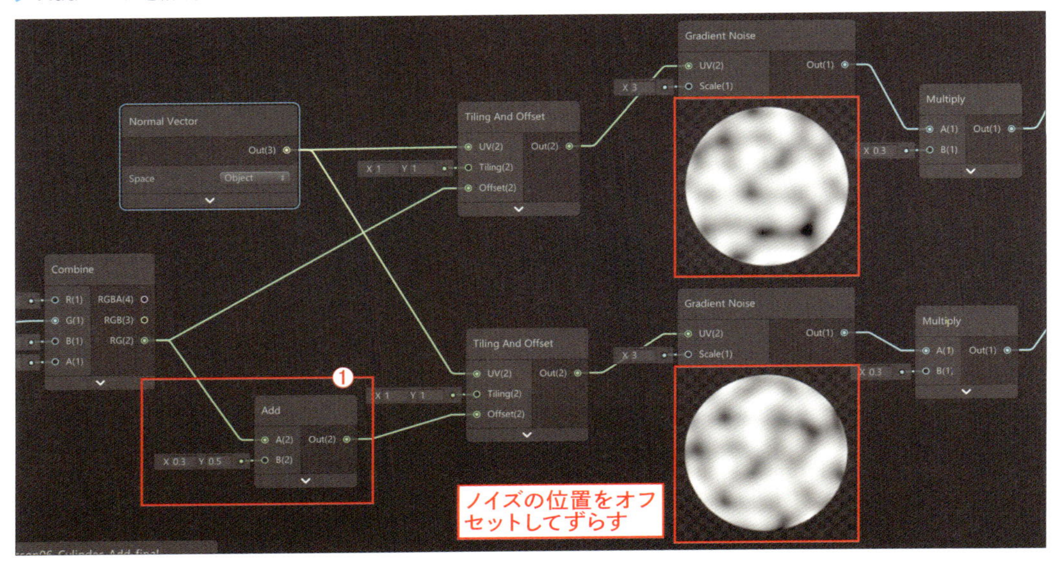

▶ ノードの追加

図内番号	内容
①	Add ノードを加えて、ノイズの位置をオフセットする。Add ノードの B(2) 入力は「X=0.3」「Y=0.5」に設定

合わせてGradient Noiseノード以降の部分に関しても、次の図を参考に接続をつなぎ変えてください。

▶ 接続をつなぎ変える(SH_6-3-4_05参照)

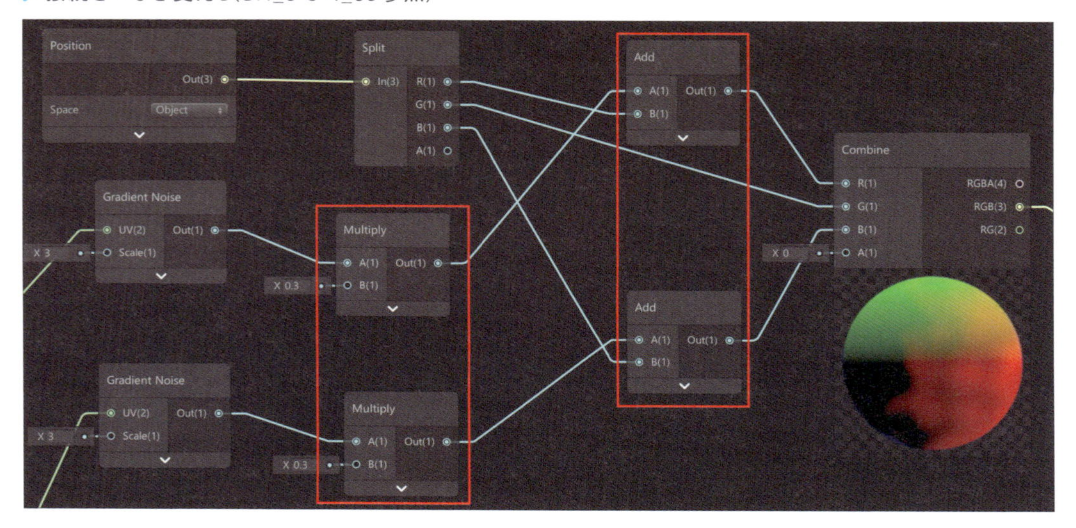

これで頂点アニメーションのノード構成が完成しました。最後にノイズのUVスクロールの速度とノイズの強さをプロパティに置き換えて、マテリアルから調整ができるように変更していきます。

新たにVector1プロパティを、Vertex Animation SpeedとVertex Animation Strengthという名前で2つ作成します。

▶ プロパティの追加

図内番号	値
①	Vector1 プロパティを Vertex Animation Speed という名前で作成
②	Vector1 プロパティを Vertex Animation Strength という名前で作成。Default パラメータを1に設定

▶ 頂点アニメーション調整用のプロパティを作成

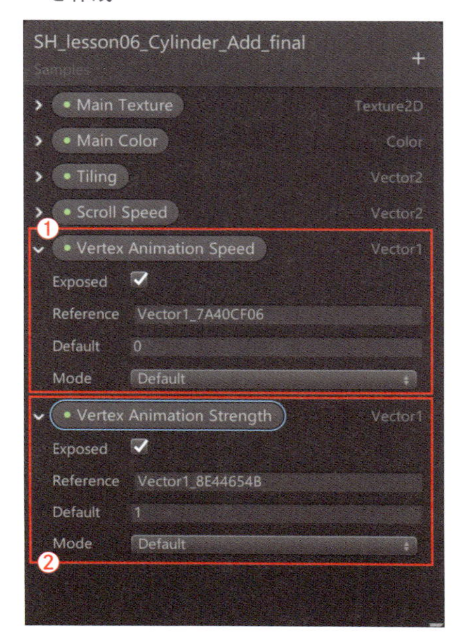

それぞれ次の図の部分に接続します。

▶ Vertex Animation Speedプロパティを接続

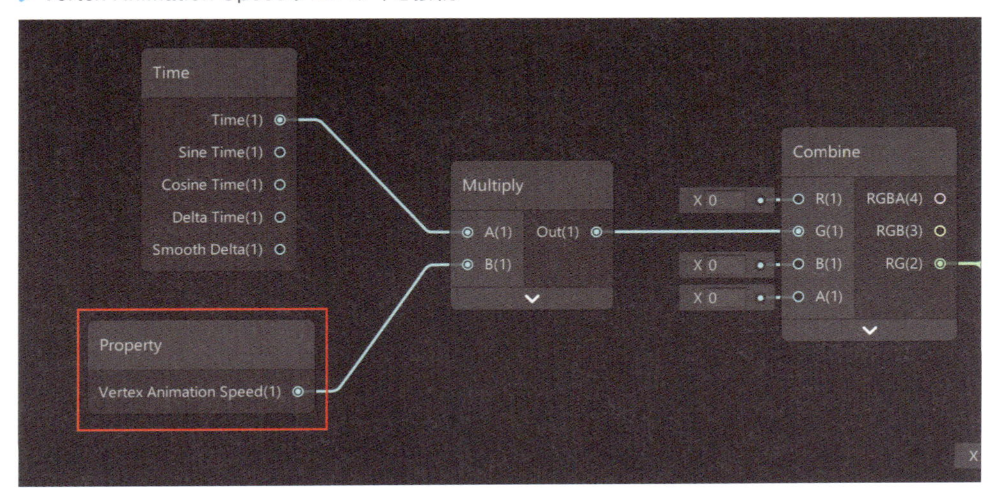

▶ Vertex Animation Strengthプロパティを接続(SH_6-3-4_06参照)

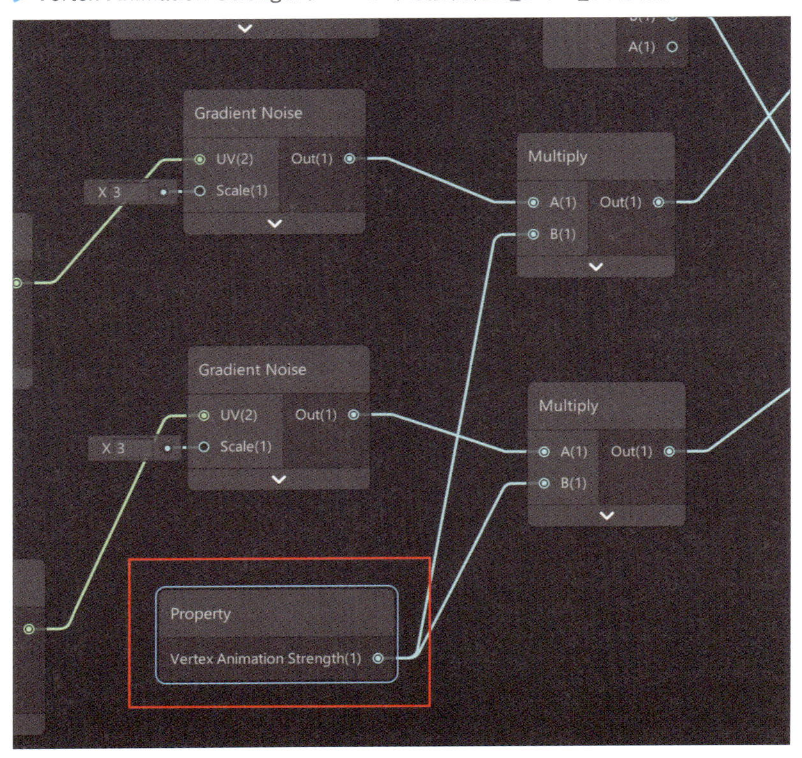

最後にSave Assetボタンをクリックして変更を反映します。右図のようにマテリアルのパラメータを設定します。

▶ M_lesson06_Tornado01マテリアル

パラメータ	値
Vertex Animation Speed	1
Vertex Animation Strength	0.3

▶ M_lesson06_Tornado01マテリアルの設定

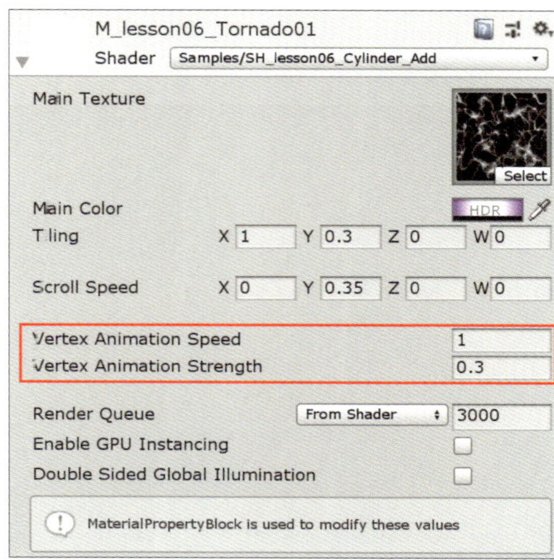

これで一見問題なく頂点アニメーションが完成したように見えるのですが、Vertex Animation Strengthパラメータの値を大きくしてメッシュを真上から観察すると、中心がズレているのが確認できます。

▶ メッシュが中心からズレていく

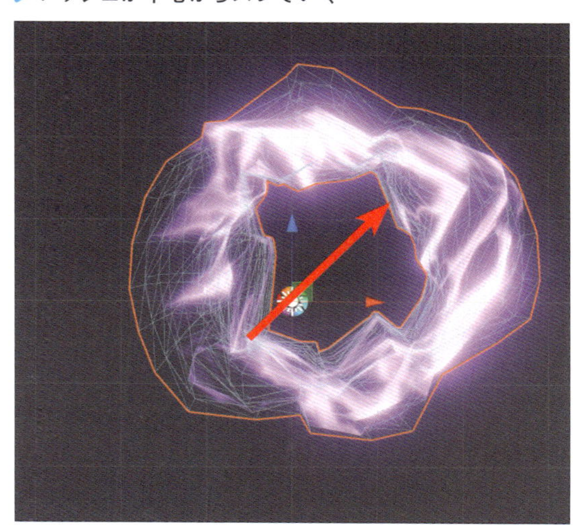

これはGradientノードのノイズが「0(黒)」から「1(白)」までの正の値の範囲しか持っていないため発生します。再びShader Graphを開いて次のページの図のようにGradient NoiseノードとMultiplyノードの間に、Remapノードを挟んで0から1の範囲を-0.5から0.5の範囲に変換します。

▶ Remapノードを追加(SH_6-3-4_07参照)

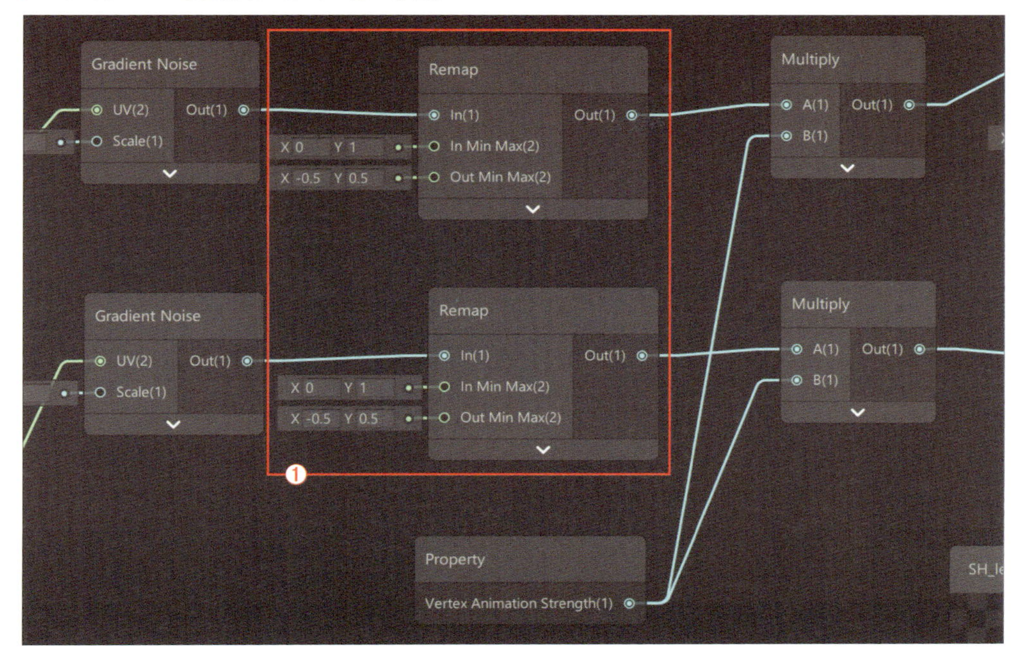

▶ Remapノード(２つとも同じ値を設定する)

パラメータ	値	
In Min Max(2)	X:0	Y:1
Out Min Max	X:-0.5	Y:0.5

これでメッシュが中心からズレていく問題を解決できました。

▶ 今度はメッシュが中心からはズレることなく頂点アニメーションが実行される

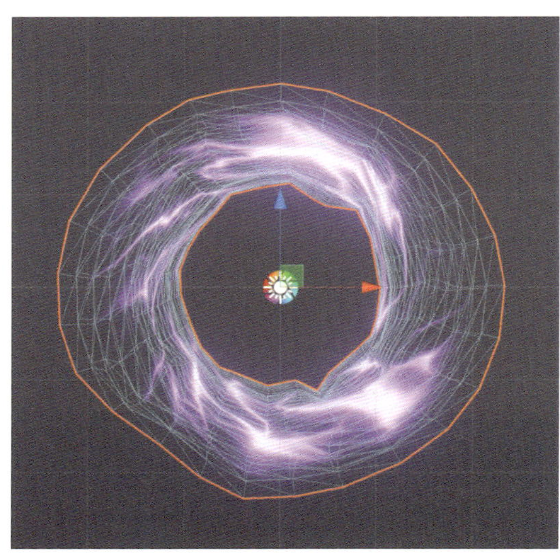

エフェクトの組み立て

6-3 で作成したシェーダーを使用してエフェクトを組み立てていきます。またアルファブレンドに設定したシェーダーも別途作成して柱の部分のエフェクトを完成させます。

6-4-1 設定の変更

6-3 でシェーダーの確認用にtornado_addパーティクルを設定しましたが、あくまでシェーダー確認用の最低限の設定だけでしたので、設定を詰めていきます。次の図のようにパラメータの変更と、いくつかのモジュールをオンにして調整していきます。なお、Size over LifetimeモジュールのXとZは同じカーブになります。

▶ パラメータを変更

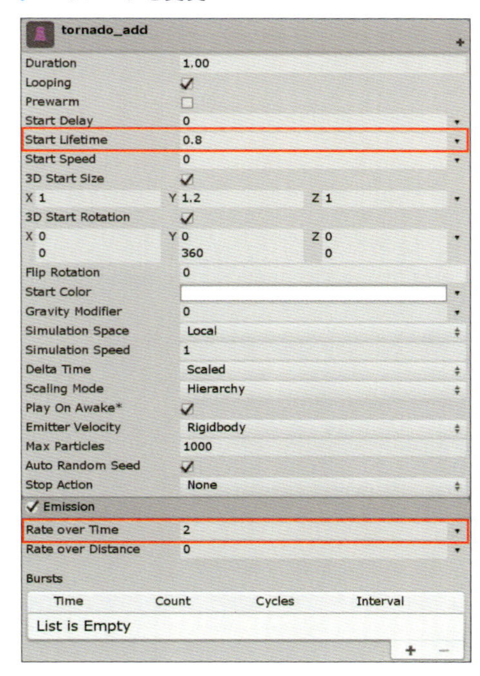

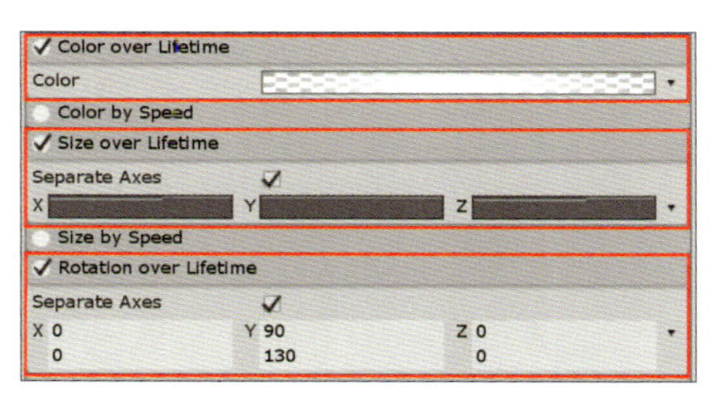

▶ Main モジュール

パラメータ	値
Start Lifetime	0.8

▶ Color over Lifetime モジュール

パラメータ	値
Color	次のページの図を参照

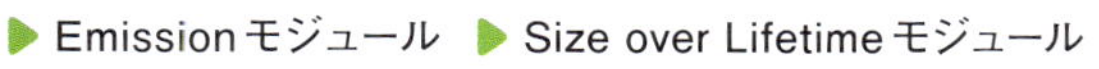

▶ Emission モジュール

パラメータ	値
Rate over Time	2

▶ Size over Lifetime モジュール

パラメータ	値
Separate Axes	チェックあり
Size	次のページの図を参照

▶ Rotation over Lifetime モジュール

パラメータ	値		
Separate Axes	チェックあり		
	X:0	Y:90	Z:0
	X:0	Y:130	Z:0

▶ Color over LifetimeモジュールのColorパラメータの設定

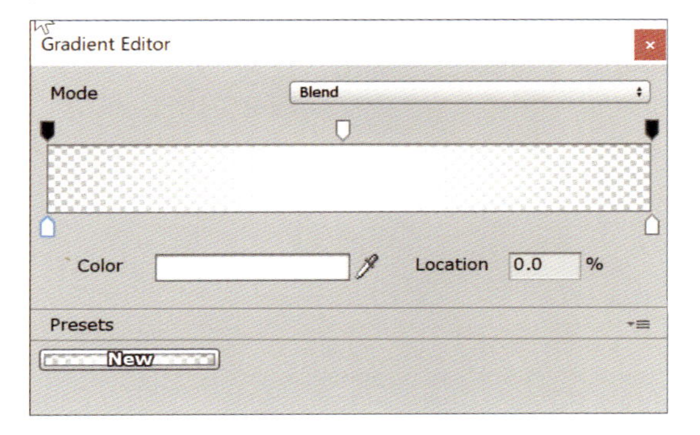

▶ Size over LifetimeモジュールのSizeパラメータの設定

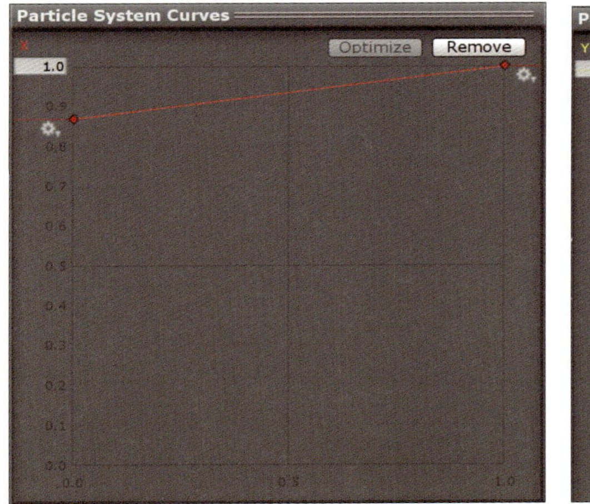

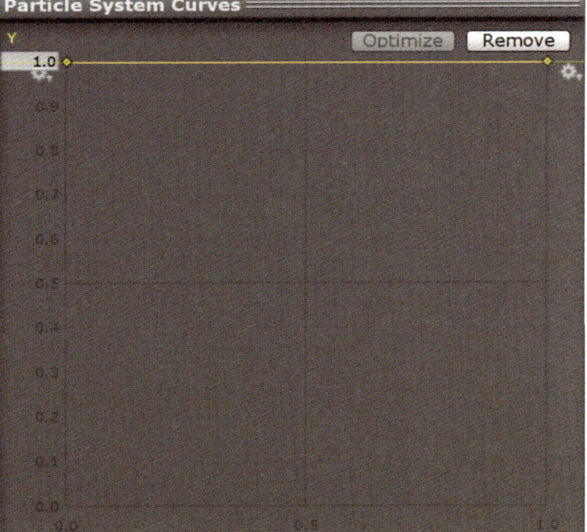

これで柱の設定が完了しました。しかし加算に設定したパーティクルだけですので、背景の明るさによっては白飛びなどの現象が起きてしまいます。これを回避するためtornado_addを複製してアルファブレンドのシェーダーを作成し、割り当てていきます。

まず次のページの図のようにルートオブジェクトを作成して名前をFX_AuraTornadoに変更し、ダミーパーティクルに設定します。次にtornado_addを子に設定、プレファブに登録しておきましょう。

▶ エフェクトのルートオブジェクトを設定し、プレファブとして登録

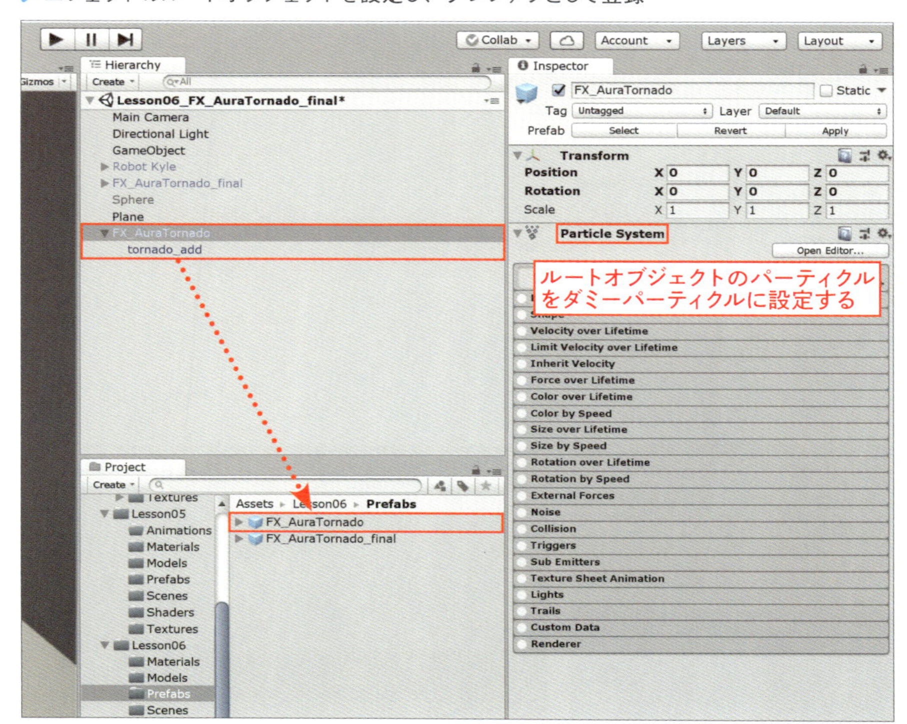

プレファブを登録したらtornado_addを複製してtornado_baseに名前を変更しましょう。

▶ tornado_addを複製

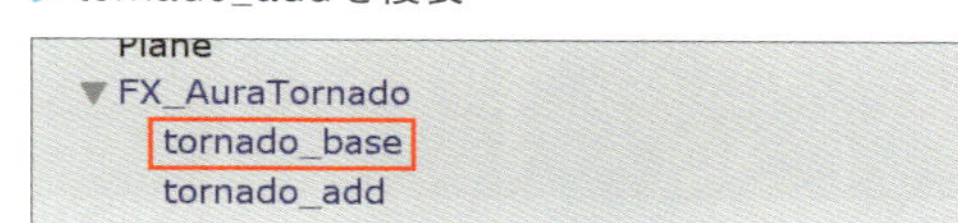

6-4-2 アルファブレンドのシェーダーの作成

tornado_addを複製して準備が整いましたので、次にアルファブレンドのシェーダーを作成していきます。SH_lesson06_Cylinder_Addを複製して、SH_lesson06_Cylinder_Blendにリネームしてください。

▶ SH_lesson06_Cylinder_Addを複製

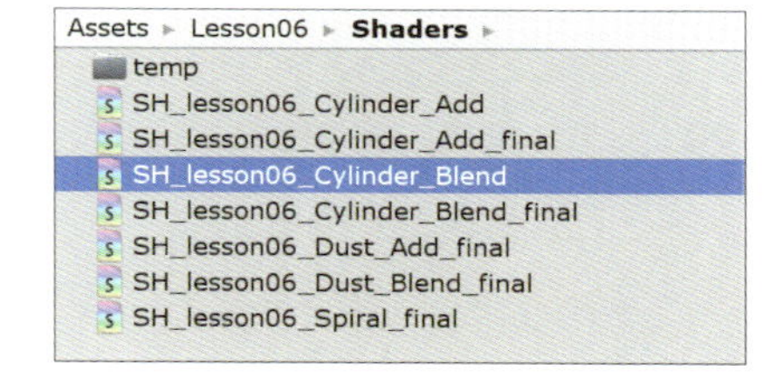

SH_lesson06_Cylinder_BlendをShader Graphで開いて編集していきます。次のページの図の赤枠部分のみに変更を加えます。頂点アニメーションの部分はそのままです。

▶ 変更を加えていく部分

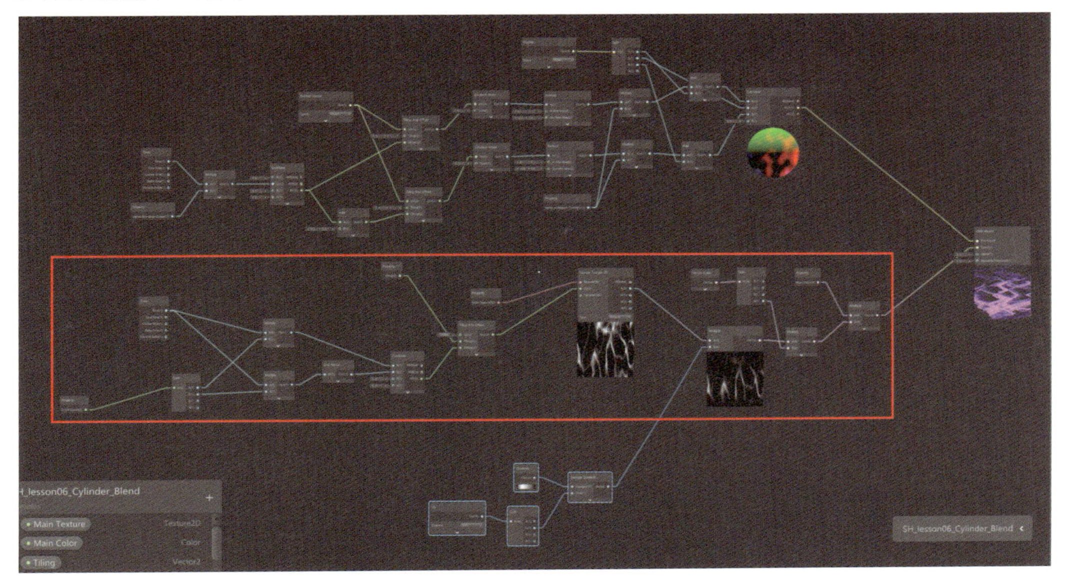

前回作成した加算シェーダーでは、テクスチャを1枚しか使用しませんでしたが、今回はこれに加えてもう1枚テクスチャを使用して、それぞれ異なるUVスクロールスピードでアニメーションさせていきます。

それではシェーダーの方を変更していきます。まず基本設定を下図のようにAdditiveからAlphaに変更しておきましょう。

▶ 基本設定を変更しておく

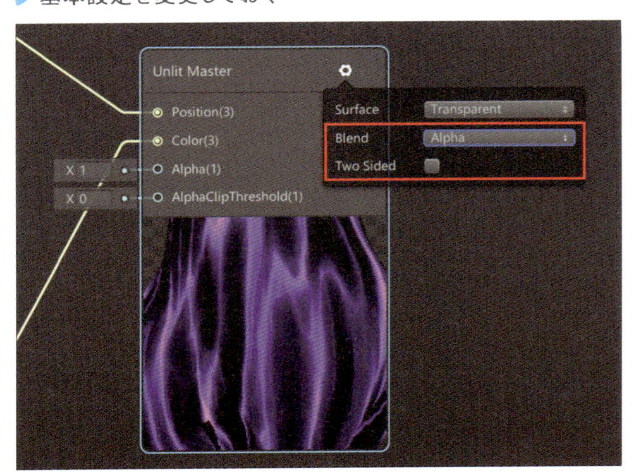

▶ アルファブレンドのシェーダーの完成イメージ

▶ Unlit Masterノード

パラメータ	値
Blend	Alpha
Two Sided	チェックなし

次に下図を参考にプロパティを追加していきます。

▶ プロパティを追加・変更

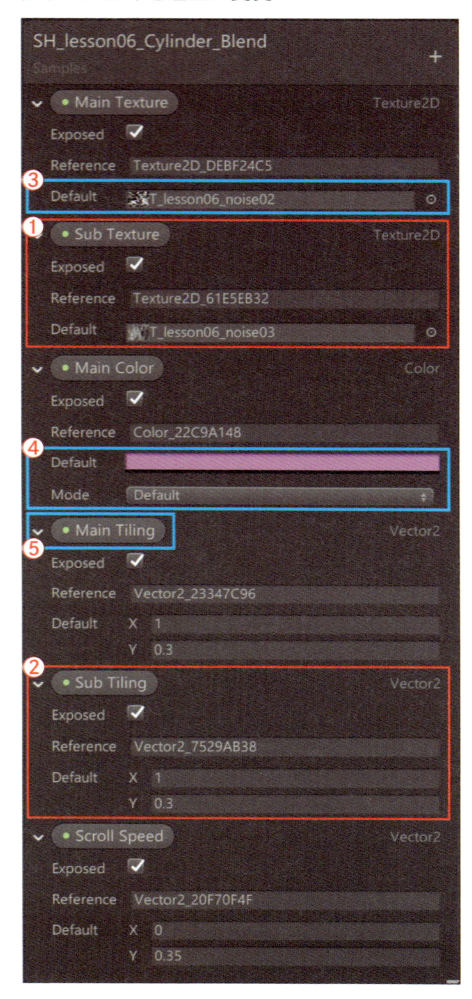

▶ Main Colorプロパティのデフォルトカラーの設定

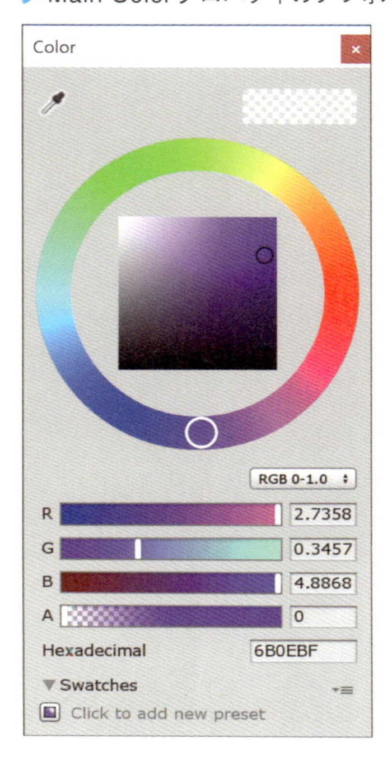

▶ プロパティの追加

図内番号	値
①	Texture2d プロパティを追加。名前を Sub Texture に変更。デフォルトのテクスチャを T_lesson06_noise03 に設定
②	Vector2 プロパティを追加。名前を Sub Tiling に変更。デフォルトの値は X:1 Y:0.3 に設定
③	Main Texture プロパティのデフォルトのテクスチャを T_lesson06_noise02 に変更
④	Main Color のカラーの値を変更し、Mode パラメータを Default に設定
⑤	Tiling プロパティの名前を Main Tiling に変更

④のMainColorをのModeをDefaultに設定する際に、Intensityのパラメータを0に設定してから、Defaultに設定してください。こちらの手順でないと、後で色変更を行う際におかしな挙動になります。

新たに追加したプロパティはSub Texture（Texture 2D）とSub Tiling（Vector2）になります。また既存のTilingプロパティをMain Tilingに名前を変更し、Main ColorのModeをDefaultに変更してください。

▶ 先にIntensityを0に設定しておく

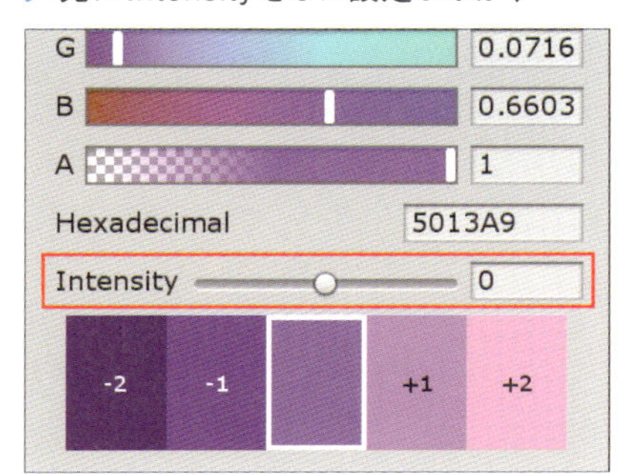

プロパティの設定が完了したら、作成したプロパティを使用してノードを次の図のように組みます。赤枠部分が新たに配置したノードになります。メインテクスチャとサブテクスチャを用意し、それらを掛け合わせて複雑な模様を生成します。まずは次の図を参考にして、サブテクスチャの部分を作成していきます。

▶ サブテクスチャの部分を作成していく(SH_6-4-2_01参照)

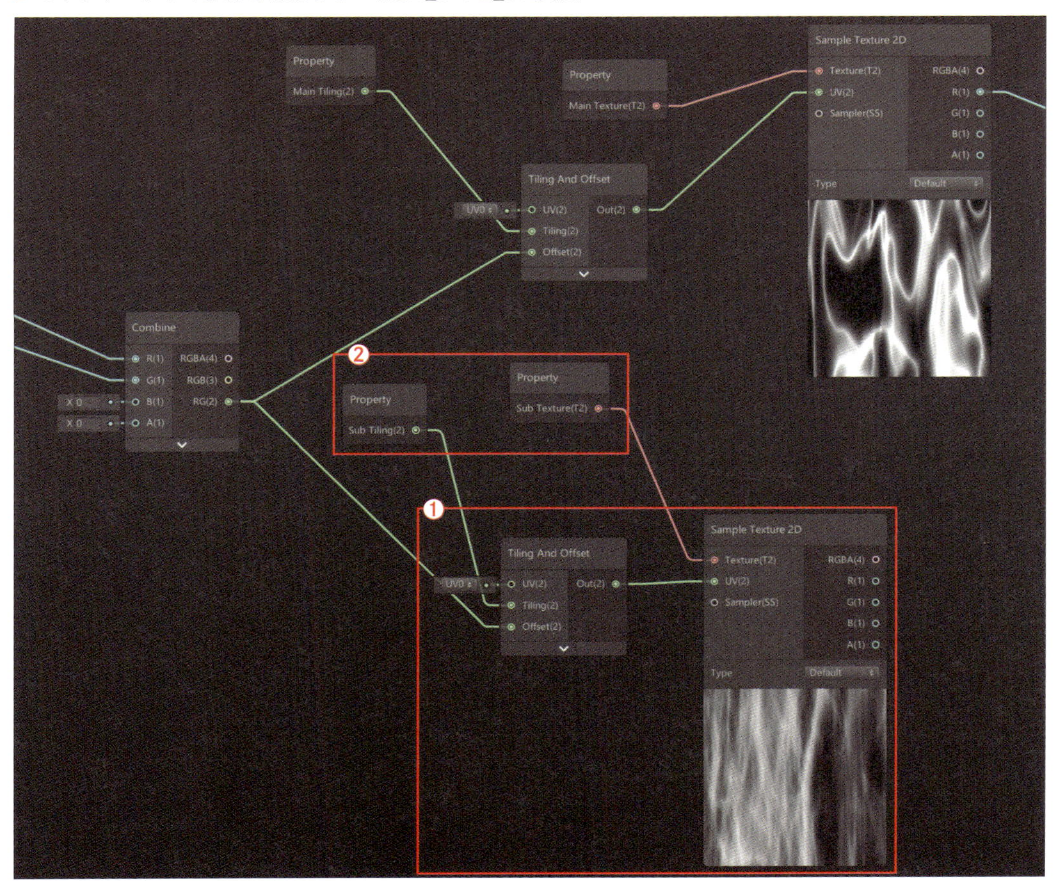

▶ ノードの追加・設定

図内番号	内容
①	Sample Texture 2D ノードと Tiling And Offset ノードを追加。それぞれを接続。既存の Combine ノードの RG(2) 出力と Tiling And Offset ノードの Offset(2) 入力を接続
②	先ほど作成した２つのプロパティ Sub Texture と Sub Tiling を、それぞれ Sample Texture 2D ノードと Tiling And Offset ノードに接続

これでメインテクスチャとサブテクスチャが作成できました。しかし現状では、UVスクロールが同じものを利用しているので（Combineノードからの出力がメインテクスチャとサブテクスチャの両方に接続）、スクロールの速度がメインテクスチャとサブテクスチャで同じになってしまいます。これを解消するため新たに速度調整用のプロパティ、Sub Speed Multiply（Vector1）を作成します。

作成したプロパティをドラッグ＆ドロップでメインエリアに配置し、Multiplyノードを使用してCombineノードの出力と掛け合わせます。掛け合わせた値をサブテクスチャの方のTiling And Offsetノードと接続します。

▶ 速度調整用のプロパティを追加

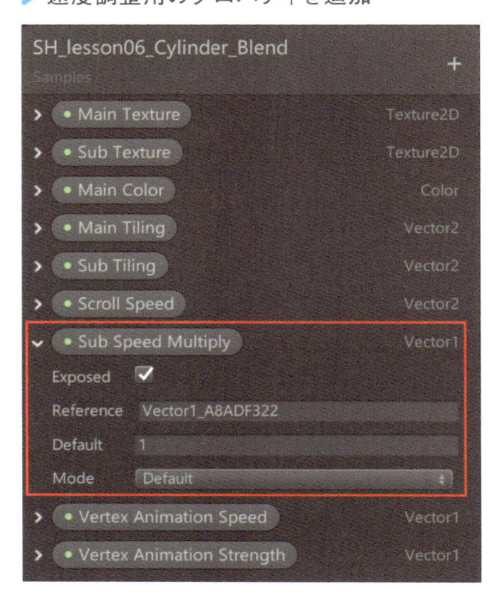

▶ ノードを追加してUVスクロールの速度をコントロールできるように設定（SH_6-4-2_02 参照）

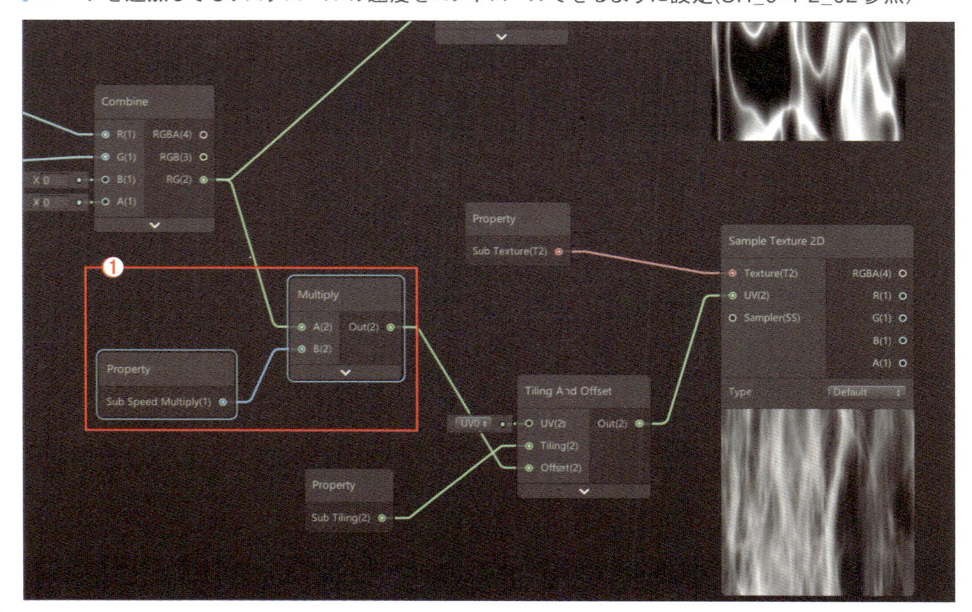

▶ ノードの追加

図内番号	内容
①	Sub Speed Multiply プロパティと Multiply ノードを追加。先ほど接続した Combine ノードと Tile And Offest ノードの間に挟み込むように接続

ノードを前ページの図のように接続することでSub Speed Multiplyの値を2にすればサブテクスチャがメインテクスチャの2倍の速度でスクロールし、0.5に設定すれば半分の速度でスクロールします。

これでサブテクスチャの設定はできましたが、まだサブテクスチャ(Sample Texture 2Dノード)の出力をどこにもつないでいないので次の図を参考に設定していきます。

まず、図のようにメインテクスチャからMultiplyノードにつながっていた接続を解除し、サブテクスチャとMultiplyノード(B)の間にMultiplyノード(A)を作成して、2つのノードの間に挟み込みます。新たに作成した方のMultiplyノード(A)のB(1)入力には2を設定します。

▶ 接続をつなぎ変えて間にMultiplyノードを挟む(SH_6-4-2_03参照)

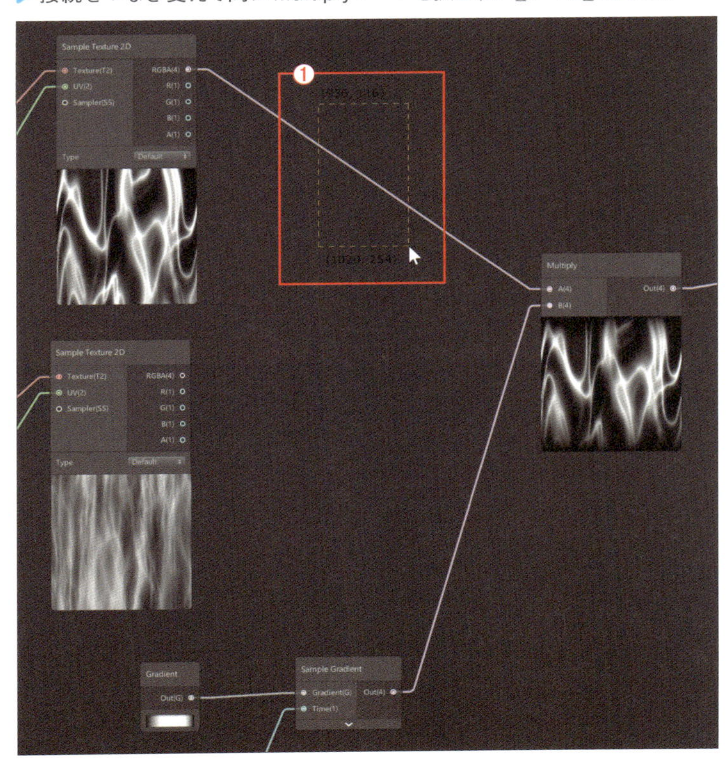

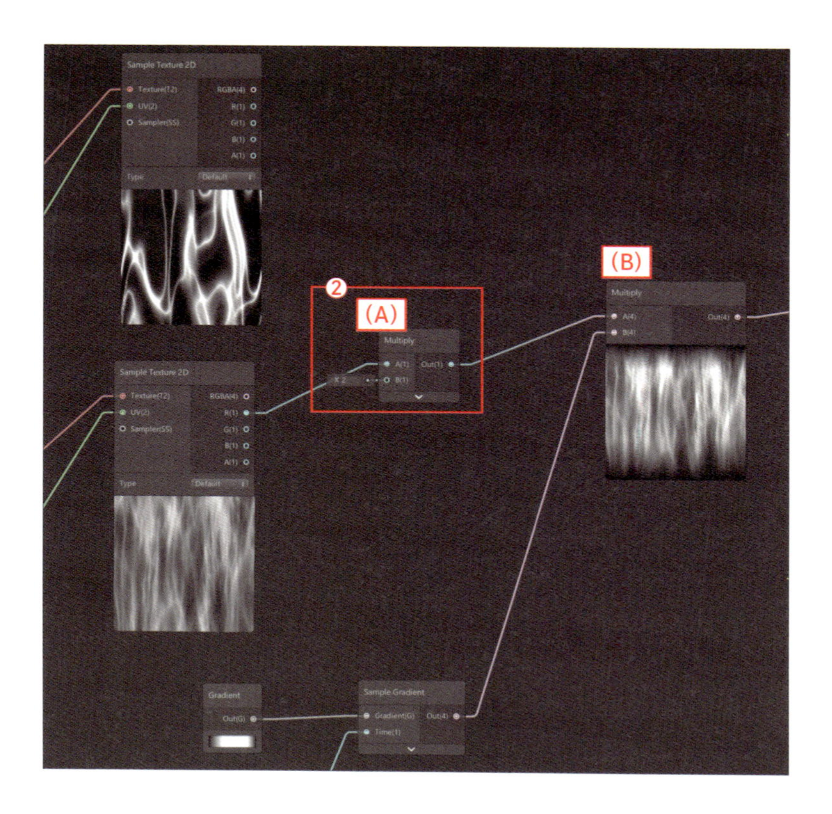

▶ 接続の変更

図内番号	内容
①	接続のラインを選択して削除。上図のように矩形選択することで接続のラインを選択可能
②	Multiply ノード（A）を作成。Sample Texture 2D ノードと Multiply ノード（B）の間に挟み込む。Multiply ノード（A）の B(1) 入力には「2」を設定

さらにMultiplyノード(B)の出力部分を調整していきます。次のページの上段図のMultiplyノード(C)(D)同士の接続を解除し、下段図のようにMultiplyノード(C)の出力をUnlit Masterノードの Alpha(1)入力につなぎ替えます。

▶ 接続をつなぎ替える(SH_6-4-2_04参照)

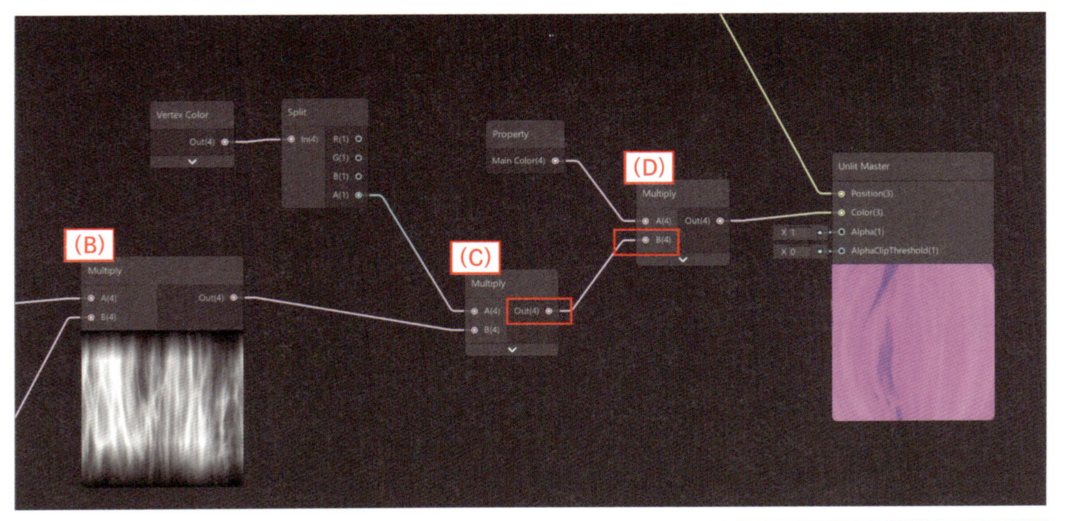

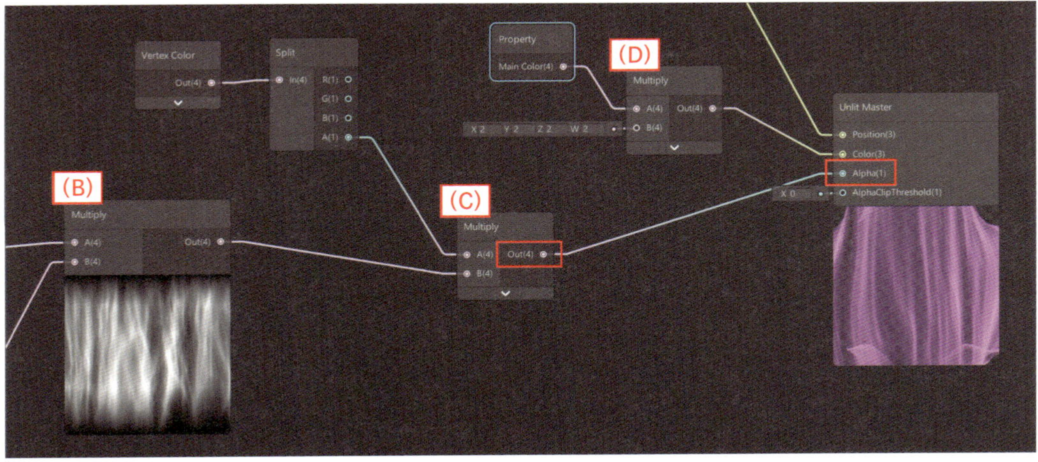

次に先ほど接続を解除したメインテクスチャ部分を組み立てていきます。まずOne Minusノードを使用してメインテクスチャのカラーを反転させます。反転させたメインテクスチャとサブテクスチャのR(1)出力をBlendノードで合成します。ここではBlendノードのModeパラメータにMultiplyを選択しているので、Multiplyノードを使って掛け合わせた場合と結果は同じです。しかし、Blendノードには他にも様々なブレンドモードがありますので、いろいろと試して結果の違いを確認してみることをお勧めします。

▶ メインテクスチャとサブテクスチャをBlendノードで掛け合わせる

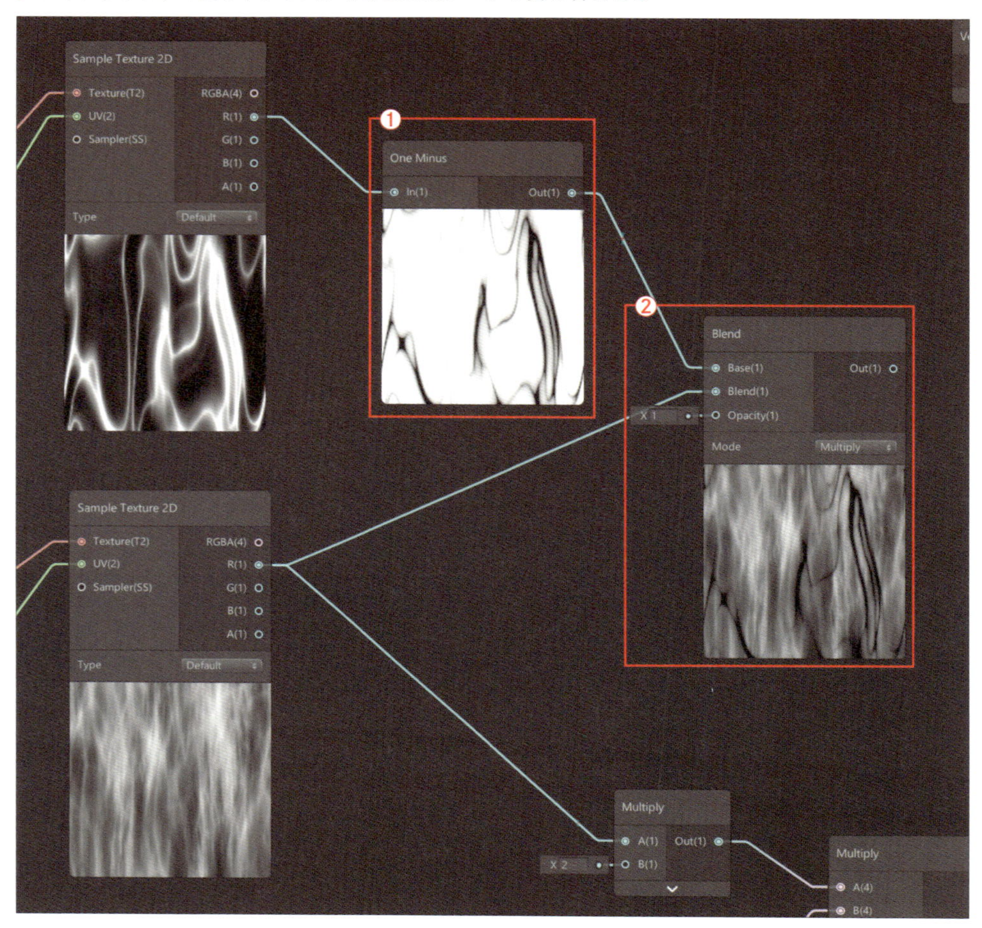

▶ ノードの追加

図内番号	内容
①	One Minus ノードを追加。メインテクスチャの明度を反転させる
②	Blend ノードを追加。メインテクスチャとサブテクスチャを合成する

次に合成したBlendノードの出力を先ほど作業したMultiplyノード（D）のB(1)入力に接続します。

▶ Blendノードの出力をMultiplyノード(D)のB(1)入力に接続(SH_6-4-2_05参照)

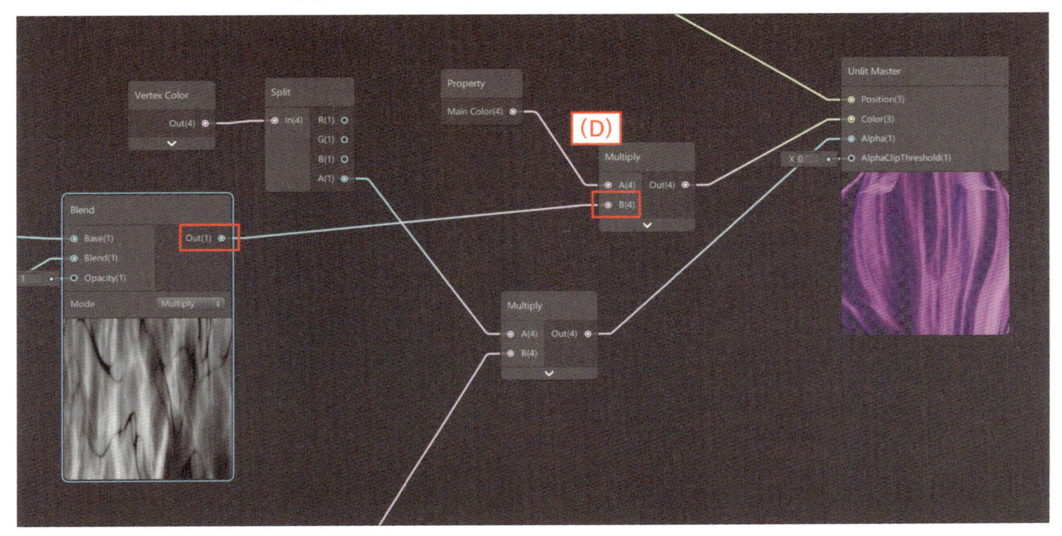

最後にMultiplyノードとUnlit Masterノードの間にClampノードを挟んでカラーを0から1の範囲に制限しておきましょう。Main ColorプロパティのModeパラメータをDefaultに設定しているため、カラー情報が1以上の値、0以下の値にならないようにしておきます。

▶ Clampノードを追加(SH_6-4-2_06参照)

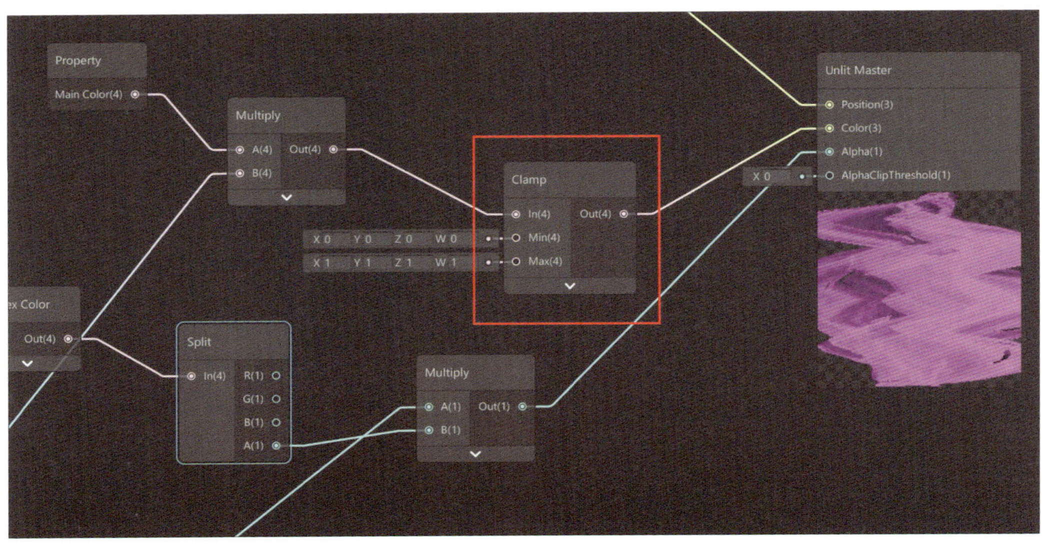

これでアルファブレンドのシェーダーが完成したので、Save Assetボタンをクリックして変更を反映しておきましょう。

6-4-3 完成したアルファブレンドのシェーダーの適用

アルファブレンドのシェーダーが完成したので、新規にM_lesson06_Tornado02という名前でマテリアルを作成して、シェーダーをSH_lesson06_Cylinder_Blendに変更しておきます。なお、適用しているテクスチャはMain Textureが、T_lesson06_noise02、Sub TextureがT_lesson06_noise03になります。

▶ Main Colorの設定

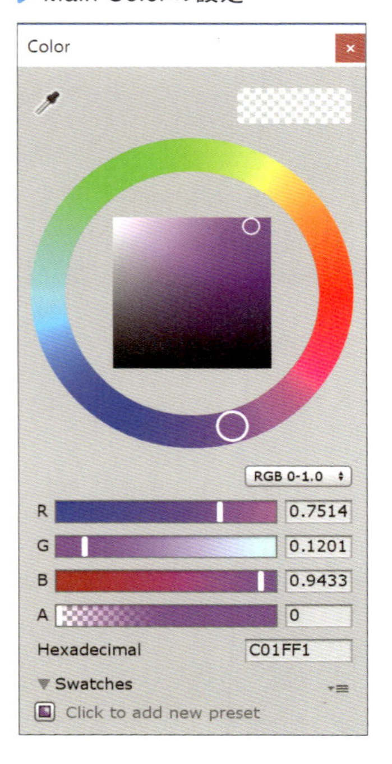

▶ マテリアルの設定

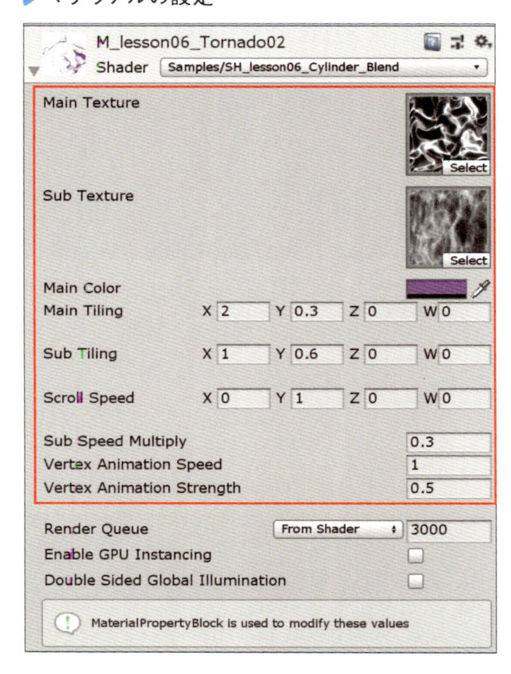

▶ M_lesson06_Tornado02

パラメータ	値	
Main Color	左図を参照	
Main Texture	T_lesson06_noise02	
Sub Texture	T_lesson06_noise03	
Main Tiling	X:2	Y:0.3
Sub Tiling	X:1	Y:0.6
Scroll Speed	X:0	Y:1
Sub Speed Multiply	0.3	
Vertex Animation Speed	1	
Vertex Animation Strength	0.5	

tornado_baseにマテリアルを適用し、設定を少し変更しておきます。

▶ tornado_baseパーティクルの設定を変更

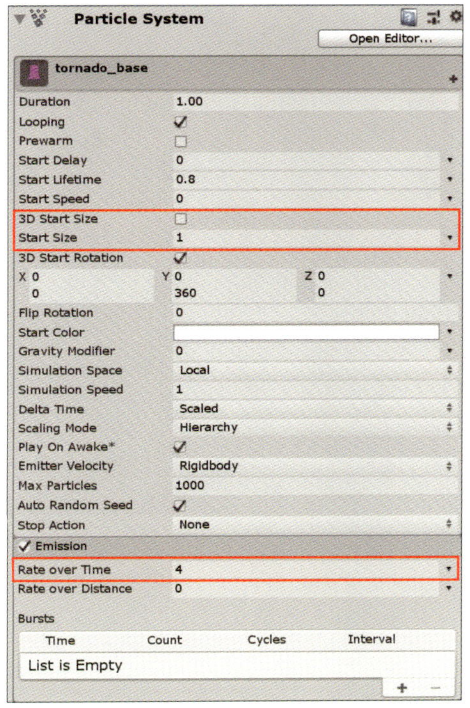

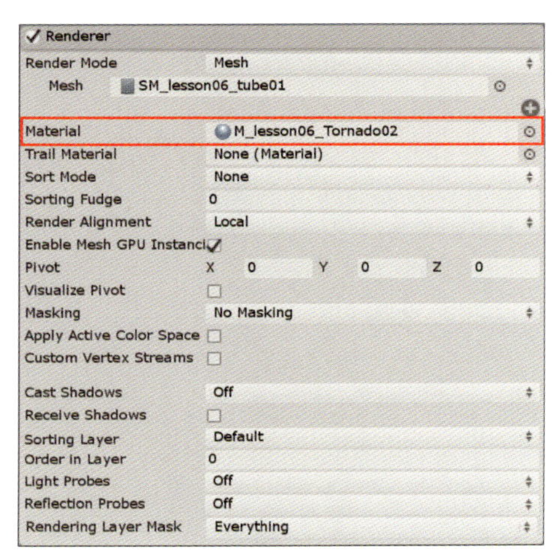

▶ Mainモジュール

パラメータ	値
3D Start Size	チェックなし
Start Size	1

▶ Emissionモジュール

パラメータ	値
Rate over Time	4

▶ Rendererモジュール

パラメータ	値
Material	M_lesson06_Tornado02

tornado_addとtornado_baseを同時に表示すると右図のような見た目になります。

tornado_baseの透明度がいくぶん高く、目立っていないので少しシェーダーに修正を加えたいと思います。SH_lesson06_Cylinder_Blendシェーダーを開いて、グラデーションでマスク処理を行っている部分を削除してしまいましょう。赤枠で囲ったグラデーション処理の部分とMultiplyノードになります。

▶ tornado_addとtornado_baseを同時に表示

▶ グラデーションのマスク処理を削除

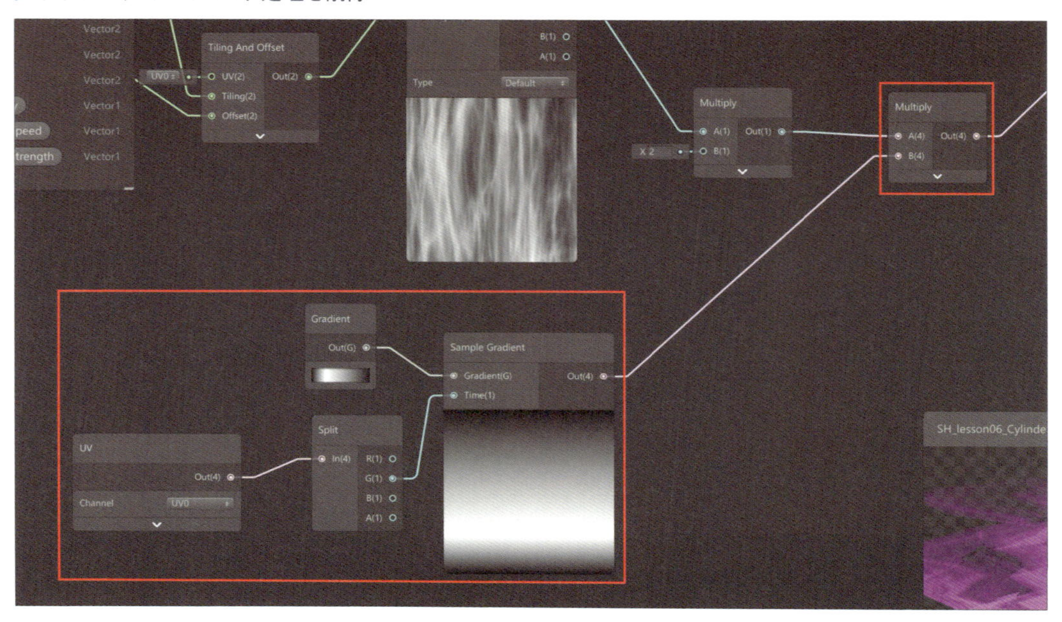

また、削除してしまったことによって切れてしまった接続を次の図のように接続し直します。

▶ 接続をつなぎ直す(SH_6-4-3_01参照)

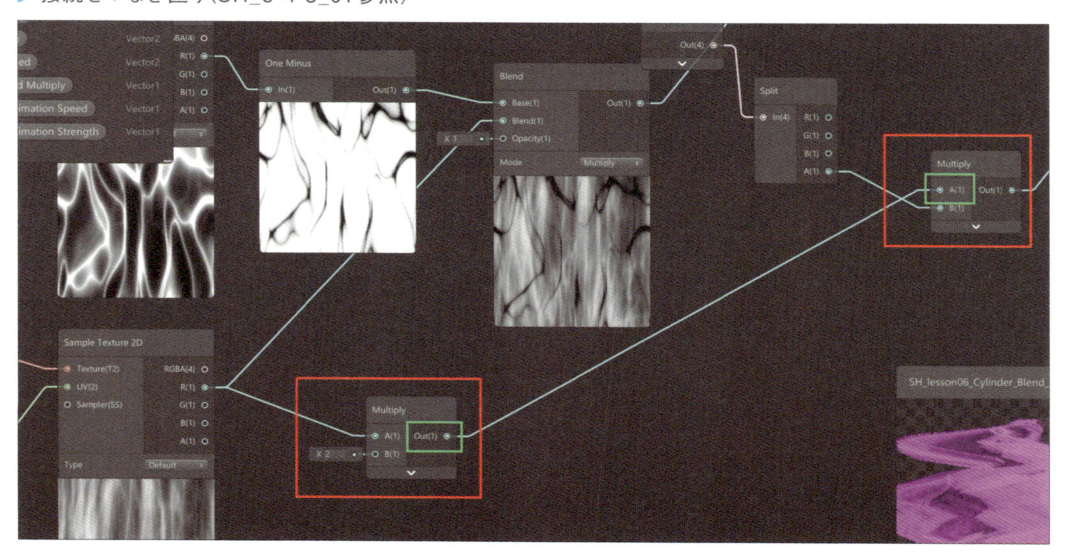

見た目が変化し、tornado_baseがいくぶん視認しやすくなりました。

透明度に関しては改善されましたが、まだ少し根元の部分が寂しく感じるので、もう一個別のメッシュパーティクルを配置していきます。tornado_base を複製して名前をground01に設定し、パラメータを変更します。モデルの直径を少し大きくして押しつぶしたような形状に設定し、パーティクルメッシュの回転を少し緩やかに変更しています。

▶ 変更結果

▶ ground01のパラメータを設定

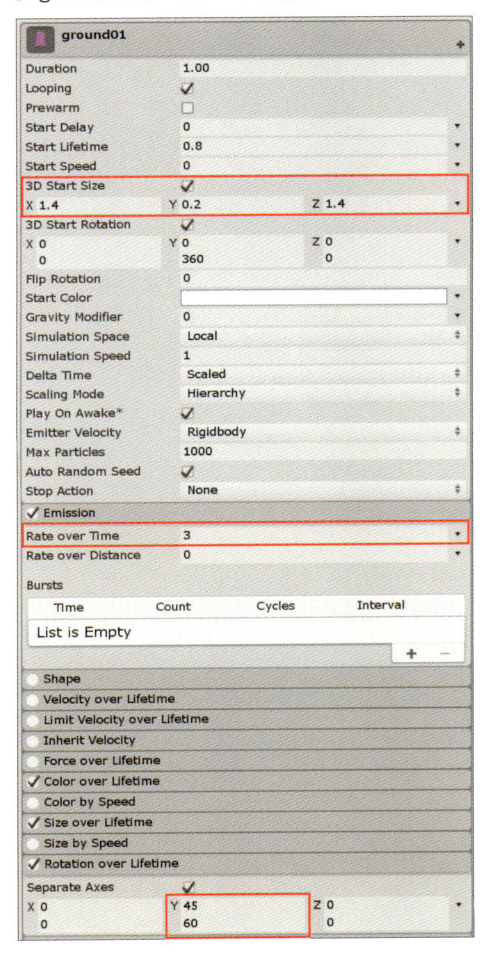

▶ Mainモジュール

パラメータ	値		
3D Start Size	チェックあり		
	X:1.4	Y0.2	Z:1.4

▶ Emissionモジュール

パラメータ	値
Rate over Time	3

▶ Rotation over Lifetimeモジュール

パラメータ	値		
	X:0	Y:45	Z:0
	X:0	Y:60	Z:0

tornado_add、tornado_base、ground01をそれぞれ設定して右図のような見た目を構築することができました。さらにマテリアルのパラメータを変更してみて、UVスクロールの速度や見た目を変えてみると面白いかもしれません。

▶ ここまでの設定結果

柱の周りを旋回するダストパーティクルの作成

6-4 で柱の部分が完成しましたのでここでは柱の周りを旋回するダスト（チリ、ホコリ）パーティクルを作成していきます。

6-5-1 パーティクルの初期設定の変更

ダストパーティクルを制作していく前に、プリセット機能を使って、パーティクルの初期設定を変更しておきましょう。新規パーティクルを作成した際の、MainモジュールのScaling Modeパラメータは初期設定ではLocalに設定されていますが、作成後にHierarchyに設定を変更する場合がほとんどです。毎回設定を変更するのは面倒なので、Hierarchyをパーティクル作成時の初期設定に変更します。

新規パーティクルを作成し、Scaling ModeパラメータをHierarchyに設定変更します。Particle Systemコンポーネントの右上にあるアイコンをクリックしてプリセットウィンドウを開きParticle_DefaultSetという名前で保存しておきます。なお、保存場所はプロジェクト内であればどこでもかまいません。

▶ Scaling Modeの初期設定はLocalになっている

Gravity Modifier	0
Simulation Space	Local
Simulation Speed	1
Delta Time	Scaled
Scaling Mode	Local
Play On Awake*	✓

▶ 右上のアイコンをクリックしてプリセットウィンドウを表示

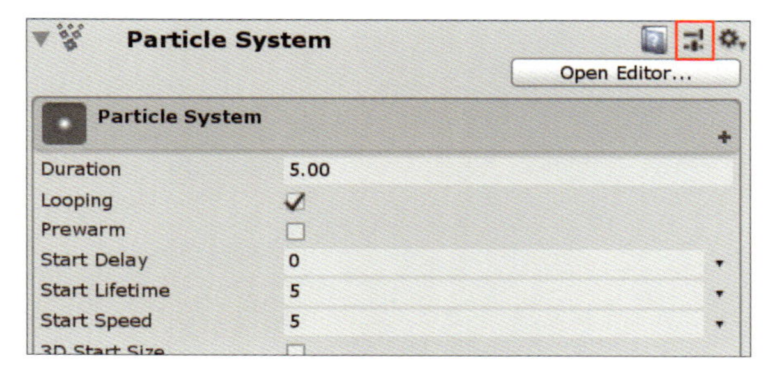

▶ Particle_DefaultSetという名前で保存

保存したParticle_DefaultSetをProjectビューから選択し、InspectorビューのSet as Particle System Defaultボタンをクリックします。これで新規パーティクルを作成した際にScaling Modeパラメータの初期設定がHierarchyに変更されます。

今後はこの設定を使っていきますので、パーティクルのパラメータ設定時の説明に、Scaling Modeパラメータの変更は記載しません。

▶ Inspectorビューからボタンをクリック

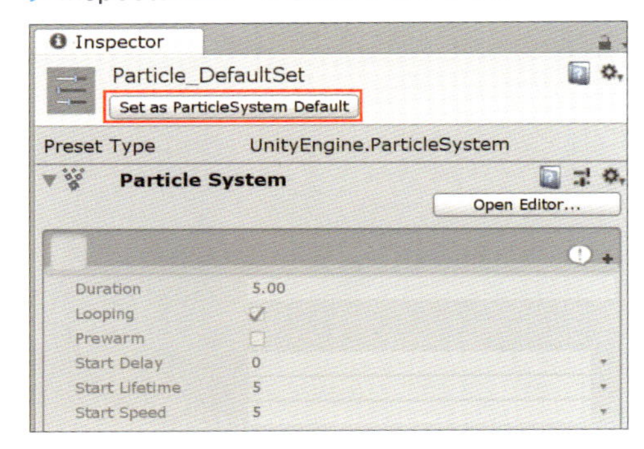

6-5-2 ダストパーティクルの作成

ダストパーティクル用にも専用のシェーダーを作成しますが、まず先にパーティクルを作成し、旋回する動きを付けていきましょう。最終的に2種類のパーティクルを作成し、それぞれ加算とアルファブレンドに設定します。

FX_AuraTornadoを選択し、右クリックから新規パーティクルを作成し、名前をdust01に変更します。続いて、次のページの図を参考にパーティクルの設定を設定していきます。なお、Rendererモジュール周りはシェーダー作成後に設定します。

▶ 2種類のダストパーティクルを作成

dust01パーティクルの設定

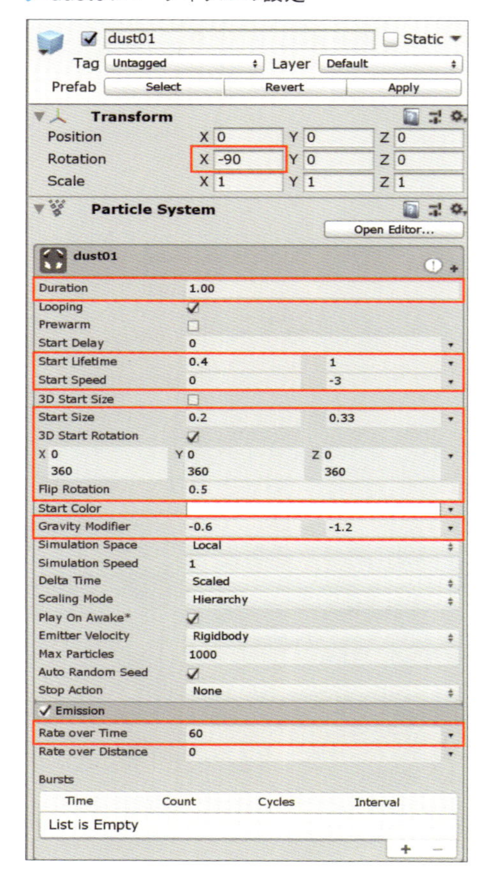

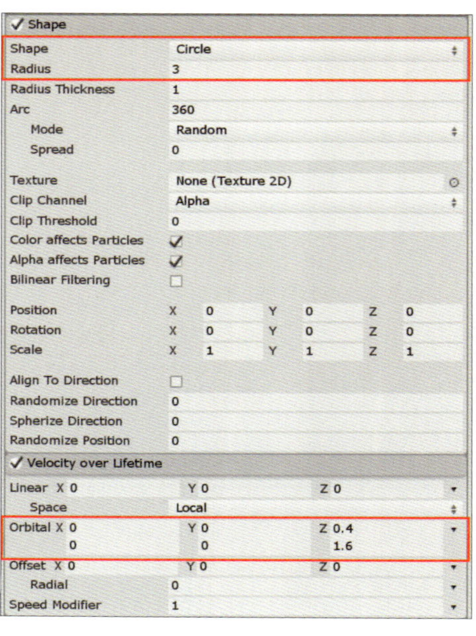

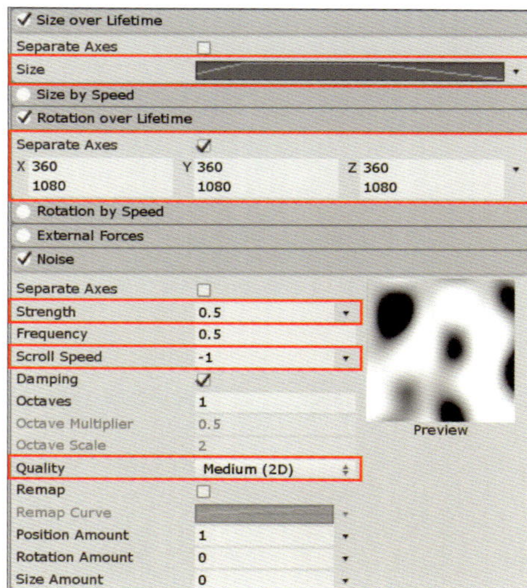

Transformコンポーネント

パラメータ	値		
Rotation	X:-90	Y:0	Z:0

Mainモジュール

パラメータ	値		
Duration	1.00		
Start Lifetime	0.4	1	
Start Speed	0	-3	
Start Size	0.2	0.33	
3D Start Rotation	チェックあり		
	X:0	Y:0	Z:0
	X:360	Y:360	Z:360
Flip Rotation	0.5		
Gravity Modifier	-0.6	-1.2	

Emissionモジュール

パラメータ	値
Rate over Time	60

Shapeモジュール

パラメータ	値
Shape	Circle
Radius	3

▶ Velocity over Lifetime モジュール

パラメータ	値		
Orbital	X:0	Y:0	Z:0.4
	X:0	Y:0	Z:1.6

▶ Size over Lifetime モジュール

パラメータ	値
Size	下図を参照

▶ Rotation over Lifetime モジュール

パラメータ	値		
Separate Axes	チェックあり		
	X:360	Y:360	Z:360
	X:1080	Y:1080	Z:1080

▶ Size over Lifetime モジュールのSizeパラメータの設定

▶ Noise モジュール

パラメータ	値
Strength	0.5
Scroll Speed	-1
Quality	Medium(2D)

ここまでの設定でダストの動きが設定できました。動きを設定していく際に工夫している点としては次の2点になります。

- 上昇しながら小さくなって消えていき、透明度ではなくサイズで消滅を表現している
- 柱のパーティクルより大きめの範囲からダストを発生させ、内側に寄せつつ上昇、旋回する動きを付けている

6-5-3 加算ダストパーティクルのシェーダーの作成

パーティクルの動きの設定が完了したので、シェーダーの方を作成していきます。

パーティクルの発生数が多いので、闇の柱のシェーダーのような複雑なものではなく、なるだけシンプルな作りを意識して作成していきます。

Assets/Lesson06/Shadersフォルダ内に新規にUnlit Graphシェーダーを作成し、名前をSH_lesson06_Dust_Addに変更します。Shader Graphを立ち上げて、次の図のように設定を変更します。

▶ 初期設定の変更

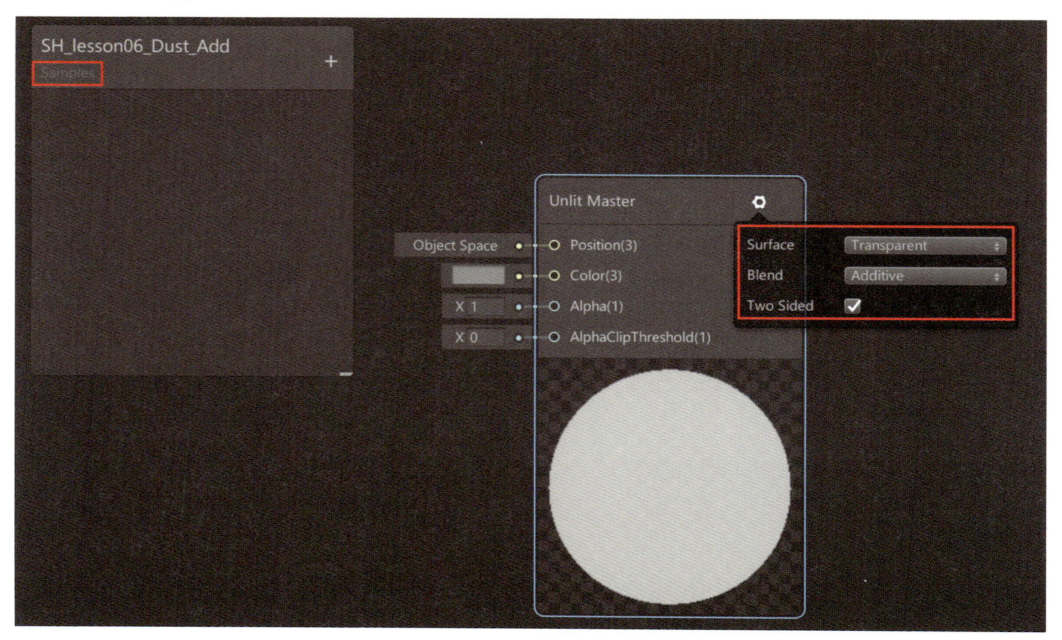

最初に、ブラックボードにSamplesと入力します。続いて、Unlit Masterノードを設定します。

次にノードを組んでいきます、今回は非常にシンプルな作りです。まずは右下図を参考にプロパティを登録します。登録が終わったらメインエリアに2つのプロパティをドラッグ＆ドロップして配置しておきましょう。また、今回もマテリアルからカラーを設定したいので、ColorプロパティのModeをHDRに設定しておきます。

▶ プロパティの登録

図内番号	内容
①	Texture2D プロパティを作成。名前を MainTex に変更
②	Color プロパティを作成。Mode を HDR に変更。2つのプロパティをメインエリアにドラッグ＆ドロップして配置

続いてノードを作成、配置してシェーダーを完成させていきます。次のページの図を参考にノードを構成してください。

▶ Unlit Masterノード

パラメータ	値
Surface	Transparent
Blend	Additive
Two Sided	チェックあり

▶ プロパティを登録

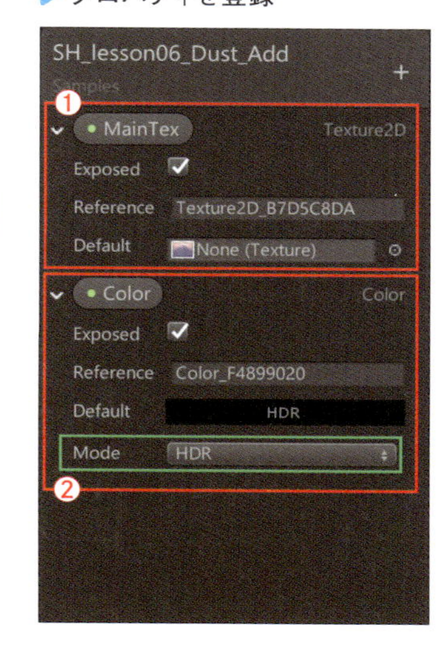

▶ ダスト用にノードを構成

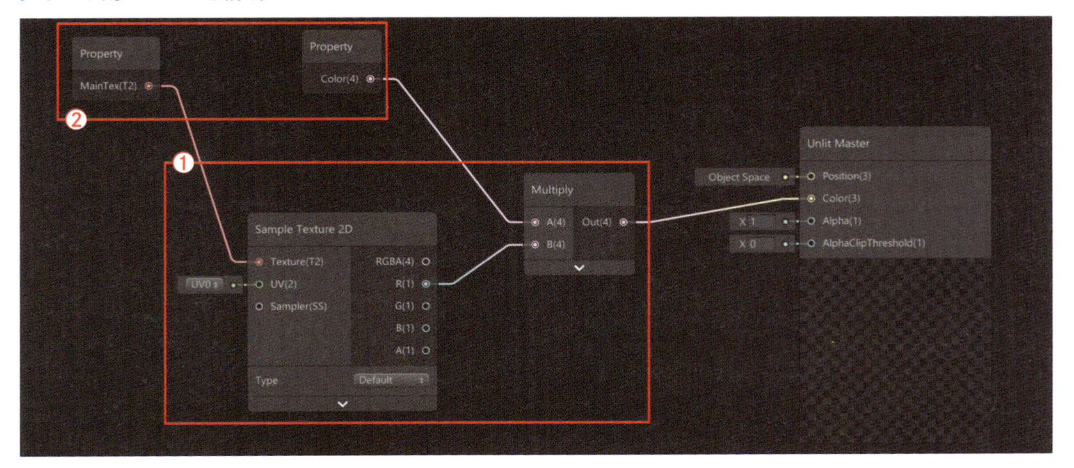

これでダスト用の加算シェーダーが完成しました。次にAssets/Lesson06/Materialsフォルダ内に新規にマテリアルを作成し、名前をM_lesson06_Dust01に変更します。マテリアルのシェーダーをSH_lesson06_Dust_Addに変更し、テクスチャスロットにT_lesson06_dust01.pngを適用します。

▶ ノードの追加

図内番号	値
①	Sample Texture 2D ノードとMultiply ノードを追加
②	先ほど配置したプロパティをそれぞれのノードに接続

▶ マテリアルとカラーの設定

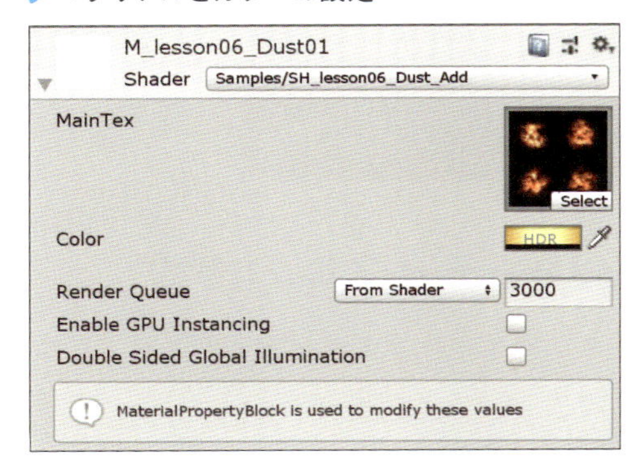

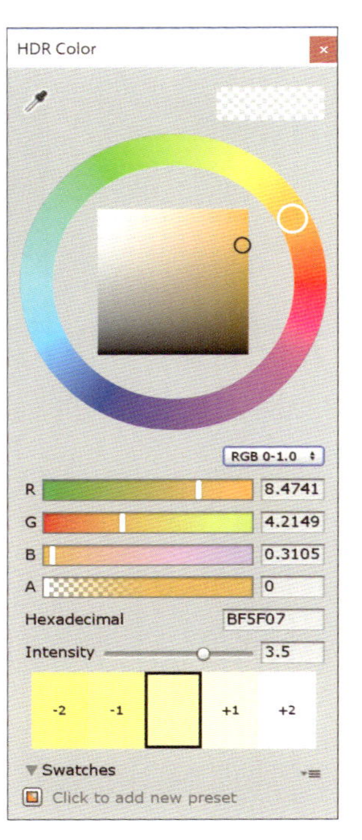

▶ M_lesson06_Dust01マテリアル

パラメータ	値
MainTex	T_lesson06_dust01

ここまで設定できたらマテリアルをdust01パーティクルに適用します。合わせてTexture Sheet Animationモジュールも設定しておきます。

▶ モジュールの設定を変更

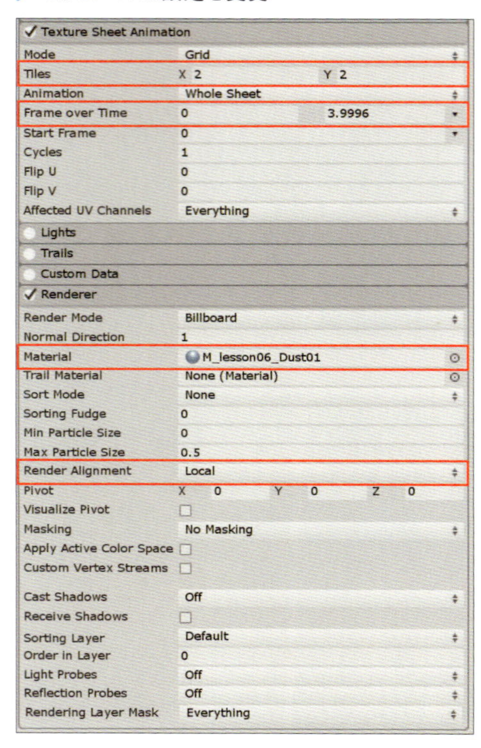

▶ Texture Sheet Animationモジュール

パラメータ	値	
Tiles	X:2	Y:2
Frame over Time	0	4

▶ Rendererモジュール

パラメータ	値
Material	M_lesson06_Dust01
Render Alignment	Local

▶ 加算ダストパーティクルの完成結果

6-5-4 アルファブレンドのダストパーティクルの作成

加算のダストパーティクルが完成したので、これとは別にアルファブレンドのダストパーティクルも追加していきます。アルファブレンドの黒いパーティクルを追加することでエフェクト全体を引き締めるとともに、闇エフェクト感(極めて大雑把ないい方ですが)の雰囲気が出せるかと思います。

基本的な設定は加算のダストパーティクルと変わらないので、dust01を複製して制作していきます。dust01を複製してdust02にリネームし、Start Sizeパラメータのみ変更します。

▶ アルファブレンドのダストパーティクルの完成イメージ

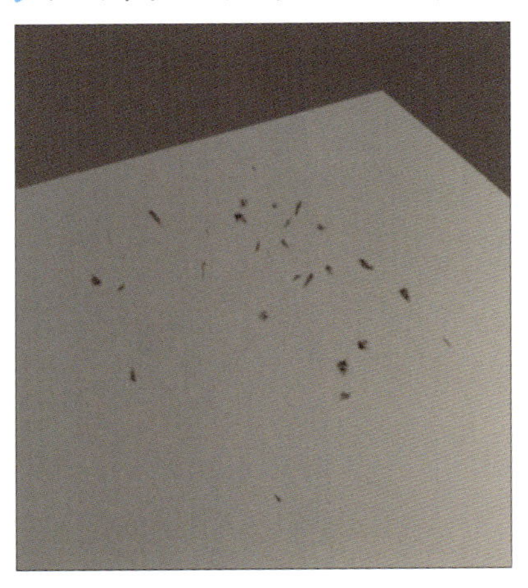

▶ dust02のStart Sizeを変更

Start Lifetime	0.4	1
Start Speed	0	-3
3D Start Size	☐	
Start Size	0.3	0.55
3D Start Rotation	✓	
X 0	Y 0	Z 0
360	360	360
Flip Rotation	0.5	
Start Color		
Gravity Modifier	-0.6	-1.2

▶ Mainモジュール

パラメータ	値	
Start Size	0.3	0.55

シェーダーはSH_lesson06_Dust_Addを複製してSH_lesson06_Dust_Blendに名前を変更します。マテリアルに関しては新たに作成し、M_lesson06_Dust02に名前を設定します。M_lesson06_Dust02マテリアルのシェーダーをSH_lesson06_Dust_Blendに変更しておきます。

SH_lesson06_Dust_Blendのシェーダーについては次の図のように設定してください。こちらはHDRカラーを使用しないので、ColorプロパティのModeをDefaultに設定しておきましょう。

▶ SH_lesson06_Dust_Blendシェーダーの設定

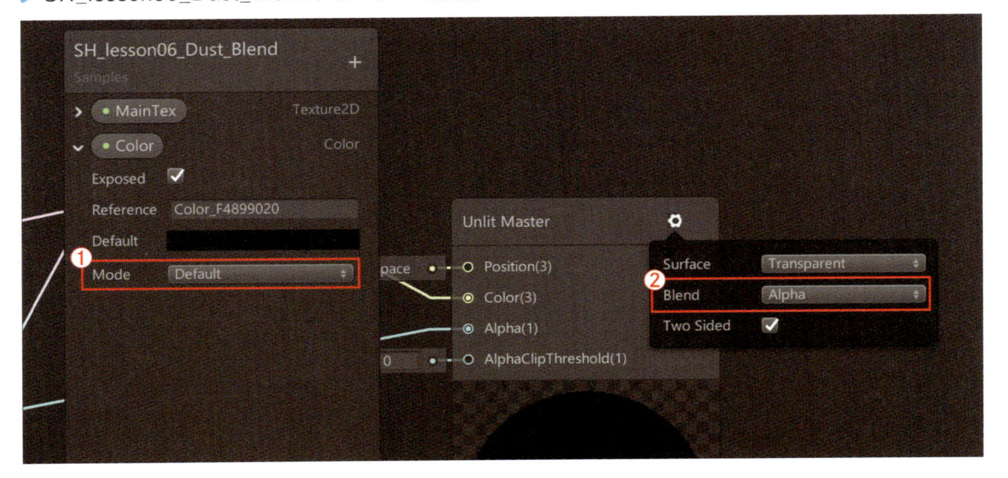

▶ シェーダーの設定

図内番号	値
①	Color プロパティの Mode を Default に変更
②	Unlit Master ノードの Blend を Alpha に変更

またBlendモードをAlphaに設定したため、テクスチャのR(1)をAlpha(1)に接続してアルファチャンネルとして使用しています。

▶ Sample Texture 2DのR(1)出力をAlpha(1)に接続

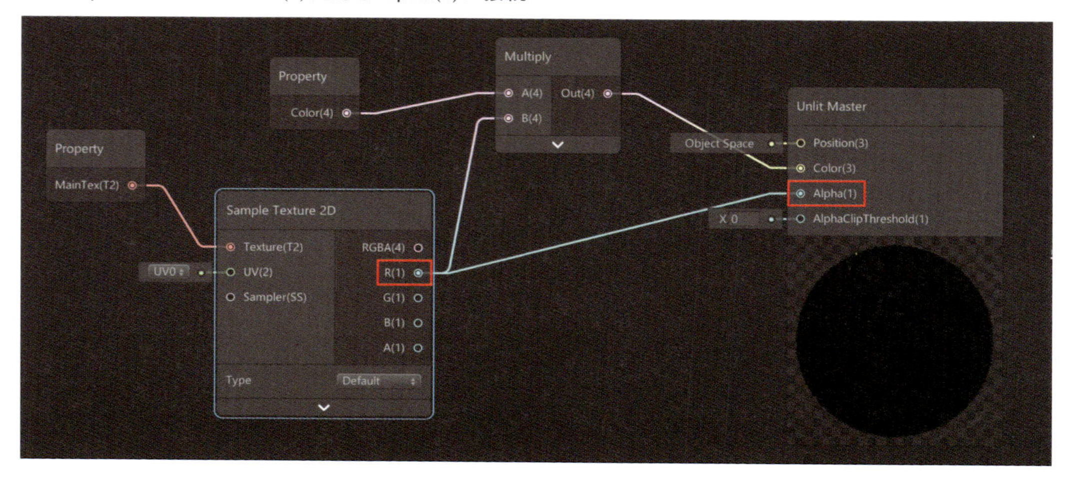

シェーダーの設定が完了したら、M_lesson06_Dust02をdust02パーティクルに適用します。マテリアルのカラーは黒に設定しています。

▶ マテリアルの設定とカラー設定

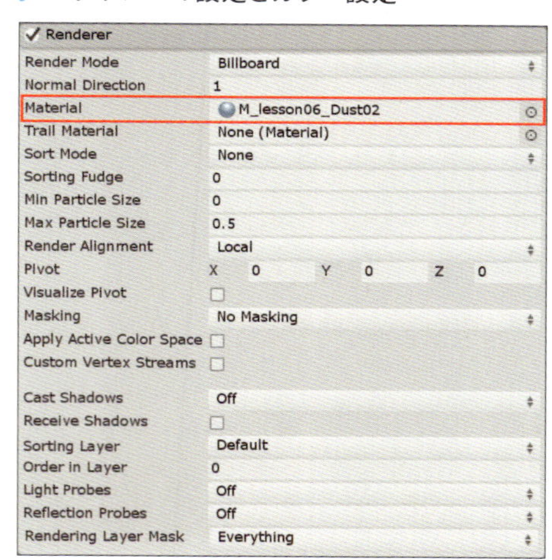

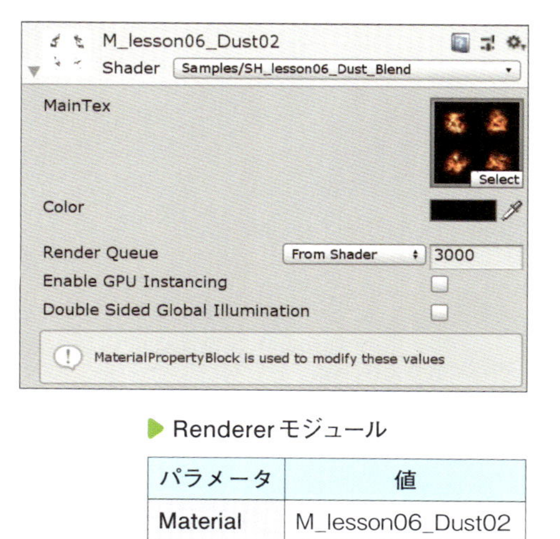

▶ Rendererモジュール

パラメータ	値
Material	M_lesson06_Dust02

こちらで2つのダストパーティクルの設定が完了しました。

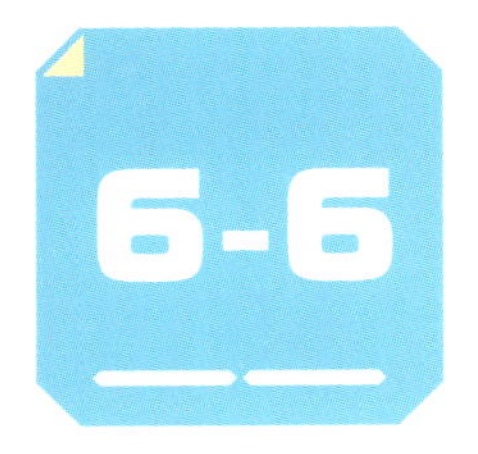

6-6 螺旋状に上昇するトレイルの制作

竜巻状のメッシュとダスト素材が完成しましたので、旋回する光のトレイルをメッシュの周りにまとわせてエフェクトを完成させていきます。

6-6-1 旋回する光のトレイルの作成

光のトレイルに関しては、元々はメッシュで作成してテクスチャをUVスクロールで流そうと考えていましたが、最終的にはトレイルで制作する手法を選択しました。トレイルを制作する前に、現在のエフェクト状態を確認しておきます。

今回制作するトレイルの完成イメージは次の図のようになります。なお、見やすくするため実際の完成バージョンより、光の放出量を増やしています。

▶ ここまでの作成結果

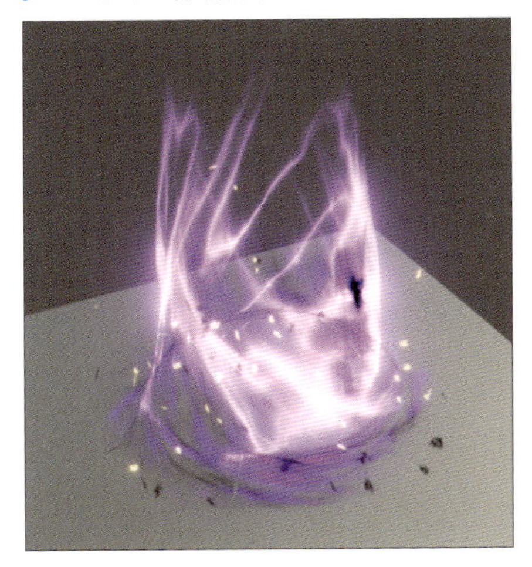

▶ トレイルの完成イメージ

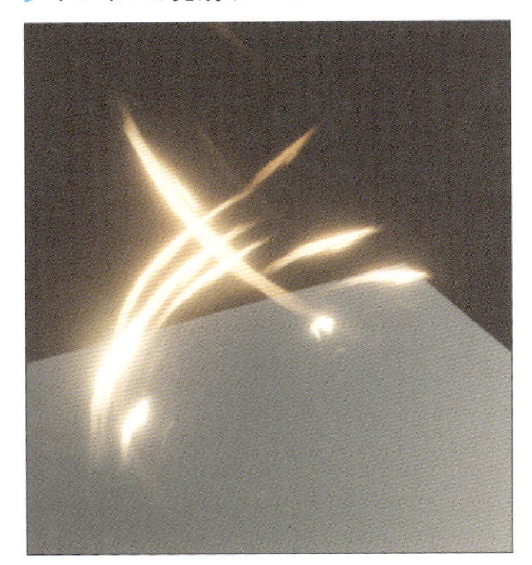

竜巻状の柱メッシュの周りにトレイルを配置していきます。FX_AuraTornadoを右クリックして新規パーティクルを作成し、名前をspiral01に設定します。合わせて新規マテリアルとシェーダー(Unlit Graph)を作成し、それぞれ名前をM_lesson06_Spiral01、SH_lesson06_Spiralに設定します。作成したマテリアルのシェーダーをSH_lesson06_Spiralに変更しておきましょう。

▶ 新しく素材を作成

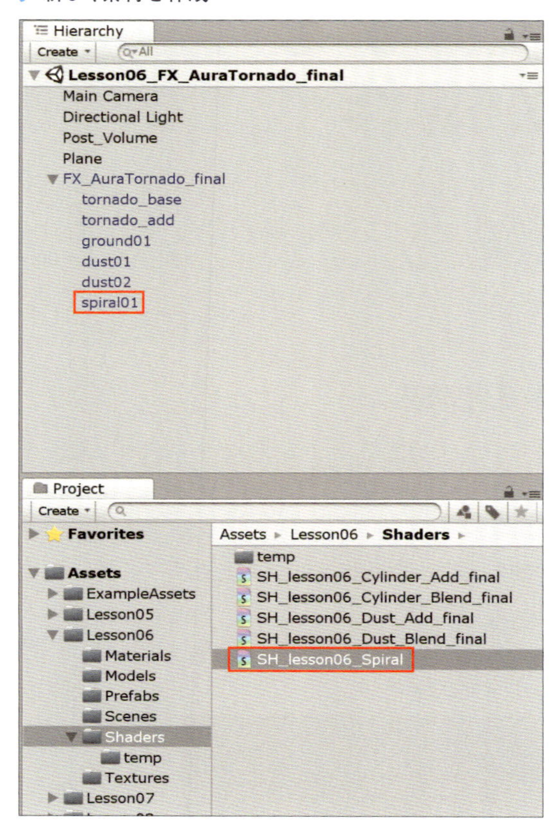

まずパーティクルのパラメータを設定していきましょう。次のページの図を参考に設定を行ってください。

RendererモジュールのTypeをNoneに設定することでパーティクルの描画を行わずに、トレイルだけを描画することが可能です。トレイルを制御するTrailsモジュールに関しては、Lifetimeでトレイルの長さを指定し、Width over Trailでトレイルの幅を指定します。トレイルのカラー設定に関しては、Color over LifetimeとColor over Trailがありますが、前者はトレイルの寿命に沿って色を変え、後者はトレイルの頭から尾に沿って色を変更します。

▶ spiral01パーティクルを設定

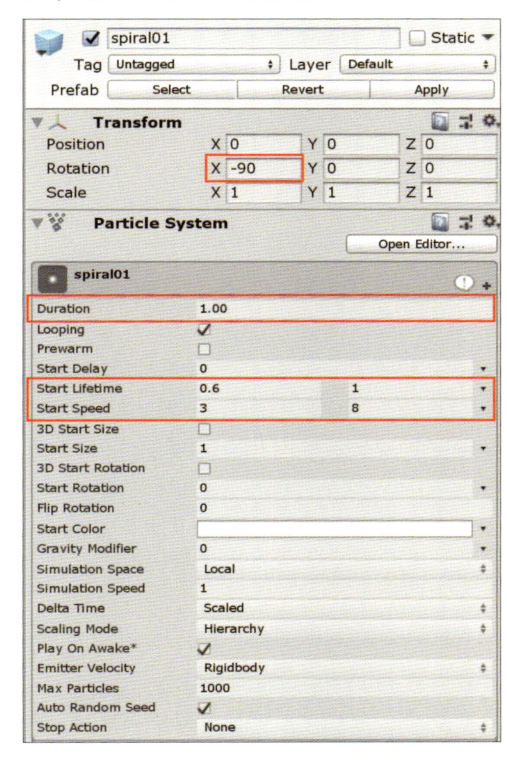

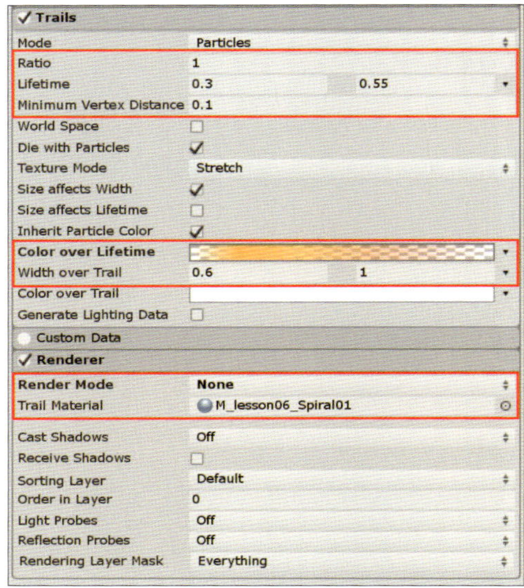

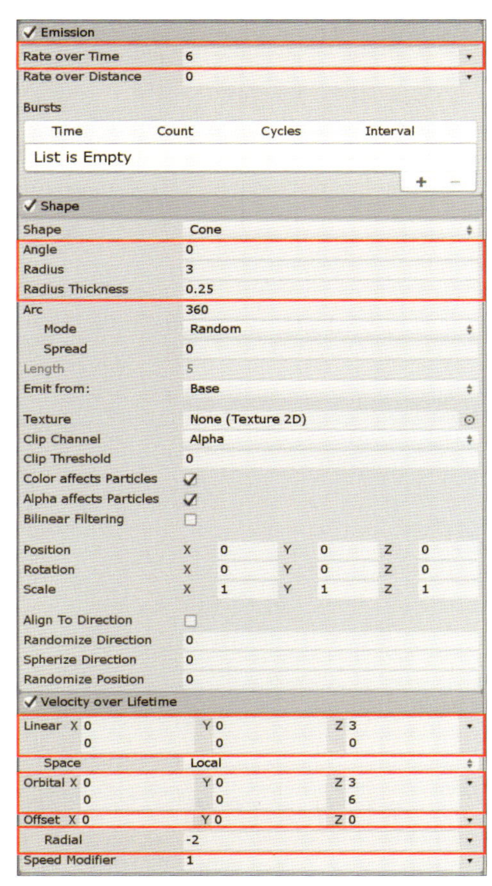

▶ Transformコンポーネント

パラメータ	値		
Rotation	X:-90	Y:0	Z:0

▶ Mainモジュール

パラメータ	値	
Duration	1.00	
Start Lifetime	0.6	1
Start Speed	3	8

▶ Emissionモジュール

パラメータ	値
Rate over Time	6

▶ Shapeモジュール

パラメータ	値
Angle	0
Radius	3
Radius Thickness	0.25

▶ Velocity over Lifetimeモジュール

パラメータ	値		
Linear	X:0	Y:0	Z:3
	X:0	Y:0	Z:0
Orbital	X:0	Y:0	Z:3
	X:0	Y:0	Z:6
Radial	-2		

▶ Trailモジュール

パラメータ	値	
Ratio	1	
Lifetime	0.3	0.55
Minimum Vertex Distance	0.1	
Color over Lifetime	下図を参照	
Width over Trail	0.6	1

▶ Rendererモジュール

パラメータ	値
Render Mode	None
Trail Material	M_lesson06_Spiral01

▶ TrailモジュールのColor over Lifetimeパラメータを設定

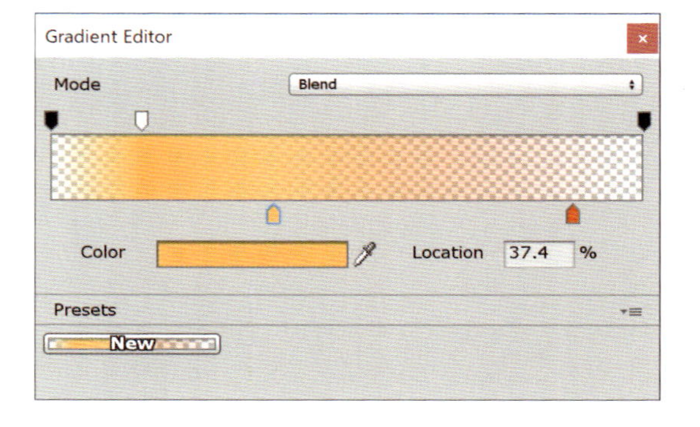

パーティクルの設定が完了したので、次にトレイルのシェーダーを作成していきます。

6-6-2 トレイル用のシェーダーの作成

トレイル用のシェーダーを作成していきましょう。今回は歪み用のテクスチャを使用してUVを歪ませます(UVディストーション)。最終的にトレイル用のテクスチャにスクロールする、ゆらぎのような効果が追加されます。

UVを歪ませるというのはちょっとピンと来ないかもしれませんが、プレビューで確認してみるとわかりやすいと思います。次のページの上段図がUV、下段図がテクスチャのプレビューで、それぞれ左が元の状態、右が歪ませた後の状態になります。

▶ UVディストーションを行った結果

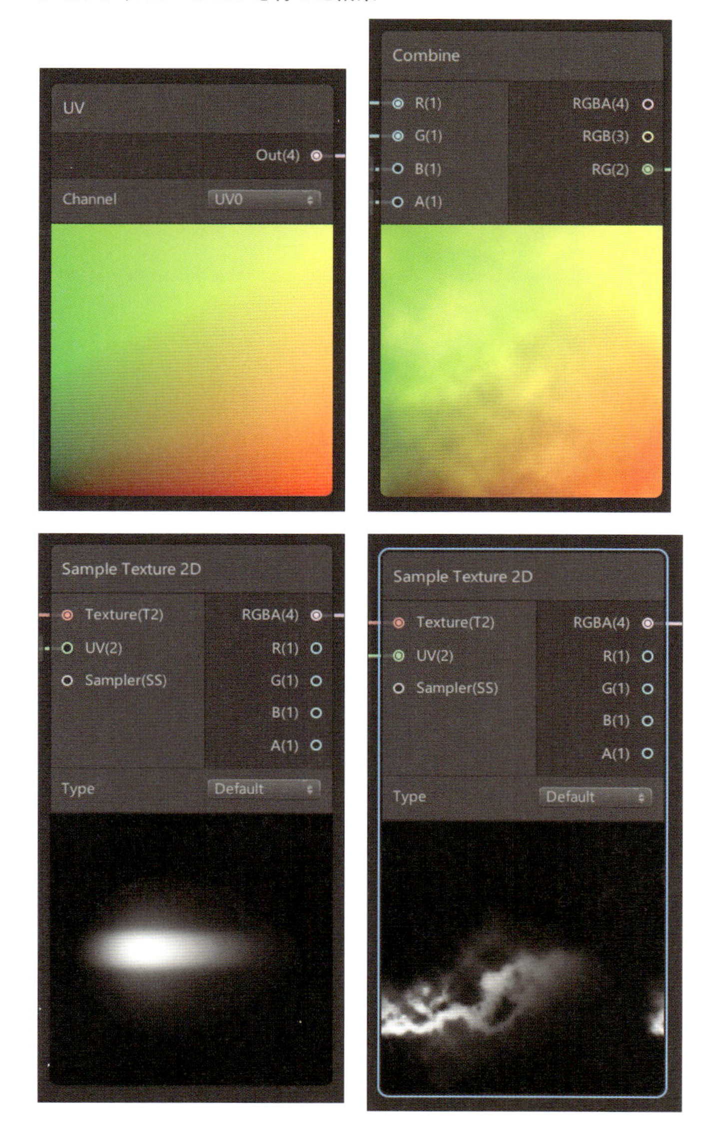

最初にシェーダーの最終結果を確認しておきます。赤枠で囲った部分がトレイルテクスチャ自体の構成部分、青枠で囲った部分がUVディストーションの構成部分になります。

▶ シェーダーの最終結果

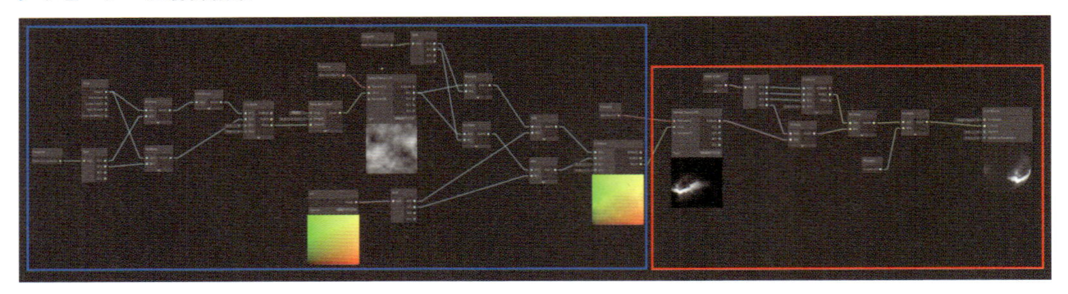

SH_lesson06_Spiralシェーダーを開いて、まずシェーダーの設定を変更しておきます。

▶ 初期設定を変更

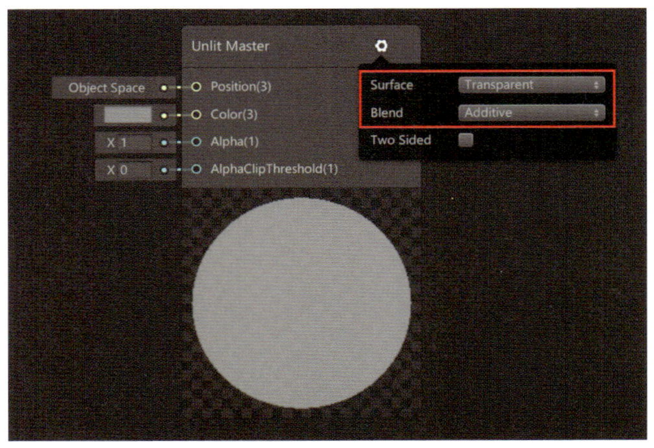

最初に、ブラックボードにSamplesと入力します。続いて、Unlit Masterノードを設定します。

▶ Unlit Masterノード

パラメータ	値
Surface	Transparent
Blend	Additive

次にトレイルテクスチャの部分を作成していきます。これまでに作成してきたシェーダーと特に異なる部分はありません。まずVector1とTexture2Dのプロパティを作成し、EmissionとMain Texに名前をそれぞれ設定します。MainTexのDefaultパラメータにトレイルのテクスチャ(T_lesson06_trail01)を設定し、またEmissionのDefaultパラメータに1を設定しておきます。

▶ プロパティを設定

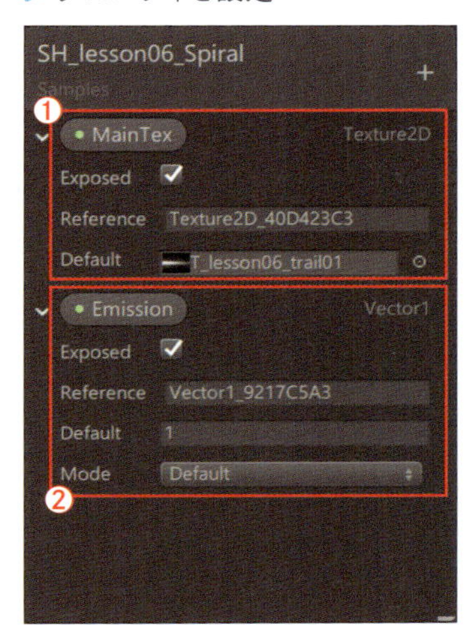

▶ プロパティの設定

図内番号	内容
①	Texture2D プロパティを作成。名前を MainTex に変更。デフォルトのテクスチャを T_lesson06_trail01 に設定
②	Vector1 プロパティを作成。名前を Emission に変更。デフォルト値を 1 に設定

次の図を参考にベースとなるノードを配置し、接続します。

▶ ノードを設定(SH_6-6-2_01参照)

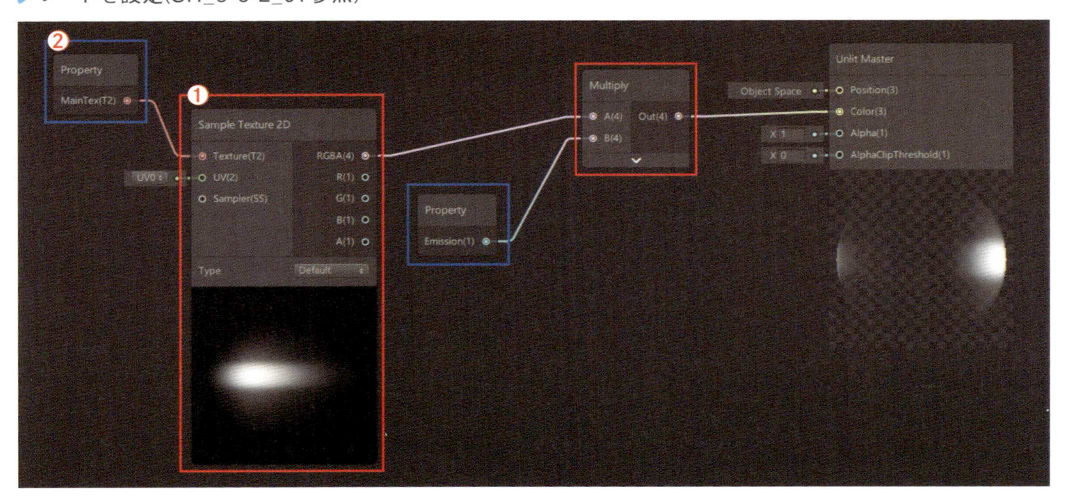

▶ ノードの設定

図内番号	内容
①	赤枠で囲った部分、Sample Texture 2D ノードと Multiply ノードを追加し、接続
②	青枠で囲った部分の２つのプロパティをブラックボードからドラッグ＆ドロップで配置し、それぞれ接続

今回はパーティクルのTrailsモジュールのColor over Lifetimeを使用しているため、

Vertex Color ノードからパーティクルのカラーとアルファを取得します。作成した Sample Texture 2D ノードと Multiply ノードの間に、次の図の一連のノードを作成してください。

▶ Vertex Colorノードからパーティクルのカラーとアルファを取得(SH_6-6-2_02参照)

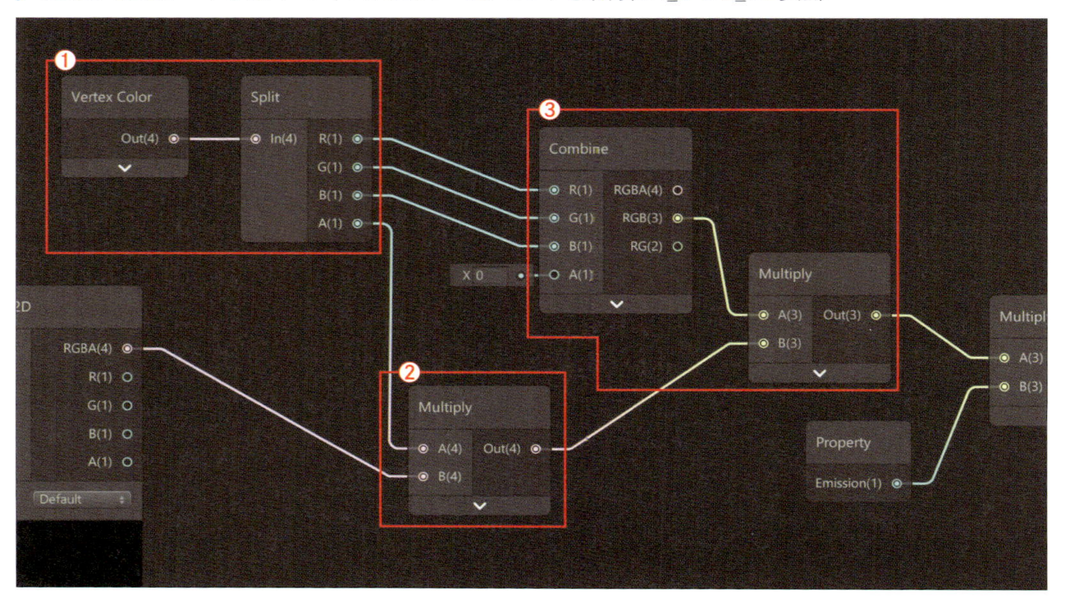

▶ ノードの追加

図内番号	内容
①	Vertex Color ノードと Split ノードを追加。Vertex Color ノードで取得した情報を Split ノードでカラーとアルファに分離
②	Multiply ノードを追加。Vertex Color ノードから取得したアルファをテクスチャのカラーに掛け合わせる
③	Combine ノードと Multiply ノードを追加。Split ノードで分離した 4 つの出力のうち、カラーのみ（R(1)、G(1)、B(1)）を Combine ノードで 1 つにまとめる。まとめたものを Multiply ノードで掛け合わせる

トレイル用シェーダーのベース部分が完成しました。Save Asset ボタンを押して変更を反映し、パーティクルを再生してください。光の筋っぽいトレイルが旋回しながら上昇していく動きが確認できます。ただ、光の筋のシルエットがまっすぐで少しシンプルすぎるように感じるので、ここにうねりのような変化を加えていきます。

▶ マテリアル設定と再生結果

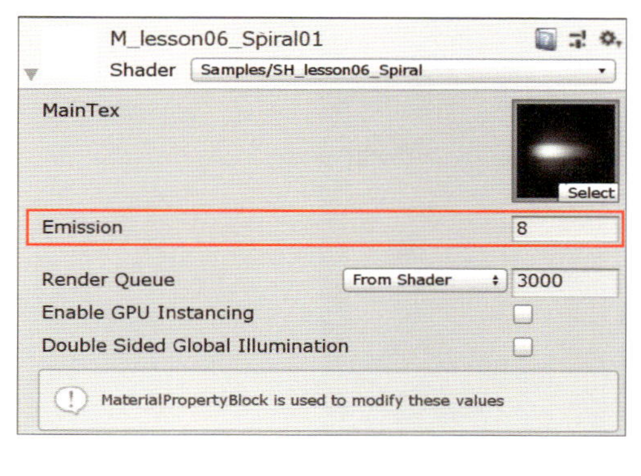

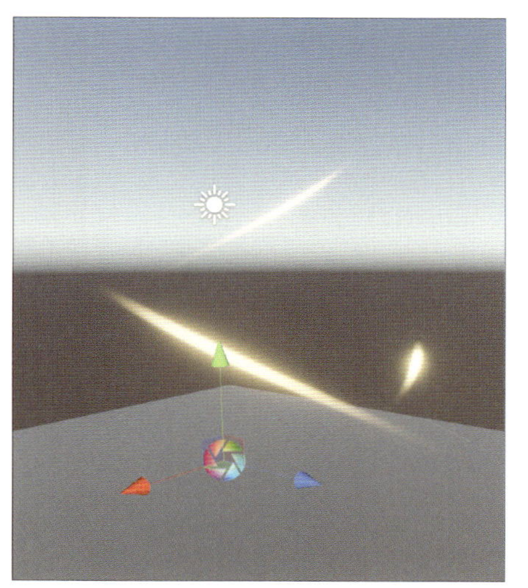

▶ M_lesson06_Spiral01マテリアル

パラメータ	値
Emission	8

6-6-3 トレイルシェーダーのUVディストーション部分の作成

再びShader Graphに戻ってノードを構築していきます。次の図のようにノードを設定してUVを歪ませる（UVディストーション）ことで、トレイルのテクスチャに歪みが反映されます。ノード数が多いので、次の図の赤枠、緑枠、青枠の順に解説していきます。

▶ UVディストーションの設定

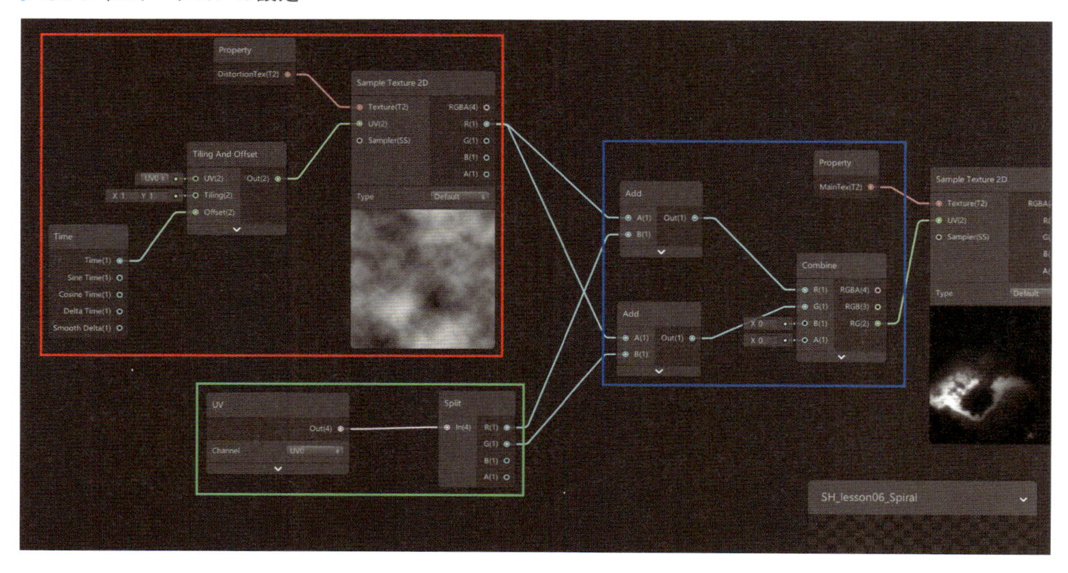

またノードを追加していく前に、ディストーションに使用するテクスチャ用にTexture2Dプロパティを作成し、名前をDistortionTexに変更してください。DefaultプロパティをT_lesson06_noise04に設定しています。

▶ Texture2Dプロパティを作成

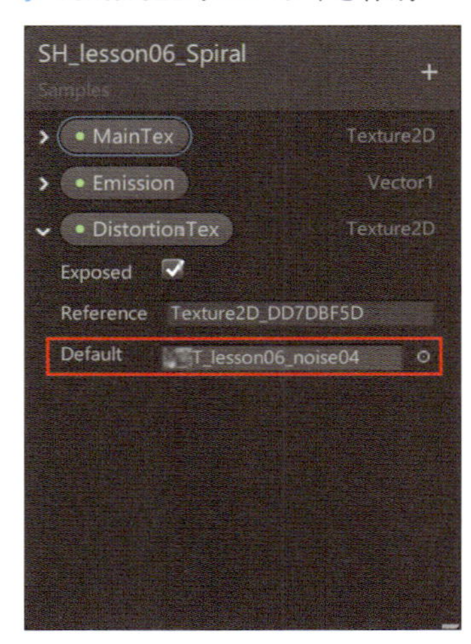

まず次の図を参考に、ディストーション用のテクスチャにUVスクロール処理を施します。

▶ Texture2Dプロパティ

パラメータ		値
DistortionTex(Texture2D)	Default	T_lesson06_noise04

▶ ディストーション用テクスチャにUVスクロール処理を施す(SH_6-6-3_01参照)

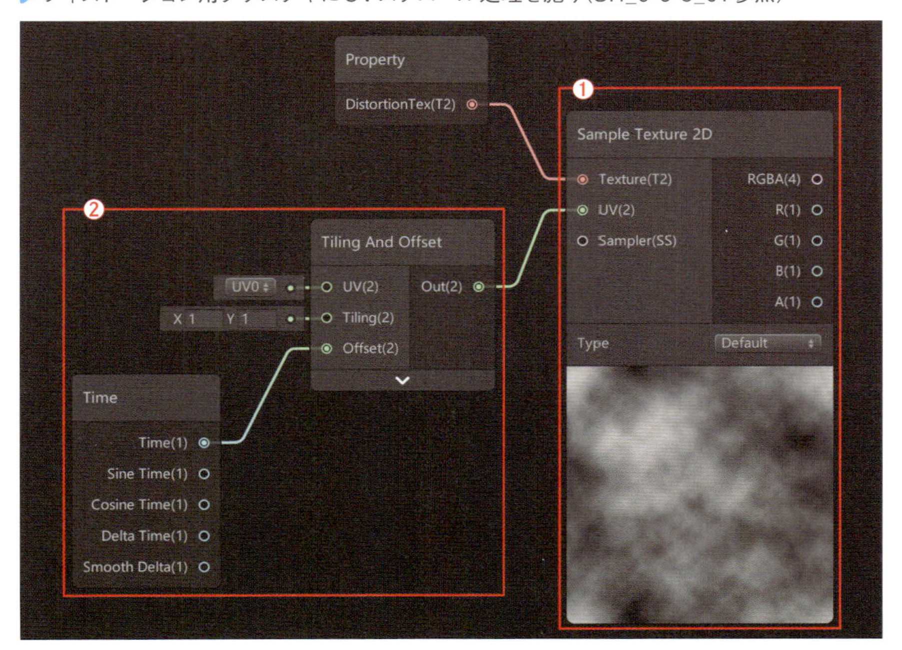

▶ ノードの追加

図内番号	値
①	Sample Texture 2D ノードを追加。先ほど作成した DistortionTex プロパティを接続
②	Time ノードと Tiling And Offset ノードを追加。UV スクロールを完成させる。この部分の処理は、後でもう少し複雑なものに置き換える

次にUVノードを作成し、Splitノードで分離します。

最後に、Addノードを使って、Splitノードで分離したR(1)、G(1)出力とSample Texture 2DノードのR(1)出力を加算します。それぞれ加算した結果をCombineノードで1つにまとめて、CombineノードのRG(2)出力をトレイルテクスチャのSample Texuture 2DノードのUV(2)入力に接続します。

▶ UVノードを作成し分離

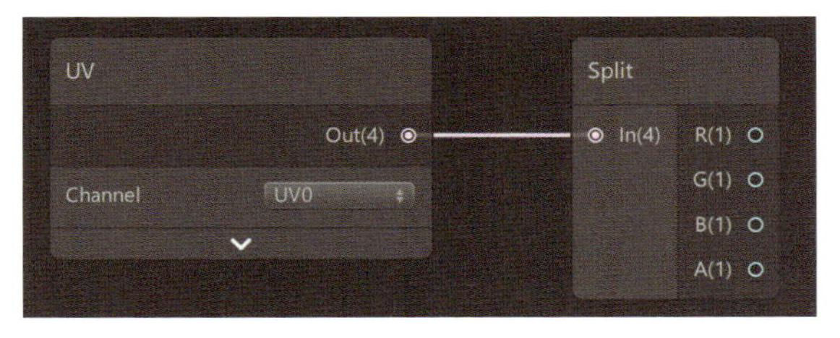

▶ それぞれ加算してCombineノードを使用してまとめる(SH_6-6-3_02参照)

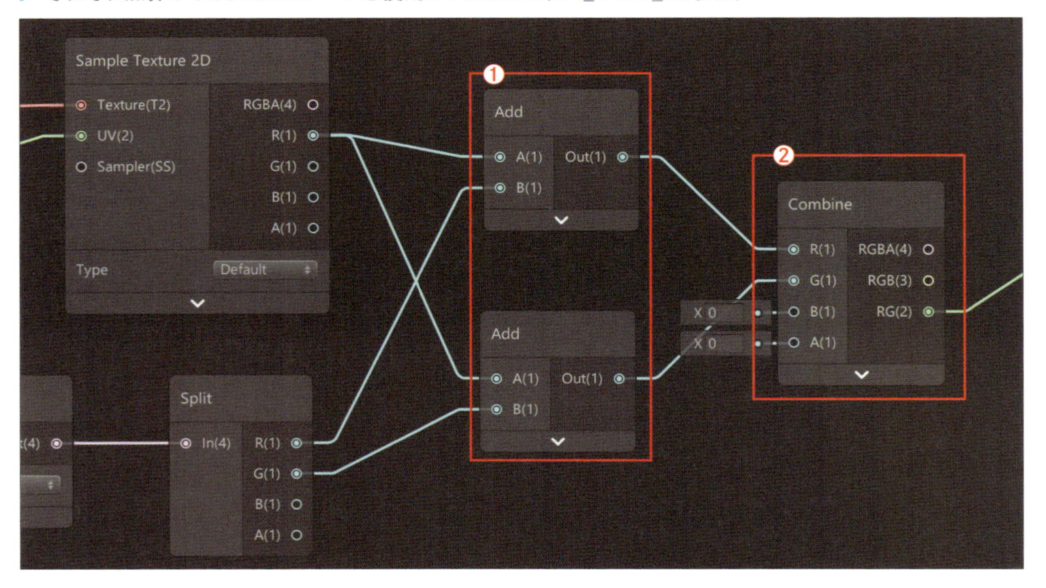

▶ ノードの追加

図内番号	内容
①	Add ノードを2つ追加。Sample Texutre 2D ノードと Split ノードの出力をそれぞれ掛け合わせる
②	Combine ノードを追加。2つの Add ノードを1つにまとめる

ただ現状では歪みが強すぎて、元々のトレイルテクスチャの形状がわかりづらくなっています。そのため、ディストーションの強さを調整するためのVector2プロパティをDistortion Strengthという名前で作成します。

▶ 歪みの強さを調整できるように設定

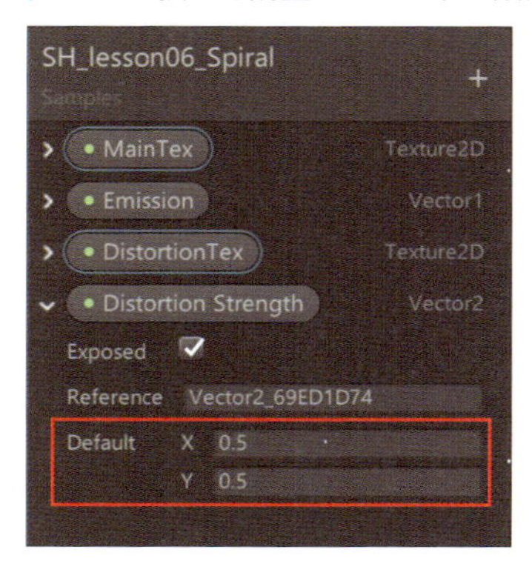

▶ 歪みの強さの調整

パラメータ	値	
Distortion Strength(Vector2)	Default	X:0.5
		Y:0.5

Vector2プロパティ、Distortion Strengthを配置してSplitノードで分離し、縦方向と横方向で独立して、歪みの強さを調整できるようにしてあります。

▶ プロパティを接続してディストーションの強さを制御(SH_6-6-3_03参照)

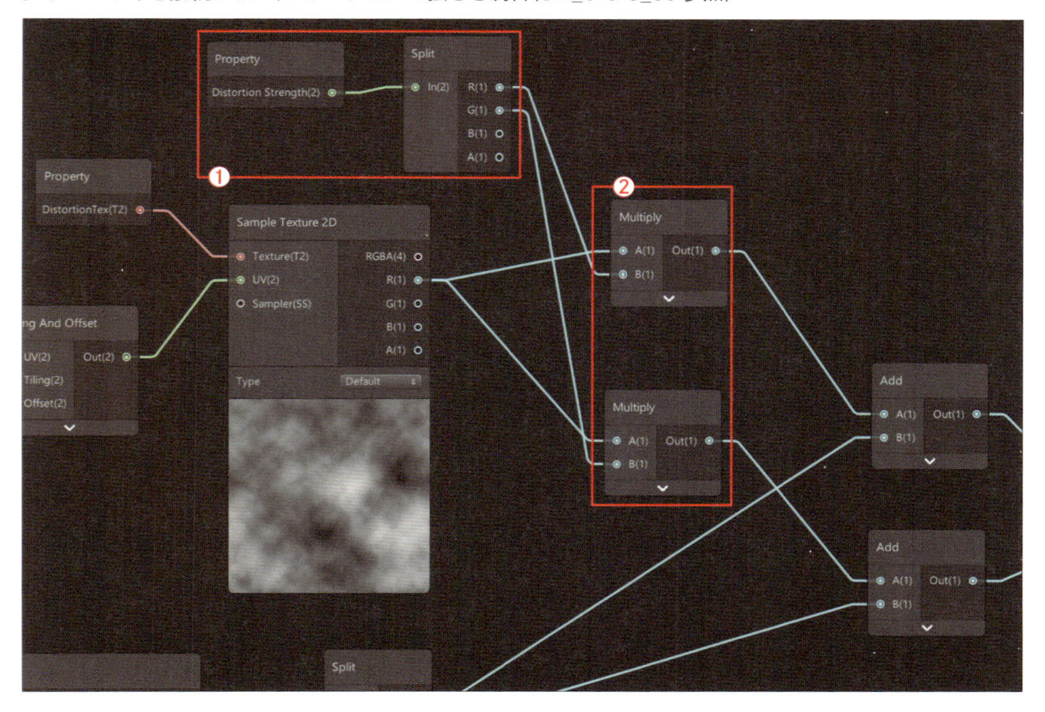

▶ ディストーションの制御

図内番号	内容
①	Distortion Strength プロパティをドラッグ＆ドロップで配置し、追加した Split ノードに接続して要素を分離
②	Sample Texture 2D ノードと Add ノードを接続している各ラインの間に Multiply ノードをそれぞれ追加し、Split ノードで分離した要素を掛け合わせる。これで縦横独立してディストーションの強さを制御できる

現在、Timeノードを使って、UVディストーション用のテクスチャをスクロールさせていますが、こちらもノードを追加して縦横独立してスクロールの速度を調節できるように設定します。またUVスクロールの速度調整用にDistortion Speedという名前でVector2プロパティを作成しています。次の図では、ノードが多く見づらいため、順番に解説していきます。

▶ UVスクロール部分を置き換える

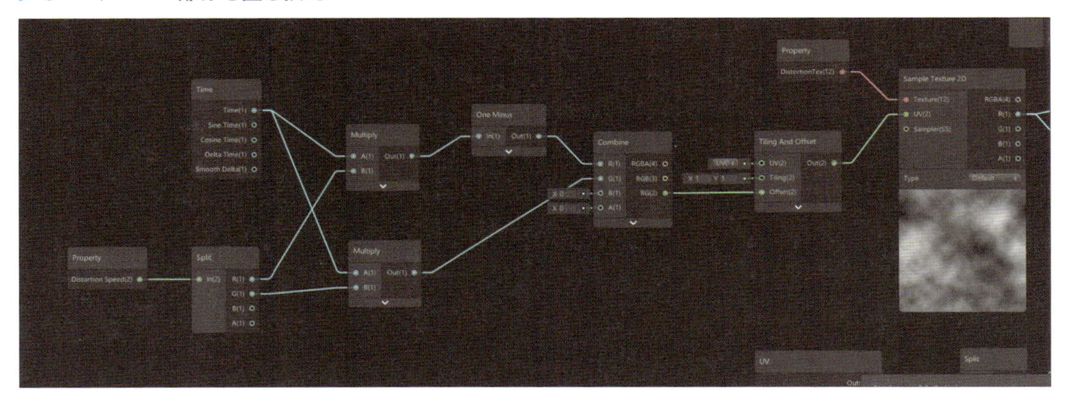

▶ Distortion Speedプロパティを追加

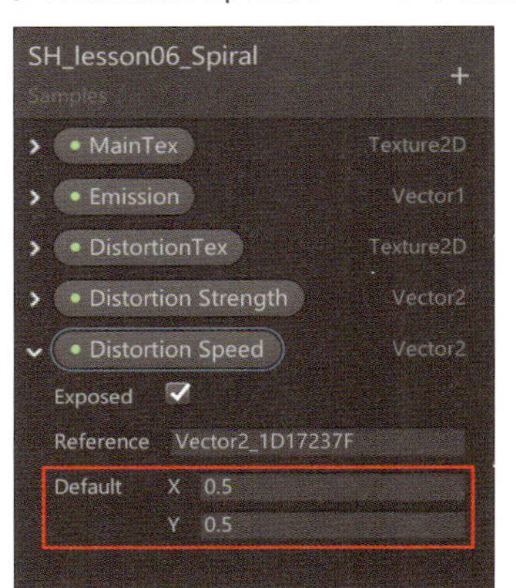

▶ Distortion Speedプロパティの追加

パラメータ	値		
Distortion Speed(Vector2)	Default	X:0.5	Y:0.5

まず次の図のようにCombineノードを追加し、元々接続されていたTimeノードと置き換えます。

▶ Combineノードを追加

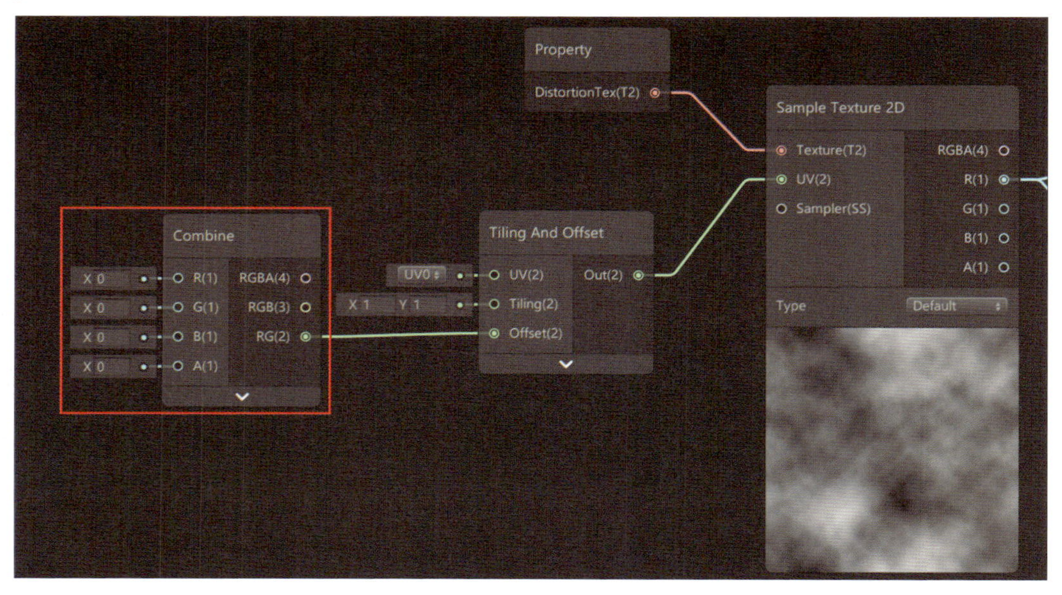

次にTimeノードとDistortion SpeedプロパティをMultiplyノードで掛け合わせ、片方はOne Minusノードで値を反転させてから、先ほど作成したCombineノードにそれぞれ接続します。

▶ Distortion Speedプロパティを使用してスクロール速度を制御(SH_6-6-3_04参照)

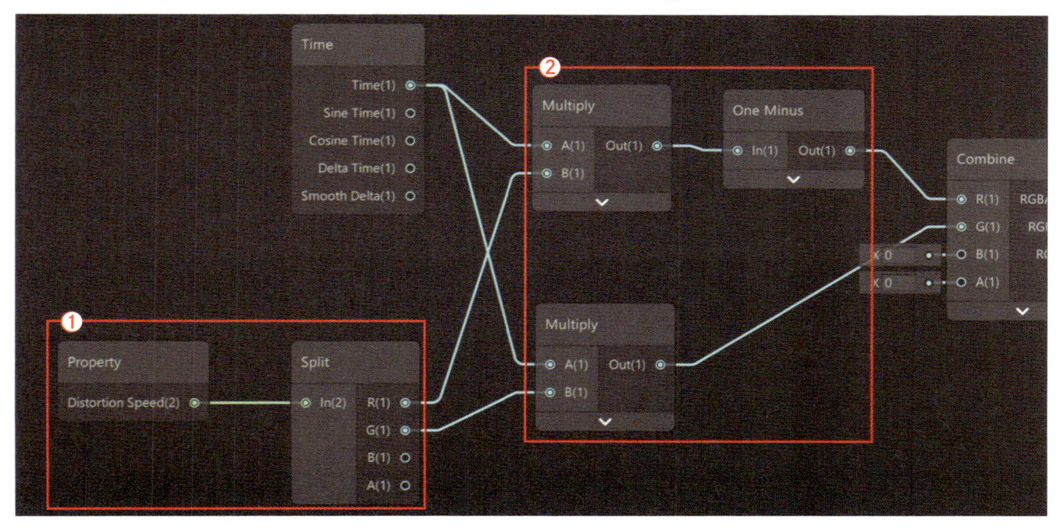

▶ スクロール速度の制御

図内番号	内容
①	Distortion Speed プロパティを配置し、追加した Split ノードで要素を分離
②	Split ノードで分離した要素と Time ノードを２つの追加した Multiply ノードで掛け合わせ、片方は One Minus ノードでスクロールの方向を反転させ、Combine ノードに接続

最後に、歪みを加えた際に、右図のようにトレイルのテクスチャが画像の端にかかってしまう事態を回避するため、マスク処理を施しておきます。

▶ トレイルの明るい部分が画像の端にかかってしまっている

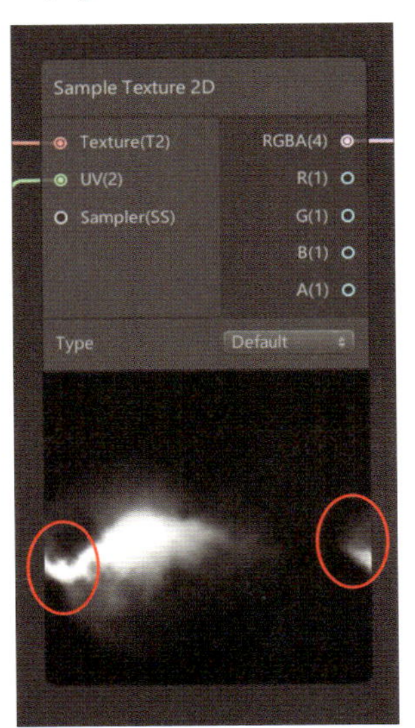

闇の柱のシェーダーの時と同じように、Gradient ノードを使用して端の部分を暗くして処理します。まず、Unlit Master ノードと Multiply ノードの間に Multiply ノードを追加します。

▶ Mutiplyノードを追加

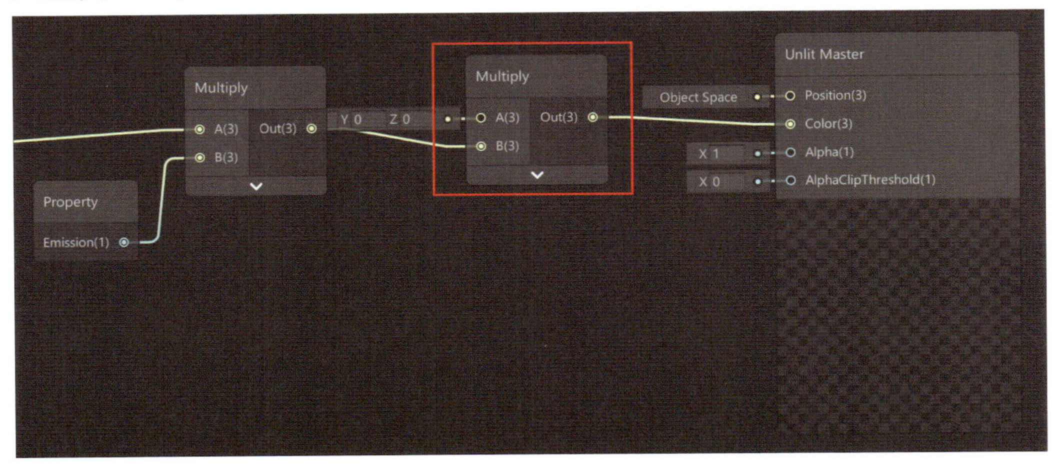

次にGradientノードを使用してマスキングの処理を施し、Sample Gradientノードの出力を先ほど追加したMultiplyノードのA(3)入力に接続します。

▶ マスキングを行う(SH_6-6-3_05参照)

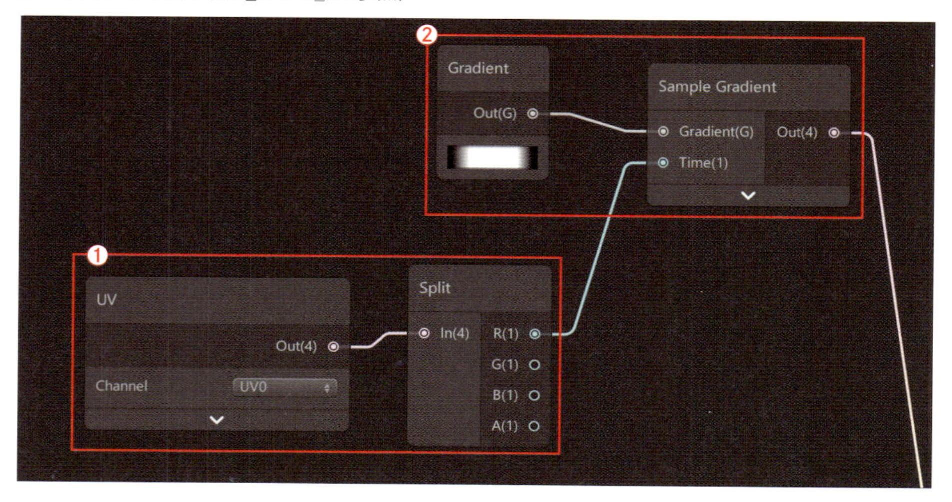

▶ マスキングの設定

図内番号	内容
①	UVノードとSplitノードを追加し、要素を分離。今回は横方向のグラデーションを作成するのでR(1)出力を使用
②	GradientノードとSample Gradientノードを追加。Time(1)入力にSplitノードのR(1)出力を接続する。Gradientノードの設定は右図を参照。最後にSample Gradientノードの出力をMultiplyノードのA(3)入力に接続

▶ Gradientノードの設定

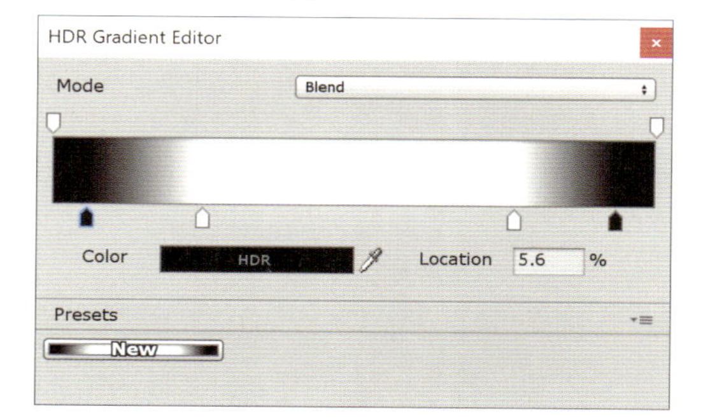

以上でシェーダーが完成しました。Save Assetボタンを押して変更を反映し、マテリアルでパラメータを使って調整してみてください。なお、次のページの図は設定の一例ですので値を変えてしまっても問題ありません。

▶ マテリアルの設定

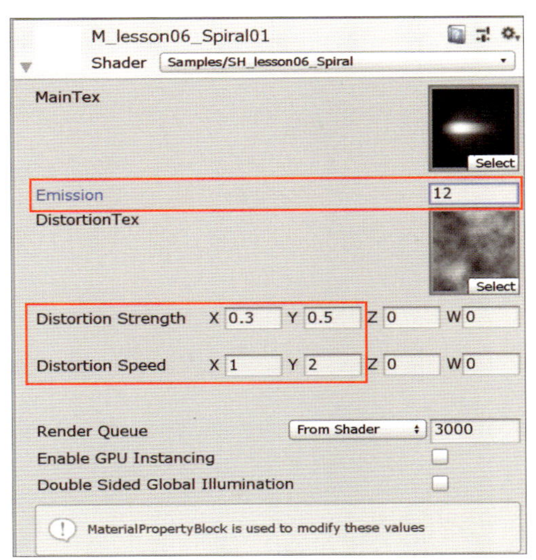

▶ M_lesson06_Spiral01マテリアル

図内番号	内容	
Emission	12	
Distortion Strength	X:0.3	Y:0.5
Distortion Speed	X:1	Y:2

以上で闇の柱エフェクトの完成になります。できれば、パラメータを変更してみたり、シェーダーに少し手を加えてみたりして、自分なりに少しアレンジを加えてみてください。いろいろな項目に手を加えてみることで、パラメータがどのように影響しているのかがわかり、ノードに対する理解がより深まります。

▶ 完成結果

Chapter
7

ビームエフェクトの作成

7-1 電撃属性ビームエフェクトの作成

本章ではビームエフェクトを作成していきます。5章、6章ではループで発生し続けるようなエフェクトを作成しましたが、今回の制作ではエフェクトの起承転結も含めて作り込んでいきます。

7-1-1 エフェクト設定画の制作

今回もエフェクト設定画を制作していきます。次に挙げる2点の特性を念頭に置きながら、技の展開や見た目を考えていきます。

・雷属性の攻撃エフェクト
・ビーム攻撃

まずビームを撃ち出す予備動作として電撃のエネルギーを溜める予備動作が必要だろうと考えました。そのため、今回は「溜め」、「発射」の2つのパートに分けて制作していきます。次の図がそれを元に描いたエフェクト設定画になります。

▶「溜め」部分エフェクトの設定画

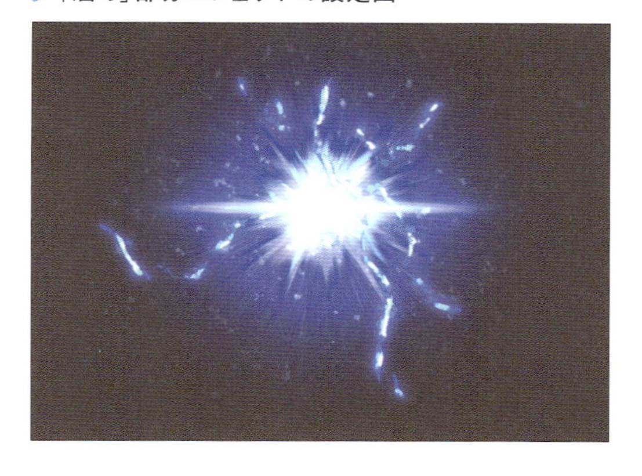

▶「発射」部分エフェクトの設定画

術者が魔法を発動すると、術者の周りに細かい光の粒と電撃(プラズマのようなもの?)が発生し、術者に向かって集まっていきます。これが溜め(チャージ)部分になります。エネルギーが集まったところで大きな発光とともに勢いよくビームが前方に発射されます。

電撃のエフェクトに関しては、連番アニメーションテクスチャをビルボードで配置したり、メッシュに貼り付けたりといろいろ制作手法がありますが、今回は電撃のシェーダーを制作してメッシュパーティクルに適用する方法で作成していきます。

▶ ビームエフェクト

▶ 電撃に使用するメッシュ

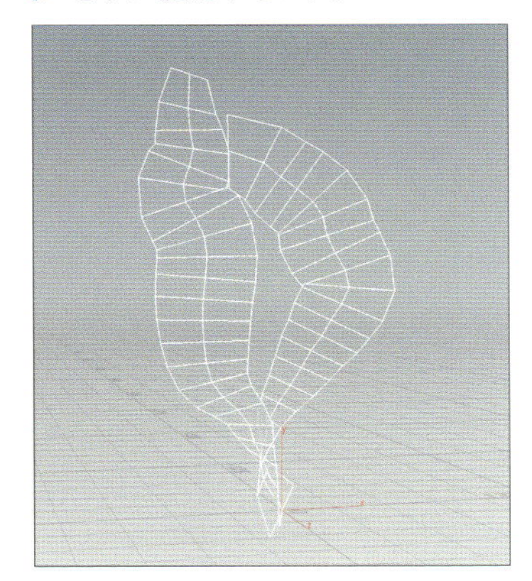

▶ シェーダーで電撃を表現

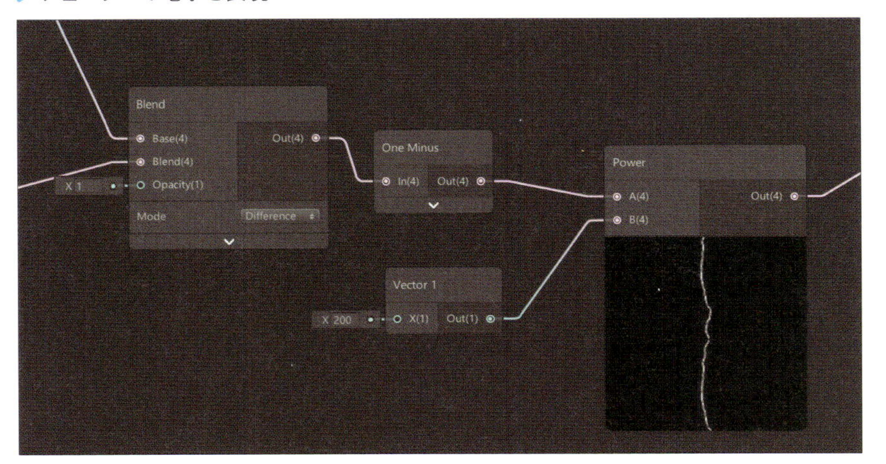

▶ 電撃のエフェクト

7-1-2 電撃属性ビームエフェクトのワークフロー

制作するエフェクトの各節ごとのワークフローと学習内容を簡単に説明しておきます。

7-2では、電撃のシェーダーを、シーンで結果を確認しつつ作成していきます。Custom Vertex Streamsも合わせて使用しながら電撃のコントロールもできるように設定していきます。

- Custom Vertex StreamsとCustom Dataモジュールの使用方法
- 電撃のアニメーション、ちぎれなどをシェーダーで表現する
- マイナス値や1以上の値についての注意点

▶ 電撃シェーダーを作成していく

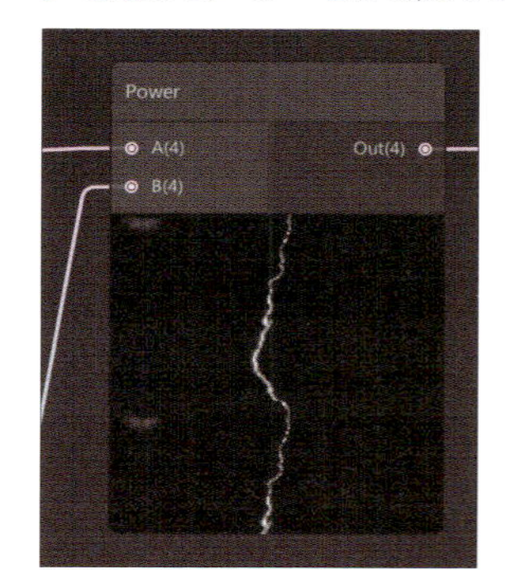

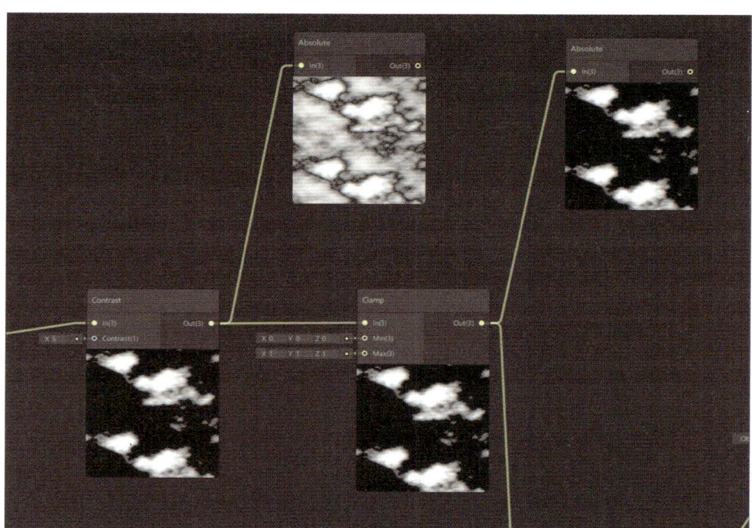

7-3では、シェーダーの作業を一時中断して、Houdiniで電撃のメッシュを制作します。完成したメッシュをUnityにインポートし、電撃のエフェクトを完成まで進みます。

- L-Systemノードのプリセットを使用して電撃のメッシュを制作する
- UV座標をランダムオフセットする方法
- 各種のコントロールをCustom Dataモジュールから行う方法

▶ 電撃メッシュをHoudiniで作成

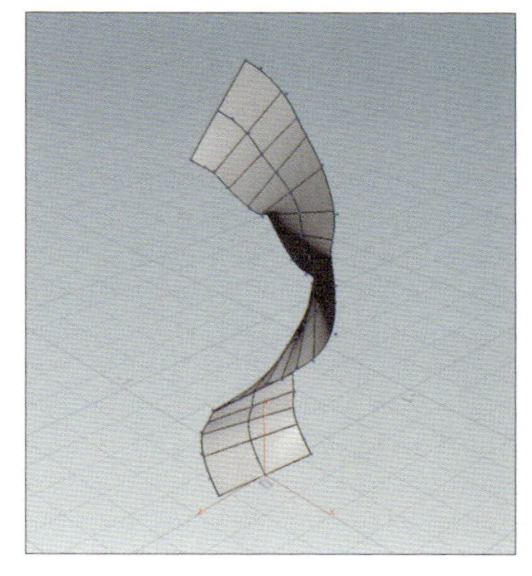

7-4では、電撃のエネルギーをチャージする際の要素（ライト、光の粒）を制作します。

・ライトパーティクルの設定方法
・ダスト素材（光の粒）のシェーダーとパーティクルの設定方法

▶ ライトと光の粒を作成

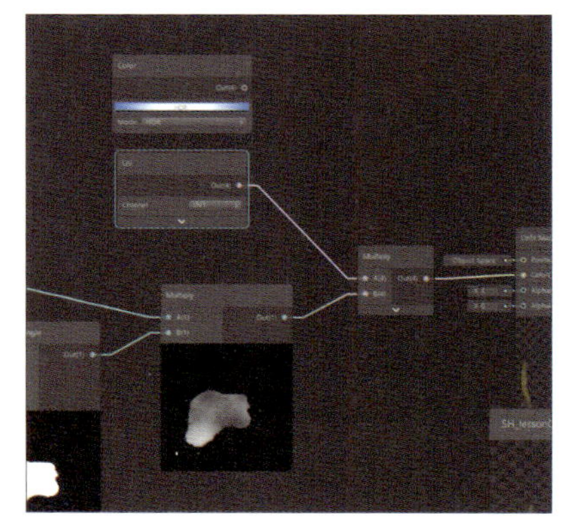

7-5では、エネルギーをチャージした際にエネルギーが集約される光の玉（コア）を制作します。

▶ 光の玉を制作

7-6では、チャージ後に発射されるビームのメッシュをHoudiniで制作します。ビームのシェーダーを加算とアルファブレンドでそれぞれ作成し、エフェクトを完成させます。

・サブグラフの使用方法
・シェーダーでマスキングを行う方法

▶ ビーム部分を作成

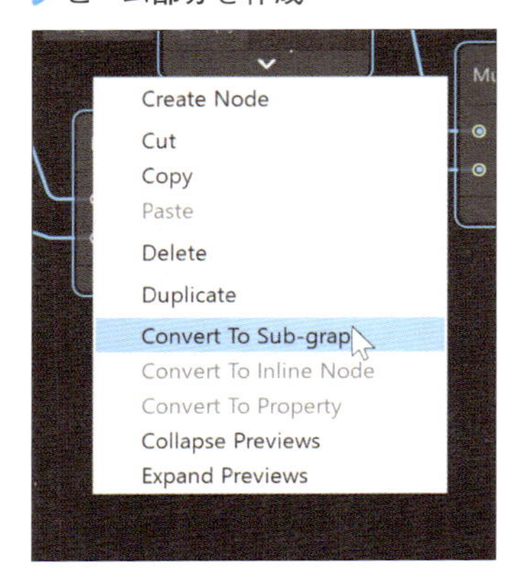

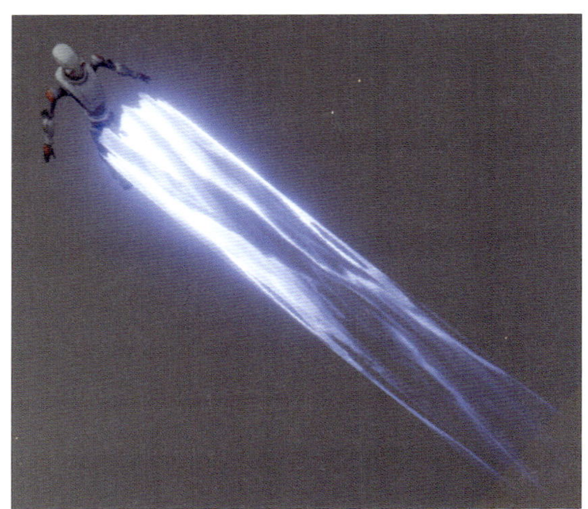

次の図が完成したエフェクトです。

▶ エフェクトの完成イメージ

7-2 電撃シェーダーの作成

ここでは電撃のシェーダーを作成していきます。なるべくテクスチャに頼らず、シェーダー内で電撃の形状を生成、コントロールできるように構成していきます。

7-2-1 電撃のラインの作成

最初にサイトからダウンロードしたLesson07_data.unitypackageをプロジェクトにインポートしておきましょう。

まず電撃のシェーダーを作成していきます。まずシーンファイルを開いて完成バージョンのエフェクトを確認しておきましょう。Assets/Lesson07/Scenes/Lesson07_FX_Lightning_finalを開きます。シーンを再生してエフェクトを確認します。Hierarchyビューで見ると、結構な数のエミッタから構成されているのがわかるかと思います。また途中でわからなくなった場合、完成バージョンのエフェクトのパラメータなどを参考にしてみてください。

▶ 完成エフェクトとHierarchyビューでの表示

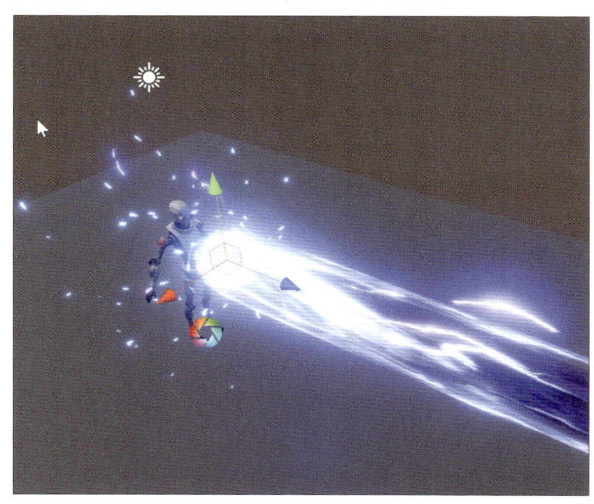

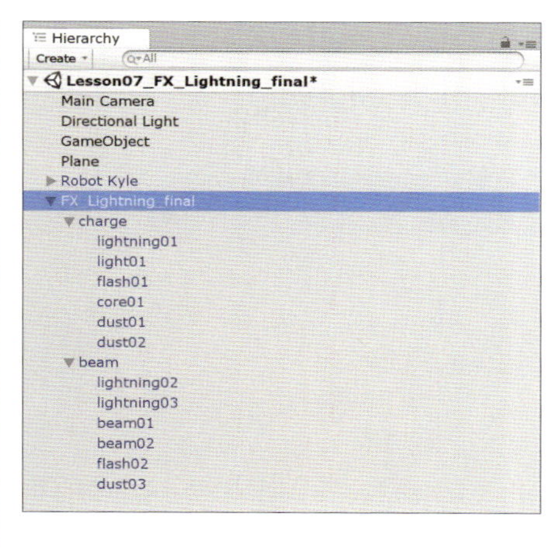

電撃のシェーダーを作成していきます。Assets/Lesson07/Shadersフォルダ内に新規シェーダー（Unlit Graph）を作成します。名前をSH_lesson07_Lightningに変更し、初期設

定を変更します。

▶ 設定を変更

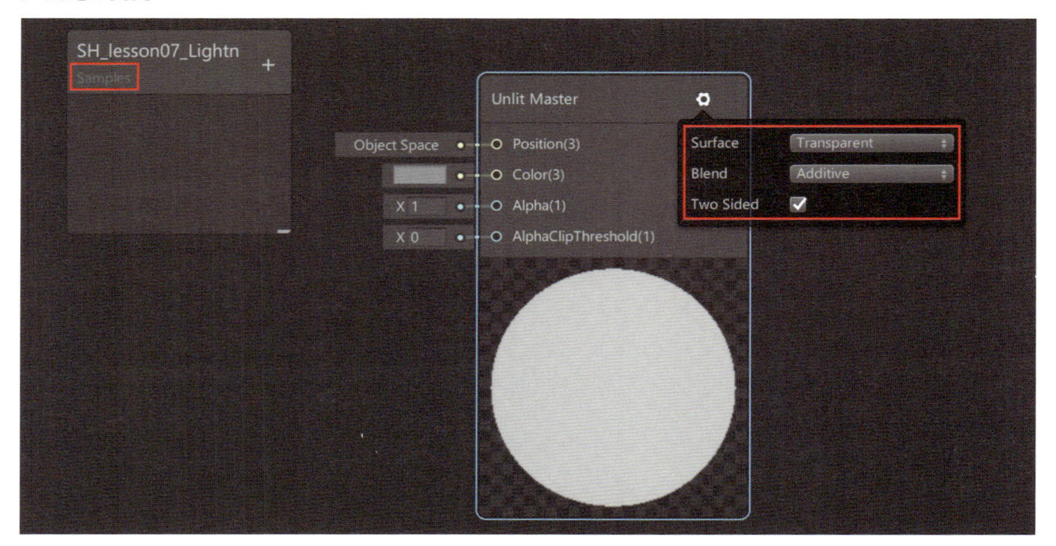

最初に、ブラックボードにSamplesと入力します。続いて、Unit Masterノードを設定します。

次の図が今回作成する電撃シェーダーの完成図です。複雑なのでベースの部分をまず作成して、順番にコントロールや機能を追加していきます。

▶ Unlit Masterノード

パラメータ	値
Surface	Transparent
Blend	Additive
Two Sided	チェックあり

▶ 電撃シェーダーの完成図

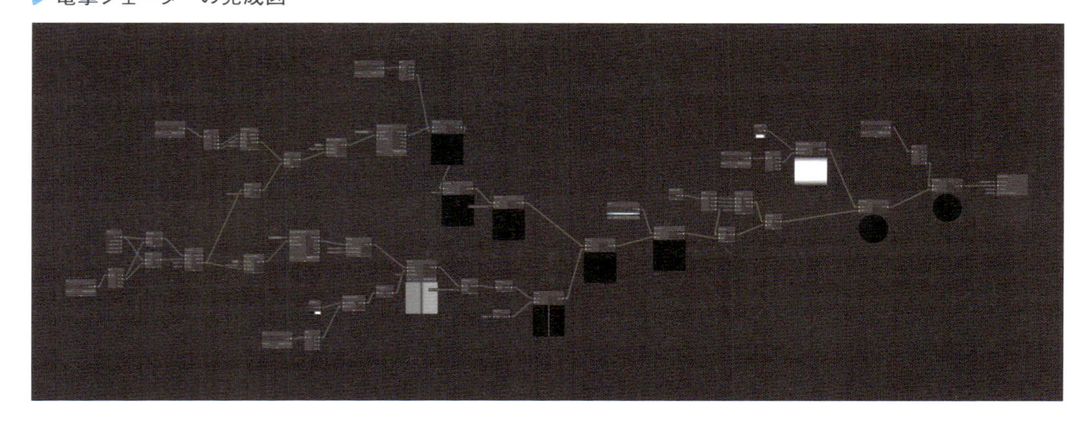

まずテクスチャを読み込みます。Assets/Lesson07/Textures/T_lesson07_noise01をド

ラッグ＆ドロップして読み込みます。こちらのテクスチャをベースにして稲妻を作成していきます。また電撃シェーダーの他にもいくつかのシェーダーを作成していきますが、今回はエフェクト全体でこのテクスチャ1枚しか使用していません。

テクスチャが1枚だけでも、シェーダーで加工することで多用な結果を得ることが可能です。このテクスチャにはRGBAのチャンネルごとに別々の模様が割り当てられています。試しにノードを接続して確認してみましょう。RGBAの各出力をPreviewノードにつなげてプレビューするとチャンネルごとの結果が確認できます。

▶ 本章で使用するテクスチャ

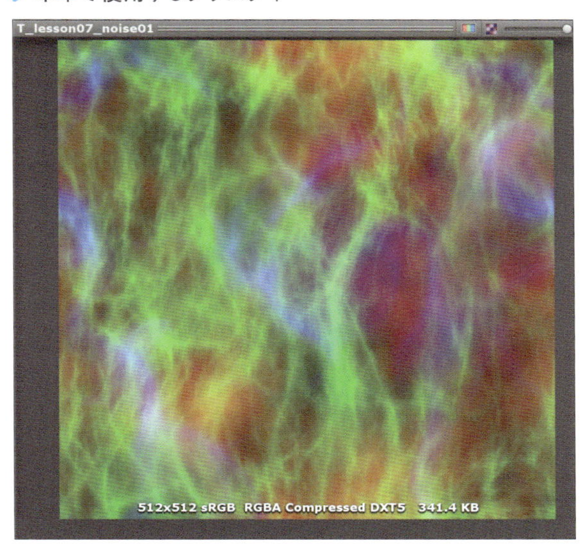

▶ チャンネルごとに異なる模様が割り当てられている

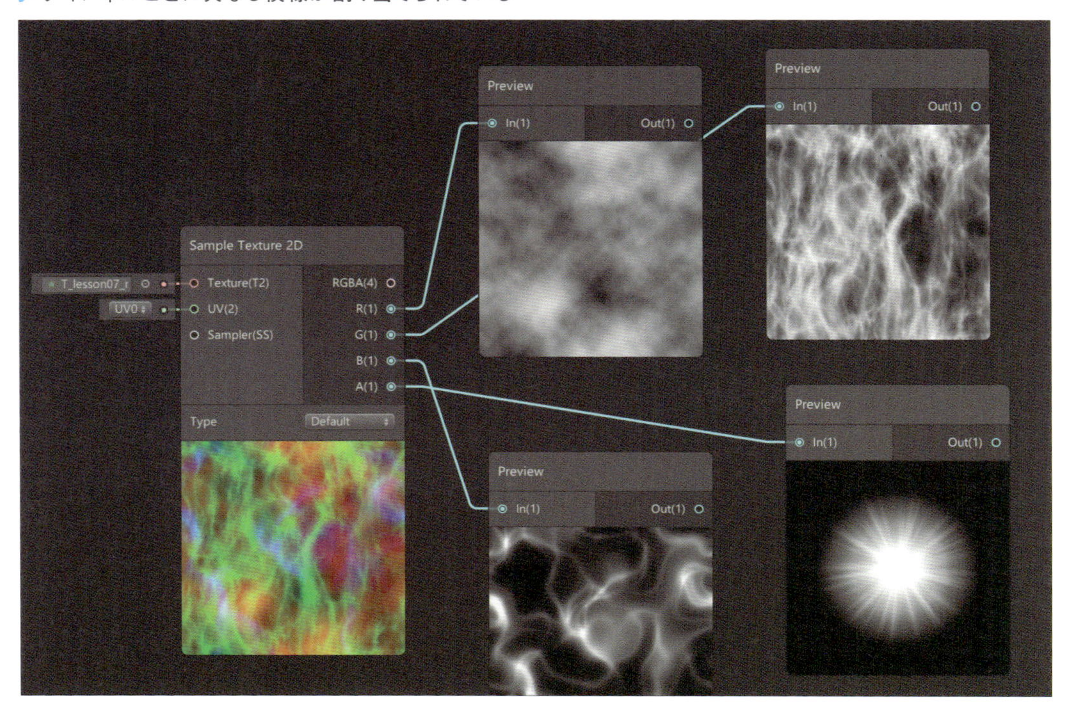

アルファチャンネルもグレースケールの画像チャンネルのひとつとして使用することができます。今回は赤チャンネル(R)のフラクタル模様を使って電撃模様を生成していきます。まず次の図のように組んでみてください。BlendノードのModeをDifferenceに設定すると黒いラインの模様が現れます。

これを加工して電撃に近付けていきます。ここではノードの確認のためにPreviewノードを間に挟んでありますが(青枠部分)、実際は必要ないので確認したら削除してしまって問題ありません。

▶ 電撃模様のベースを作成(SH_7-2-1_01参照)

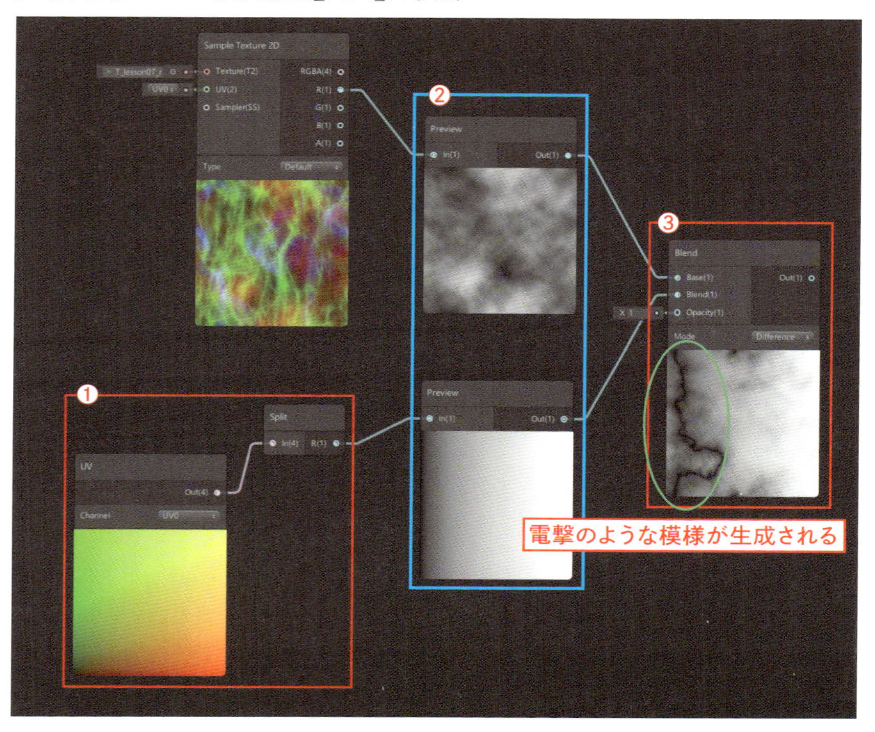

▶ ベースの作成

図内番号	内容
①	UVノードとSplitノードを追加。Splitノードで要素を分離してR(1)出力を使用
②	Blendノードにつなぐ前にPreviewノードを追加。合成する2つの要素を確認しておく（確認後削除してしまって問題ない）
③	Blendノードを追加。Base(1)入力にテクスチャの出力を、Blend(1)入力にUVの分離した要素をそれぞれ接続。ModeパラメータはDifferenceを選択

偶然発見した作成方法なので、なぜこのような模様ができるかは詳しく説明できないのです

が、フラクタル模様と黒から白へのグラデーション模様を掛け合わせた場合に生成されることがわかります。黒い電撃模様を中央部分に移動したいので、次の図のように組み直します。Gradientノードを使って黒い電撃模様が出る位置を中央部分のみに限定しました。

図中のPreviewノードも結果の違いを確認するためのものなので、削除してしまって問題ありません。

▶ 電撃の模様が中央に生成されるように調整

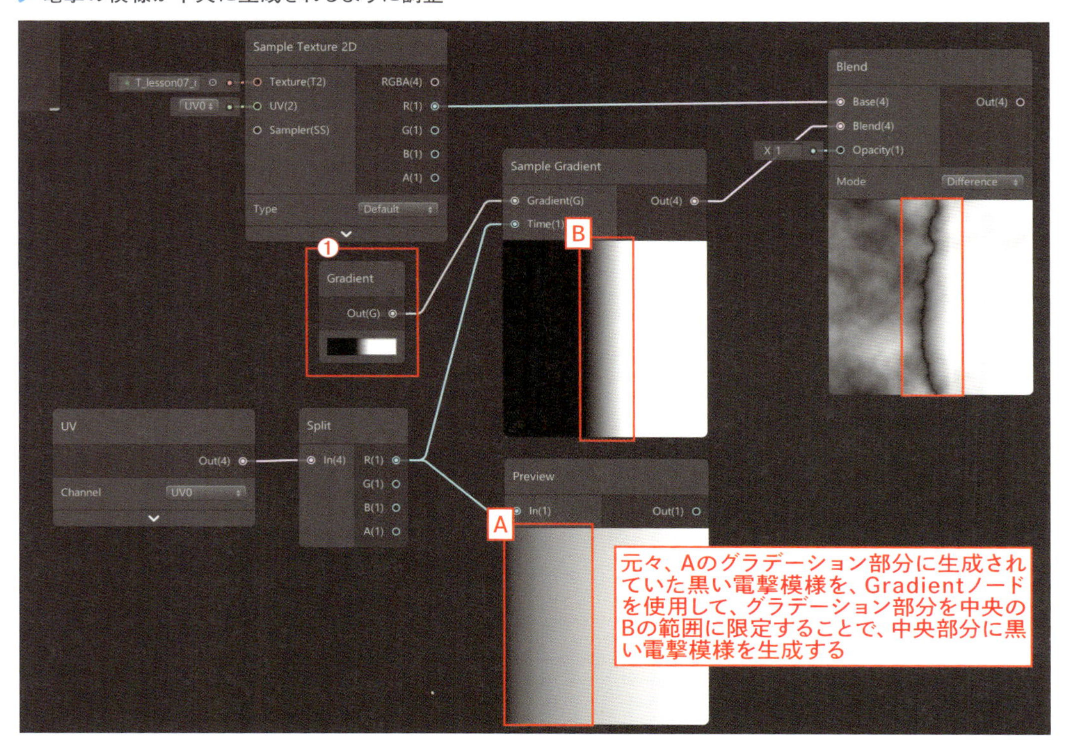

▶ ノードの追加

図内番号	内容
①	緑枠で囲ったGradientノードとSample Gradientノードを追加。電撃模様を中央に生成

▶ Gradientノードの設定

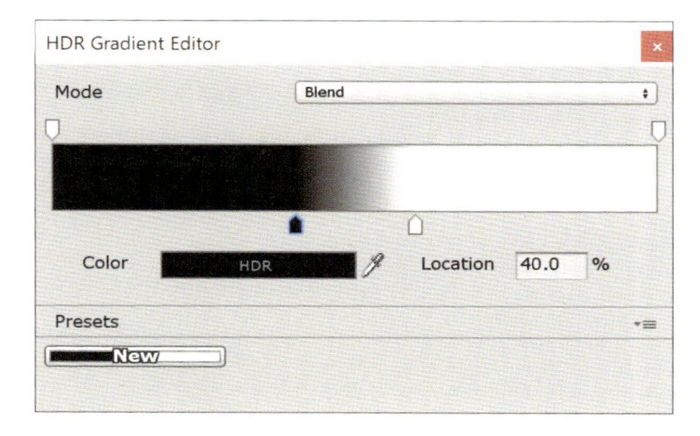

Blendノードで生成した電撃の模様をOneMinusノードで反転して、さらにPowerノードを追加して200という大きな値と掛け合わせることで、より電撃らしい見た目になります。値を累乗していくので結果的に一番明るい電撃のライン部分だけが残ります。

▶ OneMinusとPowerノードで一番明るい部分だけを抽出(SH_7-2-1_02参照)

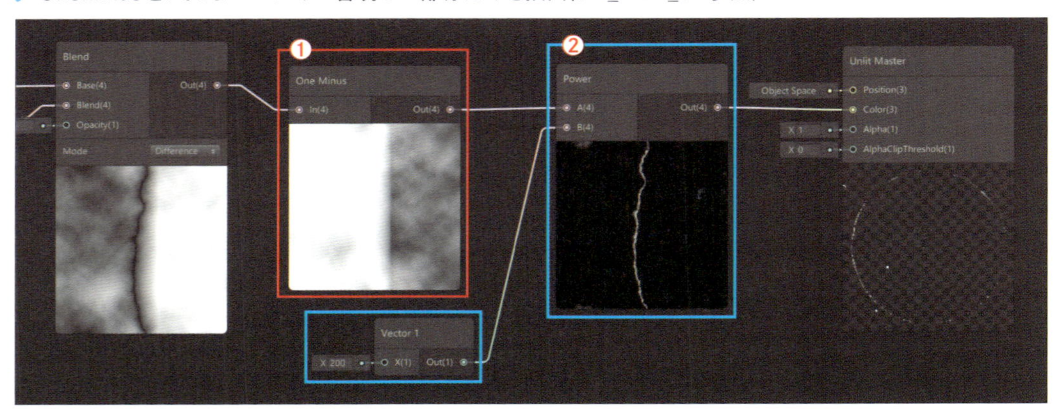

▶ ノードの追加

図内番号	内容
①	One Minusノードを追加。グレースケールを反転（黒い電撃の部分が白くなる）
②	青枠で囲ったPowerノードとVector1ノードを追加。Vector1ノードに200という極端な値を設定することで、Powerノードの累乗処理によって、明るいところはより明るく、暗い部分をより暗くなり、結果的に電撃部分だけが残る

これで電撃の原型ができ上がりました。7-2-2でこの電撃をアニメーションさせていきます。

7-2-2 アニメーションの追加

7-2-1で電撃の原型が作成できたので、次にアニメーションを追加していきます。以前に制作したような単純なUVアニメーションではなく、最終的にはCustom Dataモジュールのカーブなどを使用して、パラメータ制御が可能な電撃を作成していきます。

最初に、UVスクロールの部分を制作していきます。

▶ UVスクロールを作成

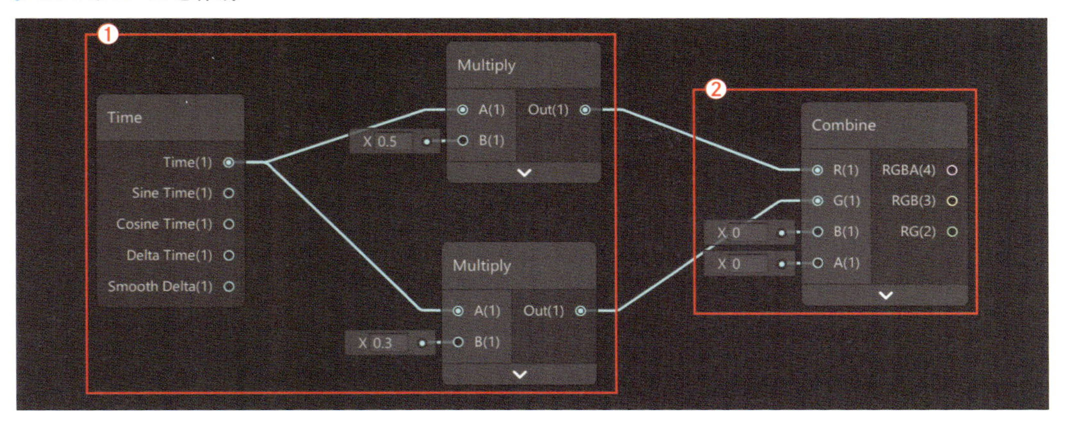

▶ ノードの追加

図内番号	内容
①	Time ノードと２つの Multiply ノードを作成。それぞれ B(1) 入力に 0.5 と 0.3 を設定し、時間経過の速度を調整
②	Combine ノードを追加し、２つの要素をまとめる

上図で設定した要素をTiling And Offsetノードに接続した後、Sample Texture 2Dノードに接続します。

▶ Tiling And Offsetノードを介してSample Texture 2Dノードに接続(SH_7-2-2_01参照)

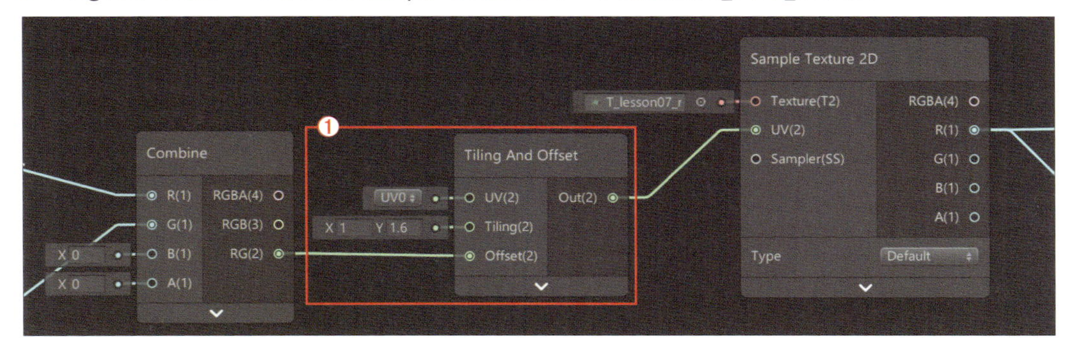

▶ ノードの追加

図内番号	内容
①	Tiling And Offset ノードを追加。Combine ノードの出力を Offset(2) 入力に接続。次に Tiling And Offset ノードの出力を Sample Texture 2D ノードの UV(2) 入力に接続。Tiling パラメータには「X=1」、「Y=1.6」を設定

これでUVスクロールが設定できました。しかし、Powerノードで確認してみると、ときどき右図のようなフラクタル模様の残りがスクロールして流れていくのが確認できます。

これを消すにはPowerノードで掛け合わせている定数（現在200に設定）を大きな値にすればよいのですが、同時に電撃も少し細くなってしまうため別の方法で対処します。Sample Texure 2DノードとBlendノードの間にRemapノードを挟んで、次の図のように値を設定します。比較用にPreviewノードを配置して結果の違いを確認してみましょう。

▶ フラクタル模様の残り

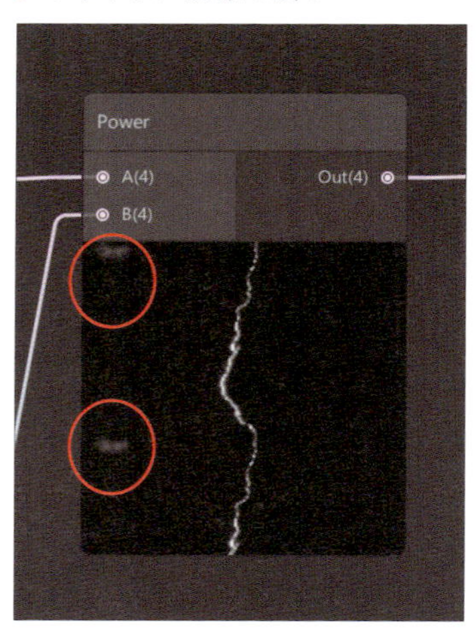

▶ Remapノードを配置してフラクタルの残りを消す

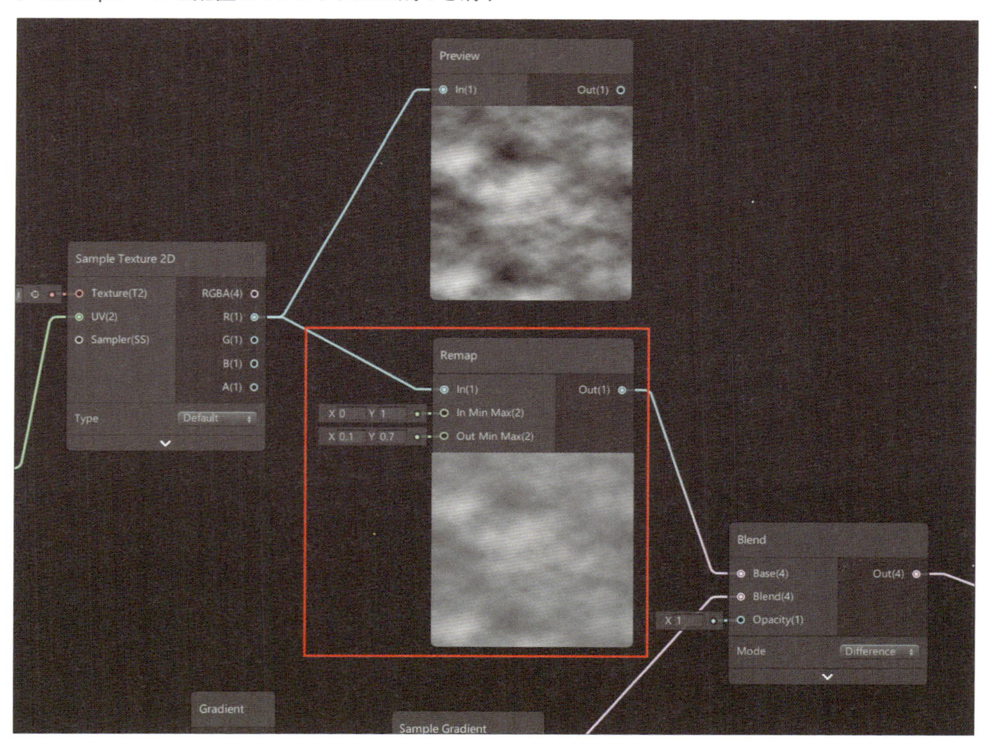

▶ Remapノード

パラメータ	値	
In Min Max	0	1
Out Min Max	0.1	0.7

　これでフラクタル模様が残ってしまう事態を回避できました。電撃のラインが完成したので、このラインにフラクタル模様を掛け合わせて電撃がちぎれている箇所を作成していきます。Contrastノードを作成し、Sample Texture 2DノードのR(1)出力を接続します。

▶ Contrastノードを作成し接続

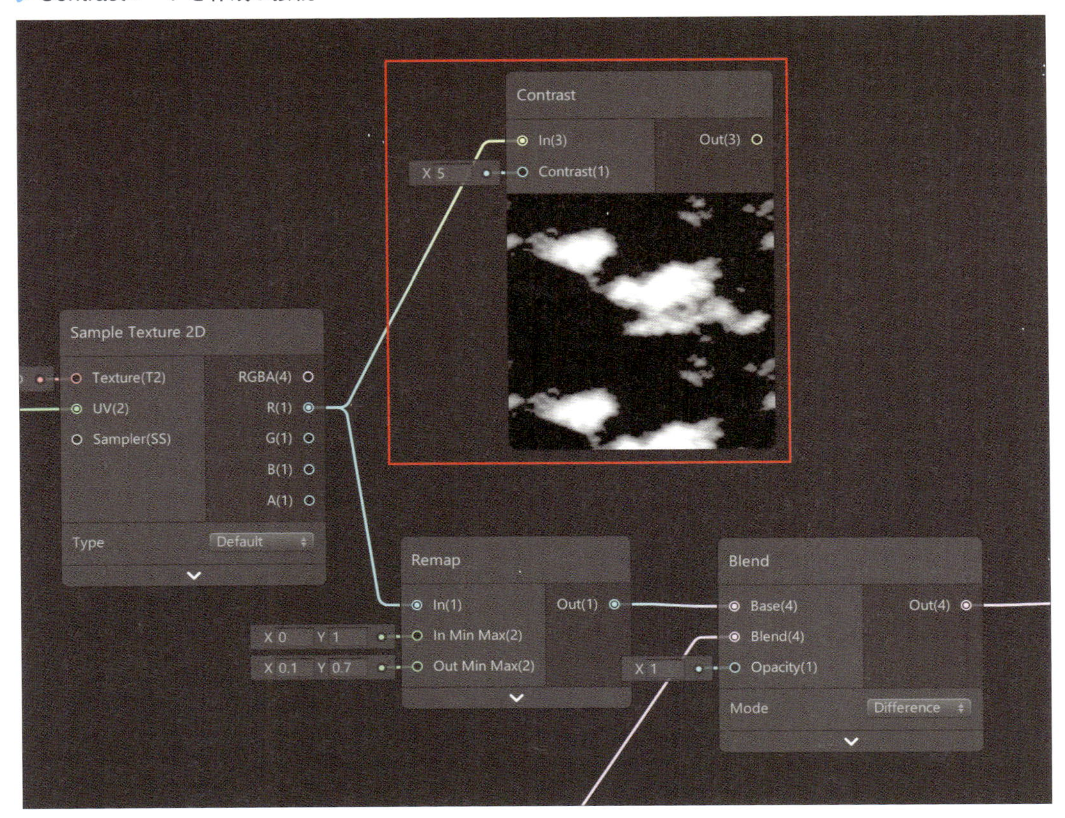

▶ Contrastノード

パラメータ	値
Contrast	5

　次にMultiplyノードを作成し、ContrastノードとPowerノードの出力と掛け合わせます。

▶ 電撃の「ちぎれ」を表現

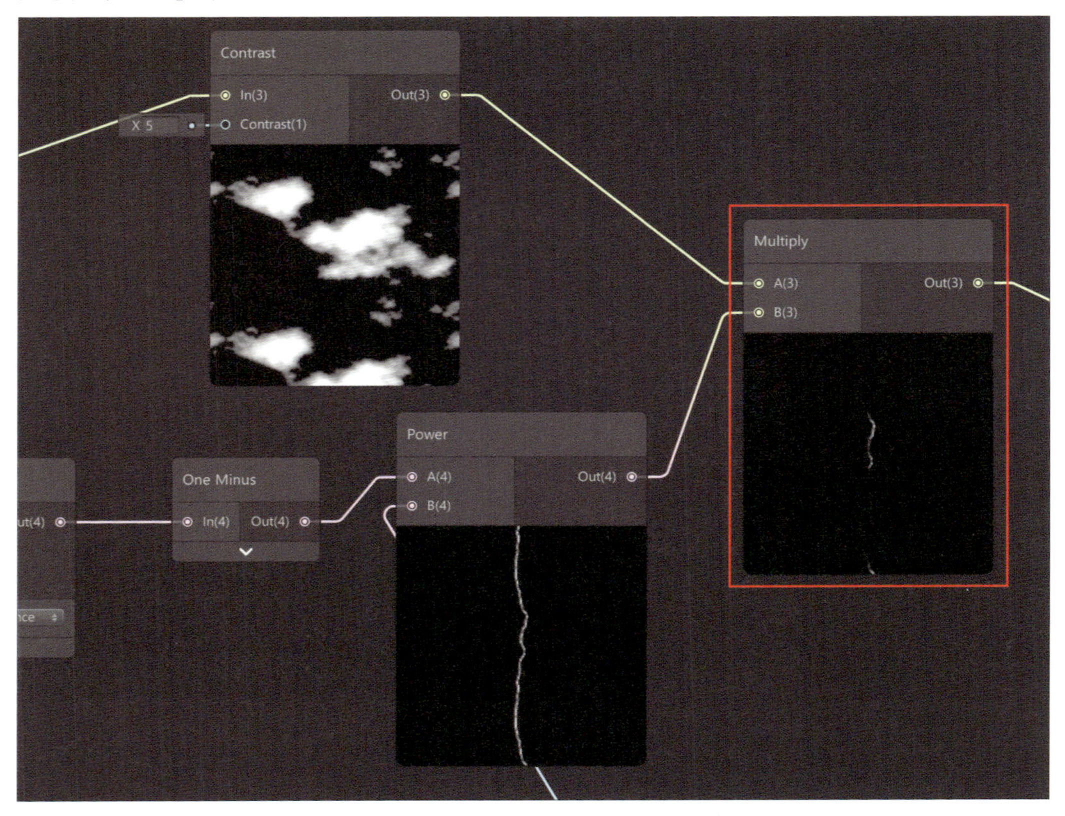

上図ではほとんど電撃が見えなくなっていますが、アニメーションで確認すると、電撃がところどころで千切れて、より自然な感じになっているのが確認できます。最後にこちらの結果をUnlit MasterノードのColor(3)入力に接続しておきましょう。

▶ Unlit Masterノードに接続(SH_7-2-2_02参照)

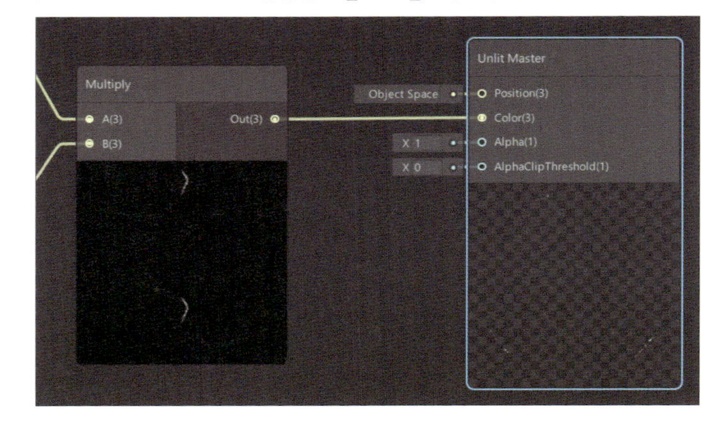

7-2-3 マイナス値の色の修正

電撃のちぎれまで表現できたところで、一度Sceneビューで確認していきます。Save Assetボタンで更新を反映し、一度Shader Graphエディタを閉じます。Assets/Lesson07/Materialsフォルダ内に新規マテリアルをM_lesson07_Lightning01という名前で作成し、シェーダーをSH_lesson07_Lightningに変更します。

▶ 新規マテリアルを作成

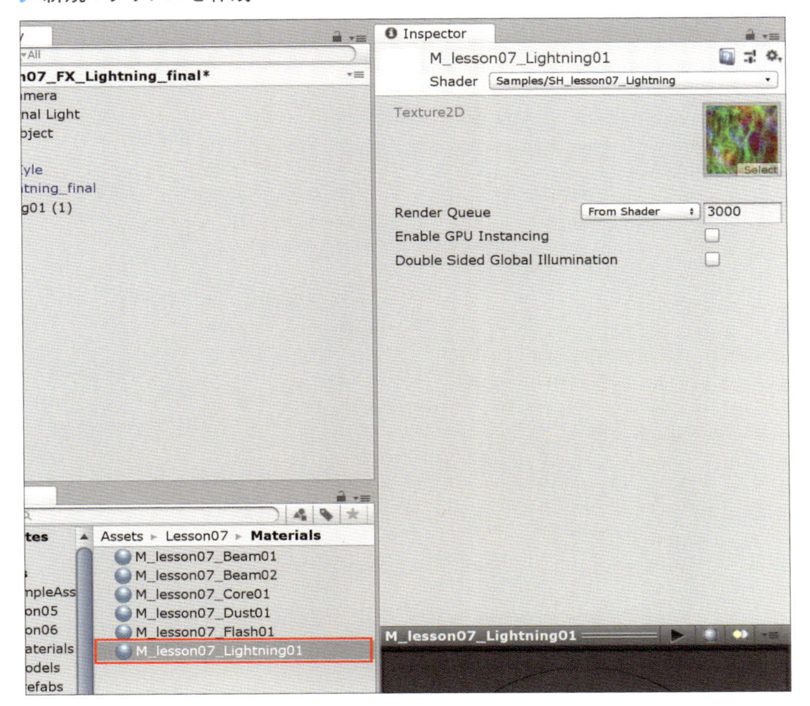

Hierarchyビュー上で右クリックし、新規パーティクルシステムを作成して名前をFX_Lightningに変更します。Transformコンポーネントを右図のように変更しておきます。FX_Lightningにダミーパーティクルの設定をしておきましょう。

▶ Transformコンポーネントを設定

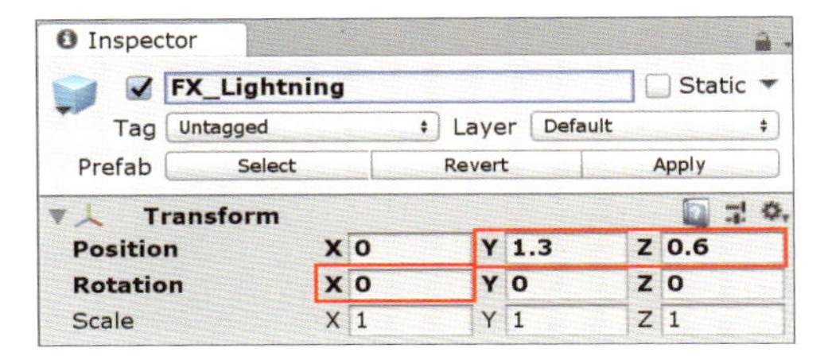

▶ Transformコンポーネント

パラメータ	値		
Position	X:0	Y:1.3	Z:0.6
Rotation	x:0	Y:0	Z:0

さらに子オブジェクトとして新規パーティクルシステムを作成し、名前をlightning01に変更します。TransformコンポーネントのRotationパラメータのXを90に設定しておきます。

次に、下図を参考にlightning01パーティクルを設定していきます。こちらはとりあえずマテリアルの見た目を確認するための仮の設定になります。

▶ Transformコンポーネントを変更

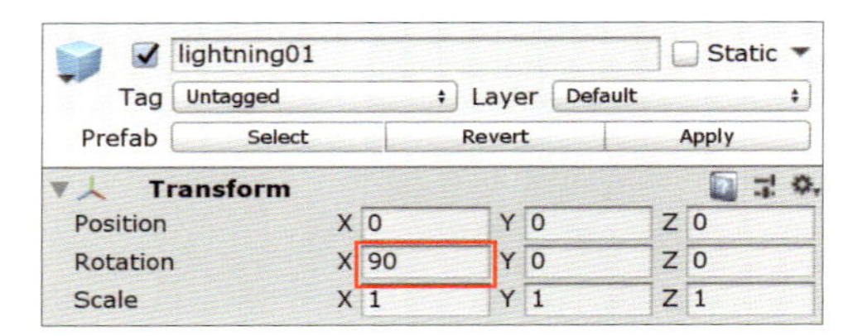

▶ Transformコンポーネント

パラメータ	値		
Rotation	X:90	Y:0	Z:0

▶ lightning01パーティクルの設定

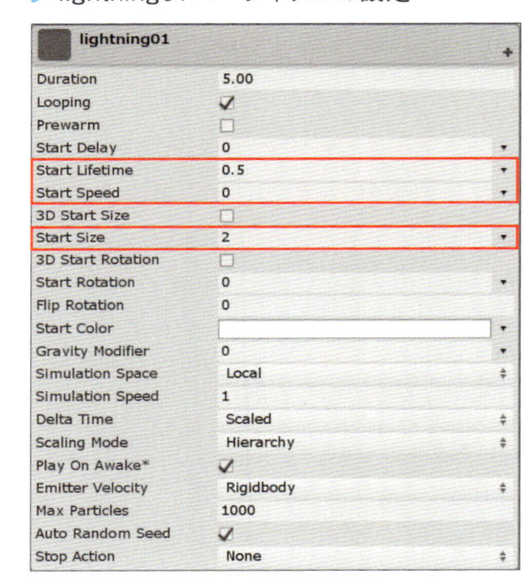

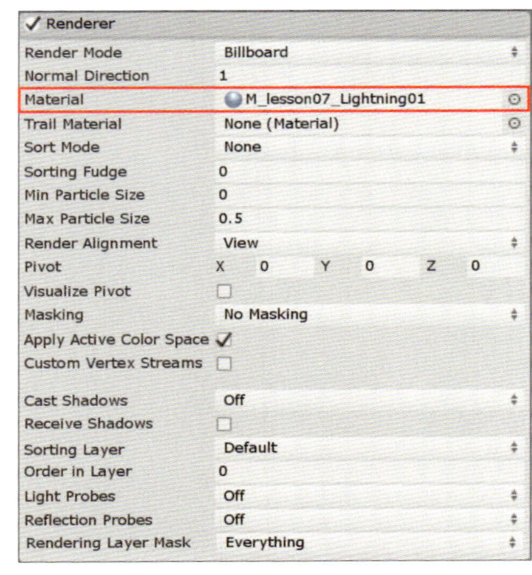

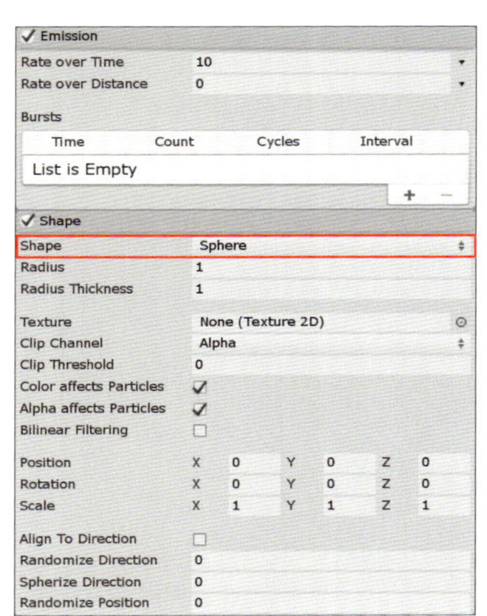

▶ Mainモジュール

パラメータ	値
Start Lifetime	0.5
Start Speed	0
Start Size	2

▶ Shapeモジュール

パラメータ	値
Shape	Sphere

▶ Rendererモジュール

パラメータ	値
Material	M_lesson07_Lightning01

パーティクルの見た目は右図のようになっています。ブレンドモードをAdditive（加算）に設定したので本来は黒い部分は透明になるはずなのですが、黒いラインが表示されてしまっています。これは黒いラインの部分の色がマイナス値を持っているため発生していると思われます。

▶ 電撃マテリアルの見た目

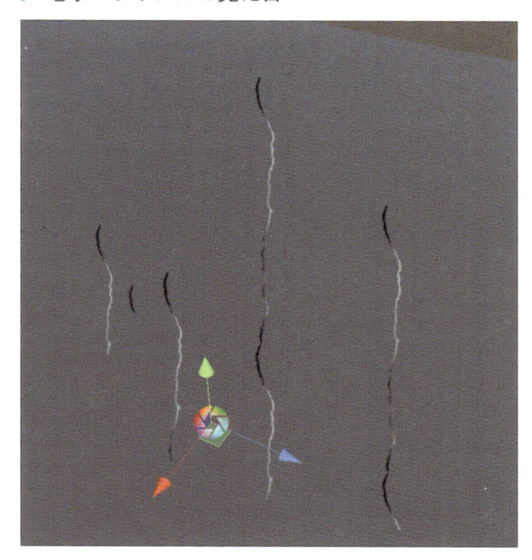

Shader Graphエディタを起動してマイナス値を持っていることを確認していきます。まずClampノードをContrastノードとMultiplyノードの間に接続します。Clampノードを用いることで、色の明るさの範囲を指定した最大値と最小値（今回の場合、1から0）の間に制限することができます。しかしプレビューを見る限り特に変化したようには見えません。

なお、1以上の値は1に、0以下のマイナス値は0に固定されます。

▶ Clampノードを接続

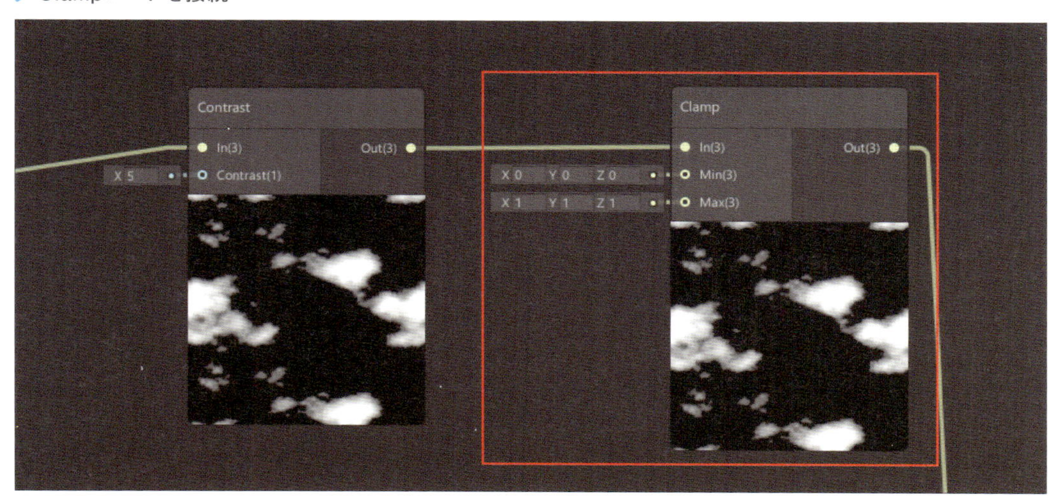

ここでContrastとClampにそれぞれAbsoluteノードを接続してみます。Absoluteノードを使用することでマイナス値をプラス値に変換できます（-0.5なら0.5に変換）。結果は次の図のようになります。

▶ Absoluteノードを適用した結果の違い

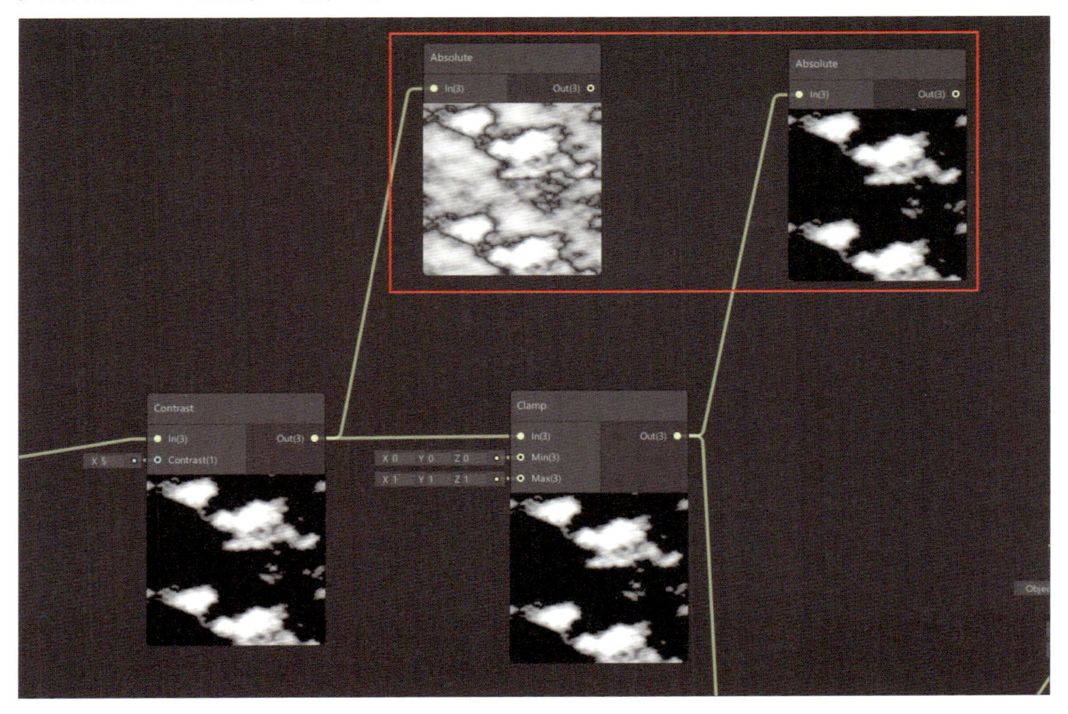

Contrastノードと Clampノードで結果が違っています。Contrastノードのプレビューでは黒かった部分がAbsoluteノードでは白くなっていることから黒い部分がマイナス値を持っていることがわかります。

このようにプレビューを見ただけでは明るさの範囲の0以下の部分、1以上の部分は見分けることができません。そのため、自分の行った操作によってどのような数値の変化が起こっているのか、注意を払いつつシェーダーを構築していく必要があります。

Clampノードを接続した状態でSave Assetボタンを押して、再度Sceneビューで確認してみましょう。今度は正常な結果が得られました。

▶ Clampノードにより正常な結果が得られた

ちなみにClampノードでは最大値と最小値を指定しますが、単にマイナス値を切り捨てたい場合はMaximumノードを使うとよいでしょう。電撃の表示は正常になりましたが、全ての電

撃が同じ見た目で表示されてしまっているので、パーティクルごとに異なる見た目になるように7-2-4で調整していきます。

7-2-4 Custom Vertex Streamsの使い方

パーティクルごとに別々の値を割り当てたい場合、Custom Vertex Streamsを使うと簡単に実現できます。まずLightning01パーティクルを選択し、RendererモジュールのCustom Vertex Streamsにチェックを入れましょう、表示が右上図のように変化します。

なお、Custom Vertex Streamsの機能の詳細については、2-4を参照してください。

まずは右下にあるプラスアイコンをクリックしてRandom/Stable.xyとCustom/Custom1.xyzwを追加しましょう。右中図のような表示になります。

ここでは２つのパラメータを追加しました、StableRandom.xyは「0」から「1」の範囲内でランダムな値を各パーティクルの発生時に割り当てます。ランダムに割り当てた値をシェーダー内でUVノードを介して受け取り、使用することができます。

Custom1.xyzwはCustom Dataモジュールの Custom1の値（Vector値、Color値を使用可能）をシェーダーに渡すことができます。なお、右下図のCustom Dataモジュールは例なので、このように設定する必要はありません。

Custom Dataモジュールで割り当てた値をシェーダー内で使用したい場合は、Shader Graph上でUVノードを配置し、次のページの図のように設定します。注意して欲しいのは、Custom Vertex Streamsのパラメータ名で、Custom1.xyzw(TEXCOORD1.xyzw)のカッコ内の値です。TEXCOORD0からTEXCOORD3までがUVノードのChannelパラメータのUV0からUV3に相当します。今回はTEXCOORD1なのでUV1を指定しています。

▶ Custom Vertex Streamsにチェックを入れた状態

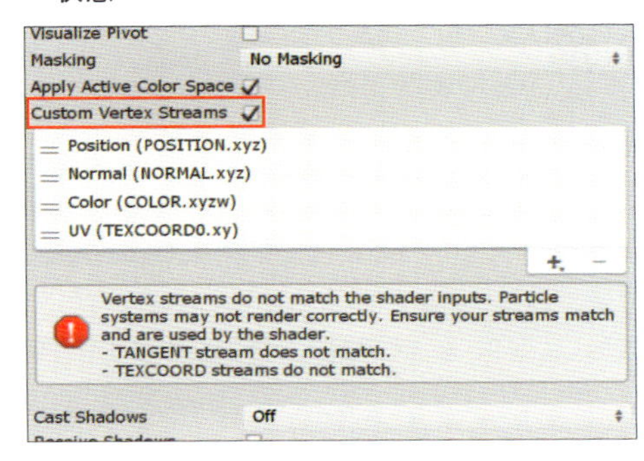

▶ パラメータを追加した状態

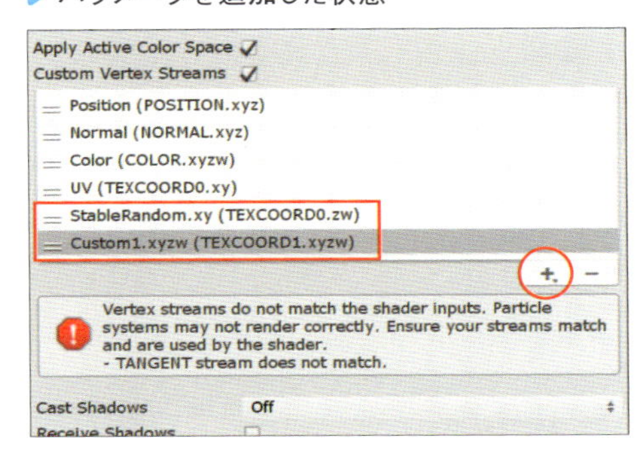

▶ 柔軟に使用できるCustom Dataモジュール

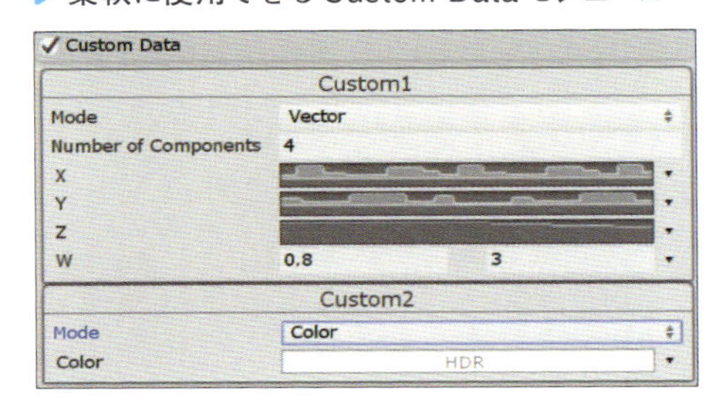

▶ Custom Dataの読み込み方法

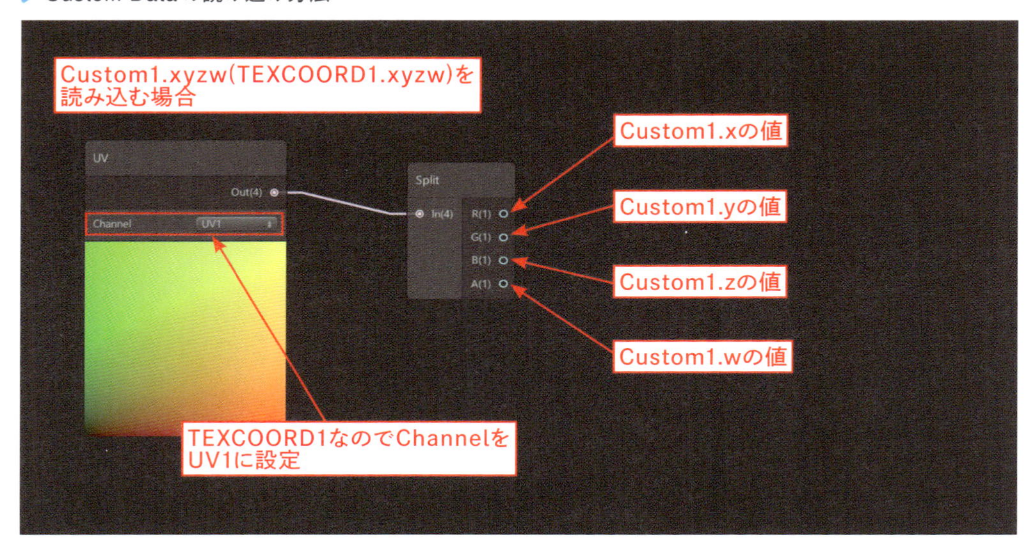

実際に値を入力して確認してみましょう。UVノードとSplitノードを次の図のように設定して接続しましょう。UVノードのChannelはUV1に設定します。MultiplyノードとUnlit Masterノードの間に新たにMultiplyノードを作成して掛け合わせます。

▶ UVノードを接続(SH_7-2-4_01参照)

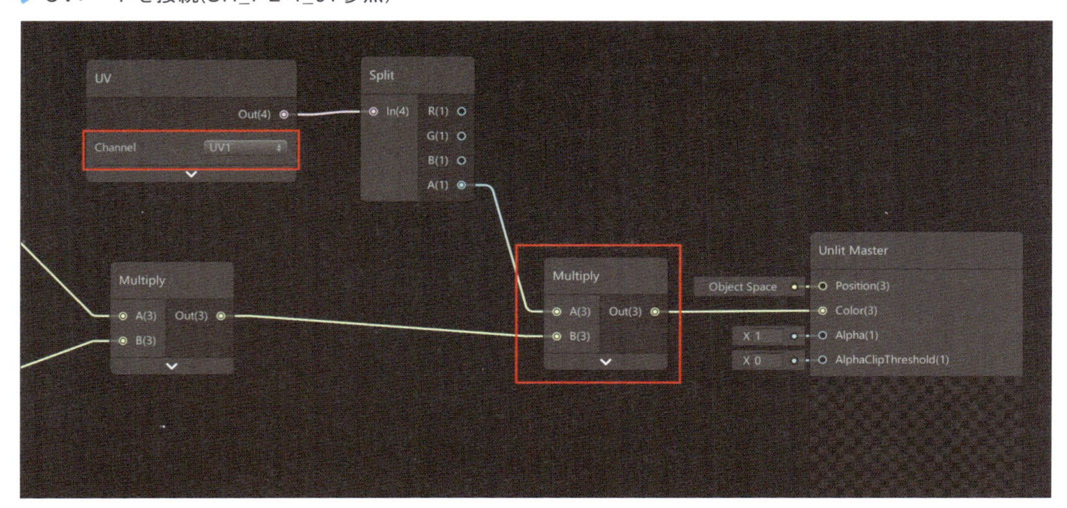

次にCustom DataモジュールのCustom1を次の図のように設定します。Save Assetボタンを押して変更を反映してから、Custom1のWの値を変更してみましょう。電撃の明るさが変わったのがわかります。30ぐらいの大きめの値を入れると変化がわかりやすいでしょう。

他の設定方法（CurveやRandom Between Two Constant）も試してみてください。

▶ Custom Dataモジュールの設定

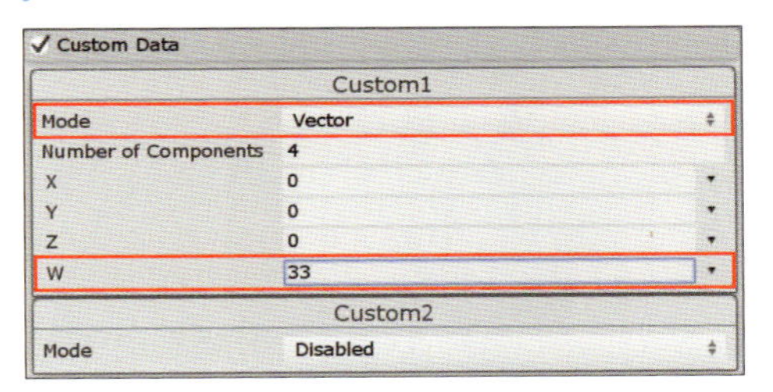

▶ Custom Dataモジュール

パラメータ	値	
Custom1	Mode	Vector
	W	33

マテリアルのプロパティから値を設定した場合、パーティクルごとに別々の値を割り当てたり、パーティクルの寿命に沿って値を変化させたりすることはできないので、Custom Vertex Streamsの使用方法を習得しておくことは、エフェクトを作成していく上で非常に重要です。

Custom Vertex Streamsは強力な機能ですが、2つの注意点があります。1つ目はCustom Vertex Streamsのパラメータの順序についてです。次の図のようにパラメータ名をドラッグしてStableRandom.xyとCustom1.xyzwを入れ替えてみましょう。パラメータを入れ替えるとTEXCOORDの表記が変更されます。TEXCOORDが変更されるので、当然シェーダーの方も影響を受けて正常に機能しなくなります。

▶ パラメータを入れ替えることでTEXCOORDが変更される

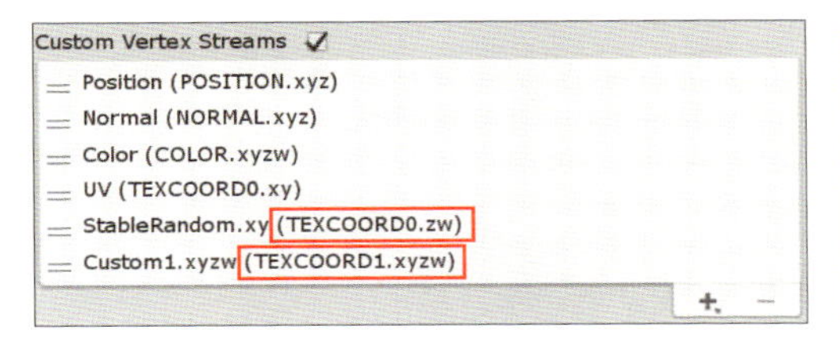

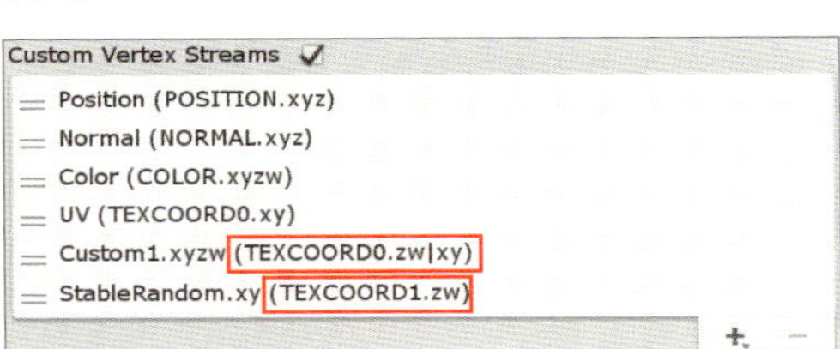

そのため、Custom Vertex Streamsを使用する際は、どのパラメータを使用してどのようにシェーダーと連携させるかを、ある程度事前に設計した上で使用する必要があります。

2つ目の注意点は、UVノードを介してCustom Vertex Streamsのパラメータを読み込んだ際に、値がシェーダーのプレビューに反映されない点です。プレビューではUVチャンネルとしてプレビューが処理されます。Custom Vertex Streamsを使用してしまうと、Shader Graphからは最終的な見た目の確認がしづらくなります。そのため、1つ目の注意点と合わせて、まずはVectorノードなどで固定値を入力しておき、シェーダーが完成した時点で置き換えていくのがよいと思います。

▶ とりあえずVectorノードで値を入力し、最終的に置き換える

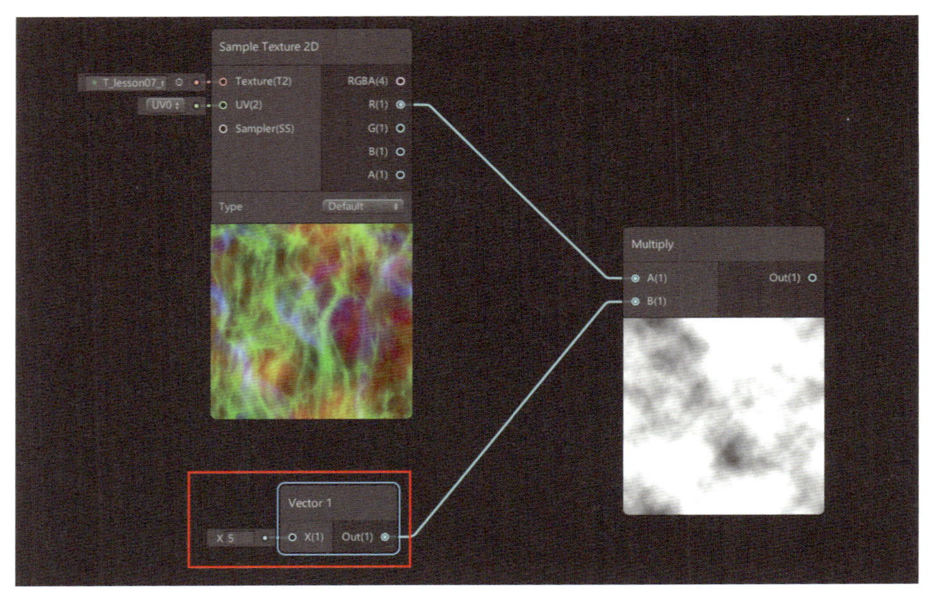

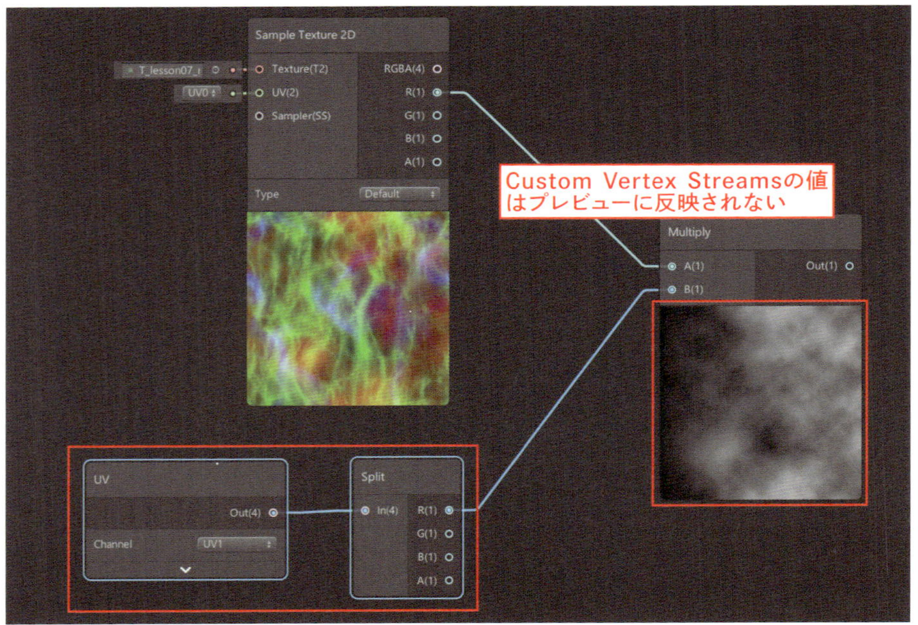

Custom Vertex Streamsの使用方法と注意点を学習したところで、いったんシェーダー制作を中断し、7-3で電撃のメッシュの作成に移ります。完成した電撃用のメッシュと合わせて見た目を確認しながらシェーダーの調整を行っていきます。Save Assetボタンを押して変更を反映しておきましょう。

7-3 シェーダーの完成

7-2のシェーダー作業をいったん中断して、ここでは電撃のシェーダーのメッシュを作成します。完成したメッシュを用いて、改めてシェーダーの調整を行い、完成度を上げていきたいと思います。Custom Vertex Streamsの設定も行っていきます。

7-3-1 電撃のメッシュの作成

Houdiniに移って電撃のメッシュを作成していきます。今回は割とシンプルな作りになります。電撃や稲妻といった類の形状の作成方法はいろいろあるのですが、今回はプリセットを使って簡単に作成します。完成ファイルはLesson07_lightning.hipです。

Houdiniを起動し、ネットワークエディタのObjシーン上でL-Systemノードを作成します。

▶ L-Systemノードを作成

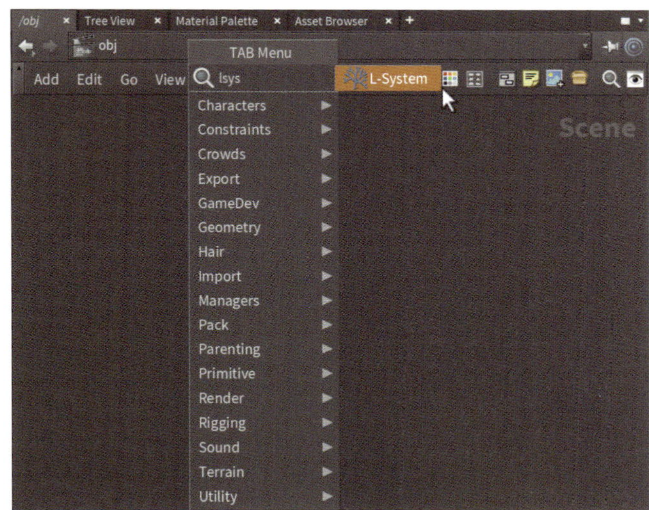

名前をSM_lesson07_lightning01に変更しておきます。

▶ 名前を変更しておく

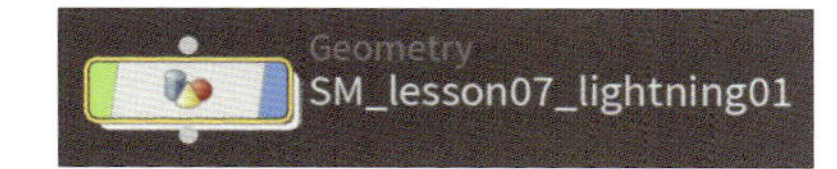

ノードの中に入ってL-Systemノードを選択します。L-Systemは、ある一定の条件やルールに従って反復処理を行うことで、植物など自然物の形状やフラクタル（自己相似形状）を作り出すことができる機能です。L-Systemの文法や記述方法に関してはヘルプを参照してください。L-Systemで作り出せる形状は無限大で、L-Systemだけで1冊の書籍になるボリュームです。「The Algorithmic Beauty of Plants」で検索すると同名の書籍が無料で閲覧できますのでこちらも参考にしてみてください。今回は最初から用意されているプリセットを使用して形状を作成します。パラメータビューの右上にある歯車のアイコンをクリックしてCrackを選択します。

シーン上ではなにも表示されていないと思いますので、画面下のタイムラインをドラッグして動かしてみましょう。時間経過に沿って電撃のようなジグザグのラインが生成されているのが確認できます。しかし今回は時間経過の生成過程は不要なので、アニメーションを削除します。

L-SystemノードのGeometryタブのGenerationsパラメータ名をクリックすると$Fというエクスプレッションが使われているのがわかります。$Fはグローバル変数の一種でHoudiniの現在のフレーム番号を表します。非常に便利でよく使われる変数ですが、今回は削除します。パラメータを右クリックしてメニューからDelete Channelsを選択します（下右図参照）。

▶ L-Systemのプリセットを選択

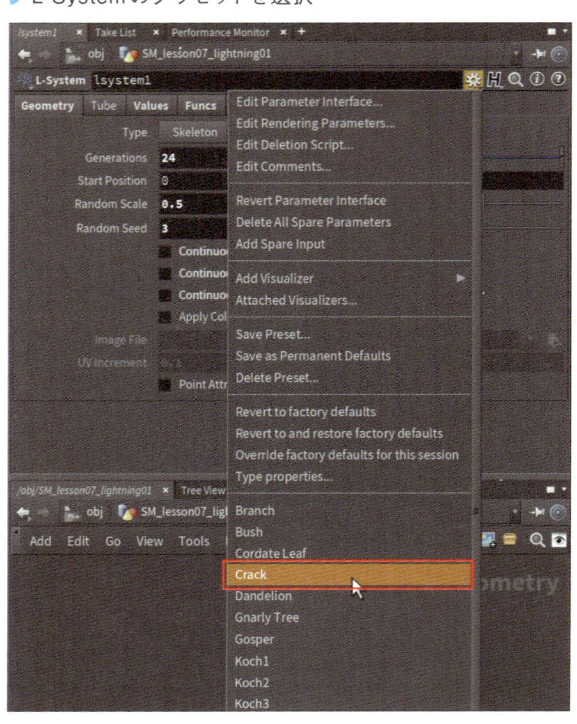

▶ 時間経過でラインが生成される

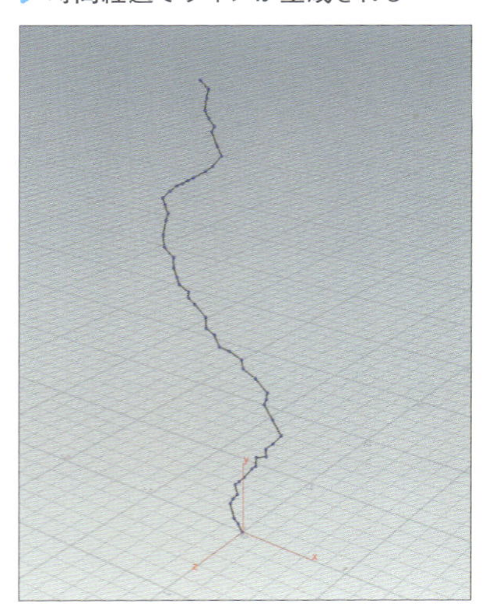

▶ $Fを削除

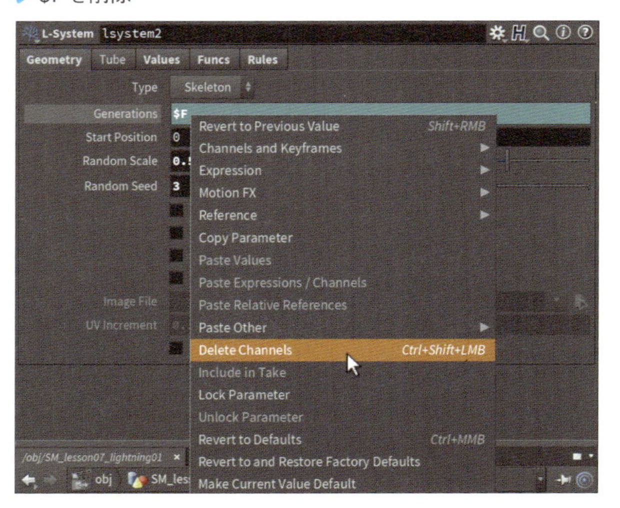

エクスプレッションを削除したらGenerationsパラメータに24と入力しておきましょう。またRandom Seedを3に設定しておきます。

▶ パラメータに値を入力

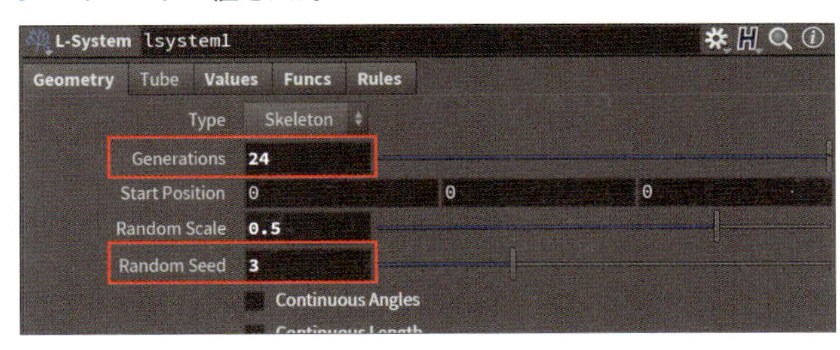

▶ L-Systemノード

パラメータ	値
Generations	24
Random Seed	3

次にこのカーブを元にメッシュを作成していきますが、基本的には6章で作成した闇の柱のメッシュの作成方法と同じです。闇の柱のメッシュを作成する際はサークルの各ポイントにカーブを配置していましたが、今回は電撃のカーブの各ポイントに直線のラインを配置してメッシュ化します。

▶ 電撃のメッシュを作成

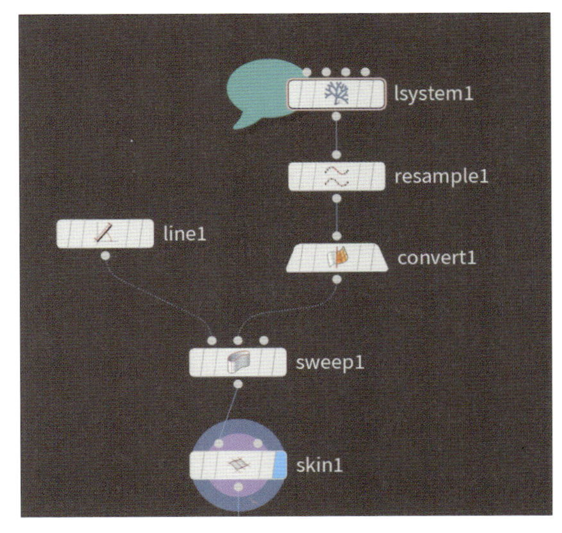

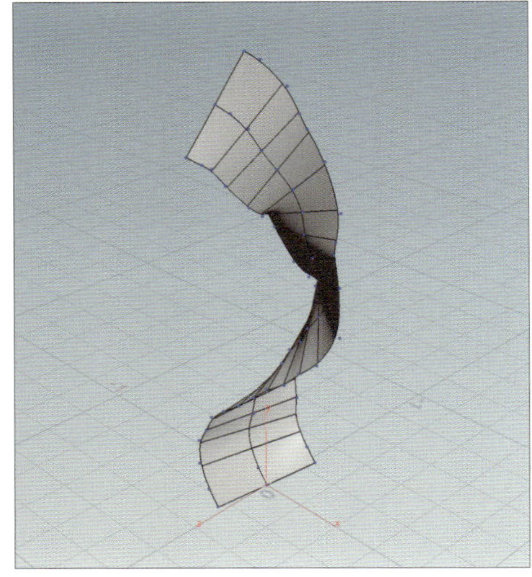

7

各ノードの設定は次の図を参照してください。追加したノードのうち、ResampleノードとSkinノードは初期設定のままで大丈夫です。今回はSweepノードのTwistパラメータを使用してメッシュに「ねじれ」を加えています。

▶ 各ノードの設定

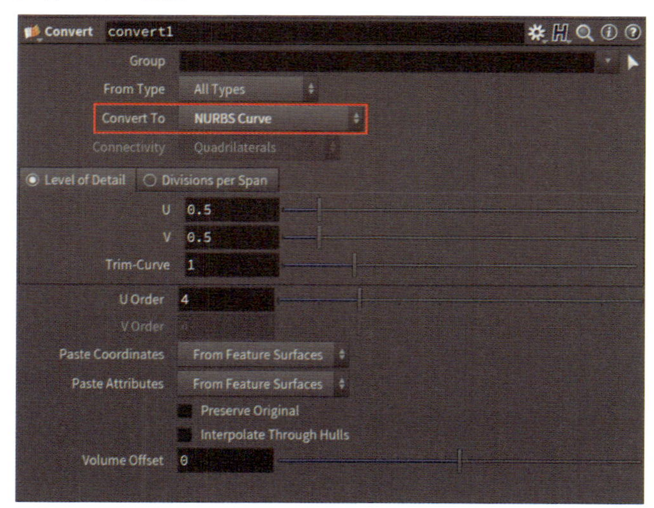

▶ Convertノード

パラメータ	値
Convert To	NURBS Curve

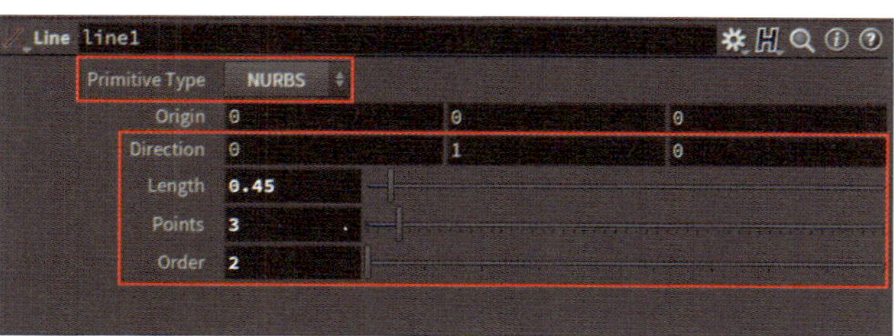

▶ Lineノード

パラメータ	値		
Primitive Type	NURBS		
Direction	X:0	Y:1	Z:0
Length	0.45		
Points	3		
Order	2		

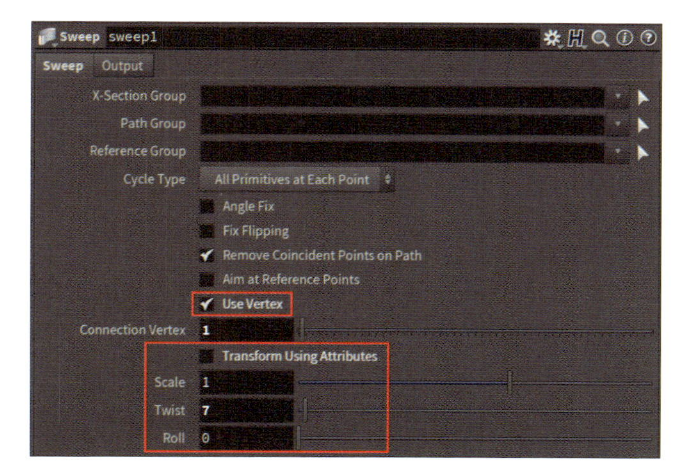

▶ Sweepノード

パラメータ	値
Use Vertex	チェックあり
Transform Using Attributes	チェックなし
Scale	1
Twist	7
Roll	0

7-3-2 電撃のメッシュへのUVの設定

　メッシュが作成できましたので、次にUVを設定していきます。UV Textureノードを追加して接続します。

▶ UV Textureノードを追加

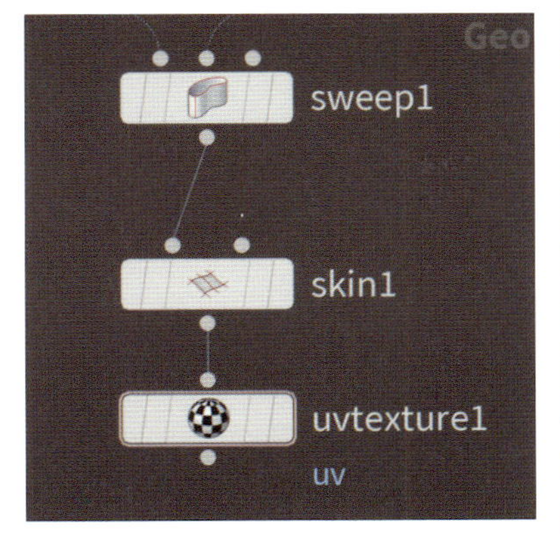

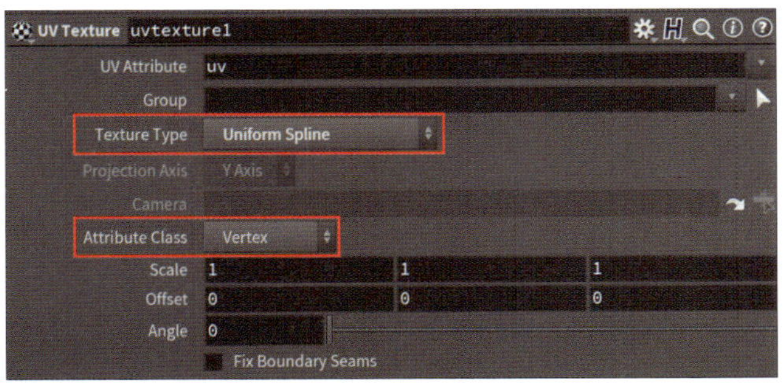

▶ UV Textureノード

パラメータ	値
Texture Type	Uniform Spline
Attribute Class	Vertex

7

UVを設定しただけでは、6章の闇の柱のメッシュを作成したときと同様にUVが縦方向に伸びてしまいます。解決方法は6章の時と同じなので闇の柱メッシュ作成時のhipファイル(Lesson06_tube.hip)を開いて、次の図の3つのノードを選択してコピーし、再び電撃メッシュのファイルを開いてペーストしましょう。

このように単純に他のファイルからノードをコピー＆ペーストすることも可能ですし、処理をデジタルアセット(HDA)と呼ばれる仕組みに落とし込んで再利用できる形に構成することも可能です。デジタルアセット(HDA)については8章で解説しますので、今回は単純にノードのコピー＆ペーストで済ませてしまいました。

▶ Lesson06_tube.hipファイルから処理をコピー

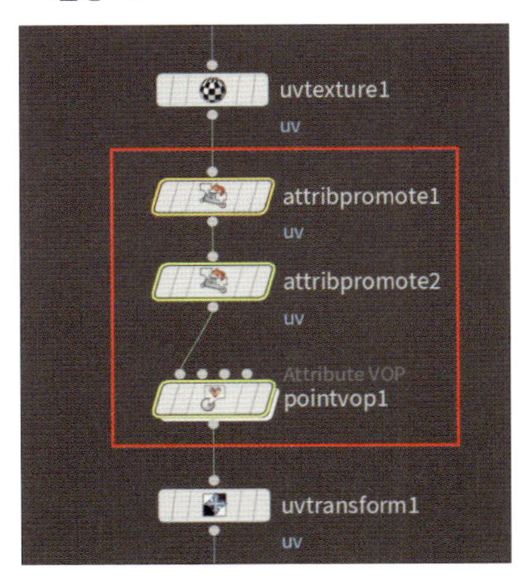

▶ 処理をペーストしてUV Textureノードに接続

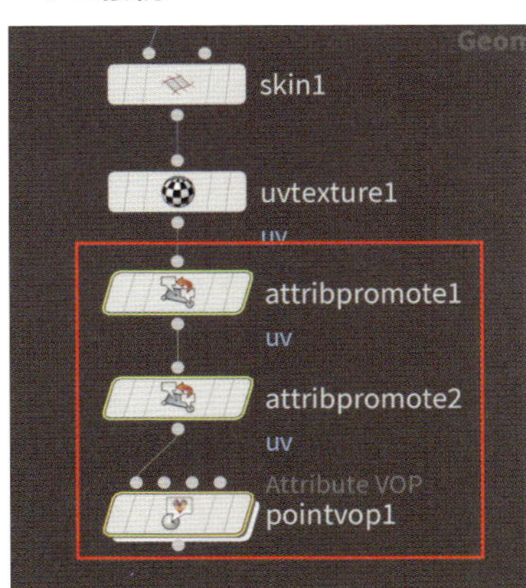

UVを0から1の範囲に収めることができたので、最後に右図のようにノードを追加してFBXで書き出します。

処理の内容は上から順に、ポリゴンに変換する、カラーアトリビュートを追加（Cd）、UVを調整、100倍にスケールアップ、になります。それぞれのノードの設定は次の図を参照してください。

▶ 最後に仕上げの処理を追加

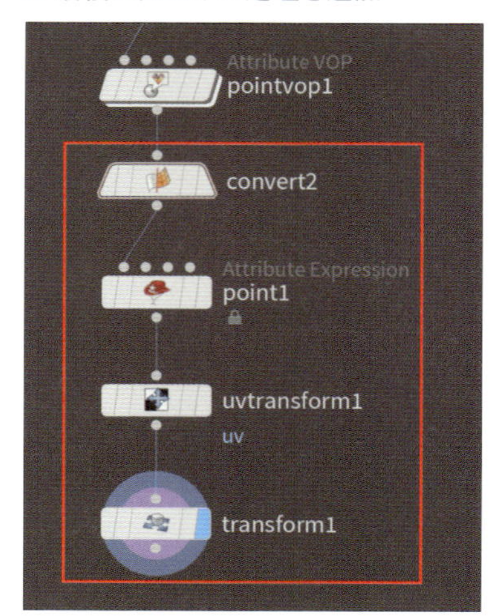

▶ 各ノードの設定

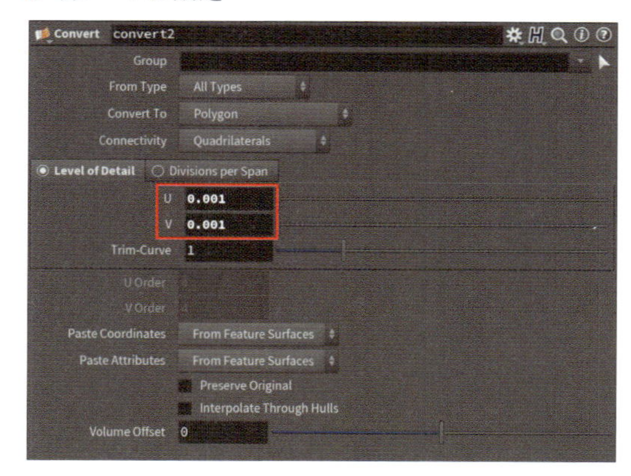

▶ Convertノード

パラメータ	値
U	0.001
V	0.001

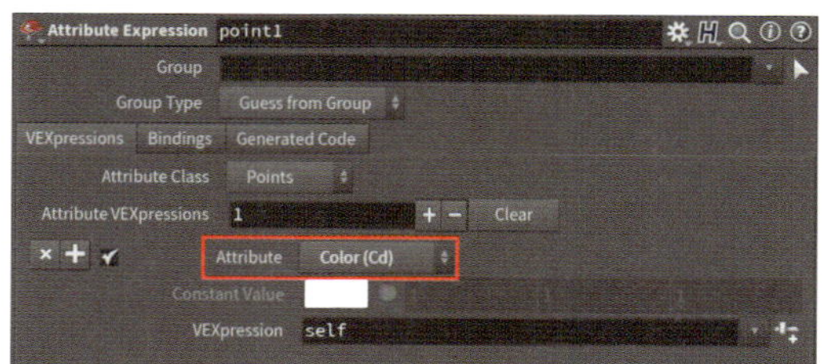

▶ Pointノード

パラメータ	値
Attribute	Color(Cd)

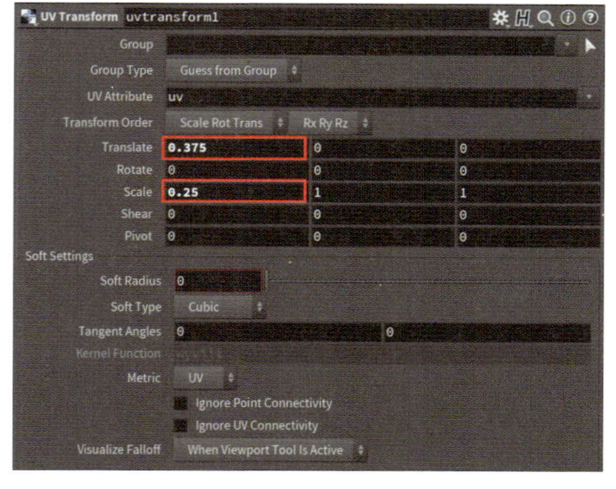

▶ UV Transformノード

パラメータ	値
Translate	0.375
Scale	0.25

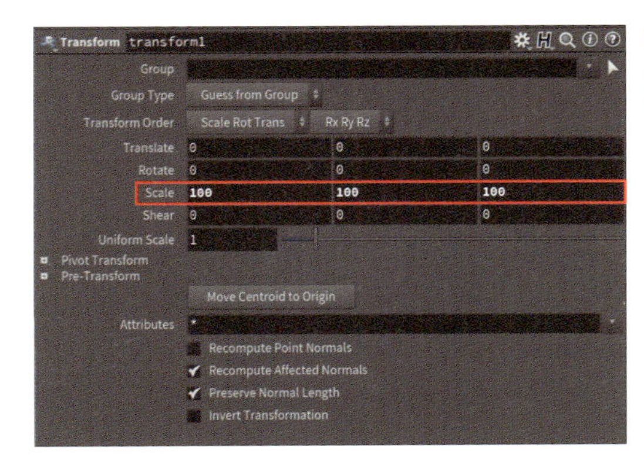

▶ Transformノード

パラメータ	値		
Scale	X:100	Y:100	Z:100

現状作成しているシェーダーがセンター部分にのみ電撃が出ているため、それに合わせてUVの範囲を修正しています。

▶ UVをシェーダーに合わせて修正

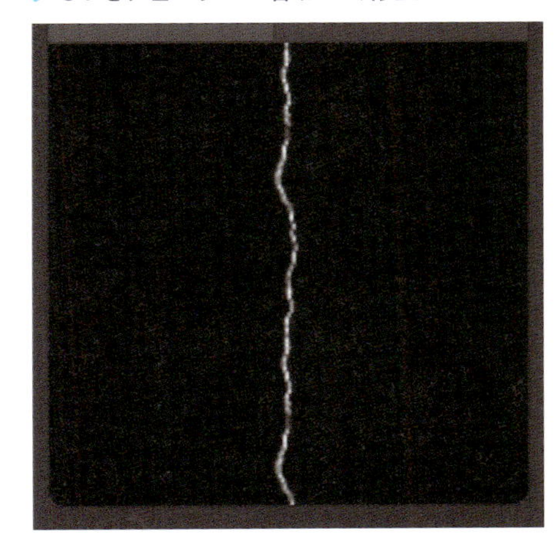

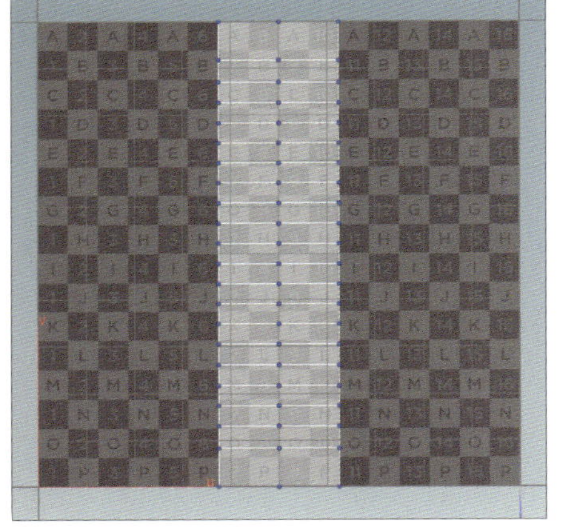

こちらで電撃のメッシュが完成しました。完成したメッシュをSM_lesson07_lightning01という名前でAssets/Lesson07/Modelsフォルダ内に書き出します。

さらに電撃メッシュのもうひとつ別バージョンを用意して書き出します。SM_lesson07_lightning01を複製してSM_lesson07_lightning02に名前を変更し、中に入ってL-Systemノードの Random Seedパラメータを8に設定します。

▶ もうひとつ別バージョンを作成

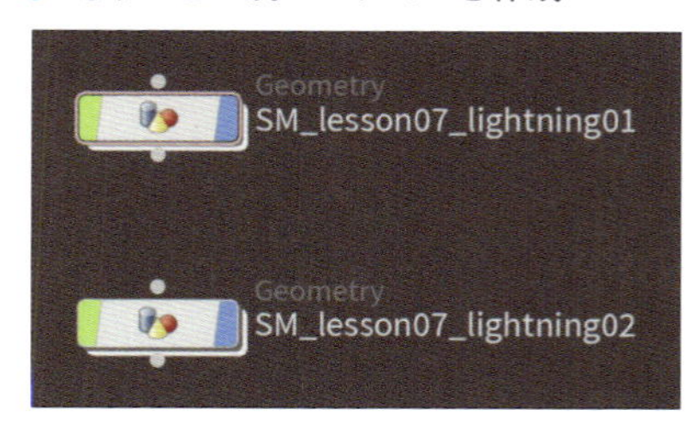

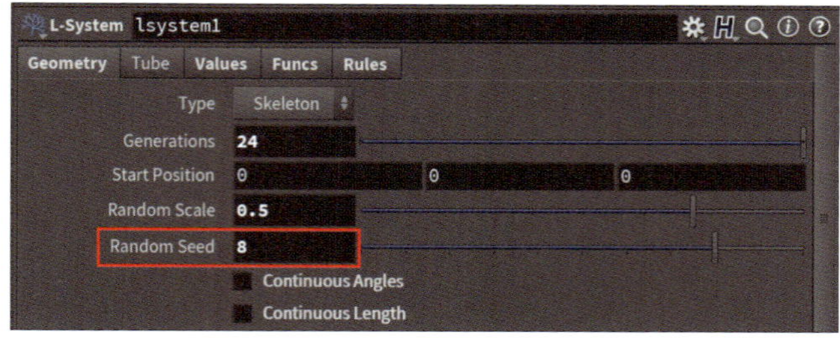

▶ L-Systemノード

パラメータ	値
Random Seed	8

別バージョンが作成できたので、完成したメッシュをSM_lesson07_lightning02という名前でAssets/Lesson07/Modelsフォルダ内に書き出します。

▶ Assets/Lesson07/Modelsフォルダ内に書き出す

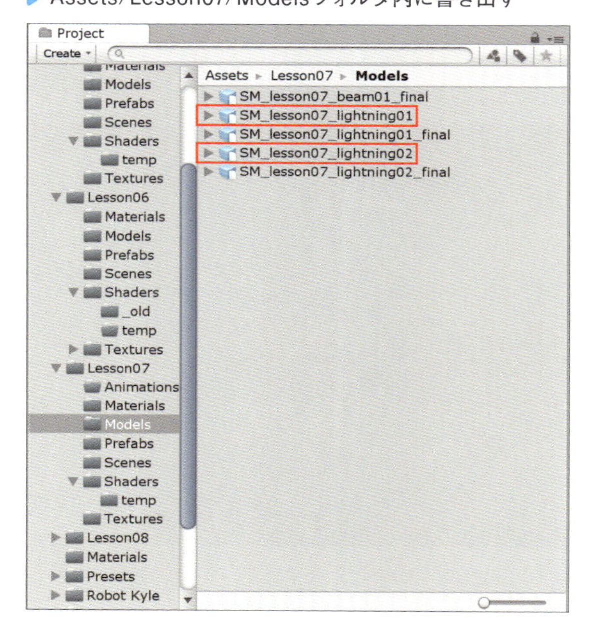

7-3-3 電撃シェーダーへのコントロールの追加

電撃のメッシュが完成したので、このメッシュをlightning01に適用してパラメータを変更していきます。次の図を参考にlightning01の設定を変更してください。

lightning01の設定を変更

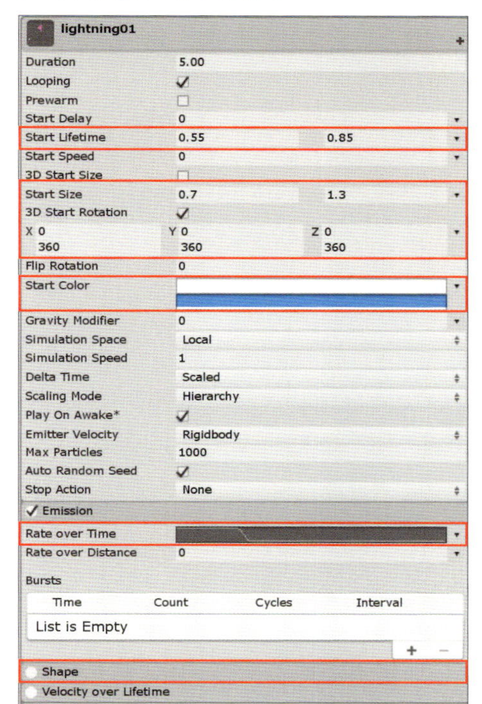

Mainモジュール

パラメータ	値		
Start Lifetime	0.55	0.85	
Start Size	0.7	1.3	
3D Start Rotation	チェックあり		
	X:0	Y:0	Z:0
	X:360	Y:360	Z:360
Start Color	次のページの図を参照		

Emissionモジュール

パラメータ	値
Rate over Time	次のページの図を参照

Shapeモジュール

パラメータ	値
チェック	なし

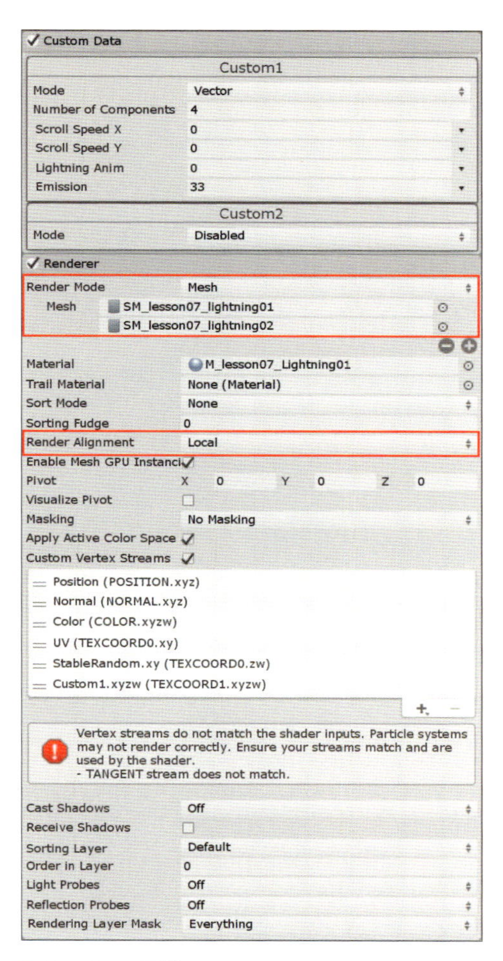

Rendererモジュール

パラメータ	値
Render Mode	Mesh
Mesh	SM_lesson07_lightning01 SM_lesson07_lightning02
Render Alignment	Local

▶ Main モジュールのStart Colorパラメータの設定

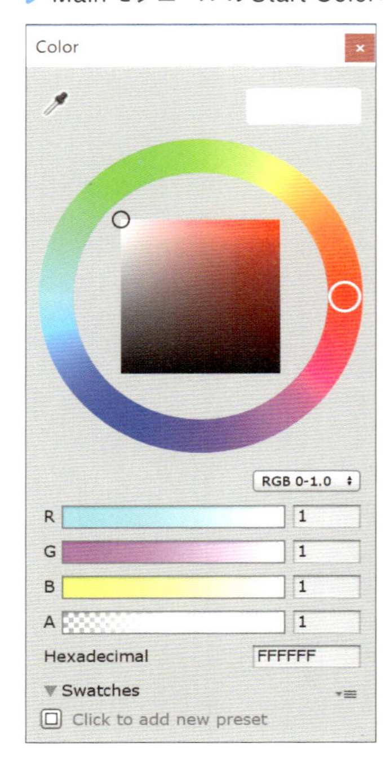

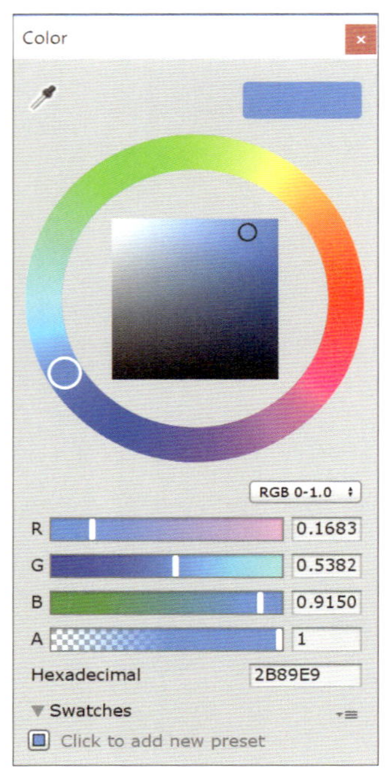

▶ Emission モジュールの
Rate over Time パラメータの設定

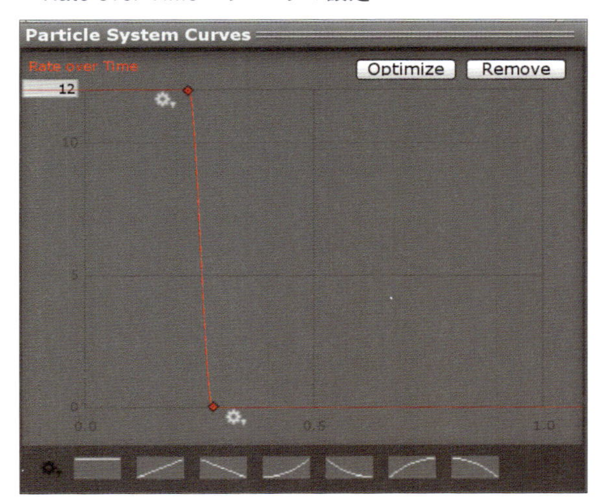

▶ パラメータ変更後のlightning01パーティクルの見た目

以降はSceneビューで電撃の見え方を確認しながら、継ぎの機能やパラメータを追加しつつ、再度シェーダーを調整していきます。

・フラクタル模様のUV座標をランダムオフセット
・電撃のちぎれ具合のコントロール
・UVスクロールの速度をコントロール

まずはShader Graphに戻って再度SH_lesson07_Lightningのシェーダーを開き、次の図の位置にマスク処理のノードを追加していきます。

▶ マスク処理を追加する場所

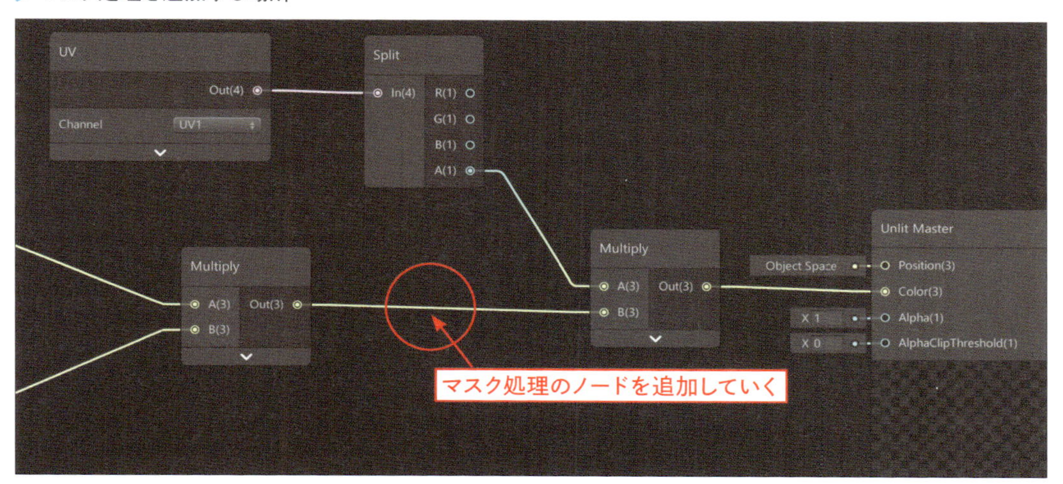

次の図を参考にマスク処理を追加してください。

▶ マスク処理を追加してメッシュの端を透明に設定(SH_7-3-3_01参照)

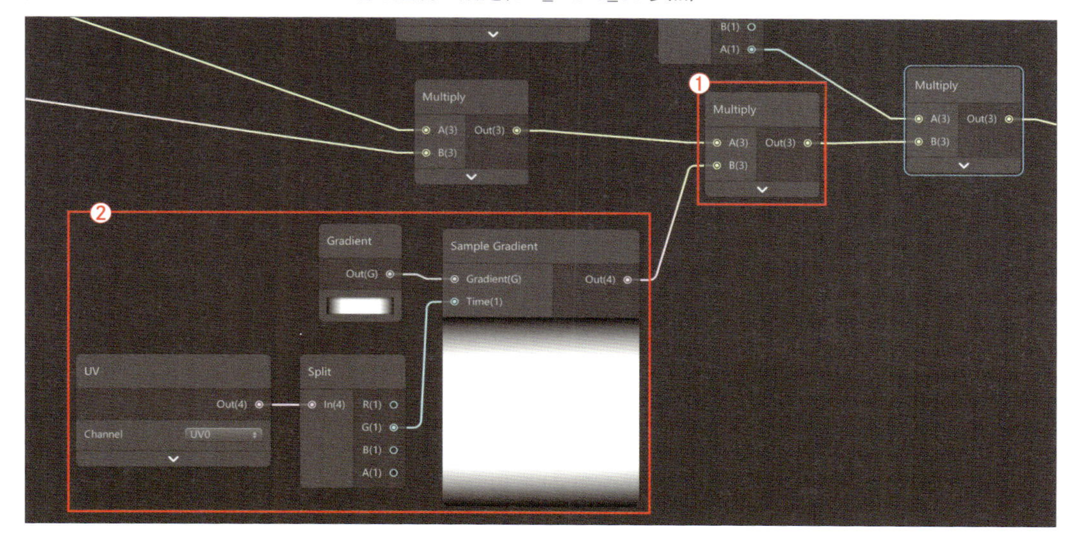

▶ ノードの追加

図内番号	内容
①	前ページの図で赤丸の部分に Multiply ノードを追加
②	UV ノード、Split ノード、Gradient ノード、Sample Gradient ノードの 4 つを追加。マスク処理を作成。Gradient ノードの設定は右図を参照

▶ Gradient ノードの設定

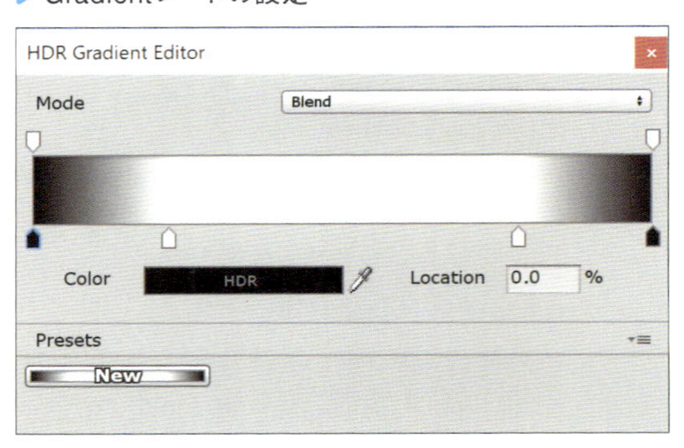

次に電撃のちぎれ具合をコントロールできるようにするため、次の図のようにSample Texture 2D ノードとContrast ノードの間にノードを追加します。Contrast ノードの手前でフラクタル模様の明るさを変化させることでContrast ノードの結果が変更され、白部分の面積が増減することにより、電撃のちぎれ具合をコントロールできます。

▶ Contrastノードの手前に調整用のノードを追加

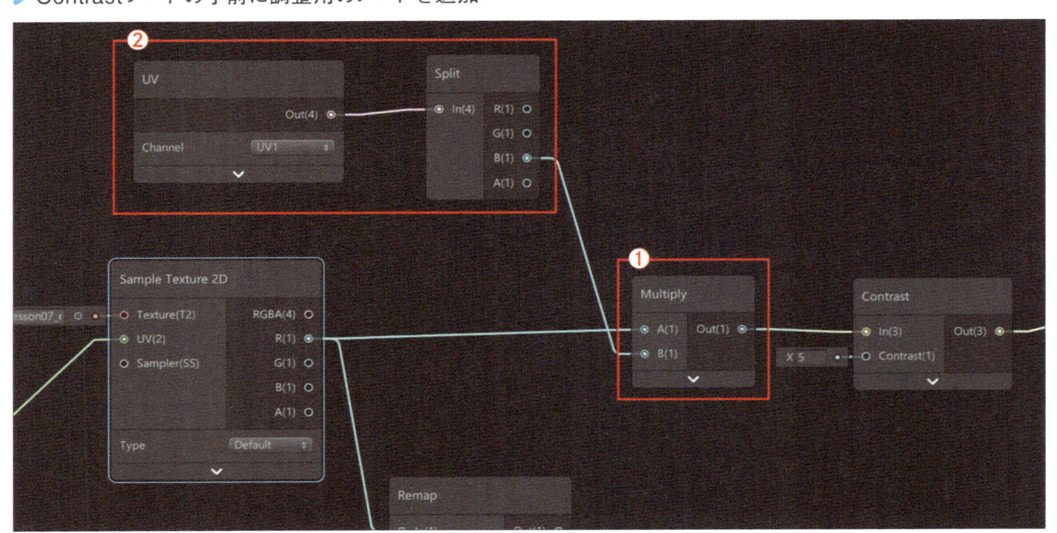

▶ ノードの追加

図内番号	内容
①	Multiply ノードを Sample Texture 2D ノードと Contrast ノードの間に追加
②	UV ノードと Split ノードを追加。UV ノードの Channel パラメータを UV1 に設定。これで Custom Data モジュールの Custom1 の情報を取得できる。Split ノードで B(1) 出力を使用しているので、ここでは Custom1 の Z を参照している

またUVスクロール処理の部分にノードを追加し、速度を調整できるようにします。

▶ UVスクロールをCustom Vertex Streamsを使って調整できるように設定(SH_7-3-3_02参照)

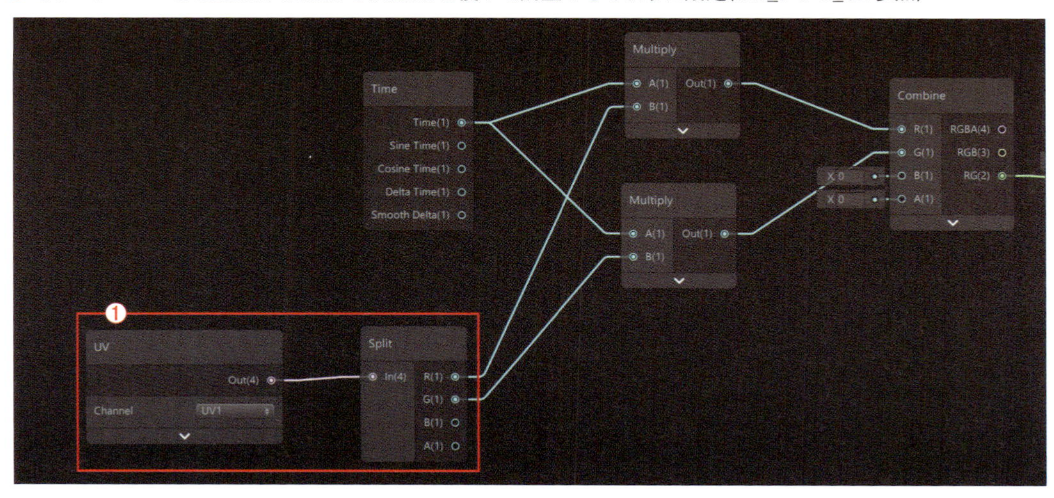

▶ ノードの追加

図内番号	内容
①	UVノードとSplitノードを追加。UVノードのChannelパラメータをUV1に設定。これでCustom DataモジュールのCustom1の情報を取得できる。SplitノードでR(1)とG(1)出力を使用しているので、ここではCustom1のXとYを参照している

最後に仕上げとして、Vertex Colorノードを使用してパーティクルのカラーとアルファ情報を読み込んできます。次の図を参考にUnlit Masterノードの手前に追加してください。

▶ Vertex Colorノードを追加してパーティクルのカラーとアルファ情報を読み込む

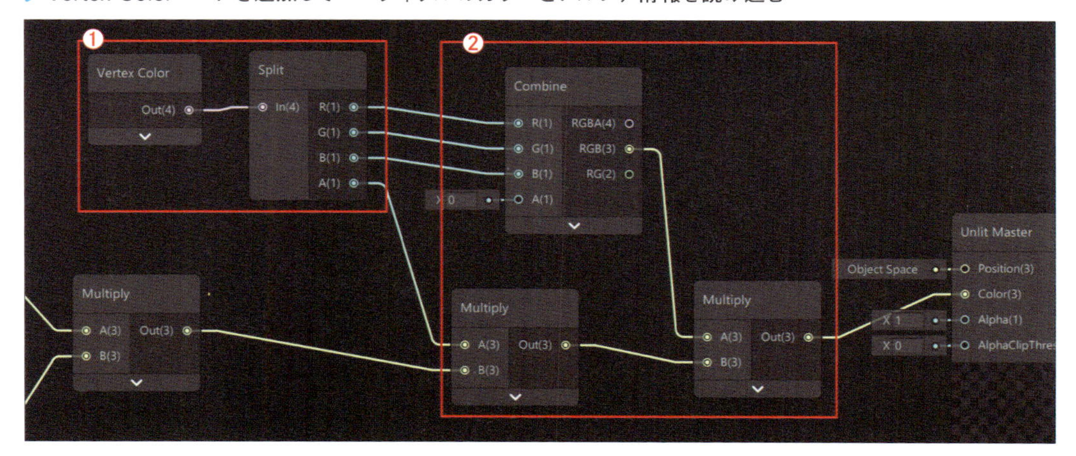

▶ ノードの追加

図内番号	内容
①	Vertex Color ノードと Split ノードを追加。カラーとアルファを分離
②	2つの Multiply ノードと Combine ノードを追加。Combine ノードでカラーをまとめ、Multiply ノードでそれぞれ掛け合わせる。最後に出力を Unlit Master ノードに接続

さらにCustom DataモジュールのCustom2を使用して、HDRのカラー設定を行いたいので、RendererモジュールのCustom Vertex StreamsにCustom2.xyzwを追加します。その後、Custom DataモジュールのCustom2のModeをColorに設定します。

▶ RendererモジュールのCustom Vertex StreamsでCustom2.xyzwを追加

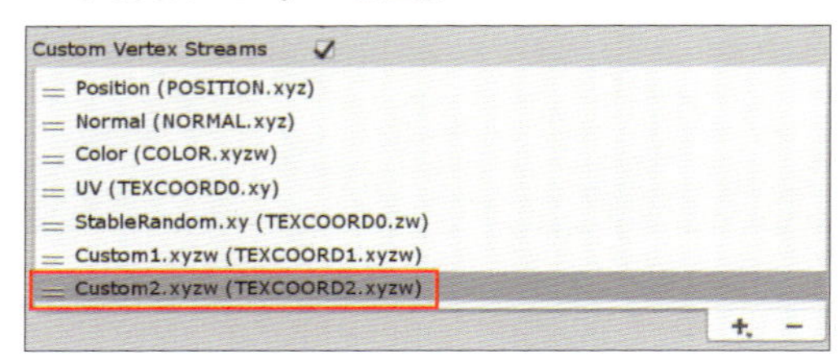

▶ Custom DataモジュールでCustom2をカラーに設定

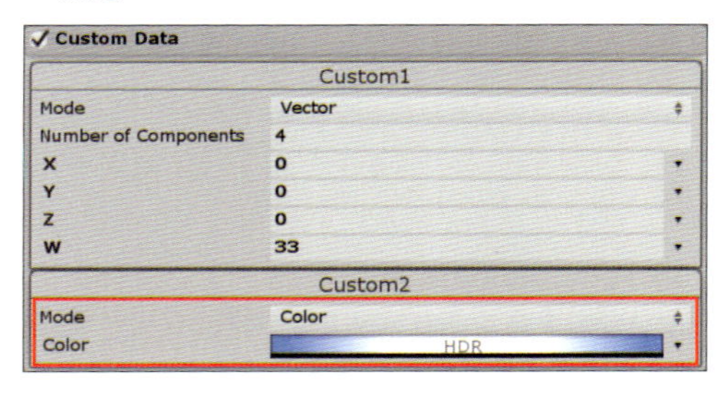

▶ Custom Dataモジュール

パラメータ		値
Custom2	Mode	Color
	Color	右図を参照

▶ Custom2のColorの設定

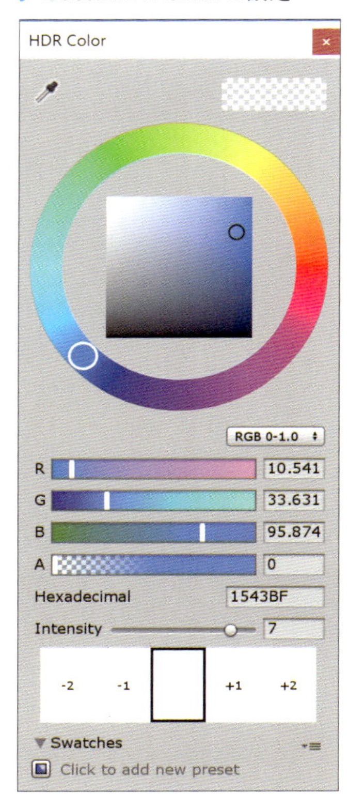

Custom2.xyzw(TEXCOORD2.xyzw)となっているので、シェーダーを次のページの図のように設定し、Custom2のカラーを読み込みます。これでCustom DataモジュールのCustom2で指定したカラーをシェーダーで受け取ることができます。

▶ Custom2のカラーを読み込めるように設定

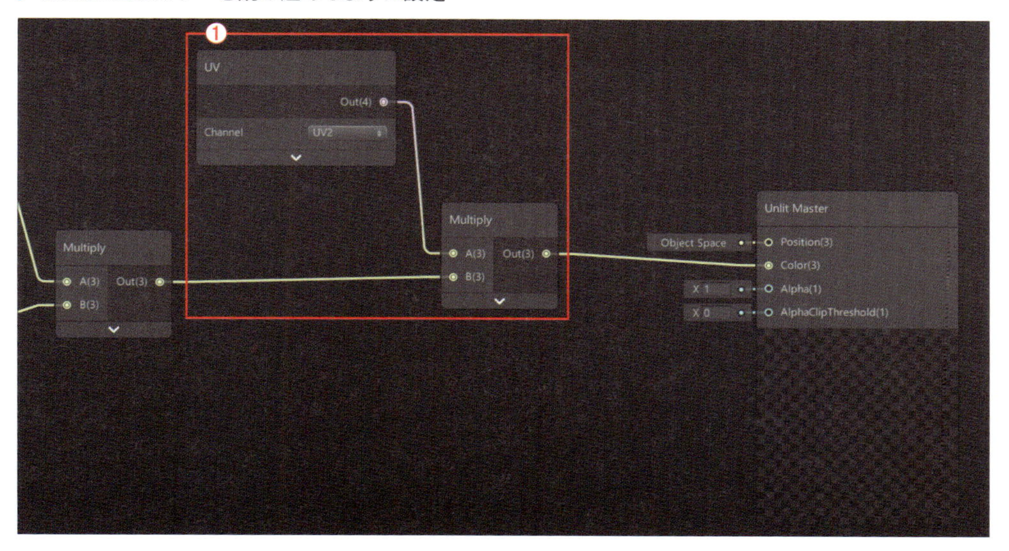

▶ ノードの追加

図内番号	内容
①	UV ノードと Multiply ノードを追加。UV ノードの Channel パラメータを UV2 に設定することで、Custom Data モジュールの Custom2 の情報を取得する

これでシェーダーが完成しました。Save Assetボタンを押して変更を反映してください。lightning01パーティクルを選択し、Custom Dataモジュールを展開して、パラメータ名のX、Y、Z、Wをダブルクリックして次の図のように名前を付けておきます。

このように名前を付けておけばShader Graphを開いて確認しなくても、なにを調整するパラメータかすぐわかるので便利です。たくさんあるモジュールの中でパラメータ名に名前を付けることが可能なのは、Custom Dataモジュールだけです。

▶ パラメータの名前をわかりやすいものに変更しておく

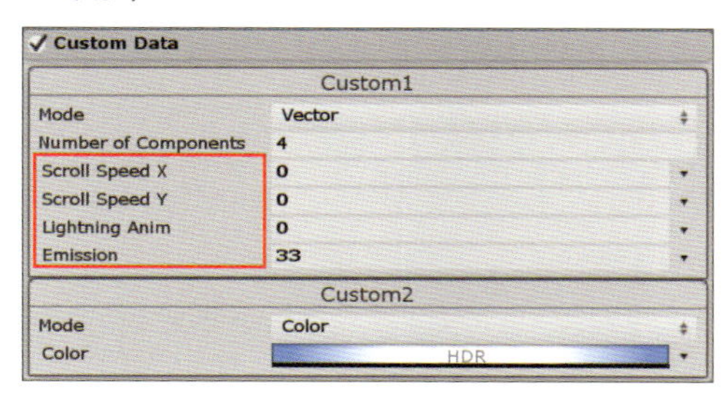

▶ Custom Dataモジュール

パラメータ	値
X	Scroll Speed X に名前を変更
Y	Scroll Speed Y に名前を変更
Z	Lightning Anim に名前を変更
W	Emission に名前を変更

名前を変更したら、次にパラメータを調整していきます。Scroll Speed XとScroll Speed Yパラメータに関しては、定数だと面白味に欠けた動きだったので、カーブで値を設定していきます。少し設定方法が複雑なのでScroll Speed Xを例に解説していきます。なお、全く同じカーブにする必要はないので多少異なっていても問題ありません。

まず設定方法からCurveを選択し、最大値を0.5に設定しておきます。右図のように適当にポイントを増やします。

▶ 適当にポイントを打っていく

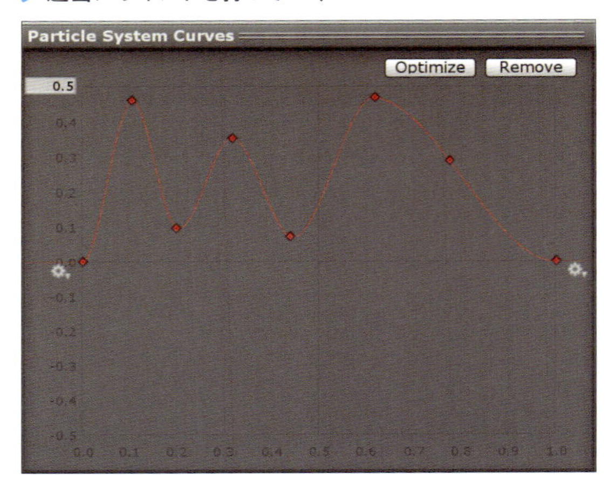

次に全てのポイントを選択し、右クリックメニューからBoth Tangents→Constantを選択します。

▶ Both Tangents→Constantを選択

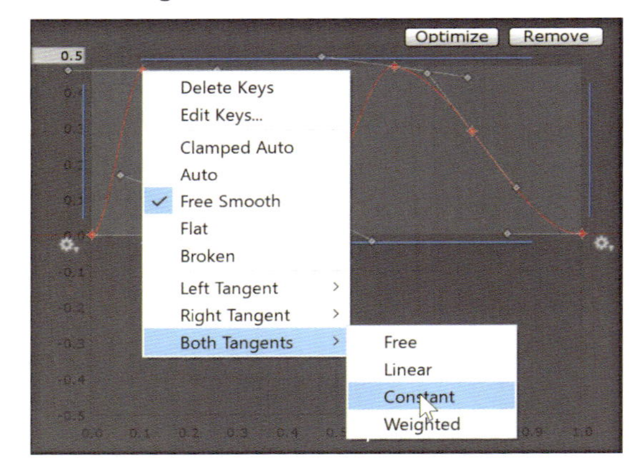

変換後、ポイントを編集して右図のように段々のカーブを形成します。なお、全く同じでなくても問題ありません。編集が完了したら右端の終点のポイントにある歯車のアイコンをクリックしてLoopを選択します。

▶ 編集後、Loopを選択

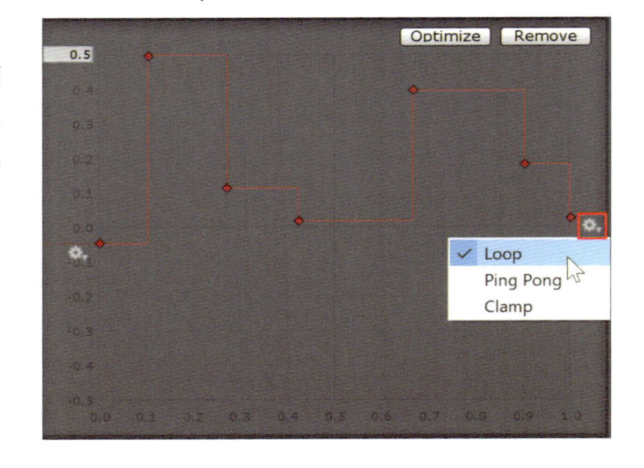

再度全てのポイントを選択して選択範囲のボックスの右側部分をドラッグしてカーブを繰り返します。

▶ カーブを繰り返す

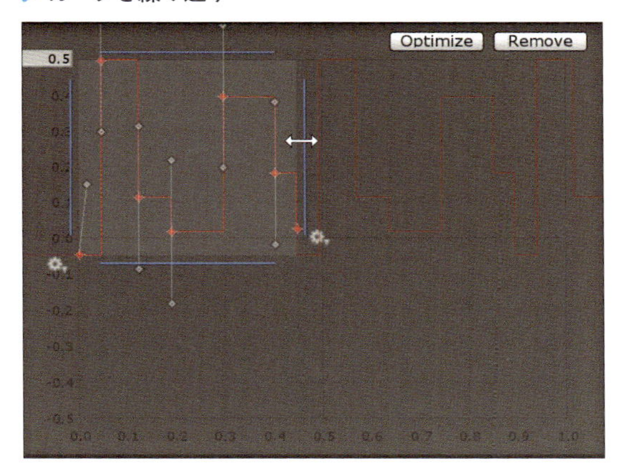

最後に設定方法をRandom Between Two Curvesに変更して、新しく出てきたもう一方のカーブを少しだけ下に下げて完成です。

▶ 設定方法を変更して完成

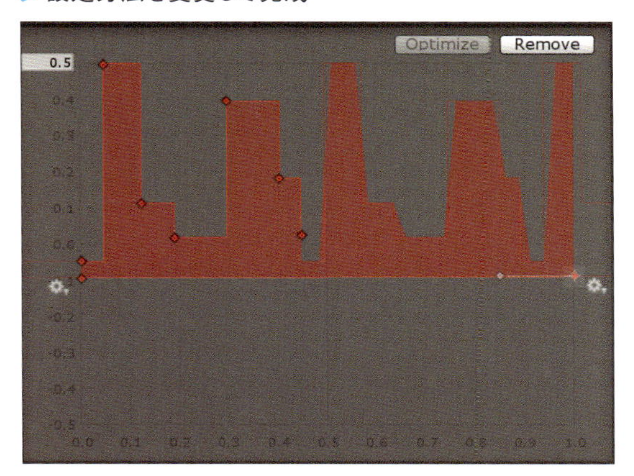

Scroll Speed Yの方も同じように設定してください(次の図参照)。

その他のパラメータは次の図のように設定してあります。この設定をそのまま打ち込むのではなく、いろいろとパラメータを変更して電撃をコントロールしてみてください。

▶ Custom Dataモジュールの設定

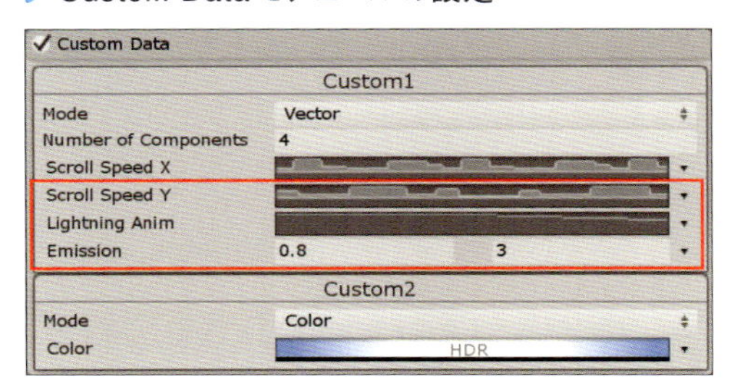

▶ Custom Dataモジュール

パラメータ	値	
Scroll Speed Y	次のページの図を参照	
Lightning Anim	次のページの図を参照	
Emission	0.8	3

▶ Custom Dataモジュールの設定

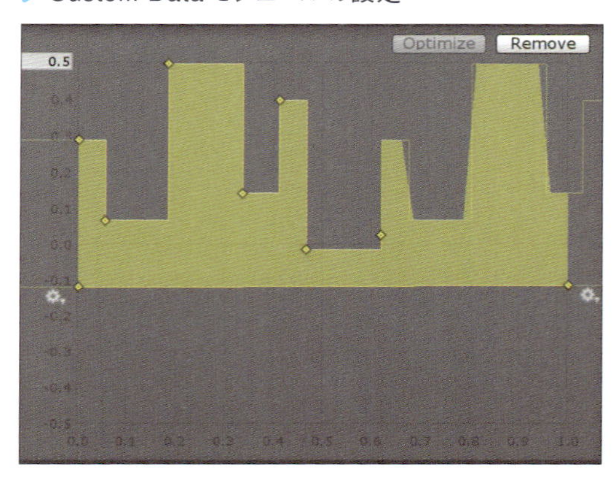

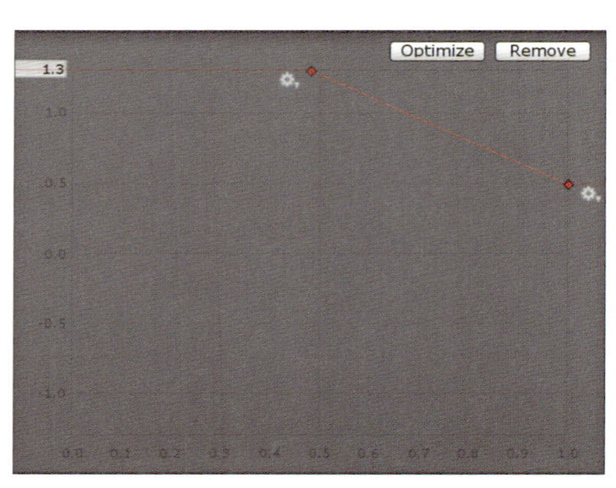

これで電撃のパーティクルが完成しました。

▶ ここまでの調整結果

7-4 チャージ時のライトと光の粒の作成

7-3で電撃のエフェクトを仕上げたので、ここではチャージ部分の残りの要素を作成していきます。まずはライトと光の粒をそれぞれ設定していきます。

7-4-1 ライトパーティクルの作成

電撃の発生と一緒にライトも発生させて周りの環境（キャラクタや地面）がライトの影響を受けるように設定していきます。新規パーティクルをlight01という名前でFX_Lightningの子要素として作成します。まず、次の図を参考にLightモジュール以外を設定していきます。

▶ light01パーティクルの設定

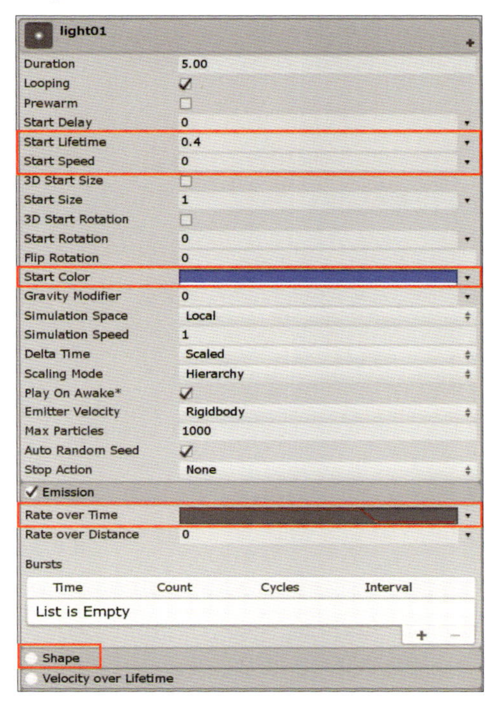

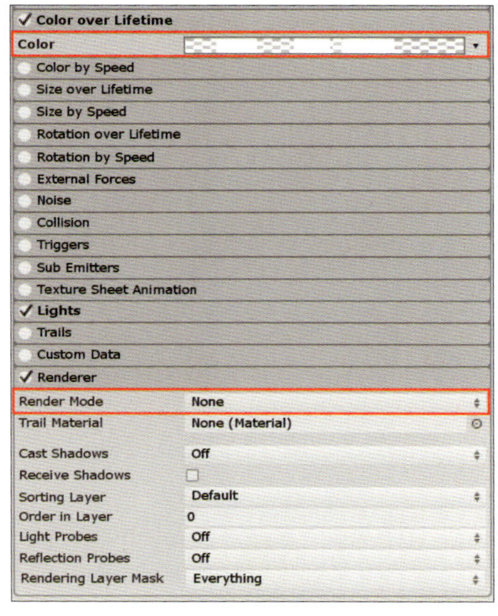

▶ Mainモジュール

パラメータ	値
Start Lifetime	0.4
Start Speed	0
Start Color	次のページの図を参照

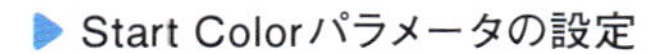

▶ Start Colorパラメータの設定

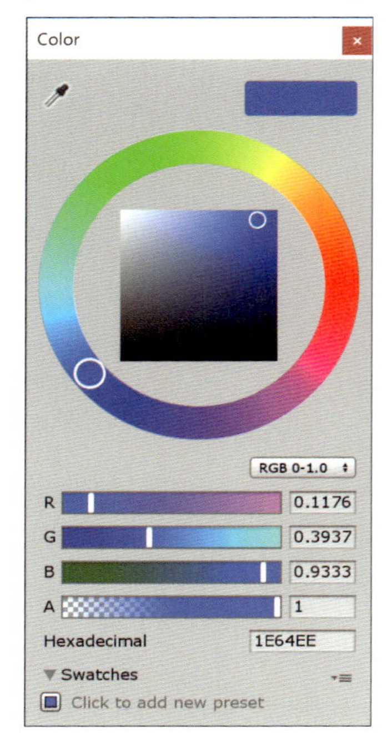

▶ Emissionモジュール

パラメータ	値
Rate over Time	下図を参照

▶ Shapeモジュール

パラメータ	値
チェック	なし

▶ Rate over Timeパラメータの設定

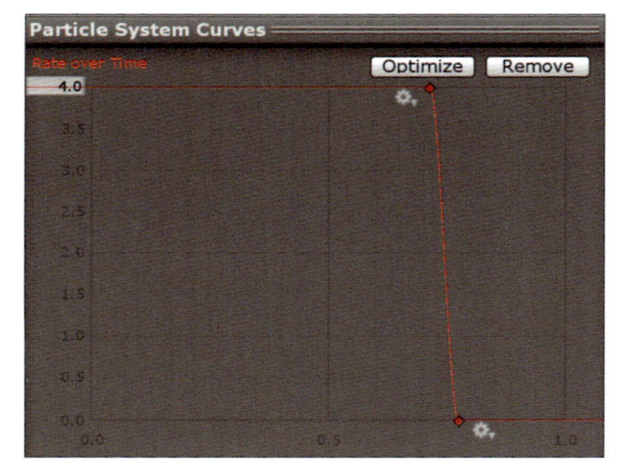

▶ Color over Lifetimeモジュール

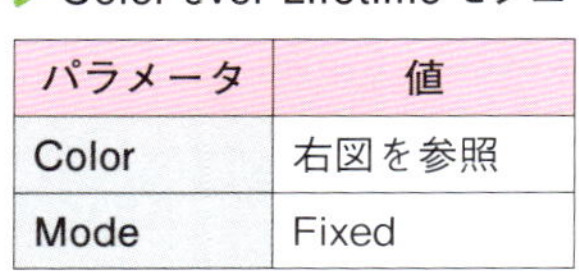

パラメータ	値
Color	右図を参照
Mode	Fixed

▶ Rendererモジュール

パラメータ	値
Render Mode	None

▶ Colorパラメータの設定

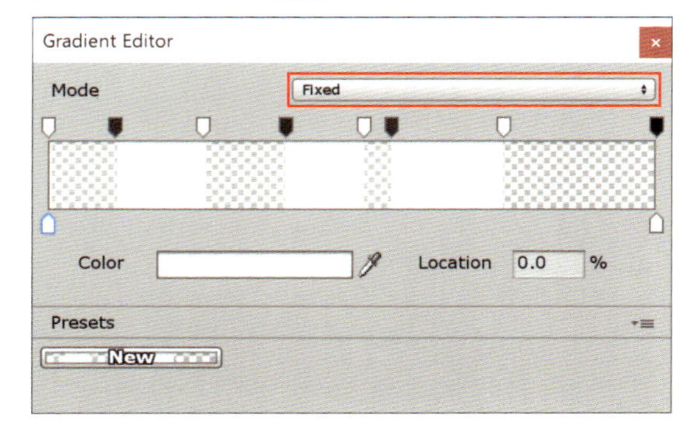

Color over LifetimeモジュールのColorパラメータを上図のように設定することで、チカチカと明滅するような挙動になります。また、ModeをFixedに変更することでポイント間の補間が行われなくなります。

次にメイン部分であるLightモジュールを設定していきます。ライトオブジェクトに関してはAssets/Lesson07/Prefabsフォルダ内のFX_Point Lightを使用しましょう。Use Particle ColorとAlpha Affects Intensityにチェックを入れることで、Color over Lifetimeモジュールで設定した色とアルファを反映します。

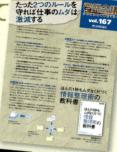

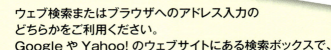

▶ Lightモジュールの設定

✓ Lights	
Light	FX_Point Light (Light)
Ratio	1
Random Distribution	✓
Use Particle Color	✓
Size Affects Range	✓
Alpha Affects Intensity	✓
Range Multiplier	0.6
Intensity Multiplier	3
Maximum Lights	3

▶ Lightモジュール

パラメータ	値
Light	FX_Point Light
Ratio	1
Range Multiplier	0.6
Intensity Multiplier	3
Maximum Lights	3

設定の結果、右図のように点滅するライトパーティクルがキャラクタと地面に影響するようになります。

▶ 設定結果

7-4-2 光の粒のシェーダーの作成

光の粒のパーティクルを作成する前にシェーダーの方を先に制作していきます。Assets/Lesson07/Shadersフォルダ内に新規シェーダー(Unlit Graph)をSH_lesson07_Dustという名前で作成してください。Shader Graphを開き、Unlit Masterノードの設定を変更してください。

最初に、ブラックボードにSamplesと入力します。続いて、Unit Masterノードを設定します。

▶ Unlit Masterノードの設定を変更

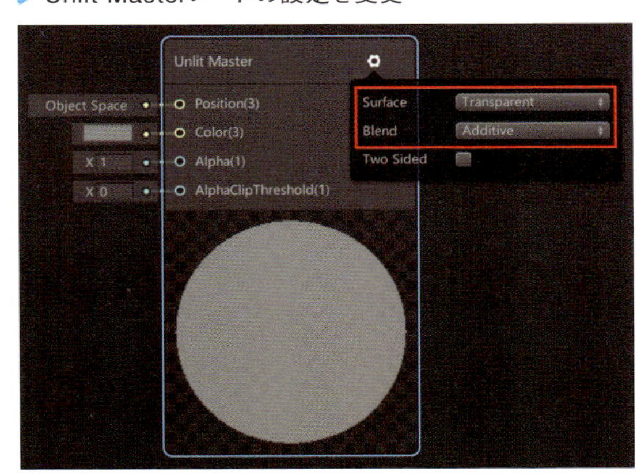

▶ Unlit Masterノード

パラメータ	値
Surface	Transparent
Blend	Additive

まず光の粒のシルエットを作成しましょう。次の図のようにノードを配置し、接続します。Rounded Rectangleノードを使用すると、テクスチャを使用せずに、プレビューのような図形を作成できます。Colorノードについては、後でプロパティに置き換えるのでだいたいの設定でかまいません。

▶ 光の粒のシルエットを作成

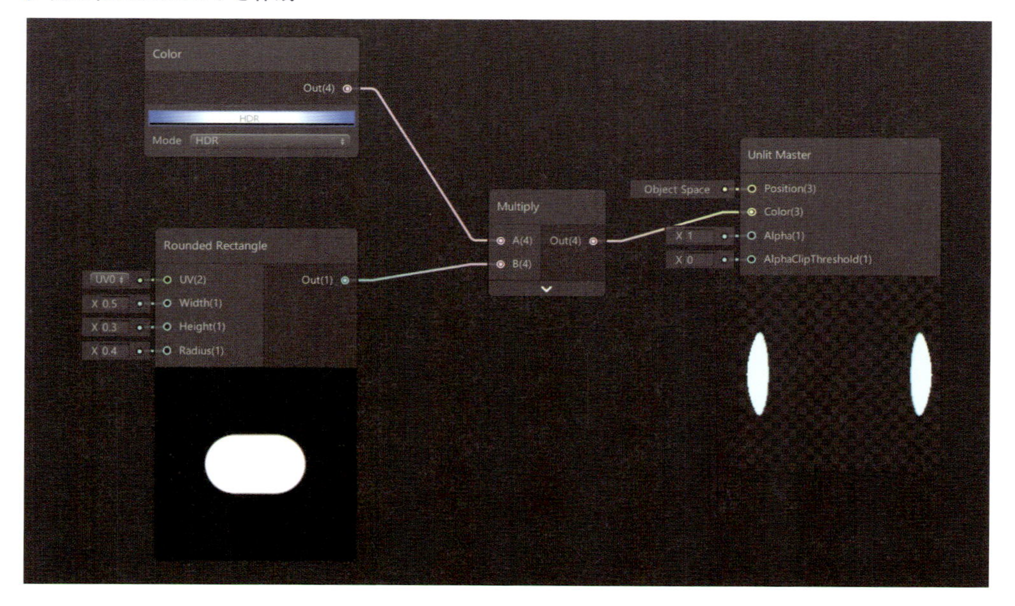

ただし、このままではあまりにも形状がシンプルすぎるのでフラクタルテクスチャ(T_lesson07_noise01)を使用して歪ませてみます。さらに次のページの図を参考にRounded Rectangleノードの後方にノードを追加していきます。

▶ Rounded Rectangleノード

パラメータ	値
Weight	0.5
Height	0.3
Radius	0.4

▶ AddノードとCombineノードを追加

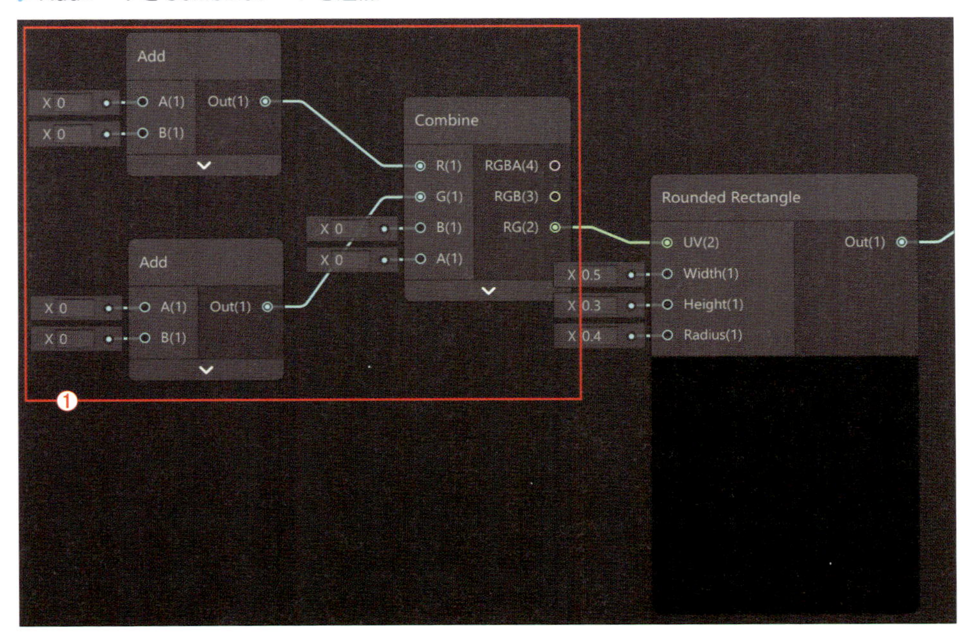

▶ ノードの追加

図内番号	内容
①	2つのAddノードとCombineノードを追加。Rounded RectangleノードのUV(2)入力に接続

▶ シルエットを歪ませる(SH_7-4-2_01参照)

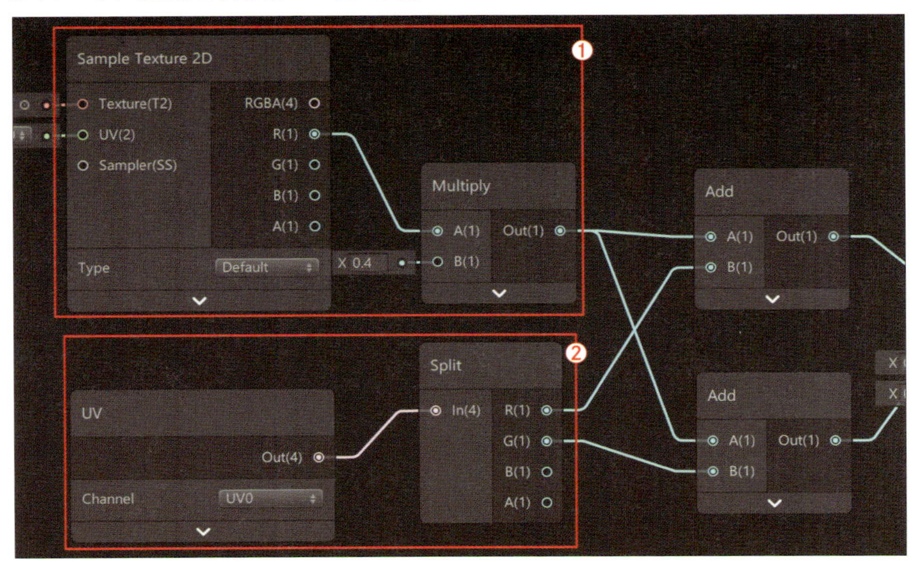

▶ ノードの追加

図内番号	値
①	T_lesson07_noise01 をドラッグ＆ドロップし、Sample Texture 2D ノードを作成。Multiply ノードを追加。テクスチャの強さを調整
②	UV ノードと Split ノードを追加。①で追加した要素と U 方向、V 方向に分離した UV を足し合わせる

次にRounded RectangleノードとMultiplyノードの間にMultiplyノードを追加します。

▶ Multiplyノードを追加

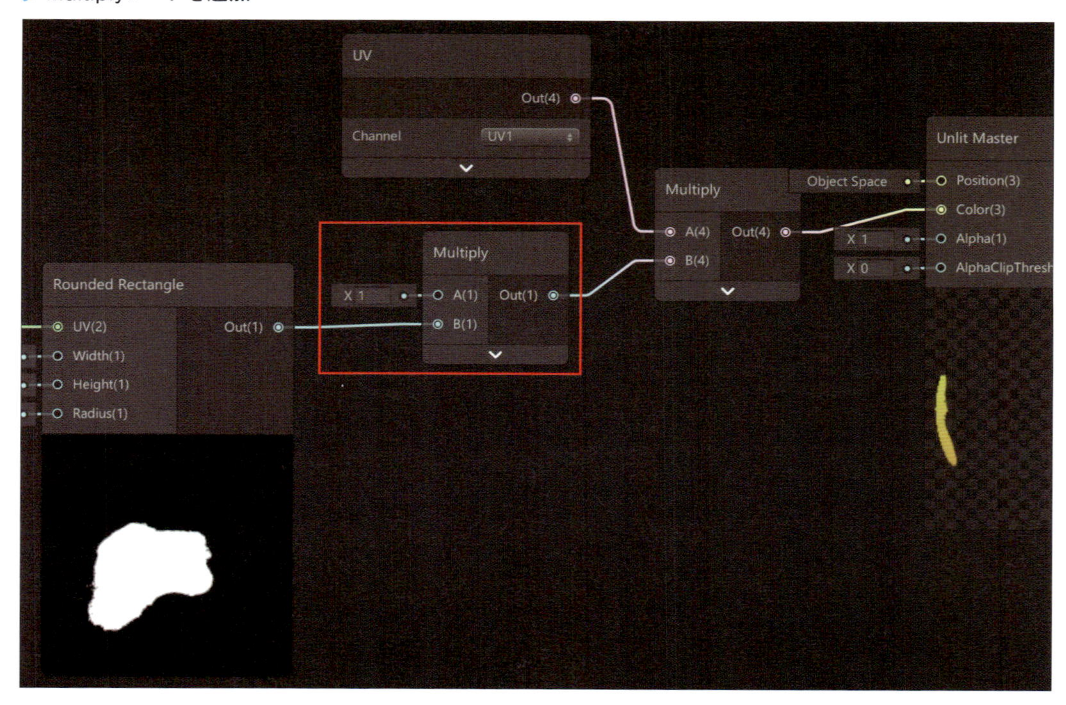

配置したMultiplyノードのA(1)入力に、Sample Texture 2DノードのR(1)出力を接続します。これでシルエットにフラクタル模様を追加します。

▶ シルエットにフラクタル模様を追加(SH_7-4-2_02参照)

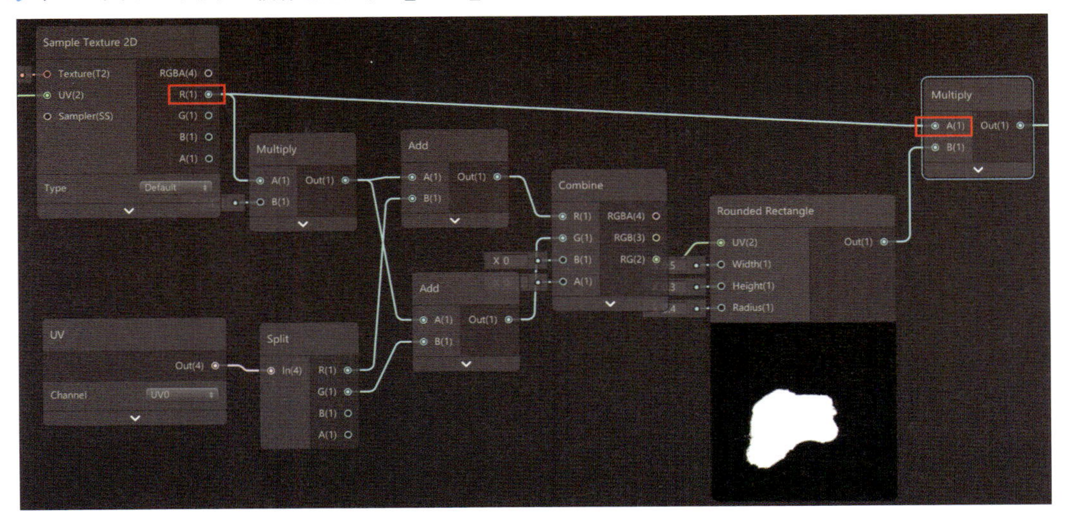

7

これでディテールを増すことができました。ただしこのままでは全ての光の粒が同じ形状になってしまうので、電撃シェーダーの時と同じように、Custom Vertex Streamsを使用してUV座標のランダムオフセットを設定します。Sample Texture 2Dノードの後ろに次の図のようにノードを追加し、接続します。

▶ Sample Texture 2Dノードの後ろにAddノードとCombineノードを追加

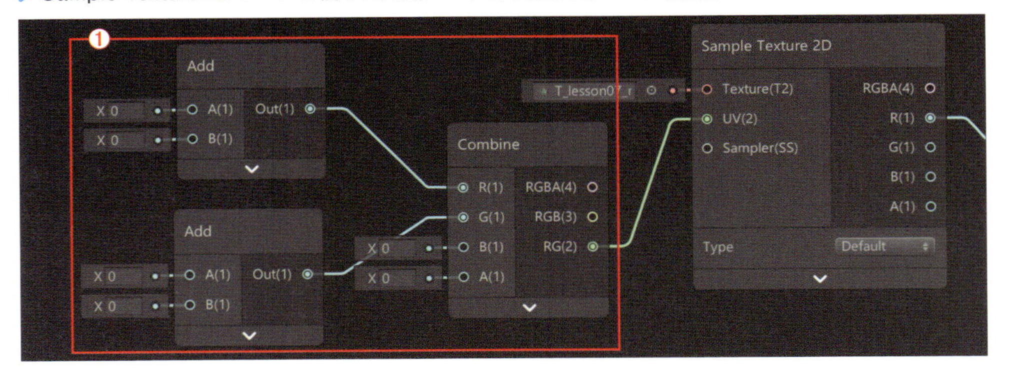

▶ ノードの追加

図内番号	値
①	2つのAddノードとCombineノードを追加。Sample Texture 2DノードのUV(2)入力に接続

次にUVノードとSplitノードを追加して、Addノードに接続します。SplitノードのB(1)出力、A(1)出力に、後ほどCustom Vertex Streamsからランダムな数値を割り当てるように設定します。

▶ UV座標のランダムオフセットを設定

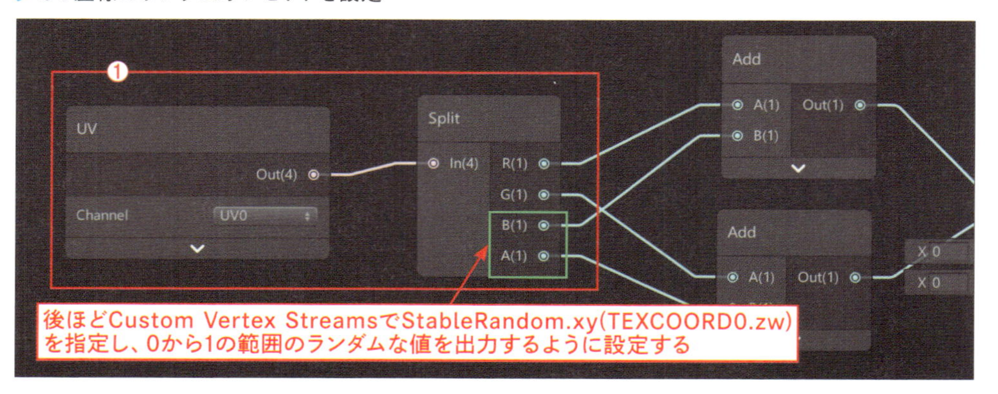

▶ ノードの追加

図内番号	値
①	UV ノードと Split ノードを追加。2つの Add ノードに接続

さらにカラーも後でCustom Dataモジュールから設定するので、Colorノードを次の図のように置き換えておきましょう。なお、元々あったColorノードは削除して問題ありません。

▶ Colorノードを置き換える(SH_7-4-2_03参照)

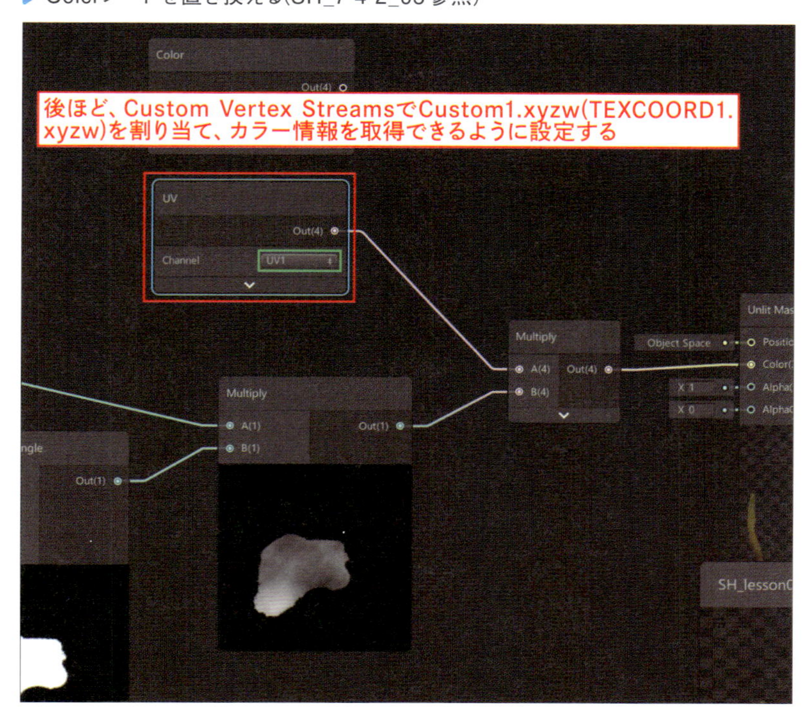

以上で光の粒のシェーダーが完成しました。Save Assetボタンを押して変更を反映しておきましょう。7-4-3でパーティクルの作成とCustom Vertex Streamsの設定を行っていきます。

7-4-3 チャージ時の光の粒の作成

次にチャージ時に周りからコア部分に集まってくる光の粒と、コア部分から落下して地面にコリジョンする光の粒の2種類を作成していきます。コア部分に関しては7-5で作成します。

まず新規パーティクルをdust01という名前でFX_Lightningの子要素として作成します。また、7-4-2で作成したシェーダーをマテリアルに適用しておきましょう。Assets/Lesson07/Materialsフォルダ内にM_lesson07_Dust01という名前で新規マテリアルを作成し、シェーダーをSH_lesson07_Dustに設定しておきます。

まずMainモジュール、Emissionモジュール、Shapeモジュールの3つから設定していきます。中心に引き寄せる動きを作成するため、ShapeモジュールでSphereを選択し、MainモジュールのStart Speedをマイナス値に設定しています。

▶ dust01パーティクルのMain、Emission、Shapeモジュールの設定

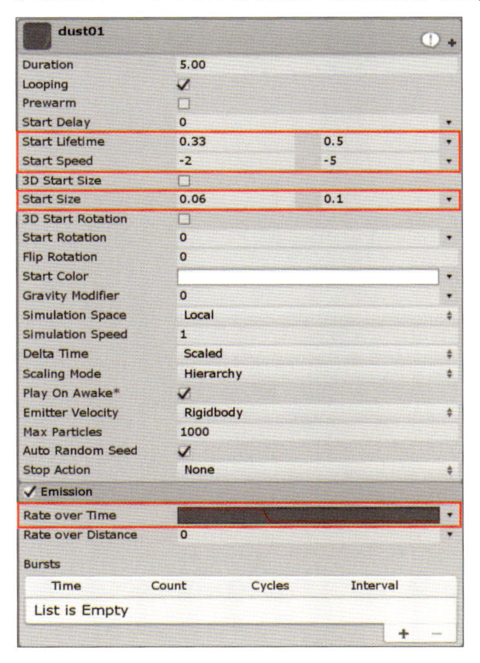

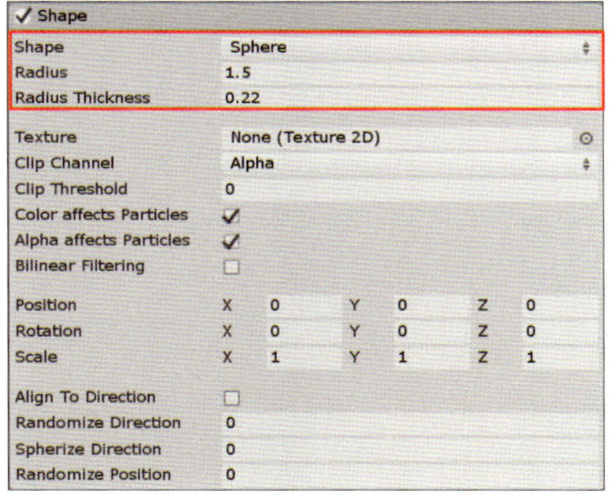

▶ Mainモジュール

パラメータ	値	
Start Lifetime	0.33	0.5
Start Speed	-2	-5
Start Size	0.06	0.1

▶ Shapeモジュール

パラメータ	値
Shape	Sphere
Radius	1.5
Radius Thickness	0.22

▶ Emissionモジュール

パラメータ	値
Rate over Time	次のページの図を参照

次にRendererモジュールを設定します。合わせてCustom Vertex StreamsとCustom Dataモジュールの設定も行います。

▶ RendererモジュールとCustom Dataモジュールの設定

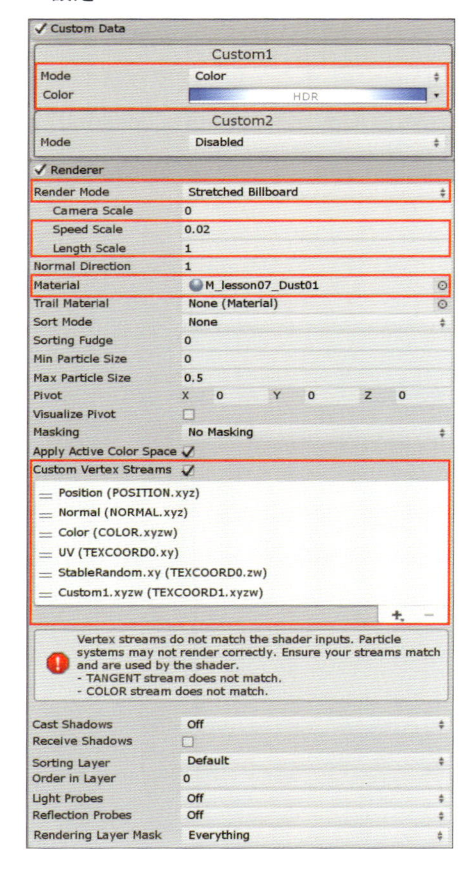

▶ Rendererモジュール

パラメータ	値
Render Mode	Stretched Billboard
Speed Scale	0.02
Length Scale	1
Material	M_lesson07_Dust01
Custom Vertex Streams	チェックあり
追加するパラメータ	StableRandom.xy（TEXCOORD0.zw）
	Custom1.xyzw（TEXCOORD1.xyzw）

▶ EmissionモジュールのRate over Timeパラメータの設定

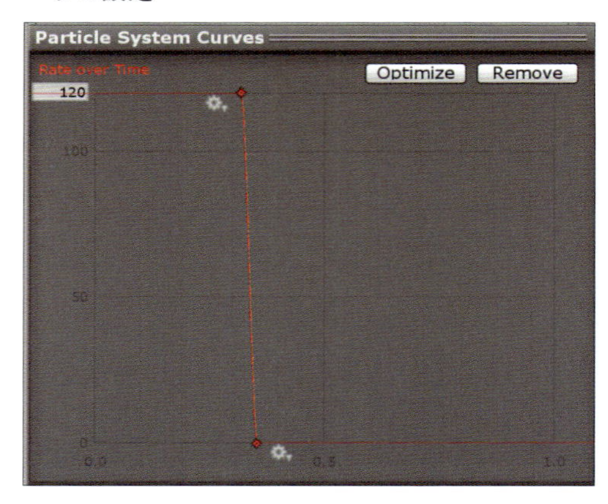

▶ Custom Dataモジュール

パラメータ	値	
Custom1	Mode	Color
	Color	下図を参照

▶ Custom DataモジュールのColorパラメータの設定

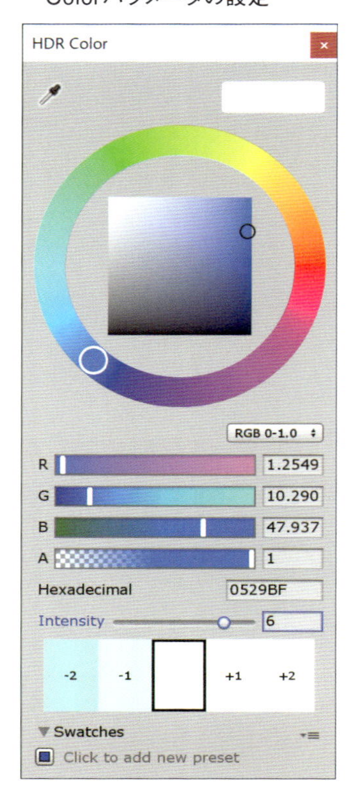

最後にSize over LifetimeモジュールとNoiseモジュールを設定してパーティクルの動きをブラッシュアップしていきます。Size over Lifetimeのカーブは光の粒が周りから中心に向かうに従って、大きく表示されることでエネルギーが集まっていることを強調する狙いがあります。

NoiseモジュールのStrengthパラメータのカーブは、最初はノイズが強くかかっており、あたりを漂うような挙動ですが、後半はノイズが弱くなって中心にまっすぐ進んでいくようにカーブの動きを付けています。

▶ Size over LifetimeモジュールとNoiseモジュールの設定

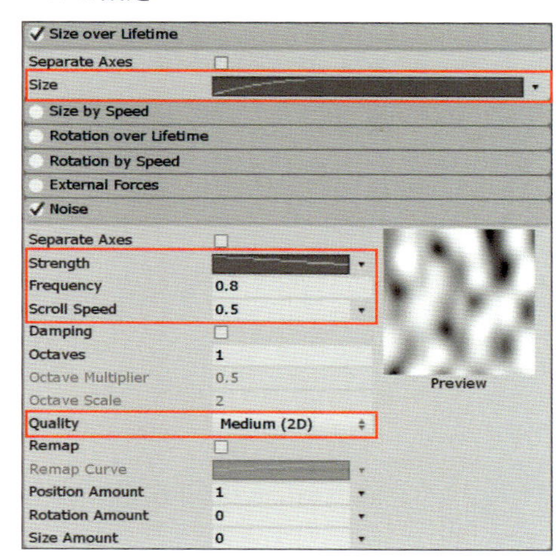

▶ Size over Lifetimeモジュール

パラメータ	値
Size	右上図を参照

▶ Noiseモジュール

パラメータ	値
Strength	右下図を参照
Frequency	0.8
Scroll Speed	0.5
Quality	Medium(2D)

▶ Size over LifetimeモジュールとNoiseモジュールの設定

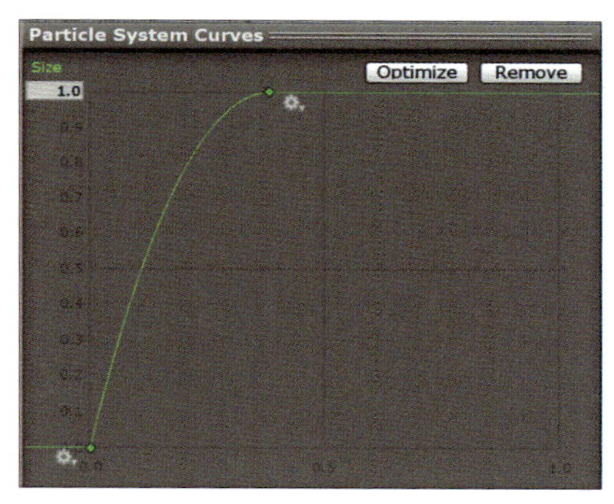

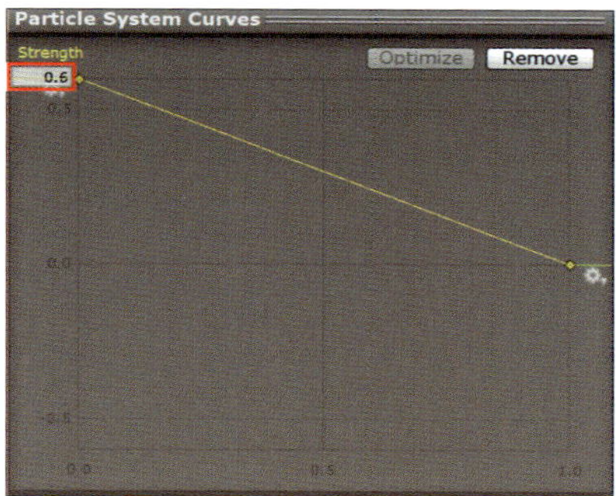

これでdust01の設定が完了しました。設定結果は下図のようになります。

▶ dust01の設定結果

7-4-4 落下して地面にコリジョンする光の粒の作成

中心に集まってくる光の粒が完成したので、次に中心部分から零れ落ちて地面に落下する光の粒を設定します。片方は重力の影響を受けて片方は受けないというのも変な話ですが、ここでは気にしないことにします。

dust01を複製してdust02に名前を変更します。こちらもまずMainモジュール、Emissionモジュール、Shapeモジュールの3つから設定していきます。こちらのパーティクルは落下してから地面でバウンドする動きを見せる必要があるため、Start Lifetimeパラメータを長めに設定しています。

▶ dust02パーティクルのMain、Emission、Shapeモジュールの設定

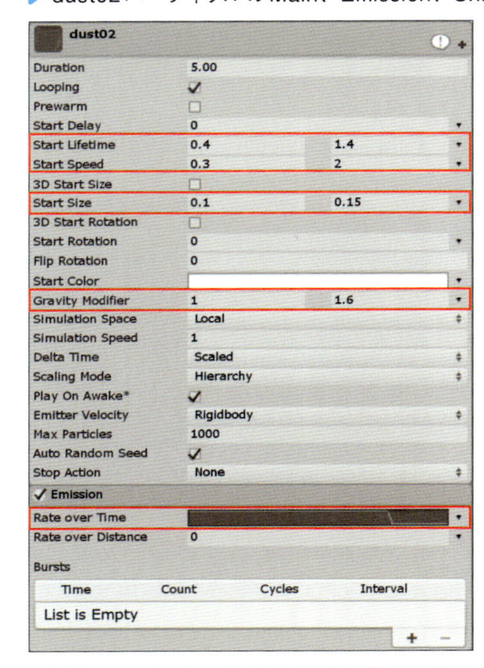

▶ Mainモジュール

パラメータ	値	
Start Lifetime	0.4	1.4
Start Speed	0.3	2
Start Size	0.1	0.15
Gravity Modifier	1	1.6

▶ Emissionモジュール

パラメータ	値
Rate over Time	下図を参照

▶ EmissionモジュールのRate over Timeパラメータの設定

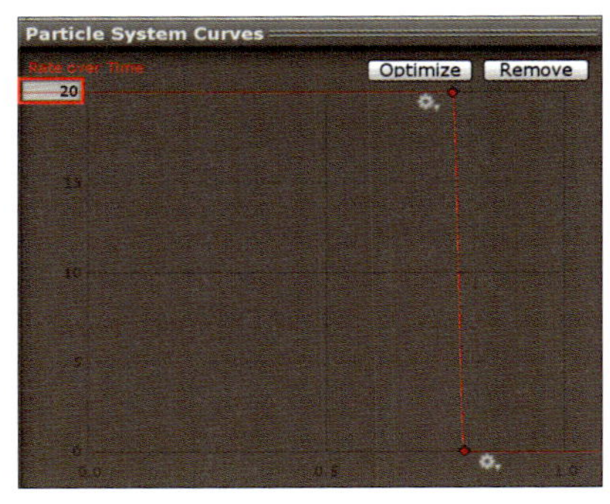

▶ Shapeモジュール

パラメータ	値
Radius	0.5
Radius Thickness	1

次にRendererモジュールを一部変更します。Custom Dataモジュールのカラーはdust01と同じで大丈夫です。

▶ Rendererモジュールの設定

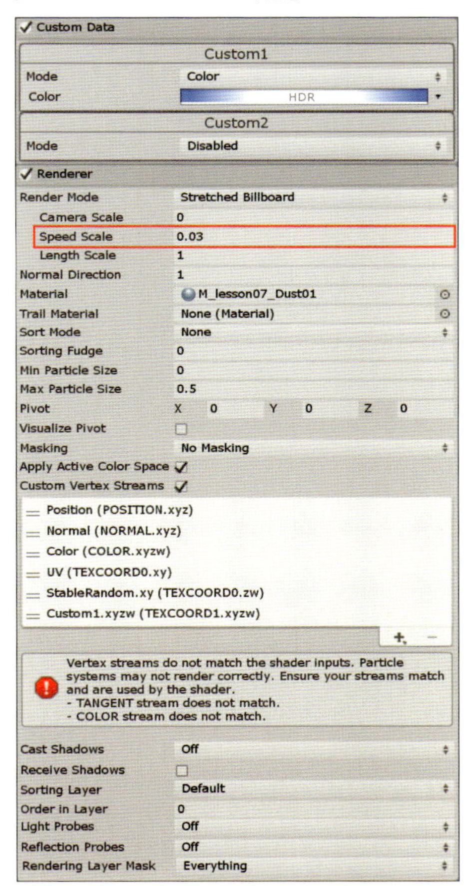

▶ Rendererモジュール

パラメータ	値
Speed Scale	0.03

最後に、Size over LifetimeモジュールとCollisionモジュールを設定します。Noiseモジュールは使用しないのでチェックを外しておきましょう。

ここでは地面に配置しているPlaneオブジェクトに、BackGroundというレイヤーを新規作成して設定し、CollisionモジュールのCollides Withパラメータで指定することで、コリジョン判定をするオブジェクトを地面のPlaneオブジェクトのみに限定しています。

▶ Size over Lifetimeモジュールと Collisionモジュールの設定

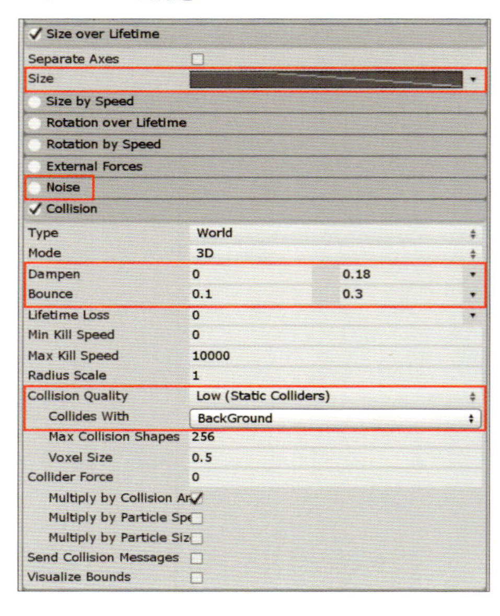

▶ Size over Lifetimeモジュール

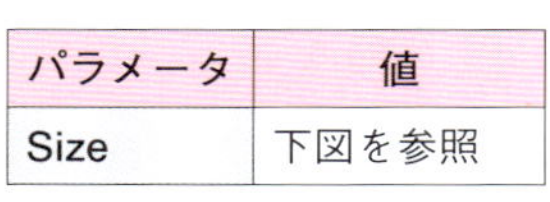

パラメータ	値
Size	下図を参照

▶ Noiseモジュール

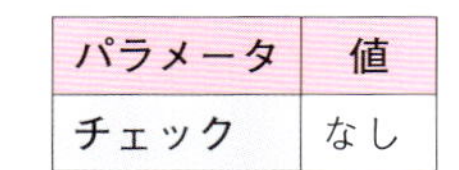

パラメータ	値
チェック	なし

▶ Size over LifetimeモジュールのSizeパラメータの設定

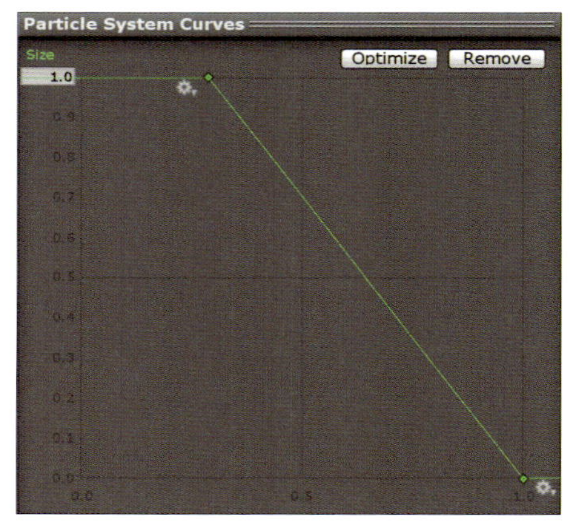

▶ Collisionモジュール

パラメータ	値	
Dampen	0	0.18
Bounce	0.1	0.3
Collision Quality	Low(Static Colliders)	
Collide With	BackGround	

以上で、2種類の光の粒の設定が完了しました。ここまでの設定結果は右図のようになります。

▶ ここまでの設定結果

チャージ完了時のフラッシュとコアの作成

エネルギーをチャージするエフェクト要素が出そろってきたので、チャージ中にパチパチと点滅するフラッシュ素材と、チャージ時に中心に表示される光の玉を制作していきます。この２つの要素を追加してチャージ部分の完成となります。

7-5-1 中心部の光の玉の作成

まずは中心部に表示される光の玉から制作していきます。パーティクル自体の設定はシンプルでほとんどの要素をシェーダーの方でコントロールしていきます。まずはシェーダーを作成していきましょう。Assets/Lesson07/Shadersフォルダ内に新規シェーダー（Unlit Graph）をSH_lesson07_Coreという名前で作成します。Shader Graphを立ち上げて設定を変更しましょう。

▶ 設定を変更

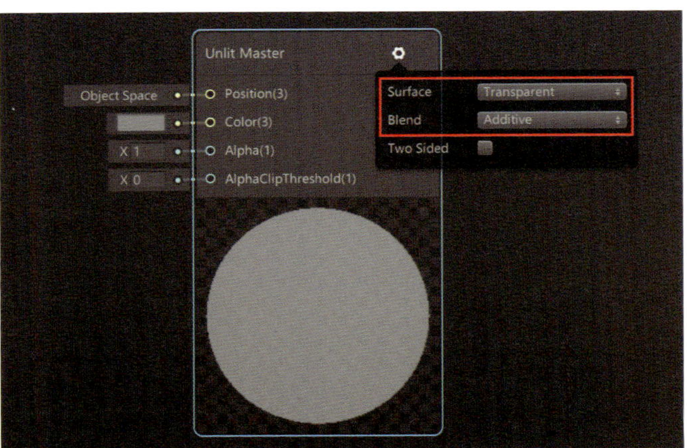

最初に、ブラックボードにSamplesと入力します。続いて、Unit Masterノードを設定します。

まず次の図のようにノードを組んでみます。テクスチャのUVスクロールを作成します。テクスチャはT_lesson07_noise01を使用しています。

▶ Unlit Masterノード

パラメータ	値
Surface	Transparent
Blend	Additive

▶ テクスチャの配置とタイリングの設定を行う

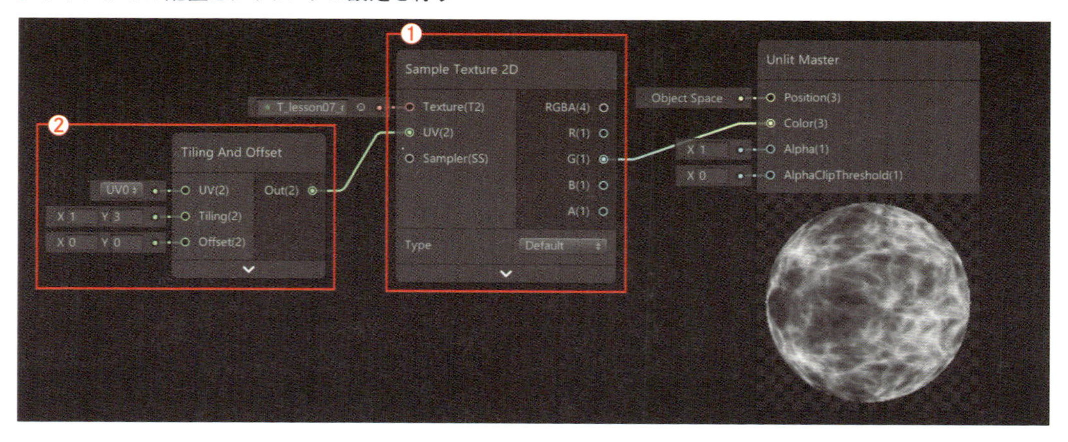

▶ ノードの追加

図内番号	内容
①	T_lesson07_noise01 テクスチャをメインエリアにドラッグ＆ドロップして、Sample Texture 2D ノードを作成。G(1) 出力を UnlitMaster ノードに接続
②	Tiling And Offset ノードを追加。Tiling パラメータを X=1、Y=3 に設定する。出力は Sample Texture 2D ノードの UV(2) 入力に接続

続けて UV スクロールの処理を追加していきます。

▶ Time ノードを追加して UV スクロールの処理を行う(SH_7-5-1_01 参照)

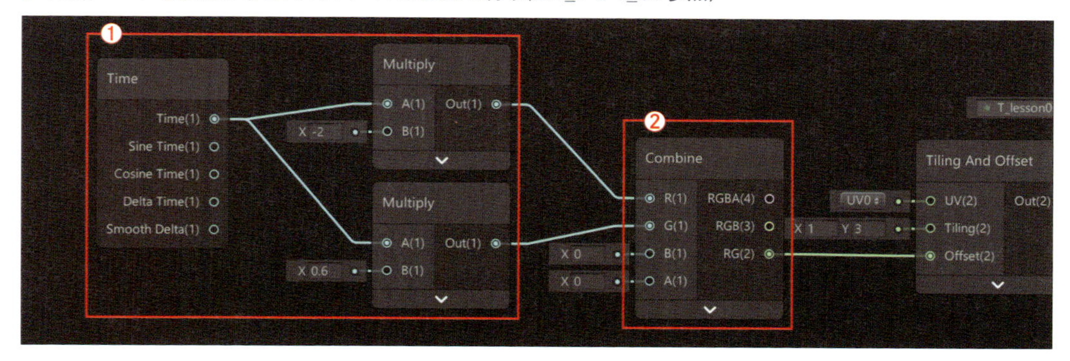

▶ ノードの追加

図内番号	内容
①	Time ノードと 2 つの Multiply ノードを追加。それぞれ B(1) 入力に -2 と 0.6 を設定
②	Combine ノードを追加。Multiply ノードの出力を接続。Combine ノードの RG(2) 出力を Tiling And Offset ノードの Offset(2) 入力に接続

次にPolar Coordinatesノードを追加して、Tiling And OffsetノードのUV(2)入力に接続します。Polar Coordinatesノードを使用すると、UVを円状に変換し、極座標変換を行うことができます。

▶ Polar Coordinatesノードを追加

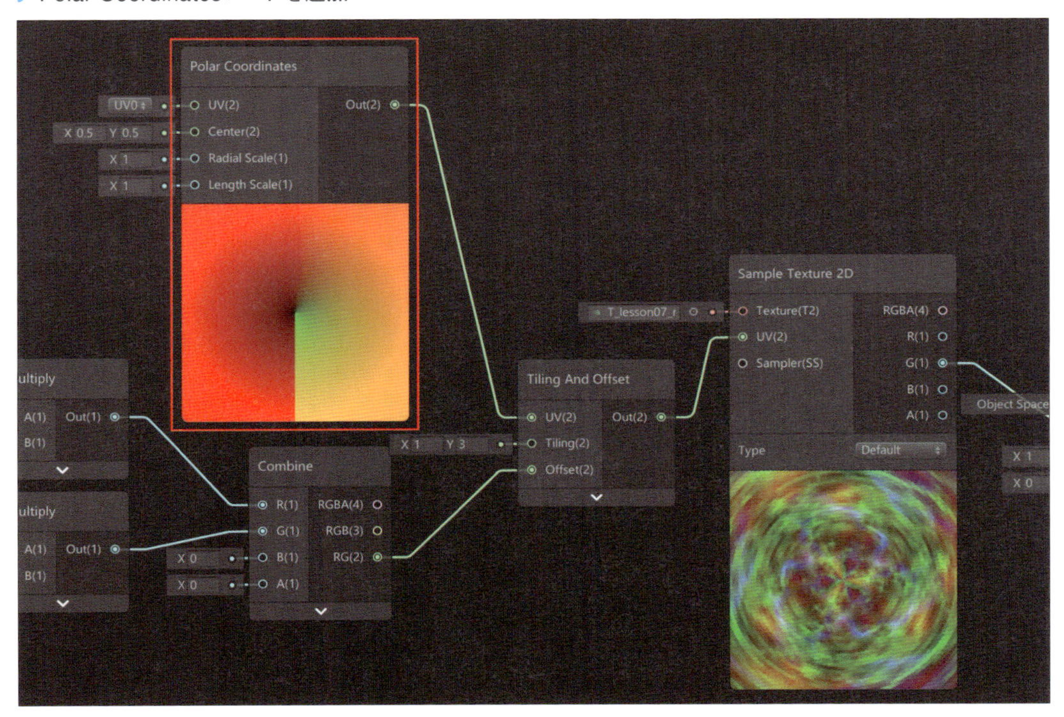

次にテクスチャにマスキング処理を行い、テクスチャの中央部分のみを使用するように調整します。Polar CoordinatesノードのUVを分離し、U方向のグラデーションをマスクとして使用しています。

また、Blendノードの接続順によって結果が変わるので注意してください。Base(1)入力にSample Texture 2Dノードの出力を、Blend(1)入力にMultiplyノードの出力を接続してください。BlendノードのOpacity(1)には-0.5を設定してください。ModeパラメータにはBurnを指定しています。

▶ U方向のグラデーションをマスクとして使用(SH_7-5-1_02参照)

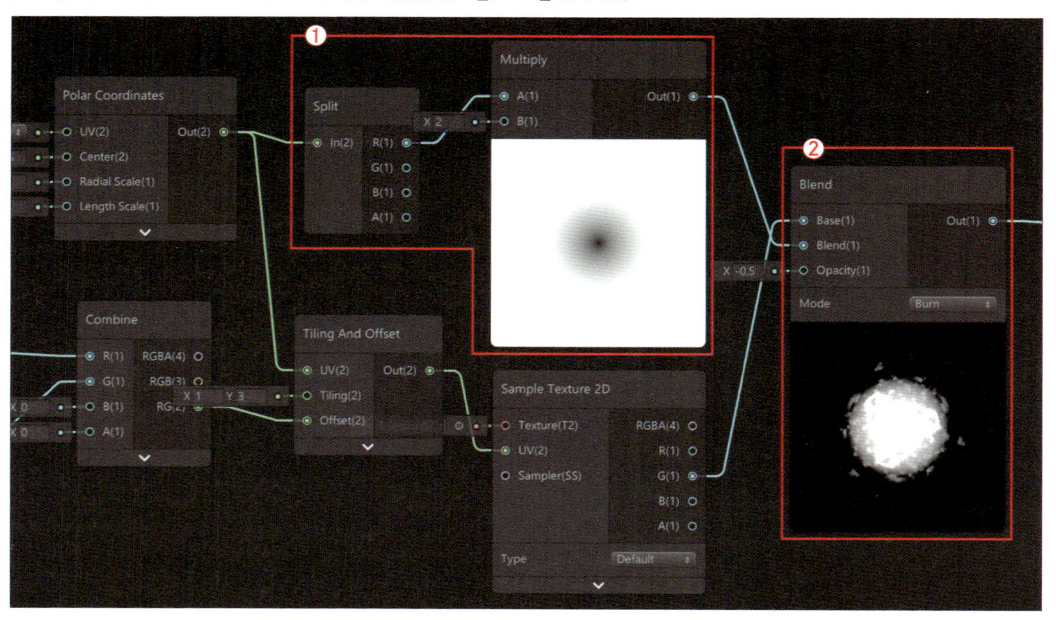

▶ ノードの追加

図内番号	内容
①	Split ノードと Multiply ノードを追加。Split ノードを使用して Polar Coordinates ノードの UV を分離し、グラデーションをマスクとして使用。Multiply ノードの B(1) 入力には 2 を指定
②	Blend ノードを追加。テクスチャとマスクを合成。Opacity(1) 入力には -0.5 を指定。Mode パラメータは Burn に変更

これで基本的な構成が完了しました。ここからさらにコントロールする要素を追加しますがCustom Vertex Streamsを使用するので、いったん中断して先にパーティクルの方を設定していきます。Save Assetボタンを押して変更を反映しておきます。

Assets/Lesson07/Materiasフォルダ内にM_lesson07_Core01の名前で新規マテリアルを作成し、シェーダーをSH_lesson07_Coreに変更します。FX_Lightningの子要素として新規パーティクルをcore01の名前で作成し、次の図を参考に設定を行います。今回はCustom Vertex Streamsに3つのパラメータ(UV2、Costom1.xyzw、Custom2.xyzw)を追加しています。

▶ core01パーティクルの設定

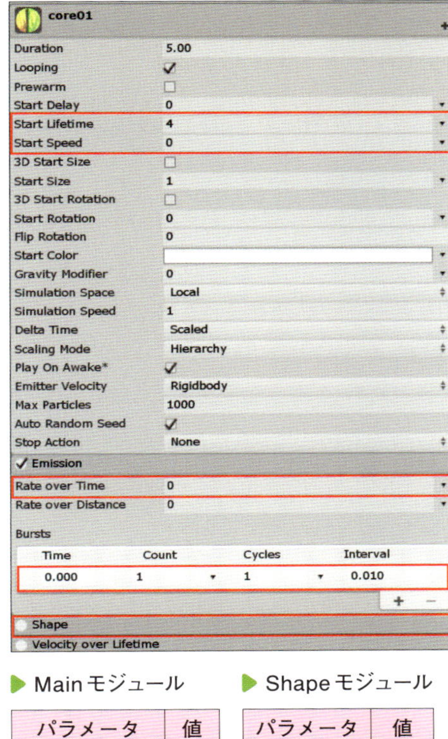

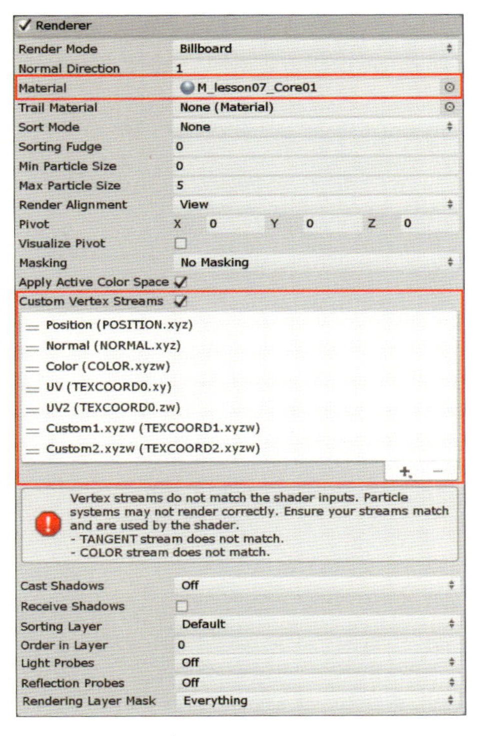

▶ Mainモジュール

パラメータ	値
Start Lifetime	4
Start Speed	0

▶ Shapeモジュール

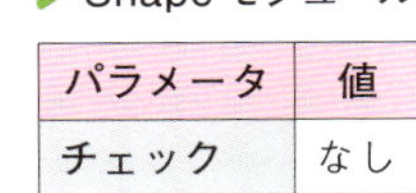

パラメータ	値
チェック	なし

▶ Emissionモジュール

パラメータ	値			
Rate over Lifetime	0			
Bursts	Time	Count	Cycles	Interval
	0.000	1	1	0.010

▶ Rendererモジュール

パラメータ	値
Material	M_lesson07_Core01
Custom Vertex Streams	チェックあり
追加するパラメータ	UV2
	Custom1.xyzw
	Custom2.xyzw

次にCustom Dataモジュールを設定します。Custom1のModeをColorに、Custom2のModeをVectorにそれぞれ設定します。

▶ Custom Dataモジュールの設定

▶ Custom Dataモジュール

パラメータ	値	
Custom1	Mode	Color
Custom2	Mode	Vector

これで一通りパーティクルの設定ができたのでシェーダー制作に戻ります。Shader Graphを起動してパラメータの追加、置き換えを行っていきます。

まず、次の図を参考にカラー設定を追加していきます。青枠で囲った部分でCustom DataモジュールのCustom1のカラーを読み込んでいます。また、MaximumノードでBlendノードから出力されている値を補正してマイナス部分を0に切り捨てています。

▶ カラー設定を追加

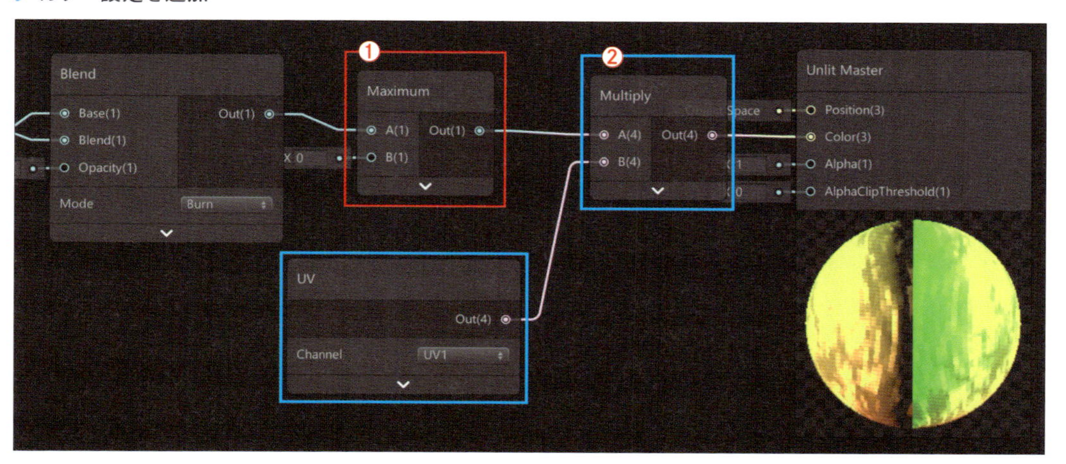

▶ ノードの追加

図内番号	内容
①	Maximumノードを追加。Blendノードから出力されている値を補正してマイナス値を切り捨てる。B(1)入力を0に設定
②	青枠で囲ったUVノードとMultiplyノードを追加。UVノードからCustom DataモジュールのCustom1のカラー設定を読み込む。ChannelパラメータはUV1に設定

さらにCustom DataモジュールのCustom2のXを読み込んで、コアの直径をカーブで変更できるように置き換えます。

▶ コアの直径をコントロールできるようにパラメータを追加(SH_7-5-1_03参照)

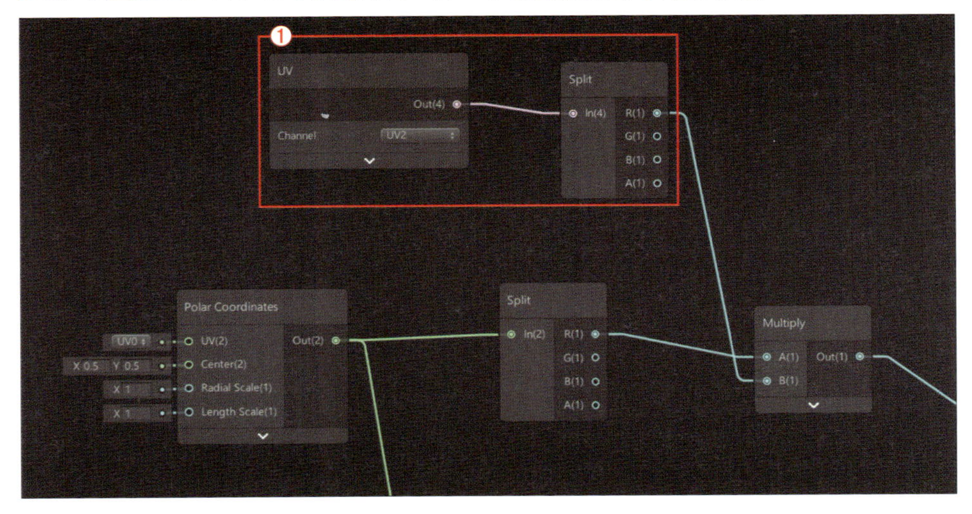

▶ ノードの追加

図内番号	内容
①	UVノードとSplitノードを追加。UVノードでCustom DataモジュールのCustom2のVectorの値（X、Y、Z、W）を読み込み、SplitノードでXパラメータだけを分離。後ほどXパラメータにカーブを設定して、カーブでコアの直径を変更できるようにする

これでシェーダーが完成しました。Save Assetボタンをクリックしてウィンドウを閉じましょう。最後に右図を参考にCustom Dataモジュールを設定してください。Custom1のカラーの設定については、明るさ(Intensityパラメータ)の値だけ表に記載しているので、色は右下の図を参考にして合わせてください。

▶ Intensityパラメータの値

図内番号	値
①	0
②	2
③	6
④	3
⑤	0

▶ Custom Dataモジュールを設定

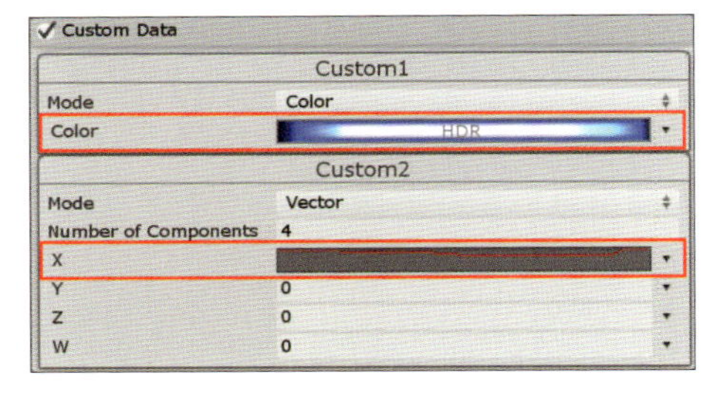

▶ Custom1のColorパラメータを設定

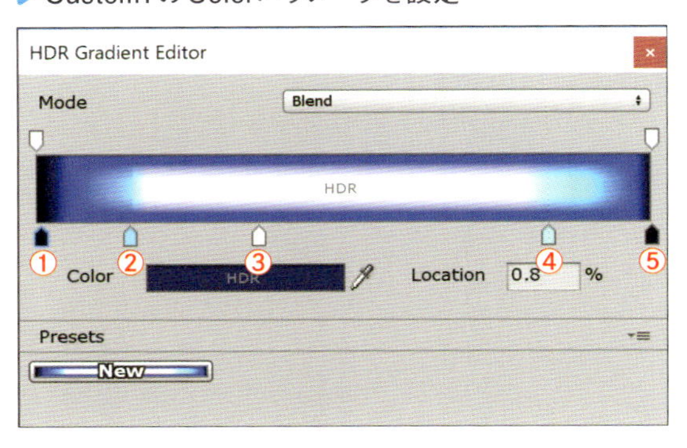

▶ Custom2のXパラメータを設定

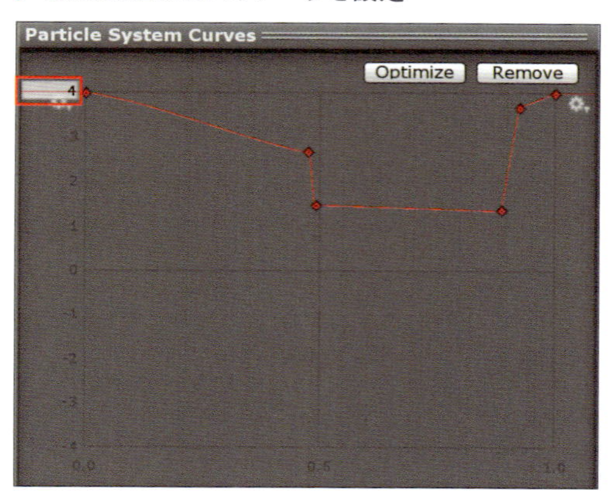

▶ 設定結果

7-5-2 チャージ中の点滅するフラッシュの作成

チャージ部分のエフェクトの仕上げとしてチャージ中に点滅するフラッシュを作成します。FX_Lightningの子要素として新規パーティクルをflash01の名前で作成し、次の図を参考に設定してください。また、新規マテリアルとシェーダーをそれぞれM_lesson07_Flash01とSH_lesson07_Flashという名前で作成して、マテリアルにシェーダーを設定してください。

▶ flash01パーティクルの設定

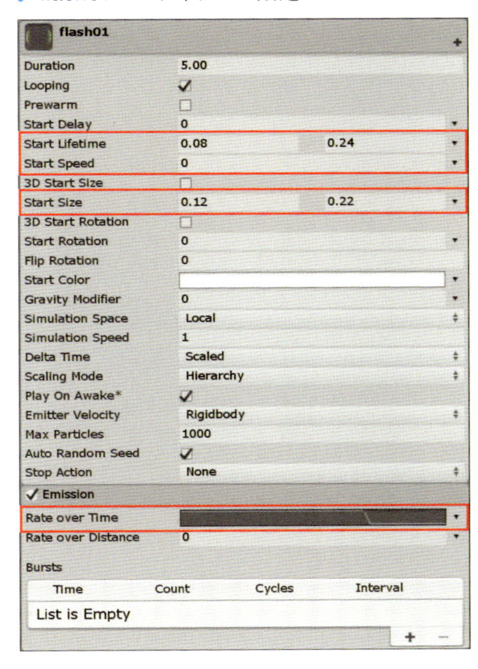

▶ Mainモジュール

パラメータ	値	
Start Lifetime	0.08	0.24
Start Speed	0	
Start Size	0.12	0.22

▶ Emissionモジュール

パラメータ	値
Rate over Time	下図を参照

▶ EmissionモジュールのRate over Timeパラメータの設定

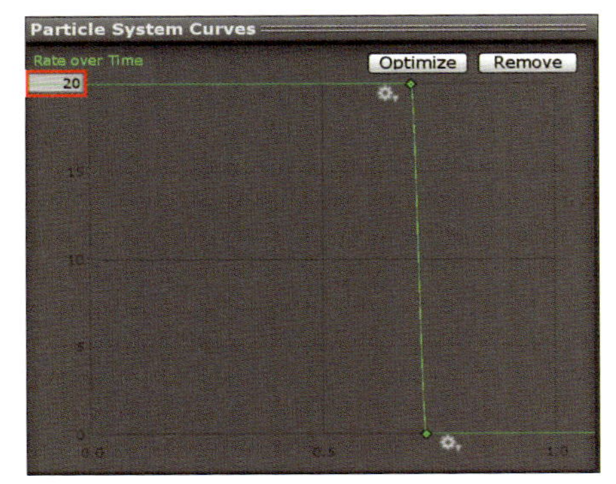

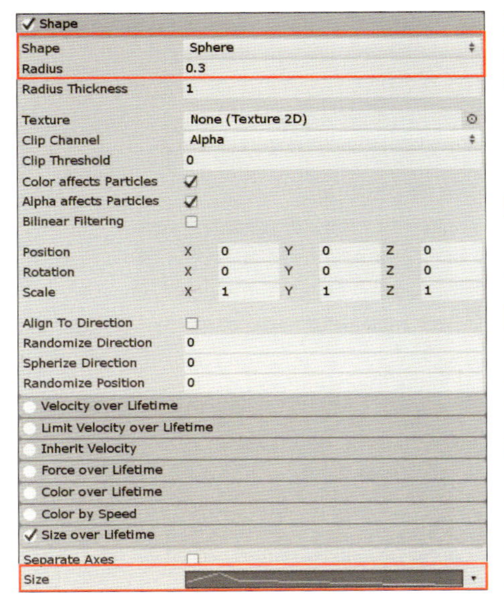

▶ Shapeモジュール

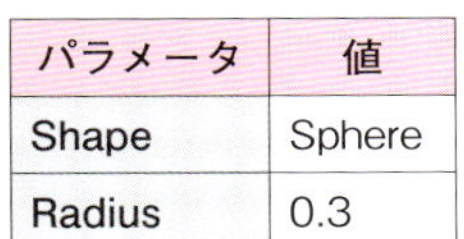

パラメータ	値
Shape	Sphere
Radius	0.3

▶ Size over Lifetimeモジュール

パラメータ	値
Size	下図を参照

▶ Size over LifetimeモジュールのSizeパラメータの設定

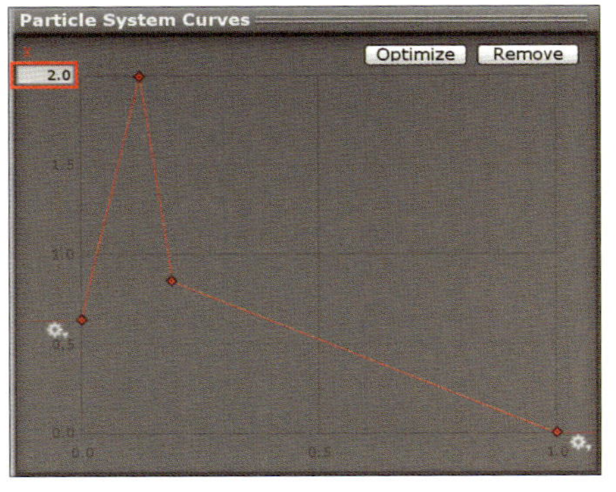

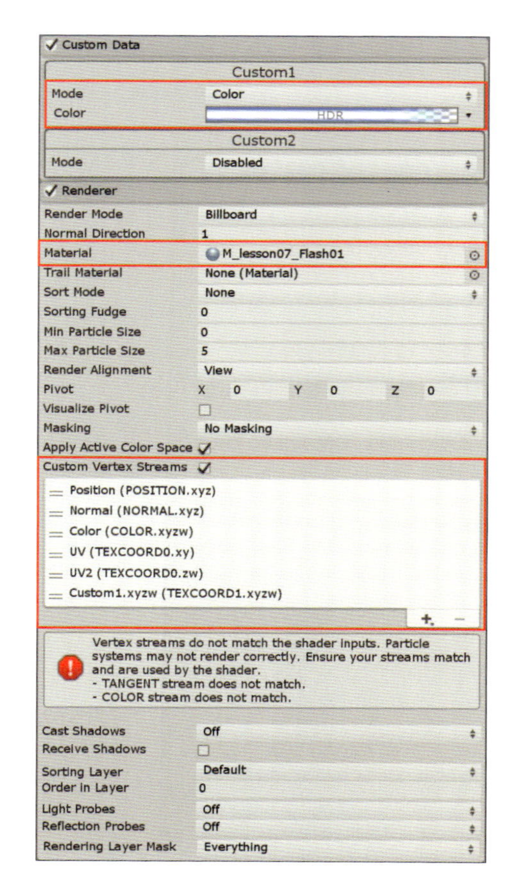

▶ Custom Data モジュール

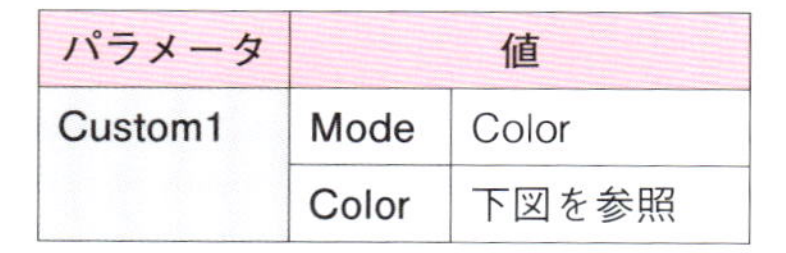

パラメータ	値	
Custom1	Mode	Color
	Color	下図を参照

▶ Custom Data モジュールのColorパラメータの設定

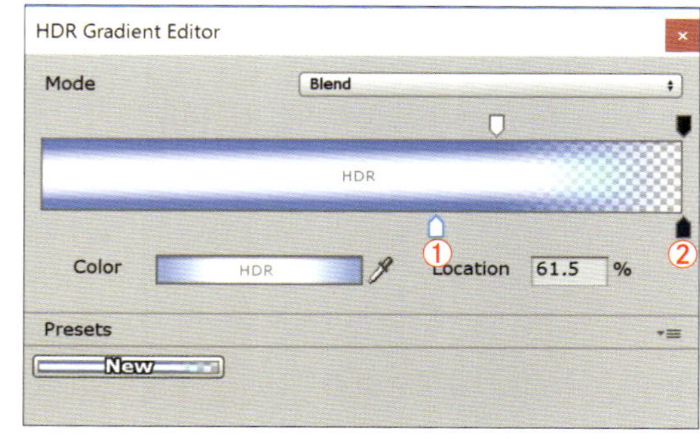

▶ Intensityパラメータの値

図内番号	値
①	3
②	0

▶ Rendererモジュール

パラメータ	値
Material	M_lesson07_Flash01
Custom Vertex Streams	チェックあり
追加するパラメータ	UV2(TEXCOORD0.zw)
	Custom1.xyzw(TEXCOORD1.xyzw)

それでは次に先ほど作成したSH_lesson07_Flashシェーダーを作成していきましょう。今回は非常にシンプルなシェーダーです。右図を参考に組んでみてください。

最初に、ブラックボードにSamplesと入力します。続いて、Unit Masterノードを設定します。

▶ 設定を変更

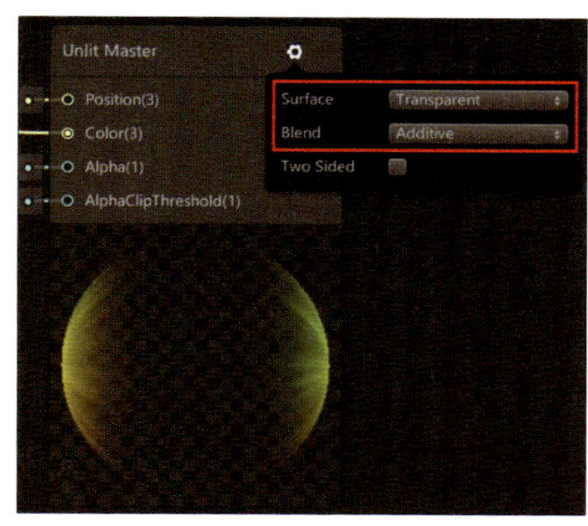

▶ Unlit Masterノード

パラメータ	値
Surface	Transparent
Blend	Additive

▶ シェーダーを設定

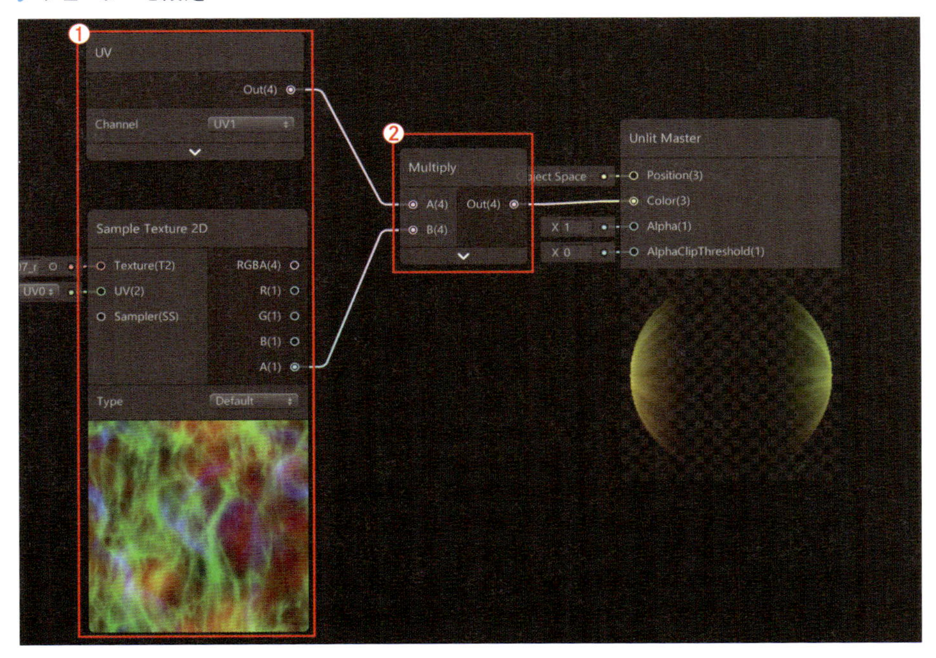

▶ ノードの追加

図内番号	Transparent
①	T_lesson07_noise01 テクスチャをメインエリアにドラッグ＆ドロップしてノードを作成し、UV ノードを追加。UV ノードの Channel パラメータは UV1 に設定
②	Multiply ノードを追加し、テクスチャと UV ノードから取得してきたカラー情報を掛け合わせて、Unlit Master ノードに接続

これでシェーダーが完成しました。いままでに作成した要素を全て表示した状態で再生してみましょう。これでチャージ部分の完成となります。7-6からはチャージ後に発射されるビーム部分を制作していきます。もう一息ですので頑張っていきましょう。

▶ チャージ部分の完成結果

ビームエフェクトの作成

ここではチャージ完了時に発射されるビームエフェクトを作成していきます。まずメッシュを作成してからシェーダーを作成し、パーティクルに適用していきます。

7-6-1 ビームのメッシュの制作

ビームのメッシュをHoudiniで作成していきます。今回は単純な円柱のメッシュで済ませてしまいます。Houdiniを起動してGeometryノードを作成して、名前をSM_lesson07_beam01に変更します。

次にGeometryノードの中に入ってFileノードを削除し、次の図を参考にノードを組みます。4つだけのシンプルなものです。シェーダーの方でマスク処理を行うため、今回は頂点アルファの設定などは特に行っていません。

▶ Geometryノードを作成

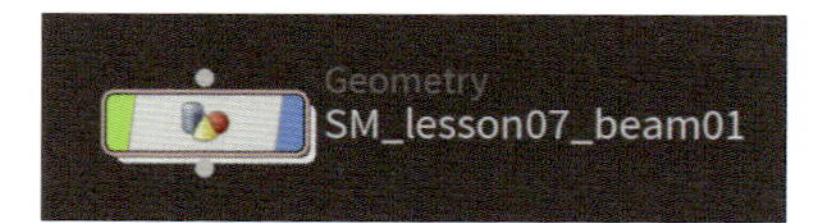

▶ ノードの構成

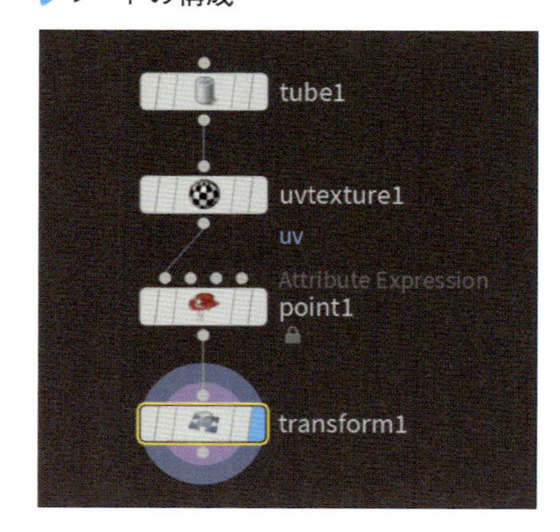

▶ 各ノードのパラメータ設定

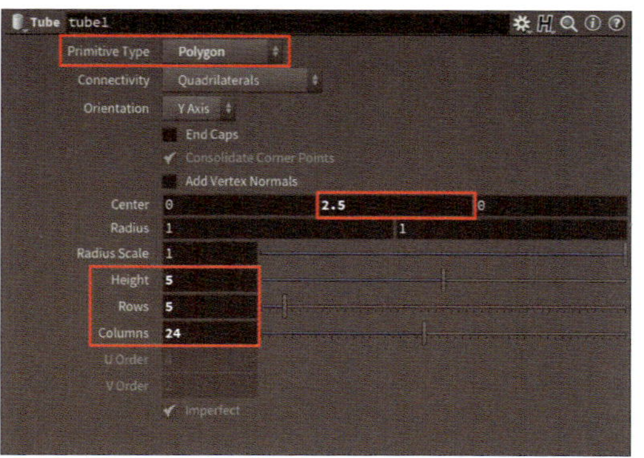

▶ Tubeノード

パラメータ	値		
Primitive Type	Polygon		
Center	X:0	Y:2.5	Z:0
Height	5		
Rows	5		
Columns	24		

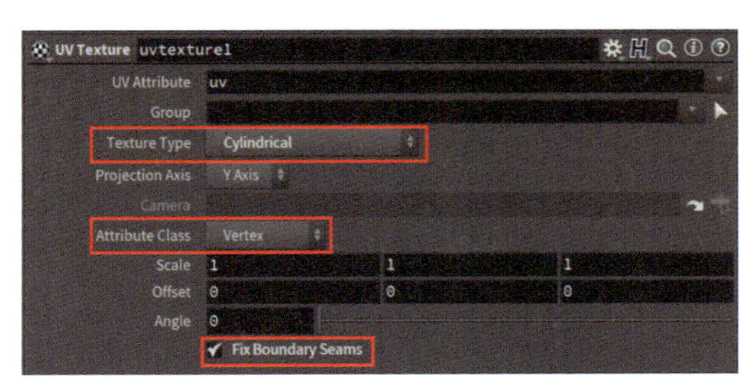

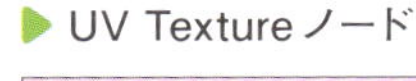

▶ UV Textureノード

パラメータ	値
Texture Type	Cylindrical
Height	5
Attribute Class	Vertex
Fix Boundary Seams	チェックあり

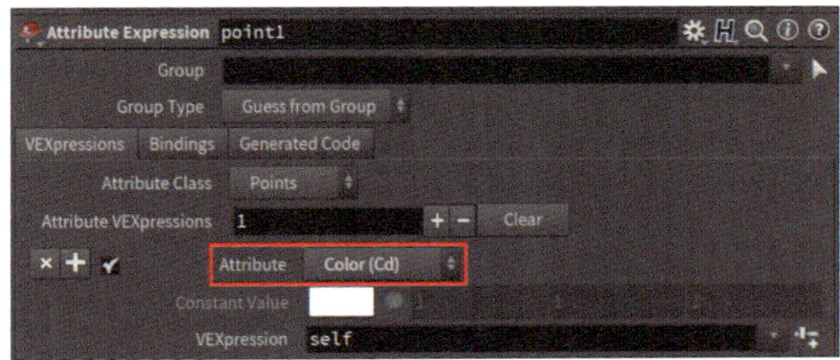

▶ Pointノード

パラメータ	値
Attribute	Color(Cd)

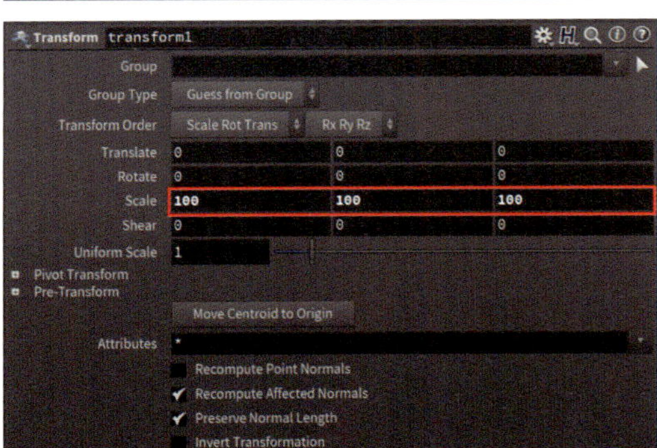

▶ Transformノード

パラメータ	値		
Scale	X:100	Y:100	Z:100

これでメッシュが完成しました。完成したメッシュをSM_lesson07_beam01の名前でAssets/Lesson07/Modelsフォルダ内にFBXファイルで書き出しておきましょう。Houdiniのファイルも任意の場所に保存しておきます。

▶ 完成メッシュ

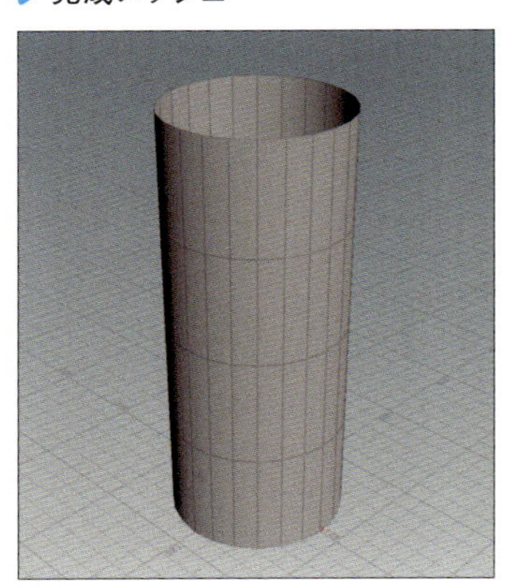

▶ Unityのプロジェクト内にメッシュを書き出す

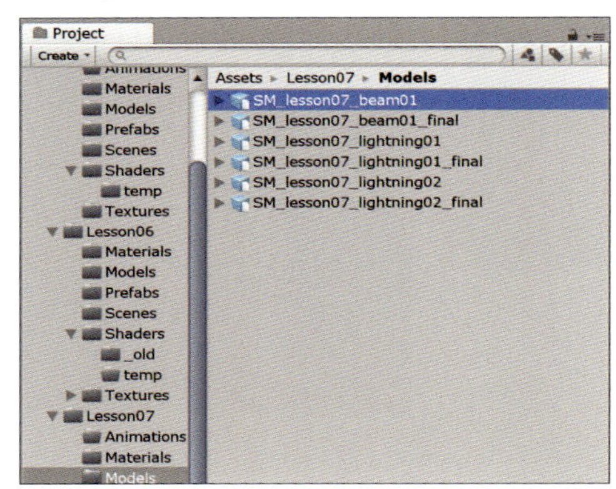

7-6-2 アルファブレンドシェーダーの制作

メッシュが完成しましたので、次にシェーダーの方を作成していきます。今回も6章の闇の柱の時と同じく、アルファブレンド（Alpha）と加算（Additive）の2つのシェーダーを作成します。

▶ アルファブレンド(Alpha) と加算(Additive) シェーダーを適用したビームエフェクト

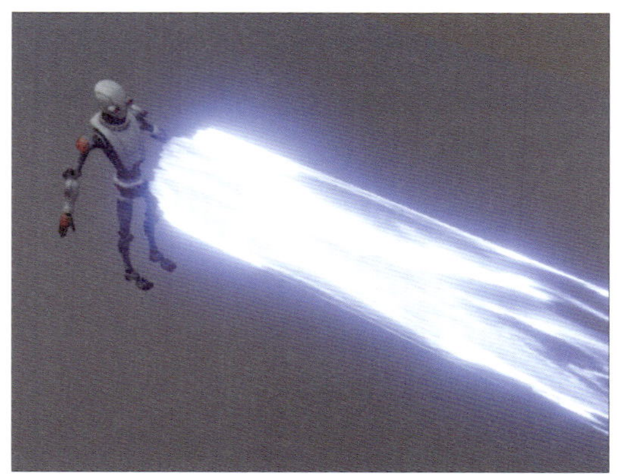

まずアルファブレンドの方から作成していきます。Assets/Lesson07/Shadersフォルダ内に、SH_lesson07_Beam_Alphaという名前で新規シェーダー（Unlit Graph）を作成します。Shader Graphを起動して設定を変更します。

▶ 設定を変更

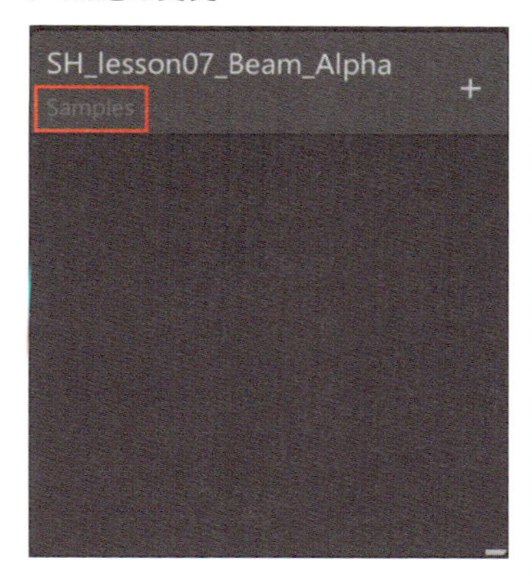

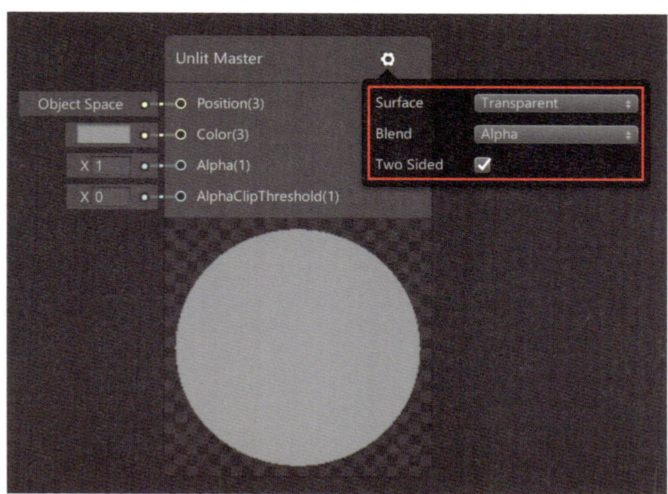

最初に、ブラックボードにSamplesと入力します。続いて、Unit Masterノードを設定します。

次の図を参考にノードを組んでください、今回はHDRカラーを使わないのでCustom Dataモジュールは使用しません。MainモジュールのStart Colorパラメータを使うため、Vertex Colorノードを使用してパーティクルのカラーを取得しています。テクスチャはT_lesson07_noise01を使用しています。

▶ Unlit Masterノード

パラメータ	値
Surface	Transparent
Blend	Alpha
Two Sided	チェックあり

▶ Vertex Colorノードでカラーを取得

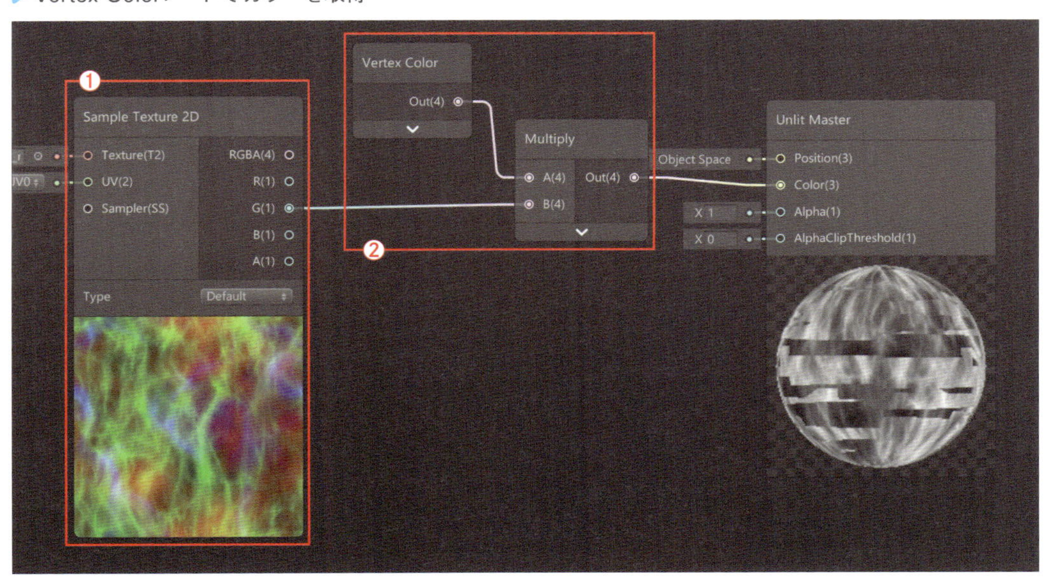

▶ ノードの作成

図内番号	内容
①	T_lesson07_noise01 テクスチャをメインエリアにドラッグ＆ドロップしてノードを作成
②	Vertex Color ノードと Multiply ノードを追加。Vertex Color ノードを使用してパーティクルのカラーを取得してテクスチャと掛け合わせる

次にテクスチャに簡易的なUVスクロールを追加します。

▶ 簡易的なUVスクロールを追加(SH_7-6-2_01参照)

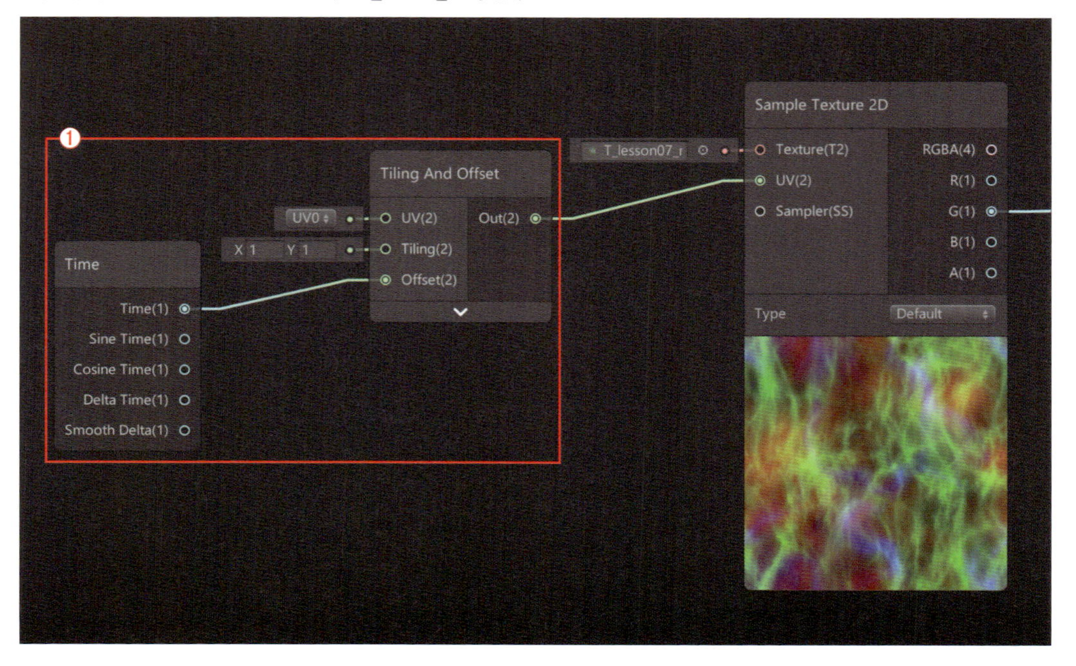

▶ ノードの追加

図内番号	内容
①	Time ノードと Tiling And Offset ノードを追加。シンプルな UV スクロールを作成

次にアルファの部分を作成していきます。Houdiniでメッシュを作成する際に、上下に頂点アルファを設定していないので、シェーダーで上下の部分のアルファをGradientノードと掛け合わせることで作成しています。

マスク部分を作成

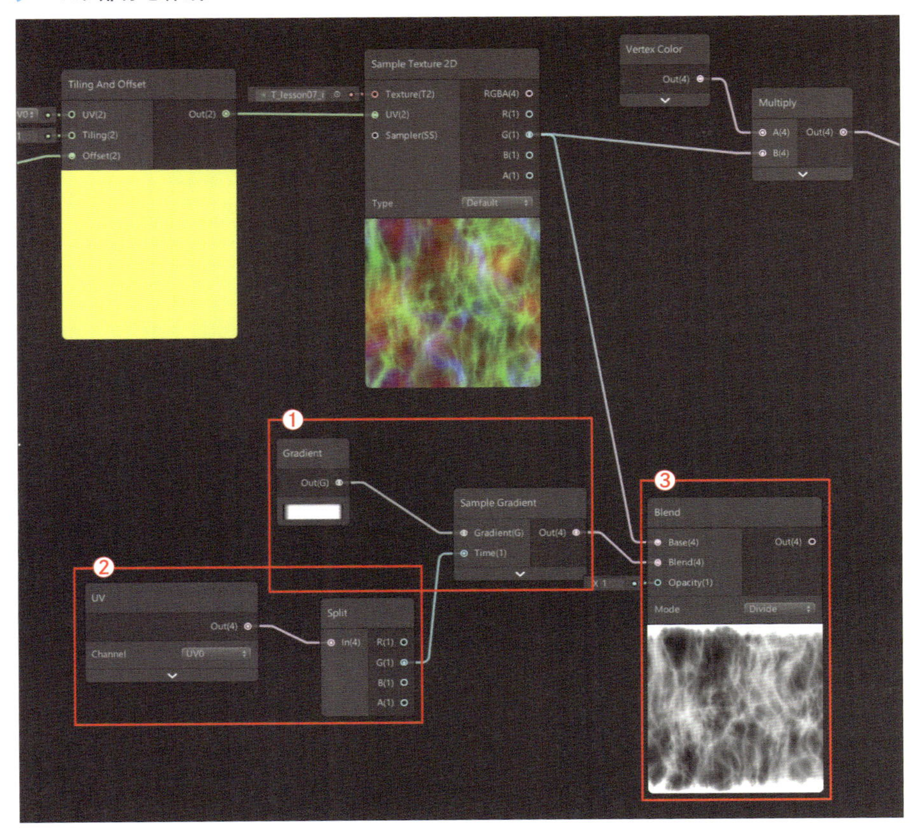

ノードの追加

図内番号	内容
①	Gradient ノードと Sample Gradient ノードを追加。Gradient ノードの設定については右図を参照
②	UV ノードと Split ノードを追加。Split ノードの G(1) 出力を Sample Gradient ノードの Time(1) 入力に接続
③	Blend ノードを配置し、Sample Texture 2D ノードの出力と Sample Gradient ノードの出力を合成。Blend ノードの Mode パラメータは Divide を選択

Gradientノードの設定

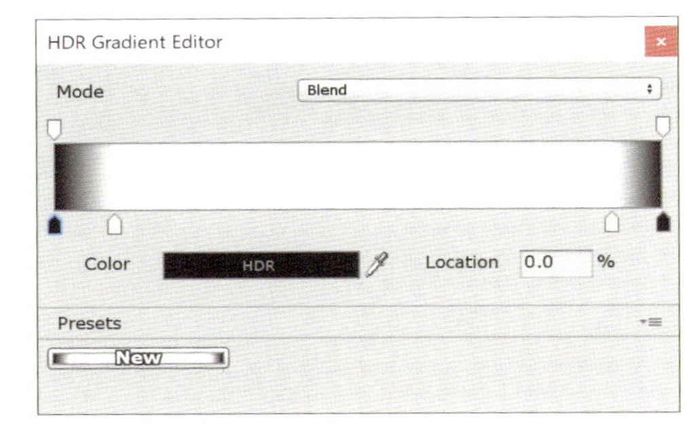

このままだと上下の部分が白なので、One Minus ノードで色を反転します。さらにMaximum ノードでマイナス値を 0 に丸めます。

▶ アルファ部分を反転させる(SH_7-6-2_02参照)

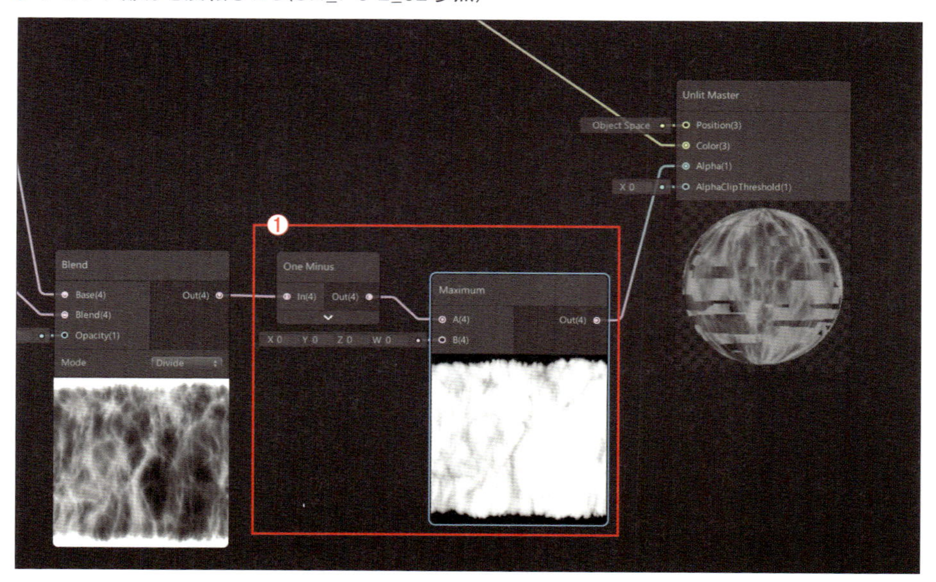

▶ ノードの設定

図内番号	内容
①	Blend ノードの出力を One Minus ノードで反転。さらに Maximum ノードを接続。マイナス値を 0 にクランプし、最後に Maximum ノードの出力を Unlit Master ノードの Alpha(1) 入力に接続

一度ここでSave Assetボタンで結果を反映し、7-6-3でパーティクルの設定を行って結果を確認してみましょう。

7-6-3 アルファブレンドのビームの完成

一度ここまでの設定結果を確認してみたいと思います。結構パーティクルの数が増えてきたので、右図のようにFX_Lightning直下にchargeとbeamというゲームオブジェクトを作成して、chargeの中にいままで作成したパーティクルを移動します。なお、chargeとbeamオブジェクトはダミーパーティクルに設定してください。

▶ パーティクルの要素を整理

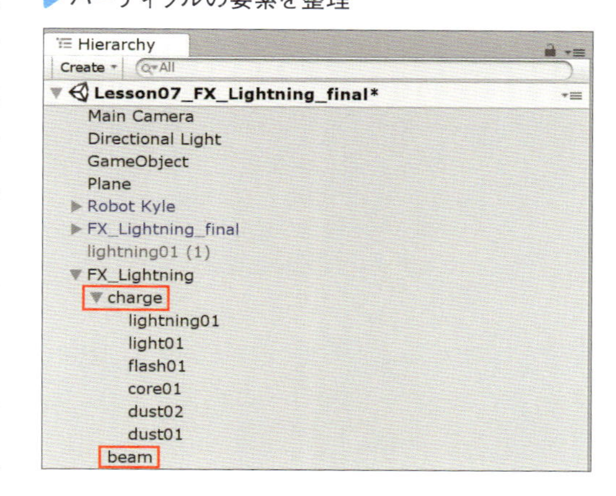

Assets/Lesson07/Materialsフォルダ内にM_lesson07_Beam01という名前で新規マテリアルを作成し、シェーダーをSH_lesson07_

Beam_Alphaに設定します。またbeamオブジェクト直下にbeam01という名前で新規パーティクルを作成し、設定していきます。

▶ beam01パーティクルの設定

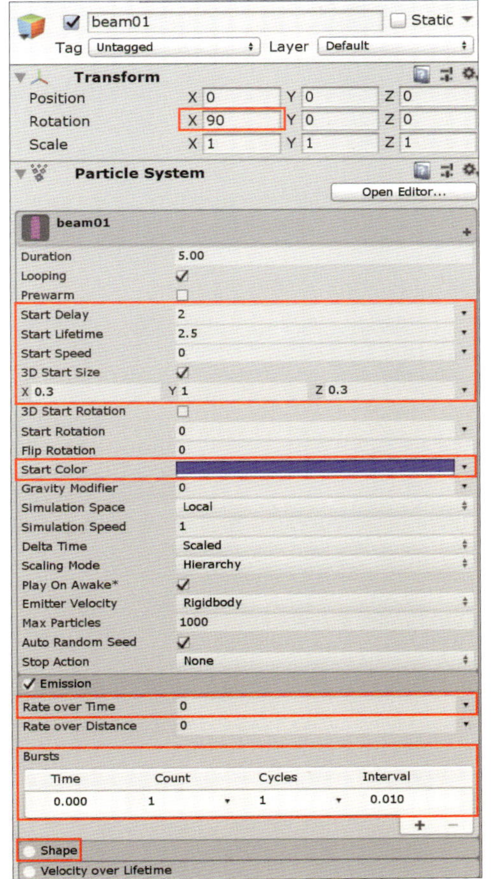

▶ Transformコンポーネント

パラメータ	値		
Rotation	X:90	Y:0	Z:0

▶ Mainモジュール

パラメータ	値		
Delay	2		
Start Lifetime	2.5		
Start Speed	0		
3D Start Size	チェック	あり	
	X:0.3	Y:1	Z:0.3
Start Color	下図を参照		

▶ Start Colorパラメータの設定

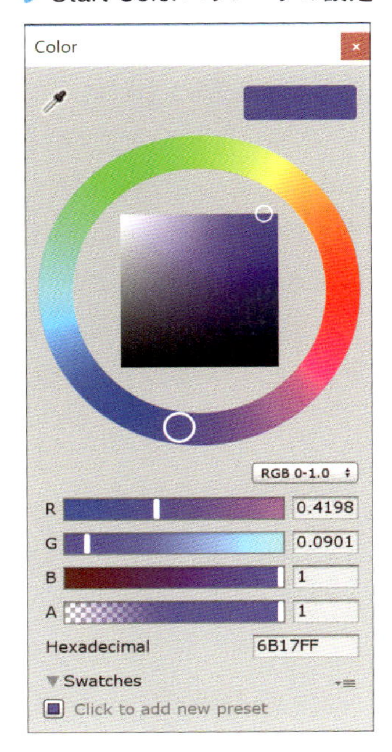

▶ Emissionモジュール

パラメータ	値			
Rate over Time	0			
Bursts	Time	Count	Cycles	Interval
	0.000	1	1	0.01

▶ Shapeモジュール

パラメータ	値
チェック	なし

▶ Rendererモジュール

パラメータ	値
Render Mode	Mesh
Mesh	SM_lesson07_beam01
Material	M_lesson07_Beam01
Render Alignment	Local

さらにビームにスケールのアニメーションを付けていきます。ビームの長さは変えずに幅だけにアニメーションを付けて、細い状態から一気に太くして、寿命の終わり際でまた細くします。

最後に細くなった際にすぐに消すのではなく、少し細くなった状態を維持することでビームの余韻を見せることができます。このあたりの表現はアニメなどでよく使われています。今回は入っていませんが、さらに最後に細くなった際にビームに千切れるような表現が入ると、さらにクオリティが上がるかと思います。

ここまで設定できたらアニメーションを再生して確認してみます。実際にビームオブジェクトにマテリアルを適用して確認してみると、円柱状のメッシュの形状がくっきりとそのまま表示されてしまい、違和感があります（次のページの上左図）。この違和感を軽減するため、Fresnel Effectノードを使って少しエッジ部分の硬い見え方をソフトにします（次のページの上右図）。

▶ X軸とZ軸にアニメーションを付ける

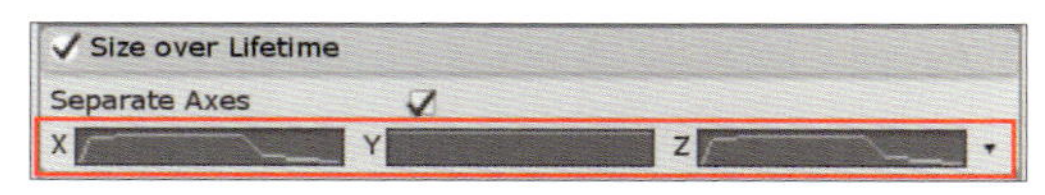

▶ X、Z

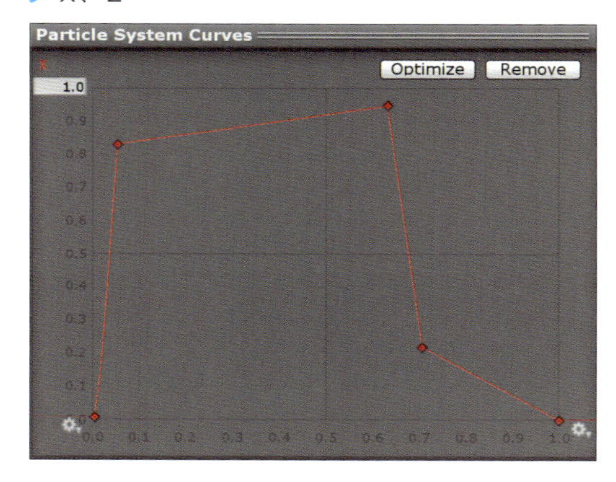

▶ Y

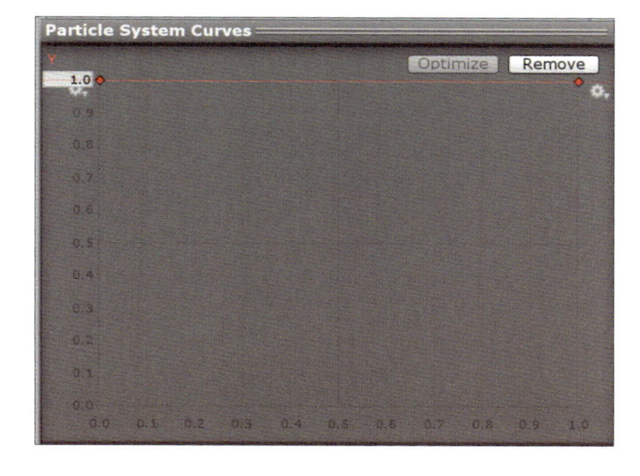

▶ Fresnel Effectノードを適用してメッシュのフチ部分の印象を変える

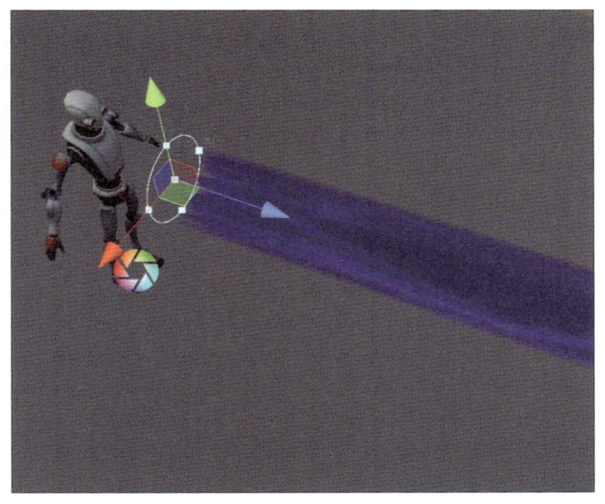

次の図を参考に、Fresnel Effectノードを適用していきます。Fresnel Effectノードについては5章でも使用しましたが、今回はOne Minusノードを使用して範囲を反転しています。

▶ Fresnel Effectノードを適用

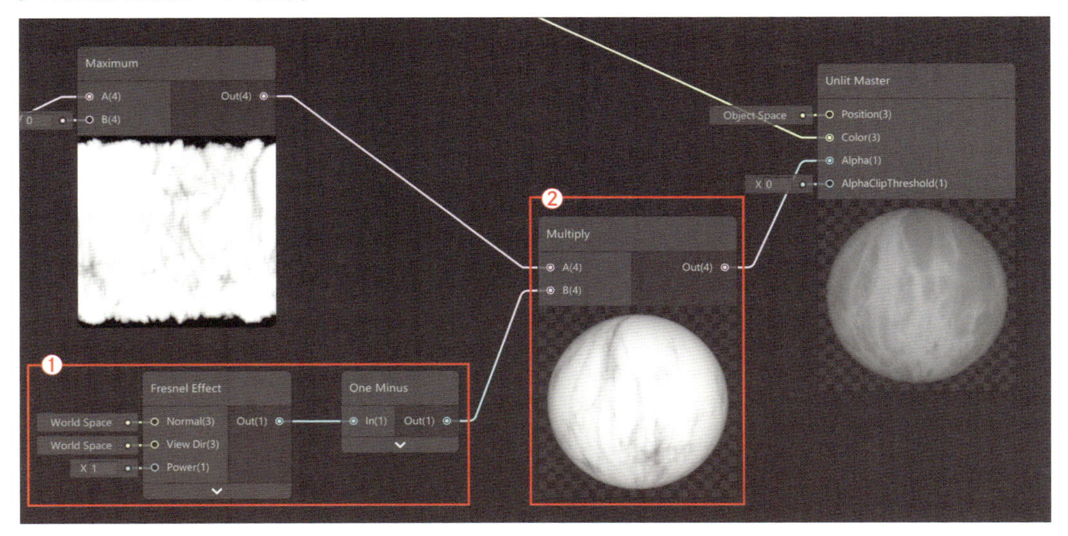

▶ ノードの追加

図内番号	値
①	Fresnel Effect ノードと One Minus ノードを追加。フレネル効果を作成
②	Multiply ノードを追加。Maximum ノードの出力とフレネル効果を掛け合わせる。Multiply ノードの出力を Unlit Master ノードの Alpha(1) 入力に接続

さらに微調整としてSample Texture 2DノードとMultiplyノードの間にRemapノードを挟んで明るさを調整します。ここでは黒色を少し持ち上げています。

▶ 明るさを微調整

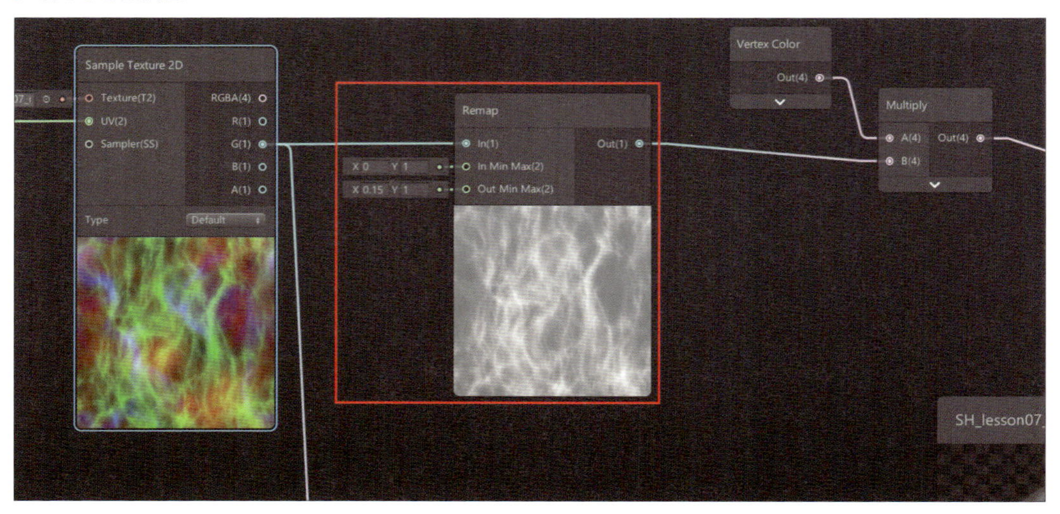

これでアルファブレンドのビームシェーダーが完成しました。

▶ Remapノード

パラメータ	値	
In Min Max	X:0	Y:1
Out Min Max	X:0.15	Y:1

7-6-4 加算ビームのシェーダーの作成

次に加算（Additive）シェーダーを作成していきます。先ほど完成したSH_lesson07_Beam_Alphaシェーダーを複製してSH_lesson07_Beam_Addという名前に変更します。Unlit Masterノードの設定を右図のように変更してください。

▶ Unlit Masterノードの設定を変更

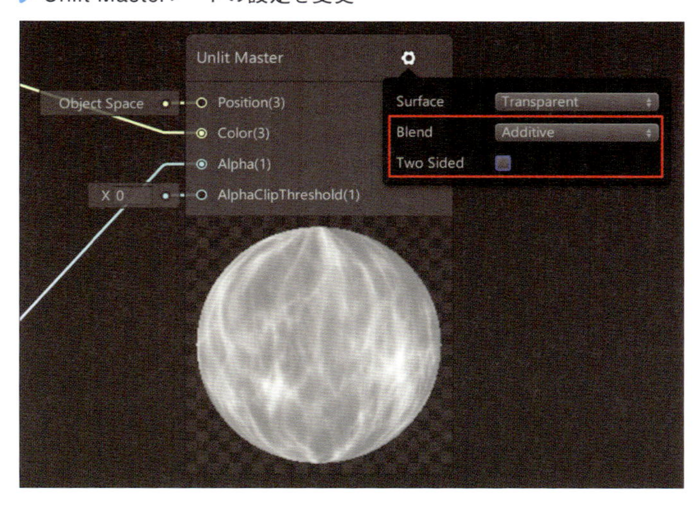

▶ Unlit Masterノード

パラメータ	値
Blend	Additive
Two Sided	チェックなし

次にUnlit Masterノード付近にある次の図赤枠で囲った部分を消去します。ここからノードを追加して加算用のシェーダーに作り替えていきます。

▶ 赤枠内のノードを削除(SH_7-6-4_01参照)

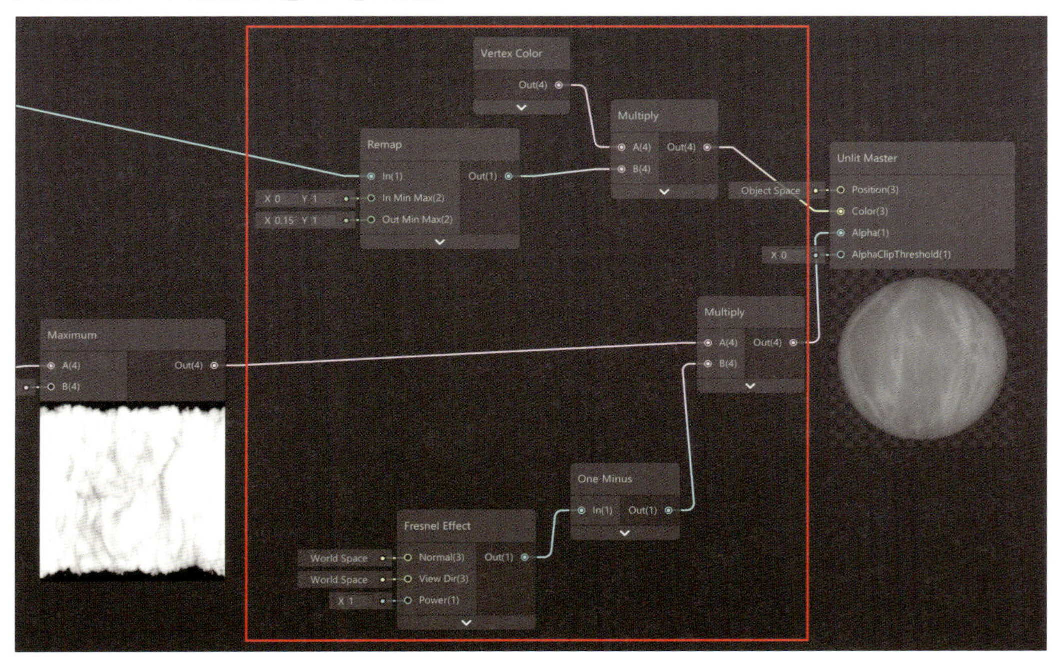

削除が終わったらSample Texture 2Dノードの出力をG(1)からB(1)に変更して再度Blendノードへ接続しましょう。

▶ Sample Texture 2Dノードの出力を変更

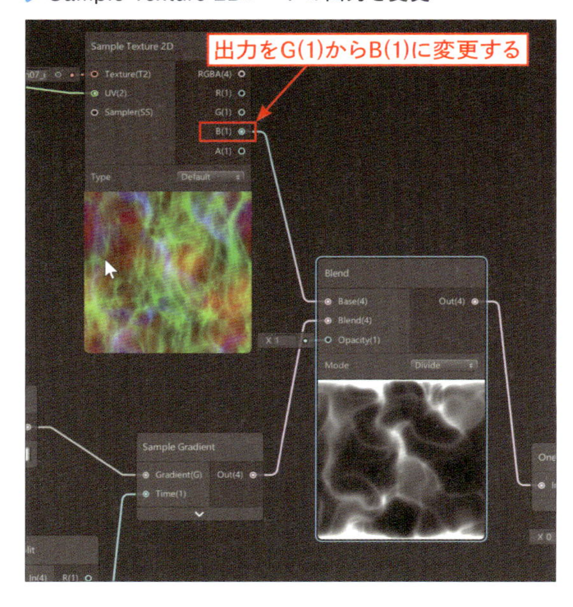

さらにMultiplyノードを追加してSample Texture 2DノードとMaximumノードを掛け合わせます。Multiplyノードの出力はUnlit MasterノードのColor(3)入力に接続してください。

▶ Sample Texture 2DノードとMaximumノードを掛け合わせる

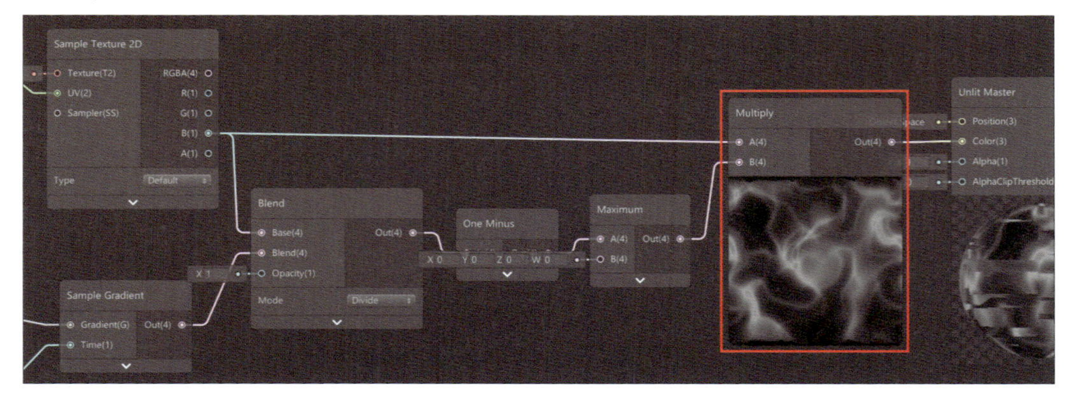

次にTexture 2DプロパティをMainTexという名前で作成します。DefaultパラメータにはT_lesson07_noise01を設定してください。

▶ Texture 2Dプロパティを作成

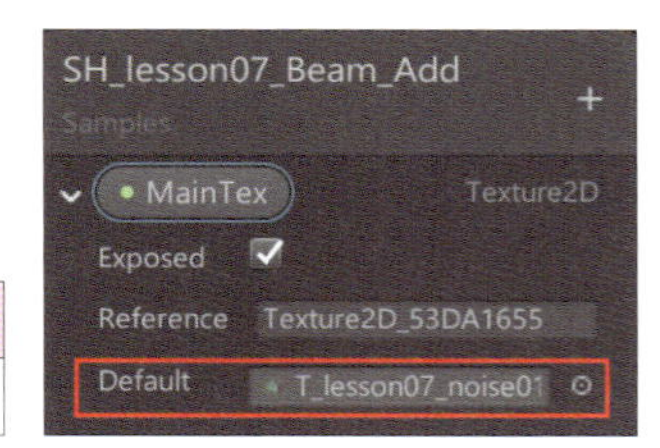

現状はTimeノードだけでUVスクロールを行っている状態ですが、ここにUVディストーションの処理を追加していきます。

▶ MainTexプロパティ

パラメータ	値
Default	T_lesson07_noise01

▶ 処理を追加する場所(SH_7-6-4_02参照)

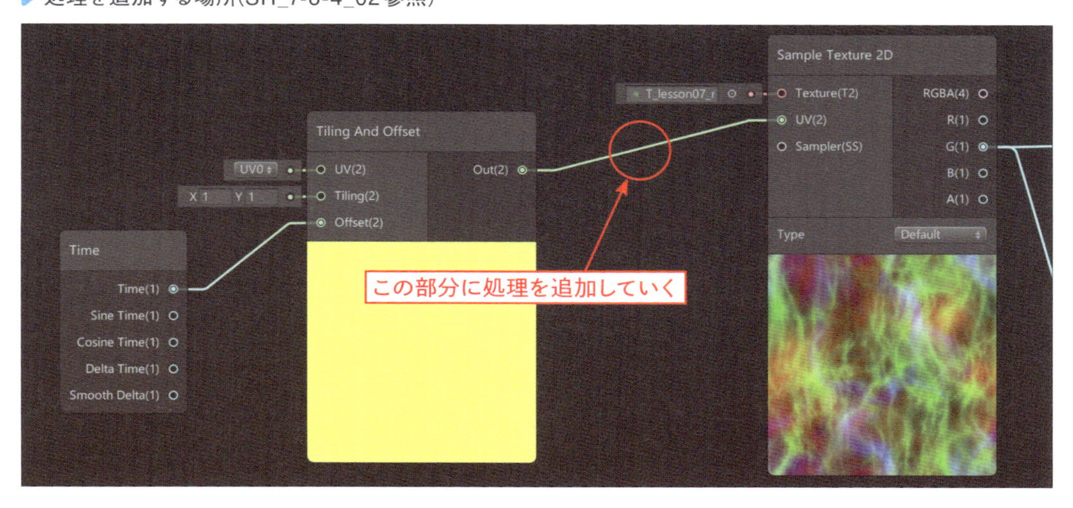

Sample Texture 2DノードとTiling And Offsetノードの間に、次の図のようにノードを追加します。緑枠で囲った部分には先ほど作成したMainTexプロパティを使用します。

▶ UVディストーションを追加(SH_7-6-4_03参照)

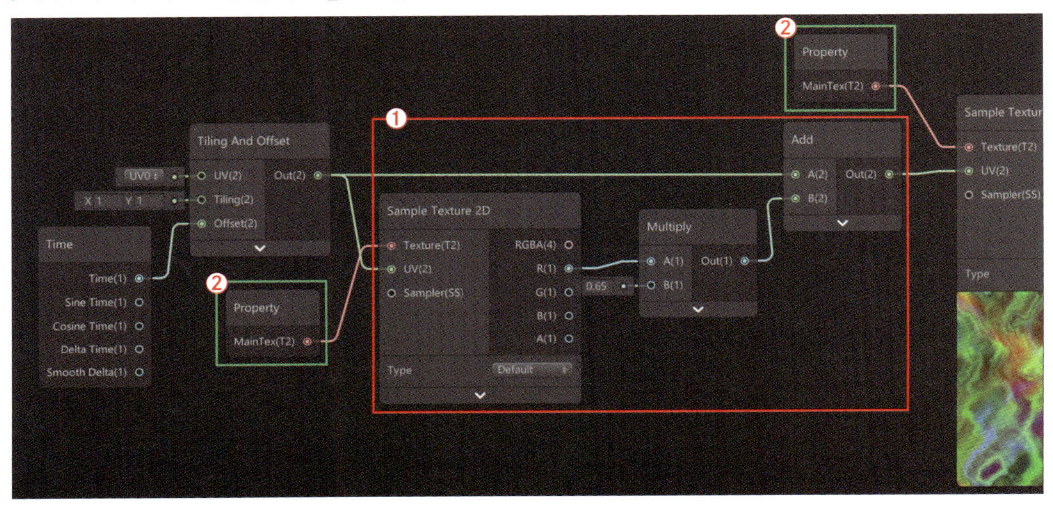

▶ ノードの追加

図内番号	内容
①	Sample Texture 2D ノード、Multiply ノード、Add ノードを追加。上図を参照して接続。Multiply ノードの B(1) 入力には 0.65 を設定
②	先ほど作成した MainTex プロパティを、２つの Sample Texture 2D ノードの Texture(T2) 入力にそれぞれ接続

UVディストーションが追加されました。MultiplyノードのB(1)の入力値を調整することでUVディストーションの強さを調整できます。ただし現状では２つあるSample Texture 2Dノードが同じ速度でスクロールしているため、少し面白味に欠ける動きになってしまっています。

次のページの図のように、２つのSample Texture 2Dノードに別々の速度を適用することでより複雑な動きを表現できます。ここではMultiplyノードを使用して、UVディストーション用のテクスチャに対してメインテクスチャの２倍の速度でUVスクロールするように設定しました。

また両方のTiling And OffsetノードのTilingのXを３に設定しています。もしわかりづらい場合は、Assets/Lesson07/Shaders/tempフォルダ内のシェーダーの途中経過のファイルも参考にしてみてください。

▶ ２つあるSample Texture 2Dノードに異なる速度を設定(SH_7-6-4_04参照)

▶ ノードの追加

図内番号	内容
①	Tiling And Offset ノードを追加。上図を参照して接続
②	Multiply ノードを追加。新しく作成したTiling And Offset ノードの Offset(2) 入力に接続。Time ノードの出力を接続し、B(1) 入力に２を設定することでスクロール速度を２倍に設定
③	２つの Tiling And Offset ノードの Tiling(2) 入力の値を「X=3」、「Y=1」に設定

プレビューで確認すると、メインテクスチャとディストーション用テクスチャに速度差が生まれたため、模様が複雑になったのがわかるかと思います。

しかし、このままではマテリアルから調整ができないので、ディストーションの強さを調整するDistortion Strengthプロパティと、UVスクロールの速度を調整するScroll Speedプロパティを作成します。

▶ プロパティを追加

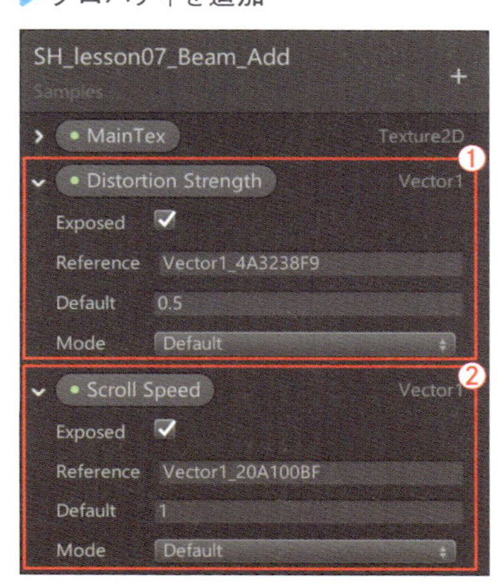

▶ プロパティの追加

図内番号	内容
①	Vector1 プロパティを作成。Distortion Strength という名前に変更。Default プロパティを 0.5 に設定
②	Vector1 プロパティを作成。Scroll Speed という名前に変更

次の図を参考に、作成したプロパティを接続していきます。

▶ Scroll Speedプロパティを接続

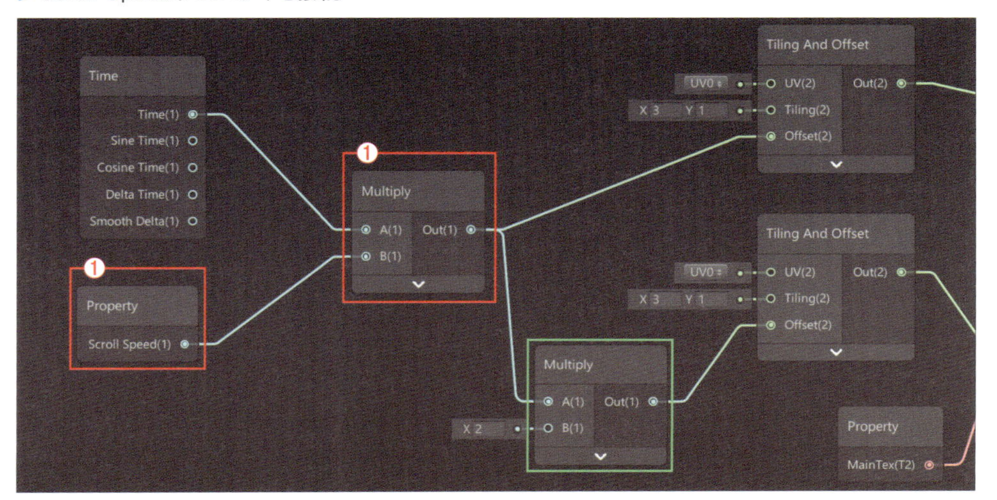

▶ ノードの追加

図内番号	内容
①	Multiply ノードを作成。Scroll Speed プロパティノードと Time ノードを接続。緑枠で囲った Multiply ノードにプロパティを接続していないのは、こちらに接続してしまうとディストーション用テクスチャの方にしかスクロールの調整が反映されないため

▶ Distortion Strengthプロパティを接続(SH_7-6-4_05 参照)

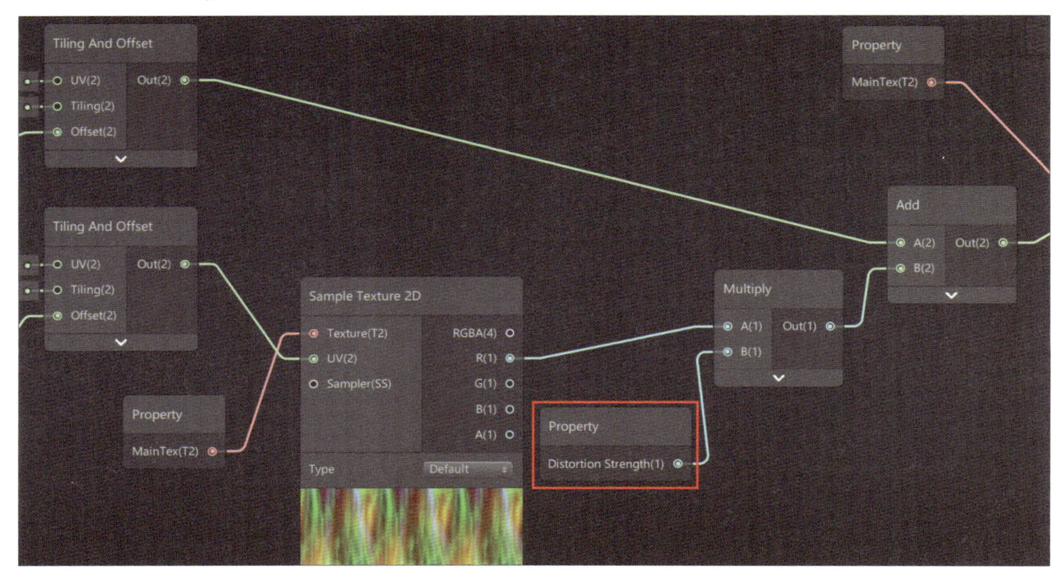

ここでできたら、一度Save Assetボタンを押して変更を反映します。

7-6-5 加算ビームの完成

ここまでの作成結果をパーティクルに適用して確認してみます。新規マテリアルをM_lesson07_Beam02という名前で作成し、シェーダーをSH_lesson07_Beam_Addに変更しておきましょう。次にbeam01パーティクルを複製してbeam02に名前を変更します。次の図を参考に一部のパラメータを変更してください。基本的な設定はbeam01と同じで、サイズとマテリアルを変更しただけです。

▶ beam02パーティクルを設定

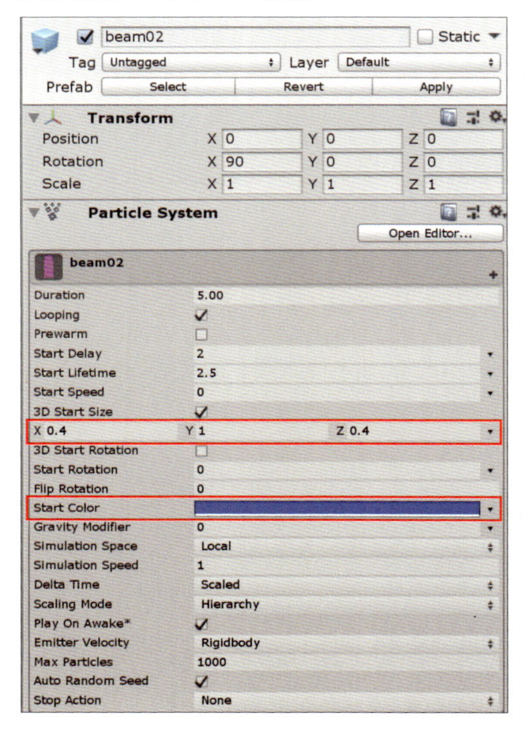

▶ Mainモジュール

パラメータ	値		
3D Start Size	X:0.4	Y:1	Z:0.4
Start Color	下図を参照		

▶ Start Colorパラメータの設定

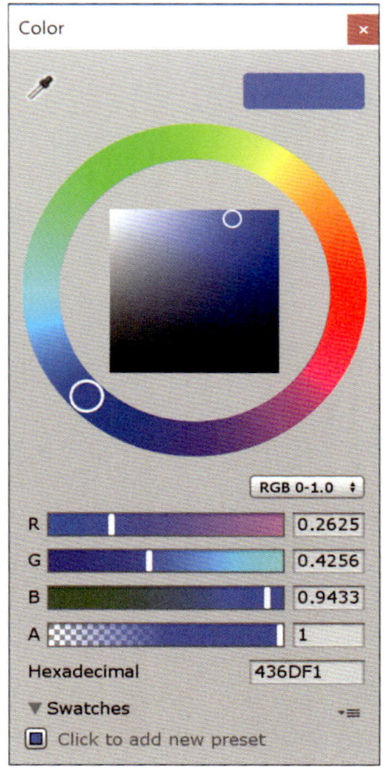

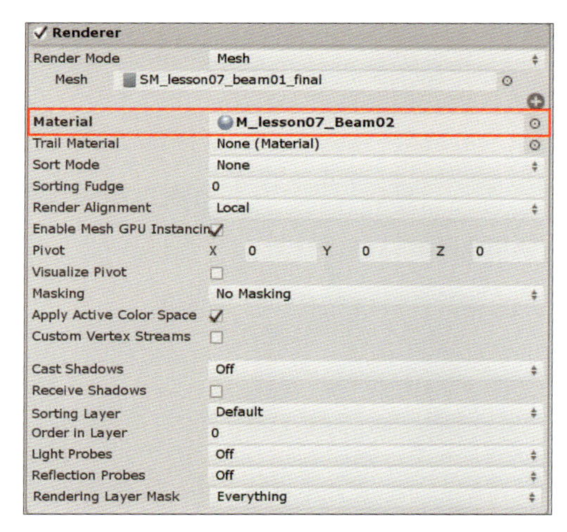

▶ Rendererモジュール

パラメータ	値
Material	M_lesson07_Beam02

再生してメッシュパーティクルの見た目を確認します。現状は次の左図ですが、右図の最終結果に調整していきます。

▶ 現状の結果(左)と最終結果(右)

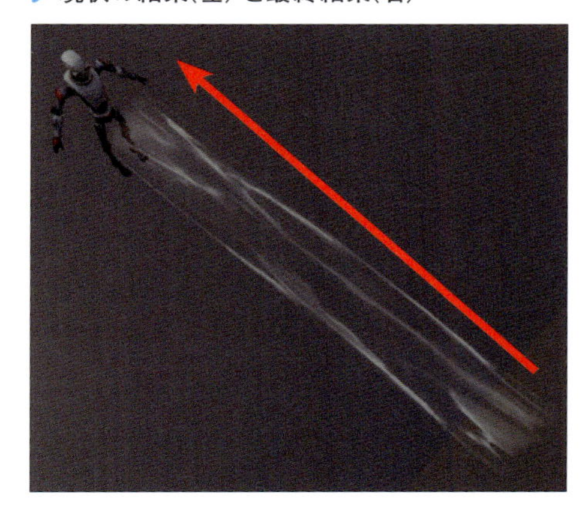

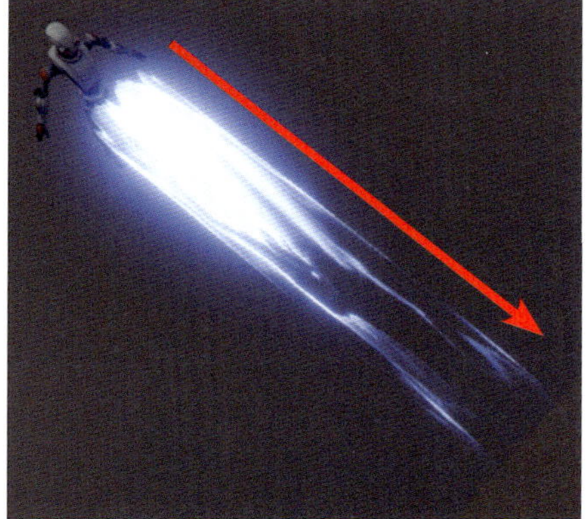

さらに次の修正を行い、最終結果に近付けていきます。

・明るさの調整を行い、発光感を出す
・ビームが根元から先端に行くに従って途切れるような見た目に変更する
・スクロールの向き(上記画像矢印参照)を反転する

それでは再びSH_lesson07_Beam_Addシェーダーを開いて作業に戻りましょう。まず発光感を出せるようにノードを追加していきましょう。パーティクルのカラーとアルファを使用するため、Vertex Colorノードを用いて設定を行っていきます。ただし、この設定については、6章のトレイルシェーダー(SH_lesson06_Spiral)を作成する際に同じようなことをやっているので、そちらを再利用していきます。SH_lesson06_Spiralシェーダーの次の図の赤枠で囲った部分です。

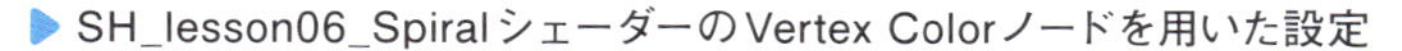

▶ SH_lesson06_Spiralシェーダーの Vertex Colorノードを用いた設定

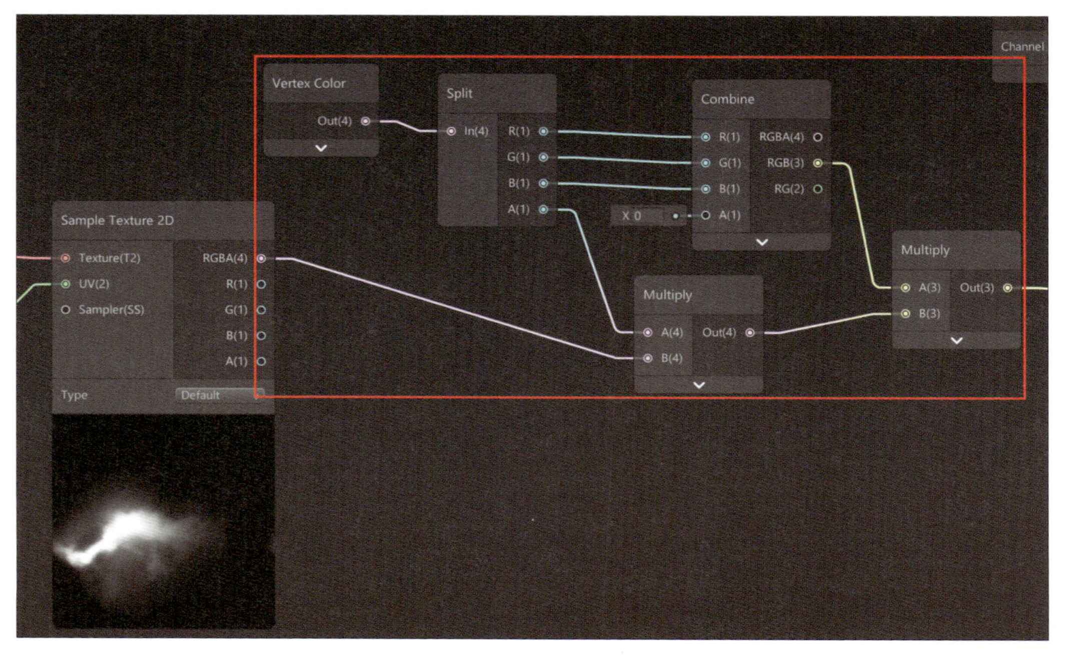

こちらのノードを選択してコピー＆ペーストで再利用することも可能ですが、ここではサブグラフの機能を使用してみましょう。

SH_lesson06_Spiralシェーダーの上記赤枠部分のノードを全て選択し、右クリックメニューからConvert to Sub Graphを選択します（下左図）。保存ダイアログボックスが開くので、Assets/Lesson07/Shadersフォルダ内にParticleColorという名前で保存します。保存すると、選択していたノード群が下右図のように1つのノードにまとめられます。

▶ Convert to Sub Graphの表示とサブグラフ

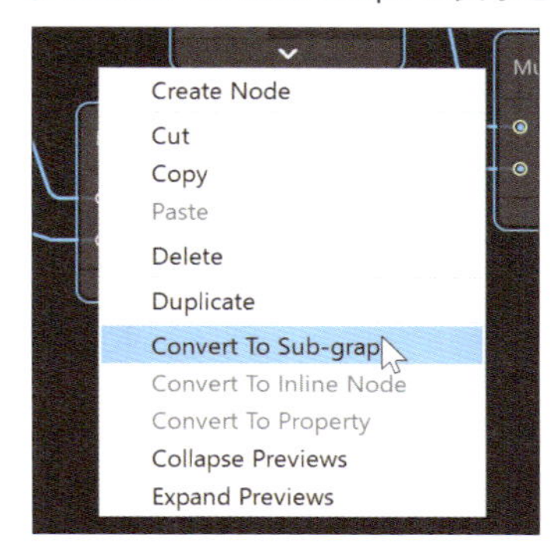

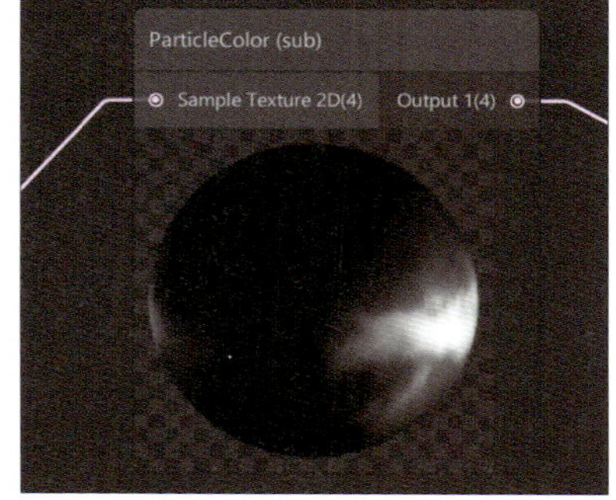

　こちらがサブグラフ（Sub Graph）と呼ばれるもので、今回のようによく使うノードの構成をサブグラフとして保存しておくことで、他のシェーダーを構築する際に再利用することができます。またダブルクリックすることで内部に入ることができます。

　SH_lesson06_SpiralシェーダーはSave Assetボタンを押さずにそのまま保存せずに閉じてください。再びSH_lesson07_Beam_Addシェーダーに戻って、先ほど保存したParticle Colorサブグラフをドラッグ＆ドロップして接続し、さらにVector1プロパティをEmissionという名前で作成、次の図のようにUnlit Masterノードの入力部分に追加します。

▶ 保存したParticleColorサブグラフをドラッグ&ドロップ

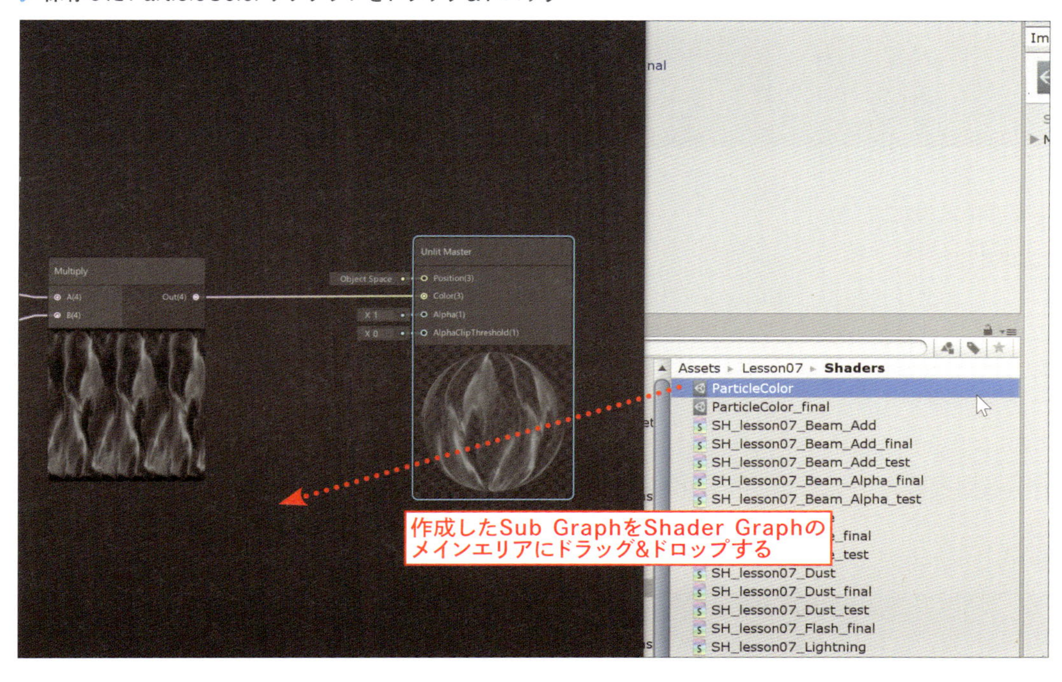

▶ Emissionプロパティを作成

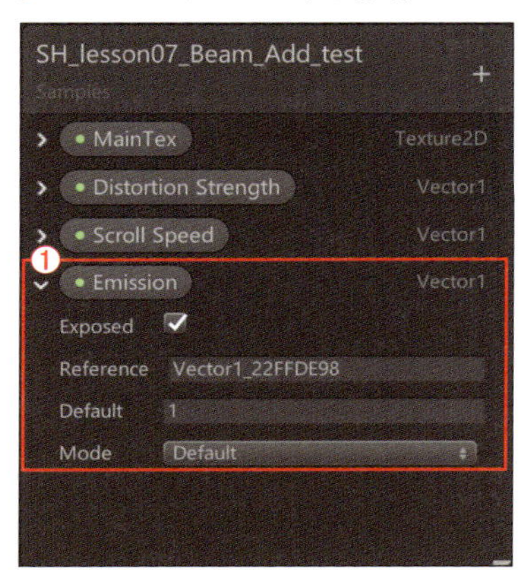

▶ プロパティの作成

図内番号	内容
①	Vector1 プロパティを作成。Emission に名前を変更

▶ ParticleColorサブグラフを接続(SH_7-6-5_01参照)

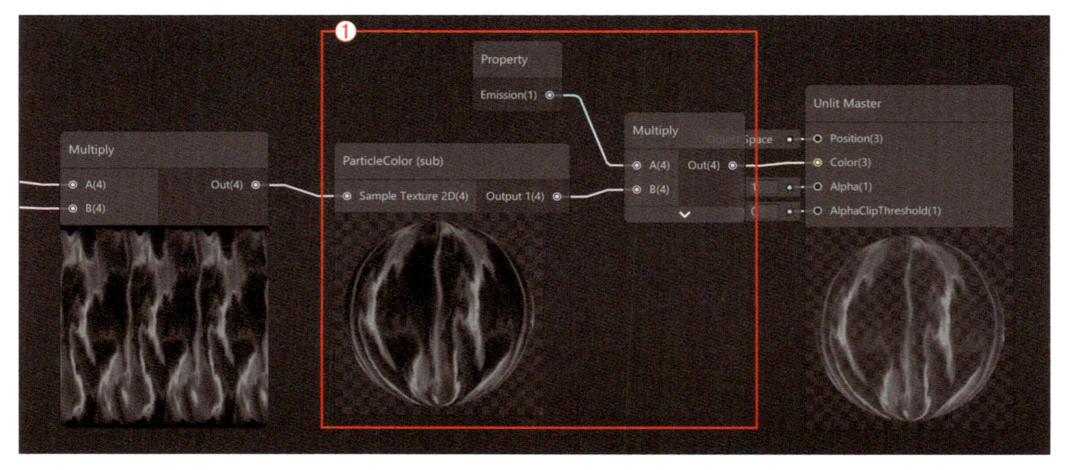

▶ サブグラフの接続

図内番号	内容
①	先ほど追加したEmissionプロパティと、ドラッグ&ドロップしたParticleColorサブグラフを掛け合わせるようにMultiplyノードを追加・接続

これで発光感が設定できるようになりました。次にスクロールの向きを反転します。次の図のようにOne Minusノードを挟んで縦方向のスクロールの向きのみ反転させます。こちらのRG(2)出力を2つのTiling And OffsetのUV(2)入力に接続します。

▶ UVスクロールのV方向を反転させる

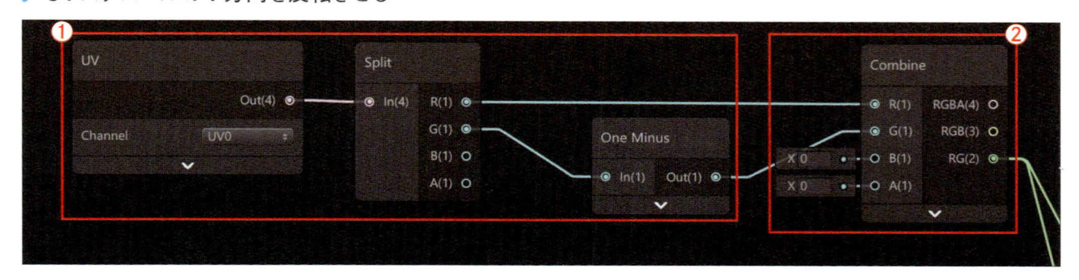

▶ ノードの追加

図内番号	内容
①	UVノード、Splitノード、One Minusノードを追加。UVのV方向のみをOne Minusノードを使って反転
②	Combineノードを追加。RG(2)出力を2つのTiling And OffsetのUV(2)入力に接続(次の図参照)

▶ Combineノードの出力を２つのTiling And OffsetのUV(2)入力に接続(SH_7-6-5_02参照)

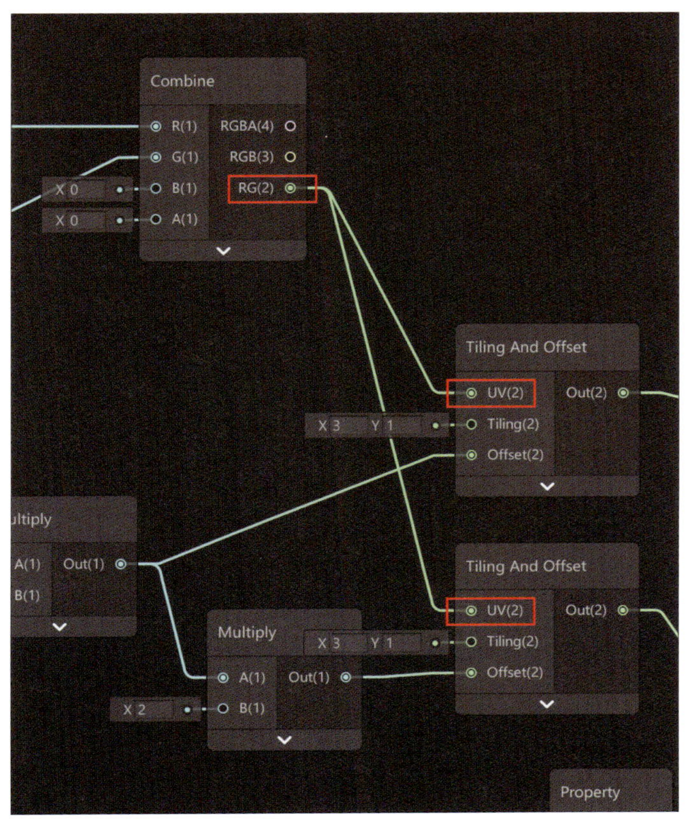

最後に、ビームが根元から先端に行くに従って途切れるような見た目に変更していきます。これは縦方向のグラデーションを掛け合わせることで実現していきます。Gradientノードを追加し、一連の処理をParticle Colorサブグラフの手前に追加します。Save Assetボタンを押して変更を反映し、Sceneビューで結果を確認します。

▶ グラデーションを使用したマスク処理を追加

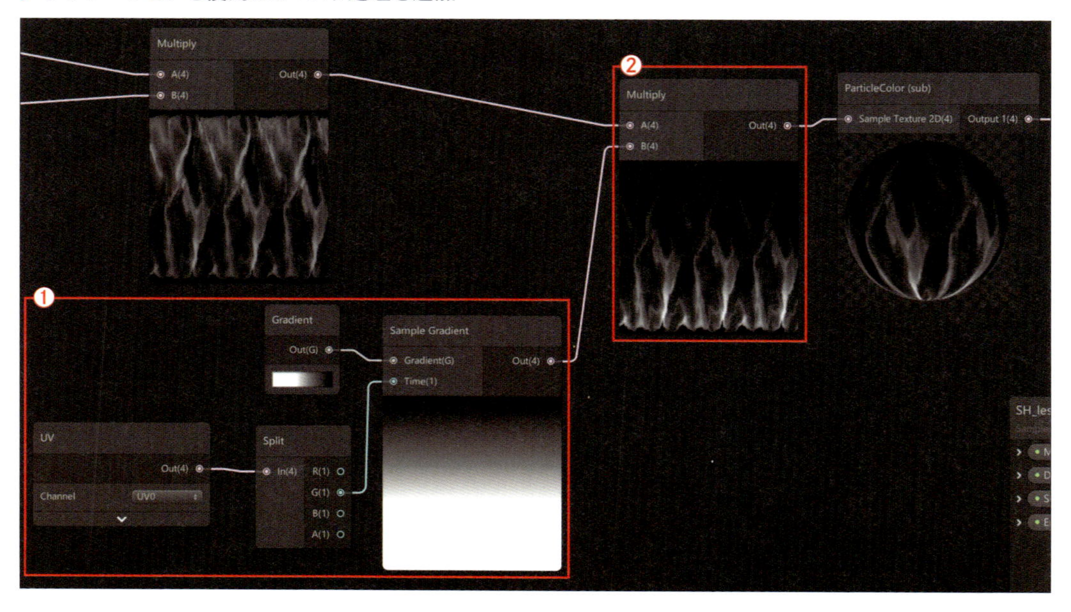

▶ ノードの追加

図内番号	内容
①	UV ノード、Split ノード、Gradient ノード、Sample Gradient ノードを追加。上図のように接続
②	既存の Multiply ノードと ParticleColor サブグラフの間に Multiply ノードを追加。マスク処理と掛け合わせる

▶ Gradientノードの設定

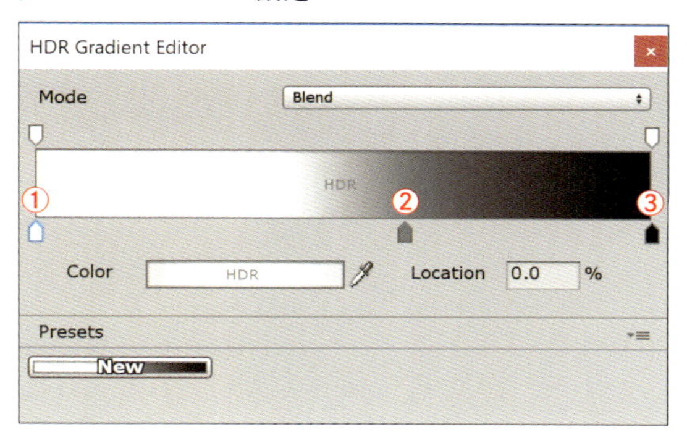

▶ Intensityの値

図内の番号	値
①	1.4
②	0
③	0

マテリアルは右図のように設定しました。

▶ M_lesson07_Beam02マテリアル

パラメータ	値
Distortion Strength	0.86
Scroll Speed	1
Emission	65

▶ マテリアルの設定

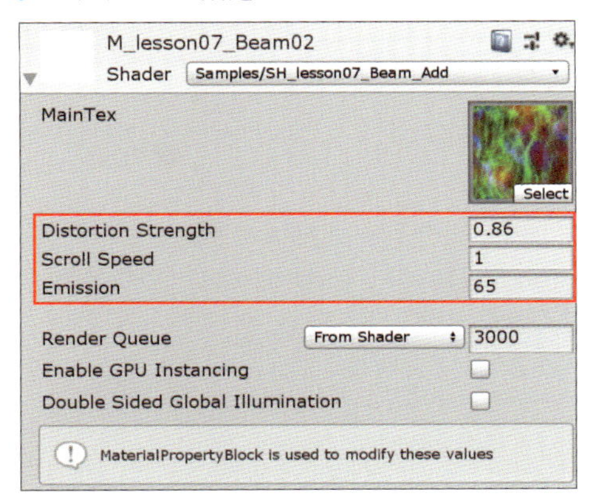

以上でビームのメイン部分が完成しました。7-6-6でビームのサブ要素（光の粒、電撃）を追加していきます。

▶ 最終結果

7-6-6 ビーム部分への電撃の追加

チャージ部分作成の際に制作した電撃エフェクトを再利用して、ビームと一緒に放出するように設定していきます。

▶ 電撃エフェクトを再利用

lightning01を複製してlightning02に名前を変更し、beamオブジェクトの直下に配置します。次の図を参考にパラメータを変更してください。変更点としては、回転のランダムをY軸周りに限定してビームにまとわりつくような配置にしてあること、サイズもY軸方向の拡大率を大きくしてビームの方向に延びたような見た目にしてあります。

▶ lightning02パーティクルの設定

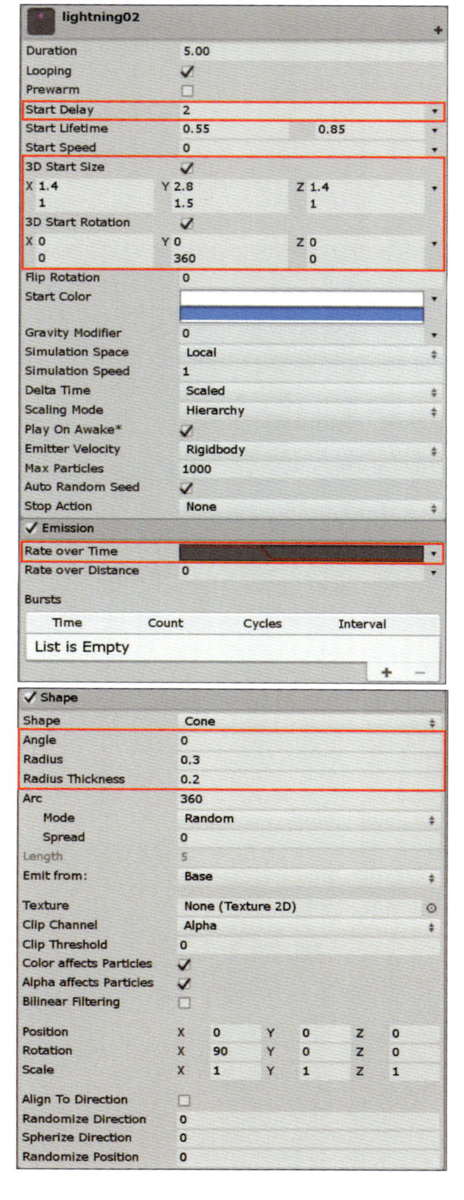

▶ Mainモジュール

パラメータ	値		
Delay	2		
3D Start Size	チェック	あり	
	X:1.4	Y:2.8	Z:1.4
	X:1	Y:1.5	Z:1
3D Start Rotation	チェック	あり	
	X:0	Y:0	Z:0
	X:0	Y:360	Z:0

▶ Emissionモジュール

パラメータ	値
Rate over Time	下図を参照

▶ EmissionモジュールのRate over Timeパラメータの設定

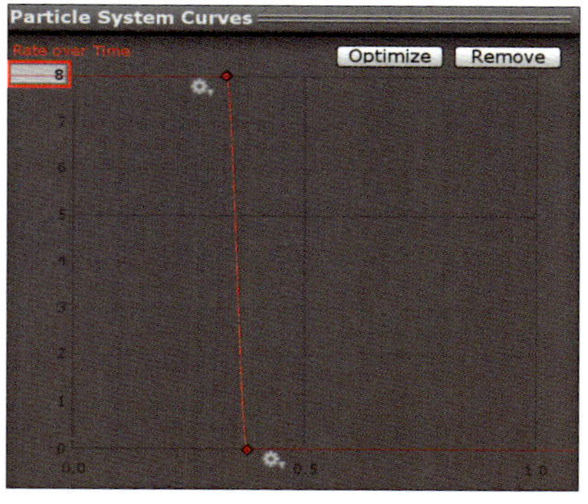

▶ Shapeモジュール

パラメータ	値
Angle	0
Radius	0.3
Radius Thickness	0.2

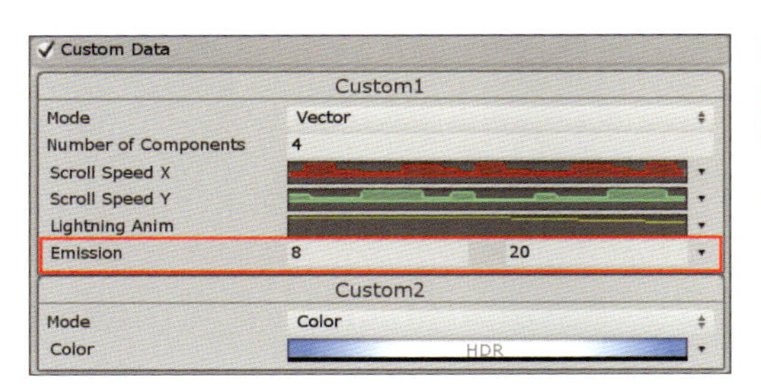

▶ Custom Dataモジュール

パラメータ	値		
Custom1	Emission	8	20

さらにlightning02を複製してlightning03に名前を変更し、今度はキャラクタの周りに発生する小さめの電撃を作成します。こちらも次の図を参考にパラメータを変更してください。

▶ lightning03パーティクルの設定

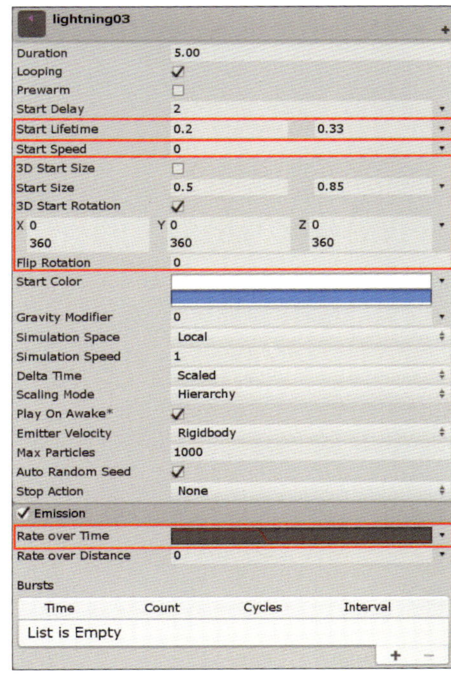

▶ Mainモジュール

パラメータ	値		
Start Lifetime	0.2	0.33	
3D Start Size	チェックなし		
Start Size	0.5	0.85	
3D Start Rotation	チェック	あり	
	X:0	Y:0	Z:0
	X:360	Y:360	Z:360

▶ Emissionモジュール

パラメータ	値
Rate over Time	下図を参照

▶ EmissionモジュールのRate over Timeパラメータの設定

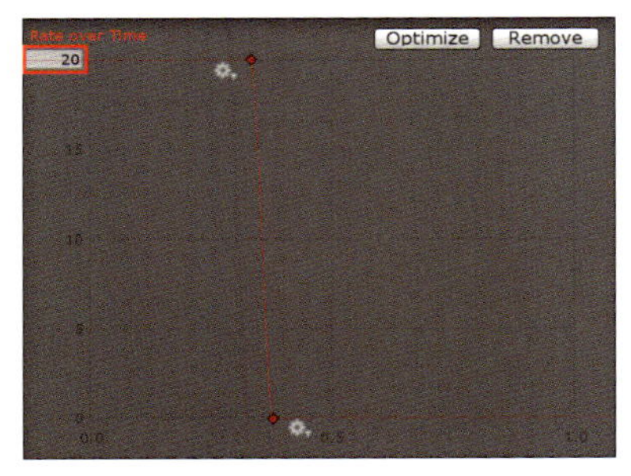

▶ Shapeモジュール

パラメータ	値
Shape	Sphere
Radius	0.5
Radius Thickness	0.2

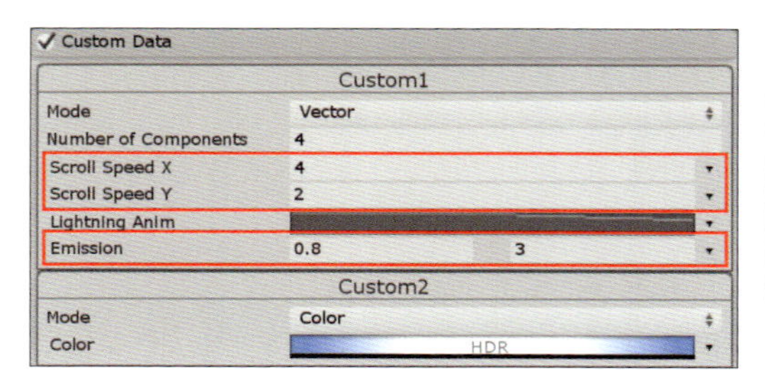

▶ Custom Dataモジュール

パラメータ	値		
Custom1	Scroll Speed X	4	
	Scroll Speed Y	2	
	Emission	0.8	3

7-6-7 光の粒とフラッシュの追加

次にこちらもチャージ部分の素材を流用して、光の粒を制作していきます。chargeオブジェクト直下のdust01を複製してdust03に名前を変更し、beamオブジェクト直下に移動させます。マテリアルなどはそのまま流用するので、次の図を参考にパラメータを変更します。

▶ dust03パーティクルの設定

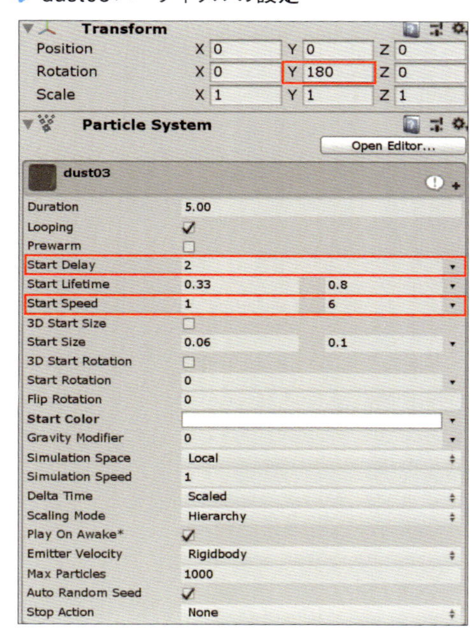

▶ Transformコンポーネント

パラメータ	値		
Rotation	X:0	Y:180	Z:0

▶ Mainモジュール

パラメータ	値	
Delay	2	
Start Speed	1	6

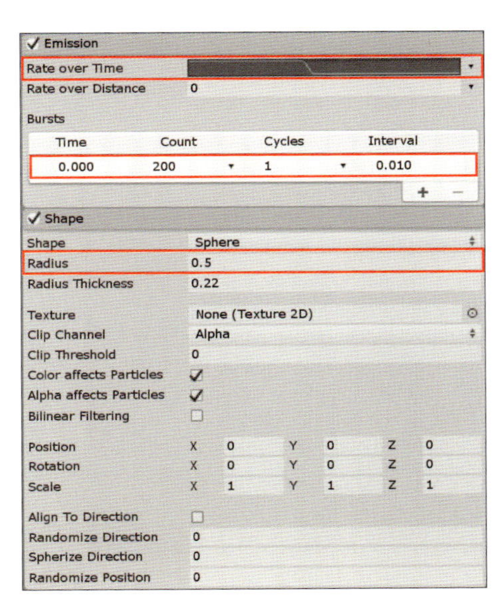

▶ Emissionモジュール

パラメータ	値			
Rate over Time	下図を参照			
Bursts	Time	Count	Cycles	Interval
	0.000	200	1	0.010

▶ EmissionモジュールのRate over Timeパラメータの設定

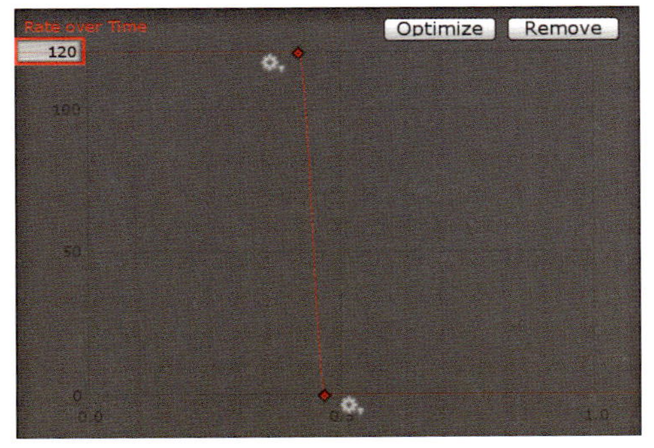

▶ Shapeモジュール

パラメータ	値
Radius	0.5

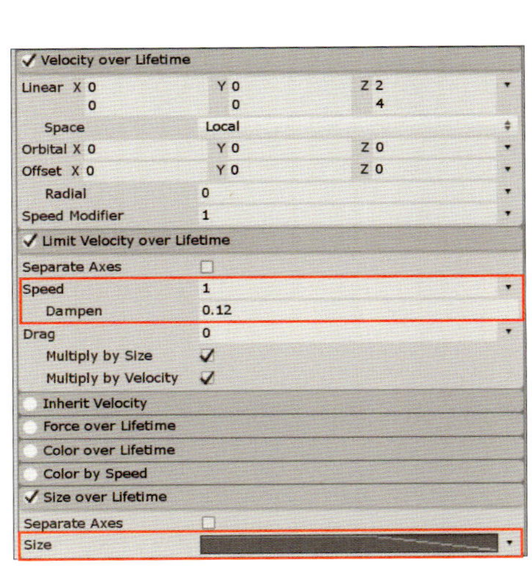

▶ Velocity over Lifetimeモジュール

パラメータ	値		
Linear	X:0	Y:0	Z:2
	X:0	Y:0	Z:4

▶ Limit Velocity over Lifetimeモジュール

パラメータ	値
Speed	1
Dampen	0.12

▶ Size over Lifetimeモジュール

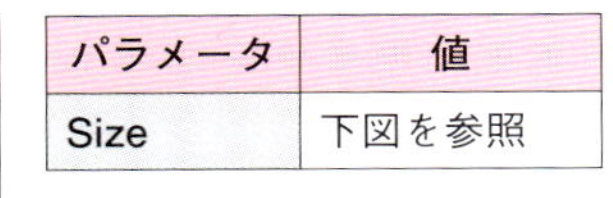

パラメータ	値
Size	下図を参照

▶ Size over LifetimeモジュールのSizeパラメータの設定

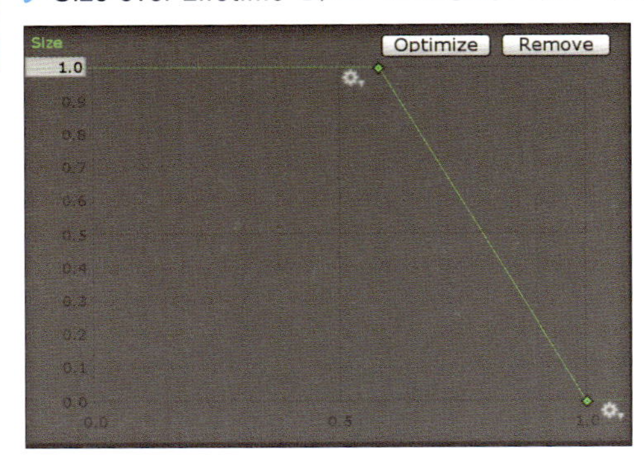

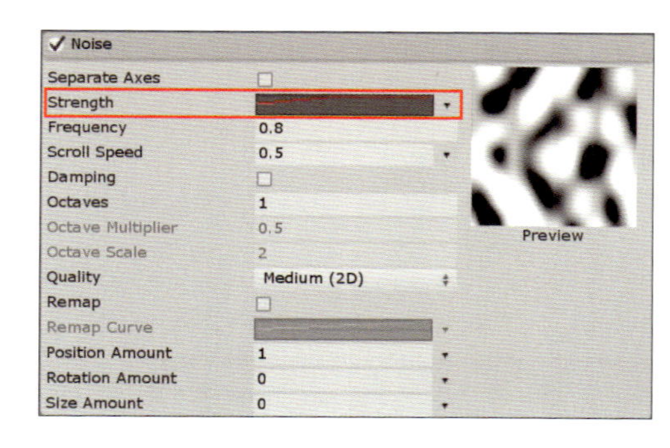

▶ Noiseモジュール

パラメータ	値
Strength	下図を参照

▶ NoiseモジュールのStrengthパラメータの設定

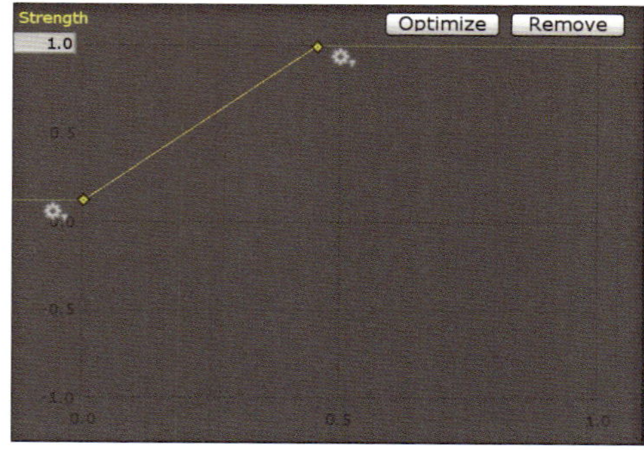

最後に、チャージが完了した際に発生するフラッシュ素材を作成します。beamオブジェクト直下に新規パーティクルをflash02という名前で作成し、次の図のように設定します。

▶ flash02パーティクルの設定

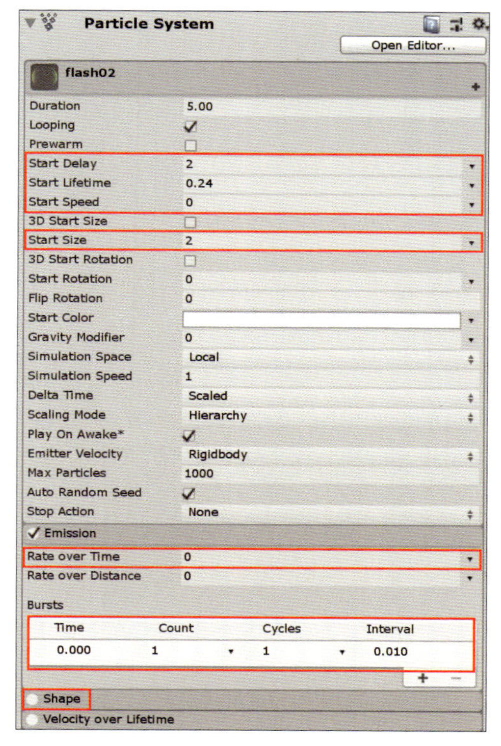

▶ Mainモジュール

パラメータ	値
Start Delay	2
Start Lifetime	0.24
Start Speed	0
Start Size	2

▶ Emissionモジュール

パラメータ	値			
Rate over Time	0			
Bursts	Time	Count	Cycles	Interval
	0.000	1	1	0.010

▶ Shapeモジュール

パラメータ	値
チェック	なし

▶ Size over Lifetimeモジュール

パラメータ	値
Size	下図を参照

▶ Size over LifetimeモジュールのSizeパラメータの設定

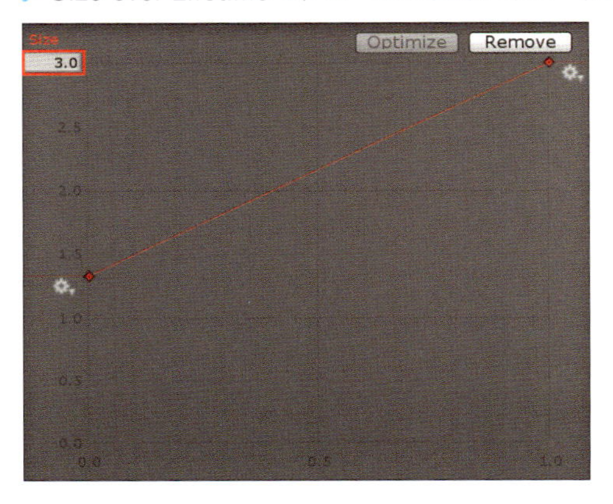

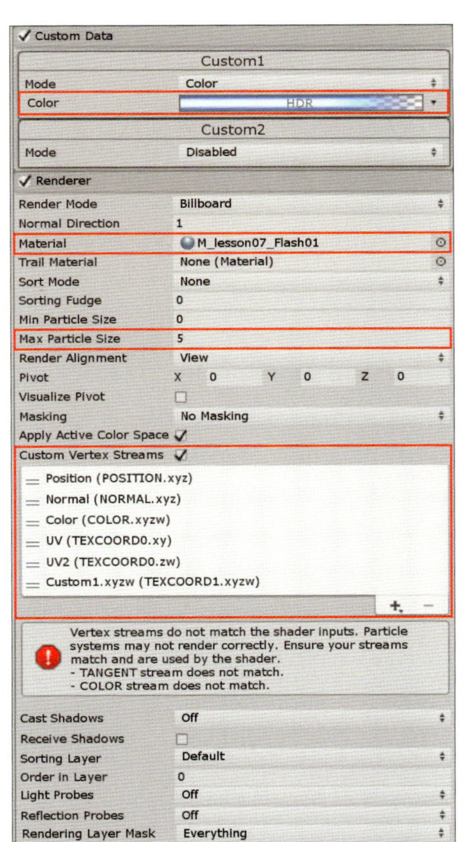

▶ Custom Dataモジュール

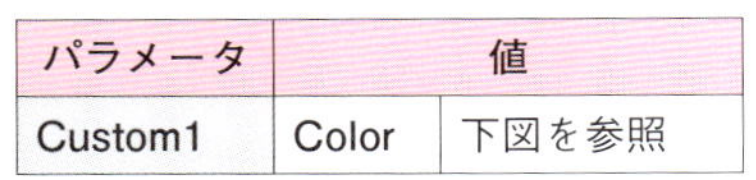

パラメータ	値	
Custom1	Color	下図を参照

▶ Custom DataモジュールのColor設定

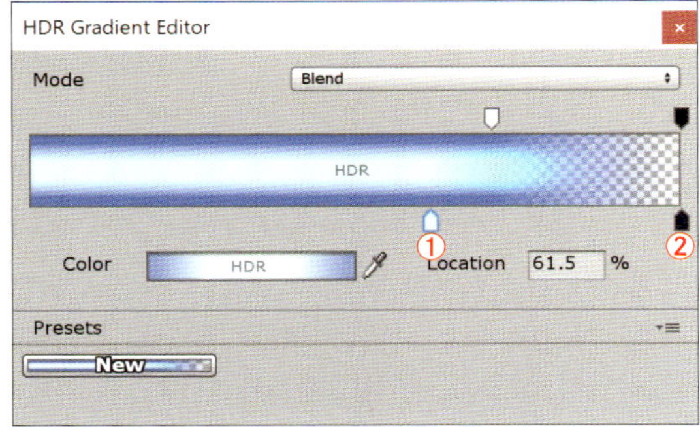

▶ Intensityパラメータの値

図内番号	値
①	2
②	0

▶ Rendererモジュール

パラメータ	値	
Material	M_lesson07_Flash01	
Max Particle Size	5	
Custom Vertex Streams	チェック	あり
追加するパラメータ	UV2(TEXCOORD0.zw)	
	Custom1.xyzw(TEXCOORD1.xyzw)	

以上で、全ての要素がそろいました。エフェクトを再生して結果を確認してみましょう。

▶ 最終結果

7-6-8 業務などでエフェクトを制作する場合との相違点

エフェクトの作成自体は完了しましたが、実際に業務などで作成する際には適していないポイントが2点あるので、7章の最後に補足しておきます。

1つ目のポイントです。作成した電撃エフェクトは使用しているテクスチャを1枚に抑えることができており、この点はよいのですが、パーティクルごとに独自のシェーダーを組んでおり、結果としてマテリアルが増えてしまい、効率的とはいえない部分があります。

Shader Graphでできることを紹介していく都合上、複数のシェーダーを作成していますが、できれば1つのシェーダー内にUVスクロール、ディストーションなどの機能を内包して、1つのシェーダーで多くのパーティクルの見え方をカバーできる方が望ましいのです。

▶ シェーダーが多すぎる

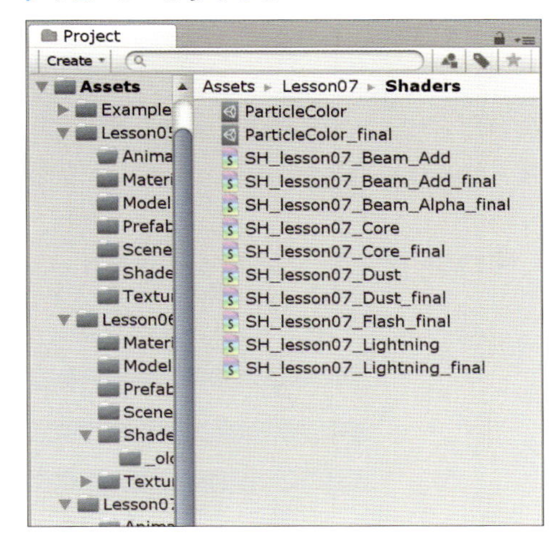

2つ目のポイントはデュレーションです。今回の場合、全てのパーティクル要素のデュレーションを5に設定していますが、例えば一度だけ出るフラッシュのような素材であれば、デュレーションは0.5程度に設定した方がよいです。

本来であれば、次の図のようにパーティクルが表示されている時間とデュレーションは同じぐらいに設定されている方が望ましいはずです（次の図の下側）。

▶ デュレーションの違い

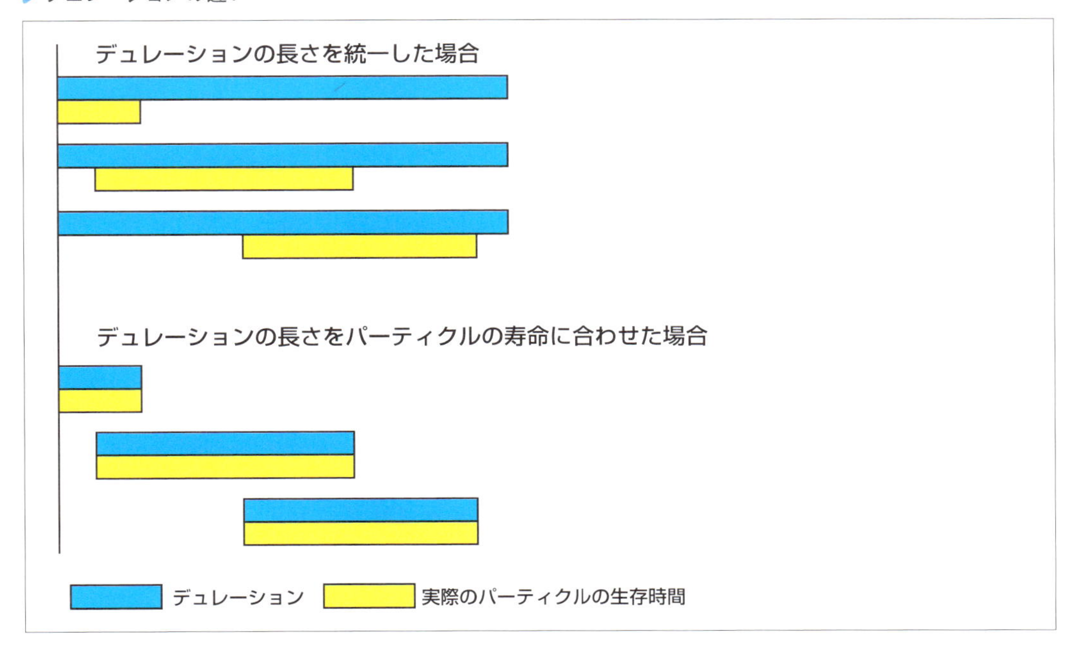

なぜ全てのパーティクルを同じデュレーションに設定しているかというと、エフェクトをループに設定しておくと、Restartボタンなどを押さずとも繰り返し再生してくれるからです。デュレーションの長さに違いがあると、ループに設定して繰り返し再生する際に、個々の要素のデュレーションが違うため繰り返しているうちにズレてきてしまい、正しいタイミングで再生されません。なお、Restartボタンをそのつど押せば、正しいタイミングで再生されます。

▶ 再生を繰り返しているうちにズレてくる

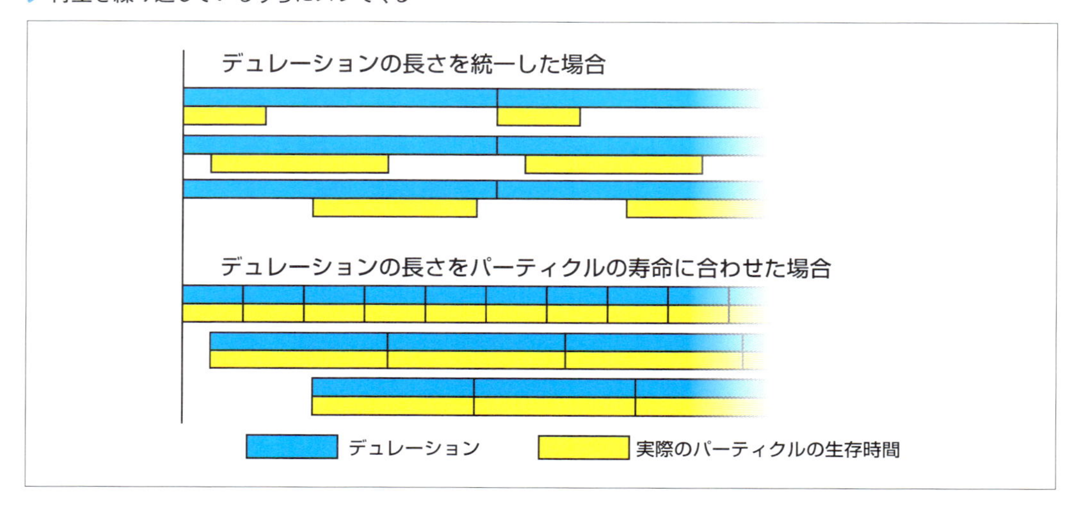

ただ、パフォーマンスの観点からいえば、デュレーションとパーティクルの生存時間はなるべく揃っている方が望ましいです。

Chapter

8

斬撃エフェクトの作成

8-1 地面に叩き付ける斬撃エフェクトの作成

本章では地面に叩き付ける斬撃エフェクトを作成していきます。今回はトゥーン、アニメ系の見た目を作成していきます。トゥーン系のエフェクトはスマートフォンゲームでは需要が高いです。

8-1-1 エフェクト設定画の制作

今回もエフェクト設定画を制作していきます。決定事項である2点から技の展開や見た目を考えていきます。

・トゥーン系の見た目
・武器を地面に叩きつける攻撃

▶ 地面に叩きつける斬撃エフェクトの設定画

今回制作するエフェクトのワークフローを簡単に説明しておきます。

8-2では、トゥーン系のシェーダーを作成していきます。汎用的に使えるシェーダーを作りたいのですが説明量が多いため、まずは8-2でトゥーン系の見た目を表現したシェーダーの作成方法を解説して、8-3で汎用的なシェーダーに改良していきます。次のことを解説します。

・Stepノードを使用したトゥーン系の見た目の作成方法
・Gradientノードを用いたマスクの作成方法
・Voronoiノードを用いた炎の千切れの表現方法

▶ トゥーン系の炎の見た目を作成していく

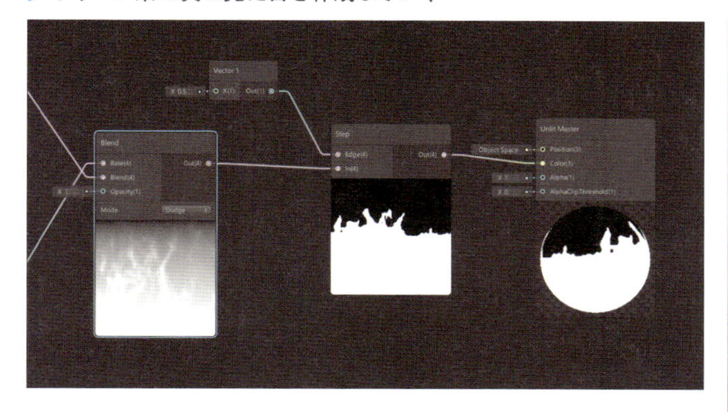

8-3では、8-2で作成したシェーダーをベースに汎用的に使用できるものに改良し、プロパティへの置き換えやCustom Vertex Streamsとの連携を行っていきます。次のことを解説します。

- テクスチャを使用したトゥーン系の見た目の作成方法
- 8-2において固定値で入力していた値をプロパティに置き換えていく作業
- UVノードを使用したCustom Vertex Streamsの値の読み込み方法
- パーティクルごとにUVをランダムにオフセットする方法

▶ 汎用的に使用できるシェーダーに改良していく

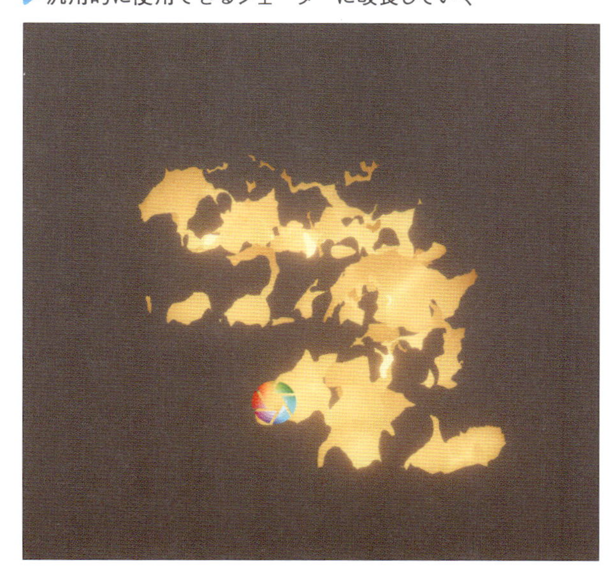

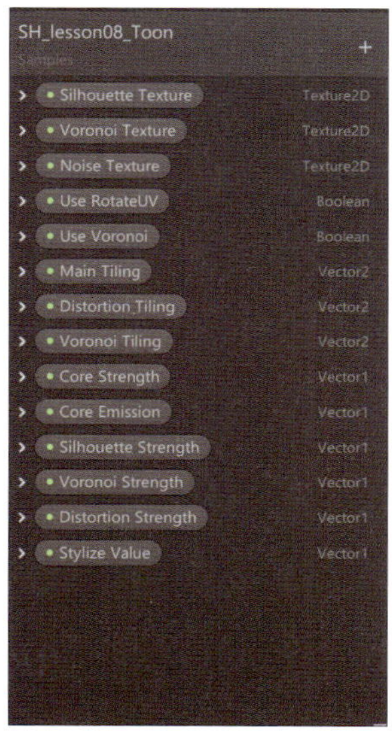

8-4では、まずHoudiniを使って、斬撃エフェクトに必要なメッシュを作成していきます。データは6章で作成した柱のデータを再利用しています。でき上がったメッシュを使用して斬撃エフェクトを設定していきます。次のことを解説します。

・Houdiniにおけるサブネットワークとパラメータの設定方法

▶ 斬撃メッシュを作成し、エフェクトを設定

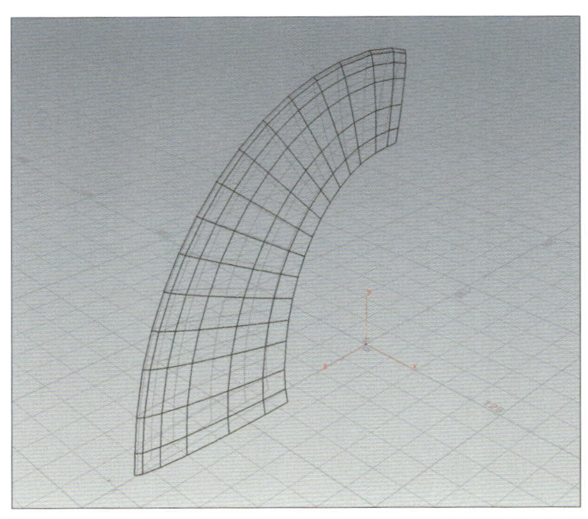

8-5では、斬撃エフェクトが地面に衝突した際に発生するインパクトの部分を作成していきます。インパクト、ダスト、フレア、ライトなどの素材を追加していきます。

▶ インパクト、ライト、フレアなどの要素を足していく

8-6では、インパクトの際に発生する衝撃波を作成していきます。メッシュをHoudiniで作成してUnityにインポートし、インパクト部分を完成させます。次のことを解説します。

・Houdiniのデジタルアセットを使用して目的のメッシュを素早く作成する

▶ 衝撃波のエフェクトを作成

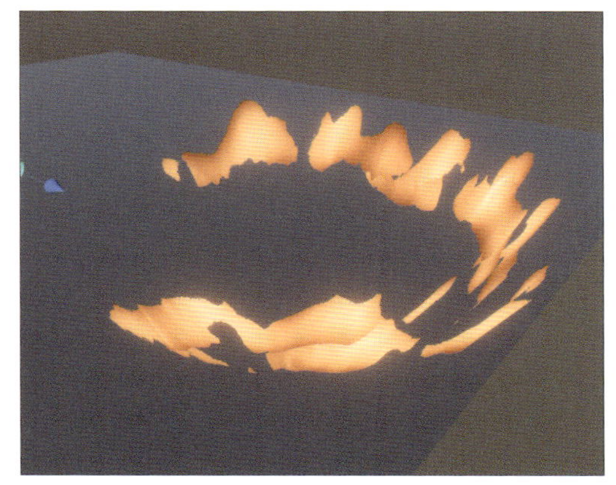

以上の工程でエフェクトが完成します。完成図は次の通りです。

▶ エフェクト完成イメージ

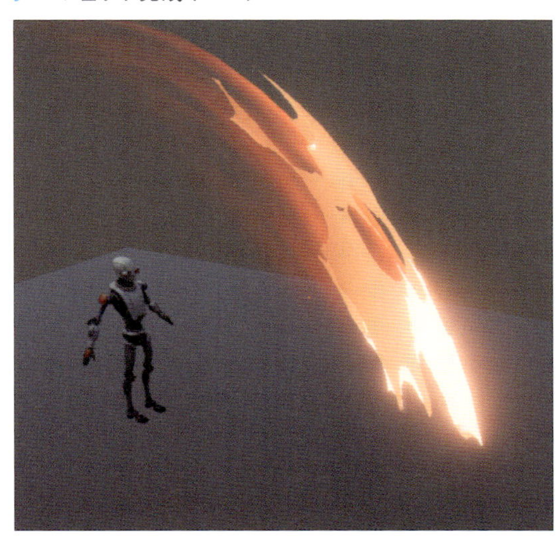

8-1-2 シェーダーの設計

7章のエフェクト作成の際は必要な要素(稲妻、ビームなど)や見た目に応じて、そのつどシェーダーを組んでいましたが、本来はシェーダーに必要な機能を複数内包させ、1つのシェーダーで様々な見た目を作り出せるように構成するのが理想的です。なお7章では、シェーダーの多様な組み方を学習してもらう意図もあり、あえてエフェクトごとに、そのつど新しいシェーダーを構築していました。

▶ エフェクトごとにシェーダーを作成するのは効率が悪い

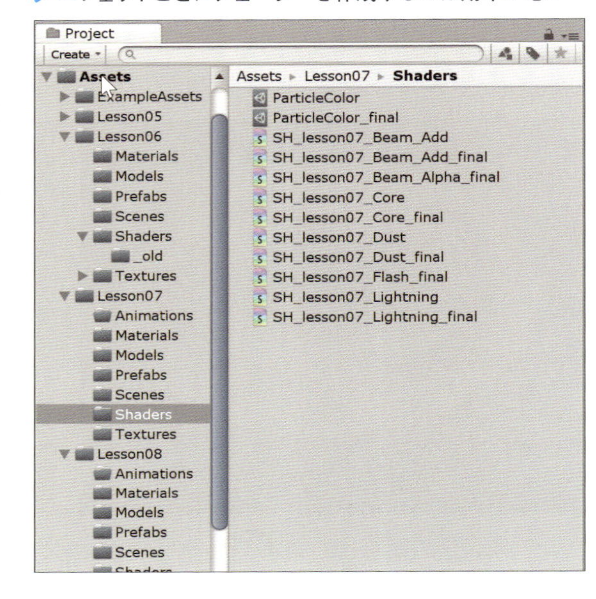

エフェクトごとにシェーダーを作成してしまうと管理が複雑になり、パフォーマンスの観点からもあまりよいことがありません。本章では1つのシェーダーのみを使用してエフェクトを作成していきます。

1つのシェーダーに複数の機能を内包して様々なエフェクトを作成していくため、事前にシェーダーの設計を考えることが重要になります。

▶ シェーダーに必要な機能を追加していく

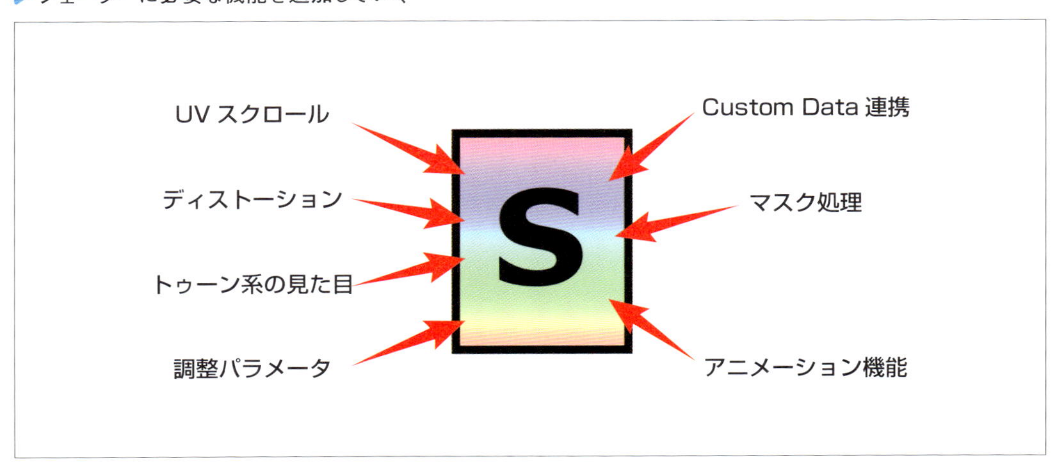

必要な機能を洗い出して、なおかつ使いやすい形に落とし込む必要があります。

ここで本章のエフェクトに必要な要素を書き出してみます。

- トゥーン系の見た目
- UVスクロール
- UVディストーション
- 消失時のアニメーションをCustom Dataのパラメータで処理

だいたい以上のような機能が必要になってくるでしょう。やみくもに機能を追加していくと、多機能ではありますが、制御するパラメータが増えすぎ、扱いづらくパフォーマンス的にも重いシェーダーになってしまうケースがほとんどです。

右図は、今回作成するシェーダーを適用したマテリアルになります。マテリアルから設定できるパラメータを厳選したのですが、それでも結構な量になってしまいました。

使用頻度の低い機能を切り捨てたり、Custom Vertex Streamsを併用したりする場合、Custom Dataに渡すパラメータも厳選する必要があります。

▶ 本章で作成したシェーダーを適用したマテリアル

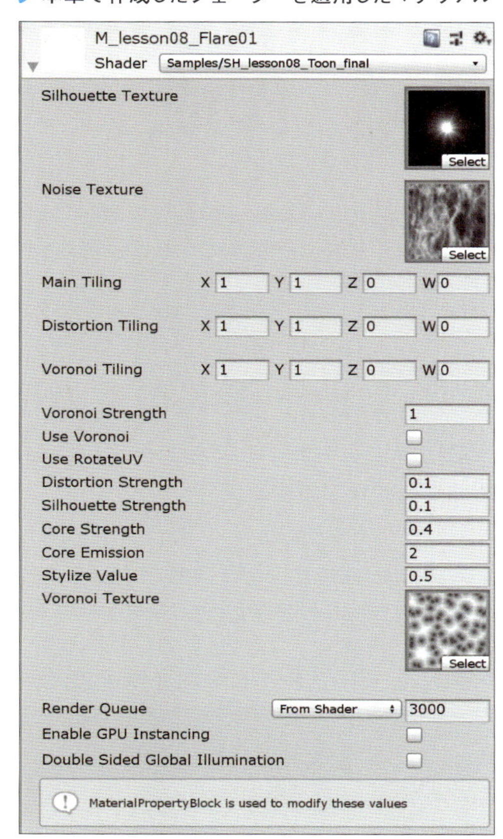

8

▶ 本章で作成するシェーダーのCustom Dataモジュールの設定

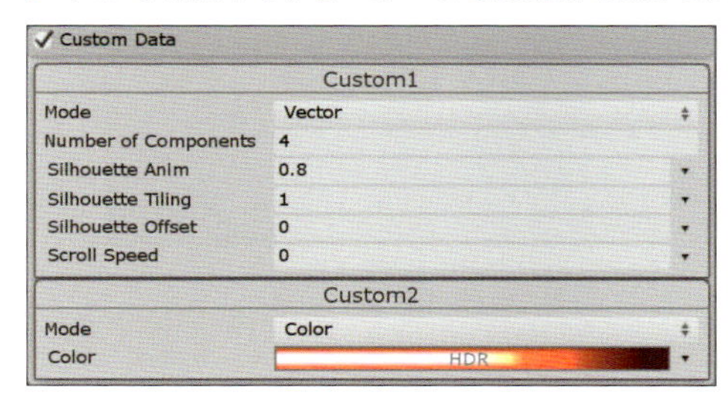

8-2 トゥーン系シェーダーの作成

8-3で複数の機能を内包するシェーダーを作成すると書きましたが、こちらを初めから作成しようとすると説明量が多くなり、手順も複雑化するため、まず炎のトゥーンシェーダーを作成して基本部分を説明し、8-3で統合型のトゥーンシェーダーを作成していきます。

8-2-1 トゥーン系の炎の見た目の作成

最初にサイトからダウンロードしたLesson08_Data.unitypackageをプロジェクトにインポートしておきましょう。

次に炎のトゥーンシェーダーの作成を開始する前に、シェーダーの完成図を確認しておきます。Assets/Lesson08/Shaders/SH_lesson08_Fire_finalを開きます。途中でわからなくなった場合、こちらの完成したシェーダーを参考にしてみてください。

▶ 完成シェーダーとシーンに配置した場合の見た目

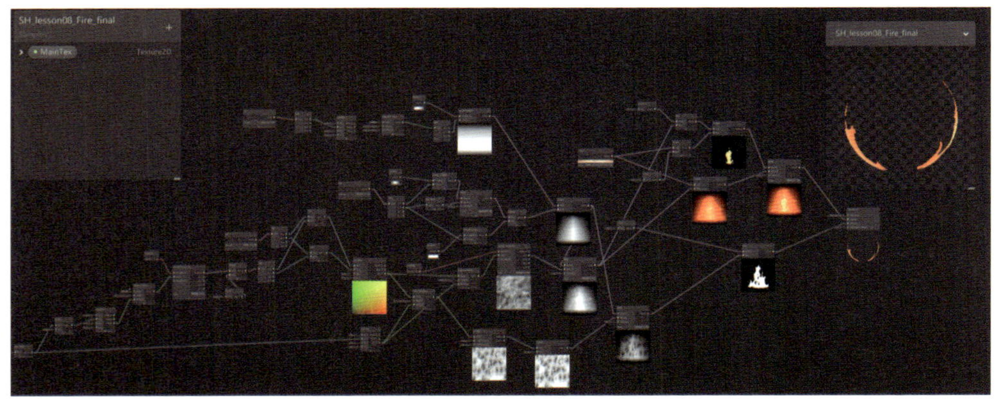

それでは制作を開始していきましょう。Assets/Lesson08/Shadersフォルダ内に新規シェーダー（Unlit Graph）を作成します。名前をSH_lesson08_Fireに変更し、初期設定を変更します。ブラックボードにはSamplesと入力しておきましょう。

▶ Unlit Masterノード

パラメータ	値
Surface	Transparent
Blend	Alpha

▶ 設定を変更

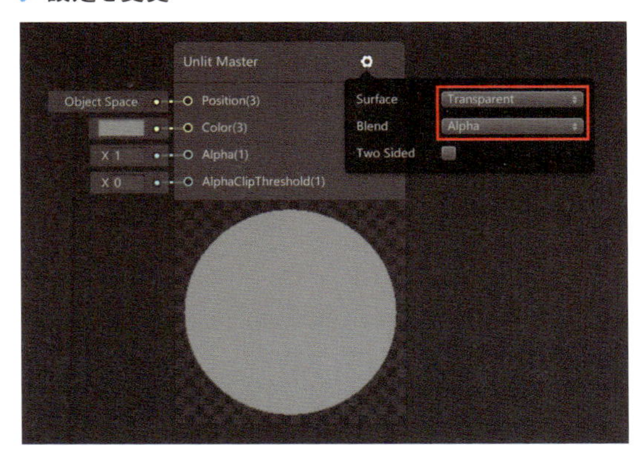

まず炎のシルエットを作成していきましょう。Projectビューからテクスチャ（Assets/Lesson08/Shaders/T_lesson08_noise01.png）をShader Graph内にドラッグ＆ドロップします。続いて次のページの図を参考に、配置したテクスチャをUVスクロールさせます。

▶ テクスチャをドラッグ＆ドロップして配置

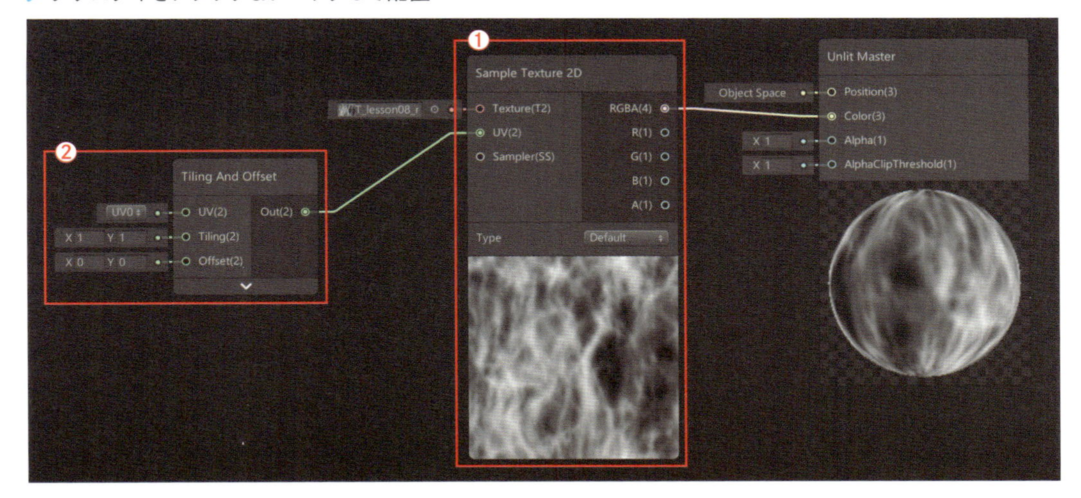

▶ 追加するノード

図内番号	内容
①	T_lesson08_noise01.png をメインエリアにドラッグ＆ドロップして Sample Texture 2D ノードを配置
②	Tiling And Offset ノードを追加。Sample Texture 2D ノードに接続

▶ UVスクロールの処理を追加(SH_8-2-1_01参照)

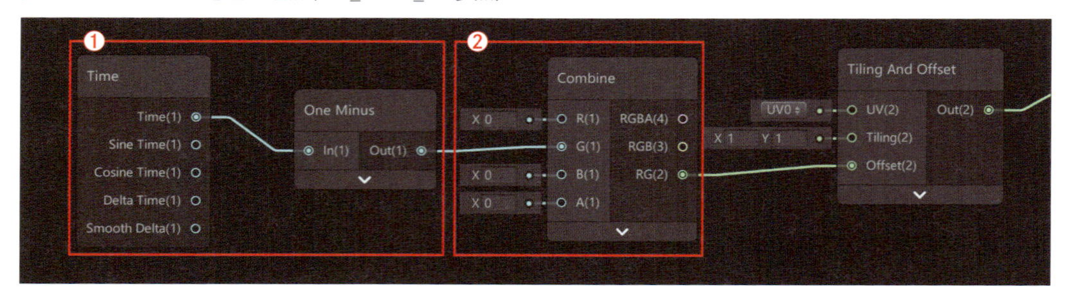

▶ 追加するノード

図内番号	内容
①	Time ノードと One Minus ノードを追加・配置
②	Combine ノードを追加。One Minus ノードと接続して V 方向の UV スクロールの処理を作成。Combine ノードの出力を Tiling And Offset ノードの Offset(2) 入力に接続

このUVスクロールさせたテクスチャに、UVノードから作成したグラデーションを掛け合わせて次の図のような結果にします。BlendノードのModeパラメータはDodgeに設定してください。これで下準備が整いました。このグラデーション部分は後ほど置き換えていきます。

▶ テクスチャにUVノードを掛け合わせる

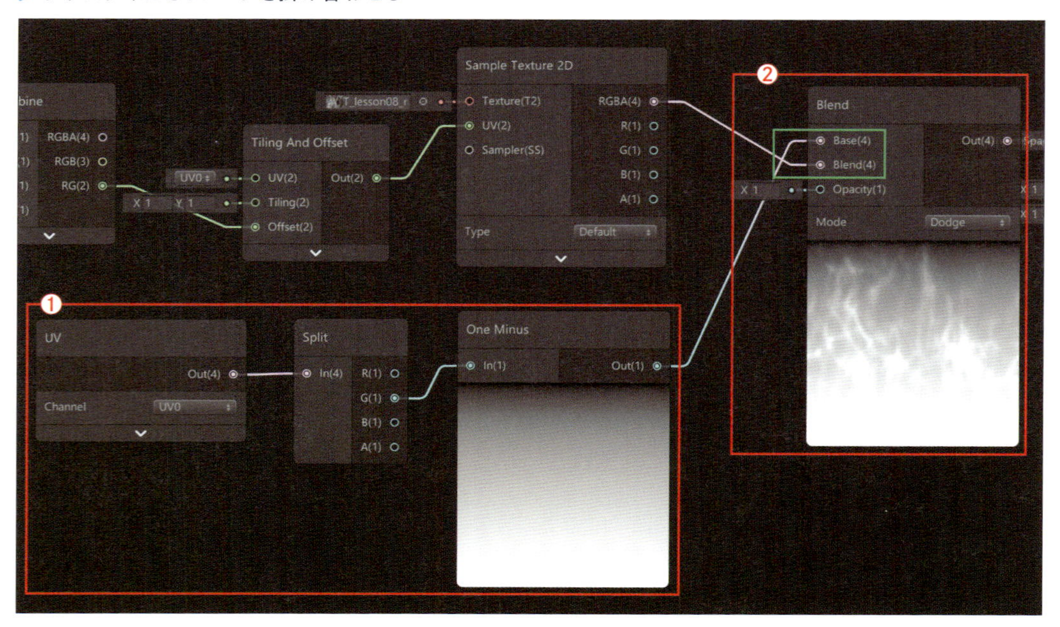

▶ 追加するノード

図内番号	内容
①	UV ノード、Split ノード、One Minus ノードを追加・配置
②	Blend ノードを追加。テクスチャとグラデーションを合成。Mode パラメータは Dodge を選択し、接続する順番に注意。（緑枠部分）出力は Unlit Master ノードに接続

ここにStepノードを接続して入力画像を白と黒に２値化します。ノイズテクスチャがUVスクロールでアニメーションしているため、２値化の結果、白と黒の境界部分が燃え盛る炎のシルエットに見えるかと思います。StepノードのEdgeパラメータの値を基準として白と黒の境界部分が変化するので、値を変えて結果を確認しましょう。

▶ Stepノードを使用して炎のシルエットを作成(SH_8-2-1_02参照)

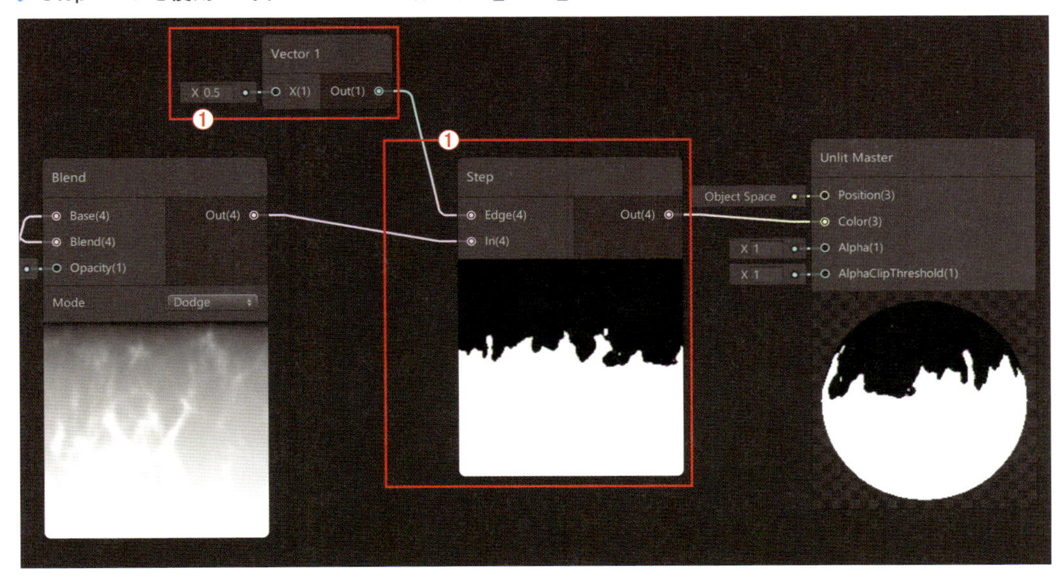

▶ 追加するノード

図内番号	内容
①	Step ノードと Vector1 ノードを追加。Blend ノードを Step ノードの In(4) 入力に接続して白黒に２値化。Vector1 ノードで白と黒の境界部分を調整できるが、ここでは 0.5 を設定

8-2-2 Gradientノードで炎のシルエットの作成

8-2-1では単純にUVノードのグラデーションをノイズテクスチャと掛け合わせましたが、Stepノードの使い方を確認できたので、次はUVノードのグラデーションを焚火のようなシルエットのマスクを作成して置き換えていきます。次の図のように新規にマスクを作成します。

横方向のグラデーションと縦方向のグラデーションをそれぞれ作成し、掛け合わせます。

▶ Gradientノードを使用して焚火のようなシルエットを作成していく(SH_8-2-2_01参照)

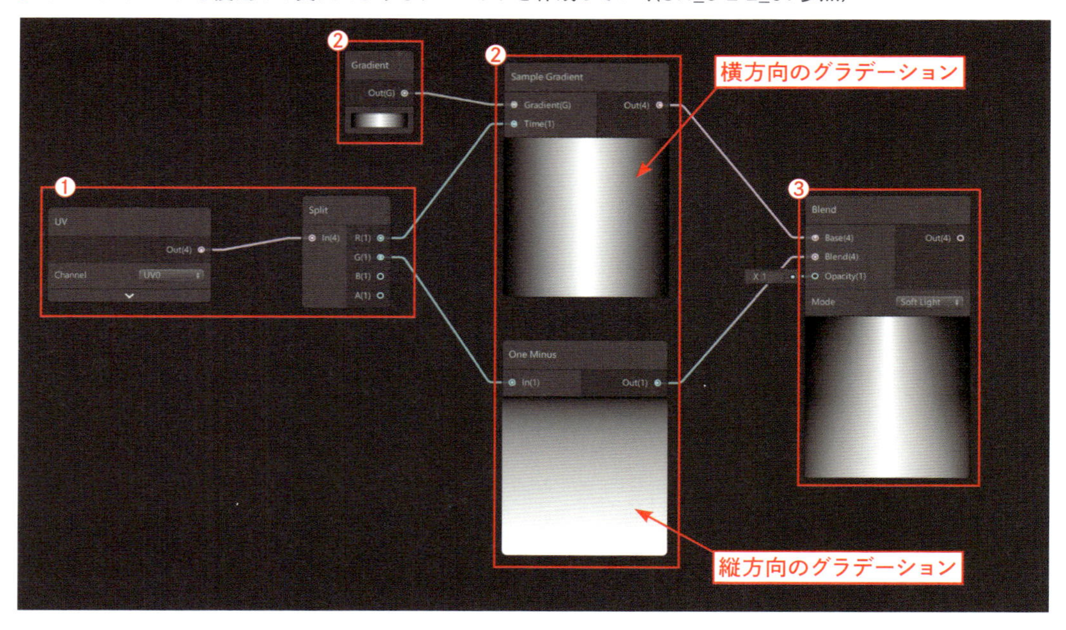

▶ 追加するノード

図内番号	内容
①	UV ノードと Split ノードを追加。UV 座標の U と V を分離
②	Gradient ノード、Sample Gradient ノード、One Minus ノードを追加。U 方向にはグラデーションを設定。V 方向は One Minus ノードで座標を反転
③	Blend ノードを追加。2 つのグラデーションを合成。Mode パラメータは Soft Light に設定

▶ GradientノードのColorパラメータの設定

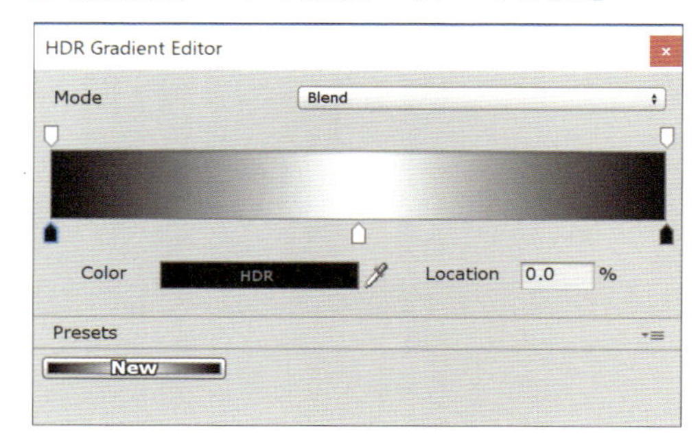

さらに上下を黒くするため、もう1つグラデーションを作成して、Multiplyノードで掛け合わせます。

▶ さらにGradientノードを作成し、上下を黒く切り取る(SH_8-2-2_02参照)

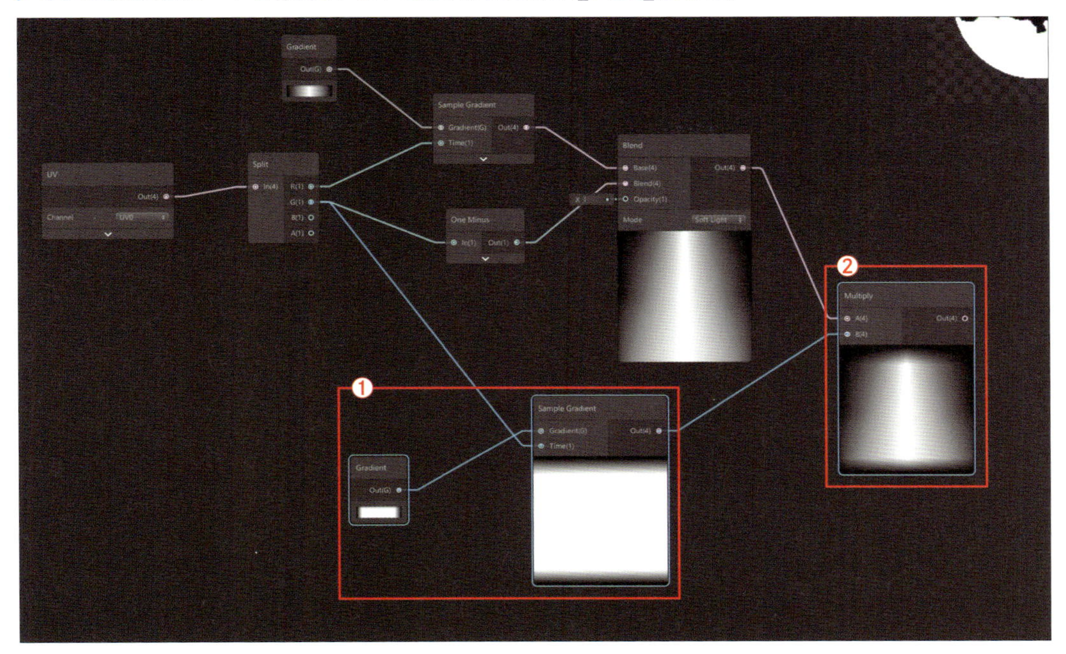

▶ 追加するノード

図内番号	内容
①	Gradient ノードと Sample Gradient ノードを追加。右図を参照して Gradient ノードのカラーを設定
②	Multiply ノードを追加。①で作成したグラデーションと掛け合わせる

▶ GradientノードのColorパラメータの設定

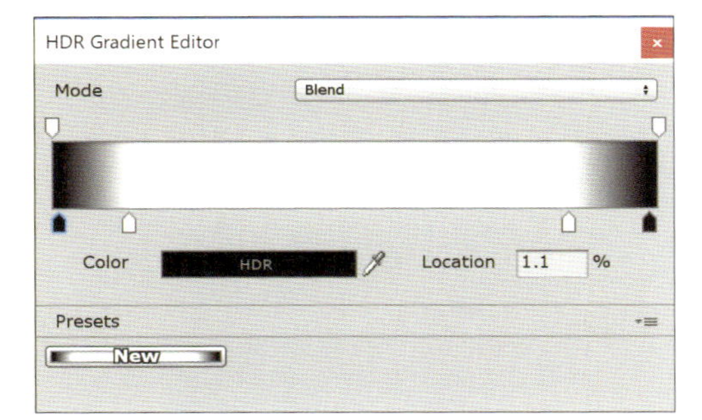

最後にもう一度上下のグラデーションを作成して掛け合わせます。これで焚火のような形状のマスクが完成しました。

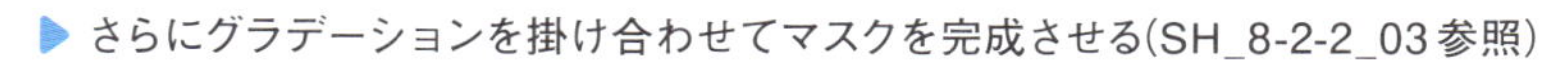

▶ さらにグラデーションを掛け合わせてマスクを完成させる(SH_8-2-2_03参照)

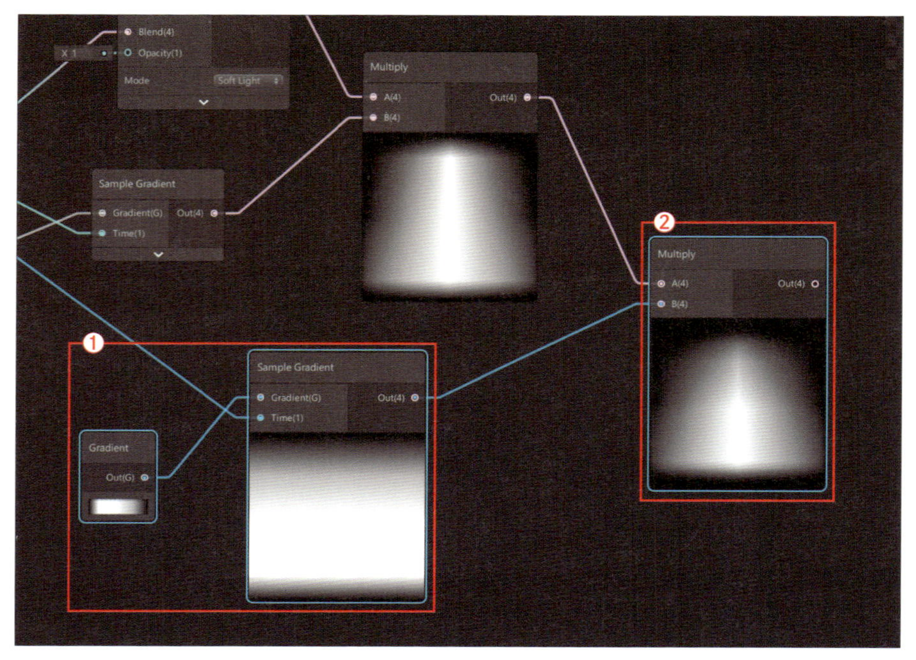

▶ 追加するノード

図内番号	内容
①	Gradient ノードと Sample Gradient ノードを追加。Gradient ノードのカラーを次の図を参照して設定。Split ノードの G(1) 出力を Sample Gradient ノードの Time(1) 入力に接続
②	Multiply ノードを追加。先ほどの結果とグラデーションを掛け合わせる

▶ GradientノードのColorパラメータの設定

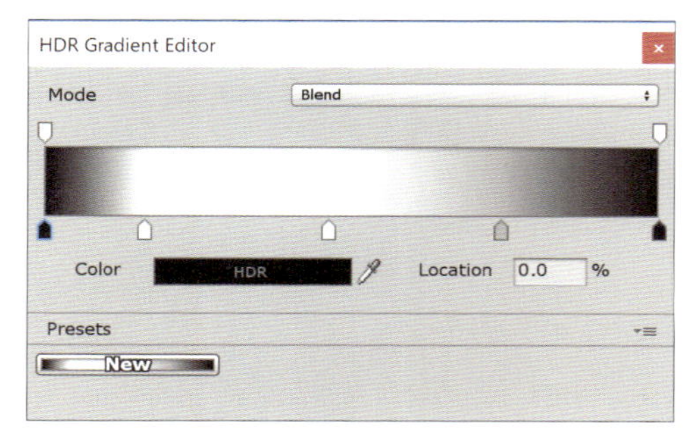

8-2-1で作成したUVグラデーションの部分を削除し、でき上がったマスクをノイズテクスチャと掛け合わせます。

▶ マスクとノイズテクスチャを掛け合わせて焚火のシルエットを完成させる(SH_8-2-2_04参照)

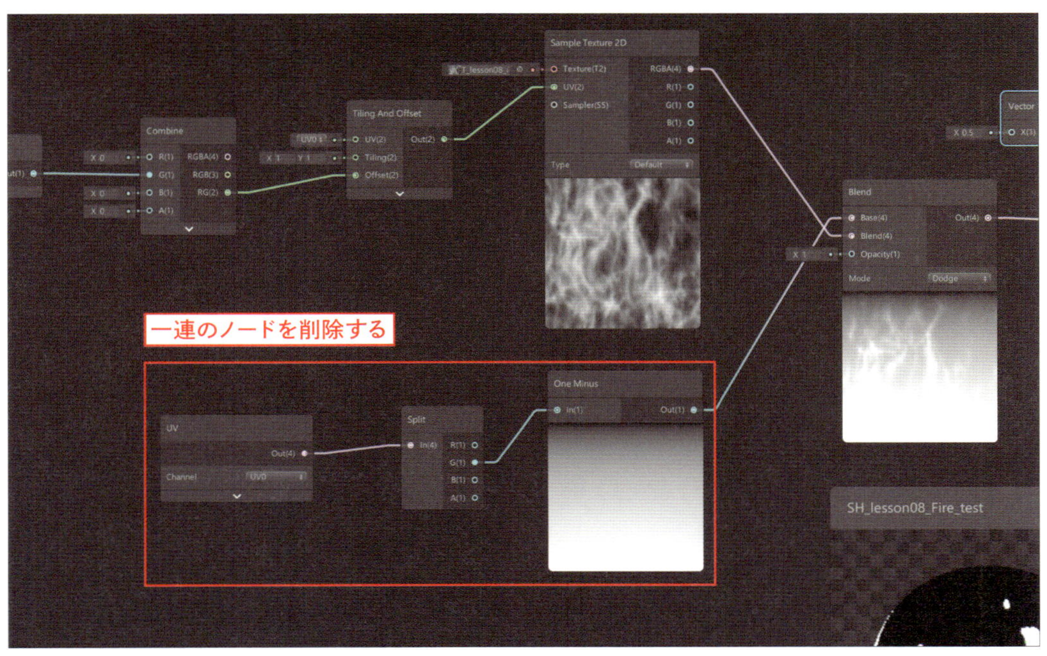

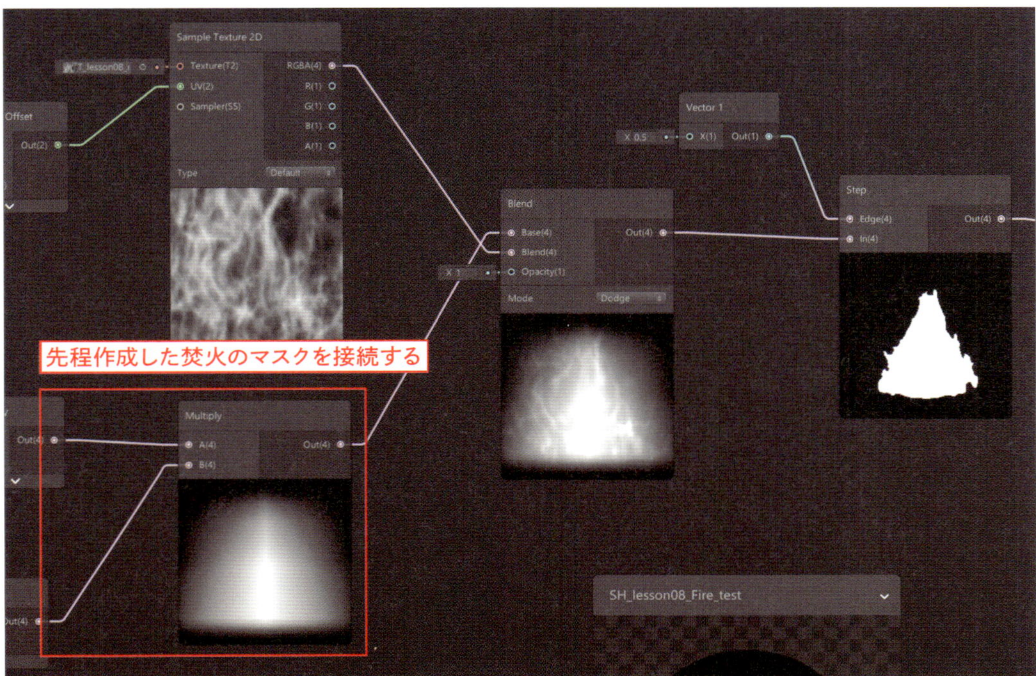

シェーダーのプレビュー画面はデフォルトでは球形が使用されていますが、今回の場合は視

認しづらいので、プレビュー画面内で右クリックしてQuadを選択しておきましょう。

これで焚火のような形の炎のシルエットが完成しました。8-2-3でさらに細かい調整を加えて、より炎に近い見た目を作成していきます。

▶ プレビューに使用する形状を変更できる

8-2-3 トゥーン調の炎の見た目

8-2-2で焚火のシルエットが完成したので、カラーやその他の設定を追加して炎の見た目に近付けていきます。まずはColorノードを追加して色を付けていきましょう。Blendノードの出力とColorノードを掛け合わせます。Multiplyノードの出力をUnlit MasterノードのColor(3)入力に接続し、元々接続されていたStepノードの出力はAlpha(1)入力に接続します。

▶ Colorノードを使用して炎に色を設定

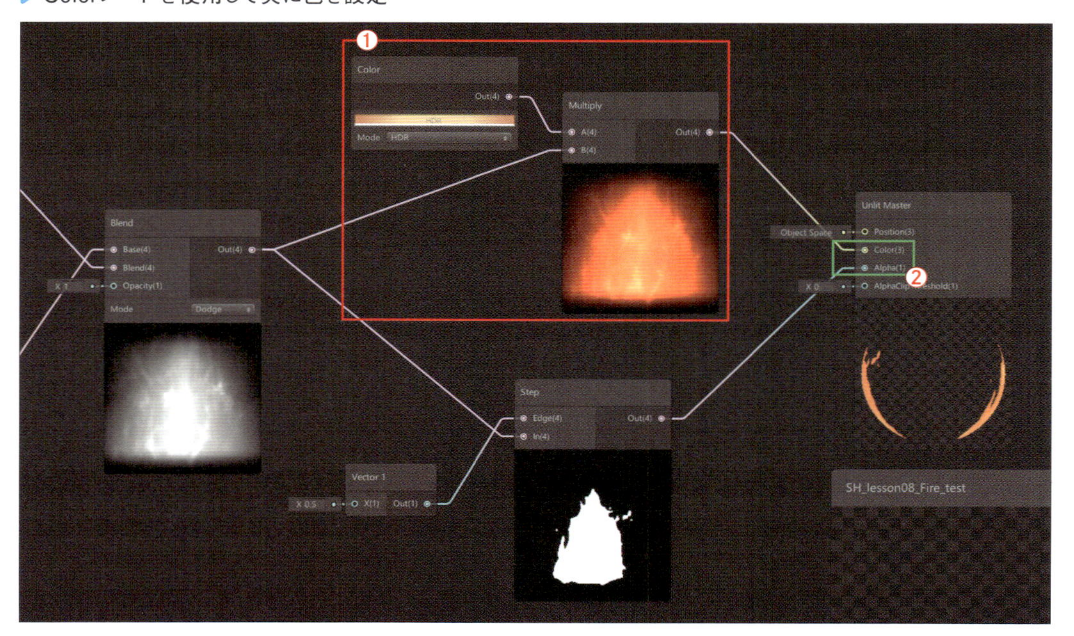

▶ 追加するノード

図内番号	内容
①	Color ノードと Multiply ノードを追加。Multiply ノードの出力を Unlit Master ノードの Color(3) 入力に接続して、こちらをカラーとして使用。Color ノードの Mode パラメータは HDR に設定しておく
②	Step ノードの接続先を Color(3) 入力から Alpha(1) 入力につなぎ変える

▶ Colorノードの設定

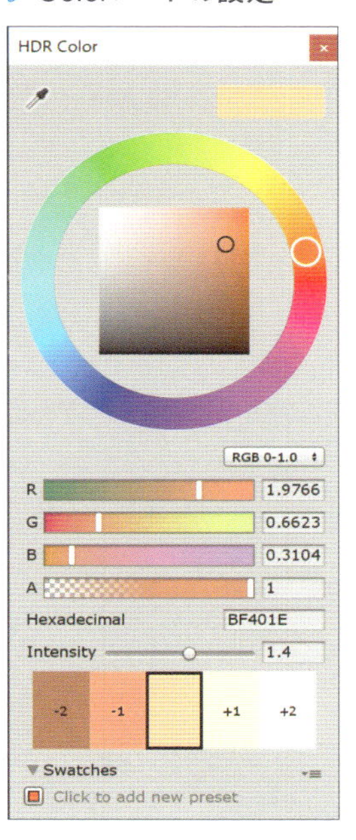

さらに炎の中心に温度の高い部分（コア部分）を作成します。まず画像左端のBlendノードの出力から赤枠のStepノードに接続して、炎のコア部分を作成します。Edgeパラメータが1に設定されているため、先ほど作成したアルファ部分のシルエットより、ふた回りほど小さいシルエットになっています。

▶ 新たにStepノードを追加(SH_8-2-3_01参照)

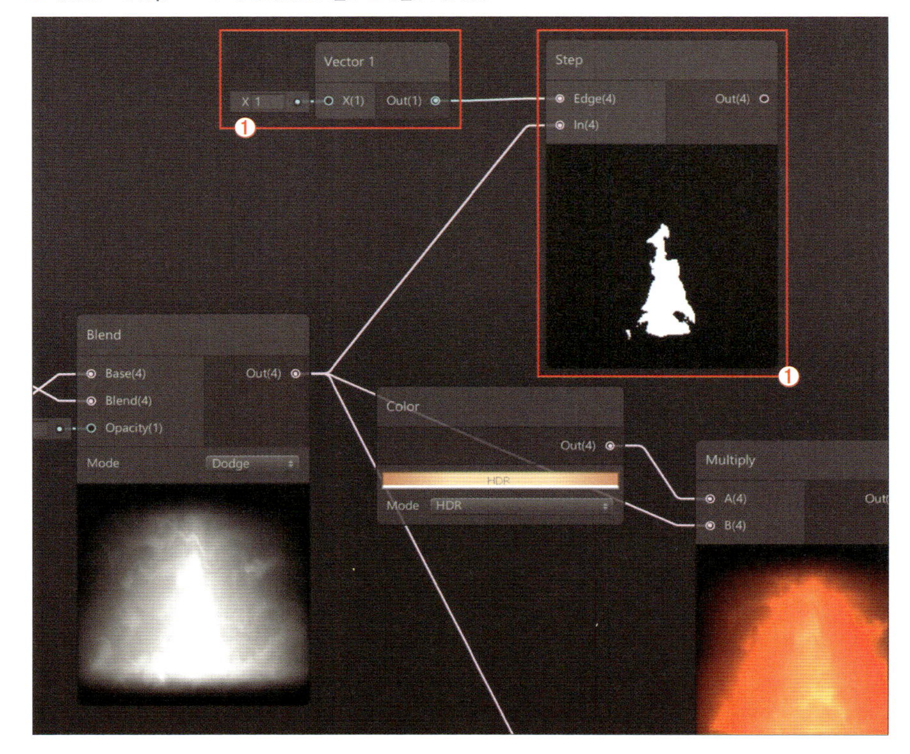

▶ 追加するノード

図内番号	内容
①	Step ノードと Vector1 ノードを追加。Blend ノードからの出力を白黒に二値化

次にカラー成分に2を掛けて明るくします。明るくしたカラーとシルエットをMultiplyノードで掛け合わせて、明るく色が付いたコア部分を完成させます。

▶ シルエットに色を付ける

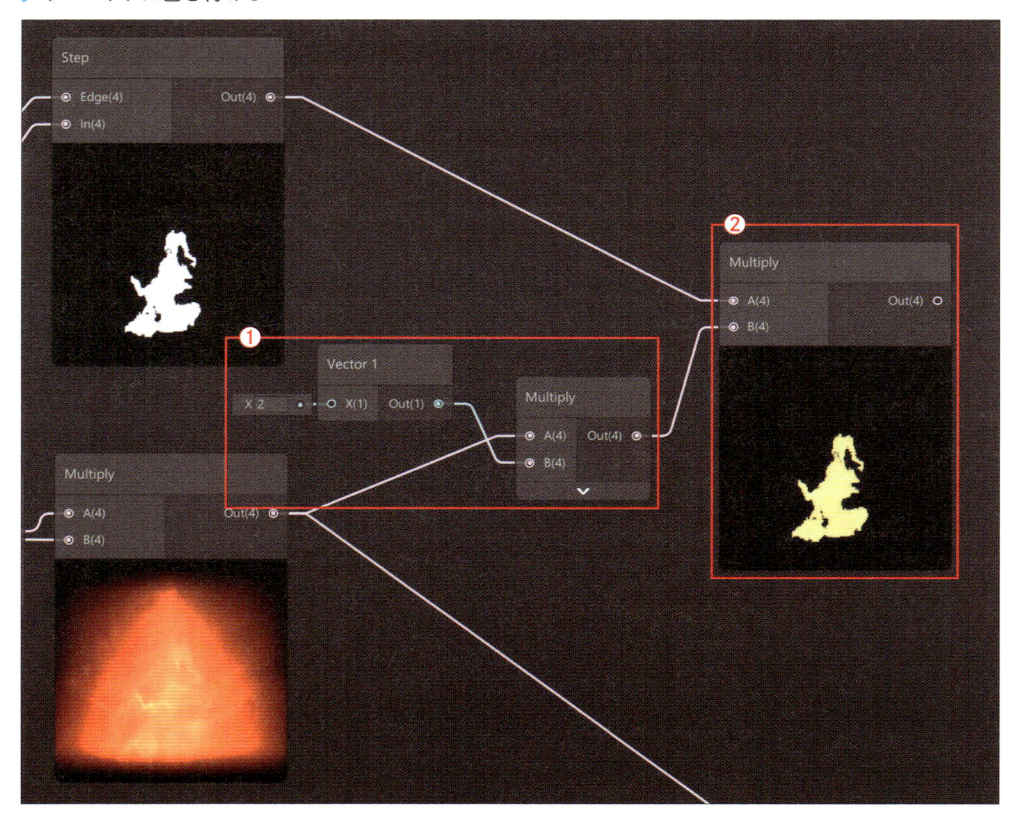

▶ 追加するノード

図内番号	内容
①	Vector1 ノードと Multiply ノードを追加。炎の色を明るく調整。Vector1 ノードには 2 を設定
②	Multiply ノードを追加。明るく調整したカラーと Step ノードで作成したシルエットを掛け合わせる

最後にBlendノードを使用して、コア部分とその周りの炎部分を合成し、Unlit Masterノードの Color(3) 入力に接続します。

▶ Blendノードで炎の要素を合成(SH_8-2-3_02参照)

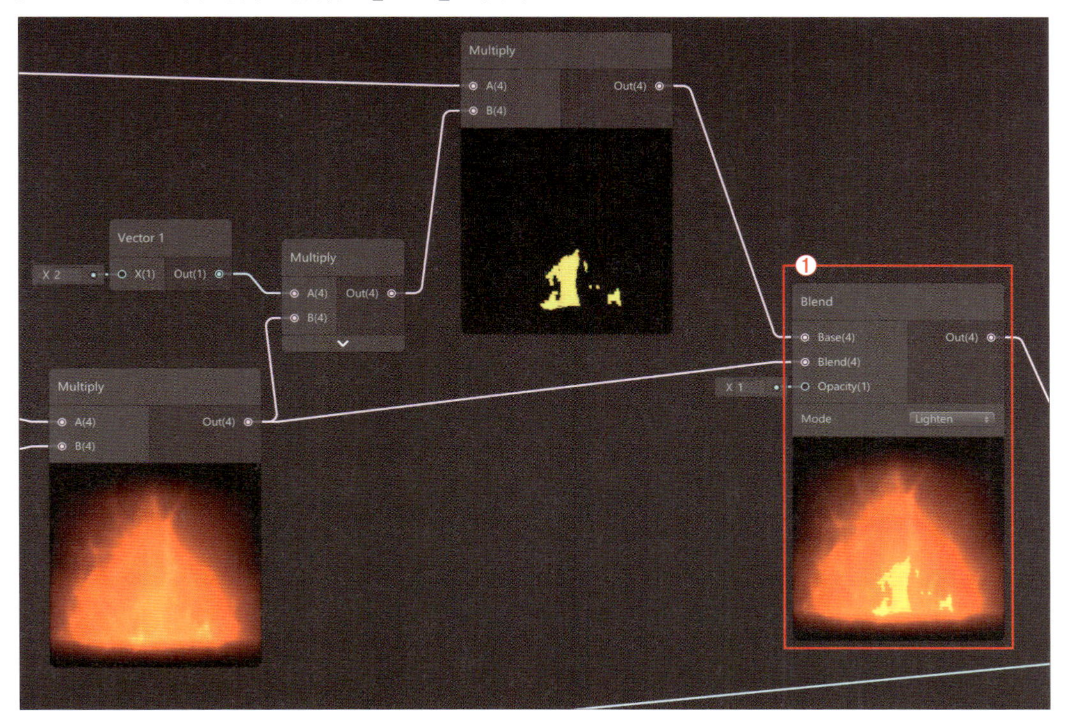

▶ 追加するノード

図内番号	内容
①	Blendノードを追加。炎のコア（シルエット部分）とその周りの部分を合成。ModeパラメータはLightenを選択し、出力をUnlit MasterノードのColor(3)入力に接続

▶ 炎がコア部分(黄色)と、その周りの部分(オレンジ)に色分けされた

炎にカラーを設定することができました。ここから炎のシルエットのエッジ部分を、より炎らしく見えるようにブラッシュアップしていきます。

まずノイズテクスチャのUVにディストーションを適用します。この方法は7章で作成した稲妻エフェクトのビーム部分のシェーダーで使われているものと基本的には同じです。なお、7-6-4に解説しております。ノードの構成は多少違いますが、作っている機能としては同じものになります。

まず次のページの図の場所（One Minusノードの前方と後方）にMultiplyノードを２つ追加します。２倍して次に0.5倍しているので、元の値に戻しているだけなのですが、後ほど２倍

に設定したMultiplyノードの出力を別のノードに接続します。

▶ 2つのMultiplyノードを追加

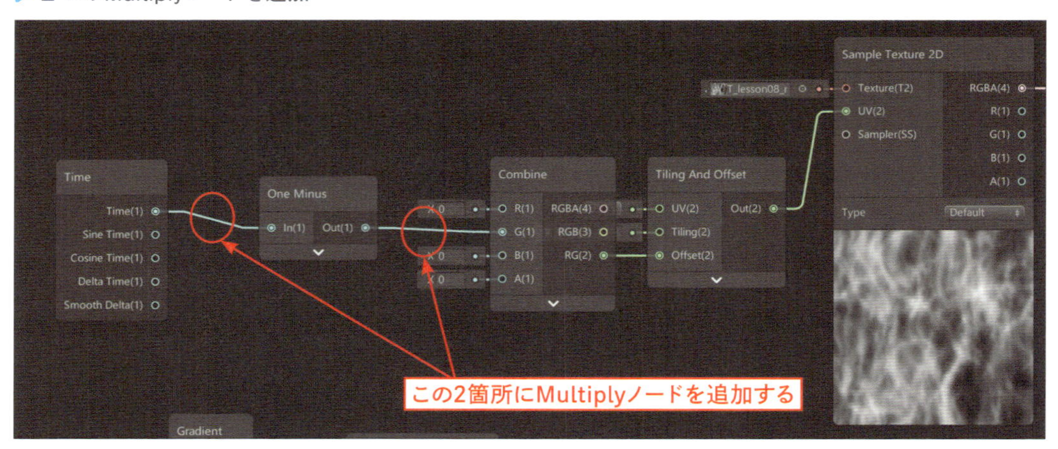

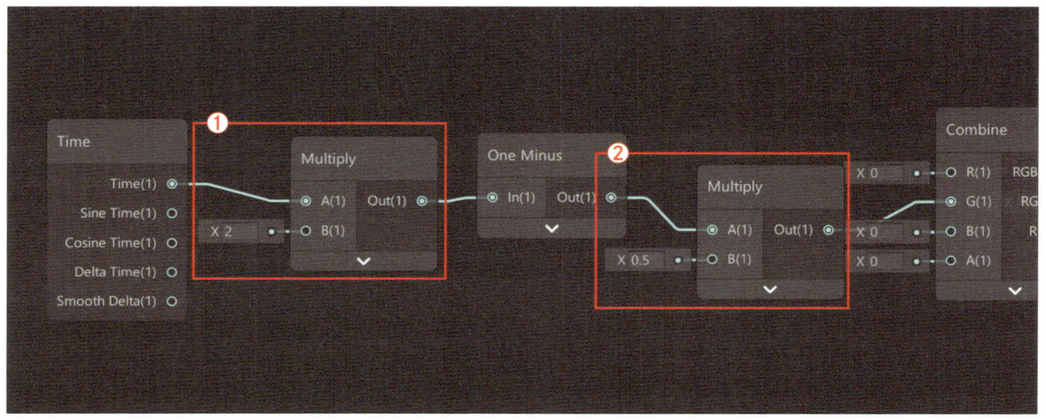

▶ 追加するノード

図内番号	内容
①	Multiply ノードを追加。B(1) 入力に 2 を設定
②	Multiply ノードを追加。B(1) 入力に 0.5 を設定

次に、次のページの図で赤丸で囲ったSample Texture 2DノードとBlendノードの間に新しくノードを追加してUVディストーションの処理を行っていきます。

▶ Sample Texture 2DノードとBlendノードの間にノードを追加していく

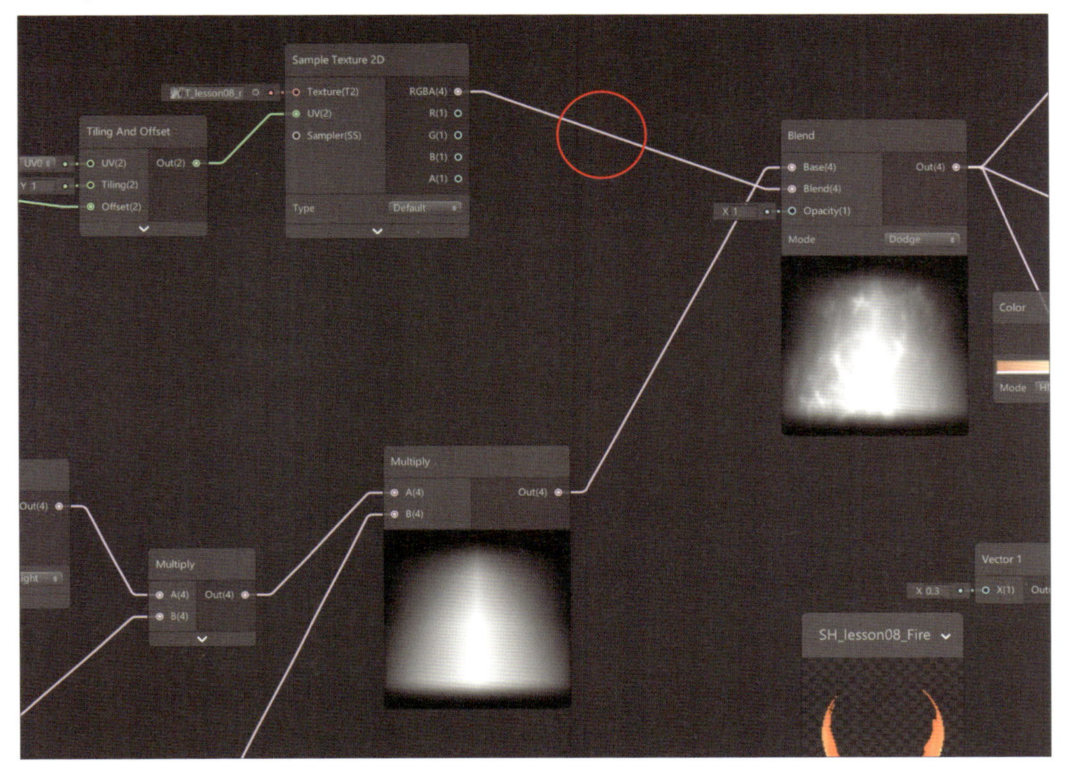

Sample Texture 2DノードとBlendノードをつないでいるラインを削除し、次の図のようにSample Texture 2Dノードの前方と、Blendノードの後方に、それぞれ新規にノードを追加していきます。まず、Sample Texture 2Dノードの出力に0.2を掛けて、明るさを抑えています。明るい部分ほどディストーションが強く掛かるためです。こちらを後ほどUVディストーション用のテクスチャとして使っていきます。

▶ Sample Texture 2Dノードの前方にノードを追加

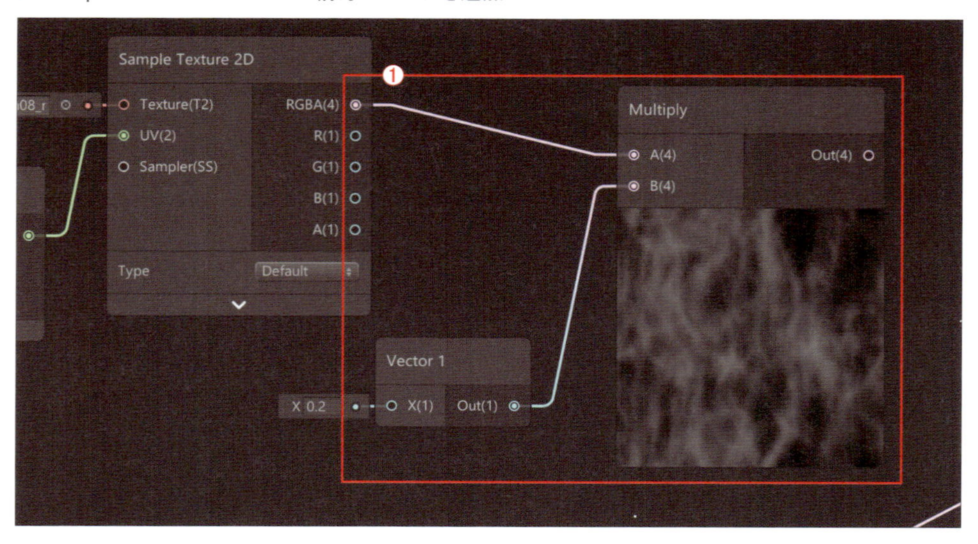

▶ 追加するノード

図内番号	内容
①	Multiply ノードと Vector1 ノードを追加。Sample Texture 2D ノードの出力の明るさを抑える。Vector1 ノードには 0.2 を設定

▶ Blendノードの後方にノードを追加(SH_8-2-3_03参照)

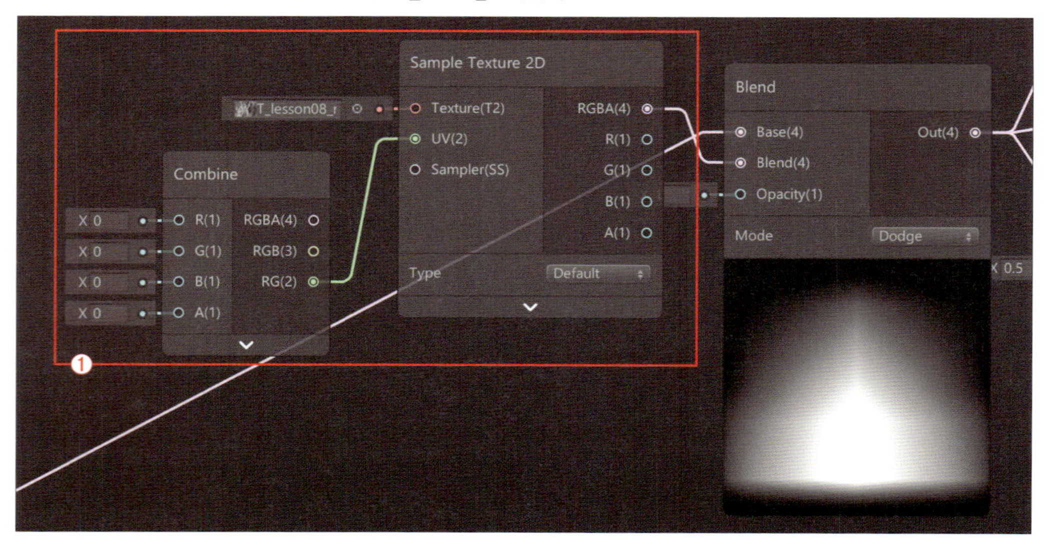

▶ 追加するノード

図内番号	内容
①	Sample Texture 2D ノードと Combine ノードを追加。テクスチャは T_lesson08_noise01 を指定

さらにこの2つをつなぐようにノードを追加し、UVディストーションの処理を完成させます。

▶ UVディストーションの処理を完成させる(SH_8-2-3_04参照)

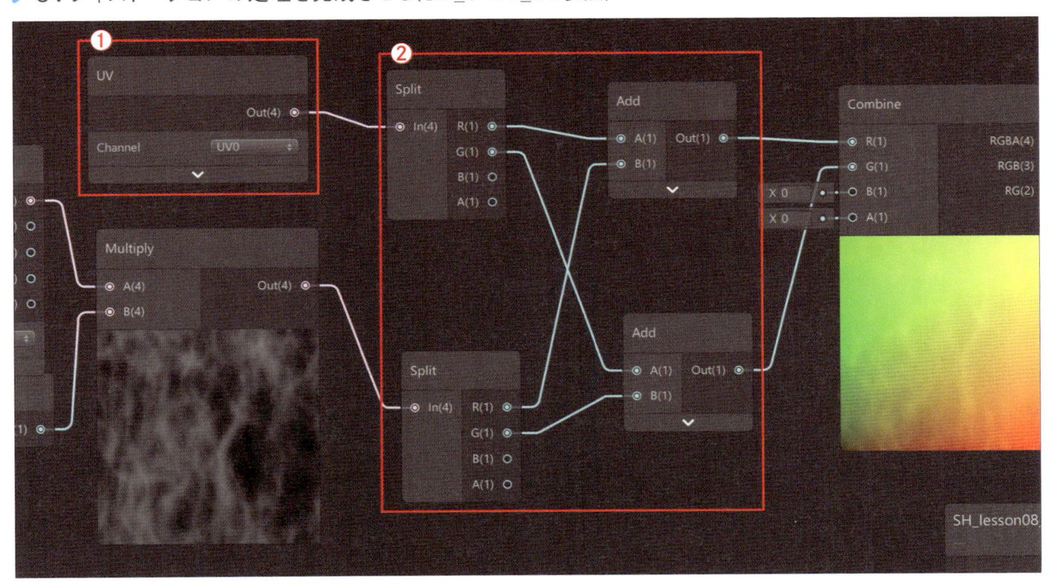

▶ 追加するノード

図内番号	内容
①	UV ノードを追加
②	Split ノード、Add ノードをそれぞれ2つ追加。UV ノードと Multiply ノードの出力をそれぞれ分離したうえで加算。最後に Combine ノードにそれぞれを接続

UVディストーションの機能を追加できました。ただし現状では、ディストーションに使用しているテクスチャはスクロールしていますが、新しく追加した方のテクスチャはスクロールしていません。そのため、こちらにもスクロール処理を施します。新しく配置したCombineノードとSample Texture 2Dノードの間に、次の図のように赤枠で囲った2つのノードを追加します。

また緑枠部分のG(1)入力には、One Minusノードの出力を接続します。One Minusノードの出力先を見ると、片方は直接Combineノードに接続され、もう片方は0.5倍されてから

Combineノードに接続されています。これでUVディストーション用のテクスチャと新しく追加したテクスチャで、別々のスクロール速度に設定することができました。

もし図表がわかりづらければ、Assets/Lesson08/Shaders/tempフォルダ内のシェーダーの途中経過のファイルを参照してください。

▶ CombineノードとSample Texture 2Dノードの間にノードを追加(SH_8-2-3_05参照)

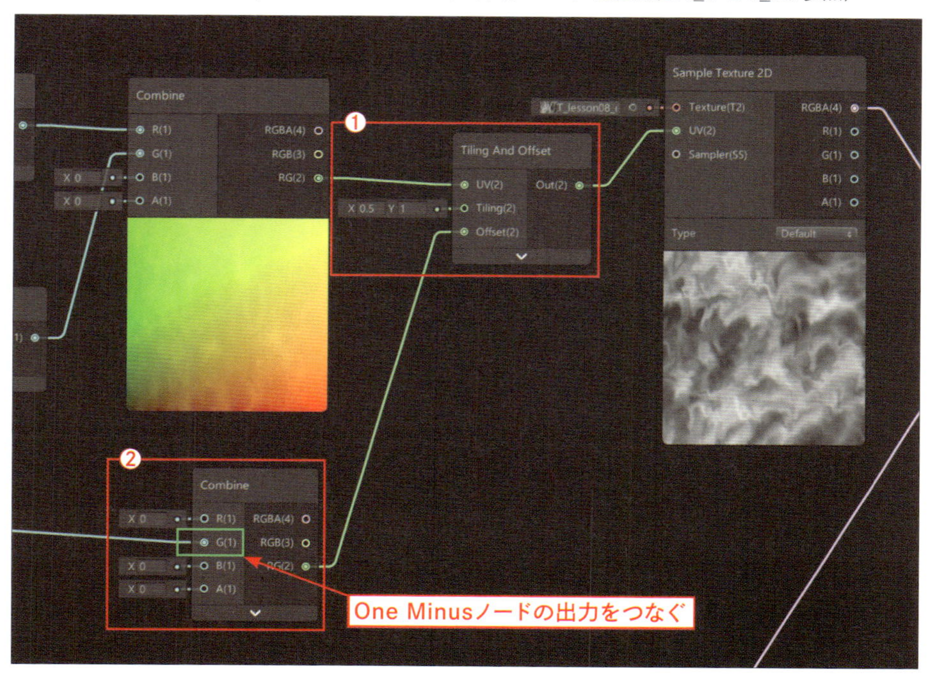

▶ 追加するノード

図内番号	内容
①	Tiling And Offsetノードを追加。Tiling(2)入力を「X:0.5」、「Y:1」に設定
②	Combineノードを追加。G(1)入力にOne Minusノード（P.468の下段図を参照）の出力をつなぐ

現状の結果が次のページの上左図になります。ちょっとおにぎりのような形状になってしまいましたが、ここから最終的に次のページの上右図のような見た目に仕上げていきます。

炎の内部に赤丸で囲ったような穴部分を追加していきます。炎のシルエットの内部に空洞を作ることによって炎の途切れができ、見た目のクオリティが向上します。

▶ 現状の結果(左)と最終的な見た目(右)

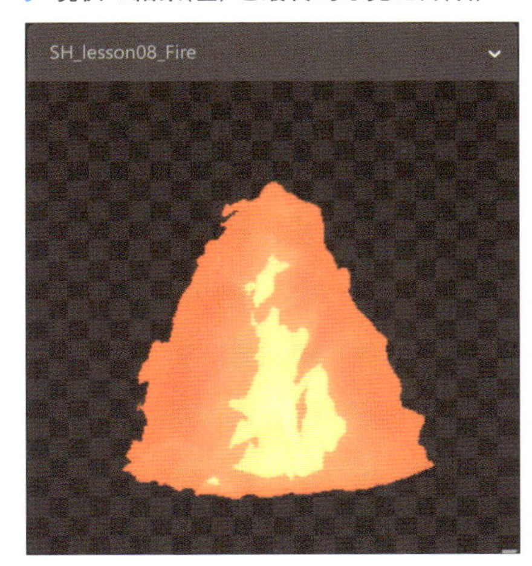

炎の空洞部分を作成するためVoronoiノードを使用します。次の図のように3つのノードを追加していきます。VoronoiノードにもUVスクロールが適用されます。最後に接続したMultiplyノードで値を微調整しています。

▶ Voronoiノードで穴部分のベースを作成(SH_8-2-3_06参照)

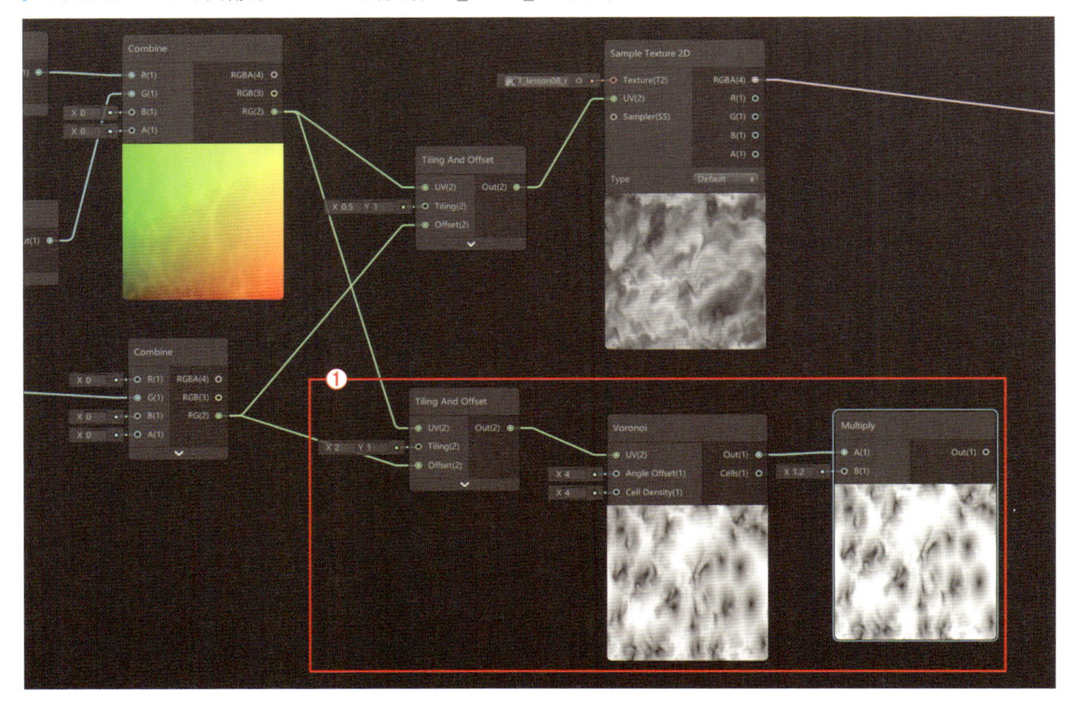

▶ 追加するノード

図内番号	内容
①	Tiling And Offset ノード、Voronoi ノード、Multiply ノードを追加。炎の内側部分に現れる細かい穴部分のベースを作成。各ノードの設定値は下表を参照

▶ Tiling And Offsetノード

パラメータ	値	
Tiling(2)	X:2	Y:1

▶ Voronoiノード

パラメータ	値
Angle Offset(1)	4
Cell Density(1)	4

▶ Multiplyノード

パラメータ	値
B(1)	1.2

次にUnlit Masterノードのアルファにつながっている Stepノードと Blendノードの間のラインを削除します。

▶ BlendノードとStepノード間のラインを削除

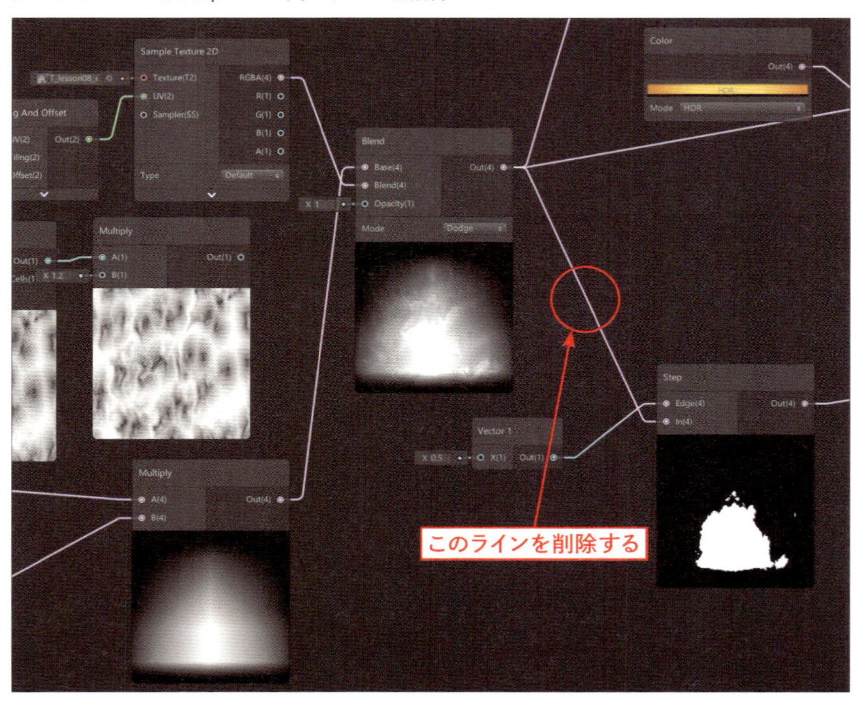

先ほど微調整したMultiplyノードの出力と炎のマスクの出力を、新しくBlendノードを作成して合成します。BlendノードのModeパラメータでMultiplyを使用しているので、Multiplyノードを使用しても同じ結果になります。ここではBlendノードを使用しています。ちょっと違う見た目が欲しい時に、Modeパラメータを別の物に変更すれば手軽に結果を変えられるからです。

最後にBlendノードの出力を、先ほどラインを削除したStepノードのIn(4)入力に接続します。またStepノードのEdgeパラメータにつながっているVector1ノードの設定(次の図緑枠)を0.2に変更しています。アルファチャンネルが変更され、炎の内部に空洞部分ができました。

▶ 炎のマスクとVoronoiノードを合成し、Stepノードにつなぐ(SH_8-2-3_07参照)

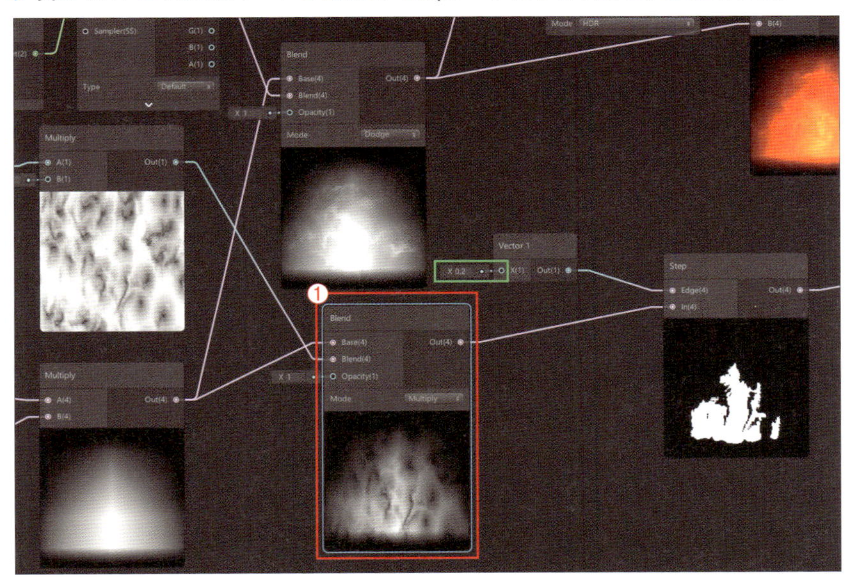

▶ 追加するノード

図内番号	内容
①	Blendノードを追加し、炎のマスクとVoronoiノードを合成。出力をStepノードに接続し、炎の内側に穴部分（炎のちぎれ）があるアルファを完成させる

これでトゥーン調の炎シェーダーの完成になります。今回作成したシェーダーはトゥーン調のシェーダーの作り方を学習してもらう意味合いで作ったものですので、8-3でこのシェーダーをベースに汎用性のあるものに作り替えていきます。

▶ 最終結果

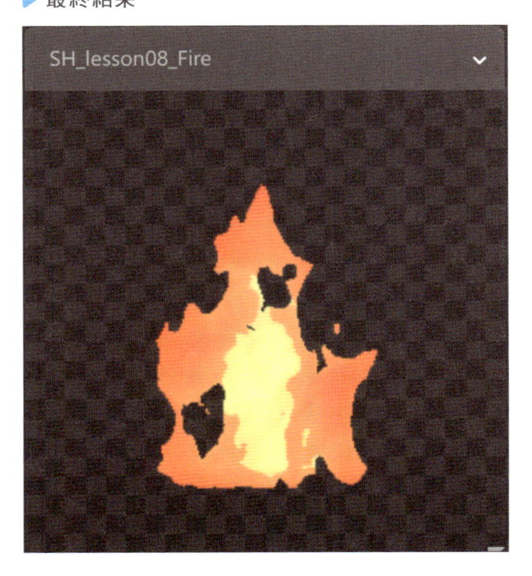

8-3 シェーダーの改良

8-2で炎のシェーダーを作成しましたが、調整ができるような作りにはなっていないため、ここではトゥーン調の見た目を維持したまま、各種パラメータを追加して汎用性のあるシェーダーになるように変更を加えていきます。

8-3-1 テクスチャ周りのノードの変更

8-2で作成した炎のシェーダー(SH_lesson08_Fire)を複製して名前をSH_lesson08_Toonに変更します。このSH_lesson08_Toonシェーダーを改良して、汎用性のあるトゥーンシェーダーに作り替えていきます。

▶ シェーダーを複製して作業を開始

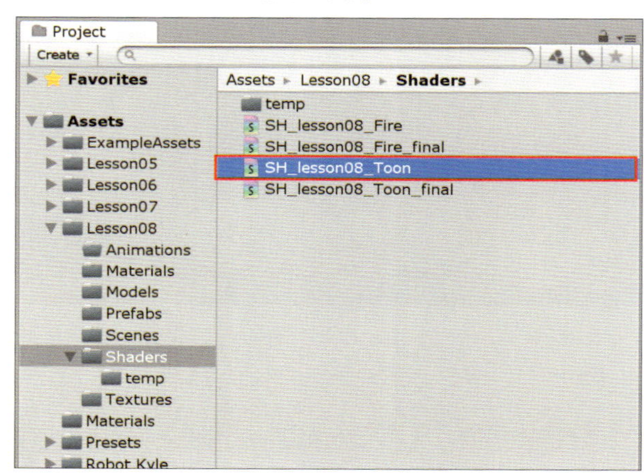

8-2では炎のシルエットを、複数のGradientノードを掛け合わせて作成しましたが、別のシルエットが必要になった場合に対処できないので、シルエットに関してはテクスチャで対応する方法に変更していきます。次の図の赤枠部分で囲んだ炎のシルエットを作成している箇所をまるまる削除します。

▶ 炎のシルエット作成処理の部分を削除

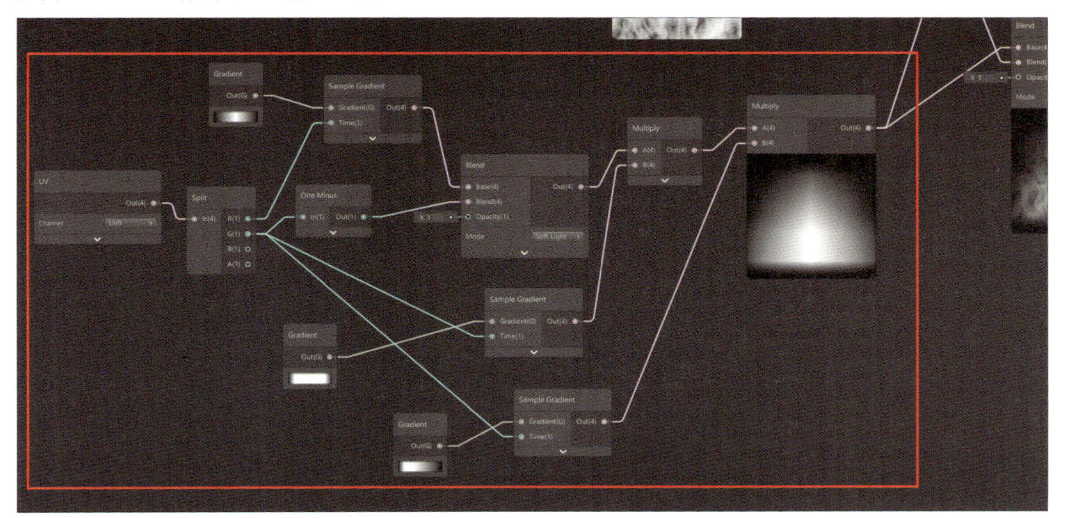

次に新規Texture2DプロパティをSilhouette Textureという名前で作成し、デフォルトテクスチャにT_lesson08_mask02を設定します。

▶ Silhouette Textureプロパティ

パラメータ	値
Default	T_lesson08_mask02

作成したプロパティをドラッグ&ドロップして配置し、新しく追加したSample Texture 2Dノードに接続します。Sample Texture 2Dノードの出力は2つのBlendノードに接続します。

▶ Texture2DプロパティをSilhouette Textureという名前で作成

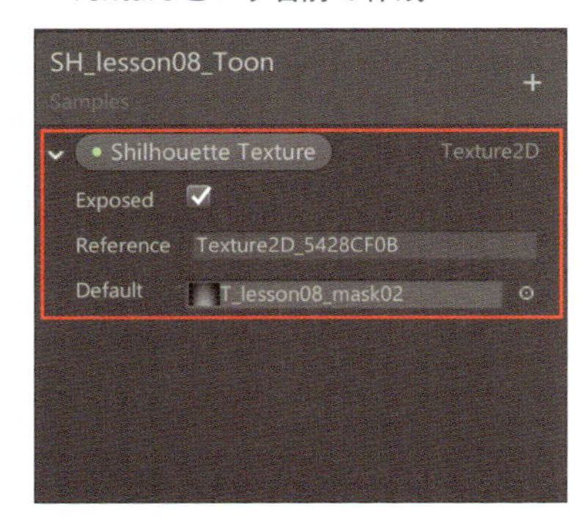

▶ 新しくSample Texture 2DノードとTexture2Dプロパティを配置(SH_8-3-1_01参照)

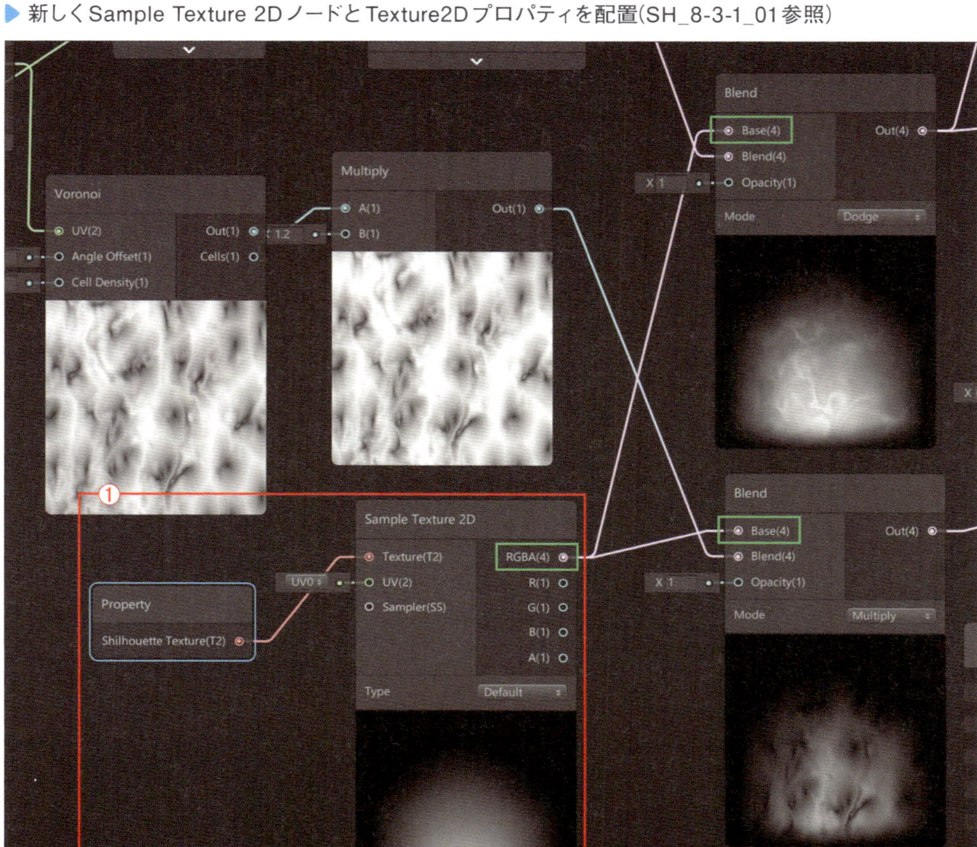

▶ 追加するノード

図内番号	内容
①	Sample Texture 2D ノードを追加。また先ほど作成した Silhouette Texture プロパティをドラッグ＆ドロップで配置し接続。Sample Texture 2D ノードの出力を２つの Blend ノードの Base(4) 入力に接続

　これでシルエットをテクスチャで指定することが可能になりました。次に炎の空洞部分を作成するために使用していたVoronoiノードを変更します。Voronoiノードは**8-2**のような単純なビルボードで炎のシルエットに使用する分には問題ないのですが、シリンダーなどのメッシュに適用すると、UVのシームの部分で模様が合わなくなってしまう問題があります。

　6章の頂点アニメーションで使用したような、３Dノイズ的な使用方法であればシームレスに使うことができるのですが、ここではVoronoiノードではなく、ボロノイ模様のシームレステクスチャに置き換えていきます。まず既存のVoronoiノードを削除します。

▶ Voronoiノードを削除

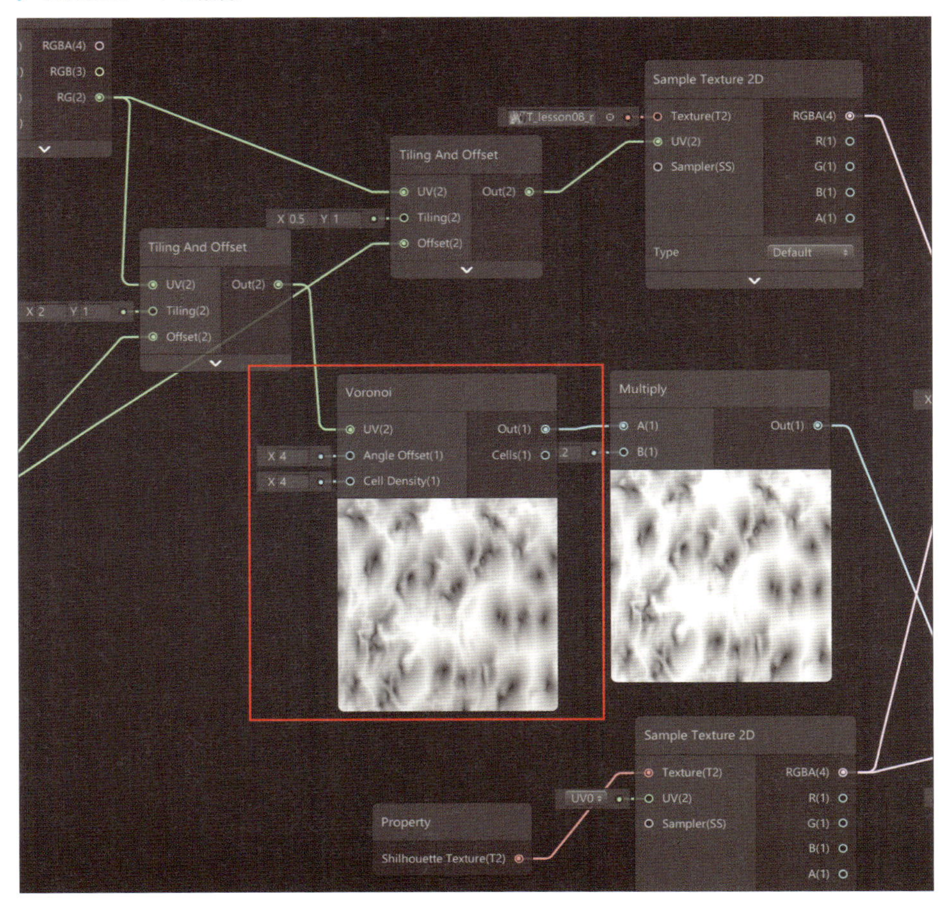

先ほどと同じようにVoronoi Textureという名前でTexture2Dプロパティを作成し、デフォルトテクスチャをT_lesson08_voronoi01に設定します。

▶ Texture2DプロパティをVoronoi Textureという名前で作成

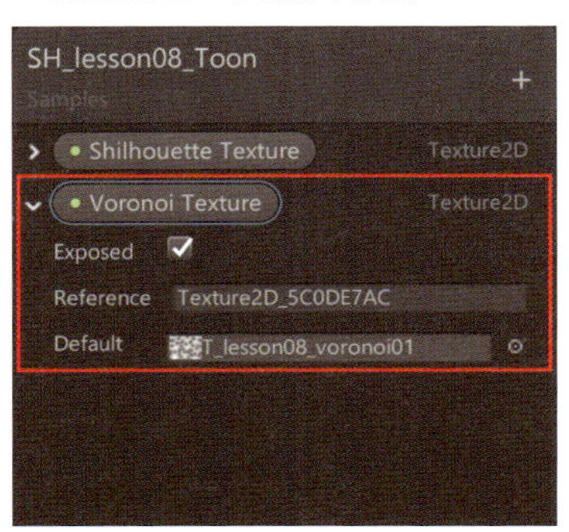

▶ Voronoi Textureプロパティ

パラメータ	値
Default	T_lesson08_voronoi01

Voronoiノードのあった場所に、Sample Texture 2Dノードを追加し、Voronoi Textureプロパティを接続します。

▶ Sample Texture 2DノードとVoronoi Textureプロパティを追加(SH_8-3-1_02参照)

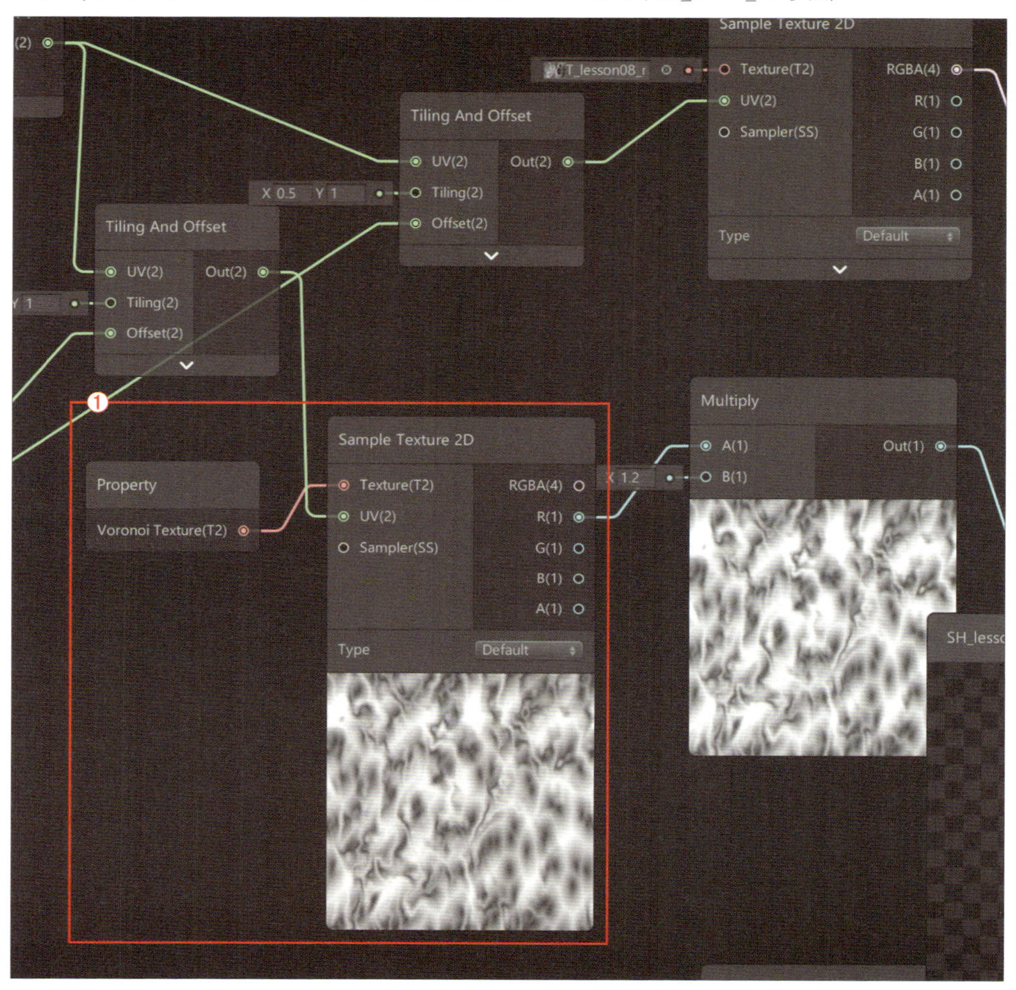

▶ 追加するノード

図内番号	内容
①	Sample Texture 2D ノードを追加。また先ほど作成した Voronoi Texture プロパティをドラッグ＆ドロップで配置し接続

さらにNoise Textureという名前で新規にTexture2Dプロパティを作成します。

▶ Texture2DプロパティをNoise Textureという名前で作成

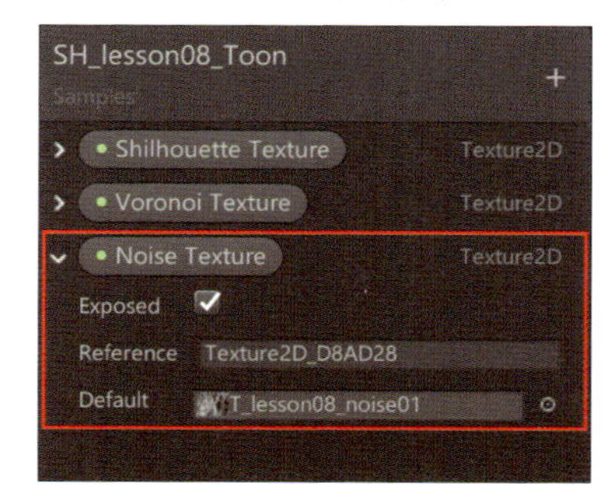

既存のSample Texture 2Dノードで、直接T_lesson08_noise01テクスチャを設定している2箇所をNoise Textureプロパティに置き換えます。

▶直接テクスチャを指定している部分をプロパティに置き換え

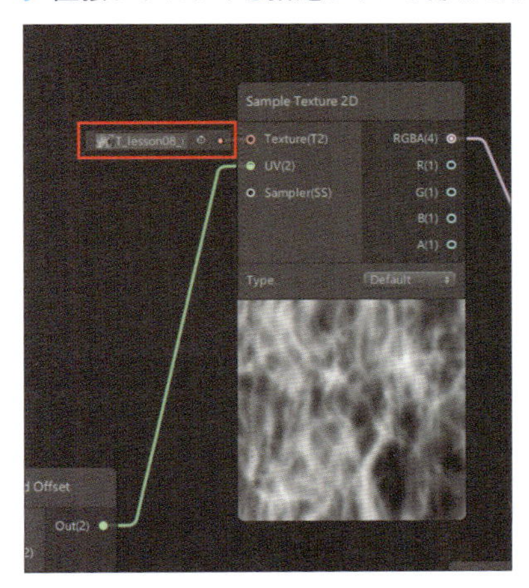

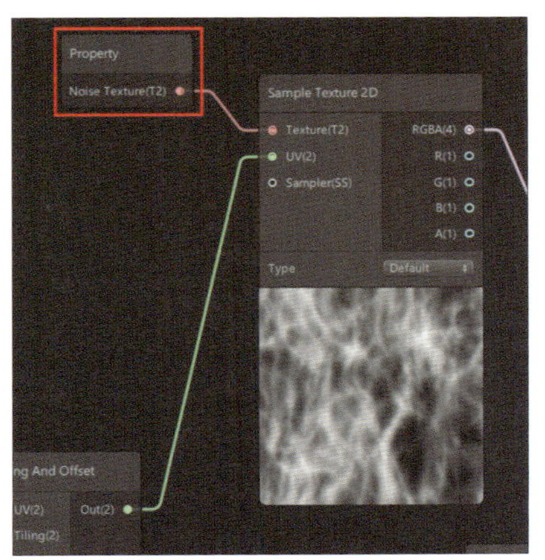

▶緑枠の2箇所を置き換える(SH_8-3-1_03参照)

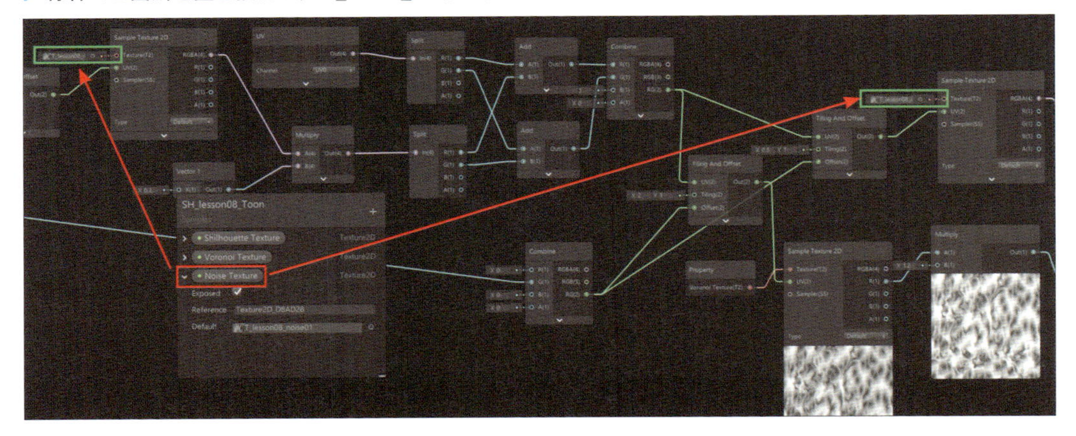

これでテクスチャプロパティへの切り替え作業が完了しました。

8-3-2 Custom Vertex Streamsの設定

テクスチャプロパティへの変更が完了したところで、ここからはSceneビュー上でパーティクルを再生して確認しながら作業を進めていきましょう。新規パーティクルを作成して各モジュールを次の図のように設定します。なお、確認用の仮パーティクルなので、名前は任意でかまいません。

▶ パーティクルをシーンに配置して設定

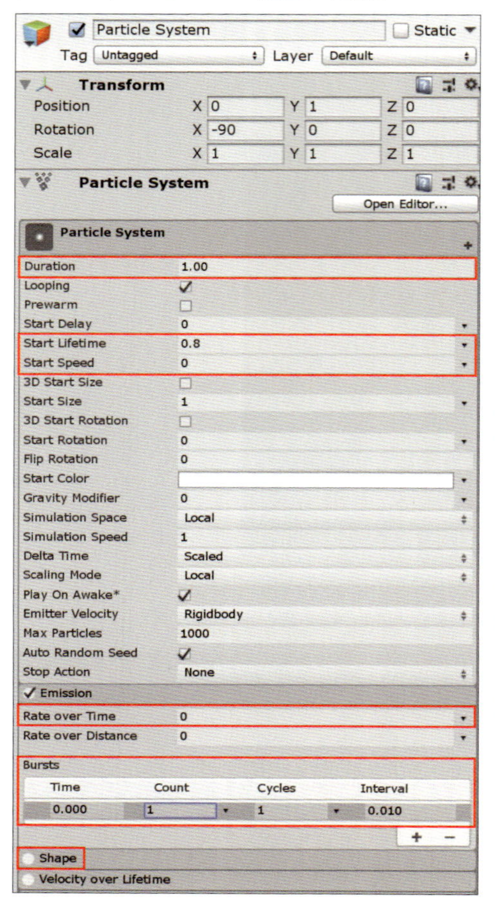

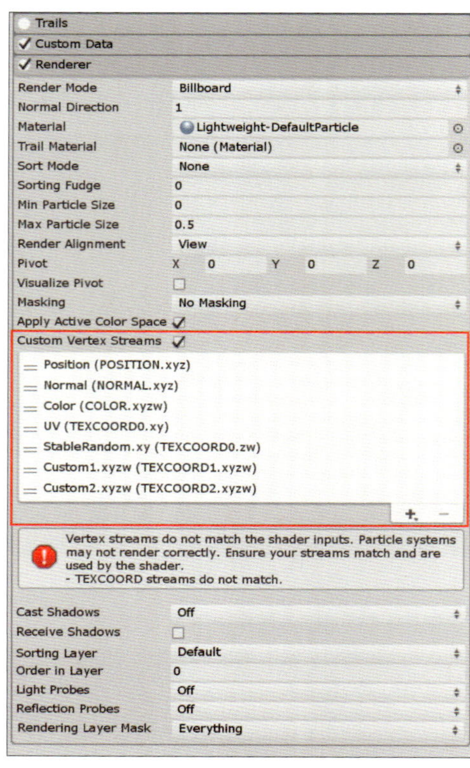

▶ Main モジュール

パラメータ	値
Duration	1.00
Start Lifetime	0.8
Start Speed	0

▶ Emission モジュール

パラメータ	値			
Rate over Time	0			
Bursts	Time	Count	Cycles	Interval
	0.000	1	1	0.010

▶ Shape モジュール

パラメータ	値
チェック	なし

▶ Renderer モジュール

パラメータ	値
Custom Vertex Streams	チェックあり
追加するパラメータ	StableRandom.xy(TEXCOORD0.zw)
	Custom1.xyzw(TEXCOORD1.xyzw)
	Custom2.xyzw(TEXCOORD2.xyzw)

またCustom Dataモジュールを次の図のように設定し、項目の名前も変更しておきます。Custom Dataモジュールのパラメータには、パーティクルの寿命に応じてアニメーションが必要になりそうなパラメータを選んで設定してあります。

▶ Custom Vertex StreamsとCustom Dataモジュールの設定

✓ Custom Data
Custom1
Mode　Vector
Number of Components　4
Silhouette Anim　0
Silhouette Tiling　0
Silhouette Offset　0
Scroll Speed　0
Custom2
Mode　Color
Color　HDR

▶ Custom Dataモジュール

パラメータ	値	
Custom1	Mode	Vector
	X	Silhouette Animに名前を変更
	Y	Silhouette Tilingに名前を変更
	Z	Silhouette Offsetに名前を変更
	W	Scroll Speedに名前を変更
Custom2	Mode	Color

今回の場合では、斬撃エフェクトの剣閃部分にアニメーションが必要になりそうなことが事前にわかっていたので、それに柔軟に対応できるようにシェーダーを組んでいきます。なお、右図のCustom Dataモジュールは説明のために記載しているだけなので、ここでは設定しなくてかまいません。

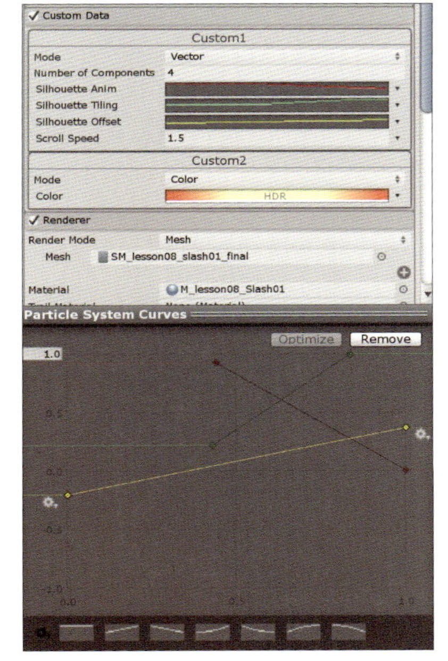

▶ 後で作成する斬撃エフェクトのアニメーションは動きをCustom Dataモジュールで設定

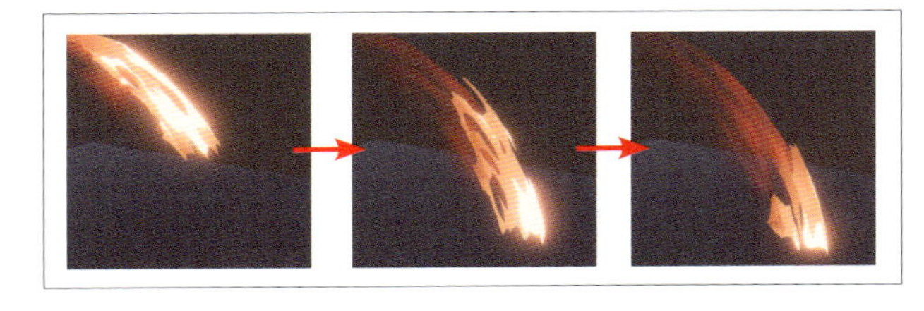

Custom Vertex StreamsとCustom Dataモジュールを設定したので、実際に機能するようにシェーダー内に変更を加えていきましょう。具体的にはシルエットテクスチャの明るさ、タイリングとオフセットをCustom Dataモジュールから調整できるようにしていきます。

まず次の図のように、Silhouette Textureプロパティを接続しているSample Texture 2DノードのUV入力に、新規に追加したノードを接続しましょう。

この変更でシルエットテクスチャのタイリングとオフセットが、Custom DataモジュールのSilhouette TilingとSilhouette Offsetパラメータから変更できるようになります。

▶ シルエットテクスチャのタイリングとオフセットを変更できるように設定(SH_8-3-2_01参照)

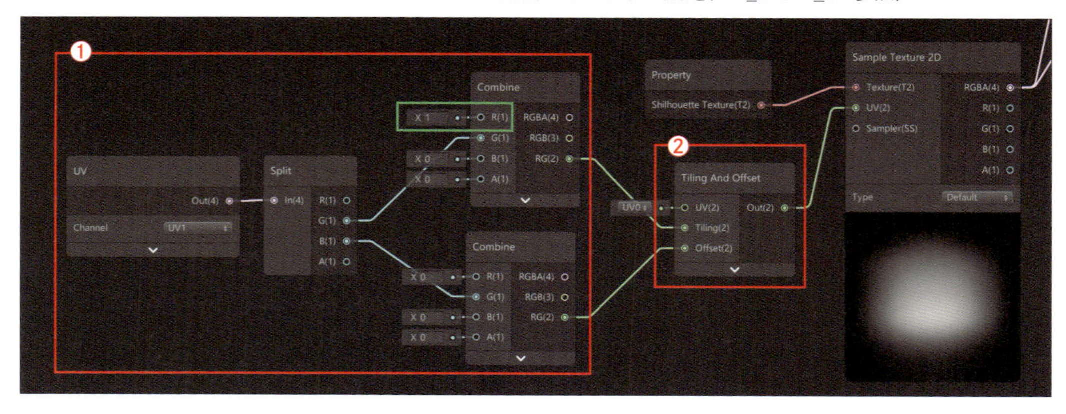

▶ 追加するノード

図内番号	内容
①	UV ノード、Split ノード、２つの Combine ノードを追加し接続。UV ノードの Channel パラメータは UV1 を設定し、Custom Data モジュールの Custom1 の値を取得できるようにする。上図上側の Combine ノードの R(1) パラメータは 1 に設定
②	Tiling And Offset ノードを追加。①で取得した Custom1 の値を Tiling(2) 入力と Offset(2) 入力に接続

ここまでの変更をSave Assetボタンを押して反映し、確認してみましょう。Assets/Lesson08/Materialsフォルダ内に新規マテリアルをM_lesson08_Testという名前で作成し、パーティクルに適用します。マテリアルのシェーダーをSH_lesson08_Toonに変更し、マテリアルのテクスチャとCustom Dataモジュールを次の図のように設定してみましょう。シルエットテクスチャが上から下に移動しているのが確認できます。

▶ Custom Dataモジュールのパラメータを設定して動きを確認

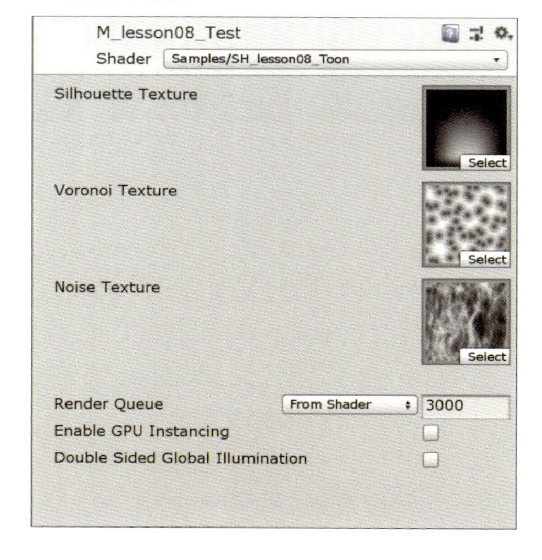

Custom Data
Custom1
Mode　Vector
Number of Components　4
Silhouette Anim　1
Silhouette Tiling　1
Silhouette Offset
Scroll Speed　0
Custom2
Mode　Color
Color　HDR
Renderer
Render Mode　Billboard
Normal Direction　1
Material　M_lesson08_Test
Trail Material　None (Material)
Sort Mode　None
Sorting Fudge　0
Min Particle Size　0
Max Particle Size　0.5
Render Alignment　View
Pivot　X 0　Y 0　Z 0
Visualize Pivot
Masking　No Masking
Apply Active Color Space
Custom Vertex Streams
Position (POSITION.xyz)

▶ Custom Data モジュール

パラメータ	値	
Custom1	Silhouette Anim	1
	Silhouette Tiling	1
	Silhouette Offset	下図を参照

▶ Renderer モジュール

パラメータ	値
Material	M_lesson08_Test

▶ Custom Data モジュールの Silhouette Offset パラメータの設定

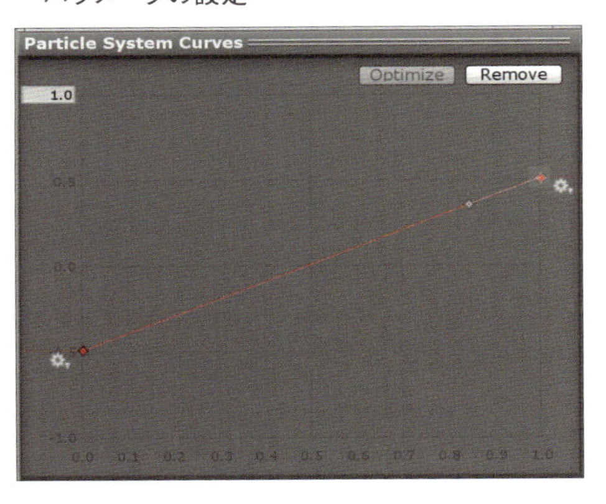

次に Custom Data モジュールの Custom1 の Silhouette Anim パラメータで、テクスチャの明るさを調整できるように設定しましょう。下図を参考に Silhouette Texture プロパティを接続した Sample Texture 2D ノードの出力のところにノードを追加します。追加した Multiply ノードの出力を元々接続されていた 2 つの Blend ノードに再度接続します。

▶ Silhouette Anim パラメータで調整できるようにノードを追加

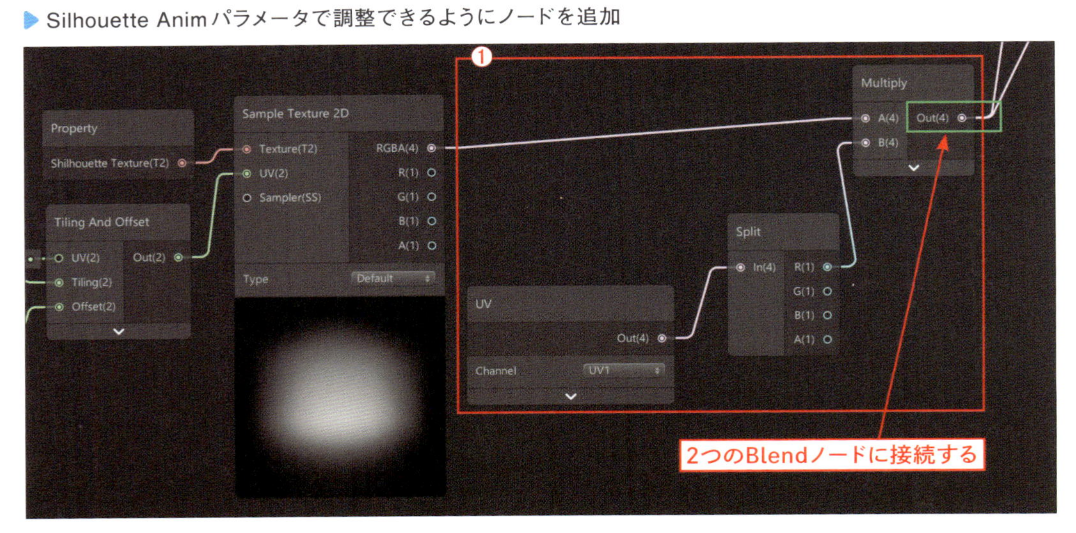

▶ 追加するノード

図内番号	内容
①	UV ノード、Split ノード、Multiply ノードを追加。UV ノードの Channel パラメータを UV1 に設定。UV ノードから取得した Custom1（Shilhouette Anim パラメータ）の値をテクスチャの出力と掛け合わせる。最後に Multiply ノードの出力を元々つながっていた２つの Blend ノードの入力に接続

最後にCustom DataモジュールのScroll Speedパラメータを設定します。ノード群の一番左端にあるTimeノードのあたりに、次の図のように新規にノードを追加します。これでスクロールの速度をCustom Dataモジュールから操作できるようになります。

▶ スクロール速度を変更できるように設定(SH_8-3-2_02参照)

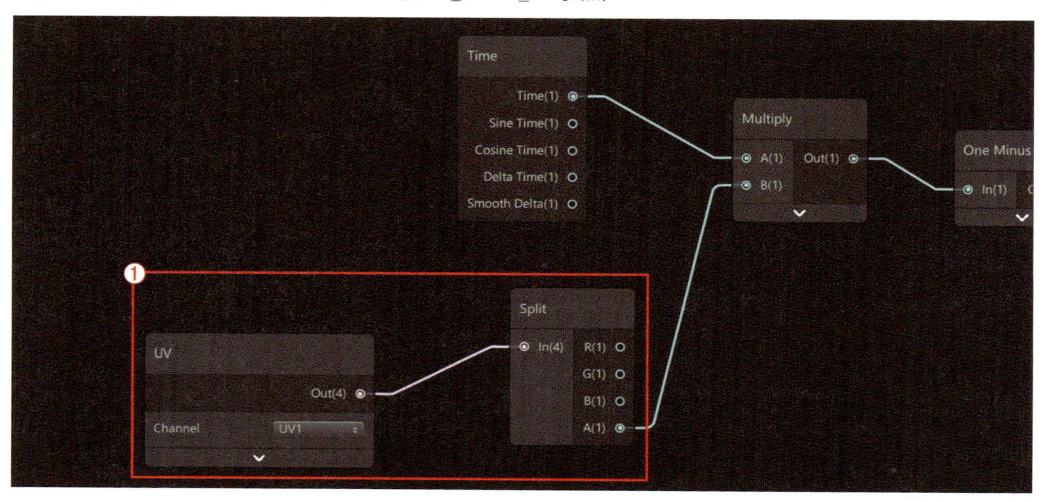

▶ 追加するノード

図内番号	内容
①	UV ノードと Split ノードを追加。UV ノードの Channel パラメータを UV1 に設定。Custom1（Scroll Speed パラメータ）の値を Time ノードと掛け合わせる

これでCustom Dataモジュールにある４つのパラメータからシェーダーを操作できるようになりました。いろいろと設定を変更して結果の違いを確認してみてください。

8-3-3 Branchノードの設定

8-3-2までの作業でCustom Dataモジュールからシルエットテクスチャを細かく操作できるようになりました。ただし現在の設定では縦方向のオフセットやタイリングを調整することは可能ですが、横方向には調整することができません。

もちろん横方向を調整するパラメータを追加してもよいのですが、Custom Dataモジュールの Custom2の部分はカラー設定用に使用するため、使用可能なパラメータの空きがありません。なお、パラメータ1個でfloat値1個を設定できる仕様なので、Colorを使用する場合、R・G・B・A合わせて、float値4個分を消費してしまいます。

▶ すでにCustom Dataモジュールのパラメータを全て使ってしまっている

✓ Custom Data
Custom1
Mode　Vector
Number of Components　4
Silhouette Anim　1
Silhouette Tiling　1
Silhouette Offset
Scroll Speed　0
Custom2
Mode　Color
Color　HDR

縦方向と横方向を同時にスクロールする場面は今回のエフェクトではないので、Booleanプロパティを用意して、チェックボックスにチェックが入っていれば(True)、UVを90度回転させて横方向にスクロール、チェックが入っていなければ(False)、回転しないという処理を行っていきます。

▶ 分岐処理を用いてUVを回転させる

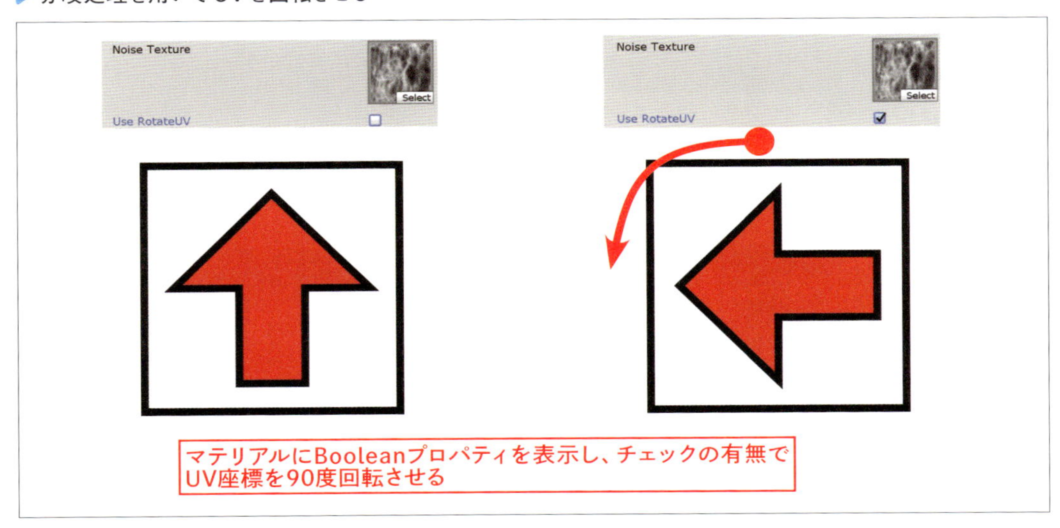

処理自体はそれほど複雑ではありません。まずUse RotateUVという名前でBooleanプロパティを作成します。

▶ Use RotateUVという名前でBooleanプロパティを作成

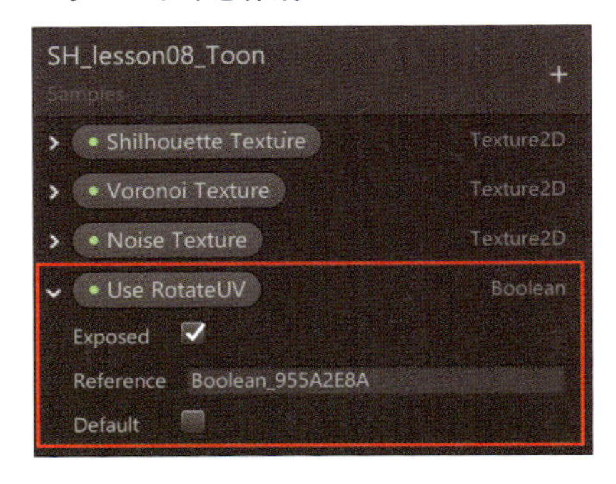

分岐処理にはBranchノードを使用します。BranchノードのTrue入力とFalse入力にそれぞれ、チェックが入っていた場合の処理(90度回転)、チェックが入っていなかった場合の処理を接続します。

▶ Branchノードを使用して分岐処理を行う

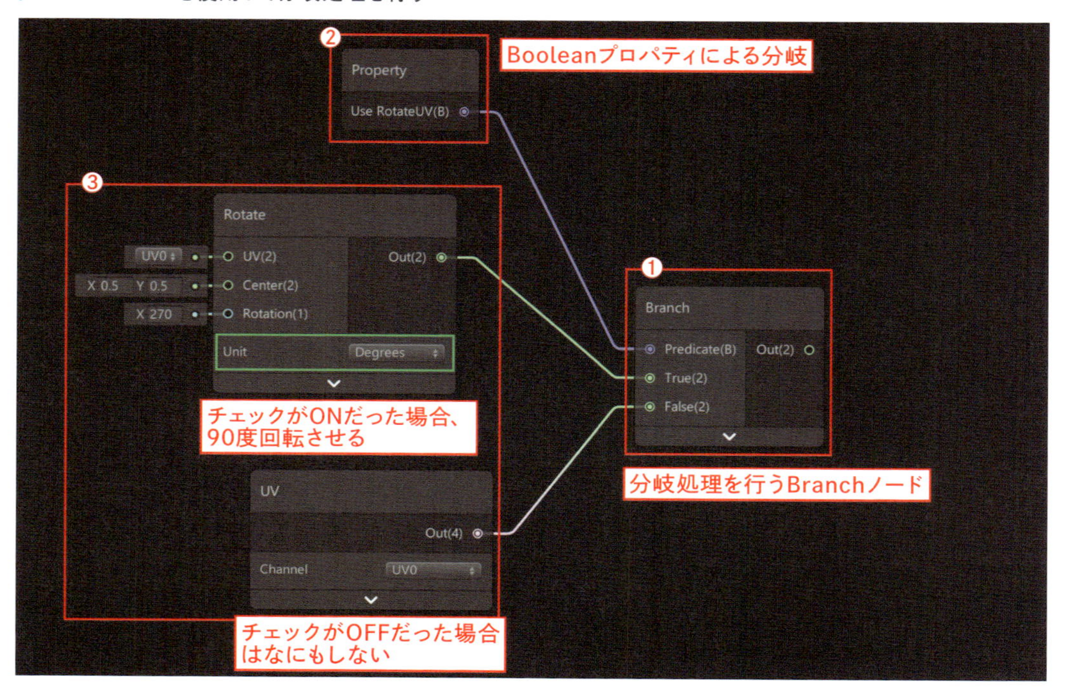

▶ 追加するノード

図内番号	内容
①	分岐処理を行う Branch ノードを追加
②	先ほど作成した Use RotateUV プロパティを接続
③	UV ノードと Rotate ノードを追加。UV ノードの出力を Branch ノードの False(2) 入力に、Rotate ノードの出力を Branch ノードの True(2) 入力にそれぞれ接続。Rotate ノードの Rotation(1) パラメータは回転する方向の関係上、90 ではなく 270 に設定。また Unit パラメータを Degrees に変更しておく

最後にBranchノードの出力を、シルエットテクスチャに接続されているTiling And OffsetノードのUV入力に接続します。

▶ Tiling And Offsetノードの UV入力に接続(SH_8-3-3_01参照)

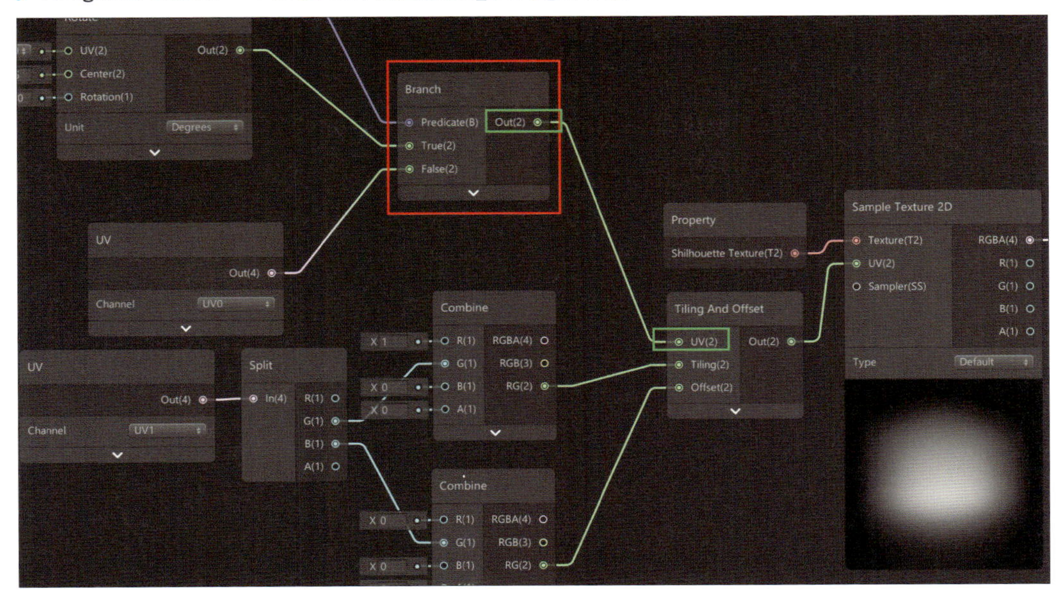

ここまでできたらSave Assetボタンを押して変更を反映し、結果を確認してみましょう。マテリアルに表示されたUse RotateUVのチェックボックスをオンオフしてスクロールが縦方向と横方向に変更されるのを確認しましょう。

▶ Use RotateUVのチェックを変更

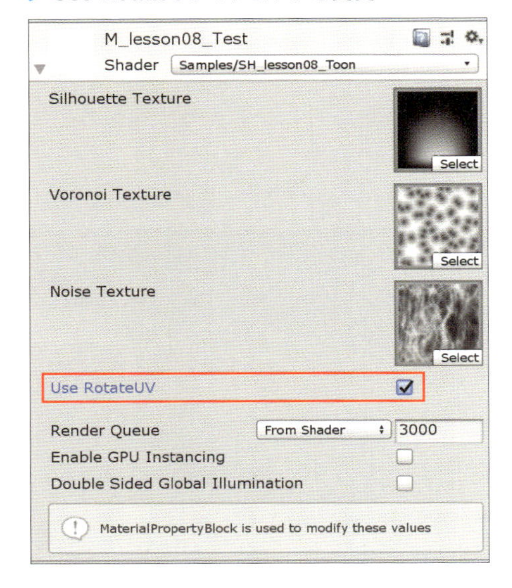

▶ スクロールの方向が変化

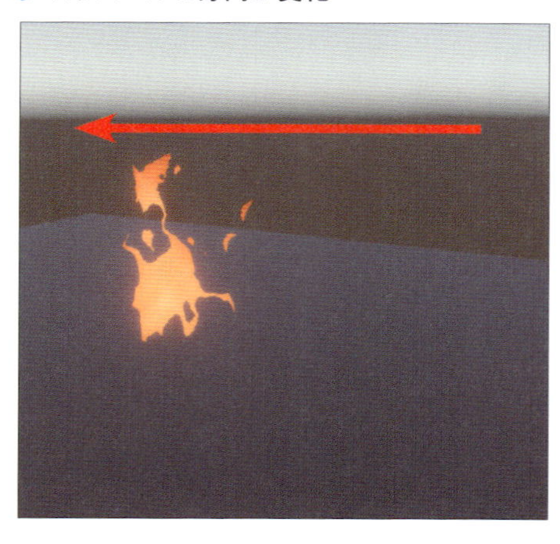

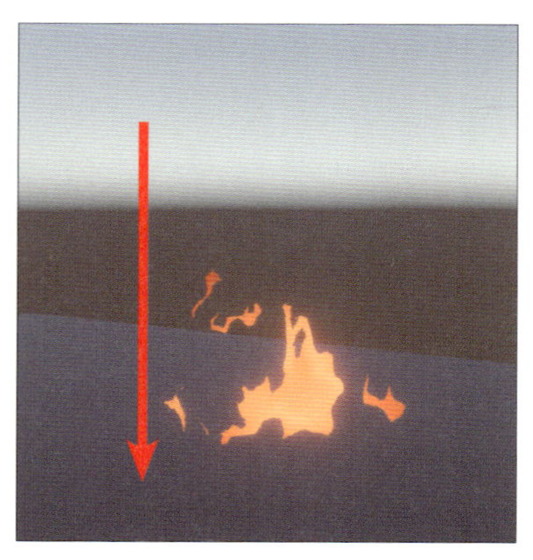

ただし横方向に変更したときに少し違和感があるかと思います。ディストーションテクスチャのUVには今回設定した回転の処理が適用されていないため、横方向に変更しても縦方向のままです。

同じ処理をディストーションテクスチャの方でも行っていきます。少しわかりづらいですが、前ページのBranchノードによる分岐処理の部分のノードをコピーして、次の図のようにペーストし、UVディストーション用テクスチャに接続されているTiling And Offsetノードの UV入力に接続します。UVディストーション用テクスチャに接続されているTiling And Offsetノードが2つありますが、次のページの上段図を参考に接続してください。

▶ 分岐処理を別の場所にも接続(SH_8-3-3_02参照)

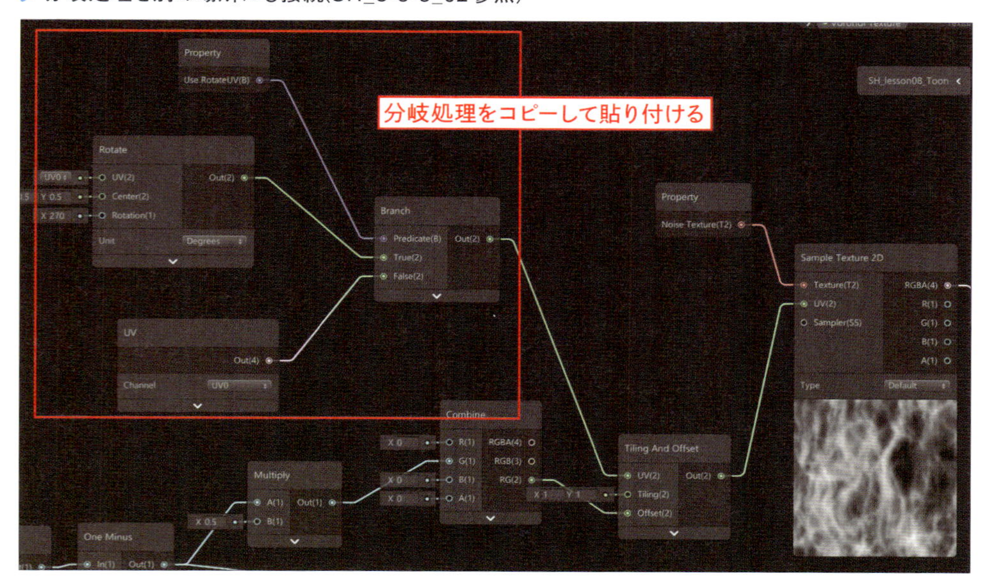

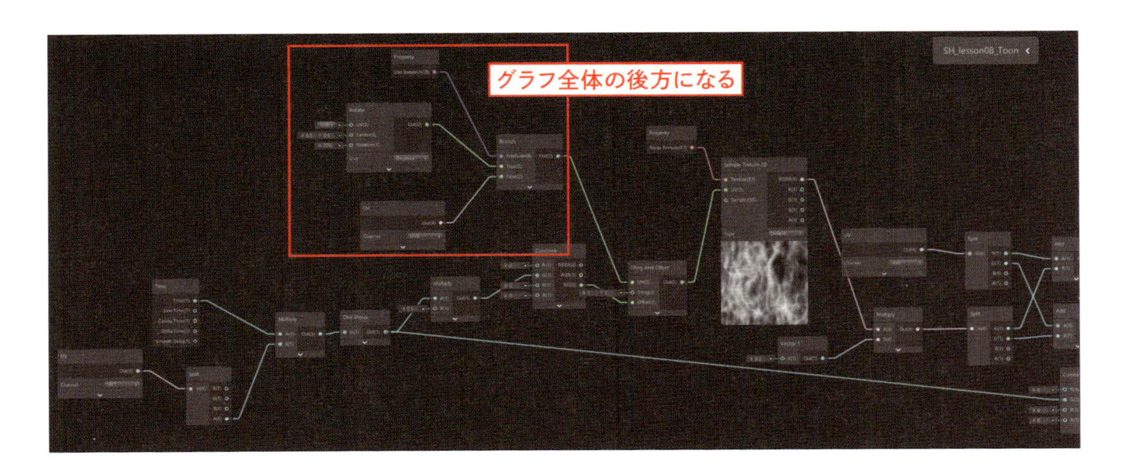

改めて結果を確認してみましょう。今度は自然な流れになっています。

▶ 横方向が自然な流れに変更された

8-3-4 各種プロパティの設定

8-3-3までの設定でかなり柔軟なパラメータ設定が可能になってきましたが、ここではシェーダー内において、Vector1ノードなどで値が設定されている部分をプロパティに置き換えて、より細かくマテリアルから調整ができるように変更していきます。

現在、カラーの設定をシェーダー内でColorノードを使って直接指定しているので、これをCustom DataモジュールのCustom2のカラーから設定できるように変更し、コア部分の範囲と明るさをマテリアルから設定できるようにプロパティに置き換えます。Vector1プロパティを2つ作成し、名前をそれぞれCore StrengthとCore Emissionに変更します。

▶ ２つのVector1プロパティを作成

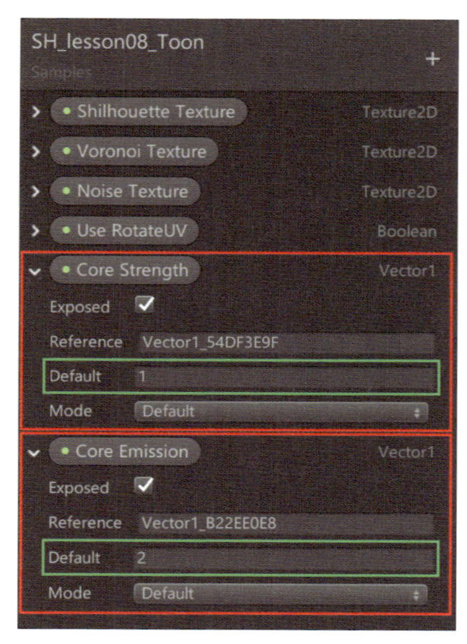

▶ Core Strength

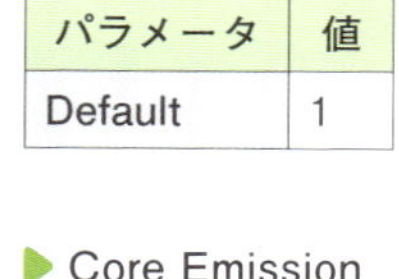

パラメータ	値
Default	1

▶ Core Emission

パラメータ	値
Default	2

次に下図の赤枠部分を、次のページの上段図の赤枠部分に置き換えます。

▶ カラー設定とコア部分の調整を置き換える(SH_8-3-4_01参照)

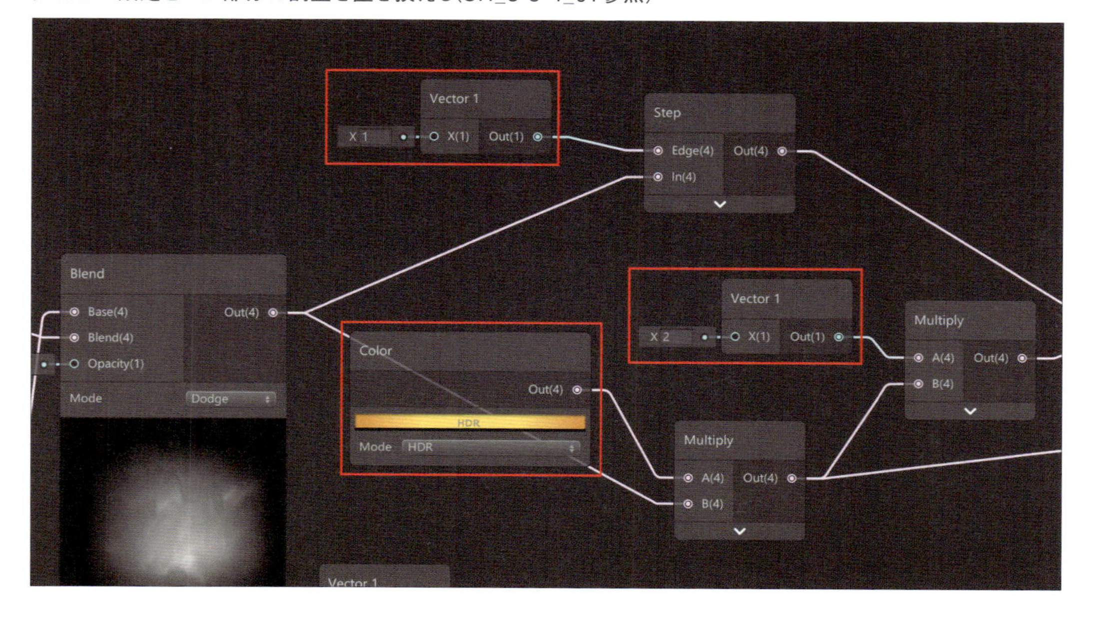

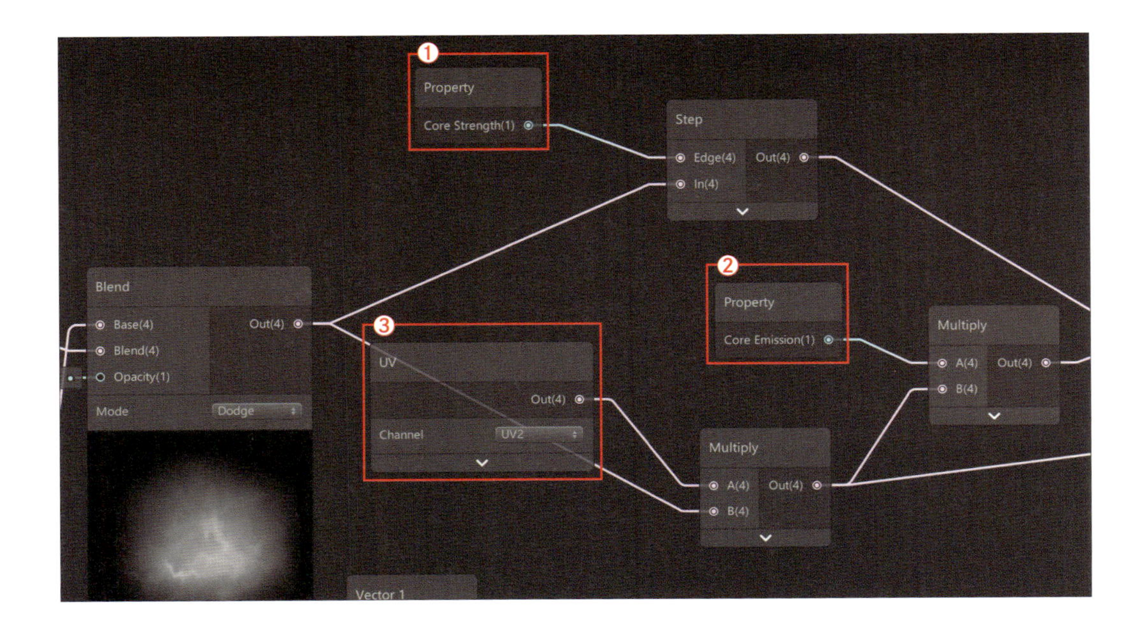

▶ 追加するノード

図内番号	内容
①	Core Strength プロパティを配置。Step ノードと接続
②	Core Emission プロパティを配置。Multiply ノードに接続
③	UV ノードを追加し Multiply ノードに接続。Channel パラメータは 2 に設定し、Custom Data モジュールの Custom2 のカラーを取得できるようにする

カラー設定をCustom Dataモジュールで、コア部分の範囲をCore Strengthで、明るさをCore Emissionプロパティで、それぞれ調整できるようになりました。

次にアルファの設定部分に変更を加えていきます。Unlit Masterノードのアルファ入力につながっている、StepノードのEdge入力をプロパティに置き換えます。Silhouette Strengthという名前でVector1プロパティを作成し、StepノードのEdge入力に接続します。

▶ Silhouette Strength

パラメータ	値
Default	0.2

▶ Silhouette Strengthという名前でVector1プロパティを作成

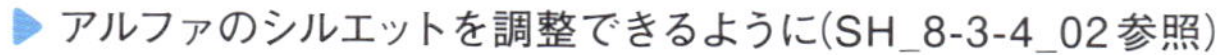

▶ アルファのシルエットを調整できるように(SH_8-3-4_02参照)

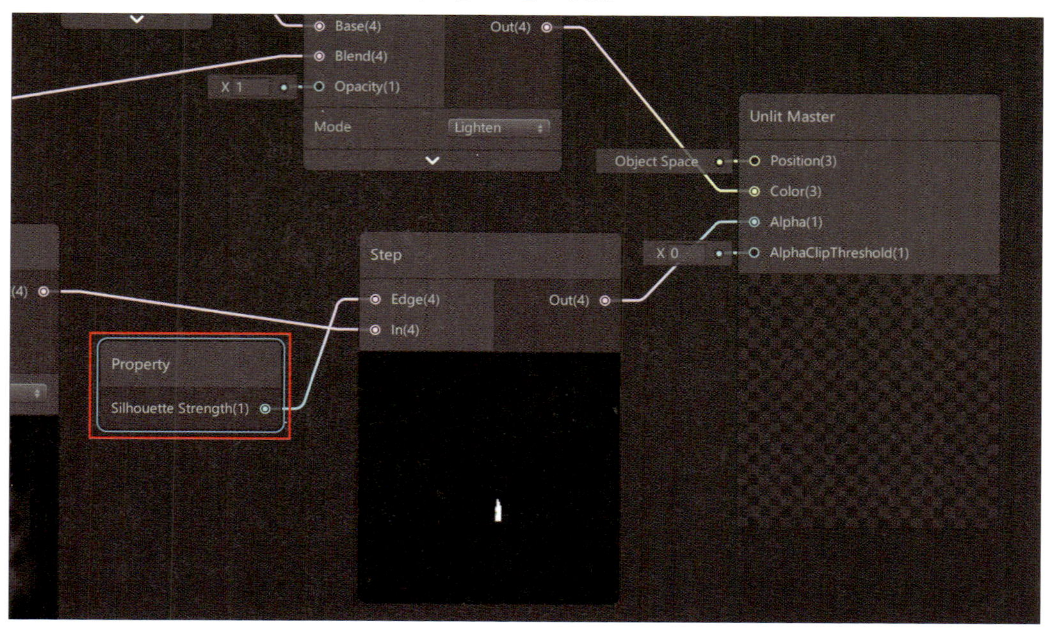

また、Custom Dataモジュールからシルエットテクスチャのオフセット値などを変更した場合に右図のように端の部分が切れて表示されてしまう場合があります。

こちらの問題に対処するため、先ほどのStepノードの後方に処理を追加します。Blendノードと Stepノードの間に、次のページの上段図のようにノードを追加します。グラデーションで上下部分にマスクを作成して、切れ目が目立ってしまう問題を解決しています。

▶ シルエットテクスチャが端の部分で見切れてしまう

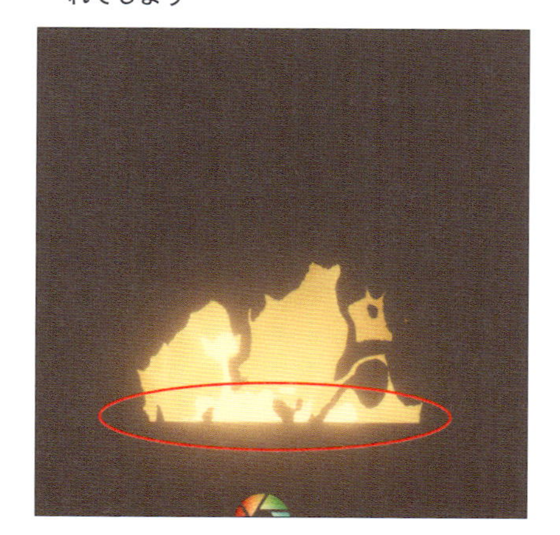

▶ ノードを追加してテクスチャの上下の部分にマスクを作成(SH_8-3-4_03参照)

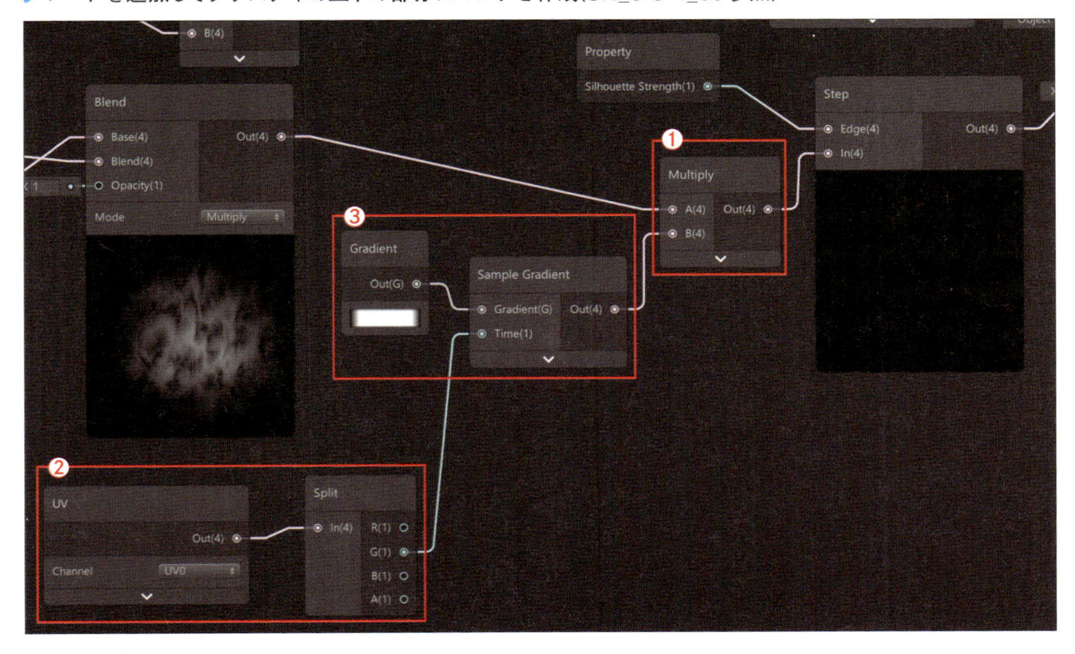

▶ 追加するノード

図内番号	内容
①	Blend ノードと Step ノードの間に Multiply ノードを追加
②	UV ノードと Split ノードを追加。V 方向の要素のみを取り出す
③	Gradient ノード、Sample Gradient ノードを追加。グラデーションのマスクを作成。カラー設定は下図を参照

▶ Gradientノードのカラー設定

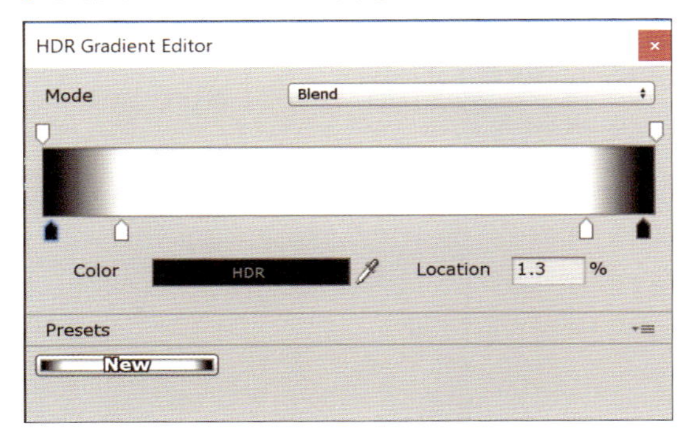

▶ 修正結果

ただし現状では、マテリアルのUse RotateUVにチェックを入れた時に、グラデーションの

部分が回転しないため、また同じ問題が起こってしまいます。

▶ 横方向に回転すると同様の問題が起こる

こちらの横方向時の問題にも対処するため、先ほど追加したグラデーション部分にも下図のようにBranchノードによる分岐処理を追加します。コピー＆ペーストする形で問題ありません。既存のUVノードを削除して置き換えてください。

▶ Branchノードによる分岐処理を追加(SH_8-3-4_04参照)

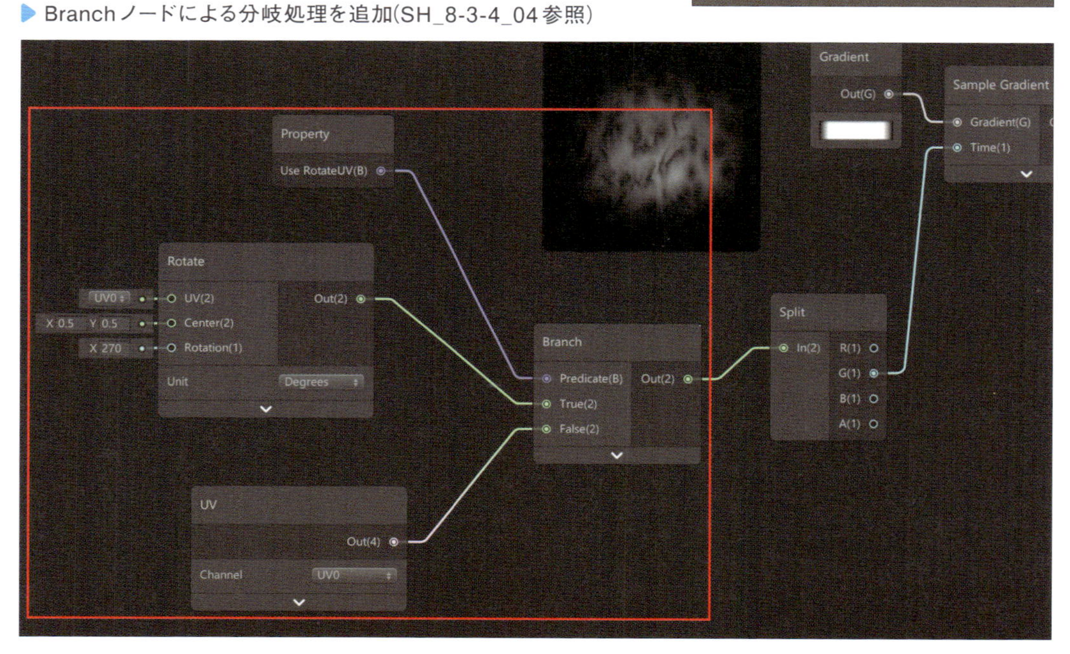

▶ 横方向に設定した場合でも対処できるようになった

これで横方向になった場合でも、グラデーションのUVが回転し、対処できるようになりました。

Branchノードを用いた処理に関しては、コピー＆ペーストで済ませてしまいましたが、サブグラフを作ってしまっても問題ありません。むしろその方がスマートといえます。

さらに、２点ほどアルファの設定部分に変更を加えていきます。まずボロノイテクスチャを使用するかどうかを、マテリアルから選択できるようにします。新規にUse Voronoiという名前でBooleanプロパティを作成します。

Use Voronoi

パラメータ	値
Default	チェックあり

Use Voronoiという名前でBooleanプロパティを作成

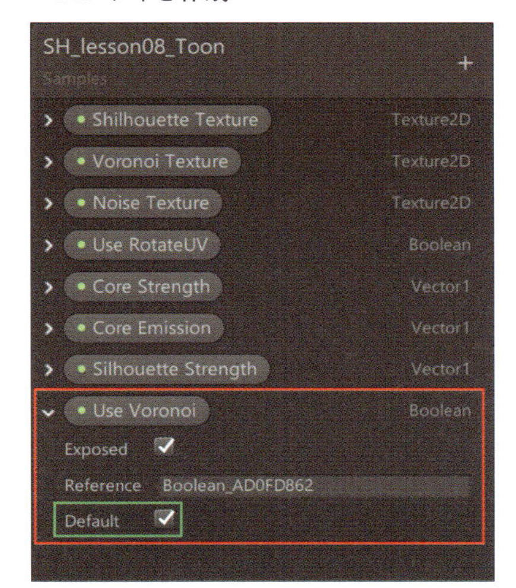

次に、下図の赤丸の部分にBranchノードを追加して、次のページの上段図のように設定します。なお、BranchノードのTrue入力とFalse入力のつなぎ間違えに注意してください。

こちらのプロパティをオンオフすることで、ボロノイテクスチャによるシルエット内部の空洞化の有無を選択できるようにしています。

ボロノイテクスチャを使用するかどうかプロパティで選択できるように(SH_8-3-4_05参照)

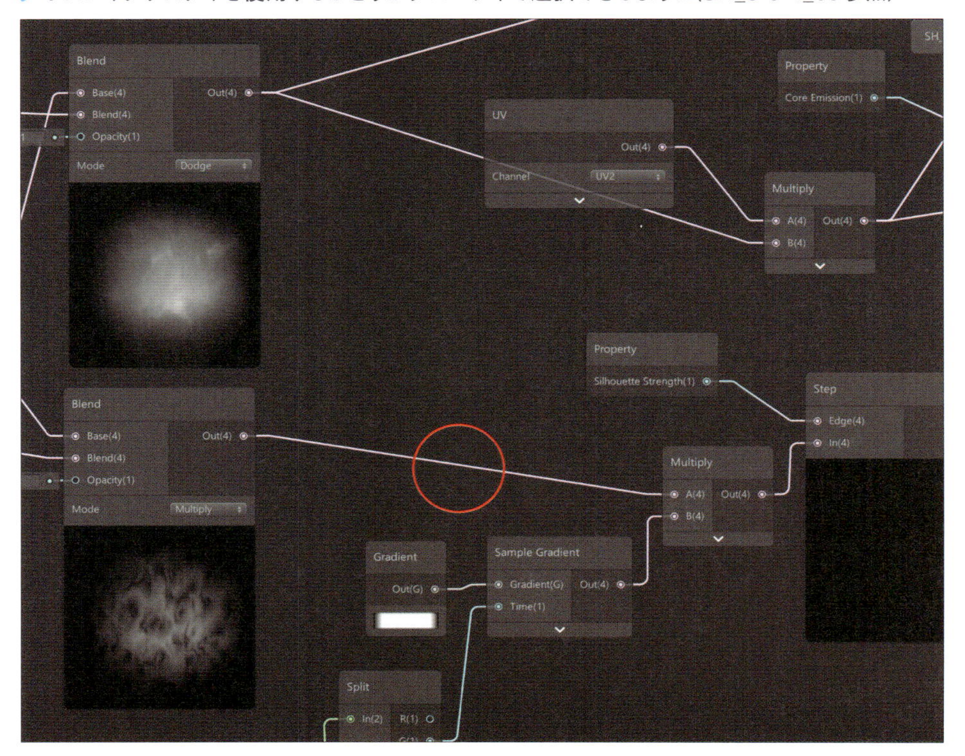

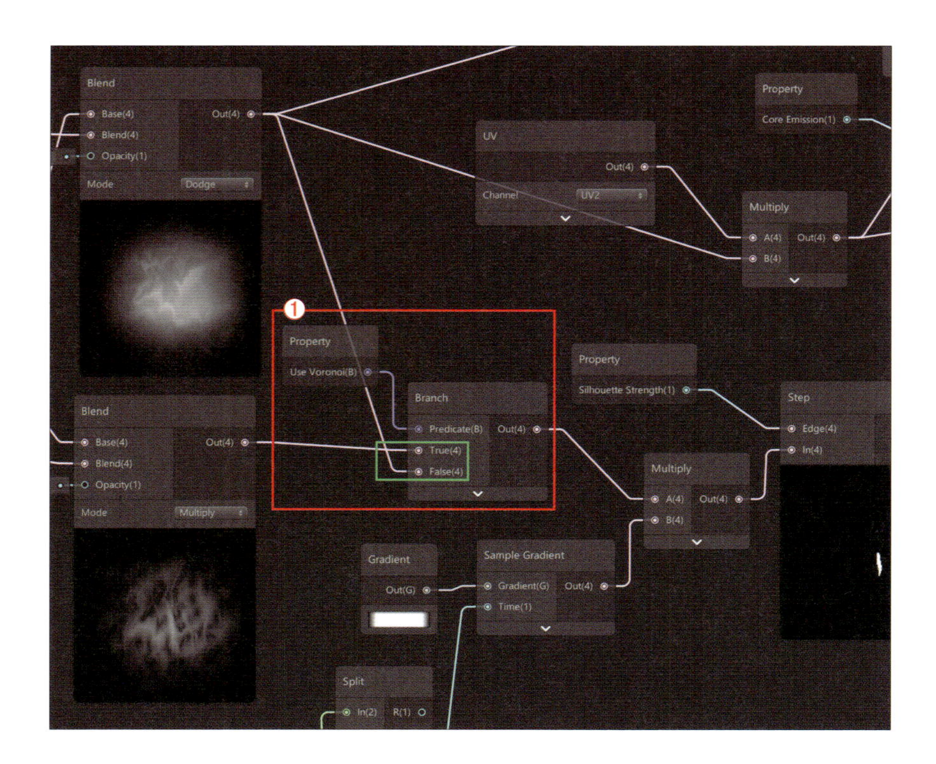

▶ 追加するノード

図内番号	内容
①	Branch ノードを追加。先ほど作成した Use Voronoi プロパティを接続。上図を参照して、２つの Blend ノードの出力を接続し、Branch ノードの出力を Multiply ノードに接続

設定した結果を確認してみましょう。プロパティでボロノイテクスチャの有無を選択できるようになりました。

▶ Use Voronoi オン(左) と Use Voronoi オフ(右)

最後にUnlit MasterノードとStepノードの間にLerpノードを追加して、トゥーンの見た目をどれぐらい保持するか調整できるパラメータを持たせます。まずVector1プロパティをStylize Valueという名前で作成します。

▶ Vector1プロパティをStylize Valueという名前で作成

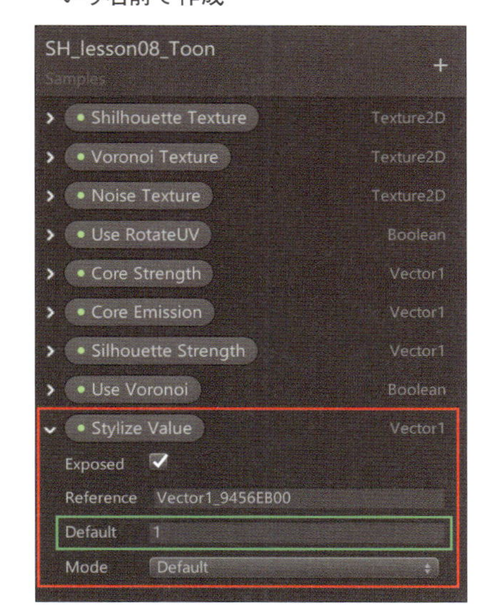

▶ Stylize Value

パラメータ	値
Default	1

次にLerpノードを新規に作成し、下図のように接続していきます。

▶ Lerpノードを追加(SH_8-3-4_06参照)

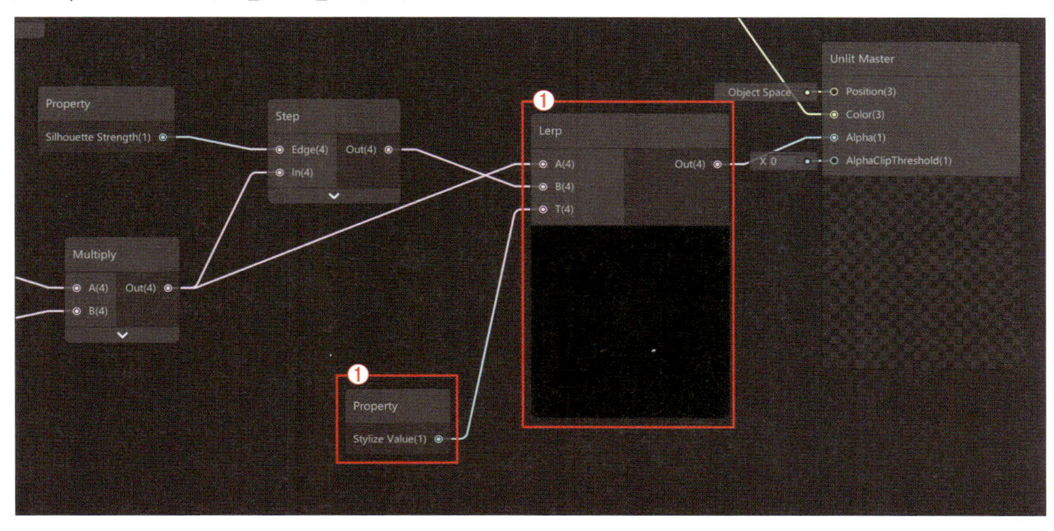

▶ 追加するノード

図内番号	内容
①	Lerpノードを追加。Stylize Valueプロパティを接続。B(4)入力に二値化した後の値を、A(4)入力に二値化する前（Stepノードを適用する前）の値を接続

この結果、Stepノードで二値化する前の値をアルファとして使用することができます。少

し使いどころが難しいパラメータかと思いますが、8-4で作成する斬撃エフェクトの軌跡の部分でこのパラメータを使用しています。

またこちらの処理で使用したLeapノードは初出ですが、使用頻度が非常に高い便利なノードです。

▶ 斬撃エフェクトの軌跡部分

8-3-5 UVをランダムにオフセット

かなり汎用性のあるシェーダーにまとまってきたかと思いますが、まだ改善すべき点が残っています。今までは1個だけパーティクルを発生させて結果を確認していましたが、複数個発生させた場合、現状の作り方だと右図のように同じ形状のものが発生してしまいます。

▶ 同じ形状のパーティクルが複数発生

この問題を回避するためにはパーティクルごとにUV座標をランダムにオフセットする必要があります。パーティクルのCustom Vertex Streamsを設定した際にStableRandom.xy(TEXCOORD0.zw)を設定していますので、こちらを使ってUV座標をランダムにオフセットしていきます。なお、StableRandomを使用することで、0から1の範囲のランダムな値をパーティクルごとに付与することが可能です。まず、次のページの図のUVノードを削除します。

▶ UVノードを削除

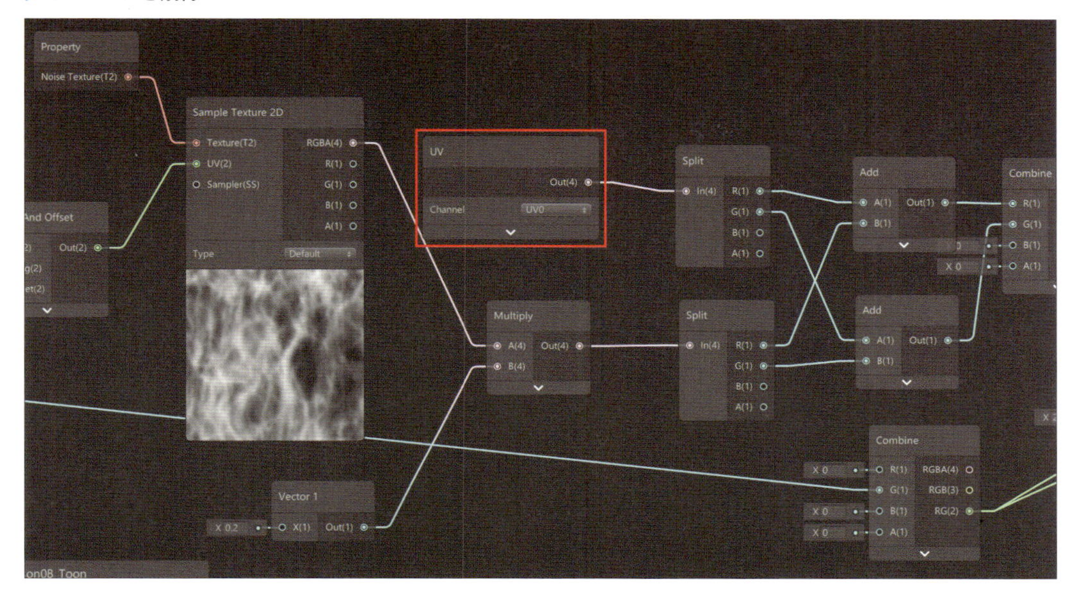

次に、下図のようにノードを追加して、Custom Vertex Streamsで設定したStable Random.xy(TEXCOORD0.zw)の値を取得します。取得した値をTiling And Offsetノードの Offset(2)入力に接続することで、パーティクルごとにオフセットに異なる値が設定されます。

▶ Custom DataモジュールのStableRandomの値を取得(SH_8-3-5_01参照)

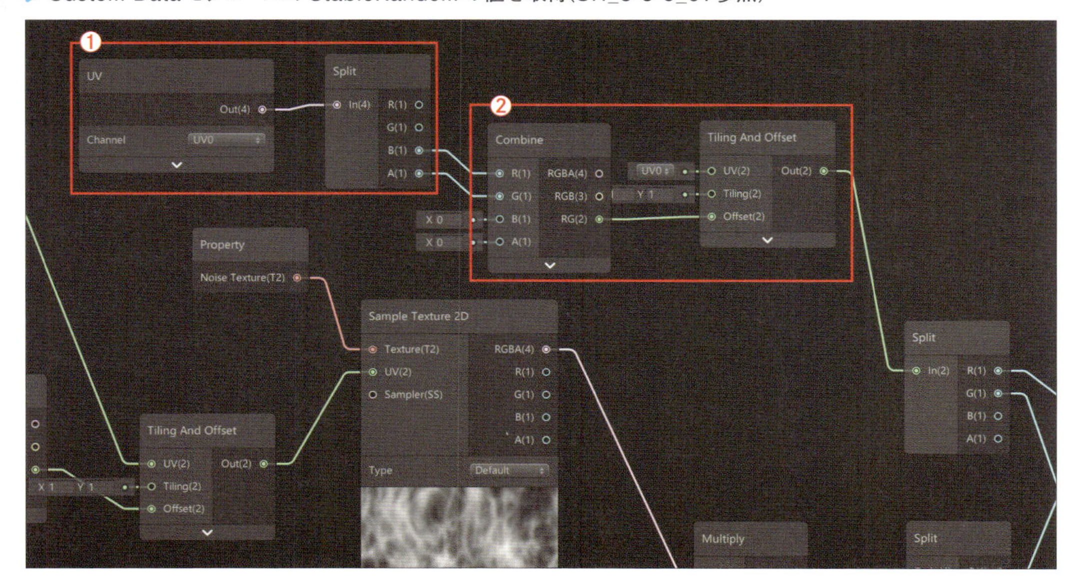

▶ 追加するノード

図内番号	内容
①	UV ノードと Split ノードを追加。B(1)、A(1) 出力から StableRandom.xy(TEXCOORD0.zw) の値を取得
②	Combine ノードと Tiling And Offset ノードを追加。Combine ノードでまとめた値を Tiling And Offset ノードの Offset(2) 入力に接続

次に、作成したTiling And OffsetノードのUV(2)入力に、8-3-4で作成したBranchノードの分岐処理を接続します。

▶ 既存の分岐処理を接続(SH_8-3-5_02参照)

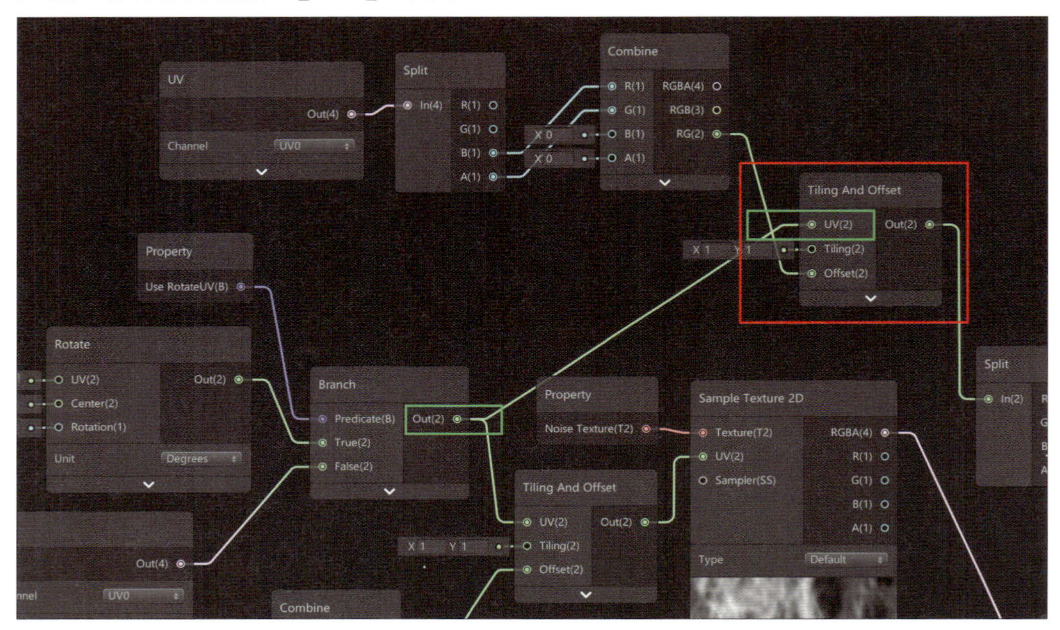

また、Vector2プロパティを2つ作成し、それぞれDistortion Tiling、Voronoi Tilingという名前に設定します。

▶ Vector2プロパティを作成

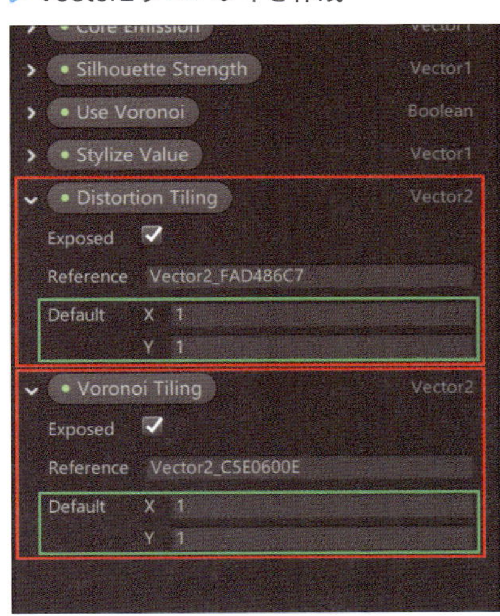

▶ Distortion Tiling

パラメータ	値
Default	X:1
	Y:1

▶ Voronoi Tiling

パラメータ	値
Default	X:1
	Y:1

作成したDistortion Tilingプロパティを、先ほど作成したTiling And Offsetノードと既存のノイズテクスチャにつながっているTiling And Offsetノードの両方に接続します。

▶ Distortion Tilingプロパティを2箇所に接続

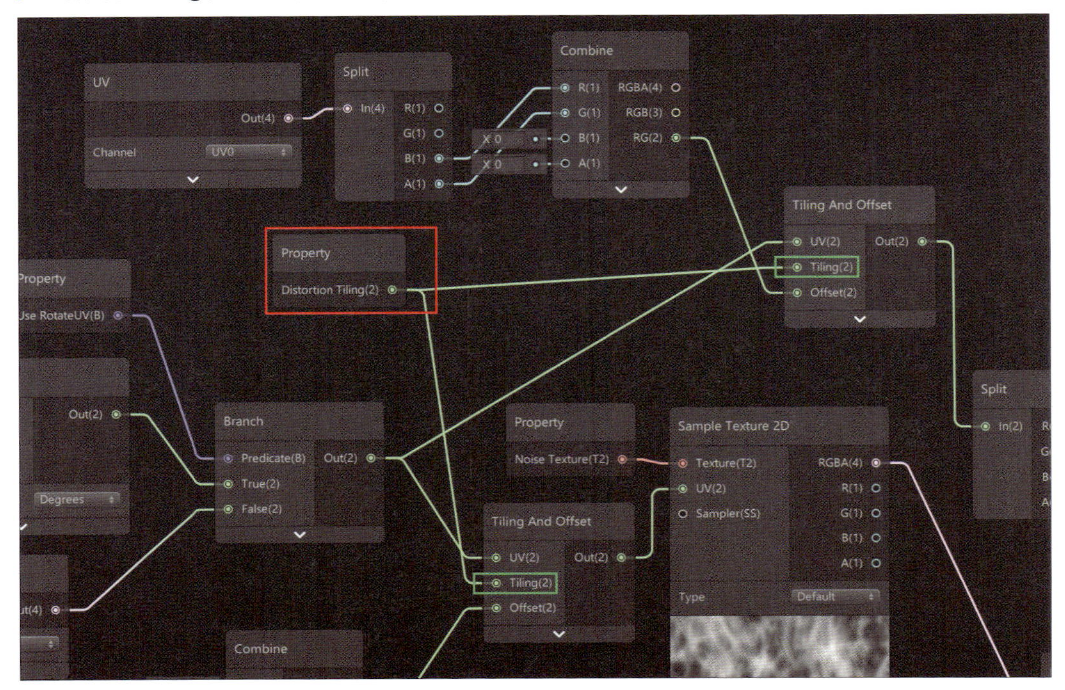

同じ処理をボロノイテクスチャの部分にも追加します。作成したVoronoi Tilingプロパティをボロノイテクスチャの後方にあるTiling And Offsetノードに接続します。

▶ Voronoi Tilingプロパティを接続(SH_8-3-5_03参照)

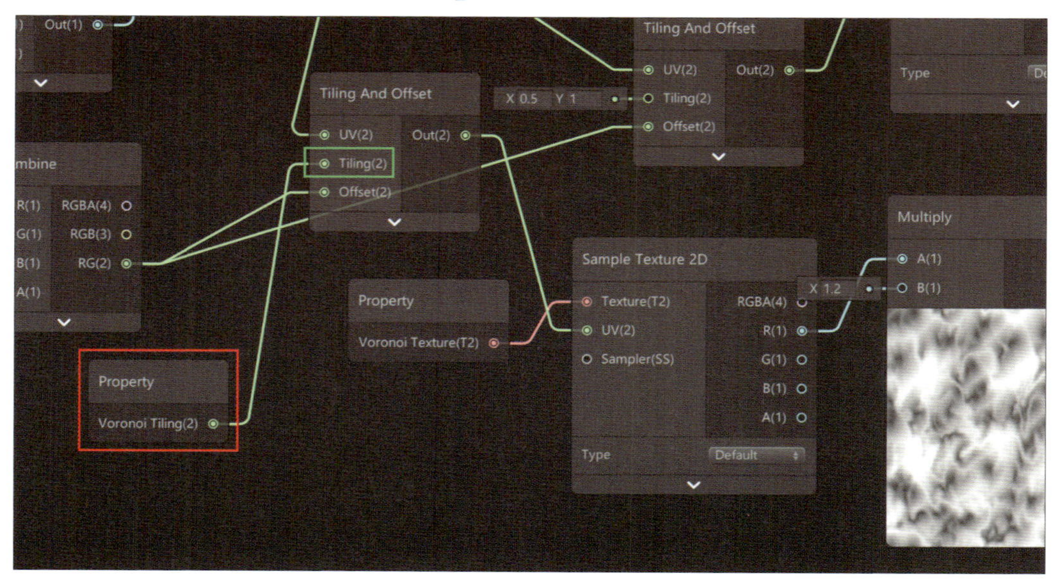

Voronoi Tilingプロパティを接続したTiling And Offsetノードにも同様に、ランダムにオフセットする処理を追加します。元々Tiling And OffsetノードのOffset(2)入力に接続されていたCombineノードの出力と加算する形で接続していきます。

▶ 同様にランダム処理を追加(SH_8-3-5_04参照)

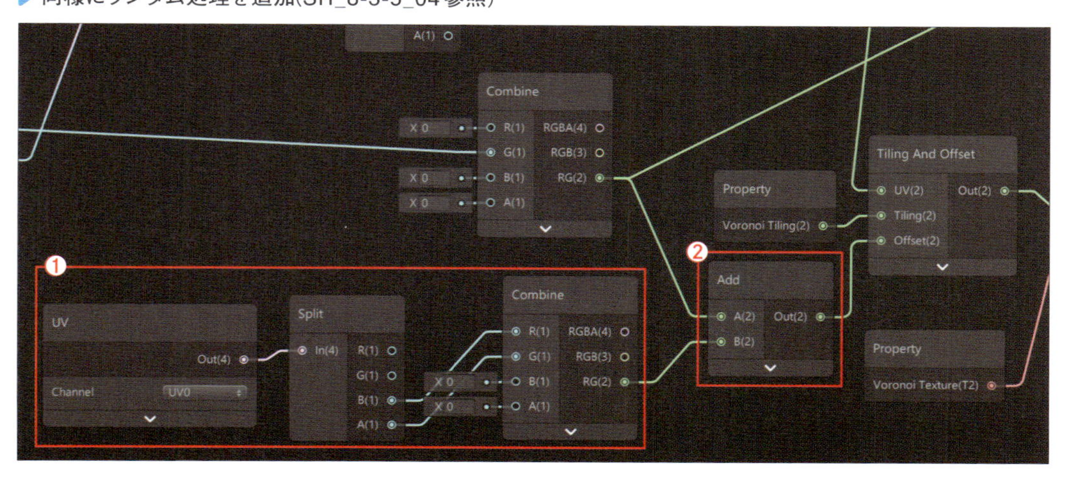

▶ 追加するノード

図内番号	内容
①	UV ノード、Split ノード、Combine ノードを追加して StableRandom.xy の値を取得。一連のノード（P.501 の下段図を参照）をコピー＆ペーストしても問題ない
②	Add ノードを追加。StableRandom.xy で取得したランダムな値と、元々 Tiling And Offset ノードに接続されていた Combine ノードの出力を加算

ここまでの作業を反映して結果を確認してみましょう。右図のようにパーティクルごとに結果が異なっているのが確認できます。

ここまでできれば完成まであと少しです。さらに3つのプロパティを作成し、固定値のプロパティへの変換を進めていきます。

まずボロノイテクスチャの強さを調整するVector1プロパティをVoronoi Strengthという名前で作成します。次に、UVディストーション用テクスチャの強さを調整するVector1プロパティをDistortion Strengthという名前で作成します。最後にノイズテクスチャの部分にタイリング用のVector2プロパティをMain Tilingという名前で作成します。

▶ 処理結果

▶ 3つのプロパティを新規に作成

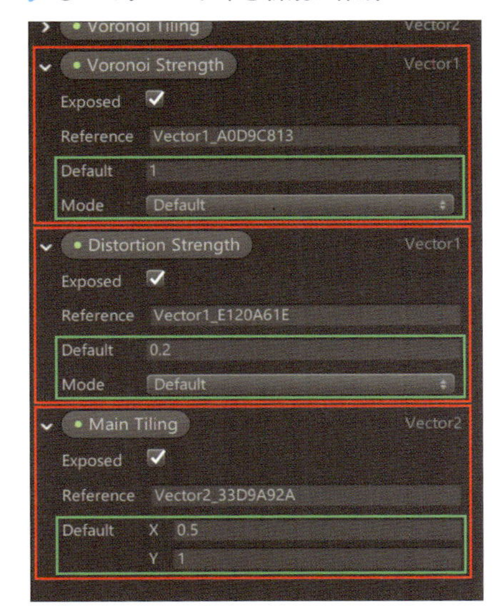

▶ Voronoi Strength

パラメータ	値
Default	1

▶ Distortion Strength

パラメータ	値
Default	0.2

▶ Main Tiling

パラメータ	値
Default	X:0.5
	Y:1

まずボロノイテクスチャの出力と接続されているMultiplyノードのVector1ノードをVoronoi Strengthプロパティに置き換えます。

▶ Vector1ノードとVoronoi Strengthプロパティを置き換える

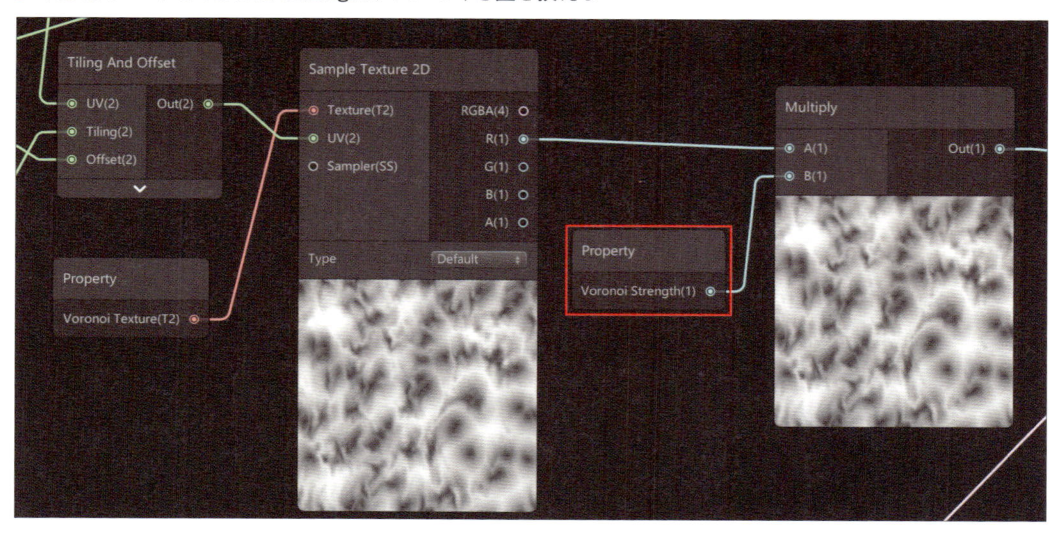

ディストーションテクスチャの部分も同じように、Multiplyノードに接続されているVector1ノードとDistortion Strengthプロパティを置き換えます。

▶ Vector1ノードとDistortion Strengthプロパティを置き換える

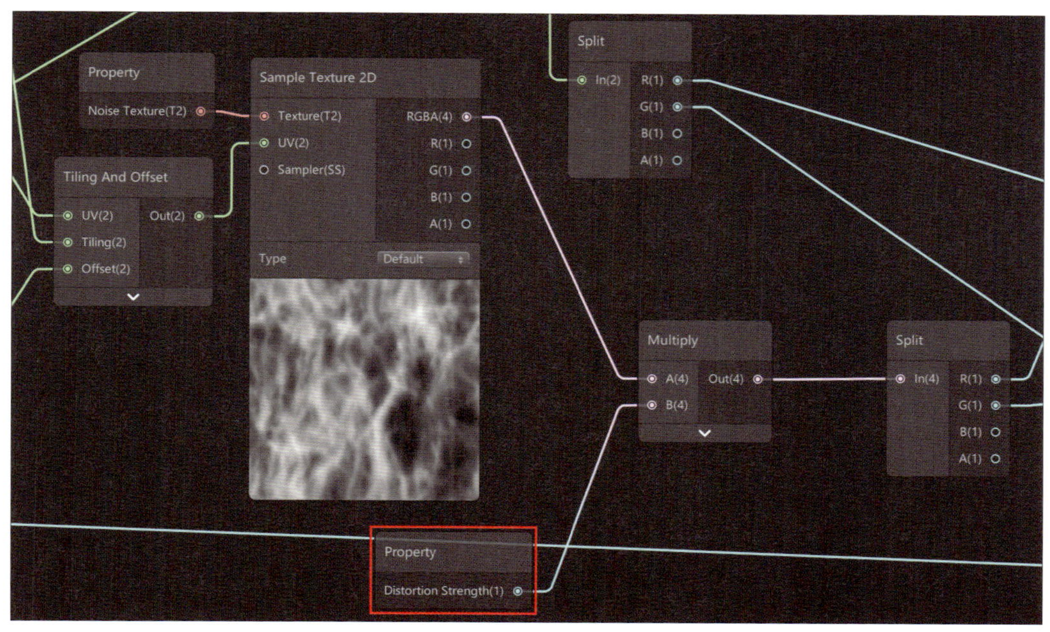

また、次の図の部分のTiling And OffsetノードのTiling(2)入力に、Main Tilingプロパティ

を接続します。

▶ タイリング用のプロパティを作成(SH_8-3-5_05参照)

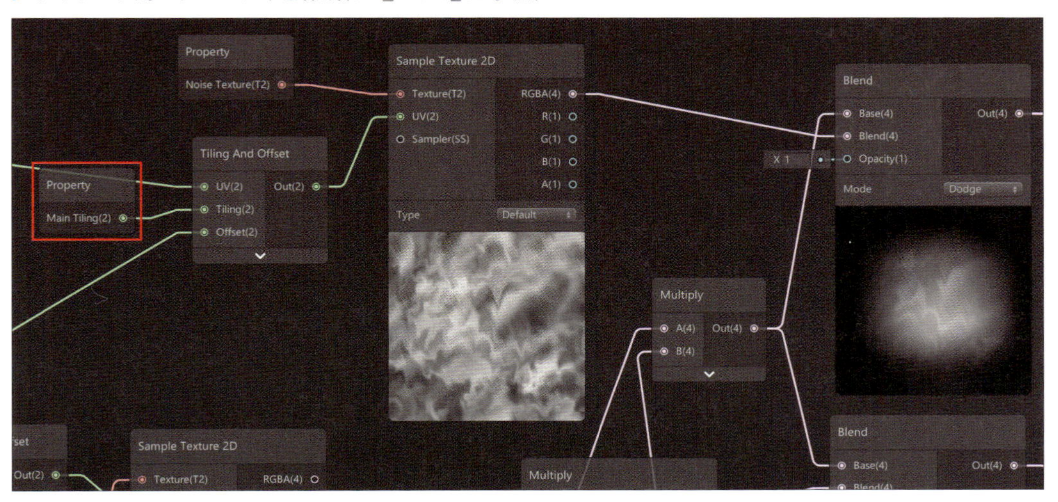

最後にプロパティを下左図のように並び替えておきましょう。プロパティを選択してドラッグすることで順番を入れ替えることが可能です。最終的なマテリアルのパラメータ見え方は下右図のようになります。

以上で全ての作業が完了しました。8-4からこちらの改良したシェーダーを使ってエフェクト要素を作成していきます。

▶ プロパティの順番を入れ替える

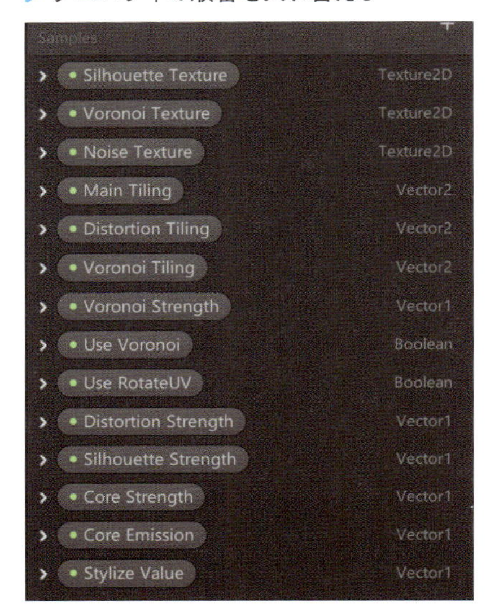

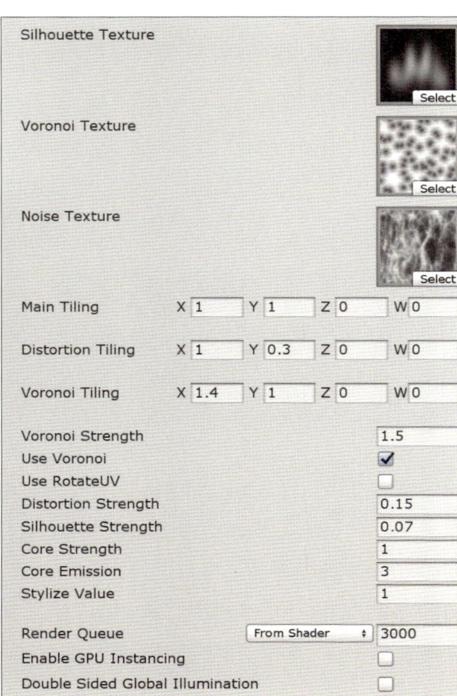

斬撃エフェクトの作成

8-3 で汎用性のあるトゥーンシェーダーを作成できましたので、こちらを使ってトゥーン系の見た目のエフェクトを作成していきます。まず斬撃のエフェクトから作成を開始していきます。

8-4-1 斬撃のメッシュの作成

斬撃エフェクトに必要なメッシュをHoudiniで作成していきます。といっても作成方法自体は6章で作成した柱のメッシュとほとんど変わりません。

今回はこちらのシーンデータをベースに、サブネットワークにまとめて斬撃のメッシュを作成していきます。

▶ 6章で作成した柱のメッシュ

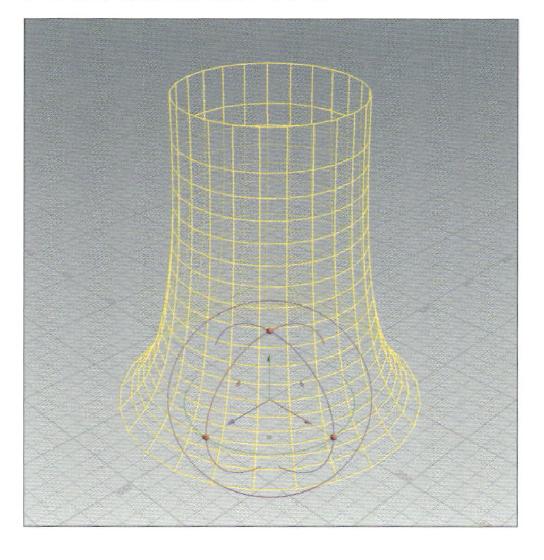

▶ 今回作成する斬撃のメッシュ

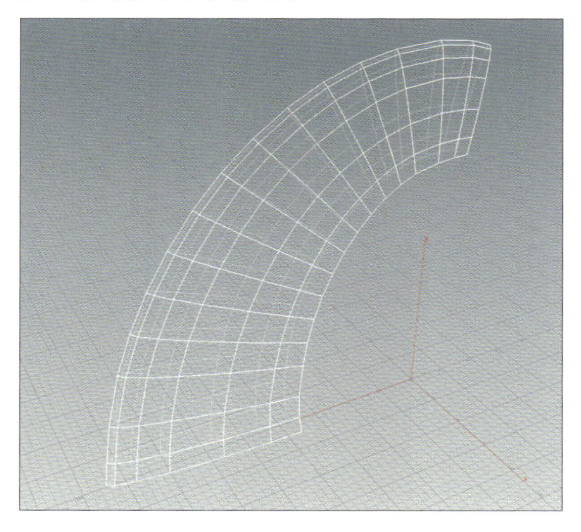

まずは6章で作成した柱のメッシュのhipファイル(Lesson06_tube.hip)を開き、任意の名前で別名保存します。ジオメトリノードの名前もSM_lesson08_slash01に変更しておきましょう。

▶ 名前を変更

ジオメトリノードの中に入り、ノードネットワークのSweepノード以下の部分を選択します。一番下のTransformノードだけは選択から外しておいてください。

ノードを選択した状態でネットワークビューの下右図のアイコン部分をクリックします。複数選択したノードがサブネットワークとして1つにまとめられました。

▶ ノードを選択

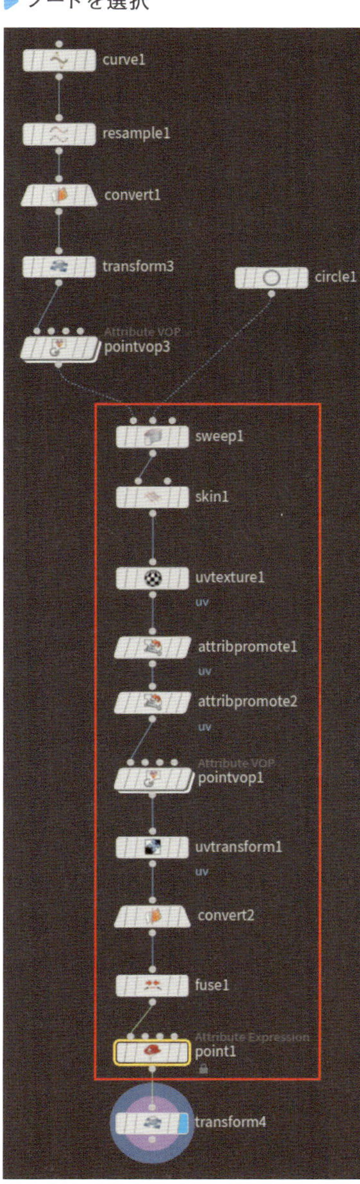

▶ アイコンをクリックするとサブネットワークが作成される

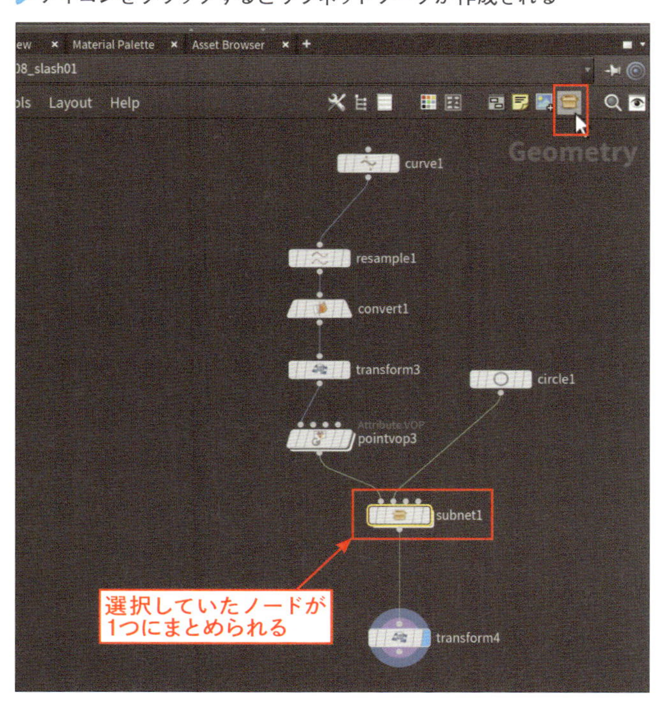

サブネットワークノードをダブルクリックすると中に入ることができます。先ほど選択したノード群がサブネットワークの中に格納されたのがわかります。

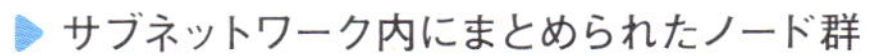
サブネットワーク内にまとめられたノード群

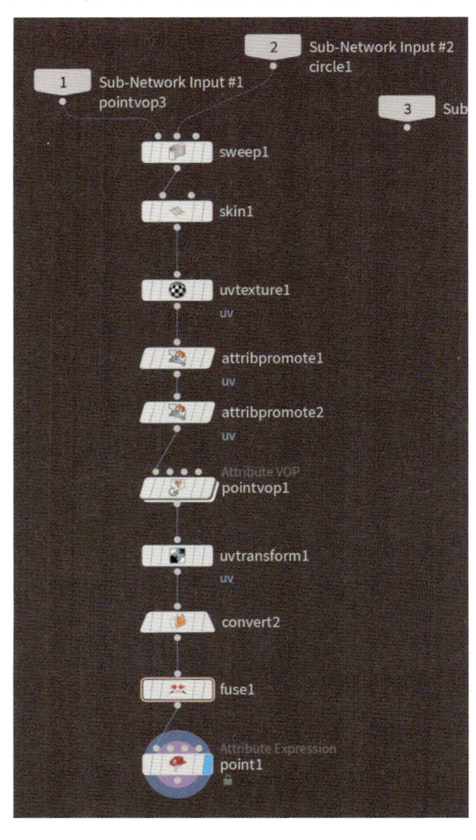

次にサブネットワークノードを選択してパラメータを追加していきます。現状は下左図のようになにもない見た目ですが、最終的に下右図のようにパラメータを追加していきます。

現状の見た目(左)と最終的な見た目(右)

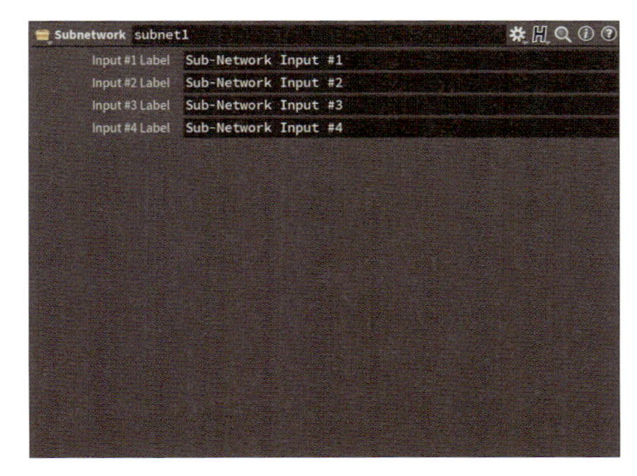

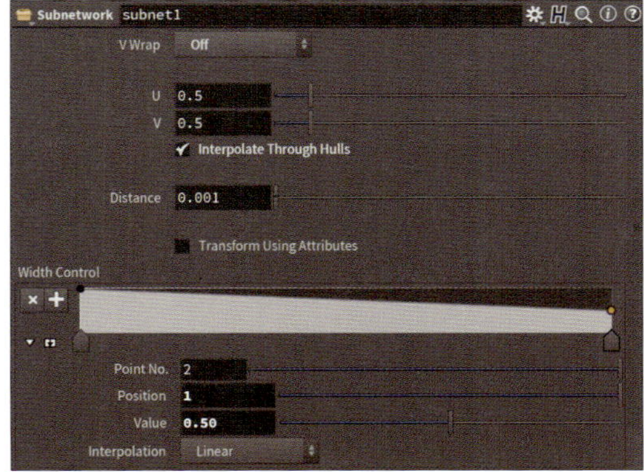

パラメータビューの上段にあるギアのアイコンをクリックして、Edit Parameter Interfaceを選択します。

▶ Edit Parameter Interfaceを選択

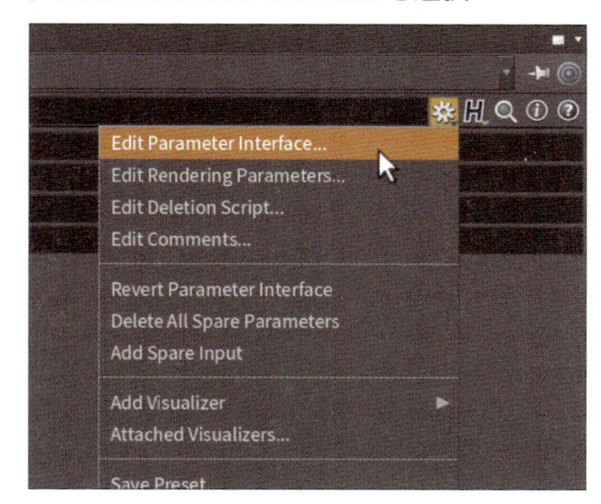

選択すると下図のようなウィンドウが表示されます。ウィンドウ中央の赤枠で囲った部分にパラメータを追加していきます。

▶ ウィンドウが表示される

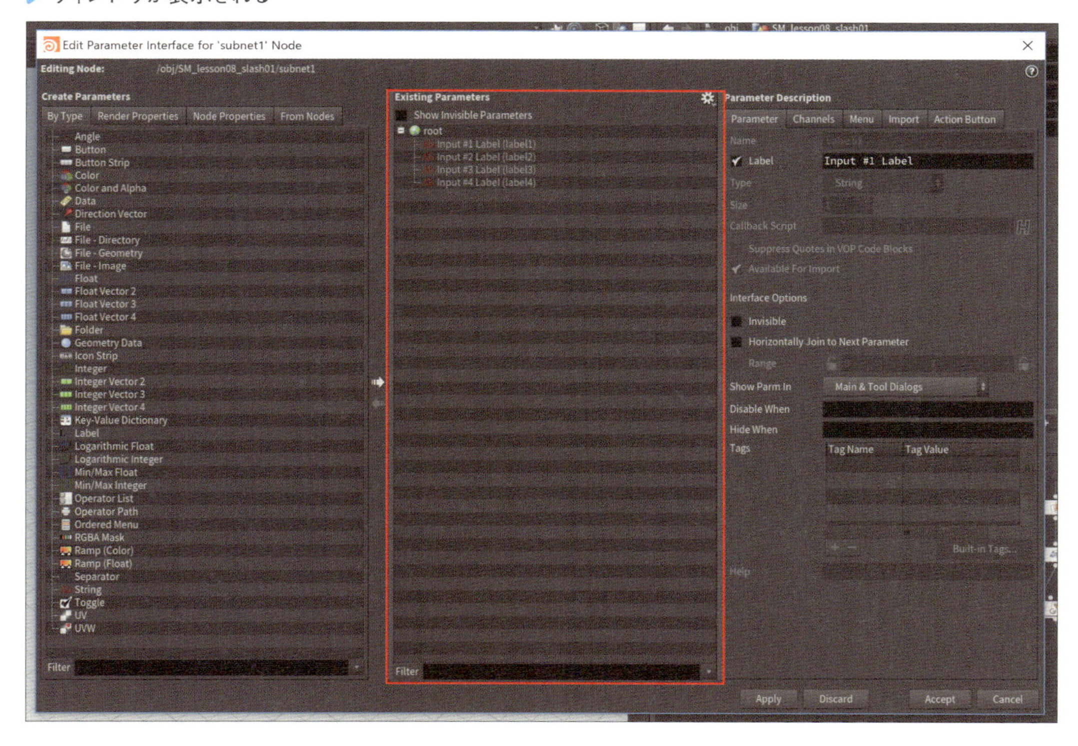

パラメータを追加する方法は、ウィンドウの左側にあるパラメータの一覧から追加する方法と既存のノードのパラメータを追加する方法がありますが、まずはウィンドウの左側からパラメータを追加してみましょう。試しに、次の図のようにFloatパラメータをドラッグ＆ドロップし、ウィンドウ右下にあるApplyボタンをクリックします。

▶ パラメータを登録

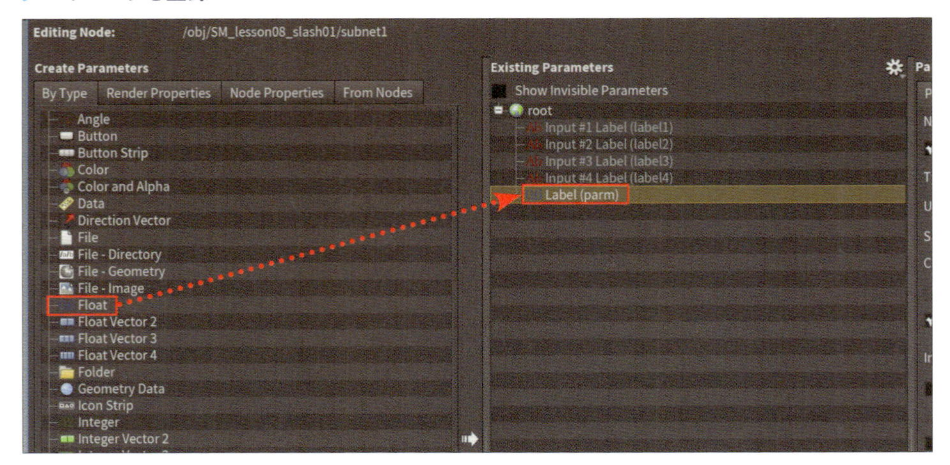

サブネットワークノードを見るとLabelという名前のFloatパラメータが表示されているのがわかります。

さらに最初から表示されている４つのInput Labelという名前のパラメータを選択し、右側にあるInvisibleパラメータにチェックを入れます。再びApplyボタンをクリックすると結果が反映され、４つあったInput Labelの表示が消えます。

▶ サブネットワークノードの見た目が変化

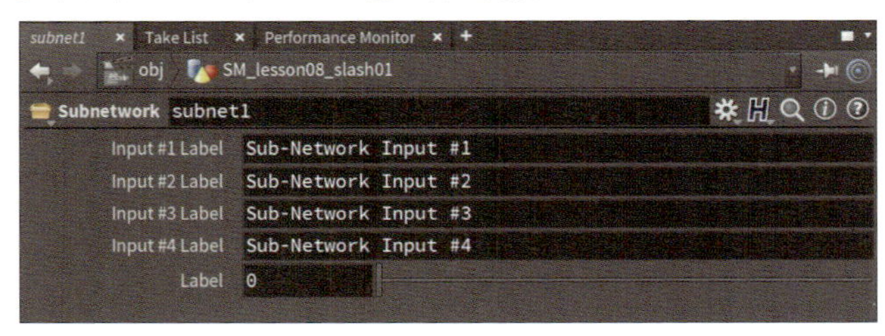

▶ Input Labelパラメータを非表示にする

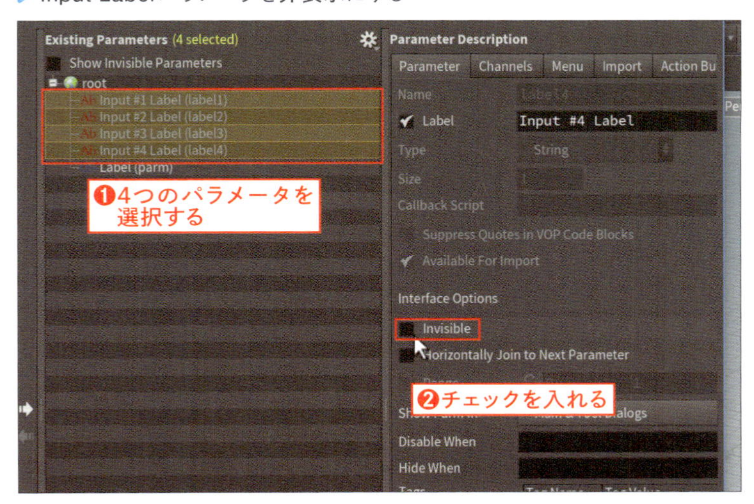

次に、既存のノードからパラメータを持ってくる方法を実践します。先ほど追加したFloatパラメータは必要ないので、選択して Delete キーを押して削除しておきましょう。サブネットワークノードの中にあるノード群の一番上にあるSweepノードを選択し、Transform Using Attributeチェックボックスをドラッグ&ドロップします。

▶ ノードのパラメータを直接ドラッグ&ドロップで登録

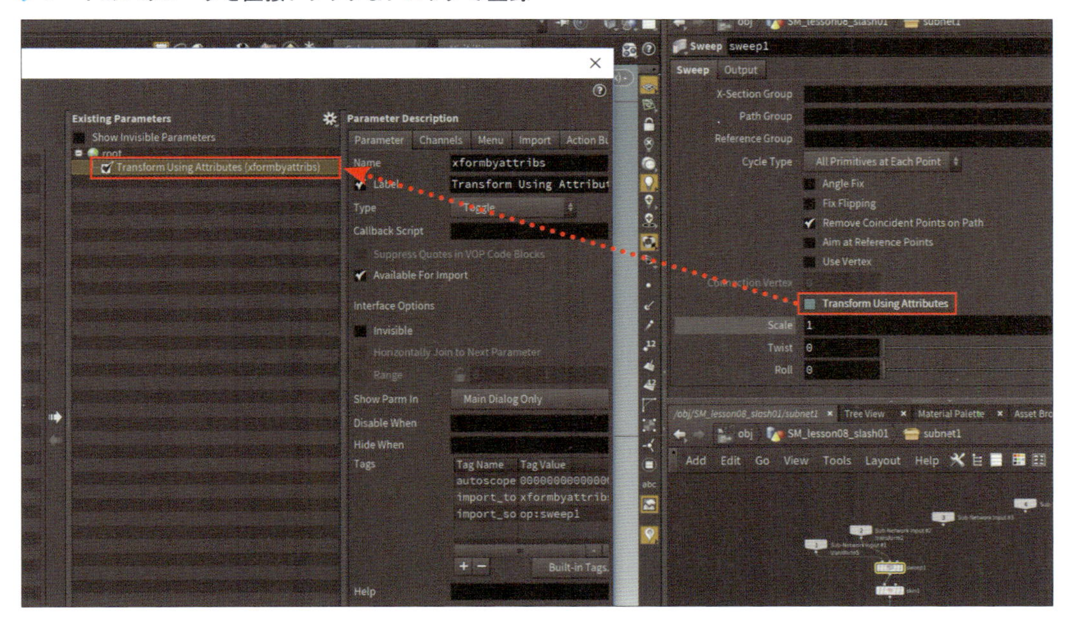

パラメータをドラッグ&ドロップで直接登録することができました。同じ要領でサブネットワーク内の他のノードのパラメータも登録します。次の図を参考に登録してください。

▶ その他のノードのパラメータをドラッグ&ドロップで登録

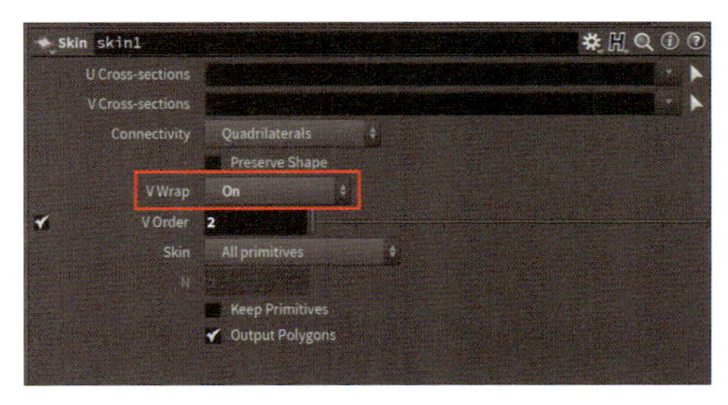

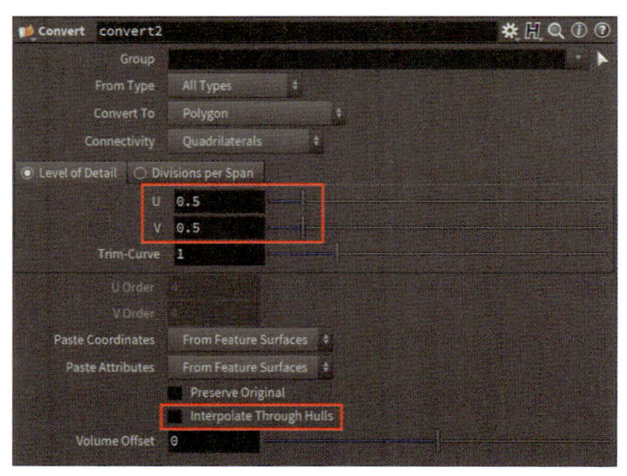

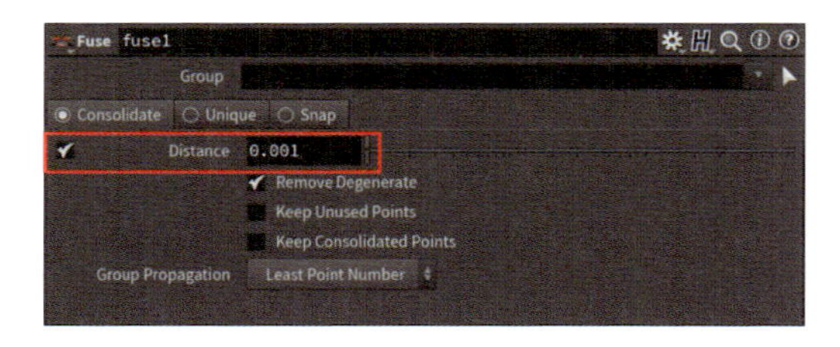

これで調整に必要なパラメータを登録することができました。Applyボタンを押して結果を反映してみましょう。

▶ 登録したパラメータをパラメータビューに反映

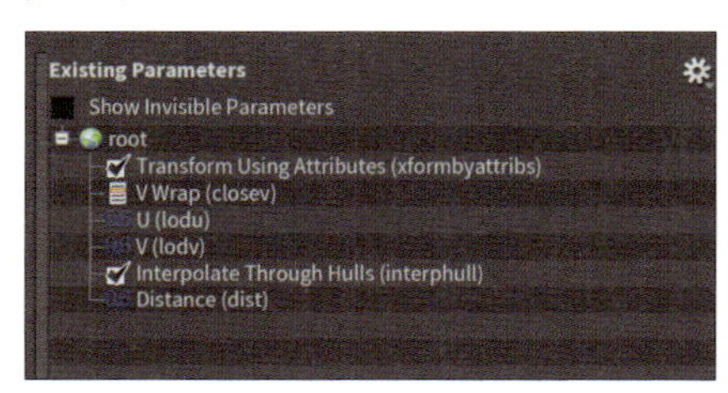

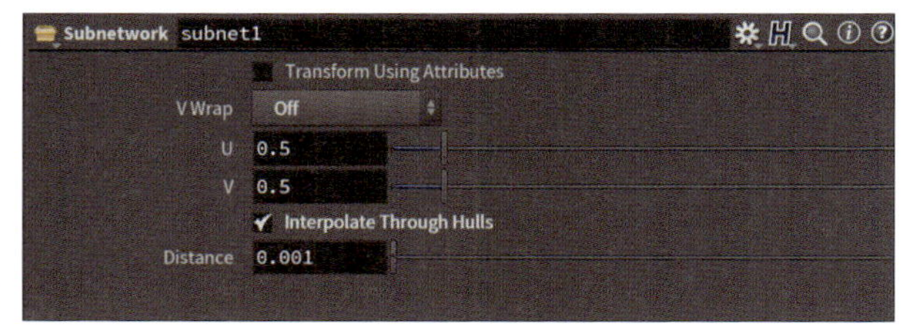

パラメータビューにパラメータが表示されましたが、単純に並べているだけなので少し見づらいUIになってしまっています。ウィンドウの左側のパラメータの一覧からSeparatorをドラッグ＆ドロップしてみましょう。また次の図を参考に各パラメータの順番を入れ替えてみます。

▶ セパレータを挿入し、順番を入れ替える

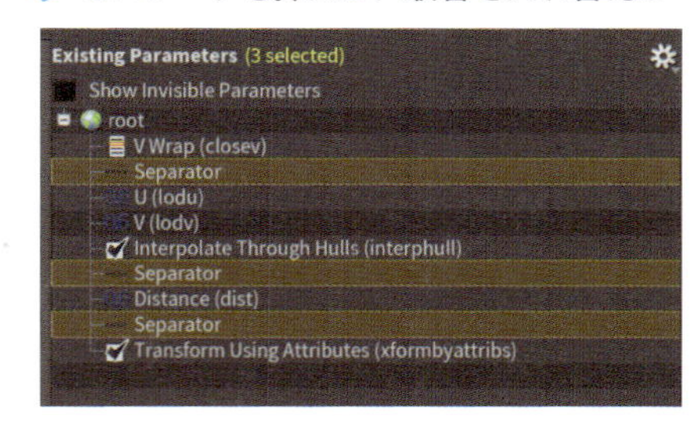

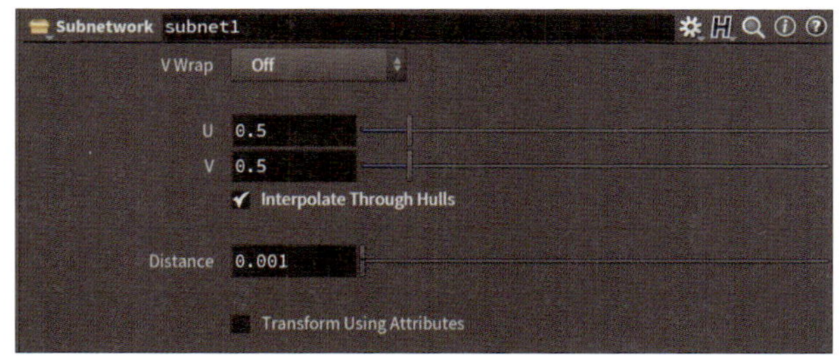

セパレータを間に挿入することでUIの見た目を整えることが可能です。他にもタブを使ってパラメータを整理したり、値の入力方法をスライダに変更したり、いろいろとカスタマイズすることが可能です。ここではカスタマイズについては深く掘り下げず、次の作業に移っていきます。

8-4-2 サブネットワークへの入力の調整

下準備であるサブネットワークの説明とパラメータの登録で終了したので、ここから本格的に斬撃のメッシュを作成していきます。まずサブネットワークノードの入力につながっているノード（次の図赤枠部分）を全て削除します。

▶ ノードを削除して入力を変更していく

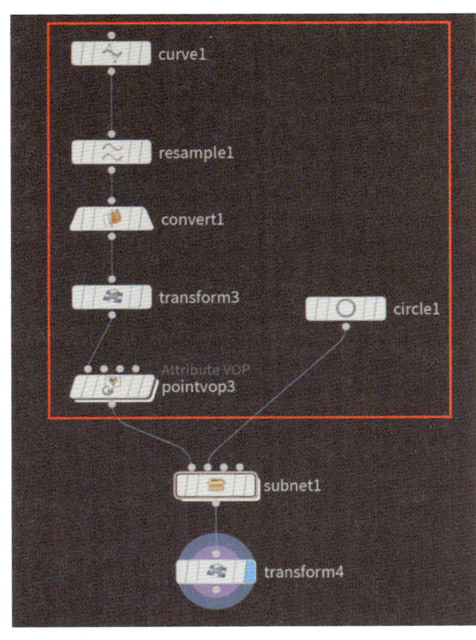

サブネットワークノードへの入力形状だけを変更すれば、UV座標を0から1の範囲に収めるといった面倒な作業はサブネットワーク内で完結します。

まずCircleノードとTransformノードを作成して次の図を参考に設定し、サブネットワークノードの2番目の入力に接続します。

▶ ノードを作成し、2番目の入力に接続

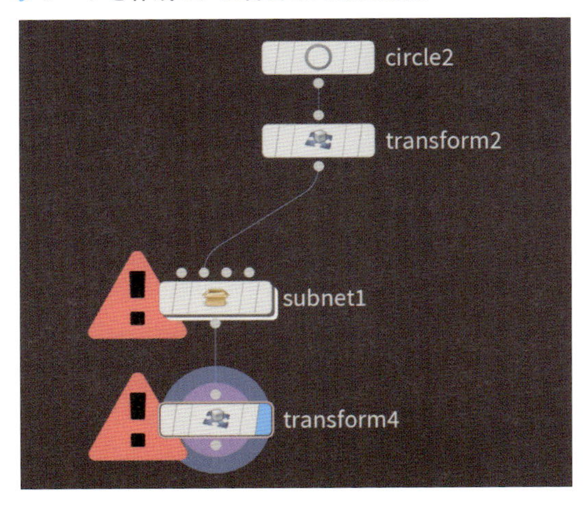

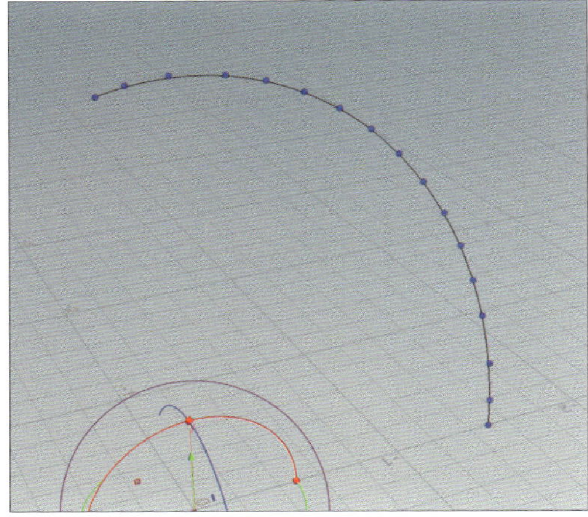

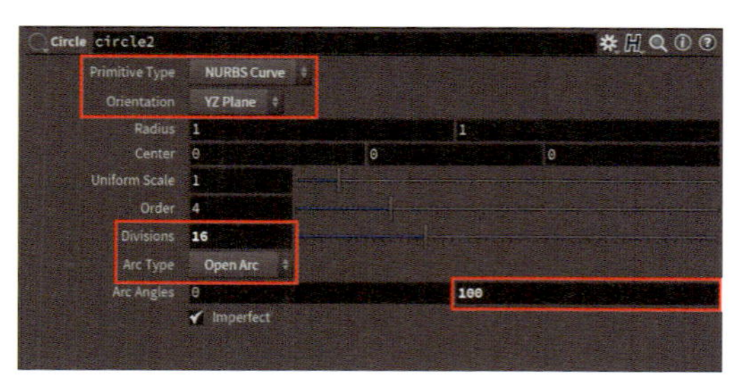

▶ Circleノード

パラメータ	値	
Primitive Type	NURBS Curve	
Orientation	YZ Plane	
Divisions	16	
Arc Type	Open Arc	
Arc Angles	0	100

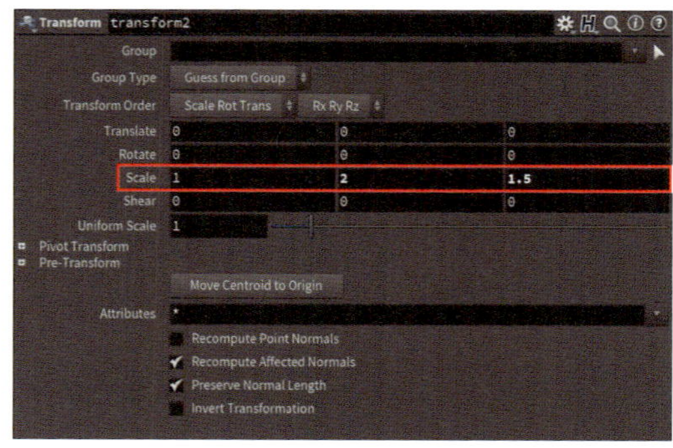

▶ Transformノード

パラメータ	値		
Scale	X:1	Y:2	Z:1.5

この半円状のスプラインの各ポイントに別のスプラインを配置していきます。同じ要領でCircleノードと2つのTransformノードを作成し、設定していきます。設定できたらサブネットワークノードの1番目の入力に接続してください。

▶ ノードを作成し、1番目の入力に接続

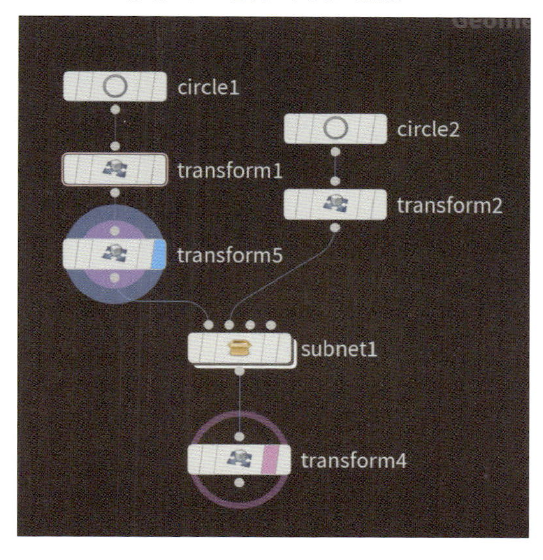

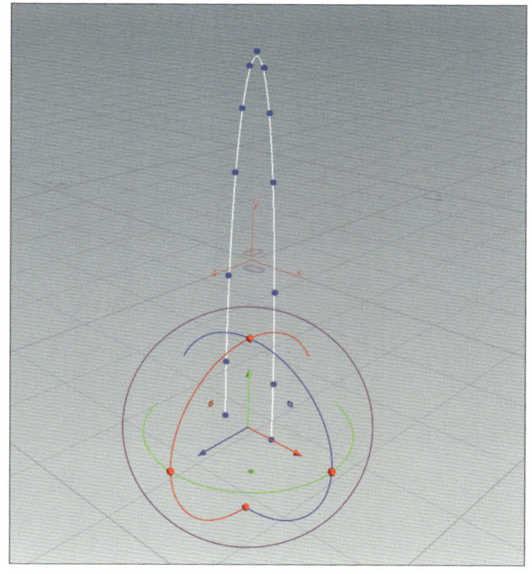

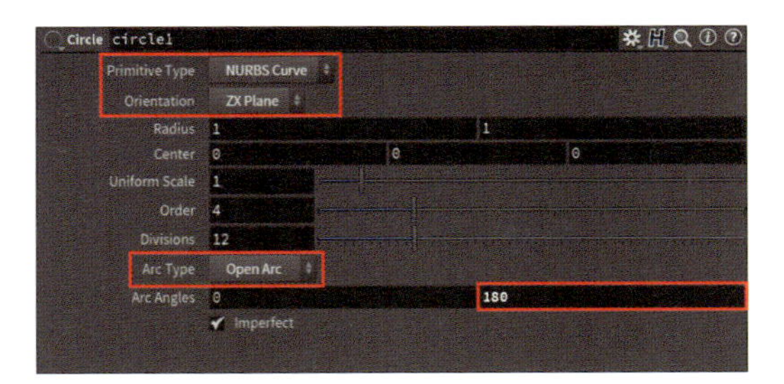

▶ Circleノード

パラメータ	値	
Primitive Type	NURBS Curve	
Orientation	ZX Plane	
Arc Type	Open Arc	
Arc Angles	0	180

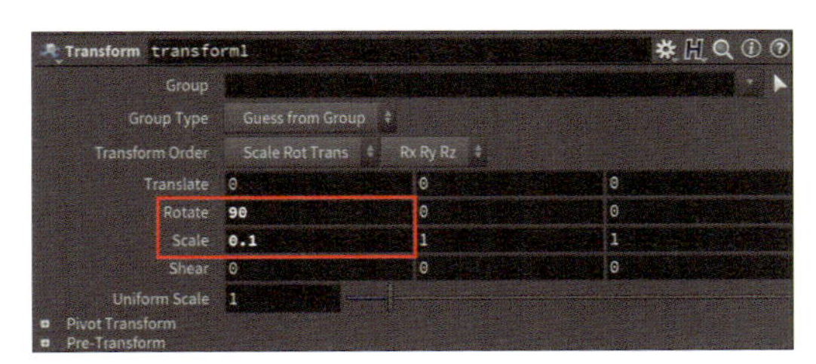

▶ Transformノード

パラメータ	値		
Rotate	X:90	Y:0	Z:0
Scale	X:0.1	Y:1	Z:1

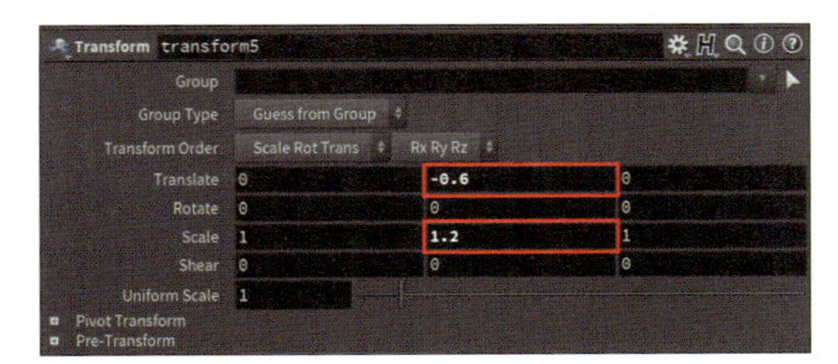

▶ Transformノード

パラメータ	値		
Translate	X:0	Y:-0.6	Z:0
Scale	X:1	Y:1.2	Z:1

8

ここでディスプレイフラッグをサブネットワークノードの出力につながっている一番下のTransformノードに移してみましょう。次の図のような見た目になっていると思います。

▶ 斬撃のようなメッシュが生成されている

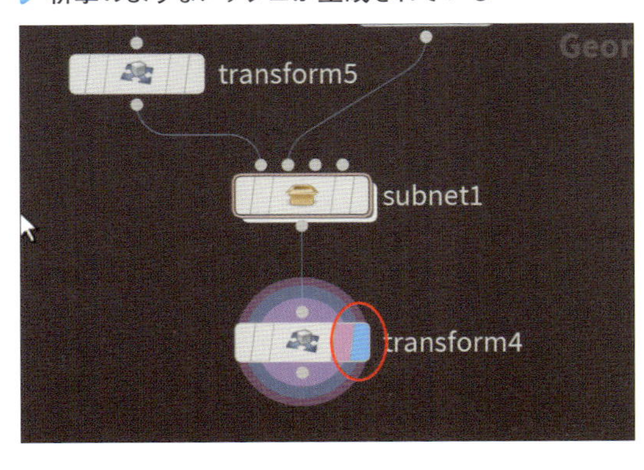

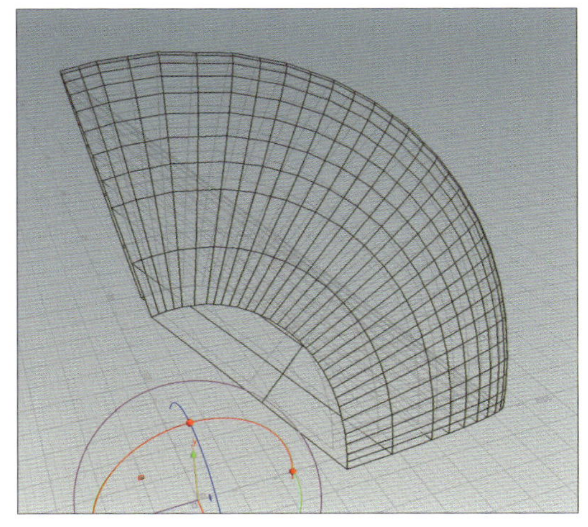

半円状のメッシュが生成されていますが、まだ不完全な状態なので先ほどサブネットワークノードに登録したパラメータを調整して完成形に近付けていきます。

▶ パラメータを調整して完成形に近づける

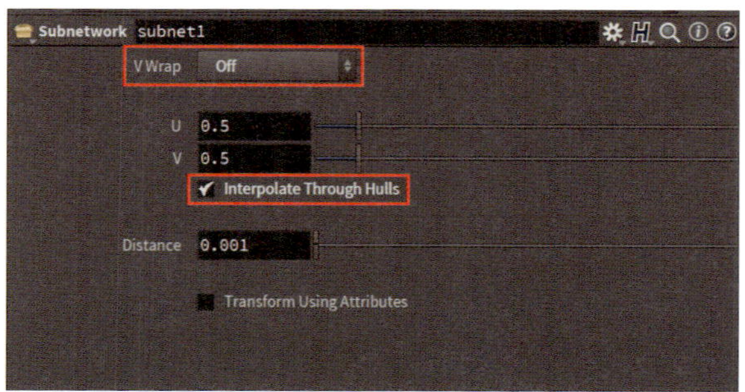

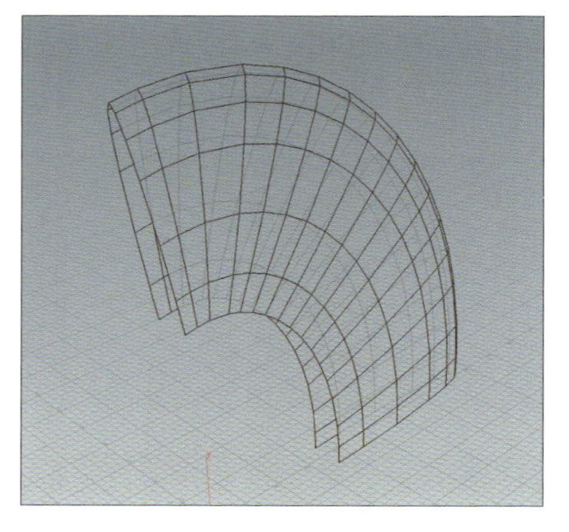

▶ Subnetworkノード

パラメータ	値
VWrap	Off
Interpolate Througph Hulls	チェックあり

ほぼ完成ですが、メッシュの形状を右図のように、地面に近付くに従い大きくなるように変更していきます。

サブネットワークノード内のSweepノードのScaleパラメータにエクスプレッションを入力することで実現します。まず、$PCTと入力してみましょう。結果は次の図のようになります。

▶ メッシュの完成形

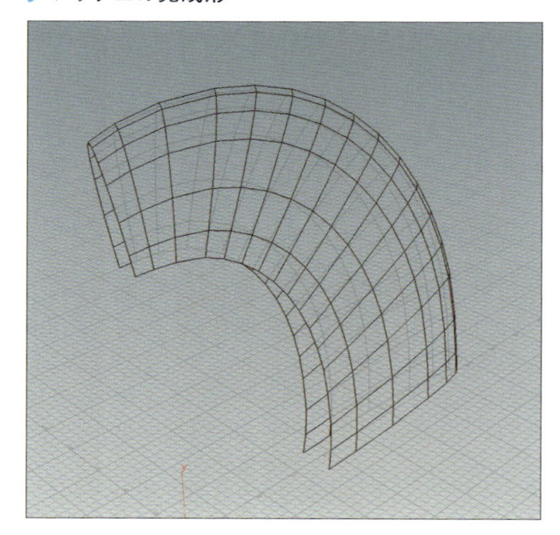

▶ SweepノードのScaleパラメータにエクスプレッションを入力

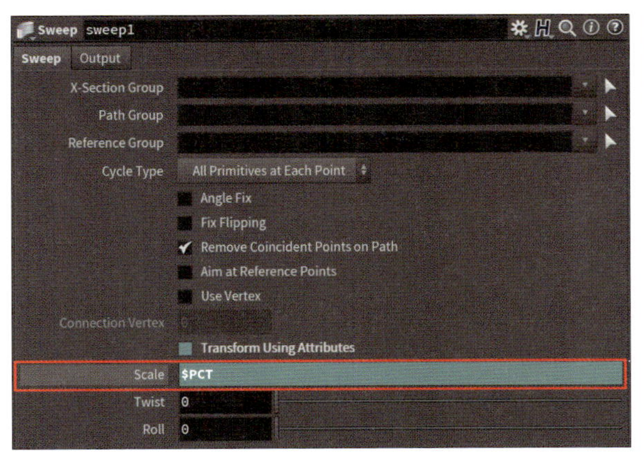

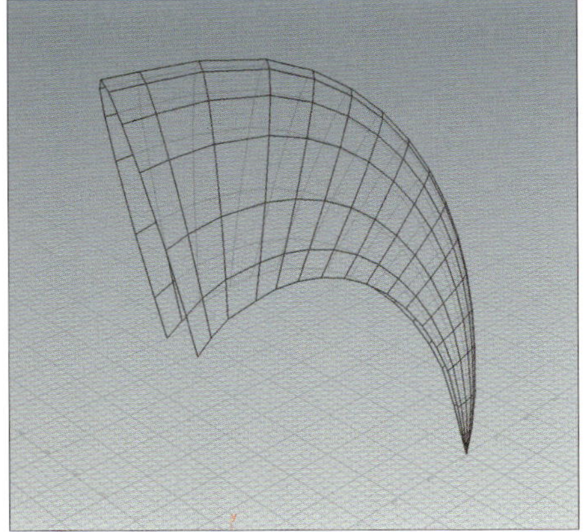

▶ Sweepノード

パラメータ	値
Scale	$PCT

$PCTはローカル変数と呼ばれるもので、固有のノードの中でのみ使用ができるものです（今回の場合はSweepノード内でのみ使用可能）。$PCTはSweepノード内でのみ使用できるローカル変数で、Sweepノードの2番目の入力スプラインの長さを始点（0.0）から終点（1.0）で表します。

▶ $PCTの値の分布

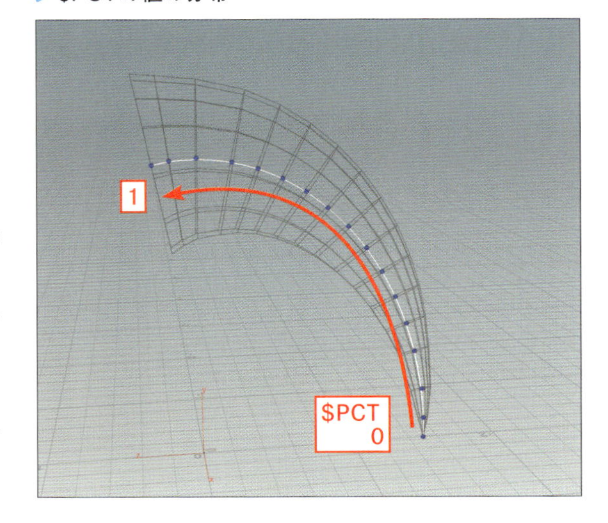

$PCTによって1番目の入力の形状が0から1の大きさにスケーリングされています。

ここにランプパラメータを掛け合わせることで、柔軟に形状を変化させることができます。

サブネットワークノードを選択し、再びEdit Parameter Interfaceを選択してウィンドウを表示し、左側のパラメータ群からRamp(Float)をドラッグ＆ドロップします。なお、Ramp(Color)と間違えないようにしましょう。名前はWidth Controlとしておきましょう。完了したらAcceptボタンを押して変更を反映してウィンドウを閉じます。

▶ Ramp(Float)パラメータを新たに追加

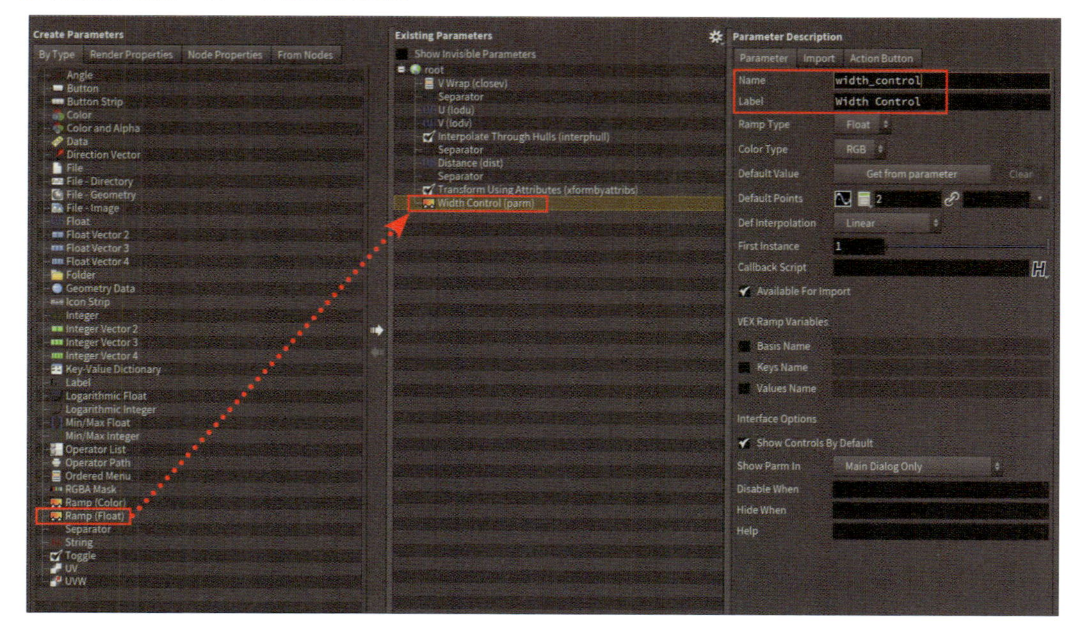

この追加したランプパラメータをSweepノードのScaleパラメータとリンクさせます。SweepノードのScaleパラメータにエクスプレッションを入力します。chramp("../width_control",$PCT,1)と入力しましょう。

▶ SweepノードのScaleパラメータにエクスプレッションを入力

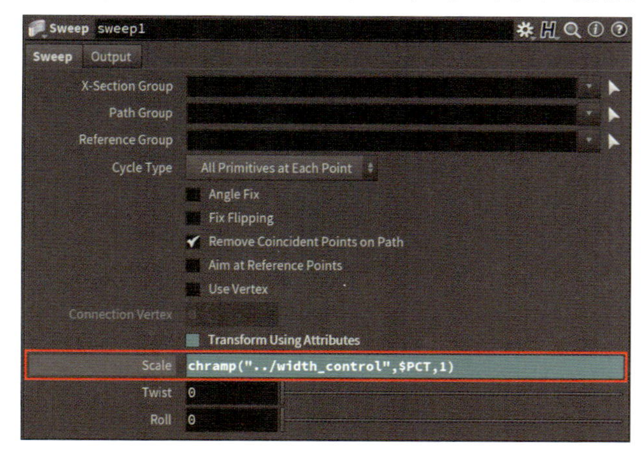

ここではchrampという関数を使用しています。構文は以下のようなものです。

▶ Sweepノード

パラメータ	値
Scale	chramp("../width_control",$PCT,1)

・chramp(ramp_path, position, component_index)
- ・ramp_path　ランプパラメータのパス
- ・position　ランプの範囲、ここでは$PCTとしているのでランプの範囲が、スプラインの始点から終点にマッピングされる

chramp関数でランプのパスと適用範囲を指定することでSweepノードの2番目のスプラインに沿って大きさを変えることが可能になりました。ランプパラメータを変更して結果を確認しましょう。

▶ ランプパラメータを変更

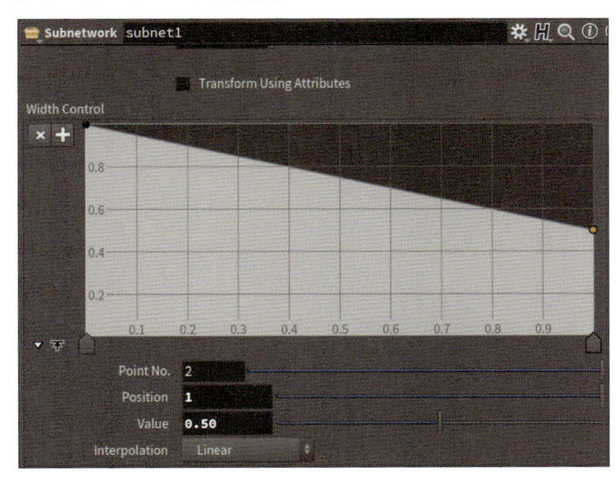

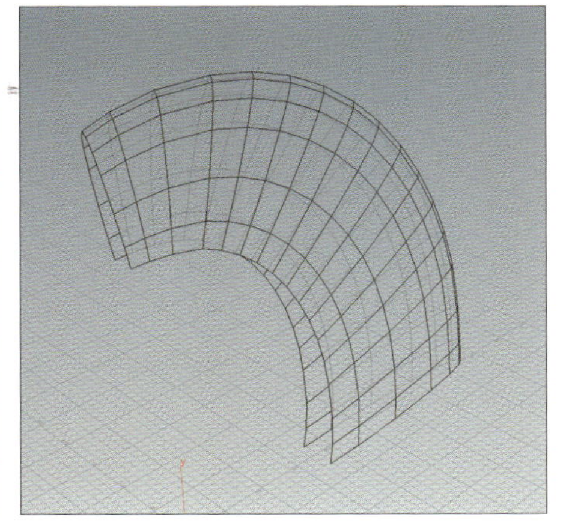

最後に接続されているTransformノードで180度回転させて斬撃のメッシュの完成です。

▶ Transformノードで回転させる

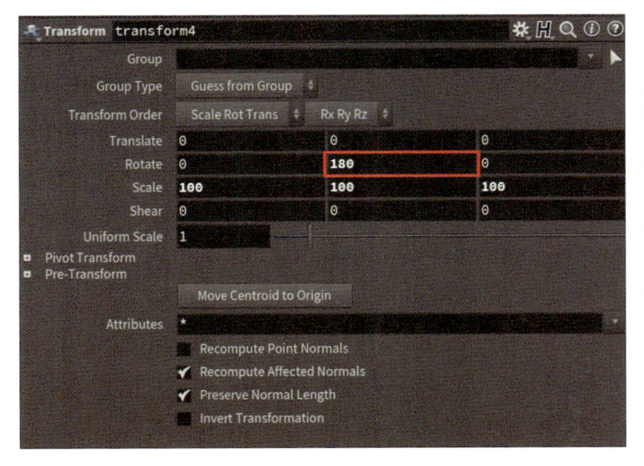

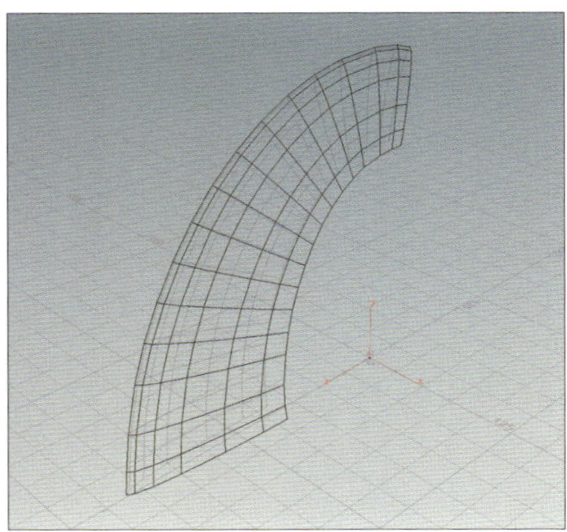

▶ Transformノード

パラメータ	値		
Rotate	X:0	Y:180	Z:0

ファイルメニューのExport→Filmbox FBXからメッシュをUnityプロジェクトのAsset/

Lesson08/Modelsフォルダ内にSM_lesson08_slash01.fbxという名前で書き出してください。

▶ 完成したメッシュを書き出す

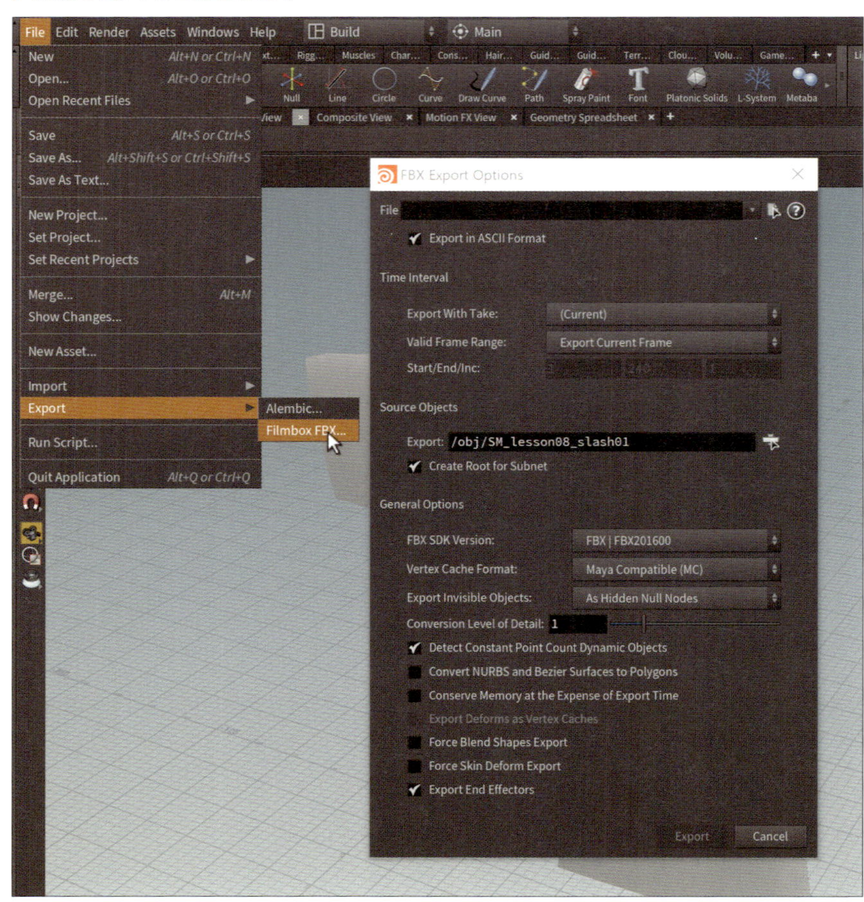

8-4-3 トゥーンシェーダーを使った斬撃部分のエフェクトの作成

8-4-2で斬撃に使用するメッシュが完成しましたので、メッシュパーティクルで斬撃部分を作成していきます。

まず右図のような親子構成でエフェクトのルート部分を作成します。「FX_SlashImpact」ルートオブジェクトの子オブジェクトとして「slash」と「impact」を作成します。またimpactオブジェクトのTransformコンポーネントのzを3.5に変更してください。3つともParticle Systemコ

▶ エフェクトのルート部分を作成

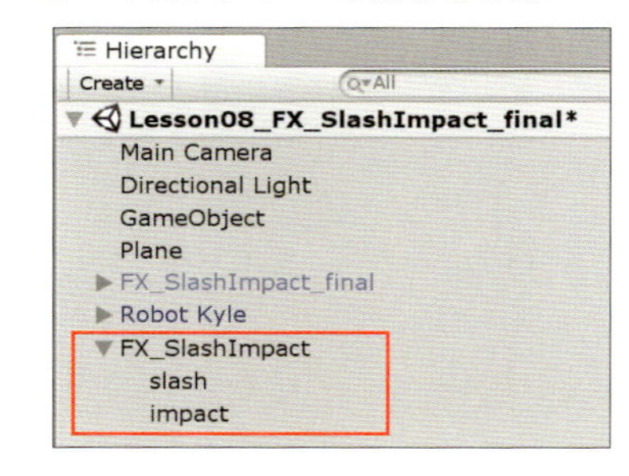

ンポーネントを追加してダミーパーティクルに設定してください。

▶ impactオブジェクトの設定

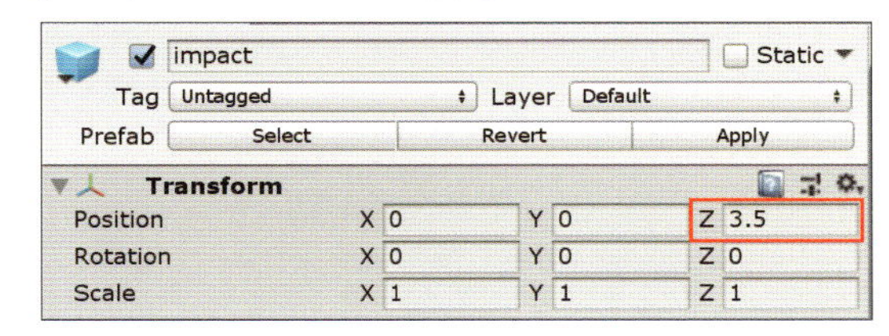

次に新規パーティクルをslash01という名前で作成し、slashオブジェクトの子として配置します。また、Assets/Lesson08/Materialsフォルダ内に、M_lesson08_Slash01という名前で新しくマテリアルを作成し、パーティクルに適用します。下図のように設定していきます。

▶ slash01パーティクルを設定

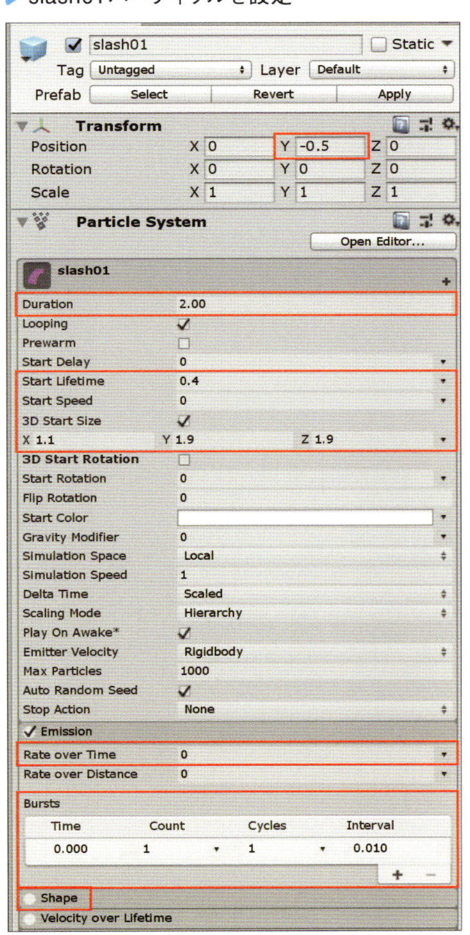

▶ Transformコンポーネント

パラメータ	値		
Position	X:0	Y:-0.5	Z:0

▶ Mainモジュール

パラメータ	値		
Duration	2.00		
Start Lifetime	0.4		
Start Speed	0		
3D Start Size	チェック	あり	
	X:1.1	Y:1.9	Z:1.9

▶ Emissionモジュール

パラメータ	値			
Rate over Time	0			
Bursts	Time	Count	Cycles	Interval
	0.000	1	1	0.010

▶ Shapeモジュール

パラメータ	値
チェック	なし

8

▶ Rendererモジュール

パラメータ	値	
Render Mode	Mesh	
Mesh	SM_leson08_slash01	
Material	M_lesson08_Slash01	
Render Alignment	Local	
Custom Vertex Streams	チェック	あり
	追加するパラメータ	StableRandom.xy(TEXCOORD0.zw) Custom1.xyzw(TEXCOORD1.xyzw) Custom2.xyzw(TEXCOORD2.xyzw)

マテリアルのテクスチャとパラメータを右図のように設定します。

▶ M_lesson08_Slash01マテリアル

パラメータ	値	
Shilhouette Texture	T_lesson08_mask02	
Main Tiling	X:1	Y:1
Distortion Tiling	X:1	Y:0.5
Voronoi Tiling	X:2	Y:1
Distortion Strength	0.05	
Shilhouette Strength	0.1	
Core Strength	0.4	

▶ M_lesson08_Slash01マテリアルの設定

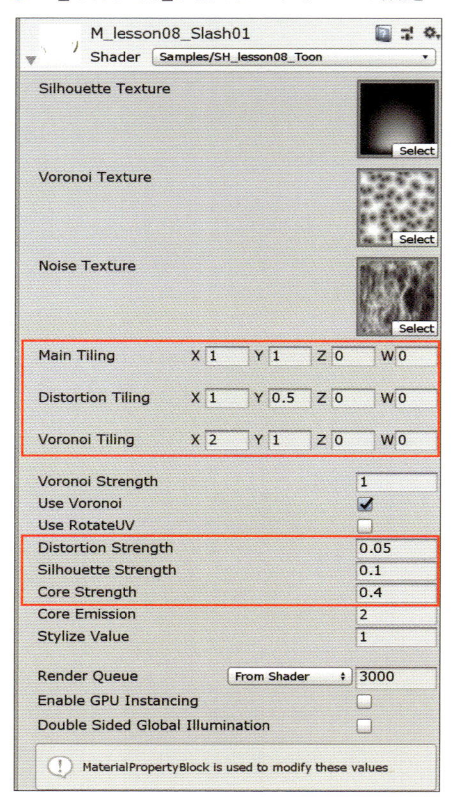

ここまでの設定では、まだなにも表示されていないと思います。Custom Dataモジュールにチェックを入れて次の図のように設定してみましょう。またCustom1の各パラメータにも名前を付けておきましょう。

▶ Custom Dataモジュールを設定

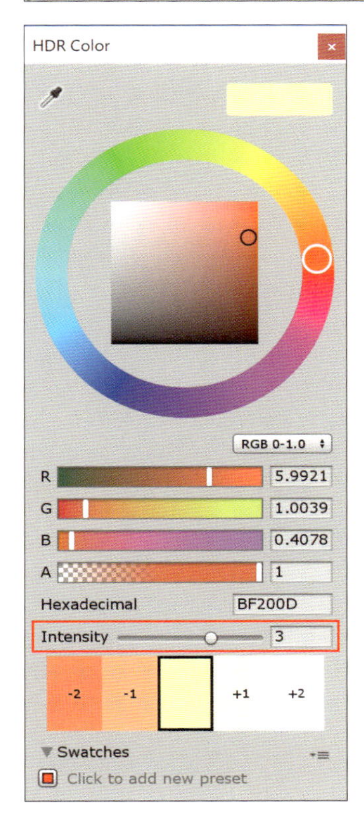

▶ Custom Dataモジュール

パラメータ	値	
Custom1	X	Silhouette Anim に名前を変更、値を 1 に設定
	Y	Silhouette Tiling に名前を変更、値を 1 に設定
	Z	Silhouette Offset に名前を変更
	W	Scroll Speed に名前を変更
Custom2	Color	左図を参照

▶ 設定結果

斬撃のイメージが表示されました。ただ現状ではアニメーションが付いていない状態なのでSilhouette Offsetパラメータの設定方法をCurveに変更し、右図のように設定しましょう。シルエットテクスチャのオフセットが変更され、動きが付いたのが確認できると思います。

他のパラメータも調整していきます。Silhouette Tilingパラメータを、1以下の値に設定することでシ

▶ Silhouette Offsetパラメータを設定

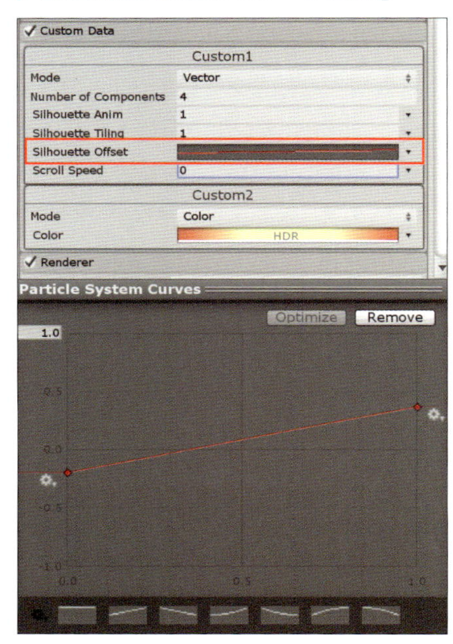

ルエットを縦に伸ばしています。またSilhouette Animを後半で0に近付けることでシルエットの消し込みを行っています。Scroll Speedに関してはシルエット自体が移動しているので、あまり必要がなかったため0.1に設定しました。

▶ その他のパラメータも調整

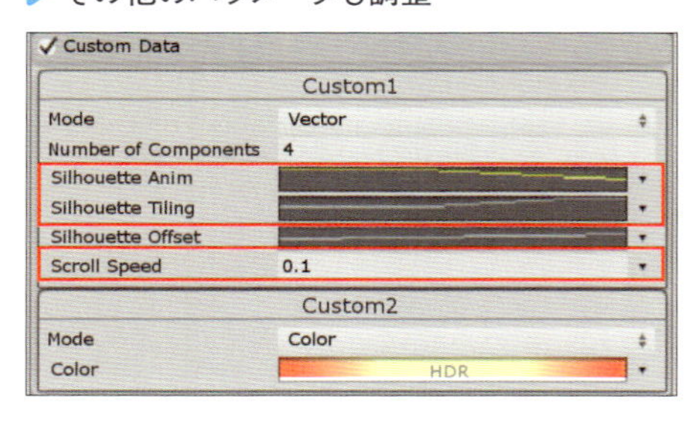

▶ パラメータ調整

パラメータ	値
Silhouette Anim	下中段左図を参照
Silhouette Tiling	下中段右図を参照
Scroll Speed	0.1

▶ Silhouette Animの設定(左)とSilhouette Tilingの設定(右)

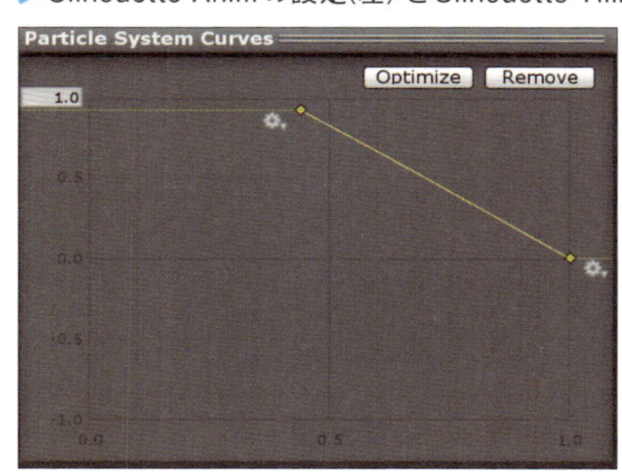

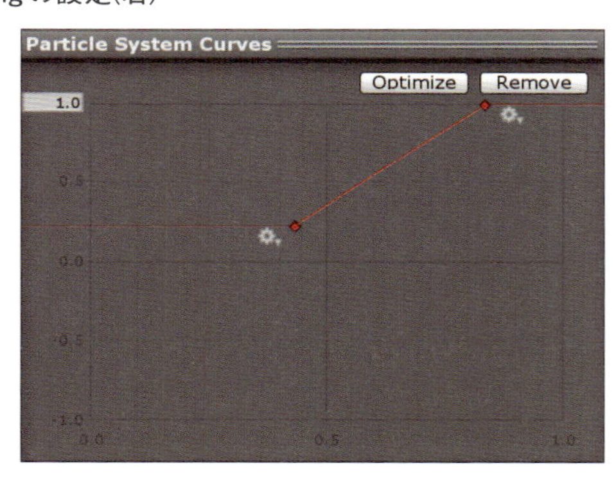

斬撃のアニメーションをシェーダーのみで表現することができました。ただもう少しメッシュ自体に動きが欲しいので、回転のアニメーションを設定します。MainモジュールのStart RotationとRotation over Lifetimeモジュールを変更します。

▶ 設定結果

▶ 回転のアニメーションを設定

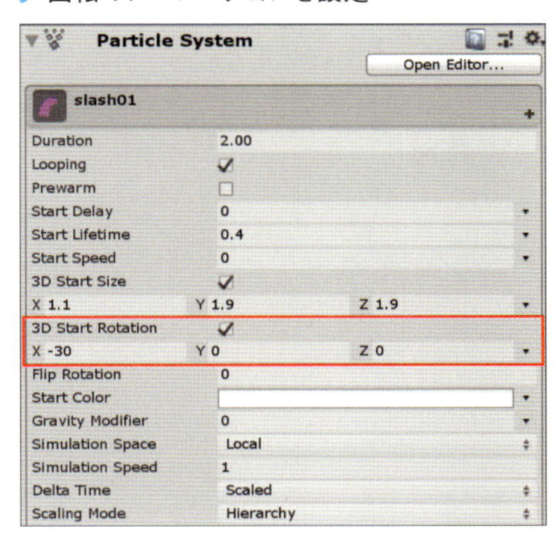

▶ Mainモジュール

パラメータ	値		
3D Start Rotation	チェックあり		
	X:-30	Y:0	Z:0

▶ Rotation over Lifetimeモジュール

パラメータ	値		
Separate Axes	チェックあり		
	X:160	Y:0	Z:0

これで斬撃に勢いを出すことができました。

8-4-4 斬撃の余韻部分を作成する

8-4-3でトゥーン系の見た目の斬撃を作成しましたが、この要素だけだと寿命が短く、技の余韻の部分が表現しづらいため、見た目を調整したものをもう1つ別に作成して、斬撃の余韻となる軌跡の部分を作成していきます。

slash01を複製してslash02に名前を変更し、一部のパラメータを調整していきます。マテリアルも複製してM_lesson08_Slash02という名前で作成し、それぞれ次の図のように変更してください。

▶ 複製してパラメータを変更

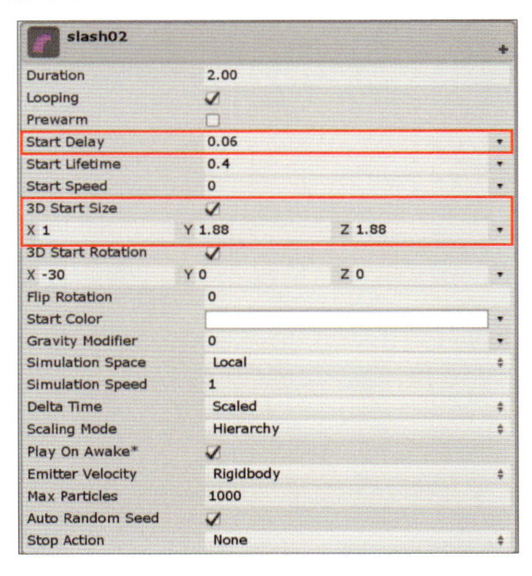

▶ Mainモジュール

パラメータ	値		
Start Delay	0.06		
3D Start Size	チェックあり		
	X;1	Y:1.88	Z:1.88

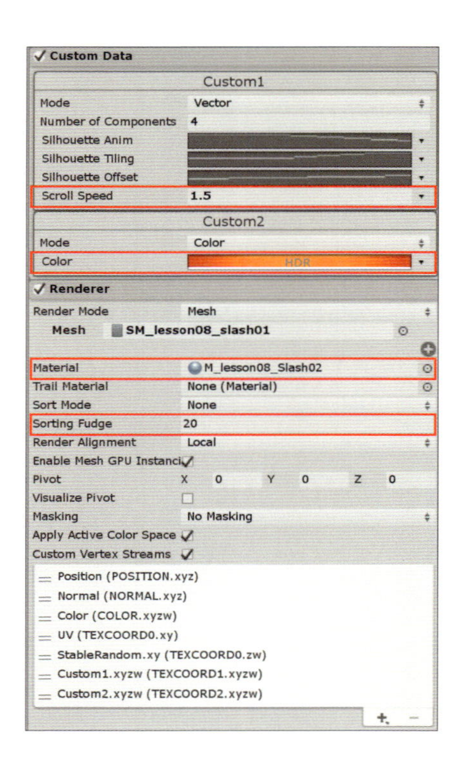

▶ Custom Dataモジュール

Custom1	Scroll Speed	1.5
Custom2	Color	下図を参照

▶ Cumstom2のColorパラメータの設定

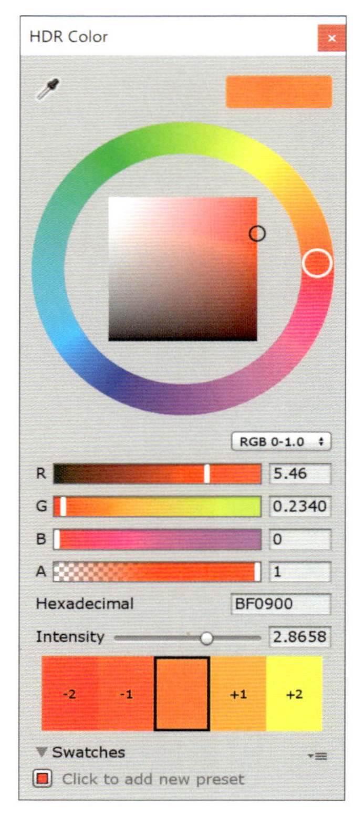

▶ Rendererモジュール

パラメータ	値
Material	M_lesson08_Slash02
Sorting Fudge	20

slash01と同じタイミングで再生してしまうとあまり目立たないのでDelayパラメータを設定して若干遅れて再生されるように設定してあります。またマテリアルのStylize Valueを0に設定することで、Stepノードが適用される前の結果（白と黒に二値化される前の結果）を使用することができます。また、右図を参考にマテリアルのパラメータを一部変更してください。

▶ M_lesson08_Slash02マテリアル

パラメータ	値
Core Emission	0
Stylize Value	0

▶ 複製してマテリアルを変更

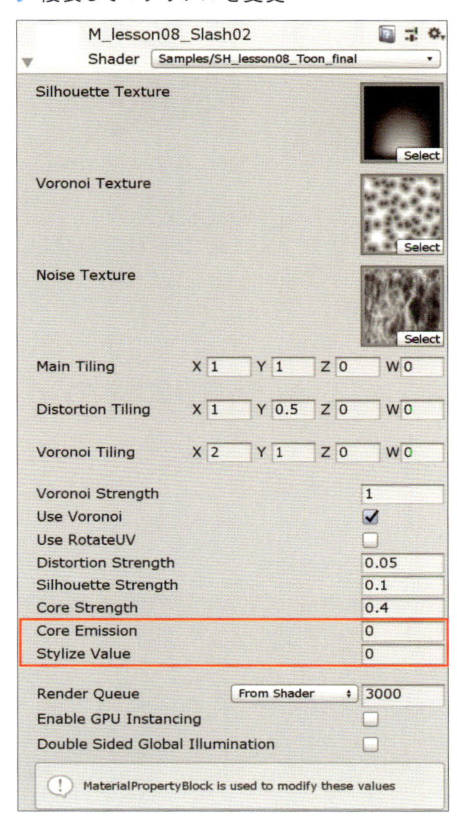

これで斬撃の余韻部分を演出する要素が完成しました。下図はslash02単独で再生した場合と、slash01とslash02を一緒に再生した際の画像になります。

▶ 余韻部分だけを再生したもの(左)と斬撃全体を再生したもの(右)

以上で斬撃の部分が完成しました。8-5からは斬撃が地面に衝突した際のインパクトを作成していきます。

インパクトエフェクトの作成

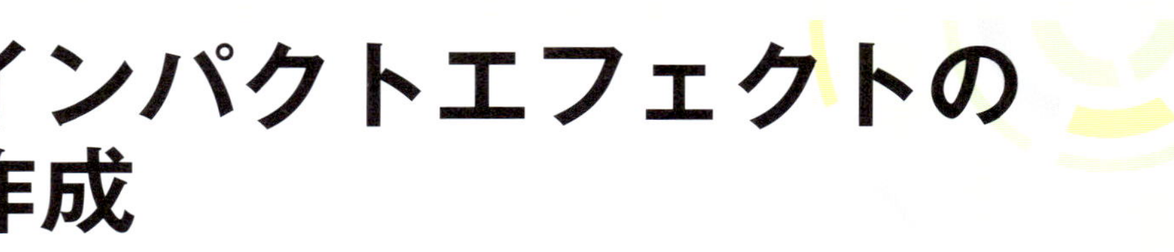

8-4 で斬撃の部分が完成したので、ここでは斬撃が地面に衝突したときのインパクト部分を作成していきます。ここでも本章の最初に作成した汎用のトゥーンシェーダーを活用して制作を進めていきます。

8-5-1 地面衝突時のインパクトの作成

8-4 で作成したimpactオブジェクトの直下に要素を追加していきます。ここでは2種類のインパクト素材を追加して、下図の見た目を作成します。

ここでの作業結果

まず新規パーティクルをimpact01という名前で作成し、次の図を参考に設定していきます。ひとつひとつのパーティクルにディテールがあるので、それほど数を発生させなくても迫力が出せます。また、新規マテリアルをM_lesson08_Impact01という名前で作成し、パーティクルに適用してください。

▶ impact01パーティクルを設定

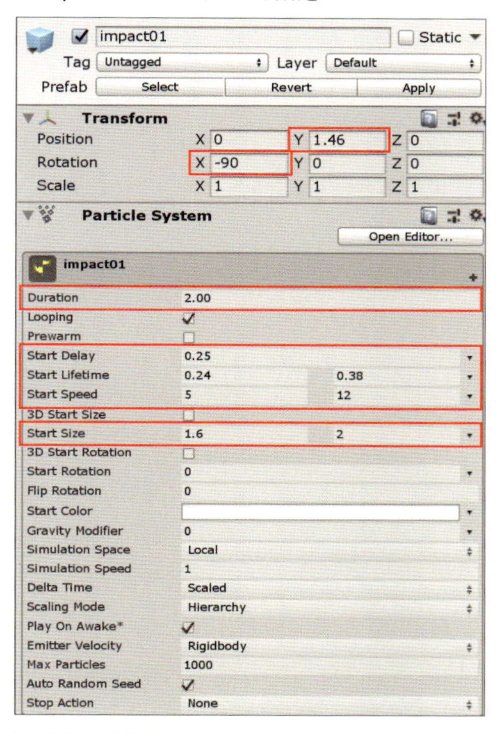

▶ Transformコンポーネント

パラメータ	値		
Position	X:0	Y:1.46	Z:0

▶ Mainモジュール

パラメータ	値	
Duration	2.00	
Start Delay	0.25	
Start Lifetime	0.24	0.38
Start Speed	5	12
Start Size	1.6	2

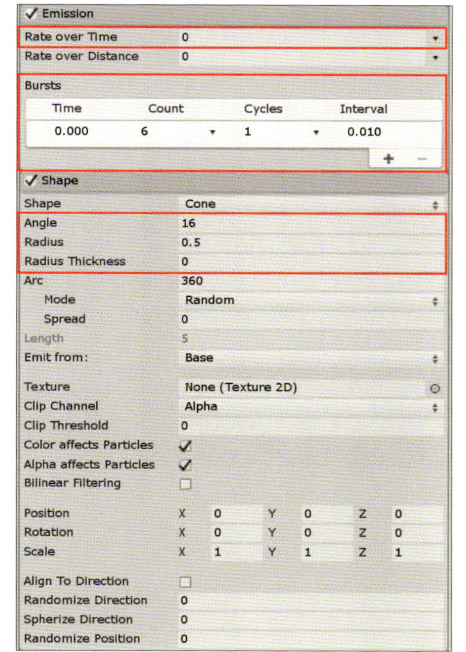

▶ Emissionモジュール

パラメータ	値			
Rate over Time	0			
Bursts	Time	Count	Cycles	Interval
	0.000	6	1	0.010

▶ Shapeモジュール

パラメータ	値
Angle	16
Radius	0.5
Radius Thickness	0

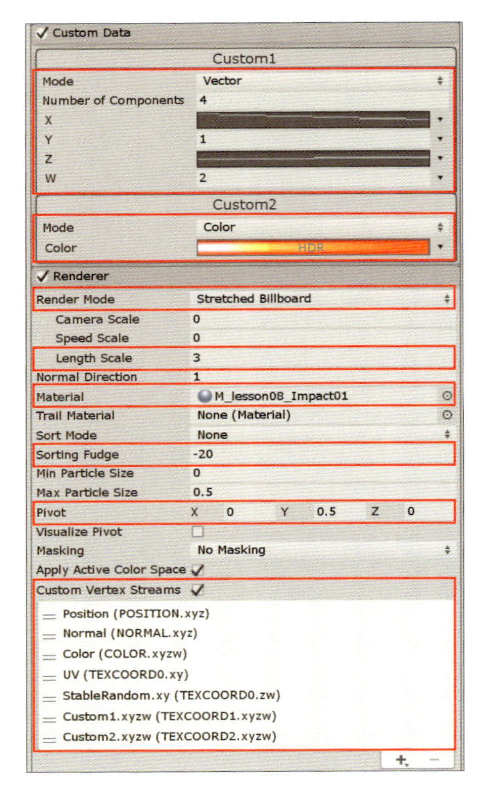

▶ Custom Dataモジュール

パラメータ	値	
Custom1	Mode	Vector
	X	下図を参照
	Y	1
	Z	下図を参照
	W	2
Custom2	Mode	Color
	Color	下図を参照

▶ Rendererモジュール

パラメータ	値		
Render Mode	Stretched Billboard		
Length Scale	3		
Material	M_lesson08_Impact01		
Sorting Fudge	-20		
Pivot	X:0	Y:0.5	Z:0
Custom Vertex Streams	チェックあり		
追加するパラメータ	StableRandom.xy（TEXCOORD0.zw）		
	Custom1.xyzw（TEXCOORD1.xyzw）		
	Custom2.xyzw（TEXCOORD2.xyzw）		

▶ Custom Dataモジュールの設定

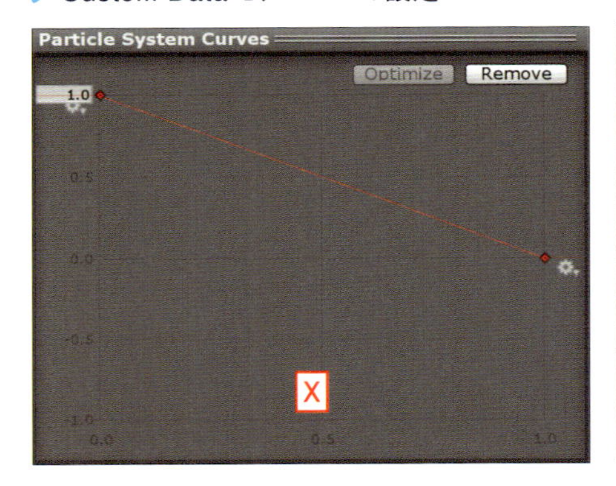

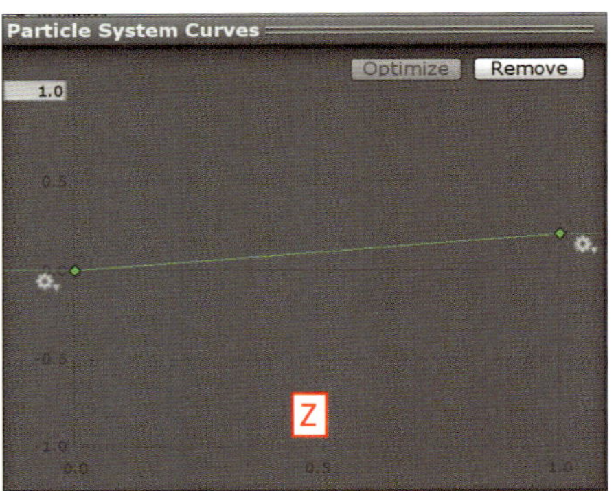

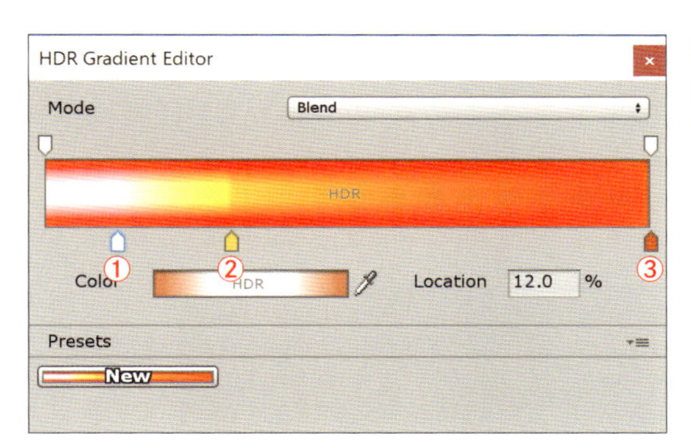

▶ Intensityパラメータの設定

図内番号	値
①	4
②	3.1
③	0

次にマテリアルのパラメータを設定します。RendererモジュールのRender Modeパラメータで、Stretched Billboardを指定しているので（テクスチャの左方向が進行方向になるため）、Use RotateUVにチェックを入れてあります。

▶ マテリアルを設定して適用

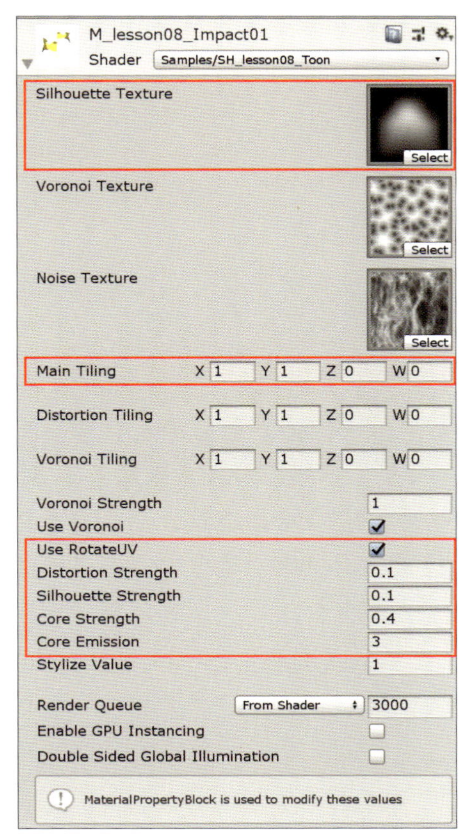

▶ M_lesson08_Impact01マテリアル

パラメータ	値	
Silhouette Texture	T_lesson08_mask03	
Main Tiling	X:1	Y:1
Use RotateUV	チェックあり	
Distortion Strength	0.1	
Silhouette Strength	0.1	
Core Strength	0.4	
Core Emission	3	

最後にSize over Lifetimeモジュールを下図のように設定してください。

▶ Size over Lifetimeモジュールを設定

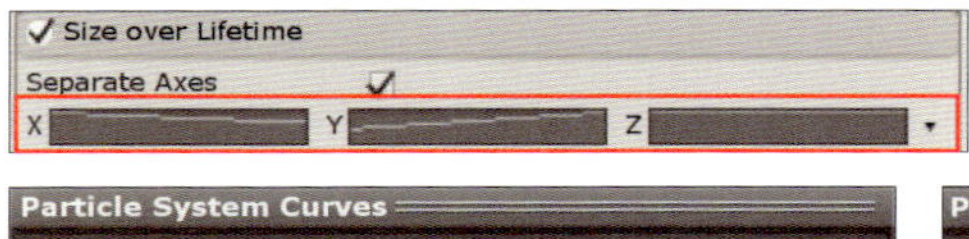

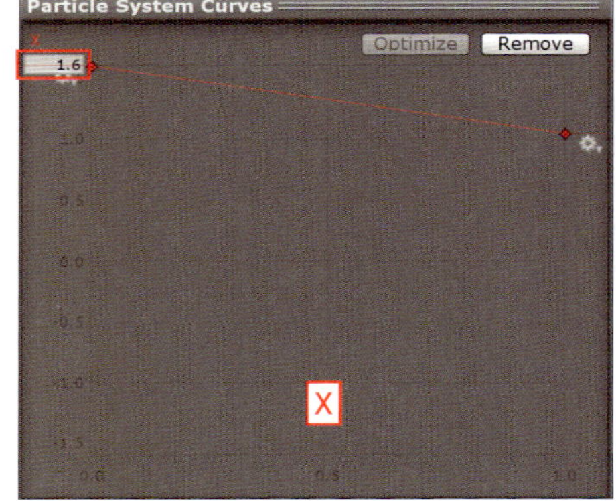

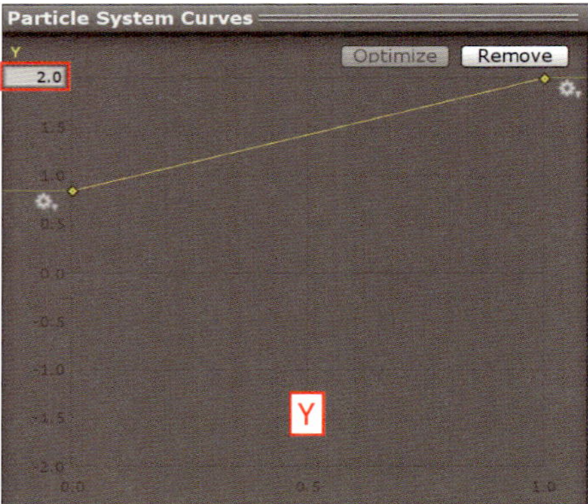

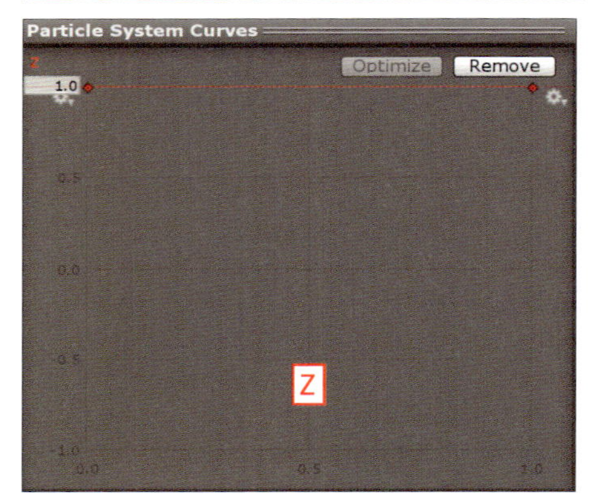

さらにimpact01を複製してimpact02に名前を変更し、パラメータを調整します。impact01はShapeモジュールのAngleとRadiusパラメータを小さめに設定し、インパクトの「芯」の部分となるようにしています。impact02はAngleとRadiusパラメータを大きめに設定し、芯部分の外側に発生するサブ要素として設定していきます。

▶ impact01を複製してimpact02を作成し、設定を変更

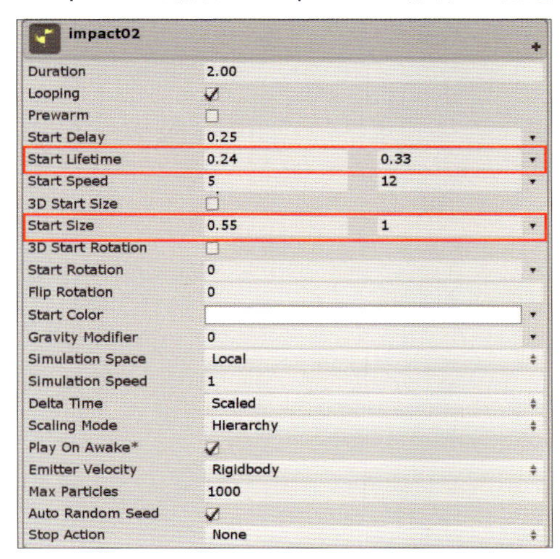

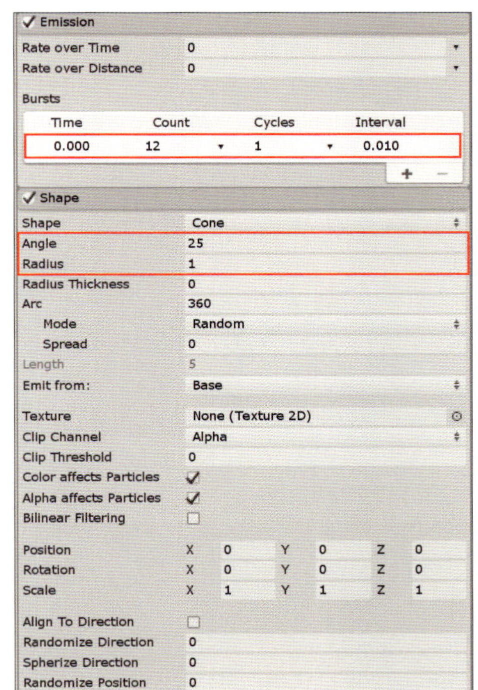

▶ Mainモジュール

パラメータ	値	
Start Lifetime	0.24	0.33
Start Size	0.55	1

▶ Emissionモジュール

パラメータ	値			
Bursts	Time	Count	Cycles	Interval
	0.000	12	1	0.010

▶ Shapeモジュール

パラメータ	値
Angle	25
Radius	1

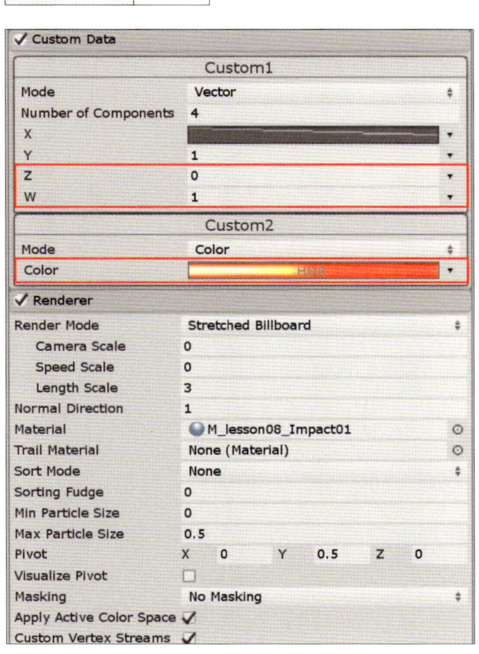

▶ Custom DataモジュールのColorパラメータの設定

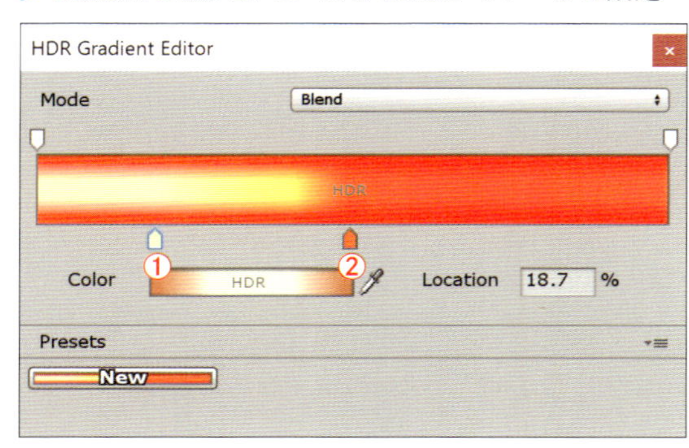

▶ Custom Dataモジュール

パラメータ	値	
Custom1	Z	0
	W	1
Custom2	Color	左図を参照

▶ Intensityパラメータの設定

図内番号	値
①	3.6
②	2

さらにimpact02についてもSize over Lifetimeモジュールを変更します。

▶ Size over Lifetimeモジュールを変更

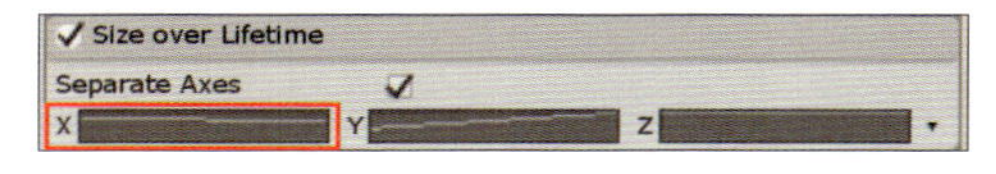

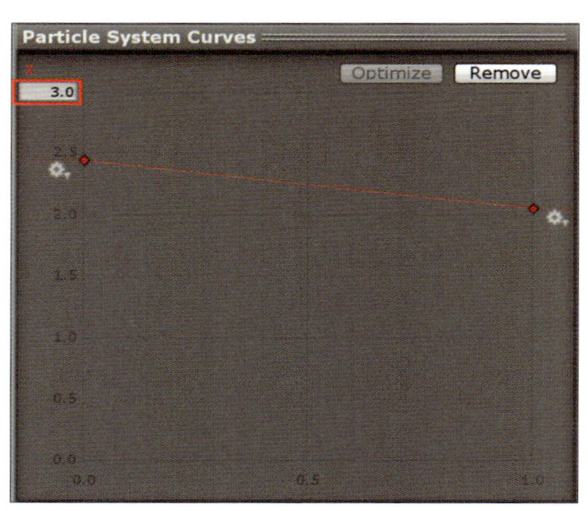

これで衝突時のインパクトを作成することができました。値を少し変更するだけで印象がガラっと変わるので、いろいろな値の組み合わせや設定方法を試してみるとよいでしょう。

▶ ここまでの設定結果

8-5-2 衝突時のダストとフレアの作成

メインのインパクト素材が完成したので、要素をどんどん追加していきます。まずインパクト直後から、周囲に広がるダスト素材を作成します。ここでも2つのダスト素材を作成します。1つはimpact01と一緒に勢いよく発生してすぐに消えるものを、もう1つは寿命を長めに設定してその場に滞留するようなダストを、それぞれ制作していきます。

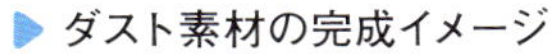
▶ ダスト素材の完成イメージ

まずimpactゲームオブジェクト直下に新規パーティクルをdust01という名前で作成し、次の図を参考にパラメータを設定してください。また新規マテリアルをM_lesson08_Dust01という名前で作成、適用してください。

▶ dust01パーティクルの設定

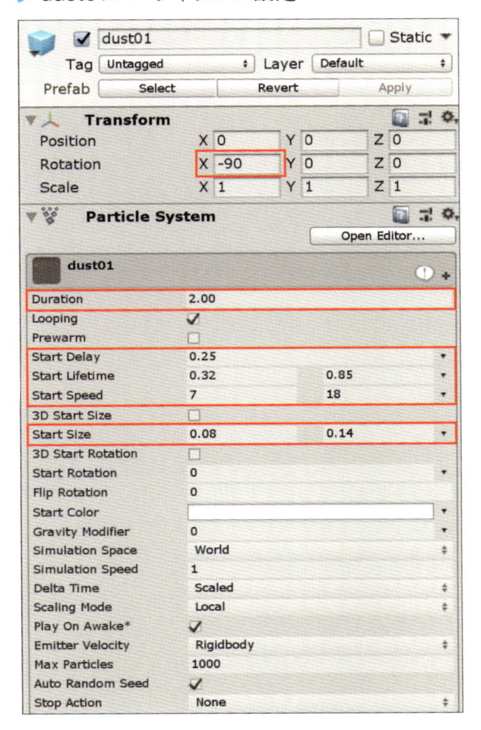

▶ Transformコンポーネント

パラメータ	値		
Rotation	X:-90	Y:0	Z:0

▶ Mainモジュール

パラメータ	値	
Duration	2.00	
Start Delay	0.25	
Start Lifetime	0.32	0.85
Start Speed	7	18
Start Size	0.08	0.14

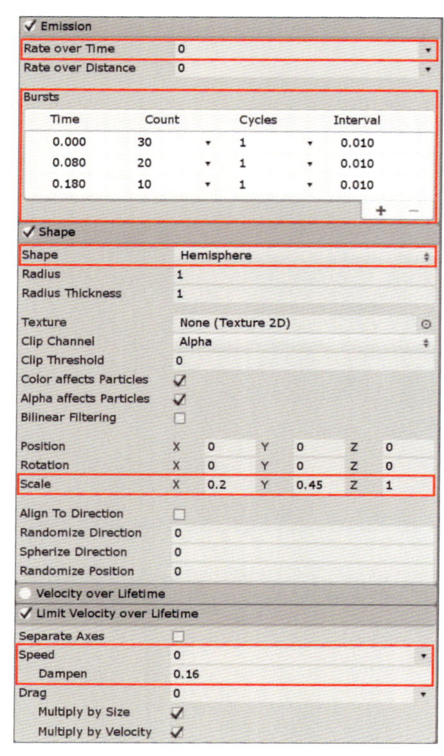

▶ Emissionモジュール

パラメータ	値			
Rate over Time	0			
Bursts	Time	Count	Cycles	Interval
	0.000	30	1	0.010
	0.080	20	1	0.010
	0.180	10	1	0.010

▶ Shapeモジュール

パラメータ	値		
Shape	Hemisphere		
Scale	X:0.2	Y:0.45	Z:1

▶ Limit Velocity over Lifetimeモジュール

パラメータ	値
Speed	0
Dampen	0.16

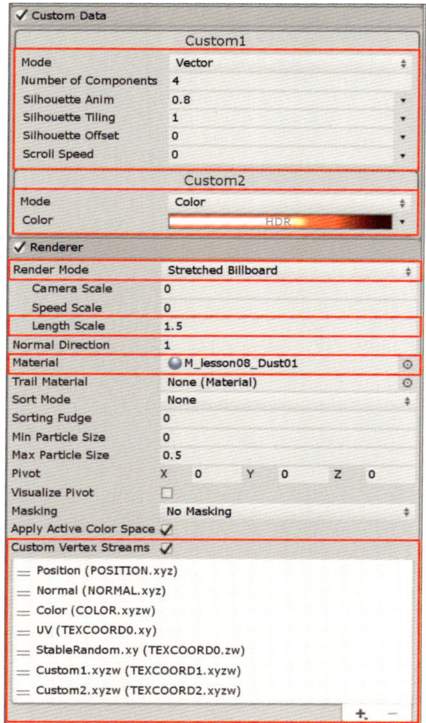

▶ Custom Dataモジュール

パラメータ	値	
Custom1	Mode	Vector
	Shilhouette Anim	0.8
	Shilhouette Tiling	1
	Shilhouette Offset	0
	Scroll Speed	0
Custom2	Mode	Color
	Color	次のページの図を参照

▶ Rendererモジュール

パラメータ	値
Render Mode	Stretched Billboard
Length Scale	1.5
Material	M_lesson08_Dust01

▶ Custom Dataモジュールの Custom2のカラー設定

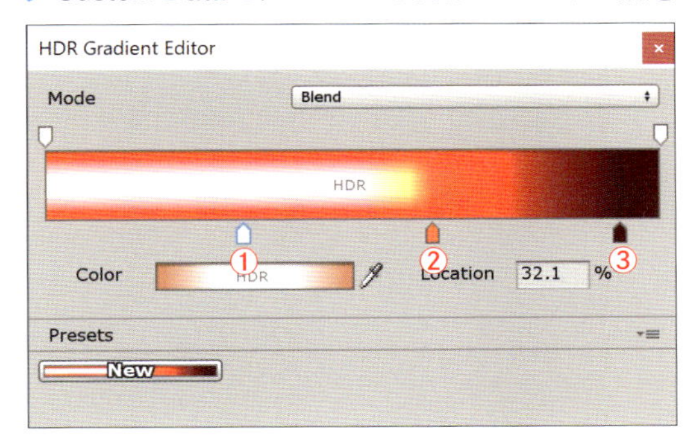

▶ Intensityパラメータの設定

図内番号	値
①	4.2
②	1
③	0

▶ M_lesson08_Dust01マテリアル

パラメータ	値	
Silhouette Texture	T_lesson08_mask01	
Voronoi Texture	なし	
Main Tiling	X:1	Y:1
Distortion Tiling	X:2	Y:2
Use Voronoi	チェックなし	
Distortion Strength	0.4	
Silhouette Strength	0.22	

　ここまででダスト素材のベースを設定することができました。ただ動きが単調なので、ここからノイズを加えたりフォースを設定したりして、動きを調整していきます。まず、Force over Lifetimeモジュールを設定します。設定する値は各軸とも同じなので、まずX軸を設定してコピーし、Y軸とZ軸に貼り付けましょう。

▶ マテリアルの設定

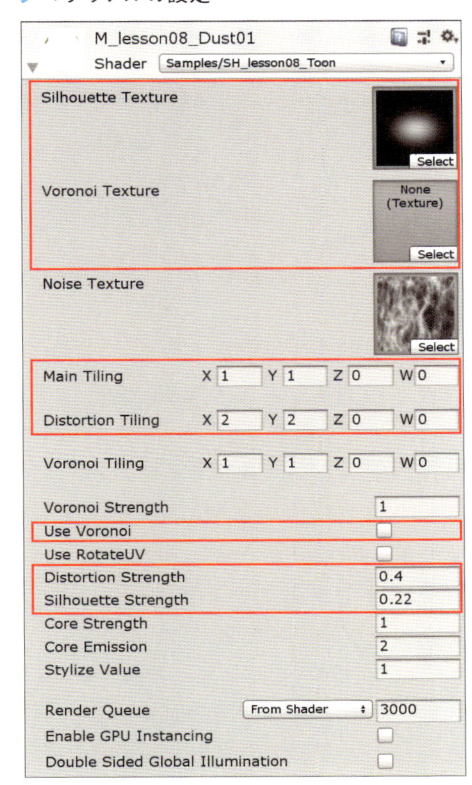

▶ Force over Lifetimeモジュールを設定

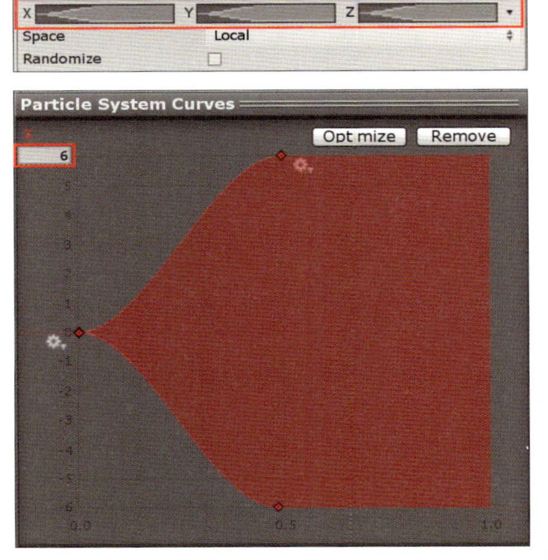

8

さらにNoiseモジュールも設定していきます。

▶ Noiseモジュール

パラメータ	値
Strength	0.4
Frequency	2
Scroll Speed	0.5
Quality	Medium(2D)

これで動きに単調さがなくなりました。次にサイズを調整していきます。寿命に沿って小さくなっていく動きをSize over Lifetimeモジュールで設定しつつ、スピードに比例してダストが伸びるようにSize by Speedモジュールで調整します。RendererモジュールのSpeed Scaleパラメータでも設定できますが、今回はSize by Speedモジュールを使用しています。

Size by SpeedモジュールのX軸とZ軸は同じ設定になります。この設定でスピードが速いほど伸びるようになりました。初速の部分で最速に、インパクトの瞬間で最長になります。

▶ Noiseモジュールを設定

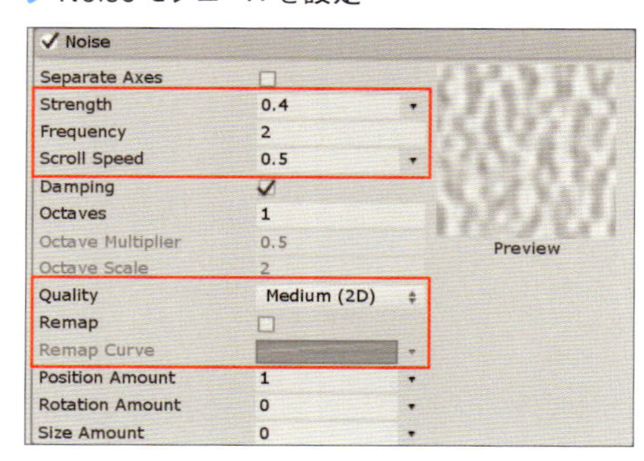

▶ Size over Lifetimeモジュールの設定

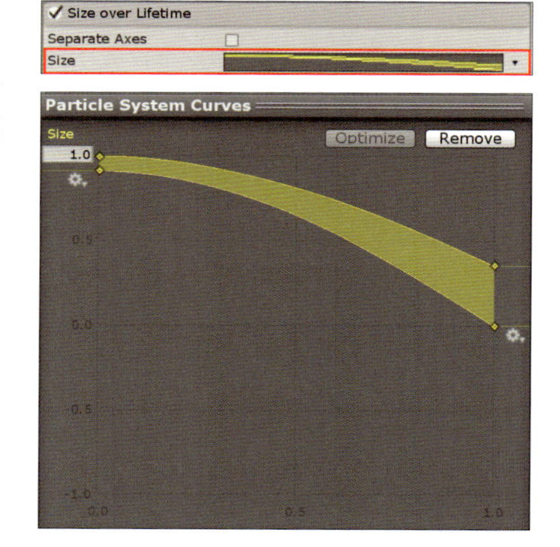

▶ Size by Speedモジュールの設定

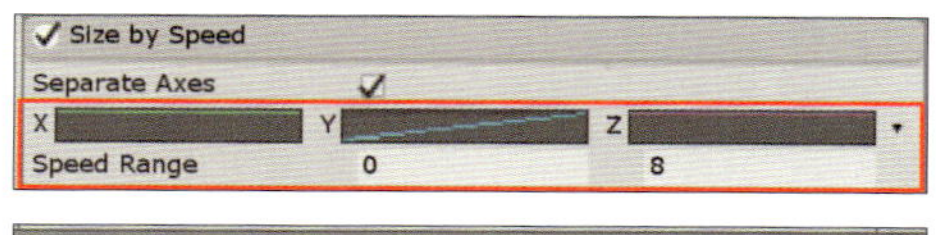

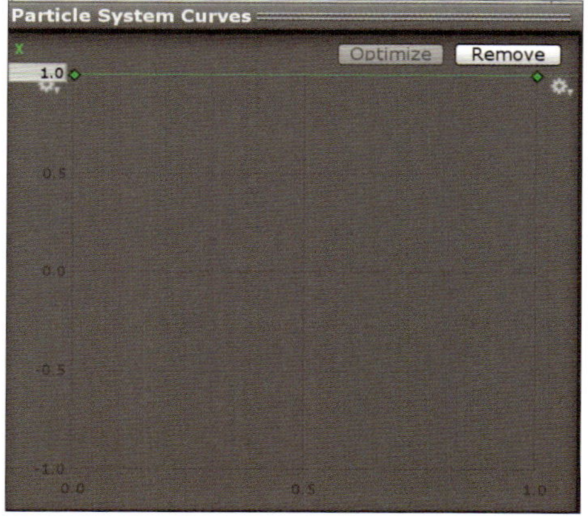

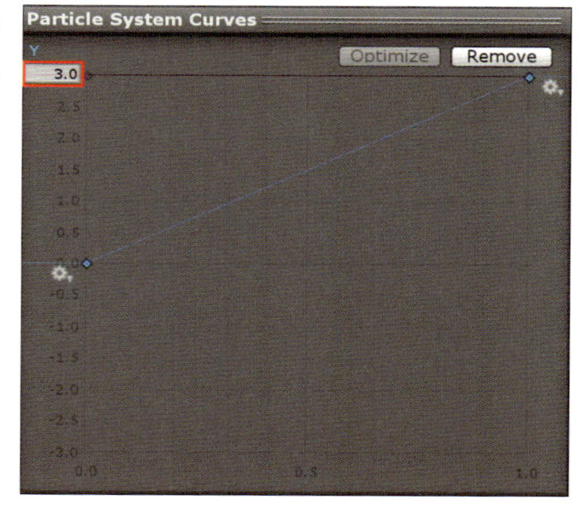

▶ Size by Speedモジュール

パラメータ	値		
Separate Axes	チェック	あり	
	X: 前ページの図を参照	Y: 前ページの図を参照	Z: 前ページの図を参照
Speed Range	0	8	

勢いよく発生するダスト素材を制作しました。さらにdust01を複製してdust02という名前に変更し、パラメータを調整していきますが、変更するパラメータはそれほど多くありません。Size by Speedモジュールがオンだと速度が落ちた際に、それに応じてサイズが小さくなってしまい、あまり余韻を出せなかったためdust02ではオフにしてあります。

▶ dust02パーティクルを設定

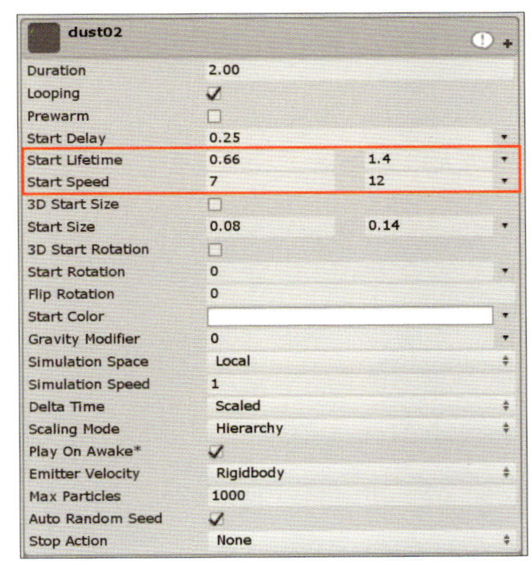

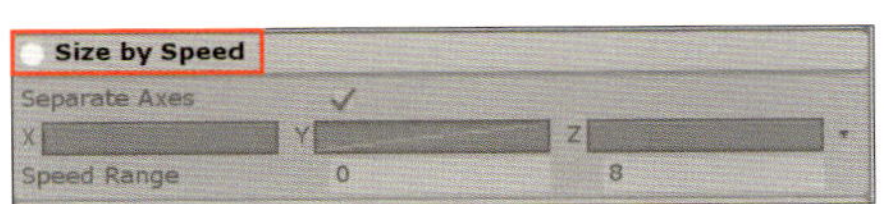

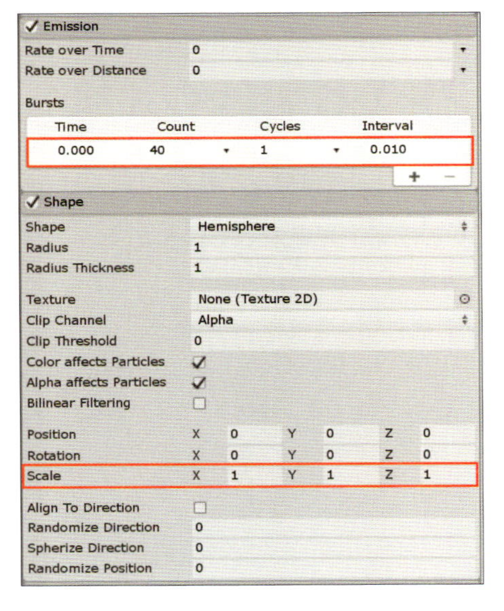

▶ Mainモジュール

パラメータ	値	
Start Lifetime	0.66	1.4
Start Speed	7	12

▶ Emissionモジュール

パラメータ	値			
Bursts	Time	Count	Cycles	Interval
	0.000	40	1	0.010

▶ Shapeモジュール

パラメータ	値		
Scale	X:1	Y:1	Z:1

▶ Size by Speedモジュール

パラメータ	値
チェック	なし

これで2種類のダスト素材が追加できました。

▶ ここまでの作業結果

8-5-3 フレアとライトの追加

ここまでの作業でインパクトとダストが完成しました。ここにインパクトの瞬間に発生するフレア素材とライトを追加していきます。

まずはフレア素材の方から作成していきますので、impactゲームオブジェクト直下にflare01という名前で新規パーティクルを作成し、合わせてM_lesson08_Flare01という名前で新規マテリアルを作成し、適用します。

▶ フレア素材の完成イメージ

作成したflare01パーティクルを次のページの図のように設定していきます。

flash01パーティクルを設定

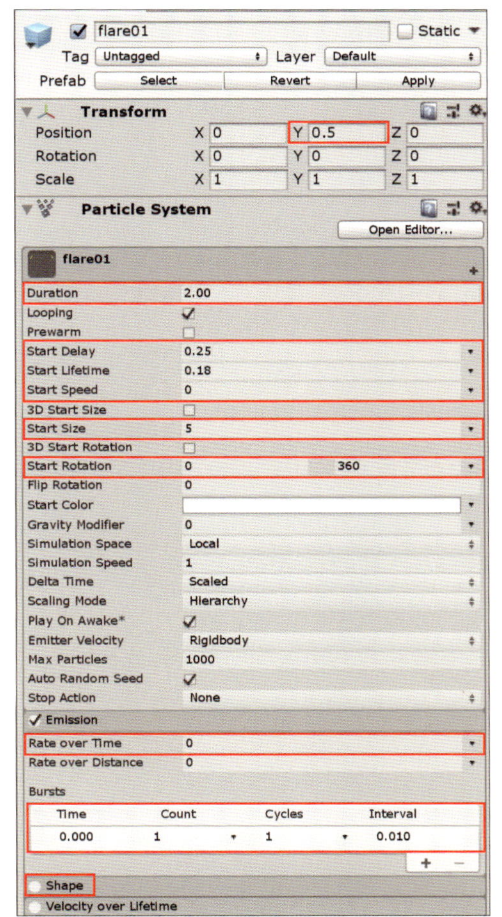

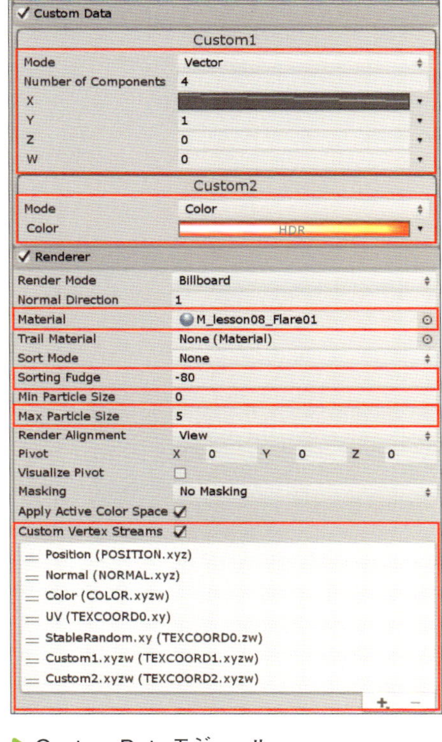

Transformコンポーネント

パラメータ	値		
Position	X:0	Y:0.5	Z:0

Mainモジュール

パラメータ	値	
Duration	2.00	
Start Delay	0.25	
Start Lifetime	0.18	
Start Speed	0	
Start Size	5	
Start Rotation	0	360

Custom Dataモジュール

パラメータ		値
Custom1	Mode	Vector
	X	次のページの図を参照
	Y	1
	Z	0
	W	0
Custom2	Color	次のページの図を参照

Emissionモジュール

パラメータ	値			
Rate over Time	0			
Bursts	Time	Count	Cycles	Interval
	0.000	1	1	0.010

Shapeモジュール

パラメータ	値
チェック	なし

▶ Rendererモジュール

パラメータ	値	
Material	M_lesson08_Flare01	
Sorting Fudge	-80	
Max Particle Size	5	
Custom Vertex Streams	チェック	あり
	追加するファイル	StableRandom.xy(TEXCOORD0.zw)
		Custom1.xyzaw(TEXCOORD1.xyzw)
		Custom2.xyzaw(TEXCOORD2.xyzw)

▶ Custom Dataモジュールの設定

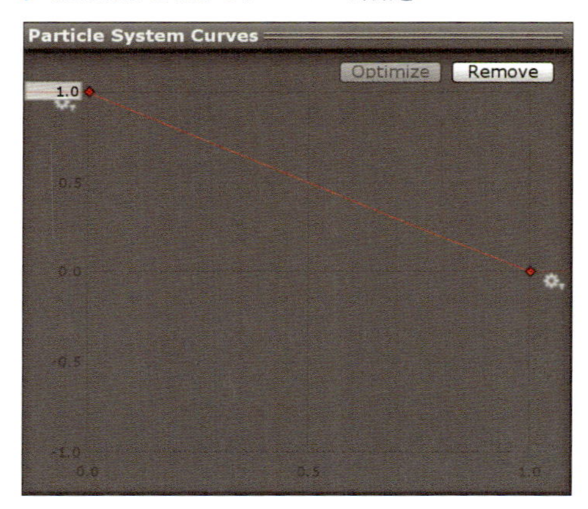

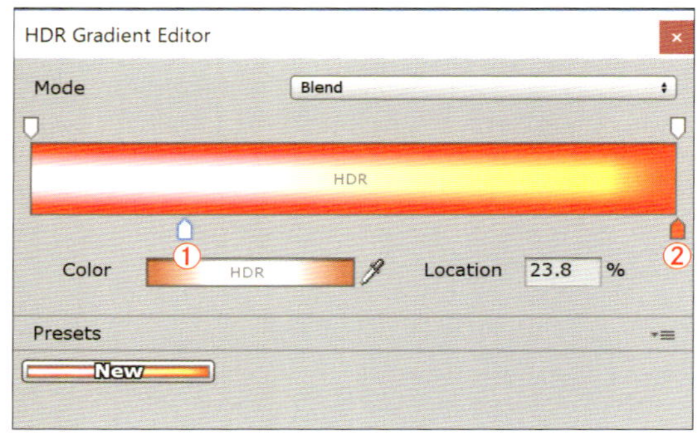

▶ Intensityパラメータの設定

図内番号	値
①	5
②	1

さらにSize over Lifetimeモジュールを設定していきます。

▶ Size over Lifetimeモジュールを設定

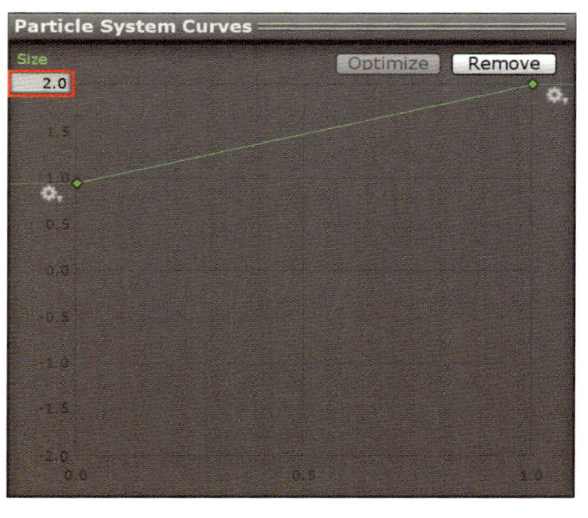

▶ マテリアルを設定

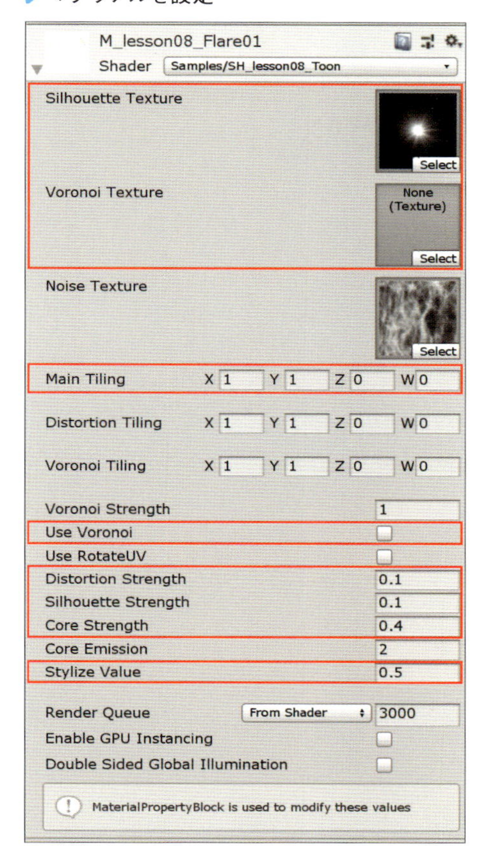

▶ M_lesson08_Flare01マテリアル

パラメータ	値	
Silhouette Texture	T_lesson08_flare01	
Voronoi Texture	なし	
Main Tiling	X:1	Y:1
Use Voronoi	チェックなし	
Distortion Strength	0.1	
Silhouette Strength	0.1	
Core Strength	0.4	
Stylize Value	0.5	

ただしフレアがこの1つだけでは、右図のように地面との交差部分が目立ってしまいます。そのため、複製してもう1つflare02という名前でフレア素材を作成し、RendererモジュールのRender ModeパラメータをHorizontal Billboardに設定し、地面と平行に配置します。

▶ 地面との交差部分が目立ってしまう

▶ Rendererモジュールを変更

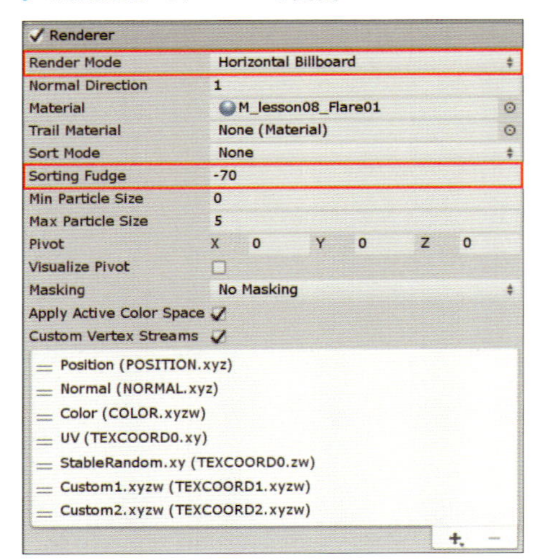

▶ Rendererモジュール

パラメータ	値
Render Mode	Horizontal Billboard
Sorting Fudge	-70

▶ 2つのフレア素材を合わせることで交差部分を自然に見せる

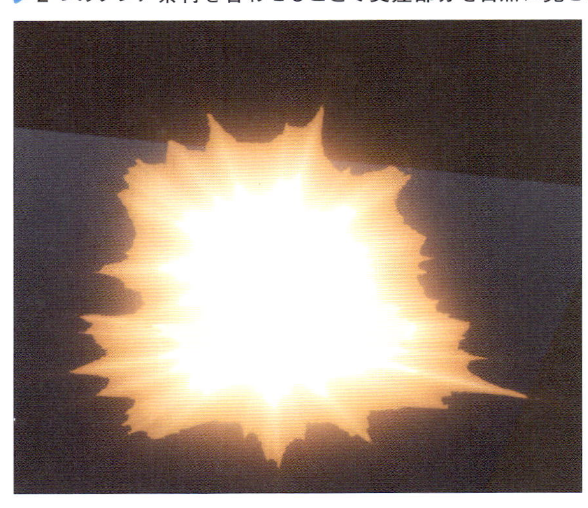

これで交差部分が目立たなくなりました。

フレア素材が追加できたので、次にライトを追加していきます。新規パーティクルをflash01という名前で作成し、次のページの図のように設定していきます。

flash01パーティクルを設定

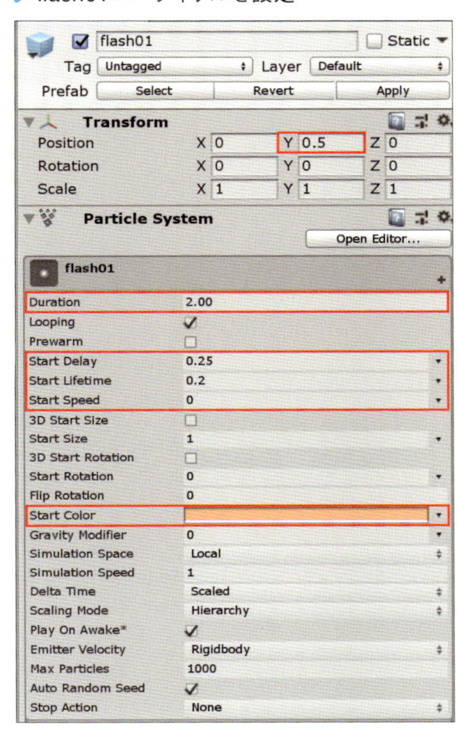

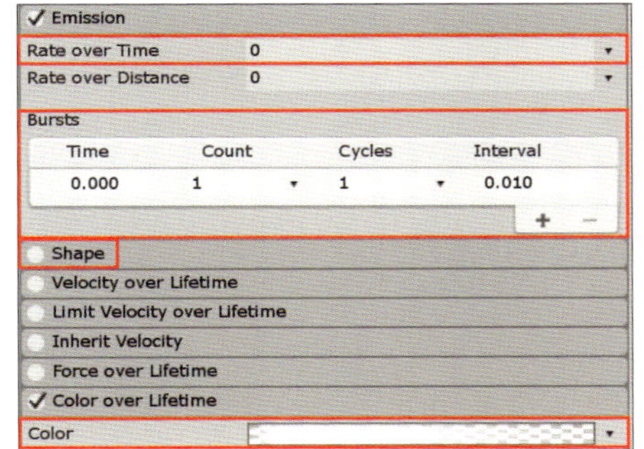

Transformコンポーネント

パラメータ	値		
Position	X:0	Y:0.5	Z:0

Mainモジュール

パラメータ	値
Duration	2.00
Start Delay	0.25
Start Lifetime	0.2
Start Speed	0
Start Color	下図を参照

MainモジュールのStart Colorパラメータの設定

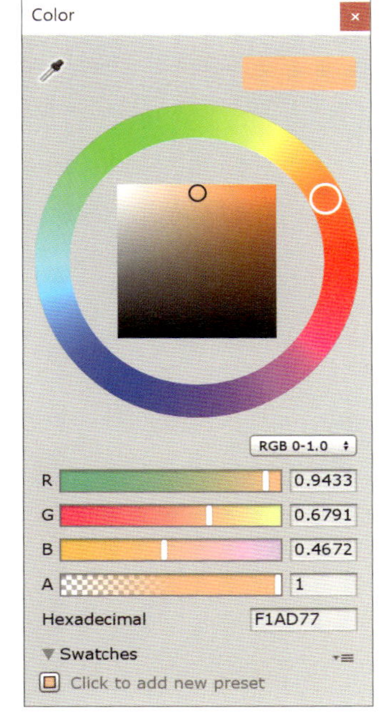

Emissionモジュール

パラメータ	値			
Rate over Time	0			
Bursts	Time	Count	Cycles	Interval
	0.000	1	1	0.010

Shapeモジュール

パラメータ	値
チェック	なし

Color over Lifetimeモジュール

パラメータ	値
Color	次のページの図を参照

▶ Color over Lifetime モジュールの Color の設定

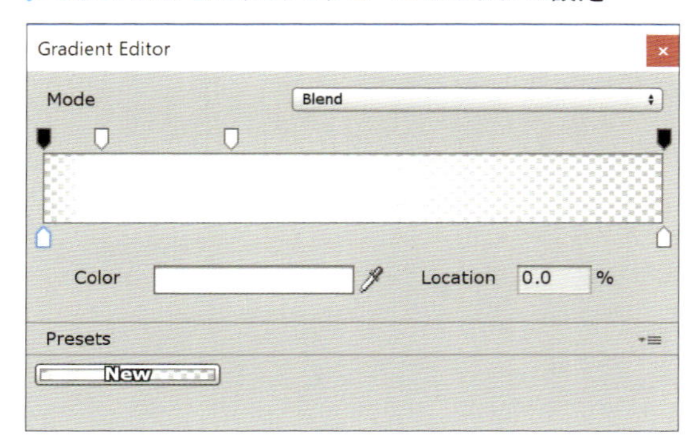

Lights
Light　FX_Point Light (Light)
Ratio　1
Random Distribution　✓
Use Particle Color　✓
Size Affects Range　✓
Alpha Affects Intensity　✓
Range Multiplier　2
Intensity Multiplier　5
Maximum Lights　2
Trails
Custom Data
Renderer
Render Mode　None
Trail Material　None (Material)
Cast Shadows　Off
Receive Shadows
Sorting Layer　Default
Order in Layer　0
Light Probes　Off
Reflection Probes　Off
Rendering Layer Mask　Everything

▶ Lights モジュール

パラメータ	値
Light	FX_Point Light(Light)
Ratio	1
Range Multiplier	2
Intensity Multiplier	5
Maximum Lights	2

▶ Renderer モジュール

パラメータ	値
Render Mode	None

Light モジュールを設定してインパクトの瞬間にライトを生成し、周りのオブジェクトを照らすことが可能になりました。

▶ ここまでの設定結果

インパクトエフェクトへの要素の追加

8-5で作成していたインパクト素材にさらに要素を追加して完成までもっていきます。最後に衝撃波を加えて完成となりますが、まず衝撃波のメッシュをHoudiniで作成してからUnityにインポートして設定していきます。

8-6-1 デジタルアセットを使った衝撃波のメッシュの作成

斬撃のメッシュを作成する際にサブネットワークを用いてメッシュを作成しましたが、今度はサブネットワークをデジタルアセットに変換して別のシーンでも使えるようにして、衝撃波のメッシュを作成していきます。

最初に、8-4-1で任意の名前で保存した斬撃のメッシュのシーンを開きましょう。サブネットワークノードを選択し、右クリックメニューからCreate Digital Assetを選択します。

▶ メニューからCreate Digital Assetを選択

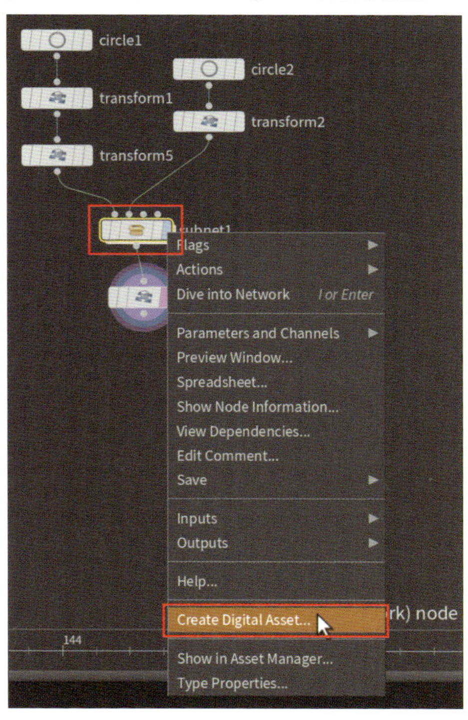

下図のようなウィンドウが表示されるので、名前と任意の保存場所を指定してAcceptボタンを押します。

▶ 名前と保存場所を指定

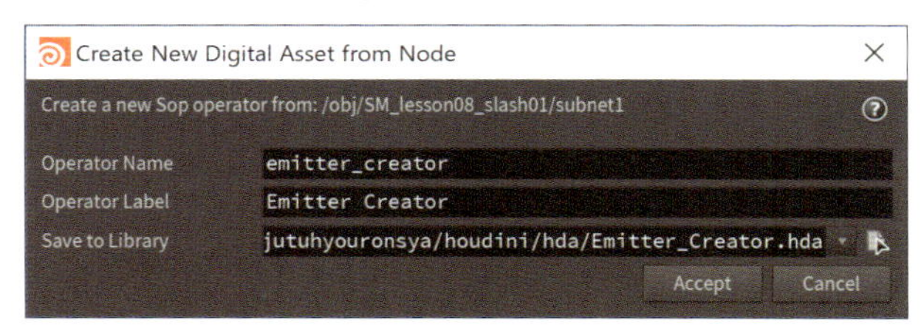

続けて、Edit Operator Type Properties ウィンドウが表示されますが、こちらは特に変更せずにAcceptボタンを押して閉じます。

▶ Edit Operator Type Properties ウィンドウ

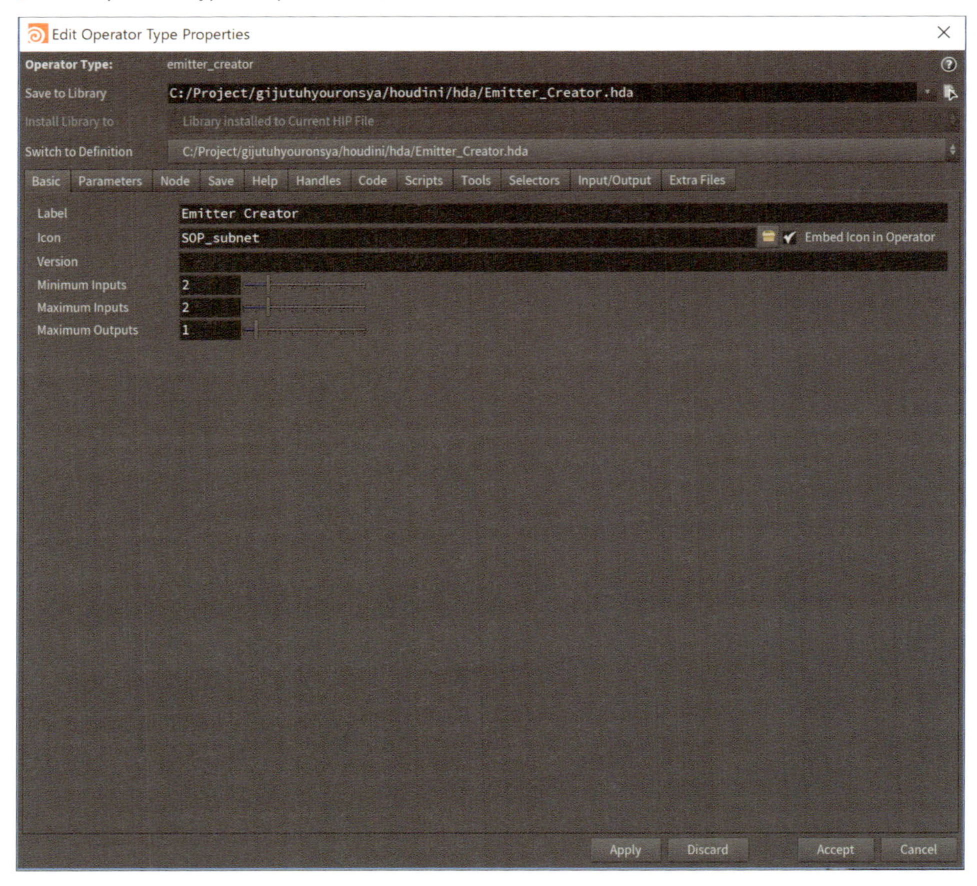

これでデジタルアセットを作成することができました。シーンを保存して新規シーンを作成しましょう。先ほど作成したデジタルアセットをファイルメニューからシーンにインポートします。File→Import→Houdini Digital Assetを選択し表示されたウィンドウで、先ほど保存したデジタルアセットを指定します。Installボタンを押してウィンドウを閉じます。

▶ ファイルメニューからデジタルアセットをインポート

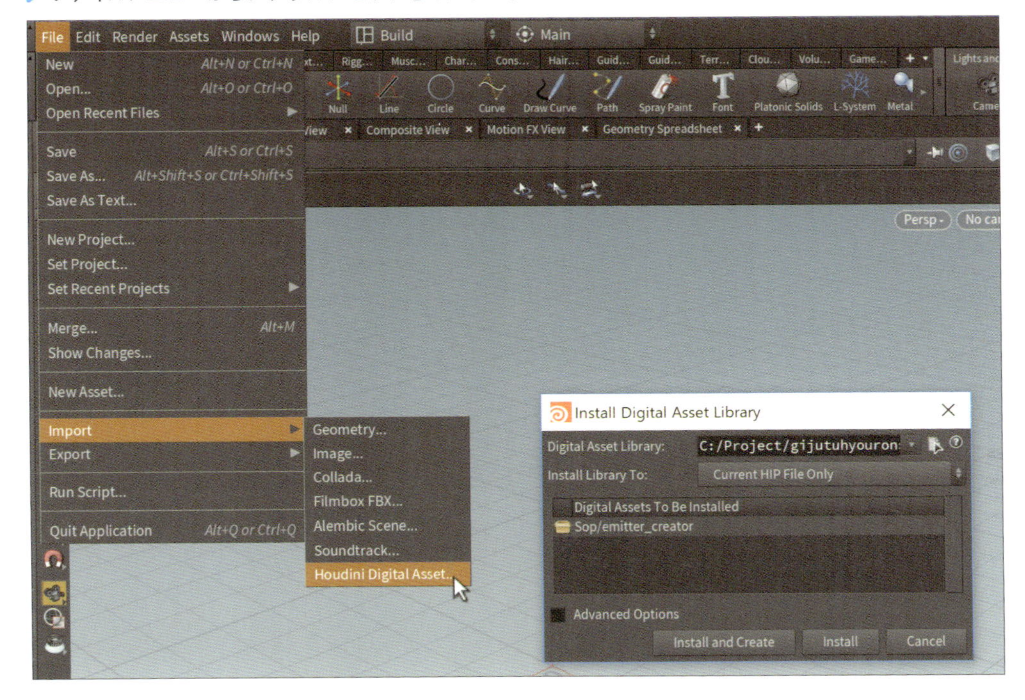

ネットワークビュー上でGeometryノードを作成して名前を「SM_lesson08_shockwave01」に変更し、中に入りFileノードを削除します。Tabキーから表示されるノードの検索欄のカテゴリにDigital Assetsという項目が増えていますので、Emitter Creatorを選択します。

▶ Geometryノードを作成し、中でデジタルアセットを配置

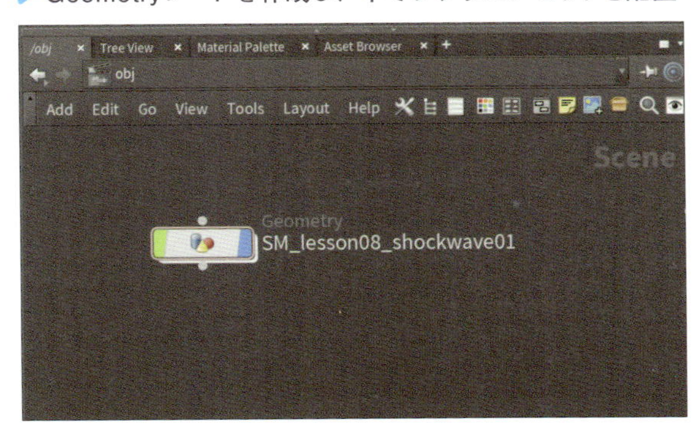

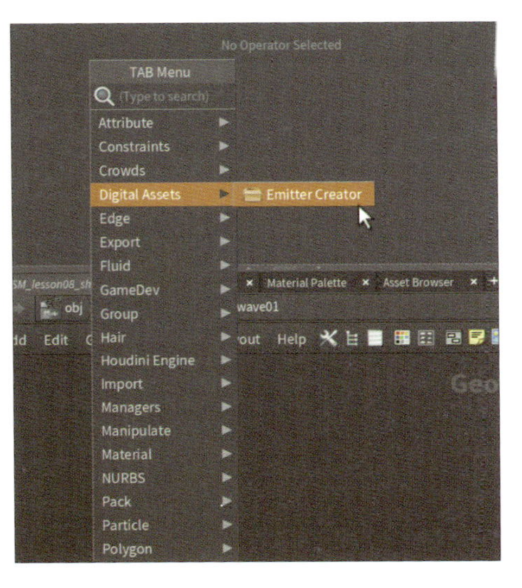

配置はできたものの入力がなにもない状態なので、2つの入力の部分につなぐデータを作成していきます。1つ目の入力から作成していきます。次の図のようにノードを追加していきます。

▶ ノードを追加していく

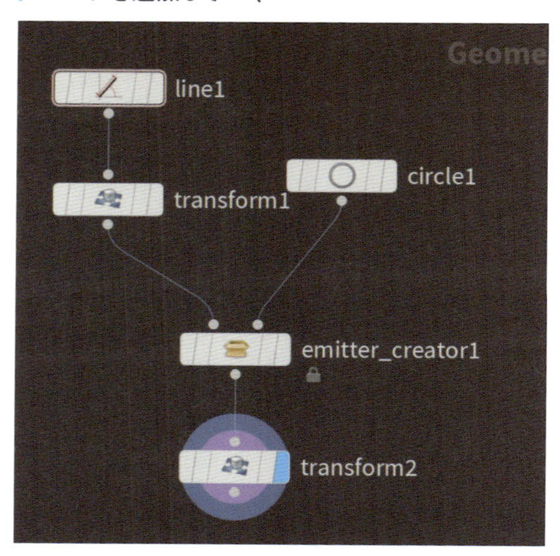

追加するノードはLineノード、Transformノード、Circleノードになります。またデジタルアセットも次の図を参考にパラメータを設定してください。

▶ 4つのパラメータを設定

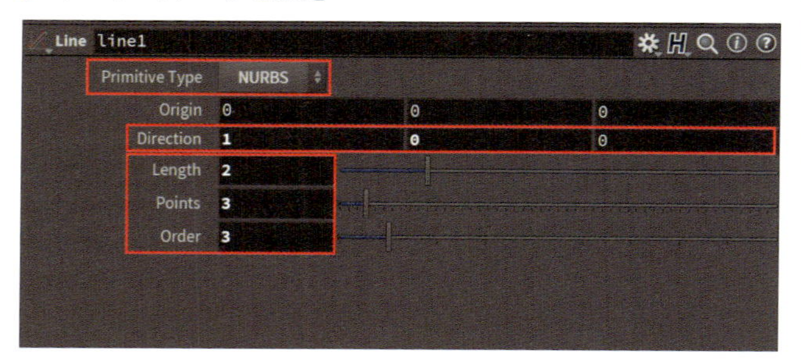

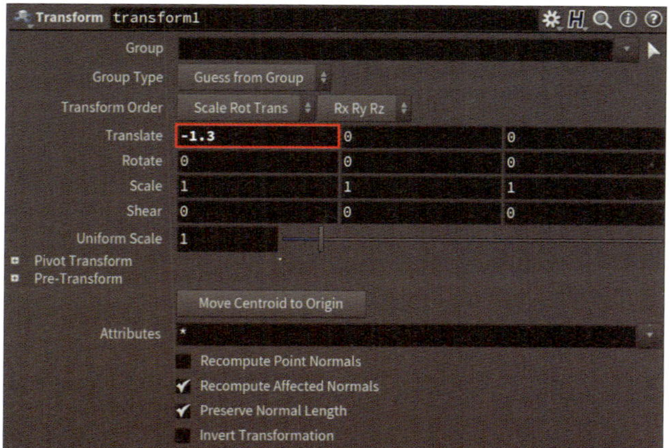

▶ Lineノード

パラメータ	値		
Primitive Type	NURBS		
Direction	X:1	Y:0	Z:0
Length	2		
Points	3		
Order	3		

▶ Transformノード

パラメータ	値		
Translate	X:-1.3	Y:0	Z:0

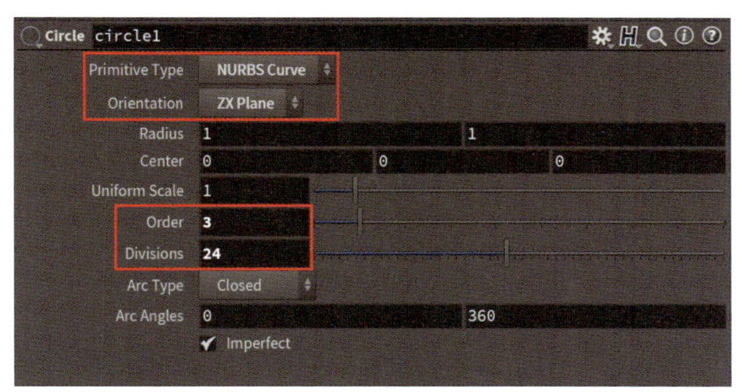

▶ Circleノード

パラメータ	値
Primitive Type	NURBS Curve
Orientation	ZX Plane
Order	3
Divisions	24

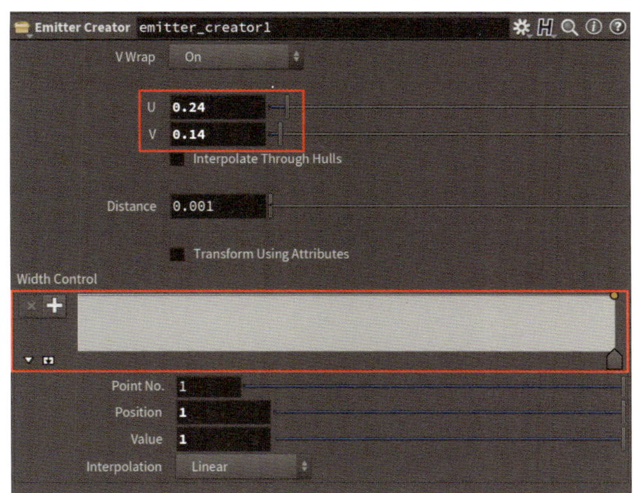

▶ Emitter Creatorノード

パラメータ	値
U	0.24
V	0.14
Width Control	左図を参照

また、Emitter Creatorノードの出力と接続したTransformノードのスケールを100に設定します。

▶ Transformノード

パラメータ	値		
Scale	X:100	Y:100	Z:100

▶ Transformノードでスケーリングを設定

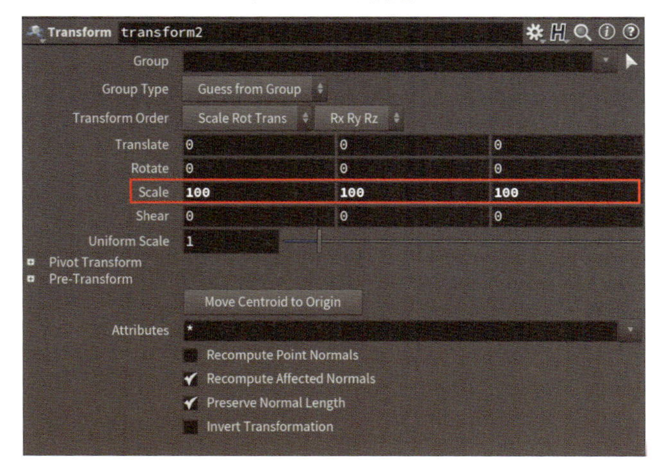

シンプルな形状ですが衝撃波用のメッシュを一つ作成することができました。完成したメッシュをSM_lesson08_shockwave01.fbxという名前でUnityプロジェクトのAssets/Lesson08/Modelsフォルダ内に書き出しましょう。

▶ 完成したメッシュ

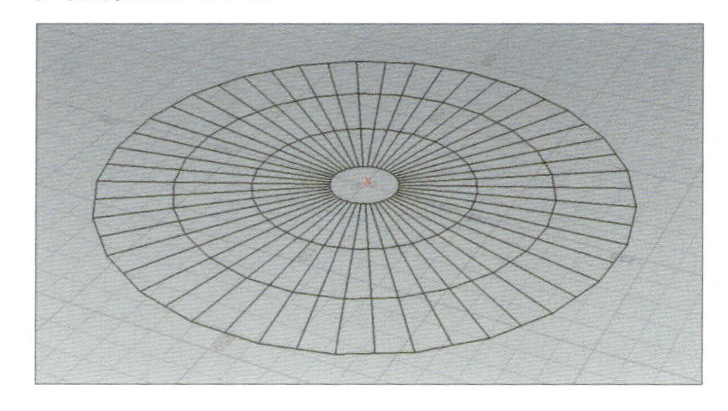

▶ 完成したメッシュを書き出す

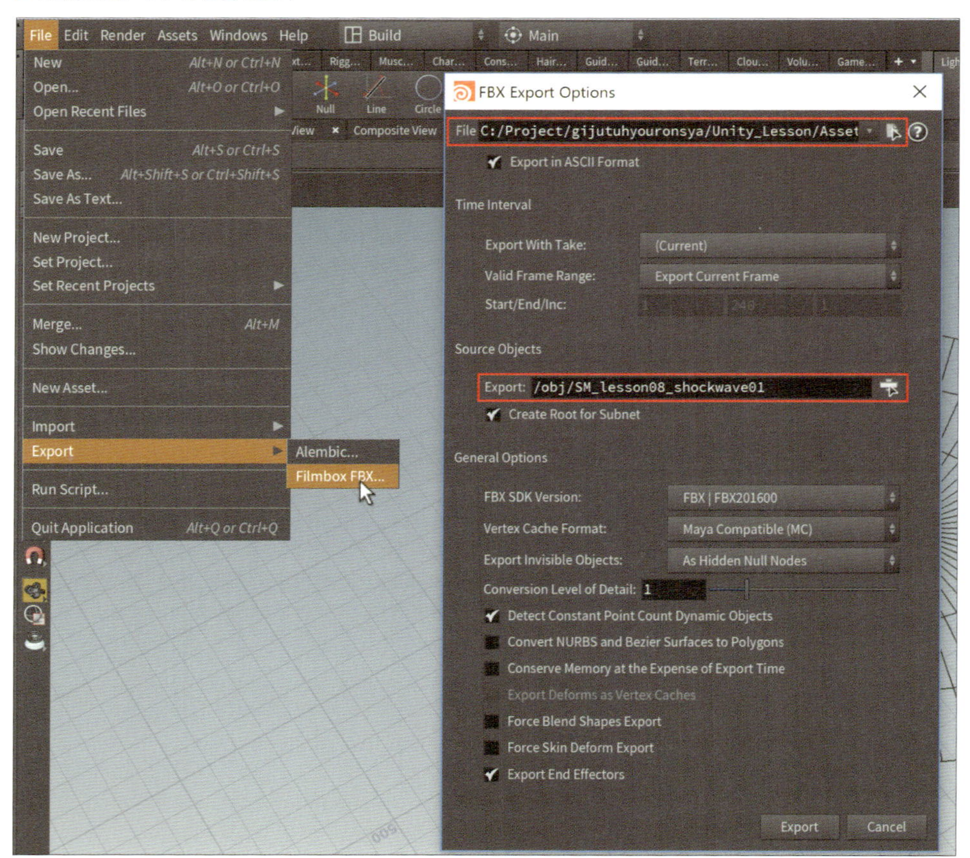

さらにもう1つ、衝撃波のメッシュを作成していきます。SM_lesson08_shockwave01を複製しましょう。なお、新しく複製されたものは自動的に名前がSM_lesson08_shockwave02に設定さ

▶ SM_lesson08_shockwave01を複製

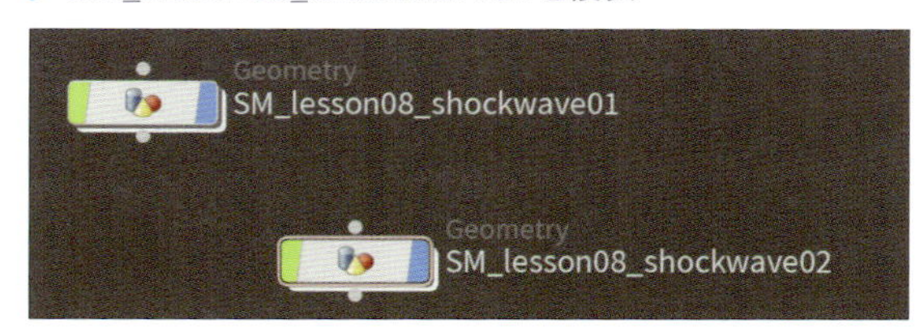

れます。

SM_lesson08_shockwave02の中に入ります。使用するノードはそのままでパラメータだけを次の図のように変更していきます。

▶ 各ノードのパラメータを変更

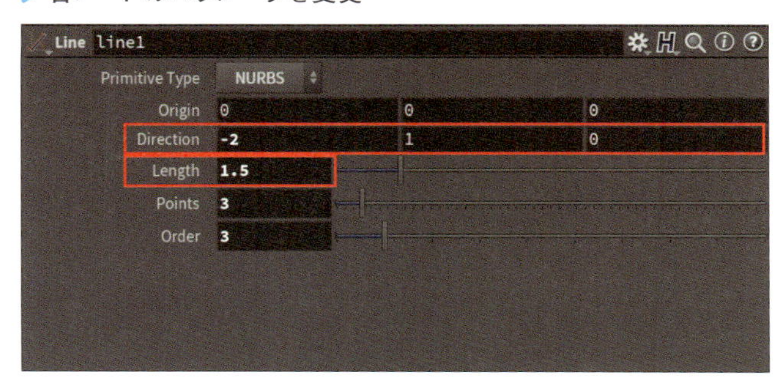

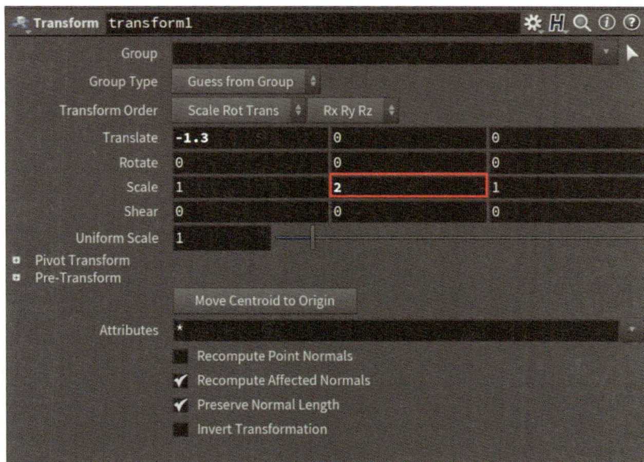

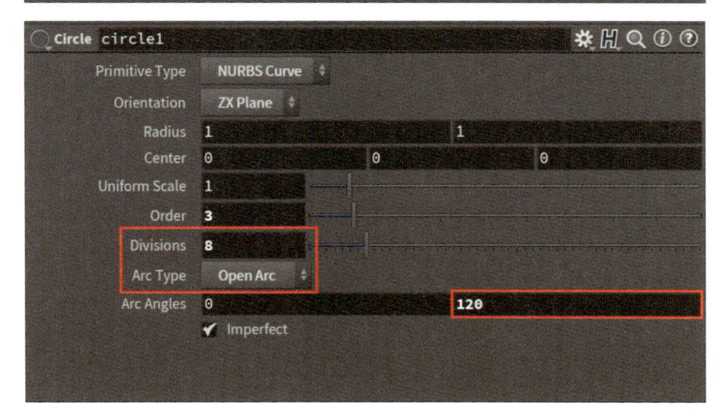

▶ Lineノード

パラメータ	値		
Direction	X:-2	Y:1	Z:0
Length	1.5		

▶ Transformノード

パラメータ	値		
Scale	X:1	Y:2	Z:1

▶ Circleノード

パラメータ	値	
Divisions	8	
Arc Type	Open Arc	
Arc Angles	X:0	Y:120

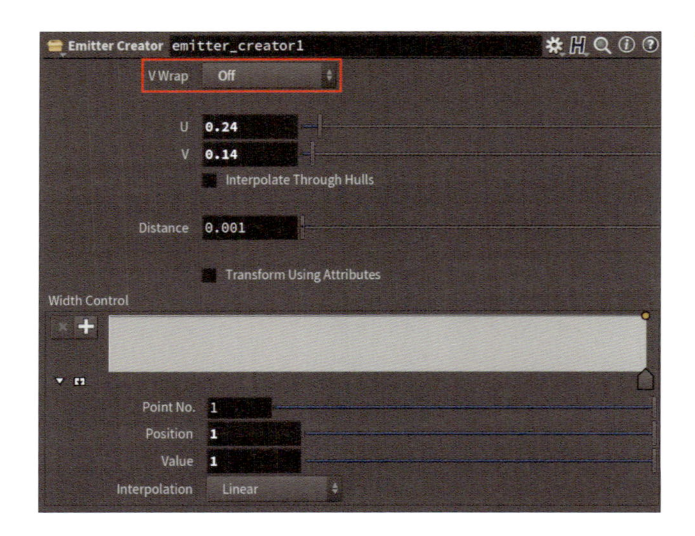

▶ Emitter Creatorノード

パラメータ	値
V Wrap	Off

左図のような半円状のメッシュが完成しました。

こちらも先ほどのメッシュと同じようにSM_lesson08_shockwave02という名前で書き出しておきましょう。

▶ 完成したメッシュ

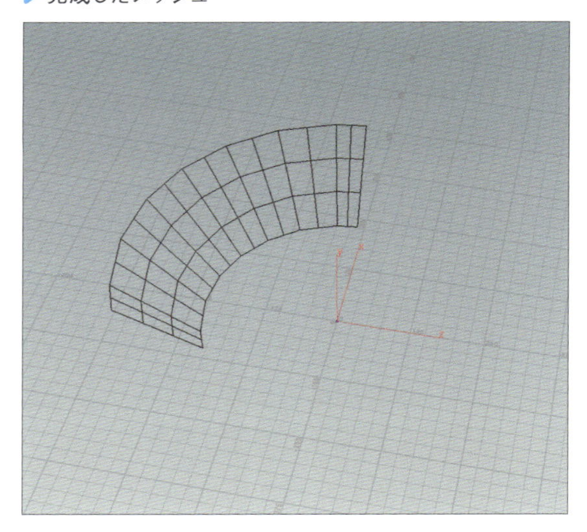

8-6-2 衝撃波のエフェクトの作成

8-6-1で作成した2種類のメッシュを使用して、衝撃波のエフェクトを2つ作成します。

▶ 本項で作成する２種類の衝撃波エフェクト

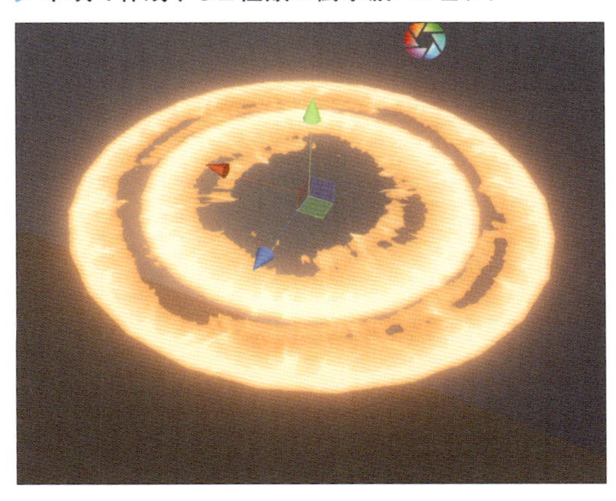

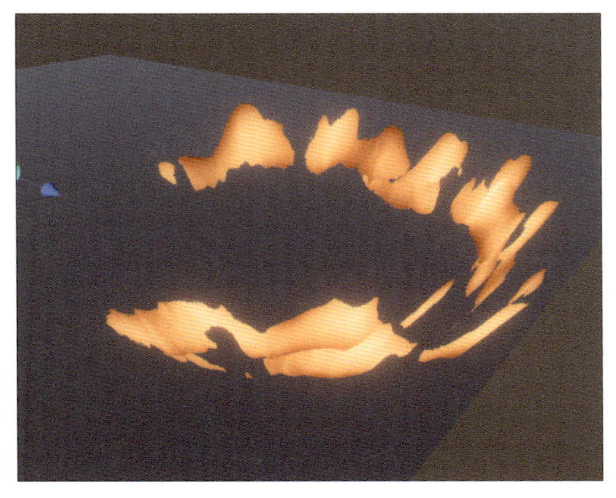

impactゲームオブジェクト直下に、新規パーティクルをshockwave01という名前で作成し、次の図のように、MainモジュールとEmissionモジュールを設定していきます。

▶ MainモジュールとEmissionモジュールを設定

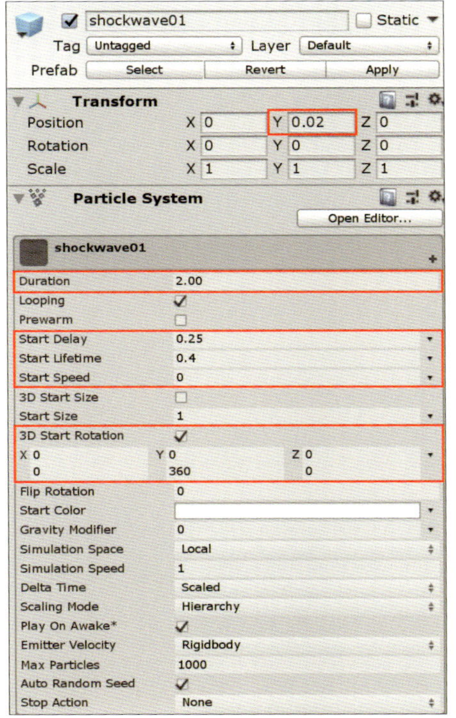

▶ Transformコンポーネント

パラメータ	値		
Position	X:0	Y:0.02	Z:0

▶ Mainモジュール

パラメータ	値		
Duration	2.00		
Start Delay	0.25		
Start Lifetime	0.4		
Start Speed	0		
3D Start Rotation	チェック	あり	
	X:0	Y:0	Z:0
	X:0	Y:360	Z:0

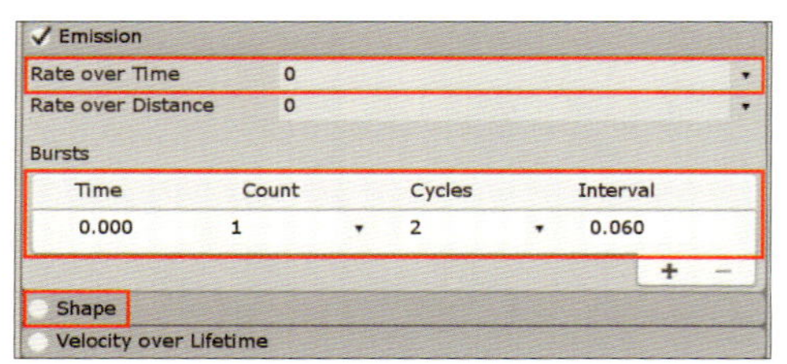

▶ Emissionモジュール

パラメータ	値			
Rate over Time	0			
Bursts	Time	Count	Cycles	Interval
	0.000	1	2	0.060

▶ Shapeモジュール

パラメータ	値
チェック	なし

次にRendererモジュールとマテリアルを設定していきます。マテリアルはM_lesson08_Shockwave01という名前のものを新規作成してください。

▶ Rendererモジュールとマテリアルを設定

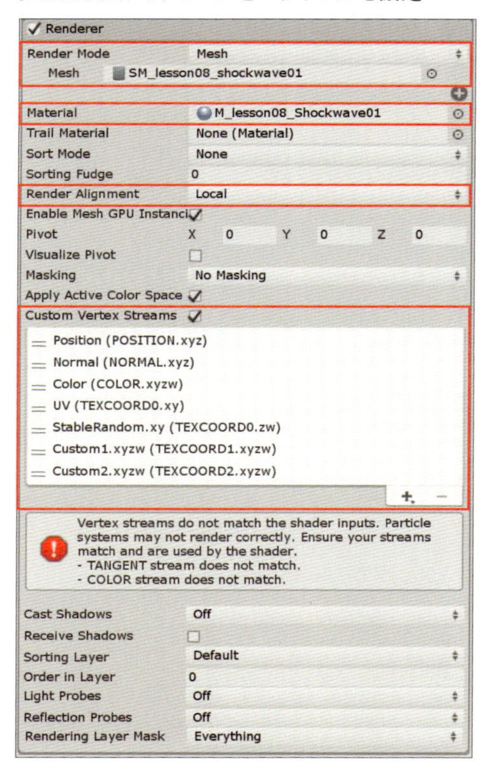

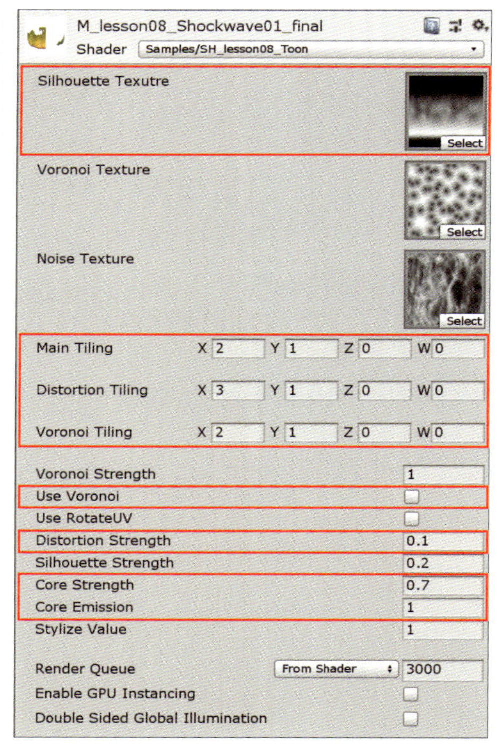

▶ Rendererモジュール

パラメータ	値	
Render Mode	Mesh	
Mesh	SM_lesson08_shockwave01	
Material	M_lesson08_Shockwave01	
Render Alignment	Local	
Custom Vertex Streams	チェック	あり
	追加するファイル	StableRandom.xy(TEXCOORD0.zw)
		Custom1.xyzw(TEXCOORD1.xyzw)
		Custom2.xyzw(TEXCOORD2.xyzw)

▶ M_lesson08_Shockwave01マテリアル

パラメータ	値	
Shilhouette Texture	T_lesson08_silhouette01	
Main Tiling	X:2	Y:1
Distortion Tiling	X:3	Y:1
Voronoi Tiling	X:2	Y:1
Use Voronoi	チェックなし	
Distortion Strength	1	
Core Strength	0.7	
Core Emission	1	

この状態ではCustom Dataモジュールが設定されていないため、正常に表示されません。そのため、次の図を参考にCustom Dataモジュールを設定していきます。

▶ Custom Dataモジュールの設定

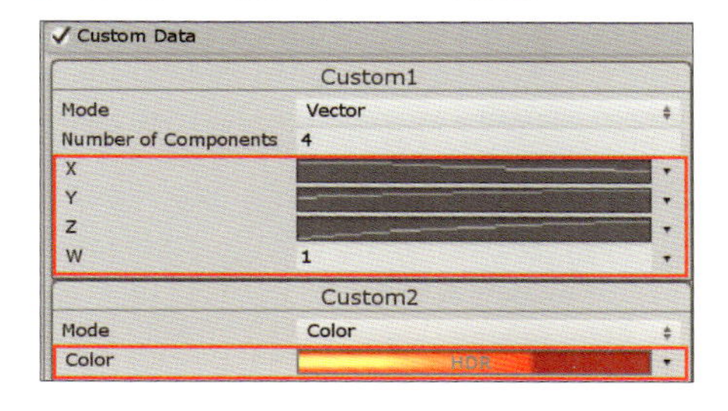

▶ Custom DataモジュールのCustom1

パラメータ	値	
Custom1	X	下左図を参照
	Y	下右図を参考
	Z	次ページの上段左図を参考
	W	1

▶ Custom DataモジュールのCustom1を設定

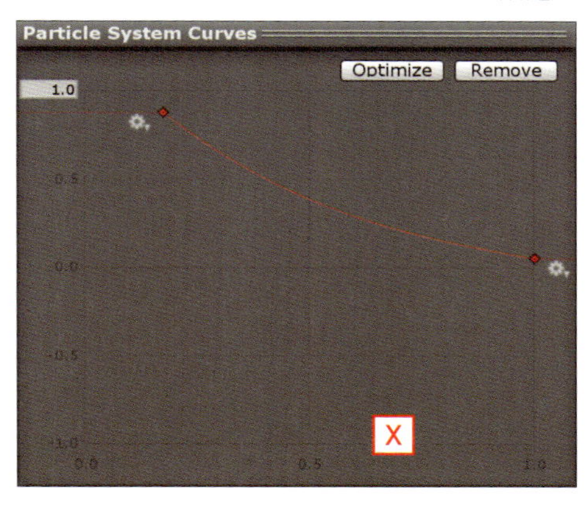

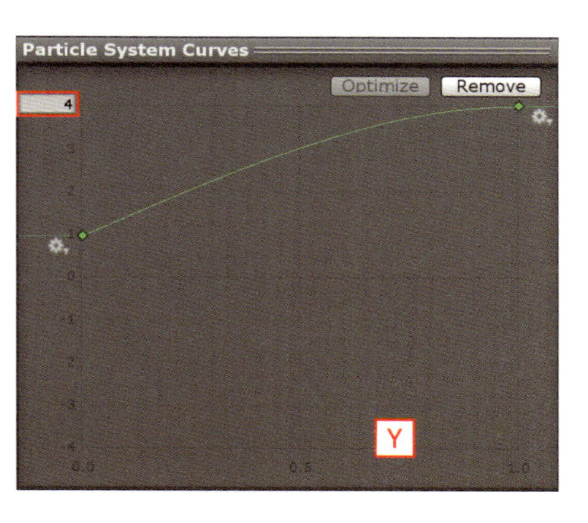

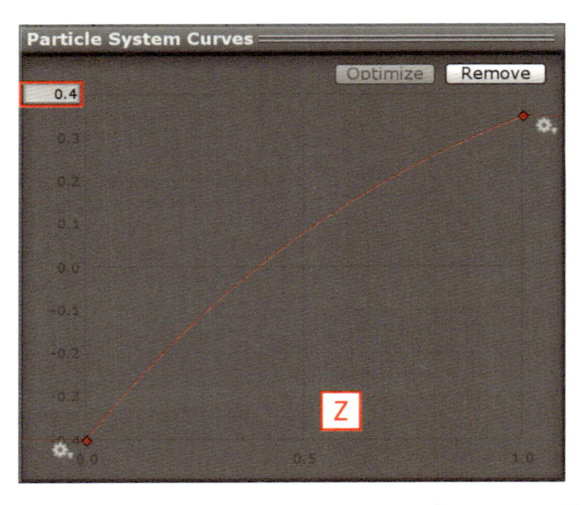

▶ Intensityパラメータの設定

図内番号	内容
①	3.2
②	0

▶ Custom DataモジュールのCustom2

パラメータ	値	
Custom2	Color	下図を参照

▶ Custom DataモジュールのCustom2のカラーを設定

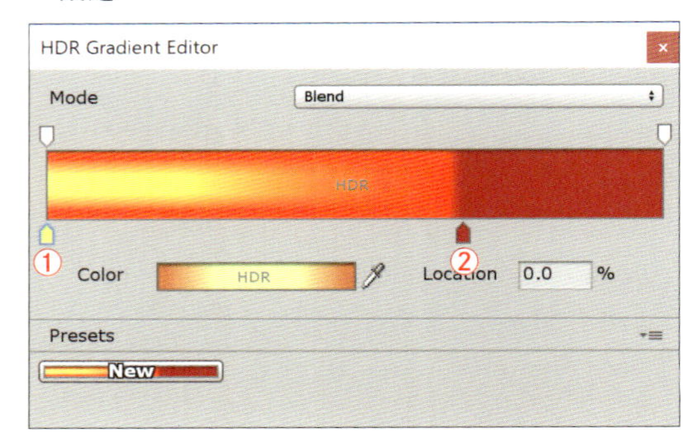

最後にSize over Lifetimeモジュールを設定します。

これで1つ目の衝撃波が完成しました。リング状の衝撃波が素早く広がることで、地面への衝撃の伝達を表現できます。

▶ 1つ目の衝撃波が完成

▶ Size over Lifetimeモジュールを設定

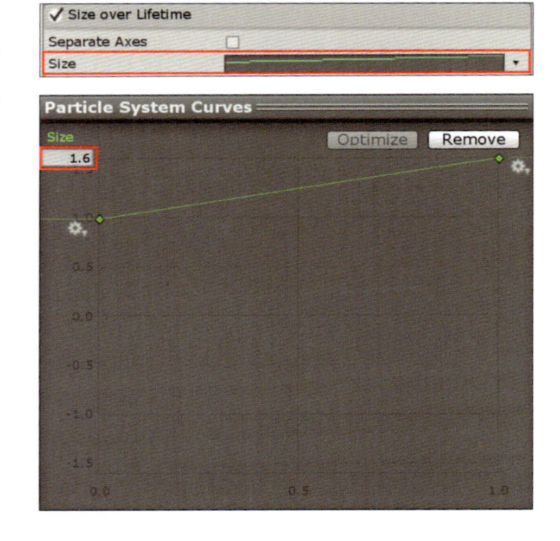

続けて2つ目の衝撃波を作成していきます。shockwave01を複製してshockwave02という名前に変更し、設定を変更していきます。こちらも同じようにMainモジュールとEmissionモジュールから設定していきます。

▶ MainモジュールとEmissionモジュールを設定

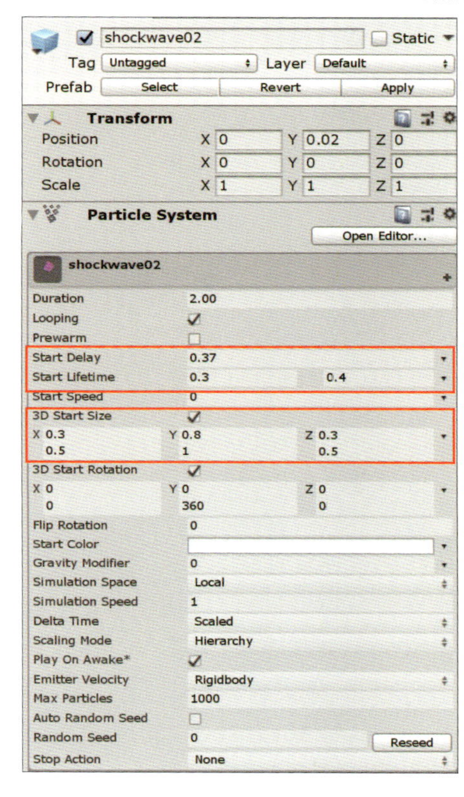

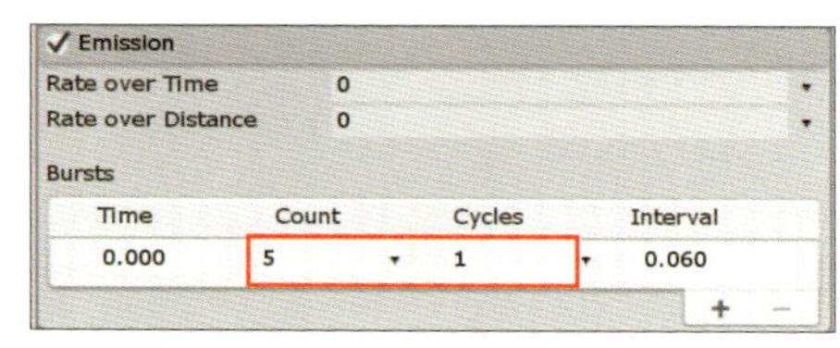

▶ Mainモジュール

図内番号	内容	
Start Delay	0.37	
Start Lifetime	0.3	0.4

3D Start Size	チェック	あり	
	X:0.3	Y:0.8	Z:0.3
	X:0.5	Y:1	Z:0.5

▶ Emissionモジュール

パラメータ	値			
Bursts	Time	Count	Cycles	Interval
	0.000	5	1	0.060

続いてRendererモジュールとマテリアルを設定していきます。M_lesson08_Shockwave02という名前のマテリアルを新規作成してください。

▶ Rendererモジュールとマテリアルを設定

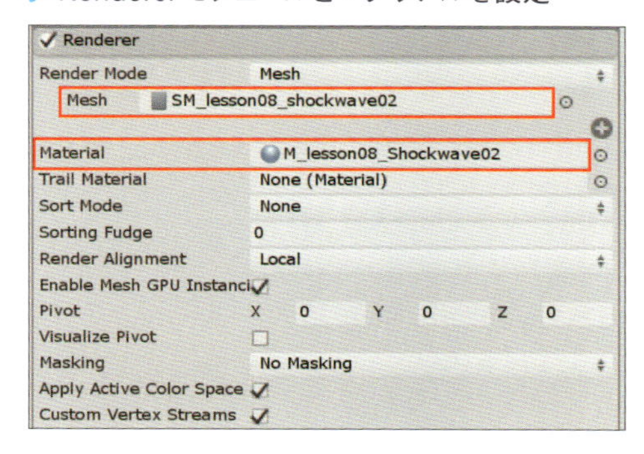

▶ Rendererモジュール

パラメータ	値
Mesh	SM_lesson08_shockwave02
Material	M_lesson08_Shockwave02

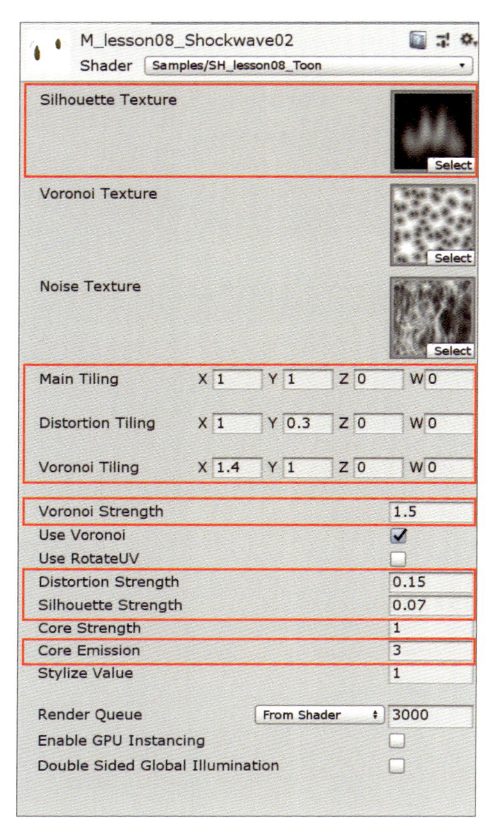

▶ M_lesson08_Shockwave02マテリアル

パラメータ	値	
Distortion Tiling	X:1	Y:0.3
Voronoi Tiling	X:1.4	Y:1
Distortion Strength	0.15	
Silhouette Strength	0.07	
Core Emission	3	

次に、下図を参考にCustom Dataモジュールを設定していきます。

▶ Custom Dataモジュールの設定

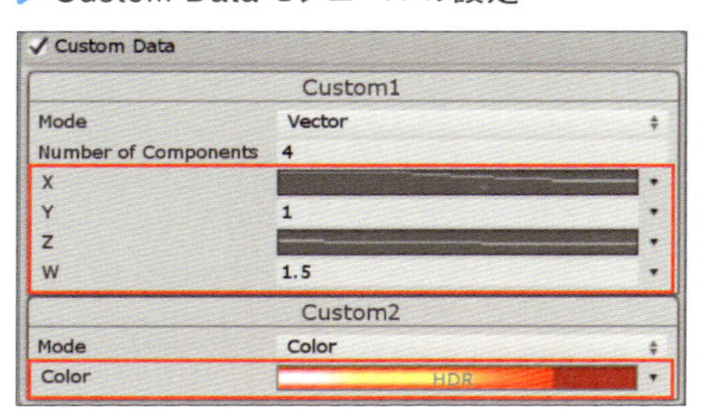

▶ Custom DataモジュールのCustom1

パラメータ	値	
Custom1	X	次のページの上段左図を参照
	Y	1
	Z	次のページの上段右図を参照
	W	1.5

▶ Custom DataモジュールのCustom1を設定

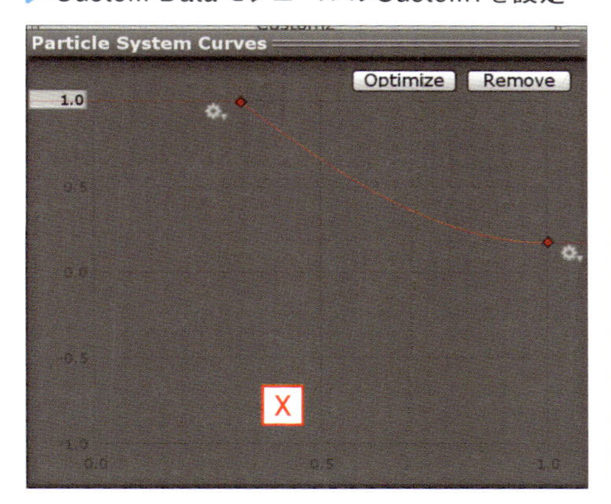

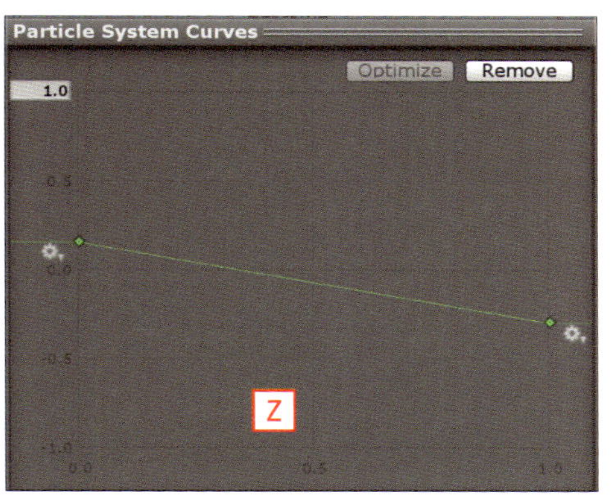

▶ Custom DataモジュールのCustom2

パラメータ	値	
Custom2	Color	右図を参照

▶ Intensityパラメータの設定

図内番号	値
①	5
②	3.4
③	0

▶ Custom DataモジュールのCustom2を設定

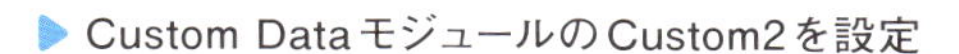

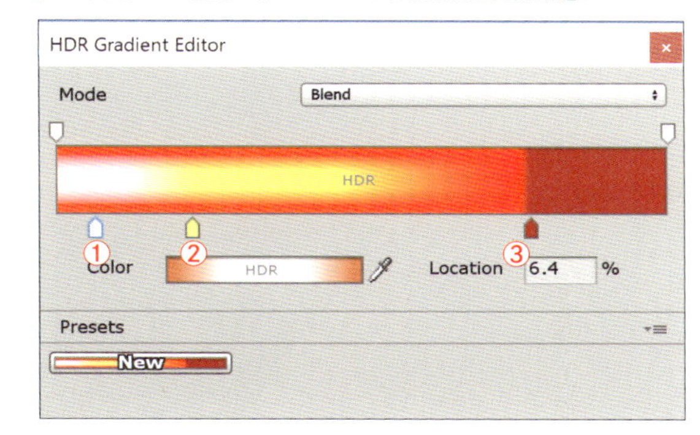

最後にSize over Lifetimeモジュールを設定します。X軸とZ軸は同じ設定になります。

▶ Size over Lifetimeモジュールを設定

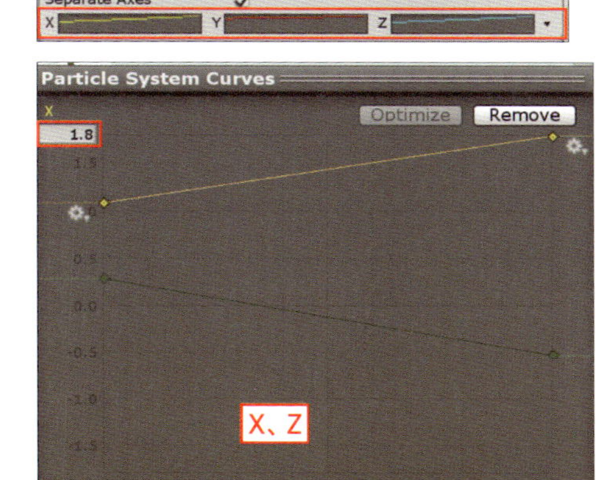

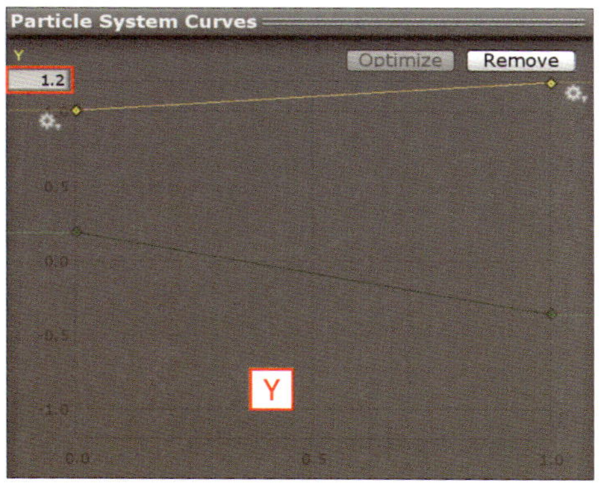

これで2つ目の衝撃波も完成しました。

▶ 2つ目の衝撃波が完成

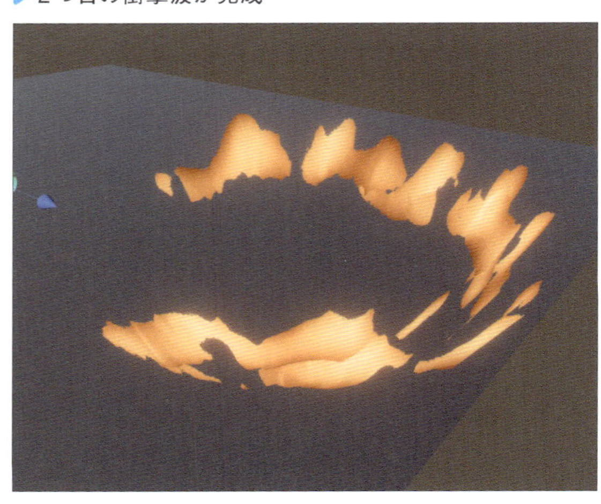

これで全ての要素が完成しました。

▶ 完成結果

9章では基本的なテクスチャの作成方法を解説していくので、実例制作は8章で終了となります。4章から通して実例制作を学習していくことで、Shuriken、Shader Graph、Houdiniの使用方法を学習できたと思います。

本書で学んだ手法を使って、次は皆さんが自分で考えて作り出したエフェクトを、SNSなどで発表していただければ、著者として本望です。

Chapter

9

テクスチャの制作

Substance Designerを使ったテクスチャ作成

4章から8章まで実例制作を通じてエフェクトの制作方法を学んできましたが、テクスチャの制作方法については解説しておりませんでした。9章ではSubstance Designerを用いて、エフェクト制作において使用頻度の高いテクスチャの制作手法について学習していきます。

9-1-1 Substance DesignerのUIと基本操作

テクスチャの制作を開始する前に、Substance DesignerのUIと基本的な操作について学習していきます。次の図がSubstance Designerの基本的なレイアウト画面になります。なお、本書ではSubstance Designer 2018.2.0 日本語版を使用しています。

▶ Substance Designerの基本画面

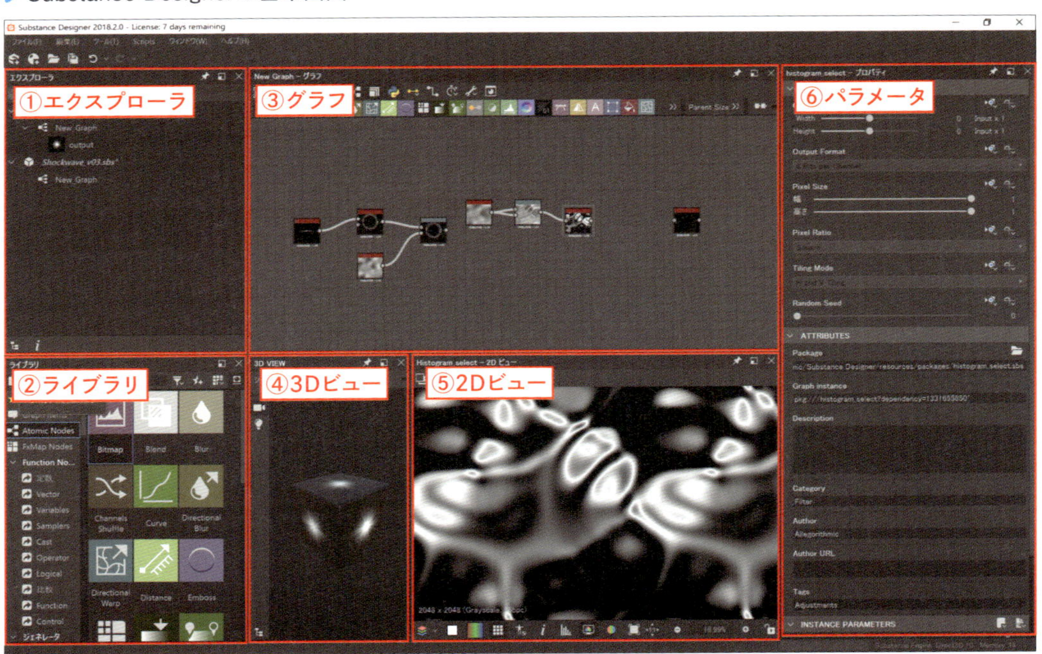

▶ Substance Designerの基本画面

図内番号	名称	内容
①	エクスプローラ	現在開いているsbsファイルや使用しているリソースのテクスチャなどが表示される
②	ライブラリ	カテゴリ別に表示されたノードの一覧。選択したままドラッグ&ドロップでグラフに配置することが可能
③	グラフ	テクスチャを作成する際にノードを配置し接続していくメイン部分。上側に使用頻度の高いノードの一覧が並ぶ
④	3Dビュー	グラフの最終的な見た目を3Dで表示。適用する形状も編集可能
⑤	2Dビュー	グラフでノードをダブルクリックした際に、そのノードのプレビューを表示
⑥	パラメータ	選択しているノードの情報と編集可能なパラメータが表示

Substance DesignerもShader Graphと同じくノードベースでテクスチャを作成していきます。ネットワークにノードを配置し接続していくことで、複雑でありながらカスタマイズ性を備えたテクスチャを作成できます。

▶ ノードを配置したネットワーク

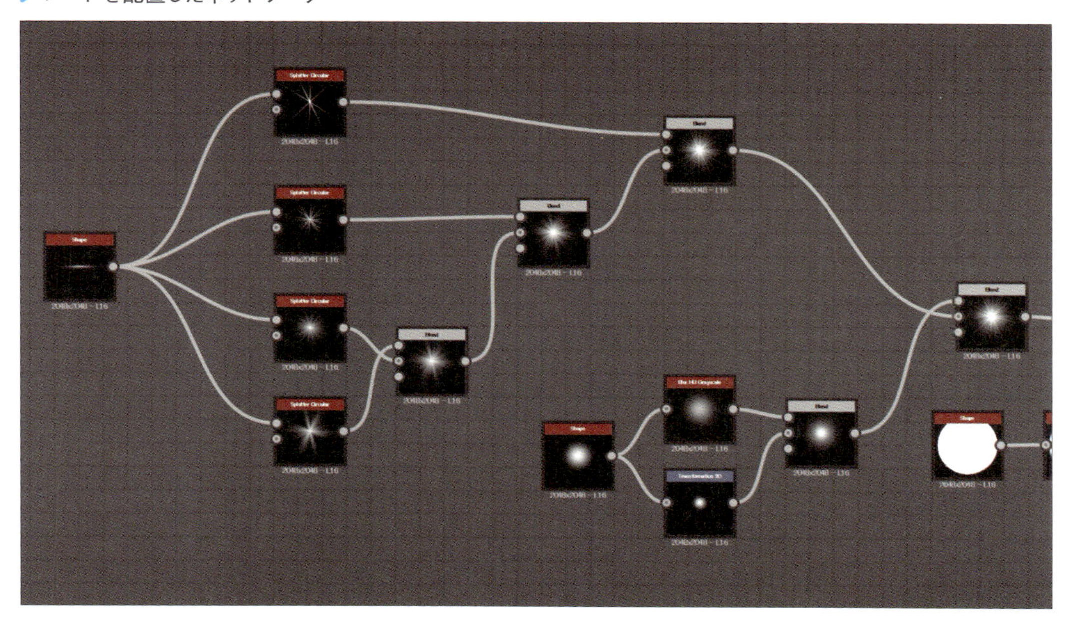

基本的にはグラフビューでノードを配置、接続していき、パラメータに変更を加えつつ、2Dビューと3Dビューで結果を確認しながら作業を進めていきます。

初期レイアウトではウィンドウが多いですが、作業の際はエクスプローラとライブラリは非表示にしておいても問題ありません。また今回のエフェクト用テクスチャの制作については

3Dビューもほとんど使用しないので、こちらも非表示で問題ありません。

グラフビュー上でスペースバーを押すと、Shader Graphと同じようにノードの検索欄が表示されます。例えば、blurと入力するとブラー関連のノードの一覧が表示されます。

▶ ノードを検索

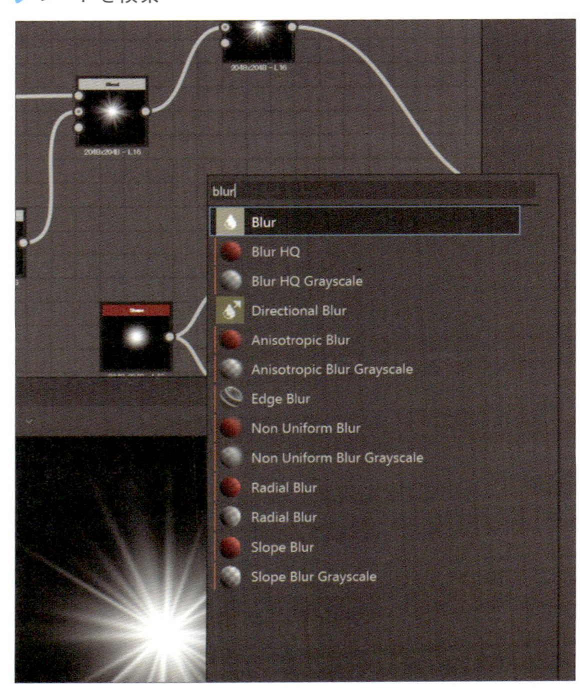

9-1-2 フレアテクスチャの制作

まずは次の図のようなフレアのテクスチャを作成していきます。

最初に、Substanceファイル(sbsar)を新規作成します。上段のファイルメニューから新規Substance…を選択します。

▶ 完成イメージ

▶ 新規ファイルを作成

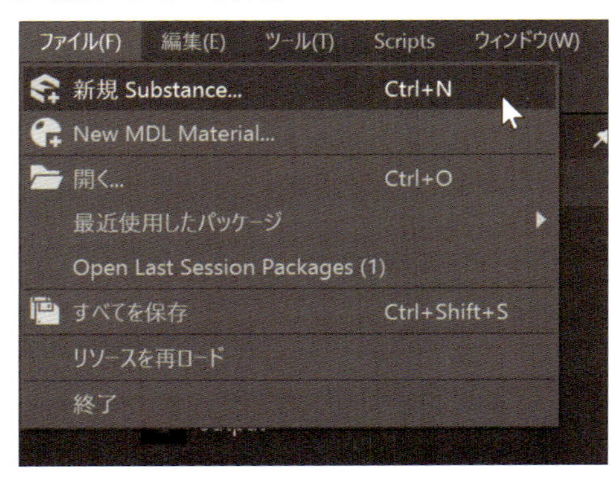

ウィンドウが開きますので、次のページの図のように設定してOKボタンを押してください。

▶ 基本設定を行う

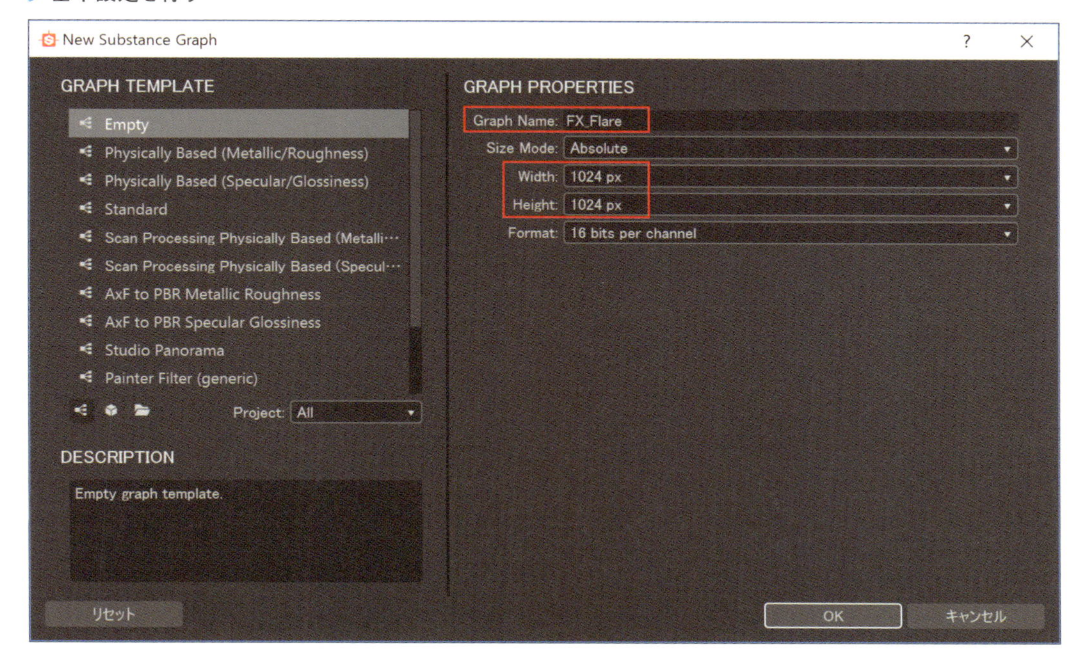

▶ 新規グラフ設定

パラメータ	値
Empty	選択
Graph Name	FX_Flare
Width	1024 px
Height	1024 px

OKボタンを押すとエクスプローラに新しく作成されたグラフが表示されます。

それでは制作を開始していきましょう。まず1本のラインを作成し、角度を変化させつつ、ラインを複製していきます。グラフビュー上でスペースキーを押してノードの検索欄を表示し、Shapeと入力します。

▶ SBSグラフが新たに作成される

Shapeノードが検索結果に表示されるので選択し、グラフビュー上に配置します。今後はこの方法を使用してノードを配置していきます。一部の使用頻度の高いノード（Blendノードなど）はスペースキーを押した時点で一覧に表示されているので、そこから選択しても問題ありません。

▶ Shapeノードを配置

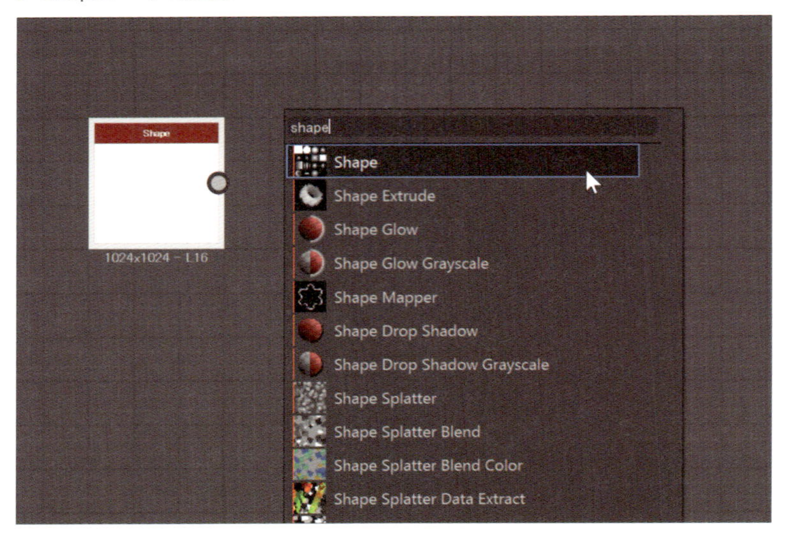

Shapeノードのパラメータを変更して、次の図のようなラインを作成します。

▶ Shapeノードを調整

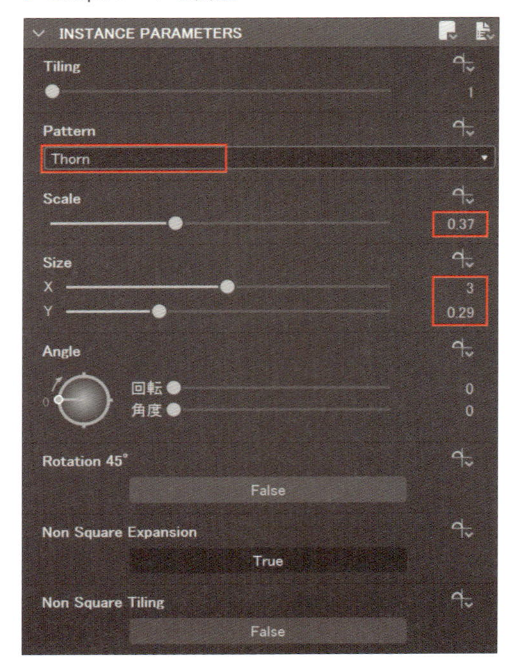

▶ Shapeノード

パラメータ	値	
Pattern	Thorn	
Scale	0.37	
Size	X:3	Y:0.29

次に作成したラインを円状に複製して配置していきます。これにはSplatter Circularノード

を使用します。検索欄に、spと打ち込むと該当するノードが表示されます。ノードを配置したら、次の図のようにShapeノードと接続します。

▶ Splatter Circularノードを配置して接続

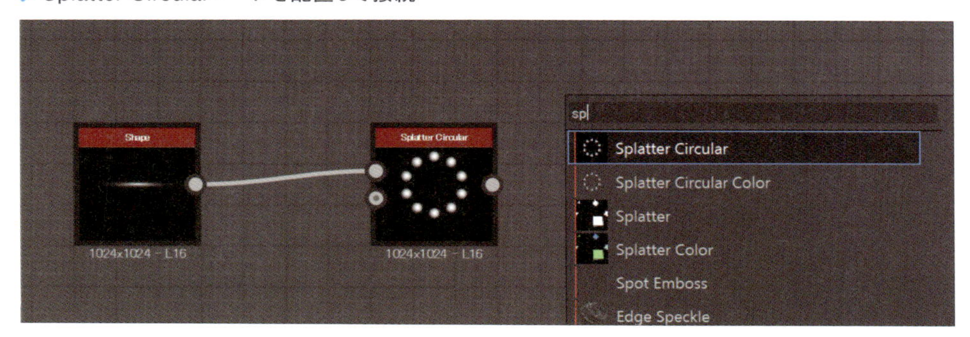

Splatter Circularのパラメータ数はかなり多いのですが、その分多彩な設定が可能なノードです。次の図のように設定することで、光の筋がいくつも円状に配置されます。PatternパラメータでImage Inputを選択すると、先ほど接続したShapeの形状を使用することができます。

パラメータの数値に関しては厳密に合わせなくても問題ありませんが、パラメータを変更することでどのように変化するか確認しつつ、作業を行ってみてください。

▶ Splatter Circularノードを設定

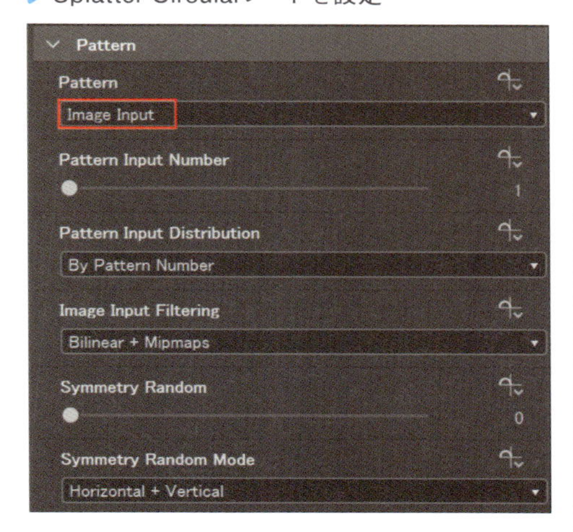

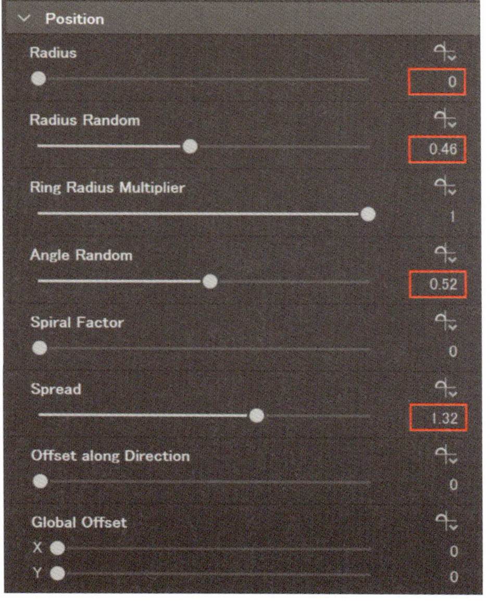

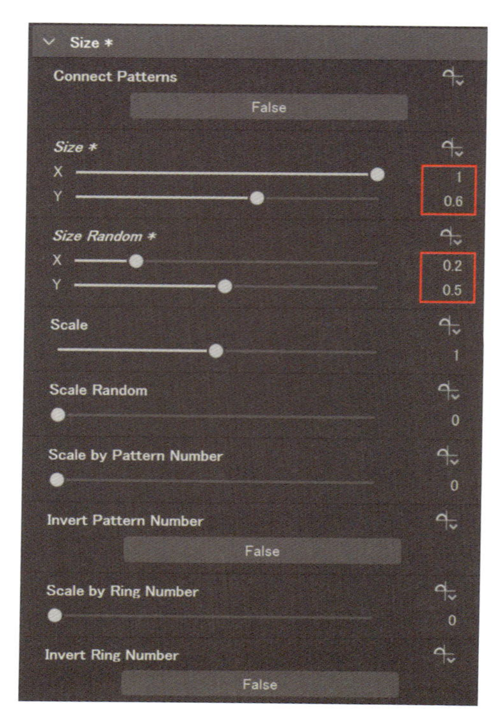

▶ Pattern(Splatter Circularノード　パターンA)

パラメータ	値
Pattern	Image Input

▶ Position(Splatter Circularノード　パターンA)

パラメータ	値
Radius	0
Radius Random	0.46
Angle Random	0.52
Spread	1.32

▶ Size(Splatter Circularノード　パターンA)

パラメータ	値	
Size	X:1	Y:0.6
Size Random	X:0.2	Y:0.5

▶ 調整結果

9-1-3 光の筋のパターンの制作

9-1-2で作成したSplatter Circularノードを複製し、合わせて4種類のパターンを作成していきます。なお、現在のものをパターンA、作成順にパターンB、C、Dとします。

▶ Splatter Circularノードを複製

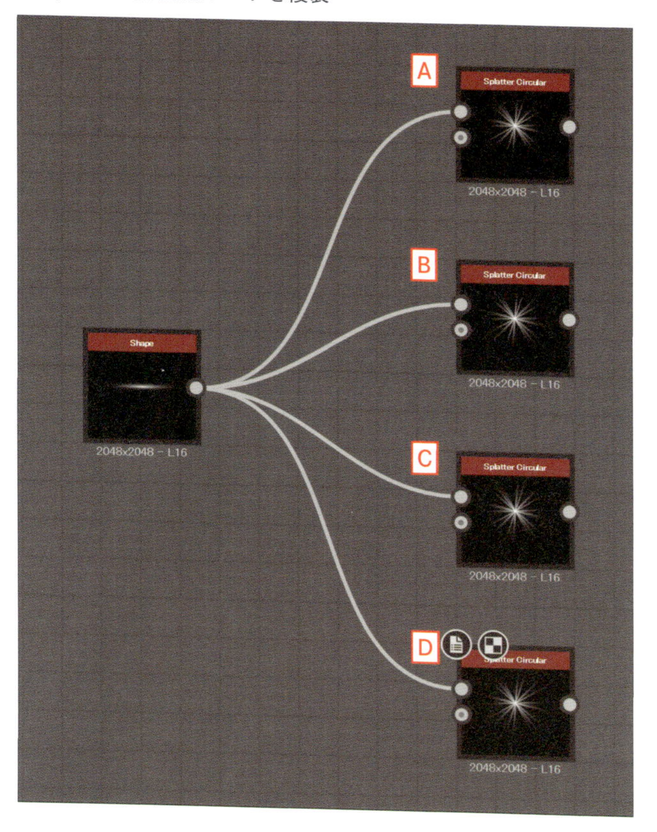

▶ パターンBを作成

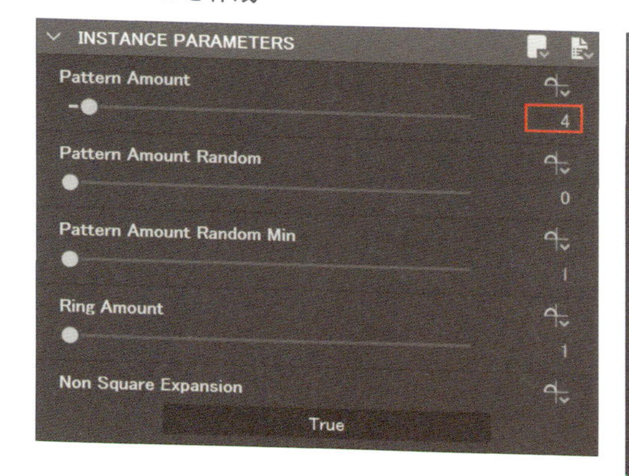

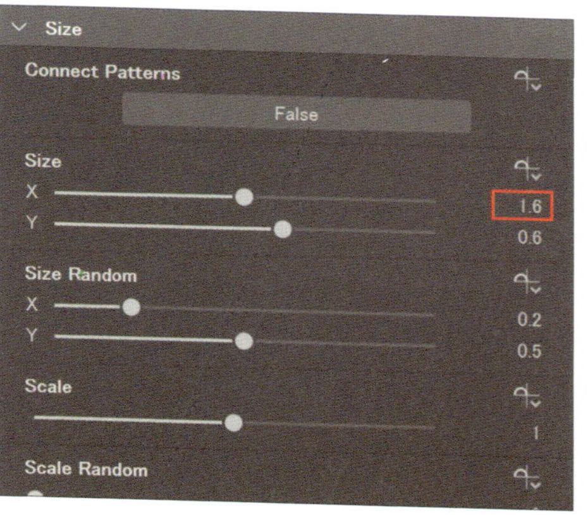

▶ INSTANCE PARAMETERS
(Splatter Circularノード パターンB)

パラメータ	値
Pattern Amount	4

▶ Size(Splatter Circularノード パターンB)

パラメータ	値	
Size	X:1.6	Y:0.6

▶ パターンCを作成

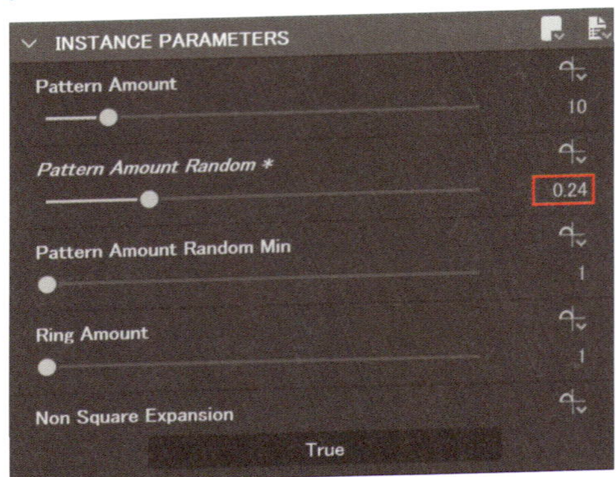

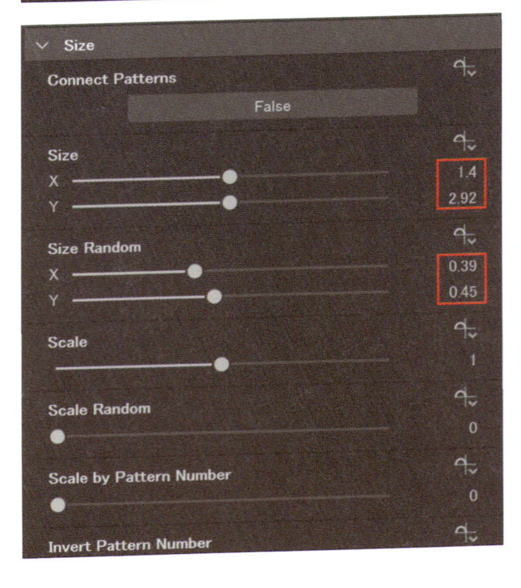

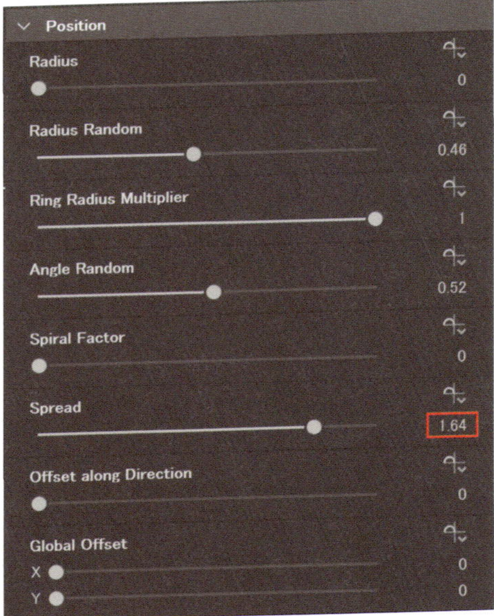

▶ INSTANCE PARAMETERS
（Splatter Circularノード　パターンC）

パラメータ	値
Pattern Amount Random	0.24

▶ Size（Splatter Circularノード　パターンC）

パラメータ	値	
Size	X:1.4	Y:2.92
Size Random	X:0.39	Y:0.45

▶ Position
（Splatter Circularノード　パターンC）

パラメータ	値
Spread	1.64

▶ パターンDを作成

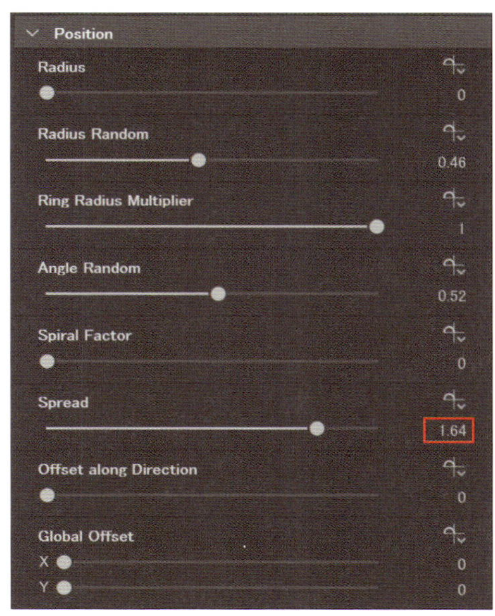

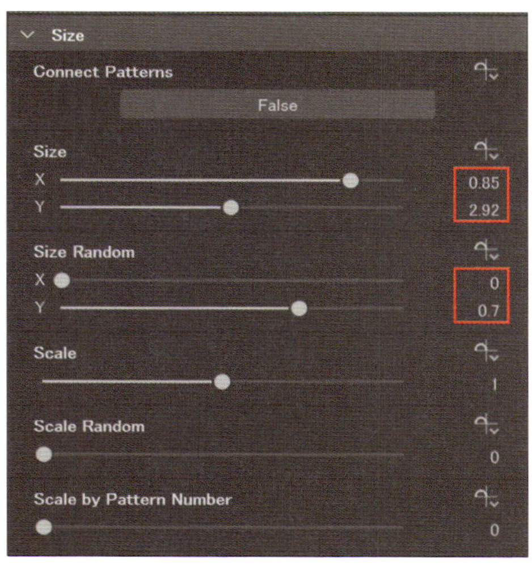

▶ Position（Splatter Circularノード　パターンD）

パラメータ	値
Spread	1.64

▶ Size（Splatter Circularノード　パターンD）

パラメータ	値	
Size	X:0.85	Y:2.92
Size Random	X:0	Y:0.7

4種類の光の筋のパターンができたので、Blendノードを使って、光の筋のパターンを合成していきます。Blendノードは非常に使用頻度の高いノードなので、スペースキーを押した際に一覧に表示されています。

一度に全部は合成できないので、次の図のように複数のBlendノードを配置し、1つにまとめていきます。

▶ 使用頻度の高いノードは最初から一覧に用意されている

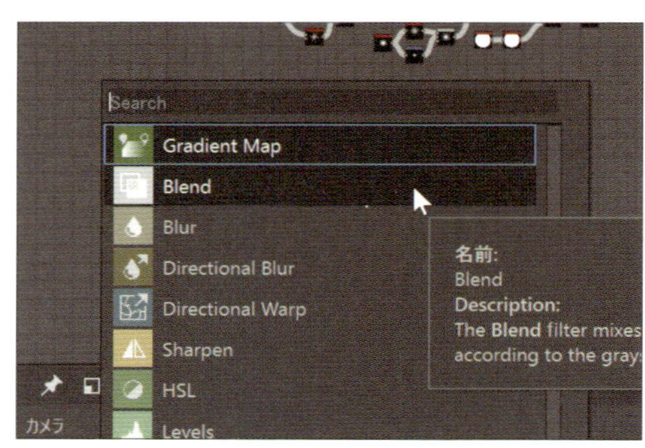

▶ 複数のBlendノードを配置

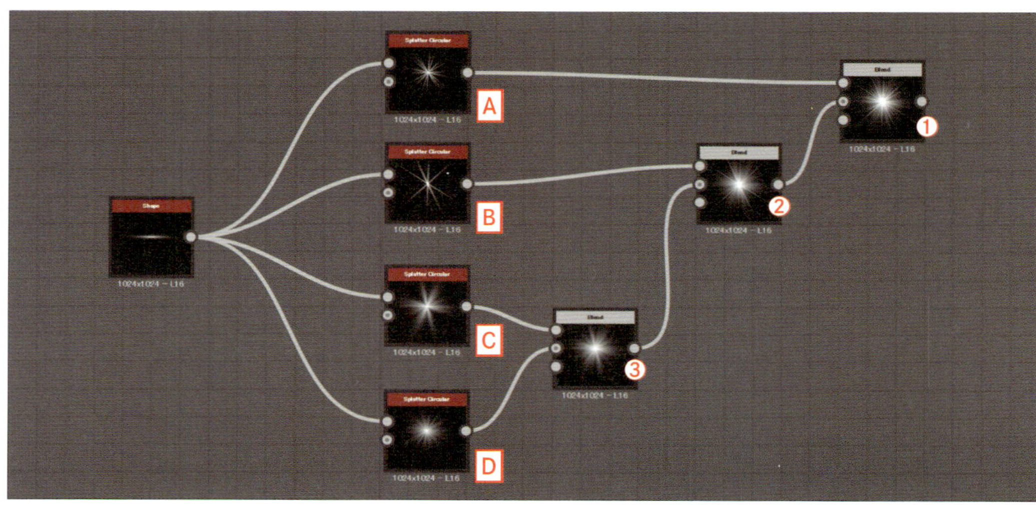

Blendノードの設定については①と②は同じもの、③だけ微妙に異なります。次の図に設定を記載します。

▶ Blendノードの設定、①、②(左側) ③(右側)

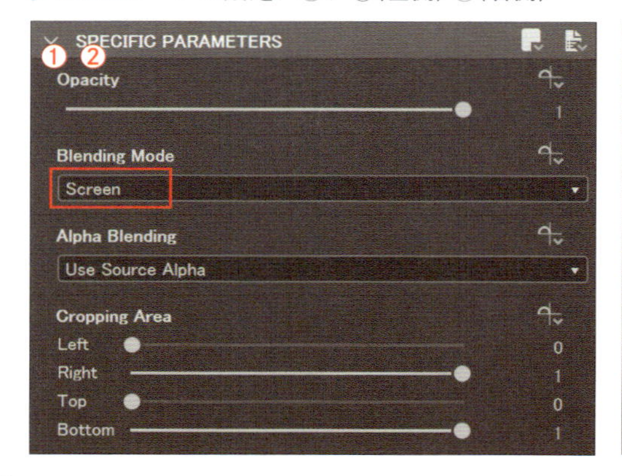

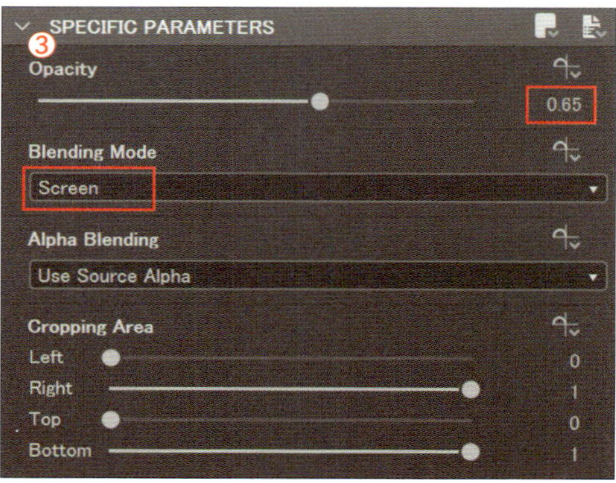

▶ Blendノード(図内番号①と②)

パラメータ	値
Blending Mode	Screen

▶ Blendノード(図内番号③)

パラメータ	値
Opacity	0.65
Blending Mode	Screen

4つのパターンをBlendノードで合成した結果が次の図になります。

▶ 設定結果

9-1-4 コア部分の作成

さらに中央の部分を明るくしたいので、コア部分を作成して合成していきます。こちらもShapeノードを使用して作成していきます。Shapeノードを配置し、右図のように設定します。

▶ Shapeノード

パラメータ	値
Pattern	Bell
Scale	0.62

▶ Shapeノードの設定

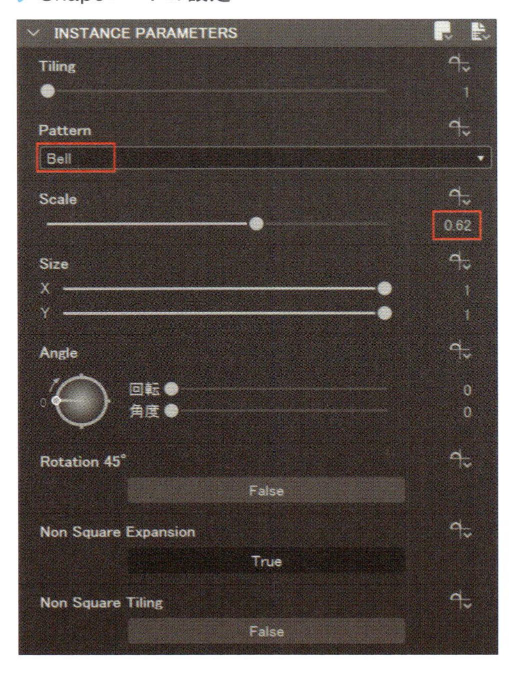

設定した円形のコアに変更を加えていきます。Blur HQ Grayscaleノードと Transform2Dノードを配置して次の図のように接続します。片方はコアをぼかし、もう片方はコア部分をスケーリングして縮小しています。最後にBlendノードで2つを合成しています。

▶ コア部分のノードを構成

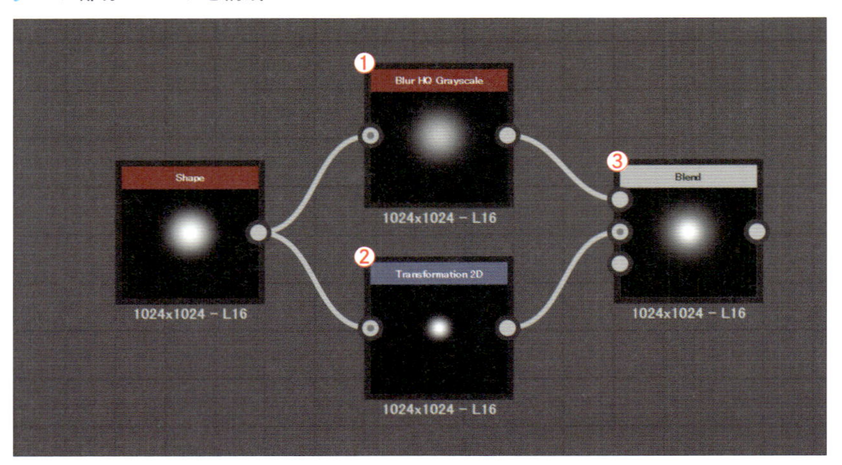

まず①のBlur HQ Grayscaleノードを次の図のように設定していきます。

▶ Blur HQ Grayscaleノードの設定

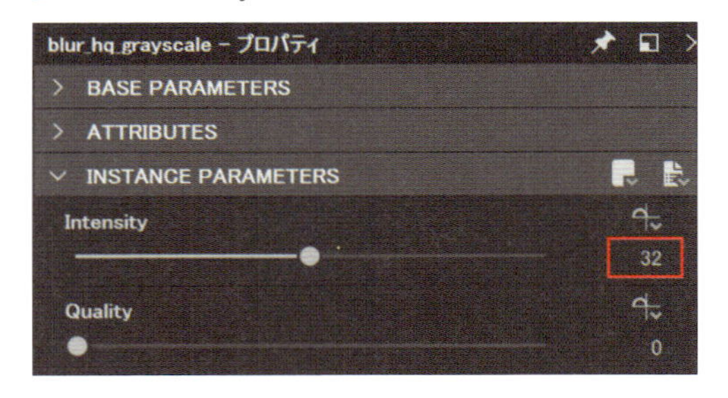

▶ Blur HQ Grayscaleノード

パラメータ	値
Intensity	32

次に②のTransform2Dノードを設定していきますが、スケーリングして縮小しただけでは、次の図のようにコア部分の円状の模様が繰り返されてしまいます。

▶ Transform2D ノードの設定

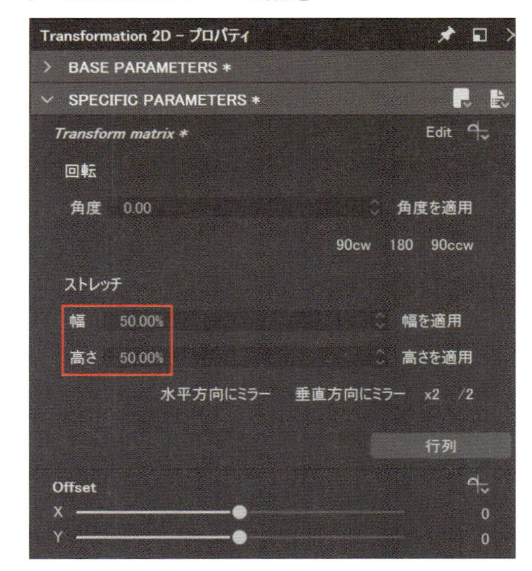

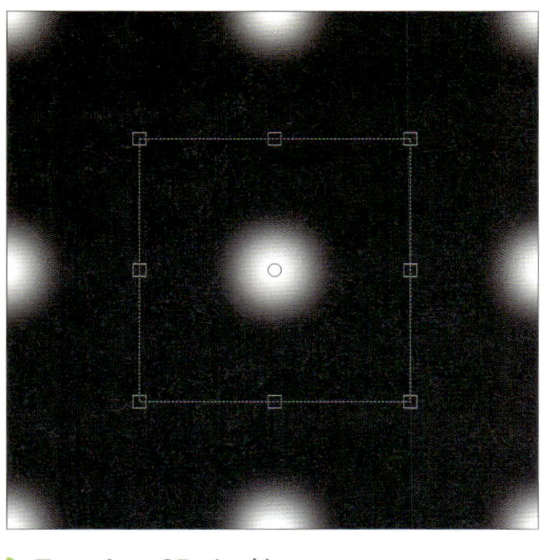

▶ Transform2D ノード

パラメータ	値	
ストレッチ	幅 :50.00%	高さ :50.00%

　これを解決するため、タイリングしないように設定します。タイリングの設定はBASE PARAMETERSのTiling Modeで行いますが、文字色が黒くなっており変更ができない状態です。

　まずTiling Modeパラメータの横にあるアイコンをクリックして、「入力に相対」から「絶対」へと変更します。するとパラメータを変更することが可能になるので、リストからNo Tilingを選択します。

▶ パラメータの変更ができない

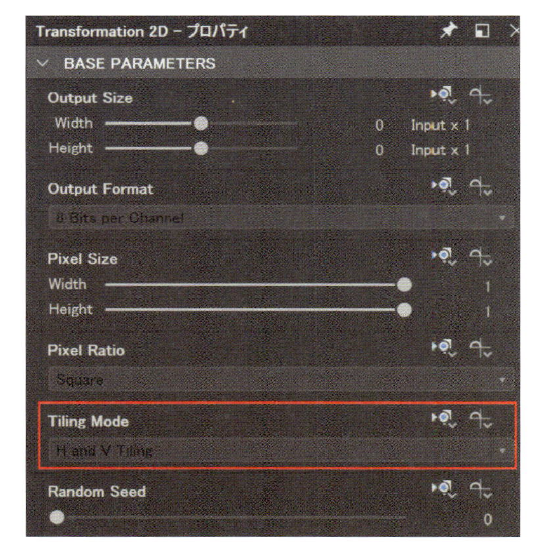

▶ タイリングの設定を無効に

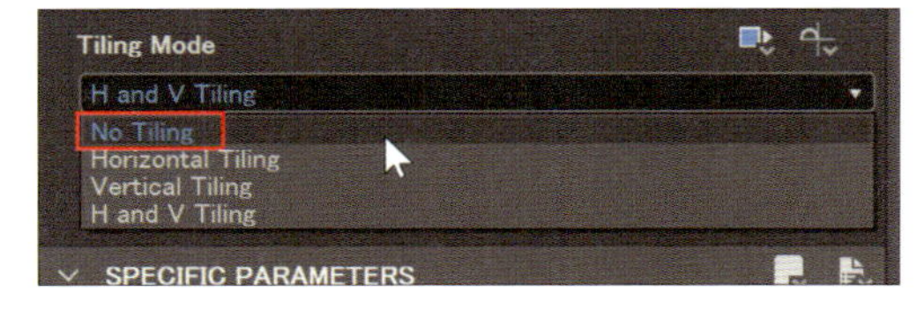

▶ BASE PARAMETERS

パラメータ	値
Tiling Mode	No Tiling

タイリングの繰り返しがなくなり、意図した結果になりました。

▶ 設定結果

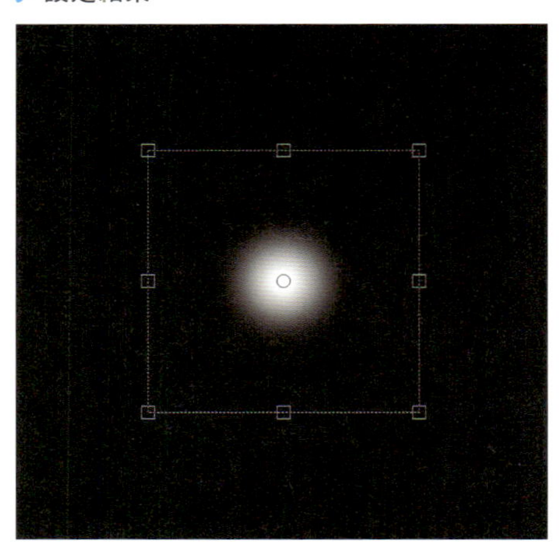

仕上げにBlur HQ Grayscaleノードの結果とTransform2Dノードの結果を③のBlendノードで合成します。

▶ 合成結果

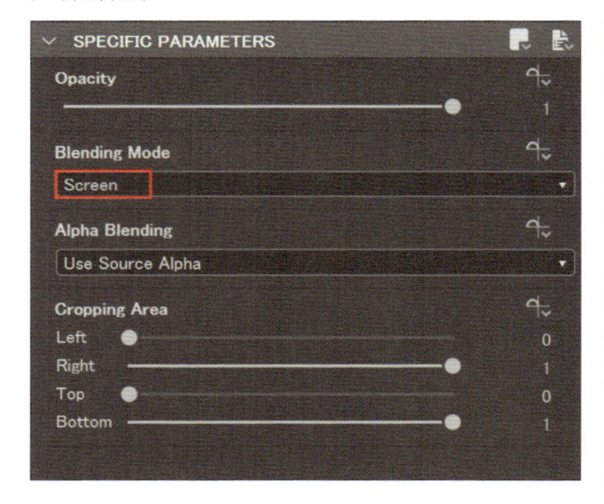

▶ Blendノード

パラメータ	値
Blending Mode	Screen

9-1-5 フレアテクスチャの完成

中央の明るいコア部分と光の筋の部分を合成して、フレアテクスチャを完成させていきます。Blendノードを追加してコア部分と光の筋部分を接続します。入力の上側がコア部分、下側が光の筋部分になります。Opacityパラメータでコア部分の透明度を変更することができます。

▶ コア部分と光の筋の部分を合成

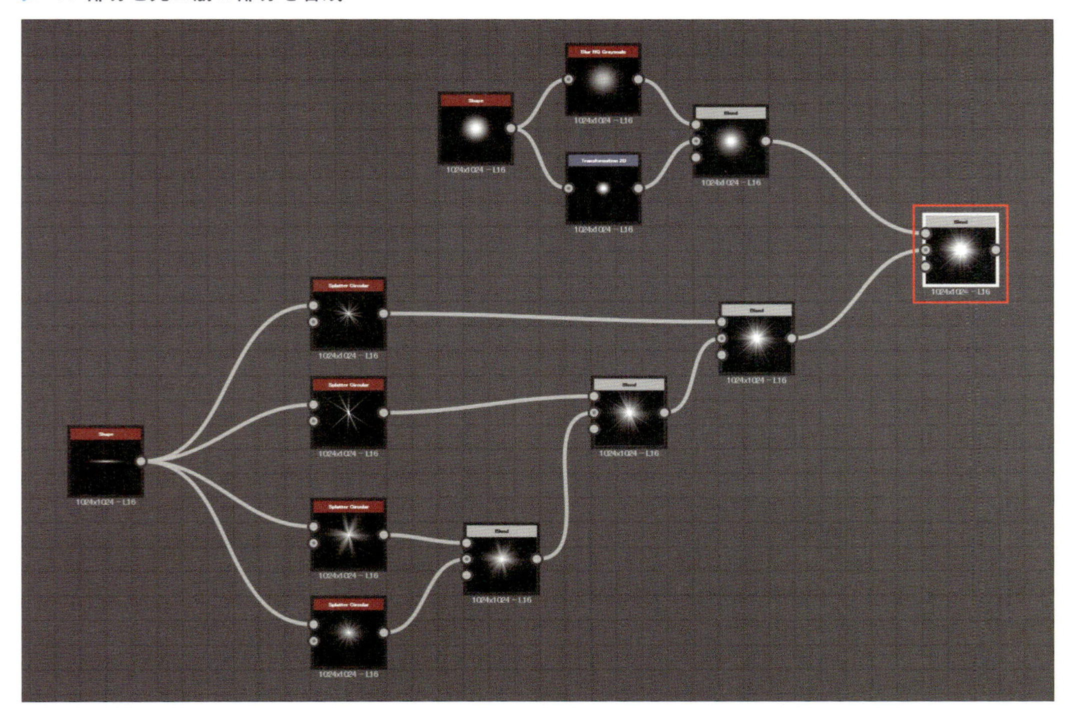

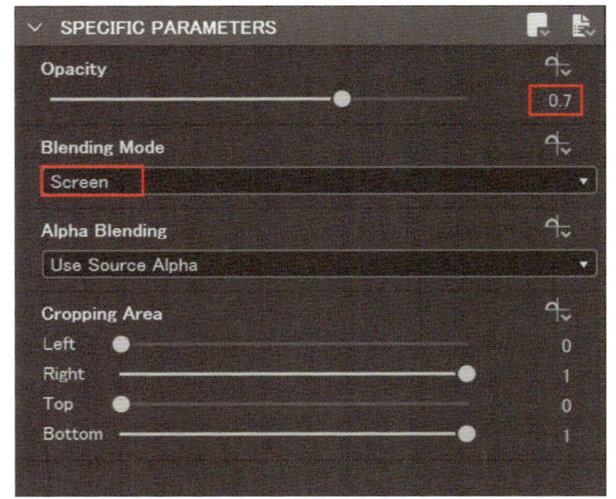

▶ Blendノード

パラメータ	値
Opacity	0.7
Blending Mode	Screen

こちらで絵的な部分は完成となります。最後にフチの部分にマスク処理を施します。例えば

右図で赤丸を入れた部分は光の筋が画像の端の部分まで届いてしまっているかもしれません。これはエフェクト用のテクスチャとしてミスやエラーとみなされるので、端の部分が完全な黒(RGB 0,0,0)かアルファ値0となるようにマスク処理を行います。なお、右図では見やすくするために暗部を調整して明るくしています。

▶ このような場合、テクスチャの端に光の筋がかかるのは御法度

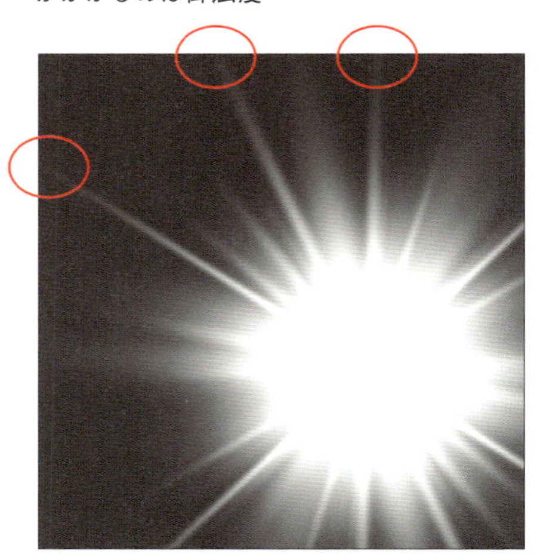

右図のような円形のマスク用の素材を用意して、フレア素材と合成します。黒い部分は完全な黒(RGB 0,0,0)になるので、結果として光の筋の端の部分がマスク処理され、画像の端まで届かなくなります。

▶ マスク用の素材

マスク用の素材はShapeノードで円形を作成し、Blur HQ Grayscaleノードでぼかしを加えてあります。

▶ Shapeノードの設定(左)とBlur HQ Grayscaleノードの設定(右)

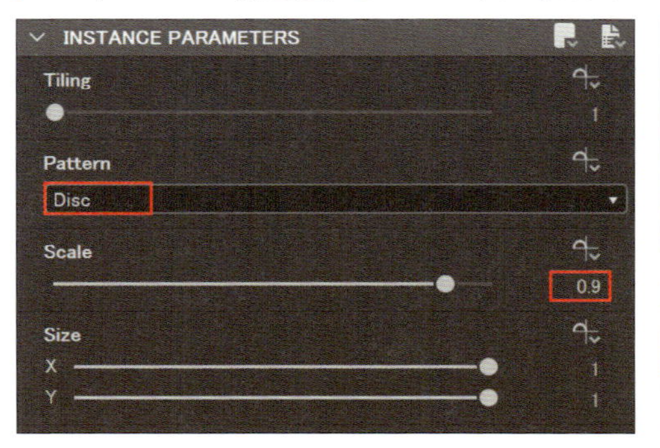

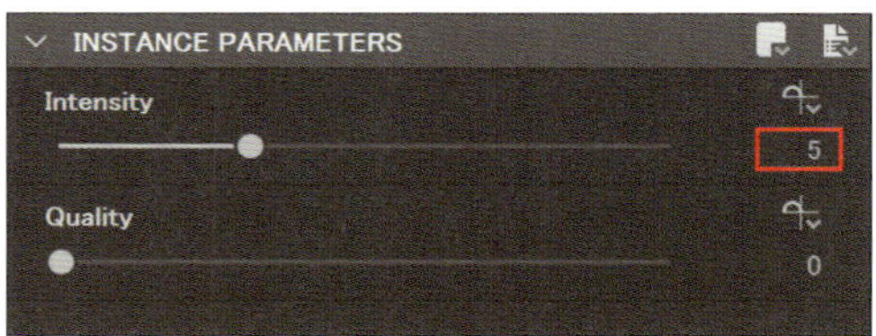

▶ Shapeノード

パラメータ	値
Pattern	Disc
Scale	0.9

▶ Blur HQ Grayscaleノード

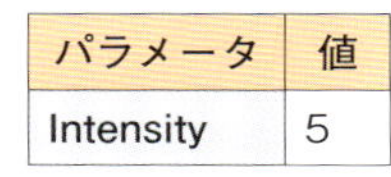

パラメータ	値
Intensity	5

マスク用素材ができ上がったらフレア素材と合成します。次の図のように、Blendノードを使用しますが、マスク用素材を3つ目の入力()に接続している点に注意してください。Blendノードの設定は初期設定のままで大丈夫です。最後にOutputノードを追加し、接続して完成となります。

▶ マスク素材とフレア素材を合成

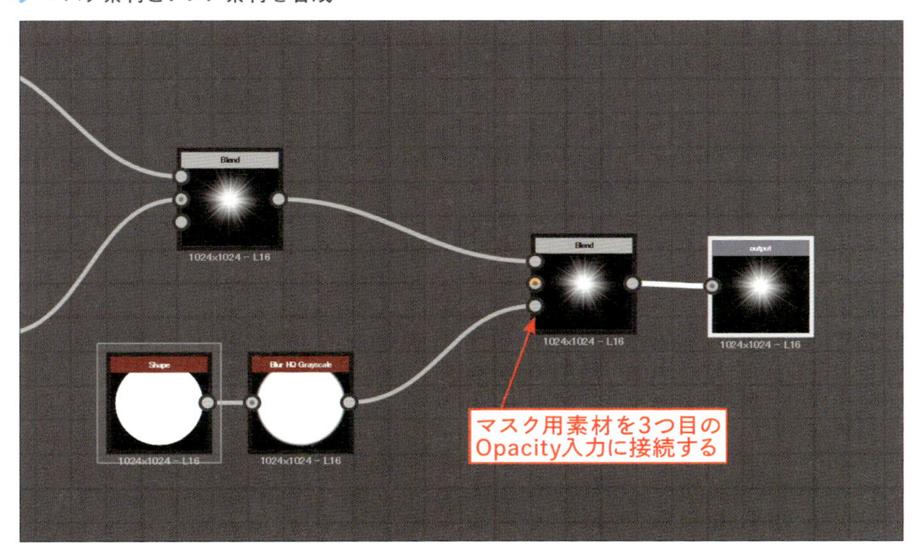

9-2では完成したフレア素材に調整用のパラメータ設定を行い、Unityにインポートしていきます。

Substance テクスチャの Unity での使用方法

9-1 で作成したフレアのテクスチャに対してパラメータのエクスポーズを行い、Substance のファイルを Unity にインポートした際に、パラメータで Substance マテリアルを調整できるようにするまでの手順を解説していきます。

9-2-1 パラメータのエクスポーズ

9-1で作成したフレアのテクスチャにパラメータのエクスポーズを設定していきます。エクスポーズとは公開するという意味ですが、エクスポーズすることでUnityなどの外部ツールにインポートしても、パラメータによる調整が可能になります。まずはエクスポーズするべきパラメータについて考えてみます。

・光の筋部分全体の大きさ
・各フレアの光の筋の数
・コア部分の大きさ、透明度

以上の項目などがあればバリエーションの作成に役立つと思います。まだまだ調整できると便利な項目はあるのですが、あれもこれもと追加していくとパラメータ数が増えてしまい、結果煩雑になってしまうため、追加するパラメータは厳選しています。

それでは順番にパラメータをエクスポーズしていきましょう。まず光の筋部分全体の大きさについてですが、最初に作成したShapeノードのScaleパラメータをエクスポーズします。このShapeノードで作成したライン素材を基準に、次のSplatter Circularノードで複製しているので、Shapeノードのスケールが変われば光の筋部分全体の大きさに影響します。各パラメータの横にあるグラフのようなアイコンからエクスポーズを選択可能です。

▶ ShapeノードのScaleパラメータをエクスポーズ

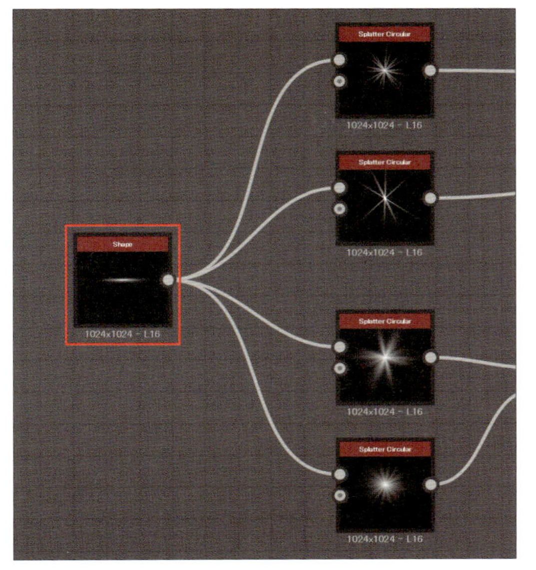

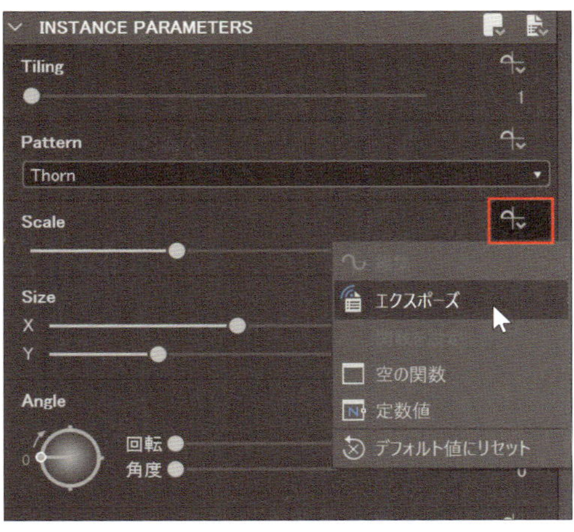

エクスポーズを選択すると次の左図のようなウィンドウが表示されますのでリストからNewを選択しましょう。すると、次の右図のようなウィンドウが表示されますので、わかりやすい名前を付けておきましょう。ここではRay Line Scaleとしておきます。

▶ パラメータに名前を付けてエクスポーズ

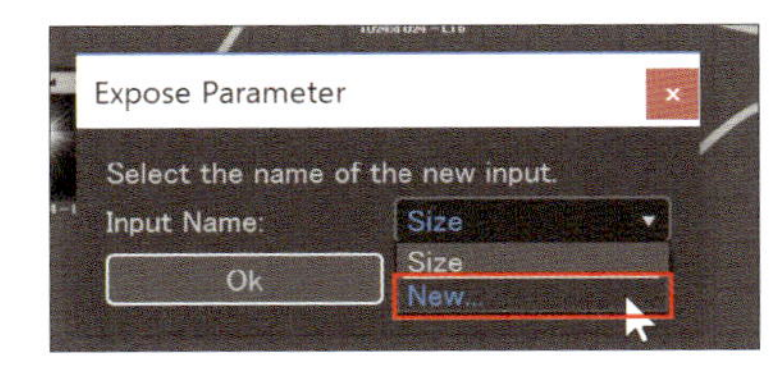

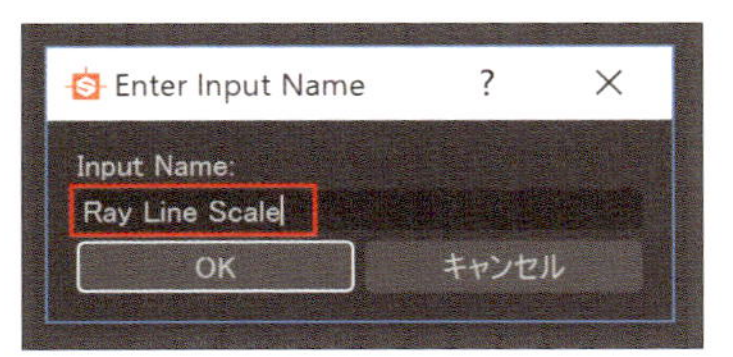

OKボタンを押してウィンドウを閉じると、右図のようにScaleパラメータのスライダの表示が消えてしまいました。

これは消えてしまったわけではなく、エクスポーズ（公開）されたので別の場所に移動しただけです。エクスプローラからFX_Flareをダブルクリックしてください。パラメータビュー部分の表示が変化します。入力パラメータ部分に先ほどエクスポーズしたRay Line Scaleパラメータが確認できます。

▶ パラメータが消えてしまう

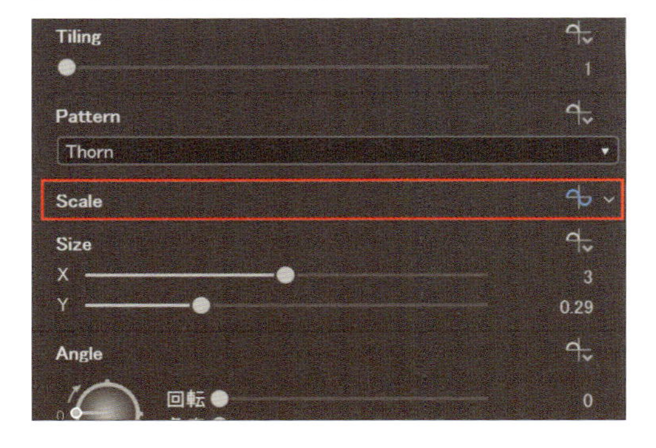

▶ エクスポーズされたパラメータを確認

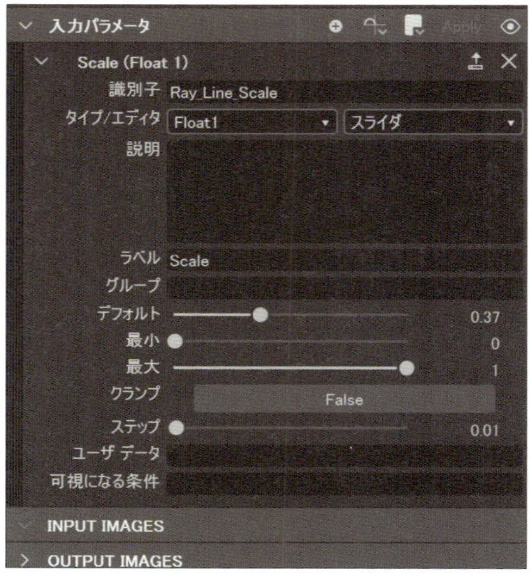

パラメータはエクスポーズされましたが、現状では識別子はRay_Line_Scaleになっており、一番上の表示はScale(Float 1)になっています。このままパブリッシュしてしまうと、Unityに読み込んだ際にパラメータがScaleと表示されてしまいます。そのため、ラベルの部分を修正してなにも入力されていない状態にします。結果、識別子がそのまま使用され、名前が変更されます。

▶ ラベルの部分になにも入力しない状態に設定

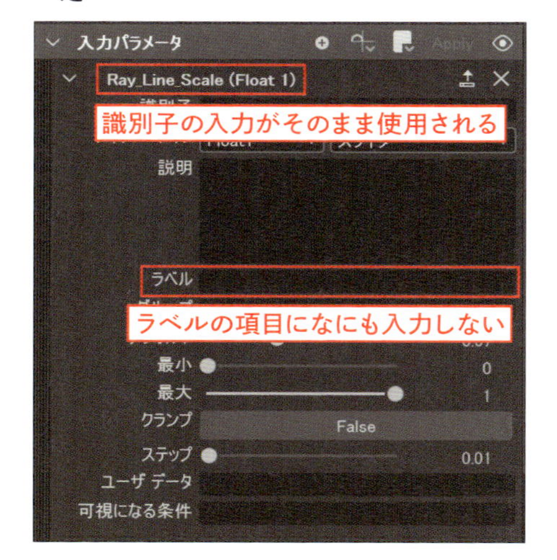

このようにパラメータをエクスポーズすることで最終的にUnityなどに読み込んだ際に右図のように編集が可能な状態で表示されます。

▶ エクスポーズされたパラメータのUnity上での見た目

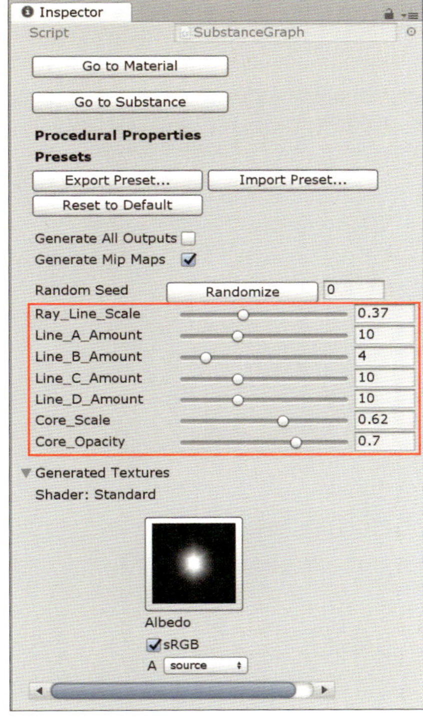

次に、4つあるフレア素材の光の筋の数を調整できるように設定します。右図の4つのノードを同じように設定していきます。

▶ 4つのSplatter Circularノードからパラメータをエクスポーズ

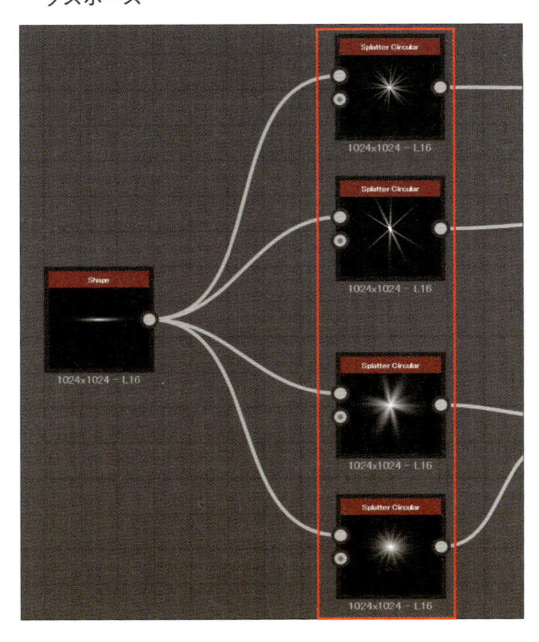

まず一番上のノードを選択し、Pattren AmountパラメータをLine_A Amountという名前でエクスポーズします。

▶ Line_A Amountという名前でエクスポーズ

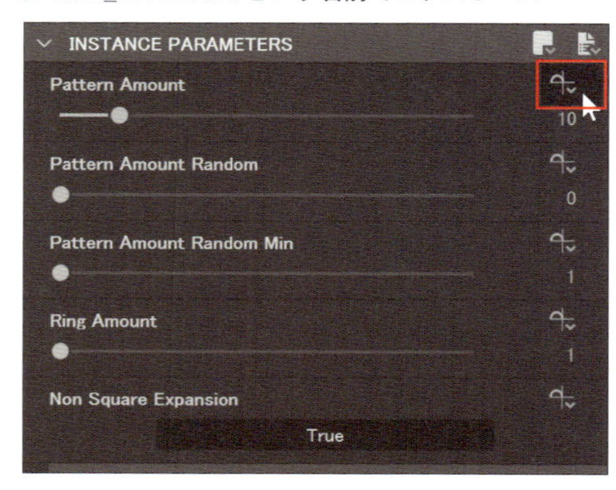

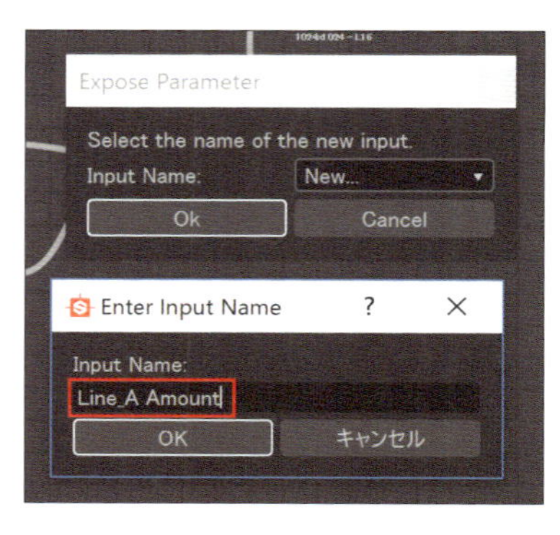

こちらの作業が完成したら、残りの3つのSplatter Circularノードに対して同様の作業を行います。パラメータ名はそれぞれLine_B Amount、Line_C Amount、Line_D Amountとしてください。

作業が完了したら再度エクスプローラビューからFX_Flareを選択して、先ほどエクスポーズした4つのPattren Amountパラメータを確認してください。パラメータの設定できる最小値と最大値を変更することが可能です。最大値の初期設定の値、64は多いので30程度に変更しておき、最小値は1ではなく0としておきましょう。0にしておくことで要素自体を表示しないように設定できます。

またラベルの入力欄を空にしておきましょう。こちらの設定を4つのPattren Amountパラメータに対して行っていきます。

▶ 4つのパラメータの最小値、最大値を設定

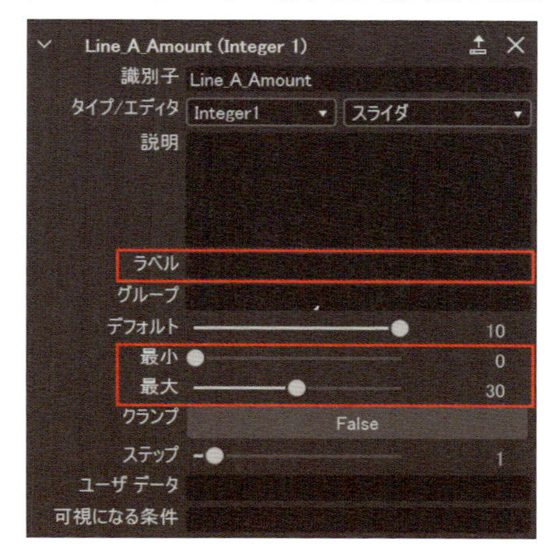

▶ Line_A_Amount

パラメータ	値
ラベル	なにも入力しない
最小	0
最大	30

　最後にコア部分の大きさ、透明度に関しても調整できるように設定していきます。まず、次の図の赤枠で囲ったShapeノードのScaleパラメータをCore Scaleという名前でエクスポーズします。

▶ ShapeノードのScaleパラメータをエクスポーズ

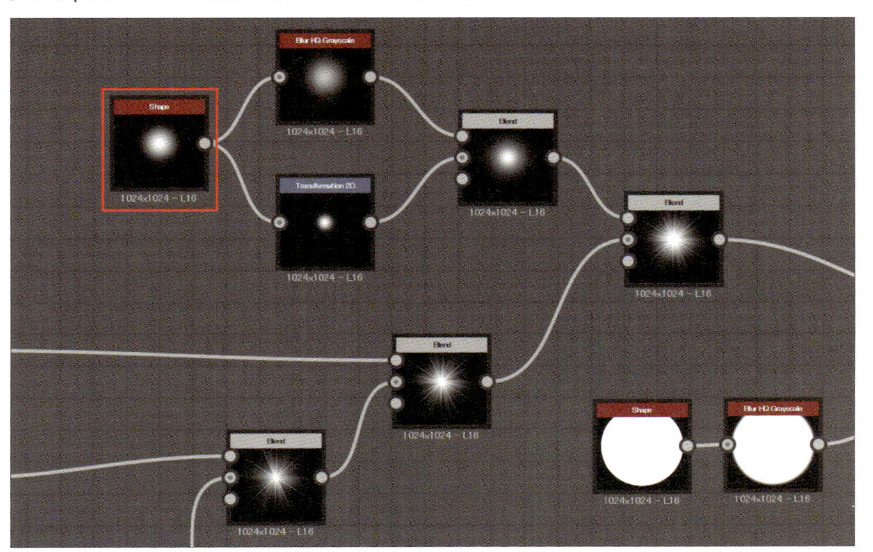

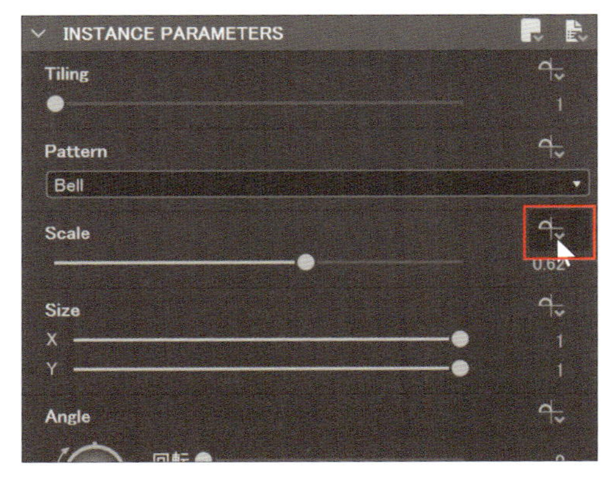

　次にBlendノードのOpacityパラメータをCore Opacityという名前でエクスポーズします。これでコア部分の透明度の調整ができるようになります。

▶ Blendノードの Opacityパラメータをエクスポーズ

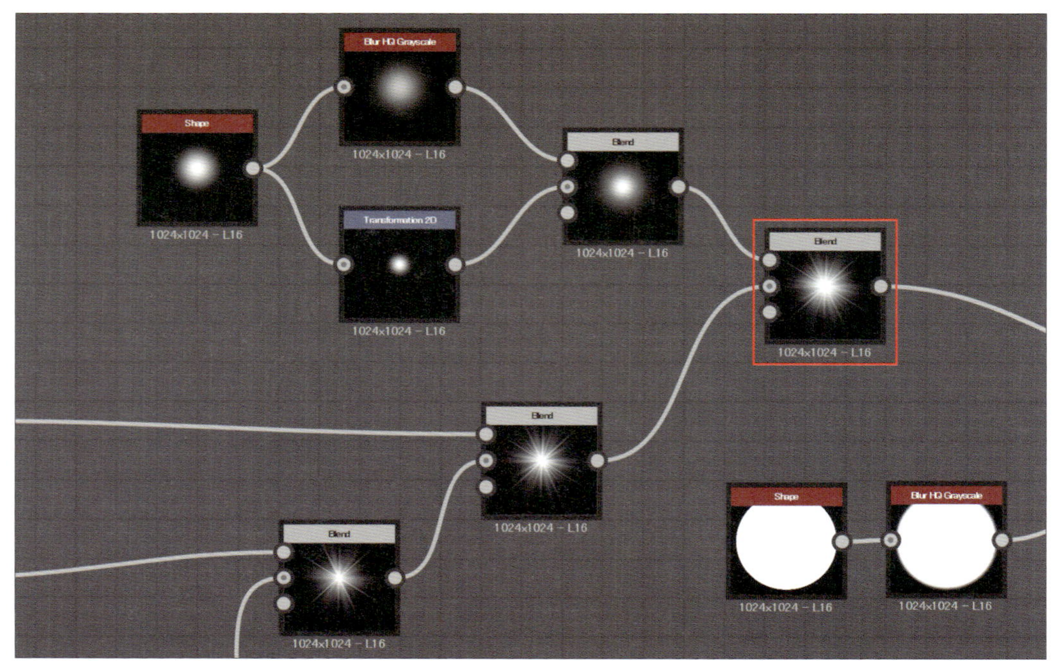

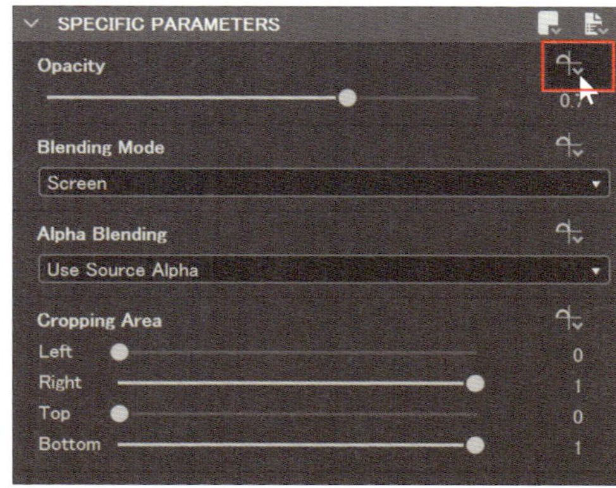

これでパラメータのエクスポーズの処理が完了しました。入力パラメータ部分は最終的に右図のような見た目になります。

▶ 入力パラメータの最終的な見た目

9-2-2 sbsarファイルのインポート

パラメータのエクスポーズの設定が完了したので、こちらをUnityで読み込みができる形式に変換します。Substance Designerではsbsファイルで作業を行いますが、この形式はUnityでは読み込めないので、sbsar形式のファイルに変換する必要があります。変換の仕方は簡単でエクスプローラビューからsbsファイルを右クリックし、Publish .sbsar file…を選択するだけです。

▶ Publish .sbsar file…を選択してsbsar形式で書き出す

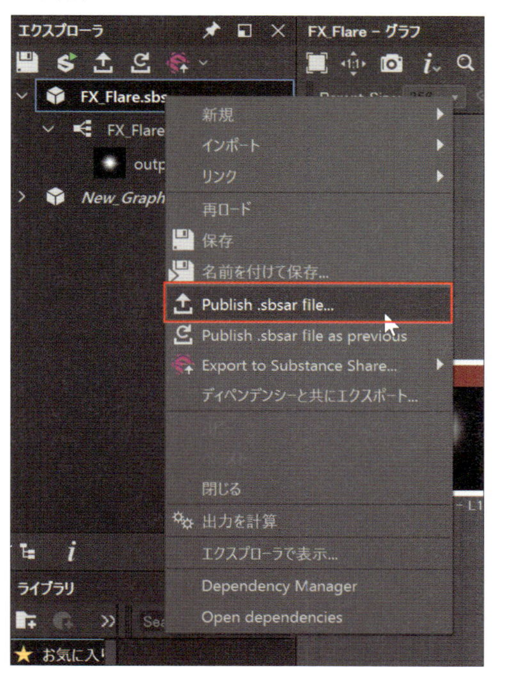

任意の場所にFX_Flareという名前で保存します。

▶ ファイルを保存

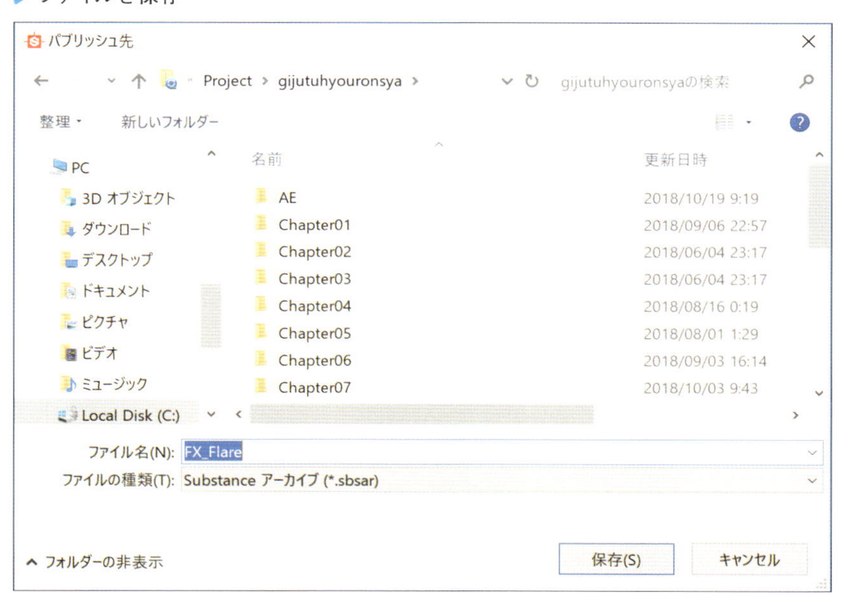

次に右図のようなウィンドウが表示されますので、OKボタンをクリックします。

パブリッシュが完了したらUnityに移動します。以前のバージョンではUnityにそのままインポートすればsbsarファイルが使用できたのですが、現行のバージョン(Unity2018.2)では、最初にSubstanceのプラグインをインポートした上でsbsarファイルをインポートする必要があります。アセットストアでSubstanceと検索すれば、次のプラグインが見つかります。

▶ パブリッシュのウィンドウが表示される

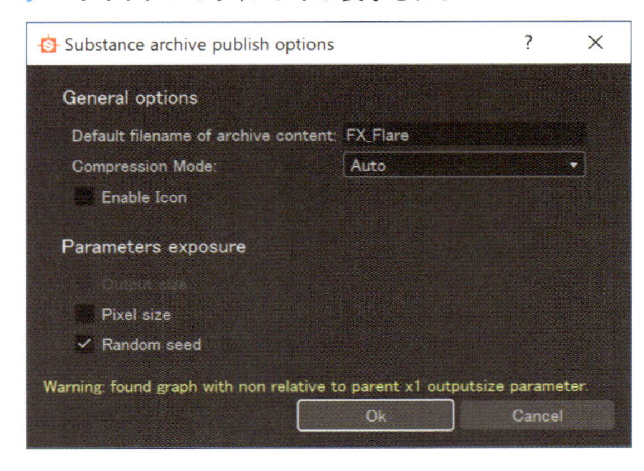

▶ アセットストアからダウンロードできるSubstanceのプラグイン

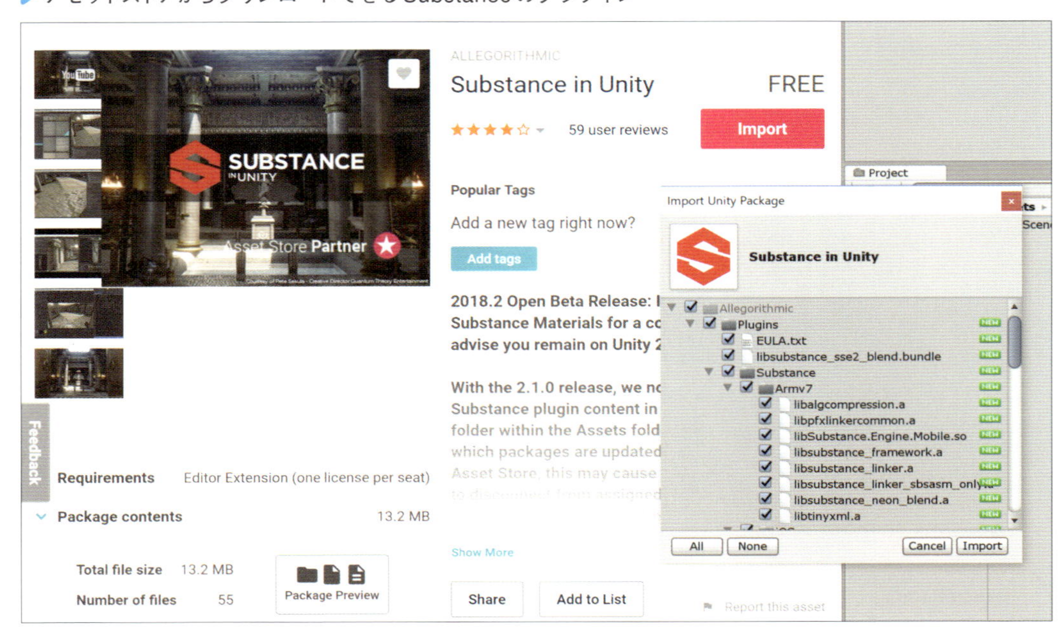

こちらのプラグインをダウンロードしてプロジェクトにインポートします。次に先ほどパブリッシュしたsbsarファイルをUnityにインポートします。エクスプローラから直接Projectビューにドラッグ&ドロップするとインポートされます。

インポートされたsbsarファイル

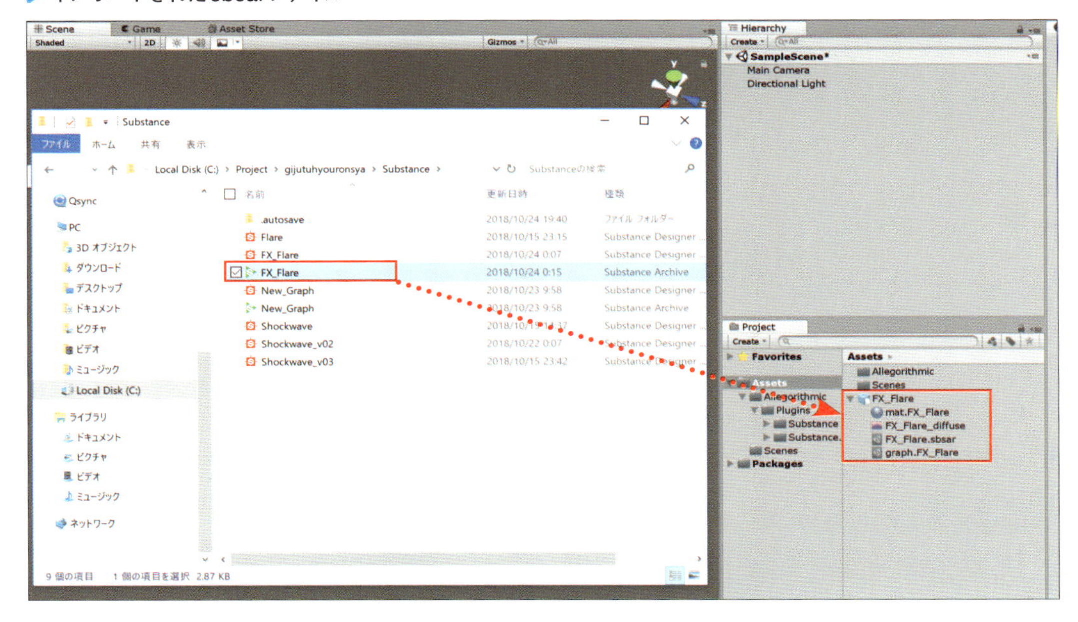

シーン上に平面を作成して、インポートしたフレアのマテリアルを適用してみましょう。

Planeにマテリアルをドラッグして適用

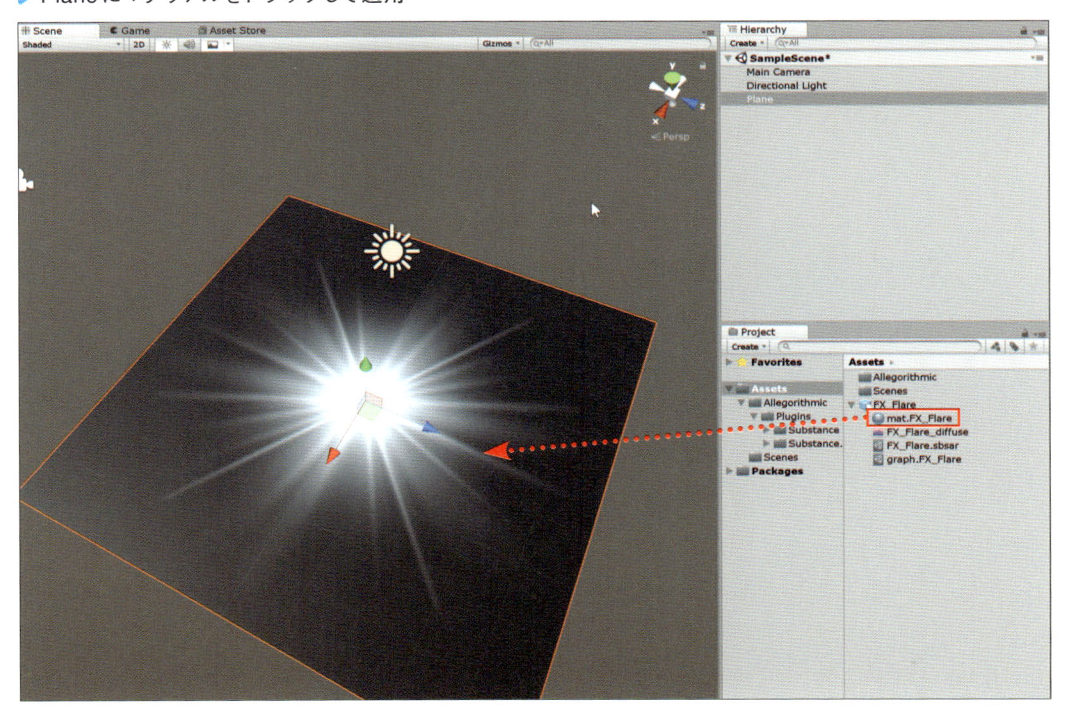

また作成した調整用のパラメータが正しく動作することも確認しておきましょう。最初に、マテリアルの次の左図の赤枠部分をクリックします。表示が次の右図のように変化するので、赤枠部分のスライダを変更して、Sceneビュー上のフレア素材が変化するのを確認します。

パラメータを変更して画面に反映されるのを確認

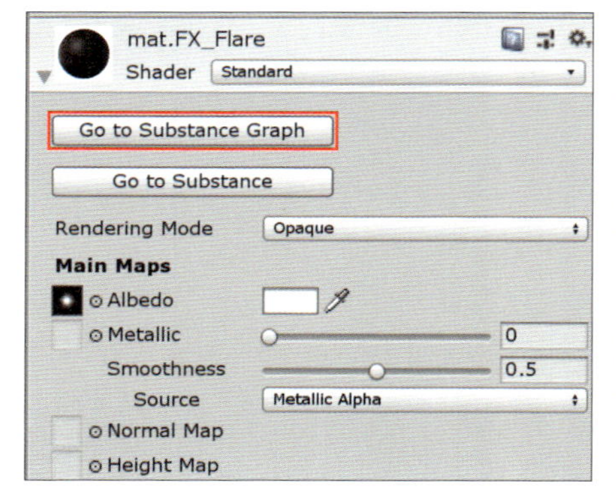

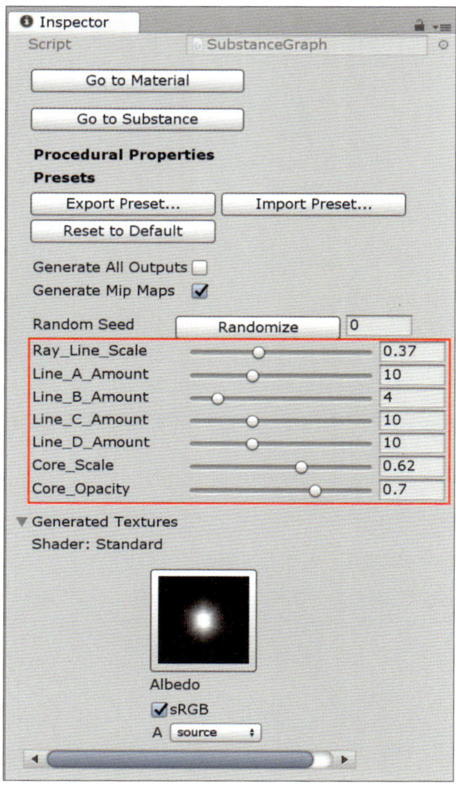

このようにsbsar形式でUnityにインポートすることで調整可能なマテリアルとして機能します。

AfterEffectsを使ったテクスチャ作成

ここではAfterEffectsを使用して衝撃波のテクスチャを制作し、パターンの量産の方法も解説していきます。

9-3-1 衝撃波テクスチャの制作

フレアテクスチャをSubstance Designerを使用して9章の最初に制作しましたが、同じくエフェクトにおいて使用頻度が高い、衝撃波テクスチャのAfterEffectsでの制作方法を解説していきます。なお、完成AEPはChapter09_shockwave.aepになります。

同じ衝撃波のテクスチャでも、Substance Designerではカスタマイズ性があり、使い回しを想定しているもの、AfterEffectsでは対象のエフェクトのみで使用する一点モノといった風に制作ツールを使い分けるとよいでしょう。

▶ AfterEffectsを使用した衝撃波の完成イメージ

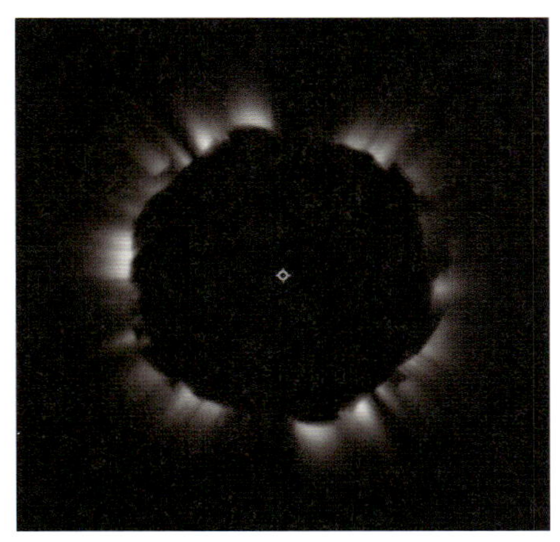

HoudiniやSubstance Designerについては基礎部分の解説を行ったのですが、AfterEffectsに関しては作成手順の解説のみを行っていきます。またショートカットを多用するので、そちらも次のように記載していきます。

・新規コンポジションの作成（Ctrl + N）

▶ AfterEffectsの基本的なレイアウト

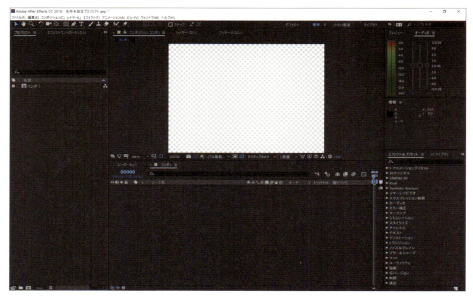

では衝撃波テクスチャの制作を行っていきます。まず新規コンポジション作成し（Ctrl + N）、Shockwave_FINという名前で解像度を1024x1024に設定します。

▶ 新規にコンポジションを作成し、設定

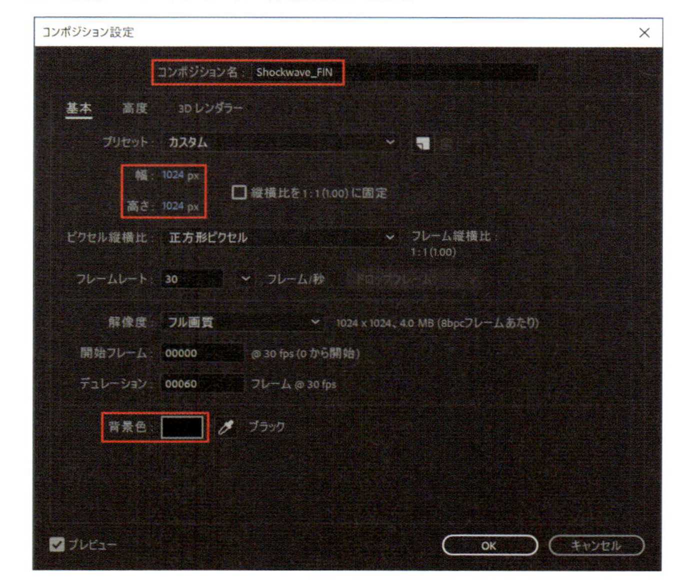

▶ コンポジション設定

パラメータ	値
コンポジション名	Shockwave_FIN
幅	1024
高さ	1024
背景色	黒

作成したらコンポジション内で新規平面（Ctrl + Y）を作成します。色は黒に設定しておいてください。その他は初期設定のままで問題ありません。また、後で設定を変更したくなった場合、コンポジションであればCtrl + K、平面の場合はCtrl + Shift + Yを押すと設定ウィンドウが表示されます。

▶ 新規平面を作成

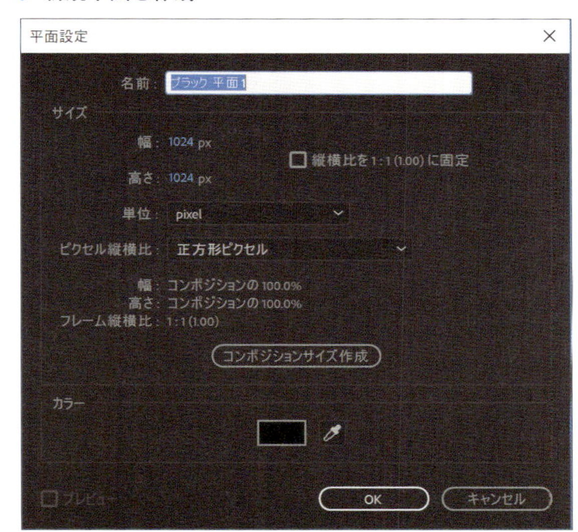

次に作成した平面にエフェクトを適用していきます。ノイズ＆グレイン／フラクタルノイズエフェクトを適用して次の図のように設定します。

▶ フラクタルノイズの設定と適用結果

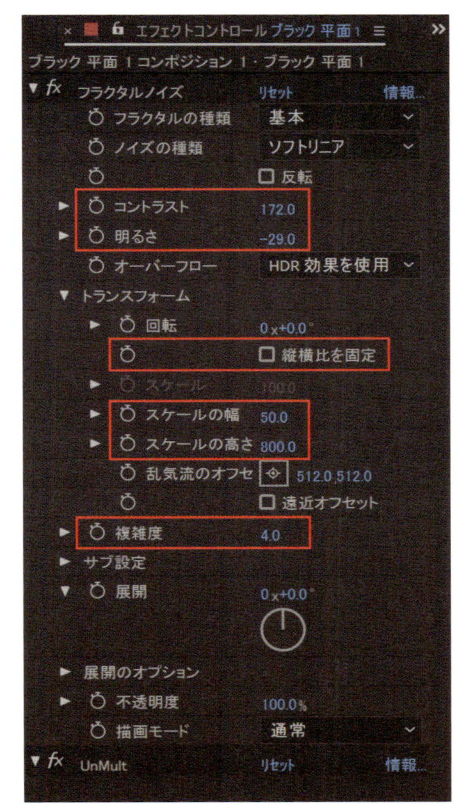

▶ フラクタルノイズ

パラメータ	値	
コントラスト	172	
明るさ	-29	
トランスフォーム	縦横比を固定	チェック外す
	スケールの幅	50
	スケールの高さ	800
複雑度	4	

次に平面のマスク処理を行います。長方形ツールを選択して下図のようにマスクを作成します。また作成したマスクの設定を図のように変更してください。マスクの縦方向にだけぼかしを入れてあります。

▶ 長方形ツールを選択

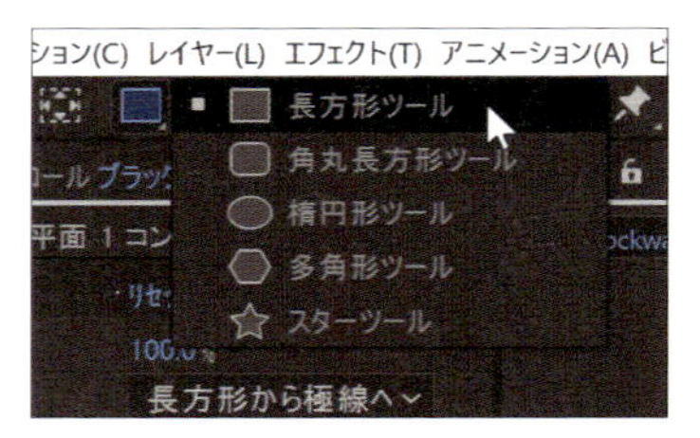

▶ マスクを描画して設定を変更

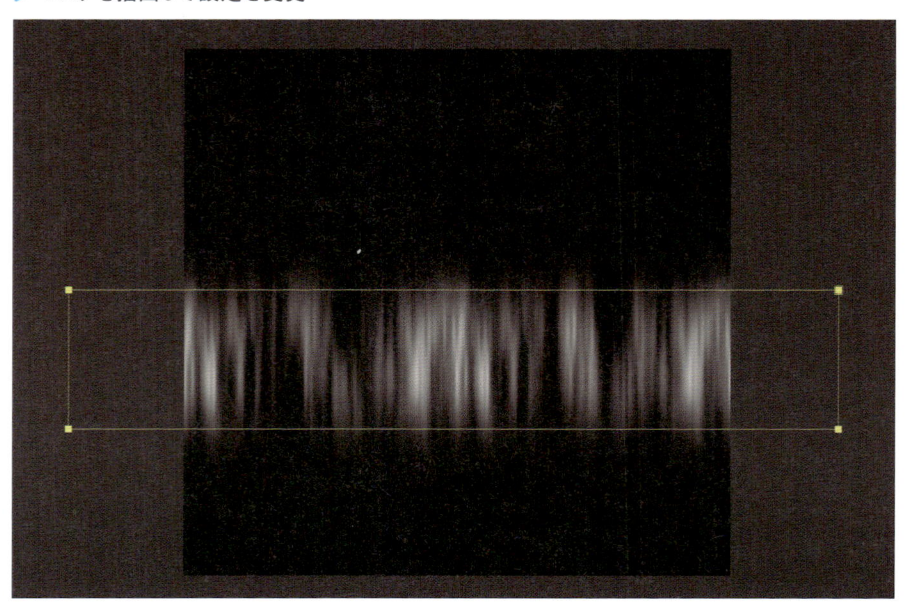

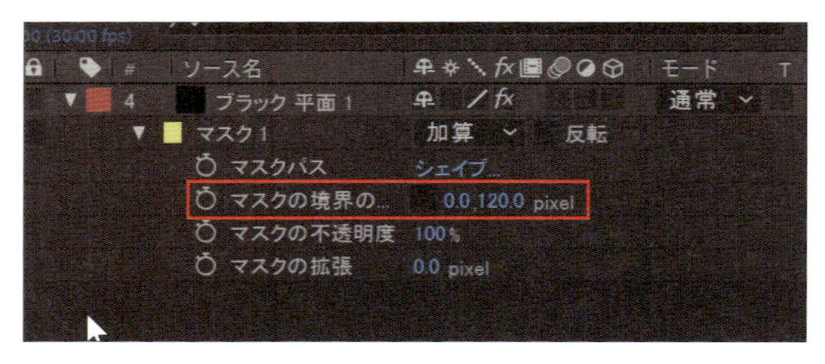

▶ マスク 1

パラメータ	値	
マスクの境界のぼかし	X:0	Y:120

もしマスクが表示されない場合、次の図のマスク表示のアイコン部分をクリックしてみてください。

▶ マスクの表示、非表示を切り替える

フラクタルの設定ができたので次にプリコンポジションを使用して、レイヤーをまとめます。ブラック平面１レイヤーを選択して Ctrl ＋ Shift ＋ C を押すと、プリコンポジションの設定ウィンドウが表示されますので右図のように設定します。

プリコンポジションが完了したならば、Shockwave_Comp コンポを選択してディストーション／極座標エフェクトを適用します。Shader Graph や Substance Designer でいうところの Polar Coordinates と同等の機能です。

▶ プリコンポジションの設定

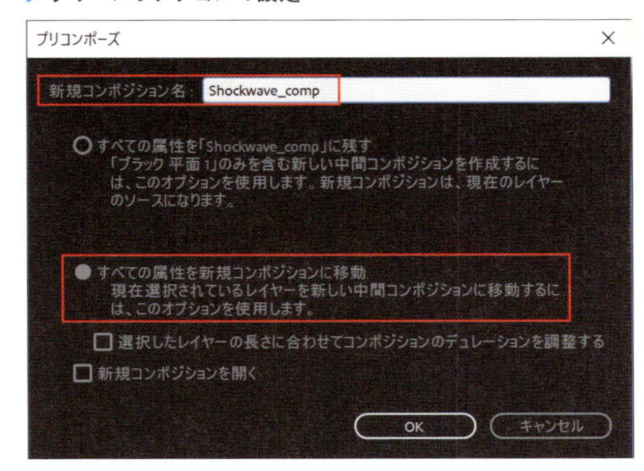

▶ 極座標エフェクトを適用

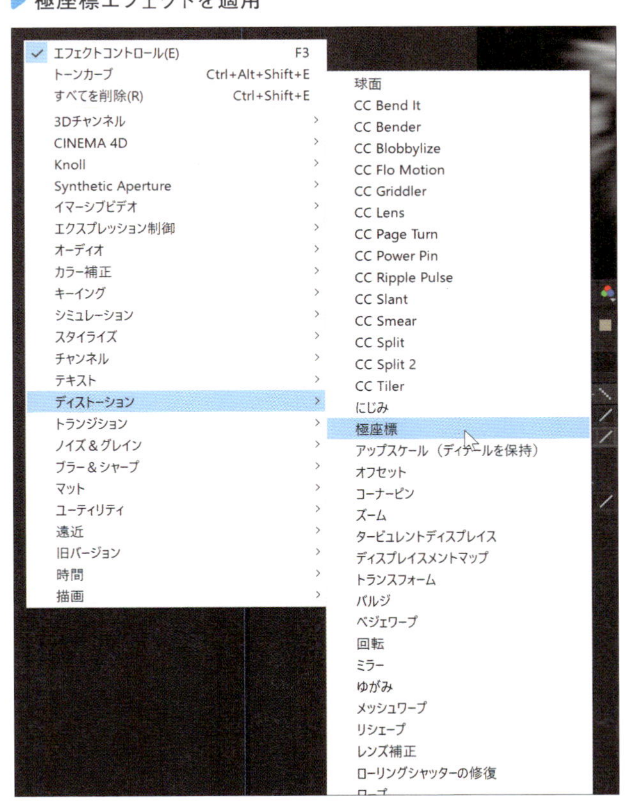

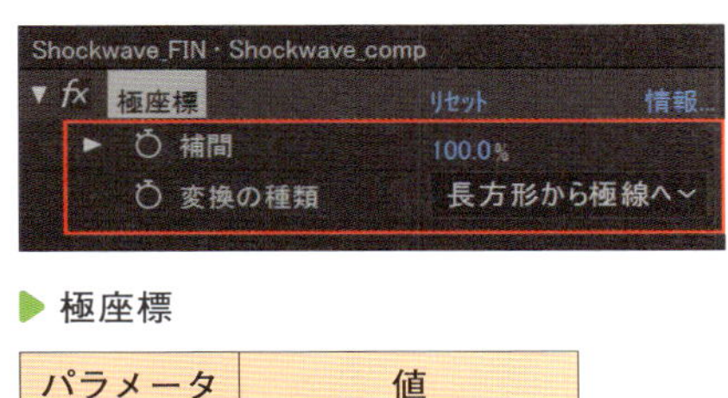

▶ 極座標

パラメータ	値
補間	100
変換の種類	長方形から極線へ

9

しかし、極座標エフェクトを適用してみるとシームレスに設定されていないため、継ぎ目の部分（右図の赤丸部分）が目立ってしまっています。

▶ 継ぎ目部分が目立ってしまっている

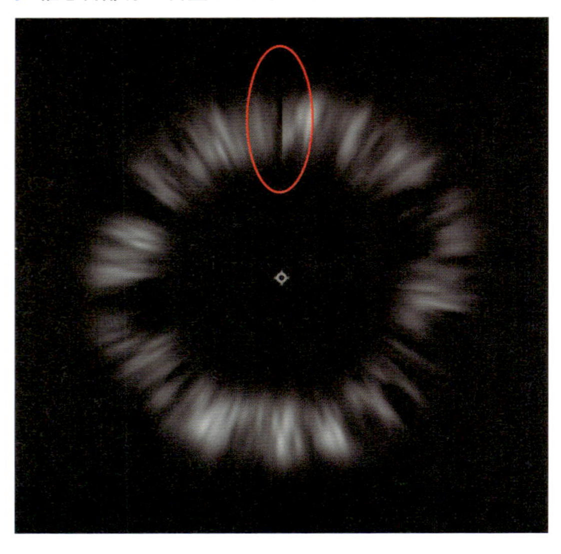

これを修正するため、Shockwave_Compコンポの中に入り、調整レイヤーを使います。調整レイヤーは Ctrl + Alt + Y で作成することができます。

▶ 調整レイヤーを作成

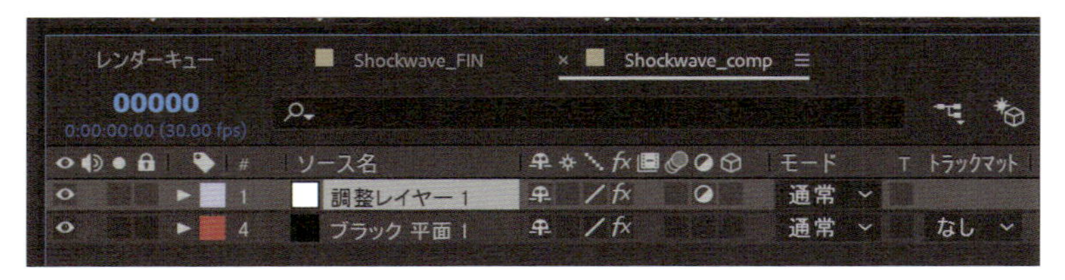

この継ぎ目の部分は、コンポジションの両端部分がシームレス処理されていないために、発生します。調整レイヤーにスタイライズ/モーションタイルエフェクトを適用すると、レイヤーを確認することができます。エフェクトを適用して次の図のように設定してみましょう。継ぎ目の部分が中央に表示されるので結果がわかりやすいです。なお、次の図は継ぎ目が見やすいようにフラクタルとマスクの設定を一部変更しています。

▶ モーションタイルエフェクトを適用して継ぎ目を確認

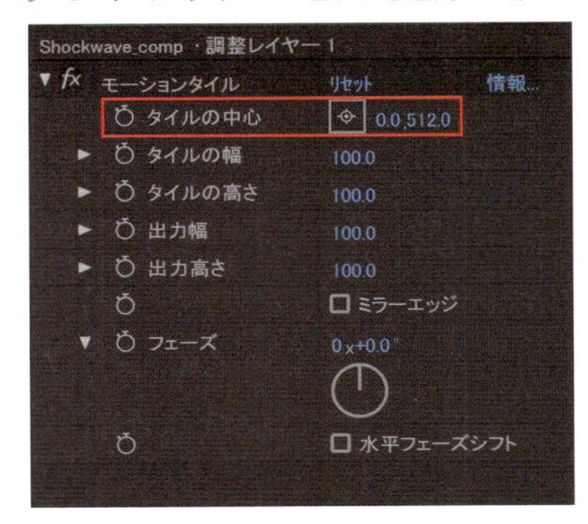

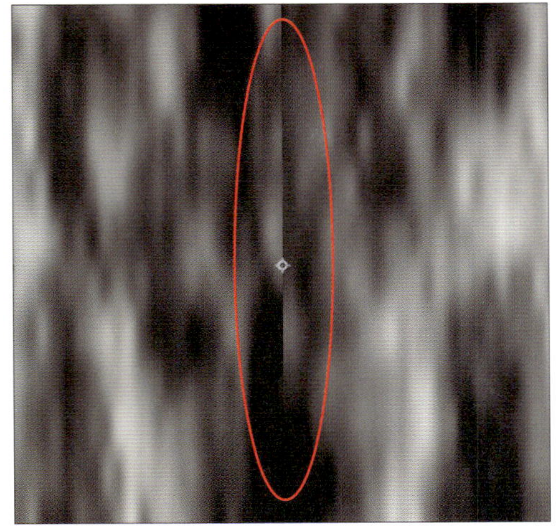

▶ モーションタイル

パラメータ	値	
タイルの中心	X:0	Y:512

作成した調整レイヤーに長方形ツールでマスクを描画します。マスクの設定を次の図のように設定すれば、継ぎ目をごまかせたのがわかるかと思います。

▶ マスクを描画して継ぎ目を隠す

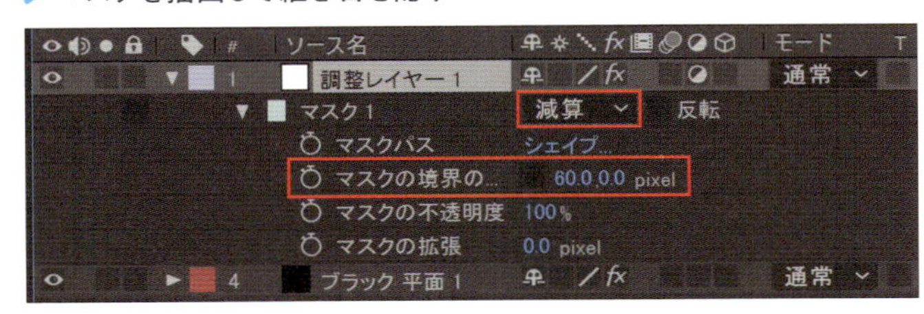

▶ マスク 1

パラメータ	値	
マスクの境界のぼかし	X:60	Y:0

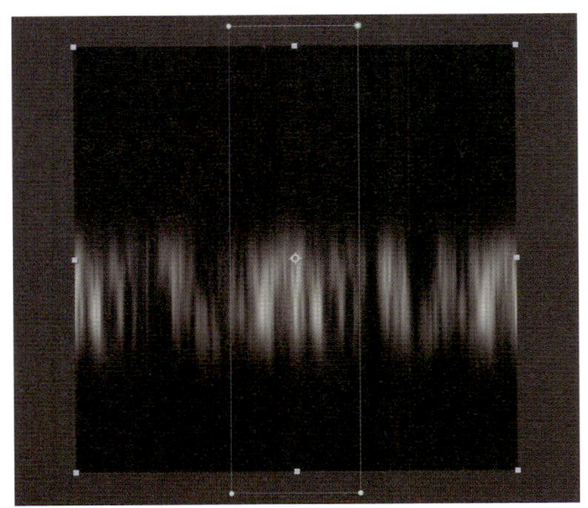

再びShockwave_FINコンポジションに戻って結果を確認してみましょう。今度は継ぎ目が見えなくなっているのがわかります。このような継ぎ目は実際の業務では、完全なエラー扱いになります。必ず処理を行って、目立たなくなるように心掛けましょう。

またこの継ぎ目の修正方法はレンズフレアプラグイン「Optical Flares」などで有名なVIDEO COPILOTの動画チュートリアルを参考にしています。映像系のチュートリアルがほとんどですが、どれも参考になるものばかりですので、チェックしてみるとよいでしょう。

▶ 調整結果

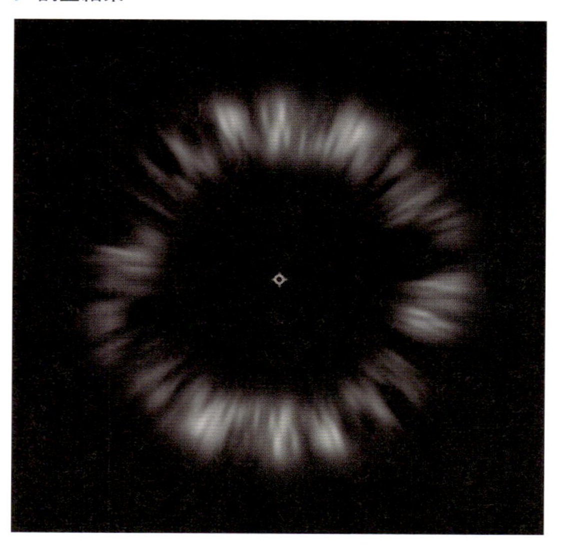

9-3-2 異なるパターンの作成

衝撃波のベースが完成したので、続いていくつかのエフェクトを追加して、複数の異なるパターンを作成していきます。まずエフェクトを追加する前にアルファチャンネルを確認しておきましょう。右図の部分をクリックすることでアルファ部分（透明部分）の表示を変更できます。

背景色が黒だったので気付きませんでしたがフラクタルノイズの黒い部分が残ってしまっているのが確認できます。こちらをKnoll/Unmultエフェクトを使用して修正します。

▶ アルファ部分の表示をマス目模様に変更

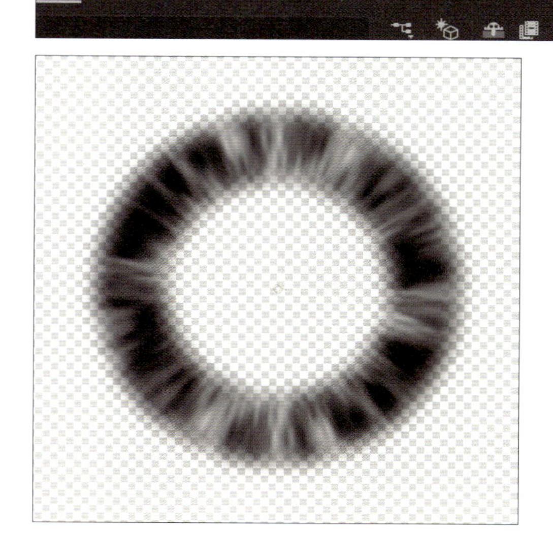

なお、Unmultは標準のプラグインではないため、RED GIANT社のウェブページからダウンロードしてインストールしておく必要があります。次のURLから無料でダウンロードすることが可能です。ダウンロードするプラグインは、Knoll Light Factory Unmultになります。また、ダウンロードに関してはユーザー登録が必要になります。

https://www.redgiant.com/support/legacy-installers/

フラクタルノイズを適用した平面レイヤーを選択してUnmultを適用します。Unmultを適用することで画像の明るさを参照して黒部分をアルファに変換してくれます。[Alt] + [4]を押すとアルファチャンネルの表示に切り替わりますので結果を確認しましょう。

なお、[Alt] + [1]で赤チャンネル、[Alt] + [2]で緑チャンネル、[Alt] + [3]で青チャンネル、[Alt] + [4]でアルファチャンネルをそれぞれ表示します。

▶ Unmult適用前(左)、Unmult適用後(右)のアルファチャンネルの変化

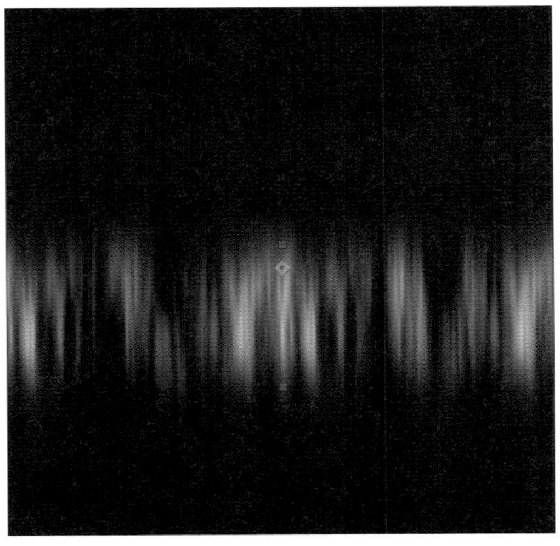

アルファチャンネルの設定が完了しました。今回はアルファの設定を行いましたが、もしテクスチャをブレンドモードのAdditive(加算)でしか使用しない場合、アルファチャンネルは必要ありません。そのため、コンポジションの一番下に黒い平面レイヤーを作成すれば問題ありません。

Shockwave_FINコンポジションに戻ってエフェクトを追加していきます。先ほど適用した極座標エフェクトの下に、ブラー&シャープ/ブラー(放射状)エフェクトを追加します。中心から放射状にブラーが掛かり、衝撃波の見た目になりました。

▶ ブラー(放射状) エフェクトを追加

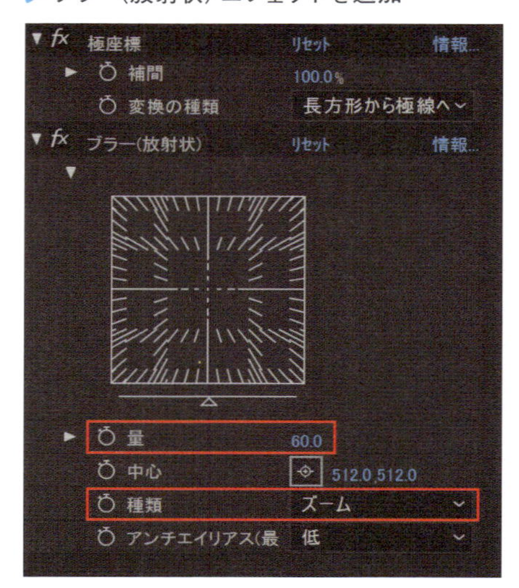

▶ ブラー(放射状)

パラメータ	値
量	60
種類	ズーム

これで完成としてもよいのですが、さらにブラー&シャープ/CC Vector Blurエフェクトを適用してみます。少し違った見た目に変更することができました。Typeパラメータを変更すれば、さらに違った見た目に調整することが可能ですので、試してみてください。

▶ CC Vector Blurエフェクトを追加

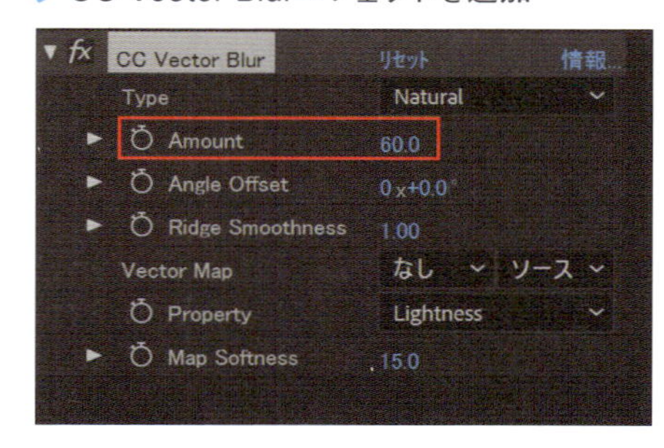

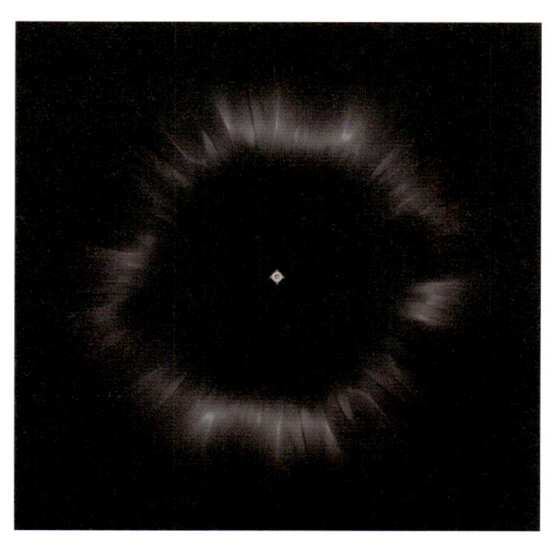

▶ CC Vector Blur

パラメータ	値
Amount	60

またディストーション/回転エフェクトを加えれば、渦巻くような見た目にすることもできます。

▶ 回転エフェクトを追加

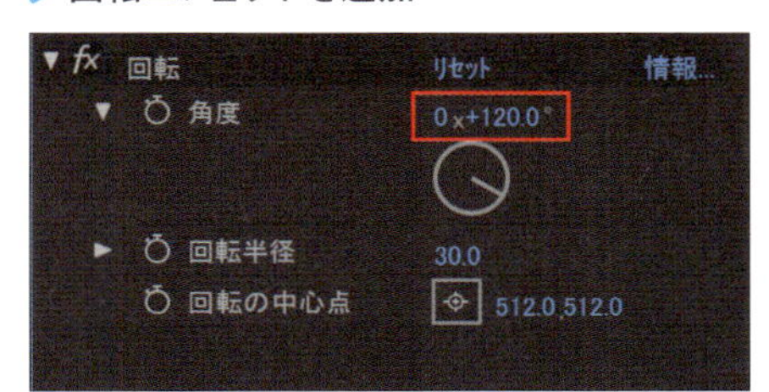

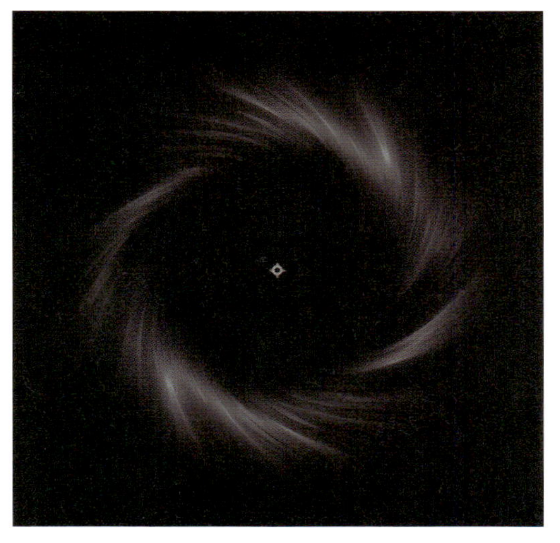

▶ 回転

パラメータ	値
角度	0 x 120

フラクタルノイズを適用したレイヤーを複製（Ctrl + D）して値を調整し、今度は波紋のような見た目に変更していきます。Shockwave_comp内の平面レイヤーを複製します。複製元の平面レイヤーは非表示にしておきましょう。

9

▶ フラクタルノイズを適用したレイヤーを複製

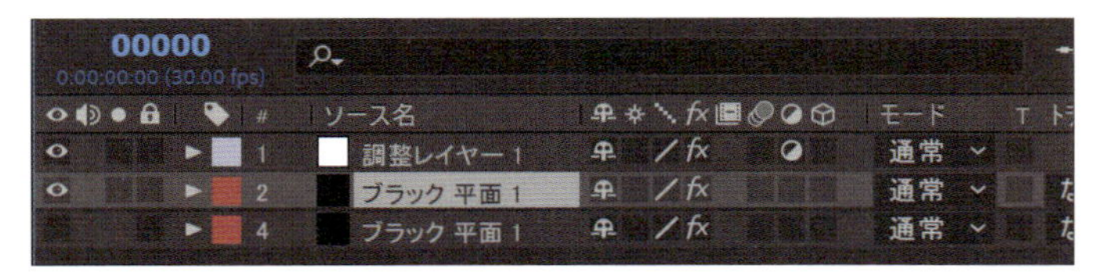

次のページの図を参考に、複製した平面レイヤーのフラクタルノイズエフェクトのパラメータ、マスクの形状とぼかしを変更します。

▶ フラクタルノイズエフェクトのパラメータを変更

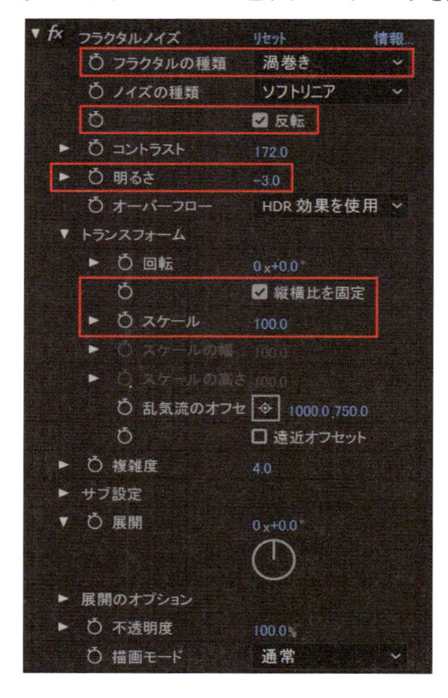

▶ フラクタルノイズ

パラメータ	値	
フラクタルの種類	渦巻き	
反転	チェックあり	
明るさ	-3	
トランスフォーム	縦横比を固定	チェックあり
	スケール	100

▶ マスクの形状とパラメータを修正

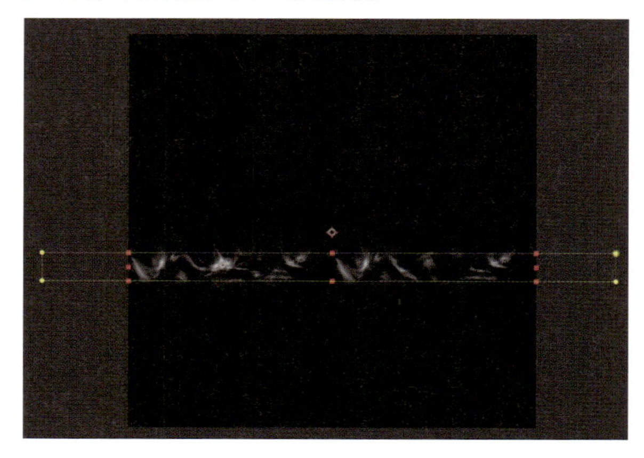

▶ マスク1

パラメータ	値	
マスクの境界のぼかし	X:0	Y:40

Shockwave_FINコンポジションに戻ってShockwave_compコンポジションを選択し、次のページの図のようにブラー（放射状）エフェクトのパラメータを変更し、CC Vector Blurと回転エフェクトをオフに設定します。衝撃波を波紋のような見た目に変更することができました。

▶ 衝撃波を波紋のような見た目に変更

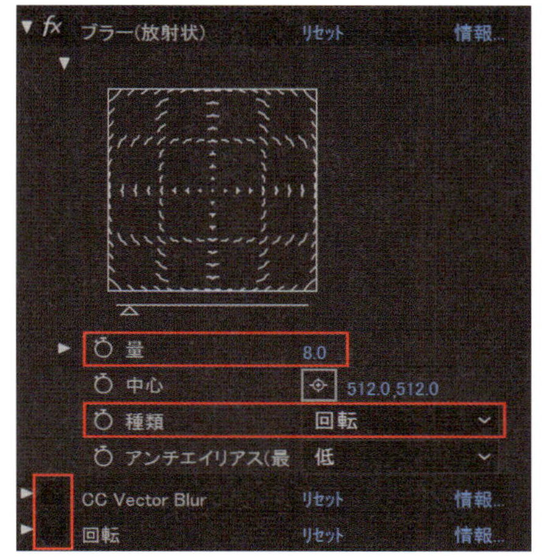

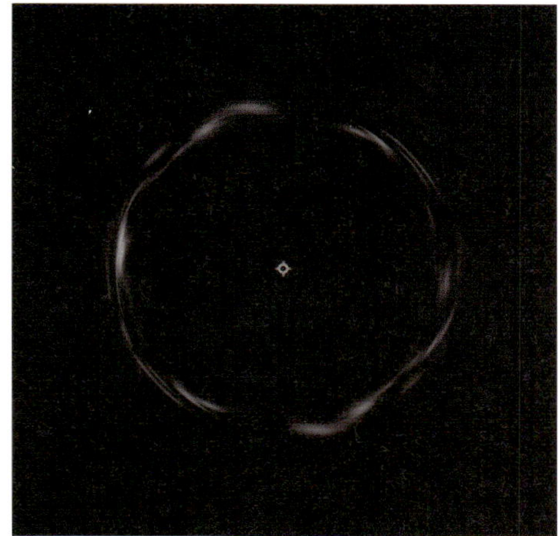

▶ ブラー(放射状)

パラメータ	値
量	8
種類	回転

▶ CC Vector Blur

パラメータ	値
チェック	なし

▶ 回転

パラメータ	値
チェック	なし

さらにブラー＆シャープ/CC Radial Fast Blurエフェクトを追加して、再度パラメータを変更してみましょう。太陽のフレアのような見た目に変更されました。

▶ CC Radial Fast Blurエフェクトを追加

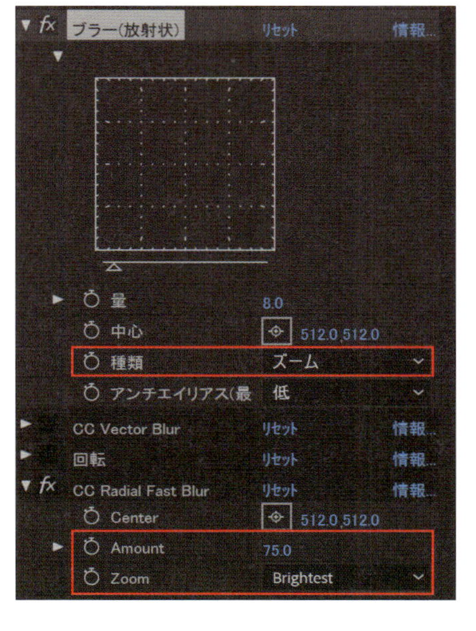

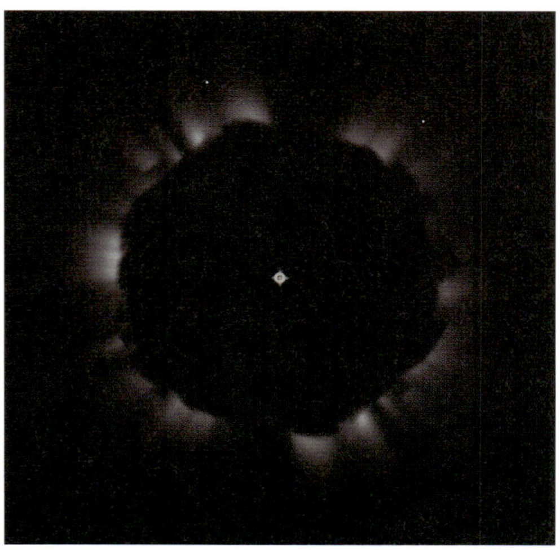

以上のように少しエフェクトの種類を変えたり、パラメータを調整したりすることで、同じ衝撃波のテクスチャでも様々なバリエーションを作成することが可能です。

最後に１つだけ注意事項があります。最後の作例のような放射状に射す光のようなテクスチャの場合、画像の端部分にまで光の筋がかかってしまう場合があります。そのようなテクスチャをそのまま使用してしまうと、光の端が切れたような状態で表示されてしまうため画像の端部分がアルファ値0（完全な透明）になるように設定しておく必要があります。

情報パネルには現在のカーソル位置の色情報が表示されるので、カーソルを端部分に合わせてアルファが0になっているか確認しておきましょう。

▶ カーソルを画像の端部分に合わせる

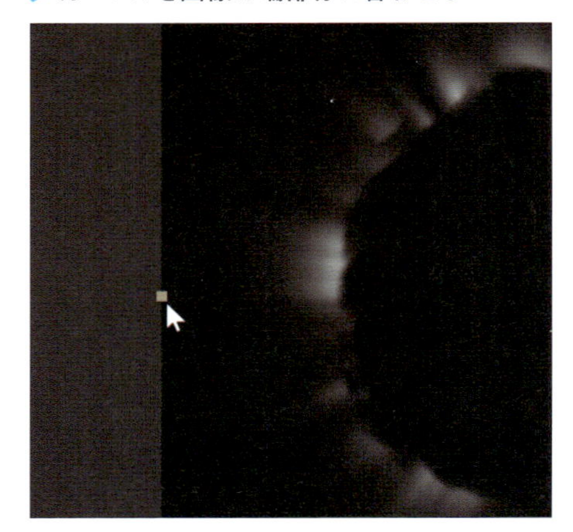

下左図のようにアルファ値が0であれば問題ありませんが、下右図のようにアルファ値が１以上になっていれば修正する必要があります。

▶ アルファ値を確認

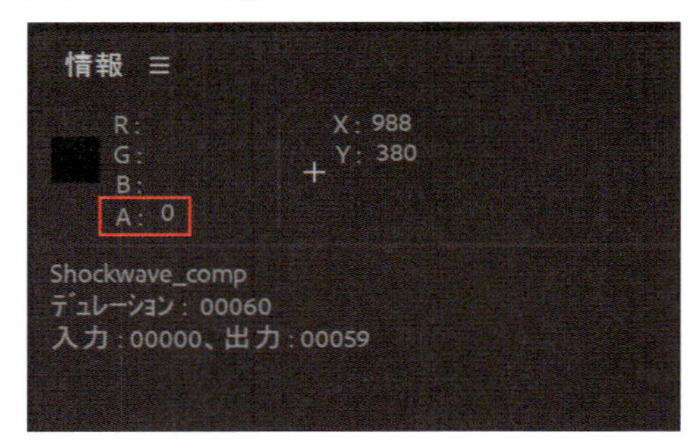

9-4 特殊な方法を使ったテクスチャの作成

ここでは、CC Kaleida（万華鏡）エフェクトを使用したテクスチャを作成する方法と、特殊なレンズを使用して実際に撮影した素材をシームレスなテクスチャに変換する方法について解説していきます。

9-4-1 文様の作成

ここではCC Kaleida（万華鏡）エフェクトを使用して魔法陣などで使用できそうな文様テクスチャの制作手法を解説していきます。パラメータを変更することで、全く違う文様を瞬時に生成できるため容易にパターンを量産することが可能です。

AfterEffectsを使用して文様のテクスチャを作成していきます。まず使用するテクスチャと完成イメージをいくつかご紹介します。なお、完成AEPファイルはChapter09_kaleida.aepになります。

▶ 使用するテクスチャ素材

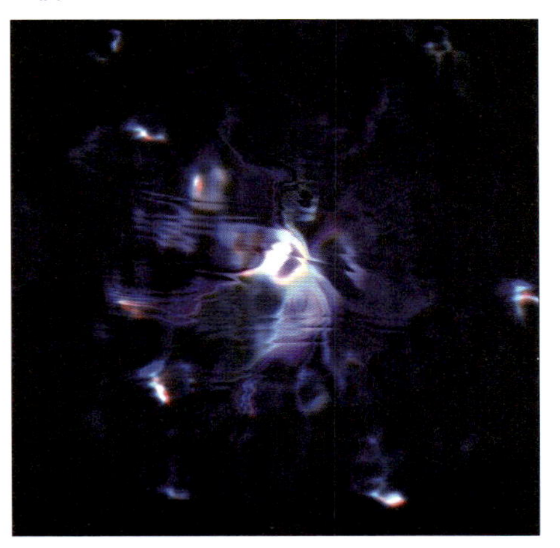

▶ 完成イメージの一例

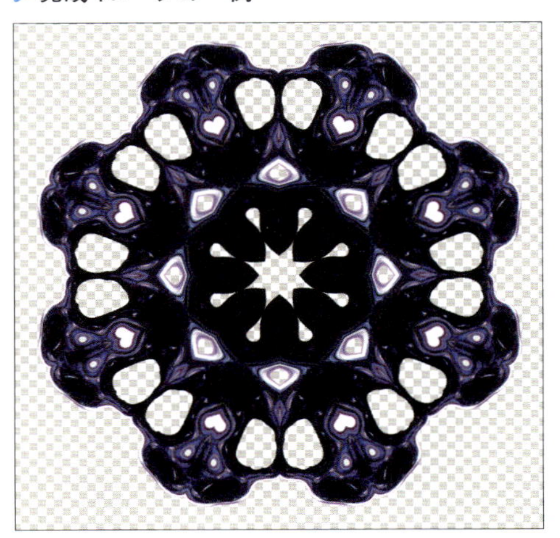

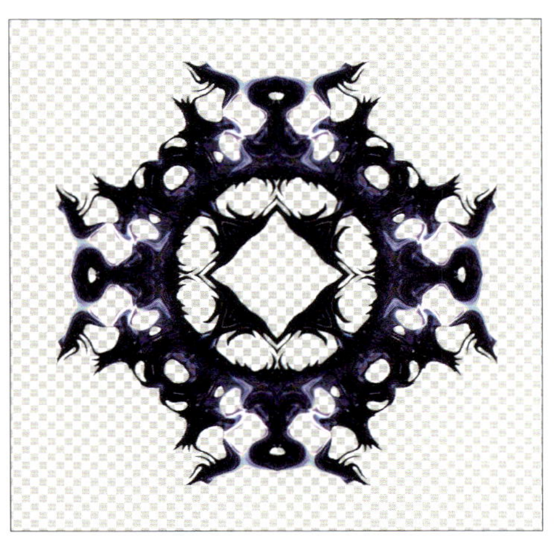

それでは実際の制作を開始していきます。まずダウンロードしたLesson09のデータからLesson09_SampleTex.pngをプロジェクトに読み込みます。次に新規コンポジション（Ctrl＋N）を次の図の設定で作成します。

▶ 新規コンポジションを作成

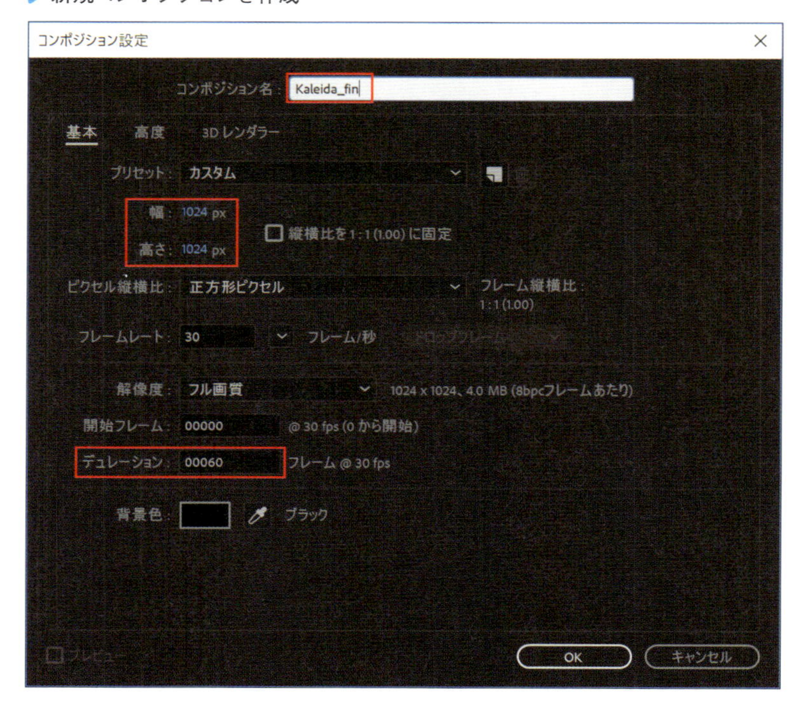

▶ 新規コンポジション設定

パラメータ	値
コンポジション名	Kaleida_fin
幅	1024px
高さ	1024px
デュレーション	60

作成したらコンポ内にLesson09_SampleTex.pngを配置してスタイライズ/CC Kaleidaエフェクトを適用します。設定は次のページの図を参考にしてください。Center、Rotationのパラメータを変更することで、見た目を全く違うものに変更できます。

▶ CC Kaleidaエフェクトを適用

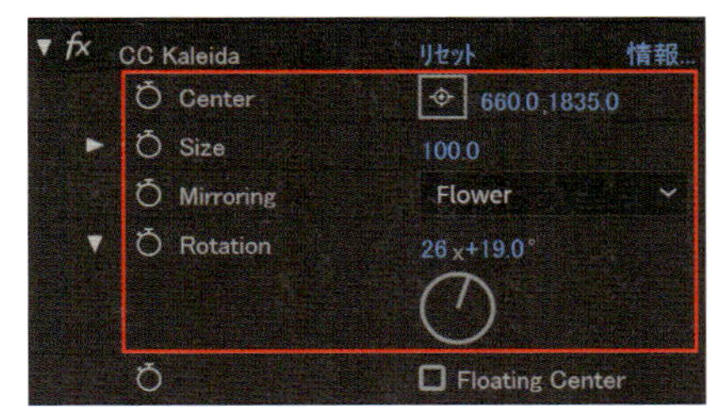

▶ CC Kaleidaエフェクト

パラメータ	値
Center	自由に設定
Size	100
Mirroring	Flower
Rotation	自由に設定

現状では模様があるだけで完成イメージのようなアルファ部分がありません。そのため、ディストーション/タービュレントディスプレイスエフェクトを適用して、歪みを強くかけてアルファ部分を作り出します。歪みを加えた後にCC Kaleidaエフェクトを適用するので、タービュレントディスプレイスエフェクトを次の図のように一番上に配置してください。

模様に関しては作例と同じようにする必要はありませんので、ご自身でパラメータを独自に設定してみてください。

▶ タービュレントディスプレイスエフェクトを適用

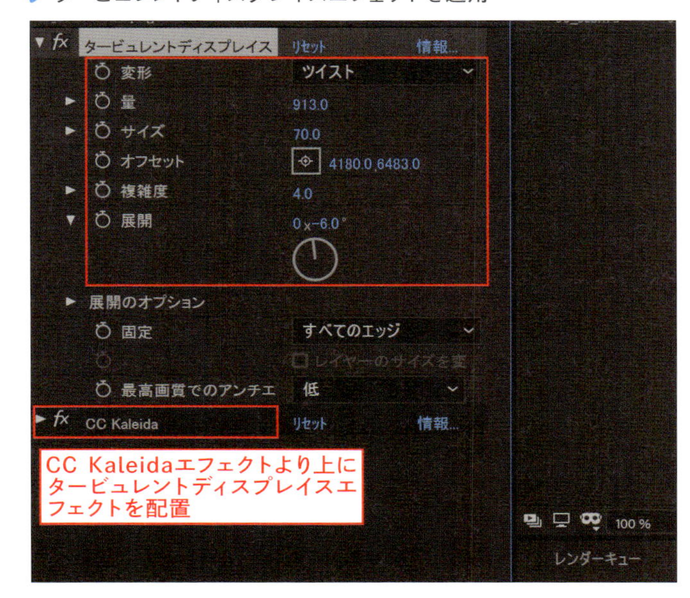

▶ タービュレントディスプレイス

パラメータ	値
変形	ツイスト
量	自由に設定 （なるべく大きな値）
サイズ	70
オフセット	自由に設定
複雑度	4
展開	自由に設定

タービュレントディスプレイスエフェクトのパラメータのうち、オフセットと展開パラメータが模様の形状、複雑度パラメータがシルエットのディテール、量パラメータがシルエットのけずれ具合にそれぞれ作用します。あえて設定値を表形式で掲載していないので、パラメータを調整して様々な模様に変化することを確認してみましょう。

さらにディストーション/極座標エフェクトを適用します。こちらも一番上にエフェクトを配置することで、模様のシルエットのディテールが少し細かくなります。

▶ 調整結果

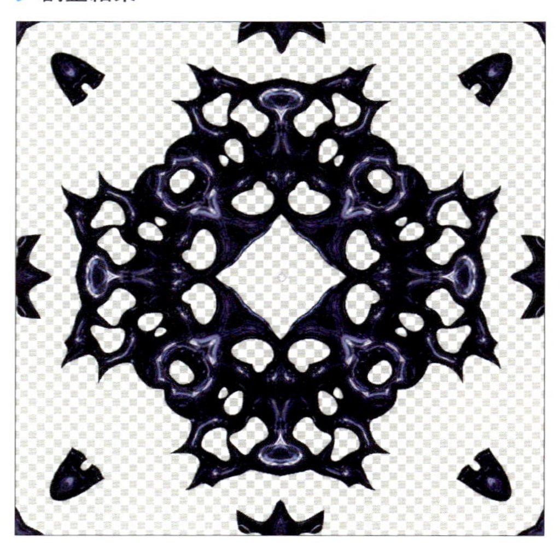

▶ 極座標エフェクトを適用

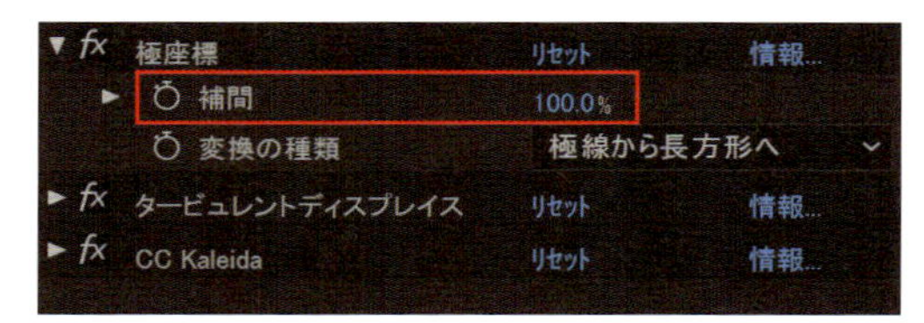

▶ 極座標エフェクト

パラメータ	値
補間	100%

最後に不要な部分をマスク処理で削除します。エフェクトの処理を確定した後にマスク処理を行う必要があるので、レイヤーを選択してプリコンポジション（Ctrl + Shift + C）を行います。

▶ プリコンポジションを行う

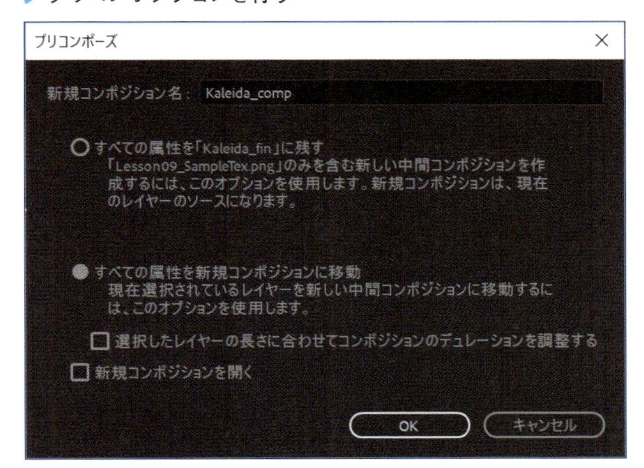

プリコンポジションを行った後でKaleida_compコンポジションを選択し、次の図のようにマスクを描画します。これで周りの不要な部分が削除されました。

▶ マスク処理を行う

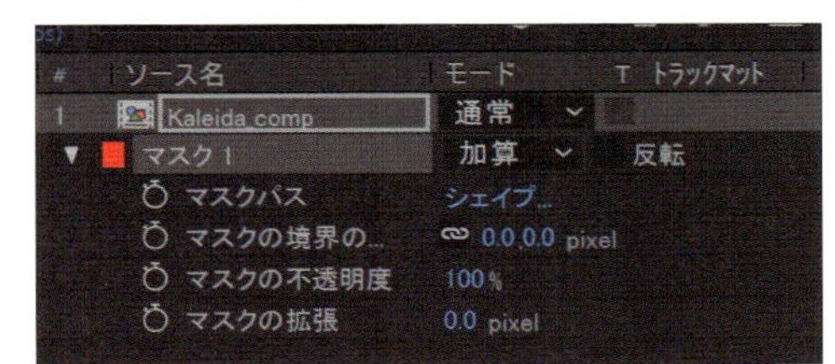

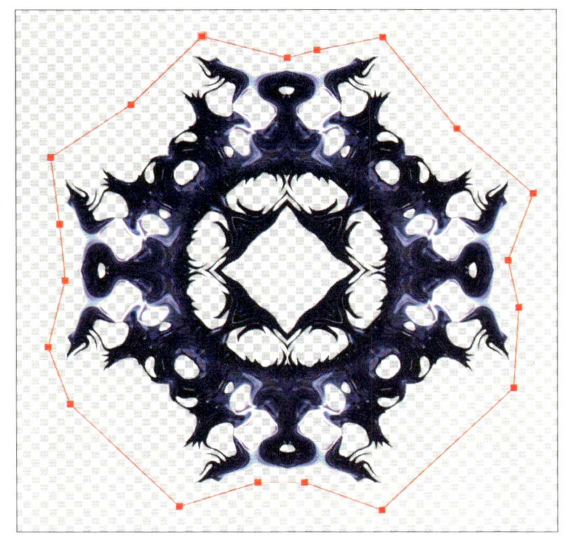

エフェクトのパラメータを変更すればさらに別のパターンを作成することも容易にできますし、使用しているテクスチャを置き換えれば色味を変更することもできます。ただし、マスクの処理はそのつど行う必要があります。

▶ 筆者の作成した魔法陣のライブラリ

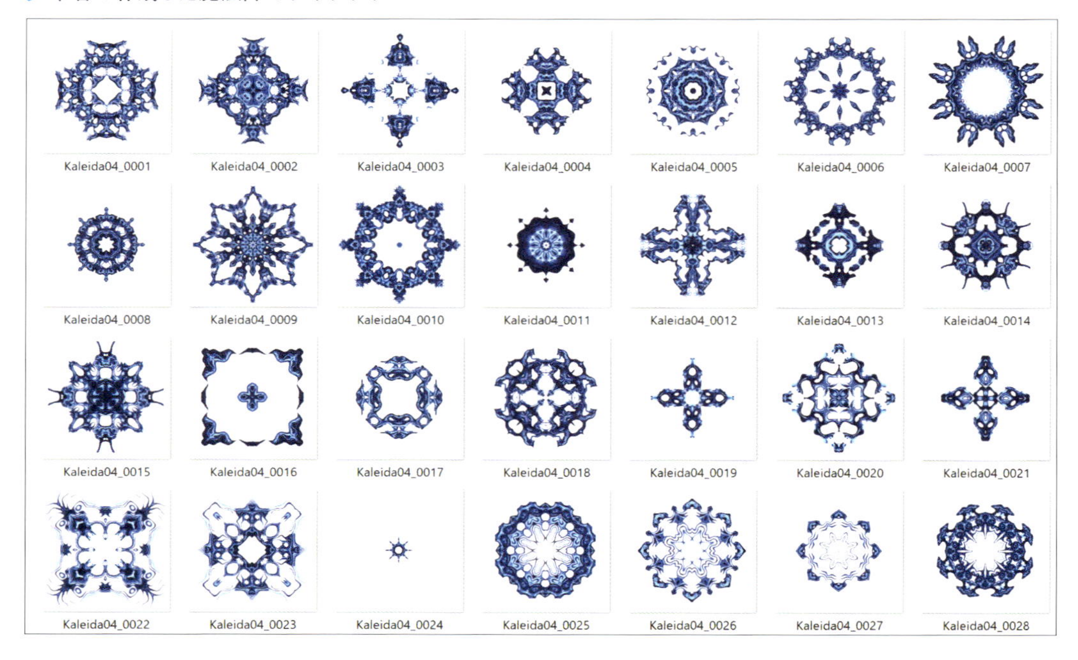

9-4-2 特殊なレンズを使ったエフェクト用のテクスチャの撮影

エフェクトにも様々な種類があり、焚火の炎、滝、雪など実際に存在するものと、オーラ、魔法陣、斬撃などといった実際には存在しないものがあります。

本書で作成したエフェクトはほとんどが後者のような現実世界には存在しないエフェクトでしたが、ここでは現実世界には存在しないエフェクトで使用できるようなテクスチャを撮影素材から作成していきます。

ちょっと矛盾があるようないい回しですが、ここでは安原製作所というところで販売している「超」マクロレンズ「NANOHA」を使ってエフェクト用の素材を撮影していきます。なお、レンズマウントはマイクロフォーサーズになります。

▶ マクロレンズ「NANOHA」

USB給電でライトを焚くことができ、基本はライトを点灯させた状態で撮影するので、光量の心配もありません。

▶ カメラ自体にライトが仕込まれている

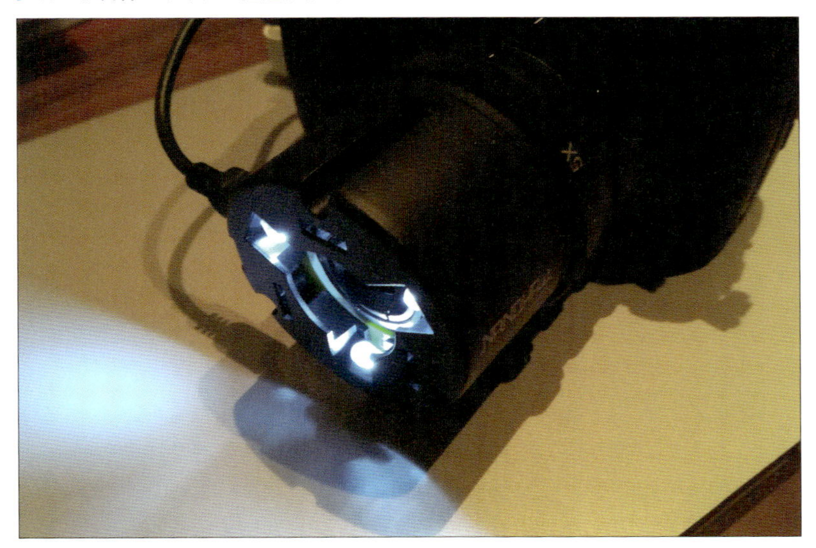

2点ほど作例を掲載しておきます。NANOHAを使用して撮影すると顕微鏡レベルの高倍率撮影を行うことができます。次の図がなにを撮影したものかわかるでしょうか？

▶ NANOHAレンズを使用した撮影写真

前ページの写真が自分の家にあったウォーターサーバーのボトルを撮影したもの、上の写真が枯葉に付いていた黴のようなものを撮影したものになります。自分の身の回りにある物から思いもよらない凝ったディテールを得ることができるので撮影自体も非常に楽しいです。このレンズでフィールドワークを行い、テクスチャ素材集めをするのもよいかもしれません。

ただしこのままではシームレスなテクスチャになっていないため、Substance Designerを使用してシームレスなテクスチャに加工します。

撮影したテクスチャをエクスプローラビューに読み込みます。まずエクスプローラビューで右クリックして新規パッケージを作成します。次に作成した新規パッケージを選択して右クリックし、インポート→ビットマップを選択して素材を読み込みます。ただし、Substance Designerに読み込む前に最適なサイズに縮小、トリミングして正方形に加工した上で読み込んだ方が処理も軽くなるのでお勧めです。

▶ 撮影した素材を読み込む

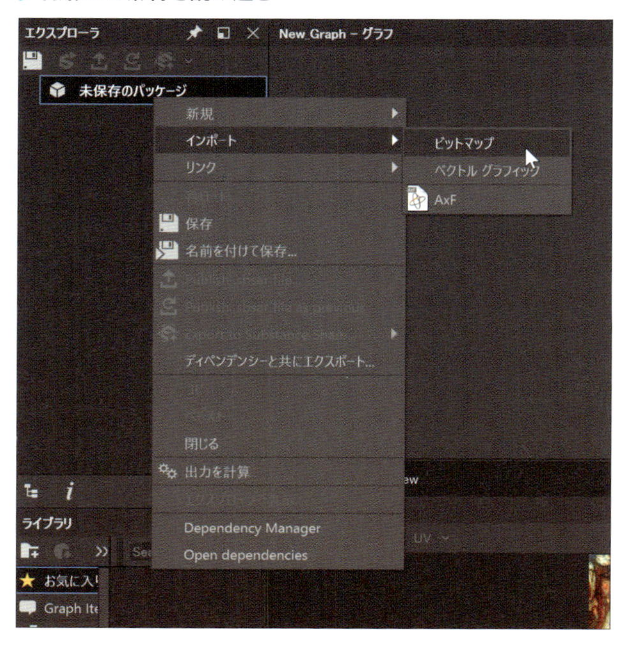

新規にグラフも作成して、グラフ内に読み込んだテクスチャをドラッグ＆ドロップします。

▶ グラフ内にテクスチャを配置

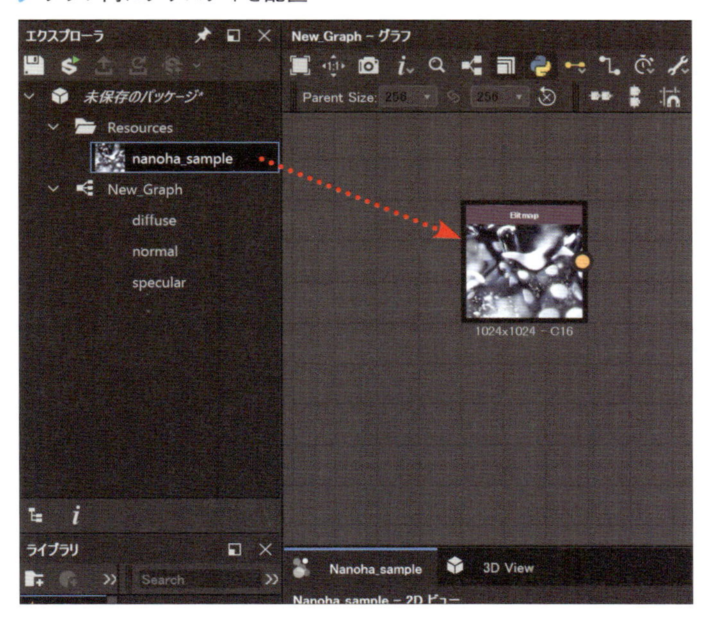

テクスチャをシームレス化するためにはMake It Tile Photoノードを使用します。

▶ Make It Tile Photoノードを接続

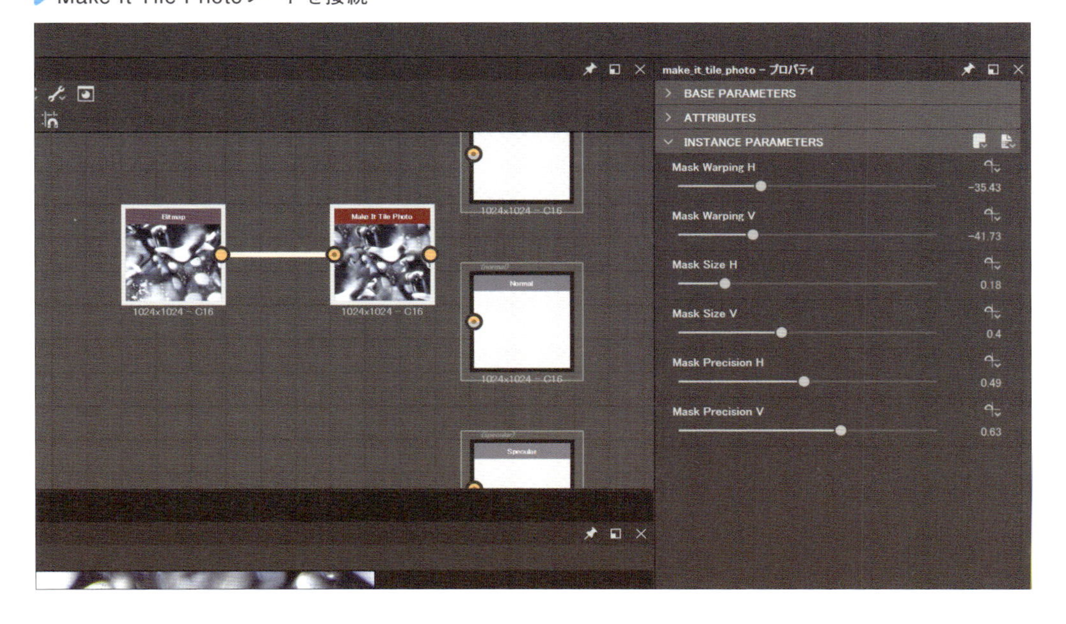

▶ Make It Tile Photoノード適用前(左)と適用後(右)

Make It Tile Photoノードを使用することで、撮影素材をエフェクトで使いやすいタイリングが可能なテクスチャに変換することが可能です。

おわりに

600ページという非常に大きなボリュームにも関わらず、ここまでお付き合いいただきありがとうございました！

ここまでの実例制作を全て学習したあなたなら、素晴らしいゲームエフェクトを作成するための下地が整っているはずです。
ぜひオリジナルのゲームエフェクトを作成し、SNSにアップしてください。もしくは実務に生かしてハイクオリティなエフェクトをゲームに登場させてください。

いきなりオリジナルのエフェクトを作成するのが難しければ、Youtubeのゲーム動画などを参考にエフェクトを真似て作ってみたり、Pinterestなどからインスピレーションを得てみたりするのも良い方法かと思います。
またゲームだけでなく実際の自然現象などをリファレンスに、ひたすら同じ動きや質感に近付けるというのもよい練習法のひとつです。

「インプット」「アウトプット」「アップデート」のサイクルを継続して繰り返していくことであなたのエフェクト技術は今後もどんどん伸びていくでしょう。
また最近、メンターとしてマンツーマンでのエフェクト教育も始めましたので、より詳細に学習されたい方、仕事としてエフェクト制作をできるぐらいスキルアップしたい方はぜひチェックしてみてください。
・個人が教えたり、教えてもらったりできるサービス：MENTA（メンタ）
https://menta.work/plan/1087

最後に、もしあなたがフリーランスとしてゲームエフェクト制作に興味があるなら是非弊社までご連絡ください。ぜひ一緒にお仕事しましょう！

合同会社Flypot（フライポット）　代表　秋山　高廣

合同会社Flypot（フライポット）ＨＰ
http://flypot.jp

弊社代表　秋山の個人Twitter
https://twitter.com/frontakk

索 引

カ行

サ行

タ行

ナ行

ハ行

マ行

ヤ・ラ・ワ行

著者略歴

秋山 高廣（あきやまたかひろ）

ゲームエフェクトの制作、監修を専門的に行う合同会社Flypot（フライポット）の代表
お仕事お待ちしております！
http://flypot.jp/

カバーデザイン ● ライラック
本文デザイン ● リンクアップ
DTP ● SeaGrape
編集 ● 土井清志
サポートページ ● https://gihyo.jp/book/2019/978-4-297-10681-2/support

本書の内容に関するご質問は、下記の宛先までFAXまたは書面にてお送りください。お電話によるご質問、および本書に記載されている内容以外のご質問には、一切お答えできません。あらかじめご了承ください。

宛　先：
〒162-0846
東京都新宿区市谷左内町21-13
技術評論社　書籍編集部
『Unity　ゲームエフェクト　マスターガイド』質問係
FAX：03-3513-6167
https://book.gihyo.jp/116

なお、ご質問の際に記載いただいた個人情報は質問の返答以外の目的には使用いたしません。また、質問の返答後は速やかに破棄させていただきます。

Unity（ユニティ）　ゲームエフェクト　マスターガイド

2019年　8月　1日　初版　第1刷発行
2020年 10月 20日　初版　第3刷発行

著　　者　秋山高廣（あきやまたかひろ）
発 行 者　片岡　巌
発 行 所　株式会社技術評論社
　　　　　東京都新宿区市谷左内町21-13
電　　話　03-3513-6150（販売促進部）
　　　　　03-3513-6160（書籍編集部）
印刷／製本　株式会社加藤文明社

定価はカバーに表示してあります。

ISBN978-4-297-10681-2 C3055
PRINTED IN JAPAN